Hermann Roloff / Wilhelm Matek

Maschinen elemente

Normung Berechnung Gestaltung

unter Mitarbeit von Dieter Muhs und Herbert Wittel

7., durchgesehene und verbesserte Auflage

Mit 436 Bildern, 48 Tabellen und einem Tabellenanhang

» vieweg

Viewegs Fachbücher der Technik

Verlagsredaktion: *Willy Ebert*

1976

Alle Rechte vorbehalten
© Friedr. Vieweg & Sohn Verlagsgesellschaft mbH, Braunschweig 1976

Die Vervielfältigung und Übertragung einzelner Textabschnitte, Zeichnungen oder Bilder, auch für Zwecke der Unterrichtsgestaltung, gestattet das Urheberrecht nur, wenn sie mit dem Verlag vorher vereinbart wurden. Im Einzelfall muß über die Zahlung einer Gebühr für die Nutzung fremden geistigen Eigentums entschieden werden. Das gilt für die Vervielfältigung durch alle Verfahren einschließlich Speicherung und jede Übertragung auf Papier, Transparente, Filme, Bänder, Platten und andere Medien.

Satz: Vieweg, Braunschweig
Druck: C. W. Niemeyer, Hameln
Buchbinder: W. Langelüddecke, Braunschweig

Printed in Germany

ISBN 3 528 14028 3

Vorwort zur 7. Auflage

Dieses Lehrbuch wurde in erster Linie für den Unterricht an Technikerschulen (Fachschulen Technik) und Fachhochschulen entwickelt; aber auch die in der Praxis stehenden Techniker und Ingenieure werden wertvolle Hinweise und Anregungen für ihre Arbeit finden.

Die 6. Auflage des Lehrbuchs war gekennzeichnet durch eine sorgfältige Überarbeitung, eine teilweise Erweiterung und durch die Umstellung sämtlicher Einheiten auf das gesetzliche, internationale SI-System. In der vorliegenden 7. Auflage wurde an Stoffumfang und Gliederung des Inhalts nichts geändert. An einigen Stellen sind jedoch als zweckmäßig erachtete Verbesserungen und Änderungen sowie Druckfehlerkorrekturen im Text, in den Tabellen und in den Abbildungen vorgenommen worden. Dabei wurden die neuesten Normen berücksichtigt. Daraus ergaben sich auch Berichtigungen in den ausführlichen Berechnungsbeispielen, die den einzelnen Kapiteln zugeordnet sind. Soweit es möglich war, haben wir bei der Bearbeitung den zahlreichen Wünschen und Anregungen der Benutzer des Buches Rechnung getragen.

Wie bisher ist dem Lehrbuch ein separater Anhang beigegeben, der wichtige Tabellen und Schaubilder für die Berechnung und Konstruktion enthält. Der Benutzer hat dadurch einen schnellen und sicheren Zugriff zu den benötigten Daten. Im Lehrbuch sind nur solche Tafeln und Diagramme aufgeführt, die unmittelbar mit dem Inhalt des Kapitels verbunden und deshalb zum Verständnis des Lehrtextes notwendig sind.

Eine Aufgabensammlung mit zahlreichen praxisnahen Aufgaben ergänzt das Lehrbuch und stellt eine wichtige Hilfe für den Unterricht und das Selbststudium dar. Sie enthält zu jeder gestellten Aufgabe in einem gesonderten Abschnitt Lösungshinweise als Denkanstöße, die es dem Studierenden ermöglichen, bei stagnierenden Erfolgen einen Lösungsweg zu finden. Die Lösung kann außerdem mit den Werten im Ergebnisteil der Aufgabensammlung verglichen werden. Aufgabensammlung und Lehrbuch sind aufeinander abgestimmt.

Für die Unterrichtsgestaltung ist zusätzlich eine Sammlung von Arbeitstransparenten erschienen.

Abschließend möchten wir den Firmen danken, die durch Überlassung von Zeichnungen und anderen Unterlagen unsere Arbeit wesentlich unterstützt haben. Ebenso sei den Benutzern für die Anregungen und Hinweise gedankt, zugleich in der Hoffnung, daß sie auch weiterhin zur Verbesserung des Buches beitragen werden.

Wilhelm Matek
Dieter Muhs
Herbert Wittel

Nürnberg, Braunschweig, Reutlingen, im Februar 1976

Inhaltsverzeichnis

1.	**Allgemeine Grundlagen**	1
1.1.	Grundbegriffe und Arten der Maschinenelemente	1
1.2.	Allgemeine Gestaltungs- und Berechnungsregeln	1
1.2.1.	Zeichnung	1
1.2.2.	Stückliste	2
1.2.3.	Zeichnungsprüfung	2
1.2.4.	Gestaltung	3
1.2.5.	Berechnung	4
1.3.	Wertanalyse von Konstruktionen	5
1.3.1.	Allgemeines	5
1.3.2.	Grundbegriffe	5
1.3.3.	Beispiele	6
1.3.4.	Abschließende Betrachtungen	10
1.4.	Normen und Literatur	11
2.	**Normzahlen und Passungen**	12
2.1.	Allgemeines	12
2.2.	Normzahlen (Vorzugszahlen)	12
2.2.1.	Bedeutung und Aufbau der Normzahlen	12
2.2.2.	Anwendung der Normzahlen	13
2.3.	Normmaße (Vorzugsmaße)	14
2.4.	ISO-Passungen	14
2.4.1.	Grundbegriffe	14
2.4.2.	Toleranzsystem	15
2.4.3.	Paßsysteme	17
2.4.4.	Passungsarten	18
2.5.	Maßtoleranzen	19
2.6.	Maße ohne Toleranzangaben	20
2.7.	Eintragung von Toleranzen in Zeichnungen	20
2.8.	Prüfen der Maßhaltigkeit	21
2.9.	Verwendungsbeispiele für Passungen	21
2.10.	Berechnungsbeispiele	23
2.11.	Normen und Literatur	27
3.	**Festigkeit und zulässige Spannung**	28
3.1.	Allgemeines	28
3.2.	Beanspruchungs- und Belastungsarten	28
3.2.1.	Beanspruchungsarten	28
3.2.2.	Belastungsarten	28
3.2.3.	Formelzeichen für Spannungen und Festigkeiten	29
3.3.	Statische Belastung	29
3.3.1.	Festigkeitsbegriffe	30
3.3.2.	Gewaltbruch	31
3.3.3.	Zulässige Spannung bei statischer Belastung	31
3.4.	Dynamische Belastung	33
3.4.1.	Dauerfestigkeitsbegriffe	33
3.4.2.	Dauerfestigkeitsschaubilder und Dauerfestigkeitswerte	35
3.4.3.	Dauerfestigkeitsbeeinflussende Wirkungen	36

3.4.4.		Dauerbruch	41
3.4.5.		Gestaltfestigkeit	41
3.4.6.		Zulässige Spannung bei dynamischer Belastung	43
3.4.7.		Sicherheit gegen Dauerbruch	44
3.5.		Berechnungsbeispiele	44
3.6.		Normen und Literatur	47
4.	**Klebverbindungen**		**48**
4.1.		Allgemeines	48
4.2.		Klebstoffarten	49
4.2.1.		Allgemeine Übersicht	49
4.2.2.		Lösungsmittelklebstoffe	49
4.2.3.		Reaktionsklebstoffe	50
4.3.		Herstellen von Klebverbindungen	50
4.3.1.		Vorbehandeln der Klebflächen	51
4.3.2.		Kleben	51
4.4.		Eigenschaften der Klebverbindungen	52
4.4.1.		Physikalische Eigenschaften	52
4.4.2.		Mechanische Eigenschaften	53
4.5.		Berechnung der Klebverbindungen	57
4.6.		Gestaltung der Klebverbindungen	57
4.7.		Berechnungsbeispiel	59
4.8.		Normen und Literatur	60
5.	**Lötverbindungen**		**61**
5.1.		Allgemeines	61
5.2.		Lotarten	61
5.2.1.		Weichlote	62
5.2.2.		Hartlote	62
5.3.		Lötverfahren	62
5.3.1.		Kolbenlötung	63
5.3.2.		Flammenlötung	63
5.3.3.		Tauchlötung	63
5.3.4.		Ofenlötung	63
5.3.5.		Widerstands- und Induktionslötung	63
5.3.6.		Sonstige Lötverfahren	63
5.4.		Festigkeitseigenschaften und Berechnung der Lötverbindungen	63
5.5.		Gestaltung der Lötverbindungen	64
5.6.		Normen und Literatur	65
6.	**Schweißverbindungen**		**66**
6.1.		Allgemeines	66
6.2.		Schweißverfahren	66
6.2.1.		Gasschweißen (Autogenschweißen)	67
6.2.2.		Lichtbogenschweißen	67
6.2.3.		Elektronenstrahlschweißen	67
6.2.4.		Preßschweißen	68
6.3.		Schweißbarkeit der Werkstoffe	68
6.3.1.		Stahl, Stahlguß, Gußeisen	68
6.3.2.		Nichteisenmetalle	69
6.3.3.		Kunststoffe	69
6.4.		Schweißzusatzwerkstoffe, Wahl des Schweißverfahrens	69

6.4.1.	Zusatzwerkstoffe	69
6.4.2.	Wahl des Schweißverfahrens	70
6.5.	Nahtarten- und Formen, Gütesicherung	70
6.5.1.	Stumpfnaht	71
6.5.2.	Kehlnaht	71
6.5.3.	Stirnnaht	72
6.5.4.	Gütesicherung der Schweißverbindungen	73
6.6.	Schweißverbindungen im Stahlbau	73
6.6.1.	Allgemeine Richtlinien	73
6.6.2.	Werkstoffe	74
6.6.3.	Abmessungen der Schweißnähte	74
6.6.4.	Berechnung der Schweißverbindungen im Stahlbau	75
6.6.5.	Besonderer Hinweis zur Berechnung und Ausführung	78
6.6.6.	Berechnung geschweißter Bauteile	78
6.7.	Schweißverbindungen im Kessel- und Behälterbau	79
6.7.1.	Allgemeine Richtlinien	79
6.7.2.	Werkstoffe	80
6.7.3.	Berechnung geschweißter Dampfkessel und Druckbehälter	80
6.8.	Schweißverbindungen im Maschinenbau	82
6.8.1.	Allgemeine Richtlinien	82
6.8.2.	Berechnung der Schweißverbindungen im Maschinenbau	82
6.9.	Punktschweißverbindungen	85
6.9.1.	Allgemeine Richtlinien	85
6.9.2.	Berechnung der Punktschweißverbindungen	85
6.9.3.	Gestaltung der Punktschweißverbindungen	86
6.10.	Darstellung und Gestaltung der Schweißverbindungen	87
6.10.1.	Zeichnerische Darstellung	87
6.10.2.	Allgemeine Gestaltungsrichtlinien	91
6.10.3.	Gestaltungsbeispiele	91
6.11.	Berechnungsbeispiele	94
6.12.	Normen und Literatur	103

7. Nietverbindungen — 104

7.1.	Allgemeines	104
7.2.	Die Niete	104
7.2.1.	Nietformen	104
7.2.2.	Nietwerkstoffe	104
7.2.3.	Bezeichnung der Niete	106
7.3.	Herstellung der Nietverbindungen	106
7.3.1.	Allgemeine Hinweise	106
7.3.2.	Warmnietung, Kaltnietung	107
7.4.	Verbindungsarten, Schnittigkeit	107
7.5.	Nietverbindungen im Stahlbau	108
7.5.1.	Allgemeine Richtlinien	108
7.5.2.	Berechnung der Bauteile	108
7.5.3.	Berechnung der Niete und Nietverbindung	115
7.5.4.	Gestaltung der Nietverbindungen im Stahlbau	119
7.6.	Nietverbindungen im Kessel- und Behälterbau	119
7.7.	Nietverbindungen im Maschinen- und Apparatebau	120
7.8.	Nietverbindungen im Leichtmetallbau	120
7.8.1.	Allgemeine Richtlinien	120
7.8.2.	Aluminiumniete	121

7.8.3.	Werkstoffe	121
7.8.4.	Berechnung der Bauteile und Niete	121
7.8.5.	Gestaltung der Nietverbindungen im Leichtmetallbau	122
7.9.	Berechnungsbeispiele	123
7.10.	Normen und Literatur	128

8. Schraubenverbindungen 129

8.1.	Allgemeines	129
8.2.	Gewinde	129
8.2.1.	Gewindearten	129
8.2.2.	Gewindebezeichnungen	130
8.2.3.	Geometrische Beziehungen	131
8.3.	Herstellung, Ausführung und Werkstoffe der Schrauben und Muttern	131
8.3.1.	Herstellung	131
8.3.2.	Ausführung und Werkstoffe	132
8.4.	Schrauben- und Mutternarten	132
8.4.1.	Schraubenarten	132
8.4.2.	Mutternarten	134
8.4.3.	Sonderformen von Schrauben, Muttern und Gewindeteilen	135
8.4.4.	Bezeichnung genormter Schrauben und Muttern	136
8.5.	Scheiben und Schraubensicherungen	136
8.5.1.	Scheiben	136
8.5.2.	Schraubensicherungen	137
8.6.	Nicht vorgespannte und vorgespannte Verbindungen mit Befestigungsschrauben	139
8.7.	Kraft- und Verformungsverhältnisse bei vorgespannten Schraubenverbindungen	139
8.7.1.	Kräfte und Verformungen im Montagezustand	139
8.7.2.	Kräfte und Verformungen bei statischer Betriebskraft als Längskraft	142
8.7.3.	Kräfte und Verformungen bei dynamischer Betriebskraft als Längskraft	143
8.7.4.	Einfluß der Krafteinleitung und die Verbindung	144
8.7.5.	Kraftverhältnisse bei statischer oder dynamischer Querkraft	145
8.8.	Setz- und Lockerungsverhalten der Schraubenverbindungen	146
8.9.	Pressung an den Auflageflächen	148
8.10.	Mutterhöhe, Einschraublänge, Gewinde- und Schraubenüberstand	148
8.11.	Dauerhaltbarkeit der Schraubenverbindungen	149
8.11.1.	Ausschlagfestigkeit	149
8.11.2.	Maßnahmen zur Erhöhung der Dauerhaltbarkeit	150
8.12.	Montagevorspannkraft, Anziehfaktor	153
8.13.	Anziehen (Festdrehen) der Schraubenverbindung, Anzugsmoment	155
8.13.1.	Kräfte am Gewinde, Gewindereibungsmoment	155
8.13.2.	Anzugsmoment (Festdrehmoment)	157
8.14.	Lösen der Schraubenverbindung, Sicherungsmaßnahmen	158
8.14.1	Losdrehmoment	158
8.14.2.	Selbsttätiges Losdrehen, Lockern der Verbindung	158
8.14.3.	Sicherungsmaßnahmen, Anwendung der Sicherungselemente	159
8.15.	Maximale Beanspruchung und Ausnutzung der Schrauben	159
8.15.1.	Reduzierte Spannung	159
8.15.2.	Maximale Schraubenkraft	160
8.16.	Praktische Berechnung der Befestigungsschrauben im Maschinenbau	160
8.16.1.	Nicht vorgespannte Schrauben	161
8.16.2.	Vorgespannte Schrauben, Rechnungsgang	161
8.17.	Schraubenverbindungen im Stahlbau	163

8.17.1.	Anwendung	163
8.17.2.	Schraubenarten	163
8.17.3.	Zug- und Druckstabanschlüsse	164
8.17.4.	Konsolanschlüsse	167
8.18.	Bewegungsschrauben	169
8.18.1.	Überschlägige Berechnung, Vorwahl des Gewindedurchmessers	169
8.18.2.	Nachprüfung auf Festigkeit	170
8.18.3.	Nachprüfung auf Knickung	172
8.18.4.	Muttergewinde (Führungsgewinde)	173
8.18.5.	Wirkungsgrad der Bewegungsschrauben	174
8.19.	Berechnungsbeispiele	174
8.20.	Normen und Literatur	185

9. Bolzen-, Stiftverbindungen und Sicherungselemente — 186

9.1.	Allgemeines	186
9.2.	Bolzen	186
9.2.1.	Formen und Verwendung	186
9.2.2.	Berechnung der Bolzenverbindungen	187
9.3.	Stifte	189
9.3.1.	Formen und Verwendung	189
9.3.2.	Berechnung der Stiftverbindungen	191
9.4.	Bolzensicherungen	193
9.4.1.	Sicherungsringe	193
9.4.2.	Splinte	194
9.4.3.	Stellringe	194
9.4.4.	Achshalter	194
9.5.	Gestaltung von Bolzen- und Stiftverbindungen	194
9.6.	Berechnungsbeispiele	197
9.7.	Normen und Literatur	200

10. Elastische Federn — 201

10.1.	Allgemeines	201
10.2.	Federkennlinien	201
10.2.1.	Lineare Kennlinien	201
10.2.2.	Gekrümmte Kennlinien	202
10.3.	Federungsarbeit	202
10.4.	Federwerkstoffe, ihre Eigenschaften und Verwendung	203
10.4.1.	Federstahl	203
10.4.2.	Nichteisenmetalle	203
10.4.3.	Nichtmetallische Federwerkstoffe	203
10.5.	Zug- und druckbeanspruchte Federn aus Metall	204
10.5.1.	Aufbau, Federwirkung	205
10.5.2.	Verwendung	205
10.5.3.	Berechnung	206
10.6.	Biegebeanspruchte Federn aus Metall	206
10.6.1.	Rechteck- und Dreieck-Blattfedern	206
10.6.2.	Mehrschicht-Blattfedern	208
10.6.3.	Drehfedern (Schenkelfedern)	209
10.6.4.	Spiralfedern	211
10.6.5.	Tellerfedern	212
10.7.	Drehbeanspruchte Federn aus Metall	217

Inhaltsverzeichnis IX

10.7.1.	Drehstabfedern	217
10.7.2.	Zylindrische Schraubenfedern mit Kreisquerschnitt	219
10.7.3.	Zylindrische Schraubenfedern mit Rechteckquerschnitt	226
10.7.4.	Kegelige Schraubenfedern	226
10.8.	Federn aus Gummi	227
10.8.1.	Eigenschaften	227
10.8.2.	Berechnung	228
10.8.3.	Ausführung, Anwendung, Gestaltung	230
10.9.	Berechnungsbeispiele	231
10.10.	Normen und Literatur	241
11.	**Achsen, Wellen und Zapfen**	**242**
11.1.	Allgemeines	242
11.2.	Werkstoffe und Herstellung	243
11.3.	Berechnung der Achsen und Wellen	243
11.3.1.	Allgemeine Hinweise	243
11.3.2.	Ermittlung der Drehmomente und Biegemomente	245
11.3.3.	Berechnung der Achsen	247
11.3.4.	Berechnung der Wellen	249
11.3.5.	Auszuführende Achsen- und Wellendurchmesser	252
11.3.6.	Verformungen der Achsen und Wellen	253
11.4.	Kritische Drehzahl	258
11.4.1.	Schwingungen, Resonanz	258
11.4.2.	Biegekritische Drehzahl	258
11.4.3.	Verdrehkritische Drehzahl	259
11.4.4.	Allgemeine Hinweise, Folgerungen für die Gestaltung	260
11.5.	Berechnung der Zapfen	261
11.5.1.	Achszapfen	261
11.5.2.	Wellenzapfen	261
11.5.3.	Genormte Wellenzapfen	263
11.5.4.	Einzelzapfen	263
11.6.	Gestaltung der Achsen, Wellen und Zapfen	264
11.6.1.	Allgemeine Gestaltungsrichtlinien	264
11.6.2.	Sonderausführungen	266
11.7.	Berechnungsbeispiele	268
11.8.	Normen und Literatur	278
12.	**Elemente zum Verbinden von Wellen und Nabe**	**279**
12.1.	Allgemeines	279
12.2.	Reibschlüssige Verbindungen	279
12.2.1.	Klemmverbindung	279
12.2.2.	Kegelverbindung	282
12.2.3.	Ringfeder-Spannverbindung	284
12.2.4.	Zylindrische Preßpassungen	288
12.3.	Formschlüssige Verbindungen	294
12.3.1.	Keilwellenverbindung	294
12.3.2.	Kerbverzahnung	295
12.3.3.	Stirnverzahnung (Hirthverzahnung)	296
12.3.4.	Polygonprofil	296
12.3.5.	Paßfederverbindungen	297
12.4.	Vorgespannte formschlüssige Verbindung, Keilverbindungen	299

12.4.1.	Anwendung	299
12.4.2.	Keilformen	300
12.4.3.	Berechnung	301
12.4.4.	Gestaltung	301
12.5.	Berechnungsbeispiele	302
12.6.	Normen und Literatur	309

13. Kupplungen — 310

13.1.	Allgemeines, Einteilung, Eigenschaften	310
13.2.	Berechnungsgrundlagen zur Kupplungswahl	310
13.2.1.	Anfahrmoment, zu übertragendes Kupplungsmoment	310
13.2.2.	Betriebsverhalten von Antriebs- und Arbeitsmaschinen	312
13.2.3.	Beschleunigungsmoment, Massenträgheitsmoment	314
13.2.4.	Maximales Kupplungsmoment	316
13.2.5.	Fiktives Kupplungsmoment, Wahl der Kupplungsgröße	318
13.3.	Nicht schaltbare, starre Kupplungen	319
13.3.1.	Scheibenkupplung	319
13.3.2.	Schalenkupplung	320
13.4.	Nicht schaltbare, nachgiebige Kupplungen	321
13.4.1.	Formschlüssige, getriebebewegliche Kupplungen	321
13.4.2.	Formschlüssige, drehnachgiebige elastische Kupplungen	323
13.5.	Schaltbare Kupplungen	327
13.5.1.	Fremdbetätigte Schaltkupplungen	327
13.5.2.	Momentbetätigte Schaltkupplungen (Sicherheitskupplungen)	334
13.5.3.	Drehzahlbetätigte Schaltkupplungen (Fliehkraftkupplungen)	335
13.5.4.	Richtungsbetätigte Schaltkupplungen	338
13.6.	Berechnungsbeispiele	338
13.7.	Normen und Literatur	341

14. Lager — 342

14.1.	Allgemeines	342
14.1.1.	Lagerarten	342
14.1.2.	Eigenschaften	343
14.1.3.	Verwendung der Gleit- und Wälzlager	343
14.2.	Wälzlager	344
14.2.1.	Aufbau, Wälzkörperformen und Werkstoffe	344
14.2.2.	Standard-Bauformen der Wälzlager, ihre Eigenschaften und Verwendung	344
14.2.3.	Sonder-Bauformen	349
14.2.4.	Baumaße und Kurzzeichen für die Wälzlager	349
14.2.5.	Lagerauswahl	351
14.2.6.	Berechnung umlaufender Wälzlager	351
14.2.7.	Höchstdrehzahlen	356
14.2.8.	Berechnung stillstehender oder langsam umlaufender Wälzlager	357
14.2.9.	Gestaltung der Lagerstellen	358
14.2.10.	Schmierung der Wälzlager	361
14.2.11.	Lagerdichtungen	363
14.2.12.	Gestaltungsbeispiele für Wälzlagerungen	366
14.2.13.	Berechnungsbeispiele für Wälzlager	371
14.3.	Gleitlager	378
14.3.1.	Grundlagen der Schmierungs- und Reibungsverhältnisse	378

14.3.2.	Gleitlagerwerkstoffe		381
14.3.3.	Berechnung der Radial-Gleitlager		383
14.3.4.	Berechnung der Axial-Gleitlager		392
14.3.5.	Schmierung und Gleitlager		396
14.3.6.	Lagerdichtungen		398
14.3.7.	Gestaltung der Radial-Gleitlager		398
14.3.8.	Gestaltung der Axial-Gleitlager		402
14.3.9.	Polyamid-Gleitlager		406
14.3.10.	Berechnungsbeispiele für Gleitlager		410
14.4.	Normen und Literatur		420
15.	**Zahnräder und Zahnradgetriebe**		**421**
15.1.	Allgemeines		421
15.2.	Verzahnungsgesetz		422
15.2.1.	Voraussetzungen		422
15.2.2.	Geschwindigkeitsverhältnisse		423
15.2.3.	Beweis des Verzahnungsgesetzes		423
15.2.4.	Folgerungen		424
15.3.	Allgemeine Verzahnungsmaße		424
15.4.	Übersetzung		426
15.5.	Zykloidenverzahnung		428
15.5.1.	Die Zykloiden		428
15.5.2.	Eigenschaften und Verwendung		428
15.5.3.	Konstruktion der Zahnform		429
15.5.4.	Triebstockverzahnung		430
15.6.	Evolventenverzahnung		431
15.6.1.	Die Evolvente		431
15.6.2.	Eigenschaften und Verwendung		431
15.6.3.	Konstruktion der Zahnform		431
15.6.4.	Eingriffsstrecke, Eingriffslänge, Überdeckungsgrad		432
15.6.5.	Abwälzverhältnisse		434
15.6.6.	Außen-Geradverzahnung		434
15.6.7.	Innen-Geradverzahnung		435
15.7.	Profilverschobene Evolventen-Geradverzahnung		436
15.7.1.	Anwendung		436
15.7.2.	Zahnunterschnitt, Grenzzähnezahl		436
15.7.3.	Profilverschiebung		437
15.7.4.	Zahnspitzengrenze, Mindestzähnezahl		439
15.7.5.	Paarung der Räder, Getriebearten		439
15.7.6.	Rad- und Getriebeabmessungen bei V-Null- und V-Getrieben		440
15.7.7.	Evolventenfunktion und ihre Anwendung bei V-Getrieben		441
15.7.8.	Summe der Profilverschiebungsfaktoren und ihre Aufteilung		444
15.7.9.	0,5-Verzahnung		445
15.7.10.	Rechentafeln		445
15.7.11.	Berechnungs- und Konstruktionsbeispiele zur Profilverschiebung		447
15.8.	Gerad-Stirnräder und -Stirnradgetriebe		451
15.8.1.	Verwendung		451
15.8.2.	Allgemeine Abmessungen, Eingriffsverhältnisse		452
15.8.3.	Kraftverhältnisse		452
15.8.4.	Berechnung der Tragfähigkeit der Geradstirnräder		453
15.8.5.	Wahl der Übersetzung		462

15.8.6.	Wirkungsgrade	463
15.9.	Schräg-Stirnräder und -Stirnradgetriebe	463
15.9.1.	Grundformen und Verwendung	463
15.9.2.	Allgemeine Abmessungen	464
15.9.3.	Eingriffsverhältnisse	465
15.9.4.	Profilverschobene Schrägverzahnung	466
15.9.5.	Kraftverhältnisse	469
15.9.6.	Berechnung der Tragfähigkeit der Schrägstirnräder	470
15.9.7.	Wahl der Übersetzung	472
15.9.8.	Wirkungsgrade	473
15.10.	Berechnungsbeispiele für Stirnradgetriebe	473
15.11.	Schraubradgetriebe	485
15.11.1.	Merkmale und Verwendung	485
15.11.2.	Geometrische Beziehungen	486
15.11.3.	Eingriffsverhältnisse	487
15.11.4.	Kraftverhältnisse	488
15.11.5.	Wirkungsgrad	490
15.11.6.	Berechnung der Getriebeabmessungen	491
15.12.	Kegelräder und Kegelradgetriebe	492
15.12.1.	Grundformen, Eigenschaften und Verwendung	492
15.12.2.	Geometrische Beziehungen am geradverzahnten Kegelradgetriebe	493
15.12.3.	Eingriffsverhältnisse am geradverzahnten Kegelradgetriebe	495
15.12.4.	Grenzzähnezahl und Profilverschiebung bei geradverzahnten Kegelrädern	496
15.12.5.	Kraftverhältnisse am geradverzahnten Kegelradgetriebe	497
15.12.6.	Berechnung der Tragfähigkeit geradverzahnter Kegelräder	499
15.12.7.	Geometrische Beziehungen an schräg- und bogenverzahnten Kegelradgetrieben	502
15.12.8.	Eingriffsverhältnisse an schräg- und bogenverzahnten Kegelradgetrieben	503
15.12.9.	Grenzzähnezahl bei schräg- und bogenverzahnten Kegelrädern	504
15.12.10.	Kraftverhältnisse an schräg- und bogenverzahnten Kegelradgetrieben	504
15.12.11.	Berechnung der Tragfähigkeit schräg- und bogenverzahnter Kegelräder	505
15.12.12.	Sonstige Hinweise	507
15.13.	Berechnungsbeispiele	507
15.14.	Schneckengetriebe	519
15.14.1.	Eigenschaften, Ausführungsformen und Verwendung	519
15.14.2.	Geometrische Beziehungen bei Zylinderschneckengetrieben	521
15.14.3.	Eingriffsverhältnisse	524
15.14.4.	Wirkungsgrad	524
15.14.5.	Kraftverhältnisse	525
15.14.6.	Berechnung der Tragfähigkeit der Schneckengetriebe	527
15.14.7.	Werkstoffe und Werkstoffpaarung	530
15.15.	Berechnungsbeispiele für Schneckengetriebe	531
15.16.	Werkstoffe und Gestaltung der Zahnräder aus Metall	539
15.16.1.	Werkstoffe	539
15.16.2.	Gestaltung der Räder	540
15.16.3.	Ausführung der Verzahnung	542
15.16.4.	Darstellung, Maßeintragung	542
15.17.	Schmierung der Zahnräder	544
15.17.1.	Stirnradgetriebe	544
15.17.2.	Kegelradgetriebe	544
15.17.3.	Schraubradgetriebe und Schneckengetriebe	544
15.18.	Zahnräder aus Kunststoff	545
15.18.1.	Eigenschaften und Verwendung	545

Inhaltsverzeichnis XIII

15.18.2.	Kunststoffsorten	545
15.18.3.	Überschlägige Berechnung der Kunststoff-Zahnräder	545
15.18.4.	Genauere Berechnung der Polyamid-Zahnräder	546
15.18.5.	Gestaltung der Polyamid-Zahnräder	548
15.19.	Berechnungsbeispiele für Polyamid Zahnräder	550
15.20.	Normen und Literatur	553

16. Riemengetriebe 555

16.1.	Allgemeines	555
16.2.	Getriebearten und deren Verwendung	555
16.2.1.	Offene Riemengetriebe	555
16.2.2.	Gekreuzte Riemengetriebe	557
16.3.	Riemenarten und Riemenwerkstoffe	558
16.3.1.	Flachriemen	559
16.3.2.	Keilriemen	560
16.3.3.	Zahnriemen	561
16.4.	Theoretische Grundlagen zur Berechnung der Riemengetriebe	561
16.5.	Praktische Berechnung der Riemengetriebe	566
16.5.1.	Bemessung der Leder-Flachriemen	566
16.5.2.	Bemessung der Verbund-(Mehrschicht)-Flachriemen	567
16.5.3.	Bemessung der Normalkeilriemen	568
16.5.4.	Bemessung der Schmalkeilriemen	569
16.5.5.	Riemenlänge, Achsabstand, Spannweg	570
16.6.	Gestaltung der Riemengetriebe	572
16.6.1.	Allgemeine Gesichtspunkte	572
16.6.2.	Hauptabmessungen der Riemenscheiben	572
16.6.3.	Werkstoffe und Ausführung der Riemenscheiben	573
16.6.4.	Spannrollen	574
16.6.5.	Schaltbare Riemen	576
16.7.	Berechnungsbeispiele	576

17. Kettengetriebe 584

17.1.	Allgemeines	584
17.2.	Kettenarten, Ausführung und Anwendung	584
17.2.1.	Bolzenketten	584
17.2.2.	Buchsenketten	585
17.2.3.	Rollenketten	586
17.2.4.	Zahnketten	587
17.3.	Berechnung der Kettengetriebe	588
17.3.1.	Vorwahl der Kette	588
17.3.2.	Nachprüfung der Kette	589
17.4.	Bauteile und Gestaltung der Kettengetriebe	592
17.4.1.	Kettenräder	592
17.4.2.	Zähnezahlen, Übersetzung	595
17.4.3.	Anordnung der Getriebe	596
17.4.4.	Durchhang, Trummlänge	597
17.4.5.	Gliederzahl, Achsabstand	597
17.4.6.	Verbindungsglieder	598
17.4.7.	Hilfseinrichtungen	599
17.5.	Schmierung der Kettengetriebe	600
17.6.	Berechnungsbeispiele	601

Sachwortverzeichnis 605

Umrechnungsbeziehungen zwischen bisher gebräuchlichen und gesetzlichen Einheiten

Größe	Gesetzliche Einheit — Name und Einheitenzeichen	Gesetzliche Einheit — ausgedrückt als Potenzprodukt der Basiseinheiten	Bisher gebräuchliche Einheit und Umrechnungsbeziehung
Kraft F	Newton N	$1\,N = 1\,m\,kg\,s^{-2}$	Kilopond kp [1] $1\,kp = 9{,}80665\,N \approx 10\,N$ $1\,kp \approx 1\,daN$
Druck p	$\dfrac{\text{Newton}}{\text{Quadratmeter}}\ \dfrac{N}{m^2}$ [2] $1\,\dfrac{N}{m^2} = 1\,\text{Pascal Pa}$ $1\,\text{Bar} = 10^5\,\text{Pascal}$ $1\,\text{bar} = 10^5\,Pa$	$1\,\dfrac{N}{m^2} = 1\,m^{-1}\,kg\,s^{-2}$	Meter Wassersäule mWS [1] $1\,mWS = 9{,}80665 \cdot 10^3\,Pa$ $1\,mWS \approx 0{,}1\,bar$ Millimeter Wassersäule mmWS [1] $1\,mmWS \approx 9{,}80665\,\dfrac{N}{m^2} \approx 10\,Pa$
Die gebräuchlichsten Vorsätze und deren Kurzzeichen	für das Millionenfache (10^6 fache) der Einheit: Mega M für das Tausendfache (10^3 fache) der Einheit: Kilo k für das Zehnfache (10fache) der Einheit: Deka da für das Hundertstel (10^{-2} fache) der Einheit: Zenti c für das Tausendstel (10^{-3} fache) der Einheit: Milli m für das Millionstel (10^{-6} fache) der Einheit: Mikro μ		Millimeter Quecksilbersäule mmHg [1] $1\,mmHg = 133{,}3224\,Pa$ Torr [1] $1\,Torr = 133{,}3224\,Pa$ Technische Atmosphäre at [1] $1\,at = 1\,\dfrac{kp}{cm^2} = 9{,}80665 \cdot 10^4\,Pa$ $1\,at \approx 1\,bar$ Physikal. Atmosphäre atm [1] $1\,atm = 1{,}01325 \cdot 10^5\,Pa \approx 1{,}01\,bar$
Mechanische Spannung σ, τ, ebenso Festigkeit, Flächenpressung, Lochleibungsdruck	$\dfrac{\text{Newton}}{\text{Quadratmillimeter}}\ \dfrac{N}{mm^2}$ [2] $1\,\dfrac{N}{mm^2} = 10^6\,\dfrac{N}{m^2} = 10^6\,Pa$ $= 1\,MPa = 10\,bar$	$1\,\dfrac{N}{mm^2} = 10^6\,m^{-1}\,kg\,s^{-2}$	$\dfrac{kp}{mm^2}$ und $\dfrac{kp}{cm^2}$ [1] $1\,\dfrac{kp}{mm^2} = 9{,}80665\,\dfrac{N}{mm^2} \approx 10\,\dfrac{N}{mm^2}$ $1\,\dfrac{kp}{cm^2} = 0{,}0980665\,\dfrac{N}{mm^2} \approx 0{,}1\,\dfrac{N}{mm^2}$
Kraftmoment M	Newtonmeter Nm	$1\,Nm = 1\,m^2\,kg\,s^{-2}$	Kilopondmeter kpm [1] $1\,kpm = 9{,}80665\,Nm \approx 10\,Nm$ Kilopondzentimeter kpcm [1] $1\,kpcm = 0{,}0980665\,Nm \approx 0{,}1\,Nm$
Arbeit W, Energie W	Joule J [3] $1\,J = 1\,Nm = 1\,Ws$	$1\,J = 1\,Nm = 1\,m^2\,kg\,s^{-2}$	Kilopondmeter kpm [1] $1\,kpm = 9{,}80665\,J \approx 10\,J$
Leistung P	Watt W $1\,W = 1\,\dfrac{J}{s} = 1\,\dfrac{Nm}{s}$	$1\,W = 1\,m^2\,kg\,s^{-3}$	$\dfrac{\text{Kilopondmeter}}{\text{Sekunde}}\ \dfrac{kpm}{s}$ [1] $1\,\dfrac{kpm}{s} = 9{,}80665\,W \approx 10\,W$ Pferdestärke PS [1] $1\,PS = 75\,\dfrac{kpm}{s} = 735{,}49875\,W$

Größe	Gesetzliche Einheit Name und Einheitenzeichen	Gesetzliche Einheit ausgedrückt als Potenzprodukt der Basiseinheiten	Bisher gebräuchliche Einheit und Umrechnungsbeziehung
Impuls $F\,\Delta t$	Newtonsekunde Ns $1\,\text{Ns} = 1\,\dfrac{\text{kgm}}{\text{s}}$	$1\,\text{Ns} = 1\,\text{m}\,\text{kg}\,\text{s}^{-1}$	Kilopondsekunde kps $1\,\text{kps} = 9{,}80665\,\text{Ns} \approx 10\,\text{Ns}$
Drehimpuls $M\,\Delta t$	Newtonmetersekunde Nms $1\,\text{Nms} = 1\,\dfrac{\text{kgm}^2}{\text{s}}$	$1\,\text{Nms} = 1\,\text{m}^2\,\text{kg}\,\text{s}^{-1}$	Kilopondmetersekunde kpms $1\,\text{kpms} = 9{,}80665\,\text{Nms} \approx 10\,\text{Nms}$
Massenträgheitsmoment J	Kilogrammmeterquadrat kgm²	$1\,\text{m}^2\,\text{kg}$	Kilopondmetersekundequadrat kpms² $1\,\text{kpms}^2 = 9{,}80665\,\text{kgm}^2 \approx 10\,\text{kgm}^2$
Wärme, Wärmemenge Q	Joule J $1\,\text{J} = 1\,\text{Nm} = 1\,\text{Ws}$	$1\,\text{J} = 1\,\text{Nm} = 1\,\text{m}^2\,\text{kg}\,\text{s}^{-2}$	Kalorie cal $1\,\text{cal} = 4{,}1868\,\text{J}$ Kilokalorie kcal $1\,\text{kcal} = 4186{,}8\,\text{J}$
Temperatur ϑ	Kelvin K und Grad Celsius °C	Basiseinheit Kelvin K	Grad Kelvin °K $1\,°\text{K} = 1\,\text{K}$ (°K darf höchstens bis zum 31.12.1974 benutzt werden)
Temperaturintervall $\Delta\vartheta$	Kelvin K und Grad Celsius °C	Basiseinheit Kelvin K	Grad grd $1\,\text{grd} = 1\,\text{K} = 1\,°\text{C}$ (°K darf höchstens bis zum 31.12.1974 benutzt werden)
Längenausdehnungskoeffizient α	Eins durch Kelvin $\dfrac{1}{\text{K}}$	$\dfrac{1}{\text{K}} = \text{K}^{-1}$	$\dfrac{1}{\text{grd}},\ \dfrac{1}{°\text{C}}$ $\dfrac{1}{\text{grd}} = \dfrac{1}{°\text{C}} = \dfrac{1}{\text{K}}$
Kinematische Viskosität ν	Quadratmeter $\dfrac{\text{m}^2}{\text{s}}$ Sekunde	$\text{m}^2\,\text{s}^{-1}$	Stokes St [1]) $1\,\text{St} = 10^{-4}\,\dfrac{\text{m}^2}{\text{s}}$
Dynamische Viskosität η	Newtonsekunde $\dfrac{\text{Ns}}{\text{m}^2}$ Quadratmeter $1\,\dfrac{\text{Ns}}{\text{m}^2} = 1\,\text{Pa}\cdot\text{s}$ Pa · s = Pascalsekunde	$1\,\dfrac{\text{Ns}}{\text{m}^2} = 1\,\text{m}^{-1}\,\text{kg}\,\text{s}^{-1}$	Poise P [1]) $1\,\text{P} = 0{,}1\,\dfrac{\text{Ns}}{\text{m}^2} = 0{,}1\,\text{Pa}\cdot\text{s}$

[1]) Aufzugeben so bald wie möglich, spätestens bis 31.12.1977.
[2]) Zulässig sind auch alle Quotienten aus einer gesetzlichen Krafteinheit und einer gesetzlichen Flächeneinheit, z. B. N/cm².
[3]) Zulässig sind auch alle Produkte aus gesetzlichen Kraft- und Längeneinheiten oder aus gesetzlichen Leistungs- und Zeiteinheiten, z. B. kWh.

Aus *A. Böge*, Mechanik und Festigkeitslehre, Friedr. Vieweg & Sohn, Braunschweig

1. Allgemeine Grundlagen

1.1. Grundbegriffe und Arten der Maschinenelemente

Unter Maschinenelementen (Maschinenteilen) versteht man solche Bauteile, die zur Gestaltung und zum Aufbau von Maschinen, Apparaten, Geräten u. dgl. in gleicher oder ähnlicher Form immer wieder verwendet werden. Entsprechend ihrem Verwendungszweck unterscheidet man:

1. *Verbindungselemente,* z.B. Niete, Schrauben, Keile, Federn, Stifte, Bolzen, ferner Schweiß-, Löt- und Klebverbindungen;
2. *Lagerungs-* und *Übertragungselemente,* z.B. Gleit- und Wälzlager, Achsen und Wellen, Kupplungen, Zahnräder und Getriebe, Riemen- und Kettengetriebe;
3. *Elemente zur Fortleitung von Flüssigkeiten und Gasen,* z.B. Rohre und Zubehörteile, Armaturen wie Ventile, Schieber und Hähne.

Ferner sind noch einige Randgebiete, z.B. *Passungen* und *Festigkeit und zulässige Spannung* zu den Maschinenelementen hinzuzurechnen, da sie für deren Gestaltung und Berechnung grundlegend sind.

Die Formen und Abmessungen vieler Maschinenelemente sind genormt. Darüber hinaus sind auch häufig noch die Berechnung und die bauliche Gestaltung vorgeschrieben, z.B. bei den Niet- und Schweißverbindungen im Stahlbau.

1.2. Allgemeine Gestaltungs- und Berechnungsregeln

1.2.1. Zeichnung

Die Zeichnung ist für den Konstrukteur das wichtigste Hilfsmittel, mit dem er seine Gedanken bildlich festhält und anderen mitteilt. Eine technische Zeichnung muß daher verständlich, klar und übersichtlich sein. Eine gewisse zeichnerische Fertigkeit und die genaue Kenntnis der *Zeichnungsnormen* sind u.a. wichtige Voraussetzungen für das Konstruieren. Auf die Zeichnungsnormen (z.B. Normschrift, Darstellung, Maßeintragung usw.) sowie auf das Technische Zeichnen[1]) allgemein wird hier nicht näher eingegangen. Es sollen nur einige Gesichtspunkte über das technische Zeichnungswesen und den Ablauf der konstruktiven Arbeit behandelt werden.

1.2.1.1. Entwurfs-Zeichnung

Der Entwurf einer Maschine o. dgl. geht der Gestaltung der Einzelteile voraus. In ihm werden die wesentlichen Formen, Abmessungen usw. nach evtl. erforderlichen Berechnungen festgelegt.

---

[1]) Siehe 1.4. Normen und Literatur

1.2.1.2. Fertigungs-Zeichnung (Einzelteil-Zeichnung)

Nach dem Entwurf werden die Einzelteile gezeichnet. Je nach Vorschrift des Betriebes wird jedes Teil, z.B. Welle, Zahnrad usw., auf ein Einzelblatt gezeichnet oder mehrere gleichartige Teile, wie Gußteile, Schmiedeteile, Drehteile usw. werden auf einem Blatt zusammengefaßt. Bei der Zeichnung der Einzelteile sind die unter 1.2.4.1. genannten Gestaltungsregeln zu beachten.

1.2.1.3. Gesamt-Zeichnung (Zusammenstellungs-Zeichnung)

Aus den Einzelteilzeichnungen geht die Gesamt-Zeichnung (Montagezeichnung) hervor. Diese soll alle verwendeten Einzelteile in ihrer Funktion, ihrem Zusammenbau und Zusammenspiel klar erkennen lassen; denn die Gesamt-Zeichnung dient in erster Linie der Werkstatt als Unterlage für den Zusammenbau der Einzelteile.

In der Gesamt-Zeichnung sollen möglichst die wichtigsten Hauptabmessungen, z.B. Gesamtlänge, Höhe, Breite und Anschlußmaße, wie Achshöhen, Befestigungslöcher, Flanschmaße, eingetragen werden. Das erspart das Heraussuchen von Einzelteilzeichnungen für die zur Aufstellung und zum Einbau der Maschine evtl. notwendigen Angaben.

1.2.2. Stückliste

Die Stückliste enthält eine Aufstellung sämtlicher Einzelteile der Konstruktion und bildet mit der Zeichnung eine untrennbare Einheit. Für Stücklisten sind heute meist von der Zeichnung getrennte Vordrucke (Transparent DIN A 4) üblich. Die Teile werden möglichst in systematischer Reihenfolge eingetragen, z. B. bei einem Getriebe: das Gehäuse (Teil 1), der Gehäusedeckel (Teil 2), dann zweckmäßig von der Antriebsseite ausgehend der Reihe nach die übrigen Teile. Die genormten Teile, wie Schrauben, Niete, Paßfedern u. dgl. werden möglichst am Ende der Stückliste aufgenommen um dem Betrieb die Arbeitsvorbereitung zu erleichtern.

Die Stückliste enthält normalerweise Angaben über: Lfd. Nr., Stückzahl, Benennung des Teiles, Teil-Nr., Zeichnungs-Nr., Werkstoff, Norm-Nr., Rohmaße und Gewichte. Stücklisten-Vordrucke sind nach DIN 6771 und 6783 empfohlen, jedoch verwenden viele Firmen, der Art und Organisation ihres Betriebes entsprechende, eigene Vordrucke.

1.2.3. Zeichnungsprüfung

Sorgfältiges Prüfen der fertigen Zeichnung und der Stückliste ist unerläßlich, um Fehler und spätere Änderungen zu vermeiden. Zweckmäßig ist eine mehrmalige Durchsicht der Zeichnung nach verschiedenen Gesichtspunkten: Sind alle für die Fertigung erforderlichen Maße und alle Oberflächenzeichen eingetragen? Stimmen die Maße „passender" Teile überein? Sind die Toleranzangaben richtig? Ist der Zusammenbau der Einzelteile ohne Schwierigkeiten möglich? usw.

1.2.4. Gestaltung

Bei der Konstruktion von Maschinen und Maschinenteilen sollen Berechnung und Gestaltung *nicht nacheinander* sondern *nebeneinander* erfolgen. Häufig müssen rechnerisch gefundene Abmessungen von Bauteilen nachträglich wieder geändert werden, weil sie sich nicht in die Gesamtkonstruktion einfügen, oder weil zunächst für die Rechnung Annahmen, z. B. Längen- und Abstandsmaße, gemacht wurden, die beim Entwurf nicht eingehalten werden können. Ebenso müssen auch bisweilen konstruierte Bauteile nachträglich geändert werden, weil dies die rechnerische Festigkeitsnachprüfung erfordert.

Darum darf man nicht nur rechnen und nicht nur konstruieren, sondern muß rechnen und konstruieren!

Jede Konstruktion beginnt mit dem Entwurf (Projekt), der nach eingehender Kritik unter Umständen mehrfach geändert und verbessert werden muß.

1.2.4.1. Gestaltungsregeln[1])

Die dann folgende Gestaltung der Einzelteile muß unter sorgfältiger Beachtung der *Gestaltungsregeln* vorgenommen werden. Diese sind derart vielseitig und umfangreich, daß hier nur einige wichtige Gesichtspunkte aufgeführt werden sollen, über die sich der Konstrukteur u. a. Gedanken machen muß.

1. *Wirtschaftlichkeit:* Möglichst Halbzeuge wie Profilstäbe, Rohre, Bleche usw., sowie genormte Teile verwenden. Die Wirtschaftlichkeit wird außerdem mehr oder weniger noch durch die folgenden Gesichtspunkte beeinflußt.
2. *Werkstoff:* Sollen Baustähle, legierte Stähle, Leichtmetalle oder Kunststoffe verwendet werden? Ist die Festigkeit, die Lebensdauer oder der Verschleiß maßgebend? Soll leicht gebaut werden?
3. *Fertigungsart:* Spanende oder spanlose Formung, Gießen, Schmieden, Schweißen? Hierbei ist häufig die zu erwartende Stückzahl eines Teiles maßgebend.
4. *Bearbeitung:* Kann Oberfläche roh (bei Gußstücken) bleiben, oder wie soll sie bearbeitet werden? Polieren, Schlichten, Schruppen? Sind Toleranzen erforderlich?
5. *Formgebung:* Gefälliges Aussehen, moderne Bauformen anstreben. Gußgerecht, schweißgerecht konstruieren. Gefährdete Kerbstellen vermeiden.
6. *Zusammenbau* (*Montage*): Den Einbau der Teile sorgfältig durchdenken (Einbauplan). Auf gute Zugänglichkeit aller Teile achten, besonders bei Schrauben. Auch das Auseinanderbauen (z. B. für den Einbau von Ersatzteilen) muß ohne Schwierigkeiten möglich sein.
7. *Versand:* Transportmöglichkeiten beachten: Eisenbahn (Ladeprofile), Lastkraftwagen, Schiff? Also keine zu sperrigen und schweren Konstruktionen; eventuell geteilte, raumsparende Ausführungen, besonders bei Schiffstransporten (die BRT – ein Raummaß – muß bezahlt werden). Tragösen o. ä. zum Transport vorsehen.

---

[1]) Siehe auch 1.3. Wertanalyse von Konstruktionen und unter 1.4. Normen und Literatur

8. *Säuberung:* Möglichst glatte Außenflächen, Verkleidungen vorsehen. Schmutzecken vermeiden.
9. *Verschleiß, Schmierung, Betriebssicherheit, Korrosion, Schutzanstriche* u. a. sind weitere, nicht weniger wichtige, vom Konstrukteur zu beachtende Punkte.

Die Voraussetzung für eine fruchtbare konstruktive Tätigkeit ist aber nicht allein die Beherrschung dieser zahlreichen Gesichtspunkte, sondern daneben sind das konstruktive Gefühl und die aus eigener Praxis gesammelte Konstruktionserfahrung, die weder erlernt noch durch eine Theorie ersetzt werden können, unerläßlich.

1.2.5. Berechnung

1.2.5.1. Berechnungsarten

Für die Ermittlung der Abmessungen von Maschinenteilen müssen häufig verschiedene Berechnungen durchgeführt werden. Im wesentlichen handelt es sich um folgende:
1. *Mechanische Berechnung* zur Ermittlung von Hebellängen, Übersetzungen, Drehzahlen, Umfangsgeschwindigkeiten usw.
2. *Festigkeitsberechnung,* als eine der wichtigsten, zur Festlegung der Querschnittsabmessungen der Bauteile.
3. *Berechnung auf Lebensdauer* z. B. bei Wälzlagern und Zahnrädern.
4. *Volumenberechnung* für Behältermaße, Durchmesser von Rohrleitungen.
5. *Gewichtsberechnung* zur Bestimmung von Gegengewichten, Massenausgleich usw.

Die Festigkeitsberechnung für ein Bauteil nach den Regeln der Festigkeitslehre kann entweder als Vorausberechnung oder als Nachprüfung durchgeführt werden.

1.2.5.2. Vorausberechnung

Vor dem Konstruieren werden die Abmessungen eines Bauteiles mit den auftretenden Beanspruchungen und einer zulässigen Spannung ermittelt. So wird beispielsweise der Durchmesser der Welle einer Kreiselpumpe mit dem zu übertragenden Drehmoment und einer entsprechend anzusetzenden zulässigen Verdrehspannung berechnet und festgelegt.

1.2.5.3. Nachprüfung

Für die rein konstruktiv festgelegten Abmessungen eines Bauteiles, also nach dem Konstruieren, wird mit den auftretenden Beanspruchungen die vorhandene Spannung ermittelt und mit der zulässigen verglichen. Das Bauteil hält den Beanspruchungen stand, wenn die vorhandene Spannung die zulässige nicht überschreitet. So wird z. B. das Ende einer Welle konstruktiv zum Lagerzapfen abgesetzt. Für den gefährdeten Querschnitt (Übergangsstelle) wird mit dem zu übertragenden Biegemoment die vorhandene Spannung ermittelt und mit der zulässigen verglichen.

1.3. Wertanalyse von Konstruktionen

1.3.1. Allgemeines

Die Form, Größe, Funktion (Zweck, Aufgabe) und die Einzelheiten eines Erzeugnisses werden ausschließlich durch dessen Konstruktion (Gestaltung), also vom Konstrukteur festgelegt. Die Werkstatt führt aus, was in der Konstruktionszeichnung und Stückliste angegeben ist, wodurch die Kosten des Erzeugnisses schon weitgehend festgelegt sind. So können durch eine aufwendige Konstruktion, z. B. durch Verwendung teurer Werkstoffe, durch unnötig feine Toleranzen und Oberflächen, teuere Fertigungsverfahren, evtl. Nichtverwendung durchaus möglicher, genormter Bauteile und durch schwierige Montage, die Herstellungskosten verhältnismäßig hoch sein trotz günstigster Planung und Durchführung des Fertigungsablaufes. Der große Einfluß der Konstruktion auf die Preisgestaltung und damit ihre große Bedeutung innerhalb der Arbeitsbereiche lassen sich aus der Verantwortlichkeit für die Herstellungskosten erkennen, die sich nach *Bronner* etwa wie folgt aufteilen:

Konstruktion (einschließlich Entwicklung): 75 %,
Arbeitsvorbereitung: 13 %,
Werkstoffbereich und Fertigung: 12 %.

Diese Angaben sind jedoch nicht etwa so aufzufassen, daß die Kosten der Konstruktionsarbeit (Konstrukteur, Konstruktionsbüro) 75 % des Endpreises eines Erzeugnisses ausmachen, sondern so zu verstehen, daß durch eine mehr oder weniger günstige Konstruktion die Herstellungskosten bis zu 75 % niedriger oder höher sein können, wohingegen eine mehr oder weniger gut geplante Arbeitsvorbereitung die Kosten nur um etwa 13 % günstiger oder ungünstiger beeinflussen kann.

1.3.2. Grundbegriffe

1.3.2.1. Wertanalyse

Der Konstrukteur kann nicht alle Einzelheiten der Fertigung beherrschen, der Arbeitsgestalter nicht alle Probleme der Konstruktion. Um nun ein Erzeugnis optimal zu gestalten, sowohl hinsichtlich der Funktion als auch der Fertigung, müssen Konstrukteur und Sachbearbeiter der Fertigung eng zusammenarbeiten. Für eine solche systematische Zusammenarbeit ist eine Methode (ein Verfahren) entwickelt worden, die mit dem Begriff *Wertanalyse* (Analyse: Zergliederung, Zerlegung, Auflösung) bezeichnet wird und die nach der VDI-Richtlinie 2801 etwa wie folgt definiert ist:

> **Die Wertanalyse ist eine Methode, mit der die Funktion eines geplanten oder schon gefertigten Erzeugnisses festgestellt und geprüft wird und für ihre technische Verwirklichung systematisch alle denkbaren Lösungen ermittelt und überprüft werden, wonach diejenige Lösung gewählt wird, die sowohl in konstruktiver als auch in wirtschaftlicher Hinsicht die günstigste ist.**

1.3.2.2. Funktionsarten

Die *Funktion* ist der Hauptbegriff der Wertanalyse und steht selbstverständlich an erster Stelle aller Überlegungen für die konstruktive Arbeit. Es muß nun erreicht werden, die gewünschte Funktion, also die Aufgabe, den Zweck, das Ziel einer Konstruktion mit dem geringsten Aufwand bei größtem Nutzen und Ertrag zu erfüllen.

> **Unter Funktion sind alle Aufgaben zu verstehen, die mit einem bestehenden oder zu entwickelnden Erzeugnis erfüllt werden bzw. erfüllt werden sollen. Die Beschreibung einer Funktion soll möglichst kurz sein und nicht mehr als zwei Worte enthalten, z. B. die Funktion einer Dosenverschlußmaschine: Dosen verschließen.**

Je nach Wichtigkeit verschiedener Funktionen einer Maschine unterscheidet man zwischen *Haupt-* und *Nebenfunktionen.*

> **Die Hauptfunktion kennzeichnet die eigentliche (Haupt-)Aufgabe eines Erzeugnisses, z. B. Dosenverschlußmaschine: Dosen verschließen.**
>
> **Die Nebenfunktionen sind notwendige (Neben-)Aufgaben zur Erfüllung der Hauptaufgabe, z. B. Dosenverschlußmaschine: Dosen transportieren.**

Die Erfüllung der Hauptfunktion ist selbstverständlich und unerläßlich und läßt häufig nur wenige optimale Lösungen zu, die schon durch die Aufgabenstellung klar umrissen sind; z. B. Dosenverschlußmaschine: Aufnahmeteller durch Größe und Profil der Dosendeckel festgelegt, Profil der Verschlußrollen durch Falzart vorgegeben, Verschließgeschwindigkeit durch Erfahrung gegeben usw.

Dagegen sind die Nebenfunktionen vielfach durch die Art der Gesamtkonstruktion, den Standort der Maschine, den Wunsch des Kunden bedingt; z. B. Dosenverschlußmaschine: Länge der Transportwege, waagerechter oder geneigter Transport der Dosen und damit die Art der Transportanlage.

1.3.2.3. Funktionsanalyse

Die Funktionsanalyse bildet den „Kern" der Wertanalyse und besteht in der Erfassung eines Erzeugnisses durch

a) Benennung und Beschreibung der Einzelteile,
b) Angabe der Funktionsart (Sinn und Zweck der Einzelteile),
c) Ermittlung und Angabe der Herstellkosten.

1.3.3. Beispiele

Mit folgenden Beispielen soll die Wichtigkeit der Zusammenarbeit zwischen Konstruktion und Fertigung, also die Wert- und Funktionsanalyse veranschaulicht werden.

■ **Beispiel 1.1:** Bei einem Ketten-Trogförderer ist das Antriebs-Kettenrad durch Verschleiß der Zähne zerstört. Der Kunde bestellt ein Ersatzrad. Da es sich um eine ältere Anlage handelt und inzwischen Neukonstruktionen erfolgt sind, sind Zeichnung und Modell (Rad aus GS) nicht mehr vorhanden. Auf Wunsch wird vom Kunden das alte Rad eingeschickt, wonach die Abmessungen rekonstruiert werden (Bild 1-1a). Der Konstrukteur muß sich nun für eine der hier in Frage kommenden Ausführungen, Guß- oder Schweißkonstruktion, entscheiden. Für

1.3. Wertanalyse von Konstruktionen

das Einzelstück bietet sich nach allgemeiner Erfahrung eine Schweißkonstruktion an, hierfür aus Einsatzstahl z. B. 15 Cr 3 (Bild 1-1 b). Sicherheitshalber läßt der Konstrukteur vom Betrieb eine (Grob-)Kalkulation für die Schweiß- und vergleichbare Gußkonstruktion durchführen, wobei sich überraschenderweise die Gußkonstruktion aus legiertem Stahlguß als die kostengünstigere erweist, obgleich es sich, wie schon erwähnt, nur um ein einziges Stück handelt.

Ein Vergleich der wesentlichen, unterschiedlichen Fertigungsvorgänge läßt den Vorteil der Gußkonstruktion (a) gegenüber der Schweißkonstruktion (b) erkennen. Bei a): Einfaches, ungeteiltes, billiges Holzmodell (runde Scheiben), Naben-Vorbohrung durch Kern, einfaches Einformen und Gießen, wenig spanende Bearbeitung (Nabenbohrung fertigdrehen). Bei b): Nabe aus Rundstahl abstechen, Radscheibe als Lochscheibe vorschmieden, viel spanende Bearbeitung (Nabenbohrung vorbohren und fertigdrehen, Scheibenbohrung fertigdrehen), zwei umlaufende Schweißnähte (ggf. auch Heftschweißung). Die sonstigen Fertigungsvorgänge (Nut stoßen, Zähne fräsen, Außendurchmesser und Seiten drehen) sind für beide die gleichen. Abschließend sei noch bemerkt, daß eine leichtere und werkstoffsparende Schweißkonstruktion, wie häufig gegenüber Gußkonstruktion vorteilhaft, hier wegen der vorgegebenen Abmessungen nicht möglich ist.

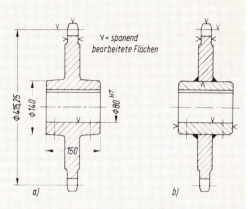

Bild 1-1. Kettenrad
a) als Gußkonstruktion (mit Hauptabmessungen),
b) als Schweißkonstruktion

■ **Beispiel 1.2:** Bild 1-2 zeigt verschiedene Konstruktionsentwürfe von Schraubbolzen, wie sie z. B. für Ventile mit Säulenaufsatz verwendet werden. Die Funktion (Teile verschrauben) wird in allen Fällen gleichermaßen erfüllt. Bei Ausführung a) erscheint die äußere Form am „elegantesten", jedoch sind hierfür die Fertigungskosten weitaus am höchsten. Sie ergeben sich vergleichsweise: bei Ausführung a) mit 100 %, bei b) mit 82 %, bei c) mit 75 %, bei d) mit 73 %.

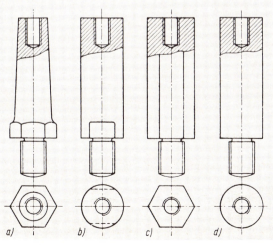

Bild 1-2. Schraubbolzen
Senkung der Fertigungskosten durch einfache, arbeitssparende Fertigung

Für die endgültige Wahl müssen jedoch alle Kostenbereiche beachtet werden, also auch die Montagekosten. In dieser Hinsicht ist Ausführung d) am ungünstigsten (Ein- und Ausschrauben mit Rohrzange, Beschädigungsgefahr für Bolzen), Ausführung c) am günstigsten (schnelle und einfache Montage mit Schraubenschlüssel, der auf ganzer Bolzenlänge angesetzt werden kann). Hinsichtlich der Gesamtkosten ist Ausführung c) die günstigste, obwohl die Fertigungskosten etwas höher sind als bei Ausführung d).

■ **Beispiel 1.3:** In diesem Beispiel soll eine ausführliche Funktionsanalyse (nach *Baier*) durchgeführt werden entsprechend den Angaben unter 1.3.2.3. Die Sicherung der Schrauben einer Regler-Einstellplatte für eine Kraftstoffpumpe erweist sich nach einiger Zeit als relativ aufwendig und teuer. Es sollen nun anhand einer Funktionsanalyse systematisch andere Konstruktionslösungen mit dem Ziel einer Kostensenkung gesucht und gefunden werden.

Zunächst wird eine Funktionsanalyse der bestehenden Konstruktion, d. h. des Ist-Zustandes (Bild 1-3), durchgeführt:

Benennung der Konstruktion: Regler-Einstellplatte einer Kraftstoffpumpe.
Beschreibung: Konstruktion besteht aus Einstellplatte (Teil 1), 5 Sechskantschrauben (2),
    Feder (3), zwei Stiften (4), Sicherungsscheibe (5).
Funktion: Schrauben mit spürbarem Einrasten verstellen, Feder austauschbar.

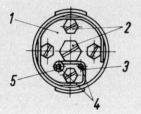

Bild 1-3
Regler-Einstellplatte einer Kraftstoffpumpe

Tabelle 1.1: Funktionsanalyse des Ist-Zustandes

lfd. Nr.	Benennung	Funktion	Herstellkosten DM/100 Stück	%
1	Einstellplatte (ohne Schrauben)	Schrauben und Stifte aufnehmen, Feder abstützen	7,44	8,5
2	Feder	Schrauben sichern	15,07	17,2
3	Stift	Feder abstützen	1,66	1,9
4	Stift	Feder abstützen und axial sichern	2,76	3,1
5	Sicherungsscheibe	Feder sichern	0,24	0,3
6	Montage der Feder einschl. Sicherung		60,75	69,0
		Summe	87,92	100

Die Analyse zeigt, daß die höchsten Kosten durch die Montage der Feder und durch die Feder selbst entstehen. Damit ist das Hauptziel der Neukonstruktionen gegeben: Feder einfacher gestalten, Montage wesentlich erleichtern.

In Tabelle 1.2 sind nun verschiedene Lösungen zusammengestellt und mit dem Ist-Zustand hinsichtlich ihrer technischen Funktion verglichen. Die Funktion lfd. Nr. 4, Tabelle 1.1 (Feder axial sichern) wird durch Eindrehung der Einstellplatte erreicht.

1.3. Wertanalyse von Konstruktionen

Tabelle 1.2: Technischer Vergleich der Lösungen

lfd. Nr.	Neukonstruktion	Vorteile	Nachteile	Bemerkungen
1	ohne Stifte	weniger Teile	Federung und Rastung für mittlere Schraube evtl. nicht mehr ausreichend	nicht weiter verfolgen, da Lösungen lfd. Nr. 2 und 3 günstiger
2	gerade Federbänder	zwei einfache, gleiche Federn; Stifte, Bohrungen hierfür, Montage und Sicherungsscheibe entfallen	Federn könnten bei ungünstiger Stellung der Schrauben herausspringen	weiter verfolgen, Muster anfertigen, Probe
3	ein gebogenes Federband	nur eine Feder mit einfacher Biegeform, sonst wie bei lfd. Nr. 2	Montage evtl. etwas schwieriger als bei lfd. Nr. 2	weiter verfolgen, Muster anfertigen, Probe (wahrscheinlich günstigste Lösung)
4	zwei trapezförmig gebogene Federn	zwei gleiche Federn, sonst wie bei lfd. Nr. 2	Federn teurer als bei lfd. Nr. 2 und 3, scharfe Biegekanten, Federung evtl. zu starr, Bruchgefahr	nicht weiter verfolgen
5	Gummi- oder Kunststoffkeile	einfache Teile, einfache Montage	Rastung evtl. nicht ausreichend, bei häufigerem Nachstellen der Schrauben Verschleiß der Keile	Muster anfertigen, Probe bei Dauerlauf notwendig

Nach diesem technischen Vergleich folgt nun der Kostenvergleich, wobei nur die beiden, wahrscheinlich günstigsten Lösungen lfd. Nr. 2 und 3 herangezogen werden sollen.

Tabelle 1.3: Kostenvergleich der Lösungen

lfd. Nr.	Kostenart	Ist-Zustand	Lösung lfd. Nr. 2 der Tabelle 1.2	Lösung lfd. Nr. 3
1	Materialkosten (lfd. Nr. 1 bis 5 der Tabelle 1.1) Einstellplatte mit Eindrehung Feder Montagekosten	27,17 60,75	 3,75 5,48 14,40	 3,75 5,58 13,72
2	Vergleichskosten in DM/100 Stück	87,92	23,63	23,05
3	Vergleichskosten in %	100	26,8	26,1
4	Aufwand in DM für Entwicklung und Einführung der neuen Lösungen		800,00	1000,00
5	Rückverdienstzeit in Jahren		0,1	0,1

Wie die Funktionsanalyse zeigt, ist die Lösung lfd. Nr. 3 nach Tabelle 1.2 sowohl funktionsmäßig als auch kostenmäßig die günstigste und wird künftig eingeführt.

1.3.4. Abschließende Betrachtungen

In vorstehenden Ausführungen wurde die Konstruktion ausschließlich nach Gesichtspunkten der Funktion und Wirtschaftlichkeit beurteilt. Das ist jedoch nicht in allen Fällen allein entscheidend. Vielfach spielen Moderichtungen und Verbrauchergewohnheiten eine nicht zu unterschätzende Rolle, z. B. bei Kraftfahrzeugen, Haushaltsgeräten und -maschinen, Möbeln. Hierbei kann die äußere Formgebung, das Design, wesentlich den Erfolg eines Erzeugnisses beeinflussen. Aufwendige und damit teuere Konstruktionen werden vom Kunden häufig sogar gewünscht und auch bezahlt, gerade weil sie vom „Normalen" abweichen und etwas „Besonderes" darstellen.

Der Konstrukteur muß also bei der Gestaltung solcher bestimmter Erzeugnisse neben der selbstverständlichen Erfüllung der Funktion auch diese Tendenzen sorgfältig abwägen und die auf diesem Gebiet von vielen Instituten durchgeführten Marktforschungen und -analysen ständig beobachten.

1.4. Normen und Literatur

DIN-Taschenbuch 1: Grundnormen für die mechanische Technik
DIN-Taschenbuch 2: Zeichnungsnormen
Bachmann/Forberg: Technisches Zeichnen, B. G. Teubner Verlagsgesellschaft mbH, Stuttgart
Brandenberger, H.: Funktionsgerechtes Konstruieren, Schweizer Verlagshaus AG, Zürich
Demmer, K. H.: Aufgaben und Praxis der Wertanalyse, Verlag Moderne Industrie, München
Krüger, G.: Vergleichsrechnungen bei Wertanalysen, Carl Hanser Verlag, München
Richter, R.: Form- und gußgerechtes Konstruieren, Deutscher Verlag f. Grundstoffindustrie, Leipzig
Rodenacker, W. G.: Methodisches Konstruieren, Springer-Verlag, Berlin
Rögnitz/Köhler: Fertigungsgerechtes Konstruieren im Maschinen- und Gerätebau, B. G. Teubner Verlagsgesellschaft mbH, Stuttgart
VDI-Richtlinie 2801: Wertanalyse – Begriffsbestimmungen und Beschreibung der Methode, VDI-Verlag, Düsseldorf
VDI-Richtlinie 2802: Wertanalyse – Vergleichsrechnung, VDI-Verlag, Düsseldorf

2. Normzahlen und Passungen

2.1. Allgemeines

Die rationelle Fertigung, insbesondere die industrielle Massen- und Serienfertigung, verlangt einen Zusammenbau von Teilen, die, ohne besondere Nach- und Einpaßarbeit, betriebsmäßig zusammenpassen müssen. Weitere Bedingungen sind eine leichte Ersatzteilbeschaffung, die Austauschbarkeit von Teilen und eine Beschränkung der Anzahl von Meßgeräten und Herstellungswerkzeugen. Dies kann nur durch eine allgemeine, weitgehende Normung erreicht werden. Dazu gehören eine günstige Größenabstufung der Bauabmessungen, z. B. durch Normmaße, eine Beschränkung der Bautypen und die Herstellung von Maschinenteilen nach einem genormten, allgemein gültigen Passungssystem.

2.2. Normzahlen (Vorzugszahlen)

2.2.1. Bedeutung und Aufbau der Normzahlen

Die Normzahlen (DIN 323) dienen einer günstigen, sinnvollen Abstufung der Bauabmessungen von Maschinen und Maschinenteilen, von Leistungen, Drehzahlen und sonstigen technischen und physikalischen Größen. Sie sollen willkürliche Zahlenwerte weitgehend einschränken. Die Normzahlen sind dezimal-geometrisch gestuft, wobei eine Zahlenreihe mit eins (oder dem 10-, 100- usw. -fachen oder dem 10., 100. usw. Teil) beginnt und jede folgende Zahl durch Malnehmen mit einem bestimmten Stufungsfaktor entsteht. Nach DIN 323 sind vier Stufungsfaktoren vorgesehen, die vier *Grundreihen* mit den *Hauptwerten* ergeben. Diese sind gerundete Werte von den auf fünf Dezimalen berechneten Genauwerten:

Reihe R 5 mit dem Stufungsfaktor $f_5 = \sqrt[5]{10} \approx 1{,}60$
Reihe R 10 mit dem Stufungsfaktor $f_{10} = \sqrt[10]{10} \approx 1{,}25$
Reihe R 20 mit dem Stufungsfaktor $f_{20} = \sqrt[20]{10} \approx 1{,}12$
Reihe R 40 mit dem Stufungsfaktor $f_{40} = \sqrt[40]{10} \approx 1{,}06$

Die Wurzelexponenten der Stufungsfaktoren geben die Kennzahl der Reihe und die Anzahl der Glieder je Zehnerstufe an. Jede Reihe hat damit gegenüber der vorhergehenden die doppelte Gliederzahl; zwischen je 2 Zahlen ist eine weitere eingeschaltet, z. B.:

```
R5:  1                                    1,60                               2,50
R10: 1                 1,25               1,60              2,00             2,50
R20: 1       1,12      1,25       1,40    1,60     1,80    2,00      2,24    2,50
R40: 1  1,06 1,12 1,18 1,25 1,32 1,40 1,50 1,60 1,70 1,80 1,90 2,00 2,12 2,24 2,36 2,50
```

2.2. Normzahlen (Vorzugszahlen)

Die geometrische Stufung, bei der also der Quotient zweier aufeinanderfolgender Zahlen stets gleich bleibt, ergibt bei größeren Zahlen zwischen zwei aufeinanderfolgenden Zahlen größere Sprünge. Sie ist darum auch sinnvoller und zweckmäßiger als die arithmetische Stufung, bei der die Differenzen zweier aufeinanderfolgender Zahlen und damit die Sprünge in allen Zahlenbereichen gleich bleiben.

Wo die Benutzung der Hauptwerte in der Praxis schwierig ist oder handelsübliche Größen zu übernehmen sind, können *Rundwerte* (gerundete Hauptwerte) verwendet werden, die die *abgewandelten Reihen* R_a ergeben, von denen jedoch nur die Reihen $R_a 5$, $R_a 10$ und $R_a 20$ zugelassen sind, da eine Reihe $R_a 40$ zu sehr von den Genauwerten abweichen würde.

Eine Zusammenstellung der Hauptwerte der Normzahlen und die Werte der abgewandelten Reihe $R_a 20$ enthält Tabelle A2.1 im Anhang.

Im allgemeinen Maschinenbau werden die Normzahlen der Reihen R 10 und R 20 bevorzugt.

Wo es zweckmäßig ist, z.B. bei Ähnlichkeitsberechnungen (siehe unter 2.2.2), werden auch *abgeleitete, mit $R_{n/p}$ bezeichnete Reihen* verwendet, die nur jedes p-te Glied einer Grund- oder abgewandelten Reihe R_n mit dem Stufungsfaktor $f_{n/p} = f_n^p$ enthalten. So ergibt sich z.B. für die abgeleitete Reihe R 20/3 eine Zahlenfolge aus jedem 3. Glied ($p = 3$) der Reihe R 20 ($n = 20$) mit dem Stufungsfaktor $f_{20/3} = f_{20}^3 = 1{,}12^3 \approx 1{,}4$: 1 1,4 2 2,8 4 5,6 8,0 usw.

Eine entsprechende, jedoch nach unten z.B. durch 2,8 begrenzte Reihe wird mit R 20/3 (2,8 ...) bezeichnet und hat die Zahlenfolge: 2,8 4 5,6 8 11,2 usw.

2.2.2. Anwendung der Normzahlen

In der Praxis haben die Normzahlen z. B. bei der Typung, d. h. bei der sinnvollen Planung der Größenabstufung von Bauteilen und Maschinen besondere Bedeutung, da hiermit sparsame Größenreihen bei lückenloser Überspannung eines bestimmten Bedarfsfeldes erreicht werden können. Für die Wahl der Anzahl der Größen innerhalb eines Bedarfsfeldes, z. B. für die Anzahl von Getriebegrößen innerhalb eines bestimmten Leistungs-, Drehzahl- und Übersetzungsbereiches, sind sowohl technische als auch wirtschaftliche Gesichtspunkte maßgebend.

Sind die Zahlenwerte der Abmessungen einer Maschine Normzahlen, so erhält man ein geometrisch ähnliches Erzeugnis, indem man jedes Maß mit derselben Normzahl malnimmt, wobei dann die neuen Maßzahlen wieder Normzahlen sind. Solche geometrisch ähnlichen Erzeugnisse sind in gewisser Hinsicht nach den Gesetzen der Ähnlichkeitsmechanik auch mechanisch gleichwertig. Es kann also mit *einer* Größe, mit *einem* Modell, eine ganze Größenreihe entwickelt werden, wobei Betriebserfahrungen am Modell auf alle anderen Größen übertragen werden können.

Der Längenmaßstab f_l, entsprechend Stufensprung $f_{n/p}$, ist am einfachsten auszudrücken und zwar durch das Verhältnis der Länge l_1 der Ausgangskonstruktion zur Länge l_2 der abgeleiteten Konstruktion: $f_l = l_1/l_2 \mathrel{\hat=} f_{n/p}$. Alle anderen Maßstäbe (Stufungen), z. B.

für Flächen, Volumen, Drehmomente usw., werden darum zweckmäßig durch den Längenmaßstab ausgedrückt.

Beispiele: Werden Längen mit $f_l = l_1/l_2$ nach der Reihe $R_{n/p}$ = R 10/2 (n = 10, p = 2), also mit dem Stufungsfaktor $f_{n/p} = f_{10/2} = f_{10}^2 = 1{,}25^2 \approx 1{,}6$ gestuft, dann sind die Flächen mit $f_A = A_1/A_2 = f_l^2$ nach der Reihe $R_{n/2p}$ = R 10/4, also mit dem Stufungsfaktor $f_{n/2p} = f_{10/4} = f_{10}^4 = 1{,}25^4 \approx 2{,}5$ zu stufen und die Volumen mit $f_V = V_1/V_2 = f_l^3$ nach der Reihe $R_{n/3p}$ = R 10/6, also mit $f_{n/3p} = f_{10/6} = f_{10}^6 = 1{,}25^6 \approx 4$.

Schwieriger sind die Zusammenhänge zwischen dem Längenmaßstab und dem Maßstab mechanischer Größen, z. B. dem einer Kraft zu erkennen. Aus der Zug-Hauptgleichung $\sigma_z = F/A$ folgt für die Kraft $F = \sigma_z \cdot A$. Unter der Voraussetzung, daß die Spannung σ_z bei allen ähnlichen Konstruktionen gleich bleiben soll (siehe auch nachfolgenden Absatz), ist F nur von der Fläche A abhängig und muß dann auch wie diese gestuft werden, also mit dem Faktor $f_F \triangleq f_A = f_l^2$.

Eine Zusammenstellung der wichtigsten geometrischen und mechanischen Größen und ihre Stufung in Abhängigkeit von der Längenstufung enthält Tabelle A2.2 im Anhang. Voraussetzung ist jedoch, daß durch die äußeren Kräfte an den ähnlichen Ausführungen nur elastische Formänderungen und gleichgroße Spannungen auftreten. Die danach sich ergebenen Werte können ohne besondere Berechnung übernommen werden, da die Stufung mit Normzahlen trotz etwaiger Abweichungen praktisch zu genügend genauen Ergebnissen führt.

2.3. Normmaße (Vorzugsmaße)

Die Normmaße nach DIN 3 (Tabelle A2.3, Anhang), sind eine Auswahl der Normzahlen, die möglichst als Konstruktionsmaße und zwar als Fertigmaße, z. B. für Wellen- und Bohrungsdurchmesser, Anschlußmaße, Längenmaße usw. mit dem Ziel einer einheitlichen, rationellen und damit kostensparenden Fertigung verwendet werden sollen.

2.4. ISO-Passungen[1])

2.4.1. Grundbegriffe

Unter *Passung* versteht man allgemein die Art des Zusammenspiels zweier zusammengehöriger Teile, wie sie sich aus deren Maßunterschieden ergibt.

Die wichtigsten Passungs- und Toleranzbegriffe sind (Bild 2-1):
1. *Nennmaß N:* das zur Größenangabe genannte Maß, auf das die Abmaße bezogen werden;
2. *Nullinie:* die dem Nennmaß entsprechende Bezugslinie;
3. *Istmaß I:* das am fertigen Werkstück durch Messen festgestellte Maß, das jedoch stets mit einer Meßunsicherheit behaftet ist;

---

[1]) International Organization for Standardization (kurz: International Standard Organization – Internationaler Normen-Ausschuß)

2.4. ISO-Passungen

4. *Paßmaß:* das für eine Paarung bestimmte, mit Passungs-Kurzzeichen oder Abmaßen versehene Nennmaß;
5. *Grenzmaße:* vorgeschriebene Maße, zwischen denen das Istmaß liegen muß;
6. *Größtmaß* D_g, L_g: das obere (größere) der beiden Grenzmaße;
7. *Kleinstmaß* D_k, L_k: das untere (kleinere) der beiden Grenzmaße;
8. *oberes Abmaß* A_o: Unterschied zwischen Größtmaß und Nennmaß;
9. *unteres Abmaß* A_u: Unterschied zwischen Kleinstmaß und Nennmaß;
10. *Toleranz T:* Unterschied zwischen Größtmaß und Kleinstmaß;
11. *Toleranzfeld:* bildliche Darstellung einer Toleranz (Es ist zu beachten, daß diese an einem Teil immer einseitig und zwar bei waagerecht dargestellten Teilen, z. B. Wellen, an der oberen, bei senkrecht dargestellten an der rechten Körperkante angetragen wird.);
12. *Spiel S:* Abstand zwischen der Paßfläche des Außenteiles (Bohrung) und der des Innenteiles (Welle), wenn das Istmaß des Außenteiles das größere ist;
13. *Größtspiel* S_g: Unterschied zwischen Größtmaß des Außenteiles und Kleinstmaß des Innenteiles;
14. *Kleinstspiel* S_k: Unterschied zwischen Kleinstmaß des Außenteiles und Größtmaß des Innenteiles;
15. *Übermaß U:* Abstand zwischen der Paßfläche des Innenteiles (Welle) und der des Außenteiles (Bohrung), wenn das Istmaß des Innenteiles das größere ist;
16. *Größtübermaß* U_g: Unterschied zwischen Größtmaß des Innenteiles und Kleinstmaß des Außenteiles;
17. *Kleinstübermaß* U_k: Unterschied zwischen Kleinstmaß des Innenteiles und Größtmaß des Außenteiles;
18. *Paßtoleranz* T_p: Toleranz der Passung, d.h. mögliche Schwankung des Spieles oder Übermaßes zwischen den beiden gepaarten Teilen.

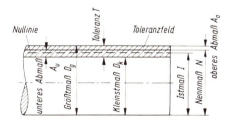

Bild 2-1
Darstellungen der wichtigsten Passungsbegriffe

2.4.2. Toleranzsystem

2.4.2.1. Größe der Toleranz

Ein genaues Einhalten des vorgeschriebenen Maßes, des Nennmaßes, ist praktisch unmöglich und häufig auch gar nicht erforderlich und erwünscht. Da also stets Abweichungen auftreten, ist es notwendig, ihre Grenzen sinnvoll festzulegen, wobei sich die Größe der

Toleranz nach der Größe der Abmessung des Bauteils und nach dessen Verwendungszweck richten muß. Die Grundlage der Toleranzen bildet die *Toleranzeinheit i:*

$$i = 0{,}45 \cdot \sqrt[3]{D} + 0{,}001 \cdot D \quad \text{in } \mu m \tag{2.1}$$

D geometrisches Mittel der Grenzen eines Nennmaßbereiches in mm; dieses ergibt sich z. B. für den Nennmaßbereich „über 18 bis 30" (siehe Tabelle 2.1) aus $D = \sqrt{18 \cdot 30} = \sqrt{540} \approx 23{,}24$ mm.

Nach DIN 7151 sind die Größen von 1 ... 500 mm in 13 *Nennmaßbereiche* unterteilt. Jedes Paßmaß innerhalb eines Nennmaßbereiches hat also die gleiche Toleranzeinheit. Entsprechend der geforderten Feinheit der Passung, dem Fertigungsverfahren und dem Verwendungszweck müssen die Toleranzen verschieden groß sein. Es sind daher 18 *Toleranzstufen* (IT 1 bis IT 18), auch *Grundtoleranzen* oder *Qualitäten* (1 bis 18) genannt, vorgesehen: IT 1 ist die feinste, IT 18 die gröbste Toleranz. Sie sind ein Vielfaches der Toleranzeinheit und wachsen etwa von IT 5 ab geometrisch mit dem Stufungsfaktor 1,6 (Tabelle 2.1). Nach DIN 7151 sind außerdem noch IT 01 und IT 0 als feinere Qualitäten aufgenommen, die jedoch in Tabelle 2.1 nicht mit aufgeführt sind.

Anwendungsbereiche der Toleranzstufen:

IT 01 bis etwa IT 4: überwiegend für Meßzeuge (Lehren), Feinmeßgeräte u. dgl.

IT 5 bis etwa IT 11: allgemein für Passungen in der Fertigung der Feinmechanik, des allgemeinen Maschinenbaues usw.

IT 12 bis IT 18: für gröbere Toleranzen in der spanlosen Formung, z. B. bei Walzwerkserzeugnissen, Schmiedeteilen, Ziehteilen usw.

Tabelle 2.1: Grundtoleranzen der Nennmaßbereiche in μm nach DIN 7151

Qualität	Grundtoleranz	Nennmaßbereich mm												Multiplikator für i
		1 bis 3	über 3 bis 6	über 6 bis 10	über 10 bis 18	über 18 bis 30	über 30 bis 50	über 50 bis 80	über 80 bis 120	über 120 bis 180	über 180 bis 250	über 250 bis 315	über 315 bis 400	über 400 bis 500	
1	IT 1	0,8	1	1	1,2	1,5	1,5	2	2,5	3,5	4,5	6	7	8	—
2	IT 2	1,2	1,5	1,5	2	2,5	2,5	3	4	5	7	8	9	10	—
3	IT 3	2	2,5	2,5	3	4	4	5	6	8	10	12	13	15	—
4	IT 4	3	4	4	5	6	7	8	10	12	14	16	18	20	—
5	IT 5	4	5	6	8	9	11	13	15	18	20	23	25	27	≈ 7
6	IT 6	6	8	9	11	13	16	19	22	25	29	32	36	40	10
7	IT 7	10	12	15	18	21	25	30	35	40	46	52	57	63	16
8	IT 8	14	18	22	27	33	39	46	54	63	72	81	89	97	25
9	IT 9	25	30	36	43	52	62	74	87	100	115	130	140	155	40
10	IT 10	40	48	58	70	84	100	120	140	160	185	210	230	250	64
11	IT 11	60	75	90	110	130	160	190	220	250	290	320	360	400	100
12	IT 12	90	120	150	180	210	250	300	350	400	460	520	570	630	160
13	IT 13	140	180	220	270	330	390	460	540	630	720	810	890	970	250
14	IT 14	250	300	360	430	520	620	740	870	1000	1150	1300	1400	1550	400
15	IT 15	400	480	580	700	840	1000	1200	1400	1600	1850	2100	2300	2500	640
16	IT 16	600	750	900	1100	1300	1600	1900	2200	2500	2900	3200	3600	4000	1000
17	IT 17	—	—	1500	1800	2100	2500	3000	3500	4000	4600	5200	5700	6300	1600
18	IT 18	—	—	—	2700	3300	3900	4600	5400	6300	7200	8100	8900	9700	2500

2.4. ISO-Passungen

2.4.2.2. Lage der Toleranz

Nach Ermittlung der Größe der Toleranz muß noch ihre Lage zur *Nullinie* festgelegt werden. Erst damit ist die Abmessung (Größt- und Kleinstmaß) eines Paßteiles eindeutig bestimmt. Diese Lage wird durch Buchstaben gekennzeichnet und zwar für Innenmaße (Bohrungen) durch große, für Außenmaße (Wellen) durch kleine Buchstaben.

Vorgesehen sind für Bohrungen: A B C D E F G H J K M N P R S T U V X Y Z ZA ZB ZC
                für Wellen: a b c d e f g h j k m n p r s t u v x y z za zb zc

Jeder Buchstabe kennzeichnet also eine bestimmte Lage des Toleranzfeldes zur Nullinie. Wie Bild 2-2 zeigt, haben die mit A (a) und Z (z) bezeichneten Toleranzfelder den größten Abstand von der Nullinie, und zwar liegt bei Bohrungen das A-Feld oberhalb, das Z-Feld unterhalb der Nullinie, das H-Feld einseitig an der Nullinie nach oben. Bei Wellen liegen die betreffenden Felder zur Nullinie entsprechend umgekehrt. Das J (j)-Feld und das K-Feld liegen als einzige zu beiden Seiten der Nullinie.

Die Lage des Toleranzfeldes bzw. der Toleranz wird durch Buchstaben, die Breite des Toleranzfeldes bzw. die Toleranzgröße durch die Kennzahl der Qualität gekennzeichnet. Buchstabe und Zahl bilden zusammen das *Toleranz-Kurzzeichen*.

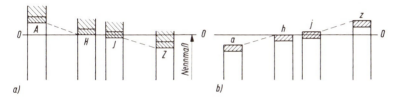

Bild 2-2. Lage der Toleranzfelder, a) bei Bohrungen, b) bei Wellen

2.4.3. Paßsysteme

Das ISO-Paßsystem läßt an sich eine freizügige Paarung der verschiedenen Bohrungen und Wellen zu. Dennoch liegt seinem Aufbau der Gedanke eines Systems *Einheitsbohrung* und eines Systems *Einheitswelle* zugrunde.

2.4.3.1. System Einheitsbohrung

Das System Einheitsbohrung sieht für ein bestimmtes Nennmaß eine einheitlich gleichbleibende Bohrung vor, für die die Wellen je nach Passungsart größer oder kleiner ausgeführt werden. Da für die Bohrung hierbei das Nennmaß als Kleinstmaß festgelegt ist, also deren Toleranz einseitig nach oben liegt, ist das Toleranzfeld der Einheitsbohrung das H-Feld.

Anwendung findet dieses System beispielsweise im allgemeinen Maschinenbau, im Kraftfahrzeug-, Werkzeugmaschinen-, Elektromaschinen- und Kraftmaschinenbau. Dieses System hat also eine gewisse Vorrangstellung. Der Grund hierfür ist darin zu suchen, daß nur in diesem System der Buchstabe eindeutig die Lage der Welle zur Bohrung bestimmt, da die Lage der Toleranzfelder ursprünglich in bezug auf die Einheitsbohrung festgelegt wurde. Im System Einheitswelle ist das nicht immer der Fall. Das System Einheitsbohrung ist auch wirtschaftlicher als das System Einheitswelle, da hier weniger empfindliche und teuere Herstellungswerkzeuge und Meßgeräte wie Reibahlen und Kaliberdorne benötigt werden (wenige verschiedene Bohrungen).

2.4.3.2. System Einheitswelle

Beim System Einheitswelle hat die Welle für jedes Nennmaß das einheitliche, gleichbleibende Maß, und die Bohrung wird je nach Passungsart größer oder kleiner ausgeführt. Da für die Welle hierbei das Nennmaß als Größtmaß festgelegt wurde, ist das Toleranzfeld der Einheitswelle das h-Feld.

Dieses System Einheitswelle wird beispielsweise in der Feinmechanik, im Textil- und Landmaschinenbau und bei Transmissionen angewandt. Die Gründe hierfür sind: häufige Verwendung von glatten, durchgehenden Wellen (z. B. blankgezogenen) mit sich drehenden, gleitenden oder festsitzenden Teilen, deren Bohrungen entsprechend größer oder kleiner sein müssen.

Vereinzelt werden auch beide Systeme nebeneinander (z. B. in der Feinwerktechnik) verwendet.

2.4.4. Passungsarten

Nach ISO sind drei Gruppen von Passungsarten (Sitzarten) vorgesehen: *Spielpassungen*, *Übergangspassungen* und *Preßpassungen*. Diese drei Passungsarten sind für das System Einheitsbohrung in Bild 2-3 dargestellt. In diesem System mit der Bohrung H sind für Spielpassungen die Wellen a bis h, für Übergangs- und Preßpassungen die Wellen j bis z vorgesehen. Eine klare Trennung zwischen Übergangs- und Preßpassungen ist nicht möglich, da es von der Toleranzgröße der Bohrung abhängt, ob sich für eine Welle eine Übergangs- oder eine Preßpassung ergibt. Umgekehrt sind im System Einheitswelle mit der Welle h die Bohrungen A bis H Spielpassungen, die Bohrungen J bis Z Übergangs- und Preßpassungen.

Um die Anzahl der Herstellungs-, Spannwerkzeuge und Meßgeräte zu beschränken, also aus Gründen der Wirtschaftlichkeit und einer möglichst einheitlichen Fertigung, wurde aus der Vielzahl der möglichen Passungskombinationen zwischen Bohrung und Welle eine Passungsauswahl getroffen. Aus dieser, nach den Erfahrungen der Praxis in DIN 7154 und DIN 7157 aufgestellten Auswahl, sind in Bild 2-4 die im allgemeinen Maschinenbau gebräuchlichsten Passungen dargestellt. Im System Einheitsbohrung sind für das Nennmaß 50 mm die Toleranzfelder maßstäblich eingetragen.

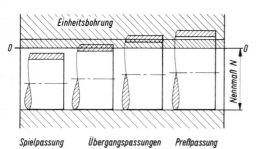

Bild 2-3

Passungsarten, dargestellt für das System Einheitsbohrung

2.5. Maßtoleranzen

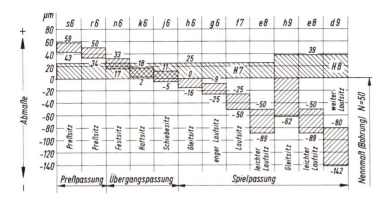

Bild 2-4. Passungsauswahl für Einheitsbohrung, dargestellt für das Nennmaß 50 mm

Zur näheren Kennzeichnung der einzelnen Passungen sind in Bild 2-4 ausnahmsweise die Sitzbezeichnungen der entsprechenden früheren DIN-Passungen eingetragen, da diese, nach ISO nicht vorgesehenen Bezeichnungen, die Art der Passung treffend wiedergeben.

Die Abstände der Toleranzfelder von der Nullinie — und zwar stets die Abstände der zu dieser nächstliegenden Grenze des Feldes — sind nach bestimmten Formeln festgelegt. Für Spielpassungen betreffen sie die oberen Abmaße (Kleinstspiele), für Übergangs- und Preßpassungen die unteren Abmaße. Nach DIN 7150 sind z. B. für das

$$
\begin{aligned}
\text{d-(D-)Feld:} \quad & A_o(A_u) = 16 \cdot D^{0,44} \\
\text{e-(E-)Feld:} \quad & A_o(A_u) = 11 \cdot D^{0,41} \\
\text{f-(F-)Feld:} \quad & A_o(A_u) = 5,5 \cdot D^{0,41} \\
\text{n-Feld:} \quad & A_u = 5 \cdot D^{0,34}
\end{aligned} \quad \text{in } \mu\text{m}
$$

Für die Welle s in bezug auf die Bohrung H7 gilt

$$A_u = 0,4\,D + IT\,7 \text{ in } \mu\text{m}$$

Eine umfangreiche Passungsauswahl mit Abmaßen für die Systeme Einheitsbohrung und Einheitswelle enthalten die Tabellen A2.4 und A2.5 im Anhang.

2.5. Maßtoleranzen

Bei Paßteilen mit häufig wechselnden, sehr verschiedenen oder außerhalb der Normmaße liegenden Abmessungen (keine Lehren hierfür!), oder bei Paßteilen, die keine große Genauigkeit erfordern, ist die Angabe von Maßtoleranzen zweckmäßig. Zum Nennmaß werden die Abmaße in Millimeter hinzugefügt: Das *obere Abmaß oberhalb,* das *untere Abmaß unterhalb der Maßlinie.* In Bild 2-5a bis f sind Eintragungsbeispiele für Maßtoleranzen gezeigt. Es bedeuten beispielsweise in Bild 2-5a: 80 mm Nennmaß, + 0,2 mm oberes Abmaß, − 0,1 mm unteres Abmaß. Das Istmaß kann zwischen dem Größtmaß 80,2 mm und dem Kleinstmaß 79,9 mm beliebig liegen, also z. B. 80,1 mm betragen.

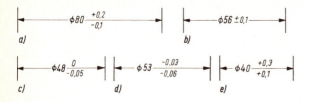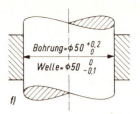

Bild 2-5. Eintragung von Maßtoleranzen

2.6. Maße ohne Toleranzangaben

Fertigungsmaße für Teile, die keine besondere Genauigkeit erfordern oder bei denen kleinere Maßabweichungen belanglos sind, wie äußere Abmessungen für Guß- und Schmiedeteile, oder für Teile, die nicht mit anderen „passen" müssen, erhalten keine Toleranzangabe. So sind z. B. im Stahlbau und Behälterbau Toleranzangaben nicht üblich.

Die Größe der Maßabweichungen für solche Teile richtet sich nach den Erfahrungen des Herstellers, nach dem Fertigungsverfahren oder ergibt sich zwangsläufig aus der Art des für die Fertigung üblichen Meßgerätes, wie Gliedermaßstab, Bandmaß, Schieblehre und dgl., oder sie wird nach DIN 7168 – Abweichungen für Maße ohne Toleranzangabe – vorgeschrieben.

In dieser Norm sind zulässige Abweichungen vom Nennmaß und zwar für Längenmaße (und Winkelmaße) festgelegt, siehe Tabelle 2.2.

Tabelle 2.2: Zulässige Abweichungen für Längenmaße ohne Toleranzangabe nach DIN 7168 (Maße in mm)

Genauigkeits-grad	Nennmaßbereich											
	über 0,5 bis 3	über 3 bis 6	über 6 bis 30	über 30 bis 120	über 120 bis 315	über 315 bis 1000	über 1000 bis 2000	über 2000 bis 4000	über 4000 bis 8000	über 8000 bis 12000	über 12000 bis 16000	über 16000 bis 20000
fein	±0,05	±0,05	±0,1	±0,15	±0,2	±0,3	±0,5	±0,8	–	–	–	–
mittel	±0,1	±0,1	±0,2	±0,3	±0,5	±0,8	±1,2	±2	±3	±4	±5	±6
grob	–	±0,2	±0,5	±0,8	±1,2	±2	±3	±4	±5	±6	±7	±8
sehr grob	–	±0,5	±1	±1,5	±2	±3	±4	±6	±8	±10	±12	±12

2.7. Eintragung von Toleranzen in Zeichnungen

Die Eintragungen von *Maßtoleranzen* und *Passungskurzzeichen* in Zeichnungen ist nach DIN 406 (Zeichnungsnormen – Maßeintragung) vorgeschrieben. Im folgenden sind die wichtigsten Eintragungsregeln zusammengefaßt:

1. Maßtoleranzen und Passungskurzzeichen sind hinter der Maßzahl des Nennmaßes einzutragen (Bilder 2-5 und 2-6).

2.7. Eintragung von Toleranzen in Zeichnungen

2. Bei Maßtoleranzen steht das obere Abmaß über der Maßlinie, das untere Abmaß unter der Maßlinie (Bild 2-5).
3. Passungskurzzeichen (ISO) für Bohrungen mit Großbuchstaben und Zahl stehen über der Maßlinie, Passungskurzzeichen für Wellen mit Kleinbuchstaben und Zahl stehen unter der Maßlinie (Bild 2-6).

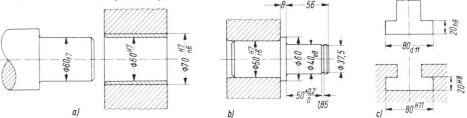

Bild 2-6. Eintragung von Passungskurzzeichen

2.8. Prüfen der Maßhaltigkeit

Das Prüfen der Abmessungen der entsprechend den ISO-Toleranzen bearbeiteten Werkstücke erfolgt meist mit festen Prüflehren, wie *Rachenlehren* (bei Außenmaßen) oder *Grenzlehrdornen* (bei Innenmaßen). Mit diesen wird aber nicht das Istmaß, sondern nur die Einhaltung der Grenzmaße geprüft. Die beiden Meßseiten einer Lehre stellen das Größt- bzw. Kleinstmaß dar (Bild 2-7). Die Bezugstemperatur für Meßlehren ist auf 20 °C festgelegt.

Teile, deren Abmessungen mit Maßtoleranzen versehen sind, werden je nach Größe der Toleranzen beispielsweise mit Schieblehre oder Mikrometerschraube geprüft. Mit diesen wird entweder direkt das Istmaß gemessen oder aber die Grenzmaße werden eingestellt und es wird mit ihnen wie mit festen Lehren die Einhaltung des Größt- und Kleinstmaßes geprüft.

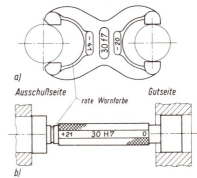

Bild 2-7. Meßlehren
a) Rachenlehre, b) Grenzlehrdorn

2.9. Verwendungsbeispiele für Passungen

Für häufig vorkommende „Passungsfälle" in der Praxis sind in der folgenden Tabelle 2.3 erfahrungsgemäß geeignete Passungen zusammengestellt, die jedoch nur als allgemeine Richtlinie zu betrachten sind. In besonderen Fällen, z. B. bei Preßverbindungen oder Gleitlagerungen, müssen die Toleranzen und Passungen vielfach berechnet werden, oder sie sind bei genormten Maschinenteilen, z. B. bei Stiften, Paßfedern o. dgl., verbindlich vorgeschrieben. In diesen Fällen sind die Passungsangaben in den betreffenden Kapiteln zu beachten.

Tabelle 2.3: Allgemeine Verwendungsbeispiele für Passungen

Paarung bei Einheitsbohrung	Paarung bei Einheitswelle	Kennzeichnung, Verwendungsbeispiele sonstige Hinweise
		Preß- und *Übergangspassungen*
H7/s6 H7/r6	S7/h6 R7/h6	*Preßsitz:* Teile unter größerem Druck oder durch Erwärmen oder Kühlen fügbar; Bronzekränze auf Zahnradkörpern, Lagerbuchsen in Gehäusen, Radnaben, Hebelnaben usw., Kupplungen auf Wellenenden; zusätzliche Sicherung gegen Verdrehen nicht erforderlich.
H7/n6	N7/h6	*Festsitz:* Teile unter Druck fügbar; Radkränze auf Radkörpern, Lagerbuchsen in Gehäusen und Radnaben, Laufräder auf Achsen, Anker auf Motorwellen, Kupplungen auf Wellenenden; gegen Verdrehen zusätzlich sichern.
H7/m6	M7/h6	*Treibsitz:* Teile mit Handhammer fügbar; Zahnräder, Riemenscheiben auf kürzeren Wellen, Kupplungen auf Wellenenden, Kolbenbolzen, festsitzende Zylinderstifte; gegen Verdrehen zusätzlich sichern.
H7/k6	K7/h6	*Haftsitz:* Teile leicht mit Handhammer fügbar; Zahnräder, Riemenscheiben, Kupplungen, Handräder, Bremsscheiben auf längeren Wellen bzw. Wellenenden; gegen Verdrehen zusätzlich sichern.
H7/j6	J7/h6	*Schiebesitz:* Teile mit Holzhammer oder von Hand fügbar; für leicht ein- und auszubauende Zahnräder, Riemenscheiben, Handräder, Buchsen; gegen Verdrehen zusätzlich sichern.
		Spielpassungen
H7/h6	H7/h6	*Gleitsitz:* Teile von Hand noch verschiebbar; für gleitende Teile und Führungen, Zentrierflansche, Wechselräder, Reitstock-Pinole, Stellringe.
H7/g6	G7/h6	*Enger Laufsitz:* Teile ohne merkliches Spiel verschiebbar; Wechselräder, verschiebbare Räder und Kupplungen.
H7/f7	F7/h6	*Laufsitz:* Teile mit merklichem Spiel beweglich; Gleitlager allgemein, Hauptlager an Werkzeugmaschinen, Gleitbuchsen auf Wellen.
H7/e8	E8/h6	*Leichter Laufsitz:* Teile mit reichlichem Spiel; mehrfach gelagerte Welle (Gleitlager), Gleitlager allgemein.
H7/d9	D9/h6	*Weiter Laufsitz:* Teile mit sehr reichlichem Spiel; Transmissionslager, Lager für Landmaschinen, Stopfbuchsenteile, Leerlaufscheiben.
H8/h9	H8/h9	*Gleitsitz:* Teile leicht verschiebbar; über Wellen zu schiebende Zahnräder, Scheiben, verschiebbare Kupplungen, Distanzhülsen.
H8/e8	E9/h9	*Leichter Laufsitz:* Teile mit reichlichem Spiel; Hauptlager für Kurbelwellen, Kolben in Zylindern, Pumpenlager, Hebellagerungen.

2.8. Berechnungsbeispiele

Allgemeine Hinweise: Bei der Auswahl der Passungen ist der Konstrukteur häufig an die in den betreffenden Werknormen festgelegte Passungsauswahl gebunden. Hierin sind für bestimmte Paßteile erfahrungsgemäß gewählte, geeignete Paarungen angegeben, und für diese sind auch die zugehörigen Herstellungswerkzeuge und Meßgeräte vorhanden.

Für eine wirtschaftliche Fertigung und hohe Betriebssicherheit soll die Wahl der Passungen allgemein nach dem Grundsatz erfolgen:

So grob wie möglich, so fein wie nötig!

2.10. Berechnungsbeispiele

■ **Beispiel 2.1:** Eine Fördermaschine soll für eine Leistung P_1 = 160 kW und eine Drehzahl n_1 = 200 U/min entwickelt werden. Zur Erprobung und zum Sammeln von Erfahrungen, soll zunächst ein Modell aus gleichen Werkstoffen mit einem Abmessungsverhältnis 1/8 gebaut werden.
Die Leistung P_2 und die Drehzahl n_2 für das Modell sind zu ermitteln.

▶ **Lösung:** Der Längenmaßstab ergibt sich entsprechend der Definition aus $f_l = \dfrac{l_1}{l_2} = \dfrac{8}{1} = 8$, also ergeben sich die Längen für das Modell, d. h. für die abgeleitete Konstruktion: $l_2 = \dfrac{l_1}{f_l} = \dfrac{l_1}{8}$.

Nach Tabelle A2.2, Zeile 12, ist der Leistungsmaßstab $f_P = \dfrac{P_1}{P_2} = f_l^2 = 8^2 = 64$; damit wird die Modell-Leistung $P_2 = \dfrac{P_1}{f_P} = \dfrac{160 \text{ kW}}{64} = 2{,}5$ kW.

Für den Drehzahlmaßstab gilt nach Tabelle A2.2, Zeile 11: $f_n = \dfrac{n_1}{n_2} = \dfrac{1}{f_l} = \dfrac{1}{8}$; damit wird die Modell-Drehzahl $n_2 = \dfrac{n_1}{f_n} = n_1 \cdot 8 = 200 \text{ U/min} \cdot 8 = 1600$ U/min.

Ergebnis: Die Modell-Leistung beträgt $P_2 = 2{,}5$ kW, die Modell-Drehzahl $n_2 = 1600$ U/min.

■ **Beispiel 2.2:** Für die Typung und Aufnahme in die Werknorm sollen kastenförmige Träger aus Stahlguß in fünf Größen nach Ähnlichkeitsbeziehungen entwickelt werden, Bild 2-8. Die Querschnittsabmessungen des kleinsten Trägers sind mit folgenden Normzahlen festgelegt: h_1 = 125 mm, b_1 = 80 mm, h_2 = 90 mm, b_2 = 63 mm.

a) Die Querschnittsabmessungen in mm der vier folgenden Trägergrößen sind festzulegen, wenn nach der Normzahlenreihe R 20 gestuft werden soll; die Werte sind in einer Tabelle zusammenzustellen.

b) Die Widerstandsmomente W_x in cm³ für die Träger sind zu bestimmen, wobei zunächst das Widerstandsmoment W_{x1} für die kleinste Querschnittsfläche zu berechnen ist; dieses ist zur nächstliegenden Normzahl der Reihe R 20 oder nach R 40 zu runden und danach sind die Werte der anderen Träger entsprechend der in Frage kommenden Stufung festzulegen und in die Tabelle einzusetzen. Die Rundungen der Kanten bleiben unberücksichtigt.

c) Die von den Trägern aufzunehmenden max. Biegemomente M_b in Nm sind zu ermitteln bei einer zulässigen Biegespannung $\sigma_{b \text{ zul}}$ = 120 N/mm²; dabei ist entsprechend so zu verfahren wie unter b) für die Widerstandsmomente.

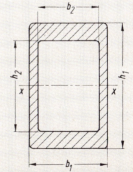

Bild 2-8
Typung eines kastenförmigen Trägers

▶ **Lösung a):** Die Querschnittsabmessungen werden nach Tabelle A2.1 im Anhang festgelegt. Danach ergeben sich nach Reihe R 20 z.B. für die Trägerhöhe h_1, beginnend mit dem Maß 125 mm, folgende Werte: 125, 140, 160, 180 und 200 mm. Entsprechend werden die anderen Abmessungen festgelegt.

Der Längenmaßstab, entsprechend Stufungsfaktor der Abmessungen, ist nach Reihe R 20: $f_l \triangleq f_{p/n} = 1{,}12$.
Diese Stufung ergibt sich auch nach der abgeleiteten Reihe R 40/2.

▶ **Lösung b):** Zunächst wird das Widerstandsmoment W_{x1} für die kleinste Querschnittsfläche ermittelt. Für einen kastenförmigen Querschnitt ergibt sich dieses unter Vernachlässigung der Rundungen aus

$$W_{x1} = \frac{b_1 \cdot h_1^3 - b_2 \cdot h_2^3}{6 \cdot h_1}, \quad W_{x1} = \frac{8 \text{ cm} \cdot 12{,}5^3 \text{ cm}^3 - 6{,}3 \text{ cm} \cdot 9^3 \text{ cm}^3}{6 \cdot 12{,}5 \text{ cm}} = 147{,}1 \text{ cm}^3.$$

Die diesem Wert naheliegende Normzahl nach Reihe R 20, Tabelle A2.1, ist 140, nach Reihe R 40 nächstliegend 150. Dieser Rundwert wird gewählt und in die Tabelle eingetragen: $W_{x1} = 150 \text{ cm}^3$.

Die W_x-Werte für die anderen Trägergrößen können nun ohne weitere Berechnung nach Tabelle A2.2 festgelegt werden. In Abhängigkeit von Längenstufungsfaktor $f_{n/p} = f_{40/2}$, entsprechend Reihe $R_{n/p} = R_{40/2}$, stufen die Widerstandsmomente mit dem Faktor $f_{n/3p} = f_{40/6}$, entsprechend Reihe $R_{n/3p} = R_{40/6}$, also mit jedem 6. Glied der Reihe R 40. Beginnend mit $W_{x1} = 150 \text{ cm}^3$ ergeben sich damit nach Tabelle A2.1 folgende Werte für W_x: 150, 212, 300, 425, 600 cm^3.

▶ **Lösung c):** Wie oben das Widerstandsmoment wird auch das Biegemoment zunächst für den kleinsten Träger ermittelt. Aus der Biege-Hauptgleichung $\sigma_b = M_b/W$ ergibt sich das Biegemoment, vorerst mit dem Genauwert für W_{x1}: $M_{b1} = W_{x1} \cdot \sigma_{b\,zul}$, $M_{b1} = 10^3 \cdot 147{,}1 \text{ mm}^3 \cdot 120 \text{ N/mm}^2 = 10^3 \cdot 17652 \text{ Nmm} \approx 10^3 \cdot 17{,}65 \text{ Nm}$.
Sicherheitshalber wird die nächstkleinere Normzahl 17 nach Reihe R 40 gewählt, also $M_{b1} = 10^3 \cdot 17 \text{ Nm}$.

In Abhängigkeit vom Längenstufungsfaktor $f_{n/p} = f_{40/2}$, entsprechend Reihe R 40/2, stufen die Momente mit $f_{n/3p} = f_{40/6}$, entsprechend Reihe R 40/6, also mit jedem 6. Glied der Reihe R 40. Beginnend mit $M_{b1} = 10^3 \cdot 17 \text{ Nm}$ ergeben sich damit folgende Werte für M_b: $10^3 \cdot 17$, $\cdot 23{,}6$, $\cdot 33{,}5$, $\cdot 47{,}5$, $\cdot 67 \text{ Nm}$.

Ergebnis: Für die Typung des Trägers nach Ähnlichkeitsbeziehungen ergeben sich für die Abmessungen, Widerstandsmomente und Biegemomente folgende tabellarisch zusammengestellte Werte:

Trägergröße (Bezeichnung)	125	140	160	180	200
Abmessungen in mm h_1	125	140	160	180	200
b_1	80	90	100	112	125
h_2	90	100	112	125	140
b_2	63	71	80	90	100
Widerstandsmoment W_x in cm^3	150	212	300	425	600
max. Biegemoment M_b in Nm	17 000	23 600	33 500	47 500	67 000

■ **Beispiel 2.3:** Das Spiel zwischen der Spindel und der Stopfbuchse eines Ventiles soll wenigstens 0,1 mm und höchstens 0,4 mm betragen, um einerseits die „Gängigkeit" der Spindel nicht zu gefährden, andererseits das Eindringen der Packung zwischen Spindel und Buchsenbohrung zu vermeiden. Das Größtmaß der Spindel soll gleich dem Nennmaß $N = 16$ mm sein.
Zu berechnen sind die Abmaße in mm für Welle (Spindel) und Bohrung (Buchse), wenn beide gleich große Toleranzen haben sollen. Ferner sind die Maße normgerecht einzutragen.

2.8. Berechnungsbeispiele

▶ **Lösung:** Bei der Lösung von Passungsaufgaben gehe man grundsätzlich von einer Skizze aus, in die man alle gegebenen und gesuchten Maße, Abmaße usw. einträgt. Häufig läßt sich die Lösung daraus bereits „ablesen" oder zumindestens leicht entwickeln. Bild 2-9 zeigt die „Passungs-Skizze" entsprechend der gestellten Aufgabe.

Gegeben: Kleinstspiel S_k = 0,1 mm, Größtspiel S_g = 0,4 mm, Wellentoleranz T_W = Bohrungstoleranz T_B.

Aus Skizze folgt: $S_g = T_W + S_k + T_B$.
Mit $T_W = T_B$ wird $S_g = S_k + 2 \cdot T_B$ und hieraus:

$$T_B = \frac{S_g - S_k}{2} \quad T_B = \frac{0,4 \text{ mm} - 0,1 \text{ mm}}{2} = 0,15 \text{ mm} = T_W.$$

Damit ergeben sich nach Skizze:
unteres Abmaß der Welle $A_{uW} = T_W = (-)\ 0,15$ mm,
oberes Abmaß der Welle $A_{oW} = 0$,
unteres Abmaß der Bohrung $A_{uB} = S_k = (+)\ 0,1$ mm,
oberes Abmaß der Bohrung $A_{oB} = S_k + T_B$, $A_{oB} = 0,1$ mm $+ 0,15$ mm $= (+)\ 0,25$ mm.
Die Eintragung der Maße für Spindel und Buchse zeigt Bild 2-10.

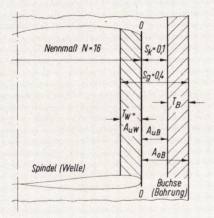
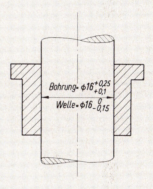

Bild 2-9
Passung zwischen Spindel und Stopfbuchse

Bild 2-10
Maßeintragung für Spindel und Buchse

Ergebnis: Für die Spindel ergeben sich die Abmaße $A_{uW} = -0,15$ mm und $A_{oW} = 0$; für die Buchsenbohrung $A_{uB} = +0,1$ mm, $A_{oB} = +0,25$ mm.

■ **Beispiel 2.4:** Für die gelenkartige Verbindung zwischen Hebel A und Gabel B (Bild 2-11) ist ein Zylinderstift 16 m 6 × 50 vorgesehen. Der mit einer Lagerbuchse versehene Hebel soll sich um den in der Gabel festsitzenden Stift mit einem etwa der Spielpassung H7/f7 entsprechenden Spiel drehen. Das seitliche Spiel des Hebels in der Gabel darf 0,1 ... 0,2 mm betragen. Nennmaße: $d_1 = 25$ mm, $l = 30$ mm.

Zu ermitteln sind:
a) Geeignete ISO-Toleranz für die Gabelbohrungen (Stellen 1),
b) ISO-Passung zwischen Buchse und Hebelbohrung (Stelle 2),
c) ISO-Toleranz für die Buchsenbohrung (Stelle 3),
d) Maßtoleranzen für Nabenlänge und Gabelweite (Stellen 4).

▶ **Lösung a):** Die Toleranz wird der Tabelle 2.3 entnommen. Für festsitzenden Zylinderstift mit Toleranz m6 wird für die Gabelbohrungen gewählt: Toleranz H7.

Ergebnis: Die Gabelbohrungen erhalten die Toleranz H7.

▶ **Lösung b):** Die Buchse muß in der Hebelbohrung festsitzen. Eine geeignete Passung ergibt sich ebenfalls aus der Tabelle 2.2 ; gewählt wird H7/r6. Hierzu siehe auch Kapitel „Gleitlager" unter 14.3.7.1.

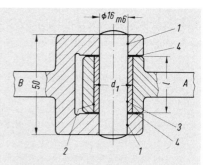

Bild 2-11
Toleranzen für ein Hebelgelenk

Ergebnis: Zwischen Buchse und Hebelbohrung ergibt sich die Passung H7/r6.

▶ **Lösung c):** Zunächst werden die Abmaße und das sich hieraus ergebende Spiel der möglichst einzuhaltenden Passung H7/f7 für das Nennmaß 16 mm ermittelt. Nach der Abmaßtabelle A2.4 im Anhang sind für den Nennmaßbereich über 10 mm bis 18 mm die Abmaße für H7: + 18 μm und 0 μm, für f7: - 16 μm und - 34 μm.

Daraus ergeben sich ein Kleinstspiel S_k = 16 μm (von 0 μm bis - 16 μm), ein Größtspiel S_g = 52 μm (von + 18 μm bis - 34 μm).

Mit diesen Daten wird eine entsprechende Skizze (Bild 2-12) angefertigt und daraus die sich ergebenden Abmaße für Welle (Stift) und Bohrung (Buchse) „abgelesen".

Zunächst wird die Nullinie festgelegt und dazu das Toleranzfeld für die Welle (Stift) m6 eingetragen. Diese hat für den genannten Nennmaßbereich nach Tabelle A2.4 die Abmaße A_{oW} = + 18 μm, A_{uW} = + 7 μm. Das Toleranzfeld der Bohrung (Buchse) ist dann durch S_k und S_g gegeben.

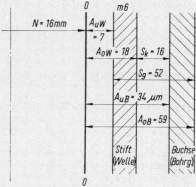

Aus der Skizze lassen sich nun die Abmaße für die Bohrung „ablesen".

Bild 2-12
Passungsskizze für Hebel und Gabel

$A_{oB} = A_{uW} + S_g$, $\quad A_{oB}$ = 7 μm + 52 μm = + 59 μm.
$A_{uB} = A_{oW} + S_k$, $\quad A_{uB}$ = 18 μm + 16 μm = + 34 μm.

Damit kann aus der Abmaßtabelle A2.5 für den Nennmaßbereich über 10 bis 18 mm eine Bohrungstoleranz gesucht werden, deren Abmaße möglichst genau mit den ermittelten übereinstimmen. Sehr genau paßt die Bohrung E8 mit A_{oB} = + 59 μm und A_{uB} = + 32 μm.

Ergebnis: Die Buchsenbohrung erhält die Toleranz E8.

▶ **Lösung d):** Auch hierfür werden die Maßtoleranzen zweckmäßig wieder an Hand einer Skizze (Bild 2-13) ermittelt. Zunächst werden (willkürlich) festgelegt: Nennmaß gleich Größtmaß der Nabenlänge des Hebels $N = l_{gH}$ = 30 mm; ferner sollen die Toleranzfelder für Hebel und Gabel gleich groß sein: $T_H = T_G$.

2.9. Normen und Literatur

Danach wird die Skizze angefertigt und alle Daten eingetragen. Es ergeben sich mit $S_k = 0{,}1$ mm und $S_g = 0{,}2$ mm (gegeben):

$S_g = T_H + S_k + T_G = 2 \cdot T_G + S_k$ und hieraus

$T_G = \dfrac{S_g - S_k}{2}$, $T_G = \dfrac{0{,}2 \text{ mm} - 0{,}1 \text{ mm}}{2}$

$= 0{,}05 \text{ mm} = T_H$.

Damit können die Abmaße „abgelesen" werden.

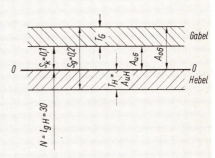

Bild 2-13
Abmaßskizze für Hebel und Gabel

Für die Hebelnabe werden: $A_{oH} = 0$ mm, $A_{uH} = T_H = -0{,}05$ mm; für die Gabel: $A_{uG} = S_k = +0{,}1$ mm; $A_{oG} = A_{uG} + T_G = 0{,}1$ mm $+ 0{,}05$ mm $= +0{,}15$ mm.

Ergebnis: Für die Nabe des Hebels ergeben sich: $A_{oH} = 0$, $A_{uH} = -0{,}05$ mm, für die Gabel: $A_{oG} = +0{,}15$ mm, $A_{uG} = +0{,}1$ mm. Als Maße müssen eingetragen werden für die Hebelnabe: $30^{\,0}_{-0{,}05}$, für die Gabel $30^{+0{,}15}_{+0{,}1}$.

2.9. Normen und Literatur

DIN-Taschenbuch 1: Grundnormen für die mechanische Technik
DIN 3: Normmaße
DIN 323: Normzahlen, Hauptwerte, Genauwerte, Rundwerte
DIN 7150: ISO-Toleranzen und ISO-Passungen für Längenmaße von 1 bis 50 mm; Einführung, Grundlagen
DIN 7154: ISO-Passungen für Einheitsbohrung
DIN 7155: ISO-Passungen für Einheitswelle
DIN 7182: Toleranzen und Passungen, Grundbegriffe
Weitere Normen siehe Normblatt-Verzeichnis des DNA, Beuth-Vertrieb GmbH

Berg, S.: Angewandte Normzahl, Beuth-Vertrieb GmbH, Berlin
Felber/Felber: Toleranz- und Passungskunde, Fachbuchverlag, Leipzig
Klein, M.: Einführung in die DIN-Normen, B. G. Teubner, Stuttgart
Tschochner, H.: Toleranzen, Passungen, Grenzlehren, Winter'sche Verlagshandlung, Basel/Braunschweig

3. Festigkeit und zulässige Spannung

3.1. Allgemeines

Für die Berechnung oder Nachprüfung der Abmessungen eines Bauteiles ist die Wahl der Höhe der *zulässigen Spannung* von ausschlaggebender Bedeutung. Man versteht hierunter die Spannung, bei der mit Sicherheit kein Bruch bzw. keine schädigende Formänderung eintritt; sie muß also unterhalb einer höchstmöglichen Spannung liegen, damit eine ausreichende Sicherheit vorhanden ist.

> **Unter höchstmöglicher Spannung ist diejenige zu verstehen, die ein Bauteil bei beliebig langer Belastungsdauer gerade noch ohne Bruch bzw. ohne schädigende Formänderung ertragen kann.**

Diese ist im wesentlichen von der Art des Werkstoffes, der Art der Beanspruchung und Belastung sowie von der Form des Bauteiles abhängig. Die Höhe der Sicherheit wird erfahrungsgemäß unter anderem nach der Wichtigkeit und dem Verwendungszweck des Bauteiles gewählt.

3.2. Beanspruchungs- und Belastungsarten

3.2.1. Beanspruchungsarten

Je nach Wirkung der an einem Bauteil angreifenden äußeren Kräfte und der Art der durch diese im Werkstoff hervorgerufenen Spannungen und Formänderungen unterscheidet man die Beanspruchungsarten: *Zug* (erzeugt Zugspannung σ_z), *Druck* (Druckspannung σ_d), *Biegung* (Biegespannung σ_b) *Schub* bzw. *Abscheren* (Schubspannung τ_s bzw. Abscherspannung τ_a), *Verdrehung* (*Torsion*) (Verdreh-, Torsionsspannung τ_t). Außer diesen Grundbeanspruchungsarten unterscheidet man noch *Knickung* als Sonderfall der Druckbeanspruchung und *Flächenpressung* als Beanspruchung der Berührungsflächen zweier aufeinander gedrückter Körper. Treten zwei oder mehrere Beanspruchungsarten gleichzeitig auf, z. B. Zug und Biegung oder Biegung und Verdrehung, so spricht man von zusammengesetzten Beanspruchungen.

3.2.2. Belastungsarten

Je nach Art der zeitlichen Belastungsschwankung unterscheidet man die Hauptbelastungsarten: *statische (ruhende) Belastung,* bei der die Belastung dauernd konstant bleibt, und *dynamische (schwingende) Belastung,* bei der sich die Belastung dauernd ändert. Je nach der Art, wie die Belastungsänderung zeitlich erfolgt, unterscheidet man im einzelnen folgende Belastungsfälle:

1. *Statische Belastung* (*Belastungsfall I*): Die an einem Bauteil angreifende äußere Kraft und die dadurch entstehende Spannung steigt von Null auf einen Höchstwert an und bleibt dann dauernd konstant (Bild 3-1a).
   Beispiel: Zugspannung in einem Spannseil.

3.3. Statische Belastung

2. *dynamisch-schwellende Belastung* (*Belastungsfall II*): Die Spannung schwankt dauernd zwischen Null (Unterspannung $\sigma_u = 0$) und einem Höchstwert (Oberspannung σ_o) (Bild 3-1b).
   Beispiel: Biegespannung im Kipphebel einer Ventilsteuerung (Kfz-Motor).
3. *dynamisch-wechselnde Belastung* (*Belastungsfall III*): Die Spannung schwankt dauernd um Null zwischen einem positiven Höchstwert (σ_o), z. B. Zugspannung und einem negativen Höchstwert (σ_u), z. B. Druckspannung (Bild 3-1c).
   Beispiel: Biegezug- und Biegedruckspannung in einem sich drehenden Lagerzapfen.
4. *allgemein-dynamische Belastung:* Spannung schwankt dauernd beliebig zwischen einem Höchstwert (σ_o) und einem Tiefstwert (σ_u) (Bild 3-1d).
   Beispiel: Verdrehspannung in der Getriebewelle eines Kraftfahrzeuges.

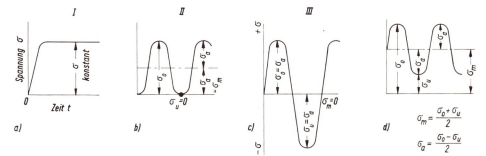

Bild 3-1. Belastungsfälle, a) statisch, b) dynamisch-schwellend, c) dynamisch-wechselnd, d) allgemein-dynamisch

Die dynamische Belastung kann auch wie folgt aufgefaßt werden: Um eine ruhend gedachte Mittelspannung σ_m erfolgt dauernd ein Spannungsausschlag σ_a nach beiden Seiten.

Der zeitliche Ablauf der Lastwechsel ist von untergeordneter Bedeutung. In der Praxis treten die Belastungen meist allgemein-dynamisch auf und seltener rein statisch, dynamisch-schwellend oder dynamisch-wechselnd. Für Festigkeitsuntersuchungen an Bauteilen ist es jedoch einfacher und auch den praktischen Anforderungen durchaus genügend, einen der Belastungsfälle I bis III anzunehmen, der den tatsächlichen Belastungsverhältnissen am nächsten kommt.

3.2.3. Formelzeichen für Spannungen und Festigkeiten

In der Tabelle 3.1 sind die in diesem Buch verwendeten Begriffe und Formelzeichen für die wichtigsten Spannungen und Festigkeiten in Übereinstimmung mit DIN 1350, DIN 1602 und DIN 50 100 zusammengestellt.

3.3. Statische Belastung

Statische oder überwiegend statische Belastung liegt hauptsächlich vor bei Bauteilen von Stützen, Trägern, Dachbindern, Masten usw. im Stahlhochbau und Tiefbau. Auch Bauteile im Kran- und Brückenbau werden rechnerisch, hinsichtlich der Höhe der zulässigen

Spannung, als statisch belastet betrachtet. Die zusätzlich auftretenden dynamischen Belastungen werden je nach Art des Bauwerkes durch entsprechende Erhöhung der äußeren Kräfte mit Ausgleichs-, Stoßzahlen und Schwingungsbeiwerten (DIN 120, DIN 1073) berücksichtigt und die Bauteile dann rechnerisch wie statisch belastete behandelt.

3.3.1. Festigkeitsbegriffe

Die bei statischer Belastung im Zusammenhang mit dem Ansatz der zulässigen Spannung maßgebenden Festigkeitsbegriffe sind:

1. *Bruchfestigkeit* σ_B (τ_B): Spannung, bei der durch zügige Laststeigerung der Bruch eines Bauteiles eintritt. Sie wird durch Versuche an Probestäben für die verschiedenen Werkstoffe ermittelt. Je nach Art der Beanspruchung, bei der der Bruch eintritt, unterscheidet man: Zugfestigkeit σ_{zB}, Biegefestigkeit σ_{bB} usw. (siehe Tabelle 3.1). Die Bruchfestigkeit ergibt sich aus:

$$\sigma_B \text{ (bzw. } \tau_B) = \frac{F_{max}}{A_0} \text{ in N/mm}^2$$

F_{max} Höchstlast (Bruchlast) in N
A_0 Ausgangsquerschnitt des Probestabes in mm²

Tabelle 3.1: Begriffe und Formelzeichen für Spannungen und Festigkeiten

Begriffe	allgemein	Beanspruchung auf					
		Zug	Druck	Biegung	Abscheren	Verdreh.	Schub
Spannung	σ, τ	σ_z	σ_d	σ_b	τ_a	τ_t	τ_s
zulässige Spannung	σ_{zul}, τ_{zul}	$\sigma_{z\,zul}$	$\sigma_{d\,zul}$	$\sigma_{b\,zul}$	$\tau_{a\,zul}$	$\tau_{t\,zul}$	–
statische Festigkeit (Bruchfestigkeit)	σ_B, τ_B	Zugfestigkeit σ_{zB}	Druckfestigkeit σ_{dB}	Biegefestigkeit σ_{bB}	Abscherfestigkeit τ_{aB}	Verdrehfestigkeit τ_{tB}	–
Fließgrenze	σ_F, τ_F	Streckgrenze σ_S	Quetschgrenze σ_{dF}	Biegegrenze σ_{bF}	–	Verdrehgrenze τ_{tF}	–
0,2-Dehngrenze	$\sigma_{0,2}$	$\sigma_{0,2}$	–	–	–	–	–
Dauerfestigkeit	σ_D, τ_D	σ_{zD}	σ_{dD}	σ_{bD}	–	τ_{tD}	–
Wechselfestigkeit	σ_W, τ_W	Zug-Druck-Wechselfestigkeit σ_{zdW}		Biegewechselfestigkeit σ_{bW}	–	Verdrehwechselfestigkeit τ_{tW}	–
Schwellfestigkeit	σ_{Sch}, τ_{Sch}	Zugschwellfestigkeit $\sigma_{z\,Sch}$	Druckschwellfestigkeit $\sigma_{d\,Sch}$	Biegeschwellfestigkeit $\sigma_{b\,Sch}$	–	Verdrehschwellfestigkeit $\tau_{t\,Sch}$	–
Nenndauerfestigkeit	σ_{nD}, τ_{nD}	σ_{nD}			–	τ_{nD}	–
Gestaltfestigkeit	σ_G, τ_G	σ_G			–	τ_G	–

3.3. Statische Belastung

2. *Fließgrenze* σ_F (τ_F): Spannung, bei der ohne weitere Laststeigerung ein „Fließen", d. h. eine starke Dehnung des Werkstoffes eintritt. Sie ist, wie die Bruchfestigkeit, von der Art des Werkstoffes und der Beanspruchung abhängig. Die Fließgrenze ist aber nur bei wenigen Werkstoffen ausgeprägt, insbesondere bei weicheren Stählen (z. B. St 37). Je nach Art der Beanspruchung, bei der das Fließen eintritt, unterscheidet man: Zug-Fließgrenze oder einfach Streckgrenze σ_S, Biege-Fließgrenze oder einfach Biegegrenze σ_{bF} usw. (siehe Tabelle 3.1).
3. *0,2-Dehngrenze* $\sigma_{0,2}$: Spannung, bei der sich nach Aufhören der Belastung eine bleibende Dehnung von 0,2 % ergibt. Sie ersetzt die Fließgrenze bei Werkstoffen, bei denen diese nicht ausgeprägt ist, z. B. bei Aluminium und anderen Nichteisenmetallen, bei harten und höher legierten Stählen.

3.3.2. Gewaltbruch

Ein durch zügige Laststeigerung entstehender Bruch wird mit *Gewaltbruch* bezeichnet. Er läßt sich bei den meisten Werkstoffen an der rauhen, fein- bis grobkörnigen, ungleichförmigen und teilweise zerklüfteten Bruchfläche erkennen, Bild 3-2. Vergleiche hierzu den Dauerbruch unter 3.4.4. und Bild 3-12.

Bild 3-2
Gewaltbruch einer Keilwelle

3.3.3. Zulässige Spannung bei statischer Belastung

3.3.3.1. Allgemeiner Ansatz

Bei der Berechnung bzw. Nachprüfung statisch oder überwiegend statisch belasteter Bauteile ist die Fließgrenze σ_F (ersatzweise die 0,2-Dehngrenze $\sigma_{0,2}$) bzw. die Bruchfestigkeit σ_B des Werkstoffes als höchstmögliche Spannung maßgebend. Gegenüber dieser muß eine ausreichende Sicherheit ν vorhanden sein.

Bei Bauteilen aus *Stahl, legiertem Stahl, Stahlguß, Aluminium, Aluminiumlegierungen*, sonstigen *Leichtmetallen* und *deren Legierungen, Messing* u. ä. geht man von der Fließgrenze bzw. 0,2-Dehngrenze aus und erhält als *zulässige Spannung*:

$$\sigma_{zul}\ (\tau_{zul}) = \frac{\sigma_F\ \text{bzw.}\ \sigma_{0,2}\ (\tau_F)}{\nu} \text{ in N/mm}^2\ ^1) \qquad (3.1)$$

ν Sicherheit; man wählt $\nu \approx 1{,}3 \ldots 1{,}8$, im Mittel $\nu \approx 1{,}5$; siehe auch unter 3.3.3.2.

Bei Bauteilen aus *Grauguß, Holz, Plasten, Keramik* u. ä., also aus Werkstoffen ohne ausgeprägte Fließgrenze und 0,2-Grenze, geht man von der Bruchfestigkeit aus und erhält als *zulässige Spannung*:

$$\sigma_{zul}\ (\tau_{zul}) = \frac{\sigma_B\ (\tau_B)}{\nu} \text{ in N/mm}^2 \qquad (3.2)$$

Man wählt $\nu \approx 1{,}5 \ldots 2{,}5$, im Mittel $\nu \approx 2$; siehe auch unter 3.3.3.2.

Die für $\sigma_{zul}\ (\tau_{zul})$ berechneten Zahlenwerte sind sinnvoll zu runden, möglichst auf Endziffer 0 oder 5.

Die Werte für die Bruchfestigkeit und Zug-Fließgrenze bzw. 0,2-Dehngrenze der gebräuchlichen Werkstoffe sind der Tabelle A1.4, Anhang, oder allgemein den Werkstoffnormen zu entnehmen. Die Fließgrenze für Zug kann auch, ebenso wie die für Biegung und Verdrehung aus den Dauerfestigkeitsschaubildern A3-4 bis A3-8, Anhang, abgelesen werden (siehe Erläuterungen unter 3.4.2.).

Liegen Druck-, Abscher- und Verdrehfestigkeitswerte nicht vor, dann kann gesetzt werden für

Stahl, Stahlguß, Cu-Legierungen: $\sigma_{d\ zul} = \sigma_{z\ zul},\ \tau_{a\ zul}\ (\tau_{t\ zul}) = 0{,}8\ (0{,}65) \cdot \sigma_{z\ zul}$,
Aluminium, Al-Legierungen: $\sigma_{d\ zul} = 1{,}2 \cdot \sigma_{z\ zul},\ \tau_{a\ zul}\ (\tau_{t\ zul}) = 0{,}8\ (0{,}7) \cdot \sigma_{z\ zul}$,
Grauguß: $\sigma_{d\ zul} = 2{,}5 \cdot \sigma_{z\ zul},\ \tau_{a\ zul} = 1{,}2 \cdot \sigma_{z\ zul}$,
Temperguß, weiß (schwarz): $\sigma_{d\ zul} = 1{,}5\ (2) \cdot \sigma_{z\ zul},\ \tau_{a\ zul} = 1{,}2 \cdot \sigma_{z\ zul}$.

3.3.3.2. Sicherheit

Die Höhe der Sicherheit wählt man nach folgenden Gesichtspunkten:
1. *Kleinere Sicherheit*, wenn die äußeren Kräfte sicher erfaßt werden können und ein etwaiger Bruch des betreffenden Bauteiles keinen großen Schaden anrichten und dieser schnell behoben werden kann. Von den oben angegebenen Werten für die Sicherheit können dann die kleineren eingesetzt werden.

---

[1]) Für die mechanische Spannung wird grundsätzlich die Einheit N/mm² verwendet; nur in Ausnahmefällen werden andere Einheiten verwendet, z. B. wenn in bestimmten Normen solche verbindlich vorgeschrieben sind, oder wenn damit bei Berechnungen sinnvoller und einfacher gearbeitet werden kann.

2. *Höhere Sicherheit,* wenn äußere Kräfte nicht genau zu erfassen sind und bei einem etwaigen Bruch des Bauteiles großer Schaden (Betriebsstörungen, Lebensgefahr) entstehen kann. Hierbei sollen die größeren Sicherheitswerte (eventuell noch höhere) eingesetzt werden.

Teilweise ist die Sicherheit auch behördlich vorgeschrieben, z. B. bei Drahtseilen von Aufzügen und Seilbahnen.

3.3.3.3. Zulässige Spannung im Stahlbau

Im Stahlbau sind die zulässigen Spannungen behördlich vorgeschrieben, und zwar:
für den Stahlhochbau nach DIN 1050 (siehe Anhang, Tabelle A3.2);
für den Kranbau nach DIN 15018;
für den Brückenbau nach DIN 1073.

3.3.3.4. Festigkeitsnachprüfung

Bei Nachprüfungen konstruktiv festgelegter Querschnittsabmessungen von Bauteilen ist nachzuweisen, daß die vorhandene Spannung

$$\sigma_{vorh} \leqslant \sigma_{zul} \quad \text{bzw.} \quad \tau_{vorh} \leqslant \tau_{zul}$$

ist. Andernfalls sind die Abmessungen so zu ändern, daß die angegebene Beziehung erfüllt ist.

3.4. Dynamische Belastung

Dynamische oder überwiegend dynamische Belastung liegt hauptsächlich bei beweglichen Teilen an Maschinen, wie Wellen, Hebeln, Zahnrädern und Federn vor. Solche dynamisch belasteten Bauteile sind festigkeitsmäßig erheblich stärker gefährdet als statisch belastete. Daher sind für deren Berechnung andere Gesichtspunkte maßgebend als bei statisch belasteten Teilen.

3.4.1. Dauerfestigkeitsbegriffe

Die bei statischer Belastung wichtigen Festigkeitsarten, wie Bruchfestigkeit und Fließgrenze, sind bei dynamisch belasteten Bauteilen nicht mehr maßgebend. Für diese ist die *Dauerfestigkeit* entscheidend, die für die verschiedenen Werkstoffe unter unterschiedlichen Beanspruchungs- und Belastungsarten im Dauerschwingversuch (DIN 50 100) an runden, glatten, polierten Probestäben von etwa 10 mm Durchmesser ermittelt worden ist.

Wird ein solcher Probestab einer zunächst hohen Wechselbelastung, z. B. Biegung, unterworfen, so tritt nach einer bestimmten Lastspielzahl[1] N der Dauerbruch ein. Dieser Vorgang entspricht z. B. dem Bruch eines dauernd hin- und hergebogenen Drahtes. Setzt man den Versuch mit weiteren Probestäben gleicher Abmessung und aus gleichem Werkstoff bei immer kleiner werdenden Belastungen fort, dann erreicht man bis zum Einsetzen

---
[1]) Unter Lastspielzahl versteht man die Anzahl der Lastwechsel.

des Bruches eine immer höhere Lastspielzahl. Bei genügend kleiner Belastung tritt schließlich nach Erreichen einer bestimmten Lastspielzahl, der Grenzlastspielzahl, auch bei weiterer Fortsetzung der Belastung kein Bruch mehr ein. Die dieser Belastung entsprechende Spannung ist die Dauerfestigkeit σ_D (τ_D) des Werkstoffes.

> Die Dauerfestigkeit σ_D (τ_D) ist die höchste Spannung, die ein glatter, polierter Stab von ≈ 10 mm Durchmesser bei dynamischer Belastung gerade noch beliebig lange ohne Bruch bzw. ohne schädigende Verformung aushält.

Stellt man die im Versuch festgestellten Spannungen in Abhängigkeit von der erreichten Lastspielzahl in einem Diagramm dar, dann ergibt sich die *Grenzspannungslinie*, die auch als *Wöhlerlinie*[1]) bezeichnet wird (Bild 3-3). Deren Verlauf ist abhängig von der Höhe der ruhend gedachten Mittelspannung, um die dauernd ein Spannungsausschlag nach beiden Seiten erfolgt. Die Ergebnisse aus gleichartigen Versuchen streuen jedoch stark (bis ≈ 20 %), so daß die *Wöhlerlinie* zu einem „Band" wird, das den Streubereich darstellt, der auch als Schadensbereich betrachtet werden kann.

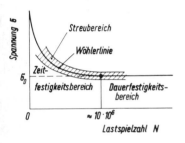

Bild 3-3

Grenzspannungs- oder Wöhlerlinie für Stahl (Schema)

Die Grenzlastspielzahl liegt für Stahl bei etwa 10 Mill. Die Grenzspannungen vor dieser Lastspielzahl werden mit *Zeitfestigkeit* bezeichnet, da sie nur für eine bestimmte Zeit, der zugehörigen Lastspielzahl entsprechend, keinen Dauerbruch hervorrufen. Im allgemeinen Maschinenbau hat aber nur die Dauerfestigkeit eine praktische Bedeutung.

Je nach der Belastung, für die die Dauerfestigkeitswerte ermittelt sind, unterscheidet man: *Schwellfestigkeit* σ_{Sch} (τ_{Sch}) und *Wechselfestigkeit* σ_W (τ_W) als wichtigste Dauerfestigkeitsbegriffe. Nach Art der dabei vorliegenden Beanspruchung unterscheidet man weiter: *Zugschwellfestigkeit* $\sigma_{z\,Sch}$, *Biegewechselfestigkeit* $\sigma_{b\,W}$ usw. (siehe Tabelle 3.1).

Ein weiterer wichtiger Dauerfestigkeitsbegriff ist die *Ausschlagfestigkeit* σ_A (τ_A), die wie folgt definiert werden kann:

> Die Ausschlagfestigkeit σ_A (τ_A) ist die höchste Ausschlagspannung, die ein glatter, polierter Stab von ≈ 10 mm Durchmesser bei dynamischer Belastung um eine ruhend gedachte Mittelspannung σ_m nach beiden Seiten gerade noch beliebig lange ohne Bruch bzw. ohne schädigende Verformung ertragen kann.

Die Dauerfestigkeit σ_D (τ_D) kann somit als Oberbegriff der Dauerfestigkeitsarten aufgefaßt werden, wie in Bild 3-4 dargestellt.

In Bild 3-5 sind die Dauerfestigkeiten (Grenzspannungen) und Ausschlagfestigkeiten für die verschiedenen dynamischen Belastungsfälle dargestellt.

---

[1]) Nach *August Wöhler,* 1819 bis 1914, der maßgeblich an der Erforschung der Dauerfestigkeit beteiligt war.

3.4. Dynamische Belastung

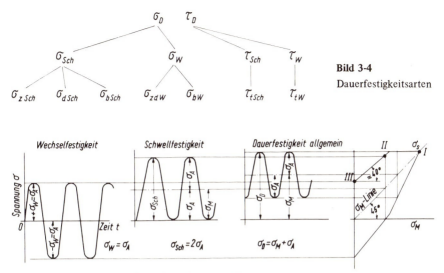

Bild 3-4 Dauerfestigkeitsarten

Bild 3-5. Entstehung eines Dauerfestigkeitsschaubildes

3.4.2. Dauerfestigkeitsschaubilder und Dauerfestigkeitswerte

Die Dauerfestigkeitswerte können Dauerfestigkeitsschaubildern (Dfkt-Schaubildern) entnommen werden. Allgemein gebräuchlich sind die Schaubilder nach *Smith* (siehe Anhang, Bilder A3-4 bis A3-8). Aus diesen lassen sich sowohl die Wechselfestigkeits- und Schwellfestigkeitswerte als auch die Ausschlagfestigkeitswerte bei jeder beliebigen Mittelspannung und für jede Beanspruchungsart, wie Zug und Biegung, ablesen. Für die verschiedenen Werkstoffe sind die aus Versuchen gewonnenen Dauerfestigkeitswerte in Abhängigkeit von der Mittelspannung aufgetragen. Die obere Grenze der so entstandenen Linienzüge ist stets durch die Fließgrenze gegeben, da ja über diese hinaus ohne schädigende Formänderung nicht belastet werden darf.

Für andere als in diesen Bildern enthaltene Werkstoffe findet man die Dauerfestigkeitswerte in Tabelle A3.1 im Anhang. (Die Dauerfestigkeitswerte sind nicht genormt und werden in den einzelnen Veröffentlichungen z.T. recht unterschiedlich angegeben.)

Im folgenden sind einige Ablesebeispiele gegeben.

■ **Beispiel 1:** Wie groß ist die Biegewechselfestigkeit für Stahl St 50?
Lösung: Bei Wechselbelastung ist die Mittelspannung $\sigma_m = 0$ (Bild 3-1c). Diesen Wert findet man im Schaubild für die Dauerbiegefestigkeit (Anhang, Bild A3-4b) auf der Abszisse am Anfang. An der durch diesen Punkt senkrecht gehenden Linie (der mit III bezeichneten Ordinate) werden (immer) die Wechselfestigkeitswerte abgelesen.
Für den Linienzug St 50 findet man die Werte +260 (oben) und −260 (unten). Für St 50 ist also $\sigma_{bW} = 260$ N/mm². Dieser Wert ist bei Wechselbelastung auch gleichzeitig die Ausschlagfestigkeit σ_A.
Ergebnis: $\sigma_{bW} = 260$ N/mm².

■ **Beispiel 2:** Wie groß sind bei Schwellbelastung a) die Zugschwellfestigkeit und b) die Ausschlagfestigkeit für St 37?

Lösung a): Bei Schwellbelastung ist die Unterspannung $\sigma_u = 0$ (Bild 3-1b). Man sucht im Zug-Druck-Schaubild (Anhang, Bild A3-4a) auf der Abszisse den Schnittpunkt mit dem unteren Teil (σ_u-Linie) des Linienzuges St 37, geht von diesem Punkt senkrecht nach oben und findet im Schnittpunkt mit dem oberen Teil (σ_o-Linie) des Linienzuges den Wert 240. Er liegt, wie alle Schwellfestigkeitswerte an der schrägen mit II bezeichneten Linie.

Ergebnis: $\sigma_{z\,Sch} = 240\ N/mm^2$.

Lösung b): Die Ausschlagfestigkeit bei Schwellbelastung ist

$$\sigma_A = \frac{\sigma_{z\,Sch}}{2}, \qquad \sigma_A = \frac{240\ N/mm^2}{2} = 120\ N/mm^2.$$

Ergebnis: $\sigma_A = \pm 120\ N/mm^2$.

■ **Beispiel 3:** Wie groß sind a) die Dauerfestigkeit, b) die Ober- und Unterspannung und c) die Ausschlagfestigkeit für St 60 bei Verdrehbeanspruchung, wenn die Belastung um eine Mittelspannung (Vorspannung) $\tau_m = 150\ N/mm^2$ schwankt.

Lösung a): Man sucht im Schaubild für Verdrehdauerfestigkeit (siehe Anhang, Bild A3-4c) auf der Abszisse den Wert $\tau_m = 150\ N/mm^2$, geht von diesem Punkt nach oben und findet als Schnittpunkt mit dem oberen Teil des Linienzuges für St 60: $\tau_D = 230\ N/mm^2$.

Ergebnis: $\tau_D = 230\ N/mm^2$.

Lösung b): Die Oberspannung τ_o ist gleich der Dauerfestigkeit τ_D. Die Unterspannung τ_u ergibt sich als Schnittpunkt mit dem unteren Teil des Linienzuges.

Ergebnis: $\tau_o = 230\ N/mm^2$; $\tau_u = 70\ N/mm^2$.

Lösung c): Um $\tau_m = 150\ N/mm^2$ kann nach oben und nach unten ein Spannungsausschlag von 80 N/mm² erfolgen.

Ergebnis: $\tau_A = \pm 80\ N/mm^2$.

3.4.3. Dauerfestigkeitsbeeinflussende Wirkungen

Die Dauerfestigkeitswerte der Dfkt-Schaubilder gelten nur bei den unter 3.4.1. genannten idealen Voraussetzungen: glatter Stab, polierte Oberfläche, etwa 10 mm Durchmesser. Jede Querschnittsveränderung, rauhere Oberfläche und größere Querschnittsabmessung – diese allerdings mit Einschränkung, siehe unter 3.4.3.3. – bewirken eine Verminderung der Dauerfestigkeit.

Durch bestimmte, insbesondere konstruktive Maßnahmen lassen sich diese Festigkeitsminderungen günstig beeinflussen und dadurch Erhöhungen der Dauerhaltbarkeit erreichen (siehe „Einfluß der Gestaltung").

3.4.3.1. Kerbwirkung

Unter Kerbwirkung versteht man die festigkeitsmindernde Wirkung insbesondere durch äußere Querschnittsveränderungen am Bauteil z. B. durch Nuten, Eindrehungen, Wellenabsätze, Querbohrungen u. dgl. Aber nicht nur diese äußeren „baulichen" Kerben, sondern auch innere Kerbstellen wie Lunker, Schlackeneinschlüsse, Seigerungen u. dgl. wirken, wenn auch normalerweise im geringeren Maße, festigkeitsmindernd.

3.4. Dynamische Belastung

Nennspannung

Unter Nennspannung σ_n (τ_n) versteht man die über die Querschnittsfläche gleichmäßig bzw. linear verteilte Spannung, dargestellt bei Zugbeanspruchung in Bild 3-7a), bei Biegebeanspruchung in Bild 3-7b). Die Nennspannungen ergeben sich nach den aus der elementaren Festigkeitslehre bekannten Gleichungen, z. B. bei Zug- bzw. Biegebeanspruchung:

$$\sigma_z \triangleq \sigma_{zn} = \frac{F}{A} \quad \text{bzw.} \quad \sigma_b \triangleq \sigma_{bn} = \frac{M_b}{W}$$

Diese Spannungsverteilungen ergeben sich bei praktisch kerbfreien Bauteilen. Denkt man sich nun die bei gekerbten Bauteilen ungleichmäßig verteilte Spannung über der Querschnittsfläche gleichmäßig verteilt, so erhält man die Nennspannung σ_n, wie in Bild 3-8 am gekerbten, zugdruckbeanspruchten Stab dargestellt. Das Verhältnis der Spannungsspitze σ_{max} zur Nennspannung σ_n kann als Kennwert für die festigkeitsmindernde Wirkung einer Kerbe aufgefaßt werden, was in folgenden Abschnitten näher erläutert wird.

Ursache der Kerbwirkung

Die Ursache der Festigkeitsminderung ist in Spannungserhöhungen (Spannungsspitzen) an den Kerbstellen zu suchen. Im ungekerbten Stab sind gedachte Kraft-(Spannungs-)linien über den ganzen Querschnitt gleichmäßig verteilt. Bei einer Kerbe werden die Kraftlinien gewissermaßen um diese herumgelenkt (Bild 3-6a). Damit entfallen auf einen Quadratmillimeter Querschnittsfläche an den Kerbstellen mehr Kraftlinien als auf die übrigen Flächenteile, was mit einer Erhöhung der Spannung an diesen Stellen gleichbedeutend ist (Bild 3-6b). Diese Tatsache kann durch Dehnungsmessungen bestätigt werden, wobei sich an Kerbstellen größere Dehnungen zeigen als an „ungestörten" Querschnittsstellen.

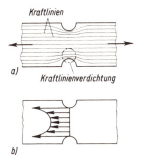

Bild 3-6. Kerbwirkung
a) Entstehung, b) Spannungsverteilung

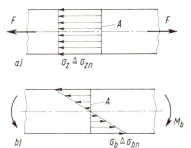

Bild 3-7. Nennspannungen
a) bei Zugbeanspruchung, b) bei Biegebeanspruchung

Einfluß der Kerbform auf die Kerbwirkung

Die festigkeitsmindernde Wirkung einer Kerbe wird in erster Linie von der *Kerbform* beeinflußt (Bild 3-9). Je schärfer die Kerbe, um so größer wird die hierdurch hervorgerufene Spannungsspitze σ_{max}, deren Höhe gegenüber der Nennspannung σ_n durch die statisch ermittelte *Formziffer* α_k erfaßt wird: $\sigma_{max} = \alpha_k \cdot \sigma_n$.

Die Formziffer α_k ist aber nicht nur von der Kerbform, sondern auch noch von der Beanspruchungsart abhängig. Für die in Bild 3-9a dargestellte Spitzkerbe ergibt sich bei bestimmten Abmessungen und bei Zugbeanspruchung: $\alpha_k \approx 5$, für die entsprechende Rechteckkerbe, Bild 3-9b: $\alpha_k \approx 2{,}5$, für die Rundkerbe, Bild 3-9c: $\alpha_k \approx 1{,}5$. (Näheres aus einschlägiger Literatur, siehe unter 3.6). Vorstehendes gilt sinngemäß auch für τ anstelle von σ.

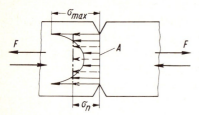

Bild 3-8. Höchst- und Nennspannung im gekerbten Bauteil

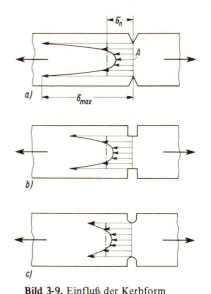

Tabelle 3.2:
Richtwerte für die Kerbempfindlichkeitsziffer η_k

Werkstoff	η_k
C-Stähle (St 37 ... St 70)	0,4 ... 0,8
Vergütungsstähle	0,6 ... 0,9
Federstähle	0,9 ... 1
Leichtmetalle	0,3 ... 0,6

Bild 3-9. Einfluß der Kerbform

Einfluß der Kerbempfindlichkeit auf die Kerbwirkung

Gleichartige Kerben wirken sich in Bauteilen aus harten, unelastischen und spröden Werkstoffen, z. B. Glas oder Federstahl, wesentlich ungünstiger aus, als bei solchen aus elastischen Werkstoffen wie Gummi oder weichem Stahl. Bei elastischen Werkstoffen können die Spannungsspitzen durch elastische, teilweise auch plastische Verformung weitgehend abgebaut werden. So wird die Wirkung der Kerbe und damit ihre Einflußgröße α_k verringert. Dazu kommt noch eine gewisse Stützwirkung der weniger beanspruchten Werkstoffteilchen. Daraus erklärt sich auch die Beobachtung, daß ein dauerndes geringes Überschreiten der Dauerfestigkeit des Werkstoffes in den Spannungsspitzen bei elastischen Werkstoffen nicht schadet. Das Maß dieser Überschreitung und die damit verbundene Verminderung des Kerbeinflusses wird durch die *Kerbempfindlichkeitsziffer η_k* erfaßt. Diese ist aber keine konstante Werkstoffkennzahl, sondern wiederum von der Kerbform, der Beanspruchungsart und der Bauteilgröße abhängig.

Die Werte der Kerbempfindlichkeitsziffer liegen zwischen 0 bei vollkommen elastischen Werkstoffen — Kerben haben damit keinen dauerfestigkeitsmindernden Einfluß — und 1 bei vollkommen kerbempfindlichen Werkstoffen. Die Kerbempfindlichkeit wächst mit zunehmender Bruchfestigkeit des Werkstoffes.

3.4. Dynamische Belastung

Einfluß der Gestaltung auf die Kerbwirkung

Durch mehr oder weniger günstige Gestaltung der Bauteile kann die Höhe der Kerbwirkung teilweise wesentlich beeinflußt werden.

Das Zusammentreffen mehrerer Kerben in einer Querschnittsebene, z. B. Wellenübergang und Nut in Bild 3-10a, ergibt eine erhebliche, rechnerisch jedoch kaum erfaßbare Erhöhung der Kerbwirkung. Solche *Durchdringungskerben* sind unbedingt zu vermeiden, z.B. durch Zurücksetzen der Nut, wodurch die überlagerten Kerbebenen getrennt werden.

Dagegen können zusätzliche Kerben als *Entlastungskerben* die Wirkung der „Hauptkerbe" sogar vermindern. Sie haben die Aufgabe, den „Kraftfluß" sanfter umzulenken, wie beim Wellenabsatz, Bild 3-10b, oder auch die Bauteile elastischer und nachgiebiger zu gestalten, wie beim (festen) Nabensitz, Bild 3-10c, wodurch die schmale Kerbebene zu einer breiteren Kerbzone wird. In allen diesen Fällen werden die Spannungsspitzen abgebaut und die Kerbwirkungen vermindert. Diese Maßnahmen lohnen sich jedoch nur bei hochbeanspruchten Bauteilen, die möglichst kleine Abmessungen erhalten sollen.

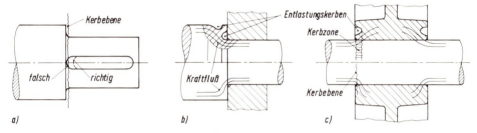

Bild 3-10. Gestaltung und Kerbwirkung. a) Überlagerung von Kerbebenen, b) Entlastungskerben am Wellenabsatz, c) Entlastungskerben bei festsitzender Nabe

Kerbwirkungszahl

Die festigkeitsmindernde Gesamtwirkung einer Kerbe wird also durch deren Form (Formziffer α_k) und durch die Art des Werkstoffes (Kerbempfindlichkeitsziffer η_k) bestimmt. Diese Einflußgrößen ergeben die *Kerbwirkungszahl* β_k. Nach *Thum* ergibt sich diese aus:

$$\beta_k = 1 + \eta_k \cdot (\alpha_k - 1) \tag{3.3}$$

Die Kerbwirkungszahl $\beta_k \leq \alpha_k$ wird aber nur in Ausnahmefällen nach dieser Gleichung ermittelt, da die Einflußgrößen α_k und besonders η_k keine konstanten Zahlenwerte sind, sondern wiederum voneinander abhängen. Sicherer ist die Ermittlung durch Versuch: Ein gekerbtes Bauteil wird einer gerade noch dauernd ertragbaren Belastung, z. B. einer Biege-Wechselbelastung unterworfen. Die dabei ermittelte Nennspannung im gekerbten Querschnitt wird mit *Nenndauerfestigkeit* σ_{nD} bezeichnet. Das Verhältnis der entsprechenden Dauerfestigkeit σ_D, d. h. hier der Biege-Wechselfestigkeit, zur Nenndauerfestigkeit ergibt dann die *Kerbwirkungszahl*

$$\beta_k = \frac{\sigma_D}{\sigma_{nD}} > 1 \tag{3.4}$$

Da jedoch der dauerfestigkeitsmindernde Einfluß nur der Kerbe selbst festgestellt werden soll, müssen für den gekerbten Stab die gleichen Voraussetzungen gegeben sein wie für den zur Ermittlung der Dauerfestigkeit dienenden glatten Stab: polierte Oberfläche und etwa 10 mm Stabdurchmesser.

> **Die Kerbwirkungszahl β_k ist das Verhältnis der Dauerfestigkeit des glatten Stabes zur Nenndauerfestigkeit des gekerbten Stabes bei jeweils gleichem Werkstoff, polierter Oberfläche, etwa 10 mm Stabdurchmesser und gleicher Beanspruchungs- und Belastungsart.**

Für konstruktiv bedingte Kerben liegen die β_k-Werte etwa in der Größenordnung von 1,2 (z. B. bei sanft gerundeten Wellenübergängen) bis 3 (z. B. bei scharfkantig gedrehten Nuten für Sicherungsringe).

Eine Zusammenstellung von Richtwerten für β_k für häufig vorkommende Kerbformen enthält Tabelle A3.5 im Anhang. Für einige Kerbformen können genauere Werte nach Schaubild A3-3 im Anhang bestimmt werden.

3.4.3.2. Oberfläche des Bauteiles

Die Dauerfestigkeitswerte gelten entsprechend der Definition der Dauerfestigkeit u. a. nur für polierte, also praktisch vollkommen glatte Oberflächen. Rauhigkeiten durch Drehriefen, Poren u. dgl. stellen eigentlich kleine Kerben dar, durch die die Dauerfestigkeit wie durch bauliche Kerben vermindert wird. In der Praxis hat es sich als zweckmäßig erwiesen, diese beiden Kerbwirkungen getrennt zu erfassen. Daher wird der Einfluß der Oberflächengüte durch einen von der Rauhtiefe und Bruchfestigkeit des Werkstoffes abhängigen *Oberflächenbeiwert* b_1 berücksichtigt. Die b_1-Werte liegen bei mechanisch bearbeiteten Oberflächen je nach Werkstoff zwischen 1 (poliert) und etwa 0,6 (grob geschruppt), sie können jedoch bei Walz- oder Gußhaut und hoher Bruchfestigkeit des Werkstoffes unter 0,5 sinken, was dann einer Dauerfestigkeitsminderung von mehr als 50 % (!) bedeutet; siehe Bild A3-1 im Anhang.

3.4.3.3. Größe des Bauteiles

Die mit Probestäben von ≈ 10 mm Durchmesser ermittelte Dauerfestigkeit nimmt normalerweise bei größeren Querschnittsabmessungen ab, insbesondere bei Biege- und Verdrehbeanspruchung. Dagegen tritt bei Zug- und Druckbeanspruchung kaum eine Festigkeitsminderung ein. Diese Tatsache ist auf die lineare Spannungsverteilung bei Biegung und Verdrehung zurückzuführen gegenüber der unabhängig von der Querschnittsgröße gleichmäßigen Verteilung bei Zug oder Druck (siehe Bild 3-7). Bild 3-11 zeigt zwei verschieden große biegebeanspruchte Rundstäbe mit den verschieden starken „Spannungsgefällen" bei gleicher Randfaserspannung σ_b. Überschreitet diese Spannung einen bestimmten Grenzwert, so ist ein Spannungsausgleich beim kleineren Stab leichter möglich als beim größeren, da die benachbarten Zonen wegen des stärkeren Spannungsgefälles weniger beansprucht werden und damit eine größere Stützwirkung ausüben. Der größere Stab, bei dem die Spannungen in gleich breiter Zone nach innen nur wenig kleiner sind, also weniger „Reserve" haben, ist somit auch stärker dauerbruchgefährdet.

3.4. Dynamische Belastung

Dieser dauerfestigkeitsmindernde Einfluß der Bauteilgröße wird durch den versuchsmäßig ermittelten Größenbeiwert b_2 berücksichtigt, der zwischen 1 bei 10 mm Durchmesser und etwa 0,7 bei Durchmessern über 120 mm liegt; siehe Bild A3-2 im Anhang.

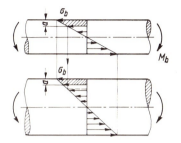

Bild 3-11
Spannungsgefälle bei biegebeanspruchten Rundstäben mit verschiedenen Durchmessern

3.4.3.4. Sonstige Einflußgrößen

Außer Kerbwirkung, Oberfläche und Größe beeinflussen auch höhere Temperaturen und Korrosion die Dauerfestigkeit, die, genau genommen, für 20 °C gilt. Ein merklicher Festigkeitsabfall erfolgt z. B. bei Stahl jedoch erst bei Temperaturen über 200 °C und mehr. Da Bauteile im Betriebszustand aber nur selten so hohe Temperaturen annehmen, soll deren Einfluß hier nicht behandelt werden (näheres siehe VDI-Richtlinie 2226 unter Literatur).

Korrosion leitet bereits die Zerstörung eines Bauteiles ein, so daß eine rechnerische Erfassung ihres Einflusses praktisch keinen Sinn hat.

3.4.4. Dauerbruch

Die meisten Dauerbrüche an Maschinenteilen sind auf Kerbwirkungen an den Bruchstellen zurückzuführen. Durch dauernde zu starke Spannungserhöhungen kann es an den Kerbstellen zu einem allmählichen „Ermüden" und damit zum Zerreißen der Stoffasern kommen, wodurch der Dauerbruch, auch Ermüdungsbruch genannt, eingeleitet wird. Das Einreißen pflanzt sich mit jeder höheren Belastungsspitze weiter fort. Dieser Vorgang läßt sich häufig an den sogenannten Rastlinien auf der Dauerbruchfläche erkennen. Der endgültige Bruch erfolgt dann schließlich durch Gewaltbruch des Restquerschnittes. Im Gegensatz zum Gewaltbruch läßt sich ein Dauerbruch an der meist ebenen, glatten, blanken und häufig noch mit Rastlinien versehenen Bruchfläche erkennen, siehe Bild 3-12.

3.4.5. Gestaltfestigkeit

Bei einem Bauteil beliebiger Gestalt ist nicht mehr die Dauerfestigkeit, sondern die um alle Einflußgrößen verminderte Dauerfestigkeit, die *Gestaltfestigkeit* σ_G (τ_G), auch Nutzdauerfestigkeit genannt, für die Festigkeitsberechnung bei dynamischer Belastung maßgebend.

> **Unter Gestaltfestigkeit versteht man die durch die Nennspannung gekennzeichnete Dauerfestigkeit eines beliebig gestalteten Bauteiles.**
>
> **Oder auch: Die Gestaltfestigkeit ist die Dauerfestigkeit eines Bauteiles unter Berücksichtigung aller festkeitsbeeinflussenden Wirkungen.**

3. Festigkeit und zulässige Spannung

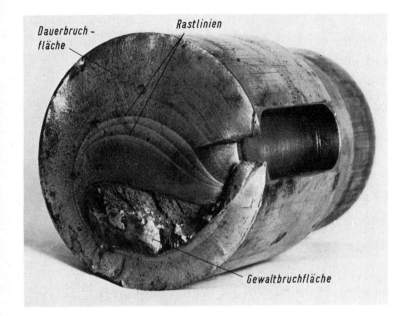

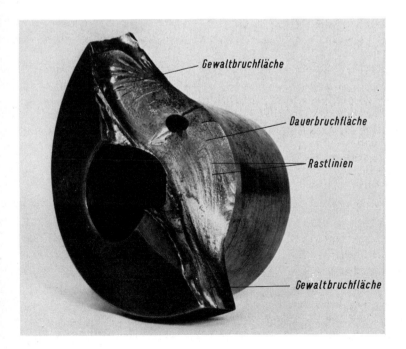

Bild 3-12. Dauerbrüche. a) einer Ritzelwelle, b) einer Kurbelwelle

3.4. Dynamische Belastung

Danach ergibt sich die *Gestaltfestigkeit* aus

$$\sigma_G \text{ (bzw. } \tau_G) = \frac{\sigma_D \text{ (bzw. } \tau_D) \cdot b_1 \cdot b_2}{\beta_k} \text{ in N/mm}^2 \tag{3.5}$$

σ_D, τ_D, b_1, b_2 und β_k siehe zu Gleichung (3.7)

3.4.6. Zulässige Spannung bei dynamischer Belastung

Bei praktisch kerbfreien Bauteilen oder bei solchen mit nur geringer, vernachlässigbarer Kerbwirkung wird die Dauerfestigkeit σ_D (τ_D) als höchstmögliche Spannung betrachtet; bei gekerbten Bauteilen, deren Kerbwirkung bekannt ist oder erfaßt werden kann, ist die Gestaltfestigkeit σ_G (τ_G) als höchstmögliche Spannung maßgebend. Die zulässige Spannung bei dynamisch belasteten Bauteilen ergibt sich somit allgemein aus

$$\sigma_{zul}(\text{bzw. } \tau_{zul}) = \frac{\sigma_G (\tau_G)}{v} = \frac{\sigma_D (\tau_D) \cdot b_1 \cdot b_2}{\beta_k \cdot v} \text{ in } \frac{N}{mm^2} \tag{3.6}$$

σ_G (τ_G) Gestaltfestigkeit nach Gleichung (3.5) in N/mm²

σ_D (τ_D) Dauerfestigkeit in N/mm². Je nach Beanspruchungs- und Belastungsart sind die entsprechenden Formelzeichen nach Tabelle 3.1 zu setzen. Die Werte können Tabellen oder Dfkt-Schaubildern entnommen werden (siehe Anhang, Tabelle A3.1 und Bilder A3-4 bis A3-8)

b_1 Oberflächenbeiwert nach Bild A3-1, Anhang

b_2 Größenbeiwert nach Bild A3-2, Anhang

β_k Kerbwirkungszahl. Werte aus Tabelle A3.5 oder aus den Schaubildern A3-3 im Anhang. Bei kerbfreien Bauteilen ist $\beta_k = 1$

v Sicherheit; man wählt

$v \approx 2$, wenn äußere Kräfte nicht genau zu erfassen sind oder bei prozentualer Häufigkeit der Höchstlast von 100 % (z. B. bei Motoren, Pumpen, Turbinen im Dauerbetrieb) oder bei stark stoßartigen Belastungen

$v \approx 1{,}5$ bei 50 % Häufigkeit der Höchstlast (z. B. bei Werkzeugmaschinen, Förderer, Kraft- und Arbeitsmaschinen mit aussetzendem Betrieb) und im Normalfall

$v \approx 1{,}25$ bei 25 % Häufigkeit der Höchstlast (z. B. bei Hebezeugen) oder, wenn äußere Kräfte bei gleichmäßigem Betrieb genau bekannt sind oder bei Nachprüfungen von Bauteilen mit genau bekannten Betriebsdaten

Je nach Beanspruchungs- und Belastungsart sind die entsprechenden Formelzeichen nach Tabelle 3.1 zu setzen.

Bei Überschlagsrechnungen für Bauteile, deren Kerbwirkung und Größe, ggf. auch Oberflächen, zunächst nicht bekannt oder noch nicht erfaßbar sind, kann die zulässige Spannung grob ermittelt werden aus Gleichung (3.6), hierbei sind jedoch b_1, b_2 und β_k mit 1 und die Sicherheit $v \approx 2{,}5 \ldots 3$ anzunehmen.

Beachte: Die mit σ_{zul} (τ_{zul}) berechneten Bauabmessungen beziehen sich immer auf die von den Kerben geschwächten Querschnittsflächen. So ist z. B. bei Eindrehungen in Wellen der berechnete Durchmesser gleich dem Kerndurchmesser (siehe Bild 3-14). Über das Runden der Werte für σ_{zul} (τ_{zul}) gilt das gleiche wie unter Gleichung (3.2) angegeben.

3.4.7. Sicherheit gegen Dauerbruch

Jeder Versuch, die Gestaltfestigkeit eines Werkstückes genau berechnen bzw. durch Versuche ermitteln zu wollen, wird wegen der z.T. recht erheblichen Streuung der Festigkeitswerte und auch der Vereinfachung im Rechnungsansatz mit mehr oder weniger Unsicherheiten behaftet sein. Die im späteren Einsatz des Werkstückes auftretende maximale Betriebsspannung sollte stets unterhalb der Gestaltfestigkeit liegen, d.h. das Verhältnis von Gestaltfestigkeit zur Nennspannung muß > 1 sein. Die Sicherheit gegen Dauerbruch ergibt sich somit aus

$$\nu_D = \frac{\sigma_G (\tau_G)}{\sigma_{vorh} (\tau_{vorh})} > 1 \qquad (3.7)$$

$\sigma_G (\tau_G)$ Gestaltfestigkeit in N/mm² nach Gleichung (3.5)
$\sigma_{vorh} (\tau_{vorh})$ Nennspannung in N/mm²; bei zusammengesetzte Beanspruchung ist $\sigma_{v(vorh)}$ maßgebend

Genaue Angaben über die Höhe der erforderlichen Sicherheiten können allgemein nicht gemacht werden. Es liegt im Ermessensbereich des Konstrukteurs, für jeden Einzelfall nach den zu erwartenden betrieblichen Einsatzbedingungen des Bauteils die Sicherheit festzulegen. Die zur Gleichung (3.6) angegebenen Werte sollen als Richtwerte verstanden werden, die jedoch im Einzelfall über- und auch unterschritten werden können.

3.5. Berechnungsbeispiele

■ **Beispiel 3.1:** Die Zugstange aus St 42 einer Spannvorrichtung wird vorwiegend statisch belastet. Die zulässige Zugspannung ist zu ermitteln.

▶ **Lösung:** Das Bauteil wird statisch auf Zug beansprucht. Hierbei ist für Stahl St 42 die Streckgrenze zur Festlegung der zulässigen Spannung maßgebend; der Ansatz erfolgt also nach Gleichung (3.1):

$$\sigma_{z\,zul} = \frac{\sigma_s}{\nu}.$$

Die Streckgrenze für St 42 kann dem Dfkt-Schaubild, Anhang, Bild A3-4a), entnommen werden, da dessen Linienzüge nach oben stets durch die Fließgrenzen begrenzt sind. Die Zahlenwerte sind an den oberen waagerechten Grenzlinien des Schaubildes, und zwar an der unter 45° geneigten, strichpunktierten Linie I zu finden. Für St 42 ist danach $\sigma_s = 260$ N/mm². Der Wert kann aber auch dem Anhang, Tabelle A1.4, entnommen werden. Als Sicherheit wird gewählt: $\nu \approx 1{,}5$; damit wird

$$\sigma_{z\,zul} = \frac{260 \text{ N/mm}^2}{1{,}5} \approx 173 \text{ N/mm}^2.$$

Der Wert wird zweckmäßig auf Endziffer 5 gerundet.

Ergebnis: Zulässige Spannung $\sigma_{z\,zul} = 175$ N/mm².

3.5. Berechnungsbeispiele

■ **Beispiel 3.2:** Wie hoch ist die Sicherheit für die zulässige Biegespannung bei Bauteilen aus St 37 im Stahlhochbau nach DIN 1050 im Lastfall H (HZ) angesetzt?

▶ **Lösung:** Da die Belastungen im Stahlhochbau als statische betrachtet werden, interessiert bei Stahl St 37 die Sicherheit der zulässigen Biegespannung gegenüber der Fließgrenze, also hier der Biegegrenze. Nach Umformen der Gleichung (3.1) und Einsetzen der entsprechenden Formelzeichen wird

$$\nu = \frac{\sigma_{bF}}{\sigma_{b\,zul}}.$$

Die Biegegrenze kann, wie im Beispiel 3.1 erläutert, dem Dfkt-Schaubild entnommen werden. Nach Anhang, Bild A3-4b), ist für St 37: $\sigma_{bF} = 340$ N/mm².

Die zulässige Biegespannung wird der Tabelle A3.2a) im Anhang entnommen. Für St 37 ist nach Zeile 2 für Lastfall H (HZ): $\sigma_{b\,zul} = 160\,(180)$ N/mm²; hiermit wird die Sicherheit

$$\nu = \frac{340 \text{ N/mm}^2}{160\,(180)\text{ N/mm}^2} \approx 2{,}1\,(1{,}9).$$

Diese Werte liegen auch etwa im Bereich der zu Gleichung (3.1) angegebenen.

Ergebnis: Sicherheit $\nu \approx 2{,}1\,(1{,}9)$ für Lastfall H (HZ).

■ **Beispiel 3.3:** Der Lagerzapfen nach Bild 3-13 ist nachzuprüfen; Werkstoff St 50, Oberfläche mit etwa mittlerer Rauhtiefe geschlichtet. Die vorhandene Biegespannung (Nennspannung) ergab sich zu $\sigma_b = 48$ N/mm².

▶ **Lösung:** Der sich drehende Zapfen wird wechselnd auf Biegung beansprucht, was sich dadurch erklärt, daß augenblicklich z. B. die obere Faser auf Biegedruck, nach einer halben Umdrehung als untere Faser auf Biegezug beansprucht wird und so fort. Die zusätzliche Schubbeanspruchung kann erfahrungsgemäß vernachlässigt werden. Es liegt also dynamische Belastung vor. Die Kerbwirkung im gefährdeten Querschnitt A–B kann erfaßt werden. Somit ist die Gestaltfestigkeit für den Ansatz der zulässigen Spannung maßgebend. Für gekerbte Bauteile ist nach Gleichung (3.6):

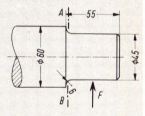

Bild 3-13. Lagerzapfen

$$\sigma_{b\,zul} = \frac{\sigma_G}{\nu} = \frac{\sigma_D \cdot b_1 \cdot b_2}{\beta_k \cdot \nu}.$$

Hierin sind:

Dauerfestigkeit gleich Biegewechselfestigkeit für St 50 nach Dfkt-Schaubild, Anhang, Bild A3-4b): $\sigma_D \triangleq \sigma_{bW} = 260$ N/mm².

Kerbwirkungszahl für den Übergangsquerschnitt (abgesetzte Welle, Lagerzapfen) nach Tabelle A3.5, Zeile 4, zunächst geschätzt: $\beta_k \approx 1{,}7$.

Die Kerbwirkungszahl soll nun genauer nach Schaubild A3-3a) im Anhang ermittelt werden. Zunächst wird $\beta_{k(2,0)}$ für das Verhältnis $D/d = 2$ festgestellt: $r/d = 6$ mm/45 mm $\approx 0{,}133$; hierfür und für $\sigma_B = 500$ N/mm² (St 50!) wird $\beta_{k(2,0)} \approx 1{,}4$.

Mit dem tatsächlichen Verhältnis $D/d = 60$ mm/45 mm $\approx 1{,}33$ muß $\beta_{k(2,0)}$ noch korrigiert werden. Aus dem unteren Bild ergibt sich für $D/d \approx 1{,}33$ der Umrechnungsfaktor $c_b \approx 0{,}68$; hiermit wird dann

$$\beta_k = 1 + c_b \cdot (\beta_{k(2,0)} - 1), \quad \beta_k = 1 + 0{,}68 \cdot (1{,}4 - 1) \approx 1{,}3.$$

Mit diesem genaueren Wert für β_k soll weiter gerechnet werden.
Oberflächenbeiwert für geschlichtete Oberfläche bei mittlerer Rauhtiefe nach Bild A3-1: $b_1 \approx 0{,}85$.
Größenbeiwert für 45 mm Durchmesser nach Bild A3-2: $b_2 \approx 0{,}82$.
Die Sicherheit wird gewählt: $v = 1{,}5$ (50 % Häufigkeit der Höchstlast angenommen).

$$\sigma_{b\ zul} = \frac{260\ \text{N/mm}^2 \cdot 0{,}85 \cdot 0{,}82}{1{,}3 \cdot 1{,}5} \approx 95\ \text{N/mm}^2 \text{ (siehe unter 3.3.3.1).}$$

$\sigma_{b\ vorh} = 48\ \text{N/mm}^2 < \sigma_{b\ zul} = 95\ \text{N/mm}^2$. Der Zapfen ist dauerbruchsicher.

Hinweis: Der relativ große Unterschied der β_k-Werte nach Tabelle und aus Schaubild erklärt sich daraus, daß die Tabellenwerte nur ganz allgemeine, möglichst ungünstige Richtwerte darstellen, um hiermit in jedem Fall sicher genug zu rechnen.

■ **Beispiel 3.4:** Für die nach Bild 3-14 schwellend auf Biegung durch ein Moment M_b = 300 Nm beanspruchte, geschlichtete Achse aus St 60 ist für den durch eine Ringnut für Sg-Ring geschwächten Querschnitt die zulässige Spannung zu ermitteln.

▶ **Lösung:** Es liegt dynamische Belastung vor. Die Kerbwirkung ist bekannt, also erfolgt der Ansatz nach Gleichung (3.6):

$$\sigma_{b\ zul} = \frac{\sigma_G}{v} = \frac{\sigma_D \cdot b_1 \cdot b_2}{\beta_k \cdot v}.$$

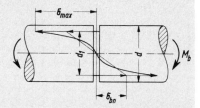

Bild 3-14. Achse mit Eindrehung

$\sigma_D \triangleq \sigma_{b\ Sch} = 470\ \text{N/mm}^2$ für St 60 nach Dfkt-Schaubild, Anhang, Bild A3-4b).
$\beta_k \approx 3$ geschätzt nach Tabelle A3.5, Zeile 3, als höchster Wert für den harten Stahl St 60.
$b_1 \approx 0{,}85$ für geschlichtete Oberfläche nach Bild A3-1 ($\sigma_B = 600\ \text{N/mm}^2$, $R_t \approx 10\ \mu\text{m}$ angenommen).
$v = 1{,}5$ gewählt bei angenommener Häufigkeit der Höchstlast von 50 %.
Größenbeiwert b_2 zunächst nicht erfaßbar; daher $\sigma_{b\ zul}$ vorerst überschlägig ohne b_2, dafür mit höherer Sicherheit $v = 2$:

$$\sigma_{b\ zul} \approx \frac{470\ \text{N/mm}^2 \cdot 0{,}85}{3 \cdot 2} \approx 65\ \text{N/mm}^2;$$

hiermit und mit $M_b = 300$ Nm $= 10^3 \cdot 300$ Nmm wird der ungefähre Achsendurchmesser nach Kapitel 11. Achsen, Wellen und Zapfen, Gleichung (11.2):

$$d \approx \sqrt[3]{\frac{M_b}{0{,}1 \cdot \sigma_{b\ zul}}} \approx \sqrt[3]{\frac{10^3 \cdot 300\ \text{Nmm}}{0{,}1 \cdot 65\ \text{N/mm}^2}} \approx 10 \cdot \sqrt[3]{46{,}15\ \text{mm}^3} \approx 36\ \text{mm}.$$

Damit kann der Größenbeiwert nach Bild A3-2 genügend genau festgestellt werden: $b_2 \approx 0{,}85$.

Die genauere zul. Biegespannung wird dann hiermit und mit $v = 1{,}5$:

$$\sigma_{b\ zul} = \frac{470\ \text{N/mm}^2 \cdot 0{,}85 \cdot 0{,}85}{3 \cdot 1{,}5} \approx 75\ \text{N/mm}^2.$$

Der Unterschied zum überschlägigen $\sigma_{b\,zul} \approx 65\,N/mm^2$ ist also relativ gering. In Bild 3-14 sind der tatsächliche Verlauf der Biegespannung und der lineare Verlauf der Nennspannung (σ_{bn}) für den Nutquerschnitt dargestellt.

Ergebnis: Die zulässige Biegespannung beträgt $\sigma_{b\,zul} = 75\,N/mm^2$.

Beispiel 3.5: Für eine mit Paßfeder-Nut versehene Welle aus St 60 ist für Verdreh-Schwellbelastung die zulässige Spannung zu ermitteln; zu erwartender Durchmesser $\approx 80\,mm$; Oberfläche feingeschlichtet.

Lösung: Die Lösung erfolgt in einer auch später verwendeten Kurzform. Suche und prüfe die eingesetzten Zahlenwerte selbst!

$$\tau_{t\,zul} = \frac{\tau_G}{\nu} = \frac{\tau_{t\,Sch} \cdot b_1 \cdot b_2}{\beta_k \cdot \nu};$$

$$\tau_{t\,zul} = \frac{230\,N/mm^2 \cdot 0{,}9 \cdot 0{,}75}{1{,}6 \cdot 1{,}5} \approx 65\,N/mm^2.$$

Ergebnis: Die zulässige Verdrehspannung beträgt $\tau_{t\,zul} = 65\,N/mm^2$.

3.6. Normen und Literatur

DIN-Taschenbuch 19: Materialprüfnormen für metallische Werkstoffe
DIN 1602: Festigkeitsversuche an metallischen Werkstoffen, Begriffe
DIN 50 100: Dauerschwingversuch
DIN 50 145: Zugversuch, Begriffe, Zeichen

Dubbels Taschenbuch für den Maschinenbau, Springer-Verlag, Berlin/Göttingen/Heidelberg
Hänchen, R. und *Decker, K.-H.:* Neue Festigkeitsberechnung für den Maschinenbau, Carl Hanser Verlag, München
Hertel, H.: Ermüdungsfestigkeit der Konstruktionen, Springer-Verlag, Berlin/Göttingen/Heidelberg
Niemann, G.: Maschinenelemente, Springer-Verlag, Berlin/Göttingen/Heidelberg
Weißbach, W.: Werkstoffkunde und Werkstoffprüfung, Verlag Vieweg, Braunschweig
VDI-Richtlinie, VDI 2226, Empfehlungen für die Festigkeitsberechnung metallischer Bauteile, VDI-Verlag GmbH, Düsseldorf

4. Klebverbindungen

4.1. Allgemeines

Unter Kleben (Leimen, Kitten) versteht man das Verbinden von Teilen durch Oberflächenhaftung mittels geeigneter Klebstoffe.

Früher diente das Kleben praktisch nur zum Verbinden nichtmetallischer Werkstoffe, wie Papier, Pappe, Leder, Gummi, Holz u. a. Durch die Entwicklung neuartiger, wirksamerer Klebstoffe wird die Klebverbindung heute in zunehmendem Maße bei Metallen, insbesondere bei Leichtmetallen, an Stelle von Niet-, Schweiß- und Lötverbindungen angewendet. Auch andere Werkstoffe, wie Glas, Keramik und insbesondere Kunststoffe, können dauerhaft und sicher geklebt werden.

Im Maschinen- und Apparatebau werden Rahmen, Schutzkästen, Hauben, Verkleidungen, Behälter, Rohrleitungen, Schilder und Leichtbaukonstruktionen geklebt. Auch Stahlbau-Fachwerke werden schon als Klebkonstruktionen ausgeführt.

Im Fahrzeug- und besonders im Flugzeugbau wird die Klebverbindung vielseitig als Verbindungselement eingesetzt, z. B. bei Fenster- und Türrahmen, bei Rumpfblechversteifungen mit sogenannten Hutprofilen, bei Verrippungen aller Art, bei Schichtstoffplatten, wie „kaschierten" Holzplatten (mit Aluminiumblechen beklebte Holzplatten) für Wände von Fahrzeug- und Wagenaufbauten, zum Befestigen von Brems-, Kupplungs- und sonstigen Reibbelägen.

In der Elektroindustrie ergeben die Isoliereigenschaften der Klebstoffe vielfach zusätzliche Vorteile, z. B. beim Verkleben von Transformatorenblechen sowie Statorblechen bei Elektromotoren. Ferner werden die verschiedenartigsten Geräte und Apparate, wie Anschlußkästen, Verteilerdosen, Meßgeräte, magnetische Spannplatten u. dgl. geklebt.

Aber auch in vielen anderen Industriezweigen, wie in der Feinmechanik, Foto-, Spielwaren-, Verpackungswaren-, Möbel-, Schuhwaren- und besonders in der Kunststoffindustrie, gehört heute das Kleben zu einem unentbehrlichen Fertigungsverfahren. Außerdem sei noch die zunehmende Anwendung des Klebens im Bauwesen, z. B. bei Fußboden- und Wandbelägen, bei der Installation von Wasserrohren, Dachrinnen und Fallrohren aus Kunststoffen, erwähnt.

Im folgenden sind einige wesentliche Vor- und Nachteile der Klebverbindungen gegenüber anderen Verbindungselementen, insbesondere den Löt-, Schweiß- und Nietverbindungen, aufgezählt. Daraus lassen sich schon für viele Fälle die Anwendungsmöglichkeiten der Klebverbindung erkennen.

Vorteile: Im Gegensatz zum Schweißen und Nieten können beim Kleben verschiedenartige Werkstoffe, z. B. Metalle mit Plasten, Holz, Leder, Glas, auch diese untereinander, ohne Schwierigkeiten verbunden werden. Es erfolgt keine ungünstige Werkstoffbeeinflussung durch Ausglühen, Aushärten oder Oxydieren wie beim Schweißen. Die Nähte sind völlig dicht und spaltfrei. Die Oberflächen werden nicht beschädigt, und es treten keine nachträglichen Korrosionsschäden auf, wie sie nach dem Schweißen oder Löten durch Flußmittelreste zu finden sind. Weiterhin erfolgt keine Querschnittsschwächung der

Bauteile durch Nietlöcher und kein Verziehen der Teile wie häufig beim Schweißen. Klebverbindungen sind besonders mit Kaltklebstoffen einfach und billig herzustellen (siehe 4.2.3.). Vor allem für den Flugzeugbau wichtig ist die teilweise beachtliche Gewichtsersparnis gegenüber Nietverbindungen.

Nachteile: Die durch den ungestörten Kraftverlauf günstigen Stumpfstöße (Schweißen) sind wegen zu kleiner Klebfläche kaum anwendbar, es kommen praktisch nur Überlappungsverbindungen in Frage. Die Schälfestigkeit (siehe 4.4.2.) ist sehr gering, und auch die Warmfestigkeit ist begrenzt (siehe 4.4.1.). Die Festigkeit der Niet- und Schweißverbindungen ist bisher noch nicht erreicht. Die Klebverbindung erfordert bis zur vollen Aushärtung (siehe 4.3.2.) eine gewisse Wartezeit.

4.2. Klebstoffarten

4.2.1. Allgemeine Übersicht

Die Klebstoffe sind hinsichtlich der Art ihrer Grundstoffe (Bindemittel, Hauptträger der Klebeeigenschaften), Zusammensetzung, Konsistenz (flüssig, plastisch, fest), Verarbeitung usw. sehr vielgestaltig und unterschiedlich. DIN 16 920 enthält Richtlinien über die Einteilung der Klebstoffe nach stofflichen Gesichtspunkten und DIN 16 921 Erläuterungen zu den wichtigsten mit den Klebstoffen und ihrer Verarbeitung zusammenhängenden Begriffen.

Die herkömmlichen, allgemein mit *Leim* bezeichneten Klebstoffe sind fast ausschließlich in Wasser gelöste tierische oder pflanzliche Produkte, also organische Stoffe, wie Glutinleim (Haut- und Knochenleim), Caseïnleim (Gemisch des aus Magermilch gewonnenen Caseïns mit gelöschtem Kalk), Dextrinleim (mehrere Stunden erhitzte und in Wasser gelöste Kartoffelstärke), Gummiarabikumleim (in Wasser gelöstes Harz tropischer Akazien). Klebstoffe dieser Art werden vorwiegend zum Kleben von Papier, Pappe, Holz, Leder und ähnlichen Stoffen verwendet.

Plastische Klebstoffe (Klebkitte) sind organische oder anorganische Stoffe oder Mischungen dieser, die meist im warmen Zustand verarbeitet werden, beim Erkalten erhärten und damit klebwirksam werden. Sie erweichen und lösen sich aber teilweise wieder beim Erwärmen, wie Bitumen, Kautschukkitt oder Siegellack. Sie dienen vielfach auch als Dichtungs-, Spachtel- und Füllmassen.

Die Leime und plastischen Klebstoffe sind jedoch zum dauerhaften und festen Verbinden metallischer oder anderer härterer Werkstoffe und auch Kunststoffe weniger geeignet. Hierfür kommen praktisch nur die neuartigen, meist auf Kunstharzbasis entwickelten Klebstoffe in Frage. Diese können hinsichtlich ihrer Konsistenz, der Verarbeitung und der Art ihrer Abbindung (Verfestigung, Erhärtung) zweckmäßig in *Lösungsmittelklebstoffe* und *Reaktionsklebstoffe* unterteilt werden, wobei naturgemäß Überschneidungen möglich sind. So können Lösungsmittelklebstoffe durch bestimmte Zusätze (Härter) teilweise die Eigenschaften von Reaktionsklebstoffen annehmen und umgekehrt.

4.2.2. Lösungsmittelklebstoffe

Lösungsmittelklebstoffe sind Lösungen von natürlichen oder synthetischen makromolekularen Stoffen, z. B. Kunstharzen, Nitrocellulose, Kautschuk, in organischen Lösungsmitteln, insbesondere Kohlenwasserstoffen. Der Grundstoff als Hauptträger der Klebeigenschaften ist dabei ohne chemische Veränderung in einer flüchtigen Flüssigkeit aufgelöst.

Das Härten des Grundstoffes und damit das eigentliche Kleben erfolgt teilweise durch Verflüchtigung (Verdunstung oder Verdampfung) des Lösungsmittels, teilweise durch bestimmte chemische Reaktionen der Grundstoffe, z. B. mit dem Sauerstoff der Luft. Daher sind diese Klebstoffe besonders zum Verbinden von Metallen mit porösen Werkstoffen, wie Holz, Leder und teilweise auch Kunststoffen, oder von porösen Werkstoffen untereinander geeignet. Metalle und andere undurchlässige Werkstoffe untereinander sind zum Verbinden mit Lösungsmittelklebstoffen weniger geeignet, da bei ihnen die restlose Verflüchtigung des Lösungsmittels, besonders bei größeren Klebflächen, stark behindert oder gar unmöglich ist.

Handelsnamen für Lösungsmittelklebstoffe: Haushaltskleber wie UHU, Bindulin u. a.; Gummilösung; Universalklebstoffe für Holz, Kunststoffplatten, Metalle usw., wie Bostik, Terokal, Pattex, Redux u. a., die aber auch teilweise als Reaktionskleber im Handel sind.

4.2.3. Reaktionsklebstoffe

Die technisch wichtigsten und hochwertigsten Klebstoffe sind die Reaktionsklebstoffe. Sie sind hochmolekulare, härtbare *Kunstharze* (Kohlenwasserstoff-Verbindungen), von denen die Phenol- und Epoxydharze die größte Bedeutung haben. Diese zunächst noch löslichen und schmelzbaren Harze können unter Einwirkung geeigneter *Härter* zu unlöslichen und unschmelzbaren Substanzen umgewandelt, vernetzt werden, die sich durch eine ungewöhnlich hohe Haftfestigkeit und innere Festigkeit auszeichnen. Wegen des Zusammenwirkens zweier Stoffe, sogenannter Komponenten, werden sie auch als *Zwei-Komponenten-Kleber* bezeichnet, deren eine Komponente der Grundstoff (das Bindemittel), die andere der Härter ist. Die Dauer der Aushärtung, die Vernetzungsdauer, die unter Umständen bis zu mehreren Tagen betragen kann, läßt sich durch Zusatz weiterer Mittel, sogenannter *Beschleuniger,* als dritte Komponente erheblich verkürzen.

Je nach Höhe der zum Aushärten notwendigen Temperatur unterscheidet man zwischen *Kalt-* und *Warmklebstoffen,* bei denen die Aushärtung bei Raumtemperatur bzw. Temperaturen bis etwa 200 °C erfolgt. Da die Aushärtung der Reaktionsklebstoffe ohne Abspaltung flüchtiger Substanzen vor sich geht, sind diese besonders zum Verbinden von Metallen, Glas, Keramik, Kunststoffen usw. untereinander und auch von sonstigen Werkstoffen aller Art geeignet.

Handelsnamen für Reaktionsklebstoffe: Araldit, Redux (CIBA, Basel); Agomet(Atlas-Ago, Wolfgang b. Hanau); Bostik (Boston Blackin, Oberursel/Taunus); Metallon (Henkel Cie., Düsseldorf); Lipatol (Sichel-Werke, Hannover-Linden); Desmodur, Desmocoll (Bayer, Leverkusen); UHU plus – endfest 300 (UHU-Werk, H. u. M. Fischer GmbH, Bühl/Baden), u. a.

4.3. Herstellen der Klebverbindungen

Im folgenden können wegen der unterschiedlichen Eigenschaften und der Vielgestaltigkeit der Klebstoffe nur allgemeine Richtlinien gegeben werden. Im einzelnen sind unbedingt die Verarbeitungsvorschriften der Hersteller zu beachten.

4.3.1. Vorbehandeln der Klebflächen

Eine sorgfältige Vorbereitung, eine Aktivierung der Klebflächen vor dem Auftragen des Klebstoffes, ist unerläßlich, um die Adhäsion zwischen dem Klebstoff und den Oberflächen der zu verbindenen Teile voll wirksam werden zu lassen; denn nur dann ist eine einwandfreie Verbindung zu erhalten. Dazu gehört zunächst das gründliche *Säubern* der Klebflächen von Schmutz, Rost oder Oxidschichten, eventuellen Farbresten usw. durch Bürsten, Abschleifen mit Sandpapier u. dgl. Sehr wichtig ist außerdem eine sorgfältige *Entfettung* der Oberflächen, z. B. mit Tetrachlorkohlenstoff oder Trichloräthylen.

Für höhere Ansprüche bei Metallklebverbindungen ist noch eine chemische Behandlung der Klebflächen durch *Beizen* (Ätzen) erforderlich. Besonders bei Aluminium und Aluminiumlegierungen hat sich die Vorbereitung der Klebflächen nach dem sogenannten *Picklingprozeß* als zweckmäßig erwiesen: Zunächst Säubern und Entfetten, dann Beizen in verdünnter Schwefelsäure mit Zusatz von Natriumdichromat, nachfolgende Wasserspülung und Heißlufttrocknung. Für Stahl und andere Schwermetalle kommen für das Beizen auch verdünnte Salzsäure, Salpetersäure, Chromsäure und andere Säuren in Frage.

Bei Kunststoffen genügt eine Vorbereitung der Klebflächen durch Entfetten mit Trichloräthylen und leichtes Abschmirgeln zur Entfettung der glatten und harten Oberfläche.

4.3.2. Kleben

Bei *Lösungsmittelklebstoffen* werden die beiden Klebflächen der zu verbindenden Teile mit Klebstoff gleichmäßig bestrichen, und zwar je nach dessen Konsistenz mit einem Pinsel oder einem feingezahnten Spachtel. Danach soll der größte Teil des Lösungsmittels verdunsten und der Grundstoff sich zunächst durch Adhäsion fest mit den Oberflächen verbinden. Nachdem der Klebstoff genügend abgebunden hat, werden die Klebflächen kräftig zusammengepreßt, und die Verbindung wird jetzt durch Kohäsion der Klebstoffteilchen hergestellt. Wichtig ist dabei der richtige Zeitpunkt des Zusammenfügens der Teile, wobei der *Fingertest* oft sicherer als die Uhrzeit ist: Die Klebstoffoberfläche darf nicht mehr am berührenden Finger haften bleiben, muß sich aber gerade noch klebrig anfühlen. Die restlose Verflüchtigung des Lösungsmittels und damit die völlige Aushärtung des Klebstoffes ist nach etwa 1 ... 3 Tagen erfolgt.

Bei den *Reaktionsklebstoffen* sind zunächst die zugehörigen Komponenten im vorgeschriebenen Verhältnis zu mischen. Mit dem nun verarbeitungsfähigen Klebstoff wird normalerweise nur eine der vorbereiteten Klebflächen versehen. Das Auftragen erfolgt je nach Lieferform ähnlich wie bei Lösungsmittelklebstoffen durch Aufstreichen, Spachteln oder auch durch Aufstreuen bzw. Aufschmelzen. Die Klebschichtdicke soll allgemein etwa 0,1 ... 0,3 mm betragen, was einer Menge von 100 ... 300 g/m² Klebfläche entspricht. Die Teile können, selbst bei großen Klebflächen, sofort zusammengefügt werden, da ja bei den Reaktionsklebstoffen keine flüchtigen Lösungsmittel verdunsten müssen. Die Aushärtung läuft je nach Art des Klebstoffes unter Wärme oder bei Raumtemperatur mit oder ohne Anpreßdruck ab. Das Aushärten kann bei Warmklebstoffen in wenigen Minuten erfolgen, bei Kaltklebstoffen kann es bis zu mehreren Tagen dauern. Es erfolgt allgemein bei höherer Temperatur schneller und bei tieferer Temperatur langsamer. Die zugeordneten Härtetemperaturen und -zeiten (nach Herstellerangaben) dürfen nicht überschritten werden, um eine *Schockaushärtung,* d. h. eine Überhärtung und Versprödung des Klebstoffes, zu vermeiden.

Da die Reaktion unmittelbar nach der Vermischung der Komponenten einsetzt, soll stets nur soviel Klebstoff angesetzt werden, wie während seiner *Topfzeit* verarbeitet werden kann. Hierunter versteht man die Zeitspanne vom Ansetzen bis zu dem Zeitpunkt, zu dem der Klebstoff verarbeitungsfähig bleibt. Auch hierbei sind die Herstellerangaben zu beachten.

4.4. Eigenschaften der Klebverbindungen

4.4.1. Physikalische Eigenschaften

Die folgenden Angaben beziehen sich im wesentlichen auf Verbindungen mit Reaktionsklebstoffen. Auch hierbei können natürlich einige Klebstoffarten abweichende Eigenschaften gegenüber den beschriebenen aufweisen.

Verhalten gegenüber Flüssigkeiten (Korrosionsverhalten)

Im Gegensatz zu den Lösungsmittelklebstoffen sind die Reaktionsklebstoffe im allgemeinen sowohl gegenüber Lösungsmitteln, wie Aceton, Benzin, Benzol, Alkohol, Äther, als auch gegenüber anderen Flüssigkeiten, wie Öl, Wasser, Kochsalzlösungen, Laugen und selbst verdünnten Säuren, beständig. Bei längerer Einwirkung von Wasser, besonders bei höheren Temperaturen, ergeben sich jedoch bei einigen Klebstoffarten Festigkeitsminderungen.

Alterungsbeständigkeit

Die Verbindungen mit Reaktionsklebstoffen sind allgemein alterungsbeständig. Die höchste Festigkeit ist unmittelbar nach dem Aushärten erreicht. Danach stellt sich häufig ein geringer, unter Umständen mehrere Wochen dauernder Festigkeitsabfall ein.

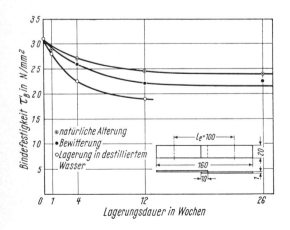

Bild 4-1

Festigkeitsverhalten einer Klebverbindung bei natürlicher Alterung und bei normalen Witterungseinflüssen und unter Einwirkung von Wasser. Klebstoff: VA + Epon (Schering AG, Wolfenbüttel); Werkstoff: AlCuMg (Nach *H. Winter* und *H. Meckelburg,* Braunschweig)

4.4. Eigenschaften der Klebverbindungen

Die Ursache dieser Festigkeitsminderung ist in Spannungen zu suchen, die sich aus den unterschiedlichen Dehnungseigenschaften des Klebstoffs und der verbundenen Teile, besonders bei Warmaushärtung, ergeben. Die konstant bleibende Endfestigkeit beträgt im Mittel etwa 75 ... 80 % der Anfangsfestigkeit.

Bild 4-1 zeigt das Festigkeitsverhalten einer Klebverbindung bei natürlicher Alterung, normalen Witterungseinflüssen und unter der Einwirkung von destilliertem Wasser.

Warmfestigkeit

Die Festigkeit einer Klebverbindung bleibt allgemein bis zu einer Temperatur von 100 ... 150 °C nahezu konstant und fällt dann bei steigender Temperatur mehr oder weniger stark ab. Aber auch hierbei verhalten sich die einzelnen Klebstoffarten sehr unterschiedlich (Bild 4-2). Bei Temperaturen über 200 ... 300 °C beginnt der Klebstoff sich zu zersetzen.

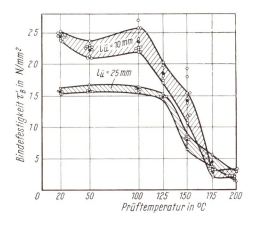

Bild 4-2
Warmfestigkeit einer Klebverbindung.
Klebstoff: E 1068 (Henkel Cie, Düsseldorf); Werkstoff: AlCuMg; $l_{\ddot{u}}$ Überlappungslänge, siehe Bild 4-3
(Nach *H. Winter* und *H. Meckelburg*, Braunschweig)

4.4.2. Mechanische Eigenschaften

Bindefestigkeit

Die für die Festigkeit einer Klebverbindung wichtigste Kenngröße ist die *Bindefestigkeit* (*Zug-Scherfestigkeit*) τ'_B. Hierunter ist das Verhältnis der Bruchlast zur Klebfugenfläche bei zügiger Beanspruchung zu verstehen. Die Bindefestigkeit wird an Prüfkörpern mit einschnittigen Überlappungen (Bild 4-3) ermittelt und ergibt sich aus

$$\tau'_B = \frac{F_{max}}{A_{Kl}} = \frac{F_{max}}{l_{\ddot{u}} \cdot b} \text{ in N/mm}^2 \qquad (4.1)$$

F_{max} Zerreißkraft in N
A_{Kl} Klebfugenfläche in mm^2
$l_{\ddot{u}}$ Überlappungslänge in mm
b Breite der Klebfugenfläche in mm

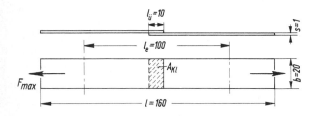

Bild 4-3
Prüfkörper zur Ermittlung der Bindefestigkeit von Klebverbindungen (l_e Einspannlänge)

Die entsprechende Festigkeit bei Zugbeanspruchung senkrecht zur Klebfläche wird mit *Binde-Zugfestigkeit* σ'_{zB}, die bei Verdrehbeanspruchung mit *Binde-Verdrehfestigkeit* τ'_{tB} bezeichnet. Die Festigkeitswerte dieser Beanspruchungsarten liegen im allgemeinen höher als die der Bindefestigkeit (Zug-Scherfestigkeit). Die Bindefestigkeiten sind aber keine konstanten Größen, sondern sie sind vom Klebstoff, von Korrosionseinflüssen, von der Temperatur (die Bindefestigkeit sinkt mit steigender Temperatur), der Klebflächenbeschaffenheit, der Fugendicke (die Bindefestigkeit sinkt mit dicker werdender Fuge), der Verbindungsart, z. B. Überlappungslänge (die Bindefestigkeit sinkt mit größer werdender Überlappungslänge), von der Dicke und vom Werkstoff der verklebten Teile (die Bindefestigkeit erhöht sich bei dickeren Bauteilen), abhängig (siehe auch unter 4.4.1 und 4.6). Daher gelten Bindefestigkeitswerte immer nur unter bestimmten Voraussetzungen.

Im Mittel beträgt die Bindefestigkeit
bei Kaltklebern: $\tau'_B \approx 15 \ldots 30 \, \text{N/mm}^2$,
bei Warmklebern: $\tau'_B \approx 30 \ldots 50 \, \text{N/mm}^2$.

Diese Werte sind nur ganz allgemeine Richtwerte; maßgebend sind selbstverständlich die Angaben der Klebstoff-Hersteller.

Genauere Angaben über Festigkeiten einiger Klebverbindungen enthält Bild 4-6 in graphischer Darstellung (Untersuchungen von *H. Winter, H. Meckelburg* und *G. Krause* im Institut für Flugzeugbau und Leichtbau der Technischen Universität Braunschweig).

Hierbei überrascht die durch Versuch bestätigte Tatsache, daß sich bei feinbearbeiteten, sogar polierten Oberflächen (Bild 4-6d), höhere Bindefestigkeiten ergeben als bei rauhen Flächen. Dieses ist dadurch zu erklären, daß der „zähe" Klebstoff nicht in die feinsten Rauhtiefen eindringen und nur die Rauhspitzen umfassen kann, also nur einen Teil der Oberfläche erfaßt (Bild 4-4a). Bei einem Bruch der Verbindung werden eher die Rauhspitzen abgerissen, als daß die Adhäsionskraft oder innere Festigkeit des Klebstoffes überwunden wird. Versuche haben diese Deutung bestätigt: Man bestrahlte Klebverbindungen während des Aushärtens mit Ultraschall, um den Klebstoff in die Rauhtiefen „hineinzurütteln", wonach tatsächlich eine Steigerung der Bindefestigkeit festgestellt wurde. Bei glatten Flächen kann der Klebstoff seine volle Adhäsionskraft entfalten; auch ist vorstellbar, daß die wirksame Klebfläche größer ist als bei rauhen Flächen (Bild 4-4b).

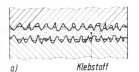
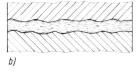

Bild 4-4
Adhäsion des Klebstoffes
a) bei rauhen, b) bei glatten Flächen

4.4. Eigenschaften der Klebverbindungen

Schälfestigkeit

Schälbeanspruchungen, wie sie Bild 4-5 zeigt, sind für Klebverbindungen festigkeitsmäßig sehr ungünstig und konstruktiv unbedingt zu vermeiden (siehe unter 4.6). Die hohen Spannungsspitzen (bei A in Bild 4-5a) verursachen ein Einreißen der Fuge schon bei relativ kleinen Beanspruchungen.

Der Widerstand gegen Schälbeanspruchung in N je mm Klebfugenbreite wird mit *Schälfestigkeit* σ' bezeichnet:

$$\sigma' = \frac{F}{b} \text{ in N/mm} \tag{4.2}$$

F Schälkraft in N
b Klebfugenbreite in mm

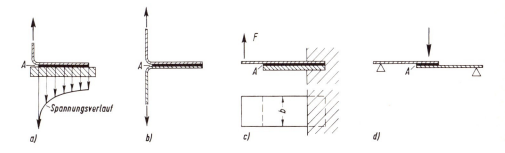

Bild 4-5. Schälbeanspruchungen, a) und b) Zugschälung, c) und d) Biegeschälung

Da das Anreißen die etwa drei- bis vierfache Kraft erfordert als das eigentliche fortlaufende Schälen, sind für den Schälbeginn der Begriff *absolute Schälfestigkeit* σ'_{abs} und für das fortlaufende Schälen der Begriff *relative Schälfestigkeit* σ'_{rel} eingeführt worden. Die Schälfestigkeit wird von ähnlichen Faktoren wie die Bindefestigkeit beeinflußt.

Beispiele: Für Bleche 1 mm dick, mit Araldit verklebt, ergeben sich
bei Reinaluminium: $\sigma'_{abs} \approx 5$ N/mm,
bei Legierung AlMg: $\sigma'_{abs} \approx 25$ N/mm,
bei Legierung AlCuMg: $\sigma'_{abs} \approx 35$ N/mm.

Dauerfestigkeit

Die Dauerfestigkeit der Klebverbindungen ist auch wie die Bindefestigkeit τ'_B weitgehend von den schon genannten Einflußgrößen abhängig. Versuche ergaben bei Lastspielzahlen bis zu 10 Mill. je nach Art der Beanspruchung und Belastung eine dynamische Bindefestigkeit $\tau'_{dyn} \approx 0{,}2 \ldots 0{,}6 \cdot \tau'_B$.

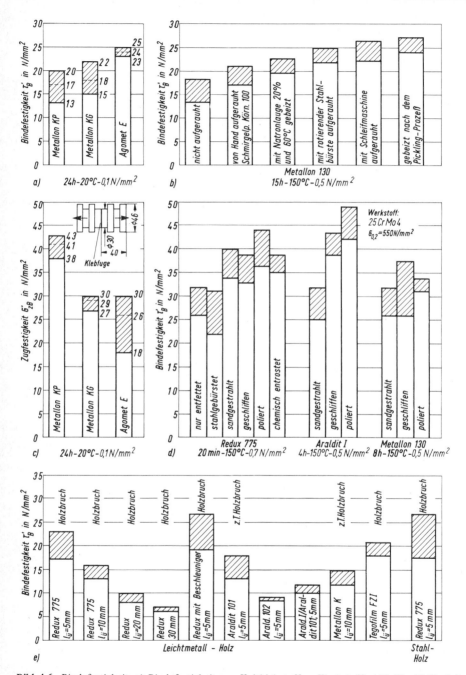

Bild 4-6. Bindefestigkeit. a) Bindefestigkeit von Kaltklebstoffen, Werkstoff: AlCuMg; b) Bindefestigkeit bei verschiedenen Klebflächenvorbehandlungen, Werkstoff: AlCuMg; c) Binde-Zugfestigkeit von Kaltklebstoffen, Werkstoff: AlCuMg; d) Bindefestigkeit von Stahlverklebungen; e) Bindefestigkeit von Metall-Holz-Verklebungen. Die Angaben, z. B. 20 min – 150 °C – 0,7 N/mm², bedeuten Härtungsdauer – Härtetemperatur – Anpreßdruck

4.5. Berechnung der Klebverbindungen

Eine etwaige Berechnung erfolgt meist als Nachprüfung der konstruktiv entwickelten Verbindung (siehe unter 4.6). Gegenüber der je nach Beanspruchungs- und Belastungsart maßgeblichen Bindefestigkeit (τ'_B, σ'_{zB}, τ'_{dyn} o. dgl.) muß eine ausreichende Sicherheit vorhanden sein. Die *zulässige (Zug-Scher-)Spannung für eine statisch bzw. dynamisch belastete Klebverbindung* ergibt sich allgemein aus

$$\tau'_{zul} = \frac{\tau'_B}{\nu} \text{ bzw. } \tau'_{zul} = \frac{\tau'_{dyn}}{\nu} \text{ in N/mm}^2 \tag{4.3}$$

τ'_B Bindefestigkeit in N/mm²
τ'_{dyn} dynamische Bindefestigkeit in N/mm²
ν Sicherheit; man wählt $\nu \approx 1,5 \ldots 2,5$ und zwar den kleineren Wert, wenn für die Bindefestigkeit die Einflußgrößen (siehe unter 4.4.2) bereits berücksichtigt sind, den höheren Wert, wenn die Einflußgrößen nicht bekannt sind

Es ist dann nachzuweisen, daß $\tau'_{(vorh)} = \frac{F}{A_{Kl}} \leq \tau'_{zul}$.

Die Berechnungsergebnisse sind als Richtwerte anzusehen.

4.6. Gestaltung der Klebverbindungen

Die Konstruktion von Bauteilen bei Verwendung von Klebverbindungen erfordert die Beachtung bestimmter Gestaltungsregeln; es muß *klebgerecht* konstruiert werden. Die Auswahl des Klebstoffes richtet sich nach dem zu klebenden Werkstoff, den Festigkeitsanforderungen, den äußeren Einflüssen (Temperatur, Feuchtigkeit, Korrosion u. dgl.) und auch den vorhandenen Betriebseinrichtungen, wobei man sich nach den betreffenden Angaben der Hersteller richten soll.

Wegen der Vielgestaltigkeit der Klebkonstruktionen können nur einige allgemeine Gestaltungsregeln genannt werden:

1. Um genügend große Klebflächen zu erhalten, sind möglichst *Überlappungsverbindungen* zu bevorzugen (siehe Tabelle 4.1, Zeile 1). Die beste Ausnutzung der Bindefestigkeit bei *Leichtmetallen* ergibt sich bei einer *Überlappungslänge*

$$l_{ü} \approx 0,1 \cdot \sigma_{0,2} \cdot s \text{ bzw. } 10 \ldots 20 \cdot s \text{ in mm} \tag{4.4}$$

s Bauteildicke in mm
$\sigma_{0,2}$ 0,2-Dehngrenze in N/mm² (als reiner Zahlenwert!)

Größere Überlappungen ergeben an den Enden der Verbindung wegen ungleicher Dehnungen von Bauteil und Klebstoff Spannungsspitzen, die die Verbindung stark gefährden. Die Bruchlast wächst nicht im gleichen Maße mit der Überlappungslänge, d. h. die Bindefestigkeit nimmt ab.

2. *Stumpfstöße* sind wegen zu kleiner Klebfläche kaum anwendbar (Tabelle 4.1, Zeile 2).

3. *Schäftverbindungen,* wie sie vielfach bei Lederverklebungen angewendet werden, haben den Vorteil eines ungestörten, glatten Kraftflusses, sind aber wegen zusätzlicher Vorarbeiten (z. B. Fräsen oder Hobeln bei Metallen) teuer und bei dünnen Bauteilen ohnehin nicht möglich (Tabelle 4.1, Zeile 2).
4. Die Klebverbindungen sind so auszubilden, daß möglichst nur Scher- oder Zugbeanspruchungen auftreten.
5. Schäl- und Biegebeanspruchungen müssen durch geeignete konstruktive Maßnahmen vermieden werden (Tabelle 4.1, Zeile 3).
6. Klebstellen, die *Witterungs- und Feuchtigkeitseinflüssen* ausgesetzt sind, sollen durch Lacküberzug o. dgl. geschützt werden.

Tabelle 4.1: Gestaltungsrichtlinien für Klebverbindungen

Zeile	schlechter	besser	Hinweise
1	a)	b) c)	Überlappungsverbindungen bevorzugen! Sie ergeben günstigste Ausnutzung der Bindefestigkeit.
2	a)	b)	Zu kleine Klebflächen bei Stumpfstößen. Schäftung (b) besser, aber teuer.
3	a)	b) c)	Schälbeanspruchung vermeiden; wenn nicht zu umgehen, Heftniete vorsehen. Ausführung c am besten.
4	a)	b) c)	Behälterböden: Bei Bodenbelastung ist Verbindung bei A gefährdet. Ausführungen b und c sind klebgerecht.
5	a)	b)	Eingeklebten Zapfen zentrieren (b), um ein Verschieben zu vermeiden.
6	a)	b)	Rahmenstoß b ist klebgerecht ausgeführt, Klebnaht kann dabei nur auf Schub beansprucht werden.

Bild 4-7 gibt einige Beispiele ausgeführter Klebverbindungen wieder.

4.7. Berechnungsbeispiel

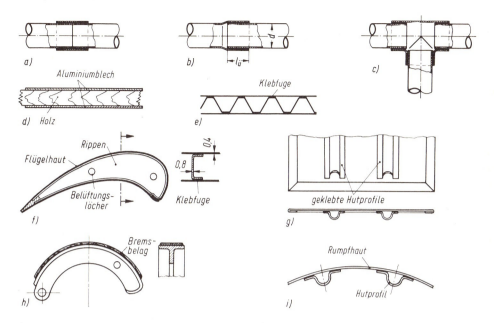

Bild 4-7. Ausgeführte Klebverbindungen. a) bis c) Rohrverbindungen, d) kaschierte Holzplatte, e) Leichtbauplatte, f) geklebter Vorflügel eines Sportflugzeuges, g) geklebter Tankdeckel, h) Bremsbacke mit aufgeklebtem Bremsbelag, i) Versteifung einer Flugzeug-Rumpfhaut durch Hutprofile.

4.7. Berechnungsbeispiel

■ **Beispiel 4.1:** Welche Zugkraft kann die Klebverbindung zweier Aluminiumrohre von d = 30 mm Außendurchmesser (Bild 4-7b) und $l_{ü}$ = 40 mm Überlappung aufnehmen? Der Klebstoff hat nach Herstellerangaben eine Bindefestigkeit τ'_B = 20 N/mm² bei 10 mm Überlappung; bei je 5 mm größerer Überlappung sinkt τ'_B um ≈ 5 %.

▶ **Lösung:** Zunächst wird die Bindefestigkeit bei der Überlappungslänge $l_{ü}$ = 40 mm ermittelt. Bei einer Differenz von 40 mm − 10 mm = 30 mm = 6 · 5 mm bedeutet das eine Festigkeitsminderung 6 · 5 % = 30 %:

$\tau'_{B(40)} = \tau'_B \cdot 0,7 = 20 \text{ N/mm}^2 \cdot 0,7 = 14 \text{ N/mm}^2$.

Für den Ansatz der zulässigen Spannung genügt, da genaue Herstellerangaben vorliegen, eine kleinere Sicherheit. Nach Gleichung (4.3) wird damit:

$\tau'_{zul} = \dfrac{\tau'_{B(40)}}{\nu}$, $\tau'_{zul} = \dfrac{14 \text{ N/mm}^2}{1,5} = 9{,}33 \text{ N/mm}^2 \approx 9 \text{ N/mm}^2$.

Die Klebfläche ergibt sich aus

$A_{Kl} = d \cdot \pi \cdot l_{ü}$, $A_{Kl} = 30 \text{ mm} \cdot \pi \cdot 40 \text{ mm} = 3768 \text{ mm}^2$.

Damit wird nach Umwandlung der Gleichung (4.1):

$F = A_{Kl} \cdot \tau'_{zul}$, $F = 3768 \text{ mm}^2 \cdot 9 \text{ N/mm}^2 = 33\,912 \text{ N} \approx 34 \text{ kN}$.

Ergebnis: Die Klebverbindung kann eine Zugkraft $F \approx 34$ kN mit Sicherheit aufnehmen.

4.8. Normen und Literatur

DIN 16 920: Klebstoffe, Richtlinien für die Einteilung
DIN 16 921: Klebstoff-Verarbeitung, Begriffe
DIN 53 273 und 53 274: Klebstoffe, Scherversuch und Trennversuch
DIN 53 281 bis 53 288: Prüfung von Metallklebstoffen und Metallklebungen

Schliekelmann/Mittrop: Metallkleben – Konstruktion und Fertigung in der Praxis, Deutscher Verlag für Schweißtechnik, Düsseldorf
Vorträge der Tagung „Metallkleben", Girardet Verlag, Essen

5. Lötverbindungen

5.1. Allgemeines

Unter *Löten* versteht man das Vereinigen von Werkstücken aus gleichen oder verschiedenen Metallen mit Hilfe eines geschmolzenen metallischen Zusatzwerkstoffes (Lotes), dessen Schmelzpunkt unter dem der zu verbindenden Werkstoffe liegt. Damit das Lot fließen und am Grundwerkstoff binden kann, müssen Lot und Lötflächen eine bestimmte Mindesttemperatur, die *Arbeitstemperatur*, haben. Je nach deren Höhe unterscheidet man zwischen *Weichlöten* (unter 450 °C) und *Hartlöten* (über 450 °C)[1].

Das Weichlöten ist praktisch für alle Metalle geeignet und wird vorwiegend für leichtere Bauteile und gering beanspruchte, luft- und wasserdichte Verbindungen angewendet, z. B. für Kühler von Kraftfahrzeugen, Dosen, Behälter, Rohrleitungen, Kabelanschlüsse, Dachrinnen, Fallrohre und Dachabdeckungen.

Das Hartlöten kommt hauptsächlich zum Verbinden von Teilen aus Schwermetallen bei größeren Beanspruchungen in Frage, z. B. von Rohrflanschen, Rohrmuffen, Anschlußstutzen und Fahrzeugrahmen.

Im folgenden sind einige Vor- und Nachteile der Lötverbindungen gegenüber anderen Verbindungselementen, insbesondere den Schweiß- und Nietverbindungen, aufgezählt, woraus sich schon gewisse Anwendungsmöglichkeiten erkennen lassen.

Vorteile: Verschiedenartige Metalle lassen sich miteinander verbinden. Wegen verhältnismäßig niedriger Arbeitstemperaturen erfolgt kaum eine schädigende Werkstoffbeeinflussung und kaum eine Zerstörung von Oberflächen-Schutzschichten (z. B. von Zinküberzügen bei Weichlötung). Lötstellen haben eine gute elektrische Leitfähigkeit. Bauteile werden nicht durch Löcher geschwächt, wie bei Nietverbindungen.

Nachteile: Größere Lötstellen erfordern einen hohen Verbrauch des meist aus teueren Legierungsmetallen (z. B. Zinn oder Silber) bestehenden Lotes und sind daher unwirtschaftlich. Bei einigen Metallen, besonders bei Aluminium, besteht die Gefahr der elektrolytischen Zerstörung der Lötstelle, da in der Spannungsreihe der Elemente ein großer Abstand zwischen dem Werkstoff und den Legierungsbestandteilen des Lotes besteht; Aluminium soll darum möglichst geschweißt, genietet oder geklebt werden. Flußmittelreste können zu chemischer Korrosion der Verbindung führen. Die Festigkeit der Lötverbindungen ist geringer als die der Schweißverbindungen.

5.2. Lotarten

Die für die Wahl der Lötungsart entscheidenden Punkte, wie Werkstoffart und Festigkeit, sind auch im wesentlichen für die Wahl des Lotes bestimmend. Man unterteilt die Lote entsprechend den Lötungsarten in *Weichlote* (Arbeitstemperatur bis 450 °C), deren Hauptlegierungselemente Zinn, Blei oder Zink sind, und *Hartlote* mit Kupfer und Silber als Hauptbestandteile (Arbeitstemperatur 450 °C bis etwa 1000 °C). Die Arbeitstemperatur ist von der Zusammensetzung der Legierungen abhängig.

---

[1] Nach DIN 8505 – Löten; Begriffe, Benennungen

Die gebräuchlichen Lote sind hinsichtlich ihrer Zusammensetzung, Arbeitstemperatur und sonstigen Eigenschaften genormt.

5.2.1. Weichlote

Für Schwermetalle verwendet man Blei- und Zinnlote nach DIN 1707. Sie sind geeignet zum Löten von Stahl-, Kupfer- und Zinkwerkstoffen und deren Legierungen, sowie für Überzüge, z. B. Verzinnungen. Beispiele: Zinn-Blei-Weichlot L-Sn 60 Pb (Sb) mit 60 % Zinn, ≈ 0,3 % Antimon, Rest Blei; Anwendung für Verzinnungen, Lötungen von Feinblechen und in der Elektroindustrie. Blei-Zinn-Weichlot L-PbSn 40 Sb mit 40 % Zinn, ≈ 2 % Antimon, Rest Blei; Anwendung bei Feinblechen, im Kühlerbau, Klempnerlot.

Für Leichtmetalle benutzt man Aluminium-Zinklote und Aluminium-Zinnlote nach DIN 8512 besonders zum Löten von Aluminium und dessen Legierungen. Beispiele: Weichlot L-SnZn 40 mit 50 . . . 70 % Zinn, 30 . . . 50 % Zink; vorzugsweise für Al-Kabellötungen und zum Kolbenlöten. Weichlot L-SnPbZn mit 40 . . . 60 % Zinn, 30 . . . 55 % Blei, Rest Zink und Cadmium; Anwendung wie L-SnZn 40.

5.2.2. Hartlote

Zum Löten von Schwermetallen und Eisenwerkstoffen benutzt man Kupferlote, DIN 8513, Bl. 1, und silberhaltige Hartlote, DIN 8513, Bl. 2 und 3. Sie sind für Stahl, Gußeisen, Temperguß, Kupfer, Nickel und deren Legierungen geeignet. Beispiele: Hartlot L-Ms 60 mit 60 % Kupfer, 39 % Zink, Rest Si, Sn u. a. zum Löten von Rohrleitungen, im Fahrzeugbau, bei Reparaturen u. dgl. Hartlot L-Ag 15 P mit 15 % Silber, 5 % Phosphor, Rest Kupfer für Bleche, Rohre, Drähte, in der Optik, Feinmechanik bei Eisen-, Stahl- und Kupferwerkstoffen u. a.

Für Leichtmetalle benutzt man Aluminiumlote nach DIN 8512. Beispiel: Hartlot L-AlSiSn mit mind. 72 % Aluminium, 10 . . . 12 % Silicium, 8 . . . 12 % Zinn und Cadmium, Rest Kupfer und Nickel für Gußstücke, Bleche, Drähte und Profile aus Aluminium und dessen Legierungen.

Für Edelmetalle sind die silberhaltigen Hartlote nach DIN 8513, Blatt 3, geeignet. Beispiel: Hartlot L-Ag 45 Cd mit 45 % Silber, 20 % Cadmium, bis 18 % Kupfer, Rest Zinn, zum Löten aller Art von Teilen aus Silber, Gold oder Platin.

5.3. Lötverfahren

Das anzuwendende Lötverfahren ist vielfach schon durch die Art des Lotes gegeben. Es richtet sich aber auch noch nach der Form und der Stückzahl der zu lötenden Teile und nach wirtschaftlichen Gesichtspunkten.

Die Voraussetzung für eine einwandfreie Lötung sind metallisch reine Verbindungsflächen. Daher sind diese vor dem Aufbringen des Lotes sorgfältig zu reinigen und etwaige Oxidschichten durch geeignete Flußmittel[1]), z. B. Chloride, Fluoride, Borsäure oder handelsübliche Lötpasten, zu entfernen.

---

[1]) Näheres siehe DIN 8511 – Flußmittel zum Löten metallischer Werkstoffe

5.3.1. Kolbenlötung

Die Kolbenlötung wird mit gas- oder elektrisch beheizten Kolben aus Kupfer ausgeführt und für alle Weichlötungen angewendet.

5.3.2. Flammenlötung

Bei der Flammenlötung werden die Teile durch Lötlampen, Schweißbrenner oder auch durch Kohlelichtbogen erwärmt. Dieses Verfahren wird für Weich- und Hartlötungen angewendet, insbesondere beim Verbinden größerer Flächen und bei Reparaturlötungen.

5.3.3. Tauchlötung

Die zu verbindenden Teile werden bei der Tauchlötung mit entsprechend vorbereiteten Lötflächen in ein Bad von geschmolzenem Lot getaucht und können so sowohl weich- als auch hartgelötet werden. Die Tauchlötungen sind besonders für die Massenfertigung geeignet und für Teile, die an mehreren Stellen gleichzeitig gelötet werden sollen, z. B. Fahrradrahmen.

5.3.4. Ofenlötung

Bei der Ofenlötung durchlaufen die an der Lötfläche mit Lot und Flußmittel versehenen Teile einen auf die erforderliche Arbeitstemperatur erwärmten Ofen, wobei ein in diesem befindliches Schutzgas die Oxidschichten reduziert.

5.3.5. Widerstands- und Induktionslötung

Die Erwärmung der mit Lot und Flußmittel versehenen Lötstelle erfolgt elektrisch und zwar bei der Widerstandslötung durch direkten Stromdurchfluß, bei der Induktionslötung induktiv durch eine um die Lötstelle gelegte, mit hochfrequentem Wechselstrom durchflossene Spule. Beide Verfahren werden sowohl bei Weich- als auch bei Hartlötungen angewendet.

5.3.6. Sonstige Lötverfahren

Die sonst noch angewendeten Verfahren sind Spezialverfahren, die meist mit dem Ziel entwickelt sind, die zeitraubende Vorbehandlung der Lötflächen mit Flußmittel zu ersparen. So wird z. B. bei dem *Linde-Flux-Verfahren*, das zum Erwärmen der Lötstelle benutzte Acetylen durch einen Vergaser geleitet und reißt das in diesem enthaltene Flußmittel mit.

5.4. Festigkeitseigenschaften und Berechnung der Lötverbindungen

Die Festigkeit einer Lötverbindung ist, ähnlich wie die einer Klebverbindung, von verschiedenen Einflußgrößen, wie z.B. von der Art des Lotes, von der Art der Verbindung (Stumpfstoß, Überlappung) und von dem Werkstoff der zu verlötenden Teile abhängig.

Die Festigkeit der Grundwerkstoffe soll dabei genügend groß sein, um die eigentliche Lötverbindung nicht durch eventuelle Eigenverformungen zu belasten.

Die Beanspruchungsart der Lötnaht sollte möglichst nur Schub sein. Von wesentlichem Einfluß auf die erreichten Festigkeitswerte der Lötverbindung ist eine lötgerechte Gestaltung der Verbindung und das Einhalten der Werte für die Spaltbreiten der Verbindung und Rauhtiefen der Bauteiloberflächen.

Die für die Lötverbindung wichtigste Kenngröße ist die Abscherfestigkeit τ_{aB}; das ist die Bruchlast je mm² Lötfläche. Diese beträgt bei sorgfältig ausgeführten Überlappungsverbindungen unter Verwendung von

Blei- und Zinnloten: $\tau_{aB} \approx$ 20 ... 50 N/mm²
Kupferloten: $\tau_{aB} \approx$ 150 ... 170 N/mm²
Silberloten: $\tau_{aB} \approx$ 170 ... 270 N/mm²

Eine Berechnung der Lötverbindung erfolgt wie bei den Klebverbindungen meist als Nachprüfung der konstruktiv gestalteten Verbindung.

Es ist nachzuweisen, daß

$$\tau_{(vorh)} = \frac{F}{A_{L\ddot{o}t}} \leq \tau_{a\,zul} \tag{5.1}$$

F die von der Lötfläche aufzunehmende Schubkraft in N
$A_{L\ddot{o}t}$ Lötnahtfläche in mm²

wobei sich die zulässige Spannung ergibt aus

$$\tau_{a\,zul} = \frac{\tau_{aB}}{\nu} \tag{5.2}$$

τ_{aB} Abscherfestigkeit in N/mm²
ν Sicherheit; man wählt $\nu \approx$ 3 ... 4

5.5. Gestaltung der Lötverbindungen

Die konstruktive Ausbildung von Lötverbindungen ist je nach Verwendungszweck, verlangter Festigkeit, Art des Lotes und des Lötverfahrens sehr unterschiedlich und in gewisser Hinsicht mit der von Klebverbindungen vergleichbar. Es können daher nur einige allgemeine Gestaltungsrichtlinien gegeben werden:

1. Um genügend große Lötflächen zu erhalten sind *Überlappungsverbindungen* zu bevorzugen (Bild 5-1a und b). Dies gilt besonders bei Weichlötungen dünner Bauteile.

$$l_{\ddot{u}} \approx 4 \ldots 6 \cdot s \text{ in mm} \tag{5.3}$$

s kleinste Bauteildicke in mm

2. Lötverbindungen sollen möglichst nur auf Schub beansprucht werden.

3. Lötstellen sind gegebenenfalls zu entlasten und gegen Verschieben zu sichern, z. B. durch Falze, Sicken oder Bördel. Besonders gilt dies bei Weichlötungen dünnwandiger Teile, wie Behälter und Rohre (Bild 5-1c, d und e).
4. Beim Hartlöten muß das Lot durch Kapillarwirkung in den zwischen den zu verbindenden Teilen vorhandenen Spalt fließen können. Es sind möglichst parallelwandige Spalte vorzusehen: bei Kupferloten $h \approx 0{,}2 \ldots 0{,}25$ mm, bei Silberloten $h \approx 0{,}1 \ldots 0{,}2$ mm. Für Rundteile sind enge Spielpassungen (H8/h9, H7/h6) oder Übergangspassungen vorzusehen.
5. Die Rauhtiefen der Bauteiloberflächen im Lötbereich sollten möglichst $R_t \leqslant 25$ µm betragen; $R_t > 25$ µm bis 100 µm nur dann möglich, wenn Bearbeitungsrillen in Fließrichtung des Lotes verlaufen.

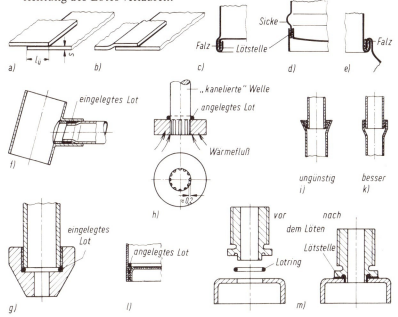

Bild 5-1. Konstruktionsbeispiele für Lötverbindungen. a) überlappte Naht, b) „durchgesetzte" überlappte Naht, c) und d) weichgelötete dünnwandige Behälterböden, e) weichgelötete Falznaht eines Rohrknies, f) hartgelöteter Fahrradrahmen (nach *Nacken*), g) hartgelöteter Rohrnippel, h) Hartlötung eines Wellenbundes (nach *Schatz*), i) ungünstige und k) bessere Ausführung einer hartgelöteten Rohrverbindung, l) Hartlötung eines Behälterbodens, m) Hartlötung eines Schraubstutzens.

5.6. Normen und Literatur

DIN 1707: Weichlote für Schwermetalle, Zusammensetzung, Verwendung
DIN 8505: Löten metallischer Werkstoffe, Begriffe, Benennungen
DIN 8511: Flußmittel zum Löten metallischer Werkstoffe
DIN 8512: Hart- und Weichlote für Aluminium-Werkstoffe
DIN 8513: Hartlote für Schwermetalle
S. Hildebrand: Feinmechanische Bauelemente, Carl Hanser Verlag, München
Richter/Neumann: Tabellenbuch Schweiß- und Löttechnik, Verlag Technik, VEB, Berlin

6. Schweißverbindungen

6.1. Allgemeines

Unter Schweißen versteht man das Vereinigen von Werkstoffen unter Wärme oder (und) Druck meist im plastischen oder flüssigen Zustand mit oder ohne artgleichen Zusatzwerkstoff.

Im *Stahlbau* hat das Schweißen die Nietverbindung vielfach verdrängt, z. B. bei Vollwandträgern von Brücken und Kranportalen, bei Trägeranschlüssen im Stahlhochbau, bei Blech-, Profilstahl- und besonders bei Rohrkonstruktionen von Konsolen, Gerüsten und Fachwerken.

Im *Kessel-* und *Behälterbau* wird fast nur noch geschweißt. Die Bleche stoßen stumpf gegeneinander; es entstehen glatte Flächen, wodurch sich ein ungestörter Kraftfluß ergibt. Besonders durch automatische Schweißverfahren lassen sich bei Kesseln, Rohrtrommeln u. dgl. festigkeitsmäßig bessere Verbindungen als beim Nieten erzielen.

Im *Maschinenbau* dient das Schweißen im wesentlichen der Gestaltung, besonders bei Einzelfertigungen oder geringen Stückzahlen, z. B. von Hebeln, Radkörpern, Rahmen, Getriebegehäusen, Schutzkästen, Lagergehäusen, Seiltrommeln und Bandrollen. Neben der *Gestaltungsschweißung* sind noch die *Reparaturschweißung* bei Rissen oder Brüchen, die *Auftragsschweißung* zur Verstärkung von Bauteilen oder zur Beseitigung von Verschleißstellen und das mit der Schweißtechnik verbundene *Brennschneiden* zu nennen. Dieses wird aber nicht nur zum Trennen (Abschneiden, Verschrotten u. dgl.), sondern im zunehmenden Maße auch zur Formgebung, z. B. zum Ausschneiden von Teilen aus Blechtafeln mit Kopierbrennmaschinen eingesetzt.

Vorteile gegenüber anderen Verbindungselementen: Geschweißte Konstruktionen, besonders bei Werkstattfertigung, meist billiger und leichter als genietete oder geschraubte. Keine Schwächung der Stäbe und Bleche durch Niet- oder Schraubenlöcher im Stahl-, Behälter- und Kesselbau; keine Überlappungen oder Laschen, dadurch glatte Wände, geringere Korrosionsgefahr, leichtere Reinigung, gefälliges Aussehen. Bei geschweißten Teilen im Maschinenbau teilweise erhebliche Gewichtsersparnis gegenüber gegossenen oder geschmiedeten; bei Einzelteilen oder geringen Stückzahlen häufig wirtschaftlicher.

Nachteile: Verbindung nur gleichartiger Werkstoffe möglich. Gefahr des „Verziehens" geschweißter Teile und schädigender Gefügeumwandlungen und Aushärtungen des Werkstoffes durch die starke örtliche Erwärmung. Schweißen auf Baustellen im Stahlbau häufig schwieriger und teurer als Nieten oder Schrauben; Ausrichten der Stäbe bei Fachwerken schwieriger als bei Niet- und Schraubkonstruktionen, bei denen die Stablagen durch die Löcher eindeutig gegeben sind; Kontrolle der häufig verwendeten Kehlnähte kaum möglich.

6.2. Schweißverfahren

Eine ausführliche Darstellung der Schweißverfahren gehört nicht in das Gebiet der Maschinenelemente, sondern in das der Fertigungstechnik. Darum sollen nur einige kurze

Hinweise über die wichtigsten Schweißverfahren gegeben werden, soweit sie in konstruktiver Hinsicht von Bedeutung sind. Eine allgemeine Übersicht über die Schweißverfahren mit den zugehörigen Begriffserklärungen enthält DIN 1910 (Schweißen; Begriff, Einteilung der Schweißverfahren).

6.2.1. Gasschweißen (Autogenschweißen)

Das Gasschweißen, ein Schmelzschweißverfahren (meist mit Acetylen-Sauerstoffflamme), ist für alle schweißbaren Metalle geeignet. Es wird vorzugsweise bei dünnen Bauteilen, im Behälterbau, für Reparaturen, im Rohrleitungsbau und besonders auf Baustellen verwendet. Gegenüber dem Lichtbogenschweißen hat das Gasschweißen den Vorteil, daß sich die Schweißgeräte leichter transportieren lassen, schwer zugängliche Stellen mit der Schweißflamme besser erreichbar sind und das Überkopfschweißen leichter ist.

6.2.2. Lichtbogenschweißen

Das elektrische Lichtbogenschweißen mit Metallelektroden ist das am häufigsten und vielseitigsten angewendete Schmelzschweißverfahren. Es ist besonders als Werkstattschweißung bei dickeren Bauteilen und schweren Konstruktionen wirtschaftlicher und günstiger als die Gasschweißung, da wegen der höheren Temperatur und stärkeren Konzentration des Lichtbogens schneller geschweißt werden kann und durch die kleinere Erwärmungszone der Verzug und die Schrumpfung kleiner sind.

Man unterscheidet hierbei folgende Verfahren:
Offenes Lichtbogenschweißen, bei dem der Lichtbogen sichtbar zwischen Werkstück und Elektrode brennt. *Verdecktes Lichtbogenschweißen* (Unter-Pulver-, UP-Verfahren), bei dem der Lichtbogen von einem Schweißpulver eingehüllt ist, wodurch abschirmende Gase und eine Schlackenhaut erzeugt werden, die die Schmelze gegen den ungünstigen Einfluß der Atmosphäre schützen; es wird als automatisches Verfahren wegen der hohen Schmelzleistung bevorzugt bei langen Nähten eingesetzt im Stahlbau, Schiffsbau, Kessel- und Behälterbau. *Schutzgasschweißen*, bei dem der Lichtbogen in einem umhüllenden, gegen die Atmosphäre abschirmenden Gas brennt. Beim MIG-Verfahren (*Metall-Inert-Gas*) wird meist das Edelgas Argon (Ar), beim billigeren MAG-Verfahren (*Metall-Aktiv-Gas*) werden Kohlendioxid (CO_2) oder Mischgase (Ar + CO_2 + O_2) verwendet. Beim WIG-Verfahren (*Wolfram-Inert-Gas*) brennt der Lichtbogen zwischen einer nicht schmelzenden Wolframelektrode und dem Werkstück unter Argon. Mit diesen Verfahren sind hohe Schweißleistungen, saubere Nahtoberflächen und hohe Gütewerte erreichbar.

6.2.3. Elektronenstrahlschweißen

Bei diesem Verfahren entsteht die Wärme durch einen im Hochvakuum erzeugten, gebündelten Elektronenstrahl ($\approx 0,2$ mm Durchmesser). Es ergibt sich eine sehr schmale Naht und damit ein nur geringer Verzug. In der Serienfertigung eingesetzte Schweißautomaten ermöglichen bei hoher Geschwindigkeit das Schweißen von bisher kaum oder nicht schweißbaren Werkstoffen (z. B. AlCuMg2) und von dünnen Werkstücken bei hoher Genauigkeit.

6.2.4. Preßschweißen

Hierbei werden die Teile an den zu verbindenden Flächen bis auf Schmelztemperatur erwärmt und unter Druck verschweißt. Das *elektrische Widerstandsschweißen* wird als *Preßstumpfschweißen* zum Verbinden von Profilquerschnitten bis $\approx 1000\ mm^2$, als *Abbrennstumpfschweißen* von (nicht bearbeiteten) Querschnitten bis $\approx 70\ 000\ mm^2$ Fläche angewendet, ferner als *Punkt- oder Rollennahtschweißen* in der Feinblechbearbeitung (Dosen, Behälter, Karosseriebau). Das *Reibschweißen* eignet sich zum Verbinden von sonst schwer schweißbaren Metallkombinationen sowie von Wellen, Rohren, Flanschen u. dgl. in der Serienfertigung. Ein eingespanntes Drehteil wird bei Rotation gegen das andere gepreßt bis durch die Reibungswärme die Schweißtemperatur erreicht ist, dann schnell abgebremst und gestaucht.

6.3. Schweißbarkeit der Werkstoffe

Die Schweißbarkeit umfaßt die *Schweißeignung,* bedingt durch die Art des Grund- und Zusatzwerkstoffes, und die *Schweißsicherheit,* beeinflußt durch die Art der Konstruktion, das Schweißverfahren, die Nahtvorbereitung, die Beanspruchung, die Schweißfolge, sowie die Kalt- oder Warmverformung.

6.3.1. Stahl, Stahlguß, Gußeisen

Die Schweißeignung der Stähle ist im wesentlichen von deren Kohlenstoffgehalt, von der Erschmelzungs- und Vergießungsart und bei legierten Stählen noch von der Menge der Legierungsbestandteile abhängig. Allgemein gilt: kohlenstoffarme Stähle sind gut, kohlenstoffreiche Stähle schlecht schweißbar; Siemens-Martin-Stahl ist gut, Thomas-Stahl bedingt schweißbar; niedrig legierte Stähle sind besser, hochlegierte schlechter oder kaum schweißbar.

Die *allgemeinen Baustähle* (DIN 17 100, Tabelle A1.4) St 33, St 34, St 37, St 42, St 46 und St 52 sind allgemein zum Schmelzschweißen geeignet, und zwar die der Gütegruppen 2 und 3 (z. B. St 37−2, St 37−3 usw.) besser als die der Gütegruppe 1 (z. B. St 37−1, St 34−1). Die Stähle St 50, St 60 und St 70 sind nur bedingt (St 50) oder bei besonderen Maßnahmen (Vorwärmen, spannungsfrei Glühen u. dgl.) schweißbar. Zum Widerstandsstumpfschweißen sind alle Baustähle geeignet, für andere Preßschweißverfahren jedoch nur die mit einem C-Gehalt bis $\approx 0{,}25\ \%$.

Die *Vergütungsstähle* (DIN 17 200) sind alle für Abbrennstumpfschweißen, die Stähle mit einem C-Gehalt bis 0,3 % (z. B. C 22, 25 CrMo4) auch für Schmelz- und Widerstandsschweißen geeignet.

Die *Einsatzstähle* (DIN 17 210) sind alle zum Schmelzschweißen und Abbrennstumpfschweißen geeignet, jedoch erfordern die höherlegierten Stähle 16 MnCr 5, 20 MnCr 5 und 18 CrNi 8 Vorwärmen und Sonderverfahren.

Hochlegierte Stähle dagegen, bei denen die Summe aller Legierungsbestandteile mehr als 10 % beträgt, wie nichtrostende Federstähle (z. B. X 12 CrNi 17 7 u. ä.), Manganstähle (12 ... 15 % Mangangehalt) u.ä. sind nur bedingt mit Spezialelektroden, durch Wärmebehandlung und andere Maßnahmen schweißbar. Etwaige Vorschriften der Stahlhersteller sind hier genau einzuhalten.

6.4. Schweißzusatzwerkstoffe, Wahl des Schweißverfahrens

Stahlguß (DIN 1681), z. B. GS-38, GS-45 verhält sich beim Schweißen ähnlich wie Baustahl und ist ohne Einschränkung schweißbar. Bei den übrigen Sorten, auch bei warmfesten und nichtrostenden GS (DIN 17 245 und 17 445) ist eine Wärmebehandlung, d.h. Vorwärmen und nachfolgendes Glühen zweckmäßig.

Unter Einhaltung bestimmter Bedingungen lassen sich bei *Gußeisen mit Lamellengraphit* (DIN 1691) Fertigungs- und Reparaturschweißungen mit und ohne Vorwärmen, bei *Gußeisen mit Kugelgraphit* (DIN 1693) und weißem *Temperguß* (DIN 1692) außerdem auch Festigkeitsschweißungen durchführen. *GTW-538* eignet sich bis zu einer Wanddicke von 8 mm auch ohne Wärmenachbehandlung für Festigkeitsschweißungen. Schwarzer Temperguß (GTS) wird nicht geschweißt.

6.3.2. Nichteisenmetalle

Aluminium und dessen Legierungen sind allgemein sowohl autogen als auch elektrisch gut schweißbar. Jedoch verlieren die nicht aushärtbaren Legierungen (AlMg, AlMn, AlMgMn) durch die Schweißwärme die hohe, durch Kaltverfestigung erreichte Festigkeit; dagegen können die härtbaren Legierungen (AlMgSi, AlCuMg, AlZnMg) die ursprüngliche Festigkeit durch Wärmebehandlung wieder erreichen. Um die schädigende Oxydation zu verhindern, muß bei der Autogenschweißung unter Zusatz von Flußmittel, bei der Lichtbogenschweißung unter Schutzgas (meist Argon) geschweißt werden.

Kupfer und *Kupferlegierungen* sind werkstoffmäßig autogen und unter Schutzgas gut schweißbar, *Messing* wird mit steigendem Zink-Gehalt schlechter schweißbar. Jedoch kann das Schweißen von Bauteilen aus Kupfer Schwierigkeiten bereiten, da wegen der guten Wärmeleitfähigkeit starke Dehnungen und Schrumpfungen auftreten.

6.3.3. Kunststoffe

Nur die nicht härtbaren *Thermoplaste* (z.B. Hostalen, Lupolen, Teflon, Ultramid u.a.) sind mit oder ohne Zusatz von artgleichem Kunststoff schweißbar. Verfahren: Warmgasschweißen, meist im Heißluftstrom, so daß die Ränder ineinanderfließen; Heizelementschweißen, bei dem die Berührungsflächen durch Heizelemente auf Schweißtemperatur gebracht und mit Druck verschweißt werden; weitere Verfahren und Begriffserläuterungen siehe DIN 1910, Bl. 3.

6.4. Schweißzusatzwerkstoffe, Wahl des Schweißverfahrens

6.4.1. Zusatzwerkstoffe

Der beim Schmelzschweißen der Schweißstelle zugeführte Zusatzwerkstoff soll gütemäßig dem Grundwerkstoff entsprechen. Eine ausführliche Darstellung soll hier nicht gegeben werden, es seien nur einige wesentliche Eigenschaften und Verwendungsbeispiele genannt. Nähere Einzelheiten sind den Normen zu entnehmen.

Gasschweißdrähte (DIN 8554), entsprechend Stahlsorten in 7 Klassen (0 und I bis VI) mit Mindestgütewerten eingeteilt. Lichtbogen-Schweißelektroden (DIN 1913), in 13 Klassen eingeteilt; Klassen I bis V erfassen die nackten und dünnumhüllten, die Klassen VII bis XIV die dicker umhüllten Elektroden (die Klasse VI entfällt). Bessere Nahtqualitäten durch umhüllte Elektroden, wobei Anwendung und Güte von Umhüllungsdicke und -charakter abhängen.

Typ Ti (Titandioxid) für schweißempfindliche Stähle und Dünnblechschweißungen,
Typ Es (Erzsauer) für schweißempfindliche Stähle, jedoch Warmrißgefahr mit steigendem C-, S- und P-Gehalt,
Typ Kb (Kalkbasisch) für Stähle mit höherem C-Gehalt und größeren Dicken.
Für Zusatzwerkstoffe bei Gußeisen (DIN 8573), Aluminium und Kupfer und deren Legierungen (DIN 1732 und 1733) und sonstigen Metallen und Legierungen bestehen besondere Vorschriften.

6.4.2. Wahl des Schweißverfahrens

Der Konstrukteur hat häufig über das Schweißverfahren zu entscheiden, das sowohl in konstruktiver als auch wirtschaftlicher Hinsicht am günstigsten ist. Dabei sind der zu schweißende Werkstoff, die Dicke der Teile, die Güteanforderung und auch die verfügbaren Betriebseinrichtungen zu berücksichtigen. Die Tabelle 6.1 gibt Richtlinien an für einen geeigneten Einsatz verschiedener Schweißverfahren.

Tabelle 6.1: Richtlinien zur Wahl des geeigneten Schweißverfahrens

Werkstoff			C-Stahl						Legierter Stahl						GS			GT GGG	GG		Al. u. -Legier.						Cu u. -Legier.					
Dickenbereich[1])			1	2	3	4	5	6	1	2	3	4	5	6	4	5	6	3	3	4	5	6	1	2	3	4	5	6	1	2	3	4	5	6
Gasschweißen																																		
Lichtbogenschweißen	Elektrode	blank																																
		umhüllt ohne Kb																												•		•		
		umhüllt Kb																																
	Schutzgas	UP																																
		MIG																														•	•	•
		MAG																																
		WIG																																
Elektronenstrahl																																		
Widerstandsschweißen		Punkt-																													•	•		
		Rollen-																													•	•		
		Abbrenn-																																•

• nur Cu-Legierungen

[1]) Dickenbereich 1: $\leqslant 1$ mm, 2: $> 1...3$ mm, 3: $> 3...6$ mm, 4: $> 6...15$ mm, 5: $> 15...40$ mm, 6: > 40 mm.

6.5. Nahtarten- und Formen, Gütesicherung

Die Nahtart (z. B. Stumpf- oder Kehlnaht) ist durch die Lage der Bauteile zueinander gegeben; die Nahtform (z. B. V-Naht, Hohlnaht u. dgl.) hängt im wesentlichen vom Werkstoff, von der Bauteildicke und vom Schweißverfahren ab und erfordert vielfach geeignete Naht-(Fugen-)Vorbereitungen, die nach DIN 8551 festgelegt sind.

6.5. Nahtarten und Formen, Gütesicherung

6.5.1. Stumpfnaht

Bei der Stumpfnaht stoßen die Bauteile stumpf gegeneinander und bilden einen *Stumpfstoß* mit Schweißfuge. Wenn es die Anordnung der Bauteile zuläßt, soll die Stumpfnaht gegenüber der Kehlnaht möglichst bevorzugt werden. Die Stumpfnaht ist bei gleicher Dicke festigkeitsmäßig besser als die Kehlnaht, besonders bei dynamischer Belastung (glatter, ungestörter Kraftfluß, geringere Kerbwirkung). Außerdem ist sie beispielsweise durch Röntgenstrahlen oder Ultraschallwellen leichter und sicherer zu prüfen. Die Nahtform richtet sich im wesentlichen nach der Dicke der zu schweißenden Bauteile (Bild 6-1).

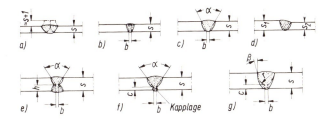

Bild 6-1
Stumpfnahtformen und deren Vorbereitung

a) Bördelnaht, b) I-Naht,
c) und d) V-Nähte, e) X-Naht,
f) Y-Naht, g) U-Naht

Im folgenden sind die wichtigsten *Stumpfnahtformen,* deren *Anwendung* und *Vorbereitung* für Bauteile aus Stahl aufgeführt. Hierbei bedeuten:

OL offenes Lichtbogenschweißen,   G Gasschweißen,   UP Unter-Pulverschweißen,
SG Schutzgasschweißen.

Bördelnaht (Bild 6-1a). Bei dünnen Blechen. Bei OL: $s \leqslant 2$ mm; bei G: $s \leqslant 1,5$ mm.
I-Naht (Bild 6-1b). Keine Nahtvorbereitung; wenig Zusatzwerkstoff. Bei OL: $s \leqslant 3$ (5) mm, $b \approx s$ (s/2) bei einseitiger (beidseitiger) Schweißung; bei G: $s \leqslant 8$ (10) mm, $b = 1 \ldots 2$ (4) mm, einseitig (beidseitig); bei UP: $s = 1,5 \ldots 8$ (20 mm), $b \leqslant 1,5$ mm, einseitig (beidseitig); bei SG: $s \leqslant 8$ mm, $b = 1 \ldots 2$ mm, einseitig.
V-Naht (Bild 6-1c und d). Am häufigsten verwendet, hohe Festigkeit durch wurzelseitiges Nachschweißen (Kapplage). Bei OL: $3 \ldots 5$ (20) mm, $b \approx 2$ mm, $\alpha \approx 60°$, einseitig (mit Kapplage); bei G: $s = 3 \ldots 12$ mm, $b = 2 \ldots 4$ mm, $\alpha \approx 60°$, einseitig; bei UP und SG: $s = 4$ (8) $\ldots 20$ mm, $b \leqslant 3$ mm, $\alpha \approx 30 \ldots 50°$ (60°), einseitig (mit Kapplage).
X-Naht (Bild 6-1e). Kleineres Schweißvolumen und geringerer Verzug als V-Naht, jedoch mehr Vorbereitung und doppelseitiges Schweißen (Bauteile wenden!). Bei OL: $s = 16 \ldots 40$ mm, $b \approx 2$ mm, $\alpha \approx 60°$, $h = s/2$; bei G: $s \geqslant 12$ mm, $b = 4$ mm, $\alpha \approx 50°$, $h = s/2$; bei UP: $s = 10 \ldots 15$ mm, $b = 1,5 \ldots 3$ mm, $\alpha \approx 50 \ldots 90°$ (oben), $\approx 50 \ldots 60°$ (unten, von Hand schweißen), $h = 4 \ldots 15$ mm.
Y-Naht (Bild 6-1f). Anwendung wie X-Naht. Bei OL: $s = 8 \ldots 20$ mm, $b \leqslant 2$ mm, $c = 2 \ldots 4$ mm, $\alpha \approx 60°$, mit Kapplage; bei UP: $s = 15 \ldots 30$ mm, $b \leqslant 1,5$ mm, $c = 3$ mm $\ldots 12$ mm, $\alpha = 40 \ldots 90°$. Bei UP: $s = 15 \ldots 30$ mm, $b \leqslant 1,5$ mm, $c = 12$ mm, $\alpha = 40 \ldots 90°$, einseitig, Gegenseite beliebig.
U-Naht (Bild 6-1g). Vorteilhaft bei unzugänglicher Gegenseite, teuere Vorbereitung (Hobeln). Bei OL: $s > 16$ mm, $b \leqslant 2$ mm, $c = 2 \ldots 3$ mm, $\beta \approx 10°$, $r \approx 4$ mm, wenn möglich Kapplage; bei UP: $s > 30$ mm, $b \leqslant 1,5$ mm, $c = 5 \ldots 10$ mm, $\beta \approx 5 \ldots 10°$, $r \approx 6$ mm. Doppel-U-Naht bei OL: $s > 30$ mm.

6.5.2. Kehlnaht

Bei der Kehlnaht bilden die Bauteile einen T-, Überlappungs- oder Eckstoß und somit eine Kehle zur Aufnahme der Schweißnaht (Bild 6-2). Eine Nahtvorbereitung ist meist nicht erforderlich. Durch die Kraftflußumlenkung und höhere Kerbwirkung sind Kehlnähte festigkeitsmäßig, besonders bei dynamischer Belastung, ungünstiger als Stumpfnähte.

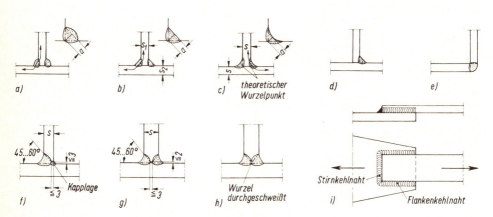

Bild 6-2. Kehlnahtformen und deren Vorbereitung
a) Wölbnaht, b) Flachnaht, c) Hohlnaht, d) einseitige Kehlnaht, e) Ecknaht, f) HV-Naht (mit Kapplage), g) K-Naht, h) K-Naht (Wurzel durchgeschweißt), i) Überlappungsstoß mit Flanken- und Stirnkehlnaht

Im folgenden sind die wichtigsten *Kehlnahtformen*, deren *Anwendung* und *Vorbereitung* aufgeführt. Wegen der Nahtdicken a siehe unter 6.6.3.2.

Wölbnaht oder *Vollkehlnaht* (Bild 6-2a). Wegen ungünstigen Kraftflusses, Einbrandkerben an schroffen Übergängen zum Bauteil (Kerbwirkung!), möglichst vermeiden. Anwendbar als Ecknaht (Bild 6-2e). Keine Nahtvorbereitung.

Flachnaht (Bild 6-2b). Am häufigsten angewendet, z. B. bei Überlappungsverbindungen als Flankenkehlnaht im Stahlbau. Geringes Nahtvolumen, wirtschaftlich, Verzug und Eigenspannungen sind gering, günstiger Kraftfluß. Keine Vorbereitung.

Hohlnaht (Bild 6-2c). Durch sanften Übergang zu den Bauteilen geringste Kerbwirkung, günstigster Kraftfluß, daher festigkeitsmäßig am besten. Anwendung besonders im Maschinenbau bei hohen dynamischen Belastungen. Keine Vorbereitung.

HV-(halbe V-)Naht (Bild 6-2f). Anwendung bei T-Stößen dickerer Bauteile mit $s \leqslant 16$ mm; wenn möglich mit Kapplage. Nahtvorbereitung siehe Bild.

K-Naht (Bild 6-2 g und h). Anwendung bei T-Stößen von Bauteilen mit $s \approx 16 \ldots 40$ mm. Auch mit durchgeschweißter Wurzel. Nahtvorbereitung siehe Bild.

Kehlnähte, allgemein. Einseitige Kehlnähte (Bild 6-2d). Wegen einseitiger Kraftübertragung und hoher Kerbwirkung vermeiden. Anwendung möglichst nur als umlaufende Nähte, z. B. bei kastenförmigen Querschnitten. *Doppelseitige Kehlnähte* (Bild 6-2a bis c) stets bevorzugen, insbesondere bei Biegebeanspruchung. *Flanken-* und *Stirnkehlnähte* (Bild 6-2i) werden bei Überlappungsverbindungen besonders im Stahlbau angewendet.

6.5.3. Stirnnaht

Bei der Stirnnaht liegen die Bauteile, vorwiegend dünnere Bleche, bündig aufeinander und werden an ihren Stirnflächen geschweißt (Bild 6-3).

6.6. Schweißverbindungen im Stahlbau

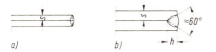

Bild 6-3
Stirnnahtformen und deren Vorbereitung
a) Stirnflachnaht, b) Stirnfugennaht

Stirnflachnaht (Bild 6-3a). Bei OL: $s > 3$ mm; bei G: $s \leqslant 5$ mm.
Stirnfugennaht (Bild 6-3b). Bei OL: $s > 4$ mm, $h = 5$ mm ... $1,2 \cdot s$; bei G: $s > 3$ mm, $h \approx s$.

6.5.4. Gütesicherung der Schweißverbindungen

Zur Gütesicherung von Schweißarbeiten sind nach DIN 8563 allgemeine Grundsätze, die Bedingungen für den (großen und kleinen) Befähigungsnachweis (für Stahlbau nach DIN 4100) sowie die betrieblichen und personellen Anforderungen festgelegt.
Die *Güteklasse* einer Schweißverbindung wird durch folgende Voraussetzungen gesichert:
1. gewährleistete Schweißeignung des Werkstoffes;
2. fachgerechte und überwachte Vorbereitung;
3. Auswahl des Schweißverfahrens nach Werkstoffeigenschaften, Werkstückdicke und Beanspruchung;
4. Abstimmung des Zusatzwerkstoffes auf den Grundwerkstoff;
5. geprüfte und überwachte Schweißer;
6. Nachweis fehlerfreier Ausführung (z. B. durch Röntgenstrahlen).

Man unterscheidet folgende Güteklassen:
Güteklasse I: Alle Voraussetzungen nach 1. bis 6. sind zu erfüllen. Sonderschweißung für höchste Anforderungen an Festigkeit und Werkstoffgüte.
Güteklasse II: Die Voraussetzungen nach 1. bis 5. sind zu erfüllen. Normale Festigkeitsschweißung bei statischer oder dynamischer Belastung.
Güteklasse III: Keine besonderen Anforderungen hinsichtlich Prüfung und Überwachung; keine geprüften Schweißer, jedoch fachgerechte Ausführung. Für normale Schweißkonstruktionen bei geringeren Beanspruchungen.

6.6. Schweißverbindungen im Stahlbau

6.6.1. Allgemeine Richtlinien

Für die Berechnung und bauliche Durchbildung geschweißter Stahlbauten mit vorwiegend *statischen* Belastungen sind in Verbindung mit den Richtlinien nach DIN 1050 (Stahl im Hochbau) und DIN 4115 (Stahlleichtbau und Stahlrohrbau) die Vorschriften nach DIN 4100 (Geschweißte Stahlbauten) maßgebend. Für Straßenbrücken gilt DIN 4101 (Geschweißte stählerne Straßenbrücken) und für Eisenbahnbrücken eine Dienstvorschrift (DV 848) der Deutschen Bundesbahn. Die vorwiegend *dynamisch* beanspruchten Krantragwerke werden nach DIN 15018 (Krane; Stahltragwerke; Berechnung, Durchbildung und Ausführung) berechnet.

Diese Normen sehen auch für Schweißnahtberechnungen folgende Regellastfälle vor:

Lastfall H: Summe der Hauptlasten, die sich aus der ständigen Last (z.B. Eigengewicht), der Verkehrslast (z.B. Kranlasten, Schneelasten nach DIN 1050, Personen, Lagerstoffe, Fahrzeuge bei Brücken) und den Massenkräften von Maschinen (z.B. Beschleunigungskräfte) zusammensetzen;

Lastfall HZ: Summe der Haupt- und Zusatzlasten, d.h. die genannten Hauptlasten vermehrt um die Zusatzlasten, wie Windkräfte, Wärmewirkungen, Bremskräfte und waagerechte Seitenkräfte (z.B. bei Kranbahnen).

Diese Lasten werden nach DIN 1055 (Lastannahmen für Bauten) bzw. DIN 15018 bestimmt.

Für die Berechnung ist stets der Lastfall maßgebend, der die größten Querschnitte ergibt:

Lastfall H, wenn $\dfrac{F_H}{\sigma_{H\,zul}} > \dfrac{F_{HZ}}{\sigma_{HZ\,zul}}$, Lastfall HZ, wenn $\dfrac{F_{HZ}}{\sigma_{HZ\,zul}} > \dfrac{F_H}{\sigma_{H\,zul}}$.

Die Indizes H und HZ kennzeichnen hierbei die dem betreffenden Lastfall zugeordneten Größen.

Häufige Belastungsänderungen, Stöße u.dgl. werden bei Kranen durch Erhöhung der äußeren Lasten um *Beiwerte* (Eigenlast-, Hublast- und Schwingbeiwerte nach DIN 15018) berücksichtigt. Die so erhöhten Lasten werden beim Allgemeinen Spannungsnachweis wie statische Kräfte betrachtet. Die zulässigen Spannungen bleiben unverändert.

6.6.2. Werkstoffe

Für geschweißte Stahlbauten werden von den Baustählen nach DIN 17 100 die Sorten St 37-1, St 37-2, St 37-3 und St 52-3 für tragende Bauteile, St 33 nur für untergeordnete Bauteile (Treppen, Geländer usw.) verwendet. Die Zusatzwerkstoffe sollen den zu schweißenden Werkstoffen entsprechen.

6.6.3. Abmessungen der Schweißnähte

Die Schweißnahtabmessungen sind durch die Dicke a und die Länge l gegeben.

6.6.3.1. Stumpfnähte

Die *rechnerische Nahtdicke a* ist allgemein gleich der Bauteildicke s, durchgeschweißte Nähte vorausgesetzt.

Bei gleichdicken Bauteilen (Bild 6-1a bis c und e bis g): $a = s$, bei verschieden dicken Bauteilen (Bild 6-1d) ist die kleinere Dicke maßgebend: $a = s_{min}$.

Die *rechnerische Nahtlänge l* setzt man gleich der Gesamtnahtlänge gleich der Breite der Bauteile, endkraterfreie Ausführung und nicht unterbrochene Nähte vorausgesetzt, also Nahtlänge gleich Bauteilbreite (Bild 6-4a): $l = b$.

Unter Endkrater versteht man die nicht vollwertigen Stellen geringerer Güte am Anfang und Ende der Naht.

6.6.3.2. Kehlnähte

Die *rechnerische Nahtdicke a* bei Kehlnähten aller Formen wird gleichgesetzt der Höhe des im Nahtquerschnitt einbeschriebenen gleichschenkligen Dreiecks (siehe Bild 6-2a bis c).
Bei gleichdicken Bauteilen (Bild 6-2c) gilt allgemein: $a \leqslant 0{,}7 \cdot s \geqslant 3$ mm,
bei verschieden dicken Bauteilen (Bild 6-2b): $a \leqslant 0{,}7 \cdot s_{min} \geqslant 3$ mm.
Dickere Nähte bringen wegen größerer Schrumpfungen, Verwerfungen und Eigenspannungen keine Vorteile und stehen auch mit den Bauteildicken im Mißverhältnis.
Empfohlen wird auch $a \geqslant \sqrt{s_{max}} - 0{,}5$ mm $\geqslant 3$ mm, d. h. bis $s \approx 13$ mm kann $a = 3$ mm beibehalten werden, wenn nicht rechnerisch größere Dicken erforderlich sind.
Wegen der Dicke von Flankenkehlnähten bei Winkelstählen und ähnlichen Stabstählen siehe Bild 6-6f.
Gebräuchliche Nahtdicken: a = 3 3,5 4 4,5 5 5,5 6 6,5 7 8 9 10 mm   usw.
Für die *rechnerische Nahtlänge l* gilt allgemein das gleiche wie für Stumpfnähte, jedoch mit folgenden Ausnahmen:
Bei alleinigen Flankenkehlnähten bei Stabanschlüssen (Bild 6-4b) soll sein: $l_{min} \geqslant 15 \cdot a$,
bei zusätzlicher Stirnnaht oder zusätzlicher Stumpfnaht (Bild 6-4c und d): $l_{min} \geqslant 10 \cdot a$.
Dadurch sollen die festigkeitsmindernden Endkrater indirekt berücksichtigt werden.
Ferner soll für die Einzellänge der Flankennähte nicht überschritten werden: $l_{max} = 100 \cdot a$.
Dadurch sollen zu hohe Spannungsspitzen an den Nahtenden infolge elastischer Verformungen vermieden werden.

6.6.4. Berechnung der Schweißverbindungen im Stahlbau

Die Berechnung nach DIN 4100 berücksichtigt die aus Praxis und Versuch gewonnenen Erkenntnisse. Nahtdickenabweichungen, etwaige Poren und kleinere Nahtfehler sowie Eigenspannungen sind insbesondere bei Kehlnähten kaum erfaßbar, so daß eine genaue Berechnung kaum möglich ist und auch nicht vorgetäuscht werden sollte.

6.6.4.1. Beanspruchung auf Zug, Druck oder Schub

Für jede Beanspruchungsart allein gilt für die *vorhandene Nahtspannung:*

$$\sigma_w{}^{1)} \text{ bzw. } \tau_w = \frac{F}{A_w} = \frac{F}{\Sigma (a \cdot l)} \leqslant \sigma_{w\,zul} \text{ bzw. } \tau_{w\,zul} \text{ in N/mm}^2 \qquad (6.1)$$

F dem Lastfall entsprechende Zug-, Druck- oder Schubkraft für die Naht in N

$A_w = \Sigma (a \cdot l)$ rechnerische Schweißnahtflächen in mm² gleich Summe aller Einzel-Nahtflächen (Stumpf- und Kehlnähte) einer Verbindung; a Nahtdicke und l Nahtlänge in mm, siehe unter 6.6.3.

$\sigma_{w\,zul}, \tau_{w\,zul}$ zulässige Schweißnahtspannung in N/mm², abhängig von Nahtart, Nahtgüte, Beanspruchungsart, Stahlsorte und Lastfall nach Tabelle A6.1, Anhang. Beim Zusammenwirken von Stumpf- und Kehlnähten in einer Verbindung (Bild 6-4d) ist die zulässige Spannung für Kehlnähte maßgebend

---
[1]) Index w aus engl.: to weld (schweißen)

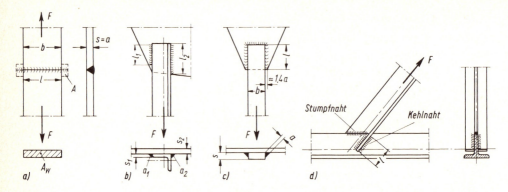

Bild 6-4. Zug- und schubbeanspruchte Schweißverbindungen im Stahlbau. a) Zugbeanspruchte Stumpfnaht, b) schubbeanspruchte (alleinige) Flankenkehlnähte, c) schubbeanspruchte Flanken- und Stirnkehlnaht, d) Zusammenwirken von Stumpf- und Kehlnähten

6.6.4.2. Beanspruchung auf Biegung

Für die *vorhandene Biegespannung* in der Schweißnaht gilt:

$$\sigma_{wb} = \frac{M_b}{W_w} \leq \sigma_{w\,zul} \text{ in N/mm}^2 \qquad (6.2)$$

M_b Biegemoment für die Schweißnaht in Nmm

W_w Widerstandsmoment der Schweißnahtfläche in mm³. Für eine umlaufende, rahmenförmige Naht (Bild 6-5a) denke man sich die Nahtdicke a in die Anschlußebene geklappt und rechne

$$W_w \approx \frac{b_1 \cdot h_1^3 - b_2 \cdot h_2^3}{6 \cdot h_1};$$

bei dünneren Bauteilen ($b \leq 1{,}4 \cdot a$ in Bild 6-5a) läßt man sicherheitshalber die umschweißten Nahtteile (E) unberücksichtigt und rechnet nur mit den senkrechten Nähten mit der Länge h_2: $W_w \approx 2 \cdot \dfrac{a \cdot h_2^2}{6}$.

Bei umlaufenden Rundnähten (Bild 6-8c) wird $W_w \approx \dfrac{D^4 - d^4}{10 \cdot D}$.

Bei zusammengesetzten Nahtflächen (Bild 6-5b) wird $W_w = \dfrac{I_w}{y}$; $I_w = I_{w1} + I_{w2} + \ldots$ gleich Summe der Trägheitsmomente der Einzel-Nahtflächen, bezogen auf die Schwerachse der Naht-Anschlußfläche; y Abstand des Wurzelpunktes der äußersten Naht von der Schwerachse. Die Eigen-Trägheitsmomente der zur Schwerachse parallel liegenden Nähte können vernachlässigt werden, d. h. diese werden in ihrem Wurzelpunkt konzentriert gedacht. Damit wird z.B. für die Nahtfläche A_{w1} in Bild 6-5b nach Verschiebesatz: $I_{w1} \approx A_{w1} \cdot y_1^2$ mit Nahtfläche $A_{w1} = a_1 \cdot l_1$ und Abstand y_1 zwischen Schwerachse $x - x$ und Nahtwurzel

$\sigma_{w\,zul}$ zulässige Schweißnahtspannung in N/mm² wie zu Gleichung (6.1)

6.6.4.3. Zusammengesetzte Beanspruchung

Treten in einer Schweißverbindung *gleichzeitig mehrere Normalspannungen* σ_w auf, meist hervorgerufen durch eine Biegebeanspruchung und eine Zug- oder Druckbeanspruchung wie bei der (unteren) Schweißnaht in Bild 6-5c, dann ist die *maximale Gesamtspannung* gleich der Summe der Einzelspannungen:

$$\sigma_{w\,max} = \sigma_{w\,b} + \sigma_{w\,z(d)} \leqslant \sigma_{w\,zul} \quad \text{in N/mm}^2 \tag{6.3}$$

Treten in einer Schweißverbindung *gleichzeitig Normalspannungen* σ_w und *Schubspannungen* τ_w auf, so ist aus diesen der Vergleichswert σ_{wv} zu ermitteln. Meist handelt es sich hierbei um Schweißverbindungen mit Kehlnähten wie bei Konsol- und Trägeranschlüssen u.dgl. So wird z.B. die Schweißverbindung des Konsolbleches, Bild 6-5a, auf Biegung durch das Moment $M_b = F \cdot l_a$ und auf Schub durch F als Querkraft beansprucht. Für solche Verbindungen gilt für den *Vergleichswert* (Vergleichswert im Kranbau (DIN 15018) siehe Anmerkung unter Tabelle A6.1b, Anhang)

$$\sigma_{wv} = \sqrt{\sigma_w^2 + \tau_w^2} \leqslant \sigma_{w\,zul} \quad \text{in N/mm}^2 \tag{6.4}$$

σ_w vorhandene Normalspannung in der Schweißnaht in N/mm² (meist gleich Biegespannung σ_{wb} oder auch Summe der Normalspannungen $\sigma_{w\,max}$)

τ_w vorhandene Schubspannung in der Schweißnaht in N/mm² (hierzu beachte 6.6.5. „Besondere Hinweise", Zeile 4

$\sigma_{w\,zul}$ zulässige Schweißnahtspannung in N/mm² nach Tabelle A6.1, Anhang

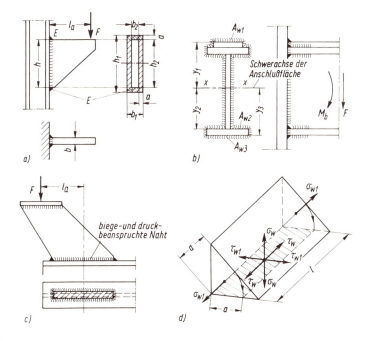

Bild 6-5

Zusammengesetzt beanspruchte Schweißverbindungen im Stahlbau

a) und b) Biege- und schubbeanspruchte Nähte,
c) biege- und druckbeanspruchte Naht,
d) Kehlnaht mit möglichen Spannungsrichtungen

Treten in einer Kehlnaht gleichzeitig Spannungen σ_w, τ_w und τ_{w1} auf (Bild 6-5d), dann wird der Vergleichswert $\sigma_{wv} = \sqrt{\sigma_w^2 + \tau_w^2 + \tau_{w1}^2}$. Die Normalspannung σ_{w1} senkrecht zum Nahtquerschnitt bleibt in vorliegenden Fällen unberücksichtigt.

6.6.5. Besonderen Hinweis zur Berechnung und Ausführung

1. In ein und *derselben Verbindung* sollen Schweißnähte nicht mit anderen Verbindungselementen (Nieten, Schrauben o. dgl.) zur gemeinsamen Kraftübertragung angesetzt und berechnet werden.
2. Eine *kraterfreie Ausführung* der Nahtenden ist durch geeignete Maßnahmen zu gewährleisten, z. B. bei Stumpfnähten durch später wieder zu entfernende Auslaufbleche (Bleche A in Bild 6-4a).
3. An *Hohlkehlen von Walzstählen*, z. B. bei U oder I, sind wegen der ungünstigen Walzeigenspannungen und etwaiger Seigerungen Schweißnähte zu vermeiden.
4. Bei Schweißverbindungen, die außer auf *Biegung zusätzlich auf Schub* beansprucht werden, sollen zur Ermittlung der Schubspannung nur die Nähte herangezogen werden, die auf Grund ihrer Lage vorzugsweise Schubkräfte übertragen können, also insbesondere die in der Kraftrichtung, nicht aber quer zu dieser liegenden Nähte. In Bild 6-5a sind das die senkrechten Nähte mit der Länge h_2.
5. Bei *Fachwerkkonstruktionen* sollen die Schwerachsen der Stäbe sich mit den Systemlinien (Bild 6-6) decken, um zusätzliche Biegebeanspruchung in den Stäben wegen des sonst einseitigen Kraftangriffes zu vermeiden. Daher Ausführung möglichst mit einteiligen, mittig angeschlossenen Stäben (Bild 6-6c). Bei außermittig angeschlossenen, einzelnen Winkelstählen kann der Nachweis der zusätzlichen Biegebeanspruchung entfallen, wenn die alleinige Zugspannung $\sigma_z \leq 0{,}8 \cdot \sigma_{zul}$ ist.
Flankenkehlnähte können bei Winkelstählen beidseitig gleich dick und gleich lang sein, wenn die Kante des anderen Bauteiles, z. B. die des Knotenbleches, im Nahtbereich rechtwinklig zum Stab verläuft (Bild 6-6e), sonst sind die Nähte möglichst spannungsgleich auszuführen, wobei gilt: $A_{w1} \cdot e_1 = A_{w2} \cdot e_2$ oder $a_1 \cdot l_1 \cdot e_1 = a_2 \cdot l_2 \cdot e_2$. Dann fallen die Schwerachsen von Stab und Schweißverbindung zusammen (Bild 6-6b und d). Für die Dicke der Flankenkehlnähte bei Winkelstählen gelten die Angaben zu Bild 6-6f.
6. Querschnitte geschweißter *Vollwandträger* zeigt Bild 6-6g; links: aus Blechen geschweißter Träger mit verstärkter Gurtplatte, rechts: in Längsrichtung halbierter breiter I-Träger (DIN 1025, Bl. 2) mit eingeschweißtem Stegblech.
7. *Tragende Bauteile* im Stahlbau sollen eine *Mindestdicke* von 4 mm haben.

6.6.6. Berechnung geschweißter Bauteile

Die Berechnung der Bauteile geht normalerweise der Berechnung der Schweißverbindungen voraus, da deren Abmessungen, z. B. die Nahtdicken, weitgehend von der Bauteilgröße abhängen.

Geschweißte Bauteile im Stahlbau werden im Prinzip wie genietete oder geschraubte berechnet. Eine ausführliche Darstellung der Berechnung ist hier nicht gegeben, sondern im Kapitel „Nietverbindungen" unter 7.5.2., wobei jeweils die betreffenden Hinweise

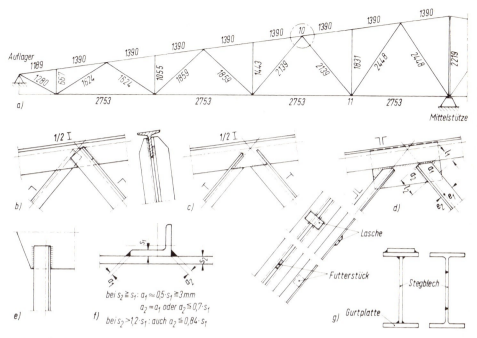

Bild 6-6. Geschweißte Fachwerke und Vollwandträger
a) System eines Fachwerkes (Dachbinders) mit eingetragenen Systemlinienlängen, b) Knotenpunkt mit einteiligen Winkelstählen, c) Knotenpunkt mit mittig angeschlossenen T-Stählen, d) Knotenpunkt in Nietbauweise mit Doppel-Winkelstählen, e) Winkelstahl-Anschluß mit gleichen Flankennähten, f) Nahtdicken bei Winkelstählen, g) Vollwandträger

auf geschweißte Bauteile zu beachten sind. Es sind darin jedoch nur Zug- und Druckstäbe von Fachwerken und ähnlichen Bauwerken behandelt. Die Berechnung von geschweißten Stützen, Vollwandträgern u. dgl. würde hier zu weit führen, sie gehört in das Gebiet des „Stahlbaues".

6.7. Schweißverbindungen im Kessel- und Behälterbau

6.7.1. Allgemeine Richtlinien

Dampfkessel, Druckbehälter und Rohrleitungen — der Grundform nach meist zylindrische Hohlkörper — werden vorwiegend durch Schweißen hergestellt. Ihre Längs- und Rundnähte müssen die durch inneren oder äußeren Überdruck, Eigengewichte und Wärmespannungen verursachten Kräfte aufnehmen und dicht sein.

Verbindliche Vorschriften über Werkstoffe, Herstellung, Berechnung, Ausrüstung und Prüfung von Dampfkesseln und Druckbehältern enthalten die vom Deutschen Dampfkesselausschuß (DDA) erarbeiteten *Technischen Regeln für Dampfkessel (TRD)*[1] und die von der Arbeitsgemeinschaft Druckbehälter (AD) aufgestellten *AD-Merkblätter*[1]. Mit ihrer sinngemäßen Anwendung gilt die ingenieurmäßige Sorgfaltspflicht als erfüllt.

---
[1] Herausgeber: Vereinigung der Technischen Überwachungs-Vereine e.V., Essen

Die Schweißverbindungen sind nach folgenden Grundsätzen auszuführen:
1. Stumpfnähte bevorzugen (Kraftlinien werden nicht umgelenkt)!
2. Beim Verschweißen von Blechen mit einem Dickenunterschied > 20% oder > 3 mm ist das dickere Blech unter einem Winkel ≤ 30° auf die Dicke des dünneren Bleches abzuschrägen.
3. Längsnähte bei mehrschüssigen Behältern sind gegeneinander zu versetzen (Bild 6-7).
4. Überlappte Kehlnahtschweißungen sind in der Regel nicht zulässig.
5. Eckschweißungen und ähnliche Schweißverbindungen, welche erheblichen Biegebeanspruchungen unterliegen, sind nur mit Einverständnis des zuständigen Sachverständigen zulässig.
6. Bohrungen und Ausschnitte in oder dicht neben Schweißnähten sind zu vermeiden.
7. Die Schweißnähte müssen fehlerfrei ausgeführt sein. (Wurzelseite ausgearbeitet und nachgeschweißt!)

Durch das Schweißen hervorgerufene Eigenspannungen, Gefügeumwandlungen und Aufhärtungen müssen durch Wärmebehandlung während (Vorwärmen) oder nach (Glühen) dem Schweißvorgang herabgesetzt bzw. ausgeglichen werden.

Werke, die Schweißarbeiten (auch Ausbesserungsschweißungen) an Dampfkesseln und Druckbehältern durchführen wollen, müssen nachweisen, daß sie über sachkundiges Schweißaufsichtspersonal und über geeignete Betriebseinrichtungen verfügen, auch dürfen nur geprüfte Schweißer eingesetzt werden.

6.7.2. Werkstoffe

Die Werkstoffe für Kessel- und Behälterteile (Bleche, Rohre, Schmiedestücke, Stab- und Formstähle) sind so zu wählen, daß sie in ihren Eigenschaften den mechanischen, thermischen und chemischen Beanspruchungen beim Betrieb genügen. Diese Güteeigenschaften müssen durch entsprechende Prüfungen festgestellt und durch Werksbescheinigungen, Werks- oder Abnahmezeugnisse (DIN 50 049) nachgewiesen werden. Im Kessel- und Druckbehälterbau werden überwiegend verformungsfähige Walz- und Schmiedestähle (z.B. Stähle für Kesselbleche, Tabelle A6.2, Anhang), aber auch Stahlguß und Gußeisen verwendet. Für Druckbehälter kommen je nach Verwendungszweck auch nichtrostende Stähle, plattierte Bleche, NE-Metalle und nichtmetallische Werkstoffe (glasfaserverstärkte Kunststoffe, Elektrographit, Glas) in Frage.

6.7.3. Berechnung geschweißter Dampfkessel und Druckbehälter

Im Kesselmantel nach Bild 6-7, mit dem inneren Durchmesser D_i und der Länge l (in mm), wirkt bei einem inneren Überdruck $p_ü$ (in N/mm²)

die Längskraft $F_l = \dfrac{D_i^2 \cdot \pi}{4} \cdot p_ü$ in N und die Radialkraft $F_r = D_i \cdot l \cdot p_ü$ in N.

Im Schnitt $A-B$ entsteht durch die Längskraft F_l in der Rundnaht mit der Dicke s (= Wanddicke) die *Längs-(Zug-)Spannung*

$$\sigma_l \approx \frac{F_l}{D_i \cdot \pi \cdot s} = \frac{D_i^2 \cdot \pi \cdot p_ü}{4 \cdot D_i \cdot \pi \cdot s} = \frac{D_i \cdot p_ü}{4 \cdot s} \quad \text{in N/mm}^2.$$

Bleibt im Schnitt $C-D$ die mittragende Wirkung der Böden unberücksichtigt, so wird die durch die Radialkraft F_r in der Längsnaht mit der Dicke s (= Wanddicke) hervorgerufene mittlere Tangential-(Zug-)Spannung

6.7. Schweißverbindungen im Kessel- und Behälterbau

$$\sigma_t \approx \frac{F_r}{2 \cdot l \cdot s} = \frac{D_i \cdot l \cdot p_{\ddot{u}}}{2 \cdot l \cdot s} = \frac{D_i \cdot p_{\ddot{u}}}{2 \cdot s} \quad \text{in N/mm}^2 \quad (\text{„Kesselformel"}) \tag{6.5}$$

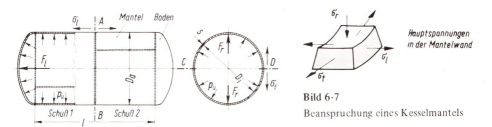

Bild 6-7
Beanspruchung eines Kesselmantels

Bei gleicher Nahtdicke ist also die Spannung σ_t in der Längsnaht doppelt so groß wie die Spannung σ_l in der Rundnaht. Zylindrische Mäntel reißen beim Berstdruck deshalb in Längsrichtung auf!

Wird entsprechend Bild 6-7 an einem aus der Mantelwand herausgeschnittenen kleinen Element noch die mittlere Radial-(Druck-)Spannung $\sigma_r = -\frac{p_{\ddot{u}}}{2}$ angetragen, so erkennt man, daß die Mäntel einem räumlichen Spannungszustand unterliegen, wodurch das Verformungsvermögen des Werkstoffes herabgesetzt wird (Sprödbruchneigung!).

Nach der Schubspannungshypothese wird mit der Differenz der größten und der kleinsten Hauptspannung die Vergleichsspannung

$$\sigma_v = \sigma_{max} - \sigma_{min} = \sigma_t - \sigma_r = \frac{D_i \cdot p_{\ddot{u}}}{2 \cdot s} + \frac{p_{\ddot{u}}}{2} \leq \sigma_{zul}.$$

Wird hierin $\sigma_{zul} = K/v$ und $D_i = D_a - 2s$ gesetzt, dann ergibt sich unter Berücksichtigung der Wertigkeit der Schweißnaht und mit Zuschlägen – nach entsprechender Umformung – die im AD-Merkblatt B1 für *zylindrische Druckbehälter-Mäntel* (mit $D_a/D_i \leq 1{,}2$) genannte Formel für die *erforderliche Wanddicke*

$$s = \frac{D_a \cdot p_{\ddot{u}}}{2 \frac{K}{v} v + p_{\ddot{u}}} + c_1 + c_2 + c_3 \quad \text{in mm} \tag{6.6}$$

Die in TRD 301 für *zylindrische Dampfkessel-Mäntel* (mit $D_a/D_i \leq 1{,}7$) angegebene Formel liefert praktisch die gleichen Werte für die *erforderliche Wanddicke*

$$s = \frac{D_a \cdot p_{\ddot{u}}}{(2\sigma_{zul} - p_{\ddot{u}}) \cdot v + 2 p_{\ddot{u}}} + c_1 + c_2 \quad \text{in mm} \tag{6.7}$$

D_a äußerer Manteldurchmesser in mm

$p_{\ddot{u}}$ höchstzulässiger Betriebs(über)druck (Berechnungsdruck) in N/mm²
(1 N/mm² = 10 bar = 1 MPa)

K Festigkeitskennwert des Werkstoffes in N/mm².
Das ist bei Druckbehältern der kleinere der beiden Werte von Streckgrenze σ_s bzw. 0,2-Dehngrenze $\sigma_{0,2}$ und der Zeitstandfestigkeit für 100 000 h $\sigma_{B/100\,000}$, jeweils bei der

Berechnungstemperatur. (Außerdem muß die Sicherheit gegen $\sigma_{1/100\,000}$ bei Berechnungstemperatur sowie gegen $\sigma_{B/100\,000}$ bei einer um 15 °C über der Berechnungstemperatur liegenden Temperatur mindestens 1,0 sein.)
Bei Werkstoffen ohne bekannte Streckgrenze ist die Zugfestigkeit σ_B bei Berechnungstemperatur einzusetzen. Werte siehe Tabelle A 6.2, Anhang.

v Sicherheitsbeiwert nach Tabelle A 6.3, Anhang

σ_{zul} zulässige Spannung in N/mm² bei Dampfkesseln, als kleinster Wert K/v mit den Festigkeitskennwerten K und den Sicherheitsbeiwerten v nach Tabelle A 6.3b, Anhang

v Wertigkeit der Schweißnaht (Nahtfestigkeit/Bauteilfestigkeit), im allgemeinen bis 0,8 (Regel), Höherbewertung bis 1,0 nach entsprechender Prüfung, für nahtlose Mäntel 1,0

c_1 Zuschlag zur Berücksichtigung von Wanddickenunterschreitungen in mm. Bei Halbzeugen aus ferritischen Stählen Minustoleranz nach den Maßnormen, bei gegossenen und tiefgezogenen Teilen herstellungsbedingte Minderung, sonst $c_1 = 0$

c_2 Abnutzungszuschlag; $c_2 = 1$ mm bei $s < 30$ mm, bei starker Korrosion $c_2 > 1$ mm, bei korrosionsgeschützten Stählen (Verbleiung, Gummierung) und bei $s \geq 30$ mm ist $c_2 = 0$

c_3 Ausmauerungszuschlag in mm; $c_3 = 0$ wenn keine Ausmauerung vorhanden

(Formeln gelten nur für zylindrische Mäntel ohne Ausschnitte bei vorwiegend ruhender Innendruckbeanspruchung, im übrigen siehe TRD und AD-Merkblätter.)

Die ausgeführte Wanddicke der Druckbehältermäntel darf 2 mm (bei Al 3 mm) nicht unterschreiten.

6.8. Schweißverbindungen im Maschinenbau

6.8.1. Allgemeine Richtlinien

Das Schweißen im Maschinenbau dient im wesentlichen der Gestaltung von Maschinenteilen. Meist kommt es auf eine sorgfältige, *schweißgerechte Ausführung* der Konstruktion an, die in beanspruchungsmäßig kritischen Fällen auf Festigkeit nachgeprüft wird. Darum ist die Beachtung der Gestaltungsrichtlinien (siehe unter 6.10.) von besonderer Bedeutung. Auch in der Praxis bewährte Schweißkonstruktionen sollten dabei als Vorbild dienen (siehe Tabelle 6.6).

6.8.2. Berechnung der Schweißverbindungen im Maschinenbau

Eine etwaige Berechnung der Schweißverbindung wird im Prinzip wie im Stahlbau durchgeführt, und zwar meist als Nachprüfung gefährdeter Nähte. Bei der vorwiegend dynamischen Belastung treten wegen festigkeitsmindernder Einflüsse (Kerbwirkungen) und der Vielgestaltigkeit der Verbindungen bei der Berechnung teilweise erheblich größere Schwierigkeiten als im Stahlbau auf. Häufig können die tatsächlichen Beanspruchungsverhältnisse nur durch Versuche festgestellt werden. Auch sind für die zulässigen Spannungen andere Gesichtspunkte als im Stahlbau maßgebend.

Bei unterbrochenen, endlichen Nähten ist die ausgeführte *Nahtlänge L* sicherheitshalber um die *Endkrater* zu vermindern. Das sind die nicht vollwertigen Stellen geringerer Güte am Anfang und Ende der Naht, deren Längen gleich der Nahtdicke a gesetzt werden (Bild 6-8a). Die *rechnerische, nutzbare Nahtlänge* wird damit:

$$l = L - 2a \quad \text{in mm} \tag{6.8}$$

6.8. Schweißverbindungen im Maschinenbau

Der Endkraterabzug entfällt bei umlaufenden, geschlossenen Nähten (Bild 6-8b und c) oder, wenn eine endkraterfreie Ausführung gewährleistet ist, z. B. durch Auslaufbleche (siehe Bild 6-4a und unter 6.6.4.).

Für die *Nahtdicke* gelten allgemein die gleichen Gesichtspunkte wie im Stahlbau (siehe unter 6.6.3.).

6.8.2.1. Beanspruchung auf Zug, Druck, Schub oder Biegung

Die *vorhandenen Spannungen* werden wie bei Schweißverbindungen im Stahlbau ermittelt, und zwar für Verbindungen bei Zug-, Druck- oder Schubbeanspruchung nach Gleichung (6.1), bei Biegebeanspruchung nach Gleichung (6.2).

Nahtlängen *l* jedoch ggf. nach Gleichung (6.8), *zulässige Spannungen* nach Gleichung (6.11).

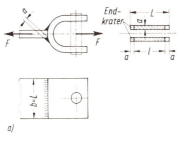
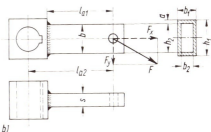
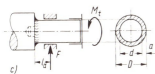

Bild 6-8. Schweißverbindungen im Maschinenbau
a) Geschweißte Gabel mit zubeanspruchten, endlichen Nähten,
b) geschweißter Hebel mit biege- und zugbeanspruchter, umlaufender Naht,
c) geschweißter Wellenzapfen mit biege- und verdrehbeanspruchter, umlaufender Naht

6.8.2.2. Beanspruchung auf Verdrehung

Für verdrehbeanspruchte Schweißverbindungen gilt für die *vorhandene Verdrehspannung*:

$$\tau_{wt} = \frac{M_t}{W_{wp}} \leq \tau_{w\,zul} \text{ in N/mm}^2 \tag{6.9}$$

M_t von der Verbindung zu übertragendes Drehmoment in Nmm
W_{wp} nutzbares, polares Widerstandsmoment der Naht in mm^3. Für die bei Verdrehbeanspruchung häufig vorliegenden umlaufenden Rundnähte (Bild 6-8c) ist $W_{wp} \approx \dfrac{D^4 - d^4}{5 \cdot D}$

6.8.2.3. Zusammengesetzte Beanspruchung

Beim *Zusammenwirken mehrerer Normalspannungen,* z. B. Zug- und Biegespannung (Bild 6-8b), wird die max. Spannung in der Schweißnaht wie im Stahlbau nach Gleichung (6.3) ermittelt, die zulässige Schweißnahtspannung jedoch nach Gleichung (6.11).

Oft treten *Normal- und Schubspannungen* gleichzeitig auf und zwar meist als *Biege- und Verdrehspannung* wie bei dem geschweißten Wellenzapfen, Bild 6-8c. Die dabei außerdem wirkende Schubspannung kann erfahrungsgemäß vernachlässigt werden. Für den Vergleichswert gilt allgemein:

$$\sigma_{wv} = \sqrt{\sigma_w^2 + 2 \cdot \tau_w^2} \leqslant \sigma_{w\,zul} \quad \text{in N/mm}^2 \tag{6.10}$$

σ_w Normalspannung oder Summe der Normalspannungen in der Schweißnaht in N/mm²
τ_w Schubspannung oder Summe der Schubspannungen in der Schweißnaht in N/mm²
$\sigma_{w\,zul}$ zulässige Normalspannung für die Naht in N/mm² nach Gleichung (6.11)

6.8.2.4. Zulässige Spannungen für Schweißverbindungen im Maschinenbau

Für Schweißverbindungen im Maschinenbau dürfen, besonders bei dynamischen Belastungen, nicht ohne weiteres die für den Stahlbau zulässigen Spannungswerte nach DIN 4100 eingesetzt werden. Die Festigkeit der Schweißnähte und deren Randzonen ist, wie auch bei statischer Belastung, durch nicht erfaßbare Schrumpfspannungen und Gefügeveränderungen im allgemeinen geringer als die des Werkstoffes. Sie wird bei dynamischer Belastung besonders durch die Kerbwirkung bei verschiedenen Nahtformen noch erheblich herabgesetzt. Diese Festigkeitsminderung wird durch einen durch Versuche ermittelten Minderungsbeiwert b_1 berücksichtigt, der alle die Nahtfestigkeit beeinflussenden Größen, wie Nahtform, Beanspruchungsart usw. erfaßt. Ferner wird die Güte der Schweißarbeit durch einen Gütebeiwert b_2 berücksichtigt (siehe auch unter 6.5.4.). Die Schrumpfspannungen und sonstige kaum erfaßbaren Einflüsse werden durch eine etwas höhere Sicherheit als üblich ausgeglichen. Damit wird in Abhängigkeit von der Dauerfestigkeit des (Grund-)Werkstoffes der geschweißten Bauteile die *zulässige Schweißnahtspannung bei vorwiegend dynamischer Belastung*

$$\sigma_{w\,zul} \text{ (bzw. } \tau_{w\,zul}) = \frac{\sigma_D \text{ (bzw. } \tau_D) \cdot b_1 \cdot b_2}{\nu} \quad \text{in N/mm}^2 \tag{6.11}$$

σ_D, τ_D Dauerfestigkeit des Grundwerkstoffes in N/mm²; entsprechend der Beanspruchungs- und Belastungsart setzt man z. B. $\sigma_{z\,Sch}$, $\sigma_{b\,W}$, $\tau_{t\,Sch}$ usw. aus Dauerfestigkeits-(Dfkt-)Schaubildern.

Bei zusammengesetzter Beanspruchung setze man für σ_D (τ_D):
1. bei Normalbeanspruchungen, z. B. Zug und Biegung, den der überwiegenden Beanspruchung zugehörigen Dfkt-Wert, z. B. den für Biegung,
2. bei Normal- und Schubbeanspruchungen, z. B. Biegung und Verdrehung, den Dfkt-Wert der Normalbeanspruchung, z. B. den für Biegung

b_1 Minderungsbeiwerte je nach Beanspruchungsart und Nahtform nach Tabelle A6.5a Anhang. Bei zusammengesetzter Beanspruchung nach 1. (s. o.) wähle man den b_1-Wert der überwiegenden Beanspruchung, nach 2. den b_1-Wert der Normalbeanspruchung.

Bei nicht in der Tabelle aufgeführten Nahtformen setze man die b_1-Werte vergleichbarer Nahtformen ein

6.9. Punktschweißverbindungen

b_2 Gütebeiwert zur Berücksichtigung der Güte der Schweißnahtausführung je nach Güteklasse (siehe unter 6.5.4.). Man setzt bei
Güteklasse I: $b_2 = 1$ (geprüfte Naht, sorgfältigste Ausführung, höchste Anforderungen),
Güteklasse II: $b_2 = 0{,}8$ (nicht geprüfte Naht, normale Ausführung und Anforderungen),
Güteklasse III: $b_2 = 0{,}5$ (nicht geprüfte Naht, geringe Anforderungen)

v Sicherheit. Man wähle je nach Häufigkeit der Höchstlast (siehe auch Kapitel 3. „Festigkeit und zulässige Spannung" unter 3.4.6.)
bei 100 % : $v \approx 2{,}5$,   bei 50 % : $v \approx 2$,   bei 25 % : $v \approx 1{,}5$

Bei *vorwiegend statischer Belastung* setzt man in Gleichung (6.11) für σ_D (τ_D) die der Beanspruchungsart entsprechende Fließ- bzw. 0,2-Dehngrenze ein, z. B. σ_S, σ_{bF} usw., aus Dfkt-Schaubildern oder Tab. A3.1, Anhang. Minderungsbeiwert b_1 nach Tabelle A6.5b), Gütebeiwert w. o. zu Gleichung (6.11). Als Sicherheit wähle man $v \approx 1{,}5$. Bei zusammengesetzter Beanspruchung gilt im Prinzip das gleiche wie bei dynamischer Belastung zu Gleichung (6.11).

6.9. Punktschweißverbindungen

6.9.1. Allgemeine Richtlinien

Für das Fügen von dünneren Blechen und blechähnlichen Bauteilen ist das Punktschweißen, besonders bei Serien- und Massenfertigung, ein wirtschaftliches Verfahren. Nach DIN 4115 ist die Punktschweißung für Kraft- und Heftverbindungen zulässig, wenn nicht mehr als drei Teile bis 15 mm Gesamtdicke bei höchstens 5 mm Dicke der Außenteile oder wenn zwei Teile mit je höchstens 5 mm Dicke verbunden werden. Praktisch werden jedoch Bauteile bis zu 60 mm Gesamtdicke bei 20 mm Einzeldicke punktgeschweißt. In Kraftrichtung dürfen nicht weniger als zwei und nicht mehr als fünf Schweißpunkte hintereinander liegen, ähnlich wie bei der Anordnung von Nieten (siehe unter 7.5.3.3.).

6.9.2. Berechnung der Punktschweißverbindungen

Die Verbindung kann ein- oder zweischnittig sein. Der Schweißpunktdurchmesser d richtet sich nach der kleinsten Einzelblechdicke und wird nach Tabelle 6.2 gewählt. Für die Berechnung stellt man sich den Schweißpunkt als einen auf Abscheren beanspruchten Bolzen mit dem rechnerischen Durchmesser d_1 vor (Bild 6-9).
Für die *Scherspannung* gilt damit

$$\tau_w = \frac{F}{A_1 \cdot n \cdot m} \leqslant \tau_{w\,zul} \text{ in N/mm}^2 \tag{6.12}$$

F von der Punktnaht aufzunehmende Scherkraft in N

A_1 rechnerischer Querschnitt eines Schweißpunktes in mm²; man setzt: $A_1 = \dfrac{d_1^2 \cdot \pi}{4}$;
rechnerischer Schweißpunktdurchmesser $d_1 \triangleq d$ (nach Tabelle 6.2) bei gleichen Blechdicken s; bei unterschiedlichen Blechdicken gilt $d_1 \leqslant 5 \cdot \sqrt{s_{min}}$ in mm, wobei s_{min} die Dicke des dünnsten Teiles in mm bedeutet, jedoch stets $d_1 \leqslant d$ sein muß

n   Anzahl der Schweißpunkte
m   Schnittigkeit der Verbindung
$\tau_{w\,zul}$ zulässige Schweißpunktspannung in N/mm², Tabelle A6.4, Anhang

Auf Grund der Vorstellung des Schweißpunktes als Bolzen schreibt DIN 4115 auch eine Berechnung auf Lochleibungsdruck vor, die allerdings wegen des Stoffschlusses umstritten ist.

Für den *Lochleibungsdruck* gilt

$$\sigma_{wl} = \frac{F}{d_1 \cdot s \cdot n} \leqslant \sigma_{wl\,zul} \text{ in N/mm}^2 \qquad (6.13)$$

F, d_1, *n*   wie zu Gleichung (6.12)
s   kleinere Dicke der Bauteile in mm [bei zweischnittiger Verbindung (Bild 6-9b) sind die Dicken beider Außenteile zu einer zusammenzufassen]
$\sigma_{wl\,zul}$ zulässiger Lochleibungsdruck in N/mm², Tabelle A6.4, Anhang

Für *zug-(druck-)beanspruchte* Punktschweißverbindungen kann die zulässige Zugspannung $\sigma_{w\,zul} = \tau_{w\,zul}$ gesetzt werden.

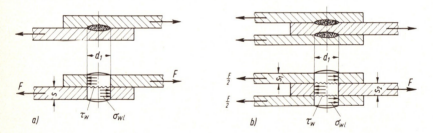

Bild 6-9. Berechnung der Punktschweißverbindungen. a) einschnittige, b) zweischnittige Verbindung

6.9.3. Gestaltung der Punktschweißverbindungen

Wegen der zulässigen Dicken punktgeschweißter Bauteile siehe unter 6.9.1. Für die Wahl des Schweißpunktdurchmessers *d* und die Anordnung der Punkte (Bild 6-10) gelten die Richtmaße nach Tabelle 6.2.

Bei verschiedenen Blechdicken s_{max} und s_{min} bestimmt man den Schweißpunktdurchmesser *d* nach der *Bezugsblechdicke*

$$s' = \varphi \cdot s_{min} \text{ in mm} \qquad (6.14)$$

φ Verhältnisbeiwert; man wählt bei $s_{max}/s_{min} =$ 2   5   10   > 10
                                                         $\varphi =$ 1,2   1,5   1,8   2

Mit *s'* wird dann der Punktdurchmesser *d* nach Tabelle 6.2 festgelegt

6.10. Darstellung und Gestaltung der Schweißverbindungen

Tabelle 6.2. Richtmaße für Punktschweißnähte

Maße in mm

Blechdicke s, s'	Punktabstand a_1		Reihenabstand bei		Mindest-über-lappung $l_ü$	Punkt-durch-messer d
	mindestens	üblich	Kettennaht a_2	Zickzacknaht a_3		
0,5	10	20	8	12	12	3
1,0	12	25	10	15	14	4
1,5	15	30	12	20	16	5
2,0	18	36	15	24	18	6
3,0	24	45	20	32	22	8
4,0	30	55	25	38	26	10
5,0	36	65	30	45	30	12
6,0	42	75	35	52	35	14

Randabstand: $e \approx 2 \cdot d$

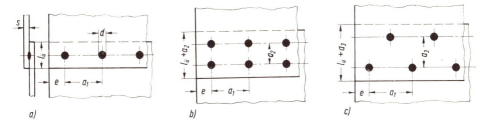

Bild 6-10. Gestaltung der Punktschweißverbindungen. a) Reihennaht, b) Kettennaht, c) Zickzacknaht

6.10. Darstellung und Gestaltung der Schweißverbindungen

6.10.1. Zeichnerische Darstellung

Für die Darstellung, Kennzeichnung und Bemaßung von Schweißnähten, sowie für weitere Angaben über Schweißverfahren, Güteklassen usw. sind die Vorschriften nach DIN 1912 maßgebend.

Die Schweißnähte können bildlich oder auch vereinfacht durch *Sinnbilder* dargestellt werden (siehe Tabellen 6.3 und 6.4).

Nahtdicke und *Nahtlänge* werden bei der bildlichen Darstellung direkt als Maße eingetragen, bei der sinnbildlichen Darstellung in Kurzform hinter das Schweißzeichen gesetzt (siehe Tabelle 6.5).

Für die anzuwendenden *Schweißverfahren* sind Kurzzeichen einzutragen, z. B.: G Gasschweißen, E elektrisches Lichtbogenschweißen, UP Unterpulverschweißen, SG Schutzgas-Lichtbogenschweißen. Bei maschineller Schweißung wird ein m hinzugesetzt, z. B. Em.

Tabelle 6.3. Darstellung der Nahtformen (Auszug aus DIN 1912)

Benennung	Darstellungsweise			
	bildlich		sinnbildlich	
	Schnitt	Ansicht	Schnitt	Ansicht
Bördelnaht				
I-Naht				
V-Naht				
X-Naht				
Y-Naht				
Doppel-Y-Naht				
U-Naht				

Benennung	Darstellungsweise			
	bildlich		sinnbildlich	
	Schnitt	Ansicht	Schnitt	Ansicht
K-Naht				
Stirn-Flachnaht				
Stirn-Fugennaht				
Kehlnaht unsichtbar				
Doppel-Kehlnaht				
K-Naht mit Doppel-Kehlnaht				
Ecknaht (äußere Kehlnaht)				

6.10. Darstellung und Gestaltung der Schweißverbindungen

Tabelle 6.4. Zusatzzeichen – Sinnbilder und Darstellung (Auszug aus DIN 1912)

Tabelle 6.5. Maßeintragung bei Schweißnähten (Auszug aus DIN 1912)

Besondere Anforderungen werden durch Wortangaben (z. B. dicht, korrosionsbeständig u. a.) vermerkt.

Weitere Angaben, z. B. über die Güteklasse (siehe unter 6.5.4.), die Schweißposition (waagerecht, senkrecht schweißen usw.), Zusatzwerkstoffe (siehe unter 6.4.1.), Nahtfolge und Schweißrichtung, Prüfung der Nähte u. dgl., sind, soweit erforderlich, ebenfalls zu vermerken (siehe Bild 6-11).

Bild 6-11 zeigt als Muster die Zeichnung eines geschweißten Radkörpers in bildlicher Darstellung. Hierin sind jedoch nur die für die Schweißnähte erforderlichen Maße und Angaben eingetragen. Von diesen und den zusätzlich geschriebenen Angaben zur Zeichnung brauchen in der Praxis vom Konstrukteur meist nur einige, unbedingt zu beachtende, vermerkt zu werden. Viele Maßnahmen, wie Schweißposition, Nahtfolge, Schweißrichtung u. a. können der Werkstatt überlassen bleiben.

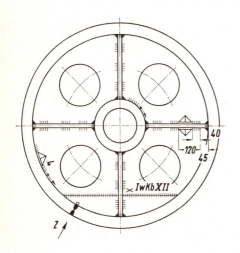
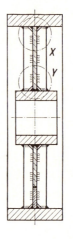
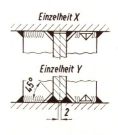
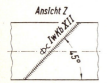

Alle Nähte: ⊾5, soweit nicht anders vermerkt
Schweißverfahren: E
Güteklasse: II, soweit nicht gesondert gekennzeichnet
Schweißposition: h, soweit nicht gesondert gekennzeichnet
Zuzatzwerkstoff: Es VIII s, soweit nicht gesondert gekennzeichnet
Nachbehandlung: spannungsfrei geglüht
Prüfung: Doppel-U- und X-Naht geröntgt

Bild 6-11. Geschweißter Radkörper in bildlicher Darstellung (nach DIN 1912)

Die in der Zeichnung eingetragenen Kurzzeichen bedeuten:
⊾ 5   Kehlnaht 5 mm dick
E   Lichtbogenschweißen
h   horizontales Schweißen von Kehlnähten
Es VIIIs Schweißelektrode, erzsaurer Typ (Es); Elektrodenklasse VIIIs (dick umhüllte Elektrode) nach DIN 1913
Iw Kb XII Güteklasse I; waagerechtes Schweißen von Stumpfnähten (w); Schweißelektrode, kalkbasischer Typ (Kb); Elektrodenklasse XII (sehr dick umhüllte Elektrode) nach DIN 1913

6.10. Darstellung und Gestaltung der Schweißverbindungen

6.10.2. Allgemeine Gestaltungsrichtlinien

Für die Güte einer Schweißkonstruktion ist ihre *schweißgerechte Durchbildung* von wesentlicher Bedeutung, wofür nachstehend einige wichtige Richtlinien gegeben werden (siehe auch Tabelle 6.6):

1. grundsätzlich Guß-, Niet- oder Schraubenkonstruktionen nicht einfach nachahmen;
2. einfache Bauelemente wie Flachstähle, Profilstähle, abgekantete Bleche, Rohre u. dgl. verwenden;
3. für einen glatten, ungestörten Kraftfluß sorgen, der praktisch nur durch Stumpfnähte erreicht werden kann. Darum sollen diese gegenüber Kehlnähten bevorzugt werden;
4. Schweißnähte möglichst nicht an hochbeanspruchte Stellen legen;
5. Schweißnähte gut zugänglich anordnen, damit einwandfrei geschweißt werden kann;
6. Nahtanhäufungen wegen Einbrenngefahr vermeiden;
7. Nähte nicht in Paßflächen legen;
8. Nahtwurzeln nicht in Zugzonen legen (Einrißgefahr!);
9. Kehlnähte möglichst doppelseitig ausführen;
10. dynamisch belastete Kehlnähte als Hohlkehlnähte ausführen, um die Kerbwirkung zu vermindern;
11. geringe Nahtquerschnitte anstreben; wo ausreichend, Heftschweißung anwenden.

6.10.3. Gestaltungsbeispiele

Unter Berücksichtigung der im vorstehenden Abschnitt 6.10.2. aufgestellten Richtlinien sind aus der Vielzahl der verschiedenartigsten Schweißkonstruktionen einige grundlegende und typische Gestaltungsbeispiele in der Tabelle 6.6 gezeigt.

Tabelle 6.6: Gestaltungsbeispiele für Schweißkonstruktionen

Zeile	ungünstig	besser	Hinweise
1	a) b)	c) d)	*Stumpfnähte* bevorzugen. Auf ungestörten Kraftfluß achten. Bei a) und b) ist Nietverbindung nachgeahmt
2	a) b)	c) d)	*Kehlnähte* möglichst doppelseitig ausführen. Hohlkehlnähte d) sind am günstigsten, besonders bei dynamischen Belastungen (geringe Kerbwirkung)
3	a) b) c)	d) e) f) g)	*Nahtwurzeln* nicht in Zugzonen legen

Fortsetzung von Tabelle 6.6

Zeile	ungünstig	besser	Hinweise
4			Vorarbeiten wie Abschrägungen usw. möglichst einsparen
5			Auf gute Zugänglichkeit der Nähte achten. Sanfter Übergang von Stab zu Stab
6			Nähte möglichst spannungsgleich ausführen (e); vgl. Bild 6-4c
7			Nicht die Nietverbindung als Vorbild wählen. Knotenbleche mit L- oder T-Stählen möglichst stumpf verschweißen; vgl. Bild 6-6c
8			*Eckstöße:* Bei a) ist die Nietverbindung nachgeahmt. Dünne Bleche abkanten und stumpf verschweißen (f)
9			Auf gute Zugänglichkeit der Nähte achten. Bei a) sind die Nähte kaum zugänglich
10			Ausführung a) ist festigkeitsmäßig ungünstig, Öffnungswinkel der rechten Naht zu klein, vgl. Zeile 16
11			*Kastenprofil:* Ausführung a) nicht schweißgerecht, Nietkonstruktion war Vorbild, zu viele Nähte, zu teuer. Bei dickeren Blechen nach b), bei dünneren nach c) ausführen
12			*Trägerstoß:* Durch umlaufende Naht anschließen (b), nicht durch Winkel wie bei Nietausführung a)

6.10. Darstellung und Gestaltung der Schweißverbindungen

Fortsetzung von Tabelle 6.6

Zeile	ungünstig	besser	Hinweise
13	a) b)	c) d) e) f) g)	*Randversteifungen:* Auch hierbei nicht die Nietkonstruktion als Vorbild wählen wie bei a) und b)
14	a)	b)	*Konsol:* Einrißgefahr verringern durch richtige Nahtanordnung; in Zugzone längere Naht legen (b)
15	a)	b)	Nahtanhäufungen vermeiden, Rippen aussparen wie bei b)
16	a) b)	c) d) e)	*Gabelköpfe:* Ausführung a) nicht schweißgerecht, Nahtwurzel nicht zugänglich (Öffnungswinkel)
17	a)	b) c)	*Hebel:* Ausführung a) ist sehr teuer, Hebel c) ist am einfachsten und billigsten
18	a)	b)	*Hebel:* Ausführung a) ist festigkeitsmäßig gut, aber teuer; b) ist schweißgerecht ausgeführt, billig und einfach
19	a)	b)	*Seiltrommel:* Ausführung b) hat weniger Einzelteile, gefälligeres Aussehen durch glatte Außenflächen
20	a) b)	c)	*Lager:* Ausführung a) und b) nicht schweißgerecht, vgl. Zeile 16; Ausführung c) ist einfach und billig
21	a) b) c)	d) e)	*Radkörper:* Vorarbeiten, Abdrehen der Naben bei a) und c) einsparen. Zentrierung der Nabe bei b) ist schwierig, ferner ist die Bohrung durch Fuge unterbrochen

Fortsetzung von Tabelle 6.6

Zeile	ungünstig	besser	Hinweise
22	a)	b)	*Gurtscheibe:* Rippen nicht anschrägen (Mehrarbeit!), dafür einfache Flachstähle benutzen
23	a)	b) Leichtmetall-schweißungen	*Leichtmetallschweißungen:* Unverschweißte Fugen unbedingt vermeiden, sonst Korrosionsgefahr durch Flußmittelrückstände, die zur Zerstörung der Naht führen kann. Nähte immer durchschweißen!

6.11. Berechnungsbeispiele

■ **Beispiel 6.1:** Zwei Flachstähle 120 x 8 aus St 37, (Bild 6-4a), sind stumpfgeschweißt. Zu berechnen ist die von der nicht durchstrahlten, also nicht geprüften Schweißnaht übertragbare statische Zugkraft.

▶ **Lösung:** Da statische Belastung vorliegt, erfolgt die Berechnung wie für Schweißnähte im Stahlbau. Nach Gleichung (6.1) wird die übertragbare Zugkraft

$F = A_W \cdot \sigma_{W\,zul}.$

Rechnerische Nahtfläche $A_W = a \cdot l$; Dicke für die durchgeschweißte Naht $a = s = 8$ mm. Die rechnerische Nahtlänge ist bei Stumpfnähten gleich der Breite der Bauteile: $l = b = 120$ mm, damit wird

$A_W = 8$ mm $\cdot 120$ mm $= 960$ mm^2.

Die zulässige Schweißnahtspannung ist nach Tabelle A6.1, Anhang, Zeile 3, für St 37 im Lastfall H (angenommen): $\sigma_{W\,zul} = 135$ N/mm^2. Damit wird

$F = 960$ mm$^2 \cdot 135$ N/mm$^2 = 129\,600$ N ≈ 130 kN.

Ergebnis: Übertragbare Zugkraft $F \approx 130$ kN.

Beachte: Die Kraft F ist nicht die Bruchlast, sondern die Kraft, die mit Sicherheit von der Schweißnaht übertragen werden kann.

■ **Beispiel 6.2:** Die Stäbe und deren Schweißverbindungen im Knotenpunkt 10 des Fachwerkes eines Dachbinders aus Baustahl St 37 nach Bild 6-6a sind auszulegen. Für den Obergurt ist ein halbierter I 220 (1/2 I 220) – für den Untergurt 1/2 I 180 – vorgesehen. Solche auf Brennschneidmaschinen durchgetrennten Träger eignen sich wegen der parallelen Stegflächen (gegenüber den geneigten bei T-Stählen) besonders bei T-Stählen für direkte Stab- und auch Knotenblechanschlüsse. Für den Stab S_1 ergab sich nach Cremonaplan eine Zugkraft $F_1 = 41$ kN, für Stab S_2 eine Druckkraft $F_2 = 46$ kN im Lastfall HZ (Bild 6-12).

a) Für die Stäbe sollen zunächst einteilige Winkelstähle vorgesehen werden; es sind vorgewählt für S_1: L 45 x 5, für S_2: L 80 x 8. Die Stäbe sind nachzuprüfen.

6.11. Berechnungsbeispiele

b) Für die Stäbe sollen nun als weitere Ausführungsmöglichkeit T-Stähle vorgesehen werden. Die erforderlichen Profilgrößen sind zu ermitteln.

c) Die Schweißverbindungen der beiden unter a) vorgewählten Winkelstähle mit dem Steg des 1/2 I 220 sind zu berechnen.

d) Die Schweißverbindungen der beiden unter b) ermittelten T-Stähle sind zu berechnen.

e) Die Knotenpunkte für beide Ausführungen sind zu entwerfen mit normgerechter Darstellung und Bemaßung.

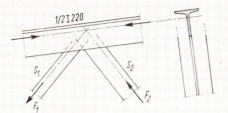

Bild 6-12

Knotenpunkt des Fachwerkes eines Dachbinders (nach Bild 6-6a)

Vorbemerkung zur Lösung: Die Berechnung der Bauteile ist nach den Angaben zu 6.6.6. ausführlich im Kapitel „Nietverbindungen" unter 7.5.2. behandelt. Daher beziehen sich viele Hinweise auf Gleichungen, Bilder usw. auf dieses Kapitel.

▶ **Lösung a):** Zunächst wird der Zugstab S_1, L 45 x 5, nachgeprüft. Mit der Querschnittsfläche $A = 4{,}3$ cm^2 = 430 mm^2 (nach Tabelle A1.5) wird die vorhandene Zugspannung

$$\sigma_z = \frac{F_1}{A}, \quad \sigma_z = \frac{41\,000 \text{ N}}{430 \text{ mm}^2} = 95{,}35 \text{ N/mm}^2 \approx 95 \text{ N/mm}^2.$$

Die zulässige Zugspannung ist nach DIN 1050, Tabelle A3.2a), Zeile 2: $\sigma_{z\,zul} = 180$ N/mm^2. Damit ist $\sigma_z = 95$ N/mm$^2 < 0{,}8 \cdot \sigma_{z\,zul} = 0{,}8 \cdot 180$ N/mm$^2 = 144$ N/mm^2, also ist eine Nachprüfung des Stabes auf zusätzliche Biegung wegen des außermittigen Anschlusses nicht erforderlich (siehe Hinweis unter Gleichung 7.4). Der Stab ist somit ausreichend bemessen. Ggf. würde auch ein etwas kleinerer Winkelstahl ausreichen. In der Praxis werden jedoch die Stäbe möglichst einander angeglichen, um nicht zu unterschiedliche Profilgrößen innerhalb eines Fachwerkes zu erhalten; zudem ist für tragende Bauteile im Stahlbau eine Mindestdicke von 4 mm vorgeschrieben (siehe unter 6.6.5., Zeile 7).

Es wird nun der Druckstab S_2, L 80 x 8, geprüft und zwar auf Knickung und wegen des außermittigen Anschlusses zusätzlich auf Biegung (siehe „Nietverbindungen" unter 7.5.2.4.). Nach DIN 4114 gelten für vorliegendem Fall nach Gleichung (7.6) folgende Bedingungen:

1. $\sigma_{maxd} = \sigma_\omega + 0{,}9 \cdot \sigma_{bd} \leqslant \sigma_{zul}$, 2. $\sigma_{maxz} = \sigma_\omega + \frac{150 + \lambda}{500} \cdot \sigma_{bz} \leqslant \sigma_{zul}$.

Zunächst die „reduzierte Druckspannung" nach dem ω-Verfahren nach Gleichung (7.5):

$$\sigma_\omega = \frac{F \cdot \omega}{A}.$$

Zur Ermittlung der Knickzahl ω ist der Schlankheitsgrad zu bestimmen: $\lambda = \frac{l_k}{i_{min}}$. Als rechnerische Knicklänge ist die Systemlinienlänge aus Bild 6-6a zwischen den Knotenpunkten 10 und 11 zu setzen: $l_k = 2139$ mm. Der kleinste Trägheitsradius für L 80 x 8 ist nach Tabelle A1.5., Anhang: $i_{min} \triangleq i_\eta = 1{,}55$ cm = 15,5 mm. Damit wird $\lambda = \frac{2139 \text{ mm}}{15{,}5 \text{ mm}} = 138$. Hierfür und für St 37 wird nach Tabelle A7.4, Anhang: $\omega \approx 3{,}2$. Mit der Querschnittsfläche $A = 12{,}3$ cm^2 = 1230 mm^2 wird dann $\sigma_\omega = \frac{46\,000 \text{ N} \cdot 3{,}2}{1230 \text{ mm}^2} = 119{,}7$ N/mm$^2 \approx 120$ N/mm^2.

Für die 1. Bedingung wird nun die Biegedruckspannung am Biegedruckrand (gleich Anschlußseite, siehe hierzu auch Bild 7-7d unter „Nietverbindungen") ermittelt:

$$\sigma_{bd} = \frac{M_b}{W_d}.$$

Das Biegemoment wird mit $e = 2{,}26$ cm (aus Tabelle), gleich Abstand des Kraftangriffspunktes von der Schwerachse: $M_b = F \cdot e = 46\,000$ N $\cdot$ 2,26 cm = 103 960 Ncm. Das auf den Biegedruckrand bezogene Widerstandsmoment ist nicht gleich dem aus Tabelle, sondern muß ermittelt werden aus $W_d = \frac{I}{e}$; mit $I \triangleq I_x = 72{,}3$ cm^4 und $e = 2{,}26$ cm w.o. wird $W_d = \frac{72{,}3 \text{ cm}^4}{2{,}26 \text{ cm}} = 32$ cm^3 und damit $\sigma_{bd} = \frac{103\,960 \text{ Ncm}}{32 \text{ cm}^3} = 3249$ N/cm$^2 \approx 32{,}5$ N/mm^2.

Für die 2. Bedingung ist nun die Biegezugspannung am Biegezugrand, also in der äußersten Randfaser zu ermitteln:

$$\sigma_{bz} = \frac{M_b}{W_z}.$$

Hier kann jetzt das ja stets auf die äußerste Randfaser bezogene Widerstandsmoment aus Tabelle entnommen werden: $W_z \triangleq W_x = 12{,}6$ cm^3. Mit $M_b = 103\,960$ Ncm w. o. wird dann

$$\sigma_{bz} = \frac{103\,960 \text{ Ncm}}{12{,}6 \text{ cm}^3} = 8251 \text{ N/cm}^2 \approx 82{,}5 \text{ N/mm}^2.$$

Nach Tabelle A3.2a), Zeile 1 (Nachweis auf Knicken erforderlich!) ist für St 37, Lastfall HZ: $\sigma_{zul} = 160$ N/mm^2. Für die max. Spannungen nach den beiden Bedingungen ergeben sich dann:

1. $\sigma_{maxd} = 120$ N/mm$^2 + 0{,}9 \cdot 32{,}5$ N/mm$^2 \approx 149$ N/mm$^2 < \sigma_{zul} = 160$ N/mm^2,

2. $\sigma_{maxz} = 120$ N/mm$^2 + \frac{150 + 138}{500} \cdot 82{,}5$ N/mm$^2 \approx 168$ N/mm$^2 \approx \sigma_{zul} = 160$ N/mm^2.

Die geringfügige Überschreitung von σ_{zul} bei der 2. Bedingung um 5 % ist noch zulässig. Der Stab ist also ausreichend bemessen.

Ergebnis: Die vorgewählten Winkelstähle sind ausreichend bemessen. Für den L 45 x 5 ist $\sigma_z = 95$ N/mm$^2 < 0{,}8 \cdot \sigma_{z\,zul} = 144$ N/mm^2. Für den L 80 x 8 sind beide Bedingungen der Knickprüfung erfüllt: 1. $\sigma_{maxd} = 149$ N/mm$^2 < \sigma_{zul} = 160$ N/mm^2, 2. $\sigma_{maxz} = 168$ N/mm$^2 \approx \sigma_{zul} = 160$ N/mm^2.

▶ **Lösung b):** Die Ausführung geschweißter Fachwerkkonstruktionen mit T-Stählen ist allgemein anzustreben. Es ergeben sich damit mittige Stabanschlüsse, wodurch reine Zug- und Druckbeanspruchungen auftreten. Insbesondere können Druckstäbe leichter werden, Knotenbleche entfallen, die Fachwerke haben ein gefälligeres Aussehen.

Für die Ausführung werden T-Stähle nach DIN 1024, Tabelle A1.10, Anhang, vorgesehen. Zunächst erforderliche Querschnittsfläche für Zugstab S_1:

$$A = \frac{F_1}{\sigma_{z\,zul}}, \quad A = \frac{41\,000 \text{ N}}{180 \text{ N/mm}^2} \approx 228 \text{ mm}^2.$$

Hierfür genügte bereits ein T 35 mit $A = 2{,}97$ cm$^2 = 297$ mm^2; aus den oben unter a) genannten Gründen wird jedoch gewählt: T 40 DIN 1024 (mit $A = 377$ mm^2). Der Druckstab S_2 wird zunächst nach einer „Gebrauchsformel" vorbestimmt, die meist schon die richtige Profilgröße ergibt. Das erforderliche Trägheitsmoment in cm^4 ergibt sich mit F in kN und l_k in m nach Abschnitt 7.5.2.5.:

$$I \approx 0{,}12 \cdot F_2 \cdot l_k^2, \quad I \approx 0{,}12 \cdot 46 \cdot 2{,}139^2 \text{ cm}^4 \approx 25{,}3 \text{ cm}^4.$$

6.11. Berechnungsbeispiele

Vorgewählt wird ein T 70 mit $I_y \triangleq I_{min}$ = 22,1 cm^4 und A = 10,6 cm^2. Dieser Stab muß nun nach dem ω-Verfahren geprüft werden. Nach Gleichung (7.5) gilt:

$$\sigma_\omega = \frac{F_2 \cdot \omega}{A} \leqslant \sigma_{d\,zul}.$$

Schlankheitsgrad $\lambda = \frac{l_k}{i_{min}} \triangleq \frac{l_k}{i_y}, \quad \lambda = \frac{2139 \text{ mm}}{14,4 \text{ mm}} = 148,5,$ hierfür $\omega \approx 3,75$ und damit

$$\sigma_\omega = \frac{46\,000 \text{ N} \cdot 3,75}{1060 \text{ mm}^2} \approx 163 \text{ N/mm}^2 \approx \sigma_{d\,zul} = 160 \text{ N/mm}^2.$$

Die geringe Spannungsüberschreitung kann zugelassen werden. Damit endgültig gewählt: T 70 DIN 1024.

Ergebnis: Für den Stab S_1 ergibt sich ein T 40 DIN 1024, für den Stab S_2 ein T 70 DIN 1024.

▶ **Lösung c):** Die Winkelstähle sollen möglichst ohne Knotenblech direkt an den Steg des Obergurtes 1/2 I 220 überlappt geschweißt werden. Wegen des schrägen Anschlusses werden die Flankenkehlnähte möglichst spannungsgleich ausgeführt (siehe unter 6.6.5., Zeile 5).
Zunächst wird der Anschluß des Stabes S_1, L 45 x 5, berechnet. Die erforderliche Gesamt-Schweißnahtfläche ergibt sich für die schubbeanspruchten Flankennähte aus Gleichung (6.1):

$$A_W = \frac{F_1}{\tau_{w\,zul}}.$$

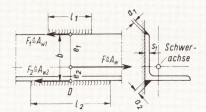

Bild 6-13
Berechnung spannungsgleicher Flankenkehlnähte (Prinzip)

Die zulässige Schweißnahtspannung ist nach DIN 4100, Tabelle A6.1, Anhang, Zeile 5: $\tau_{w\,zul}$ = 150 N/mm^2. Damit wird

$$A_W = \frac{41\,000 \text{ N}}{150 \text{ N/mm}^2} = 273 \text{ mm}^2.$$

Die Gesamt-Nahtfläche wird nun entsprechend den Schwerachsenabständen e_1 und e_2 (Bild 6-13) auf beide Seiten verteilt. Für den gedachten „Drehpunkt" D gilt nach Bedingung $\Sigma M_{(D)} \triangleq \Sigma A_{W(D)} = 0$:

$A_W \cdot e_2 = A_{W1} \cdot b$, hieraus $A_{W1} = \frac{A_W \cdot e_2}{b}$; mit $e_2 \triangleq e$ = 1,28 cm = 12,8 mm für L 45 x 5 (aus Tabelle A1.5) und Schenkelbreite b werden

$$A_{W1} = \frac{273 \text{ mm}^2 \cdot 12,8 \text{ mm}}{45 \text{ mm}} \approx 78 \text{ mm}^2 \quad \text{und}$$

$$A_{W2} = A_W - A_{W1} = 273 \text{ mm}^2 - 78 \text{ mm}^2 = 195 \text{ mm}^2.$$

Es werden nun die Nahtdicken für die beiden Flankennähte festgelegt. Nach Angaben zu Bild 6-6f gilt für den anliegenden Schenkel mit Dicke s_1 = 5 mm : $a_1 \approx 0,5 \cdot s_1 \geqslant 3$ mm, $a_1 \approx 0,5 \cdot 5$ mm = 2,5 mm, ausgeführt: a_1 = 3 mm.

Für die andere Seite könnte mit Stegdicke des 1/2 I 220 s_2 = 8,1 mm $>$ 1,2 · s_1 = 1,2 · 5 mm = 6 mm gewählt werden: $a_2 \leqslant 0{,}84 \cdot s_1 = 0{,}84 \cdot 5$ mm ≈ 4 mm; aus Gründen einer rationellen Fertigung wird auch für diese Naht gewählt a_2 (= a_1) = 3 mm.

Die Nahtlängen ergeben sich dann aus $A_W = a \cdot l$, also $l = \dfrac{A_W}{a}$:

$$l_1 = \frac{A_{W1}}{a_1}, \quad l_1 = \frac{78 \text{ mm}^2}{3 \text{ mm}} = 26 \text{ mm}; \quad l_2 = \frac{A_{W2}}{a_2}, \quad l_2 = \frac{195 \text{ mm}^2}{3 \text{ mm}} = 65 \text{ mm}.$$

Nun muß aber nach den Angaben unter 6.6.3.2. für die Länge von alleinigen Flankenkehlnähten die Bedingung erfüllt sein: $l_{min} \geqslant 15 \cdot a$, also $l_{min} \geqslant 15 \cdot 3$ mm = 45 mm. Danach werden ausgeführt:

l_1 = 45 mm, l_2 = 65 mm.

Die Schweißverbindung des Stabes S_2 L 80 x 8 wird im Prinzip wie die des Stabes S_1 berechnet. Es soll daher auf Einzelrechnungen verzichtet werden. Entsprechend obigem Rechnungsgang ergeben sich:

A_W = 307 mm^2, e_2 = 22,6 mm, b = 80 mm, A_{W1} = 87 mm^2, A_{W2} = 220 mm^2, a_1 = 4 mm, a_2 = 4 mm, l_1 = 60 mm, l_2 = 60 mm.

Ergebnis: Für den Stab S_1, L 45 x 5, ergeben sich die Nahtdicken a_1 = 3 mm, a_2 = 3 mm und die Nahtlängen l_1 = 45 mm, l_2 = 65 mm.

Für den Stab S_2, L 80 x 8, werden a_1 = 4 mm, a_2 = 4 mm, l_1 = 60 mm, l_2 = 60 mm.

▶ **Lösung d):** Der Anschluß der T-Stähle wird nach Bild 6-14b gestaltet. Die aus Stumpf- und Kehlnähten sich zusammensetzenden Schweißverbindungen werden normalerweise konstruktiv festgelegt und dann nachgeprüft.

Für den Anschluß des Stabes S_1, T 40, ergeben sich nach Bild 6-14b folgende Nahtabmessungen. Für die Stumpfnaht (Steg gegen Steg): $a_1 = s$ = 5 mm (s mittlere Stegdicke des T 40 als kleinste Dicke), l_1 = 40 mm (abgemessen). Für die Flankenkehlnähte wird die Nahtdicke $a_2 \leqslant 0{,}7 \cdot t$ = 0,7 · 5 mm = 3,5 mm ($t = s$ mittlere Flanschdicke), ausgeführt a_2 = 3 mm; die Nahtlänge wird, da die Stumpfnaht als zusätzliche „Stirnnaht" betrachtet werden kann, $l_2 \geqslant 10 \cdot a_2$ = 10 · 3 mm = 30 mm ausgeführt (siehe auch unter 6.6.3.2.).

Mit diesen Abmessungen wird die Verbindung nun nachgeprüft. Nach Gleichung (6.1) gilt für die vorhandene Nahtspannung, wobei es belanglos ist, ob diese als Zug- oder Schubspannung aufgefaßt wird:

$$\tau_W = \frac{F_1}{A_W} \leqslant \tau_{W zul}.$$

Die Gesamt-Nahtfläche ist gleich der Summe aller Einzelflächen:

$A_W = a_1 \cdot l_1 + 4 \cdot a_2 \cdot l_2$,

A_W = 5 mm · 40 mm + 4 · 3 mm · 30 mm = 560 mm^2, damit $\tau_W = \dfrac{41\,000 \text{ N}}{560 \text{ mm}^2} \approx 73 \text{ N/mm}^2$.

Als zulässige Spannung muß beim Zusammenwirken von Stumpf- und Kehlnähten die für Kehlnähte eingesetzt werden (siehe zu Gleichung 6.1). Danach wird nach Tabelle A6.1, Anhang, Zeile 4: $\tau_{W zul}$ = 150 N/mm^2. Damit ist τ_W = 73 N/mm^2 $<$ $\tau_{W zul}$ = 150 N/mm^2; die Naht ist also ausreichend bemessen.

Die Schweißverbindung des Stabes S_2, T 70, wird im Prinzip wie die des Stabes S_1 gestaltet und nachgeprüft. Auf Einzelrechnungen soll daher verzichtet werden. Entsprechend obigem Rechnungsgang ergeben sich:

6.11. Berechnungsbeispiele

$a_1 = s = 8$ mm, $l_1 = 65$ mm, $a_2 = 4$ mm, $l_2 = 40$ mm; $A_w = 1160$ mm², $\tau_w \approx 40$ N/mm² $\ll$ $\tau_{w\,zul} = 150$ N/mm²; die Naht ist weit ausreichend bemessen. Hierzu sei noch bemerkt, daß rein rechnerisch durchaus kleinere Nahtabmessungen möglich werden, konstruktiv aber wenig sinnvoll und teilweise auch nicht zulässig sind.

Ergebnis: Als Nahtabmessungen ergeben sich für den Stab S_1, T 40: Stumpfnaht mit $a_1 = 5$ mm und $l_1 = 40$ mm, Kehlnähte mit $a_2 = 3$ mm und $l_2 = 30$ mm; für Stab S_2, T 70: Stumpfnaht mit $a_1 = 8$ mm und $l_1 = 65$ mm, Kehlnähte mit $a_2 = 4$ mm und $l_2 = 40$ mm.

▶ **Lösung e):** Bild 6-14 zeigt die konstruktive Ausbildung der Knotenpunkte. Die Schwerachsen der Stäbe decken sich mit den Systemlinien des Fachwerkes (Bild 6-6a). Hierzu ist noch der Schwerachsenabstand des 1/2 I 220 nach folgender Gleichung zu ermitteln (im Lehrbuch nicht aufgeführt):

$$e_0 = \frac{h}{2} - \frac{S_x}{0,5 \cdot A}.$$

Hierin sind: h Höhe des ganzen Trägers I 220: $h = 22$ cm, S_x statisches Moment der halben Querschnittsfläche aus Tabelle DIN 1025, Bl. 1 (in Anhang-Tabelle nicht enthalten): $S_x = 162$ cm³, A Querschnittsfläche: $A = 39,5$ cm²; hiermit wird

$$e_0 = \frac{22 \text{ cm}}{2} - \frac{162 \text{ cm}^3}{0,5 \cdot 39,5 \text{ cm}^2} = 11 \text{ cm} - 8,2 \text{ cm} = 2,8 \text{ cm} = 28 \text{ mm}.$$

Ferner ist noch zu beachten, daß der 1/2 I 220 wegen der durch das Brennschneiden entstandenen Trennfuge von etwa 4 mm Breite nur eine Höhe von 108 mm hat.

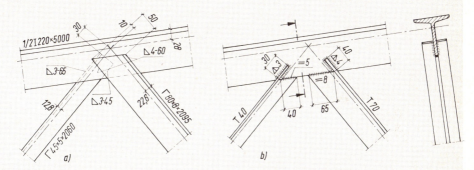

Bild 6-14. Entwurf der Knotenpunkte, a) für Ausführung mit Winkelstählen, b) für Ausführung mit T-Stählen

Die Winkelstähle sind an beiden Seiten des Gurtsteges angeschlossen (Bild 6-14a). Der L 80 x 8 ist am Ende abgeschrägt, da er sonst den Steg zu weit überlappen würde. Alle erforderlichen Maße für die Winkelstähle und für die Schweißnähte sind eingetragen, wobei für diese die sinnbildliche Darstellung benutzt ist (siehe Tabellen 6.3 und 6.5). Die Maße vom Schwerachsenschnittpunkt bis zu den Stabenden (30 mm und 10 mm) sind aus der maßstäblichen Knotenpunktzeichnung gemessen und dienen der Montage und Festlegung der Stablängen.

Die Flansche der T-Stähle sind entsprechend Gurtstegdicke und Flankennahtlängen geschlitzt und über den Steg geschoben (Bild 6-14b). Hier sind nur die Maße für die Schweißnähte und zwar in bildlicher Darstellung eingetragen.

Beispiel 6.3: Die Anschluß-Schweißnaht der Konsole zur Aufnahme des Spurlagers eines Wanddrehkranes ist zu prüfen. Die Abmessungen sind konstruktiv festgelegt (Bild 6-15). Bauteile aus St 37. Vertikalkraft F_y = 65 kN, Horizontalkraft F_x = 32 kN im Lastfall H. Für die Anschlußnaht (Flachkehlnaht) ist die Dicke a = 6 mm gewählt.

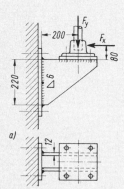
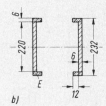
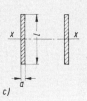

Bild 6-15. Geschweißte Konsole
a) Ausführung und Abmessungen, b) Nahtbild,
c) rechnerische Nahtfläche

Lösung: Die Anschlußnaht wird durch die Kraft F_x auf Biegung und Druck, durch die Kraft F_y auf Biegung und Schub beansprucht. Es handelt sich also um eine zusammengesetzte Beanspruchung. Zunächst werden die durch die einzelnen Beanspruchungen hervorgerufenen Spannungen ermittelt.

Die vorhandene Biegespannung in der Naht ergibt sich nach Gleichung (6.2):

$$\sigma_{wb} = \frac{M_b}{W_w}.$$

Das Biegemoment setzt sich aus den Einzelmomenten + F_y · 20 cm (rechtsdrehend) und − F_x · 19 cm (linksdrehend) zusammen. Hierin ist der Hebelarm 19 cm (= 8 cm + $\frac{22}{2}$ cm) gleich dem Abstand der Kraft F_x von der Biegeachse $x - x$ der Schweißnaht.
$M_b = F_y$ · 20 cm − F_x · 19 cm, M_b = 65 kN · 20 cm − 32 kN · 19 cm = 692 kNcm = 692 000 Ncm. Bild 6-15b zeigt die Anschlußnahtfläche. Die nicht vollwertigen umschweißten Ecken (E) bleiben bei der Berechnung unberücksichtigt, so daß nur die senkrechten Nähte als tragend betrachtet werden (Bild 6-15c). Für diese ergibt sich das axiale, auf die Biegeachse $x - x$ bezogene Widerstandsmoment:

$$W_w = 2 \cdot \frac{a \cdot l^2}{6}, \quad W_w = 2 \cdot \frac{0{,}6 \text{ cm} \cdot 22^2 \text{ cm}^2}{6} = 2 \cdot 48{,}4 \text{ cm}^3 = 96{,}8 \text{ cm}^3.$$

Mit M_b und W_w wird die Biegespannung

$$\sigma_{wb} = \frac{692\,000 \text{ Ncm}}{96{,}8 \text{ cm}^3} = 7149 \text{ N/cm}^2 \approx 71{,}5 \text{ N/mm}^2.$$

Die durch F_x hervorgerufene Druckspannung in der Naht wird nach Gleichung (6.1):

$$\sigma_{wd} = \frac{F_x}{A_w}.$$

Mit der Nahtfläche $A_w = 2 \cdot a \cdot l$, $A_w = 2 \cdot 6$ mm · 220 mm = 2640 mm² wird

$$\sigma_{wd} = \frac{32\,000 \text{ N}}{2640 \text{ mm}^2} \approx 12{,}1 \text{ N/mm}^2.$$

6.11. Berechnungsbeispiele

Aus der Biege(druck-)Spannung und der Druckspannung ergibt sich die maximale Normal-(Druck-)Spannung durch Addition der beiden Werte nach Gleichung (6.3):

$\sigma_{wmax} = \sigma_{wb} + \sigma_{wd}$, $\sigma_{wmax} = 71{,}5$ N/mm² $+ 12{,}1$ N/mm² $= 83{,}6$ N/mm².

Es wird nun die durch F_y hervorgerufene Schubspannung nach Gleichung (6.1) ermittelt:

$\tau_w = \dfrac{F_y}{A_w}$, $\tau_w = \dfrac{65\,000\text{ N}}{2640\text{ mm}^2} = 24{,}6$ N/mm².

Da in der Schweißnaht Normalspannungen ($\sigma_{wmax} = -83{,}6$ N/mm² quer zur Nahtrichtung und $\sigma_{w1} = 0$ in Nahtrichtung) und Schubspannungen auftreten, ist nach DIN 15018 nachzuweisen, daß der Vergleichswert $\sigma_{wv} = \sqrt{\overline{\sigma}_w^2 + 2\cdot\tau_w^2} \leqslant \sigma_{zzul}$ (siehe Hinweis unter Tabelle A6.1b). Mit $\sigma_{zzul} = 160$ N/mm² nach Tabelle A3.3a, $\sigma_{wdzul} = 130$ N/mm² nach Tabelle A6.1b und $\sigma_w = 83{,}6$ N/mm² wird

$\overline{\sigma}_w = \dfrac{\sigma_{zzul}}{\sigma_{wdzul}} \cdot \sigma_w = \dfrac{160\text{ N/mm}^2}{(-130\text{ N/mm})} \cdot (-83{,}6\text{ N/mm}^2) = 102{,}9$ N/mm²

und der Vergleichswert

$\sigma_{wv} = \sqrt{(102{,}9\text{ N/mm}^2)^2 + 2\cdot(24{,}6\text{ N/mm}^2)^2} \approx 109$ N/mm² $\leqslant \sigma_{zzul} = 160$ N/mm².

Erfährt der Kran während der gesamten Betriebszeit voraussichtlich mehr als 20 000 Spannungsspiele, so sind die Nähte noch auf Dauerfestigkeit (Betriebsfestigkeit nach DIN 15018) zu prüfen.

Ergebnis: Der Allgemeine Spannungsnachweis ergibt eine ausreichende Sicherheit gegen Erreichen der Fließgrenze, da der vorhandene Vergleichswert $\sigma_{wv} = 109$ N/mm² $<\sigma_{zzul} = 160$ N/mm².

■ **Beispiel 6.4:** Ein gebrochener Wellenzapfen aus St 50 ist durch einen neuen geschweißten Zapfen ersetzt worden (Bild 6-16). Gewählt ist eine Hohlkehlnaht mit $a = 5$ mm Dicke, bearbeitet und spannungsfrei geglüht.
Lagerkraft $F = 12\,000$ N, zu übertragendes Drehmoment $M_t = 850$ Nm (schwellend). Die Schweißnaht ist nachzuprüfen.

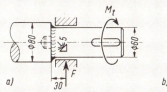

Bild 6-16. Geschweißter Wellenzapfen
a) Ausführung, b) rechnerische Nahtfläche

▶ **Lösung:** Die Schweißnaht wird durch die Kraft F wechselnd auf Biegung – beim sich drehenden Zapfen treten in den Randfasern wechselnd Biegezug- und Biegedruckspannungen auf – und auf Schub sowie durch das Drehmoment schwellend auf Verdrehung beansprucht. Die Beanspruchung auf Schub kann erfahrungsgemäß vernachlässigt werden. Die Naht wird also dynamisch belastet. Bei der Berechnung wird der Zentrierzapfen als nicht tragend betrachtet. Die Nachprüfung der Naht erfolgt nach Gleichung (6.10). Danach gilt für den Vergleichswert

$\sigma_{wv} = \sqrt{\sigma_{wb}^2 + 2\cdot\tau_{wt}^2} \leqslant \sigma_{wzul}$.

Die vorhandene Biegespannung in der Naht ist nach Gleichung (6.2):

$\sigma_{wb} = \dfrac{M_b}{W_w}$.

Das Biegemoment ist nach Bild 6-16a: $M_b = F \cdot 30$ mm = 12 000 N · 3 cm = 36 000 Ncm; das axiale Widerstandsmoment für die umlaufende Naht (Kreisringfläche) wird nach Bild 6-16b;

$$W_w \approx \frac{D^4 - d^4}{10 \cdot D}, \quad W_w \approx \frac{7^4 \text{ cm}^4 - 6^4 \text{ cm}^4}{10 \cdot 7 \text{ cm}} \approx 15{,}8 \text{ cm}^3, \text{ damit wird}$$

$$\sigma_{wb} = \frac{36\,000 \text{ Ncm}}{15{,}8 \text{ cm}^3} = 2278 \text{ N/cm}^2 \approx 22{,}8 \text{ N/mm}^2.$$

Die vorhandene Verdrehspannung wird nach Gleichung (6.9):

$$\tau_{wt} = \frac{M_t}{W_{wp}}.$$

Zu übertragendes Drehmoment M_t = 850 Nm = 85 000 Ncm (gegeben); polares Widerstandsmoment für die Nahtfläche:

$$W_{wp} \approx \frac{D^4 - d^4}{5 \cdot D}, \quad W_{wp} \approx \frac{7^4 \text{ cm}^4 - 6^4 \text{ cm}^4}{5 \cdot 7 \text{ cm}} \approx 31{,}6 \text{ cm}^3, \text{ damit wird}$$

$$\tau_{wt} = \frac{85\,000 \text{ Ncm}}{31{,}6 \text{ cm}^3} = 2690 \text{ N/cm}^2 = 26{,}9 \text{ N/mm}^2.$$

Mit σ_{wb} und τ_{wt} wird dann der Vergleichswert:

$$\sigma_{wv} = \sqrt{(22{,}8 \text{ N/mm}^2)^2 + 2 \cdot (26{,}9 \text{ N/mm}^2)^2} \approx 44 \text{ N/mm}^2.$$

Der vorhandene Vergleichswert darf die zulässige Normal-(hier Biege-)Spannung nicht überschreiten. Bei der vorliegenden dynamischen Belastung ergibt sich die zulässige Spannung aus Gleichung (6.11):

$$\sigma_{w\,zul} = \frac{\sigma_D \cdot b_1 \cdot b_2}{\nu}.$$

Da zusammengesetzte Beanspruchung aus Biegung und Verdrehung vorliegt, ist die Biege-Dauerfestigkeit für σ_D einzusetzen. Die Biegebeanspruchung tritt wechselnd auf, damit ist für St 50 nach Dfkt-Schaubild A3-4b: $\sigma_D \triangleq \sigma_{bw} = 260$ N/mm² (siehe Erläuterungen unter Gleichung (6.11)). Für den Minderungsbeiwert b_1 ist der für Normalbeanspruchung, also hier für Biegebeanspruchung einzusetzen. Nach Tabelle A6.5, Anhang, Zeile 8 würde $b_1 = 0{,}8$. Wegen der bearbeiteten Nahtoberfläche kann dieser Wert um ≈ 10 % erhöht werden (siehe Hinweis zur Tabelle), so daß eingesetzt wird: $b_1 \approx 0{,}88$.

Für die nicht geprüfte Naht und normale Anforderungen, also für Güteklasse II, wird $b_2 = 0{,}8$. Mit einer Sicherheit $\nu = 2$ für 50 % Häufigkeit der Höchstlast wird dann

$$\sigma_{w\,zul} = \frac{260 \text{ N/mm}^2 \cdot 0{,}88 \cdot 0{,}8}{2} \approx 90 \text{ N/mm}^2.$$

Damit ist der vorhandene Vergleichswert $\sigma_{wv} = 44$ N/mm² $<$ $\sigma_{w\,zul} = 90$ N/mm², die vorgesehene Schweißnaht ist also weit ausreichend bemessen.

Ergebnis: Die für den Wellenzapfen vorgesehene, bearbeitete Hohlkehlnaht von 5 mm Dicke ist ausreichend bemessen, da die vorhandene Nahtspannung $\sigma_{wv} \approx 44$ N/mm² $<$ $\sigma_{w\,zul} = 90$ N/mm². Die Schweißverbindung ist also unbedingt dauerbruchsicher.

6.12. Normen und Literatur

DIN-Taschenbuch, Band 8: Schweißtechnische Normen, Beuth-Vertrieb GmbH, Berlin/Köln/Frankfurt
DIN 1910: Schweißen; Begriff, Einteilung der Schweißverfahren
DIN 1912: Metallschweißen; Schmelzschweißen, Verbindungsschweißen, zeichnerische Darstellung
DIN 1913: Lichtbogen-Schweißelektroden für Verbindungsschweißen
DIN 4100: Geschweißte Stahlbauten; Berechnung und bauliche Durchbildung
DIN 8551 und 8552: Schweißnahtvorbereitung; Richtlinien für Fugenformen
DIN 8554: Gasschweißstäbe und -drähte für Verbindungsschweißen von Stählen
DIN 8558: Richtlinien für Schweißverbindungen an Dampfkesseln, Behältern und Rohrleitungen
DIN 16930 bis 16932: Schweißen von PVC und PE; Richtlinien
Weitere Angaben über Normblätter siehe Text

Höhne, M.: Praxisnahes Handbuch für schweißgerechtes Konstruieren und Fertigen, Verlag R. C. Schmidt, Braunschweig

Puhrer, A.: Schweißtechnik, Verlag Vieweg, Braunschweig

Schimpke/Horn: Praktisches Handbuch der gesamten Schweißtechnik, Springer-Verlag, Berlin/Göttingen/Heidelberg

7. Nietverbindungen

7.1. Allgemeines

Das Nieten dient der unlösbaren Verbindung von Bauteilen aus gleichen oder verschiedenen Werkstoffen. Hinsichtlich ihrer Verwendung, Berechnung und konstruktiven Ausbildung unterteilt man die Nietverbindungen in: *feste Verbindungen* (Kraftverbindungen) im Stahlhochbau, Kranbau und Brückenbau bei Trägeranschlüssen, Stützen, Säulen, Knotenpunkten in Stabfachwerken von Dachbindern und Krangerüsten, bei Vollwandträgern usw., *feste und dichte Verbindungen* im Kessel- und Druckbehälterbau und *vorwiegend dichte Verbindungen* im Behälterbau bei Silos, Einschütttrichtern, Rohrleitungen usw. Das Nieten ist jedoch sowohl im Stahlbau als auch besonders im Kessel- und Behälterbau vielfach durch das Schweißen verdrängt.

Vorteile gegenüber anderen Verbindungselementen: Keine ungünstigen Werkstoffbeeinflussungen wie Aushärtungen oder Gefügeumwandlungen beim Schweißen. Kein Verziehen der Bauteile. Ungleichartige Werkstoffe lassen sich verbinden. Nietverbindungen sind leicht und sicher zu kontrollieren und besonders auf Baustellen einfacher und häufig billiger als andere Verbindungen herzustellen und notfalls durch Abschlagen der Köpfe leicht lösbar.

Nachteile: Bauteile werden durch Nietlöcher geschwächt, dadurch größere Querschnitte und allgemein schwere Konstruktionen. Stumpfstöße lassen sich nicht ausführen, Bauteile müssen überlappt oder durch Laschen verbunden werden (keine glatten Wände z. B. bei Behältern, ungünstiger Kraftfluß!). In der Werkstatt ist das Nieten, besonders im Stahl- und Kesselbau, meist teurer als das Schweißen.

7.2. Die Niete

7.2.1. Nietformen

Die Niete unterscheiden sich im wesentlichen durch die Form ihres Setzkopfes und sind bis auf einige Sonderformen genormt.

Außer den in Tabelle 7.1 aufgeführten genormten Nietformen seien noch einige Sonderformen genannt, z. B. *Sprengniete,* bei denen eine im Hohlraum des Nietschaftendes befindliche Sprengladung beispielsweise durch einen elektrisch beheizten Lötkolben bei etwa 120 ... 150 °C zur Entzündung gebracht wird, wodurch das Schaftende aufgetrieben wird. Sie werden vorwiegend im Leichtmetall- und Flugzeugbau eingesetzt, wenn die Nietstelle von nur einer Seite zugänglich ist (Bild 7-1a). Für solche Fälle sind noch zahlreiche andere *Blindniete* entwickelt worden. Es handelt sich hierbei durchweg um Hohlniete, die durch Dorne oder Stifte aufgetrieben werden. Einige mit solchen Nieten ausgeführte Verbindungen zeigt Bild 7-1b bis e.

7.2.2. Nietwerkstoffe

Als Nietwerkstoffe werden außer Stahl auch Kupfer und Kupfer-Zink-Legierungen (Messing), Aluminium und Aluminium-Legierungen (siehe auch unter 7.8.2.) verwendet.

7.2. Die Niete

Tabelle 7.1: Gebräuchliche genormte Nietformen

Bild	Bezeichnung	DIN	Abmessungen in mm	Verwendungsbeispiele
	Halbrundniet	123	$d = 10 \ldots 36$ $D \approx 1{,}8\,d$	Kessel- und Großbehälterbau
		124	$d = 10 \ldots 36$ $D \approx 1{,}6\,d$	Stahlbau
		660	$d = 1 \ldots 9$ $D \approx 1{,}75\,d$	Blechschlosserei, Leichtmetallbau
	Senkniet	302	$d = 10 \ldots 36$ $D \approx 1{,}5\,d$	Stahlbau, Kesselbau, Behälterbau
		661	$d = 1 \ldots 9$ $D \approx 1{,}75\,d$	Blechschlosserei, Leichtmetallbau
	Linsenniet	662	$d_1 = 1{,}7 \ldots 8$ $D = 2\,d_1$	für Leisten, Beschläge, Schilder, wenn gefälliges Aussehen erwünscht ist, als Zierniet, im Leichtmetallbau
	Flachrundniet	674	$d_1 = 1 \ldots 8$ $D \approx 2{,}25\,d_1$	für Beschläge, Feinbleche, Leder, Plaste, Pappen
	Riemenniet	675	$d_1 = 3 \ldots 5$ $D \approx 2{,}8\,d_1$	für Leder, Gurte, Riemen
	Hohlniet zweiteilig	7331	$d_1 = 2 \ldots 6$	für Leder
	Hohlniet einteilig	7338	$d_1 = 3 \ldots 8$	für Brems- und Kupplungsbeläge
		7339	$d_1 = 1{,}5 \ldots 6$	für Lederwaren (Schuhe, Taschen), Spielwaren
	Nietstift	7341	$d_1 = 2 \ldots 22$	als Verbindungsstift, Bolzen, an Stelle von Zylinderstift
	Rohrniet	7340	$d_1 = 1 \ldots 10$	wie Hohlniete, auch an Stelle von Nietstiften

Die für die einzelnen Nietarten vorgesehenen Werkstoffe sind in den DIN-Blättern angegeben. Die Festigkeitseigenschaften und die chemische Zusammensetzung der Nietstähle sind nach DIN 17 111 festgelegt.

Im Stahlbau werden zum Vernieten von Bauteilen aus St 33 und St 37 Niete aus USt 36-1 und zum Vernieten von Bauteilen aus St 52 (und St 46) Niete aus RSt 44-2 verwendet, die auf einer Abflachung des Setzkopfes durch die Zahl 44 gekennzeichnet sind.

Im Kesselbau sind je nach dem Werkstoff der zu vernietenden Kesselbleche (Anhang, Tabelle A6.2) Niete aus USt 36-1, RSt 36-1 oder RSt 44-2 vorgesehen.

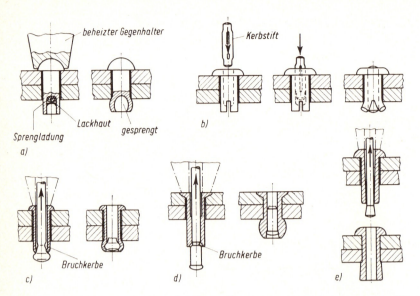

Bild 7-1. Blindniete. a) Sprengniet, b) Kerpinniet, bei dem ein Kerbstift nach dem Eintreiben im Niet bleibt (Hersteller: Kerb-Konus-Gesellschaft), c) POP-Blindniet, d) Gesipa-Blindniet, e) Chobert-Blindniet (Aviation-Development Ltd. London)

Für Niete und Bauteile sollen möglichst gleichartige Werkstoffe verwendet werden, um eine Zerstörung der Verbindung durch elektrochemische Korrosion zu vermeiden (siehe auch unter 7.8.5.2.).

7.2.3. Bezeichnung der Niete

Die Bezeichnung der Niete in Stücklisten, bei Bestellungen usw. ist in den betreffenden DIN-Blättern vorgeschrieben. Bezeichnungsbeispiel für einen Niet mit Halbrundkopf, 16 mm Schaftdurchmesser, 50 mm Schaftlänge, nach DIN 124, aus Stahl USt 36-1: Halbrundniet 16 × 50   DIN 124   USt 36-1

7.3. Herstellung der Nietverbindungen

7.3.1. Allgemeine Hinweise

Nietlöcher in Bauteilen für Stahl-, Kessel- und Leichtmetallbau müssen gebohrt und entgratet werden. Gestanzte Löcher sollen wegen der Gefahr der Werkstoffversprödung, Rißbildung und des Aushalsens nur für untergeordnete Nietungen, kleine Nietdurchmesser (unter 8 ... 10 mm) und für dünne Bauteile verwendet werden. Der Schließkopf wird mit Handhammer (Niethammer) und Kopfmacher (Döpper), mit Preßlufthammer oder Nietmaschine gebildet (Bild 7-2). Die Formen des Setz- und Schließkopfes werden je nach Verwendungszweck gewählt: z. B. als Halbrundkopf, der im Stahl- und Kesselbau bevorzugt wird, da er durch den hohen Anpreßdruck eine dichte und feste Verbindung ergibt, als Senkkopf, um glatte Innenwände bei Behältern und Rohren zu erhalten oder als Linsenkopf, wenn bei Vernietungen von Verkleidung und Deckleisten ein gefälliges Aussehen erwünscht ist.

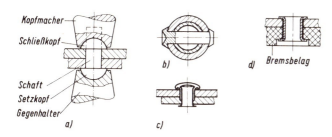

Bild 7-2. Nietverbindungen
a) Halbrundniet, b) Nietstiftverbindung, c) Hohlnietverbindung (zweiteilig, offen), d) Hohlnietverbindung (einteilig, Vernietung eines Bremsbelages)

7.3.2. Warmnietung, Kaltnietung

Je nach Temperatur, mit der die Niete geschlagen werden, unterscheidet man *Warm-* und *Kaltnietung*.

Stahlniete mit einem Durchmesser von mehr als 10 mm und Niete im Stahl- und Kesselbau werden bei Hellrot- bis Weißglut geschlagen oder gepreßt. Beim Erkalten schrumpfen die Niete zusammen, wodurch die Bauteile aufeinander gepreßt werden und ein hoher *Reibungsschluß* entsteht, der die äußeren Kräfte ganz oder größtenteils aufnimmt. Die Niete werden dadurch fast nur noch auf Zug und kaum auf Abscheren beansprucht. Das ist besonders bei dynamischer Belastung der Verbindung günstig. Außerdem wird eine bessere Lochausfüllung als bei Kaltnietung erreicht, so daß ein größerer Nietquerschnitt zum Tragen kommt.

Kalt genietet werden Stahlniete bis zu einem Durchmesser von 10 mm sowie Niete aus Kupfer, Kupferlegierungen, Aluminium u. dgl. Bei Kaltnietungen kann nur ein geringer Reibungsschluß entstehen. Im wesentlichen trägt der Nietschaft, der dabei hauptsächlich auf Abscheren und Lochleibungsdruck – das ist die Flächenpressung zwischen Nietschaft und Lochwand – beansprucht wird. Kaltnietungen sind daher für dynamisch belastete Bauteile ungünstig.

7.4. Verbindungsarten, Schnittigkeit

Je nach der Art, wie die zu vernietenden Bauteile zusammengefügt sind, unterscheidet man *Überlappungs-* und *Laschennietungen* (Bild 7-3). Für die Berechnung ist es wichtig, die Anzahl der *kraftübertragenden Nietreihen* richtig zu erkennen. Als Nietreihen sind stets die senkrecht zur Kraftrichtung stehenden zu zählen. Sicher und einfach läßt sich dieses erkennen, wenn man den *Kraftflußverlauf* verfolgt. Beispielsweise ist die Laschennietung in Bild 7-3d zweireihig, da die äußere Kraft F von zwei Nietreihen, und nicht von vier, aufgenommen wird: Die Kraftflußlinie teilt sich, tritt durch zwei Nietreihen vom Blech auf die Lasche über und ebenso von der Lasche wieder auf das andere Blech. Annommen jede Nietreihe hat 5 Niete, dann wird die Kraft F von $2 \cdot 5 = 10$ Nieten (und nicht von 20 Nieten) aufgenommen.

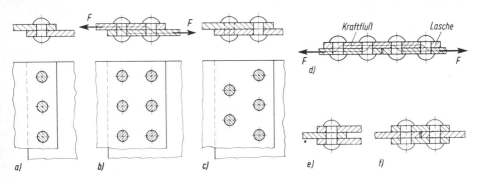

Bild 7-3. Nietverbindungsarten und Schnittigkeit. a) Überlappungsnietung, einreihig, einschnittig, b) Überlappung, zweireihig-parallel, einschnittig, c) Überlappung, zweireihig zick-zack, einschnittig, d) Laschennietung, zweireihig, einschnittig, e) Doppellaschennietung, einreihig, zweischnittig, f) Doppellaschen, einreihig, zweischnittig

Unter *Schnittigkeit* versteht man die Anzahl der beanspruchten bzw. tragenden Querschnitte eines Nietes. Man unterscheidet danach einschnittige, zweischnittige usw. Verbindungen. Das Erkennen der Schnittigkeit ist ebenso wichtig wie das der beanspruchten Nietreihen. Die im Bild 7-3f dargestellte Doppellaschennietung ist einreihig und zweischnittig. Bei 5 Nieten je Reihe wird also die Kraft F von 5 Nieten aufgenommen. Jeder Niet trägt mit 2 Querschnitten, damit wird F von insgesamt $2 \cdot 5 = 10$ Nietquerschnitten aufgenommen.

7.5. Nietverbindungen im Stahlbau

7.5.1. Allgemeine Richtlinien

Nietverbindungen werden im Stahlhochbau, Kranbau und Brückenbau vorwiegend für Trägeranschlüsse, Säulen, Stützen, Masten und besonders für Knotenpunkte von Fachwerkbauten angewendet. Für die Berechnung, konstruktive Durchbildung und die zu verwendenden Werkstoffe der Bauteile und Verbindungsmittel sind für den Stahlhochbau die Richtlinien nach DIN 1050, für den Kranbau nach DIN 15018, für den Brückenbau nach DIN 1073 und DIN 1079 maßgebend. Für die Annahme der Belastungen sind die Lastfälle H und HZ vorgesehen, wie schon zu „Schweißverbindungen" (siehe unter 6.6.1) erläutert.

7.5.2. Berechnung der Bauteile

Die Berechnung der Bauteile geht der Berechnung der Verbindungselemente voraus, da deren Abmessungen (z. B. Schweißnahtdicke, Nietdurchmesser) auch von der Bauteilgröße abhängen. Es sollen hier nur die Berechnungsgrundlagen für Zug- und Druckstäbe von ebenen Fachwerken und ähnlichen Bauwerken behandelt werden. Die Berechnung von Biegeträgern, Stützen u. dgl. würde zu weit führen, sie gehört in das Gebiet des Stahlbaues. Zu beachten ist, daß tragende Bauteile im Stahlbau eine Mindestdicke von 4 mm haben müssen und bei Niet- und Schraubverbindungen eine Mindestbreite von 35 mm haben sollen.

7.5.2.1. Mittig angeschlossene Zugstäbe

Bei mittig angeschlossenen Stäben geht deren Schwerachse durch die Anschlußebene mit dem anderen Bauteil (Knotenblech, Trägersteg usw.) hindurch oder fällt nur wenig aus dieser heraus, wie die Schwerachse des Flachstahles, Bild 7-4a, oder die Gesamt-Schwerachse des zweiteiligen Stabes (Doppelstabes), Bild 7-4b. Bei diesem würden allerdings die Einzelstäbe, hier Winkelstähle, und zwar jeder einzeln für sich wegen des außermittigen Anschlusses (siehe folgenden Abschnitt 7.5.2.2.) durch das Moment $M_b = F/2 \cdot e$ nach innen ausbiegen, was aber durch Futterscheiben (oder -stücke) oder Laschen verhindert wird. Die Stäbe werden also praktisch nur auf Zug beansprucht.

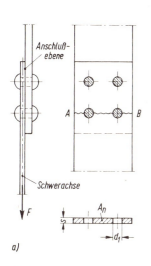
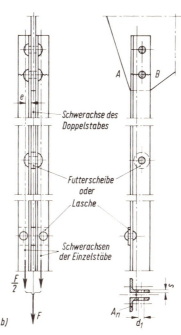

Bild 7-4
Mittig angeschlossene Zugstäbe

Damit gilt für die *vorhandene Zugspannung* in dem durch die Niet- (oder Schrauben-) Löcher geschwächten Stabquerschnitt $A-B$:

$$\sigma_z = \frac{F}{A_n} \leqslant \sigma_{z\,zul} \quad \text{in N/mm}^2 \tag{7.1}$$

F dem Lastfall entsprechende Zugkraft im Stab in N

A_n nutzbare Stabquerschnittsfläche in mm², die sich ergibt aus

     $A_n = A - (d_1 \cdot s \cdot z)$.

     Hierin sind: A volle, ungeschwächte Querschnittsfläche in mm², d_1 Lochdurchmesser in mm, s Stabdicke in mm, z Anzahl der den Stab schwächenden Löcher (für den Anschluß nach Bild 7-4a ist $z = 2$, nach Bild 7-4b ist $z = 1$)

$\sigma_{z\,zul}$ zulässige Zugspannung in N/mm² je nach Werkstoff und Lastfall nach DIN 1050, Tabelle A3.2, bzw. DIN 15 018, Tabelle A3.3 im Anhang

Bei Entwurfsberechnungen wird die erforderliche volle Stabquerschnittsfläche durch Einführung eines Schwächungsverhältnisses v überschlägig ermittelt, das das Verhältnis der nutzbaren zur geschwächten Querschnittsfläche A_n/A ausdrückt und erfahrungsgemäß $v \approx 0{,}8$ beträgt. Hiermit ergibt sich dann die *erforderliche ungeschwächte Stabquerschnittsfläche* aus

$$A \approx \frac{F}{v \cdot \sigma_{z\,zul}} \text{ in mm}^2 \qquad (7.2)$$

F, $\sigma_{z\,zul}$ wie zu Gleichung (7.1)
v Verschwächungsverhältnis; erfahrungsgemäß $v = 0{,}8$, was einem Zuschlag von 25 % entspricht

Hinweis: Bei Schweißanschlüssen entfällt die Lochschwächung und damit auch v; es ist also A_n gleich A zu setzen.

Mit der ermittelten Querschnittsfläche A wird aus den Profilstahltabellen im Anhang ein passendes Profil gewählt.

Für dieses entnimmt man den dazugehörigen Nietdurchmesser bzw. Lochdurchmesser aus DIN 997 ... 999, bzw. aus Tabelle A7.5, Anhang, oder bestimmt ihn bei Flachstählen und Blechen nach der Erfahrungsgleichung (7.7).

Der Stab ist dann mit Gleichung (7.1) nachzuprüfen.

7.5.2.2. Außermittig angeschlossene Zugstäbe

Bei diesen fällt die Schwerachse des Stabes erheblich aus der Anschlußebene heraus wie bei dem Winkelstahl, Bild 7-5a. Durch das Moment $M_b = F \cdot e$ entsteht eine zusätzliche Biegebeanspruchung, die den Stab, hier nach rechts, ausbiegt und nicht ohne weiteres vernachlässigt werden kann. Dieses Ausbiegen läßt sich deutlich an einem außermittig gezogenen Gummiband (Bild 7-5b) zeigen. Außermittig angeschlossene Zugstäbe sind also allgemein auf Zug und Biegung zu berechnen.

Eine überschlägige Entwurfsberechnung kann zunächst nur auf Zug erfolgen, da die Biegung vorerst ja nicht erfaßt werden kann wegen des noch unbekannten Abstandes e der Außermittigkeit.

Die *erforderliche Stabquerschnittsfläche* kann nach Gleichung (7.2) ermittelt werden, wobei $v = 0{,}6$ gesetzt wird, was einem Zuschlag von ≈ 65 % bedeutet, wodurch sowohl die Lochschwächung als auch die zusätzliche Biegung berücksichtigt werden.

Hinweis: Bei Schweißanschlüssen setze man $v = 0{,}7$, da hierbei die Lochschwächung entfällt.

Zunächst ist die *vorhandene Zugspannung* nach Gleichung (7.1) zu ermitteln.

Die vorhandene Biegespannung ist hier für den Biegezugrand (Bild 7-5a) zu bestimmen, da sich hier die Zug- und Biegezugspannung zur max. Spannung addieren: $\sigma_{bz} = \dfrac{M_b}{W_z}$. Mit dem Biegemoment $M_b = F \cdot e$ und dem auf den Biegezugrand bezogenen Widerstandsmoment $W_z = \dfrac{I}{e}$ ergibt sich die *vorhandene Biegezugspannung am Biegezugrand:*

7.5. Nietverbindungen im Stahlbau

$$\sigma_{bz} = \frac{M_b}{W_z} = \frac{F \cdot e^2}{I} \text{ in N/mm}^2 \quad (7.3)$$

F dem Lastfall entsprechende Zugkraft im Stab in N

e Abstand der Stab-Schwerachse vom Biegezugrand, normalerweise gleich Abstand der Schwerachse von der Anschlußfläche in mm

I Flächenträgheitsmoment des Stabes für die Biegeachse $x-x$ (Bild 7-5a) in mm^4 aus den Profilstahl-Tabellen

Beachte: Das Widerstandsmoment W_z in Gleichung (7.3) entspricht nicht dem W in den Profilstahltabellen, mit dem sich die maximale Biegespannung in der äußersten Randfaser errechnet. Die Spannung in dieser Faser (Biegedruckrand) interessiert hier aber nicht, da sich ja für die Zugfaser die maximale Spannung ergibt.

Für die *max. Spannung am Biegezugrand* gilt dann:

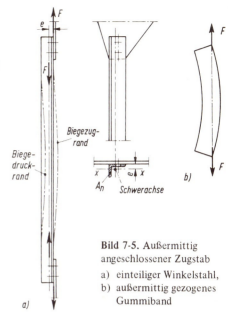

Bild 7-5. Außermittig angeschlossener Zugstab
a) einteiliger Winkelstahl,
b) außermittig gezogenes Gummiband

$$\sigma_{max} = \sigma_z + \sigma_{bz} \leq \sigma_{zul} \text{ in N/mm}^2 \quad (7.4)$$

Hinweis: Bei außermittig angeschlossenen, einzelnen Winkelstählen kann der Nachweis der zusätzlichen Biegebeanspruchung entfallen, wenn die *alleinige Zugspannung*

$$\sigma_z \leq 0,8 \cdot \sigma_{zul}$$

Bild 7-6 zeigt den Verlauf der Zug-, Biege- und zusammengesetzten Spannung, woraus eindeutig die max. Spannung am Biegezugrand zu erkennen ist.

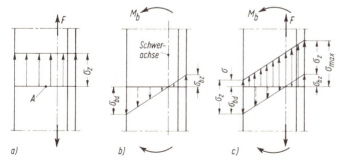

Bild 7-6
Spannungsverteilung im einseitig angeschlossenen Zugstab
a) Zugspannung,
b) Biegespannung,
c) Gesamtspannung

7.5.2.3. Mittig angeschlossene ein- und zweiteilige Druckstäbe

Bei druckbeanspruchten Stäben besteht praktisch immer die Gefahr des *Ausknickens*, da deren Länge im Verhältnis zum Querschnitt meist sehr groß ist. Für die Berechnung von Druckstäben sind die Richtlinien nach DIN 4114 maßgebend. Vorgeschrieben ist die Berechnung mit Hilfe des ω-(Omega-)*Verfahrens,* bei dem durch Einführen der

Knickzahl ω die Knickstäbe rechnerisch wie solche durch eine Kraft $F \cdot \omega$ auf Druck beanspruchte Stäbe behandelt werden. Mit dem ω-Verfahren läßt sich ein gewähltes oder ein nach „Gebrauchsformeln" (siehe unter 7.5.2.5.) überschlägig ermitteltes Profil auf Knicksicherheit nur nachprüfen, nicht aber der erforderliche Stabquerschnitt bestimmen.

Bei mittig angeschlossenen Stäben fällt der Kraftangriffspunkt mit der Schwerachse des Stabes zusammen, was wegen der günstigen Beanspruchungsverhältnisse möglichst anzustreben ist.

Einteilige Stäbe

Bei diesen ist ein mittiger Anschluß praktisch nur bei Schweißkonstruktionen z. B. mit Rohren (Bild 7-7a) oder T-Stählen (Bild 6-6c; siehe „Schweißverbindungen" unter 6.6.5.) zu erreichen. Für solche Stäbe gilt für die *vorhandene ω-(reduzierte Druck-)Spannung*

$$\sigma_\omega = \frac{F \cdot \omega}{A} \leqslant \sigma_{zul} \quad \text{in N/mm}^2 \tag{7.5}$$

F dem Lastfall entsprechende größte Druckkraft für den Stab in N

ω   Knickzahl, abhängig vom Werkstoff und Schlankheitsgrad λ des Stabes, nach Tabelle A7.4, Anhang

A ungeschwächte Querschnittsfläche des Stabes (kein Lochabzug!) in mm²

σ_{zul} zulässige (Druck-)Spannung in N/mm², je nach Werkstoff und Lastfall nach DIN 1050 bzw. DIN 15 018, Tabelle A3.2 bzw. A3.3, Anhang

Der *Schlankheitsgrad* ergibt sich aus $\lambda = l_k/i_{min}$: l_k rechnerische Knicklänge in cm (mm), allgemein gleich Netzlinienlänge l_0; i_{min} kleinster Trägheitsradius der Querschnittsfläche in cm (mm) aus Profilstahltabellen oder rechnerisch aus $i_{min} = \sqrt{I_{min}/A}$ mit I_{min} als kleinstes Trägheitsmoment der Querschnittsfläche.

Zweiteilige Stäbe

Bei diesen, z. B. aus zwei Winkelstählen bestehenden Stäben (Bild 7-7b), fällt die *Gesamt*-Schwerachse praktisch mit der Anschlußebene zusammen; sie können gewissermaßen wie mittig angeschlossene, einteilige Stäbe behandelt werden. Zweiteilige Stäbe sind bei Niet- (und Schraub-)konstruktionen unbedingt zu bevorzugen. Für diese Stäbe ist für beide Hauptachsen $x-x$ und $y-y$ der *Spannungsnachweis* zu führen:

$$1. \quad \sigma_{\omega x} = \frac{F \cdot \omega_x}{A} \leqslant \sigma_{zul} \qquad 2. \quad \sigma_{\omega y} = \frac{F \cdot \omega_y}{A} \leqslant \sigma_{zul} \quad \text{in N/mm}^2 \tag{7.5a}$$

F dem Lastfall entsprechende größte Druckkraft für den Gesamtstab in N

A ungeschwächte Querschnittsfläche des *Gesamt*stabes in mm²

ω_x Knickzahl für den auf die Achse $x-x$ bezogenen Schlankheitsgrad $\lambda_x = l_k/i_x$. Man setzt $l_k = l_s$ gleich ungefähren Abstand der Schwerpunkte der Stabanschlüsse (Bild 7-7b), da hierbei die Knickrichtung in Fachwerkebene liegt; i_x Trägheitsradius des Einzelstabes, bezogen auf die Achse $x-x$ aus Profilstahltabelle

7.5. Nietverbindungen im Stahlbau

ω_y Knickzahl für den auf die Achse $y-y$ bezogenen Schlankheitsgrad. Bei kleinem Abstand a der Einzelstäbe, etwa gleich Knotenblechdicke, und wenn die Einzelstäbe auf ihrer Länge durch Futterstücke oder Laschen verbunden sind (Bild 7-7b), dann kann $\lambda_y = l_k/i_y$ gesetzt werden. Man setzt $l_k = l_0$ gleich Netzlinienlänge, da Knickrichtung hier senkrecht zur Fachwerkebene liegt. Ferner ist i_y der auf die Schwerachse $y-y$ bezogene Trägheitsradius des Gesamtstabes. Dieser ergibt sich für symmetrisch angeordnete gleiche Einzelstäbe aus der allgemeinen Beziehung $i = \sqrt{I/A}$ (mit I nach Verschiebesatz!): $i_y = \sqrt{i_{y1}^2 + a_1^2}$, worin i_{y1} der Trägheitsradius des Einzelstabes (aus Tabelle) und a_1 der Abstand dessen Schwerachse von der Achse $y-y$ bedeuten. Für andere Verhältnisse beachte den folgenden Hinweis

σ_{zul} zulässige Spannung wie zu Gleichung (7.5)

Hinweis: Bei größerem Abstand a der Stäbe (Bild 7-7c) ist zur Ermittlung von ω_y der ideelle Schlankheitsgrad $\lambda_{yi} = \sqrt{\lambda_y^2 + \lambda_1^2}$ maßgebend, worin $\lambda_y = l_k/i_y$ der auf die Gesamtschwerachse $y-y$ bezogene Schlankheitsgrad des Gesamtstabes und $\lambda_1 = l_1/i_1$ das Verhältnis der größten Feldweite l_1 (Bild 7-7b) des Stabes zum kleinsten Trägheitsradius i_1 des Einzelstabquerschnittes ist.

7.5.2.4. Außermittig angeschlossene einteilige Druckstäbe

Bei außermittig angeschlossenen Druckstäben hat deren Schwerachse einen Abstand e zur Anschlußebene, d. h. zum Kraftangriffspunkt (Bild 7-7d). Durch das zusätzliche Biegemoment $M_b = F \cdot e$ sind solche Stäbe erheblich knickgefährdeter als mittig angeschlossene und darum möglichst zu vermeiden.

Der im Bild 7-7d dargestellte Winkelstahl wird, begünstigt durch das Moment $M_b = F \cdot e$, nach links ausknicken. Damit liegt die Stabschwerachse dem Biegedruckrand näher als

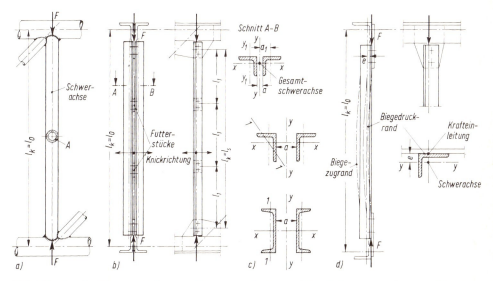

Bild 7-7. Druckstäbe. a) mittig angeschlossener einteiliger Stab (Rohr), b) mittig angeschlossener zweiteiliger Stab mit kleinem Stababstand, c) zweiteilige Stäbe mit größerem Stababstand, d) außermittig angeschlossener einteiliger Stab

dem Biegezugrand. Für diesen, bei Fachwerkstäben praktisch immer vorliegenden Fall, ist der *Spannungsnachweis* sowohl für den *Biegedruckrand* (1.) als auch für den *Biegezugrand* (2.) zu erbringen:

$$
\begin{aligned}
&1. \quad \sigma_{\max\,d} = \sigma_\omega + 0{,}9 \cdot \sigma_{bd} \\
&2. \quad \sigma_{\max\,z} = \sigma_\omega + \frac{150 + \lambda}{500} \cdot \sigma_{bz}
\end{aligned} \Biggr\} \leqslant \sigma_{zul} \text{ in N/mm}^2 \qquad (7.6)
$$

σ_ω vorhandene ω-Spannung in N/mm² nach Gleichung (7.5), hier jedoch mit $\omega \triangleq \omega_y$, abhängig von dem auf die Achse $y-y$ (parallel zur Anschlußebene) bezogenen Schlankheitsgrad $\lambda_y = l_k/i_y$ mit $l_k = l_0$ (Bild 7-7d)

σ_{bd} Biegespannung am Biegedruckrand in N/mm² aus $\sigma_{bd} = M_b/W_d$ mit $M_b = F \cdot e$ und $W_d = I_y/e$, also $\sigma_{bd} = F \cdot e^2/I_y$ (siehe auch zu Gleichung (7.3))

σ_{bz} Biegespannung am Biegezugrand in N/mm² aus $\sigma_{bz} = M_b/W_z$, hier mit $W_z = W_y$ aus Profilstahltabellen

λ Schlankheitsgrad, zugeordnet der Achse $y-y$, also $\lambda \triangleq \lambda_y$ (wie oben zu σ_ω)

Hinweis: Werden für außermittige Druckstäbe alleinige ungleichschenklige Winkelstähle verwendet, dann sollen diese unbedingt mit dem breiten Schenkel angeschlossen werden, um die Außermittigkeit möglichst klein zu halten (Abstand *e*!).

7.5.2.5. Gebrauchsformeln zur Vorwahl der Druckstäbe

Druckstäbe lassen sich nach dem ω-Verfahren, wie schon erwähnt, nicht vorausberechnen, sondern nur nachprüfen. Um unnötig langes „Probieren" zu ersparen, können die erforderlichen Profilgrößen nach *„Gebrauchsformeln"* angenähert ermittelt werden. Für häufige Profilformen und -anordnungen kann etwa geschätzt werden, wenn F in kN und l_k (vorerst l_k = Netzlinienlänge l_0) in m eingesetzt werden:

für den *unelastischen Bereich* (etwa $\lambda < 100$) die *erforderliche Querschnittsfläche*
für Stäbe aus St 37: $A \approx F/14 + 0{,}58 \cdot k \cdot l_k^2$ in cm²,
        aus St 52: $A \approx F/21 + 0{,}72 \cdot k \cdot l_k^2$ in cm²,
für den *elastischen Bereich* (etwa $\lambda \geqslant 100$) das *erforderliche (kleinste) Trägheitsmoment*
für alle Stahlsorten: $I \approx 0{,}12 \cdot F \cdot l_k^2$ in cm⁴.
Der Profilbeiwert wird bei ∟-gleichschenklig: $k = 6$, bei ∟-ungleichschenklig: $k = 7 \ldots 11 \cdot$ (mit größer werdender „Ungleichschenkligkeit"), bei ⌐⌙: $k = 4{,}6$, bei ⊣⌐ gleichschenklig: $k = 3$, bei I: $k = 7$, bei ‖ dichtsitzend: $k = 6$, bei] [mit $I_x \approx I_y$: $k = 1{,}2$, bei ○: $k = 4 \cdot \pi \approx 12{,}6$, bei ⌾ mit $D/s \approx 10$: $k = 1{,}25$, mit $D/s \approx 8$: $k = 1{,}5$, mit $D/s = 5$: $k = 2{,}5$ (*D* Rohraußendurchmesser, *s* Wanddicke).

Nach Wahl eines Profilstahles ist dieser selbstverständlich nach obigen Gleichungen (7.5) bzw. (7.6) zu prüfen und ggf. zu korrigieren.

7.5.2.6. Knotenbleche

Knotenbleche dienen zum Verbinden der im Knotenpunkt zusammenlaufenden Stäbe. Die Größe ist durch die Gestaltung der Knotenpunkte gegeben, die Dicke s_k soll etwa der Dicke der angeschlossenen Schenkel, Flansche usw. der Stäbe entsprechen:

7.5. Nietverbindungen im Stahlbau

Die Knotenblechdicke s_k wird etwa gleich oder etwas kleiner als die mittlere Dicke aller im Knotenpunkt zusammenlaufenden Stäbe gewählt.

Bei Doppelstäben ist die Summe der Dicken beider Stäbe als Stabdicke zu betrachten.

7.5.3. Berechnung der Niete und Nietverbindungen

7.5.3.1. Niet- und Nietlochdurchmesser

Der Nietdurchmesser d wird normalerweise nicht berechnet, sondern in Abhängigkeit von den Bauteilabmessungen festgelegt.

Bei *Stab-Formstählen* (L-, U-Stählen usw.) richtet sich d nach den Schenkel- und Flanschbreiten, teilweise auch nach den Dicken, denn der Nietkopf muß ausreichend Platz haben und auch geschlagen werden können. Für diese Stähle sind die (Regel-)Lochdurchmesser und damit die Nietdurchmesser nach DIN 997 bis 999 festgelegt, auszugsweise in Tabelle A7.5, Anhang, angegeben.

Bei *Blechen, Breitflachstählen* u. ä. wird der *Nietdurchmesser* im angemessenen Verhältnis zur Dicke s (in mm) des dünnsten Bauteiles gewählt:

$$d \approx \sqrt{50 \cdot s} - 2 \text{ mm in mm} \tag{7.7}$$

Festgelegt wird der nächstliegende genormte Durchmesser nach DIN 124, Tabelle A7.1, Anhang.

Für alle Niete im Stahlbau mit $d \geq 10$ mm ist der *Nietlochdurchmesser* $d_1 = d + 1$ mm.

7.5.3.2. Nietlänge

Die Rohniet-Schaftlänge ist von der Klemmlänge Σs, von der Form des Schließkopfes und vom Nietdurchmesser d abhängig. Bei üblichem Lochdurchmesser ergibt sich die *Rohnietlänge* (Bild 7-8) aus

$$l = \Sigma s + l_{ü} \text{ in mm} \tag{7.8}$$

$l_ü$ Überstand in mm; man wählt bei einem Schließkopf als
Halbrundkopf: $l_ü \approx 1,4 \ldots 1,6 \cdot d$,
Senkkopf: $l_ü \approx 0,6 \ldots 1 \cdot d$

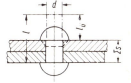

Bild 7-8. Rohnietlänge

Je größer die Klemmlänge Σs (max. $\Sigma s \approx 4 \ldots 5 \cdot d$), um so größer ist der Überstand $l_ü$ innerhalb des angegebenen Bereiches zu wählen, um damit das größere Lochvolumen auszufüllen. Als endgültige Nietlänge l ist die nächstliegende genormte Länge festzulegen. (Tabelle A7.1, Anhang). In DIN 124, Bl. 2 und 3 (Stahlbauniete), DIN 123, Bl. 2 und 3 (Kesselniete) und DIN 302, Bl. 2 bis 5 (Senkniete) sind die Nietlängen in Abhängigkeit von Klemmlänge und Schließkopfform bereits festgelegt (im Anhang nicht aufgeführt).

7.5.3.3. Zentrisch belastete Verbindungen, Stabanschlüsse

Bei diesen geht die Wirklinie der äußeren Kraft durch den Schwerpunkt der Verbindung oder fällt nur wenig aus diesem heraus, wie praktisch bei allen Stabanschlüssen, z. B. nach Bild 7-9. Solche Verbindungen werden also nur in der gegebenen Richtung der äußeren Kraft beansprucht.

Abscherspannung, Lochleibungsdruck. Die eigentliche Berechnung der Niete erfolgt auf Abscheren und Lochleibungsdruck (Flächenpressung zwischen Nietschaft und Lochwand), denn der Reibungsschluß der Bauteile ist nicht unbedingt gesichert, so daß diese sich gegeneinander verschieben könnten und die Niete dann auf Abscheren und Lochleibungsdruck beansprucht werden. Man geht bei der Berechnung davon aus, daß die äußere Kraft sich auf alle Niete gleichmäßig verteilt, was jedoch tatsächlich nicht der Fall ist (siehe hierzu den folgenden Abschnitt „Nietzahl").

Für die Nachprüfung einer gegebenen Nietverbindung, Bild 7-9, sind die folgenden Bedingungen nach Gleichungen (7.9) und (7.10) zu erfüllen.

Aus der Abscher-Hauptgleichung $\tau_a = F/A$ folgt für die *Abscherspannung eines Nietes*

$$\tau_a = \frac{F}{A_1 \cdot n \cdot m} \leqslant \tau_{a\,zul} \quad \text{in N/mm}^2 \tag{7.9}$$

Aus der Flächenpressungs-Hauptgleichung $p = \sigma_l = F/A_{proj} = F/d_1 \cdot s$ folgt für den *Lochleibungsdruck eines Nietes*

$$\sigma_l = \frac{F}{d_1 \cdot s \cdot n} \leqslant \sigma_{l\,zul} \quad \text{in N/mm}^2 \tag{7.10}$$

F von der Nietverbindung zu übertragende, dem Lastfall entsprechende Kraft in N

$A_1 = d_1^2 \cdot \pi/4$ Querschnittsfläche des geschlagenen Nietes gleich Lochquerschnittsfläche in mm² nach Tabelle A7.1, Anhang

d_1 Durchmesser des geschlagenen Nietes in mm nach Tabelle A7.1, Anhang

n Anzahl der kraftübertragenden Niete

m Schnittigkeit; $m = 1$ bei einschnittiger Verbindung (Bild 7-9a), $m = 2$ bei zweischnittiger Verbindung (Bild 7-9b)

s Dicke des schwächeren Bauteiles in mm. *Beachte:* Bei zweischnittiger Verbindung (Bild 7-9b) ist als Stabdicke die Summe der Einzelstabdicken zu setzen

$\tau_{a\,zul}, \sigma_{l\,zul}$ zulässige Abscherspannung, zulässiger Lochleibungsdruck in N/mm², abhängig vom Werkstoff der Niete und Bauteile und vom Lastfall, nach DIN 1050 bzw. DIN 15018, Tabelle A3.2 bzw. A3.3, Anhang

Nietzahl. Für eine zu berechnende Nietverbindung, also für eine Entwurfsberechnung, wird nach Wahl eines geeigneten Nietdurchmessers (siehe unter 7.5.3.1.) die Anzahl der erforderlichen Niete durch Umwandeln obiger Gleichungen ermittelt.

Aus Gleichung (7.9) ergibt sich die *Nietzahl aufgrund der zulässigen Abscherspannung:* $n \triangleq n_a$,

aus Gleichung (7.10) die *Nietzahl aufgrund des zulässigen Lochleibungsdruckes:* $n \triangleq n_l$.

7.5. Nietverbindungen im Stahlbau

Es ist dann die aus beiden Rechnungen sich ergebende, stets aufzurundende, größere Nietzahl zu wählen. In der Praxis wird die Nietzahl häufig Tabellen entnommen. Diese enthalten die von einem Niet übertragbare Kraft, so daß sich für eine bestimmte Stabkraft die erforderliche Nietzahl schnell ermitteln läßt.

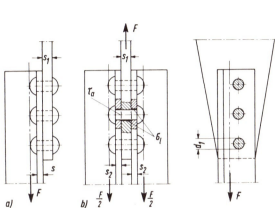

Bild 7-9. Berechnung zentrisch belasteter Nietverbindungen.
a) Einschnittige Verbindung, b) zweischnittige Verbindung

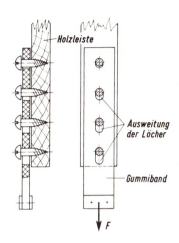

Bild 7-10. Zugversuch mit Gummiband zur Veranschaulichung der ungleichmäßigen Kraftverteilung auf die Niete

Hinweise: Durch ungleiche Dehnung der Bauteile zwischen den in Kraftrichtung hintereinander liegenden Nieten ergibt sich auch eine ungleiche Kraftverteilung für die Niete. Die an den Enden sitzenden, äußeren Niete werden stärker beansprucht als die in der Mitte sitzenden, was durch einen „Gummiband-Versuch" (Bild 7-10) veranschaulicht werden kann. Darum sollen in Kraftrichtung *nicht mehr als fünf Niete hintereinander* gesetzt werden. Sind festigkeitsmäßig mehr Niete erforderlich, so kann der Stab mit einem *Beiwinkel* angeschlossen werden.

Beispiel: Für den in Bild 7-11 dargestellten Stabanschluß sind rechnerisch 6 Niete erforderlich. Der Stab (aus 2 Winkelstählen) wird mit 3 Nieten, die Beiwinkel werden ebenfalls mit 3 Nieten an das Knotenblech angeschlossen. Stab und Beiwinkel sollen durch eine etwa 1,5-fache Nietzahl verbunden werden, hier sind je 4 Niete vorgesehen, um dem Anschluß eine größere Steifigkeit zu geben (theoretisch genügten auch hier je 3 Niete). Die abstehenden Schenkel der Beiwinkel werden zweckmäßig über das Knotenblech hinaus verlängert, um eine Überleitung der Stabkraft in die Beiwinkel schon vor dem eigentlichen Nietanschluß zu ermöglichen.

Je Stabanschluß müssen *mindestens zwei Niete* vorgesehen werden, selbst wenn ein Niet festigkeitsmäßig ausreichen würde, außer bei untergeordneten Bauteilen wie Vergitterungen, Geländer u. dgl. Bei nur einem Niet könnte der Stab, wie um einen Bolzen, seitlich „ausdrehen", so daß der Reibungsschluß vollständig beseitigt und die Verbindung stark gefährdet wäre. Auch aus Sicherheitsgründen sind zwei Niete unbedingt erforderlich.

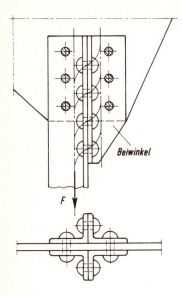

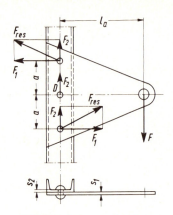

Bild 7-12. Exzentrisch belastete Nietverbindung

Bild 7-11. Beiwinkel-Anschluß

7.5.3.4. Exzentrisch belastete Verbindungen

Bei diesen geht die Wirklinie der äußeren Kraft im größeren Abstand am Schwerpunkt der Nietverbindung vorbei, wie bei Anschlüssen von Konsolblechen u. dgl. nach Bild 7-12. Die Niete solcher Verbindungen haben damit nicht nur die äußere Kraft selbst, sondern noch die durch deren „Drehwirkung" entstehenden Kräfte aufzunehmen.

Beispiel: Die Nietverbindung nach Bild 7-12 wird durch die Kraft F auf „Schub" und durch das Moment $F \cdot l_a$ auf „Drehung" beansprucht, wobei als Drehpunkt stets der Schwerpunkt der Verbindung, hier der mittlere Niet D, angenommen wird. Aus der Gleichgewichtsbedingung $\Sigma M_{(D)} = 0$ folgt:

$$F \cdot l_a = 2 \cdot F_1 \cdot a, \quad \text{hieraus} \quad F_1 = \frac{F \cdot l_a}{2 \cdot a}.$$

Aus der Bedingung $\Sigma F_y = 0$ folgt:

$F = 3 \cdot F_2$, damit $F_2 = \frac{F}{3}$ (die „Schubwirkung" verteilt sich gleichmäßig auf alle Niete!). Für die äußeren Niete ergibt sich dann die resultierende Kraft:

$$F_{res} = \sqrt{F_1^2 + F_2^2}.$$

Mit F_{res} sind die Niete dann auf Abscheren und Lochleibungsdruck entsprechend den Gleichungen (7.9) und (7.10) nachzuprüfen:

$$\tau_a = \frac{F_{res}}{A_1} \leq \tau_{a\,zul} \quad \text{und} \quad \sigma_l = \frac{F_{res}}{d_1 \cdot s} \leq \sigma_{l\,zul}.$$

Es sei noch bemerkt, daß solche Nietverbindungen kaum vorausberechnet werden können, sondern konstruktiv entworfen und dann nachgeprüft werden müssen.

7.5.4. Gestaltung der Nietverbindungen im Stahlbau

Für die Anordnung der Niete gelten im Stahlbau nach DIN 1050 allgemein folgende Richtwerte (Bild 7-13):

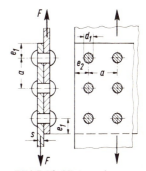

Bild 7-13. Nietanordnung

kleinster Randabstand	in Kraftrichtung:	$e_1 \approx 2 \cdot d_1$
	senkrecht zur Kraftrichtung:	$e_2 \approx 1,5 \cdot d_1$
max. Randabstand	in beiden Richtungen:	$e \approx 3 \cdot d_1$ oder $6 \cdot s$
kleinster Lochabstand	allgemein:	$a \approx 3 \cdot d_1$
max. Lochabstand	bei Kraftnieten:	$a \approx 8 \cdot d_1$ oder $15 \cdot s$
	bei Heftnieten:	$a \approx 12 \cdot d_1$ oder $25 \cdot s$

Bei den von d_1 und s abhängigen Werten ist der kleinere zu wählen. Für s ist die Dicke des dünnsten Teiles einzusetzen.

Für Strahltragwerke im Kranbau gelten die Richtwerte nach DIN 15018, Bl. 2, die sich aber etwa mit obigen Angaben decken.

Bei Stab- und Formstählen (L-, U-Stählen u. dgl.) ist die Anordnung der Niete (Lochabstände und Anreiß- oder Wurzelmaße) nach DIN 997 bis 999 festgelegt. Einen Auszug dieser Normen und allgemeine Richtwerte enthalten die Tabellen A7.3 und A7.5 im Anhang.

Bei Stabfachwerken sollen sich die Netzlinien (Systemlinien) grundsätzlich mit den Schwerachsen der Stäbe decken, um zusätzliche Biegemomente in den Bauteilen auszuschalten (siehe auch zu 6. Schweißverbindungen unter 6.6.5. und Berechnungsbeispiel 7.1 mit Bild 7-18). Nur bei kleineren, untergeordneten Fachwerken, z. B. bei kleineren Stützgerüsten und Gerüsten für Transportbänder, sowie bei Fachwerken oder Fachwerkteilen, die nur Zusatzkräfte, z. B. Windkräfte, aufzunehmen haben, können sich auch die Netzlinien mit den Anreißlinien (Mittellinien der Niet- oder Schraubenlöcher) decken. Hierdurch ergeben sich häufig günstigere und einfachere Stabanschlüsse.

7.6. Nietverbindungen im Kessel- und Behälterbau

Im Kessel- und Behälterbau hat die Nietverbindung keine große Bedeutung mehr, da hier fast nur noch geschweißt wird. Daher sollen auch nur einige grundsätzliche Hinweise über Ausführung, Berechnung usw. genieteter Kessel und Behälter gegeben werden.

Für die Werkstoffe, die Berechnung, die Herstellung usw. genieteter Dampfkessel und Druckbehälter gelten, wie für geschweißte, die Technischen Regeln für Dampfkessel (TRD) in Verbindung mit betreffenden *AD-Merkblättern* (siehe auch zu 6. Schweißverbindungen unter 6.7.).

Die Berechnung der Nietverbindungen für Kessel und Druckbehälter erfolgt unter der Voraussetzung, daß die äußere Kraft vollkommen durch Reibungsschluß – hier auch Gleitwiderstand genannt – aufgenommen wird, denn die Verbindung muß fest und dicht sein. Darum wird für die Niete die zulässige Spannung – hier spezifischer Gleitwiderstand k_n genannt – wesentlich kleiner angesetzt als im Stahlbau und zwar für Niete aus St 36: $k_n \leqslant 70 \text{ N/mm}^2$, für Niete aus St 44: $k_n \leqslant 80 \text{ N/mm}^2$. Damit ergeben sich gegenüber dem Stahlbau bei gleichgroßen Kräften erheblich größere Niete.

Behälter und Rohrleitungen aus schlecht oder nicht schweißbaren Werkstoffen und solche aus oberflächenbehandelten Blechen (z. B. Windrohrleitungen aus verzinkten oder kunststoffbeschichteten Blechen) werden genietet oder auch gelötet, gefalzt oder geklebt.

7.7. Nietverbindungen im Maschinen- und Apparatebau

Nietverbindungen an bewegten Teilen im *Maschinenbau* werden meist dynamisch belastet. Eine etwaige Berechnung erfolgt im Prinzip wie bei Nieten im Stahlbau.

Bei *querbeanspruchten Nieten* darf der Reibungsschluß zwischen den Bauteilen nicht überschritten werden. Die zulässige Abscherspannung entspricht dabei dem spezifischen Gleitwiderstand k_n der Kesselnietung (siehe oben unter 7.6.).

Zugbeanspruchte Niete sind unbedingt zu vermeiden, da sie wegen unkontrollierbarer Vorspannung kaum berechnet werden können. In solchen Fällen sind Schrauben zu bevorzugen.

Im *Apparate-, Geräte- und Feinmaschinenbau* werden Nietverbindungen meist nach rein konstruktiven Gesichtspunkten gestaltet, da kaum oder nur geringe Kräfte zu übertragen sind. Es kommen praktisch nur Kaltnietungen mit Nieten unter 8 mm Durchmesser in Frage. Von den sehr vielgestaltigen Nietformen und Nietungsarten sind die am häufigsten verwendeten bereits unter 7.2.1. genannt: Hohl- und Rohrniete, Nietstifte, Blindniete u. a. (siehe Tabelle 7.1 und Bilder 7-1 und 7-2). Eine ausführliche Beschreibung dieser Nietverbindungen gehört in das Gebiet der Feinwerktechnik, siehe auch unter 7.10. Normen und Literatur.

7.8. Nietverbindungen im Leichtmetallbau

7.8.1. Allgemeine Richtlinien

Für Konstruktionen aus Leichtmetall, worunter man in der Praxis solche aus Aluminium und dessen Legierungen versteht, wird die Nietverbindung besonders bei höher beanspruchten Bauteilen, z. B. im Fahrzeug- und Flugzeugbau, im Hoch- und Brückenbau, gegenüber der Schweiß- oder Lötverbindung bevorzugt. Durch das Nieten wird vermieden, daß die Festigkeit der meist verwendeten hochfesten, ausgehärteten Aluminiumlegierungen durch die hohen Schweiß- bzw. Löttemperaturen mehr oder weniger stark vermindert wird.

Für die Berechnung und Ausführung von Bauteilen und Verbindungsmitteln aus Aluminium im Hochbau sind die Richtlinien nach DIN 4113 „Aluminium im Hochbau"[1]) maßgebend.

---

[1]) siehe auch Aluminium-Merkblatt V 5 (Aluminium-Zentrale e.V., Düsseldorf)

7.8.2. Aluminiumniete

Im Leichtmetallbau werden allgemein die auch im Stahl- und Blechbau üblichen, unter 7.2.1. und in Tabelle 7.1 aufgeführten Nietformen verwendet. Für den Schließkopf werden jedoch vielfach andere Formen als bei Stahlnieten bevorzugt, z. B. der *Tonnen-* oder *Flachkopf* (Bild 7-14a), dessen Bildung eine geringere Kraft als andere Schließkopfformen benötigt und bei dem das sonst genaue Einhalten einer bestimmten Nietschaftlänge nicht erforderlich ist, oder der *Kegelstumpfkopf* (Bild 7-14b), der gegenüber dem Tonnenkopf den Vorteil hat, daß er besser zentriert und angepreßt ist, jedoch einen entsprechend geformten Döpper und eine größere Kraft zum Bilden benötigt.

Einige *Senk-* oder *Glatthautnietungen* sind in Bild 7-14c bis e gezeigt. Im übrigen werden auch die sonst üblichen Schließkopfformen (Halbrund-, Linsen-, Flachrundkopf usw.) verwendet.

Ist die Schließkopfseite nur schwer oder gar nicht zugänglich, wie z. B. bei Hohlprofilen oder Rohren, werden die bereits in 7.2.1. beschriebenen und in Bild 7-1 gezeigten Blindniete verwendet.

Aluminiumniete werden nur kalt geschlagen oder gepreßt.

7.8.3. Werkstoffe

Für Bauteile (Bleche, Rohre, I-, U-, L-Stäbe usw.) und Niete kommen insbesondere die in Tabelle A3.4, Anhang, aufgeführten Aluminiumlegierungen in Frage. Niete und Bauteile sollen wegen der Zerstörungsgefahr durch elektrochemische Korrosion unbedingt aus gleichem oder zumindest gleichartigem Werkstoff bestehen (siehe unter 7.8.5.2.).

7.8.4. Berechnung der Bauteile und Niete

Niete und genietete Bauteile aus Aluminium im Hochbau werden im Prinzip wie im Stahlbau berechnet. Für die zulässigen Spannungen sind die Vorschriften nach DIN 4113 maßgebend, siehe Tabelle A3.4, Anhang. Diese Werte gelten bei vorwiegend statischen Belastungen. Bei Schwellbelastung sind diese um $\approx 15\%$, bei Wechselbelastung um $\approx 20\%$ zu vermindern.

Da im Leichtmetallbau ausschließlich kalt genietet wird, ist zu beachten, daß die äußere Kraft fast nur durch den Scherwiderstand und den Lochleibungsdruck des lochausfüllenden Nietschaftes übertragen wird, während bei warm geschlagenen Stahlnieten der Reibungswiderstand der zusammengepreßten Bauteile den größten Teil der äußeren Kraft aufnimmt.

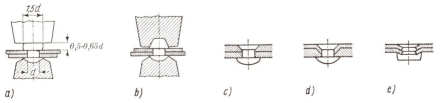

Bild 7-14. Nietungen im Leichtmetallbau. a) Tonnenkopf, b) Kegelstumpfkopf, c) bis e) Glatthautnietungen.

7.8.4.1. Niet- und Nietlochdurchmesser

Der *Nietdurchmesser d* wird bei Blechen und ähnlichen Bauteilen in Abhängigkeit von der Dicke s des schwächsten Bauteiles gewählt und zwar bei einschnittiger Verbindung: $d \approx 2 \cdot s + 2$ mm, bei zweischnittiger: $d \approx s + 2$ mm.

Bei ⊔-, ⌊-Profilen usw. können die Nietdurchmesser wie bei vergleichbaren Stahl-Profilen (siehe Tabelle A7.5, Anhang) gewählt werden. Die Abmessungen der Leichtmetall-Profile, nach DIN 1771, stimmen jedoch nicht genau mit denen der Stahl-Profile überein.

Der *Nietlochdurchmesser* d_1 wird bei der im Leichtmetallbau üblichen Kaltnietung kleiner ausgeführt als im Stahlbau, um Staucharbeit zu vermeiden und eine gute Lochausfüllung zu erreichen. Man wählt bei einem (Roh-)Nietdurchmesser

d < 12 mm: $d_1 \approx d + 0{,}03 \cdot d$, bei $d \geqslant 12$ mm: $d_1 \approx d + 0{,}4$ mm.

7.8.4.2. Rohniet-Schaftlänge

Die Rohnietlänge l wird wie bei Stahlnieten nach Gleichung (7.8) bestimmt. Für den Überstand $l_ü$ wird gesetzt bei einem Schließkopf als Halbrundkopf: $l_ü \approx 1{,}5 \cdot d$, Senkkopf: $l_ü \approx d$, Tonnen- und Kegelkopf: $l_ü \approx 1{,}8 \cdot d$. Die endgültigen Rohnietlängen sind, wie bei Stahlnieten, nach dem betreffenden Normen zu wählen.

7.8.5. Gestaltung der Nietverbindungen im Leichtmetallbau

7.8.5.1. Nietanordnung

Bei Blechen und ähnlichen Bauteilen gelten allgemein folgende Richtwerte (Bild 7-15):

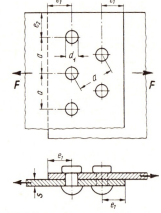

Bild 7-15. Anordnung der Niete im Leichtmetallbau

Randabstand	in Kraftrichtung und senkrecht dazu:	$e_1 = e_2 \approx 2 \cdot d_1$ oder $\approx 4 \cdot s$
	von beiden Werten ist der größere zu wählen	
Lochabstand	normal:	$a \approx 3 \ldots 5 \cdot d_1$
max. Lochabstand	bei Kraftnieten:	$a \approx 6 \cdot d_1$
	bei Heftnieten:	$a \approx 7 \cdot d_1$ oder $15 \cdot s$
	von beiden Werten ist der kleinere zu wählen	

Für s ist die Dicke des dünnsten Teiles einzusetzen.

Bei ⊔-, ⌊-Profilen usw. kann die Nietanordnung ebenfalls nach den oben angegebenen Richtwerten oder auch wie bei vergleichbaren Stahl-Profilen erfolgen.

7.8.5.2. Korrosionsschutz

Niete und zu vernietende Bauteile sollen wegen der Gefahr elektrochemischer Korrosion grundsätzlich aus gleichen oder zumindest aus solchen Werkstoffen bestehen, die innerhalb der elektrochemischen Spannungsreihe ein ähnliches Lösungspotential aufweisen.

7.9. Berechnungsbeispiele

Andernfalls würde bei gleichzeitiger Anwesenheit eines Elektrolyten, z. B. von Feuchtigkeit, Wasser, Dampf, Säure oder Lauge, immer das unedlere, also das in der Spannungsreihe links stehende Element zerstört werden. Ein Verbinden von Aluminiumbauteilen beispielsweise mit Kupfer- oder Messingnieten ist darum wegen ihres großen Potentialunterschiedes auf keinen Fall zulässig. Das Aluminium würde dabei schnell zerstört. Selbst ein Verbinden von kupferfreien mit kupferhaltigen Aluminiumlegierungen ist zu vermeiden.

Ist das Verbinden von Aluminium mit anderen Metallen, meist mit Stahl, nicht zu vermeiden, wie bei Hochbauten (Fenster- und Türrahmen, Verkleidungen u. dgl.), im Fahrzeugbau oder Schiffsbau, so sind bei dieser *Mischbauweise* die verschiedenen Metalle gegen Korrosion sorgfältig zu isolieren. Hierzu sind folgende Maßnahmen geeignet: Verzinken oder Vercadmen der Berührungsflächen der Stahlteile, isolierender Anstrich der Berührungsflächen, Zwischenlagen aus Plasten, Gummi oder bitumengetränkten Gewebestreifen (auch Metallklebstoffe wirken isolierend!).

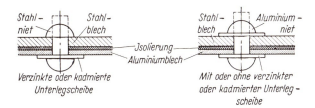

Bild 7-16. Vernietungen von Aluminium und Stahl

Bild 7-16 zeigt Isolierungsmaßnahmen bei der Vernietung von Bauteilen aus Stahl und Aluminium mit Stahl- oder Aluminiumnieten. Der Nietschaft braucht gegen die Lochwand nicht isoliert zu werden, da kaum zu erwarten ist, daß z. B. Wasser als Elektrolyt an den Nietschaft gelangen kann. Die fertigen Vernietungsstellen sind möglichst noch mit einem Schutzanstrich zu versehen.

7.9. Berechnungsbeispiele

■ **Beispiel 7.1:** Das Fachwerk eines Dachbinders aus Baustahl St 37 nach Bild 6-6a (siehe „Schweißverbindungen" unter 6.6.5.) ist als Nietkonstruktion auszubilden. Zu berechnen sind die Stäbe und deren Nietverbindungen im Knotenpunkt 10, um einen kritischen Vergleich zur entsprechenden Schweißkonstruktion nach Beispiel 6.2 anstellen zu können. Gewählt wird die für Nietkonstruktionen günstige Ausführung mit zweiteiligen Stäben aus Winkelstählen. Für den Obergurt sind ⌐⌐ 100 × 65 × 7 vorgesehen. Für den Stab S_1 ergibt sich eine Zugkraft $F_1 = 41$ kN, für Stab S_2 eine Druckkraft $F_2 = 46$ kN im Lastfall HZ (Bild 7-17).
a) Für Stab S_1 sind die erforderlichen gleichschenkligen Winkelstähle zu ermitteln.
b) Für Stab S_2 sind die erforderlichen gleichschenkligen Winkelstähle zu ermitteln.
c) Die Knotenblechdicke ist festzulegen.
d) Die Nietverbindung (Nietdurchmesser, Nietlänge und Nietzahl) für den Stab S_1 ist zu berechnen.
e) Die Nietverbindung (wie zu d)) für den Stab S_2 ist zu berechnen.
f) Der Knotenpunkt ist zu entwerfen mit normgerechter Darstellung und Bemaßung (die Nietverbindung mit dem Obergurt bleibt offen).

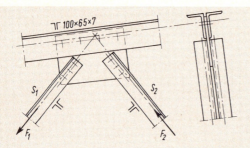

Bild 7-17
Genieteter Knotenpunkt des Fachwerkes eines Dachbinders

▶ **Lösung a):** Der zweiteilige Stab S_1 kann als mittig angeschlossener Zugstab betrachtet werden (siehe unter 7.5.2.1.). Unter Berücksichtigung der Schwächung durch die Nietlöcher wird die erforderliche Stabquerschnittsfläche nach Gleichung (7.2):

$$A \approx \frac{F_1}{v \cdot \sigma_{z\,zul}}.$$

Mit Verschwächungsverhältnis $v = 0,8$ und mit $\sigma_{z\,zul} = 180$ N/mm² für St 37 und Lastfall HZ nach Tabelle A3.2a, Zeile 2, wird

$$A \approx \frac{41\,000\text{ N}}{0,8 \cdot 180\text{ N/mm}^2} = 284,7\text{ mm}^2 \approx 2,85\text{ cm}^2.$$

Für *einen* Winkelstahl wird dann $A_1 = A/2 = 1,425$ cm². Hierfür genügte nach DIN 1028, Tabelle A1.5: ⌐ 25 × 3 (mit $A_1 = 1,42$ cm²). Nach den Angaben unter 7.5.2. sollen jedoch eine Dicke von 4 mm und eine Breite von 35 mm nicht unterschritten werden; darum und um auch diese Winkelstähle den zweifellos größeren des Druckstabes S_2 anzugleichen, werden gewählt: 2 Winkelstähle ⌐⌐ 35 × 4 (mit je $A_1 = 2,67$ cm²). Auf eine Nachprüfung des Stabes nach Gleichung (7.1) kann hier verzichtet werden, da ja ein wesentlich größeres Profil gewählt wurde als rechnerisch erforderlich ist und daher $\sigma_{z\,(vorh)} < \sigma_{z\,zul}$ zu erwarten ist.

Ergebnis: Für den Zugstab S_1 ergibt sich ein zweiteiliger Stab ⌐⌐ 35 × 4.

▶ **Lösung b):** Der zweiteilige Stab S_2 ist nach den Angaben unter 7.5.2.3. als mittig angeschlossener Druckstab zu betrachten. Bevor der vorgeschriebene Spannungsnachweis erbracht werden kann, muß vorerst die Profilgröße geschätzt werden. Unter der Annahme, daß wegen der großen Stablänge elastische Knickung vorliegt, kann nach Angaben unter 7.5.2.5. das erforderliche (Gesamt-)Trägheitsmoment angenähert bestimmt werden aus:

$$I \approx 0,12 \cdot F \cdot l_k^2.$$

Mit $F \triangleq F_2 = 46$ kN und $l_k = 2,139$ m (gleich Netzlinienlänge aus Bild 6-6a) wird

$$I \approx 0,12 \cdot 46 \cdot 2,139^2 \text{ cm}^4 \approx 25,26 \text{ cm}^4.$$

Dieses Trägheitsmoment ist als kleinstes erforderliches zu betrachten, also das auf *die* Achse bezogene, aus der der Stab wahrscheinlich ausknicken würde. Das dürfte hier die Achse x–x sein (siehe auch Bild 7-7b). Damit wird für $I_1 = I/2 \approx 12,6$ cm⁴ je Stab nach Tabelle A1.5, Anhang, vorgewählt: ⌐ 50 × 6 (mit $I = 2 \cdot I_x = 2 \cdot 12,8$ cm⁴ = 25,6 cm⁴).

Hierfür ist nun der Spannungsnachweis durchzuführen und zwar für beide Hauptachsen x–x und y–y nach Gleichung (7.5a); zunächst für die Achse x–x:

1. $\sigma_{\omega x} = \dfrac{F \cdot \omega_x}{A} \leqslant \sigma_{zul}.$

7.9. Berechnungsbeispiele

Druckkraft $F \triangleq F_2 = 46$ kN = 46000 N. Gesamtquerschnittsfläche des Stabes $A = 2 \cdot A_1$ = 2 · 569 mm² = 1138 mm². Schlankheitsgrad $\lambda_x = l_k/i_x$; hier wird $l_k = l_s$ gesetzt, da Knickrichtung in Fachwerkebene liegt; geschätzt wird $l_s \approx 1900$ mm = 190 cm; mit $i_x = 1,5$ cm (aus Tabelle) wird $\lambda_x = 190$ cm/1,5 cm $\approx 127 > 100$ (genauer 105 für St 37), also liegt, wie angenommen, elastische Knickung vor: Für $\lambda_x = 127$ und St 37 wird nach Tabelle A7.4, Anhang: $\omega_x \approx 2,7$. Die zulässige Spannung ist nach Tabelle A3.2a, Zeile 1, für St 37 und Lastfall HZ: $\sigma_{zul} = 160$ N/mm². Mit diesen Werten wird dann:

$$\sigma_{\omega x} = \frac{46\,000 \text{ N} \cdot 2{,}7}{1138 \text{ mm}^2} \approx 109 \text{ N/mm}^2 < \sigma_{zul} = 160 \text{ N/mm}^2.$$

Für die Achse $y-y$ gilt:

2. $\sigma_{\omega y} = \dfrac{F \cdot \omega_y}{A} \leq \sigma_{zul}$.

Wie oben sind $F = 46\,000$ N und $A = 1138$ mm². Da der Abstand der Stäbe gleich der Knotenblechdicke ist, also die Stäbe eng zusammensitzen und auch durch Laschen verbunden sind, kann $\lambda_{yi} = \lambda_y = l_k/i_y$ gesetzt werden: $i_y = \sqrt{i_{y1}^2 + a_1^2}$; hierin sind für den gleichschenkligen Winkelstahl: $i_{y1} \triangleq i_x$ (nach Tabelle) = 1,5 cm und der Abstand $a_1 = s_k/2 + e$; mit Knotenblechdicke $s_k = 10$ mm = 1 cm (siehe Lösung c) und $e = 1{,}45$ cm (Tabelle A1.5) wird $a_1 = 0{,}5$ cm + 1,45 cm = 1,95 cm; damit

$i_y = \sqrt{(1{,}5 \text{ cm})^2 + (1{,}95 \text{ cm})^2} = \sqrt{(6{,}05 \text{ cm}^2)} = 2{,}46$ cm.

Als Knicklänge wird hier $l_k = l_0 = 213{,}9$ cm (Netzlinienlänge) gesetzt, da Knickrichtung senkrecht zur Fachwerkebene liegt. Hiermit wird $\lambda_y = 213{,}9$ cm/2,46 cm ≈ 87 und damit $\omega_y \approx 1{,}68$. Für die Achse $y-y$ wird dann

$$\sigma_{\omega y} = \frac{46\,000 \text{ N} \cdot 1{,}68}{1138 \text{ mm}^2} \approx 68 \text{ N/mm}^2 < 160 \text{ N/mm}^2.$$

Damit sind beide Bedingungen nach Gleichung (7.5a) erfüllt, die Vorwahl des Stabes ⌐⌐ 50 × 6 ist bestätigt.

Ergebnis: Für den Druckstab S_2 ergibt sich ein zweiteiliger Stab ⌐⌐ 50 × 6.

▶ **Lösung c):** Entsprechend den Angaben unter 7.5.2.6. wird bei einer Gesamtdicke des Obergurtes ⌐⌐ 100 × 65 × 7: $s_{ges} = 2 \cdot 7$ mm = 14 mm, des Stabes S_1 ⌐⌐ 35 × 4: $s_{1ges} = 2 \cdot 4$ mm = 8 mm und des Stabes S_2 ⌐⌐ 50 × 6: $s_{2ges} = 2 \cdot 6$ mm = 12 mm die Knotenblechdicke etwas kleiner als die mittlere Stabdicke s_m (≈ 11 mm) gewählt: $s_k = 10$ mm.

Ergebnis: Für das Knotenblech wird die Dicke $s_k = 10$ mm gewählt.

▶ **Lösung d):** Für die Nietverbindung des Stabes S_1 wird zunächst der Nietdurchmesser d festgelegt nach den Angaben unter 7.5.3.1. Für die Schenkelbreite $b = 35$ mm des ∟ 35 × 4 wird nach Tabelle A7.5, Anhang, gewählt: Lochdurchmesser $d_1 = 11$ mm, damit Nietdurchmesser $d = 10$ mm.

Die Rohnietlänge wird nach Gleichung (7.8) bestimmt:

$l = \Sigma s + l_ü$.

Die Klemmlänge wird mit der Gesamtdicke des Stabes $s_{1ges} = 8$ mm und mit der Knotenblechdicke $s_k = 10$ mm: $\Sigma s = s_{1ges} + s_k = 8$ mm + 10 mm = 18 mm. Für den Überstand wird bei Halbrundkopf und „normaler" Klemmlänge gewählt: $l_ü = 1{,}5 \cdot d = 1{,}5 \cdot 10$ mm = 15 mm. Damit wird $l = 18$ mm + 15 mm = 33 mm; festgelegt wird nach Tabelle A7.1: $l = 34$ mm (diese Länge stimmt auch genau mit der in DIN 124, Bl. 2, angegebenen überein).

Es wird nun die erforderliche Nietzahl für den Stabanschluß nach 7.5.3.3. ermittelt. Die Verbindung ist entsprechend Bild 7-9b zweischnittig. Zunächst die erforderliche Nietzahl aufgrund der zulässigen Abscherspannung aus Gleichung (7.9):

$$n_a = \frac{F_1}{A_1 \cdot m \cdot \tau_{a\,zul}}.$$

Querschnittsfläche des geschlagenen Nietes mit d_1 = 11 mm aus Tabelle A7.1: A_1 = 95 mm²; Schnittigkeit m = 2; zulässige Abscherspannung für die Niete aus USt 36–1 (für Bauteile aus St 37!) für Lastfall HZ nach Tabelle A3.2b, Zeile 1: $\tau_{a\,zul}$ = 160 N/mm²; damit

$$n_a = \frac{41\,000\,\text{N}}{95\,\text{mm}^2 \cdot 2 \cdot 160\,\text{N/mm}^2} = 1{,}35, \text{ also } n_a = 2.$$

Aufgrund des zulässigen Lochleibungsdruckes wird die Nietzahl aus Gleichung (7.10):

$$n_l = \frac{F_1}{d_1 \cdot s \cdot \sigma_{l\,zul}}.$$

Durchmesser des geschlagenen Nietes d_1 = 11 mm; als kleinste Bauteildicke ist hier die Gesamtdicke des Stabes s_{1ges} = 8 mm = s einzusetzen, da die Knotenblechdicke mit s_k = 10 mm größer ist; zulässiger Lochleibungsdruck aus Tabelle A3.2b, Zeile 2: $\sigma_{l\,zul}$ = 320 N/mm²; damit

$$n_l = \frac{41\,000\,\text{N}}{11\,\text{mm} \cdot 8\,\text{mm} \cdot 320\,\text{N/mm}^2} = 1{,}46, \text{ also } n_l = 2.$$

Aus beiden Gleichungen ergibt sich hier (zufällig) die gleiche Nietzahl, es werden also gewählt: n = 2 Niete.

Ergebnis: Für den Anschluß des Stabes S_1 ergeben sich 2 Niete mit d = 10 mm Durchmesser und l = 34 mm Länge. Normbezeichnung entsprechend Abschnitt 7.2.3.: 2 Halbrundniet 10 × 34 DIN 124 USt 36–1.

▶ **Lösung e):** Die Nietverbindung des Stabes S_2 wird im Prinzip wie die des Stabes S_1 berechnet. Auf eine detaillierte Berechnung soll darum verzichtet werden.
Für die Schenkelbreite b = 50 mm des ∟ 50 × 6 wird nach Tabelle A7.5 gewählt: Lochdurchmesser d_1 = 13 mm, Nietdurchmesser d = 12 mm.
Die Klemmlänge ergibt sich mit s_{2ges} = 12 mm und s_k = 10 mm: Σs = 22 mm; hiermit und mit $l_{ü}$ = 1,5 · d = 1,5 · 12 mm = 18 mm wird die Rohnietlänge l = 40 mm (genormte Länge).
Die Nietzahl n_a wird mit F_2 = 46 000 N, A_1 = 133 mm² und mit m und $\tau_{a\,zul}$ w. o.: n_a = 1,08, also n_a = 2.
Die Nietzahl n_l wird mit d_1 = 13 mm, $s \triangleq s_k$ = 10 mm als kleinere Dicke gegenüber s_{2ges} = 12 mm und mit $\sigma_{l\,zul}$ w. o.: n_l = 1,11, also n_l = 2.

Ergebnis: Für den Anschluß des Stabes S_2 ergeben sich 2 Niete mit d = 12 mm Durchmesser und l = 40 mm Länge. Normbezeichnung: 2 Halbrundniet 12 × 40 DIN 124 USt 36–1.

▶ **Lösung f):** Bild 7-18 zeigt die Ausführung des Knotenpunktes. Die Schwerlinien der Stäbe decken sich mit den Netz-(System-)Linien des Fachwerkes und schneiden sich in einem Punkt. Die Schwerlinienabstände werden den Winkelstahltabellen entnommen, die Anreißmaße (Abstände der Lochmittellinien von der Schenkelaußenkante) nach DIN 997, Tabelle A7.5, festgelegt. Die Rand- und Nietabstände sind nach Tabelle A7.3 gewählt. Die Nietverbindung des Obergurtes ist nur angedeutet.

Für das Knotenblech sind keine Maße eingetragen, da dieses, wie allgemein üblich, als Schablone in die Werkstatt gegeben wird. Dazu wird der Knotenpunkt vom Konstrukteur im Maßstab 1:1 aufgerissen, was in den meisten Fällen ohnehin unumgänglich ist, um auch die Abstände der

7.9. Berechnungsbeispiele

Stabenden vom Netzlinienschnittpunkt abmessen und festlegen zu können (Maße 110 und 90). Hiermit werden dann die Stablängen aus den Netzlinienlängen ermittelt.

Die Niete sind durch Sinnbilder nach DIN 407, Tabelle A7.2, dargestellt. Zeichnerische Darstellung und Bemaßung sind nach den Richtlinien für Stahl- und Leichtmetallbau nach DIN 1034 ausgeführt.

Ein Vergleich zur entsprechenden, im gleichen Maßstab gezeichneten Schweißkonstruktion, Bild 6-14, läßt den größeren Umfang und Aufwand der Nietkonstruktion eindeutig erkennen.

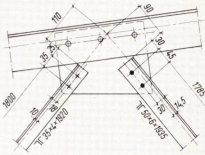

Bild 7-18
Entwurf des genieteten Knotenpunktes

Beispiel 7.2: Die Lagerbleche, 8 mm dick, einer Umlenk-Seilrolle sollen an die Säule aus 2 U 160 eines Wanddrehkranes genietet werden (Bild 7-19). Die größte im Lastfall H zu betrachtende Seilzugkraft beträgt F = 20 kN. Die Bauteile sind aus St 37.

Die Nietverbindung ist konstruktiv und rechnerisch auszulegen.

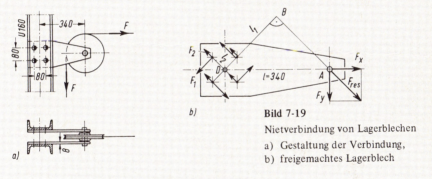

Bild 7-19
Nietverbindung von Lagerblechen
a) Gestaltung der Verbindung,
b) freigemachtes Lagerblech

Lösung: Es handelt sich um eine exzentrisch belastete Nietverbindung nach 7.5.3.4., denn die Wirklinie der äußeren Kraft geht nicht durch den Schwerpunkt der Verbindung. Zunächst wird die Verbindung nach rein konstruktiven Gesichtspunkten entworfen und dann nachgeprüft.

Für den Entwurf wird zunächst ein geeigneter Nietdurchmesser festgelegt und zwar hier zweckmäßig in Abhängigkeit der Bauteildicken. Der U 160 hat eine Stegdicke s_1 = 7,5 mm (nach Tabelle) etwa gleich der Lagerblechdicke s = 8 mm. Nach Gleichung (7.7) kann hierfür gewählt werden:
$d \approx \sqrt{50 \cdot s} - 2$ mm, $d \approx \sqrt{50 \cdot 7,5} - 2$ mm $\approx 17,3$ mm, Nietdurchmesser d = 16 mm.

Für den Steg des U 160 und auch für die Lagerbleche bietet sich eine Verbindung mit 4 Nieten je Lagerblech nach Bild 7-19a an.

Diese Verbindung wird nun nachgeprüft und zwar zweckmäßig für *ein* Lagerblech mit den halben Seilkräften $F_x = F_y$ = 10 kN, angreifend im Rollenmittelpunkt bei A, wie am „freigemachten" Blech, Bild 7-19b, dargestellt.

F_x und F_y werden hier vorteilhaft zur Resultierenden zusammengefaßt:

$F_{res} = \sqrt{F_x^2 + F_y^2} = F_x \cdot \sqrt{2}$, F_{res} = 10 kN $\cdot \sqrt{2}$ = 14,14 kN.

Die Nietkräfte müssen dieser äußeren Kraft F_{res} das Gleichgewicht halten. Aus der Bedingung $\Sigma M_{(D)} = 0$ folgt für den Drehpunkt D gleich Schwerpunkt der Verbindung:

$$F_{res} \cdot l_1 = 4 \cdot F_1 \cdot l_2, \quad \text{hieraus } F_1 = \frac{F_{res} \cdot l_1}{4 \cdot l_2}.$$

Mit dem Hebelarm von F_{res} : $l_1 = l/\sqrt{2} = 340 \text{ mm}/\sqrt{2} = 240 \text{ mm}$ und dem Nietabstand von D: $l_2 = 40 \text{ mm} \cdot \sqrt{2} = 56,5 \text{ mm}$ wird die Nietkraft

$$F_1 = \frac{14,14 \text{ kN} \cdot 240 \text{ mm}}{4 \cdot 56,5 \text{ mm}} = 15,0 \text{ kN}.$$

Aus der Bedingung $\Sigma F = 0$ folgt: $F_{res} = 4 \cdot F_2$, also $F_2 = \frac{F_{res}}{4}$, $F_2 = \frac{14,14 \text{ kN}}{4} = 3,54 \text{ kN}$.

Wie aus Bild 7-19b zu erkennen ist, ergibt sich die für die Nachprüfung maßgebende max. Nietkraft für den oberen rechten Niet:

$$F_{max} = F_1 + F_2, \quad F_{max} = 15,0 \text{ kN} + 3,54 \text{ kN} = 18,54 \text{ kN}.$$

Hiermit werden nun Abscherspannung und Lochleibungsdruck geprüft. Mit geschlagenem Nietdurchmesser $d_1 = 17$ mm, Nietquerschnittsfläche $A_1 = 227$ mm^2 und $s = 7,5$ mm gleich Dicke des Steges des U 160 als kleinere Dicke (das Blech hat $s = 8$ mm) werden für den oberen rechten Niet entsprechend Gleichungen (7.9) und (7.10):

$$\tau_a = \frac{F_{max}}{A_1}, \quad \tau_a = \frac{18\,540 \text{ N}}{227 \text{ mm}^2} \approx 82 \text{ N/mm}^2 \text{ und}$$

$$\sigma_l = \frac{F_{max}}{d_1 \cdot s}, \quad \sigma_l = \frac{18540 \text{ N}}{17 \text{ mm} \cdot 7,5 \text{ mm}} \approx 145 \text{ N/mm}^2.$$

Nach DIN 15018 (Kranbau), Tabelle A3.3b, Zeile 1 bzw. 2 sind für einschnittige Verbindung, St 37 und Lastfall H: $\tau_{a\,zul} = 98$ N/mm^2 bzw. $\sigma_{l\,zul} = 252$ N/mm^2. Damit sind beide Bedingungen erfüllt:

$$\tau_a = 82 \text{ N/mm}^2 < \tau_{a\,zul} = 84 \text{ N/mm}^2 \text{ und } \sigma_l = 145 \text{ N/mm}^2 < \sigma_{l\,zul} = 210 \text{ N/mm}^2.$$

Nach dem Allgemeinen Spannungsnachweis auf Sicherheit gegen Erreichen der Fließgrenze ist die Nietverbindung ausreichend bemessen. Treten während der Betriebszeit des Kranes voraussichtlich mehr als 20 000 Spannungsspiele auf, so ist nach DIN 15018 außerdem noch ein Betriebs(Dauer)festigkeitsnachweis zu führen.

Ergebnis: Für die Nietverbindung mit der Säule ergeben sich je Lagerblech 4 Niete mit $d = 16$ mm Durchmesser in der Anordnung nach Bild 7-19a.

7.10. Normen und Literatur

DIN 123, 124: Halbrundniete für den Kesselbau, Stahlbau
DIN 997 bis 998: Anreißmaße für Form- und Stabstahl, Lochabstände in Winkelstählen
DIN 1050: Stahl im Hochbau, Berechnung und bauliche Durchbildung
DIN 4113: Aluminium im Hochbau
DIN 4114: Stahlbau, Stabilitätsfälle, Berechnungsgrundlagen, Vorschriften
DIN 15018: Krane, Stahltragwerke, Berechnungsgrundsätze
Weitere Angaben über Normblätter siehe Text

Hildebrand, S.: Feinmechanische Bauelemente, Carl Hanser Verlag, München
Kennel: Das Nieten im Stahl- und Leichtmetallbau, Carl Hanser Verlag, München

8. Schraubenverbindungen

8.1. Allgemeines

Die Schraube ist das am häufigsten und vielseitigsten verwendete Maschinen- und Verbindungselement, das gegenüber allen anderen in den weitaus verschiedenartigsten Formen hergestellt und genormt ist. Je nach Verwendungszweck unterscheidet man:
Befestigungsschrauben für lösbare Verbindungen von Bauteilen aller Art; *Bewegungsschrauben* zum Umwandeln von Drehbewegungen in Längsbewegungen oder zum Erzeugen großer Kräfte, z. B. bei Spindeln von Drehmaschinen (Leitspindeln), Ventilen, Spindelpressen, Schraubenwinden, Schraubstöcken und Schraubzwingen; *Dichtungsschrauben* zum Verschließen von Einfüll- und Auslauföffnungen, z. B. bei Getrieben, Lagern, Ölwannen und Armaturen; *Einstellschrauben* zum Ausrichten von Geräten und Instrumenten, zum Einstellen von Ventilsteuerungen u. ä.; ferner *Meßschrauben* (Mikrometer), *Spannschrauben* (Spannschloß) u. a.

8.2. Gewinde

8.2.1. Gewindearten

Das Gewinde ist eine profilierte Einkerbung, die längs einer um einen Zylinder gewundenen Schraubenlinie verläuft (Bild 8-1).

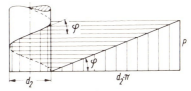

Bild 8-1
Entstehung der Schraubenlinie

Die Art des Gewindes wird durch die Profilform, z. B. Dreieck oder Trapez (Bild 8-2), die Steigung, die Gangzahl (ein- und mehrgängig) und den Windungssinn der Schraubenlinie (rechts- und linksgängig) bestimmt.

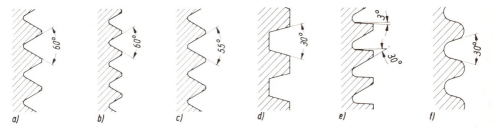

Bild 8-2. Grundformen der gebräuchlichsten Gewinde, a) metrisches Gewinde, b) metrisches Feingewinde, c) Whitworth-Rohrgewinde, d) Trapezgewinde, e) Sägengewinde, f) Rundgewinde

Die gebräuchlichen Gewindearten (DIN 202 Gewinde; Übersicht) sind:

1. *Metrisches ISO-Gewinde:* Grundprofil und Fertigungsprofile mit Flankenwinkel 60° (Bild 8.2a und b) sind in DIN 13 Bl. 19 festgelegt. Je nach Größe der Steigung unterscheidet man Regel- und Feingewinde.

    Regelgewinde, DIN 13, Bl. 1: Durchmesserbereich 1 ... 68 mm mit (grober) Steigung 0,25 ... 6 mm. Vorzugsweise angewendet bei Befestigungsschrauben und Muttern aller Art. Abmessungen siehe Tabelle A8.1, Anhang.

    Feingewinde, DIN 13, Bl. 2 bis 11: Durchmesserbereich 1 ... 1000 mm, geordnet nach Steigungen 0,2 ... 8 mm. Allgemein genügt eine Auswahl nach DIN 13, Bl. 12, mit Durchmesserbereich 8 ... 300 mm und zugeordneten Steigungen 1 ... 6 mm. Die hiervon vorzugsweise verwendeten Gewinde mit Hauptabmessungen enthält Tabelle A8.2, Anhang. Anwendung bei einigen Schrauben und Muttern, besonders bei größeren Abmessungen und hohen Beanspruchungen, bei dünnwandigen Teilen, Gewindezapfen von Wellenenden, bei Meß-, Einstell- und Dichtungsschrauben.

2. *Whitworth-Rohrgewinde,* DIN 259: Zylindrisches Innen- und Außengewinde für nicht selbstdichtende Gewindeverbindungen bei Rohren. Gewindebezeichnung entspricht der Nennweite (Innendurchmesser) der Rohre: R1/8″ ... R6″ ($\approx$ 9,7 ... 163,8 mm). Flankenwinkel 55° (Bild 8-2c). Für druckdichte Verbindungen bei Rohren, Rohrteilen (Fittings), Armaturen, Gewindeflanschen usw. ist nach DIN 2999 und 3858 ein zylindrisches Innengewinde und kegeliges Außengewinde vorgesehen. Gewindeabmessungen nach DIN 259 siehe Tabelle A8.4, Anhang.

3. *Metrisches ISO-Trapezgewinde,* DIN 103: Durchmesserbereich 8 ... 300 mm, wobei jedem Durchmesser bis 20 mm zwei, über 20 mm drei verschieden große Steigungen zugeordnet sind. Gewinde kann ein- oder mehrgängig sein. Flankenwinkel 30° (Bild 8-2d). Bevorzugtes Bewegungsgewinde z. B. für Leitspindeln von Drehmaschinen, Spindeln von Pressen, Ventilen, Schraubstöcken u. dgl. Abmessungen der Vorzugsreihe siehe Tabelle A8.6, Anhang.

4. *Sägengewinde,* DIN 513 (eingängig), DIN 514 (fein), DIN 515 (grob): Durchmesserbereich und Steigungen sollen künftig dem ISO-Trapezgewinde angeglichen werden. Flankenwinkel 3° für Druckflanke, 30° für Gegenflanke (Bild 8-2e). Anwendung als Bewegungsgewinde bei hohen einseitigen Belastungen, z. B. bei Hub- und Druckspindeln. Für höchste Druckkräfte wird Sägengewinde, DIN 2781, insbesondere bei Pressen verwendet. Durch Flankenwinkel 0° und 45° (anstelle von 3° und 30°) und durch große Kernrundung wird radiale „Sprengwirkung" in Führung vermieden und die Dauerhaltbarkeit erhöht.

5. *Rundgewinde,* DIN 405: Durchmesserbereich 8 ... 200 mm bei 1/10″ ... 1/4″ Steigung (Bild 8-2f). Anwendung als Bewegungsgewinde bei rauhem Betrieb, z. B. bei Kupplungsspindeln von Eisenbahnwagen.

6. Sonstige Gewindearten: *Stahlpanzerrohr-Gewinde,* DIN 40 430, Flankenwinkel 80°, Anwendung in der Elektrotechnik (Rohrverschraubungen). *Elektrogewinde* (früher Edison-Gewinde), DIN 40400, Anwendung in der Elektrotechnik, z. B. für Lampenfassungen und Sicherungen. Ferner *Spezialgewinde* z. B. für Blechschrauben, Porzellankappen und Gasflaschen.

7. *Whitworth-Gewinde,* DIN 11: Für Neuanfertigungen nicht mehr verwendet, es ist durch das metrische Gewinde ersetzt worden.

8.2.2. Gewindebezeichnungen

Die abgekürzten Gewindebezeichnungen (Kurzbezeichnungen) sind in den betreffenden Normblättern angegeben und in DIN 202 zusammengefaßt. Die Kurzbezeichnung setzt sich normalerweise zusammen aus dem Kennbuchstaben für die Gewindeart und der Maßangabe für den Nenndurchmesser und evtl. noch für die Steigung.

8.3. Herstellung, Ausführung und Werkstoffe der Schrauben und Muttern   131

Beispiele: Metrisches ISO-Regelgewinde mit 16 mm Nenn- (gleich Außen-)durchmesser: M 16.
Metrisches ISO-Feingewinde mit 20 mm Nenndurchmesser und 2 mm Steigung: M 20 × 2.
Metrisches ISO-Trapezgewinde mit 36 mm Nenndurchmesser und 6 mm Steigung: Tr 36 × 6;
   das gleiche Gewinde, zweigängig: Tr 36 × 12 (P 6), worin 12 die Steigung eines Gewindeganges und
   6 die Teilung (gleich Abstand der Gewindegänge gleich Steigung P bei eingängigem Gewinde) in mm
   bedeuten; die Gangzahl ist durch den Quotienten 12/6 = 2 gegeben.
Besondere Anforderungen oder Ausführungen werden durch Ergänzungen zum Kennzeichen angegeben,
z.B. für gas- und dampfdichtes Gewinde M 20 dicht, für linksgängiges Gewinde M 30-LH (LH = Left-
Hand ist als internationale Kurzbezeichnung für Linksgewinde vorgeschlagen worden).

8.2.3. Geometrische Beziehungen

Aus der Abwicklung eines Gewindeganges (Bild 8-1) ergibt sich der *Steigungswinkel* φ, bezogen auf den mittleren Gewindedurchmesser (Flankendurchmesser), aus:

$$\tan \varphi = \frac{P}{d_2 \cdot \pi} \qquad (8.1)$$

P Gewindesteigung (gleich Axialverschiebung bei einer Umdrehung) in mm
d_2 Flankendurchmesser in mm aus Gewindetabellen

Bei mehrgängigem Gewinde wird die Steigung $P_h = n \cdot P$, wobei n die Gangzahl und P die Teilung des Gewindes bedeuten.

8.3. Herstellung, Ausführung und Werkstoffe der Schrauben und Muttern

8.3.1. Herstellung

Für die Herstellung kommen in Frage die spanende Formung und die Kalt- oder Warmumformung. Bei Schrauben ergeben kaltgeformte, gerollte Gewinde gegenüber geschnittenen wesentliche Vorteile: höhere Dauerhaltbarkeit, glattere Oberfläche, wirtschaftlichere Fertigung.

Um die Austauschbarkeit von Schrauben und Muttern zu gewährleisten, sind nach DIN 13, Bl. 14 und 15 (abgestimmt mit ISO/R 965), Toleranzen für die Abmessungen der Bolzen- und Muttergewinde festgelegt. Vorgesehen sind drei Toleranzklassen: „fein" für Präzisionsgewinde, „mittel" für allgemeine Verwendung und „grob" für Gewinde ohne besondere Anforderungen. Diesen Toleranzklassen sind in Abhängigkeit von Einschraubgruppen bestimmte Toleranzqualitäten und -lagen zugeordnet, wobei auch etwaige galvanische Schutzschichten berücksichtigt sind. Näheres siehe Normblätter.

Für Gewinde handelsüblicher Schrauben und Muttern sind Toleranzangaben normalerweise nicht erforderlich.

8.3.2. Ausführung und Werkstoffe

Die Mindestanforderungen an Güte, die Prüfung und Abnahme der Schrauben und Muttern sind in den technischen Lieferbedingungen nach DIN 267, Blatt 1 bis 15 festgelegt und beziehen sich auf die fertigen Teile ohne Rücksicht auf Herstellungsverfahren und Aussehen.

Für die Güte der Schrauben und Muttern sind maßgebend:

1. *die Ausführung,* gekennzeichnet durch m (mittel), mg (mittelgrob) oder g (grob), wodurch maximale Rauhtiefen der Oberflächen (Auflage-, Gewinde-, Schlüsselflächen usw.), zulässige Toleranzen (Längenmaße, Kopfhöhen, Schlüsselweiten usw.) sowie Mittigkeit und Winkligkeit festgelegt sind.

2. *die Festigkeitsklasse* für Schrauben und Muttern aus Stahl bis 39 mm Gewindedurchmesser, bei Schrauben gekennzeichnet durch zwei mit einem Punkt getrennte Zahlen. Die erste Zahl (Festigkeitskennzahl) gibt 1/100 der Mindest-Zugfestigkeit σ_B in N/mm^2, die zweite das 10fache des Streckgrenzenverhältnisses σ_S ($\sigma_{0,2}$)/σ_B an. Für die Festigkeitsklasse, z.B. 5.6 bedeutet, die 5: $\sigma_B/100 = 500/100 = 5$, die 6: $10 \cdot \sigma_S/\sigma_B = 10 \cdot 300/500 = 6$. Das zehnfache Produkt beider Zahlen ergibt die Mindest-Streckgrenze σ_S in N/mm^2, also $10 \cdot 5 \cdot 6 = 300$ N/mm^2 = σ_S. Muttern werden jedoch nur durch die Fertigkeitskennzahl gekennzeichnet, z. B. 5 (nicht 5.6).

Bei Paarung von Schrauben und Muttern sollen beide die gleiche Festigkeitskennzahl haben. Schrauben ab Festigkeitsklasse 6.6 (Muttern ab 8) und 5 mm Gewindedurchmesser müssen mit dem Kennzeichen der Festigkeitsklasse und dem Herstellerzeichen zusammen am Kopf, Muttern auf der Stirnfläche gekennzeichnet sein. Stiftschrauben auf der Kuppe des Mutterendes.

Schrauben und Muttern aus nichtrostenden Stählen werden durch Buchstaben gekennzeichnet: A für Cr-Ni-Stähle, C für Cr-Stähle; Zusatzzahlen (1 ... 4) kennzeichnen die mechanischen Eigenschaften.

Bezeichnung und Festigkeitseigenschaften der Schraubenstähle enthält Tabelle A8.7 im Anhang.

Außer Stahl kommen für einige Schrauben- und Mutternarten, z. B. Schlitzschrauben (Zylinder-, Halbrund- oder Holzschrauben) auch Kupfer-Zink-Legierungen (Messing), Aluminiumlegierungen u. a. in Frage.

8.4. Schrauben- und Mutternarten

8.4.1. Schraubenarten

Die Schrauben unterscheiden sich in ihren zahlreichen Ausführungsarten im wesentlichen durch die Form ihres Kopfes (Sechskantkopf, Zylinderkopf, Senkkopf usw.) und sind bis auf wenige Spezialschrauben genormt. Eine Zusammenfassung enthalten die DIN-Taschenbücher 10 und 55: Mechanische Verbindungselemente; Schrauben, Muttern und Zubehör. Eine ausführliche Aufzählung der Schrauben ist hier nicht möglich. Es sollen nur einige der gebräuchlichen Schraubenarten mit wichtigen Hinweisen auf Normen, Werkstoff, Verwendung usw. aufgeführt werden.

8.4. Schrauben- und Mutternarten

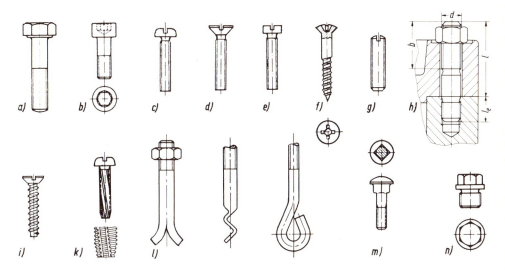

Bild 8-3. Schraubenarten. a) Sechskantschraube, b) Innensechskantschraube, c) Flachkopfschraube, d) Senkschraube, e) Zylinderschraube, f) Linsensenk-Holzschraube mit Kreuzschlitz, g) Gewindestift mit Kegelkuppe, h) Stiftschraube (Einbaubeispiel), i) Senk-Blechschraube mit Längsschlitz, k) Zylinder-Schneidschraube, l) Steinschrauben mit verschiedenen Schaftformen, m) Flachrundschraube mit Vierkantansatz, n) Verschlußschraube mit Bund und Außensechskant

1. *Sechskantschrauben* nach DIN 931 (Bild 8-3a) und DIN 933 (Gewinde annähernd bis Kopf), beide mit Regelgewinde, sowie entsprechend nach DIN 960 und 961, jedoch mit Feingewinde, alle in Ausführung m (ab M 12 auch mg), normal mit Telleransatz, Festigkeitsklasse 5.6 bis 10.9, sind die im allgemeinen Maschinenbau meist verwendeten Schrauben. Schrauben nach DIN 601 und 558 (Gewinde annähernd bis Kopf), beide mit Regelgewinde, Ausführung g, Festigkeitsklasse 3.6 oder 4.6 werden im Blech- und Stahlbau bei geringen Anforderungen verwendet. Sechskant-Paßschrauben nach DIN 609 und 610 mit langen bzw. kurzen Gewindezapfen, Ausführung m oder mg und Festigkeitsklasse 5.6, mit Schaft mit Toleranz k6 (für Bohrung H7) dienen zur Lagesicherung von Bauteilen und Aufnahme von Querkräften.

   Die Hauptabmessungen der Schrauben nach DIN 931, 933, 960 und 961 enthält Tabelle A8.3, Anhang.

2. *Zylinderschrauben* mit Innensechskant nach DIN 912 mit hohem Kopf (Bild 8-3b), Festigkeitsklasse 6.9 bis 12.9, nach DIN 6912 und 7984 mit niedrigem Kopf mit bzw. ohne Schlüsselführung, Festigkeitsklasse 8.8, alle Ausführungen m, werden verwendet für hochbeanspruchte Verbindungen bei geringem Raumbedarf. Bei versenktem Kopf ergeben sie ein gefälliges Aussehen, ggf. können Schutzkappen gegen Verschmutzung und Korrosion vorgesehen werden.

3. *Zylinder-* und *Flachkopfschrauben* nach DIN 84 und 85, *Senk-* und *Linsensenkschrauben* mit Schlitz nach DIN 963 und 964 oder entsprechend mit Kreuzschlitz nach DIN 7987 und 7988, alle meist mit Regelgewinde, Ausführung m und Festigkeitsklassen 4.8 oder 5.8 (auch 8.8 und 10.9 sowie Cu- und Al-Leg.) werden vielseitig im Maschinen-, Fahrzeug-, Apparatebau u. dgl. verwendet (Bild 8-3c bis f).

4. *Stiftschrauben* nach DIN 835 und DIN 938 bis 940 (Bild 8-3h), Ausführung m, Festigkeitsklassen 5.6 bis 10.9, werden verwendet, wenn häufigeres Lösen der Verbindung erforderlich ist bei größtmöglicher Schonung von kaum ersetzbaren Innengewinden in Bauteilen, z.B. bei Gehäuseteilen von Getrieben, Turbinen, Motoren und Lagern. Kräftiges Verspannen des Einschraubendes verhindert ein Mitdrehen beim Anziehen und Lösen der Mutter. Die Länge des Einschraubendes l_e richtet sich nach dem Werkstoff, in den es eingeschraubt wird: $l_e \approx d$ bei Stahl und Stahlguß (Schrauben DIN 938), $l_e \approx 1,25 \cdot d$ bei Gußeisen und Cu-Leg. (Schrauben DIN 939), $l_e \approx 2 \cdot d$ bei Al-Leg. (Schrauben DIN 835), $l_e \approx 2,5 \cdot d$ bei Weichmetallen (Schrauben DIN 940).

5. *Gewindestifte* mit Schlitz nach DIN 417, 438, 551 und 553 (Bild 8-3g) oder mit Innensechskant nach DIN 913 bis 916 werden mit verschiedenen Enden ausgeführt (Zapfen, Spitze, Ringschneide, Kegelkuppe) und dienen hauptsächlich zur Lagensicherung von Bauteilen, z. B. von Radkränzen, Bandagen, Lagerbuchsen u. dgl.

6. Ferner sind zu nennen: *Blechschrauben,* z. B. für Verkleidungen im Karosseriebau (Bild 8-3i), *Holzschrauben* zum Verschrauben von Teilen mit Holz (Bild 8-3f), *Steinschrauben* als Fundamentschrauben für Gehäuse von Lagern, Getrieben, Turbinen, Motoren usw. (Bild 8-3l), *Gewinde-Schneidschrauben,* die sich ihr Bohrungsgewinde selbst schneiden, für Schilder, Klemmen usw. (Bild 8-3k), *Rändel-, Flügel-* und *Augenschrauben* z.B. im Vorrichtungsbau, *Ringschrauben* als Transportschrauben für schwere Gehäuse u. dgl., *Flachrundschrauben mit Vierkantansatz* für Verschraubungen mit Holz, für Baubeschläge (Bild 8-3m), *Verschlußschrauben,* z. B. für Füll-, Überlauf- und Ölablaßlöcher (Bild 8-3n).

Nähere Einzelheiten über Durchmesserbereiche, Werkstoffe, Ausführung usw. sind den Normblättern zu entnehmen. Sonderformen der Schrauben siehe unter 8.4.3.

8.4.2. Mutternarten

Von den vielen Mutternarten sollen, wie bei den Schrauben, hier nur die gebräuchlichen, genormten aufgeführt werden. Wegen Sonderformen siehe unter 8.4.3.

1. *Sechskantmuttern* mit normaler Höhe ($m \approx 0,8\,d$), DIN 934 (Ausführung m und mg) und 555 (g), und flache Sechskantmuttern ($m \approx 0,5\,d$), DIN 936 (m, mg) und 439 (m), werden zusammen mit Sechskantschrauben (als Durchsteckschrauben) am häufigsten verwendet (Bild 8-4a).
2. Hohe und flache *Vierkantmuttern,* DIN 557 und 562, werden vorwiegend mit Flachrund- oder Sechskantschrauben mit Vierkantansatz (Schloßschrauben) zum Verschrauben von Holzteilen benutzt (Bild 8-4b).
3. *Hutmuttern,* DIN 917 und 1587 (hohe Form), schließen die Verschraubung nach außen dicht ab, verhindern Beschädigungen des Gewindes und schützen vor Verletzungen (Bild 8-4c).
4. Für häufig zu lösende Verbindungen, z. B. im Vorrichtungsbau, kommen *Flügelmuttern,* DIN 315, und *Rändelmuttern,* DIN 466 und 467, in Frage.
5. *Nut-* und *Kreuzlochmuttern,* DIN 1804 und 1816, mit Feingewinde dienen vielfach zum Befestigen von Wälzlagern auf Wellen (Bild 8-4d).
6. *Ringmuttern,* DIN 582, werden wie Ringschrauben als Transportösen verwendet.
7. Für Sonderzwecke, z. B. als versenkte Muttern, können *Schlitz- und Zweilochmuttern,* DIN 546 und 547, benutzt werden (Bild 8-4f und g).

Kronenmuttern (Bild 8-4e), *Sicherungsmuttern* und die *selbstsichernden Muttern,* die der Sicherung von Schraubenverbindungen dienen, sind unter 8.5.2. aufgeführt.

8.4. Schrauben- und Mutternarten

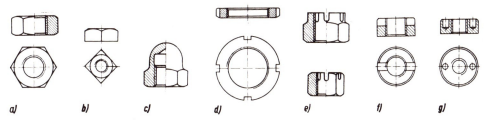

Bild 8-4. Mutternarten. a) Sechskantmutter, b) Vierkantmutter, c) Hutmutter (hohe Form), d) Nutmutter, e) Kronenmuttern, f) Schlitzmutter, g) Zweilochmutter

8.4.3. Sonderformen von Schrauben, Muttern und Gewindeteilen

Neben den genormten „normalen" Schrauben und Muttern seien noch einige in der Praxis häufig verwendete Sonderformen beschrieben.

1. *Dehnschrauben* aus hochfestem Stahl in verschiedenen Ausführungen werden insbesondere bei hohen dynamischen Belastungen verwendet. Näheres über Anwendung, Ausführung usw. siehe unter 8.11.2.1. und Bild 8-21.
2. *Vierkant- und Sechskant-Schweißmuttern* (Bild 8-5a), DIN 928 und 929, werden bei Blechkonstruktionen, im Karosseriebau, Stahlbau, Flugzeugbau usw. verwendet, um Verschraubungen mit dünnwandigen Bauteilen zu ermöglichen. Ein ringförmiger Bund zentriert die Mutter im Loch. Durch drei Warzen wird die Mutter durch Widerstandsschweißung mit dem Bauteil punktförmig verbunden. Bild 8-5b zeigt ein Anwendungsbeispiel aus dem Stahlbau.

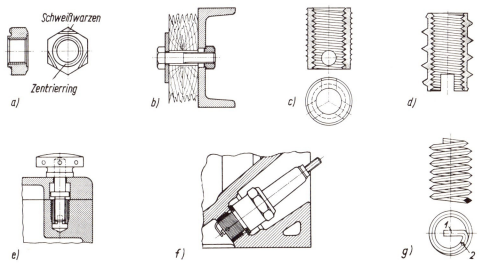

Bild 8-5. Sonderformen von Muttern und Gewindeteilen. a) Schweiß-Mutter, b) Einbau einer Schweiß-Mutter (Stahlbau), c) und d) Ensat-Einsatzbüchsen für metallische Werkstoffe und für Holz, e) und f) Einbau von Einsatzbüchsen bei einer Vorrichtung und zur Aufnahme einer Zündkerze, g) Heli-Coil-Gewindeeinsatz (1 Mitnehmerzapfen zum Eindrehen, 2 Bruchkerbe)

3. *Ensat-Einsatzbüchsen*[1]) (Bild 8-5c und d) sind Büchsen aus Stahl oder Messing mit Innen- und Außengewinde, die dauerhafte Verschraubungen mit Werkstücken aus Leichtmetall, Plasten oder Holz ermöglichen. Sie schneiden sich mit den scharfen Kanten der Schlitze (oder Querbohrungen) selbst ihr Gewinde in die vorgebohrten Löcher. Sie werden auch für Reparaturen (ausgerissene Gewindelöcher) und häufig zu lösende Schrauben verwendet. Bild 8-5e und f zeigen Einbaubeispiele.
4. Ähnlich wie die Einsatzbüchse wird die Gewindespule *Heli-Coil*[2]) angewendet. Die wie eine Schraubenfeder aus Stahl- oder Bronzedraht mit Rhombusquerschnitt gewundene Spule wird in ein mit Spezial-Gewindebohrern gefertigtes Gewinde eingedreht. Innen ergibt sich dann ein normales Gewinde (Bild 8-5g).

8.4.4. Bezeichnung genormter Schrauben und Muttern

Die Bezeichnung der Schrauben und Muttern bei Bestellung, in Stücklisten usw. ist in den betreffenden DIN-Blättern vorgeschrieben. Sie enthält bei Schrauben allgemein: Benennung, Gewindekurzzeichen, Länge, DIN-Nr. und Werkstoff; soweit erforderlich noch Angaben über Ausführung, Oberflächenbehandlung und zusätzlich über besondere Formen nach DIN 962.

Bezeichnungsbeispiel einer Sechskantschraube mit Gewinde M 12, Schaftlänge 50 mm, nach DIN 931, aus Stahl mit Festigkeitsklasse 8.8 (Normalausführung m):
Sechskantschraube M 12 × 50 DIN 931 – 8.8

Bezeichnungsbeispiel mit zusätzlichen Bestellangaben nach DIN 962:
Sechskantschraube B M 12 × 50 K S Sk To DIN 931 – mg 8.8

Es bedeuten: B Schaftdurchmesser ≈ Flankendurchmesser, K mit Kegelkuppe, S mit Splintloch, Sk mit Sicherungsloch im Kopf, To ohne Telleransatz, mg Ausführung „mittelgrob".

Bezeichnungsbeispiel einer Sechskantmutter mit Gewinde M 12 nach DIN 934 mit Festigkeitsklasse 8, Ausführung „mittel":
Sechskantmutter M 12 DIN 934 – m 8.

8.5. Scheiben und Schraubensicherungen

8.5.1. Scheiben

Zwischen den Schraubenkopf bzw. die Mutter und die Auflagefläche werden Scheiben gelegt, wenn der Werkstoff der verschraubten Teile sehr weich oder deren Oberfläche rauh und unbearbeitet ist oder auch, wenn diese z. B. poliert oder vernickelt ist, und nicht beschädigt werden soll. Für Sechskantschrauben und -muttern bzw. für Zylinderschrauben verwendet man *Scheiben* nach DIN 125 (Ausführung mittel, mit oder ohne Fase), DIN 126 (Ausführung grob, ohne Fase) bzw. 433 (Bild 8-6a). Für Holzverbindungen werden *Vierkant-* oder *runde Scheiben* mit großem Außendurchmesser, DIN 436 und 440, benutzt (Bild 8-6b). Zum Ausgleich der Schrägflächen bei Flanschen von U- bzw. I-Trägern dienen *Vierkantscheiben*, DIN 434 bzw. 435 (Bild 8-6c).

---

[1]) Hersteller: *Kerb-Konus-Vertriebs-GmbH*, Amberg
[2]) Hersteller: *Böllhoff u. Co.*, Brackwede (Westf.)

8.5. Scheiben und Schraubensicherungen

Bild 8-6. Unterlegscheiben. a) Scheibe für Sechskantschrauben und -muttern, b) Scheibe für Holzverschraubungen, c) Anwendungsbeispiel für eine Vierkantscheibe bei einem U-Stahl, d) Vierkantscheibe für U-Stähle, e) Vierkantscheibe für I-Träger

Die Scheiben für U-Stähle sind durch zwei Rillen (Bild 8-6d), die Scheiben für I-Träger durch eine Rille (Bild 8-6e) in der Auflagefläche für den Schraubenkopf bzw. die Mutter gekennzeichnet. Bei Sechskantschrauben für Stahlkonstruktionen (DIN 7968 und 7990) werden *dicke Scheiben* nach DIN 7989 verwendet (siehe unter 8.17.1.). Für Schraubenverbindungen mit Spannhülse (Bild 9-19 unter Kapitel „Bolzen- und Stiftverbindungen") sind Scheiben mit großem Außendurchmesser nach DIN 7349 vorgesehen.

8.5.2. Schraubensicherungen

Schraubensicherungen sollen die Funktion einer Schraubenverbindung unter beliebig lange wirkender Beanspruchung erhalten. Von der Art der Ausführung und Belastung der Verbindung hängt es ab, ob eine besondere Sicherung notwendig und welche zweckmäßig ist. Aus der Vielzahl gebräuchlicher, meist genormter Sicherungselemente seien die wichtigsten genannt und entsprechend ihrer Wirkung eingeteilt.

Mitverspannte federnde Sicherungselemente wirken durch ihre meist axiale Federung, wie z. B. Federringe nach DIN 127 (Bild 8-7a) bzw. nach DIN 7980 (für Zylinderschrauben), Zahnscheiben nach DIN 6797 (Bild 8-7c), Federscheiben nach DIN 137 (Bild 8-7d) sowie gerippte oder ungerippte Tellerfedern (z. B. Schnorr-Sicherung, Bild 8-7e).

Formschlüssige Sicherungselemente sind solche, die durch ihre Form bzw. Verformung den Schraubenkopf oder die Mutter festlegen. Man unterscheidet *nicht mitverspannte* Sicherungen wie Kronenmuttern mit Splint oder Stift nach DIN 935, 937, 979 (Bild 8-7k), Drahtsicherungen (Bild 8-7m) oder Legeschlüssel und *mitverspannte* Sicherungen wie Sicherungsbleche nach DIN 93 mit Lappen (Bild 8-7*l*), nach DIN 432 mit Nase, nach DIN 462 mit Innennase, nach DIN 463 mit 2 Lappen sowie nach DIN 70952 für Nutmuttern.

Quasiformschlüssige Sicherungselemente verriegeln sich beim Festdrehen der Schraube oder Mutter mit der Oberfläche der Bauteile wie z. B. mitverspannte Fächerscheiben nach DIN 6798 (Bild 8-7b) oder Sperrzahnschrauben bzw. -muttern (z. B. TENSILOCK, Bild 8-7i) oder nicht mitverspannte Sicherungen durch Verlacken des Schraubenkopfes oder der Mutter nach dem Verschrauben.

Eine *Sicherung durch Kraft- bzw. Reibungsschluß* der Gewindeflanken kann *beim Verschrauben erzeugt* werden, z. B. mit selbstsichernden Muttern nach DIN 985 mit Polyamidring für Temperaturen bis 120 °C (Bild 8-7f), „Spring-Stopp" Sechskantmuttern mit federnder Zungenscheibe (Bild 8-7h) oder Schrauben bzw. Muttern mit quer zur Achse eingesetztem Polyamidstopfen, der sich beim Verschrauben ins Gewinde einpreßt. Der *Kraftschluß* kann *nachträglich erzeugt* werden mit Gegenmutter (Kontermutter), wobei die äußere Mutter stärker als die innere festgedreht werden muß, sowie mit Sicherungsmuttern nach DIN 7967 aus Federstahl (Bild 8-7g).

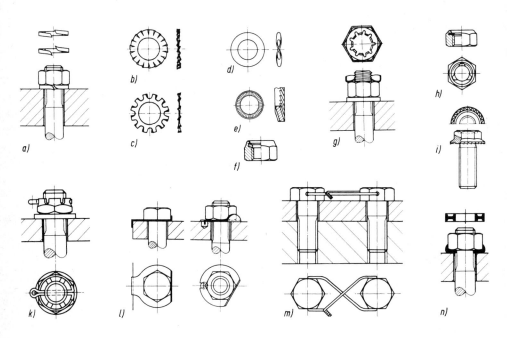

Bild 8-7. Schraubensicherungen. a) Federring, b) Fächerscheibe, c) Zahnscheibe, d) Federscheibe, e) Schnorr-Sicherung, f) selbstsichernde Sechskantmutter, g) Sicherungsmutter, h) Spring-Stopp Sechskantmutter, i) TENSILOCK-Sicherungsschraube, k) Kronenmutter mit Splint, l) Sicherungsbleche, m) Drahtsicherung, n) Kunststoffsicherungsring (Dubo-Sicherung)

Kraftschluß durch plastische oder quasielastische Stoffe wird mit flüssigen Klebstoffen nach dem Aushärten im Gewinde erreicht. Ringförmige Kunststoffscheiben dringen beim Festdrehen teilweise in die Ringfuge zwischen Loch und Gewinde ein und verursachen ein Verklemmen des Gewindes (Bild 8-7n).

Wegen der zweckmäßigen *Anwendung* und des *Betriebsverhaltens* der verschiedenen Sicherungsarten, insbesondere bei dynamisch belasteten Verbindungen, siehe unter 8.14.3.

8.6. Nicht vorgespannte und vorgespannte Verbindungen mit Befestigungsschrauben

Nicht vorgespannte Schraubenverbindungen sind solche, bei denen weder die Schrauben selbst noch diese durch Muttern festgedreht sind; die Schrauben sind also vor dem Angreifen einer äußeren Kraft F unbelastet, d. h. nicht vorgespannt. Diese nicht vorgespannten Verbindungen kommen praktisch nur selten vor, z. B. bei Abziehvorrichtungen oder Spannschlössern (Bild 8-8a).

Bei *vorgespannten Verbindungen* sind die Schrauben vor dem Angreifen einer Betriebskraft F_B durch eine nach dem Festdrehen der Mutter oder der Schraube hervorgerufene Vorspannkraft F_V bereits belastet, d. h. vorgespannt. Solche Verbindungen liegen meist vor, z. B. bei Flansch-, Zylinderdeckelverschraubungen u. dgl. (Bild 8-8c).

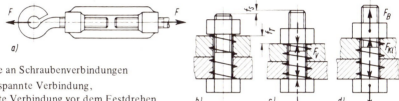

Bild 8-8. Kräfte an Schraubenverbindungen
a) nicht vorgespannte Verbindung,
b) vorgespannte Verbindung vor dem Festdrehen,
c) nach dem Festdrehen (Montagezustand),
d) nach Angreifen der Betriebskraft (Betriebszustand)

8.7. Kraft- und Verformungsverhältnisse bei vorgespannten Schraubenverbindungen

Um Schraubenverbindungen, die hohe Kräfte zu übertragen haben und deren Versagen schwerwiegende Folgen haben kann, rechnerisch und konstruktiv sicher auslegen zu können, müssen die Kräfte und Verformungen an Schrauben und verschraubten Teilen untersucht werden.

Grundlage für die folgenden Betrachtungen und Berechnungen ist die VDI-Richtlinie 2230: Systematische Berechnung hochbeanspruchter Schraubenverbindungen.

Es sollen hier nur Verbindungen mit Stahlschrauben bei relativ starren, gegeneinander liegenden Bauteilen und normalen Temperaturen untersucht werden, wie sie in der Praxis meist vorliegen.

8.7.1. Kräfte und Verformungen im Montagezustand

Das Prinzip des Kräfte- und Verformungsspieles sei an Bild 8-8 erläutert. Vor dem Festdrehen der Mutter sind Schraube und Bauteile noch unbelastet (Bild 8-8b). Wird die Mutter festgedreht, dann werden die zu verbindenden Teile — zur besseren Anschaulichkeit durch eine Feder ersetzt gedacht — um f_T zusammengedrückt und gleichzeitig wird die Schraube um f_S verlängert (vorgespannt). In der Verbindung wirkt die axiale Vorspannkraft F_V, die als Rückführkraft der elastisch gedehnten Schraube die „Feder" elastisch zusammendrückt und umgekehrt als „Federspannkraft" die Schraube verlängert (*Montagezustand*, Bild 8-8c). Die Vorspannkraft F_V in der Schraube entspricht der Klemmkraft F_{Kl} der Bauteile.

Dieser Vorgang läßt sich durch Kennlinien darstellen, die im elastischen Bereich der Werkstoffe nach dem Hookeschen Gesetz Geraden sind (Bild 8-9a). Die Vereinigung der Kennlinien ergibt das Verspannungsschaubild im Montagezustand (Bild 8-9b).

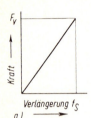

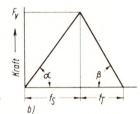

Bild 8-9
Verformungskennlinien an Schraubenverbindungen
a) Kennlinien von Schraube und verschraubtem Teil,
b) Verspannungsschaubild (Montagezustand)

Als Kennzeichen des elastischen Verhaltens der Verbindung gelten die Steigungen der Kennlinien von Schraube und Teilen, die durch die Federsteifigkeiten C_S und C_T ausgedrückt werden.

Aus dem Verspannungsschaubild (Bild 8-9b) ergeben sich

für die Schraube: $\quad \tan \alpha = C_S = \dfrac{F_V}{f_S}\ $ in N/mm,

für die Teile: $\quad \tan \beta = C_T = \dfrac{F_V}{f_T}\ $ in N/mm .

Werden allgemein $F_V = A \cdot \sigma$ und $f_S = l \cdot \epsilon$ mit Dehnung $\epsilon = \sigma/E$ gesetzt, dann ergibt sich bei verschieden großen Einzelelementen (Bild 8-10a) die *Federsteifigkeit der Schraube*

$$C_S = \frac{F_V}{f_S} = \frac{E_S}{\sum \dfrac{l}{A}} \quad \text{in N/mm} \tag{8.2}$$

E_S Elastizitätsmodul des Schraubenstahles: $E_S = 210\,000$ N/mm²

$\sum \dfrac{l}{A}$ Summe der Verhältnisse aus den Längen l in mm und den zugehörigen Querschnittsflächen A in mm² der federnden Einzelelemente der Schraube. Für die Schraube nach Bild 8-10a wird z. B.:

$\sum \dfrac{l}{A} = 2 \cdot \dfrac{l'}{A'} + \dfrac{l_1}{A_1} + \dfrac{l_2}{A_2} + \dfrac{l_3}{A_3}$, worin bedeuten: $l' \approx 0{,}4 \cdot d$ die erfahrungsgemäß mitfedernden Längen des Kopfes (oder der Mutter) und des Gewindes, A' die zugehörigen Querschnittsflächen, die einfachheitshalber gleich dem Spannungsquerschnitt

$A_S = \dfrac{\pi}{4} \cdot \left(\dfrac{d_2 + d_3}{2}\right)^2$, bzw. aus Gewindetabellen, gesetzt werden; l_1, l_2, l_3 die Längen der Einzelelemente, A_1, A_2, A_3 die zugehörigen Querschnittsflächen

8.7. Kraft- und Verformungsverhältnisse bei vorgespannten Schraubenverbindungen

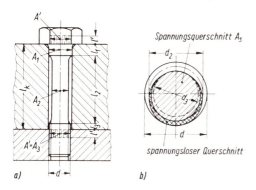

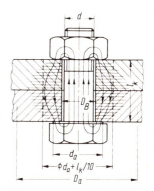

Bild 8-10. Verformung an der Schraube
a) Mitfedernde Einzelelemente,
b) Spannungsquerschnitt des Gewindes
(d Gewinde-Nenndurchmesser,
d_2 Flanken-, d_3 Kerndurchmesser)

Bild 8-11. Verformung am verspannten Teil mit Verformungsbereich und Ersatz-Hohlzylinder

Schwieriger ist die Ermittlung der Federsteifigkeit C_T der verspannten Teile, weil zunächst festzustellen ist, welcher Bereich an der Verformung teilnimmt. Versuche ergaben einen zur Mitte sich etwas tonnen- bis kegelförmig erweiternden Bereich. Dieser „Druckkörper" kann durch einen Hohlzylinder mit annähernd gleichem Verformungsverhalten ersetzt werden (Bild 8-11). Bei einer flächenmäßigen „Ausdehnung" der Teile $D_a \geqslant 3 \cdot d_a$ und einer Klemmlänge $l_k \leqslant 20 \cdot d_a$ als angenommener Normalfall – andere Verhältnisse sollen hier nicht betrachtet werden – wird die *Querschnittsfläche des Ersatz-Hohlzylinders*

$$A_Z \approx \frac{\pi}{4} \cdot \left[\left(d_a + \frac{l_k}{10} \right)^2 - D_B^2 \right] \quad \text{in mm}^2 \tag{8.3}$$

d_a Außendurchmesser der Kopf- oder Mutterauflage in mm; bei Sechskantschrauben gleich Durchmesser des Telleransatzes oder gleich Schlüsselweite, bei Zylinderschrauben gleich Kopfdurchmesser; man kann setzen: $d_a \approx 1,5 \cdot d$; allgemein aus Tabelle A8.3, Anhang
l_k Klemmlänge der Teile in mm
D_B Durchmesser des Durchgangsloches in mm; normal nach DIN 69 „mittel" $D_B \approx 1,14 \cdot d$, genaue Werte aus Tabelle A8.3, Anhang; bei gegossenen Löchern $D_B \approx 1,25 \cdot d$

Damit ergibt sich, entsprechend Gleichung (8.2), die *Federsteifigkeit der verspannten Teile*

$$C_T = \frac{F_V}{f_T} = \frac{A_Z \cdot E_T}{l_k} \quad \text{in N/mm} \tag{8.4}$$

A_Z, l_k siehe zu Gleichung (8.3)

E_T Elastizitätsmodul des Werkstoffes der verschraubten Teile in N/mm² nach Tabelle A3.1, Anhang. Bei unterschiedlichen E-Modulen der Teile ergibt sich die (Gesamt-)Federsteifigkeit aus $\frac{1}{C_T} = \frac{1}{C_{T1}} + \frac{1}{C_{T2}} + \ldots$, worin $C_{T1} = \frac{A_Z \cdot E_{T1}}{l_{k1}}$, $C_{T2} = \frac{A_Z \cdot E_{T2}}{l_{k2}}$ usw. die Federsteifigkeiten der einzelnen Teile mit deren E-Modulen E_{T1}, E_{T2} usw. und deren Teilklemmlängen (Dicken) l_{k1}, l_{k2} usw. sind

Beachte: In manchen Fällen wird auch mit den elastischen Nachgiebigkeiten $\delta_S = \frac{1}{C_S}$ bzw. $\delta_T = \frac{1}{C_T}$ gerechnet.

8.7.2. Kräfte und Verformungen bei statischer Betriebskraft als Längskraft

Die Kraft- und Verformungsverhältnisse lassen sich am einfachsten erläutern, wenn zunächst angenommen wird, daß die Krafteinleitung über die äußeren Ebenen der Teile erfolgt (Bild 8-12b). Das ist jedoch praktisch selten der Fall, so daß sich die Verhältnisse ggf. ändern können (siehe unter 8.7.4.).

Wirkt die Betriebskraft F_B auf die vorgespannte Verbindung, dann wird die Schraube zusätzlich auf Zug beansprucht und um Δf_S zusätzlich verlängert, die Teile werden um den gleichen Betrag Δf_T entspannt, d. h. entsprechend entlastet. Die Vorspannkraft F_V vermindert sich also auf eine Rest-Vorspannkraft gleich (Rest-)Klemmkraft in den Teilen: $F_{Kl} = F_V - F_{BT}$, wobei F_{BT} der die Teile entlastende Anteil von F_B, die Entlastungskraft, bedeutet.

Die (Gesamt-)Schraubenkraft wird dann $F_{Sges} = F_{Kl} + F_B = F_V + F_{BS}$, wobei F_{BS} der die Schraube zusätzlich belastende Anteil von F_B, die Zusatzkraft, bedeutet.

Diese Verhältnisse lassen sich aus dem Verspannungsschaubild (Bild 8-12c) erkennen.

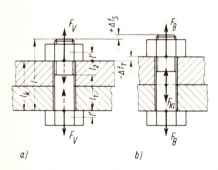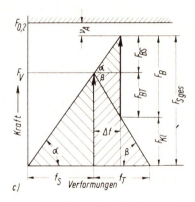

Bild 8-12. Kräfte und Verformungen an einer vorgespannten Schraubenverbindung. a) Vorspannungs-(Montage-)Zustand, b) Betriebszustand, c) Verspannungsschaubild

Wegen der beim Festdrehen auftretenden Verdrehbeanspruchung (siehe zu Gleichung 8.23), die sich der Zugbeanspruchung überlagert, muß F_{Sges} einen Sicherheitsabstand ν_A zur Streckgrenzenkraft F_S bzw. $F_{0,2}$ haben, um bleibende Verformungen zu vermeiden.

Hört die Wirkung von F_B auf, dann stellt sich der ursprüngliche, vorgespannte Zustand mit F_V wieder ein.

8.7. Kraft- und Verformungsverhältnisse bei vorgespannten Schraubenverbindungen

Aus Ähnlichkeitsbetrachtungen am Verspannungsschaubild und durch Einführen der Federsteifigkeiten $C_S = F_V/f_S = F_{BS}/\Delta f$ und $C_T = F_V/f_T = F_{BT}/\Delta f$ läßt sich die *Zusatzkraft für die Schraube* ableiten:

$$F_{BS} = F_B \cdot \frac{C_S}{C_S + C_T} = F_B \cdot \frac{1}{1 + C_T/C_S} = F_B \cdot \Phi \quad \text{in N} \tag{8.5}$$

Die *Entlastungskraft für die Teile* wird

$$F_{BT} = F_B - F_{BS} = F_B \cdot (1 - \Phi) \quad \text{in N} \tag{8.6}$$

damit die *Rest-Vorspannkraft* gleich *Klemmkraft* zwischen den Bauteilen

$$F_{Kl} = F_V - F_{BT} = F_V - F_B \cdot (1 - \Phi) \quad \text{in N} \tag{8.7}$$

und die *Gesamtschraubenkraft*

$$F_{S\,ges} = F_V + F_{BS} = F_{Kl} + F_B \quad \text{in N} \tag{8.8}$$

F_B Betriebskraft in Längsrichtung der Schraube in N
C_S, C_T Federsteifigkeiten der Schraube bzw. der Teile in N/mm nach Gleichung (8.2) bzw. (8.4)
C_T/C_S Steifigkeitsverhältnis
Φ Kraftverhältnis aus $\Phi = F_{BS}/F_B = C_S/(C_S + C_T)$; für den vereinfachten Fall (siehe unter 8.7.4. und Bild 8-14a) setze man $\Phi = \Phi'$ nach Bild A8-1, Anhang, sonst $\Phi = q \cdot \Phi'$ nach Gleichung (8.11)
F_V Vorspannkraft der Schraube in N

8.7.3. Kräfte und Verformungen bei dynamischer Betriebskraft als Längskraft

Bei dynamisch belasteten vorgespannten Schraubenverbindungen schwankt die Betriebskraft F_B zwischen Null und einem Höchstwert $F_{B\,max}$ (Bild 8-13a) oder zwischen einem Kleinstwert $F_{B\,min}$ und einem Höchstwert $F_{B\,max}$ (Bild 8-13b). Entsprechend wird die Schraube dauernd durch eine um eine ruhend gedachte Mittelkraft F_m pendelnde Ausschlagkraft F_a belastet, deren Größe für die Dauerhaltbarkeit der Schraube von entscheidender Bedeutung ist, siehe unter 8.11.1.

Bild 8-13
Verspannungsschaubilder bei dynamischer Betriebskraft
a) rein schwellend,
b) schwellend zwischen einem Kleinst- und einem Höchstwert

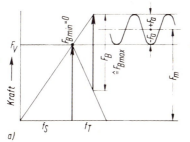
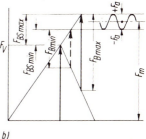

Wie aus Bild 8-13 zu erkennen ist, wird die Schraube durch die Zusatzkraft F_{BS} schwingend belastet. Hieraus ergibt sich die *Ausschlagkraft*

$$\pm F_a = \pm \frac{F_{BS\,max} - F_{BS\,min}}{2} = \frac{F_{B\,max} - F_{B\,min}}{2} \cdot \Phi \text{ in N} \qquad (8.9)$$

Die ruhend gedachte *Mittelkraft* ergibt sich aus

$$F_m = F_V + \frac{F_{B\,max} + F_{B\,min}}{2} \cdot \Phi \text{ in N} \qquad (8.10)$$

8.7.4. Einfluß der Krafteinleitung in die Verbindung

Im Normalfall wird die Betriebskraft F_B nicht wie die Vorspannkraft F_V durch die äußeren Ebenen der verspannten Teile (Bild 8-14a), sondern irgendwo innerhalb dieser in die Verbindung eingeleitet (Bild 8-14b und c).

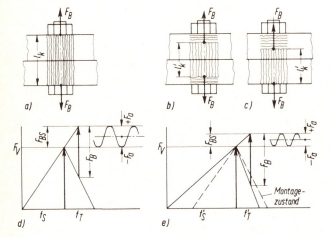

Bild 8-14
Krafteinleitung bei verspannten Teilen
a) Vereinfachter Fall,
b) und c) normale Fälle,
d) und e) zugeordnete Verspannungsschaubilder

In diesen Fällen wird dann nur ein Teil des Verspannungsbereiches mit der Länge l_k' entlastet, die Bauteile wirken dadurch starrer, ihre Kennlinie verläuft steiler. Die außerhalb von l_k' liegenden Bereiche erfahren eine zusätzliche Belastung und sind der Schraube zuzurechnen, wodurch diese elastischer erscheint, ihre Kennlinie verläuft flacher. Damit werden Zusatzkraft F_{BS} und Ausschlagkraft F_a kleiner (Bild 8-14e).

Daraus ergibt sich, daß durch geeignete konstruktive Maßnahmen die Belastungsverhältnisse günstig beeinflußt werden und die Dauerhaltbarkeit der Schraubenverbindungen erhöht werden kann (Bild 8-15) je näher F_B an der Trennfuge eingeleitet wird.

8.7. Kraft- und Verformungsverhältnisse bei vorgespannten Schraubenverbindungen

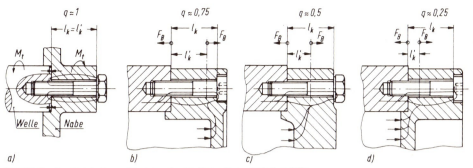

Bild 8-15. Krafteinleitungsfaktoren für typische Konstruktionsfälle
a) Querbeanspruchte, reibschlüssige Schraubenverbindung, b) Deckelverschraubung mit weit von der Trennfuge liegendem Kraftangriffspunkt (ungünstig), c) und d) mit näher zur Trennfuge rückendem Kraftangriffspunkt (günstiger).

Der durch F_B entlastete Bereich ist kaum exakt zu ermitteln und läßt sich nur aus der Konstruktion abschätzen: $l'_k = q \cdot l_k$. Für den Krafteinleitungsfaktor setzt man den ungünstigen Grenzwert $q = 1$, wenn eine vereinfachte Rechnung durchgeführt wird oder die Schrauben nur querbeansprucht sind (Bild 8-14a und 8-15a); der ideale Grenzwert $q = 0$ (trotz F_B keine F_{BS}!) gilt bei Kraftangriff direkt in der Trennfuge, er ist kaum zu verwirklichen.

In der Praxis setzt man im Normalfall $q \approx 0{,}75 \ldots 0{,}5$ (Bild 8-15b und c) und in günstigen Fällen auch $q \approx 0{,}25$ (Bild 8-15d).

Damit ändert sich auch das *Kraftverhältnis* (siehe Gleichungen 8.5 bis 8.10):

$$\Phi = q \cdot \Phi' \qquad \begin{array}{l} q \quad \text{Krafteinleitungsfaktor je nach Krafteinleitung s. o.} \\ \Phi' \quad \text{vereinfachtes Kraftverhältnis nach Bild A8-1, Anhang} \end{array} \qquad (8.11)$$

8.7.5. Kraftverhältnisse bei statischer oder dynamischer Querkraft

Wirkt die Betriebskraft senkrecht zur Schraubenachse, dann sollen die Schrauben ein Verschieben der Teile verhindern, um die sonst auftretende ungünstige Scherbeanspruchung zu vermeiden. Die statische oder dynamische Querkraft F_Q muß dabei durch Reibungsschluß aufgenommen werden, der durch eine entsprechend hohe Vorspannkraft zwischen den Berührungsflächen der Teile entsteht, wobei die Reibungskraft $F_R \geq F_Q$ sein muß. Die Schrauben werden dann nur noch statisch auf Zug beansprucht (Bild 8-16).

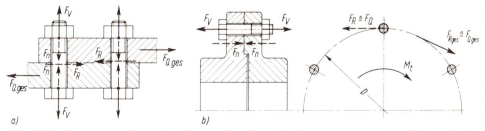

Bild 8-16. Querbeanspruchte, reibschlüssige Schraubenverbindungen. a) allgemeiner Fall, b) Drehmomentübertragung

Ist ein Drehmoment M_t durch Reibungsschluß zu übertragen, wie z. B. bei Kupplungsflanschen (Bild 8-16b), dann ergibt sich die Umfangskraft (gleich Gesamt-Querkraft) am Lochkreis mit Durchmesser D aus: $F_{Qges} = 2 \cdot M_t/D$.

Die (theoretische) *Vorspannkraft* (*Klemmkraft, Normalkraft* F_n) je Schraube und Reibfläche ergibt sich aus

$$F_V = F_n \geqslant \frac{F_{Rges}}{n \cdot \mu} = \frac{F_{Qges}}{n \cdot \mu} \text{ in N} \tag{8.12}$$

F_{Qges} von der Schraubenverbindung aufzunehmende Gesamtquerkraft in N
n Anzahl der die Gesamtquerkraft aufnehmenden Schrauben
μ Reibungszahl der Bauteile, sicherheitshalber gleich Gleitreibungszahl nach Tabelle A1.2, Anhang

8.8. Setz- und Lockerungsverhalten der Schraubenverbindungen

Die zur Montage einer Verbindung erforderliche Montage-Vorspannkraft F_{VM} wird über die verhältnismäßig kleinen Auflageflächen des Schraubenkopfes bzw. der Mutter und der Gewindeflanken übertragen, so daß hohe Flächenpressungen Kriechvorgänge im Werkstoff auslösen und plastische Verformungen hervorrufen können. Dieses *Setzen der Verbindung* führt zu einem Vorspannkraftverlust ΔF_V, wodurch die Restvorspannkraft gleich Restklemmkraft F_{Kl} soweit abgebaut werden kann, daß die Verbindung gefährdet ist. Neben Art und Höhe der Beanspruchung ist die Größe der Setzbeträge insbesondere von der Festigkeit der Verbindungsteile, der Rauhigkeit und Anzahl der Trennfugen abhängig.

Die größten Setzungen treten bereits beim Festdrehen auf und werden dabei schon ausgeglichen. Besonders bei dynamischer Belastung kann es jedoch zu weiterem Vorspannkraftverlust kommen, der durch elastische Längenänderung der Schraube aufgefangen werden muß. F_{VM} muß darum so hoch gewählt werden, daß während der Wirkdauer der Betriebskraft F_B die Restvorspannkraft nicht Null bzw. nicht kleiner als eine geforderte Dicht- oder Klemmkraft F_{Kl} wird (siehe Bild 8-17). Ist der Vorspannkraftverlust ΔF_V so groß, daß $F_{Kl} = 0$ wird, würden die Teile bei F_B lose aufeinanderliegen, d.h. *die Verbindung wäre locker*. Bei schlagartiger Beanspruchung können weitere Setzungen entstehen, so daß ΔF_V zunimmt und wegen wachsender Ausschlagkraft Dauerbruch der Schraube eingeleitet wird.

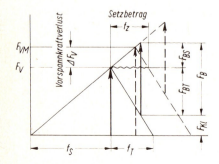

Bild 8-17
Darstellung des Vorspannkraftverlustes und des Setzbetrages am Verspannungsschaubild für $q = 1$

8.8. Setz- und Lockerungsverhalten der Schraubenverbindungen

Es ist daher erforderlich, den Vorspannkraftverlust ΔF_V bei der Berechnung bereits zu berücksichtigen. Der Zusammenhang zwischen ΔF_V und dem Setzbetrag f_z ist aus Bild 8-17 zu erkennen. Danach ist: $\dfrac{\Delta F_V}{f_z} = \dfrac{F_V}{f_S + f_T}$.

Tabelle 8.1: Richtwerte für Setzbeträge f_z

Belastung / Beanspruchung	Setzbetrag f_z in μm für		
	Gewinde	je glatte Trennfuge ▽▽▽	je rauhe Trennfuge ▽▽
axial schwellend	5	2	4
Schub- oder kombinierte Beanspr.	5	4	8

Beispiel: Für axial schwellend belastete Verbindung mit 3 rauhen Trennfugen wird $f_z = 5\,\mu m + 3 \cdot 4\,\mu m = 17\,\mu m$

Wird hierin nach Gleichungen (8.2) und (8.4) für $f_S = F_V/C_S$ und $f_T = F_V/C_T$ eingesetzt und ferner $C_S/(C_S + C_T) = \Phi$ gesetzt (siehe unter Gleichung 8.8), dann ergibt sich der *Vorspannkraftverlust* aus:

$$\Delta F_V = f_z \cdot \frac{C_S \cdot C_T}{C_S + C_T} = f_z \cdot \Phi \cdot C_T \quad \text{in N} \tag{8.13}$$

f_z Setzbetrag in mm; Richtwerte nach Tabelle 8.1
C_S, C_T Federsteifigkeit der Schraube bzw. der Teile in N/mm nach Gleichung (8.2) bzw. (8.4)
Φ Kraftverhältnis, siehe unter 8.7.4. und Gleichung (8.11)

Für den Grenzfall $F_{Kl} = 0$ wird der die Teile entlastende Anteil der Betriebskraft: $F_{BT} = F_B - F_{BS} = F_B \cdot (1 - \Phi) = F_V$. Hieraus kann die Betriebskraft bestimmt werden, die zum vollständigen Lockern, also Abheben der Teile führt: $F_{B(ab)} = F_V/(1 - \Phi)$. Damit das nicht eintritt, muß stets $F_V \geq F_{BT} + \Delta F_V$ sein, was auch durch Einführen eines *Lockerungsfaktors* ausgedrückt werden kann:

$$k_L = \frac{F_V}{F_B - F_{BS}} = \frac{F_V}{F_B(1-\Phi)} > 1$$

Außer von der Festigkeitsklasse ist die Größe von k_L vom Schraubendurchmesser, vom Klemmlängenverhältnis l_k/d und vom Setzbetrag der Verbindung f_z abhängig. Es ist leicht einzusehen, daß eine lange Schraube aufgrund der elastischen Längenänderung einen Setzbetrag besser ausgleichen kann als eine kurze Schraube, weshalb für größere l_k/d niedrigere k_L-Werte möglich sind. Dünne kurze Schrauben, besonders niedriger Festigkeitsklasse, können die Setzbeträge nicht mehr ausgleichen und dickere kurze Schrauben erfordern höhere k_L-Werte.

Durch Versuche festgestellte Richtwerte für k_L werden der Tabelle A8.9, Anhang, entnommen.

8.9. Pressung an den Auflageflächen

Damit bei maximaler Schraubenkraft an der Auflagefläche zwischen Schraubenkopf bzw. Mutter und verspannten Teilen keine weiteren Fließvorgänge und damit Setzerscheinungen ausgelöst werden, darf die Flächenpressung die Quetschgrenze des verspannten Werkstoffes nicht überschreiten. Da jedoch plastische Verformung der Auflagefläche eine Kaltverfestigung des Werkstoffes bewirkt, sind (Grenz-)Flächenpressungen zulässig, die zum Teil über der Quetschgrenze liegen. Für die *Flächenpressung* gilt

$$p = \frac{F_{S\,max}}{A_p} \leqslant p_G \quad \text{in N/mm}^2 \tag{8.14}$$

$F_{S\,max}$ maximale Schraubenkraft in N nach Gleichung (8.24)

A_p gepreßte Auflagefläche in mm², allgemein aus $A_p = d_a^2 \cdot \pi/4 - D_B^2 \cdot \pi/4$ mit „Außendurchmesser" der Auflagefläche d_a und Bohrungsdurchmesser D_B unter Berücksichtigung vorhandener Fasen und Rundungen; bei Sechskant- und Innensechskantschrauben A_p aus Tabelle A8.3, Anhang

p_G Grenzflächenpressung in N/mm², abhängig vom Werkstoff der verspannten Teile und noch von der Anziehart nach Tabelle A8.5, Anhang

Wird $p > p_G$, müssen Maßnahmen zur Vergrößerung der Auflageflächen getroffen werden (z. B. durch Verwendung von Sechskantschrauben ohne Telleransatz, Schrauben mit Bund oder vergüteten Scheiben) oder Konstruktions- bzw. Werkstoffänderungen durchgeführt werden.

8.10. Mutterhöhe, Einschraublänge, Gewinde- und Schraubenüberstand

Mutterhöhe und Einschraublänge einer Gewindeverbindung sind so zu wählen, daß die volle Tragkraft der Schraube ohne Ausreißen des auf Biegung, Schub und Flächenpressung beanspruchten Gewindes übertragen wird. Bei etwaiger Überbelastung der Verbindung soll die Schraube brechen.

Bei Schrauben und Muttern gleicher Festigkeitsklasse ist die normale Mutterhöhe $m \approx 0{,}8 \cdot d$ (d Schrauben-Nenndurchmesser). Nur bei geringen Beanspruchungen kommen aus Gründen der Platzersparnis auch Muttern mit $m \approx 0{,}5 \cdot d$ in Frage.

Die erforderliche Einschraublänge l_e in Sacklochgewinde (Bild 8-18a) ist überwiegend abhängig von der Festigkeit von Schraube und (Sacklochgewinde-)Bauteil, der Tragtiefe des Gewindes und der Gewindefeinheit d/P (Verhältnis Schraubendurchmesser zur Steigung).

l_e wächst mit sinkender Festigkeit der Bauteile (St-GG-NE-Metalle), steigender Festigkeitsklasse der Schrauben und zunehmender Gewindefeinheit. Als Faustregel können die für Stiftschrauben festgelegten l_e gelten (S. 134, Abs. 4). Wegen ihrer geringeren Tragtiefe erfordern Feingewinde stets eine größere Einschraublänge oder eine höhere Bauteilfestigkeit. Tabelle 8.2a gibt Richtwerte für l_e an.

Zur Verringerung der Bruchgefahr in den Gewindegängen ist ein ausreichender Gewindeüberstand $l_{\ddot{u}} \geqslant 0{,}5 \cdot d$ vorzusehen. Die nutzbare Gewindelänge b bei Sacklochgewinden muß toleranzbedingt etwas größer als l_e gewählt werden. Die Kernlochtiefe t erhält man, indem zur nutzbaren Gewindelänge b noch eine Zugabe für den Gewindeauslauf nach DIN 76 addiert wird (Tabelle 8.2b).

Bei nicht allzu dicken Bauteilen sind Durchsteckschrauben (mit Muttern) wirtschaftlicher als Kopfschrauben (mit Sacklochgewinde) und darum zu bevorzugen.

Nach DIN 78 beträgt bei normaler Mutterhöhe ($m = 0{,}8 \cdot d$) der Schraubenüberstand $v \approx d$ (Bild 8-18b). Bei Verwendung von Muttern beträgt also der Überstand $u \approx 0{,}2\,d$ bzw. allgemein $u \approx 1{,}5 \cdot P$.

8.11. Dauerhaltbarkeit der Schraubenverbindungen

Tabelle 8.2: Verschraubungsrichtlinien

a) Einschraublängen l_e für Sacklochgewinde

Werkstoff der Bauteile		Einschraublänge $l_e{}^2)$ bei Festigkeitsklasse der Schrauben			
		3.6, 4.6	4.8 ... 6.9	8.8	10.9
Stahl mit σ_B N/mm²	≤ 400	$0,8 \cdot d$	$1,2 \cdot d$	–	–
	400 ... 600	$0,8 \cdot d$	$1,0 \cdot d$	$1,2 \cdot d$	–
	> 600 ... 800	$0,8 \cdot d$	$1,0 \cdot d$	$1,2 \cdot d$	$1,2 \cdot d$
	> 800	$0,8 \cdot d$	$1,0 \cdot d$	$1,0 \cdot d$	$1,0 \cdot d$
Gußeisen		$1,3 \cdot d$	$1,5 \cdot d$	$1,5 \cdot d$	–
Kupferlegierungen		$1,3 \cdot d$	$1,3 \cdot d$	–	–
Leichtmetalle ¹)	Al-Gußlegierungen	$1,6 \cdot d$	$2,2 \cdot d$	–	–
	Rein-Aluminium	$1,6 \cdot d$	–	–	–
	Al-Leg. ausgehärtet	$0,8 \cdot d$	$1,2 \cdot d$	$1,6 \cdot d$	–
	nicht ausgehärtet	$1,2 \cdot d$	$1,6 \cdot d$	–	–
Weichmetalle, Kunststoffe		$2,5 \cdot d$	–	–	–

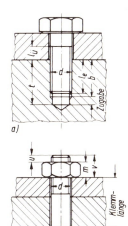

¹) Bei dynamischer Belastung ist hierfür l_e um etwa 20 % zu erhöhen
²) Feingewinde erfordern eine um etwa 25 % größere Einschraublänge

b) Zugabe für Gewindeauslauf nach DIN 76 Bl. 1 (Auszug)

Gewinde	M4	M5	M6	M8	M10	M12	M16	M20	M24	M30
Zugabe ≥ mm	3,4	3,6	4,5	5,0	5,5	6,0	6,5	7,5	8,5	10

Bild 8-18. Verschraubungsmaße
a) Einschraubmaße für Sacklochgewinde,
b) Überstand bei Mutternverschraubung

Aus Klemmlänge und Verschraubungsmaßen kann dann die erforderliche Schraubenlänge ermittelt werden, die zur nächstgrößeren Normlänge aufzurunden ist.

8.11. Dauerhaltbarkeit der Schraubenverbindungen

8.11.1. Ausschlagfestigkeit

Im Maschinenbau treten meist dynamische Belastungen auf. Zugbeanspruchte Schrauben werden dabei schwingend belastet, wodurch ihre Haltbarkeit durch Kerbwirkungen, z. B. am Übergang vom Schaft zum Kopf, insbesondere aber am Gewinde herabgesetzt wird.

Wie bereits unter 8.7.3. erläutert, wird die Schraube durch die Zusatzkraft F_{BS} schwingend belastet. Die dadurch gegebene Ausschlagkraft F_a entspricht einer Ausschlagspannung σ_a, die die Ausschlagfestigkeit σ_A der Schraube nicht überschreiten darf. Um die Dauerhaltbarkeit der Schraube zu gewährleisten gilt für die *Ausschlagspannung*

$$\pm \sigma_a = \pm \frac{F_a}{A_s} \leq \sigma_A \quad \text{in N/mm}^2 \tag{8.15}$$

F_a Ausschlagkraft in N nach Gleichung (8.9)
A_s Spannungsquerschnitt des Gewindes in mm² aus Gewindetabellen
σ_A Ausschlagfestigkeit der Schraube in N/mm² nach Tabelle 8.3

Bei Dauerfestigkeitsversuchen an Schrauben zeigte sich, daß deren Ausschlagfestigkeit σ_A unabhängig von der Höhe der Mittelspannung gleich bleibt, im Gegensatz zu einer normalerweise kleiner werdenden Ausschlagfestigkeit glatter Stäbe bei steigender Mittelspannung. Auch wächst die Ausschlagfestigkeit der Schrauben nur wenig mit deren Festigkeitsklasse. Den größten Einfluß haben der Durchmesser und insbesondere die Herstellungsart des Gewindes.

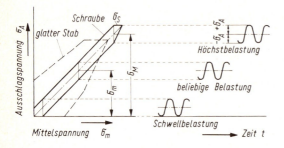

Bild 8-19
Dauerfestigkeitsschaubild einer Schraube (schematisch)

Im Bild 8-19 sind neben dem allgemeinen Dauerfestigkeitsschaubild der Schraube und eines gewindefreien glatten Stabes Spannungsausschläge bei verschiedenen Mittelspannungen σ_m für die Schraube im zeitlichen Ablauf dargestellt. Richtwerte für σ_A enthält Tabelle 8.3.

Tabelle 8.3: Richtwerte für die Ausschlagfestigkeit handelsüblicher, schlußvergüteter Schrauben

Gewinde	Ausschlagfestigkeit $\pm \sigma_A$ in N/mm² für Schrauben aus		
	4.6 ... 5.6	5.8 ... 8.8	10.9 und 12.9
M 4 ... M 8 (9)	50	60	70
M 10 ... M 16	45	50	60
M 18 ... M 30	40	40	50

Für Schrauben, deren Gewinde nach dem Vergüten gerollt ist, sind die σ_A-Werte um ≈ 40 N/mm² höher.

Beachte: Die Dauerhaltbarkeit einer Schraubenverbindung wird nicht nur durch die Schraube selbst (Werkstoff, Form, Herstellung) sondern auch durch die Verspannungsverhältnisse und die Einschraubbedingungen bestimmt.

8.11.2. Maßnahmen zur Erhöhung der Dauerhaltbarkeit

Die Dauerhaltbarkeit von Schraubenverbindungen kann durch verschiedene konstruktive Maßnahmen erhöht werden, durch die insbesondere die Ausschlagspannung sowie die Kerbwirkung vermindert werden sollen.

8.11.2.1. Elastische Schrauben, starre Bauteile

Durch Verwendung elastischer Schrauben und durch möglichst starre Gestaltung der Bauteile an der Verschraubungsstelle ergeben sich günstige Verspannungsverhältnisse, die Ausschlagspannung wird klein. Durch günstige Ausbildung der Schrauben kann außerdem noch deren Kerbwirkung erheblich verringert werden.

8.11. Dauerhaltbarkeit der Schraubenverbindungen

Bei nicht vorgespannter, dynamisch belasteter Verbindung ergibt sich eine ungünstige, größtmögliche Ausschlagkraft $F_a = F_B/2$ (Bild 8-20a). Bei vorgespannter Verbindung wird bei gleicher Betriebskraft F_B die Ausschlagkraft F_a schon wesentlich kleiner (Bild 8-20b). Am günstigsten werden die Verhältnisse bei möglichst elastischen Schrauben und starren Bauteilen, also bei Verformungen $f_S > f_T$ bzw. Federsteifigkeiten $c_S < c_T$. Bei gleicher Betriebskraft F_B wird F_a noch kleiner (Bild 8-20c). Soll eine gleichgroße Restklemmkraft F_{Kl} wie im Fall Bild 8-20b erreicht werden, dann ist auch eine entsprechend hohe Vorspannkraft F_{V1} erforderlich, die jedoch eine hochfeste Schraube voraussetzt (Bild 8-20c, Strichlinien).

Große Verformungen, also eine hohe Elastizität und kleine Federsteifigkeit c_S werden durch möglichst große Länge und kleinen Durchmesser der Schraube erreicht (siehe Gleichung 8.2: Σ (l/A) wird groß, damit c_S klein). Diese Überlegungen führten zur Entwicklung der *Dehnschraube,* die häufig als Konstruktionsschraube nach dem jeweiligen Verwendungszweck gestaltet wird. Sanft gerundete Übergänge und glatte Oberflächen vermindern die Kerbwirkung. Üblicher Schaft-(Taillen-)Durchmesser: $d_T \approx$ (0,8 ... 0,9) · d_3 (d_3 Gewindekerndurchmesser). Führungszylinder zentrieren die Teile in deren Bohrungen.

Dehnschrauben sind unempfindlich gegen geringe Verformungen durch Herstellungs- und Einbauungenauigkeiten (z. B. durch schiefe Kopflage) sowie gegen Wärmedehnungen und zeigen ein großes Arbeitsvermögen bei dynamischer Belastung.

Genormt sind nach DIN 2510 Schraubenbolzen mit Dehnschaft, Sechskantmuttern und Dehnhülsen ab M 12. Die Dehnhülsen dienen der Verlängerung, wenn die Dicke der zu verbindenden Teile zu kurze Schaftlängen ergeben würde (Bild 8-21d).

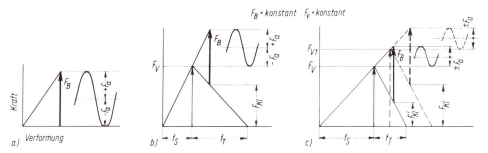

Bild 8-20. Verspannungsschaubilder, a) nicht vorgespannte Schraube, b) vorgespannte Verbindung bei $f_S < f_T$, c) vorgespannte Verbindung bei $f_S > f_T$. b) und c) dargestellt für den vereinfachten Fall $q = 1$ (siehe 8.7.4.)

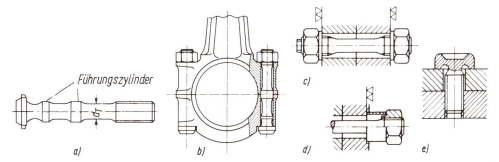

Bild 8-21. Dehnschrauben. a) Ausführung als Konstruktionsschraube, b) Einbaubeispiel (Pleuellagerverschraubung), c) genormter Schraubenbolzen mit Dehnschaft nach DIN 2510, d) Einbaubeispiel mit Dehnhülse, e) kurze Schraube mit elastischem Sechskantbundkopf

Dehnschrauben sollten wegen der hohen Kosten nur bei lebenswichtigen, dynamisch hochbelasteten Verbindungen verwendet werden. In diesem Zusammenhang sei folgender Vergleich angeführt:

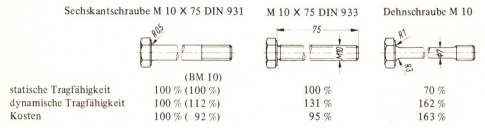

	Sechskantschraube M 10 × 75 DIN 931	M 10 × 75 DIN 933	Dehnschraube M 10
	(BM 10)		
statische Tragfähigkeit	100 % (100 %)	100 %	70 %
dynamische Tragfähigkeit	100 % (112 %)	131 %	162 %
Kosten	100 % (92 %)	95 %	163 %

Dynamisch hochbelastete, kurze Schrauben ($l < (2 \ldots 3) \cdot d$) werden zweckmäßig mit Gewinde bis annähernd Kopf und mit besonderer „elastischer" Kopfform ausgeführt (Bild 8.21e).

8.11.2.2. Ausschaltung der Verdrehbeanspruchung

Durch Ausschalten der beim Anziehen normalerweise auftretenden Verdrehbeanspruchung werden die Schrauben nur noch auf Zug beansprucht und damit ihre Haltbarkeit erhöht.

Das läßt sich durch verschiedene Maßnahmen erreichen (Bild 8-22), die sich jedoch nur bei dynamisch hochbelasteten, langen Dehnschrauben lohnen.

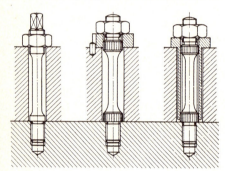

Bild 8-22

Maßnahmen zur Vermeidung der Verdrehbeanspruchung langer Dehnschrauben beim Festdrehen: Vierkantansatz zum Gegenhalten (linkes Bild); oberer kerbverzahnter Bund wird durch festgelegte innenverzahnte Scheibe gehalten (mittleres Bild); beide Bunde werden durch innenverzahnte Hülse geführt (rechtes Bild)

8.11.2.3. Günstige Krafteinleitung

Durch günstige Einleitung der Betriebskraft in die Verbindung wird die Ausschlagkraft und damit die Ausschlagspannung verringert.

Diese Zusammenhänge sind bereits unter 8.7.4. erläutert. Die Betriebskraft soll, wenn es die Gestaltung zuläßt, möglichst nahe der Trennfuge eingeleitet werden, wobei dann die Bauteile starrer, die Schrauben elastischer wirken. In gewisser Hinsicht liegen dadurch vergleichbare Verhältnisse wie bei Dehnschrauben vor.

8.11.2.4. Gestaltung der Gewindeverbindung

Durch günstige Gestaltung der Gewindeverbindung kann eine gleichmäßigere Beanspruchung der ineinandergreifenden Gewindegänge von Schraube und Mutter erreicht und damit die Dauerhaltbarkeit der Verbindung erhöht werden.

8.12. Montagevorspannkraft, Anziehfaktor

In einer Gewindeverbindung ist wegen der ungleichen elastischen Verformung von Schraube und Mutter die Kraftverteilung nicht gleichmäßig. Auf die beiden ersten tragenden Gewindegänge entfallen nahezu 50 % der Kraft (Bild 8-23a), so daß dort infolge hoher Spannungsspitzen die Dauerbruchgefahr besonders groß ist. Die Kraftverteilung kann verbessert und die Dauerhaltbarkeit gesteigert werden, z.B. durch kraftseitig übergreifendes Muttergewinde (Bild 8-23b), Hinterdrehen der Gewindegänge oder Ausbildung als Zugmutter (Bild 8-23c), was jedoch teuer ist und sich nur bei hoher Beanspruchung lohnt.

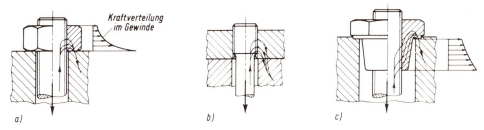

Bild 8-23. Gestaltung von Gewindeverbindungen. a) Normale Mutter mit Kraftverteilung im Gewinde, b) übergreifendes Muttergewinde, c) Zugmutter mit Kraftverteilung

8.12. Montagevorspannkraft, Anziehfaktor

Die bei der Montage einer Schraube sich ergebende Vorspannkraft unterliegt je nach Reibungsverhältnissen und Anziehmethode einer Streuung zwischen einem Größtwert $F_{V\,max}$ und einem Kleinstwert $F_{V\,min}$, was bei der Auslegung einer Schraubenverbindung entsprechend zu berücksichtigen ist.

Das Anziehen von Hand führt naturgemäß zu den größten Streuungen und sollte darum auf untergeordnete Verbindungen beschränkt bleiben. Bei wichtigen Verschraubungen ist ein kontrolliertes Anziehen unbedingt erforderlich, um eine verlangte Vorspannkraft möglichst genau zu erreichen:

drehmomentgesteuertes Anziehen mit anzeigenden oder signalgebenden Drehmomentschlüsseln (Bild 8-24) oder motorisches Anziehen mit Dreh- oder Schlagschraubern, besonders bei Serienfertigung.

Ein Maß für die Streuung der Vorspannkraft ist der durch Versuche ermittelte *Anziehfaktor*

$$k_A = \frac{F_{V\,max}}{F_{V\,min}} > 1.$$

Um zu gewährleisten, daß eine Mindest-Vorspannkraft, z. B. als geforderte Klemm- oder Dichtungskraft oder als Rest-Vorspannkraft oder als Normalkraft für Reibungsschluß, im Betriebszustand mit Sicherheit erreicht oder eingehalten wird, muß also mit einer max. Vorspannkraft $F_{V\,max} = k_A \cdot F_{V\,min}$ gerechnet werden, die als *Montage-Vorspannkraft* F_{VM} betrachtet werden kann. Um diese zu ermitteln, müssen die verschiedenartigen Aufgaben der Verbindung, die „Verschraubungsfälle" beachtet werden, siehe hierzu auch unter 8.16.2. und Bild 8-28.

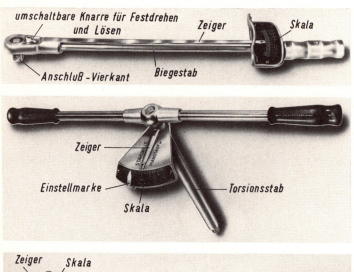

Bild 8-24
Momentgesteuerte Anziehwerkzeuge
a) einarmiger Drehmoment-Schraubenschlüssel,
b) zweiarmiger Steckschlüssel,
c) Drehmoment-Schraubendreher

Ist eine Betriebskraft F_B in Längsrichtung der Schraube aufzunehmen und *außerdem* eine bestimmte *Dichtungskraft* gleich *Klemmkraft* F_{Kl} im Betriebszustand gefordert, wie z. B. bei der Deckelverschraubung eines Druckbehälters (Bild 8-28a), dann wird die (theoretische) Mindest-Vorspannkraft entsprechend Gleichung (8.7) und Verspannungsschaubild 8-12c:

$$F_{V\,min} = F_{Kl} + F_{BT} = F_{Kl} + F_B \cdot (1 - \Phi).$$

Unter Berücksichtigung der Streuung der Vorspannkraft beim Anziehen der Schraube und der insbesondere durch die Betriebskraft bewirkten Setzungen wird die *Montage-Vorspannkraft*

$$F_{VM} = k_A \cdot F_{V\,min} = k_A \cdot [F_{Kl} + k_L \cdot F_B \cdot (1 - \Phi)] \text{ in N} \qquad (8.16)$$

k_A Anziehfaktor, abhängig von der Anziehart und den Reibungsverhältnissen (Schmierung, Oberflächenzustand); Richtwerte aus Tabelle A8.8, Anhang

F_{Kl} geforderte Dichtungs- gleich Klemmkraft in N

k_L Lockerungsfaktor, abhängig von der Belastungsart und den Verschraubungsdaten (siehe auch unter 8.8.), nach Tabelle A8.9, Anhang

F_B statische oder dynamische Betriebskraft in Längsrichtung der Schraube in N

Φ Kraftverhältnis nach Gleichung (8.11)

8.13. Anziehen (Festdrehen) der Schraubenverbindung, Anzugsmoment

Ist *nur* eine *Betriebskraft* F_B in Längsrichtung der Schraube aufzunehmen und eine bestimmte Klemmkraft nicht gefordert, wie z. B. bei der Verschraubung eines Lagers (Bild 8-28b), dann wird

$$F_{VM} = k_A \cdot k_L \cdot F_B \cdot (1 - \Phi) \text{ in N} \tag{8.17}$$

Ist *allein* eine bestimmte *Klemmkraft* F_{Kl} aufzubringen, z. B. als Dichtungskraft (Bild 8-28c) oder als Spannkraft bei Kegelverbindungen u. dgl. (Bild 8-28f) oder als Normalkraft bei querbeanspruchten Schraubenverbindungen (Bild 8-28d und e) und fehlt eine zusätzliche Betriebskraft F_B in Längsrichtung der Schraube, also bei $F_B = 0$, so wird

$$F_{VM} = k_A \cdot F_{Kl} \text{ in N} \tag{8.18}$$

F_{Kl} geforderte Dichtungskraft, Spannkraft oder Normalkraft bei querbeanspruchten Verbindungen $F_{Kl} \triangleq F_n$ nach Gleichung (8.12)

Tritt die Gesamtquerkraft F_{Qges} nach Gleichung (8.12) aber wechselnd oder schwellend auf, empfiehlt es sich, auch wenn die Klemmkraft F_{Kl} als statisch anzusehen ist, den Lockerungsfaktor k_L einzuführen.

Es gilt dann: $F_{VM} = k_A \cdot k_L \cdot \dfrac{F_{Qges}}{n \cdot \mu}$

8.13. Anziehen (Festdrehen) der Schraubenverbindung, Anzugsmoment

8.13.1. Kräfte am Gewinde, Gewindereibungsmoment

Die Kraftverhältnisse werden der Einfachheit halber zunächst am Flachgewinde untersucht und zwar an der durch die Abwicklung eines Gewindeganges entstehenden schiefen Ebene mit dem Neigungswinkel gleich Gewindesteigungswinkel φ. Das Muttergewinde wird durch einen Gleitkörper ersetzt, an dem die Längskraft F, die Umfangskraft F_u und die Ersatzkraft F_e als Resultierende der Normalkraft F_n und der Reibungskraft F_R angreifen, deren Krafteck bei Gleichgewicht geschlossen sein muß (Bild 8-25a). Bei

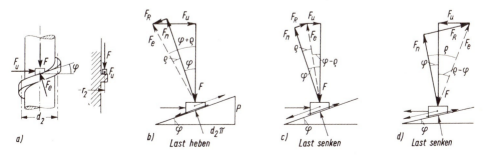

Bild 8-25. Kräfte am Flachgewinde

„Last heben", entsprechend Festdrehen der Schraube (Bild 8-25b), ergibt sich aus dem Krafteck $F_u = F \cdot \tan(\varphi + \rho)$. Bei „Last senken", entsprechend Lösen der Schraube (Bild 8-25c), wird $F_u = F \cdot \tan(\varphi - \rho)$; bei Steigungswinkel $\varphi <$ Reibungswinkel ρ (Bild 8-25d) wird $(\varphi - \rho)$ negativ und damit auch F_u, d. h. daß F_u zusätzlich zum „Senken" aufgebracht werden muß, was dem Lösen der Schraube mit selbsthemmendem Gewinde entspricht.

Die Flanken der genormten Gewinde sind – bis auf das Sägengewinde 45° – zur Gewindeachse um den Teilflankenwinkel geneigt. Ähnlich wie bei Keilnuten muß deshalb die Reibungskraft F_R aus der Normalkomponente der Längskraft F errechnet werden; für symmetrische Gewindeprofile mit dem Teilflankenwinkel $\beta/2$ wird diese $F/\cos(\beta/2)$ (Bild 8-26). Die gleichmäßig am Umfang verteilt wirkende Radialkomponente F_r drückt den Schraubenbolzen zusammen und versucht die Mutter aufzuweiten („Sprengkraft"). Da mit zunehmendem Teilflankenwinkel Normal- und Reibungskraft ansteigen, ergibt sich für Sägen- und Trapezgewinde eine kleine (Bewegungsgewinde!) und für das metrische Gewinde (Spitzgewinde) eine größere Reibungskraft (Befestigungsgewinde!).

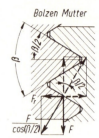

Bild 8-26. Kraftkomponenten am metrischen Gewinde (Spitzgewinde)

Die für das nicht genormte Flachgewinde entwickelten Gleichungen können beibehalten werden, wenn an Stelle der Reibungszahl μ die „Gewinde-Reibungszahl" ($\hat{=}$ Keil-Reibungszahl) $\mu' = \mu/\cos(\beta/2) = \tan\rho'$ gesetzt wird.

Mit dem Hebelarm $r_2 = d_2/2$ der Kräfte ergibt sich beim Erreichen der Montage-Vorspannkraft F_{VM}, die der Längskraft F entspricht, das *Gewindereibungsmoment*

$$M_{RG} = F_u \cdot d_2/2 = F_{VM} \cdot d_2/2 \cdot \tan(\varphi \pm \rho') \quad \text{in Nmm (Nm)} \tag{8.19}$$

F_{VM} Montage-Vorspannkraft der Schraube in N, je nach „Verschraubungsfall" nach Gleichungen (8.16) bis (8.18)

d_2 Flankendurchmesser des Gewindes in mm aus Gewindetabellen im Anhang

φ Steigungswinkel des Gewindes aus Gleichung (8.1); für metrisches Gewinde bis M 30 ist $\varphi \approx 2{,}3° \ldots 3{,}5°$

ρ' Reibungswinkel des Gewindes, abhängig vom Oberflächenzustand und von der Schmierung nach Tabelle 8.4

Das + in ( ) gilt beim Festdrehen, das – beim Lösen der Schraube

Tabelle 8.4: Reibungswerte für metrisches Gewinde

Gewinde	trocken		geschmiert		MoS$_2$-Paste	
	μ'	ρ'	μ'	ρ'	μ'	ρ'
ohne Nachbehandlung	0,16	9°	0,14	8°		
phosphatiert	0,18	10°	0,14	8°		
galvanisch verzinkt	0,14	8°	0,13	7,5°	0,1	6°
galvanisch verkadmet	0,1	6°	0,09	5°		

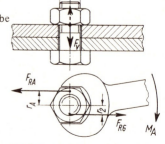

Bild 8-27. Reibung am Gewinde und an den Auflageflächen

8.13.2. Anzugsmoment (Festdrehmoment)

Beim Festdrehen der Schraube ist im letzten Augenblick, also beim Erreichen der Montage-Vorspannkraft F_{VM}, außer dem Gewindereibungsmoment noch das Reibungsmoment an der Auflagefläche des Schraubenkopfes bzw. der Mutter, das Auflagereibungsmoment M_{RA} zu überwinden (Bild 8-27). Damit ergibt sich das *Anzugsmoment allgemein:*

$$M_A = M_{RG} + M_{RA} = F_{VM} \cdot d_2/2 \cdot \tan(\varphi + \rho') + F_{VM} \cdot \mu_A \cdot r_A \quad \text{oder}$$

$$M_A = F_{VM} \cdot [d_2/2 \cdot \tan(\varphi + \rho') + \mu_A \cdot r_A] \quad \text{in Nmm (Nm)} \tag{8.20}$$

F_{VM}, d_2, φ und ρ' wie zu Gleichung (8.19)

μ_A Reibungszahl für die Auflagefläche nach Tabelle A1.2, Anhang

r_A Hebelarm der Reibungskraft an der Auflagefläche in mm; überschlägig ist bei Sechskantmuttern $r_A \approx 0{,}7 \cdot d$

Wird in Gleichung (8.20) für $\tan(\varphi + \rho') = \dfrac{\tan \rho' + \tan \varphi}{1 - \tan \rho' \cdot \tan \varphi}$ gesetzt und hierin $\tan \rho' = \mu'$ und der Nenner $1 - \tan \rho' \cdot \tan \varphi = 1 - \mu' \cdot \tan \varphi \approx 1$, denn mit $\tan \varphi < 0{,}06$ (für $\varphi \approx 2{,}3°$ ... $3{,}5°$) und selbst mit einem hohen μ'-Wert wird der Nenner nur wenig kleiner als 1, und wird ferner $r_A = \dfrac{d_a + D_B}{4}$ gesetzt und μ' und μ_A durch eine Gesamtreibungszahl μ_{ges} ersetzt, dann ergibt sich nach Umformen der Gleichung (8.20) das *rechnerische Anzugsmoment für Befestigungsschrauben* mit metrischem Gewinde (Regel- und Feingewinde) aus

$$M_A = 0{,}5 \cdot F_{VM} \cdot d_2 \cdot \left[\mu_{ges} \cdot \left(1 + \frac{d_a + D_B}{2 \cdot d_2}\right) + \tan \varphi \right] \quad \text{in Nmm (Nm)} \tag{8.21}$$

F_{VM}, φ, d_2 wie zu Gleichung (8.19)

D_B Durchmesser des Durchgangsloches in mm; D_B nach Tabelle A8.3, Anhang

d_a Telleransatzdurchmesser in mm, etwa gleich Schlüsselweite bei Sechskantschrauben, Kopfdurchmesser bei Zylinderschrauben; man kann setzen: $d_a \approx 1{,}5 \cdot d$; siehe auch Tabelle A8.3, Anhang

μ_{ges} Gesamtreibungszahl; man setzt im Mittel:

       $\mu_{ges} \approx 0{,}14$ bei Gewinde ohne Nachbehandlung, trocken oder geschmiert; oder phosphatiert; oder verzinkt und geschmiert; also im Normalfall

       $\approx 0{,}125$ bei Gewinde verzinkt, trocken

       $\approx 0{,}1$ bei Gewinde verkadmet, trocken oder geschmiert; oder bei allen Gewinden mit MoS$_2$-Paste geschmiert

Da μ_{ges} durch unterschiedliche Oberflächen- und Schmierverhältnisse, aber auch durch mehrmaliges Anziehen und Lösen der Verbindung beeinflußt wird, ist eine genaue Berechnung von M_A kaum möglich. Man begnügt sich daher häufig mit einer überschläglichen Bestimmung und erhält mit Gleichung (8.21), wenn der [...]-Wert $\approx 0{,}4$ gesetzt wird, eine Faustformel *für das Anzugsmoment der Befestigungsschrauben* mit metrischem Regelgewinde:

$$M_A \approx 0{,}2 \cdot F_{VM} \cdot d_2 \quad \text{in Nmm (Nm)} \tag{8.22}$$

In der Praxis werden die Anzugsmomente häufig nach den Angaben der Schrauben- oder Schraubenschlüsselhersteller festgelegt (Tabelle A8.10, Anhang), die eine Ausnutzung der Streckgrenze von $\approx 90\,\%$ ergeben (siehe auch unter 8.15.2.).

8.14. Lösen der Schraubenverbindung, Sicherungsmaßnahmen

8.14.1. Losdrehmoment

Das zum Lösen einer vorgespannten Schraubenverbindung erforderliche Losdrehmoment (Lösemoment) ist normalerweise kleiner als das Anzugsmoment, da sich einmal die Montagevorspannkraft F_{VM} wegen des Setzens auf eine „vorhandene" Vorspannkraft F_V verringert hat, zum anderen die mechanischen Zusammenhänge (siehe unter 8.13.1.) ein Lösen begünstigen.

Das erforderliche Lösemoment M_L kann, falls erforderlich, nach Gleichung (8.21) ermittelt werden, wobei $F_V = F_{VM} - \Delta F_V$ anstelle von F_{VM} und $-\tan\varphi$ anstelle von $+\tan\varphi$ zu setzen sind mit Vorspannkraftverlust ΔF_V nach Gleichung (8.13).

8.14.2. Selbsttätiges Losdrehen, Lockern der Verbindung

Ist eine *dynamisch längsbelastete Verbindung,* auf die kein äußeres Losdrehmoment wirkt, ordnungsgemäß vorgespannt und wird damit ein Lockern verhindert (siehe unter 8.8.), dann kann normalerweise ein selbsttätiges Losdrehen nicht eintreten, weil die starke Pressung zwischen den Gewindeflanken der Mutter die Selbsthemmung (siehe unter 8.18.5.) aufrecht erhält. Dennoch kann es zu Losdrehvorgängen kommen, die erfahrungsgemäß zum Versagen der Verbindung führen, deren Ursachen untersucht werden sollen.

Nach Untersuchungen zeigte sich, daß bei sehr großem Verhältnis von schwingender Betriebskraft zu Vorspannkraft, insbesondere bei stark verminderter Restvorspannkraft F_{Kl} unter der Druckamplitude der schwingenden Betriebskraft ein teilweises Losdrehen einsetzen kann, wenn radiale (oder auch tangentiale) Gleitbewegungen zwischen den Gewindeflanken wie auch zwischen den Kopf- und Mutterauflageflächen auftreten, und zwar dadurch, daß unter Zugbelastung durch die Kraftkomponenten (Bild 8-25) in der Gewindeverbindung, vor allem nahe der Auflagefläche, Verformungen verursacht werden (Atmen der Mutter). So wird, ähnlich wie eine Gewichtslast auf einer in Schwingungen versetzten schiefen Ebene, die Verschraubung in Umfangsrichtung reibungsfrei, so daß unter der auf die schiefe Ebene des Gewindes wirkenden F_V eine Komponente in Losdrehrichtung entsteht. Das auftretende innere Losdrehmoment $M_{Li} = -0{,}5 \cdot F_V \cdot d_2 \cdot \tan\varphi$ kann zu einem teilweisen Losdrehen und damit zu einem weiteren Abbau von F_V, aber auch zum Stillstand des Vorganges führen, da M_{Li} proportional F_V ist. Andererseits erhöht der Vorspannungsabfall oder gar der vollständige F_V-Verlust die Dauerbruchgefahr, weil die gesamte schwingende F_B die Schraube belastet.

In *dynamisch querbelasteten Verbindungen* (z. B. Tellerrad- oder Schwungradverschraubungen) kann hingegen ein vollständiges selbsttätiges Losdrehen erfolgen, sobald die Klemmkraft in der Verbindung den Reibschluß zwischen den verspannten Teilen nicht mehr aufrechterhalten kann, da dann die auftretenden Querschiebungen der Schraube eine Pendelbewegung aufzwingen, die zu Relativbewegungen im Muttergewinde führt. Sind die Amplituden solcher Verschiebungen groß genug, kommt es auch zum Gleiten unter den Kopf- und Mutterauflageflächen, so daß M_{Li} die Mutter oder Schraube losdreht, sobald die Reibung ausgeschaltet ist.

8.14.3. Sicherungsmaßnahmen, Anwendung der Sicherungselemente

Durch Lockern und selbsttätiges Losdrehen gefährdete Schraubenverbindungen sollen stets gesichert werden, insbesondere bei dynamischen Belastungen. Als Sicherungsmaßnahmen kommen in Frage:

1. *Konstruktive Maßnahmen*, z.B. Erhöhung der Elastizität der Verbindung (siehe unter 8.11.2.1.), Verminderung der Setzbeträge (siehe unter 8.8.), Vermeidung von Relativbewegungen der Berührungsflächen und Gewinde durch entsprechend hohe Vorspannung.
2. *Mitverspannte federnde Sicherungselemente* (siehe unter 8.5.2.), wenn sie im Bereich der Spannkraft der längsbelasteten Schrauben noch nennenswerte Federwege aufweisen, was bei genormten Sicherungen nur für Schrauben niedriger Festigkeitsklassen zutrifft. Für solche axialbeanspruchte kurze Schrauben sind sie dann als Sicherung gegen Lockern brauchbar.
3. *Formschlüssige Sicherungen* erhöhen als mitverspannte Elemente durch zusätzliche Setzungen den Vorspannkraftverlust bei längsbeanspruchten Verbindungen; bei querbeanspruchten Verbindungen sind sie nur wirksam, wenn sie bei Aufhebung der Selbsthemmung das Moment in Losdrehrichtung aufnehmen können, sonst können sie zerstört werden.
4. *Quasiformschlüssige Sicherungen* verhindern weitgehend selbsttätiges Losdrehen, haben aber den Nachteil, daß sich die Zähne zur Verriegelung nach längerer dynamischer Beanspruchung weiter in die Oberfläche einarbeiten und Vorspannkraftabfall verursachen. Dies wird vermieden, wenn z. B. bei Sperrzahnschrauben die Verzahnung auf einem federnden Flansch des Kopfes angebracht ist, so daß F_V über eine glatte tellerförmige Auflagefläche übertragen wird (Bild 8-7i).
5. *Sicherungen durch Reibungsschluß* der Gewindeflanken können meist nur einen Teil des bei Aufhebung der Selbsthemmung entstehenden Momentes aufnehmen; F_V fällt ab, bis das Moment in Losdrehrichtung im Gleichgewicht mit dem Klemmoment steht, das durch Verformung z.B. des Polyamidringes entsteht. Mit Gegenmuttern kann bei *sorgfältiger Montage* eine Sicherung gegen selbsttätiges Losdrehen erreicht werden, jedoch ist Vorspannungskontrolle erschwert.
6. *Sicherungen mittels Kraftschluß durch plastische oder quasielastische Stoffe* verhindern das Entstehen von Relativbewegungen; es ergeben sich jedoch Wartungsschwierigkeiten. Mitverspannte Kunststoffscheiben neigen bei Langzeitbelastung zum Kriechen, wodurch F_V abgebaut wird.

In der Regel müssen nur sehr kurze Schrauben der unteren Festigkeitsklassen ($\leqslant$ 6.9) in dynamisch längsbelasteten Verbindungen und kurze bis mittellange Schrauben ($l_k/d \leqslant 5$) aller Festigkeitsklassen in dynamisch querbelasteten Verbindungen gesichert werden.

8.15. Maximale Beanspruchung und Ausnutzung der Schrauben

8.15.1. Reduzierte Spannung

Beim Anziehen wird eine Schraube nicht nur durch die Montagevorspannkraft F_{VM} auf Zug, sondern durch das Gewindereibungsmoment M_{RG} auf Verdrehung beansprucht. Es liegt also zusammengesetzte Beanspruchung vor. Für die aus der Montage-Vorspannung

σ_{VM} und der Verdrehspannung τ_t sich ergebende reduzierte *Spannung* (*Vergleichsspannung*) gilt:

$$\sigma_{red} = \sqrt{\sigma_{VM}^2 + 3 \cdot \tau_t^2} \leq \sigma_{z\,zul} \quad \text{in N/mm}^2 \tag{8.23}$$

σ_{VM} Montage-Vorspannung in N/mm² aus $\sigma_{VM} = F_{VM}/A_s$; Montagevorspannkraft F_{VM} in N je nach „Verschraubungsfall" (siehe unter 8.12.) nach Gleichungen (8.16) bis (8.18), Spannungsquerschnitt A_s in mm² aus Gewindetabellen im Anhang; bei Dehnschrauben wird $A_s = A_T$ (Dehnschaftquerschnitt) gesetzt

τ_t Verdrehspannung in N/mm² aus $\tau_t = M_{RG}/W_p$; Gewindereibungsmoment M_{RG} in Nmm nach Gleichung (8.19), polares Widerstandsmoment $W_p \approx 0,2 \cdot d_s^3$ in mm³ mit „Spannungsdurchmesser" d_s, zweckmäßig aus $A_s = d_s^2 \cdot \pi/4$; bei Dehnschrauben wird $d_s = d_T$ (Dehnschaftdurchmesser) gesetzt

$\sigma_{z\,zul}$ zulässige Zugspannung in N/mm²; man setzt $\sigma_{z\,zul} \approx 0,9 \cdot \sigma_{0,2}$ mit Streckgrenze (0,2-Dehngrenze) in N/mm² aus Tabelle A8.7, Anhang

Bei langen Dehnschrauben wird die Verdrehbeanspruchung häufig durch Maßnahmen nach 8.11.2.2. ausgeschaltet.

8.15.2. Maximale Schraubenkraft

Eine maximale Beanspruchung und höchste Ausnutzung der Schrauben bis 90 % der Streckgrenze werden erreicht, wenn eine max. (Montage-)Vorspannkraft $F_{V0,9}$ durch ein entsprechendes max. (Montage-)Anzugsmoment $M_{A0,9}$ nach Tabelle A8.10, Anhang, aufgebracht wird. Um sicherzustellen, daß eine Schraube nicht überbeansprucht wird, gilt für die Montage-Vorspannkraft $F_{VM} \leq F_{V0,9}$.

Damit $F_{V0,9}$ durch Ungenauigkeiten des Anziehwerkzeuges nicht überschritten wird, soll das größte Montage-Anzugsmoment $M_A \approx 0,9 \cdot M_{A0,9}$ betragen.

Für so vorgespannte Verbindungen ergibt sich anfangs, wenn noch keine Setzungen im Betriebszustand eingetreten sind, die *maximale Schraubenkraft*

$$F_{S\,max} = F_{V0,9} + F_{BS} \leq F_{0,2} \quad \text{in N} \tag{8.24}$$

$F_{V0,9}$ max. (Montage-)Vorspannkraft in N nach Tabelle A8.10, Anhang

F_{BS} Zusatzkraft für die Schraube in N nach Gleichung (8.5); da die Schraube durch $F_{VM\,max}$ bereits zu 90 % ausgelastet ist, darf sein: $F_{BS} = F_B \cdot \Phi \leq 0,1 \cdot F_{0,2}$

$F_{0,2}$ Schraubenkraft an der Streckgrenze in N aus $F_{0,2} = A_s \cdot \sigma_{0,2}$ mit Spannungsquerschnitt A_s aus Gewindetabellen im Anhang und Streckgrenze $\sigma_{0,2}$ des Schraubenstahles aus Tabelle A8.7, Anhang; bei Dehnschrauben tritt der Dehnschaftquerschnitt A_T an Stelle von A_s

8.16. Praktische Berechnung der Befestigungsschrauben im Maschinenbau

Form und Größe der Schrauben werden meist nach den konstruktiven Gegebenheiten, Festigkeitsklasse und Ausführung nach dem Verwendungszweck gewählt. Dabei sind auch noch Gesichtspunkte der Montage, Lagerhaltung und Kosten maßgebend.

Befestigungsschrauben werden nur dann berechnet, wenn größere Kräfte zu übertragen sind und ein etwaiger Bruch schwerwiegende Folgen haben kann (z. B. bei Kraft-

8.16. Praktische Berechnung der Befestigungsschrauben im Maschinenbau

maschinen), wenn die Verbindung unbedingt dicht sein muß (z. B. bei Druckbehältern), oder nicht rutschen darf (z. B. bei Kupplungen), oder wenn eine „gefühlsmäßige" Auslegung zu unsicher ist.

8.16.1. Nicht vorgespannte Schrauben

Diese werden durch eine äußere, meist statische Kraft F auf Zug, selten auf Druck, beansprucht (siehe auch unter 8.6.). Werden die Schrauben „unter Last angezogen" (z. B. Spannschrauben, Bild 8-8a), so tritt dabei eine zusätzliche Verdrehbeanspruchung auf, die dann durch eine entsprechend kleinere zulässige Zugspannung berücksichtigt wird. Der *erforderliche Spannungsquerschnitt* ergibt sich aus:

$$A_s \geq \frac{F}{\sigma_{z(d)zul}} \text{ in mm}^2 \tag{8.25}$$

F Zug- (oder Druck-)kraft für die Schraube in N

$\sigma_{z(d)zul}$ zulässige Zug-(Druck-)spannung in N/mm²; man setzt: $\sigma_{z(d)zul} = \sigma_{0,2}/\nu$; Streckgrenze $\sigma_{0,2}$ nach Tabelle A8.7, Anhang, Sicherheit $\nu = 1,5$ bei „Anziehen unter Last", sonst $\nu = 1,25$

Gewählt wird der dem Spannungsquerschnitt A_s nächstliegende Gewinde-Nenndurchmesser aus den Gewindetabellen im Anhang.
Bei dynamisch beanspruchten Schrauben wird mit Gleichung (8.15) außerdem noch deren Dauerhaltbarkeit nachgewiesen. Dabei gilt $F_a = (F_{max} - F_{min})/2$ oder bei rein schwellender Belastung $F_a = F_{max}/2$.

8.16.2. Vorgespannte Schrauben, Rechnungsgang

Verbindungen mit vorgespannten Schrauben haben verschiedenartige Aufgaben zu erfüllen, daher wird auch deren Berechnung zweckmäßig nach entsprechenden „*Verschraubungsfällen*" durchgeführt. Solche in der Praxis häufig vorliegenden Fälle sind in Bild 8-28 dargestellt, wobei in vereinfachter Weise die „äußeren" Kräfte (F, F_Q) und „Funktionskräfte" (Dichtungs-, Normal- und Spannkräfte) sowie die sich daraus ergebenden Schraubenkräfte eingetragen sind.

Tabelle 8.5: Richtwerte zur Vorwahl der Schrauben

Festigkeitsklasse		Nenndurchmesser in mm für Schaftschrauben bei Kraft je Schraube[1]) F_B bzw. F_Q in kN bis										
	stat. axial	1,6	2,5	4	6,3	10	16	25	40	63	100	160	250
	dyn. axial	1	1,6	2,5	4,0	6,3	10	16	25	40	63	100	160
	quer	0,32	0,5	0,8	1,25	2	3,15	5	8	12,5	20	31,5	50
4.6		6	8	10	12	16	20	24	27	33	–	–	–
4.8, 5.6, 6.6		5	6	8	10	12	16	20	24	30	–	–	–
5.8, 6.8, 6.9		4	5	6	8	10	12	14	18	22	27	–	–
8.8		4	5	6	6	8	10	14	16	20	24	30	–
10.9		–	4	5	6	8	10	12	14	16	20	27	30
12.9		–	4	5	5	8	8	10	12	16	20	24	30

[1]) Für Dehnschrauben oder bei exzentrisch angreifender Betriebskraft F_B sind die Durchmesser der nächsthöheren Laststufe zu wählen

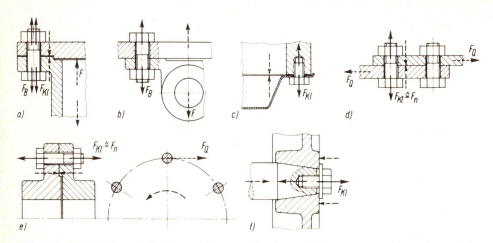

Bild 8-28. Verschraubungsfälle für vorgespannte Schrauben, a) bei Längs- und Dichtungskraft, b) bei Längskraft, c) bei alleiniger Dichtungskraft, d) bei Querkraft, e) bei Querkraft aus Drehmoment, f) bei Klemm- oder Spannkraft

Verschraubungsfall A: Von der Schraube ist bei Aufrechterhaltung einer Klemm-(Dichtungs-)kraft F_{Kl} eine Betriebskraft F_B als Längskraft aufzunehmen (Bild 8-28a).

A 1. Grobe Vorwahl des Schraubendurchmessers d und der zugehörigen Festigkeitsklasse nach Tabelle 8.5 mit dem der Betriebskraft F_B nächsthöheren Tabellenwert „statisch axial" bzw. „dynamisch axial".

A 2. Ermittlung der erforderlichen Montage-Vorspannkraft F_{VM} nach Gleichung (8.16); danach prüfen, ob $F_{VM} < F_{V0,9}$ nach Tabelle A8.10, Anhang (siehe unter 8.15.2.) und ggf. Schraubendurchmesser oder Festigkeitsklasse korrigieren.

A 3. Erforderliches Anzugsmoment M_A, genauer nach Gleichung (8.21) oder, wenn ausreichend, überschlägig nach Gleichung (8.22) bestimmen oder einfach mit $M_{A0,9}$ nach Tabelle A8.10, Anhang, festlegen: $M_A \approx 0{,}9 \cdot M_{A0,9}$.

A 4. Nachprüfung der Schraube:
   a) Bei statischer Betriebskraft F_B normalerweise nicht erforderlich, wenn Bedingung $F_{VM} < F_{V0,9}$ nach A 2. erfüllt ist; in unsicheren Fällen, oder wenn $F_{V0,9}$ nicht bekannt ist, Nachprüfung der Vergleichsspannung σ_{red} nach Gleichung (8.23); bei Vorspannen auf $F_{V0,9}$ Nachprüfung der max. Schraubenkraft $F_{S\,max}$ nach Gleichung (8.24).
   b) Bei dynamischer Betriebskraft F_B zunächst Nachprüfung wie zu a), außerdem die Ausschlagspannung σ_a nach Gleichung (8.15) prüfen.

A 5. Bei hochfesten Schrauben (ab Festigkeitsklasse 8.8) und hoher Vorspannung ist Nachprüfung der Pressung p an den Auflageflächen nach Gleichung (8.14) zweckmäßig.

Verschraubungsfall B: Von der Schraube ist eine Betriebskraft F_B als Längskraft aufzunehmen (Bild 8-28b).

B 1. Grobe Vorwahl wie zu A 1.
B 2. Ermittlung der erforderlichen Montage-Vorspannkraft F_{VM} nach Gleichung (8.17), sonst wie zu A 2.
B 3. Erforderliches Anzugsmoment M_A wie zu A 3.
B 4. Nachprüfung der Schraube wie zu A 4.
B 5. Nachprüfung der Pressung p wie zu A 5.

Verschraubungsfall C: Von der Schraube ist eine alleinige Dichtungskraft gleich Klemmkraft gleich Spannkraft F_{Kl} in Längsrichtung aufzunehmen (Bild 8-28c und f).

C 1. Grobe Vorwahl wie zu A 1., jedoch mit dem der „Betriebskraft F_B" = F_{Kl} nächstniedrigen Tabellenwert „statisch axial".
C 2. Ermittlung der erforderlichen Montage-Vorspannkraft F_{VM} nach Gleichung (8.18), sonst wie zu A 2.
C 3. Erforderliches Anzugsmoment M_A wie zu A 3.
C 4. Nachprüfung der Schraube wie zu A 4.a), wobei F_{Kl} einer statischen Betriebskraft F_B entspricht.
C 5. Nachprüfung der Pressung p wie zu A 5.

Verschraubungsfall D: Von der Schraube ist eine Querkraft F_Q aufzunehmen (Bild 8-28d und e).

D 1. Grobe Vorwahl wie zu A 1., jedoch mit F_Q „quer".
D 2. Ermittlung der erforderlichen Montage-Vorspannkraft F_{VM} nach Gleichung (8.18) mit Normalkraft F_n an Stelle von F_{Kl}, sonst wie zu A 2. Bei wechselnd oder schwellend auftretender Querkraft ist jedoch der Lockerungsfaktor k_L einzuführen! Siehe Hinweis unter Gleichung (8.18).
D 3. Erforderliches Anzugsmoment M_A wie zu A 3.
D 4. Nachprüfung der Schraube wie zu A 4.a), wobei F_n einer statischen Betriebskraft F_B entspricht.
D 5. Nachprüfung der Pressung p wie zu A 5.

Allgemeine Hinweise: Sonstige Verschraubungsfälle lassen sich meist in einen der oben aufgeführten einfügen und die Schrauben danach ohne Schwierigkeiten berechnen. Wegen der Verschiedenartigkeit der in der Praxis gestellten Aufgaben können die oben aufgeführten Rechenschritte nur als Richtlinie dienen. In manchen Fällen kann durchaus einfacher gerechnet und auf einige Rechenschritte (z. B. 4. und 5.) verzichtet werden; in anderen Fällen, z. B. bei dynamisch hochbelasteten Verbindungen, muß ggf. noch ausführlicher gerechnet werden. Hierzu sind auch die Musterbeispiele unter 8.19. zu beachten.

8.17. Schraubenverbindungen im Stahlbau

8.17.1. Anwendung

Schraubenverbindungen im Stahlbau werden bisweilen aus Gründen des leichteren Transportes und Zusammenbaus auf der Baustelle, z. B. von sperrigen Fachwerkkonstruktionen, oder bei schwer zugänglichen Stellen, wo Nieten oder Schweißen nicht möglich ist, angewendet. Ferner werden Schrauben gegenüber Nieten bei großen Klemmlängen (über 5facher Nenndurchmesser) bevorzugt, und wenn von der Verbindung größere Zugkräfte und stoßartige Beanspruchungen zu übertragen sind.

Technische und wirtschaftliche Vorteile ergeben sich besonders durch die gleitfesten, sogenannten HV-(*h*ochfest *v*orgespannten) Verbindungen (siehe unter 8.17.3.2.).

8.17.2. Schraubenarten

Sechskantschrauben, DIN 7990, Festigkeitsklasse 4.6, mit Sechskantmutter sollen stets mit 8 mm dicken Futterscheiben (DIN 7989) verwendet werden. Das Gewinde soll dadurch außerhalb der verschraubten Bauteile zu liegen kommen, damit der Schaft allein

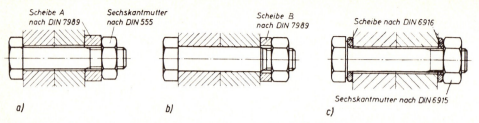

Bild 8-29. Schrauben für Stahlbau. a) Sechskantschraube DIN 7990, b) Sechskant-Paßschraube DIN 7968, c) Sechskantschraube DIN 6914 für HV-Verbindungen

die Scherkraft und den Lochleibungsdruck überträgt. Durchmesserbereich: M 10 ... M 36 (wie Niete), Löcher 1 mm größer (Bild 8-29a).

Sechskant-Paßschrauben, DIN 7968, Festigkeitsklassen 4.6 und 5.6, mit Sechskantmutter und Futterscheibe. Der Schraubenschaft mit Toleranz h 11 ist 1 mm größer als der Gewindedurchmesser (M 10 ... M 36) und soll mit dem Loch (Toleranz H 11) möglichst spielfrei passen. Sie sind höher belastbar als die normalen Sechskantschrauben und werden insbesondere zum Verbinden von Bauteilen aus St 52 verwendet (Bild 8-29b).

Sechskantschrauben nach DIN 6914 mit großer Schlüsselweite und großer Rundung zwischen Kopf und Schaft, Festigkeitsklasse 10.9, mit Sechskantmutter nach DIN 6915, Festigkeitsklasse 10, und vergüteten Unterlegscheiben aus C 45 nach DIN 6916, Dicke 3...5 mm, für gleitfeste (HV) und Scher/Lochleibungs-Verbindungen vorgesehen (Bild 8-29c).

8.17.3. Zug- und Druckstabanschlüsse

8.17.3.1. Verbindungen mit Sechskantschrauben DIN 7990 und DIN 7968

Die Berechnung *querbeanspruchter Schrauben* im Stahlbau erfolgt, wie bei Nieten, auf Abscheren und Lochleibungsdruck (siehe auch „Nietverbindungen" unter 7.5.3.3.), obgleich die äußeren Kräfte größtenteils oder auch vollkommen durch Reibungsschluß aufgenommen werden. Es gelten daher für die *vorhandene Abscherspannung* sowie den *vorhandenen Lochleibungsdruck* die entsprechenden Berechnungsgleichungen wie bei Nietverbindungen:

$$\tau_a = \frac{F}{A \cdot n \cdot m} \leq \tau_{a\,zul} \text{ in N/mm}^2 \qquad (8.26)$$

$$\sigma_l = \frac{F}{d \cdot s \cdot n} \leq \sigma_{l\,zul} \text{ in N/mm}^2 \qquad (8.27)$$

F von der Schraubenverbindung zu übertragende Kraft (gleich Stabkraft) in N

A Schaftquerschnittsfläche bei Sechskantschrauben nach DIN 7990, Lochquerschnittsfläche bei Sechskant-Paßschrauben nach DIN 7968 in mm²

n Anzahl der kraftübertragenden Schrauben

m Schnittigkeit; $m = 1$ bei einschnittiger Verbindung (vgl. Bild 8-30b und c), $m = 2$ bei zweischnittiger Verbindung (vgl. Bild 8-30a)

8.17. Schraubenverbindungen im Stahlbau 165

d Schaftdurchmesser bei Sechskantschrauben nach DIN 7990, Paßschaftdurchmesser gleich Lochdurchmesser bei Sechskant-Paßschrauben nach DIN 7968 in mm
s Dicke des schwächeren Bauteiles in mm
$\tau_{a\,zul}$, $\sigma_{l\,zul}$ zulässige Abscherspannung, zulässiger Lochleibungsdruck in N/mm² nach DIN 1050 bzw. DIN 15 018, Tabelle A3.2b bzw. A3.3b, Anhang

Wegen der Wahl der geeigneten *Schraubengröße* bei Entwurfsberechnungen siehe unter 8.17.3.3.4.

Für *zugbeanspruchte Schrauben* ergibt sich der erforderliche – im Stahlbau noch übliche – Kernquerschnitt aus $A_3 = F/\sigma_{z\,zul}$ in mm², mit A_3 nach Tabelle A8.1, Anhang, Zugkraft F in N und zul. Zugspannung $\sigma_{z\,zul}$ in N/mm² nach Tabelle A3.2b (Stahlhochbau) bzw. A.3.3b (Kranbau), Anhang.

8.17.3.2. Verbindungen mit hochfesten Schrauben DIN 6914

Nach der Richtlinie 010 des Deutschen Ausschusses für Stahlbau (DASt) können hochfeste Schrauben als Verbindungsmittel in Scher/Lochleibungs-Verbindungen, gleitfesten Verbindungen sowie in (gleichzeitig) zugfesten Verbindungen verwendet werden.

Scher/Lochleibungs-Verbindungen ohne oder mit teilweiser Vorspannung dürfen bei einem Lochspiel von 1 mm *(SL-Verbindungen)* nur für Bauteile mit vorwiegend ruhender Belastung, solche mit hochfestem Paßschrauben *(SLP-Verbindungen,* Lochspiel $\leq 0,3$ mm, Schraubenschaft und Gewinde nach DIN 7968) auch für Bauteile mit nicht vorwiegend ruhender Belastung angewendet werden. Gegenüber den Schrauben nach 8.17.3.1. ergibt sich eine höhere Scher- und (bei Vorspannung) Lochleibungsfestigkeit.

Gleitfeste (HV) Verbindungen mit vorgespannten Schrauben (*GV-Verbindungen*, Lochspiel 1 mm) und vorgespannten Paßschrauben (*GVP-Verbindungen*, Lochspiel $\leq 0,3$ mm) übertragen in den vorbereiteten Berührungsflächen äußere (Quer-)Kräfte ausschließlich bzw. überwiegend durch „flächigen" Reibungsschluß.

Bei GVP-Verbindungen gilt für die zulässige übertragbare (Quer-)Kraft je Schraube und Reibungsfläche

$$F_{GVP\,zul} = 0{,}5 \cdot F_{SLP\,zul} + F_{GV\,zul} \quad \text{in N} \tag{8.28}$$

$F_{SLP\,zul}$, $F_{GV\,zul}$ zulässige übertragbare (Quer-)Kraft in N je Schraube und Scher- bzw. Reibungsfläche für SLP- bzw. GV-Verbindungen nach Tab. 8.6a

Aus der gegebenen Stabkraft F und dem gewählten Schraubendurchmesser läßt sich die (stets aufzurundende, ganzzahlige) erforderliche Schraubenanzahl bestimmen:

$$n = \frac{F}{F_{zul} \cdot m} \tag{8.29}$$

F von der Schraubenverbindung zu übertragende Stabkraft in N
F_{zul} zulässige übertragbare (Quer-)Kraft je Schraube und je Scher- bzw. Reibungsfläche für die gewählte Ausführungsart nach Tab. 8.6a bzw. Gleichung (8.28)
m Schnittigkeit (Anzahl der Scher- bzw. Reibungsflächen), siehe Erläuterungen zu Gleichung (8.26)

Der Lochleibungsdruck σ_l im Bauteil ist grundsätzlich für jede Ausführungsart (auch für GV-Verb.) nach Gleichung (8.27) zu prüfen. Dabei gilt der zulässige rechnerische Lochleibungsdruck $\sigma_{l\,zul}$ nach Tab. 8.6b.

Zugfeste Verbindungen (z.B. Konsolanschlüsse und Stirnplattenverbindungen) sind so auszulegen, daß die in der DASt-Richtlinie 010 festgelegten zusätzlich übertragbaren Zugkräfte $F_{z\,zul}$ je vorgespannte Schraube nicht überschritten werden (siehe auch Hinweis unter 8.17.4.).

Tabelle 8.6: Richtwerte für hochfeste Schrauben im Stahlbau (nach DASt-Richtlinie 010)

a) Vorspannkraft F_V, Anzugsmoment M_A und zulässige übertragbare (Quer-)Kraft F_{zul} je hochfeste Schraube und je Reibungs- bzw. Scherfläche

Schrauben-größe	Vor-spann-kraft F_V	Anzugs-moment M_A[1]	Gleitfeste Verbindungen $F_{GV\,zul}$ in kN für St 37[2] vorwiegend				Scher/Lochleibungs-Verbindungen $F_{SL\,zul}$ in kN (bei vorwiegend ruhender Belastung)		$F_{SLP\,zul}$ in kN (Paßschrauben)	
			ruhende		nicht ruhende					
			Belastung							
			(z.B. Stahlhochbau)		(z.B. Kranbau)					
			Lastfall		Lastfall		Lastfall		Lastfall	
	kN	Nm	H	HZ	H	HZ	H	HZ	H	HZ
M12	50	120(100)	20	22,5	18	20	27	30,5	37	42,5
M16	100	350(250)	40	45,5	35,5	40	48,5	54,5	63,5	72,5
M20	160	600(450)	64	72,5	57	64	75,5	85	97	111
M22	190	900(650)	76	86,5	68	76	91	102,5	116,5	133
M24	220	1100(800)	88	100	78,5	88	108,5	122	137,5	157
M27	290	1650(1250)	116	132	103,5	116	137,5	154,5	172,5	197

[1]) Schraube leicht geölt (MoS_2-geschmiert)
[2]) Bauteilwerkstoff St 52: Für gleitfeste Anstriche gelten die Tabellenwerte ($\mu = 0,5$), für gestrahlte Reibungsflächen um 10% höhere Werte ($\mu = 0,55$)

b) Zulässiger rechnerischer Lochleibungsdruck $\sigma_{l\,zul}$ in N/mm^2 für Scher/Lochleibungs-Verbindungen und gleitfeste Verbindungen

Verbindungsart		Bauteilwerkstoff			
		St 37 Lastfall		St 52 Lastfall	
		H	HZ	H	HZ
SL-Verbindung	ohne Vorspannung	280	320	420	470
	Vorspannung: $\geq 0,5\,F_V$	380	430	570	640
SLP-Verbindung	ohne Vorspannung	320	360	480	540
	Vorspannung: $\geq 0,5\,F_V$	420	470	630	710
GV- und GVP-Verbindung		480	540	720	810

8.17.3.3. Berechnung der Bauteile

Hierfür gelten allgemein die gleichen Richtlinien wie für genietete Bauteile: Berechnung der Zugstäbe siehe „Nietverbindungen" unter 7.5.2.1. und 7.5.2.2., Berechnung der Druckstäbe unter 7.5.2.3. und 7.5.2.4. sowie 7.5.2.5.

Für zugbeanspruchte Bauteile darf bei gleitfesten Verbindungen mit hochfesten Schrauben angenommen werden, daß 40% der zulässig übertragbaren Kraft $F_{GV\,zul}$ (Tab. 8.6a) derjenigen Schrauben, die im betrachteten Nutzquerschnitt (Querschnitt mit Lochabzug) liegen, vor Beginn der Lochschwächung durch Reibungsschluß angeschlossen sind; jedoch nicht mehr als 20% der Gesamtkraft bei GV- und 10% bei GVP-Verbindungen (Bild 8-30b).

8.17. Schraubenverbindungen im Stahlbau

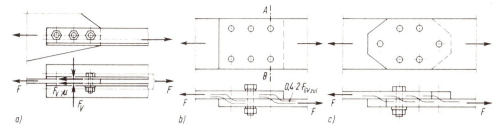

Bild 8-30. Geschraubte Stabanschlüsse. a) Anschluß eines Zugstabes als HV-Verbindung mit Kraftwirkungen, b) günstige Gestaltung und Kraftüberleitung bei HV-Verbindungen, c) rautenförmige Anordnung bei Verbindungen mit „normalen" Schrauben und nicht oder teilweise vorgespannten hochfesten Schrauben

8.17.3.4. Gestaltung der Verbindungen

Für die Gestaltung geschraubter Verbindungen gelten sinngemäß die gleichen Richtlinien wie für Nietverbindungen.

Bei HV-Verbindungen kommt man häufig mit etwas kleineren Durchmessern als bei „normalen" Schrauben aus. Auch wird bei diesen wegen der günstigen Kraftüberleitung (siehe 8.17.3.3.) für mehrreihige Verbindungen die rechteckige Schraubenanordnung bevorzugt gegenüber der sonst vorteilhafteren rautenförmigen Anordnung (Bild 8-30b und c).

8.17.4. Konsolanschlüsse

Zum Anschluß konsolartiger Bauteile, z. B. an Stützen, Träger u. dgl., können Sechskant-Schrauben nach DIN 7990 oder Sechskant-Paßschrauben nach DIN 7968 verwendet werden. Durchmesser und Anordnung sind sinngemäß wie bei Nietverbindungen (siehe unter 7.5.3.1. und 7.5.4.) zu wählen.

Der Anschluß hat außer der Auflagekraft F noch ein Biegemoment $M_b = F \cdot l_a$ aufzunehmen (Bild 8-31). Die Schubwirkung durch F wird von allen Schrauben gleichmäßig aufgenommen, möglichst durch Reibungsschluß. Wegen der Gefahr des Gleitens wird die Verbindung zunächst mit der Kraft F auf Abscheren und Lochleibung nach den Gleichungen (8.26) und (8.27) geprüft.

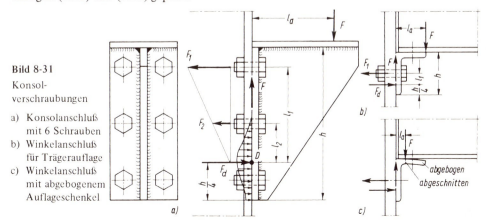

Bild 8-31
Konsolverschraubungen
a) Konsolanschluß mit 6 Schrauben
b) Winkelanschluß für Trägerauflage
c) Winkelanschluß mit abgebogenem Auflageschenkel

Durch die Kippwirkung von M_b entsteht am unteren Teil der Konsole (Bild 8-31a) eine Pressung, deren Verteilung wohl von der Größe der Schraubenvorspannung beeinflußt wird, sich aber angenähert nach der Darstellung in Bild 8-31a ausbreitet. Als Ersatz für die Pressung kann nach *Steinhardt*[1]) eine Druckkraft F_d, angreifend im „Druckmittelpunkt" D im Abstand etwa $h/4$ von der Konsolunterkante, angenommen werden. Die Schrauben oberhalb von D haben die Zugkräfte $F_1, F_2 \ldots F_n$ aufzunehmen, die sich wie ihre Abstände $l_1, l_2 \ldots l_n$ von D verhalten: $F_1 : F_2 : \ldots F_n = l_1 : l_2 : \ldots l_n$.
Aus der Bedingung $\Sigma M_{(D)} = 0$ folgt:

$$M_b = F \cdot l_a = F_1 \cdot l_1 + F_2 \cdot l_2 + \ldots F_n \cdot l_n$$

Nach Einsetzen und Umwandeln ergibt sich bei einer Anzahl z, hier $z = 2$, der von F_{max}, hier entsprechend F_1, beanspruchten Schrauben die *größte Zugkraft in einer Schraube*

$$F_{max} = \frac{M_b}{z} \cdot \frac{l_1}{l_1^2 + l_2^2 + \ldots l_n^2} \quad \text{in N} \tag{8.30}$$

Für die in einer Schraube auftretende *größte Zugspannung* gilt

$$\sigma_z = \frac{F_{max}}{A_3} \leq \sigma_{z\,zul} \quad \text{in N/mm}^2 \tag{8.31}$$

M_b	Biegemoment für die Verbindung in Nm; $M_b = F \cdot l_a$
z	Anzahl der von der größten Zugkraft F_{max} beanspruchten Schrauben
$l_1, l_2 \ldots l_n$	Abstände der zugbeanspruchten Schrauben vom Druckmittelpunkt in m
A_3	Kernquerschnitt der Schraube in mm² aus Tabelle A8.1, Anhang (im Stahlbau ist es noch üblich, mit dem Kernquerschnitt an Stelle des Spannungsquerschnittes zu rechnen)
$\sigma_{z\,zul}$	zulässige Zugspannung in N/mm² nach DIN 1050, Tabelle A3.2b, Anhang

Die gleiche Berechnung kann auch für die Anschlüsse der Winkelstähle nach Bild 8-31b und c durchgeführt werden. Bei dem Anschluß nach Bild 8-31b wird der Angriffspunkt der Kraft F sicherheitshalber an der Außenkante des Auflageschenkels angenommen. Durch leichtes Abbiegen dieses Schenkels (um ≈ 2 mm) rückt der Angriffspunkt von F näher an die Anschlußebene, damit werden das Biegemoment M_b und die Schraubenkräfte kleiner (Bild 8-31c). Ähnliche Verhältnisse werden erreicht, wenn der Schenkel vor der Rundung einfach abgeschnitten wird.

Bei *HV-Verbindungen von Konsolen*, die ja einen sicheren Reibungsschluß zwischen den verschraubten Teilen erreichen sollen, muß ein besonderer Spannungsnachweis erbracht werden. Berechnungsrichtlinien hierüber sind der speziellen Stahlbau-Literatur[2]) zu entnehmen.

---

[1]) Bericht in der Zeitschrift „Der Bauingenieur" 1952, Heft 7
[2]) Z. B. Zeitschrift „acier, stahl, steel" 1971, Heft 7 und 8 (Kopfplatten)

8.18. Bewegungsschrauben

Bewegungsschrauben dienen zum Umwandeln von Dreh- in Längsbewegungen oder zum Erzeugen großer Kräfte, z. B. bei Leitspindeln von Drehmaschinen, bei Spindeln von Pressen, Ventilen, Schraubenwinden, Schraubstöcken, Schraubzwingen, Abziehvorrichtungen u. dgl. Als „Hubschrauben" haben sie jedoch wegen der zunehmenden Anwendung der Pneumatik und Hydraulik kaum noch Bedeutung.

Als Bewegungsgewinde soll möglichst Trapezgewinde und nur in Ausnahmefällen bei rauhem Betrieb mit stoßartiger Beanspruchung, z. B. bei Kupplungsspindeln von Schienenfahrzeugen, Rundgewinde verwendet werden. Für nur in einer Richtung hochbeanspruchte Hubspindeln, z. B. für Hebebühnen, kommt auch Sägengewinde in Frage (siehe auch unter 8.2.1.).

Als Werkstoffe für Spindeln werden insbesondere die Baustähle St 50 und St 60 verwendet.

8.18.1. Überschlägige Berechnung, Vorwahl des Gewindedurchmessers

Bei *zugbeanspruchten* oder *kurzen druckbeanspruchten* Bewegungsschrauben ohne Knickgefahr ergibt sich der *erforderliche Kernquerschnitt des Gewindes*

$$A_3 \geqslant \frac{F}{\sigma_{d(z)\,zul}} \text{ in mm}^2 \tag{8.32}$$

$\sigma_{d(z)\,zul}$ zulässige Druck-(Zug-)spannung in N/mm²; man setzt bei
vorwiegend ruhender Belastung: $\sigma_{d(z)\,zul} = \sigma_S (\sigma_{0,2})/1,5$,
Schwellbelastung: $\sigma_{d(z)\,zul} = \sigma_{zSch}/2$,
Wechselbelastung: $\sigma_{d(z)\,zul} = \sigma_{zdW}/2$;
σ_S bzw. $\sigma_{0,2}$ aus Tabelle A1.4, σ_{zSch} und σ_{zdW} aus Dfkt-Schaubildern im Anhang

Lange, druckbeanspruchte Schrauben oder Spindeln (Bild 8-32), bei denen die Gefahr des Ausknickens besteht, werden zweckmäßig gleich auf Knickung berechnet. Aus der Euler-Knickgleichung ergibt sich bei Einsetzen der angegebenen, hier sinnvollen Einheiten der *erforderliche Kerndurchmesser des Gewindes*

$$d_3 \approx 17{,}8 \cdot \sqrt[4]{\frac{20 \cdot F \cdot v \cdot l_k^2}{E \cdot \pi^2}} \text{ in mm} \tag{8.33}$$

F Druckkraft für die Spindel in kN
v Sicherheit; man wählt zunächst $v \approx 8 \ldots 10$
l_k rechnerische Knicklänge in cm je nach vorliegendem Knickfall; für die Spindeln, Bild 8-32, setze man $l_k \approx 0{,}7 \cdot l$, was dem „Euler-Knickfall 3 entspricht und allgemein bei geführten Spindeln angenommen werden kann
E Elastizitätsmodul des Spindelwerkstoffes in N/mm²; für Stahl: $E = 21 \cdot 10^4$ N/mm²

Gewählt wird die dem ermittelten Kernquerschnitt A_3 bzw. Kerndurchmesser d_3 nächstliegende Gewindegröße aus Gewindetabellen im Anhang.

Die vorgewählte Spindel ist in jedem Fall auf Festigkeit und meist noch auf Knicksicherheit zu prüfen.

8.18.2. Nachprüfung auf Festigkeit

Bewegungsschrauben werden außer auf Druck oder Zug auch noch auf Verdrehung durch das aufzunehmende Drehmoment beansprucht. Bei der Festigkeitsprüfung ist zunächst festzustellen, welche Teile der Schraube oder Spindel welche Beanspruchung aufzunehmen haben, wobei zweckmäßig folgende Fälle unterschieden werden.

Beanspruchungsfall 1: Die Längskraft F wirkt in der Spindel, vom Muttergewinde aus betrachtet, auf der anderen Seite als das eingeleitete Drehmoment M_t, z. B. bei der Spindel einer Spindelpresse, nach Bild 8-32a.

Dabei wird der eine Teil der Spindel, hier der obere, auf Verdrehung, der andere Teil (mit der Länge l) auf Druck bzw. Knickung (oder auch auf Zug) beansprucht, sofern kein nennenswertes zusätzliches (Reibungs-)Moment, z.B. das Lagerreibungsmoment M_{RL} an der Auflage bei A, auftritt.

Für den „Verdrehteil" gilt für die *Verdrehspannung:*

$$\tau_t := \frac{M_t}{W_p} \leqslant \tau_{t\,zul} \quad \text{in N/mm}^2 \tag{8.34}$$

M_t Drehmoment für die Spindel in Nmm nach Gleichung (8.37)

W_p polares Widerstandsmoment aus $W_p \approx 0{,}2 \cdot d_3^3$, d_3 Gewinde-Kerndurchmesser aus Gewindetabellen im Anhang

$\tau_{t\,zul}$ zulässige Verdrehspannung; man setzt
bei vorwiegend ruhender Belastung: $\tau_{t\,zul} = \tau_{tF}/1{,}5$,
bei Schwellbelastung: $\tau_{t\,zul} = \tau_{tSch}/2$, bei Wechselbelastung $\tau_{t\,zul} = \tau_{tW}/2$;
τ_{tF}, τ_{tSch} und τ_{tW} aus Dfkt-Schaubildern im Anhang

Für den „Druckteil" („Zugteil") gilt für die *Druck-(Zug-)spannung:*

$$\sigma_{d(z)} = \frac{F}{A_3} \leqslant \sigma_{d(z)\,zul} \quad \text{in N/mm}^2 \tag{8.35}$$

F Druck-(Zug-)kraft für die Spindel in N

A_3 Kernquerschnitt des Gewindes aus Gewindetabellen im Anhang

$\sigma_{d(z)\,zul}$ zulässige Druck-(Zug-)spannung wie zu Gleichung (8.32)

Bei längeren druckbeanspruchten Spindeln ist dieser Teil unbedingt noch auf Knickung zu prüfen, siehe unter 8.18.3.

Beanspruchungsfall 2: Die Längskraft F wirkt in der Spindel, vom Muttergewinde aus betrachtet, auf der gleichen Seite wie das eingeleitete Drehmoment M_t, z. B. bei der Spindel eines Absperrschiebers, nach Bild 8-32b.

8.18. Bewegungsschrauben

Dabei wird der eine Teil der Spindel, hier der obere, auf Verdrehung, der andere Teil (mit der Länge *l*) auf Druck, seltener auf Zug, und Verdrehung beansprucht. Für diesen zu prüfenden Teil der Spindel gilt für die *Vergleichsspannung*

$$\sigma_v = \sqrt{\sigma_{d(z)}^2 + 3 \cdot (\alpha_0 \cdot \tau_t)^2} \leqslant \sigma_{d(z)zul} \quad \text{in N/mm}^2 \qquad (8.36)$$

$\sigma_{d(z)}$ vorhandene Druck-(Zug-)spannung in der Spindel in N/mm² nach Gleichung (8.35)
α_0 Anstrengungsverhältnis; man setzt bei gleichem Belastungsfall für $\sigma_{d(z)}$ und τ_t, z. B. beide (meist) schwellend: $\alpha_0 = 1$, sonst $\alpha_0 = 0{,}7$
τ_t vorhandene Verdrehspannung in der Spindel in N/mm² nach Gleichung (8.34)
$\sigma_{d(z)zul}$ zulässige Spannung in N/mm² wie zu Gleichung (8.32)

Bei längeren druckbeanspruchten Spindeln ist dieser Teil unbedingt noch auf Knickung zu prüfen, siehe unter 8.18.3.

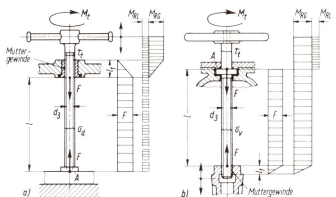

Bild 8-32
Beanspruchungsfälle bei Bewegungsschrauben mit Verlauf der Längskraft *F* sowie der Gewinde- und Lagerreibungsmomente M_{RG} und M_{RL} (meist $M_{RG} \gg M_{RL}$)
a) Beanspruchung der Spindel einer Spindelpresse (Fall 1),
b) Beanspruchung der Spindel eines Absperrschiebers (Fall 2)

Das aufzuwendende Drehmoment M_t entspricht dem Gewindereibungsmoment M_{RG} nach Gleichung (8.19), sofern keine anderen nennenswerten Reibungsmomente z. B. das Lagerreibungsmoment M_{RL} an der Spindelauflage oder in der Spindelführung (bei A in Bild 8-32) zu überwinden sind. Das *erforderliche Drehmoment* wird damit

$$M_t = F \cdot d_2/2 \cdot \tan(\varphi \pm \rho') \quad \text{in Nmm (Nm)} \qquad (8.37)$$

F Längskraft in der Spindel in N
d_2 Flankendurchmesser des Gewindes in mm (m) aus Gewindetabellen im Anhang
φ Steigungswinkel des Gewindes aus Gleichung (8.1); für eingängiges Trapezgewinde ist $\varphi \approx 3° \ldots 5{,}5°$ (Richtwert)
ρ' Gewindereibungswinkel; man setzt bei Spindel aus Stahl und
     Führungsmutter aus Gußeisen, trocken: $\rho' \approx 12°$
     aus CuZn- und CuSn-Legierungen, trocken: $\rho' \approx 10°$
     aus vorstehenden Werkstoffen, geschmiert: $\rho' \approx 6°$

Das + in ( ) gilt bei dem für die Berechnung maßgebenden „Anziehen", das − beim „Lösen" der Spindel.

8.18.3. Nachprüfung auf Knickung

Lange Spindeln sind außer auf Festigkeit auch noch auf Knicksicherheit zu prüfen. Zunächst ist festzustellen, ob elastische oder unelastische Knickung vorliegt. Dazu ist der Schlankheitsgrad zu ermitteln. Aus der allgemeinen Gleichung

$$\lambda = \frac{l_k}{i} = \frac{\text{rechnerische Knicklänge}}{\text{Trägheitsradius}} \quad \text{folgt mit}$$

$$i = \sqrt{\frac{I}{A_3}} = \sqrt{\frac{\pi \cdot d_3^4 \cdot 4}{64 \cdot d_3^2 \cdot \pi}} = \frac{d_3}{4}$$

der *Schlankheitsgrad der Spindel*

$$\lambda = \frac{4 \cdot l_k}{d_3} \tag{8.38}$$

l_k rechnerische Knicklänge in mm (siehe auch zu Gleichung 8.33)
d_3 Kerndurchmesser des Gewindes in mm aus Gewindetabellen

Es liegt *elastische Knickung* vor, wenn $\lambda \geq \lambda_0 = 105$ für St 37 und St 42 bzw. $\lambda \geq 89$ für St 50 und St 60. In diesem Fall ist die *Knickspannung nach Euler*

$$\sigma_k = \frac{E \cdot \pi^2}{\lambda^2} \approx \frac{21 \cdot 10^5}{\lambda^2} \quad \text{in N/mm}^2 \tag{8.39}$$

Für den *unelastischen Bereich*, d. h. für $\lambda < 105$ ist für St 37 und St 42 die *Knickspannung nach Tetmajer*

$$\sigma_K = 310 - 1{,}14 \cdot \lambda \quad \text{in N/mm}^2 \tag{8.40}$$

Für den Schlankheitsgrad $\lambda < 89$ wird für St 50 und St 60

$$\sigma_K = 335 - 0{,}62 \cdot \lambda \quad \text{in N/mm}^2 \tag{8.41}$$

Die Knickspannung muß gegenüber der vorhandenen Spannung eine ausreichende *Sicherheit* haben:

$$v = \frac{\sigma_K}{\sigma_{\text{vorh}}} \geq v_{\text{erf}} \tag{8.42}$$

σ_{vorh} vorhandene Spannung im druckbeanspruchten Spindelteil in N/mm²; für Beanspruchungsfall 1 ist $\sigma_{\text{vorh}} = \sigma_d$ nach Gleichung (8.35), für Beanspruchungsfall 2 ist $\sigma_{\text{vorh}} = \sigma_v$ nach Gleichung (8.36) zu setzen

8.18. Bewegungsschrauben

ν_{erf} erforderliche Sicherheit;
bei elastischer Knickung mit σ_K nach Gleichung (8.39) soll sein: $\nu_{erf} \approx 3 \ldots 6$ mit zunehmendem Schlankheitsgrad λ ($\lambda_{max} = 250$),
bei unelastischer Knickung mit σ_K nach Gleichungen (8.40) bzw. (8.41) soll sein: $\nu_{erf} \approx 4 \ldots 2$ mit abnehmendem Schlankheitsgrad λ

Hinweis: Bei Schlankheitsgraden $\lambda < 20$ erübrigt sich eine Nachprüfung auf Knicken, es braucht dann nur auf Festigkeit geprüft werden.

8.18.4. Muttergewinde (Führungsgewinde)

Die Länge l_1 des Muttergewindes einer Bewegungsschraube (Bild 8-32) ist so zu bemessen, daß die volle Tragkraft der Schraube bzw. Spindel vom Gewinde der Mutter ohne Schädigung übertragen wird. Dabei ist, im Gegensatz zu Befestigungsschrauben, nicht so sehr die Festigkeit, sondern vielmehr die Flächenpressung der Gewindeflanken entscheidend. Unter der Annahme einer gleichmäßigen Pressung aller Gewindegänge – in Wirklichkeit werden die ersten tragenden Gänge stärker beansprucht – ist die Flächenpressung $p = F/A_{ges}$.

Wird für die Gesamtfläche der tragenden Gewindegänge $A_{ges} = n \cdot A_g$ gesetzt und hierin für die Fläche eines Ganges $A_g = d_2 \cdot \pi \cdot H_1$ und für die Anzahl der Gänge $i = l_1/P$, dann ergibt sich für die *Flächenpressung des Gewindes*

$$p = \frac{F \cdot P}{l_1 \cdot d_2 \cdot \pi \cdot H_1} \leqslant p_{zul} \text{ in N/mm}^2 \tag{8.43}$$

F von der Spindelführung aufzunehmende Längskraft in N
P Gewindeteilung gleich Abstand von Gang zu Gang in mm, bei eingängigem Gewinde gleich Steigung, bei mehrgängigem Gewinde ist $P = P_h/n$ mit Steigung P_h und Gangzahl n (siehe auch zu Gleichung 8.1)
l_1 Länge des Muttergewindes in mm
d_2 Flankendurchmesser des Gewindes in mm aus Gewindetabellen
H_1 Tragtiefe des Gewindes in mm aus Gewindetabellen
p_{zul} zulässige Flächenpressung der Gewindeflanken in N/mm² nach Tabelle 8.7

Durch Umformen der Gleichung kann mit p_{zul} auch die *erforderliche Mutterlänge l_1* ermittelt werden, wobei wegen der ungleichmäßigen Verteilung der Flächenpressung im Gewinde $l_1 \approx 2.5 \cdot d$ (Gewindedurchmesser) nicht überschreiten soll.

Tabelle 8.7: Richtwerte für die zulässige Flächenpressung bei Bewegungsschrauben

Werkstoff		$p_{zul} \approx$ N/mm²
Schraube (Spindel)	Mutter (Spindelführung)	
Stahl	Gußeisen	5
Stahl	CuZn- und CuSn-Legierung	10
Stahl, gehärtet	CuZn- und CuSn-Legierung	15

8.18.5. Wirkungsgrad der Bewegungsschrauben, Selbsthemmung

Der Wirkungsgrad ist das Verhältnis von nutzbarer zu aufgewendeter Arbeit: $\eta = W_n/W_a$. Für eine Spindelumdrehung wird mit $W_n = F \cdot P$ und $W_a = F_u \cdot d_2 \cdot \pi = F \cdot \tan(\varphi + \rho') \cdot d_2 \cdot \pi$ (siehe unter 8.13.1.) der *Wirkungsgrad bei Umwandlung von Drehbewegung in Längsbewegung*

$$\eta = \frac{\tan \varphi}{\tan(\varphi + \rho')} \tag{8.44}$$

φ, ρ' wie zu Gleichung (8.37)

Bei Umwandlung von Längsbewegung in Drehbewegung, was nur bei nicht selbsthemmenden Gewinden möglich ist, wird $\eta' = \tan(\varphi - \rho')/\tan \varphi$.

Gewinde sind *selbsthemmend*, wenn Steigungswinkel $\varphi <$ Reibungswinkel ρ', wie bei allen Befestigungsgewinden und eingängigen Bewegungsgewinden.

Bei *nicht selbsthemmenden* Gewinden ist $\varphi > \rho'$, wie bei mehrgängigen Bewegungsgewinden.

Für den Grenzfall $\varphi = \rho'$ wird, wie aus Gleichung (8.44) folgt, der Wirkungsgrad $\eta < 0,5$, d. h. bei selbsthemmenden Schraubengetrieben ist stets $\eta < 0,5$; umgekehrt ist bei nicht selbsthemmenden Getrieben $\eta > 0,5$.

Die Frage, wann Selbsthemmung vorliegt und wann nicht, läßt sich durch folgende „Gedankenbrücke" leicht beantworten:

Selbsthemmend — Befestigungsschraube — *kleiner* Steigungswinkel — Steigungswinkel *kleiner* als Reibungswinkel

Nicht selbsthemmend — Drillbohrer — *großer* Steigungswinkel — Steigungswinkel *größer* als Reibungswinkel

8.19. Berechnungsbeispiele

■ **Beispiel 8.1:** Die Schraubenverbindung zwischen einem zweiteiligen Hydraulikkolben $\phi 100$ mm aus St 60 und einer Kolbenstange $\phi 30$ mm aus Ck 35 V ist für einen größten Öldruck $p_ü = 50$ bar zu berechnen (Bild 8-33). Der Schubmotor (Zylinder) hat stündlich ca. 90 Arbeitstakte auszuführen. Bei Entlastung durch die Betriebskraft F_B soll die Dichtungskraft gleich (Rest-)Klemmkraft noch mindestens $F_{Kl} = 15$ kN betragen. Vorgesehen ist eine Zylinderschraube nach DIN 912, die bei geöltem Gewinde mit einem Drehmomentschlüssel angezogen wird.

▶ **Allgemeiner Lösungshinweis:** Es handelt sich hier um eine vorgespannte Befestigungsschraube, also ist der Berechnungsgang nach den Angaben unter 8.16.2. maßgebend. Da von der Schraube eine Betriebskraft F_B aufzunehmen ist und im Betriebszustand außerdem eine Dichtungskraft gleich (Rest-)Klemmkraft F_{Kl} gefordert wird, kommt der „Verschraubungsfall A" für den Berechnungsgang in Frage und zwar bei dynamischer (schwellender) Belastung.

▶ **Lösung:** Unter Vernachlässigung der Reibungs- und Massenkräfte kann die schwellend wirkende Betriebskraft (Kolbenkraft) $F_B = p \cdot A =$ Druck × beaufschlagte Kolbenfläche berechnet werden.

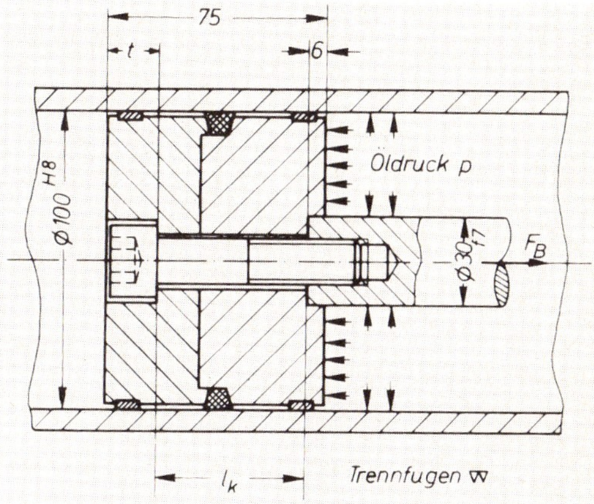

8.19. Berechnungsbeispiele   175

Bild 8-33. Hydraulikzylinder
Verbindung von Kolben und Kolbenstange durch eine zentrale Schraube

Mit der um den Stangenquerschnitt kleineren Kolbenfläche $A = \frac{\pi}{4}(D^2 - d^2) = \frac{\pi}{4}(10^2 - 3^2)$ cm² = 71,5 cm² und dem Druck p = 50 bar = 50 daN/cm² wird die Betriebskraft

F_B = 50 daN/cm² · 71,5 cm² = 3575 daN ≈ 35,7 kN.

Mit den Rechenschritten A1., A2. usw. kann jetzt die systematische Schraubenberechnung durchgeführt werden:

A1. Die Wahl der geeigneten Festigkeitsklasse erfolgt nach folgenden Gesichtspunkten:

Festigkeits-klasse	allgemeine Anwendung für	Tragfähig-keit in %	Mindest-dehnung	Preisver-gleich in %	Aufgrund der Flächen-pressung geeignet für
8.8	normale Beanspruchung	100	12	100	alle Baustähle
10.9	hohe Vorspannkräfte	140	9(12)	ca. 150	Baustähle ab St 50
12.9	höchstbean-spruchte Verbindungen	168	8	ca. 150	Vergütungsstähle

Gewählt wird (für Kopfauflage aus St 60) eine Schaftschraube der Festigkeitsklasse 10.9.
Für die dynamisch axiale (zentrische) Betriebskraft F_B = 35,7 kN und die Festigkeitsklasse 10.9 wird nach Tab. 8.5 zunächst grob vorgewählt (mit F_B bis 40 kN): Schaftschraube M16.

A2. Die erforderliche Montagevorspannkraft ergibt sich nach Gleichung (8.16):

$F_{VM} = k_A [F_{KI} + k_L \cdot F_B (1 - \Phi)]$.

Der Anziehfaktor wird entsprechend der angegebenen Anziehart und dem Oberflächenzustand nach Tab. A 8.8, Anhang, Zeile 3: k_A = 1,4.
Mit der Senktiefe t = 17,5 mm (DIN 74) wird die Klemmlänge l_k = 75 mm – 17,5 mm – 6 mm = 51,5 mm und das Klemmlängenverhältnis l_k/d = 51,5 mm/16 mm ≈ 3,2, also > 3...4. Bei 3 rauhen Trennfugen (Kopfauflage, Kolbenteilfuge, Kolbenstangenanschluß) ist nach Tab. A 8.9, Anhang, für 10.9 die Spalte B maßgebend. Damit wird für M16 und l_k/d > 3...4 (mittellang): k_L = 1,4.

Das Kraftverhältnis ergibt sich aus Gleichung (8.11): $\Phi = q \cdot \Phi'$.

Nach Bild 8-15 wird $q \approx 0{,}25$ gesetzt. Das „vereinfachte" Kraftverhältnis kann aus Bild A8-1, Anhang, ermittelt werden: Für $l_k/d \approx 3{,}2$ und St als Werkstoff der verspannten Teile wird $\Phi' \approx 0{,}31$ und damit $\Phi \approx 0{,}25 \cdot 0{,}31 \approx 0{,}08$.

Mit diesen Werten wird dann die Montagevorspannkraft

$$F_{VM} = 1{,}4 \cdot [15\,kN + 1{,}4 \cdot 35{,}7\,kN\,(1 - 0{,}08)] = 1{,}4\,[15\,kN + 46\,kN] = 85{,}4\,kN.$$

Damit kann nach Tab. A 8.10, Anhang, die endgültige Schraubenwahl getroffen werden. Für die vorgewählte Schraube (M16, 10.9) beträgt die Vorspannkraft bei 90 % Ausnutzung der Streckgrenze $F_{V0,9} = 102\,kN > F_{VM} = 85{,}4\,kN$. Es bleibt bei der vorgewählten Schraube.

A3. Die Schraube M 16−10.9 soll maximal ausgenutzt, d.h. mit dem größten Montage-Anzugsmoment angezogen werden, womit dann die maximale Vorspannkraft $F_{V0,9}$ erreicht wird. Mit $M_{A0,9} = 295\,Nm$ (aus Tab. A 8.10, Anhang) wird das größte Montage-Anzugsmoment bei Vermeiden einer Überbeanspruchung:

$$M_A \approx 0{,}9 \cdot 295\,Nm \approx 265\,Nm.$$

A4. Da die Schraube auf $F_{V0,9} = 102\,kN$ vorgespannt wird, ist nach den Angaben zu A 4.a zunächst die maximale Schraubenkraft nach Gleichung (8.24) zu prüfen:

$$F_{S\,max} = F_{V0,9} + F_{BS} \leq F_{0,2}.$$

Hierin sind: $F_{V0,9} = 102\,kN$; $F_{0,2} = A_S \cdot \sigma_{0,2}$, mit Spannungsquerschnitt für M16 aus Tab. A8.1, Anhang: $A_S = 157\,mm^2$, und $\sigma_{0,2} = 900\,N/mm^2$ für Festigkeitsklasse 10.9 aus Tab. A 8.7, Anhang, wird $F_{0,2} = 157\,mm^2 \cdot 900\,N/mm^2 = 141\,300\,N = 141{,}3\,kN$.

Die Zusatzkraft für die Schraube wird nach Gleichung (8.5):

$$F_{BS} = F_B \cdot \Phi.$$

Mit $F_B = 35{,}7\,kN$ und $\Phi = 0{,}08$ wird $F_{BS} = 35{,}7\,kN \cdot 0{,}08 = 2{,}9\,kN$ und damit die maximale Schraubenkraft $F_{S\,max} = 102\,kN + 2{,}9\,kN = 104{,}9\,kN < 141{,}3\,kN$.

Die Schraube ist also zunächst, selbst beim Anziehen mit dem max. Anzugsmoment nicht gefährdet.

Wegen der dynamischen Belastung ist nach der Angabe zu A 4.b noch die Dauerhaltbarkeit zu prüfen nach Gleichung (8.15):

$$\pm \sigma_a = \pm \frac{F_a}{A_s} \leq \sigma_A.$$

Die Ausschlagkraft wird nach Gleichung (8.9): $\pm F_a = \dfrac{F_{B\,max} - F_{B\,min}}{2} \cdot \Phi$; hierin sind $F_{B\,max} \triangleq F_B = 35{,}7\,kN = 35\,700\,N$, $F_{B\,min} = 0$ wegen der rein schwellenden Belastung, $\Phi \approx 0{,}08$, damit wird

$$\pm F_a = \frac{35\,700\,N - 0}{2} \cdot 0{,}08 \approx 1430\,N.$$

Hiermit und mit dem Spannungsquerschnitt $A_s = 157\,mm^2$ wird die Ausschlagspannung

$$\pm \sigma_a = \frac{1430\,N}{157\,mm^2} \approx 9\,N/mm^2.$$

Die Ausschlagfestigkeit für nicht nachbehandelte Schrauben M16−10.9 ist nach Tab. 8.3: $\pm \sigma_A \approx 60\,N/mm^2$; also ist $\sigma_a = 9\,N/mm^2 \ll \sigma_A \approx 60\,N/mm^2$. Die Schraube ist dauerbruchsicher.

8.19. Berechnungsbeispiele

A 5. Für Schrauben der Festigkeitsklasse 10.9 muß unbedingt noch die Flächenpressung an der Kopfauflagefläche nach Gleichung (8.14) geprüft werden:

$$p = \frac{F_{S\,max}}{A_p} \leq p_G.$$

Hierin sind: $F_{S\,max} = 104{,}9$ kN; gepreßte Auflagefläche für Zylinderschrauben mit Innensechskant M 16 bei normalem Durchgangsloch „mittel" nach Tab. A 8.3, Anhang: $A_p = 190$ mm²; die Grenzflächenpressung bei drehmomentgesteuertem Handanziehen (Drehmomentschlüssel!) und Bauteilwerkstoff St 60 (und St 50) nach Tab. A 8.5, Anhang: $p_G \approx 500$ N/mm². Damit wird

$$p = \frac{104\,900\,\text{N}}{190\,\text{mm}^2} \approx 550\,\text{N/mm}^2 > p_G \approx 500\,\text{N/mm}^2!$$

Die Überschreitung der Grenzflächenpressung um 10 % kann für St 60 eben noch hingenommen werden.

Abschließend werden noch die Verschraubungsmaße festgelegt. Nach Tab. 8.2a beträgt die Einschraublänge in Stahl mit $\sigma_B > 600\ldots800$ N/mm² (Ck 35 V: $\sigma_B \approx 580\ldots730$ N/mm²) für Schrauben der Festigkeitsklasse 10.9: $l_e \approx 1{,}2 \cdot d \approx 1{,}2 \cdot 16$ mm ≈ 19 mm. Mit der Klemmlänge $l_k = 51{,}5$ mm wird dann die Schraubenlänge $l = l_k + l_e = 51{,}5$ mm $+ 19$ mm ≈ 70 mm. Dies ist nach Angaben zu Tab. A 8.3, Anhang, auch eine genormte Länge.

Für das Sacklochgewinde in der Kolbenstange wird eine nutzbare Gewindelänge $b = l_e +$ Zuschlag für Toleranzen ≈ 19 mm $+ 2$ mm $= 21$ mm erforderlich. Mit einer Zugabe $\geq 6{,}5$ mm (Tab. 8.2b) für den Gewindeauslauf ergibt sich die Kernlochtiefe $t = 21$ mm $+ 6{,}5$ mm ≈ 28 mm.

Ergebnis: Für die Verbindung von Kolben und Kolbenstange ist eine Zylinderschraube M 16 × 70 DIN 912−10.9 erforderlich.

Beispiel 8.2: Für die Verschraubung des Deckels eines Druckbehälters mit eingelegtem Welldichtring (gewellter Ring aus Alu-Blech mit Weichstoffauflage; $d_a = 545$ mm, $d_i = 505$ mm) sind Festigkeitsklasse und Anzahl der im Entwurf festgelegten Sechskantschrauben M 16 *überschlägig* zu ermitteln (Bild 8-34). Der Behälter hat einen Innendurchmesser $d_i = 500$ mm und steht unter dem konstanten inneren Gasdruck $p_{\ddot{u}} = 8$ bar. Die höchste Temperatur (Berechnungstemperatur) des Gases beträgt ca. 20 °C.

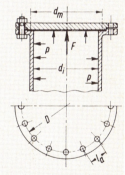

Bild 8-34
Deckelverschraubung eines Druckbehälters

Allgemeiner Lösungshinweis: Obwohl Merkmale des „Verschraubungsfalles A" vorhanden sind, handelt es sich streng genommen um eine exzentrisch verspannte und exzentrisch belastete Schraubenverbindung mit nicht direkt (Dichtung!) aufeinanderliegenden Teilen, an welche hohe sicherheitstechnische Anforderungen gestellt werden. Für derartige Berechnungen an Druckbehältern sind die AD-Merkblätter (<u>A</u>rbeitsgemeinschaft <u>D</u>ruckbehälter) maßgebend (hier AD-Merkblatt B7, Schrauben). Diese sind als „Regeln der Technik" anerkannt; bei ihrer sinngemäßen Anwendung gilt im Zweifelsfalle die „ingenieurmäßige Sorgfaltspflicht" als erfüllt.

Tabelle 8.5 gestattet auch bei exzentrischem Kraftangriff (nächsthöhere Laststufe wählen!) eine für Entwürfe ausreichend genaue Wahl der Schrauben.

Konstruktionsregeln für die Gestaltung von Flanschverbindungen:

1. Möglichst große Schraubenzahl ergibt gleichmäßige und sichere Abdichtung ($n \geq 4$).
2. Verhältnis Schraubenabstand zu Lochdurchmesser $\dfrac{l_a}{D_B} \leq 5$.
3. Schrauben unter M10 sind nicht zulässig.

Lösung: Auf Grund der Bedingung $l_a/D_B \leq 5$ wird zunächst die Schraubenzahl festgelegt. Bei normalem Durchgangsloch „mittel" nach Tab. A 8.3 ist $D_B = 18$ mm und somit der größte zulässige Schraubenabstand $l_a \approx 5 \cdot 18$ mm $= 90$ mm.

Damit ergibt sich bei einem geschätztem Lochkreisdurchmesser $D \approx 570$ mm:

$$n \approx \frac{D \cdot \pi}{l_a} = \frac{570 \text{ mm} \cdot \pi}{90 \text{ mm}} \approx 20.$$

Bei der Berechnung der auf den Deckel wirkenden Druckkraft wird sicherheitshalber davon ausgegangen, daß der Druck bis Mitte Dichtung, also bis zum mittleren Dichtungsdurchmesser d_m wirksam ist.

Mit $d_a = 545$ mm und $d_i = 505$ mm wird $d_m = 525$ mm. Für die Druckkraft gilt (unter Beachtung der Beziehung 1 bar $= 1$ daN/cm²):

$$F = p \frac{d_m^2 \cdot \pi}{4} = 8 \frac{\text{daN}}{\text{cm}^2} \cdot \frac{52{,}5^2 \text{ cm}^2 \cdot \pi}{4} = 17309 \text{ daN} \approx 173 \text{ kN}$$

Die Betriebskraft je Schraube wird dann $F_B = \frac{F}{n} = \frac{173 \text{ kN}}{20} = 8{,}65 \text{ kN}$.

Hierfür kann nun aus Tab. 8.5 die erforderliche Festigkeitsklasse überschlägig ermittelt werden. In Zeile „stat. axial" müßte bei zentrischem Kraftangriff in der Spalte „bis 10 kN" abgelesen werden, bei exzentrischem Kraftangriff ist aber die nächsthöhere Laststufe zu wählen, es gilt die Spalte „bis 16 kN". Danach werden für den Nenndurchmesser 16 mm (M16) empfohlen: 4.8, 5.6, 6.6; gewählt wird die gängige Festigkeitsklasse 5.6.

Ergebnis: Im Entwurf sind 20 Sechskantschrauben M16 der Festigkeitsklasse 5.6 vorzusehen.

Die Kontrollrechnung nach dem AD-Merkblatt B7 ergibt für den Betriebszustand eine erforderliche Vorspannkraft $F_V \approx 10$ kN und für den Einbauzustand vor der Druckaufgabe eine erforderliche Vorspann-(Vorpreß-)Kraft $F_V \approx 27$ kN pro Schraube.

Durch die „Vorpreßkraft" $F_V \approx 27$ kN ($< F_{V0,9} = 34$ kN für M16, 5.6) muß die Dichtung soweit verformt werden, daß sie sich den Unebenheiten der Auflageflächen bleibend anpaßt.

Bedingt durch die Art der Bemessung sind sowohl für den Betriebs- als auch für den Einbauzustand rechnerisch 20 Schrauben M16 der Festigkeitsklasse 5.6 erforderlich. Der Entwurf kann also unverändert ausgeführt werden!

■ **Beispiel 8.3:** Die Verbindung eines Zugstangenlagers aus GS-45 mit einer Grundplatte aus GG-25 durch 2 Zylinderschrauben nach DIN 912 (Bild 8-35) ist für eine vorwiegend ruhend wirkende Betriebskraft $F_B = 24$ kN auszulegen. Die nicht nachbehandelten, ungeschmierten Schrauben werden mit einem Schlagschrauber angezogen.

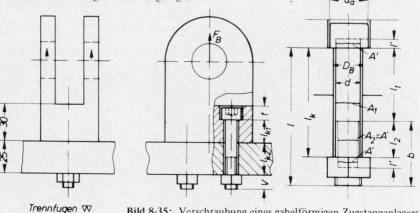

Bild 8-35: Verschraubung eines gabelförmigen Zugstangenlagers

8.19. Berechnungsbeispiele

▶ **Allgemeiner Lösungshinweis:** Es handelt sich hier um vorgespannte Befestigungsschrauben, also ist der Berechnungsgang nach den Angaben unter 8.16.2. maßgebend. Da nur eine alleinige Betriebskraft als Längskraft aufzunehmen ist, kommt der Verschraubungsfall B⁻ für den Berechnungsgang in Frage und zwar bei statischer Belastung.

▶ **Lösung:** Mit den vorliegenden Daten kann die systematische Schraubenberechnung mit den „Rechenschritten" B1., B2. usw. durchgeführt werden.

B1. Für die (zentrische) Betriebskraft pro Schraube F_B = 24 kN/2 = 12 kN werden nach Tab. 8.5 zunächst grob vorgewählt (mit F_B „stat. axial" bis 16 kN): Schaftschrauben M10 mit der für normale Beanspruchungen üblichen Festigkeitsklasse 8.8.

B2. Die erforderliche Montagevorspannkraft ergibt sich nach Gleichung (8.17):

$$F_{VM} = k_A \cdot k_L \cdot F_B \cdot (1 - \Phi).$$

Der Anziehfaktor wird entsprechend der angegebenen Anziehart und dem Oberflächenzustand nach Tab. A 8.8, Anhang, Zeile 6: k_A = 2,0.
Der Lockerungsfaktor beträgt nach Tab. A 8.9, Anhang, für statische Belastung: k_L = 1,2.
Das „vereinfachte" Kraftverhältnis (für q = 1) kann bei verspannten Teilen mit unterschiedlichen E-Moduln (St und GG) nicht nach Bild A 8-1, Anhang, sondern nur nach den Angaben zu den Gleichungen (8.5) bis (8.8) ermittelt werden:

$$\Phi = \frac{c_S}{c_S + c_T}.$$

Die Federsteifigkeit der Schraube ergibt sich nach Gleichung (8.2): $c_S = \dfrac{E_S}{\sum \dfrac{l}{A}}$.

Hierin sind: E-Modul für den Schraubenstahl: E_S = 210 000 N/mm² ;

$$\sum \frac{l}{A} = 2 \cdot \frac{l'}{A'} + \frac{l_1}{A_1} + \frac{l_2}{A_2} \quad \text{nach Bild 8-35,}$$

wobei $l' \approx 0,4 \cdot d \approx 0,4 \cdot 10$ mm = 4 mm, $A' = A_S$ = 58 mm² (Tab. A 8.1, Anhang), zur Bestimmung von l_1 und l_2 muß zunächst die Normlänge l der Schrauben festgelegt werden (mit t = 11 mm nach DIN 74 und $v \approx d$ wird $l \geq$ 30 mm + 25 mm − 11 mm + 10 mm = 54 mm und die nächstgrößere genormte Schraubenlänge l = 55 mm, hierfür ergibt sich nach den Angaben zur Tab. A 8.3, Anhang, die Gewindelänge b = 2 · d + 6 mm = 2 · 10 mm + 6 mm = 26 mm),

$l_1 = l - b$ = 55 mm − 26 mm = 29 mm, $\quad A_1 = d^2 \cdot \pi/4 = 10^2$ mm² · $\pi/4 \approx$ 78,5 mm²,
$l_2 = l_k - l_1$ = 44 mm − 29 mm = 15 mm, $\quad A_2 = A_S$ = 58 mm² ;

mit diesen Werten wird dann

$$\sum \frac{l}{A} = 2 \cdot \frac{4 \text{ mm}}{58 \text{ mm}^2} + \frac{29 \text{ mm}}{78,5 \text{ mm}^2} + \frac{15 \text{ mm}}{58 \text{ mm}^2} = 0,138 + 0,369 + 0,259 = 0,766 \text{ mm/mm}^2$$

und damit die Federsteifigkeit der Schraube: $c_S = \dfrac{2,1 \cdot 10^5 \text{ N/mm}^2}{0,766 \text{ mm/mm}^2} \approx 2,74 \cdot 10^5$ N/mm.

Die Federsteifigkeit von verspannten Teilen mit unterschiedlichen E-Moduln wird nach den Angaben zu Gleichung (8.4) berechnet:

$$\frac{1}{c_T} = \frac{1}{c_{T1}} + \frac{1}{c_{T2}}, \quad \text{mit} \quad c_{T1} = \frac{A_Z \cdot E_{T1}}{l_{k1}} \quad \text{und} \quad c_{T2} = \frac{A_Z \cdot E_{T2}}{l_{k2}}.$$

Hierin sind: E-Modul des Lagers (Teil 1) aus GS-45: $E_{T1} = 2{,}1 \cdot 10^5 \text{ N/mm}^2$,
E-Modul der Grundplatte (Teil 2) aus GG-25: $E_{T2} = 1{,}15 \cdot 10^5 \text{ N/mm}^2$
(nach Tab. A 3.1, Anhang),
Klemmlänge des Lagers (Teil 1): $l_{k1} = 30$ mm $- 11$ mm $= 19$ mm,
Klemmlänge der Grundplatte (Teil 2): $l_{k2} = 25$ mm;
Querschnittsfläche des Ersatzhohlzylinders nach Gleichung (8.3):

$$A_Z = \frac{\pi}{4}\left[\left(d_a + \frac{l_k}{10}\right)^2 - D_B^2\right]; \text{ mit } d_a = 16 \text{ mm (aus Tab. A 8.3, Anhang),}$$

$l_k = 30$ mm $+ 25$ mm $- 11$ mm $= 44$ mm und $D_B = 11$ mm (Durchgangsloch „mittel" aus Tab. A 8.3, Anhang) wird

$$A_Z = \frac{\pi}{4}\left[\left(16 \text{ mm} + \frac{44 \text{ mm}}{10}\right)^2 - 11^2 \text{ mm}^2\right] = 0{,}785 \cdot [416{,}2 \text{ mm}^2 - 121 \text{ mm}^2] \approx 232 \text{ mm}^2;$$

mit den Federsteifigkeiten von Lager und Grundplatte

$$C_{T1} = \frac{232 \text{ mm}^2 \cdot 2{,}1 \cdot 10^5 \text{ N/mm}^2}{19 \text{ mm}} \approx 25{,}64 \cdot 10^5 \text{ N/mm} = 2{,}564 \cdot 10^6 \text{ N/mm}$$

und

$$C_{T2} = \frac{232 \text{ mm}^2 \cdot 1{,}15 \cdot 10^5 \text{ N/mm}^2}{25 \text{ mm}} \approx 10{,}67 \cdot 10^5 \text{ N/mm} = 1{,}067 \cdot 10^6 \text{ N/mm}$$

wird

$$\frac{1}{C_T} = \frac{1}{2{,}564 \cdot 10^6 \text{ N/mm}} + \frac{1}{1{,}067 \cdot 10^6 \text{ N/mm}} \approx 1{,}327 \cdot 10^{-6} \text{ mm/N}$$

und damit die Federsteifigkeit der verspannten Teile

$$C_T \approx 0{,}754 \cdot 10^6 \text{ N/mm}$$

Mit $C_S \approx 0{,}274 \cdot 10^6$ N/mm und $C_T \approx 0{,}754 \cdot 10^6$ N/mm wird dann das Kraftverhältnis

$$\Phi = \frac{0{,}274}{0{,}274 + 0{,}754} \approx 0{,}267 \,.$$

Mit dem Krafteinleitungsfaktor $q \approx 0{,}5$ nach 8.7.4. ergibt sich das korrigierte Kraftverhältnis $\Phi = 0{,}5 \cdot 0{,}267 \approx 0{,}13$.
Durch Einsetzen der ermittelten Werte läßt sich jetzt die erforderliche Montage-Vorspannkraft ermitteln:

$$F_{VM} = 2{,}0 \cdot 1{,}2 \cdot 12 \text{ kN} (1 - 0{,}13) \approx 25 \text{ kN}.$$

Für die vorgewählten Schrauben M10−8.8 ist die max. Vorspannkraft nach Tab. A 8.10, Anhang: $F_{V0,9} = 26{,}2$ kN $> F_{VM} = 25$ kN.
Eine Korrektur von Schraubengröße und Festigkeitsklasse ist also nicht erforderlich.

B3. Mit $M_{A0,9} = 49$ Nm (aus Tab. A 8.10, Anhang) wird, bei maximaler Ausnutzung der Schrauben, das größte Montage-Anzugsmoment bei Vermeiden einer Überbeanspruchung

$$M_A \approx 0{,}9 \cdot 49 \text{ Nm} \approx 44 \text{ Nm}.$$

B4. Da die Schrauben auf $F_{V0,9} = 26{,}2$ kN vorgespannt werden, ist nach den Angaben zu A4.a die max. Schraubenkraft nach Gleichung (8.24) zu prüfen:

$$F_{S \max} = F_{V0,9} + F_{BS} \leqslant F_{0,2}.$$

8.19. Berechnungsbeispiele

Die Schraubenkraft an der Streckgrenze $F_{0,2} = A_S \cdot \sigma_{0,2}$ wird mit $A_S = 58\,\text{mm}^2$ (aus Tab. A8.1, Anhang) und $\sigma_{0,2} = 640\,\text{N/mm}^2$ (für Festigkeitsklasse 8.8 aus Tab. A8.7, Anhang):

$F_{0,2} = 58\,\text{mm}^2 \cdot 640\,\text{N/mm}^2 = 37\,120\,\text{N} \approx 37{,}1\,\text{kN}.$

Für die Zusatzkraft gilt nach Gleichung (8.5):

$F_{BS} = F_B \cdot \Phi.$

Mit $F_B = 12\,\text{kN}$ und $\Phi = 0{,}13$ wird $F_{BS} = 12\,\text{kN} \cdot 0{,}13 \approx 1{,}6\,\text{kN}$ und damit die max. Schraubenkraft

$F_{S\,\text{max}} = 26{,}2\,\text{kN} + 1{,}6\,\text{kN} = 27{,}8\,\text{kN} < F_{0,2} = 37{,}1\,\text{kN}.$

Die Gefahr einer plastischen Längung der Schrauben besteht also nicht.

B5. Eine Nachprüfung der Pressung an den Auflageflächen ist bei 8.8-Schrauben und Bauteilen aus GS (St) und GG in der Regel nicht erforderlich!

Ergebnis: Für die Verschraubung des Zugstangenlagers ergeben sich Zylinderschrauben M10 × 55 DIN 912–8.8 mit Sechskantmuttern M10 DIN 934–8.

▪ **Beispiel 8.4:** Ein geradverzahnter Stirnradkranz ($m = 4\,\text{mm}$, $z = 48$) aus Ck 45 V soll durch 8 Sechskantschrauben nach DIN 931 ein wechselnd wirkendes Drehmoment $M_{t\,\text{max}} = 630\,\text{Nm}$ gleitfest auf einen Nabenkörper aus GG-25 übertragen (Bild 8-36). Der Lochkreisdurchmesser und die maximale Schraubengröße liegen mit $D = 150\,\text{mm}$ bzw. M12 bereits fest.

Zu ermitteln sind:
a) alle für die konstruktive Ausführung erforderlichen Daten, wenn die geölten Schrauben (ohne Nachbehandlung) mit einem Drehmomentschlüssel angezogen werden,
b) eine geeignete Passung für den Sitz des Zahnkranzes auf dem Nabenkörper ($\varnothing\,120$).

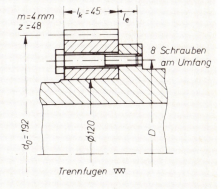

Bild 8-36. Verschraubung eines Zahnkranzes

▶ **Allgemeiner Lösungshinweis:** Es handelt sich um eine querbeanspruchte Schraubenverbindung, welche wegen des wechselnden Drehmomentes unbedingt auf Reibungsschluß ausgelegt werden sollte. Danach ist für die vorgespannten Schrauben die Berechnung nach 8.16.2. maßgebend und zwar der „Verschraubungsfall D".

▶ **Lösung a:** Das Drehmoment $M_{t\,\text{max}} = 630\,\text{Nm}$ wird durch die senkrecht zur Zahnflanke (längs der Eingriffslinie) wirkende Zahnkraft (Normalkraft) F_n in das Rad eingeleitet (Bild 8-37). F_n kann in 2 Komponenten, die auf den Teilkreis bezogene Umfangskraft F_u und die Radialkraft F_r zerlegt werden. Für die Umfangskraft gilt

$F_u = \dfrac{2 \cdot M_t}{d_0} = \dfrac{2 \cdot 630 \cdot 10^3\,\text{Nmm}}{192\,\text{mm}} = 6563\,\text{N}.$

Die Radialkraft F_r wird im Interesse eines einfachen Lösungsansatzes vernachlässigt (Fehler ca. 6 %).

Die am Teilkreisdurchmesser angreifende Umfangskraft F_u belastet das „Schraubenfeld" durch die Querkraft F_u und durch das Drehmoment $M_{t\,\text{max}}$ (Lastverteilung in Wirklichkeit schwer

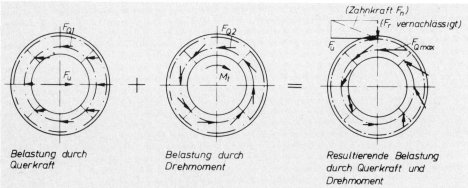

Bild 8-37. Angenommene Lastverteilung in einer Zahnkranzverschraubung

durchschaubar!). Die von jeder Schraube zu übertragende Querkraft ergibt sich durch „Überlagerung" dieser Kraftwirkungen (Bild 8-37):

Aus Querkraftbelastung: $F_{Q1} = \dfrac{F_u}{n} = \dfrac{6563 \text{ N}}{8} = 820 \text{ N}$,

aus Momentbelastung: $F_{Q2} = \dfrac{2 \cdot M_t}{D \cdot n} = \dfrac{2 \cdot 630 \cdot 10^3 \text{ Nmm}}{150 \text{ mm} \cdot 8} = 1050 \text{ N}$.

Im Betrieb müssen die nacheinander am Eingriffspunkt der Verzahnung vorbeilaufenden Schrauben bei jeder Umdrehung einmal die größte Querkraft $F_{Q\,max} = 820 \text{ N} + 1050 \text{ N} = 1870 \text{ N}$ aufnehmen (Bild 8-37). Bei zu kleiner Vorspannkraft (durch Setzungen) der Schrauben oder durch unerwartete Spitzenbelastung kann es dann zu örtlichem Gleiten in der Trennfuge kommen. Das dabei auftretende innere Losdrehmoment der Schrauben müßte durch geeignete Sicherungsmaßnahmen aufgenommen werden (z. B. Verkleben des Gewindes).

Nachdem $F_{Q\,max}$ vorliegt, kann die systematische Schraubenberechnung mit den Rechenschritten D1., D2. usw. durchgeführt werden.

D1. Nach Tab. 8.5 kommen für F_Q bis 2 kN (Zeile „quer") folgende Schraubenausführungen $\leq$ M12 in Frage: M12–5.6 (4.8, 6.6), M10–6.9 (5.8, 6.8) und M8–8.8 (10.9, 12.9). Vorgewählt werden Schrauben M10 mit der „gängigen" Festigkeitsklasse 6.9.

D2. Da auftretende Setzungen den Reibungsschluß der Verbindung gefährden, werden sie durch den Lockerungsfaktor k_L berücksichtigt. Nach dem Hinweis unter Gleichung (8.18) wird

$$F_{VM} = k_A \cdot k_L \cdot \dfrac{F_Q}{\mu}.$$

Der Anziehfaktor wird beim Anziehen mit einem Drehmomentschlüssel und bei geölten Schrauben $k_A = 1{,}4$ (Tab. A 8.8, Anhang, Zeile 3).
Zur Feststellung des Lockerungsfaktors ist bei dynamischer Belastung zuerst das Klemmlängenverhältnis zu bestimmen. Mit $l_k = 45$ mm und $d = 10$ mm wird $l_k/d = 45$ mm/10 mm = 4,5, also $> 4...6$. Bei zwei glatten Trennfugen – es zählt auch die Kopfauflagefläche mit – ist nach Tab. A 8.9, Anhang, für 6.9 die Spalte B maßgebend. Damit wird für M10 und $l_k/d > 4...6$ (mittellang): $k_L = 1{,}4$.
Mit diesen Werten und $\mu = 0{,}15$ als Gleitreibungszahl für St auf GG bei trockenen und glatten Fugenflächen nach Tab. A1.2, Anhang, wird

$$F_{VM} = 1{,}4 \cdot 1{,}4 \cdot \dfrac{1{,}87 \text{ kN}}{0{,}15} \approx 24{,}4 \text{ kN}.$$

8.19. Berechnungsbeispiele

Nach Tab. A 8.10, Anhang, ist für die vorgewählten Schrauben M 10 – 6.9 die max. Vorspannkraft $F_{V0,9}$ = 22,1 kN < F_{VM} = 24,4 kN. Da die Vorspannkraft der Festigkeitsklasse 6.9 zu niedrig ist, wird die nächsthöhere Festigkeitsklasse 8.8 mit $F_{V0,9}$ = 26,2 kN > F_{VM} = 24,4 kN gewählt.

Alle Daten zur Ermittlung von F_{VM} bleiben dabei gleich, so daß der Rechnungsgang nicht mehr wiederholt werden muß.

D3. Die Schrauben M 10 – 8.8 sollen maximal ausgenutzt, d.h. mit dem größten Montage-Anzugsmoment angezogen werden, womit dann die maximale Vorspannkraft $F_{V0,9}$ erreicht wird. Mit $M_{A0,9}$ = 49 Nm (aus Tab. A 8.10, Anhang) wird das größte Montage-Anzugsmoment nach 8.15.2. bei Vermeiden von Überbeanspruchung: $M_A \approx 0,9 \cdot 49$ Nm ≈ 44 Nm.

D4. Da $F_{VM} \approx F_{V0,9}$ und keine Zusatzkraft F_{BS} auftritt, erübrigt sich eine Nachprüfung.

D5. Eine Nachprüfung der Pressung an den Kopfauflageflächen ist bei 8.8-Schrauben und vergütetem Bauteil nicht erforderlich.

Ergebnis: Für die Zahnkranzverschraubung sind Sechskantschrauben M 10 × 60 DIN 931 – 8.8 vorzusehen. Um ein selbsttätiges Losdrehen (siehe auch 8.14) der dynamisch querbelasteten Verbindung auch unter Spitzenbelastungen zu verhindern, sind geeignete Sicherungsmaßnahmen zu treffen (z. B. Verkleben des Gewindes).

▶ **Lösung b:** Übergangspassung (z. B. H7/k6) um Rundlauf zu gewährleisten.

■ **Beispiel 8.5:** Für eine Spindelpresse, Bild 8-38, mit einer Druckkraft F = 100 kN und einer größten Spindellänge l = 1,2 m sind Spindel und Spindelführung zu berechnen.

a) Das erforderliche, nicht selbsthemmende Trapezgewinde der Spindel aus St 50, ist zunächst durch überschlägige Berechnung zu ermitteln,
b) die vorgewählte Spindel ist auf Festigkeit nachzuprüfen,
c) die Nachprüfung auf Knickung ist durchzuführen und danach, falls erforderlich oder zweckmäßig, eine Änderung des Spindeldurchmessers vorzunehmen,
d) die erforderliche Länge l_1 der Führungsmutter ist festzulegen.

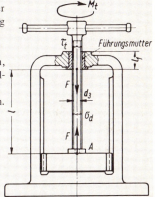

Bild 8-38. Hand-Spindelpresse

▶ **Lösung a):** Die überschlägige Berechnung und damit die Vorwahl des Spindelgewindes erfolgt nach 8.18.1. Da es sich um eine längere, druckbeanspruchte und damit knickgefährdete Spindel handelt, wird diese gleich auf Knickung nach Gleichung (8.33) vorberechnet. Danach ergibt sich der erforderliche Gewinde-Kerndurchmesser aus

$$d_3 \approx 17,8 \cdot \sqrt[4]{\frac{20 \cdot F \cdot \nu \cdot l_k^2}{E \cdot \pi^2}}.$$

Es werden hierin gesetzt: Druckkraft F = 100 kN, Sicherheit ν = 10, rechnerische Knicklänge $l_k \approx 0,7 \cdot l \approx 0,7 \cdot 120$ cm = 84 cm, Elastizitätsmodul für Stahl E = 21 · 10⁴ N/mm² und für π^2 = 10; damit wird

$$d_3 \approx 17,8 \cdot \sqrt[4]{\frac{20 \cdot 100 \cdot 10 \cdot 84^2}{21 \cdot 10^4 \cdot 10}} \text{ mm} = \frac{17,8}{10} \sqrt[4]{672\,000} \text{ mm} = 1,78 \cdot 28,7 \approx 51 \text{ mm}.$$

Es wird nun aus Tabelle A8.6, Anhang, ein Trapezgewinde mit dem nächstliegenden Kerndurchmesser gesucht. Danach wird zunächst vorgewählt ein Gewinde mit d = 60 mm Nenndurchmesser, $d_3 = 50$ mm Kerndurchmesser und $P = 9$ mm Steigung. Da ein nicht selbsthemmendes Gewinde gefordert ist, wird dieses als dreigängiges gewählt. Die Bezeichnung lautet nach den Angaben zu 8.2.2.: Tr 60 × 27 (P9).

Ergebnis: Vorgewählt wird ein dreigängiges Trapezgewinde: Tr 60 × 27 (P9).

▶ **Lösung b):** Vor der Festigkeitsprüfung ist zunächst zu klären, welcher „Beanspruchungsfall" vorliegt. Nach den Angaben zu 8.18.2. und nach Bild 8-32 ist das eindeutig der „Beanspruchungsfall 1".
Damit gilt zunächst für den oberen Teil der Spindel für die Verdrehspannung nach Gleichung (8.34):

$$\tau_t = \frac{M_t}{W_p} \leq \tau_{t\,zul}\,.$$

Das Drehmoment für die Spindel wird nach Gleichung (8.37):

$$M_t = F \cdot d_2/2 \cdot \tan(\varphi + \rho')\,.$$

Hierin sind: $F = 100$ kN $= 100000$ N; Flankendurchmesser aus Tabelle A8.6, Anhang: $d_2 = 55{,}5$ mm; Steigungswinkel aus Gleichung (8.1): $\tan \varphi = P_h/(d_2 \cdot \pi)$, mit $P_h = n \cdot P = 3 \cdot 9$ mm $= 27$ mm wird $\tan \varphi = 27$ mm$/(55{,}5$ mm $\cdot \pi) \approx 0{,}15$ und damit $\varphi \approx 8°30'$; der Gewindereibungswinkel wird $\rho' = 6°$ gesetzt, geschmiertes Gewinde angenommen. Mit diesen Werten wird $M_t = 100000$ N $\cdot 55{,}5$ mm$/2 \cdot \tan(8°30' + 6°) = 2775000$ Nmm $\cdot \tan 14°30' = 717615$ Nmm ($= 717{,}6$ Nm).
Das polare Widerstandsmoment wird $W_p \approx 0{,}2 \cdot d_3^3 = 0{,}2 \cdot 50^3$ mm$^3 = 25000$ mm^3.

$$\tau_t = \frac{717615\ \text{Nmm}}{25000\ \text{mm}^3} \approx 29\ \text{N/mm}^2\,.$$

Diese Spannung ist so gering, daß sich ein Vergleich mit der zulässigen Spannung erübrigt.
Für die im unteren Spindelteil auftretende Druckspannung gilt nach Gleichung (8.35), wobei ein etwaiges Reibungsmoment M_{RL} in der Spindelführung bei A vernachlässigt wird:

$$\sigma_d = \frac{F}{A_3} \leq \sigma_{d\,zul}\,.$$

Mit $F = 100000$ N und Kernquerschnitt $A_3 = 1963$ mm^2 (aus Tabelle A8.6) wird

$$\sigma_d = \frac{100000\ \text{N}}{1963\ \text{mm}^2} \approx 51\ \text{N/mm}^2\,.$$

Auch σ_d ist so klein, daß auf den Vergleich mit $\sigma_{d\,zul}$ verzichtet wird.

Ergebnis: Die vorgewählte Spindel ist festigkeitsmäßig weit ausreichend bemessen, da die vorhandene Verdrehspannung und Druckspannung wesentlich kleiner als die zulässigen Spannungen sind.

▶ **Lösung c):** Für die Nachprüfung auf Knickung wird zunächst der Schlankheitsgrad nach Gleichung (8.38) festgestellt:

$$\lambda = \frac{4 \cdot l_k}{d_3}\,.$$

Mit rechnerischer Knicklänge $l_k = 840$ mm (s. unter a) und Kerndurchmesser $d_3 = 50$ mm wird

$$\lambda = \frac{4 \cdot 840\ \text{mm}}{50\ \text{mm}} = 67 < \lambda_0 = 89\ \text{für St 50}\,.$$

Damit liegt unelastische Knickung vor, d. h. die Knickspannung muß nach Tetmajer aus Gleichung (8.41) ermittelt werden:
$\sigma_K = (335 - 0{,}62 \cdot \lambda)\,\text{N/mm}^2$, $\sigma_K = (335 - 0{,}62 \cdot 67{,}2)\,\text{N/mm}^2 \approx 293\,\text{N/mm}^2$.

Mit $\sigma_{vorh} \hat{=} \sigma_d = 51\,\text{N/mm}^2$, wird dann die Knicksicherheit nach Gleichung (8.42):

$$\nu = \frac{\sigma_K}{\sigma_d}, \quad \nu = \frac{293\,\text{N/mm}^2}{51\,\text{N/mm}^2} = 5{,}7 \approx 6.$$

Nach Angaben zur Gleichung (8.42) wird bei unelastischer Knickung eine erforderliche Sicherheit $\nu_{erf} \approx 3$ (bei $\lambda \approx 67$) empfohlen. Die vorhandene Sicherheit $\nu \approx 6$ ist also reichlich hoch. Darum soll das nächst kleinere Trapezgewinde gewählt werden: Tr 52 × 24 (P8).

Damit müßte die Rechnung nun wiederholt werden. Auf die Festigkeitsprüfung kann zweifellos verzichtet werden, da auch hierbei die vorhandenen Spannungen unter den zulässigen bleiben werden. Die Nachprüfung auf Knickung muß jedoch wiederholt werden, wobei aber auf eine detaillierte Rechnung verzichtet werden soll. Entsprechend obigen Rechnungsgang werden: Druckspannung $\sigma_d \approx 69\,\text{N/mm}^2$, $\lambda = 78 < \lambda_0 = 89$, $\sigma_K \approx 287\,\text{N/mm}^2$, $\nu \approx 4 > \nu_{erf} \approx 3\ldots 4$. Also auch hier noch eine ausreichende Sicherheit.

Ergebnis: Es wird endgültig gewählt eine Spindel aus St 50 mit dreigängigem Trapezgewinde: Tr 52 × 24 (P8) nach DIN 103.

▶ **Lösung d):** Die Länge l_1 der Führungsmutter wird aufgrund der zulässigen Flächenpressung nach Gleichung (8.43) ermittelt:

$$l_1 = \frac{F \cdot P}{p_{zul} \cdot d_2 \cdot \pi \cdot H_1}.$$

Es sind: Längskraft $F = 100\,000$ N, Gewindeteilung $P = 8$ mm, zul. Flächenpressung $p_{zul} \approx 10\,\text{N/mm}^2$ (nach Tabelle 8.7, für Spindel aus Stahl und Mutter aus hier gewählter CuSn-Legierung), Flankendurchmesser $d_2 = 48$ mm (aus Tabelle A8.6, Anhang), Tragtiefe des Gewindes $H_1 = 4$ mm (aus Tabelle A8.6, Anhang); hiermit wird

$$l_1 = \frac{100\,000\,\text{N} \cdot 8\,\text{mm}}{10\,\text{N/mm}^2 \cdot 48\,\text{mm} \cdot \pi \cdot 4\,\text{mm}} = 132{,}7\,\text{mm}; \text{ ausgeführt } l_1 = 130\,\text{mm}.$$

Die max. Länge $l_1 \approx 2{,}5 \cdot d \approx 2{,}5 \cdot 52\,\text{mm} = 130\,\text{mm}$ ist damit allerdings gerade erreicht.

Ergebnis: Die Länge der Führungsmutter wird $l_1 = 130$ mm.

8.20. Normen und Literatur

DIN-Taschenbuch 10: Mechanische Verbindungselemente. Maßnormen für Schrauben; Muttern und Zubehör. Beuth Verlag GmbH, Berlin u. Köln. DIN-Taschenbuch 45: Gewindenormen

DIN-Taschenbuch 55: Mechanische Verbindungselemente. Grundnormen. Gütenormen und Technische Lieferbedingungen für Schrauben, Muttern und Zubehör

DIN 13 Bl. 1 bis 28: Metrisches ISO-Gewinde. DIN 202: Gewinde; Übersicht

DIN 267 Bl. 1 bis 15: Schrauben, Muttern und ähnliche Gewinde- und Formteile, Technische Lieferbedingungen

AD-Merkblatt B7: Berechnung von Druckbehälter-Schrauben. Carl Heymanns Verlag KG, Köln bzw. Beuth Verlag GmbH, Berlin u. Köln. AD-Merkblatt W7: Schrauben und Muttern aus Stahl

VDI-Richtlinie 2230: Systematische Berechnung hochbeanspruchter Schraubenverbindungen

DASt-Richtlinie 010: Anwendung hochfester Schrauben im Stahlbau, Stahlbau-Verlags-GmbH, Köln

Ermüdungsbruch, Einführung in die neuzeitliche Schraubenberechnung, Broschüre der Fa. *Bauer & Schaurte,* Neuß-Rhein

INGENIEUR DIENST, Mitteilungen der Fa. *Bauer & Schaurte,* Neuß-Rhein

RIBE-Blauhefte, Mitteilungen der Fa. *Richard Bergner,* Schwabach bei Nürnberg

9. Bolzen-, Stiftverbindungen und Sicherungselemente

9.1. Allgemeines

Eine der einfachsten und billigsten Arten der Verbindung von Bauteilen ist die mit Bolzen, Stiften oder ähnlichen Formteilen. Diese Verbindungselemente werden sowohl für lose als auch für feste Verbindungen, für Lagerungen, Führungen, Zentrierungen, Halterungen und außerdem zur Sicherung gegen Überlastung von Bauteilen, z.B. als Brechbolzen in Sicherheitskupplungen verwendet.

Bei losen Verbindungen und auch zur Aufnahme von Axialkräften müssen die Bolzen bzw. die gelagerten oder verbundenen Teile häufig durch Sicherungselemente, wie Splinte, Sicherungsringe und Querstifte, gegen Verschieben oder Verdrehen gesichert werden.

Die Formen und Abmessungen dieser Verbindungs- und Sicherungselemente sind bis auf Sonderausführungen (Patente) fast ausschließlich genormt.

9.2. Bolzen

9.2.1. Formen und Verwendung

Bolzen ohne Kopf nach DIN 1443 (Bild 9-1a und b) und *Bolzen mit Kopf* nach DIN 1444 (Bild 9-1c) entsprechen der internationalen Norm (Maße nach ISO) und sollen künftig die Bolzen nach DIN 1433 bis DIN 1436 ersetzen. Sie sind ohne und mit Splintloch vorgesehen und werden hauptsächlich als Gelenkbolzen, z.B. für Stangenverbindungen und Kreuzgelenke von Gelenkwellen, verwendet. *Bolzen mit Gewindezapfen* nach DIN 1438 (Bild 9-1d) werden vorwiegend als festsitzende Lager- und Achsbolzen, z.B. für Seil- oder Laufrollen, benutzt.

Für die Bolzendurchmesser empfehlen die Normen die Toleranzfelder a11, c11, f8 oder h11. Die Bohrungen von lose sitzenden Teilen erhalten dann meist die Toleranzfelder H8 bis H11. Für besondere Fälle können auch andere Toleranzfelder gewählt werden, z.B. für eine Seilrollenlagerung: Bolzen d9, Bohrung der Seilrollenbuchse H8 (siehe auch unter 9.5).

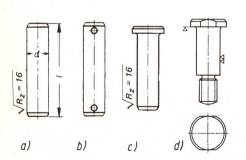

Bild 9-1. Bolzenformen
a) Bolzen ohne Kopf (Form A),
b) Bolzen ohne Kopf mit Splintlöchern (Form B),
c) Bolzen mit Kopf,
d) Bolzen mit Gewindezapfen

Bezeichnung eines Bolzens ohne Kopf und ohne Splintloch (Form A), von Durchmesser d = 16 mm, mit Toleranzfeld h11 und Länge l = 50 mm, aus 9SMnPb28K (St):
Bolzen A 16 h11 × 50 DIN 1443-St

9.2. Bolzen

Der Werkstoff kann den Anforderungen entsprechend gewählt werden. Für normale Zwecke kommen insbesondere die Stähle 9 SMnPb 28K (Automatenstahl) St 50, St 60 und C 35 in Frage. Eine etwaige Schmierung der Laufflächen kann von innen durch Schmierlöcher nach DIN 1442 erfolgen. Zur Aufnahme von Schmiernippeln (DIN 3402 und 71 412, siehe auch zu „Gleitlager" unter 14.3.5.2) sind in der Stirnfläche der Bolzen Gewindelöcher vorzusehen (siehe Bilder 9-12 und 9-13).

9.2.2. Berechnung der Bolzenverbindungen

Bolzenverbindungen sind im Prinzip meist etwa nach Bild 9-2 gestaltet. Die Bolzen werden dann auf Biegung, ggf. noch auf Schub, und an den Sitzstellen auf Flächenpressung beansprucht.

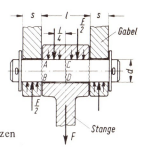

Bild 9-2
Kraftwirkungen am Bolzen

9.2.2.1. Vorberechnung des Bolzendurchmessers

Eine überschlägige Vorberechnung des Bolzendurchmessers erfolgt auf Biegung, da eine etwaige zusätzliche Schubbeanspruchung vorerst nicht erfaßbar ist. Für den mittleren Bolzenquerschnitt $C-D$ ergibt sich unter Annahme einer Streckenlast auf der Nabenlänge l (Bild 9-2) das *Biegemoment*

$$M_b = \frac{F}{2} \cdot \left(\frac{l}{2} + \frac{s}{2}\right) - \frac{F}{2} \cdot \frac{l}{4}, \quad M_b = \frac{F}{2} \cdot \left(\frac{l}{4} + \frac{s}{2}\right) \text{ in Nmm.}$$

Aus der Biege-Hauptgleichung $\sigma_b = \frac{M_b}{W} \approx \frac{M_b}{0{,}1 \cdot d^3}$ folgt damit für den *Bolzendurchmesser überschlägig*:

$$d \approx \sqrt[3]{\frac{M_b}{0{,}1 \cdot \sigma_{b\,zul}}} \text{ in mm} \qquad (9.1)$$

$\sigma_{b\,zul}$ zulässige Biegespannung in N/mm², zunächst aus Tabelle 9.1

9.2.2.2. Nachprüfung der Bolzenverbindung

Nach Festlegung eines genormten Bolzendurchmessers, der Bolzenlänge und der endgültigen Abmessungen der Verbindung wird diese geprüft, wobei zweckmäßig folgende *Einbaufälle* unterschieden werden:
1. *Zwischen Bolzen und (Stangen-)Nabe ist eine Spielpassung, also eine bewegliche Verbindung vorgesehen. Der Bolzen sitzt in der „Gabel" fest oder lose.*

In diesem Fall kann eine Biegeverformung im mittleren Bolzenteil erfolgen, der gefährdete Querschnitt ist dann $C-D$. Dieser wird nur auf Biegung beansprucht, da die Querkraft hier gleich Null ist (beachte den Querkraftverlauf bei Streckenlast!) und damit auch die Schubspannung $\tau_s = 0$. Für die *Biegespannung im Querschnitt C–D* gilt:

$$\sigma_b = \frac{M_b}{W} \approx \frac{M_b}{0{,}1 \cdot d^3} \leqslant \sigma_{b\,zul} \quad \text{in N/mm}^2 \tag{9.2}$$

M_b Biegemoment in Nmm wie oben über Gleichung (9.1)
d Bolzendurchmesser in mm
$\sigma_{b\,zul}$ zulässige Biegespannung in N/mm² aus Tabelle 9.1 oder genauer nach Gleichungen (3.6) bzw. (3.7) bei Berücksichtigung etwaiger Kerbwirkung, z. B. durch Schmierlöcher

2. *Zwischen Bolzen und (Stangen-)Nabe ist eine Preßpassung, also eine feste Verbindung vorgesehen. Der Bolzen sitzt in der ,,Gabel" lose.*
In diesem Fall kann sich der Bolzen wegen der Abstützung durch die Nabe im mittleren Teil praktisch nicht verformen, der gefährdete Querschnitt ist dann $A-B$. Dieser wird auf Biegung und Schub beansprucht, wobei hier die Schubbeanspruchung nicht ohne weiteres vernachlässigt werden kann, wie sonst vielfach z. B. bei Achsen- oder Wellenberechnungen; denn wegen des normalerweise kleinen Biegemomentes ist die Biegespannung klein, die Schubspannung vergleichsweise groß.

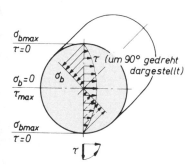

Bild 9-2a zeigt jedoch, daß die Verteilung der gemeinsam auftretenden Biege- und Schubspannungen günstig ist: In der Randfaser trifft $\sigma_{b\,max}$ mit $\tau = 0$ und in der Schwerachse τ_{max} mit $\sigma_b = 0$ zusammen. Für den Querschnitt $A-B$ muß also außer σ_b nach Gleichung (9.2) mit $M_b = \frac{F}{2} \cdot \frac{l}{2}$ noch die größte Schubspannung nachgewiesen werden:

$$\tau_{max} = \frac{4}{3} \cdot \frac{F}{2A} \leqslant \tau_{a\,zul} \quad \text{in N/mm}^2 \tag{9.3}$$

Bild 9-2a. Spannungsverteilung im Bolzenquerschnitt

F Stangenkraft in N (siehe Bild 9-2)
A Bolzenquerschnittsfläche in mm²
$\tau_{a\,zul}$ zulässige Schub(Abscher)spannung in N/mm² nach Tabelle 9.1

DIN 1443 und DIN 1444 sehen für Bolzen im Bereich bis 36 mm Nenndurchmesser eine *Durchmesserstufung* entsprechend der für Schrauben vor: 3, 4, 5, 6, 8, 10…24, 27, 30, 33, 36 und weiter 40, 45, 50, 55, 60, 70, 80, 90, 100.
Längenstufung: 6, 8…16, 20, 25, 30…90, 100, 110…200, 220, 240…
Die handelsüblichen Längen liegen zwischen 2d und 10d.

Eine Schwächung des Bolzenquerschnittes durch etwaige Längs-Schmierlöcher bleibt unberücksichtigt, Querlöcher sind wegen ihrer Kerbwirkung jedoch zu beachten.
Ferner darf die *vorhandene Flächenpressung* die zulässige nicht überschreiten:

$$p = \frac{F}{A_{proj}} \leqslant p_{zul} \quad \text{in N/mm}^2 \tag{9.4}$$

9.3. Stifte

F Stangenzug- bzw. Druckkraft in N

A_{proj} projizierte gepreßte Bolzenfläche in mm², über der die Flächenpressung als gleichmäßig verteilt gedacht werden kann. Die durch den Stangenkopf im mittleren Teil des Bolzens gepreßte Fläche ist damit $A_{proj} = d \cdot l$ in mm², die durch die Gabel gepreßte Fläche $A_{proj} = 2 \cdot d \cdot s$ in mm² (siehe Bild 9-2)

Die kleinere Fläche ergibt die größere Pressung und ist somit für die Nachprüfung maßgebend (gleiche Werkstoffe beider Teile hierbei vorausgesetzt)

p_{zul} zulässige Flächenpressung in N/mm² in Abhängigkeit vom Werkstoff und von der Art der Belastung. Richtwerte für p_{zul} nach Tabelle 9.1 oder auch Tabelle A1.3, Anhang; maßgebend ist der Werkstoff mit der kleineren zulässigen Flächenpressung

9.3. Stifte
9.3.1. Formen und Verwendung
9.3.1.1. Kegelstifte

Zum Verbinden von Bauteilen, z.B. von Bunden, Stellringen, Radnaben mit Wellen, als auch zur Zentrierung und Lagensicherung von Teilen, z.B. bei Vorrichtungen und Werkzeugen, verwendet man u.a. Kegelstifte nach DIN 1, mit Kegel 1:50 (Bild 9-3a). Diese werden beim Einschlagen elastisch verspannt, so daß eine kraft- und formschlüssige, aber nicht rüttelsichere Verbindung entsteht. Sie ist teurer als eine Verbindung durch Zylinder- oder Kerbstift, da die Löcher aufgerieben und der Stift eingepaßt werden muß, hat aber den Vorteil, daß auch bei häufigerem Ausbau der Festsitz und die ursprüngliche Lage der Teile wieder genau hergestellt werden.

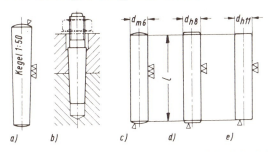

Bild 9-3
Kegel- und Zylinderstifte
a) Kegelstift,
b) Kegelstift mit Gewindezapfen,
c) bis e) Zylinderstifte

Bezeichnung eines Zylinderstiftes von Durchmesser $d = 6$ mm, Toleranzfeld m6 mit Linsenkuppe und Länge $l = 32$ mm:
Zylinderstift 6 m6 × 32 DIN 7

Durchmesserstufung: 0,6, 0,8, 1, 1,2, 1,5, 2, 2,5, 3, 4, 5, 6, 8, 10, 12, 16, 20, 25, 30, 40, 50
Längenstufung: 2, 3, 4, 5, 6, 8...20, 25, 30...80, 90, 100...200

Bei Sacklöchern werden *Kegelstifte mit Gewindezapfen* nach DIN 258 und DIN 7977 bzw. mit *Innengewinde* nach DIN 7978 verwendet, die durch eine Mutter bzw. Schraube wieder gelöst werden können (Bild 9-3b).

9.3.1.2. Zylinderstifte

Zylinderstifte nach DIN 7 (Bild 9-3c bis e) ausgeführt mit den Toleranzen m 6, h 8 und h 11 werden ähnlich wie Kegelstifte verwendet, die Ausführungen h 8 und h 11 auch für bewegliche Verbindungen. Zum Verbinden und Zentrieren von hochbeanspruchten Teilen an Vorrichtungen, Schnitt- und Stanzwerkzeugen kommen vorwiegend *gehärtete Zylinderstifte* nach DIN 6325 mit der Toleranz m 6 in Frage. Die Toleranz ist durch die Form der Kuppe gekennzeichnet.

Zum Einschlagen in Sacklöcher sind Zylinderstifte mit Innengewinde nach DIN 7979 geeignet, die ein etwaiges Herausziehen mit Schrauben ermöglichen. Damit die Luft aus den Löchern entweichen kann, ist eine Längsrille vorgesehen.

Der Werkstoff für Kegel- und Zylinderstifte kann je nach Höhe der Anforderungen frei gewählt werden, für normale Zwecke sind St 50 K oder 9 S 20 K vorgesehen.

9.3.1.3. Kerbstifte und Kerbnägel

Im Gegensatz zu den glatten Kegel- und Zylinderstiften sind die Kerbstifte und die Kerbnägel (Bild 9-4) am Umfang mit drei Wulstkerben versehen, die einen sicheren Festsitz in normalen, mit Spiralbohrern gebohrten Löchern (Toleranz H 9 bzw. H 11) ergeben. Die Herstellung solcher Verbindungen ist billiger als bei Kegel- oder Zylinderstiften. Kerbstifte werden sowohl als Befestigungs- und Sicherungsstifte an Stelle von Kegel- und Zylinderstiften als auch als Lager- oder Gelenkbolzen vielseitig verwendet.

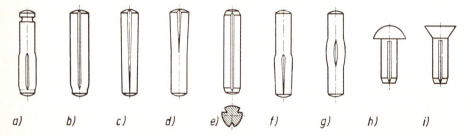

Bild 9-4. Kerbstifte und Kerbnägel. a) Paßkerbstift mit Hals, DIN 1469, b) Zylinderkerbstift mit Einführende, DIN 1470, c) Kegelkerbstift DIN 1471, d) Paßkerbstift DIN 1472, e) Zylinderkerbstift DIN 1473, f) Steckkerbstift DIN 1474, g) Knebelkerbstift DIN 1475, h) Halbrundkerbnagel DIN 1476, i) Senkkerbnagel DIN 1477

Mit Kerbnägeln können wenig beanspruchte Teile, wie Rohrschellen, Kabelschellen und Schilder einfach, billig und schnell befestigt werden. Als Werkstoff für Kerbstifte ist der Schraubstahl 6.8 (nach DIN 267), für Kerbnägel 4.6 vorgesehen. Für Sonderzwecke können auch andere Stähle, Nichteisenmetalle, z. B. Messing, oder auch Kunststoffe, z. B. PVC-hart oder Polycarbonat, gewählt werden.

9.3.1.4. Spannhülsen

Spannhülsen (Spannstifte) nach DIN 1481 (schwere Ausführung) und DIN 7346 (leichte Ausführung) (Bild 9-5a) werden vorwiegend als Befestigungselemente, ähnlich wie Kerbstifte, angewendet. Sie werden als Schrauben- und Bolzenhülsen (Scherhülsen) auch dort eingesetzt, wo hohe Scherkräfte aufzunehmen sind, und die Schrauben und Bolzen dadurch entlastet und kleiner gehalten werden können.

Die in Längsrichtung geschlitzte Hülse aus Federstahl hat gegenüber dem Nenndurchmesser je nach Größe ein Übermaß von ≈ 0,2 ... 0,5 mm, so daß sich nach dem Eintreiben ein sicherer, fester Sitz ergibt. Das kegelige Ende erleichtert das Einführen in die Bohrung. Die Stifte lassen sich ohne Beschädigung wieder austreiben und erneut verwenden.

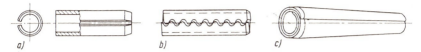

Bild 9-5. Spannhülsen. a) Spannhülse nach DIN 1481, b) Connex-Spannstift, c) Spiral-Spannstift nach DIN 7343 und DIN 7344

Eine Sonderausführung stellt der *Connex-Spannstift*[1]) (Bild 9-5b) dar. Der wellenförmige Schlitz, dessen Wellen gegeneinander versetzt sind, bewirkt eine härtere Federung als bei normalen Spannstiften. Der *Spiral-Spannstift* nach DIN 7343 und DIN 7344 (Bild 9-5c) eignet sich durch seine Federeigenschaften besonders zur Aufnahme hoher dynamischer, stoßartiger Belastungen.

9.3.2. Berechnung der Stiftverbindungen

Stiftverbindungen, die hauptsächlich der Zentrierung und Lagensicherung von Bauteilen dienen und nur geringe Kräfte aufzunehmen haben, werden nicht berechnet. Der Durchmesser der Stifte wird erfahrungsgemäß in Abhängigkeit von der Größe der zu verbindenden Teile gewählt, wobei die Angaben auf den betreffenden DIN-Blättern zu beachten sind. Nur bei größeren Kräften erfolgt eine Festigkeitsprüfung der Verbindung. Stifte, die an Stelle von Bolzen verwendet werden, wie der Kerbstift als Gabelbolzen in Bild 9-16, werden sinngemäß auch wie Bolzen berechnet.

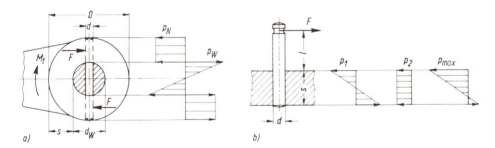

Bild 9-6. Kräfte an Stiftverbindungen. a) Querstift, b) Steckstift

9.3.2.1. Querstiftverbindungen

Querstiftverbindungen, die ein Drehmoment zu übertragen haben, wie bei der Hebelnabe (Bild 9-6a), werden bei größeren Kräften auf Abscheren und Flächenpressung nachgeprüft. Nach Bild 9-6a sind nachzuweisen, daß die *Flächenpressung p_N in der Naben-*

---
[1]) Hersteller: *Schmuziger AG,* Wädenswil, Schweiz

bohrung, die max. *Flächenpressung* p_W *in der Wellenbohrung* und die *Scherspannung* τ_a *im Stift* die zulässigen Werte nicht übersteigen:

$$p_N = \frac{M_t}{d \cdot s \cdot (d_W + s)} \leq p_{zul} \quad \text{in N/mm}^2 \tag{9.5}$$

$$p_W = \frac{6 \cdot M_t}{d \cdot d_W^2} \leq p_{zul} \quad \text{in N/mm}^2 \tag{9.6}$$

$$\tau_a = \frac{4 \cdot M_t}{d^2 \cdot \pi \cdot d_W} \leq \tau_{a\,zul} \quad \text{in N/mm}^2 \tag{9.7}$$

M_t von der Verbindung zu übertragendes Drehmoment in Nmm
d Stiftdurchmesser in mm
d_W Wellendurchmesser in mm
s Dicke der Nabenwand in mm
$p_{zul}, \tau_{a\,zul}$ zulässige Beanspruchungen in N/mm²; Richtwerte hierfür nach Tabelle 9.1

9.3.2.2. Steckstiftverbindungen

Bei Steckstiftverbindungen nach Bild 9-6b wird der Stift durch das Moment $M_b = F \cdot l$ auf Biegung und durch F als Querkraft auf Schub beansprucht, der praktisch vernachlässigt werden kann. Es ist nachzuweisen, daß die *vorhandene Biegespannung*

$$\sigma_b = \frac{M_b}{W} \approx \frac{M_b}{0{,}1 \cdot d^3} \leq \sigma_{b\,zul} \quad \text{in N/mm}^2 \tag{9.8}$$

d Stiftdurchmesser in mm
$\sigma_{b\,zul}$ zulässige Biegespannung in N/mm² aus Tabelle 9.1

Ferner tritt in der Bohrung Flächenpressung auf. Diese setzt sich zusammen aus der durch die „Drehwirkung" von F entstehenden Flächenpressung p_1 und der durch die Schubwirkung von F entstehenden Pressung p_2. Diese ergeben sich nach Bild 9-6b aus

$$p_1 = \frac{F \cdot (l + s/2)}{d \cdot s^2 / 6} \quad \text{und} \quad p_2 = \frac{F}{d \cdot s} \quad \text{in N/mm}^2.$$

Für die *max. Flächenpressung* gilt

$$p_{max} = p_1 + p_2 \leq p_{zul} \quad \text{in N/mm}^2 \tag{9.9}$$

p_{zul} zulässige Flächenpressung in N/mm² aus Tabelle 9.1

9.4. Bolzensicherungen

Tabelle 9.1: Richtwerte für zulässige Beanspruchungen bei Bolzen- und Stiftverbindungen bei annähernd ruhender Belastung (Werte gelten für nicht gleitende Flächen oder nur geringe Bewegungen)

Werkstoff	Art des Bolzens, Stiftes, Bauteiles	zulässige Beanspruchungen in N/mm²		
		$p_{zul} \approx$ [1])	$\sigma_{b\,zul} \approx$	$\tau_{a\,zul} \approx$
1. St 37 ... 50, 9 S 20 K	Kegel-, Zylinderstifte, Bolzen, Wellen	160 ... 220	130 ... 180	90 ... 130
2. St 60, St 70, 6.8	Bolzen, Kerbstifte, Wellen	240 ... 300	200 ... 240	140 ... 170
3. Federstahl	Spannhülsen, Spiralstifte	–	–	300 ... 400
4. GS	Naben oder andere Bauteile	120 ... 180	–	–
5. GG	Naben oder andere Bauteile	90 ... 120	–	–

[1]) Maßgebend ist der festigkeitsmäßig schwächere Werkstoff.

Bei Schwellbelastung sind die Werte mit $\approx 0{,}7$, bei Wechselbelastung mit $\approx 0{,}5$ malzunehmen. Für gleitende Flächen siehe Tabelle A14.9, Anhang.

9.4. Bolzensicherungen

9.4.1. Sicherungsringe

Sicherungsringe für Wellen (Außensicherungen) nach DIN 471 und für Bohrungen (Innensicherungen) nach DIN 472 (Bild 9-7a und b) dienen insbesondere der Sicherung von Maschinenteilen gegen axiales Verschieben, z. B. von Wälzlagern, Radnaben, Buchsen, Laschen und Federn, auf Wellen (Achsen, Bolzen) und in Bohrungen.

Durch die besondere Form der aus Federstahl bestehenden Ringe wird erreicht, daß diese beim Einbau (Auf- bzw. Zusammenbiegen mit Spezialzange) rund bleiben – die Biegespannungen sind an allen Stellen gleich groß – und sich dadurch auch in den Ringnuten gleichmäßig fest einpressen. Wegen der hohen Kerbwirkung der Nuten sollen Sicherungsringe möglichst nur an den Enden von Bolzen, Achsen oder Wellen angeordnet werden.

Wo ein gleichbleibender Querschnitt aus Einbaugründen erforderlich ist, wie z. B. bei der axialen Sicherung von Kugellagerringen (Bild 9-20) wird der *Sprengring* nach DIN 5417 (Bild 9-7c) verwendet. Wo keine hohen Axialkräfte auftreten, können Sprengringe aus rundem Federstahldraht nach DIN 9045 verwendet werden, siehe Bild 9-17.

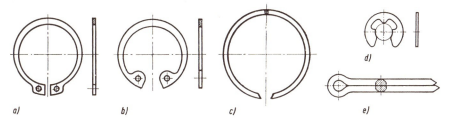

Bild 9-7. Sicherungselemente. a) Außensicherung, b) Innensicherung, c) Sprengring, d) Sicherungsscheibe, e) Splint

Bei kleineren Bolzendurchmessern, besonders in der Feinmechanik, werden *Sicherungsscheiben* nach DIN 6799 (Bild 9-7d) bevorzugt. Außer diesen verwendet man auch noch zahlreiche Sonderausführungen von Bolzensicherungen, wie Klemmringe und Klemmscheiben, die auch auf nicht genuteten Wellen größere Axialkräfte aufnehmen können.

9.4.2. Splinte

Die einfache und billige Splintsicherung wird vorwiegend bei losen, gelenkartigen Bolzenverbindungen und bei Schraubenverbindungen (Kronenmuttern) angewendet, siehe Bild 9-12.

Die Splinte nach DIN 94 (Bild 9-7e) werden aus St 37 (ausgeglüht), Messing, Kupfer und Aluminium hergestellt, der Durchmesser richtet sich nach dem Durchmesser der Bolzen bzw. Schrauben.

9.4.3. Stellringe

Stellringe nach DIN 703 (schwere Reihe) und DIN 705 (leichte Reihe) (Bild 9-8) sollen das axiale Spiel von Wellen und Bolzen begrenzen oder lose auf diesen sitzende Teile (Scheiben, Räder u. dgl.) seitlich führen. Die Befestigung der Ringe kann durch einen Gewindestift oder bei größeren Axialkräften auch durch einen Kegelstift erfolgen.

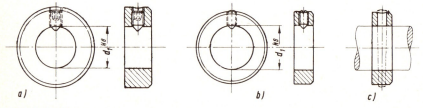

Bild 9-8. Stellringe
a) Stellring der schweren Reihe mit Gewindestift (mit Innensechskant),
b) Stellring der leichten Reihe mit Gewindestift,
c) mit Kegelstift

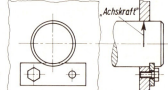

Bild 9-9. Achshalter

9.4.4. Achshalter

Schwere Bolzen und Achsen, besonders Rollen- und Trommelachsen von Hebezeugen, werden vielfach durch Achshalter nach DIN 15058 (Bild 9-9) gleichzeitig gegen Verschieben und Verdrehen gesichert.

Achshalter sollen möglichst entgegengesetzt der Druckübertragungsstelle, also an der „unbelasteten" Stelle, angeordnet werden, da sie ja nur eine Sicherungsfunktion haben und nicht als tragendes Element dienen sollen (siehe auch Bild 9-13).

9.5. Gestaltung von Bolzen- und Stiftverbindungen

Im folgenden sind einige Gestaltungsbeispiele mit Hinweisen auf Ausführung, Passungen, Anordnung usw. gegeben.

9.5. Gestaltung von Bolzen- und Stiftverbindungen

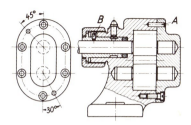

Stifte *A* zur Lagensicherung des Gehäusedeckels unsymmetrisch angeordnet, um einen „verdrehten" Einbau des Deckels zu vermeiden. Stift *B* als Führungsstift für Lagerbuchse. Stifte mit Toleranz m 6, Bohrungen mit H 7.

Bild 9-10. Zylinderstifte an einer Zahnradpumpe

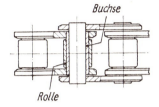

Die glatten Bolzen sitzen fest in den Außenlaschen und lose in den Buchsen, die in die Bohrungen der Innenlaschen eingepreßt sind. Die Rollen sitzen lose auf den Buchsen.

Bild 9-11. Rollenkettengelenk mit glatten Bolzen

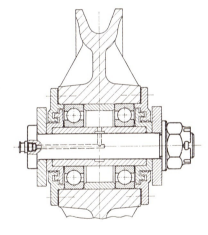

Der Bolzen mit Gewindezapfen ist durch Scheibe und Kronenmutter mit Splint gesichert. Bolzen h 11, Bohrungen in den äußeren Tragblechen z. B. H 9.

Bild 9-12. Laufradlagerung einer Seilschwebebahn durch Bolzen mit Gewindezapfen

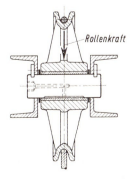

Bolzensicherung durch beidseitige Achshalter, entgegengesetzt der Druckübertragungsstelle angeordnet. Zuführung des Schmiermittels in die unbelastete Lagerhälfte. Toleranzen z. B.: Bolzen d 9, Bohrungen H 8.

Bild 9-13. Gleitlagerung einer Seilrolle

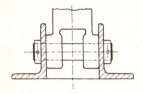

Sicherung des glatten Bolzens beidseitig durch Stellringe mit Kegelstift. Bolzen kann in beiden Teilen lose sitzen, Passung z. B. H 9/h 11.

Bild 9-14. Hebellagerung

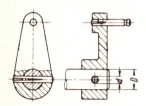

Hebelnabe mit Welle durch Kegelkerbstift als Querstift verbunden; Paßkerbstift als Mitnehmerstift am Hebelende. Bohrungen zylindrisch, mit Spiralbohrer hergestellt. Erfahrungswert $d \approx (0{,}2 \ldots 0{,}3) \cdot D$.

Bild 9-15. Hebelbefestigung durch Kegelkerbstift

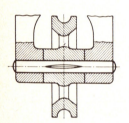

Der fest in der Radnabe sitzende Knebelkerbstift dreht sich in den Bohrungen der Gabel. Nabenbohrung mit Spiralbohrer hergestellt (ohne Nachreiben). Gabelbohrungen: D 9 oder D 10.

Bild 9-16. Laufradlagerung durch Knebelkerbstift[1])

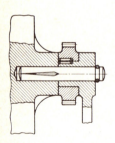

Steckkerbstift mit Hals als Kurbelachse. Axiale Sicherung der Kurbelnabe durch Sprengring (DIN 9045) in der Stift-Rundnut. Zahnrad durch Zylinderkerbstift als Axialstift („Rundkeil") verbunden. Bohrung der Kurbelnabe: D 9 oder D 10.

Bild 9-17. Steckkerbstift als Kurbelachse[1])

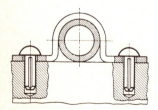

Befestigung von Schellen für kleinere Rohre (Ölleitungen, Kabel u. dgl.) durch Halbrund- (oder Senk-)Kerbnägel. Löcher mit Spiralbohrer gebohrt. Ungeeignet für Befestigungen in Holz.

Bild 9-18. Rohrschellenbefestigung durch Halbrundkerbnägel[1])

---

[1]) Nach *Kerb-Konus-Vertriebs-GmbH*, Amberg

9.6. Berechnungsbeispiele

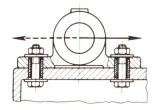

Spannhülse als Scherhülse nimmt stoßartige, wechselnde Belastungen auf. Schraube entlastet, dient nur noch zum Zusammenhalten der Bauteile.

Bild 9-19. Spannhülsenverbindung eines Lagers

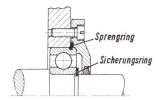

Sprengring sichert Kugellager gegen axiales Verschieben (Festlager) im Gehäuse. Wellensicherung durch Sicherungsring.

Bild 9-20. Axiale Sicherung eines Wälzlagers

9.6. Berechnungsbeispiele

■ **Beispiel 9.1:** Für eine Umlenk-Seilrolle nach Bild 9-13 ergibt sich aus den Seilzugkräften von $\approx$ 8,5 kN eine resultierende Rollenkraft F = 12 kN. Die für den ermittelten Seildurchmesser d_S = 8 mm passende Seilrolle hat nach Werknorm D = 200 mm Nenndurchmesser und einen Bereich für die Nabenbohrung von 20 . . . 28 mm. Gewählt wird ein Bohrungs- gleich Bolzendurchmesser d = 25 mm. Der Abstand der beiden Stege der U 100 zur Lagerung des Bolzens beträgt l = 60 mm.
a) Der Bolzen ist festigkeitsmäßig nachzuprüfen, wobei mit Schwellbelastung durch die Seilzugkraft zu rechnen ist.
b) Die Flächenpressung zwischen Bolzen und Stegbohrungen der U-Stähle ist nachzuprüfen.

▶ **Lösung a):** Zwischen Bolzen und Nabenbohrung ist eine Spielpassung vorgesehen, da sich die Seilrolle um den Bolzen dreht. Nach 9.2.2.2. ist also der 1. Einbaufall gegeben und damit liegt der gefährdete Querschnitt bei C–D (Bild 9-2).
Unter Annahme einer Streckenlast durch die Rollenkraft und unter Vernachlässigung der Dicke der Distanzscheiben zwischen Nabe und Stegen gilt für die Biegespannung im mittleren Bolzenquerschnitt nach Gleichung (9.2)

$$\sigma_b = \frac{M_b}{W} \approx \frac{M_b}{0{,}1 \cdot d^3} \leq \sigma_{b\,zul}.$$

Biegemoment $M_b = \frac{F}{2} \cdot \left(\frac{l}{4} + \frac{s}{2}\right)$, mit l = 60 mm und Stegdicke s = 6 mm des U 100 (aus Profilstahltabelle) wird

$$M_b = \frac{12\,000\ \text{N}}{2} \cdot \left(\frac{60\ \text{mm}}{4} + \frac{6\ \text{mm}}{2}\right) = 6000\ \text{N} \cdot 18\ \text{mm} = 108\,000\ \text{Nmm, damit wird}$$

$$\sigma_b = \frac{108\,000\ \text{Nmm}}{0{,}1 \cdot 25^3\ \text{mm}^3} \approx 69\ \text{N/mm}^2.$$

Die zulässige Biegespannung kann nach Tabelle 9.1, Zeile 1, für den Bolzen aus St 50 (üblicher Bolzenwerkstoff) bei Schwellbelastung etwa gesetzt werden:

$\sigma_{b\,zul} \approx 0{,}7 \cdot 180\ \text{N/mm}^2 \approx 125\ \text{N/mm}^2$ als Richtwert.

Damit ist $\sigma_b \approx 69$ N/mm² $< \sigma_{b\,zul} \approx 125$ N/mm²; der Bolzen ist also dauerbruchsicher. Abschließend soll die zulässige Biegespannung genauer nach Gleichung (3.7) ermittelt werden. Dabei soll die durch die Querbohrung verursachte Kerbwirkung berücksichtigt werden. Es wird dann

$$\sigma_{b\,zul} = \frac{\sigma_D \cdot b_1 \cdot b_2}{\beta_k \cdot \nu}.$$

Für St 50 wird nach Dfkt-Schaubild A3-4b: $\sigma_D \triangleq \sigma_{b\,Sch} = 420$ N/mm²; Oberflächenbeiwert für geschlichtete Oberfläche ($R_t \approx 10$ μm angenommen) nach Bild A3-1: $b_1 \approx 0{,}87$; Größenbeiwert nach Bild A3-2 für $d = 25$ mm: $b_2 \approx 0{,}9$; Kerbwirkungszahl nach Tabelle A3.5, Zeile 13: $\beta_k \approx 1{,}5$; mit einer gewählten Sicherheit $\nu = 1{,}5$ wird dann der genauere Wert für die zulässige Spannung:

$$\sigma_{b\,zul} = \frac{420 \text{ N/mm}^2 \cdot 0{,}87 \cdot 0{,}9}{1{,}5 \cdot 1{,}5} \approx 145 \text{ N/mm}^2.$$

Der (relativ kleine) Unterschied zum (groben) Richtwert erklärt sich daraus, daß der Richtwert auch in ungünstigeren Fällen, z. B. bei stärkerer Kerbwirkung, immer noch eine ausreichende Sicherheit gewährleisten soll.

Ergebnis: Der Bolzen ist dauerbruchsicher, da die vorhandene Spannung $\sigma_b = 69$ N/mm² $<$ $\sigma_{b\,zul} = 145$ N/mm².

▶ **Lösung b):** Für die Flächenpressung zwischen Bolzen und Steg gilt nach Gleichung (9.4):

$$p = \frac{F}{A_{\text{proj}}} \leqslant p_{\text{zul}}.$$

Die gepreßte Fläche ist $A_{\text{proj}} = 2 \cdot d \cdot s$, $A_{\text{proj}} = 2 \cdot 25$ mm $\cdot 6$ mm $= 300$ mm²; hiermit wird die Flächenpressung

$$p = \frac{12\,000 \text{ N}}{300 \text{ mm}^2} = 40 \text{ N/mm}^2.$$

Diese Flächenpressung ist sowohl für den Werkstoff des U 100 (St 37) als auch den des Bolzens (St 50) wesentlich kleiner als die zulässige, die nach Tabelle 9.1, Zeile 1, etwa $p_{\text{zul}} \approx 0{,}7 \cdot 160$ N/mm² ≈ 110 N/mm² beträgt.

Ergebnis: Es besteht keine Gefahr einer Quetschung für den Bolzen oder den Steg des U 100, da die vorhandene Flächenpressung $p = 40$ N/mm² $< p_{\text{zul}} \approx 110$ N/mm².

■ **Beispiel 9.2:** Die Nabe eines Schalthebels aus GG soll mit einer Welle aus St 50 mit $d_W = 20$ mm Durchmesser durch einen Kegelkerbstift (DIN 1471) als Querstift verbunden werden (Bild 9-21). Am Ende des Hebels mit der Länge $l_1 = 60$ mm ist zur Befestigung der Rückstellfeder ein Paßkerbstift C 6 x 24 DIN 1469 (Kerbstift mit Hals und gerundeter Nut am Ende) eingesetzt, so daß die freie Stiftlänge $l_2 = 12$ mm beträgt. Die größte Federkraft $F = 300$ N greift schwellend an.

a) Der zum Wellendurchmesser d_W passende (mittlere) Durchmesser d des Querstiftes und dessen Länge l sind festzulegen, wenn der Nabendurchmesser $D = 2 \cdot d_W$ ausgeführt wird.
b) Die Querstiftverbindung ist zu prüfen.
c) Der Paßkerbstift ist zu prüfen, für den zunächst ein Durchmesser $d_1 = 6$ mm vorgesehen wird, der ggf. zu ändern ist.
d) Die Flächenpressung für die Paßkerbstift-Verbindung ist zu prüfen.

▶ **Lösung a):** Nach den Angaben zum Bild 9-15 wird für den Kegelkerbstift als (mittlerer) Durchmesser gewählt:

$d = 0{,}25 \cdot d_W, \quad d = 0{,}25 \cdot 20$ mm $= 5$ mm.

9.6. Berechnungsbeispiele

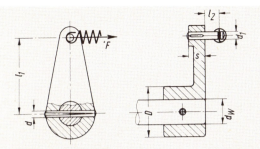

Bild 9-21
Schalthebel mit Stiftverbindungen

Bei einem Nabendurchmesser $D = 2 \cdot d_W = 2 \cdot 20$ mm = 40 mm wird auch für die Stiftlänge $l = 40$ mm festgelegt.

Ergebnis: Für den Kegelkerbstift wird ein Durchmesser $d = 5$ mm und eine Länge $l = 40$ mm gewählt.

▶ **Lösung b):** Die Stiftverbindung wird entsprechend Abschnitt 9.3.2. auf Flächenpressung und Abscheren geprüft. Zunächst wird die in der Nabenbohrung auftretende Pressung nach Gleichung (9.5) geprüft:

$$p_N = \frac{M_t}{d \cdot s \cdot (d_W + s)} \leqslant p_{zul}.$$

Das Drehmoment wird $M_t = F \cdot l_1 = 300$ N $\cdot$ 60 mm = 18 000 Nmm. Die Dicke der Nabenwand ist $s = (D - d_W)/2 = (40$ mm $- 20$ mm$)/2 = 10$ mm. Hiermit und mit dem Stiftdurchmesser $d = 5$ mm wird die vorhandene Flächenpressung

$$p_N = \frac{18\,000 \text{ Nmm}}{5 \text{ mm} \cdot 10 \text{ mm} \cdot (20 \text{ mm} + 10 \text{ mm})} = 12 \text{ N/mm}^2.$$

Für den Nabenwerkstoff GG, als den festigkeitsmäßig schwächeren, ist nach Tabelle 9.1, Zeile 5, bei Schwellbelastung: $p_{zul} \approx 0{,}7 \cdot (90 \ldots 120)$ N/mm$^2 \approx 65 \ldots 85$ N/mm$^2 > p_N = 12$ N/mm^2. Es wird nun die größte in der Wellenbohrung auftretende Flächenpressung geprüft. Nach Gleichung (9.6) gilt hierfür

$$p_W = \frac{6 \cdot M_t}{d \cdot d_W^2} \leqslant p_{zul}, \quad p_W = \frac{6 \cdot 18\,000 \text{ Nmm}}{5 \text{ mm} \cdot 20^2 \text{ mm}^2} = 54 \text{ N/mm}^2.$$

Für die festigkeitsmäßig schwächere Welle aus St 50 (gegenüber 6.8 des Kerbstiftes) wird nach Tabelle 9.1, Zeile 1, $p_{zul} \approx 0{,}7 \cdot 220$ N/mm$^2 \approx 155$ N/mm$^2 > p_W = 54$ N/mm^2. Abschließend wird der Stift noch auf Abscheren nach Gleichung (9.7) geprüft:

$$\tau_a = \frac{4 \cdot M_t}{d^2 \cdot \pi \cdot d_W} \leqslant \tau_{a\,zul}, \quad \tau_a = \frac{4 \cdot 18\,000 \text{ Nmm}}{5^2 \text{ mm}^2 \cdot \pi \cdot 20 \text{ mm}} \approx 46 \text{ N/mm}^2.$$

Für den Kerbstift aus 6.8 ist nach Tabelle 9.1, Zeile 2, bei Schwellbelastung: $\tau_{a\,zul} \approx 0{,}7 \cdot 150$ N/mm$^2 \approx 105$ N/mm$^2 > \tau_a \approx 46$ N/mm^2.

Ergebnis: Die Querstiftverbindung ist ausreichend bemessen, da die Flächenpressung $p_N = 12$ N/mm$^2 < p_{zul} \approx 65 \ldots 85$ N/mm^2, $p_W = 54$ N/mm$^2 < p_{zul} \approx 155$ N/mm^2 und auch die Scherspannung $\tau_a = 46$ N/mm$^2 < \tau_{a\,zul} \approx 105$ N/mm^2 sind.

▶ **Lösung c):** Der Paßkerbstift wird durch die Federkraft F, am Hebelarm l_2 angreifend, auf Biegung beansprucht. Es ist als nachzuweisen, daß nach Gleichung (9.8)

$$\sigma_b = \frac{M_b}{W} \leqslant \sigma_{b\,zul}.$$

Biegemoment $M_b = F \cdot l_2$, M_b = 300 N · 12 mm = 3600 Nmm; Widerstandsmoment $W \approx 0{,}1 \cdot d_1^3$, $W \approx 0{,}1 \cdot 6^3$ mm³ $\approx 21{,}6$ mm³ ; damit wird die Biegespannung

$$\sigma_b = \frac{3600 \text{ Nmm}}{21{,}6 \text{ mm}^3} \approx 167 \text{ N/mm}^2.$$

Ergebnis: Nach Tabelle 9.1, Zeile 2, wird die zulässige Biegespannung für den Kerbstift bei Schwellbelastung: $\sigma_{b\,zul} \approx 0{,}7 \cdot (200 \dots 240)$ N/mm² $\approx 140 \dots 170$ N/mm². Der Vergleich mit der vorhandenen Spannung σ_b = 167 N/mm² zeigt, daß der Stift knapp bemessen ist. Sicherheitshalber wird als Durchmesser d_1 = 8 mm gewählt, womit dann $W \approx 51{,}2$ mm³ und $\sigma_b \approx$ 70 N/mm² $< \sigma_{b\,zul} \approx 140 \dots 170$ N/mm² werden.

▶ **Lösung d):** Für die in der Bohrung des Hebelendes mit der Dicke s = 12 mm auftretende Flächenpressung gilt nach Gleichung (9.9):

$$p_{max} = p_1 + p_2 \leqslant p_{zul}.$$

Die durch die Drehwirkung von F entstehende Flächenpressung wird

$$p_1 = \frac{F \cdot (l_2 + s/2)}{d_1 \cdot s^2/6}, \quad p_1 = \frac{300 \text{ N} \cdot (12 \text{ mm} + 6 \text{ mm})}{8 \text{ mm} \cdot 12^2 \text{ mm}^2/6} \approx 28 \text{ N/mm}^2.$$

Die Flächenpressung durch die Schubwirkung von F wird

$$p_2 = \frac{F}{d_1 \cdot s}, \quad p_2 = \frac{300 \text{ N}}{8 \text{ mm} \cdot 12 \text{ mm}} \approx 3 \text{ N/mm}^2.$$

Damit wird die max. Flächenpressung

$$p_{max} = 28 \text{ N/mm}^2 + 3 \text{ N/mm}^2 \approx 31 \text{ N/mm}^2.$$

Nach Tabelle 9.1 ist nach Zeile 5 für Gußeisen als schwächerem Werkstoff gegenüber dem Stiftwerkstoff bei Schwellbelastung

$$p_{zul} \approx 0{,}7 \cdot (90 \dots 120) \approx 65 \dots 85 \text{ N/mm}^2.$$

Ergebnis: Für die max. Flächenpressung in der Hebelbohrung ergibt sich p_{max} = 31 N/mm² $< p_{zul} \approx 65 \dots 85$ N/mm², die Verbindung ist ausreichend bemessen.

9.7. Normen und Literatur

DIN-Taschenbuch Band 43: Mechanische Verbindungselemente; DIN 1: Kegelstifte; DIN 7 und DIN 6325: Zylinderstifte; DIN 94: Splinte; DIN 258 und DIN 7977: Kegelstifte mit Gewindezapfen; DIN 267: Schrauben, Muttern und ähnliche Gewinde- und Formteile; Technische Lieferbedingungen; DIN 471, DIN 472, DIN 983 und DIN 984: Sicherungsringe für Wellen und Bohrungen; DIN 703 und DIN 705: Blanke Stellringe, schwere und leichte Reihe; DIN 988: Paßscheiben und Stützscheiben; DIN 995: Richtlinien für die Anwendung und den Einbau von Sicherungsringen; DIN 1433 bis DIN 1436: Bolzen, ohne Kopf, mit kleinem und großem Kopf; DIN 1438: Bolzen mit Gewindezapfen; DIN 1442: Schmierlöcher für Bolzen; DIN 1443 und DIN 1444: Bolzen, ohne und mit Kopf (Maße nach ISO); DIN 1469 bis DIN 1477: Kerbstifte und Kerbnägel; DIN 1481 und DIN 7346: Spannhülsen, schwer und leicht; DIN 6799: Sicherungsscheiben; DIN 7343 und DIN 7344: Spiral-Spannstifte, Regel- und schwere Ausführung; DIN 7978 und DIN 7979: Kegel- und Zylinderstifte mit Innengewinde; DIN 7993: Runddraht-Sprengringe und -Sprengringnuten; DIN 9045: Sprengringe; (DIN 5417: Befestigungsteile für Wälzlager, Sprengringe für Lager mit Ringnut); DIN 15058: Achshalter

10. Elastische Federn

10.1. Allgemeines

Das Wesen der Federn ist in der Eigenschaft fast aller Körper begründet, sich unter der Einwirkung äußerer Kräfte elastisch zu verformen und die dabei aufgenommene Arbeit durch Rückfederung wieder abzugeben. Bei technischen Federn läßt sich diese Wirkung durch Verwendung hochelastischer Werkstoffe und durch geeignete Gestaltung beträchtlich erhöhen. Werkstoff und Gestalt einer Feder richten sich im wesentlichen nach den Anforderungen an Federkraft und Federweg, aber auch nach Platzbedarf, Gewicht und Temperatur.

Hieraus ergibt sich eine vielseitige Verwendung der Federn: zur *Arbeitsspeicherung* als Uhrwerksfeder bei Uhren und Spielzeugen; zur *Stoß-* und *Schwingungsdämpfung* als Achsfeder bei Fahrzeugen und als Pufferfeder bei Eisenbahnwagen; als *Rückholfeder* bei Ventilen, Backenbremsen, Bremslüftern, Kupplungen und Meßinstrumenten; zur *Kraftmessung* bei Federwaagen; zur *Kraftverteilung* und zum *Kraftausgleich* bei Spannwerkzeugen und Polsterungen; ferner als Rastfeder, Kontaktfeder, Spannfeder u. a.

Man kann die Federn auch nach Art des Werkstoffes (Federn aus Metallen und Nichtmetallen), nach ihrer Gestalt (Blattfeder, Schraubenfeder usw.) und nach Art der Beanspruchung (Biegefeder, Drehfeder usw.) unterteilen. Hinsichtlich der Berechnung ist eine Unterteilung nach Art der Beanspruchung am zweckmäßigsten.

10.2. Federkennlinien

Jede Feder wird durch eine Kraft F verformt, wobei sich der Kraftangriffspunkt um den Federweg f verschiebt. Man bezeichnet diesen Federweg auch als Federung und bei Biegefedern auch als Durchbiegung. Trägt man den Federweg in Abhängigkeit von der Kraft in ein rechtwinkliges Achsenkreuz ein, so entsteht das *Federdiagramm*. Die Kraft-Weg-Linie hierin wird mit *Federkennlinie* bezeichnet.

10.2.1. Lineare Kennlinien

Arbeitet eine Feder aus Werkstoffen, für die das Hookesche Gesetz gilt, reibungsfrei, so ist die Kennlinie linear (gerade). Federweg f und Federkraft F sind proportional, d. h. die doppelte Federkraft ergibt auch den doppelten Federweg. Je steiler die Gerade verläuft, um so geringer sind bei gleicher Kraft die Federwege, d. h. um so steifer (härter) ist die Feder (Bild 10-1).

Das Verhältnis aus Federkraft und Federweg, gleich dem Tangens des Neigungswinkels α der Federkennlinie, ist für alle Belastungen gleich und wird mit *Federrate c* bezeichnet:

$$c = \tan \alpha = \frac{F_1}{f_1} = \frac{F_2}{f_2} = \frac{F_2 - F_1}{f_2 - f_1} \text{ in N/mm} \tag{10.1}$$

Die Federrate ist allgemein das Verhältnis der Kraft in N zum Federweg in mm.

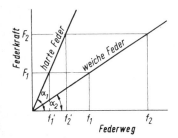

Bild 10-1. Gerade Kennlinien einer weichen und einer harten Feder

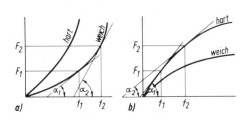

Bild 10-2. Gekrümmte Kennlinien
a) progressiv, b) degressiv

Gerade oder annähernd gerade Kennlinien zeigen beispielsweise Blattfedern, Tellerfedern als Federsäule, Drehstabfedern und zylindrische Schraubenfedern.

10.2.2. Gekrümmte Kennlinien

Ist die Federrate c über den Arbeitsbereich der Feder veränderlich, so erhält man gekrümmte Kennlinien. Man unterscheidet *progressive* (ansteigend gekrümmte) und *degressive* (abfallend gekrümmte) *Kennlinien*. Progressive Kennlinien (Bild 10-2a) zeigen an, daß die Feder mit jeweils steigender Belastung härter wird. Dadurch wird beispielsweise ein Durchschlagen der Federn bei starken Belastungen verhindert und ein schnelleres Abklingen von Schwingungen erreicht. Dies ist besonders bei Fahrzeugfedern erwünscht. Progressive Kennlinien zeigen z.B. Sonderausführungen von Mehrschichtfedern (siehe 10.6.2), Tellerfedern bei bestimmter Schichtung (siehe 10.6.5) und Kegelfedern (Pufferfedern).

Bei degressiven Kennlinien (Bild 10-2b) nimmt die Federhärte jeweils mit steigender Belastung ab. Dieses ist erwünscht, wenn nach einer bestimmten Belastung ein weiterer, größerer Federweg bei kleinerem Kraftanstieg benötigt wird, wie zum Spiel- und Druckausgleich bei Reglern. Degressive Federung zeigen beispielsweise Gummi bei Zugbelastung und Tellerfedern bei bestimmten Bauabmessungen (siehe 10.6.5).

10.3. Federungsarbeit

Da der Lastangriffspunkt infolge der Belastung F den Weg f zurücklegt, wird eine Federungsarbeit verrichtet. Diese wird im Federdiagramm durch die unter der Federkennlinie liegende Fläche dargestellt. Bei linearer Kennlinie, Bild 10-3, ergibt sich die *Federungsarbeit*

$$W = \frac{F \cdot f}{2} = \frac{c \cdot f^2}{2} \text{ in Nmm} \qquad (10.2)$$

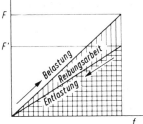

Bild 10-3. Federungsarbeit

Reibungsfrei arbeitende Federn geben die aufgenommene Arbeit in gleicher Größe wieder ab. Dies ist besonders bei Federn zur Arbeitsspeicherung sehr erwünscht. Bei mit Reibung arbeitenden Federn geht ein Teil der aufgewendeten Arbeit als Reibungsarbeit (Wärme) verloren. Dieses ist bei stoß- und schwingungsdämpfenden Federn, wie Pufferfedern (Ringfedern, Kegelfedern), vorteilhaft, da sie möglichst wenig Stoßenergie wieder abgeben sollen.

10.4. Federwerkstoffe, ihre Eigenschaften und Verwendung

Für die Wahl des Federwerkstoffes sind nicht nur mechanische Anforderungen (Festigkeit, Kennlinienverlauf), die äußere Form, der Platzbedarf und das Gewicht maßgebend, sondern auch besondere Anforderungen, z. B. hinsichtlich Korrosion, magnetischer Eigenschaften und Wärmebeständigkeit. Festigkeitswerte der Federwerkstoffe enthält Tabelle A10.1, Anhang.

10.4.1. Federstahl

Stahl ist der am meisten verwendete Federwerkstoff, da bei diesem die für Federn maßgeblichen Eigenschaften durch chemische Zusammensetzung, Bearbeitung und Wärmebehandlung weitgehend beeinflußt werden können. Für Federn aus Stahl gelten die Normblätter DIN 17 221 Warmgeformte Stähle, DIN 17 222 Kaltgewalzte Stahlbänder, DIN 17 223 Kaltgezogene Stähle, DIN 17 224 Nichtrostende Stähle, DIN 17 225 Warmfeste Stähle, DIN 2076 und 2077 Federstahldraht, DIN 1570 Gerippter Federstahl für Blattfedern, DIN 4620 Federstahl für Blattfedern. Aus der Vielzahl dieser Federstähle ist in Tabelle 10.1 eine Auswahl mit Verwendungsbeispielen zusammengestellt.

10.4.2. Nichteisenmetalle

Federn aus Nichteisenmetallen kommen im wesentlichen nur für niedrigere Beanspruchungen bei besonderen Anforderungen an Korrosion, magnetischen Eigenschaften u. dgl. in Frage, z. B.: NiBe 2 (Legierung aus 96 % Nickel, 2 % Beryllium, ferner Fe, Cu u. a.), DIN 17 741, für säurebeständige und hochwertige unmagnetische Federn für Uhren; Kupfer-Zink-Legierung (Messing) CuZn 37, DIN 17 660, besonders für Kontaktfedern in der Elektrotechnik; Kupfer-Nickel-Zink-Legierung (Neusilber) CuNi 18 Zn 20, DIN 17 663, für korrosionsbeständige Federn aller Art.

10.4.3. Nichtmetallische Federwerkstoffe

Als nichtmetallischer Werkstoff wird am häufigsten Natur- und synthetischer *Gummi* verwendet, und zwar vorwiegend für Druck- und Schubbeanspruchung sowie zur Dämpfung von Schwingungen, Stößen und Geräuschen, z. B. zur Lagerung von Motoren, in elastischen Kupplungen und bei gummigefederten Laufrädern. Die Härte des Gummi kann durch die Menge der Füllstoffe, besonders des Schwefels, weitgehend beeinflußt werden (Weichgummi enthält bis etwa 10 % Schwefel).

Tabelle 10.1: Federstähle (Auswahl)

Stahlsorte Kurzzeichen	DIN	Beanspruchung	Verwendungsbeispiele
46 Si 7	17 221	mittel	Kegelfedern, Blattfedern für Schienenfahrzeuge, Tellerfedern, Ringfedern
65 Si 7	17 221	mittel	Fahrzeugblattfedern > 7 mm Dicke, Schraubenfedern, Tellerfedern, Ringfedern
50 CrV 4	17 221	hoch	Fahrzeugfedern, Schraubenfedern, Tellerfedern, Drehstabfedern bis 30 mm Durchmesser
71 Si 7	17 222	hoch	hochbeanspruchte Zugfedern für Uhren und Triebwerke
patentiert-gezogener Federstahldraht	2076		
Drahtsorte A	17 223	niedrig, ruhend	Zugfedern, Schenkelfedern, Formfedern bis 10 mm Drahtdurchmesser
B		ruhend oder gering schwingend	Zug- und Druckfedern, Schenkelfedern
C		hoch u. häufig schwingend	Zug-, Druck-, Schenkel- und Formfedern
II		hoch u. häufig schwingend	wie Drahtsorte C jedoch bis Drahtdurchmesser 2 mm
FD		mäßige Dauerschwingbelastung	vergüteter Federdraht für Federn aller Art; Drahtdurchmesser 1 ... 14 mm
VD		hohe Dauerschwingbelastung	vergüteter Ventilfederdraht für hochbeanspruchte Ventilfedern; Drahtdurchmesser 1 ... 7,5 mm
X 12 CrNi 177	17 224	hoch	nichtrostende Federn aller Art, warmfest bis 300 °C
30 WCrV 179	17 225	hoch	Ventilfedern an Motoren, Federn für Heißdampfventile, warmfest bis 500 °C

Vereinzelt wird auch *Holz* als Federwerkstoff benutzt, z. B. in Form von Rohrstäben bei Müllerei- und Landmaschinen für Schwingsiebe und Plansichter. Ferner werden noch *Kork* und sogar *Luft*, z. B. bei Kupplungen, als Federwerkstoff verwendet.

10.5. Zug- und druckbeanspruchte Federn aus Metall (Ringfedern) [1])

Bei einer stabförmigen Zugfeder, z. B. einem Draht, wird bei Belastung das ganze Stabvolumen gleich hoch beansprucht, so daß die Werkstoffausnutzung sehr günstig ist. Da jedoch der Raumbedarf, besonders bei größeren Federwegen, sehr groß ist, kommt eine Verwendung von Stäben als Zug- oder Druckfeder praktisch kaum in Frage. Eine wesentlich günstigere Raumausnutzung ist bei der Ringfeder gegeben.

---

[1]) Hersteller: *Ringfeder GmbH*, Krefeld-Uerdingen.

10.5. Zug- und druckbeanspruchte Federn aus Metall (Ringfedern)

10.5.1. Aufbau, Federwirkung

Die Ringfeder besteht aus geschlossenen Außen- und Innenringen, die mit kegeligen Flächen ineinandergreifen (Bild 10-4). Die axiale Druckkraft setzt sich über die Kegelflächen in Zugspannungen für den Außenring und in Druckspannungen für den Innenring um. Infolge elastischer Verformung schieben sich die Ringe ineinander, so daß sich die Federsäule verkürzt und zwar um so mehr je kleiner der Kegelwinkel α ist, der etwa 12 ... 15° beträgt, um ein Steckenbleiben der Ringe bei Entlastung zu vermeiden (Kegelwinkel > Reibungswinkel!).

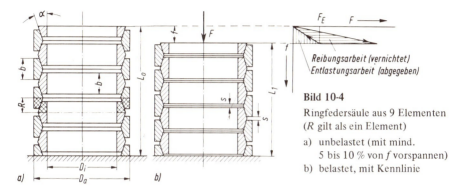

Bild 10-4
Ringfedersäule aus 9 Elementen
(R gilt als ein Element)
a) unbelastet (mit mind. 5 bis 10 % von f vorspannen)
b) belastet, mit Kennlinie

Die Kennlinie einer Ringfeder ist eine Gerade. Sie verläuft bei Entlastung jedoch anders als bei Belastung (siehe Bild 10-4), da ein Zurückfedern erst dann erfolgt, wenn die Federkraft F auf eine bestimmte Entlastungskraft $F_E \approx F/3$ gesunken ist.

10.5.2. Verwendung

Da durch erhebliche Reibung viel mechanische Energie in (abzuführende) Wärme verwandelt wird und die dadurch bedingte Dämpfung je nach Schmierung bis zu 70 % betragen kann, eignen sich Ringfedern besonders als Pufferfedern. Sie werden außerdem

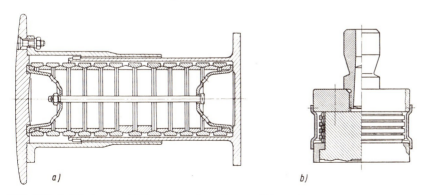

Bild 10-5. Ringfeder, a) als Hülsenpuffer, b) am Schnitt-Prägewerkzeug

als Überlastungsfedern in schweren Pressen, Hämmern und Werkzeugen eingebaut, wobei besonders die hohe Energieaufnahme auf geringstem Raum ausgenutzt werden kann (Bild 10-5). Die Federn sind gegen Feuchtigkeit und Staub zu schützen, um die Schmierung nicht zu gefährden. Ringfedern werden mit Außendurchmessern 18... 400 mm und für Endkräfte von ≈ 5... 1800 kN bei Federwegen 0,4... 7,6 mm je Element geliefert.

10.5.3. Berechnung

Die Auslegung der nicht genormten Ringfedern, d. h. die Festlegung der Bauabmessungen, Anzahl der Ringe usw., erfolgt zweckmäßig nach Angaben der Hersteller.

10.6. Biegebeanspruchte Federn aus Metall

10.6.1. Rechteck- und Dreieck-Blattfedern

10.6.1.1. Federwirkung, Verwendung

Die einfache *Rechteck-Blattfeder* kann als belasteter Freiträger betrachtet werden. Die Biegespannung, deren Höchstwert an der Einspannstelle auftritt, nimmt mit wachsendem Abstand von dieser gleichmäßig ab. Die Feder ist damit nur an der Einspannstelle festigkeitsmäßig und werkstoffmäßig voll ausgenutzt, sonst aber zu niedrig beansprucht. Sie wird darum nur bei kleinen Kräften, insbesondere in der Feinwerktechnik, verwendet, z. B. als Kontakt-, Rast- oder Andrückfeder.

Die *Dreieck-Blattfeder* entspricht einem Träger gleicher Festigkeit mit „angeformter" Breite, so daß in jedem Querschnitt die gleiche Biegespannung auftritt. Sie biegt kreisbogenförmig – die Rechteckfeder parabelförmig – durch. Die Federarbeit und damit die Werkstoffausnutzung sind dreimal so groß wie bei der Rechteckfeder (bei gleichem Volumen und gleicher Spannung). Die Vorteile werden aber durch die ungünstige, praktisch kaum verwendbare Form eingeschränkt, so daß auf volle Werkstoffausnutzung verzichtet und eine *Trapezform* bevorzugt wird, wie sie die gestrichelte Darstellung in Bild 10-6b zeigt. Aus dieser ist die Mehrschicht-Blattfeder entwickelt worden (siehe 10.6.2.).

Die Kennlinien der Blattfedern sind Geraden.

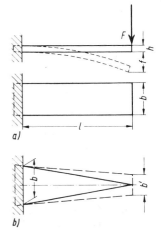

Bild 10-6
Einarmige Blattfedern gleicher Dicke
a) Rechteckblattfeder (Ansicht und Draufsicht),
b) Dreieck-(Trapez-)Blattfeder (Draufsicht)

10.6.1.2. Berechnung

Für die Federn in Bild 10-6 folgt aus der Gleichung für die größte *Biegespannung*

$$\sigma_b = \frac{M_b}{W} = \frac{6 \cdot F \cdot l}{b \cdot h^2} \leq \sigma_{b\,zul} \text{ in N/mm}^2 \qquad (10.3)$$

die *maximale Federkraft*

$$F_{max} = \frac{b \cdot h^2}{6 \cdot l} \cdot \sigma_{b\,zul} \text{ in N} \qquad (10.4)$$

Aufgrund der Federkraft F wird die *Durchbiegung*

$$f = q_1 \cdot \frac{l^3}{b \cdot h^3} \cdot \frac{F}{E} \text{ in mm} \qquad (10.5)$$

$q_1 = 4$ für Rechteckfeder, $q_1 = 6$ für Dreieckfeder, $q_1 \approx 4 \cdot \dfrac{3}{2 + b'/b}$ für Trapezfeder

Mit $F = F_{max}$ aus Gleichung (10.4) ergibt sich die *maximale Durchbiegung*

$$f_{max} = q_2 \cdot \frac{l^2}{h} \cdot \frac{\sigma_{b\,zul}}{E} \text{ in mm} \qquad (10.6)$$

$q_2 = \dfrac{2}{3}$ für Rechteckfeder, $q_2 = 1$ für Dreieckfeder, $q_2 \approx \dfrac{2}{3} \cdot \dfrac{3}{2 + b'/b}$ für Trapezfeder

Wird in die allgemeine Gleichung der Federungsarbeit $W = \dfrac{F \cdot f}{2}$ für $F = F_{max}$ aus Gleichung (10.4) und $f = f_{max}$ aus Gleichung (10.6) eingesetzt, dann ergibt sich nach Umformen die *maximale Federungsarbeit*

$$W = q_3 \cdot V \cdot \frac{\sigma_{b\,zul}^2}{E} \text{ in Nmm} \qquad (10.7)$$

$q_3 = \dfrac{1}{18}$ für Rechteckfeder, $q_3 = \dfrac{1}{6}$ für Dreieckfeder, $q_3 \approx \dfrac{1}{9} \cdot \dfrac{3}{2 + b'/b} \cdot \dfrac{1}{1 + b'/b}$ für Trapezfeder

V Federvolumen. $V = b \cdot h \cdot l$ für Rechteck-, $V = \dfrac{1}{2} \cdot b \cdot h \cdot l$ für Dreieck-,

       $V = \dfrac{1}{2} \cdot b \cdot h \cdot l \cdot \left(1 + \dfrac{b'}{b}\right)$ für Trapezfeder

b Breite; bei der Dreieck- und Trapezfeder maximale Breite in mm
b' Breite am freien Ende der Trapezfeder in mm
h Höhe (Dicke) der Feder in mm
l Länge der Feder in mm
E Elastizitätsmodul der Federwerkstoffe in N/mm² aus Tabelle A10.1, Anhang
$\sigma_{b\,zul}$ zulässige Biegespannung in N/mm² aus Tabelle A10.1, Anhang

Beachte: Die oben genannten Gleichungen gelten – genau genommen – nur für kleinere Durchbiegungen.

Rechnungsgang: gegeben sind meist die maximale Federkraft, der maximale Federweg und die Einbaulänge. Man führt nun die Rechnung in folgender Reihenfolge aus:
1. Höhe (Dicke) der Feder aus Gleichung (10.6) ermitteln,
2. Breite der Feder aus Gleichung (10.4) berechnen,
3. endgültige Abmessungen festlegen und eventuell nach Gleichung (10.3) prüfen.

10.6.2. Mehrschicht-Blattfedern

10.6.2.1. Entwicklung, Verwendung

Die Mehrschicht-Blattfeder ist aus der doppelarmigen Trapezfeder entwickelt worden. Bei größerer Belastung und Federung würden sich sehr breite, baulich kaum unterzubringende Federblätter ergeben. Man denkt sich diese deshalb in gleichbreite Streifen zerlegt und möglichst spaltlos aufeinander geschichtet (Bild 10-7a). Das obere Hauptblatt ist zur Lagerung an den Enden meist eingerollt. Die gebündelten Blätter werden in der Mitte durch Spannbügel oder Bunde zusammengehalten. Zur Sicherung gegen seitliches Verschieben werden Führungsbügel oder gerippte Federblätter (DIN 1570) verwendet.

Mehrschichtfedern dienen insbesondere zur Federung von Kraft- und Schienenfahrzeugen (Bild 10-7b).

Wegen der zwischen den Federblättern entstehenden Reibung ist die Federkennlinie nur angenähert eine Gerade. Die bei Entlastung abgegebene Arbeit ist kleiner als die aufgenommene. Dies kann eine wertvolle Dämpfung bedeuten. Bei Fahrzeugfedern ist aber meist eine progressive Federung erwünscht, die durch Zuschalten von Federblättern nach Erreichen eines bestimmten Federweges oder durch Verkürzen der wirksamen Federlänge durch Abwälzplatten an den Enden der Federblätter erreicht werden kann (Bild 10-8).

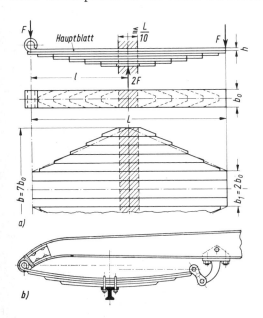

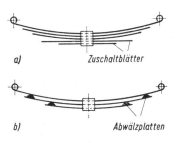

Bild 10-8. Progressive Federung bei Mehrschicht-Blattfedern
a) durch Zuschalten von Federblättern,
b) durch Abwälzplatten

Bild 10-7. Mehrschicht-Blattfeder
a) Entwicklung aus der Trapezfeder,
b) Ausführung und Einbaubeispiel

10.6.3. Drehfedern (Schenkelfedern)

10.6.3.1. Federwirkung, Verwendung

10.6.2.2. Berechnung

Für die Mehrschicht-Blattfeder nach Bild 10-7a gelten mit den dort angegebenen Abmessungen und Kräften die Gleichungen (10.3) bis (10.6) genügend genau, wenn $b = z \cdot b_0$, $q_1 \approx 4 \cdot \dfrac{3}{2 + z'/z}$ und $q_2 \approx \dfrac{2}{3} \cdot \dfrac{3}{2 + z'/z}$ gesetzt werden, worin z die Gesamtzahl der Blätter, z' die Zahl der Blätter mit der Länge L des Hauptblattes bedeuten.

Man setzt $\sigma_{b\,zul} \approx 0{,}4 \ldots 0{,}5 \cdot \sigma_B$ ($\approx 600 \ldots 750$ N/mm² bei Fahrzeugfedern; kleinerer Wert bei kleinerem $c = 2F/f$).

Die Reibung kann wegen der vielen Einflußgrößen (Oberfläche, Schmierung, Federkraft) rechnerisch kaum erfaßt werden; sie wird umso geringer je kleiner z und h und je größer L werden. Erfahrungsgemäß ist die tatsächliche Tragkraft $\approx 2 \ldots 12\,\%$ höher als die rechnerische.

10.6.3. Drehfedern (Schenkelfedern)

10.6.3.1. Federwirkung, Verwendung

Drehfedern sind räumlich gewundene Biegefedern, die aus rundem Federstahldraht wie zylindrische Schraubenfedern hergestellt werden. An den Enden sind je nach Verwendung verschieden geformte Schenkel angebogen (Bild 10-9). Wird durch eine Kraft F am Hebel r ein Drehmoment erzeugt, dann verändern sich Federdurchmesser, Windungszahl und Schenkelstellung. Dadurch treten im Federdraht Biegespannungen auf. Die Federkennlinie ist eine Gerade.

Drehfedern werden hauptsächlich als Scharnier-, Rückstell- und Andrückfedern vorwiegend in der Feinmechanik verwendet. Werden die Federn auf Bolzen geführt, so ist die Verkleinerung des Innendurchmessers D_i zu beachten. Erfahrungsgemäß wird der Bolzendurchmesser $d_B \approx 0{,}8 \ldots 0{,}9\, D_i$ bzw. der Innendurchmesser $D_i \approx 1{,}1 \ldots 1{,}25\, d_B$ ausgeführt.

10.6.3.2. Berechnung

Das Drehmoment, das gleich dem Biegemoment M_b ist, soll nur so wirken, daß sich die Windungen zusammenziehen. Unter Berücksichtigung der Spannungserhöhung durch die Drahtkrümmung sowie der Schenkeldurchbiegung bei eingespannten Federenden gelten nach Bild 10-9a für die *Biegespannung* σ_b und den *Verdrehwinkel* α:

$$\sigma_b = k \cdot \frac{M_b}{W} \approx k \cdot \frac{F \cdot r}{0{,}1 \cdot d^3} \leqslant \sigma_{b\,zul} \quad \text{in N/mm}^2 \tag{10.8}$$

$$\alpha^\circ = \frac{180^\circ}{\pi} \cdot \frac{M_b \cdot l}{E \cdot I} \approx 3700 \frac{F \cdot r \cdot D_m \cdot i_f}{E \cdot d^4} \tag{10.9}$$

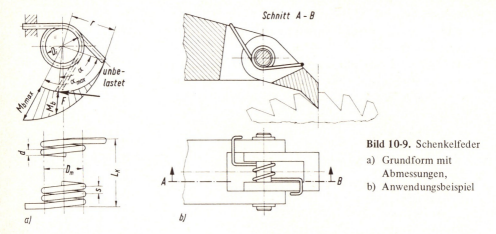

Bild 10-9. Schenkelfeder
a) Grundform mit Abmessungen,
b) Anwendungsbeispiel

Der Drahtdurchmesser d kann nach DIN 2076 (siehe 10.7.2.1) zunächst geschätzt werden, wobei zu beachten ist, daß $\sigma_{b\,zul}$ stark von d abhängt (vgl. Bild A10-6b) oder für kurze Schenkel bei gegebenem D_i überschlägig mit $F \stackrel{\wedge}{=} F_{max}$ vorgewählt werden:
$d \approx k_1 \sqrt[3]{F \cdot r}/1 - k_2$, wenn $k_2 \approx 0{,}06 \sqrt[3]{F \cdot r}/D_i$ und für $d < 5$ mm $k_1 \approx 0{,}22$ bzw. $d \geqslant 5 \ldots 12$ mm $k_1 \approx 0{,}24$ gesetzt wird.

Die *gestreckte Länge l der Windungen* ergibt bei einer Steigung $s < D_m/4$ bzw. $s > D_m/4$:

$$l \approx D_m \cdot \pi \cdot i_f \text{ in mm} \quad \text{bzw.} \quad l \approx i_f \cdot \sqrt{(D_m \cdot \pi)^2 + s^2}\text{ in mm} \tag{10.10}$$

Die *Länge des unbelasteten Federkörpers* ist bei *aneinanderliegenden Windungen*

$$L_K \approx (i_f + 1) \cdot d \text{ in mm} \tag{10.11a}$$

und bei *Windungen mit Zwischenräumen*

$$L_K \approx (i_f \cdot s) + d \text{ in mm} \tag{10.11b}$$

F Federkraft in N
r Hebelarm der Kraft F in mm
d Drahtdurchmesser in mm
D_m mittlerer Windungsdurchmesser in mm
$i_f \geqslant 2$ Anzahl der federnden Windungen
s Windungssteigung in mm
E Elastizitätsmodul des Federwerkstoffes in N/mm², siehe Anhang, Tabelle A10.1
$\sigma_{b\,zul}$ zulässige Biegespannung in N/mm² nach Schaubild A10-3, Anhang
k Beiwert zur Berücksichtigung der Spannungserhöhung infolge der Drahtkrümmung, abhängig vom Wickelverhältnis $w = D_m/d$, nach Bild A10-6, Anhang; k kann unberücksichtigt bleiben, wenn $w \geqslant 8$

Die Berechnung der Schenkelfedern ist nach DIN 2088 genormt.
Rechnungsgang: Gegeben sind meist Federkraft F, deren Hebelarm r und Verdrehwinkel α.

1. Drahtdurchmesser d aus Gleichung (10.8) berechnen,
2. Windungszahl i_f aus Gleichung (10.9), wobei der mittlere Windungsdurchmesser D_m nach den Einbauverhältnissen zu wählen ist; oder i_f aus Gleichungen (10.11), wenn die Länge des Federkörpers gegeben ist und dann D_m aus Gleichung (10.9),
3. Bauabmessungen endgültig festlegen und eventuell nach Gleichung (10.8) prüfen, ggf. unter Berücksichtigung des Beiwertes k.

10.6.4. Spiralfedern

10.6.4.1. Federwirkung, Verwendung

Spiralfedern sind meist aus rechteckigem Federstahl hergestellt und zu einer *ebenen Spirale* gewunden (Bild 10-10). Der Windungssinn ist meist schließend. Federwirkung und Beanspruchung sind ähnlich wie bei Schenkelfedern. Spiralfedern werden vorwiegend als Rückstellfedern in Meßinstrumenten, als Arbeitsspeicher für Uhrwerke und auch für drehelastische Kupplungen verwendet.

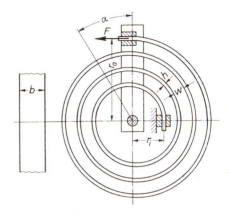

Bild 10-10. Spiralfeder

10.6.4.2. Berechnung

Sie erfolgt ähnlich wie bei Schenkelfedern. Entsprechend den hierfür angegebenen Gleichungen gelten bei eingespannten Federenden für die *Biegespannung* σ_b und den *Verdrehwinkel* α:

$$\sigma_b = \frac{M_b}{W} = \frac{6 \cdot F \cdot r_a}{b \cdot h^2} \leq \sigma_{b\,zul} \text{ in N/mm}^2 \qquad (10.12)$$

$$\alpha° = \frac{180°}{\pi} \cdot \frac{M_b \cdot l}{E \cdot I} \approx 690 \frac{F \cdot r_a \cdot l}{E \cdot b \cdot h^3} \qquad (10.13)$$

Bei überall gleichem Windungsabstand w und der Windungszahl i ist die *gestreckte Federlänge*

$$l = \frac{\pi \cdot (r_a^2 - r_i^2)}{h + w} \text{ in mm} \qquad (10.14)$$

Bei konstruktiv bedingtem innerem Radius r_i ergibt sich der *äußere Radius des Federkörpers* aus der Gleichung

$$r_a = r_i + i \cdot (h + w) \text{ in mm} \qquad (10.15)$$

Die von der Spiralfeder aufzuspeichernde *maximale Federungsarbeit* ist

$$W = \frac{1}{6} \cdot V \cdot \frac{\sigma_{b\,zul}^2}{E} \text{ in Nmm} \tag{10.16}$$

worin $V = b \cdot h \cdot l$ das Federvolumen in mm³ bedeutet. Werte für $\sigma_{b\,zul}$: ≈ 1100 N/mm² bei der Federdicke h bis 1 mm, ≈ 950 N/mm² bei h über 1 ... 3 mm, ≈ 800 N/mm² bei h über 3 mm für Federstähle nach DIN 17 222.

10.6.5. Tellerfedern

10.6.5.1. Verwendung

Tellerfedern eignen sich besonders für Konstruktionen, die bei geringem Platzbedarf große Federkräfte bei kleinen Federwegen verlangen. Wegen ihrer vielseitigen Eigenschaften werden sie z. B. im Werkzeug- und Vorrichtungsbau, bei Pressen, im Maschinen- und Apparatebau, Kran- und Brückenbau, Armaturen- und Rohrleitungsbau, bei Kugellagern zum Spielausgleich und im Motorenbau verwendet. Einbaubeispiele zeigt Bild 10-11.

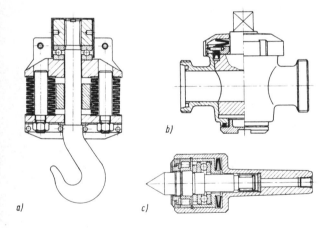

Bild 10-11

Einbaubeispiele für Tellerfedern
a) zur elastischen Abfederung eines Kranhakens,
b) bei einem Absperrhahn zum gleichmäßigen Anpressen des Hakenkükens,
c) zum Ausgleich der Längenänderungen von Werkstücken bei einer Reitstockspitze

(Werkbilder *Adolf Schnorr KG*, Maichingen)

10.6.5.2. Ausführung, Eigenschaften, Federwirkung

Tellerfedern sind kegelförmige Ringscheiben aus Federstahl nach DIN 17221 und 17222 (meist 50 CrV4), vergütet und danach „vorgesetzt", um die Einhaltung der Bauhöhe innerhalb der zulässigen Toleranzen zu gewährleisten. Bild 10-12a und b zeigt die nach DIN 2093 genormten Tellerfedern mit den allgemeinen Maßen. Je nach Ausführung und Fertigungsverfahren unterscheidet man:

Gruppe 1: Dicke $s < 1$ mm, kaltgeformt; *Gruppe 2:* $s = 1$ ... 3,5 mm, kaltgeformt, Innen- und Außendurchmesser spanend bearbeitet, Innenkanten gerundet; *Gruppe 3:* $s \geqslant 4$ mm, warmgeformt, allseitig spanend bearbeitet, Kanten gerundet, mit Auflageflächen, Dicke reduziert auf $s' \approx 0{,}94 \cdot s$; Auflageflächenbreite $b \approx D_a/150$.

10.6. Biegebeanspruchte Federn aus Metall

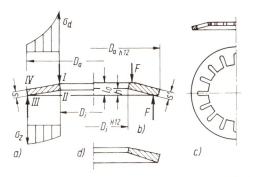

Bild 10-12. Ausführungsformen von Tellerfedern
a) nach Gruppe 1 und 2 (mit theoretischer Spannungsverteilung bei flachgedrückter Feder),
b) nach Gruppe 3,
c) Tellerfeder mit Ausnehmungen am Innenrand,
d) Tellerfeder mit Trapezquerschnitt

Ein hohes Arbeitsvermögen und günstige Federungseigenschaften bei guter Werkstoffausnutzung lassen sich bei einem Durchmesserverhältnis $D_a/D_i \approx 1{,}7 \ldots 2{,}5$ erreichen. Durch die Kraft F wird die Feder um den Federweg f elastisch zusammengedrückt, wobei an der Telleroberseite Druckspannungen (σ_d), an der Tellerunterseite Zugspannungen (σ_z) entstehen (Bild 10-12a). Die Belastbarkeit richtet sich nach dem Verhältnis D_a/s, das zwischen 12 und 50 liegen kann, und hängt bei gegebenem D_a/s von der Tellerhöhe h und der Dicke s ab, wobei h umso kleiner sein muß, je größer s ist, damit selbst bei flachgedrückter Feder die zulässige Spannung an keiner Stelle überschritten wird. Durch das Verhältnis h/s wird die Federkennlinie bestimmt (Bild 10-13). Da diese kurz vor dem Flachdrücken stark progressiv ansteigt, werden keine größeren Federwege als $f \triangleq f_{0{,}75} \approx 0{,}75 \cdot h$ zugelassen, was bestimmten Federkräften $F_{0{,}75}$ entspricht, die nach DIN 2093 (Tabelle A10.2, Anhang) festgelegt sind.

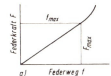   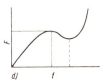

Bild 10-13. Kennlinien von Tellerfedern
a) bei $h/s < 0{,}75$, b) $h/s \geq 0{,}75$ mit zunehmender Krümmung, c) $h/s = 1{,}4$, d) $h/s > 1{,}4$

Die meisten Anforderungen lassen sich mit genormten Tellerfedern, DIN 2093, erfüllen, die mit $D_a/D_i \approx 2$ ausgeführt sind und als Reihe A mit $D_a/s \approx 18$ und $h/s \approx 0{,}4$ harte Federn, als Reihe B mit $D_a/s \approx 28$ und $h/s \approx 0{,}75$ weiche Federn ergeben (Tabelle A10.2, Anhang). Daneben werden auch Federn mit anderen Abmessungen und Formen hergestellt, z. B. Tellerfedern mit Ausnehmungen (Bild 10-12c) oder solche mit einem nach außen sich verdickenden trapezförmigen Querschnitt (Bild 10-12d), die beide einen größeren Federweg und gleichmäßigere Spannungsverteilung ergeben.

Meist reichen einzelne Federelemente nicht aus, um den an Federweg und Federkraft gestellten Anforderungen zu genügen. Darum werden gleichgroße Federteller zu *Federpaketen* (gleichsinnig geschichtet) oder zu *Federsäulen* (wechselsinnig aneinandergereihte Einzelteller oder Federpakete) zusammengesetzt (Bild 10-14a und b). Durch wechselsinniges Aneinanderreihen von Federpaketen lassen sich progressiv geknickte Kennlinien erreichen (Bild 10-14c).

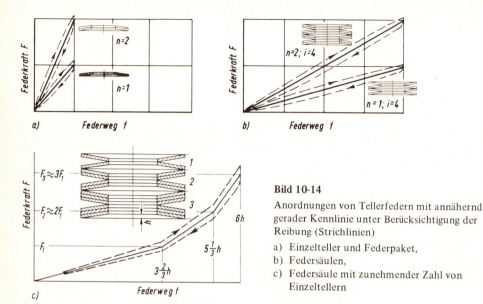

Bild 10-14
Anordnungen von Tellerfedern mit annähernd gerader Kennlinie unter Berücksichtigung der Reibung (Strichlinien)
a) Einzelteller und Federpaket,
b) Federsäulen,
c) Federsäule mit zunehmender Zahl von Einzeltellern

Zu Säulen angeordnete Tellerfedern müssen geführt und mit einem Vorspannfederweg $f_1 \approx 0{,}15 \ldots 0{,}2 \cdot h$ eingebaut werden, um ein Verrutschen zu verhindern. Die Führung kann außen in Hülsen, besser jedoch innen durch Bolzen erfolgen, die oberflächengehärtet und geschliffen sein sollen (Bild 10-15). Zwischen Bolzen und Teller-Innendurchmesser werden folgende Spiele empfohlen: $S \approx 0{,}2 \ldots 0{,}5$ mm bei $D_i = 4{,}2 \ldots 28{,}5$ mm, $S \approx 1 \ldots 2$ mm bei $D_i > 28{,}5$ mm. Bei Hülsenführung ist S um das $\approx 1{,}5$-fache zu erhöhen.

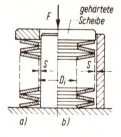

Bild 10-15. Führung von Federsäulen und Anordnung der Endteller
a) durch Bolzen (dargestellt für anzustrebende gerade Tellerzahl),
b) in Hülse (dargestellt für ungerade Tellerzahl)

Zwischen gleichsinnig geschichteten Federn und in den Führungen tritt Reibung auf. Darum muß die rechnerische Federkraft (ohne Reibung) bei Belastung erhöht werden (+), dagegen wird sie bei Entlastung verringert (−). Aus Versuchen (nach *Muhr* und *Bender*) ergibt sich die *Federkraft unter Berücksichtigung der Reibung* angenähert aus

$$F_{R\,ges} = F_{ges} \cdot (1 \pm k \cdot n) \quad \text{in N} \tag{10.17}$$

F_{ges} rechnerische Federkraft (ohne Reibung) in N nach Gleichung (10.19)

10.6. Biegebeanspruchte Federn aus Metall

k Einflußfaktor; man setzt: $k = 0{,}03 \ldots 0{,}05$ für Tellerfedern der Reihe A, $k = 0{,}02 \ldots 0{,}04$ für Federn der Reihe B; für Gruppen 1 und 2 wähle man die kleineren, für Gruppe 3 die größeren Werte

n Anzahl der gleichsinnig geschichteten Einzelteller

Tatsächliche Kennlinien und Kräfte weichen also von den rechnerischen umso mehr ab, je mehr Einzelteller zu Federpaketen geschichtet sind. Darum soll die Federsäule, insbesonders bei dynamischer Belastung aus max. 20 wechselsinnig aneinandergereihten Einzeltellern bzw. max. 15 Federpaketen mit 2 bis 4 Einzeltellern bestehen und dafür der Tellerdurchmesser entsprechend groß gewählt werden. Dadurch wird auch die ohnehin stets stärkere Beanspruchung des bewegten Säulenendes, in das die Kraft eingeleitet wird, in zulässigen Grenzen gehalten.

10.6.5.3. Berechnung der Tellerfedern

Vorberechnung

Die Berechnung der Tellerfedern ist nach DIN 2092 festgelegt. Ohne Berücksichtigung der Reibung ergeben sich für Federpakete aus n gleichsinnig geschichteten Einzeltellern und für Federsäulen aus i wechselsinnig aneinandergereihten Einzeltellern oder Paketen der *Gesamtfederweg* f_{ges} und die *Gesamtfederkraft* F_{ges} aus

$$f_{ges} = i \cdot f \text{ in mm} \tag{10.18}$$

$$F_{ges} = n \cdot F \text{ in N} \tag{10.19}$$

f Federweg je Einzelteller bzw. Paket in mm
F Federkraft je Einzelteller in N
Bei anzustrebender größtmöglicher Ausnutzung der Tellerfedern werden $f = f_{0,75}$ und $F = F_{0,75}$ nach Tabelle A10.2, Anhang

Die *Länge der unbelasteten Federsäule* bzw. des *Federpaketes* soll möglichst sein $L_0 \leqslant 3 \cdot D_a$ (Teller-Außendurchmesser); siehe Erläuterungen unter Gleichung (10.17):

$$L_0 \approx i \cdot [l_0 + (n-1) \cdot s] \text{ in mm} \tag{10.20}$$

l_0 Bauhöhe der unbelasteten Tellerfeder in mm
s Dicke der Tellerfedern der Gruppen 1 und 2 in mm; bei Federn der Gruppe 3 ist die reduzierte Dicke s' an Stelle von s zu setzen (siehe Bild 10-12)

Die *Länge der belasteten Federsäule* bzw. des *Federpaketes* wird

$$L = L_0 - f_{ges} = i\,[l_0 + (n-1) \cdot s - f] \text{ in mm} \tag{10.21}$$

Nachprüfung

Eine etwaige Nachprüfung der Tellerfedern kann mit den Gleichungen nach *Almen* und *László* durchgeführt werden. Vorher ist zu klären, ob überwiegend statische Belastung

(Last konstant oder in größeren Zeitabständen bis max. 5000 Lastwechsel) oder dynamische (schwingende) Belastung bei begrenzter Lebensdauer ($< 2 \cdot 10^6$ Lastspiele) bzw. unbegrenzter Lebensdauer ($\geqslant 2 \cdot 10^6$ Lastspiele) vorliegt. Ggf. ist die Reibung zu berücksichtigen.

Die *Federkraft F* ergibt sich bei bestimmtem Federweg f (in mm) aus

$$F = \frac{f \cdot s}{\alpha \cdot D_a^2} \cdot [(h-f) \cdot (h - 0{,}5 \cdot f) + s^2] \text{ in N} \qquad (10.22)$$

s, α, D_a, h siehe zu Gleichung (10.24)

Verschiedenen Kräften F_1, F_2 ... zugeordnete Federwege f_1, f_2 ... können mit der theoretischen Blockkraft (bei $f = h$) $F_h = \dfrac{h \cdot s^3}{\alpha \cdot D_a^2}$ bestimmt werden. Für genormte Federn kann z. B. bei F_1 mit dem Verhältnis F_1/F_h der Federweg aus f_1/h nach Bild A10-1, Anhang, angenähert ermittelt werden.

Bei *überwiegend statischer Belastung* ist die Druckspannung σ_{dI} an der Stelle I (Bild 10-12a) als größte maßgebend. Die Nachprüfung erübrigt sich bei Einhaltung der größtzulässigen Federkraft $F_{0,75}$, da hierbei die Spannung stets unter der bei flachgedrückter Feder σ_{dI} = 2600 ... 3000 N/mm² bleibt und ein Setzen der Feder nicht eintritt.

Eine etwaige Nachprüfung kann nach Gleichung (10.23) erfolgen, wobei das −(minus) vor β entfällt und wegen Druckspannung σ_{dI} vor den Bruchstrich zu schreiben ist.

Bei *überwiegend dynamischer Belastung* gehen etwaige Dauerbrüche stets von der zugbeanspruchten Tellerunterseite aus. Ob die größte Zugspannung σ_z an der Stelle II oder III (Bild 10-12a) auftritt, hängt von den Verhältnissen h/s, D_a/D_i und f/h ab (siehe auch Anmerkung unter Tabelle A10.2, Anhang).

Die *Zugspannungen* ergeben sich aus

$$\sigma_{zII} = \frac{f}{\alpha \cdot D_a^2} \cdot [-\beta \cdot (h - 0{,}5 \cdot f) + \gamma \cdot s] \text{ in N/mm}^2 \qquad (10.23)$$

$$\sigma_{zIII} = \frac{f \cdot D_i}{\alpha \cdot D_a^3} \cdot [(2 \cdot \gamma - \beta) \cdot (h - 0{,}5 \cdot f) + \gamma \cdot s] \text{ in N/mm}^2 \qquad (10.24)$$

D_a, D_i Telleraußen-, Tellerinnendurchmesser in mm
f jeweiliger Federweg in mm
h, s Tellerhöhe, Tellerdicke in mm. Für Tellerfedern, Gruppe 3, werden in die Gleichungen (10.23) und (10.24) s' statt s und $h' = l_0 - 0{,}9 \cdot s'$ statt s eingesetzt.
α, β, γ Einflußfaktoren. Für die genormten Tellerfedern wird gesetzt bei

$\dfrac{D_a}{D_i}$ = 1,9: $\alpha = 0{,}73 \cdot 10^{-6}$, $\beta = 1{,}20$, $\gamma = 1{,}34$ Zwischenwerte sind linear zu
      = 2,0:   = $0{,}75 \cdot 10^{-6}$,   = 1,22,   = 1,38   interpolieren
      = 2,1:   = $0{,}77 \cdot 10^{-6}$,   = 1,24,   = 1,42

10.7. Drehbeanspruchte Federn aus Metall

Bei Tellerfedern der Reihe A, Gruppen 1 und 2 wird σ_{zII}, für alle anderen wird σ_{zIII} die größere Spannung und damit maßgebend. Für $f = 0{,}75 \cdot h$ sind diese Spannungen in Tabelle A10.2, Anhang, bereits angegeben.

Dynamisch belastete Tellerfedern sind stets mit Vorspannung einzubauen, um an der Stelle I Anrisse zu vermeiden, die durch Zugeigenspannungen, bedingt durch das Vorsetzen nach Wärmebehandlung, entstehen können. Empfohlen wird ein Vorspann-Federweg $f_1 \approx 0{,}15 \ldots 0{,}20 \cdot h$, wobei $\sigma_{dI} \approx 600 \text{ N/mm}^2$ erreicht.

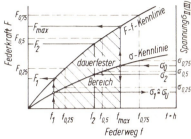

Die Dauerhaltbarkeit einer Tellerfeder wird entsprechend Bild 10-16 wie folgt festgestellt:

Bild 10-16. Feder- und Spannungskennlinie von Tellerfedern zur Feststellung der Dauerhaltbarkeit

Bei geeigneten Maßstäben für F, f und σ die F-f- und σ-Kennlinie bis $f_{0,75}$ aufzeichnen (sofern nicht Hersteller-Unterlagen vorliegen). Für Federn der Reihe A sind die Kennlinien annähernd gerade, für die der Reihe B degressiv gekrümmt. Zweckmäßig für Federwege $f_{0,25}$, $f_{0,5}$ und $f_{0,75}$ die zugehörigen $F_{0,75}$- und $\sigma_{0,75}$-Werte nach Angaben zur Tabelle A10.2, Anhang, annähernd ermitteln oder genauer nach Gleichungen (10.22), (10.23) bzw. (10.24) berechnen und eintragen. Für geforderten Vorspannweg f_1 lassen sich dann die zughörige Federkraft F_1 (oder umgekehrt) und die Spannung $\sigma_1 \hat{=} \sigma_u$ (Unterspannung) ablesen, ebenso entsprechend für größte Federkraft F_2 die Werte f_2 und $\sigma_2 \hat{=} \sigma_o$ (Oberspannung). Für Tellerfedern, Gruppe 3, ergeben sich wegen $h'/s' > h/s$ stärkere Abweichungen der Kennlinien.

Aus Dauer- und Zeitfestigkeits-Schaubild A10-2, Anhang, wird mit $\sigma_u \hat{=} \sigma_U$ je nach Tellerdicke s und verlangter Lastspielzahl Z die zugeordnete Oberspannung σ_o festgestellt. Die Feder ist dauerfest, wenn $\sigma_O \gtreqqless \sigma_o \hat{=} \sigma_2$. Wird σ_O in Kennlinienbild 10-16 eingetragen, dann liegen $f_{\max}$ und $F_{\max}$ fest, damit der (schraffierte) dauerfeste Bereich und der max. Hubweg $f_{H \max} \hat{=} f_{\max} - f_2$. Die Dauerhaltbarkeit ist gewährleistet, wenn $f_2 < f_{\max}$.

Hinweis: Die Dauer- und Zeitfestigkeitswerte nach Bild A10-2 gelten nur bei annähernd sinusförmiger Belastung, sorgfältiger Führung und Schmierung der Federn. Ungünstigere Bedingungen und besonders schlagartige Belastungen vermindern die Lebensdauer.

Wegen des *Rechnungsganges* siehe Berechnungsbeispiele 10.1 und 10.2.

10.7. Drehbeanspruchte Federn aus Metall

10.7.1. Drehstabfedern

10.7.1.1. Ausführung, Verwendung

Drehstabfedern sind auf Verdrehung beanspruchte gerade Rundstäbe, deren Oberfläche zur Steigerung der Dauerhaltbarkeit feinstbearbeitet und eventuell verdichtet ist. Die angestauchten Einspannenden sind meist mit Kerbverzahnung oder Keilflächen versehen (Bild 10-17).

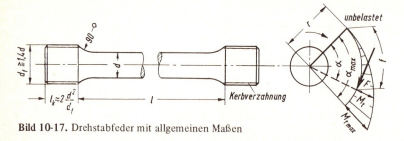

Bild 10-17. Drehstabfeder mit allgemeinen Maßen

Drehstabfedern werden im Kraftfahrzeugbau zur Achsfederung (z. B. Volkswagen), ferner zur Drehkraftmessung und in elastischen Kupplungen verwendet.

10.7.1.2. Berechnung

Die Berechnung ist nach DIN 2091 genormt. Für den Drehstab (Bild 10-17) mit dem Schaftdurchmesser d gilt für die *Verdrehspannung*:

$$\tau_t = \frac{M_t}{W_p} \approx \frac{M_t}{0{,}2 \cdot d^3} \leqslant \tau_{t\,zul} \quad \text{in N/mm}^2 \tag{10.25}$$

Werte für $\tau_{t\,zul}$ nach Tabelle A10.1, Anhang

Für die beiden Querschnitte im Abstand l ergibt sich ein Verdrehwinkel $\alpha = \dfrac{M_t \cdot l}{I_p \cdot G}$ im Bogenmaß. Wird hierin das polare Trägheitsmoment $I_p = \dfrac{\pi \cdot d^4}{32}$ gesetzt und zur Umrechnung in Grad der Faktor $\dfrac{180°}{\pi}$ eingefügt, dann wird der *Verdrehwinkel*

$$\alpha° = \frac{180°}{\pi} \cdot \frac{M_t \cdot l}{I_p \cdot G} \approx 570 \cdot \frac{M_t \cdot l}{d^4 \cdot G} \tag{10.26}$$

M_t Drehmoment in Nmm
d Schaftdurchmesser in mm
$\tau_{t\,zul}$ zulässige Verdrehspannung in N/mm² nach Tabelle A10.1, Anhang

Wird das Drehmoment M_t durch die Kraft F am Hebel r erzeugt, dann ergibt sich der *Federweg*, der gleich ist der von F beschriebenen Bogenlänge:

$$f = r \cdot \hat{\alpha} \quad \text{in mm} \tag{10.27}$$

Der Einfluß des Überganges vom Einspannende zum Schaft bleibt unberücksichtigt.
Abweichend von der allgemeinen Definition der *Federrate* $c = \dfrac{F}{f}$ gilt *bei Drehstabfedern*:

$$c = \frac{M_t}{\alpha°} \quad \text{in Nmm/°} \tag{10.28}$$

10.7. Drehbeanspruchte Federn aus Metall

Rechnungsgang: gegeben sind meist Drehmoment M_t und Verdrehwinkel α
1. Stabdurchmesser d aus Gleichung (10.25),
2. Stablänge l aus Gleichung (10.26) berechnen.

10.7.2. Zylindrische Schraubenfedern mit Kreisquerschnitt

10.7.2.1. Herstellung

Schraubenfedern können als schraubenlinienförmig gewundene Drehstabfedern aufgefaßt werden, meist aus Rund-, seltener aus Quadrat- oder Rechteckstäben gefertigt.

Für die Rundstäbe werden unlegierter Federstahldraht nach DIN 17223, patentiertgezogener Federdraht (Drahtsorte A, B, C und II), vergüteter Federdraht (Sorte FD) und Ventilfederdraht (Sorte VD) verwendet. Nach DIN 2076 sind den Drahtsorten zulässige Maßabweichungen nach den Maßgenauigkeitsklassen A, B und C (C für die Sorten C, II, FD und VD) zugeordnet.

Federn mit Drahtdurchmesser $d \leqslant 10$ mm werden durch Kaltformen gefertigt. Im Bereich $d > 10 \ldots 17$ mm wird das Fertigungsverfahren je nach Höhe der Beanspruchung, Werkstoff und Verwendung mit dem Hersteller vereinbart.

Nach DIN 2076 sind folgende Drahtdurchmesser (in mm) zu bevorzugen:

d = 0,5; 0,56; 0,63; 0,7; 0,8; 0,9; 1,0; 1,1; 1,25; 1,4; 1,6; 1,8; 2,0; 2,25; 2,5; 2,8; 3,2; 3,6; 4,0; 4,5; 5,0; 5,6; 6,3; 7,0; 8,0; 9,0; 10; 11; 12,5; 14; 16.

Bezeichnung eines Federstahldrahtes, 4 mm Durchmesser, Maßgenauigkeitsklasse A, Drahtsorte B: Dr4 A DIN 2076-B.

Schraubenfedern mit $d > 17$ mm werden warmgeformt, allgemein aus rundem, gewalztem Federstabstahl nach DIN 2077 mit den Gütevorschriften nach DIN 17221. Nach der Fertigung werden die Federn gehärtet und angelassen. Zu bevorzugen sind nach DIN 2077 folgende Drahtdurchmesser: d = 18; 20; 22,5; 25; 28; 32; 36; 40; 45; 50 mm.

Für Sonderzwecke werden Schraubenfedern auch aus Nichteisenmetallen, z.B. aus Kupfer-Knetlegierungen nach DIN 17682, hergestellt (siehe auch unter 10.4.2.).

10.7.2.2. Verwendung

Schraubenfedern sind die von allen Federarten am meisten verwendeten Federn. Durch ihre vielgestaltigen Formen, ihre Verwendung als Zug- und Druckfeder, die Möglichkeit der Herstellung in kleinsten und größten Bauabmessungen, durch die Fertigung aus verschiedenartigsten Werkstoffen und wegen weitgehender Beeinflussung des Federungsverhaltens durch Zusammenschalten von Federn verschiedener Abmessungen lassen sich praktisch alle Forderungen erfüllen.

Von den zahlreichen Verwendungsmöglichkeiten seien genannt: Ventilfedern bei Motoren und Armaturen, Spannfedern, Achsfedern bei Fahrzeugen, Rückholfedern bei Klotz- und Backenbremsen, Polsterfedern.

10.7.2.3. Ausführung der zylindrischen Schraubenfedern mit Kreisquerschnitt

Druckfedern

Für die Ausführung, Toleranzen und Prüfung kaltgeformter Federn sind die Richtlinien nach DIN 2095, für warmgeformte nach DIN 2096 maßgebend (vgl. Neuausgabe).

Die Federn werden allgemein rechtsgewickelt. Zur einwandfreien Überleitung der Federkraft auf die Anschlußteile wird die Steigung an je einer auslaufenden Windung vermindert und bei einem Drahtdurchmesser $d > 0{,}5$ mm die Drahtenden auf etwa ein Viertel ihres Durchmessers plangeschliffen, um ein möglichst axiales Einfedern zu erreichen (Bild 10-18). Die Enden der auslaufenden Windungen sollen um etwa 180° gegeneinander versetzt liegen, so daß stets $i_g = 8\frac{1}{2}$, $10\frac{1}{2}$ usw. Gesamtwindungen vorhanden sind. Die Steigung der unbelasteten Windungen soll so gewählt werden, daß bei Höchstbelastung immer noch ein Abstand zwischen den Windungen vorhanden ist. Die Größe dieses Mindestabstandes ist abhängig vom Drahtdurchmesser und vom Wickelverhältnis $w = D_m/d \geqslant 4 \dots 15$.

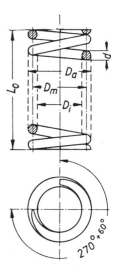

Bild 10-18. Ausführung einer Schrauben-Druckfeder

Je größer w und damit D_m bei gleichem d ist, desto kleiner wird die Federkraft F für den gleichen Federweg f, d.h. um so weicher wird die Feder.

Die Ermittlung der *Summe der Mindestabstände* S_a erfolgt bei kaltgeformten Federn nach DIN 2095 (Tab. A10.3, Anhang), bei warmgeformten nach DIN 2096 mit $S_a \approx 0{,}17 \cdot d \cdot i_f$, wobei i_f die Anzahl der federnden Windungen bedeutet.

Die Länge L_0 der unbelasteten Feder soll bei Belastungsangaben nur als Richtwert angesehen werden (vgl. Tabelle A10.4, Anhang).

Für die Festlegung der Bauabmessungen einer Druckfeder ist noch die *Blocklänge* L_{Bl}, d.i. die Länge der Feder bei vollkommen aneinander liegenden Windungen, wichtig. Die *Blocklänge kaltgeformter Federn mit plangeschliffenen Enden* (Bild 10-18) wird

$$L_{Bl} \approx i_g \cdot d \quad \text{in mm} \tag{10.29}$$

i_g Gesamtzahl der Windungen, die sich hier ergibt aus $i_g = i_f + 1{,}5 \dots 2$
$i_f \geqslant 2$ Anzahl der federnden Windungen

Die *Blocklänge warmgeformter Federn mit ausgeschmiedeten und geschliffenen Enden* (üblich bei $d > 12{,}5$ mm) ist

$$L_{Bl} \approx (i_g - 0{,}3) \cdot d \quad \text{in mm} \tag{10.30}$$

$i_g = i_f + 1{,}5$ Gesamtzahl der Windungen
$i_f \geqslant 3$ Anzahl der federnden Windungen (stets auf ganze Zahl gerundet)

10.7. Drehbeanspruchte Federn aus Metall

Zugfedern

Hierfür sind die Richtlinien nach DIN 2097 maßgebend. Zugfedern werden allgemein rechtsgewickelt und bis $d = 17$ mm Drahtdurchmesser mit (innerer) Vorspannung kaltgeformt, so daß die Windungen aneinander liegen. Federn mit $d > 17$ mm werden warmgewickelt und haben dann keine Vorspannung; die Windungen brauchen nicht aneinanderzuliegen. Zur Überleitung der Federkraft dienen Ösen verschiedener Formen. Die gebräuchlichste ist die sogenannte ganze deutsche Öse (Bild 10-19). Die Ösen sind allgemein parallel oder um 90° zueinander versetzt angeordnet. Andere Ösenformen siehe Bild 10-20 und DIN 2097 (vgl. Neuausgabe).

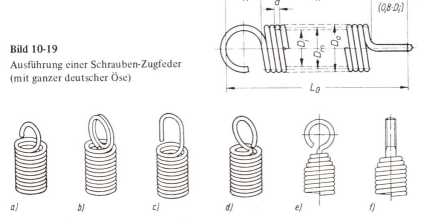

Bild 10-19
Ausführung einer Schrauben-Zugfeder (mit ganzer deutscher Öse)

Bild 10-20. Ösenformen zylindrischer Zugfedern (Auswahl)
a) halbe deutsche Öse ($L_H \approx 0{,}5\ D_i$), b) doppelte deutsche Öse ($L_H \approx 0{,}8\ D_i$), c) Hakenöse, d) englische Öse ($L_H \approx 1{,}1\ D_i$), e) Haken eingerollt, f) Gewindebolzen eingerollt

Die *Länge des unbelasteten Federkörpers* L_K bzw. die *Federlänge* L_0 zwischen den Innenkanten der Ösen (Bild 10-19) ist bei einer Gesamtwindungszahl i_g

$$L_K \approx (i_g + 1) \cdot d \quad \text{bzw.} \quad L_0 \approx L_K + 2 \cdot L_H \quad \text{in mm} \tag{10.31}$$

Für *Druck- und Zugfedern* sind wegen rationeller Fertigung zulässige Abweichungen für Abmessungen und Kräfte je nach gefordertem Gütegrad (grob, mittel, fein bzw. 1, 2, 3) entsprechend den betrieblichen Anforderungen vorgesehen (siehe Tabelle A10.4, Anhang). Bei fehlender Angabe gilt Gütegrad mittel bzw. 2. Zum Einhalten bestimmter Federkräfte muß dem Hersteller ein Fertigungsausgleich eingeräumt werden. Bei einer vorgeschriebenen Federkraft, zugehöriger Länge und L_0 für Druckfedern (für Zugfedern auch die innere Vorspannkraft F_0) sind freizugeben i_f und eine der Größen d, D_m, D_a, D_i; bei zwei vorgeschriebenen Federkräften und zugehörigen Längen ist auch L_0 (für Zugfedern auch F_0) freizugeben. Die Werte der freigegebenen Größen sind in der Zeichnung anzugeben und gelten als Richtwerte.

10.7.2.4. Berechnung zylindrischer Schraubenfedern mit Kreisquerschnitt

Schraubenfedern lassen sich, wie schon erwähnt, als räumlich gewundene Drehstabfedern auffassen. Die Beanspruchung erfolgt daher wie bei diesen vorwiegend auf Verdrehung, so daß die Berechnungsgleichungen für Drehstabfedern in entsprechend abgewandelter Form auch für Schraubenfedern, und zwar sowohl für Druck- als auch für Zugfedern, gelten. Das Prinzip der Schraubenfeder-Berechnung zeigt Bild 10-21, dargestellt am halbkreisförmigen Bügel als Teil der Feder. Werden die mit den Endflächen des Bügels fest verbundenen Hebel mit der Kraft F zusammengedrückt, so verdrehen sich die Endflächen insgesamt um den Winkel α: Der Bügel wird also durch das Moment $M_t = F \cdot D_m/2$ auf Verdrehung beansprucht.

Vor der Berechnung ist zu klären, ob die Federn vorwiegend statisch (mit gelegentlichen Kraftschwankungen in größeren Zeitabständen) oder dynamisch (mit begrenzter Lebensdauer bei $Z \leqslant 10^7$ Lastspielen oder unbegrenzter Lebensdauer bei $Z > 10^7$) belastet werden, da hiervon wesentlich die Höhe der zulässigen Beanspruchung und damit die Bauabmessungen abhängen.

Druckfedern

Die Berechnung ist nach DIN 2089, Blatt 1, festgelegt. Bei bekannten Federabmessungen ergibt sich aus der Verdreh-Hauptgleichung $\tau_t = \dfrac{M_t}{W_p}$ mit $M_t = F \cdot \dfrac{D_m}{2}$ und $W_p \approx 0{,}2 \cdot d^3$ (siehe Bild 10-21) ohne Berücksichtigung der durch die Drahtkrümmung entstehenden Spannungserhöhung die vorhandene *ideelle Verdrehspannung* (Schubspannung) bei *vorwiegend statischer Belastung*:

$$\tau_i \approx \frac{F \cdot D_m}{0{,}4 \cdot d^3} \leqslant \tau_{i\,zul} \quad \text{in N/mm}^2 \tag{10.32}$$

F größte Federkraft in N
D_m mittlerer Windungsdurchmesser (möglichst nach DIN 3) in mm
d Drahtdurchmesser in mm
$\tau_{i\,zul}$ zulässige Verdrehspannung in N/mm² nach Schaubild A10-4, Anhang. Es muß nachgewiesen werden, daß bei Blockkraft F_{Bl} (theoretische Federkraft bei vollkommen aneinanderliegenden Windungen, zugeordnet f_{Bl}, siehe Bild 10-21) die zugehörige Verdrehspannung bei kaltgeformten Federn $\tau_{iBl} \leqslant 1{,}12 \cdot \tau_{i\,zul}$, bei warmgeformten Federn $\tau_{iBl} \leqslant \tau_{i\,zul}$ nach Bild A10-5, Anhang, ist.

Bei *schwingend* belasteten Druckfedern muß die durch die Drahtkrümmung entstehende Spannungserhöhung berücksichtigt werden. Die *Verdrehspannung* wird dann

$$\tau_k \approx k \cdot \frac{F \cdot D_m}{0{,}4 \cdot d^3} < \tau_{k0} \quad \text{in N/mm}^2 \tag{10.33}$$

k Beiwert, der die Spannungserhöhung infolge der Drahtkrümmung berücksichtigt, abhängig vom Wickelverhältnis $w = D_m/d$. Werte aus Schaubild A10-6, Anhang
$\tau_{kO} = \tau_{kU} + \tau_{kH}$ Oberspannung der Dauerfestigkeit in N/mm² nach Bildern A10-7 bis A10-9,
$\tau_{kU} \stackrel{\wedge}{=} \tau_{k1}$ Unterspannung, τ_{kh} Hubspannung (bei Hub $h \stackrel{\wedge}{=} \Delta f$) < τ_{kH} Dauerhubfestigkeit

10.7. Drehbeanspruchte Federn aus Metall

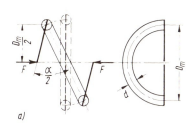
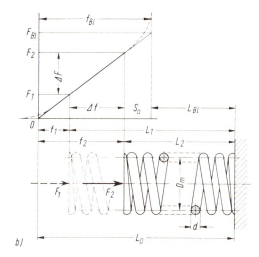

Bild 10-21. Schrauben-Druckfeder
a) Halbkreisbügel als Teil der Feder,
b) Feder mit Belastungsdiagramm

Ferner ist noch τ_{iBl} nach Gleichung (10-32) mit $F \stackrel{\wedge}{=} F_{Bl}$ zu prüfen.

Für den *Federweg f,* die *Federrate c,* sowie die *Federungsarbeit W* gelten die Gleichungen

$$f = \frac{8 \cdot D_m^3 \cdot i_f \cdot F}{G \cdot d^4} \quad \text{in mm} \tag{10.34}$$

$$c = \frac{F}{f} = \frac{\Delta F}{\Delta f} = \frac{G \cdot d^4}{8 \cdot D_m^3 \cdot i_f} \quad \text{in N/mm} \tag{10.35}$$

G Gleitmodul des Federwerkstoffes in N/mm² nach Tabelle A10.1, Anhang
i_f Anzahl der federnden Windungen

$$W = \frac{F \cdot f}{2} = \frac{V \cdot \tau_{i zul}}{4 G} \quad \text{in N mm} \tag{10.36}$$

$V = \dfrac{d^2 \cdot \pi}{4} \cdot D_m \cdot \pi \cdot i_f$ Federvolumen in mm³

Bei gegebenem oder geschätztem Federdurchmesser D_a bzw. D_i (in mm) kann mit der *größten Federkraft F* (F_2 nach Bild 10-21 in N) der Drahtdurchmesser d (in mm) *angenähert* vorgewählt werden aus

$$d \approx k_1 \cdot \sqrt[3]{F \cdot D_a} \quad \text{bzw.} \quad d \approx k_1 \cdot \sqrt[3]{F \cdot D_i} + k_2 \quad \text{mit} \quad k_2 = \frac{2 \cdot (k_1 \cdot \sqrt[3]{F \cdot D_i})^2}{3 \cdot D_i}$$

und für die Drahtsorten A, B, C, II bei $d < 5$ mm: $k_1 = 0{,}15$, bei $d = 5 \ldots 14$ mm: $k_1 = 0{,}16$; für die Sorten FD, VD bei gleichen d-Bereichen: $k_1 = 0{,}17$ bzw. $k_1 = 0{,}18$.

Mit dem vorgewählten d (nach DIN 2076) wird aus Leitertafel A10-12, Anhang, τ_i gefunden: Man verbindet zunächst den Wert für D_m (= $D_a - d$ bzw. $D_i + d$) mit dem der größten Federkraft F durch eine Gerade (1). Die zweite Gerade (2) wird durch den Schnittpunkt der Zapfenlinie mit (1) so gelegt, daß die mit d sich ergebende Spannung

τ_i unter τ_{izul} entsprechend der Drahtsorte nach Bild A10-4, Anhang, bleibt. Mit den gefundenen Federdaten wird zunächst nach Gleichung (10.32) $\tau_{iBl} \leq 1{,}12\, \tau_{izul}$ entsprechend der Drahtsorte geprüft; ggf. sind Daten bzw. die Drahtsorte zu ändern. Bei schwingend belasteten Federn muß außerdem Gleichung (10.33) gelten – vgl. Berechnungsbeispiel 10.4.

Bei längeren Druckfedern ist die *Knicksicherheit* nachzuprüfen. Ein seitliches Ausknicken der Feder tritt nicht ein, wenn die im Schaubild A10-11, Anhang, angegebenen Kurven nicht überschritten werden. Maßgebend für das Knickverhalten sind der

Schlankheitsfaktor $\dfrac{L_0}{D_m}$ und die Federung $\dfrac{f_{max}}{L_0} \cdot 100$ in %,

sowie die Art der Führung der Federauflageflächen (siehe Schaubild). Federn, die sich nicht knicksicher gestalten lassen, müssen in einer Hülse oder auf einem Dorn geführt werden.

Rechnungsgang: Ein allgemein gültiger Rechnungsgang kann wegen der Verschiedenartigkeit der Aufgabenstellungen nicht gegeben werden. Als Richtlinie diene das Berechnungsbeispiel 10.4.

Zugfedern

Die Berechnung der Zugfedern ist, wie die der Druckfedern, genormt und zwar nach DIN 2089, Blatt 2.

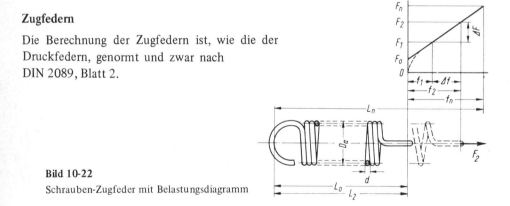

Bild 10-22
Schrauben-Zugfeder mit Belastungsdiagramm

Wie für Druckfedern gelten bei bekannten Abmessungen für Zugfedern, bei denen die Windungen *ohne innere Vorspannung* lose aneinander liegen, die Gleichungen (10.32) bis (10.36). Für kaltgeformte Federn ist die zulässige Verdrehspannung $\tau_{izul} \geq \tau_i$ je nach Drahtsorte dem Bild A10-10, Anhang, zu entnehmen.

Für warmgeformte Federn soll $\tau_{i\,zul} = 600$ N/mm² nicht überschreiten. Die Vorwahl des Drahtdurchmessers d erfolgt wie bei Druckfedern (siehe Angaben unter Gleichung (10.36)).

Bei kaltgeformten Zugfedern, meist *mit innerer Vorspannung* hergestellt, ist die *Federrate* gegeben durch

$$c = \frac{F - F_0}{f} = \frac{G \cdot d^4}{8 \cdot D_m^3 \cdot i_f} \quad \text{in N/mm} \tag{10.37}$$

10.7. Drehbeanspruchte Federn aus Metall

Hieraus ergibt sich durch Umformen die zum Öffnen der aneinanderliegenden Windungen erforderliche *innere Vorspannkraft*

$$F_0 = F - f \cdot c = F - \frac{G \cdot d^4 \cdot f}{8 \cdot D_m^3 \cdot i_f} \quad \text{in N} \tag{10.38}$$

- F Federkraft in N
- f Federweg in mm
- D_m mittlerer Windungsdurchmesser in mm
- d Drahtdurchmesser in mm (nach DIN 2076)
- i_f Anzahl der federnden Windungen; siehe Angaben unter Gleichung (10.40)
- G Gleitmodul des Federwerkstoffes in N/mm² nach Tabelle A10.1, Anhang

Hiermit ist nachzuprüfen, daß die *innere Verdrehspannung*

$$\tau_{i0} \approx \frac{F_0 \cdot D_m}{0{,}4 \cdot d^3} \leq \tau_{i0\,zul} \quad \text{in N/mm}^2 \tag{10.39}$$

Die Werte für $\tau_{i0\,zul}$ sind nachstehender Tabelle 10.2 zu entnehmen.

Tabelle 10.2: Richtwerte für die innere Verdrehspannung $\tau_{i0\,zul}$ für Federstahldraht nach DIN 2076 und Federstahl nach DIN 17223

Herstellungsverfahren		Wickelverhältnis	
		$w = 4 \ldots 10$	w über $10 \ldots 15$
kaltgeformt	auf Wickelbank	$0{,}25 \cdot \tau_{i\,zul}$	$0{,}14 \cdot \tau_{i\,zul}$
	auf Automat	$0{,}14 \cdot \tau_{i\,zul}$	$0{,}07 \cdot \tau_{i\,zul}$

Die *Gesamtzahl der Windungen* ergibt sich *bei Federn mit aneinander liegenden Windungen*:

$$i_g = \frac{L_K}{d} - 1 \tag{10.40}$$

L_K Länge des unbelasteten Federkörpers in mm

Bei Zugfedern mit angebogenen Ösen ist $i_g = i_f$. Bei Federn mit eingerollten Haken oder mit Einschraubstücken ist $i_f < i_g$, und zwar um die Zahl der nicht mitfedernden Windungen.

Für Federn *mit innerer Vorspannkraft* ist die *Federungsarbeit*

$$W = \frac{(F + F_0) \cdot f}{2} \quad \text{in Nmm} \tag{10.41}$$

Bei *Zugfedern mit dynamischer Belastung* wird die Dauerhaltbarkeit insbesondere von der Form der Öse und deren Übergang zum Federkörper beeinflußt, so daß allgemein gültige Dauerfestigkeitswerte nicht gegeben werden können. Bei Zugfedern sind daher dynamische Belastungen zu vermeiden.

Rechnungsgang: Hierfür gilt das Gleiche wie für Druckfedern. Als Richtlinie diene das Berechnungsbeispiel 10.5.

10.7.3. Zylindrische Schraubenfedern mit Rechteckquerschnitt

Ausführung, Verwendung

Beim Wickeln von Rechteckstäben zu Schraubenfedern ergeben sich starke Verformungen, die eine ungleichmäßige Spannungsverteilung im Querschnitt zur Folge haben. Dadurch ist die Werkstoffausnutzung schlechter, die Raumausnutzung jedoch besser als bei Federn mit Kreisquerschnitt. Da ihre Herstellung allgemein unwirtschaftlich ist, sind Federn mit Rechteckquerschnitt möglichst zu vermeiden und nur dann zu verwenden, wenn Runddraht-Federn wegen gegebener Einbauverhältnisse die gestellten Forderungen nicht erfüllen können. Federn mit großem Seitenverhältnis sind Runddraht-Federn überlegen, wenn ein möglichst großes Verhältnis f/L_{Bl} erzielt werden soll.

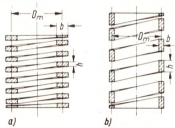

Bild 10-23

Schraubenfedern mit Rechteckquerschnitt
a) flachgewickelt
b) hochkantgewickelt

Seitenverhältnis $\frac{b}{h}$ bzw. $\frac{h}{b} \geq 1$

Die flachgewickelte Feder hat gegenüber der hochkantgewickelten die härtere Federung, d.h. bei gleichem Wickelverhältnis $w = D_m/b \geq 4$ und gleichem Seitenverhältnis ist für den gleichen Federweg f bei gleicher federnder Windungszahl i_f eine größere Federkraft F erforderlich, weil für $b < h$ der mittlere Windungsdurchmesser D_m kleiner ausfällt. Bleiben alle übrigen Federdaten gleich, wird die Feder um so weicher, je größer w und damit D_m ist.

Berechnung

Die Berechnung ist nach DIN 2090 durchzuführen und soll hier nicht behandelt werden, da zylindrische Schraubenfedern mit Rechteckquerschnitt in der Praxis nur selten verwendet werden.

10.7.4. Kegelige Schraubenfedern

Ausführung, Verwendung

Kegelfedern werden mit Kreisquerschnitt, seltener mit Rechteckquerschnitt hergestellt (Bild 10-24a und b). Federn mit abnehmendem Rechteckquerschnitt (Bild 10-24c) finden hauptsächlich als Pufferfedern, z. B. bei Eisenbahnwagen, Verwendung oder für kleinere Kräfte als Doppelkegelfedern bei Zangen und Scheren. Der Werkstoff solcher Federn ist

10.8. Federn aus Gummi

nicht voll ausgenutzt, da die zulässige Beanspruchung nur im kleinsten Querschnitt erreicht werden kann. Pufferfedern haben jedoch eine gute Raumausnutzung, da sich die einzelnen Windungen ineinander schieben.

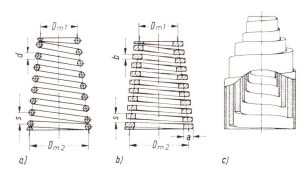

Bild 10-24. Kegelige Druckfedern
a) mit Kreisquerschnitt,
b) mit Rechteckquerschnitt,
c) mit abnehmendem Rechteckquerschnitt (Pufferfeder)

Die Kennlinie ist so lange eine Gerade, bis die Windungen mit den größeren Durchmessern zu blockieren beginnen. Dann verläuft die Kennlinie progressiv.

Berechnung

Die Berechnung ist bei Kegelfedern sehr kompliziert und soll zweckmäßig dem Hersteller überlassen bleiben.

10.8. Federn aus Gummi

10.8.1. Eigenschaften

Die Art und Menge der Mischungsbestandteile und deren Verarbeitung bestimmen die Eigenschaften des Gummis. Als Federwerkstoff kommt nur Weichgummi mit einem Schwefelgehalt bis etwa 10 % in Frage.

Der technische Weichgummi wird nach DIN 53505 durch die Shorehärte unterschieden, eine Kennzahl für den Eindringungswiderstand der Nadel eines Meßinstrumentes. Sie liegt etwa zwischen 25 und 85 Einheiten. Die höheren Einheiten entsprechen den härteren Sorten. Gleitmodul G und Elastizitätsmodul E sind unmittelbar von der Shorehärte abhängig, der Elastizitätsmodul außerdem noch von der Form des Federkörpers (Bild 10-25).

Die Federkennlinie bei Gummi ist gekrümmt und hat je nach der Art der Beanspruchung einen progressiven oder degressiven Verlauf. Bei Schub- und Verdrehbeanspruchung zeigen Gummifedern eine erheblich höhere Elastizität als bei Zug- und Druckbeanspruchungen. Die Entlastungskennlinie liegt wegen innerer Reibung unter der Belastungskennlinie (Bild 10-26). Die damit verbundene Dämpfung kann bis zu 40 % der aufgenommenen Arbeit betragen. Die innere Reibung setzt sich in Wärme um, die wegen der schlechten Wärmeleitfähigkeit des Gummis nur langsam abgeführt wird. Dies führt bei schwingender Belastung zu beträchtlicher Temperaturerhöhung und damit zum Härterwerden und zur Verminderung der Lebensdauer.

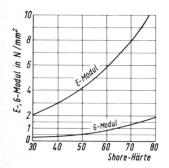

Bild 10-25. Elastizitäts- und Gleitmodul von Gummi; der Elastizitätsmodul gilt für runde Gummifedern (entspr. Bild 10-27e) bei $d : h \approx 1$

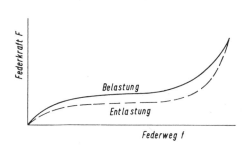

Bild 10-26. Federkennlinie für Gummi

Die Verwendungstemperaturen von Gummifedern liegen allgemein im Bereich zwischen etwa $-30\,°C$ und $+80\,°C$. Bei niedrigeren Temperaturen wachsen Dämpfung und Federhärte, bei höheren Temperaturen beginnt Gummi sich chemisch zu zersetzen.

Die Lebensdauer wird ferner durch äußere Einwirkungen, z. B. durch Feuchtigkeit und sogar durch Licht, besonders aber durch Öl und Benzin vermindert. Im allgemeinen ist in dieser Hinsicht synthetischer Gummi beständiger als Naturgummi.

10.8.2. Berechnung

Allgemein gültige Berechnungsgleichungen für Gummifedern können wegen der sehr unterschiedlichen Eigenschaften, Einflußgrößen und Ausführungsformen kaum gegeben werden. Da Gummifedern meist in Form einbaufertiger Einheiten (Bild 10-27) geliefert werden, sind die hierfür angegebenen Festigkeitsdaten der Hersteller maßgebend.

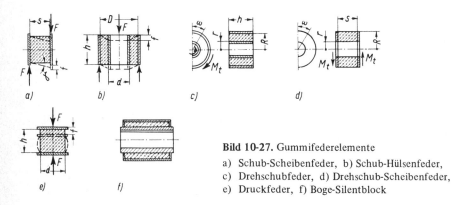

Bild 10-27. Gummifederelemente
a) Schub-Scheibenfeder, b) Schub-Hülsenfeder,
c) Drehschubfeder, d) Drehschub-Scheibenfeder,
e) Druckfeder, f) Boge-Silentblock

10.8. Federn aus Gummi

Überschlägig ergeben sich für die *Schub-Scheibenfeder* (Bild 10-27a) die *Schubspannung* τ, der *Verschiebewinkel* γ ($\leqslant 20°$) und der *Federweg* f:

$$\tau = \frac{F}{A} = \gamma \cdot G \leqslant \tau_{zul} \text{ in N/mm}^2 \tag{10.42}$$

$$\gamma° \approx 57{,}3° \cdot \frac{G}{\tau} \tag{10.43}$$

$$f = s \cdot \tan\gamma \text{ in mm} \tag{10.44}$$

Für die *Schub-Hülsenfeder* (Bild 10-27b) werden, sofern $\dfrac{f}{D \cdot d} \leqslant 0{,}2$

$$\tau = \frac{F}{A_i} \leqslant \tau_{zul} \text{ in N/mm}^2 \tag{10.45}$$

$$f = \ln\frac{D}{d} \cdot \frac{F}{2 \cdot \pi \cdot h \cdot G} \text{ in mm} \tag{10.46}$$

Für die *Drehschubfeder* (Bild 10-27c) ergeben sich die *Schubspannung* τ und der *Verdrehwinkel* ω ($\leqslant 40°$)

$$\tau = \frac{M_t}{A_i \cdot r} \leqslant \tau_{zul} \text{ in N/mm}^2 \tag{10.47}$$

$$\omega° \approx 57{,}3° \cdot \frac{M_t}{4 \cdot \pi \cdot h \cdot G} \cdot \left(\frac{1}{r^2} - \frac{1}{R^2}\right) \tag{10.48}$$

Für die *Drehschub-Scheibenfeder* (Bild 10-27d) werden τ und ω ($\leqslant 20°$)

$$\tau = 0{,}64 \cdot \frac{M_t \cdot R}{R^4 - r^4} \leqslant \tau_{zul} \text{ in N/mm}^2 \tag{10.49}$$

$$\omega° \approx 36{,}5° \cdot \frac{M_t \cdot s}{(R^4 - r^4) \cdot G} \tag{10.50}$$

Für die *Druckfeder* (Bild 10-27e) werden die *Druckspannung* σ_d und der *Federweg* f ($\leqslant 0{,}2 \cdot h$)

$$\sigma_d = \frac{F}{A} \leqslant \sigma_{d\,zul} \text{ in N/mm}^2 \tag{10.51}$$

$$f = \frac{F \cdot h}{A \cdot E} \text{ in mm} \tag{10.52}$$

F	Federkraft in N
A bzw. A_i	Bindungs- bzw. innere Bindungsfläche zwischen Gummi und Metall in mm²
G	Gleitmodul des Gummis in N/mm² nach Tabelle A10.1, Anhang bzw. Bild 10-25
h, s	Höhe, Dicke der Feder in mm
M_t	Drehmoment in Nmm
E	Elastizitätsmodul des Gummis in N/mm² nach Tabelle A10.1, Anhang bzw. Bild 10-25
$\tau_{zul}, \sigma_{dzul}$	zulässige Spannungen in N/mm² nach Tabelle A10.1, Anhang

10.8.3. Ausführung, Anwendung, Gestaltung

Gummifedern werden fast ausschließlich in Form einbaufertiger, im Gummi-Metall-Haftverfahren hergestellter Konstruktionselemente verwendet (Bild 10-27). Bei diesen werden die Kräfte reibungsfrei und gleichmäßig ohne örtliche Spannungserhöhungen in den Gummi eingeleitet. Der Gummi ist durch Vulkanisieren oder Kleben mit galvanisch oder chemisch vorbehandelten Metallteilen (Platten oder Hülsen) verbunden, wobei die Haftfähigkeit oft größer ist als die Festigkeit des Gummis selbst.

Neben diesen gebundenen gibt es auch gefügte Gummifedern, bei denen der Gummi zwischen Hülsen mechanisch so fest eingepreßt ist, daß allein der Kraftschluß (Reibungsschluß) trägt: Boge-Silentblock (Bild 10-27f) Hersteller: *Boge GmbH*, Eitorf (Sieg).

Gummifedern werden hauptsächlich als Druck- und Schubfedern zur Abfederung von Maschinen und Maschinenteilen, zur Dämpfung von Stößen und Schwingungen und zur Minderung von Geräuschen verwendet, z. B. im Kraftfahrzeugbau für die Lager von Schwingarmen, Federbolzen, Spurstangen, Bremsgestängen und Stoßdämpfern (Bild 10-28d), zur Aufhängung von Motoren und Kühlern; im Maschinenbau für die Lager von Schwingsieben, Hebeln und anderen schwingenden und pendelnden Teilen.

Bild 10-28 zeigt Beispiele über den Einbau und die Gestaltung von Gummifederungen.

Außer den in Bild 10-27 dargestellten Standardformen werden auch Sonderformen der Gummifedern verwendet, z. B. für elastische Kupplungen, Rohrverbindungen, Gelenke und gummigefederte Räder (Bild 10-29).

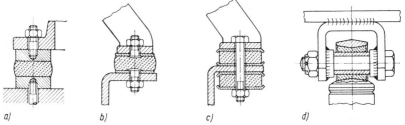

Bild 10-28. Einbau von Druckfederelementen. a) und b) richtige Befestigungen von Federelementen (Gummi kann ausweichen), c) ungünstige Befestigung (Gummi wird beim Festdrehen der Schraube stark zusammengedrückt), d) Lagerung eines Stoßdämpfers durch Boge-Silentblock

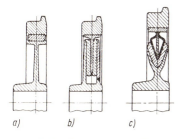

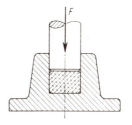

Bild 10-29. Gummigefederte Räder für Schienenfahrzeuge
a) und b) ältere, c) neuere Ausführung

Bild 10-30. Falsch gestaltete Gummifeder

Grundsätzlich ist bei allen Gummifedern zu beachten, daß der federnde Gummikörper nie allseitig eingeschlossen werden darf, da Gummi bei Druckbeanspruchung sein Volumen kaum ändert und sich dabei wie ein fester, unelastischer Körper verhalten würde (Bild 10-30).

Abschließend sei noch auf die VDI-Richtlinie 2005 hingewiesen, die Hinweise über die Gestaltung und Anwendung von Gummiteilen enthält.

10.9. Berechnungsbeispiele

■ **Beispiel 10.1:** Für eine Spann-Vorrichtung, Bild 10-31, soll eine Federsäule berechnet werden, die eine vorwiegend ruhende Druckkraft von 2500 N bei einem Federweg von 6 mm aufzunehmen hat. Für den Führungsbolzen ist ein Durchmesser $d \approx 12$ mm vorgesehen.

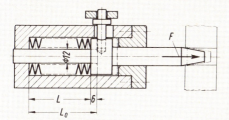

Bild 10-31
Tellerfeder für Spannvorrichtung

▶ **Lösung:** Ausgehend vom Bolzendurchmesser $d \approx 12$ mm kommen nach DIN 2093, Tabelle A10.2, Anhang, bei einem Mindestspiel von 0,2 mm (siehe zu Bild 10-15) in Frage:
Tellerfeder A25 mit $D_a = 25$ mm, $D_i = 12,2$ mm, $F_{0,75} = 2990$ N, $f_{0,75} = 0,41$ mm, $s = 1,5$ mm,

$h = 0,55$ mm, $l_0 = s + h = 2,05$ mm oder

Tellerfeder B25 mit $D_a = 25$ mm, $D_i = 12,2$ mm, $F_{0,75} = 880$ N, $f_{0,75} = 0,52$ mm, $s = 0,9$ mm,

$h = 0,7$ mm, $l_0 = s + h = 1,6$ mm.

Die geforderte Federkraft kann aus Überlegungen mit Gleichung (10.19) wie folgt erreicht werden:
1. mit einer Säule aus wechselsinnig aneinander gereihten Tellern der Reihe A, Bild 10-31 (dann wird $n = 1$ und damit $F_{ges} = F = 2500$ N $< F_{0,75} = 2990$ N),
2. mit einer Säule aus Paketen zu je 3 wechselsinnig aneinander gereihten Tellern der Reihe B (dann wird $n = 3$ und damit $F = F_{ges}/3 = 2500$ N/3 ≈ 833 N $< F_{0,75} = 880$ N).

1. Es soll zunächst die Säule aus Tellerfedern der Reihe A berechnet werden.
Mit Berücksichtigung der Reibung wird nach Gleichung (10.17) mit $n = 1$ (bei „reiner" Federsäule) und $k = 0,03$ (für Federn der Reihe A, Gruppe 2):

$$F_{R\,ges} = F_{ges} \cdot (1 + k \cdot n); \text{ hieraus } F_{ges} = \frac{F_{R\,ges}}{1 + k \cdot n} = \frac{2500\ \text{N}}{1 + 0,03 \cdot 1} = 2427\ \text{N}.$$

Hierin war $F_{R\,ges} = F = 2500$ N zu setzen als die tatsächlich wirkende äußere Kraft, die durch die Reibung auf $F_{max} \triangleq F'$ vermindert wird, womit sich dann die Federung f je Teller ergibt. Dazu wird zunächst die theoretische Blockkraft ermittelt aus (siehe unter Gleichung 10.22):

$$F_h = \frac{h \cdot s^3}{\alpha \cdot D_a^2}; \text{ für } \frac{D_a}{D_i} = \frac{25\ \text{mm}}{12,2\ \text{mm}} = 2,05 \text{ wird } \alpha = 0,76 \cdot 10^{-6} \text{ und damit}$$

$$F_h = \frac{0,55 \cdot 1,5^3 \cdot 10^6}{0,76 \cdot 25^2}\ \text{N} = 3908\ \text{N}$$ (theoretische Kraft zum Flachdrücken der Tellerfeder). Für die Verhältnisse $\frac{h}{s} \approx 0,4$ (Reihe A) und $\frac{F'}{F_h} = \frac{2427\ \text{N}}{3908\ \text{N}} = 0,62$ wird aus Bild A10-1, Anhang, abgelesen: $f/h \approx 0,58$; damit wird der Federweg je Einzelteller $f = 0,58 \cdot h = 0,58 \cdot 0,55$ mm $= 0,32$ mm.

Aus Gleichung (10.18) ergibt sich hiermit die Zahl der Einzelteller:

$$i = \frac{f_{ges}}{f} = \frac{6\ \text{mm}}{0,32\ \text{mm}} = 18,75;\ \text{gewählt}\ i = 19\ \text{Tellerfedern A25}.$$

Der wirkliche Federweg je Teller wird dann, $f' = \frac{f_{ges}}{i} = \frac{6\ \text{mm}}{19} = 0,316$ mm $< f_{0,75} = 0,41$ mm, d.h. keine volle Ausnutzung der Tellerfedern. Zur vollen Ausnutzung kann die Säule mit einem Federweg $f_{1\,ges} = i \cdot f_1 = i \cdot (f_{0,75} - f') = 19 \cdot (0,41\ \text{mm} - 0,316\ \text{mm}) = 1,79$ mm $\approx 1,8$ mm als Vorspann-Federweg eingebaut werden.

Die Länge der unbelasteten Federsäule wird nach Gleichung (10.20):
$L_0 = i \cdot [l_0 + (n-1) \cdot s] = 19 \cdot [2,05\ \text{mm} + (1-1) \cdot 1,5\ \text{mm}] = 38,95\ \text{mm} \approx 39\ \text{mm}.$

Die Länge der belasteten Federsäule wird nach Gleichung (10.21):
$L = L_0 - f_{ges} = 39\ \text{mm} - 6\ \text{mm} = 33\ \text{mm}.$

2. Es soll nun die Säule aus Federpaketen mit je 3 Tellerfedern der Reihe B berechnet werden. Der Rechnungsgang ist ähnlich wie der unter 1. Zunächst wird die „Reibungs-Federkraft" mit $n = 3$ und $k = 0,03$:

$$F_{R\,ges} = F_{ges} \cdot (1 + k \cdot n); \text{ hieraus } F_{ges} = \frac{F_{R\,ges}}{1 + k \cdot n} = \frac{2500\ \text{N}}{1 + 0,03 \cdot 3} = 2294\ \text{N}.$$

Die Kraft je Einzelteller wird dann mit $n = 3$ aus Gleichung (10.19):

$$F' = \frac{F_{ges}}{n} = \frac{2294\ \text{N}}{3} = 765\ \text{N}.$$

Die theoretische Blockkraft wird mit $\alpha = 0,76 \cdot 10^{-6}$ (w.o.), $s = 0,9$ mm und $h = 0,7$ mm:

$$F_h = \frac{h \cdot s^3}{\alpha \cdot D_a^2} = \frac{0,7 \cdot 0,9^3 \cdot 10^6}{0,76 \cdot 25^2}\ \text{N} = 1075\ \text{N}.$$

Für die Verhältnisse $\frac{h}{s} \approx 0,75$ (Reihe B) und $\frac{F'}{F_h} = \frac{765\ \text{N}}{1075\ \text{N}} = 0,71$ wird aus Bild A10-1: $\frac{f}{h} \approx 0,62$;
damit Federweg je Einzelteller gleich Federweg je Paket:
$f = 0,62 \cdot h = 0,62 \cdot 0,7\ \text{mm} = 0,434\ \text{mm}.$

10.9. Berechnungsbeispiele

Die Anzahl der zur Säule zusammenzusetzenden Pakete ergibt sich aus Gleichung (10.18):

$i = \dfrac{f_{ges}}{f} = \dfrac{6 \text{ mm}}{0{,}434 \text{ mm}} = 13{,}8;$ gewählt $i = 14$ Federpakete zu je 3 Einzeltellern. Der wirkliche Federweg je Paket beträgt dann $f' = \dfrac{f_{ges}}{i} = \dfrac{6 \text{ mm}}{14} = 0{,}429$ mm, also auch hier keine volle Ausnutzung, da $f' = 0{,}429$ mm $< f_{0,75} = 0{,}52$ mm, d. h. es kann ein Vorspann-Federweg $f_{1ges} = i \cdot f_1 = i \cdot (f_{0,75} - f') = 14 \cdot (0{,}52$ mm $- 0{,}429$ mm$) = 1{,}27$ mm beim Einbau vorgesehen werden.

Die Länge der unbelasteten Federsäule wird nach Gleichung (10.20):
$L_0 = i \cdot [l_0 + (n-1) \cdot s] = 14 \cdot [1{,}6 \text{ mm} + (3-1) \cdot 0{,}9 \text{ mm}] = 47{,}6$ mm.

Die Länge der belasteten Säule wird nach Gleichung (10.21):
$L = L_0 - f_{ges} = 47{,}6$ mm $- 6$ mm $= 41{,}6$ mm.

Ergebnis: Gewählt wird eine Federsäule aus 19 wechselsinnig aneinandergereihten Tellerfedern A 25 DIN 2093.

Diese Ausführung ist gegenüber der mit Federpaketen günstiger, da weniger Tellerfedern (19 gegenüber 42) und auch eine geringere Einbaulänge (39 mm gegenüber 47,6 mm) benötigt werden.

Beispiel 10.2: Eine Federsäule aus 10 wechselsinnig aneinandergereihten Tellerfedern B 100 DIN 2093 soll zwischen einer Vorspannkraft $F_1 \approx 6000$ N und einer größten Federkraft $F_2 \approx 12000$ N schwingend belastet werden. Es ist zu prüfen, ob die Federn bei dieser Belastung dauerfest sind.

Lösung: Aus Tabelle A10.2, Anhang, werden zunächst die Abmessungen festgestellt: $D_a = 100$ mm, $D_i = 51$ mm, $s = 3{,}5$ mm, $h = 2{,}8$ mm, sowie die Daten $F_{0,75} = 13\,300$ N und $f_{0,75} = 2{,}1$ mm.

Ferner ist zu entnehmen, daß für Tellerfedern Reihe B, Gruppe 2, $\sigma_{III} = 1080$ N/mm² als größte Zugspannung maßgebend ist.

Es wird davon ausgegangen, daß Herstellerunterlagen nicht vorliegen, so daß zunächst entsprechend Bild 10-16 und den Angaben hierzu die Kennlinien darzustellen sind und zwar mit den Näherungswerten unter Tabelle A10.2, Anhang. Danach werden mit $f_{0,75} = 2{,}1$ mm und $F_{0,75} = 13\,300$ N:

$f_{0,25} \approx \dfrac{f_{0,75}}{3} \approx \dfrac{2{,}1 \text{ mm}}{3} = 0{,}7$ mm, $F_{0,25} \approx \dfrac{F_{0,75}}{2{,}34} \approx \dfrac{13\,300 \text{ N}}{2{,}34} \approx 5684$ N,

$f_{0,5} \approx \dfrac{f_{0,75}}{1{,}5} \approx \dfrac{2{,}1 \text{ mm}}{1{,}5} = 1{,}4$ mm, $F_{0,5} \approx \dfrac{F_{0,75}}{1{,}34} \approx \dfrac{13\,300 \text{ N}}{1{,}34} \approx 9925$ N,

$\sigma_{0,25} \approx \dfrac{\sigma_{III}}{2{,}64} \approx \dfrac{1080 \text{ N/mm}^2}{2{,}64} \approx 409$ N/mm², $\sigma_{0,5} \approx \dfrac{\sigma_{III}}{1{,}41} = \dfrac{1080 \text{ N/mm}^2}{1{,}41} = 766$ N/mm².

Zum Aufzeichnen verwende man zweckmäßig folgende Maßstäbe: Kraft $F = 1000$ N $\triangleq 10$ mm, Federweg $f = 0{,}1$ mm $\triangleq 5$ mm, Spannung $\sigma = 100$ N/mm² $\triangleq 10$ mm. Hiermit ergibt sich dann Bild 10-32 (auf 1/3 verkleinert).

Aus der Kennlinien-Darstellung können dann abgelesen werden
für $F_1 = 6\,000$ N: $f_1 \triangleq f_u \approx 0{,}73$ mm und $\sigma_1 \triangleq \sigma_u \approx 430$ N/mm²,
für $F_2 = 12\,000$ N: $f_2 \triangleq f_o \approx 1{,}8$ mm und $\sigma_2 \triangleq \sigma_o \approx 960$ N/mm².

Überträgt man nun $\sigma_1 \triangleq \sigma_u = 430$ N/mm² in das Dauer- und Zeitfestigkeits-Schaubild A10-2, Anhang, dann ergibt sich für $s = 3{,}5$ mm eine Oberspannung $\sigma_O \approx 1080$ N/mm² (siehe eingezeichneten Linienzug) bei $Z = 5 \cdot 10^5$ Lastspielen. Die Federn haben eine praktisch unbegrenzte Lebensdauer, wenn $Z \geqslant 2 \cdot 10^6$ Lastspiele erreicht werden (siehe unter 10.6.5.3. „Nachprüfung").

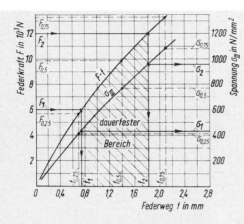

Bild 10-32
Kraft- und Spannungskennlinie in Abhängigkeit vom Federweg für Tellerfeder B 100 DIN 2093

Hierfür würde nach den Angaben zum Bild A10-2:
$\sigma_O = 0{,}9 \cdot 1080$ N/mm² $= 972$ N/mm² $> \sigma_{o(\text{vorh})} \approx 960$ N/mm².

Damit haben die Federn eine praktisch unbegrenzte Lebensdauer, sie sind also dauerfest.
Zur Kontrolle sollen abschließend die aus Bild 10-32 abgelesenen Werte durch Rückrechnung der Kräfte und Spannungen in Abhängigkeit der Federwege bestätigt werden.

Für $\dfrac{D_a}{D_i} = \dfrac{100 \text{ mm}}{51 \text{ mm}} = 1{,}96$ ($\approx 1{,}95$) werden nach Angaben unter Gleichung (10.24) die Faktoren $\alpha = 0{,}74 \cdot 10^{-6}$, $\beta = 1{,}21$ und $\gamma = 1{,}36$.

Für den abgelesenen Federweg $f_1 \approx 0{,}73$ mm wird die Federkraft F_1 nach Gleichung (10.22), wobei die Einheiten einfachheitshalber weggelassen werden:

$$F_1 = \frac{f \cdot s}{\alpha \cdot D_a^2} \cdot [(h-f) \cdot (h - 0{,}5 \cdot f) + s^2] = \frac{0{,}73 \cdot 3{,}5 \cdot 10^6}{0{,}74 \cdot 100^2} \cdot [(2{,}8 - 0{,}73) \cdot (2{,}8 - 0{,}5 \cdot 0{,}73) + 3{,}5^2],$$

$F_1 = 0{,}000345 \cdot 10^6 \cdot 17{,}29$ N $= 5965$ N ≈ 6000 N (gegeben).

Für den Federweg $f_2 \approx 1{,}8$ mm wird entsprechend

$$F_2 = \frac{1{,}8 \cdot 3{,}5 \cdot 10^6}{0{,}74 \cdot 100^2} \cdot [(2{,}8 - 1{,}8) \cdot (2{,}8 - 0{,}5 \cdot 1{,}8) + 3{,}5^2] = 0{,}00085 \cdot 10^6 \cdot 14{,}15,$$

$F_2 = 12\,028$ N $\approx 12\,000$ N (gegeben).

Die Spannungen werden nach Gleichung (10.24) nachgewiesen. Für den Vorspann-Federweg $f_1 = 0{,}73$ mm wird zunächst

$$\sigma_1 = \frac{f \cdot D_i}{\alpha \cdot D_a^3} \cdot [(2 \cdot \gamma - \beta) \cdot (h - 0{,}5 \cdot f) + \gamma \cdot s] =$$

$$= \frac{0{,}73 \cdot 51 \cdot 10^6}{0{,}74 \cdot 100^3} \cdot [(2 \cdot 1{,}36 - 1{,}21) \cdot (2{,}8 - 0{,}5 \cdot 0{,}73) + 1{,}36 \cdot 3{,}5],$$

$\sigma_1 = 0{,}00005 \cdot 10^6 \cdot 8{,}437$ N/mm² $= 421{,}8$ N/mm² ≈ 430 N/mm² (abgelesen).

Für $f_2 \approx 1{,}8$ mm wird entsprechend

$$\sigma_2 = \frac{1{,}8 \cdot 51 \cdot 10^6}{0{,}74 \cdot 100^3} \cdot [(2 \cdot 1{,}36 - 1{,}21) \cdot (2{,}8 - 0{,}5 \cdot 1{,}8) + 1{,}36 \cdot 3{,}5] = 0{,}000124 \cdot 10^6 \cdot 7{,}629,$$

$\sigma_2 = 946$ N/mm² ≈ 960 N/mm² (abgelesen).

10.9. Berechnungsbeispiele

Die Rückrechnung hat also die abgelesenen Werte weitgehend bestätigt. Bei möglichst genauer Kennlinien-Darstellung bzw. mit Hersteller-Unterlagen erübrigt sich daher eine rechnerische Überprüfung der abgelesenen Werte.

Ergebnis: Die Tellerfedern B 100 DIN 2093 haben bei schwingender Belastung zwischen den Kräften F_1 = 6000 N und F_2 = 12 000 N eine unbegrenzte Lebensdauer.

■ **Beispiel 10.3:** Eine Drehfeder soll als Scharnierfeder einen Behälterdeckel möglichst im Gleichgewicht halten, um ein leichtes Öffnen zu erreichen und den Deckel in jeder Lage zu halten (Bild 10-33). Dafür ist ein Moment $M_b \approx$ 24 Nm erforderlich. Der Scharnierbolzen hat einen Durchmesser d_B = 16 mm. Die Abmessungen der Feder sind zu berechnen.

▶ **Lösung:** Zunächst wird der Drahtdurchmesser nach den Angaben unter Gleichung (10.9) überschläglich vorgewählt: Wird $d <$ 5 mm geschätzt, ist $k_1 \approx$ 0,22 einzusetzen. Mit $D_i \approx$ 1,25 d_B = 1,25 · 16 = 20 mm und $k_2 \approx 0{,}06 \sqrt[3]{M_b/D_i} = 0{,}06 \sqrt[3]{24\,000/20} = 0{,}06 \cdot 1{,}44 \approx 0{,}09$ wird $d \approx k_1 \sqrt[3]{M_b}/1 - k_2 = 0{,}22 \sqrt[3]{24\,000/0{,}91} \approx 0{,}22 \cdot 31{,}7 \approx 7$ mm, d.h. es muß $k_1 \approx$ 0,24 gewählt werden, weil $d >$ 5 mm. $d \approx 0{,}24 \cdot 31{,}7 \approx$ 7,6 mm.

Der Drahtdurchmesser wird nach DIN 2076 (siehe 10.7.2.1) d = 7 mm oder 8 mm gewählt werden müssen.

Gewählt wird d = 7 mm, womit $D_m = D_i + d$ = 28 mm nach DIN 3 (siehe Tabelle A2.3) festgelegt wird.

Aus Gleichung (10.8) wird mit k = 1,25 für $w = D_m/d$ = 28/7 = 4 nach Bild A10-6 und mit $\sigma_{b\,zul} \approx$ 900 N/mm² für Drahtsorte B nach Bild A10-3 bestätigt

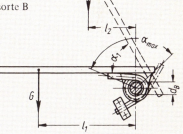

Bild 10-33
Drehfeder als Scharnierfeder

$$d \approx \sqrt[3]{k \frac{M_b}{0{,}1 \cdot \sigma_{b\,zul}}} = \sqrt[3]{1{,}25 \frac{24\,000}{0{,}1 \cdot 900}} \approx 7 \text{ mm}.$$

Der Gesamtverdrehwinkel α_{max} der Schenkel läßt sich aus folgender Überlegung ermitteln: Bei einem um α_1 = 60° geöffneten Deckel (in Bild 10-33 gestrichelt dargestellt) ist das für diese Lage erforderliche Haltemoment M_{b1} gerade halb so groß wie das bei geschlossenem Deckel. Der Hebelarm der Gewichtskraft ist dann $l_2 = l_1/2$.

Da sich die Momente proportional mit den Verdrehwinkeln ändern, ergibt sich aus der Verhältnisgleichung

$$\frac{\alpha_{max}}{\alpha_1} = \frac{M_b}{M_{b1}}, \quad \alpha_{max} = \frac{M_b \cdot \alpha_1}{M_{b1}}, \quad \alpha_{max} = \frac{25 \text{ Nm} \cdot 60°}{12{,}5 \text{ Nm}} = 120°.$$

Hiermit wird aus Gleichung (10.9) die Anzahl der federnden Windungen

$$i_f \approx \frac{\alpha_{max} \cdot E \cdot d^4}{3700 \cdot M_b \cdot D_m}.$$

Nach Tabelle A10.1, Anhang, ist E = 210 000 N/mm².

Damit wird

$$i_f = \frac{120 \cdot 210\,000 \text{ N/mm}^2 \cdot 7^4 \text{ mm}^4}{3700 \cdot 24\,000 \text{ Nmm} \cdot 28 \text{ mm}} \approx 24 \text{ Windungen}.$$

Die Länge des unbelasteten Federkörpers wird bei Windungen mit Zwischenräumen und einer gewählten Steigung s = 8 mm (aus $s > D_m/4 = 28/4 = 7$) nach Gleichung (10.11b):

$L_K \approx (i_f \cdot s) + d, \qquad L_K \approx (24 \cdot 8 \text{ mm}) + 7 \text{ mm} = 199 \text{ mm}.$

Für s = 8 mm wird nach Gleichung (10.10b) die gestreckte Länge der Windungen

$l \approx i_f \cdot \sqrt{(D_m \cdot \pi)^2 + s^2}, \quad l \approx 24 \sqrt{(28 \cdot \pi)^2 \text{ mm}^2 + 8^2 \text{ mm}^2} \approx 2120 \text{ mm}.$

Für den gewählten Drahtdurchmesser d = 7 mm und für die Drahtsorte B ist nun die Biegespannung nach Gleichung (10.8) zu prüfen.

$\sigma_b = k \cdot \dfrac{M_b}{0{,}1\, d^3} = 1{,}25\, \dfrac{24\,000 \text{ Nmm}}{0{,}1 \cdot 7^3 \text{ mm}^3} \approx 875 \text{ N/mm}^2.$

Die zulässige Biegespannung ist für d = 7 mm und Drahtsorte B nach Bild A10-3:
$\sigma_{b\,zul} \approx 900 \text{ N/mm}^2 > \sigma_b \approx 875 \text{ N/mm}^2$.

Ergebnis: Es ergibt sich eine Drehfeder aus Dr 7 A DIN 2076-B mit 24 federnden Windungen, 28 mm mittleren Windungsdurchmesser, 199 mm Länge des unbelasteten Federkörpers und einer konstruktiv bedingten Schenkellänge von 40 mm.

■ **Beispiel 10.4:** Eine Schrauben-Druckfeder wird als Ventilfeder zwischen den Federkräften F_1 = 400 N und F_2 = 600 N bei einem Hub $h \triangleq \Delta f$ = 12 mm schwingend belastet (Bild 10-34). Der äußere Windungsdurchmesser soll etwa D_a = 30 mm, die gespannte Länge $L_2 \geqslant$ 50 mm betragen.

Die erforderlichen Federdaten sind zu ermitteln.

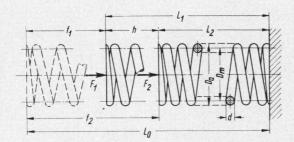

Bild 10-34
Schwingend belastete Schrauben-Druckfeder

▶ **Lösung:** Die Berechnung erfolgt auf Dauerfestigkeit. Die zum Hub h gehörige Hubspannung τ_{kh} darf die Dauerhubfestigkeit τ_{kH} des gewählten Werkstoffes nicht überschreiten. Ferner darf die höchste Verdrehspannung τ_{k2} nicht größer sein als die Oberspannung der Dauerfestigkeit τ_{kO}.

Für unbegrenzte Lebensdauer wird ein vergüteter Ventilfederdraht (VD) nach DIN 17223 gewählt. Zunächst wird der Drahtdurchmesser nach den Angaben unter Gleichung (10.36) angenähert vorgewählt aus $d \approx k_1 \cdot \sqrt[3]{F \cdot D_a}$.
Hierin werden für Drahtsorte VD und geschätzten Bereich $d <$ 5 mm Faktor k_1 = 0,17 und für $F = F_2 \triangleq$ 600 N gesetzt (siehe Angaben unter Gleichung (10.36)). Mit D_a = 30 mm wird dann:

$d \approx 0{,}17 \cdot \sqrt[3]{600 \cdot 30} \text{ mm} \approx 0{,}17 \cdot 26{,}2 \text{ mm} \approx 4{,}45 \text{ mm};$ somit wird $d \approx 4 \ldots 5$ mm sein.

Vorgewählt wird nach DIN 2076 (siehe unter 10.7.2.1): d = 4 mm. Nun kann d nach Leitertafel, Bild A10-12, Anhang, und rechnerisch aus Gleichung (10.33) geprüft werden.

Da etwa D_a = 30 mm sein soll, wird D_m = 25 mm als Vorzugsmaß nach DIN 3 (Tabelle A2.3) festgelegt, so daß $D_a = D_m + d$ = 29 mm beträgt.

10.9. Berechnungsbeispiele

In der Leitertafel wird zunächst zwischen D_m = 25 mm und $F \stackrel{\wedge}{=} F_2$ = 600 N (größte Federkraft) die Gerade (1) gezogen. Danach wird die Gerade (2) zwischen d = 4 mm und dem Schnittpunkt der Zapfenlinie mit (1) verbunden und verlängert bis $\tau_i \stackrel{\wedge}{=} \tau_{i2} \approx 580$ N/mm².
Man erkennt, daß bei $d > 4$ mm $\tau_{i2} < 580$ N/mm² wird, so daß d = 4 mm günstige Verhältnisse ergibt.
Aus Bild A10-4, Anhang, wird für d = 4 mm und Drahtsorte VD (Kurve b) abgelesen:
$\tau_{izul} \approx 710$ N/mm² $> \tau_{i2} \approx 580$ N/mm².
Zur rechnerischen Prüfung wird zunächst aus dem Dauerfestigkeitsschaubild (Bild A10-9) für die Drahtsorte VD, nicht gestrahlt, mit d = 4 mm geschätzt: $\tau_{kO} \stackrel{\wedge}{=} \tau_{k2} \approx 720$ N/mm² (maximal), womit aus $\tau_{k1}/\tau_{k2} = f_1/f_2 = F_1/F_2$ auch die Schubspannung $\tau_{kU} \stackrel{\wedge}{=} \tau_{k1} = F_1 \cdot \tau_{k2}/F_2$ ermittelt werden kann:

$$\tau_{k1} = \frac{400 \text{ N} \cdot 720 \text{ N/mm}^2}{600 \text{ N}} = 480 \text{ N/mm}^2.$$

Damit ergibt sich die Hubspannung, zugeordnet dem Hub h (Schwingbreite der Spannung):
$\tau_{kh} = \tau_{k2} - \tau_{k1} = 720$ N/mm² $- 480$ N/mm² $= 240$ N/mm².
Der Drahtdurchmesser wird aus Gleichung (10.33) errechnet, wenn entsprechend τ_{kh} die zugehörige Kraftdifferenz $F \stackrel{\wedge}{=} F_2 - F_1 = 600$ N $- 400$ N $= 200$ N eingesetzt wird:

$$d \approx \sqrt[3]{k \frac{(F_2 - F_1) \cdot D_m}{0{,}4 \cdot \tau_{kh}}}.$$

Für das Wickelverhältnis $w = D_m/d = 25$ mm$/4$ mm $= 6{,}25$ ergibt sich nach Bild A10-6, Kurve a: $k \approx 1{,}23$.
Somit wird

$$d \approx \sqrt[3]{1{,}23 \frac{200 \text{ N} \cdot 25 \text{ mm}}{0{,}4 \cdot 240 \text{ N/mm}^2}} \approx 4 \text{ mm}.$$

Endgültig wird gewählt: d = 4 mm, D_m = 25 mm.
Die Anzahl der federnden Windungen ergibt sich aus Gleichung (10.34):

$$i_f = \frac{G \cdot d^4 \cdot f}{8 \cdot D_m^3 \cdot F}.$$

Hierin sind G = 83000 N/mm² (aus Tabelle A10.1, Anhang), d = 4 mm, $\Delta f \stackrel{\wedge}{=} h = 12$ mm, D_m = 25 mm und $F = F_2 - F_1 = 200$ N.

$$i_f = \frac{83\,000 \text{ N/mm}^2 \cdot 4^4 \text{ mm}^4 \cdot 12 \text{ mm}}{8 \cdot 25^3 \text{ mm}^3 \cdot 200 \text{ N}} \approx 10{,}2.$$

Gewählt wird i_f = 10 federnde Windungen.
Die Gesamtzahl der Windungen ergibt sich für die kaltgeformte Feder nach den Angaben zur Gleichung (10.29) unter Beachtung der Richtlinien nach DIN 2095 (neben Bild 10-18):
$i_g = i_f + 1{,}5 = 11{,}5$ Windungen.
Die Länge der ungespannten Feder kann als Richtwert nach Bild 10-21b bzw. Bild 10-34 bestimmt werden:
$L_0 = f_{Bl} + L_{Bl} = f_2 + S_a + L_{Bl}$ bzw. $L_0 = f_2 + L_2 = f_2 + L_{Bl} + S_a$.
Aus der Verhältnisgleichung $F_2/f_2 = (F_2 - F_1)/h$ ergibt sich $f_2 = F_2 \cdot h/(F_2 - F_1)$:

$$f_2 = \frac{600 \text{ N} \cdot 12 \text{ mm}}{600 \text{ N} - 400 \text{ N}} = 36 \text{ mm}.$$

Die Summe der Mindestabstände wird für die kaltgeformte Feder mit $d = 4$ mm nach Tabelle A10.3, Anhang: $S_a = 1 + x \cdot d^2 \cdot i_f$.
Mit $x = 0{,}04$ für $w = 6{,}25$ und $i_f = 10$ ergibt sich

$$S_a = 1 + 0{,}04 \cdot 4^2 \cdot 10 \approx 7{,}4 \text{ mm}; \quad \text{gewählt } S_a = 8 \text{ mm}.$$

Die Blocklänge, also die Federlänge bei aneinander liegenden Windungen, wird mit Gleichung (10.29) ermittelt: $L_{Bl} \approx i_g \cdot d$.

$$L_{Bl} \approx 11{,}5 \cdot 4 \text{ mm} = 46 \text{ mm}.$$

Die Länge der entspannten Feder ist dann

$$L_0 = 36 \text{ mm} + 8 \text{ mm} + 46 \text{ mm} = 90 \text{ mm}.$$

Die Bedingung $L_2 = L_{Bl} + S_a = 46 \text{ mm} + 8 \text{ mm} = 54 \text{ mm} > 50 \text{ mm}$ ist ebenfalls erfüllt.

Die Überprüfung der Drahtsorte VD wird nach Gleichung (10.32) mit der Schubspannung τ_{iBl} bei der Federkraft F_{Bl}, zugeordnet der Blocklänge L_{Bl} durchgeführt. Es muß gelten $\tau_{iBl} \approx F_{Bl} \cdot D_m / 0{,}4 \cdot d^3 < 1{,}12 \cdot \tau_{i\,zul}$.

Aus $F_2/f_2 = F_{Bl}/f_{Bl}$ ergibt sich $F_{Bl} = F_2 \cdot f_{Bl}/f_2$ mit $f_{Bl} = f_2 + S_a = 36 \text{ mm} + 8 \text{ mm} = 44 \text{ mm}$

$$F_{Bl} = \frac{600 \text{ N} \cdot 44 \text{ mm}}{36 \text{ mm}} \approx 733 \text{ N} \quad \text{(theoretische Blockkraft vgl. Bild 10-21b)}$$

und

$$\tau_{iBl} \approx \frac{733 \text{ N} \cdot 25 \text{ mm}}{0{,}4 \cdot 4^3 \text{ mm}^3} \approx 716 \text{ N/mm}^2 < 1{,}12 \cdot 710 \text{ N/mm}^2 \approx 795 \text{ N/mm}^2.$$

Da die Überschreitung von $\tau_{i\,zul}$ nur gering ist, wurde die Drahtsorte VD richtig gewählt.

Die Dauerhaltbarkeit für die schwingend beanspruchte Feder wird mit den festgelegten Abmessungen nach Gleichung (10.33) genauer nachgerechnet und nach Bild A10-9, Anhang, geprüft.

Die Schubspannung bei F_2 wird

$$\tau_{k2} \approx k \frac{D_m}{0{,}4 \cdot d^3} \cdot F_2 = 1{,}23 \frac{25 \text{ mm}}{0{,}4 \cdot 4^3 \text{mm}^3} \cdot 600 \text{ N} \approx 1{,}2 \frac{\text{mm}}{\text{mm}^3} \cdot 600 \text{ N} = 720 \text{ N/mm}^2.$$

Mit der Schubspannung bei F_1 gleich Unterspannung $\tau_{kU} \triangleq \tau_{k1} \approx 1{,}2 \cdot F_1 = 1{,}2 \cdot 400 = 480$ N/mm² ergibt sich die Oberspannung der Dauerfestigkeit durch Ablesung aus Bild A10-9, Anhang: $\tau_{kO} \approx 720 \text{ N/mm}^2 \approx \tau_{k2} = 720 \text{ N/mm}^2$ bzw. die Hubspannung $\tau_{kh} = \tau_{k2} - \tau_{k1} = 720$ N/mm² $- 480$ N/mm² $= 240$ N/mm² $= \tau_{kH} \approx 240$ N/mm² Dauerhubfestigkeit. Die Dauerhaltbarkeit der Feder aus VD, nicht gestrahlt, für $d = 4$ mm ist bei annähernd sinusförmigen Schwingungen gewährleistet. Bei stoßartigen Wechselbelastungen müßten entsprechende Sicherheiten berücksichtigt werden, da die wirkliche Beanspruchung des Werkstoffes bedeutend höher liegen kann als die errechnete.

Abschließend soll noch die Knicksicherheit der Feder nach Bild A10-11, Anhang, geprüft werden. Dafür sind zu ermitteln der Schlankheitsfaktor $L_0/D_m = 90 \text{ mm}/25 \text{ mm} = 3{,}6$ und die Federung $f_{max}/L_0 \cdot 100 \triangleq f_2/L_0 \cdot 100 = 36 \text{ mm}/90 \text{ mm} \cdot 100 = 40\%$.

Mit diesen Werten kann die Feder noch mit veränderlichen Auflagebedingungen (unterhalb Kurve b) eingebaut werden.

Merke: Werden mit der ersten Berechnung die gewünschten und zulässigen Werte nicht erreicht, ist die Rechnung mit anderen Annahmen zu wiederholen.

10.9. Berechnungsbeispiele

Ergebnis: Die Schrauben-Druckfeder aus Dr 4 C DIN 2076-VD erhält folgende Abmessungen mit den zulässigen Abweichungen bei Gütegrad „mittel" nach DIN 2095 (Tabelle A10-4): $D_m = 25 \pm 0{,}35$ mm; Außendurchmesser $D_a = 29 \pm 0{,}35$ mm; Gesamtwindungszahl $i_g = 11{,}5$; Länge der ungespannten Feder $L_0 = 90 \pm 1{,}3$ mm.

Beispiel 10.5: Die Rückholfeder für eine Bremswelle ist zu berechnen. Sie soll mit einer äußeren Vorspannkraft $F_1 = 400$ N bei $f_1 = 20$ mm Federweg eingebaut werden. Der zusätzliche Lüftweg beträgt $f = 50$ mm, wobei eine bestimmte maximale Federkraft F_2 erreicht wird. Die Einbaulänge, die gleich Abstand von Innenkante zu Innenkante der Ösen ist, soll $L_1 \approx 250$ mm, der Außendurchmesser der Feder $D_a \approx 50$ mm sein. Zur Aufhängung wird die ganze deutsche Öse gewählt. Vorgesehen ist eine kaltgeformte zylindrische Schrauben-Zugfeder, Maßgenauigkeitsklasse A für die Drahtsorte. Die Beanspruchung tritt vorwiegend statisch auf (Bild 10-35).

Zu bestimmen sind die noch fehlenden erforderlichen Federdaten und der Federwerkstoff. Ferner ist die Feder als technische Zeichnung darzustellen mit allen erforderlichen Maßen und Daten.

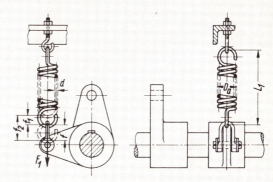

Bild 10-35
Rückholfeder einer Bremswelle

Lösung: Zunächst wird wie bei Druckfedern der Drahtdurchmesser nach den Angaben unter Gleichung (10.36) vorgewählt. Bei vorgegebenem Feder-Außendurchmesser D_a wird

$$d \approx k_1 \cdot \sqrt[3]{F \cdot D_a}.$$

Für die hier in Frage kommenden Drahtsorten A, B oder C und einem wahrscheinlich zu erwartenden Drahtdurchmesser $d > 5$ mm wird $k_1 = 0{,}16$. Ferner ist noch die größte Federkraft $F \triangleq F_2'$ zu ermitteln. Sie ergibt sich, zunächst ohne Berücksichtigung einer inneren Vorspannkraft aus der Verhältnisgleichung

$$\frac{F_1}{f_1} = \frac{F_2'}{f_2}, \quad F_2' = \frac{F_1 \cdot f_2}{f_1},$$

mit $f_2 = f_1 + f = 20$ mm + 50 mm = 70 mm wird

$$F_2' = \frac{400 \text{ N} \cdot 70 \text{ mm}}{20 \text{ mm}} = 1400 \text{ N}.$$

Die Feder soll, wie allgemein üblich, mit innerer Vorspannkraft hergestellt werden. Dadurch vermindert sich die größte Federkraft F_2' schätzungsweise auf $F_2 \approx 1000$ N. Hiermit wird dann:
$d \approx 0{,}16 \cdot \sqrt[3]{1000 \cdot 50} \text{ mm} \approx 0{,}16 \cdot 36{,}8$ mm $\approx 5{,}9$ mm; vorgewählt nach DIN 2076: $d = 6{,}3$ mm.

Genauer werden nun d und die geeignete Drahtsorte nach Leitertafel A10-12, Anhang, bestimmt entsprechend den Erläuterungen unter Gleichung (10.36). Die Gerade (1) wird zwischen $D_m = D_a - d = 44$ mm gewählt nach DIN 3 (Tabelle A2.3, Anhang) und $F \triangleq F_2 \approx 1000$ N gezogen. Die Gerade (2) ergibt mit $d = 6{,}3$ mm die Spannung $\tau_i \approx 450$ N/mm². Dieser Wert muß unter $\tau_{i\,\text{zul}}$ nach Bild A10-10, Anhang, liegen. Für $d = 6{,}3$ mm kommt danach die Drahtsorte A in Frage, da hierfür $\tau_{i\,\text{zul}} \approx 500$ N/mm² > $\tau_i = 450$ N/mm².
Es wird also gewählt: Dr 6,3 A DIN 2076−A.

Die vorgewählten Daten werden zunächst nach Gleichung (10.32) geprüft:

$$\tau_i = \frac{F \cdot D_m}{0{,}4 \cdot d^3} \leqslant \tau_{i\,zul}.$$

Mit $F \triangleq F_2 \approx 1000$ N, $D_m = 44$ mm ($D_a = 50{,}3$ mm) und $d = 6{,}3$ mm wird

$$\tau_{i2} = \frac{1000 \text{ N} \cdot 44 \text{ mm}}{0{,}4 \cdot 6{,}3^3 \text{ mm}^3} \approx 440 \text{ N/mm}^2 < \tau_{i\,zul} \approx 500 \text{ N/mm}^2.$$

Damit ist die Feder ausreichend bemessen und es können nun die restlichen Federdaten festgelegt werden. Die Länge der entspannten Feder, also der Abstand der Ösen-Innenkanten wird (siehe Bild 10-35)

$$L_0 = L_1 - f_1, \quad L_0 = 250 \text{ mm} - 20 \text{ mm} = 230 \text{ mm}.$$

Die Länge des unbelasteten Federkörpers wird mit $L_H = 0{,}8 \cdot D_i = 0{,}8 \cdot (D_a - 2d) = 0{,}8 \cdot (50{,}3$ mm $- 2 \cdot 6{,}3$ mm$) \approx 30{,}2$ mm (siehe Bild 10-19):

$$L_K = L_0 - 2 \cdot L_H, \quad L_K = 230 \text{ mm} - 2 \cdot 30{,}2 \text{ mm} = 169{,}6 \text{ mm} \approx 170 \text{ mm}.$$

Die Anzahl der federnden Windungen ergibt sich aus Gleichung (10.40):

$$i_f = i_g = \frac{L_K}{d} - 1, \quad i_f = i_g = \frac{170 \text{ mm}}{6{,}3 \text{ mm}} - 1 \approx 26.$$

gewählt werden $i_f = i_g = 26$ federnde Windungen gleich Gesamtwindungen. Es kann nun die innere Vorspannkraft F_0 ermittelt und damit die innere Verdrehspannung τ_{i0} geprüft werden. Nach Gleichung (10.38) wird:

$$F_0 = F - \frac{G \cdot d^4 \cdot f}{8 \cdot D_m^3 \cdot i_f}.$$

Es werden hierin $F \triangleq F_1 = 400$ N und der zugehörige Federweg $f \triangleq f_1 = 20$ mm eingesetzt, da die max. Federkraft F_2 noch nicht bekannt ist; nach Tabelle A10.1 wird $G = 83000 \text{ N/mm}^2$. Mit den anderen bereits bekannten Daten wird dann, der Einfachheit halber, ohne Mitnahme der Einheiten

$$F_0 = 400 - \frac{83\,000 \cdot 6{,}3^4 \cdot 20}{8 \cdot 44^3 \cdot 26} = 400 - 147{,}6 = 252{,}4 \text{ N} \approx 252 \text{ N}.$$

Hiermit wird für die innere Verdrehspannung nach Gleichung (10.39):

$$\tau_{i0} = \frac{F_0 \cdot D_m}{0{,}4 \cdot d^3} \leqslant \tau_{i0\,zul}, \quad \tau_{i0} \approx \frac{252 \cdot 44}{0{,}4 \cdot 6{,}3^3} \approx 111 \text{ N/mm}^2.$$

Die zulässige innere Verdrehspannung wird bei dem Wickelverhältnis $w = D_m/d = 44$ mm/ 6,3 mm ≈ 7 mm und bei angenommener Fertigung auf Wickelbank nach Tabelle 10.2:

$$\tau_{i0\,zul} = 0{,}25 \cdot \tau_{i\,zul}, \quad \tau_{i0\,zul} = 0{,}25 \cdot 500 \text{ N/mm}^2 = 125 \text{ N/mm}^2.$$

Damit ist $\tau_{i0} < \tau_{i\,zul}$, d. h. die innere Verdrehspannung und damit auch die innere Vorspannkraft sind zulässig.

Abschließend wird noch die tatsächliche größte Federkraft F_2 bei dem Lüftweg $f = 50$ mm, also bei dem größten Federweg $f_2 = f_1 + f = 20$ mm + 50 mm = 70 mm, festgstellt. F_2 ergibt sich aus der Verhältnisgleichung

$$\frac{F_1 - F_0}{f_1} = \frac{F_2 - F_0}{f_2}, \quad F_2 = \frac{f_2 \cdot (F_1 - F_0)}{f_1} + F_0,$$

$$F_2 = \frac{70 \text{ mm} \cdot (400 \text{ N} - 252 \text{ N})}{20 \text{ mm}} + 252 \text{ N} = 770 \text{ N}.$$

Geschätzt war als Höchstlast 1000 N. An den Abmessungen der Feder ändert sich deshalb aber nichts.

Abschließend sei bemerkt, daß man mit der ersten Rechnung nicht immer die gewünschten und zulässigen Werte erreicht. Die Rechnung muß dann mit anderen Annahmen wiederholt werden.

Ergebnis: Die Rückholfeder aus Dr 6,3 A DIN 2076-A erhält folgende Abmessungen: äußerer Windungsdurchmesser $D_a \approx 50$ mm, Gesamt-Windungszahl $i_g = i_f = 26$, Länge des unbelasteten Federkörpers $L_0 = 230$ mm; Ausführung mit ganzer deutscher Öse.

Zeichnerische Darstellung: Die normgerechte zeichnerische Darstellung der Feder zeigt Bild 10-36. Die Toleranzen für die Länge der entspannten Feder (Abstand zwischen den Ösen-Innenkanten) und für den äußeren Windungsdurchmesser wurden nach DIN 2095, Gütegrad „mittel", Tabelle A10.4, Anhang, festgelegt.

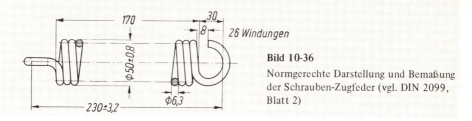

Bild 10-36
Normgerechte Darstellung und Bemaßung der Schrauben-Zugfeder (vgl. DIN 2099, Blatt 2)

10.10. Normen und Literatur

DIN-Taschenbuch 29: Federnormen

Wichtige Einzelnormen: DIN 2088: Berechnung und Konstruktion von Drehfedern; DIN 2089, Blatt 1: Berechnung und Konstruktion von Schrauben-Druckfedern; DIN 2089, Blatt 2: Berechnung und Konstruktion von Schrauben-Zugfedern; DIN 2091: Drehstabfedern, Berechnung, Werkstoff, Maßeintragung; DIN 2092: Tellerfedern, Berechnung; DIN 2093: Tellerfedern, Maße und Güteeigenschaften; DIN 2095: Gütevorschriften für kaltgeformte Druckfedern; DIN 2097: Gütevorschriften für kaltgeformte Zugfedern.

Almen und *László:* "The Uniform-Section Disc-Spring" aus Transaction of the American Society of Mechanical Engineers, 58. Jahrgang, Seite 305–314

CB-Grünhefte, Mitteilungen der Fa. Christian Bauer KG, Welzheim/Württ.

Damerow, E.: Grundlagen der praktischen Federprüfung, Verlag W. D. Girardet, Essen

Ringfedern, Prospekte der Fa. Ringfeder GmbH, Krefeld-Uerdingen

Schnorr Handbuch für Tellerfedern, Fa. Adolf Schnorr KG, Maichingen bei Stuttgart

Schnorr Mitteilungen aus Forschung und Praxis, Fa. Adolf Schnorr KG

Schwing-Metall, Prospekte der Fa. Continental Gummi-Werke AG, Hannover

VDI-Richtlinie 2005: Gestaltung und Anwendung von Gummifedern, VDI-Verlag GmbH, Düsseldorf

11. Achsen, Wellen und Zapfen

11.1. Allgemeines

Achsen sind Elemente zum Tragen und Lagern von Laufrädern, Seilrollen, Hebeln und ähnlichen Bauteilen. Sie werden im wesentlichen durch Querkräfte auf Biegung, seltener durch Längskräfte zusätzlich auf Zug oder Druck beansprucht. Achsen übertragen im Gegensatz zu Wellen kein Drehmoment. *Feststehende Achsen* (Bild 11-1a), auf denen sich die gelagerten Teile, z. B. Seilrollen, lose drehen, sind wegen der nur ruhend oder schwellend auftretenden Biegung beanspruchungsmäßig günstig. *Umlaufende Achsen* (Bild 11-1b), die sich mit den festsitzenden Bauteilen, z. B. Laufrädern, drehen, müssen eine Umlaufbiegebeanspruchung, also wechselnde Biegebeanspruchung aufnehmen, so daß ihre Tragfähigkeit geringer ist als die bei feststehenden Achsen von gleicher Größe und gleichem Werkstoff. Hinsichtlich der Lagerung sind sie jedoch vorteilhafter. Aus- und Einbauen, Reinigen und Schmieren der Lager sind bei der hierbei gegebenen Anordnung leichter vorzunehmen als in den häufig schwer zugänglichen umlaufenden Radnaben auf feststehenden Achsen.

Wellen (Bild 11-1c) laufen ausschließlich um und dienen zur Übertragung von Drehmomenten, die durch Zahnräder, Riemenscheiben, Hebel, Kupplungen u. dgl. ein- und weitergeleitet werden. Sie werden auf *Verdrehung* und durch Querkräfte meist noch zusätzlich auf Biegung beansprucht. Durch die Übertragungselemente, z. B. schrägverzahnte Stirnräder, können zusätzliche Längskräfte auftreten, die von der Welle — für diese beanspruchungsmäßig meist vernachlässigbar — und von Lagern aufzunehmen sind.

Zapfen sind die zum Tragen und Lagern dienenden, meist abgesetzten Achs- und Wellenenden oder auch Einzelelemente, z. B. Spurzapfen und Kurbelzapfen. Sie können zylindrisch, kegelig oder kugelförmig ausgebildet sein (siehe unter 11.5.).

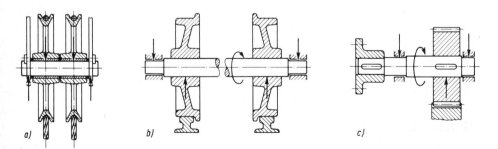

Bild 11-1. Achsen und Wellen, a) feststehende Achse, b) umlaufende Achse mit Achszapfen, c) Welle mit Wellenzapfen

11.2. Werkstoffe und Herstellung

Für *normal beanspruchte Achsen und Wellen* von Getrieben, Kraft- und Arbeitsmaschinen, Förderelementen, Hebezeugen, Werkzeugmaschinen u. dgl. kommen insbesondere die allgemeinen Baustähle nach DIN 17100, z. B. St 37, St 42, St 50 und St 60 in Frage.

Für *höher beanspruchte Wellen,* z. B. von Kraftfahrzeugen, Motoren, schweren Werkzeugmaschinen, Getrieben, Turbinen u. dgl. werden vorzugsweise die Vergütungsstähle nach DIN 17200, z. B. 25 CrMo 4, 40 Mn 4 u. a., bei Beanspruchung auf Verschleiß auch die Einsatzstähle nach DIN 17210, z. B. C 15, 18 CrNi 8 u. a. verwendet.

Achsen und Wellen von 1 ... 200 mm Durchmesser können ohne Nacharbeit aus blankem Rundstahl mit gezogener, geschälter oder geschliffener Oberfläche hergestellt werden, und zwar aus Rundstählen nach DIN 668 mit der Toleranz h 11, nach DIN 670 mit h 8, nach DIN 671 mit h 9 oder aus Stahlwellen nach DIN 669 mit der Toleranz h 9. Ferner werden Rundstähle von 2 ... 80 mm Durchmesser nach DIN 59360, geschliffen oder poliert, mit Toleranz h 7 und nach DIN 59361, geschliffen und poliert, mit h 6 geliefert. Für diese Rundstähle und Stahlwellen sind vorzugsweise die Stähle nach DIN 1651 (Automatenstähle, z. B. 9 S 20 K, 35 S 20 K usw.) und DIN 1652 (gezogene Stähle, z. B. St 37 K, St 50 K, C 35 K usw.) vorgesehen. Jedoch können je nach Anforderung auch andere Stahlsorten gewählt werden.

Achsen und Wellen mit anderen Toleranzen oder teilweise unbearbeiteter Oberfläche werden zweckmäßig aus warmgewalztem Rundstahl von 5 ... 220 mm Durchmesser nach DIN 1013 gefertigt. Bei größeren Abmessungen oder besonderen Formen, z. B. Vorderachsen von Kraftfahrzeugen, Kurbelwellen, stärker abgesetzte oder angeformte Achsen und Wellen (siehe unter 11.3.3.2.), werden sie vorgeschmiedet, gepreßt oder auch gegossen.

Werkstoffe und Halbzeuge sollen aus wirtschaftlichen Gründen nicht hochwertiger als unbedingt erforderlich gewählt werden. Nur wenn Raum- und Gewichtsbeschränkungen bei hohen Beanspruchungen zu kleinen Abmessungen zwingen, z. B. bei Kfz-Getrieben, oder wenn besondere Anforderungen an Verschleiß, Korrosion, magnetische Eigenschaften, Warmfestigkeit u. dgl. gestellt werden, sollten hochwertige Werkstoffe wie höherlegierte Vergütungs- und Einsatzstähle oder korrosionsbeständige Stähle verwendet werden. Ggf. können auch noch Forderungen nach guter Schweiß-, Zerspan- und Schmiedbarkeit für die Werkstoffwahl mitbestimmend sein. Empfehlungen über die für bestimmte Anforderungen und Verwendungszwecke zu wählenden Stähle enthält die Werkstoffauswahl, Tabelle A 1.4, im Anhang.

11.3. Berechnung der Achsen und Wellen

11.3.1. Allgemeine Hinweise

Achsen und Wellen lassen sich nur unter Einbeziehung der mit diesen verbundenen Bauteilen wie Räder, Lager u. dgl., also unter Zugrundelegung der Gesamtkonstruktion berechnen, wobei von folgenden Fällen ausgegangen werden kann:

Fall 1: Der Einbauraum für die Achse oder Welle ist durch die bereits festliegenden Abmessungen der Gesamtkonstruktion vorgegeben, wie z. B. für eine Fahrzeugachse durch die Breite des Fahrzeuges (Bild 11-1b) oder für die Antriebswelle eines Kettenförderers durch die aufgrund der Förderleistung bedingte Trogbreite ($B = 315$ mm in Bild 11-2a). In solchen Fällen liegen die Abstandsmaße (l_a, l_1, l_2) für Lager, Räder u. dgl. fest oder lassen sich zumindest gut abschätzen, so daß mit den relativ genau zu bestimmenden Biege- und Drehmomenten auch die Achsen bzw. Wellen schon ausreichend genau berechnet werden können.

Fall 2: Der Einbauraum ist nicht vorgegeben, da die Abmessungen der Gesamtkonstruktion im wesentlichen erst durch die vom zunächst noch unbekannten Achsen- oder Wellendurchmesser d abhängigen Größen der Radnaben, Lager u. dgl. bestimmt werden müssen, wie z. B. bei der Seilrollenachse (Bild 11-1a) oder bei der Getriebewelle (Bild 11-2b, Nabenbreiten b_1, b_2). In solchen Fällen liegen die Lager- und Radabstände (l_a, l_1, l_2, l_3) und damit auch die Wirklinien der Kräfte noch nicht fest, so daß die Biegemomente vorerst noch nicht ermittelt werden können. Hierbei muß durch Überschlagsrechnung, z. B. bei Wellen nach Gleichung (11.9), der Durchmesser grob vorberechnet, hiermit die Größen von Naben, Lager u. dgl. annähernd bestimmt und die Abstandsmaße durch einen Vorentwurf festgelegt werden. Danach kann dann eine genauere Berechnung oder Nachprüfung der Achsen- oder Wellendurchmesser durchgeführt und anschließend, falls erforderlich, eine entsprechende Korrektur der Abmessungen und der endgültige Entwurf vorgenommen werden.

Die äußeren Kräfte (Radkräfte, Lagerkräfte) werden meist als punktförmig angreifende angenommen, wobei deren Wirklinien allgemein durch die Mitten der Angriffsflächen, also der Zahnbreiten, Schreibenbreiten, Lagerbreiten u. dgl., gelegt werden (siehe Bilder 11-1 und 11-2). Nur bei Krafteinleitung über verhältnismäßig lange Naben lohnt sich ggf. die Betrachtung als Streckenlast (siehe Berechnungsbeispiel 11.1 und Bild 11-24).

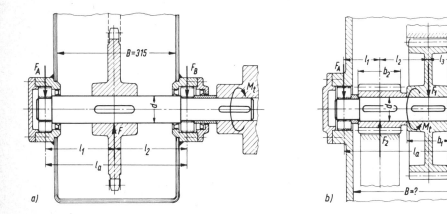

Bild 11-2. Berechnung der Achsen und Wellen. a) Antriebswelle eines Förderers mit vorgegebenen Einbaumaßen, b) Welle eines Getriebes mit vorerst nicht vorgegebenen Einbaumaßen (die Bilder stellen Draufsichten dar)

11.3. Berechnung der Achsen und Wellen

Gewichtskräfte aus den Eigengewichten von Welle, Rädern usw. können bei der Festigkeitsberechnung meist vernachlässigt werden, spielen aber bei Untersuchungen von Verformungen und kritischen Drehzahlen (siehe unter 11.4.) eine entscheidende Rolle.

11.3.2. Ermittlung der Drehmomente und Biegemomente

Zur Berechnung der Achsen- und Wellendurchmesser müssen vorerst die aufzunehmenden Dreh- und Biegemomente ermittelt werden.

11.3.2.1. Drehmomente

Die Ermittlung der von den Wellen zu übertragenden Drehmomente bereitet keine besonderen Schwierigkeiten. Allgemein gilt: Drehmoment gleich Kraft mal Hebelarm, z. B. bei aufgesetzten Hebeln, Nocken o.dgl. Meist sind jedoch *Leistung und Drehzahl gegeben*. Dann ergibt sich das *Nenndrehmoment* aus der Zahlenwertgleichung

$$M_t = 9550 \cdot \frac{P}{n} \text{ in Nm} \tag{11.1}$$

    P größte zu übertragende Leistung in kW
    n zur Leistung P gehörige (kleinste) Drehzahl in U/min

Sind andere Einheiten als Nm gefordert, z. B. Ncm oder Nmm, so sind die Werte nach obiger Gleichung mit 10^2 bzw. 10^3 zu multiplizieren.

11.3.2.2. Lagerkraft und Biegemomente

Die Ermittlung der von den Achsen und Wellen aufzunehmenden Biegemomente kann erheblich aufwendiger und schwieriger sein als die der Drehmomente. Für die Berechnung maßgebend ist das maximale Biegemoment, dessen Bestimmung an einigen Beispielen gezeigt werden soll. Vorweg sind stets die Lagerkräfte zu ermitteln.
Der einfachste Fall liegt vor bei nur einer angreifenden Kraft, bei einer Achse z. B. durch eine Seilrolle oder ein Laufrad, bei einer Welle z. B. durch eine Riemenscheibe, Bild 11-3a. Bei einer Anordnung der Scheibe zwischen den Lagern liegt das maximale Biegemoment $M_{b\,max}$ im Angriffspunkt der Gesamttriemenzugkraft F (bei Riemengetrieben auch Achskraft genannt), also in Scheibenmitte.
Die Lagerkräfte errechnen sich aus den statischen Gleichgewichtsbedingungen:

Aus der Bedingung $\Sigma M_{(A)} = 0$ folgt: $F_B = \dfrac{F \cdot l_1}{l_a}$, aus Bedingung $\Sigma F_y = 0$: $F_A = F - F_B$.
Hiermit wird dann: $M_{b\,max} = F_A \cdot l_1 = F_B \cdot l_2$.
Bei „fliegender" Anordnung der Scheibe (Strichlinien in Bild 11-3a) liegt $M_{b\,max}$ in Lager B.
Die Lagerkräfte ergeben sich dabei: $F'_B = \dfrac{F' \cdot (l_a + l_3)}{l_a}$, $F'_A = F'_B - F'$.
Das max. Biegemoment: $M'_{b\,max} = F' \cdot l_3 = F'_A \cdot l_a$.

Im Bild sind der Biegemoment-(M_b-)Verlauf und der Drehmoment-(M_t-)Verlauf dargestellt. Es ist zu erkennen, daß M_t nur in einem Teil (bei Scheibe zwischen den Lagern) oder in der ganzen Länge der Welle (bei „fliegender" Scheibe) wirkt.

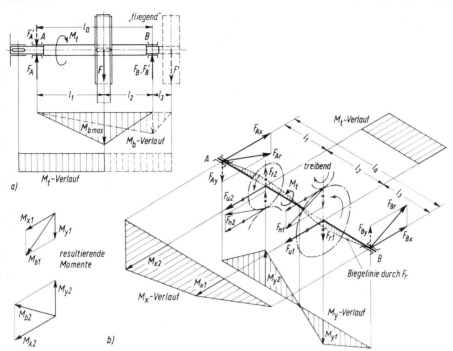

Bild 11-3. Ermittlung der Lagerkräfte und Biegemomente, a) einfacher Fall bei einer Welle mit Riemenscheibe, b) perspektivische Skizze zu einer Getriebe-Zwischenwelle mit zwei Stirnrädern

Schwieriger ist die Ermittlung der Lagerkräfte und des max. Biegemomentes, wenn mehrere noch dazu verschieden gerichtete Kräfte angreifen, wie bei der perspektivisch dargestellten Getriebewelle, Bild 11-3b. In solchen Fällen verfahre man wie folgt:

Die an den Zahnberührungsstellen angreifenden Zahnkräfte (Normalkräfte) F_n werden in die Umfangs- und Radialkomponenten F_u und F_r zerlegt (siehe „Zahnräder" unter 15.8.3.) und auf die Radmitten übertragen. Man ermittelt dann, im Prinzip wie oben angegeben, für jede Kraft einzeln die Reaktionskräfte F_x und F_y für die Lager. Deren Resultierenden ergeben die Lagerkräfte F_{Ar} und F_{Br}. Das M_{bmax} kann rechnerisch durch Probieren gefunden werden: $M_{b1} = F_{Br} \cdot l_3$, $M_{b2} = F_{Ar} \cdot l_1$; das größere von beiden ist M_{bmax}. Im dargestellten Fall ist $M_{b2} = M_{bmax}$. Zeichnerisch ist M_{bmax} wie folgt festzustellen. Man zeichnet den Momentenverlauf (Momentenfläche) für die Horizontalkräfte F_u (M_x-Verlauf) und für die Vertikalkräfte F_r (M_y-Verlauf), wobei z. B. $M_{x1} = F_{Bx} \cdot l_3$ oder $M_{y2} = F_{Ay} \cdot l_1$ ist. Diese Momente werden als Strecken von der Schlußlinie jeweils nach der Richtung aufgetragen, in der Ausbiegung der Welle durch die betreffende Kraft erfolgt (siehe auch Bild 11-4 und Erläuterungen hierzu). Die resultierenden Momente ergeben sich dann wie dargestellt, z. B. $M_{b2} = \sqrt{M_{x2}^2 + M_{y2}^2}$. Es ist leicht zu erkennen, daß $M_{b2} = M_{bmax}$ ist (beachte die Perspektive!).

Im Bild 11-3b ist, um die Übersicht nicht zu gefährden, nur die durch die Kräfte F_{r1} und F_{r2} hervorgerufene Biegelinie dargestellt. Die durch F_{u1} und F_{u2} entstehende Ausbiegung würde hier nur (horizontal) nach links erfolgen.

Bei einer Welle mit Schrägstirnrädern (auch Kegel- oder Schneckenrädern) wirkt außer den Kräften F_u und F_r noch eine am Radumfang angreifende Axialkraft F_a (siehe „Zahnräder" unter 15.9.5.), die in der Welle eine meist vernachlässigbare, in den Lagern jedoch zu berücksichtigende Axialbeanspruchung und durch die „Kippwirkung" noch

11.3. Berechnung der Achsen und Wellen

zusätzliche Radialkräfte hervorruft. Diese ergeben für die Welle ein zusätzliches „Kippmoment". Zur Ermittlung der Lagerkräfte und des max. Biegemoments verfahre man nach Bild 11-4 wie folgt:

Die durch F_u und F_r entstehenden Lagerreaktionen F_{Ax}, F_{Bx} und F_{Ay1} und F_{By1} ermitteln und damit M_x- und M_y-Verlauf darstellen, wie oben bereits beschrieben. Lagerreaktion durch Kippwirkung von F_a (durch Punkt-Linie dargestellt) ermitteln: $F_{Ay2} = F_{By2} = \dfrac{F_a \cdot r_0}{l_a}$

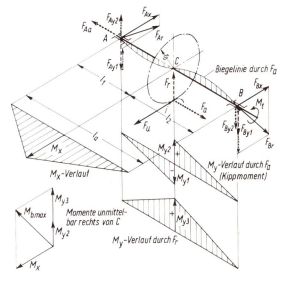

(Kräftepaar!) F_x- und F_y-Kräfte sinngemäßig zu resultierenden Lagerkräften F_{Ar} und F_{Br} zusammenfassen. Durch Kippwirkung von F_a sich ergebende Biegelinie im Prinzip darstellen und danach zugehörigen M_y-Verlauf entwickeln. Ist Biegelinie nach unten gekrümmt, werden auch Ordinaten von der Nullinie aus nach unten aufgetragen (links von Radmitte C) und entsprechend umgekehrt (rechts von C). Das gilt grundsätzlich für jede Darstellung eines M-Verlaufes. Es werden (–) $M_{y1} = F_{Ay2} \cdot l_1$, unmittelbar links von C und (+) $M_{y2} = F_{By2} \cdot l_2$, unmittelbar rechts von C. Aus (+) M_{y2}, (+) M_{y3} und M_x ergibt sich dann $M_{b\,max}$, das hier also unmittelbar rechts von C liegt. Rechnerisch wird hier $M_{b\,max} = F_{Br} \cdot l_2$.

Im Bild 11-4 ist als Beispiel nur die durch F_a entstehende Biegelinie eingezeichnet.

Bild 11-4. Perspektivische Skizze zur Ermittlung der Lagerkräfte und Biegemomente bei einer Welle mit Schrägstirnrad und zusätzlicher Axialkraft

11.3.3. Berechnung der Achsen

11.3.3.1. Zylindrische Achsen

Die neben der Biegebeanspruchung noch auftretende zusätzliche Schubbeanspruchung ist meist gering und kann vernachlässigt werden. Bei einer *zylindrischen Achse* gilt für die *vorhandene Biegespannung:*

$$\sigma_b = \frac{M_b}{W} \leqslant \sigma_{b\,zul} \quad \text{in N/mm}^2 \tag{11.2}$$

M_b Biegemoment für den gefährdeten Querschnitt in Nmm, siehe unter 11.3.2.

W axiales Widerstandsmoment des gefährdeten Querschnittes in mm³,
für Vollachsen (Kreisquerschnitt): $W \approx 0{,}1 \cdot d^3$,
für Hohlachsen (Kreisringquerschnitt): $W \approx 0{,}1 \dfrac{d_a^4 - d_i^4}{d_a}$,

d Achsendurchmesser, d_a Außendurchmesser, d_i Innendurchmesser der Hohlachse in mm

$\sigma_{b\,zul}$ zulässige Biegespannung in N/mm², Ansatz je nach Art der Belastung und der vorliegenden Einflußgrößen, wie Kerbwirkung usw., nach Gleichung (3.6) bzw. (3.7)

Nach Umformen der Gleichung (11.2) ergibt sich der *erforderliche Durchmesser für Vollachsen*

$$d \approx \sqrt[3]{\frac{M_b}{0{,}1 \cdot \sigma_{b\,zul}}} \quad \text{in mm} \tag{11.3}$$

Wegen der endgültig zu wählenden Durchmesser und der Gestaltung der Achsen siehe unter 11.3.5. und 11.6.

11.3.3.2. Angeformte Achsen

Schwere Achsen (und auch Wellen), z. B. für große, hochbelastete Seilscheiben von Förderanlagen, werden aus Gründen der Werkstoff- und Gewichtsersparnis häufig einem *Träger gleicher Festigkeit* angeformt. Der nach Gleichung (11.3) sich ergebende Durchmesser ist theoretisch nur für die Stelle des maximalen Biegemomentes ($M_{b\,max}$-Stelle) erforderlich. An allen anderen Querschnittstellen könnte der Durchmesser entsprechend der Größe des dort auftretenden Biegemomentes kleiner sein. Für die in Bild 11-5 dargestellte Seilrollenachse ergibt sich für $M_{b\,max} = F/2 \cdot l$ (Achsenmitte) der erforderliche Durchmesser nach Gleichung (11.3):

$$d \approx \sqrt[3]{\frac{M_{b\,max}}{0{,}1 \cdot \sigma_{b\,zul}}} = \sqrt[3]{\frac{F/2 \cdot l}{0{,}1 \cdot \sigma_{b\,zul}}} \;.$$

Für den beliebigen Achsenquerschnitt im Abstand x von der Auflagerkraft wird der Durchmesser entsprechend

$$d_x \approx \sqrt[3]{\frac{M_{b\,x}}{0{,}1 \cdot \sigma_{b\,zul}}} = \sqrt[3]{\frac{F/2 \cdot x}{0{,}1 \cdot \sigma_{b\,zul}}} \;.$$

Werden die beiden Gleichungen durcheinander dividiert, dann ergibt sich nach dem Umformen:

$$\frac{d_x}{d} = \sqrt[3]{\frac{x}{l}}$$

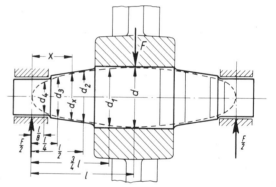

Bild 11-5. Angeformte Achse

und hieraus der *Anformungsdurchmesser*

$$d_x = d \cdot \sqrt[3]{\frac{x}{l}} \quad \text{in mm} \tag{11.4}$$

Aus dieser Gleichung ergeben sich bei verschiedenen Abständen x folgende Werte für d_x:

Querschnittstelle im Abstand x	l	$\frac{3}{4}l$	$\frac{1}{2}l$	$\frac{1}{4}l$	$\frac{1}{8}l$
Durchmesser d_x	d	$d_1 \approx 0{,}9\,d$	$d_2 \approx 0{,}8\,d$	$d_3 \approx 0{,}63\,d$	$d_4 \approx 0{,}5\,d$

11.3. Berechnung der Achsen und Wellen

Somit ergibt sich ein Rotationskörper, der durch eine kubische Parabel begrenzt ist. Die Achse ist zweckmäßig durch zylindrische oder kegelige Abstufungen so auszubilden, daß deren Begrenzungskanten die Parabel an keiner Stelle einschneiden, wie Bild 11-5 zeigt. Die Übergänge sind sanft zu runden, um die Kerbwirkung möglichst klein zu halten.

Eine Gestaltung nach diesen Gesichtspunkten lohnt sich jedoch nur bei Achsen mit großen Durchmessern, die vor der spanenden Bearbeitung ohnehin vorgeschmiedet werden, und wenn die höheren Fertigungskosten dabei durch die Werkstoffeinsparung, durch kleinere und damit billigere Lager an den kleineren Achsenden und durch geringere Transport- und Montagekosten wieder ausgeglichen werden.

11.3.4. Berechnung der Wellen

Für die Berechnung der Wellenabmessungen sind in erster Linie die Höhe und Art der Beanspruchung (Verdrehung, Verdrehung und Biegung) maßgebend. In manchen Fällen können jedoch auch elastische Verformungen (Verdrehwinkel, Durchbiegung), eine geforderte Starrheit (z.B. Starrheitsgrad bei Werkzeugmaschinen) und etwaige Schwingungen (kritische Drehzahl) für die Bemessung entscheidend sein.

11.3.4.1. Verdrehbeanspruchte Wellen

Reine Verdrehbeanspruchung liegt selten vor, denn häufig tritt noch eine zusätzliche Biegebeanspruchung auf. Wird diese jedoch nur durch Gewichtskräfte hervorgerufen, dann kann sie meist vernachlässigt werden. Annähernd reine Verdrehbeanspruchung tritt z. B. bei Kardanwellen, bei direkt mit einem Motor oder Getriebe gekuppelten Wellen von Lüftern, Zentrifugen, Kreiselpumpen u. dgl. auf.

Vollwellen. Für Vollwellen mit Kreisquerschnitt gilt für die *Verdrehspannung*

$$\tau_t = \frac{M_t}{W_p} \leq \tau_{t\,zul} \quad \text{in N/mm}^2 \tag{11.5}$$

M_t von der Welle zu übertragendes Drehmoment in Nmm; siehe unter 11.3.2.1., meist nach Gleichung (11.1)

W_p polares Widerstandsmoment des Wellenquerschnittes in mm³ aus $W_p \approx 0{,}2 \cdot d^3$

$\tau_{t\,zul}$ zulässige Verdrehspannung in N/mm²; Ansatz je nach Art der Belastung und der vorliegenden Einflußgrößen, wie Kerbwirkung u. dgl. nach Gleichung (3.6) bzw. (3.7)

Aus Gleichung (11.5) ergibt sich nach Einsetzen von W_p und Umformen der *erforderliche Wellendurchmesser* aus

$$d \approx \sqrt[3]{\frac{M_t}{0{,}2 \cdot \tau_{t\,zul}}} \quad \text{in mm} \tag{11.6}$$

Wegen des auszuführenden Durchmessers siehe unter 11.3.5.

Hohlwellen. Diese werden vorgesehen, wenn eine hohe Starrheit bei möglichst kleiner Masse gefordert wird, z. B. bei Arbeitsspindeln von Dreh- und Fräsmaschinen (Bild 11-6), oder wenn z. B. Spann-, Schalt- und Steuerungsstangen hindurchzuführen sind. Die

Verdrehspannung wird nach Gleichung (11.5) geprüft, wobei das polare Widerstandsmoment für den schwächsten (Kreisring-)Querschnitt mit Außendurchmesser d_a und Innendurchmesser d_i sich ergibt aus

$$W_p \approx 0{,}2 \cdot \frac{d_a^4 - d_i^4}{d_a} = 0{,}2 \cdot \left(d_a^3 - \frac{d_i^4}{d_a}\right).$$

Wird hierin zunächst $d_a/d_i = 2$, also $d_a = 2 \cdot d_i$, gesetzt, dann ergibt sich nach Einsetzen und Umwandeln der Gleichung (11.6), selbst bei etwas anderen Verhältnissen d_a/d_i, *bei gegebenem oder gewähltem Innendurchmesser d_i der Außendurchmesser der Hohlwelle* angenähert aus

$$d_a \approx \sqrt[3]{\frac{M_t}{0{,}2 \cdot \tau_{t\,zul}} + \frac{d_i^3}{2}} \quad \text{in mm} \tag{11.7}$$

Die Welle ist anschließend nach Gleichung (11.6) zu prüfen, jedoch mit W_p nach obiger Gleichung.

Bei *gegebenem Außendurchmesser* wird nach Umformen der obigen Gleichung für W_p der *Innendurchmesser*

$$d_i \leqslant \sqrt[4]{d_a^4 - \frac{M_t \cdot d_a}{0{,}2 \cdot \tau_{t\,zul}}} \quad \text{in mm} \tag{11.8}$$

$M_t, \tau_{t\,zul}$ wie zu Gleichung (11.6)

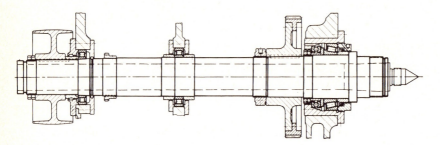

Bild 11-6. Hohlwelle als Arbeitsspindel einer Drehmaschine

11.3.4.2. Gleichzeitig verdreh- und biegebeanspruchte Wellen

Gleichzeitige Verdreh- und Biegebeanspruchung liegt bei Wellen am häufigsten vor. Durch das zu übertragende Drehmoment werden Verdrehspannungen, durch Zahn-, Riemenzug- oder andere auf die Welle wirkenden Kräfte zusätzlich Biege- und auch Schubspannungen hervorgerufen. Die Schubspannungen sind erfahrungsgemäß jedoch vernachlässigbar klein.

Solche aus Verdrehung und Biegung zusammengesetzten Beanspruchungen treten allgemein bei Wellen mit Zahnrädern, Riemenscheiben, Hebeln und ähnlichen Übertragungselementen auf, z. B. bei Getriebe-, Transmissions- und Kurbelwellen (Bild 11-7).

Überschlägige Berechnung

Das Biegemoment läßt sich häufig vorerst nicht genau ermitteln, da die zu dessen Berechnung erforderlichen Abstände der Lager, Räder u. dgl. sowie teilweise auch deren Kräfte noch unbekannt sind, wie bereits ausführlich unter 11.3.1. zu „Fall 2" beschrieben. In solchen Fällen wird die Welle zunächst nur auf Verdrehung berechnet, wobei die zusätzliche Biegung durch eine entsprechend kleinere zulässige Verdrehspannung berücksichtigt wird. Mit gegebenem Drehmoment M_t bzw. gegebener Leistung P und Drehzahl n ergibt sich der *Wellendurchmesser überschlägig* aus

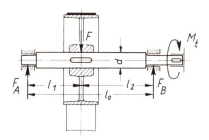

Bild 11-7

Verdreh- und biegebeanspruchte Welle

$$d \approx c_1 \cdot \sqrt[3]{M_t} \approx c_2 \cdot \sqrt[3]{\frac{P}{n}} \text{ in mm} \qquad (11.9)$$

c_1, c_2 Faktoren, abhängig von der zulässigen Verdrehspannung; man setze, wenn M_t in Nm, P in kW und n in U/min eingesetzt werden:

$c_1 = 6{,}9$ bzw. $c_2 = 146$ bei $\tau_{t\,zul} = 15$ N/mm² für St 37, St 42 und Stähle vergleichbarer Festigkeit,

$c_1 = 6{,}3$ bzw. $c_2 = 133$ bei $\tau_{t\,zul} = 20$ N/mm² für St 50, St 60 und Stähle vergleichbarer Festigkeit,

$c_1 = 5{,}8$ bzw. $c_2 = 123$ bei $\tau_{t\,zul} = 25$ N/mm² für Stähle höherer Festigkeit

Genauere Berechnung

Nach der überschlägigen Berechnung mit Gleichung (11.9) wird die Welle (roh) entworfen, wobei die erforderlichen Maße und Kräfte schon genügend genau festgelegt bzw. berechnet werden können. Die Welle wird dann auf Biegung und Verdrehung nachgeprüft. Nähere Erläuterungen siehe unter 11.3.1. „Fall 2".

Beim Zusammenwirken von Biegung und Verdrehung treten die jeweils höchsten Spannungen in den Randfasern auf. Die Gesamtwirkung läßt sich nach der Hypothese der größten Gestaltänderungsarbeit darstellen und aus der *Vergleichsspannung*[1] ermitteln:

$$\sigma_v = \sqrt{\sigma_b^2 + 3 \cdot (\alpha_0 \cdot \tau_t)^2} \leq \sigma_{b\,zul} \text{ in N/mm}^2 \qquad (11.10)$$

σ_b vorhandene Biegespannung in der Welle in N/mm², wie für Achsen nach Gleichung (11.2)

τ_t vorhandene Verdrehspannung in der Welle in N/mm² nach Gleichung (11.5)

---

[1] Die Vergleichspannung, auch *ideelle Biegespannung* genannt, kann man sich als diejenige Biegespannung vorstellen, die die gleiche Wirkung, z. B. Bruch, hervorruft wie die beiden anderen Spannungen, also Biege- und Verdrehspannung zusammen.

α_0 Anstrengungsverhältnis, bei dynamischer Belastung aus $\alpha_0 = \dfrac{\sigma_{bW}}{1{,}73 \cdot \tau_{tSch}}$. Eine Berechnung von α_0 ist, insbesondere bei allgemeinen Baustählen (DIN 17100), normalerweise nicht erforderlich; man setzt:

$\alpha_0 \approx 0{,}7$, wenn die Verdrehung ruhend oder schwellend, die Biegung wechselnd auftritt, was meist der Fall ist; dann wird vereinfacht: $\sigma_v = \sqrt{\sigma_b^2 + 1{,}5 \cdot \tau_t^2}$,

$\alpha_0 = 1$, wenn Verdrehung und Biegung im gleichen Belastungsfall auftreten, also z. B. beide wechselnd

$\sigma_{b\,zul}$ zulässige Biegespannung in N/mm². Ansatz je nach Art der Belastung und der vorliegenden Einflußgrößen, wie Kerbwirkung und dgl., nach Gleichung (3.6)

Wenn das Biegemoment M_b aus Vorentwurf oder durch vorgegebenen Einbauraum (siehe unter 11.3.1. „Fall 1") genügend genau zu ermitteln ist, dann kann mit dem Drehmoment M_t das aus Gleichung (11.10) herzuleitende *Vergleichsmoment* (*ideelle Biegemoment*) berechnet werden:

$$M_v = \sqrt{M_b^2 + 0{,}75 \cdot (\alpha_0 \cdot M_t)^2} \quad \text{in Nmm (Nm)} \qquad (11.11)$$

M_b Biegemoment für den gefährdeten Querschnitt in Nmm (Nm); siehe unter 11.3.2.2
M_t Drehmoment für die Welle in Nmm (Nm); siehe unter 11.3.2.1, meist nach Gleichung (11.1)
α_0 Anstrengungsverhältnis wie zu Gleichung (11.10)

Mit dem Vergleichsmoment wird der Durchmesser wie für eine nur in der Vorstellung auf Biegung beanspruchte Welle berechnet. Aus $\sigma_v = \sigma_b = M_v/W$ ergibt sich mit $W \approx 0{,}1 \cdot d^3$ der *erforderliche Wellendurchmesser*

$$d \approx \sqrt[3]{\dfrac{M_v}{0{,}1 \cdot \sigma_{b\,zul}}} \quad \text{in mm} \qquad (11.12)$$

$\sigma_{b\,zul}$ zulässige Biegespannung in N/mm² wie zu Gleichung (11.10)

Wegen der auszuführenden Wellendurchmesser siehe unter 11.3.5.

Gleichzeitig verdreh- und biegebeanspruchte Hohlwellen werden nach Gleichungen (11.7) und (11.8) berechnet, wobei das Vergleichsmoment M_v an Stelle von M_t und die zulässige Biegespannung $\sigma_{b\,zul}$ an Stelle von $\tau_{t\,zul}$ zu setzen sind.

11.3.5. Auszuführende Achsen- und Wellendurchmesser

Die mit den vorstehenden Gleichungen berechneten Durchmesser der Achsen und Wellen sind mit Rücksicht auf andere, mit diesen zusammenpassenden Bauteilen, wie Lager, Stellringe, Sicherungsringe und Dichtungen, sowie mit Rücksicht auf Herstellungswerkzeuge und Meßgeräte (Lehren) möglichst nach Normmaßen (Tabelle A2.3, Anhang) festzulegen. Dabei sind etwaige in den gefährdeten Querschnittstellen befindliche Nuten, Eindrehungen usw. zu berücksichtigen.

11.3. Berechnung der Achsen und Wellen

Der endgültige (Norm-)Durchmesser ist so zu wählen, daß nach Abzug der zu diesem gehörigen, genormten Nuttiefe, Eindrehungstiefe usw. der berechnete Durchmesser als „Kerndurchmesser" nicht unterschritten wird (Bild 11-8).
Ebenso ist bei Nachprüfungen mit dem „Kerndurchmesser" zu rechnen.

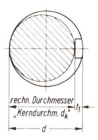

Bild 11-8. Rechnerischer und auszuführender Wellendurchmesser

11.3.6. Verformungen der Achsen und Wellen

Durch das zu übertragende Drehmoment treten in Wellen Verdrehverformungen auf, gekennzeichnet durch den Verdrehwinkel φ zwischen zwei Querschnitten im Abstand der Längeneinheit (meist 1 m). Durch die aufzunehmenden Querkräfte entstehen Biegeverformungen, gekennzeichnet durch die Durchbiegung f oder die Neigung $\tan \alpha$ (α Biegewinkel) der Wellenachse gegenüber der entsprechenden Geraden (Bild 11-9).

Die Größe der Verformungen kann die Funktion einer Maschine und deren Bauteile beeinträchtigen und darf darum bestimmte Grenzwerte nicht überschreiten. Da diese nur im elastischen Bereich liegen dürfen und somit nur von den (konstanten) Elastizitäts- bzw. Gleitmodulen des Werkstoffes abhängen, ist es sinnlos z. B. einen Stahl höherer Festigkeit zu verwenden, um die Verformungen zu verringern.

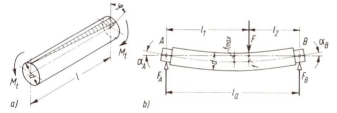

Bild 11-9

Elastische Verformung der Wellen

a) bei Verdrehbeanspruchung
b) bei Biegebeanspruchung

11.3.6.1. Verformung bei Verdrehbeanspruchung

Bei längeren Wellen, z. B. Transmissionswellen, Fahrwerkwellen von Laufkranen und Drehwerkwellen von Drehkranen, bei denen der Abstand zwischen den drehmomentübertragenden Bauteilen, wie Zahnrädern, Riemenscheiben und Kupplungen verhältnismäßig groß ist, ist die Verdrehverformung für die Berechnung maßgebend. Erfahrungsgemäß soll der Verdrehwinkel $\varphi = \frac{1}{4} \ldots \frac{1}{2}°$ je m Wellenlänge nicht überschreiten.
Bei stärkerer Verformung wird in der Welle, wie in einer Drehstabfeder, eine Formänderungsarbeit gespeichert, die bei auftretenden Drehmomentschwankungen zum Teil wieder frei würde und zu Schwingungen führen könnte. Außerdem ergibt ein großer Verdrehwinkel eine kleine Federkonstante und damit eine kleine kritische Drehzahl (siehe unter 11.4.3.).

Der *Verdrehwinkel für glatte Wellen* ergibt sich aus

$$\varphi° = \frac{180°}{\pi} \cdot \frac{l \cdot \tau_t}{r \cdot G} = \frac{180°}{\pi} \cdot \frac{M_t \cdot l}{G \cdot I_p} \qquad (11.13)$$

Werden hierin gesetzt: Verdrehwinkel $\varphi = 1/4°$, Wellenlänge $l = 1000$ mm, Verdrehspannung $\tau_t = \frac{M_t}{W_p}$ in N/mm², Wellenradius $r = \frac{d}{2}$ in mm, Drehmoment M_t in Nmm, polares Trägheitsmoment $I_p = \frac{\pi}{32} \cdot d^4 \approx 0{,}1 \cdot d^4$ in mm⁴, Gleitmodul (für St) $G = 80000$ N/mm², dann ergibt sich nach Umformen obiger Gleichung der *Wellendurchmesser, bei dem ein Verdrehwinkel $\varphi = 1/4°$ je m Länge nicht überschritten wird* aus

$$d \approx 2{,}31 \cdot \sqrt[4]{M_t} \approx 129 \cdot \sqrt[4]{\frac{P}{n}} \text{ in mm} \qquad (11.14)$$

M_t von der Welle zu übertragendes Drehmoment in Nmm
P von der Welle zu übertragende Leistung in kW
n Drehzahl der Welle in U/min

Die Welle ist zweckmäßig noch auf Festigkeit nachzuprüfen, und zwar je nach Beanspruchung mit Gleichung (11.5) oder Gleichung (11.10).

Bei Wellen mit einer Länge, bei der nicht sicher vorauszusehen ist, ob die Festigkeit oder die Formänderung maßgebend ist, kann die Welle zunächst auf Festigkeit berechnet, dann der Verdrehwinkel mit Hilfe der Gleichung (11.13) nachgeprüft und nötigenfalls der Durchmesser geändert werden.

Für abgesetzte Wellen mit den Durchmessern $d_1, d_2 \ldots d_n$ und den zugehörigen Längen $l_1, l_2 \ldots l_n$ ergibt sich der *Verdrehwinkel* angenähert aus

$$\varphi° \approx \frac{180°}{\pi} \cdot \frac{10 \cdot M_t}{G} \cdot \sum \frac{l}{d^4} \qquad (11.15)$$

M_t, G wie zu Gleichungen (11.1) und (11.13)
$\sum \frac{l}{d^4} = \frac{l_1}{d_1^4} + \frac{l_2}{d_2^4} + \ldots \frac{l_n}{d_n^4}$ mit l und d in mm

11.3.6.2. Verformung bei Biegebeanspruchung

Die Durchbiegung f und Neigung $\tan \alpha$ werden durch die Größe, Lage und Art der Querkräfte, sowie durch die elastischen Eigenschaften des Wellen- (oder Achsen-)Werkstoffes bestimmt.

Für einige häufig vorkommende Beanspruchungsfälle lassen sich die Verformungen glatter Wellen oder Achsen nach Tabelle 11.1 ermitteln.

11.3. Berechnung der Achsen und Wellen

Tabelle 11.1: Ermittlung der Verformungen glatter Wellen und Achsen

Zeile	Beanspruchungsfall	Auflagerkräfte	Durchbiegung f, Neigung $\tan\alpha$	
1	*(Einzellast F mittig auf Träger der Länge l_a, Lager A und B)*	$F_A = F_B = \dfrac{F}{2}$	$f = f_{max} = \dfrac{F \cdot l_a^3}{48 \cdot E \cdot I}$ $\tan\alpha_A = \tan\alpha_B = 3 \cdot \dfrac{f}{l_a}$	
2	*(Einzellast F an beliebiger Stelle, l_1 und l_2)*	$F_A = \dfrac{F \cdot l_2}{l_a}$ $F_B = F - F_A$	$f = \dfrac{F \cdot l_a^3}{3 \cdot E \cdot I} \cdot \left(\dfrac{l_1}{l_a}\right)^2 \cdot \left(\dfrac{l_2}{l_a}\right)^2$ $f_{max} = f \cdot \dfrac{l_a + l_2}{3 \cdot l_2} \cdot \sqrt{\dfrac{l_a + l_2}{3 \cdot l_1}}$ $l_x = l_1 \cdot \sqrt{\dfrac{l_a + l_2}{3 \cdot l_1}}$ $\tan\alpha_{A\,(B)} = f \cdot \left(\dfrac{1}{l_{1\,(2)}} + \dfrac{1}{2 \cdot l_{2\,(1)}}\right)$	bei $l_1 < l_2$ sind l_1 und l_2 zu vertauschen
3	*(Kragträger mit Einzellast F am Überhang l_1)*	$F_A = \dfrac{F \cdot l_1}{l_a}$ $F_B = F_A + F$	$f_1 = 0{,}064 \cdot \dfrac{F \cdot l_a^2 \cdot l_1}{E \cdot I}$ $f_2 = \dfrac{F \cdot l_a \cdot l_1^2}{3 \cdot E \cdot I} \cdot \left(1 + \dfrac{l_1}{l_a}\right)$, $l_x = 0{,}577 \cdot l_a$ $\tan\alpha_A = \dfrac{F \cdot l_a \cdot l_1}{6 \cdot E \cdot I}$, $\tan\alpha_B = 2 \cdot \tan\beta_A$	
4	*(Streckenlast q N/m über gesamte Länge l_a)*	$F_A = F_B = \dfrac{F'}{2}$ mit $F' = \dfrac{q \cdot l}{2}$ (F' z. B. Eigengewicht)	$f = f_{max} = 0{,}013 \cdot \dfrac{F' \cdot l_a^3}{E \cdot I}$ $\tan\alpha_A = \tan\alpha_B = 3{,}2 \cdot \dfrac{f}{l_a}$	

Es bedeuten: F Einzellast, F' Resultierende einer Streckenlast in N; F_A, F_B Lagerkräfte in N; f Durchbiegung in mm; $\tan\alpha_{A(B)}$ Neigung im Lager $A(B)$; E Elastizitätsmodul in N/mm²; I axiales Trägheitsmoment in mm⁴ (für Kreisquerschnitt: $I \approx d^4/20$); l_a, l_1, l_2 Abstandmaße in mm

Weitere Beanspruchungsfälle sind einschlägigen Fachbüchern zu entnehmen, z. B. „Dubbels Taschenbuch für den Maschinenbau" (Springer-Verlag) oder „Das Techniker Handbuch" (Verlag Vieweg).

Greifen Kräfte in verschiedenen Ebenen an, so sind diese in zweckmäßig gerichtete, z. B. waagerechte und senkrechte, Komponenten zu zerlegen. Die Durchbiegungen in beiden Ebenen ergeben die resultierende Durchbiegung $f_{res} = \sqrt{f_x^2 + f_y^2}$. Entsprechend ergibt sich die resultierende Neigung aus $\dfrac{1}{\tan\alpha_{res}} = \sqrt{\left(\dfrac{1}{\tan\alpha_x}\right)^2 + \left(\dfrac{1}{\tan\alpha_y}\right)^2}$.

Treten mehrere Beanspruchungsfälle nach Tabelle 11.1 gleichzeitig auf, so addieren sich die Lagerkräfte, Durchbiegungen und Neigungen aus den Einzelfällen.

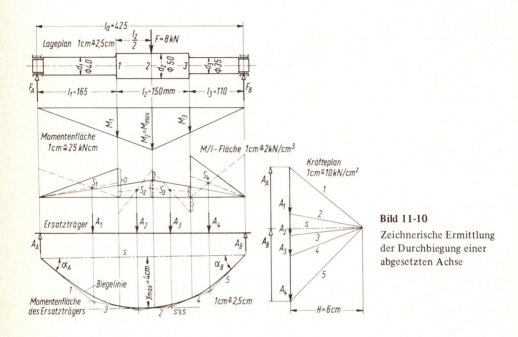

Bild 11-10

Zeichnerische Ermittlung der Durchbiegung einer abgesetzten Achse

Schwieriger ist die Ermittlung der Durchbiegung und Neigung abgesetzter Wellen oder Achsen, also bei verschiedenen Durchmessern. Dafür wird zweckmäßig das graphische Verfahren nach *Mohr* angewendet, das am Beispiel einer Achse nach Bild 11-10 erläutert werden soll. Auf die theoretischen Zusammenhänge kann hier nicht näher eingegangen werden, hierüber informiere man sich in der einschlägigen Fachliteratur, wie bereits oben angegeben. Darum werden nur die einzelnen Arbeitsschritte aufgeführt:

Achse maßstäblich aufzeichnen (Lageplan). Lagerkräfte F_A und F_B berechnen. Biegemomente für Querschnitte 1, 2 und 3 berechnen – die Achszapfen bleiben hier unberücksichtigt, da sie praktisch kaum Einfluß auf die Größe der Durchbiegung haben. Momentenfläche im geeigneten Maßstab aufzeichnen. An den Querschnitten 1, 2 und 3 die Trägheitsmomente I ermitteln für d_1, d_2 und d_3. Die Quotienten M/I für jeden Querschnitt berechnen und damit die reduzierte Momentenfläche (M/I-Fläche) im geeigneten Maßstab aufzeichnen, wobei die Werte M/I unter den zugehörigen Querschnitten als Ordinaten aufgetragen werden (z. B.: $a = M_1/I_1$). Größe der Teilflächen $A_1 \ldots A_4$ berechnen (z. B.: $A_1 = l_1 \cdot a/2$). Schwerpunkte $S_1 \ldots S_4$ der Teilflächen zeichnerisch bestimmen. Damit ist Lage der Wirklinien der „Kräfte" $A_1 \ldots A_4$ für den Ersatzträger gegeben. Kräfteplan im geeigneten Maßstab zeichnen und damit, wie üblich, Momentenfläche des Ersatzträgers zeichnen. Die Hüllkurve stellt die Biegelinie dar und läßt die y_{max}- entsprechend f_{max}-Stelle erkennen.

11.3. Berechnung der Achsen und Wellen

Für die Achse nach Bild 11-10 ergeben sich folgende Werte, wobei die Einheiten kN und cm verwendet sind, um übersichtliche Zahlengrößen zu erhalten:

F_A = 3,482 kN, F_B = 4,518 kN, $M_{b\,max}$ = F_A · 24 cm = 3,482 kN · 24 cm = 83,57 kNcm.

Die weiteren Werte sind in folgender Tabelle zusammengestellt, wobei auf die Einzelberechnungen verzichtet wurde.

Querschnitts-stelle	Durch-messer in cm	Biege-moment in kNcm	Trägheits-moment in cm⁴	Quotient M/I in kN/cm³	Flächeninhalte (Hilfskräfte) in kN/cm²
1	d_1 = 4	M_1 = 57,45	I_1 = 12,8	4,488	A_1 = 37,03
	d_2 = 5		I_2 = 31,25	1,838	A_2 = 16,92
2	d_2 = 5	M_2 = 83,57	I_2 = 31,25	2,674	
	d_2 = 5		I_2 = 31,25	1,59	A_3 = 15,99
3	d_3 = 3,5	M_3 = 49,69	I_3 = 7,5	6,625	A_4 = 36,44

Durch Abmessen aus Kräfteplan ergeben sich unter Berücksichtigung der Maßstäbe die „Auflagekraft" A_A = 4,9 cm $\triangleq$ 49 kN/cm² und damit A_B = $\Sigma A - A_A$ = 106,38 − 49 = 57,38 kN/cm².

Ferner ergibt sich durch Abmessen aus Momentenfläche des Ersatzträgers y_{max} = 4 cm $\triangleq$ 4 · 2,5 = 10 cm; hiermit und mit Polhöhe H = 6 cm $\triangleq$ 6 · 10 kN/cm² = 60 kN/cm² ergibt sich die größte Durchbiegung aus folgender Gleichung:

$$f_{max} = \frac{1}{E} \cdot y_{max} \cdot H = \frac{1}{21\,000 \text{ kN/cm}^2} \cdot 10 \text{ cm} \cdot 60 \text{ kN/cm}^2 = 0,0286 \text{ cm} = 0,286 \text{ mm}.$$

Die Neigungen ergeben sich aus folgenden Beziehungen:

$$\tan \alpha_A = \frac{A_A}{E} = \frac{49 \text{ kN/cm}^2}{21\,000 \text{ kN/cm}^2} = 0,0023,$$

$$\tan \alpha_B = \frac{A_B}{E} = \frac{57,38 \text{ kN/cm}^2}{21\,000 \text{ kN/cm}^2} = 0,0027.$$

Abschließende Hinweise: Obige Betrachtungen wurden unter der Annahme punktförmig angreifender Kräfte angestellt, was praktisch jedoch nicht ganz zutrifft. So können versteifende Wirkungen von festsitzenden Naben kaum erfaßt werden, so daß die tatsächlichen Durchbiegungen und Neigungen etwas kleiner sein werden als die rechnerischen Werte.

Um Funktionstörungen an Maschinen (Verkanten von Zahnrädern, Kantenpressung in Lagern u. dgl.) zu vermeiden, sollen die Verformungen begrenzt sein:
für starre Wälzlager und Gleitlager mit beweglicher Schale: $\tan \alpha \approx 0,001$,
für Gleitlager mit feststehender Schale: $\tan \alpha \approx 0,0003$,
bei unsymmetrischer oder „fliegender" Anordnung von Zahnrädern: $\tan \alpha \approx 0,0001$,
ohne besonderen Forderungen gilt allgemein: $f \leqslant l_a/3000$.

11.4. Kritische Drehzahl

11.4.1. Schwingungen, Resonanz

Wird ein Körper, z. B. ein Federstab (Bild 11-11a), durch eine kurzzeitig wirkende Kraft F elastisch verformt, so wird er nach Aufhören dieser Kraftwirkung durch eine gleich große, aber entgegengesetzt gerichtete Rückstellkraft in *Biegeschwingungen* versetzt. Die Schwingungszahl je Zeiteinheit, die Schwingungsfrequenz, ist dabei um so größer, je größer die Elastizität (Federkonstante) und je kleiner die Masse des Körpers ist. Sie ist jedoch unabhängig von der Größe der erregenden Kraft, die nur die Weite des Schwingungsausschlages, die Amplitude, bestimmt. Alle Körper haben somit eine bestimmte *Eigenschwingungszahl*.

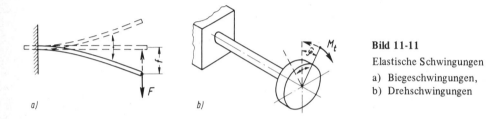

Bild 11-11

Elastische Schwingungen
a) Biegeschwingungen,
b) Drehschwingungen

Bei einer einmaligen Erregung werden die Schwingungen durch Luftwiderstand, Reibung oder dgl. allmählich bis zum Stillstand gedämpft. Wird jedoch ein Körper immer wieder durch Kraftstöße im Rhythmus der Eigenschwingung von neuem angeregt, dann kommt es zur *Resonanz*, d. h., die Schwingungsausschläge werden nach jedem Anstoß größer, so daß unter Umständen sogar ein Bruch eintreten kann.

Zu gleichen Erscheinungen kann es auch bei *Drehschwingungen* kommen (Bild 11-11b).

11.4.2. Biegekritische Drehzahl

Bei umlaufenden Wellen (und Achsen) entstehen die schwingungserregenden Kräfte durch *Unwuchten* der umlaufenden Massen, z. B. der Riemenscheiben, Zahnräder, Kupplungen und der Wellen selbst. Eine Unwucht entsteht, wenn der Schwerpunkt der Massen nicht mit der Drehachse zusammenfällt (Exzentrizität), sie ist jedoch ohnehin stets vorhanden, da die Gewichtskräfte eine Durchbiegung f der Welle bewirken und damit auch eine Verlagerung des Schwerpunktes (Bild 11-12). Eine solche Unwucht verursacht an den umlaufenden Massen eine zusätzliche Fliehkraft F_Z als schwingungserregende Kraft. Läuft die Welle und damit die Fliehkraft mit einer der Eigenschwingungszahl übereinstimmenden Drehzahl, der *kritischen Drehzahl*, um, so liegt die schon erwähnte Resonanz vor.

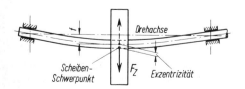

Bild 11-12

Entstehung von Biegeschwingungen bei Wellen

11.4. Kritische Drehzahl

Auch bei Drehzahlen, die ein ganzzahliges Vielfaches oder einen ganzzahligen Teil der kritischen Drehzahl betragen, kommt es zu einer, wenn auch wesentlich schwächeren Resonanz. Dies kann beispielsweise beim Anlaufen und noch besser beim langsamen Auslaufen der Wellen von Schleifböcken beobachtet werden. In bestimmten, unter Umständen in mehreren Drehzahlbereichen, kommt es durch die Unwucht der häufig ungleichmäßig abgenutzten Schleifscheiben zu Schwingungen, die zur Erschütterung der ganzen Maschine führen können.

Nach der Schwingungslehre ergibt sich die kritische Winkelgeschwindigkeit aus

$$\omega_k = \sqrt{\frac{c}{m}} \text{ in s}^{-1} \qquad (11.16a)$$

c Federkonstante für elastische Biegung in N/m
m Masse der umlaufenden Teile in kg = N · s²/m

Wird $\omega_k = \frac{\pi \cdot n_k}{30}$, $c = \frac{G}{f}$ und $m = \frac{G}{g}$, worin G die Gewichtskraft, f die durch G bewirkte Durchbiegung und g die Erdbeschleunigung bedeuten, dann wird

$$n_k = \frac{30}{\pi}\sqrt{\frac{g}{f}} \text{ in min}^{-1} \qquad (11.16b)$$

Mit $g \approx 10$ m/s² = 10 000 mm/s² und f in mm ergibt sich unter Berücksichtigung der Art der Lagerung oder „Einspannung" die *biegekritische Drehzahl* für Achsen und Wellen aus der Zahlenwertgleichung

$$n_{kb} \approx 950 \cdot \sqrt{\frac{1}{f} \cdot k} \text{ in min}^{-1} \qquad (11.16c)$$

f die durch Gewichtskräfte von Welle (Achse) und umlaufenden Teilen bewirkte größte Durchbiegung in mm; siehe hierzu unter 11.3.6.2.
k Korrekturfaktor für die Art der Lagerung; man setzt:
     $k = 1$ bei frei gelagerten, d. h. nicht eingespannten, in den Lagern umlaufenden Achsen oder Wellen (Normalfall),
     $k = 1,3$ bei an den Enden eingespannten feststehenden Achsen mit darauf umlaufenden Scheiben, Rädern u. dgl.

Durchbiegungen durch Zahnkräfte, Riemenzugkräfte und sonstige radial auf die Welle wirkenden Kräfte dürfen zur Ermittlung der Durchbiegung nicht eingesetzt werden, da sie keine Fliehkräfte verursachen und somit auch keinen Einfluß auf die Höhe der kritischen Drehzahl haben.

Die biegekritische Drehzahl ist unabhängig von einer späteren etwaigen schrägen oder sogar senkrechten Lage der Welle oder Achse.

11.4.3. Verdrehkritische Drehzahl

Zu gefährlichen Drehschwingungen kann es bei Wellen kommen, wenn sie durch Drehmomentstöße angeregt werden, die die gleiche Frequenz haben wie die Eigenschwingungszahl bei Drehschwingungen. Diese Gefahr besteht insbesondere bei Kurbelwellen von

Kolbenmaschinen. Drehschwingungsresonanzen können z. B. bei Kraftfahrzeugmotoren beobachtet werden, wenn sie bei einer bestimmten Drehzahl in starke Schwingungen geraten, die sich auf das ganze Fahrzeug ausdehnen können.

Bei Drehschwingungen ergibt sich die kritische Winkelgeschwindigkeit aus

$$\omega_k = \sqrt{\frac{c}{J}} \text{ in s}^{-1} \tag{11.17a}$$

c Federkonstante für elastische Verdrehung in Nm
J siehe unter Gleichung (11.17c)

Wird für $\omega_k = \frac{\pi \cdot n_k}{30}$; $c = \frac{M_t}{\varphi}$, $\varphi = \frac{\pi}{180°} \cdot \varphi° \approx \frac{\varphi°}{57{,}3°}$, dann wird

$$n_k = \frac{30}{\pi} \sqrt{\frac{c}{J}} \approx \frac{30}{\pi} \sqrt{\frac{57{,}3° \, M_t}{\varphi° \cdot J}} \text{ in min}^{-1} \tag{11.17b}$$

Werden die Zahlenwerte zusammengefaßt, dann ergibt sich die *verdrehkritische Drehzahl* für Wellen aus der Zahlenwertgleichung

$$n_{kt} \approx 72{,}3 \cdot \sqrt{\frac{M_t}{\varphi \cdot J}} \text{ in min}^{-1} \tag{11.17c}$$

M_t Drehmoment für die Welle in Nm
φ Verdrehwinkel für die Welle nach Gleichung (11.13) bzw. (11.15)
J Massenträgheitsmoment aller umlaufenden Teile in kgm²; z. B. für Vollzylinder (Wellen, Scheiben): $J = m \cdot d^2/8$, für Hohlzylinder $J = m \cdot (d_a^2 + d_i^2)/8$ mit Masse m in kg, Durchmesser, Außen- und Innendurchmesser d, d_a, d_i in m; für Riemenscheiben, Kupplungen u. dgl. sind die Massenträgheitsmomente häufig in den Prospekten der Hersteller angegeben

11.4.4. Allgemeine Hinweise, Folgerungen für die Gestaltung

Eine genaue rechnerische Ermittlung der kritischen Drehzahl ist, besonders bei mehrfach abgesetzten Wellen mit mehreren Scheiben oder Rädern, oft schwierig und langwierig, da sowohl die Durchbiegung der Welle zur Berechnung der biegekritischen Drehzahl als auch das Massenträgheitsmoment zur Ermittlung der verdrehkritischen Drehzahl nur ungenau zu bestimmen sind. So können z. B. die versteifenden Wirkungen von Lagern und Naben kaum erfaßt werden. In der Praxis wird darum, falls erforderlich, die kritische Drehzahl häufig durch Versuche ermittelt.

Allgemein ist eine möglichst *hohe* kritische Drehzahl anzustreben, die wenigstens 10 ... 20 % über oder, wenn dieses nicht zu erreichen ist, ebensoviel unter der Betriebsdrehzahl liegt. Zum Erreichen einer hohen kritischen Drehzahl sind konstruktiv zu beachten:

1. Lager möglichst dicht an umlaufende Scheiben, Räder usw. setzen, um die Durchbiegung klein zu halten.

2. Wellen mit umlaufenden Teilen bei hohen Drehzahlen sorgfältig auswuchten, damit die Fliehkräfte und ihre Wirkungen klein bleiben.
3. Umlaufende Scheiben, Räder, Kupplungen u. dgl. leicht bauen, um ein kleines Massenträgheitsmoment (und auch eine geringere Durchbiegung) zu erhalten.

Zu bemerken sei noch, daß die Festigkeit des Wellenstahles die kritische Drehzahl nicht beeinflußt.

11.5. Berechnung der Zapfen

11.5.1. Achszapfen

Die Durchmesser von *Lagerzapfen* umlaufender Achsen werden nach der Berechnung des Achsendurchmessers d meist konstruktiv festgelegt. Die Beanspruchung erfolgt vorwiegend wechselnd auf Biegung. Die zusätzliche Schubbeanspruchung kann erfahrungsgemäß vernachlässigt werden.

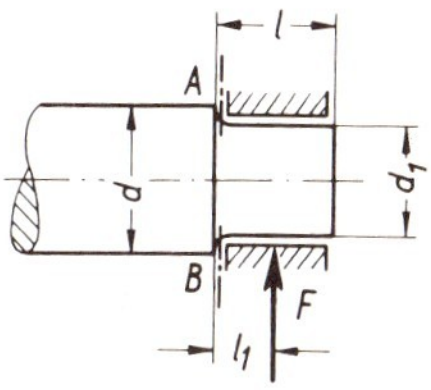

Bild 11-13. Achszapfen

Für die Festigkeitsprüfung solcher Achszapfen (Bild 11-13) gilt für die *vorhandene Biegespannung* im gefährdeten Querschnitt $A-B$:

$$\sigma_b = \frac{M_b}{W} \leq \sigma_{b\,zul} \text{ in N/mm}^2 \tag{11.18}$$

M_b Biegemoment für den Zapfen in Nmm; hier ist $M_b = F \cdot l_1$ mit $l_1 = l/2$

W axiales Widerstandsmoment des Zapfens in mm³; $W \approx 0{,}1 \cdot d_1^3$

$\sigma_{b\,zul}$ zulässige Biegespannung in N/mm² unter Berücksichtigung der Einflußgrößen wie Kerbwirkung u. dgl. nach Gleichung (3.7)

Tragzapfen feststehender Achsen werden wie Lagerzapfen berechnet. Die Beanspruchung erfolgt bei diesen jedoch vorwiegend ruhend oder schwellend auf Biegung.

11.5.2. Wellenzapfen

Auch Wellen werden wie Achsen zur Lagerung, axialen Führung und außerdem zum Aufsetzen von Kupplungen, „fliegenden" (am Wellenende sitzenden) Riemenscheiben, Zahnrädern u. dgl. häufig zu Zapfen abgesetzt, deren Abmessungen meist konstruktiv festgelegt werden.

Die nur zur Lagerung dienenden Wellenzapfen, die *Lagerzapfen*, Bild 11-14a, werden wie Achszapfen, vorwiegend wechselnd auf *Biegung* beansprucht und auch wie diese nach Gleichung (11.18) geprüft.

Der Antriebszapfen, Bild 11-14b, überträgt ausschließlich das von der Kupplung eingeleitete Drehmoment M_t und wird nur auf Verdrehung beansprucht. Gefährdet sind der

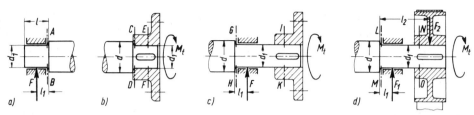

Bild 11-14. Wellenzapfen, a) biegebeansprucht, b) verdrehbeansprucht, c) verdreh- und gering biegebeansprucht, d) verdreh- und biegebeansprucht

Übergangsquerschnitt $C-D$ und der Nutquerschnitt $E-F$, wobei meist nur der Nutquerschnitt wegen der Schwächung durch die Nuttiefe — der „Kerndurchmesser" ist maßgebend, siehe unter 11.3.5. — und auch wegen der häufig höheren Kerbwirkung nachgeprüft zu werden braucht. Für die *vorhandene Verdrehspannung* gilt

$$\tau_t = \frac{M_t}{W_p} \leqslant \tau_{t\,zul} \quad \text{in N/mm}^2 \tag{11.19}$$

M_t vom Zapfen zu übertragendes Drehmoment in Nmm, z. B. nach Gleichung (11.1)

W_p polares Widerstandsmoment des maßgeblichen Querschnittes in mm³;
für Querschnitt $C-D$: $W_p \approx 0{,}2 \cdot d_1^3$, für Querschnitt $E-F$: $W_p \approx 0{,}2 \cdot d_k^3$ mit „Kerndurchmesser" $d_k = d_1 - t_1$ (t_1 Nuttiefe, siehe auch Bild 11-8)

$\tau_{t\,zul}$ zulässige Verdrehspannung in N/mm² für den betroffenen Querschnitt je nach Belastungsfall nach Gleichung (3.7)

Der Antriebszapfen, Bild 11-14c, wird im wesentlichen durch das von der Kupplung eingeleitete Drehmoment M_t auf Verdrehung beansprucht. Die durch die Lagerkraft F im Querschnitt $G-H$ zusätzlich entstehende Biegebeanspruchung ist wegen des meist kleinen Abstandes l_1, z. B. bei Wälzlagern, im Verhältnis zur Verdrehbeanspruchung gering und kann normalerweise vernachlässigt werden. Es braucht also praktisch nur der Nutquerschnitt $I-K$ nachgeprüft zu werden, und zwar auf Verdrehung nach Gleichung (11.19).

Beim Antriebszapfen, Bild 11-14d, wird das Drehmoment über eine „fliegend" angeordnete Riemenscheibe (oder ein Zahnrad) eingeleitet. Neben der Verdrehbeanspruchung entsteht durch die Scheiben- oder Radkraft F_2 für den Übergangsquerschnitt $L-M$ eine nicht mehr zu vernachlässigende Biegebeanspruchung. Damit gilt für die *Vergleichsspannung* im Querschnitt $L-M$:

$$\sigma_v = \sqrt{\sigma_b^2 + 3 \cdot (\alpha_0 \cdot \tau_t)^2} \leqslant \sigma_{b\,zul} \quad \text{in N/mm}^2 \tag{11.20}$$

σ_b vorhandene Biegespannung für den Querschnitt $L-M$ in N/mm²; beachte hierzu nachfolgenden Hinweis

τ_t vorhandene Verdrehspannung in N/mm² nach Gleichung (11.19)

α_0 Anstrengungsverhältnis; siehe zu Gleichung (11.10)

$\sigma_{b\,zul}$ zulässige Biegespannung in N/mm²; siehe zu Gleichung (11.10)

11.5. Berechnung der Zapfen

Hinweis: Das Biegemoment für den Querschnitt $L-M$ ergibt sich, wenn Radkraft F_2 und Lagerkraft F_1 in gleicher Ebene wirken, wie im Bild 11-14d angenommen, hier aus $M_b = F_2 \cdot l_2 - F_1 \cdot l_1$. Meist ist das jedoch nicht der Fall. Dann sind F_1 und F_2 zweckmäßig in waagerechte und senkrechte Komponenten zu zerlegen, die sich hiermit ergebenden Momente einzeln zu ermitteln und zum resultierenden Moment zusammenzufassen; siehe hierzu unter 11.3.2.2.

Sicherheitshalber ist auch der nur auf Verdrehung beanspruchte Querschnitt $N-O$ entsprechend Gleichung (11.19) nachzuprüfen.

11.5.3. Genormte Wellenzapfen

Zur Aufnahme von Riemenscheiben, Zahnrädern und Kupplungen sollen möglichst genormte Wellenenden verwendet werden: Zylindrische Wellenenden nach DIN 748 (Tabelle A11.1, Anhang), kegelige Wellenenden mit langem und kurzem Kegel und Außengewinde nach DIN 1448 (Tabelle A11.2, Anhang), solche mit Innengewinde nach DIN 1449.

11.5.4. Einzelzapfen

Einzelzapfen als *Führungszapfen* (z. B. bei Schwenkrollen, Bild 11-15a), als *Kurbelzapfen* (z. B. bei Kurbelscheiben, Bild 11-15b) und als *Halszapfen* (z. B. bei Kransäulen, Bild 11-15c) werden im wesentlichen auf Biegung durch das Moment $M_b = F \cdot l$ bzw. $M_b = F \cdot l/2$ beansprucht und entsprechend wie Achszapfen nach Gleichung (11.18) berechnet. Die zusätzliche Schubbeanspruchung ist meist vernachlässigbar klein. Gefährdete Querschnitt sind die Übergangsquerschnitte $A-B$.

Einzelzapfen als *Spur-* oder *Stützzapfen* (z. B. bei Wanddrehkranen, Bild 11-16a) werden auf Flächenpressung und meist noch auf Biegung durch das Moment $M_b = F_r \cdot l$ beansprucht. Die noch auftretenden Beanspruchungen auf Druck und Schub können vernachlässigt werden. Näheres über Verwendung, Ausführung und Berechnung siehe „Gleitlager" unter 14.3.3. und 14.3.4.

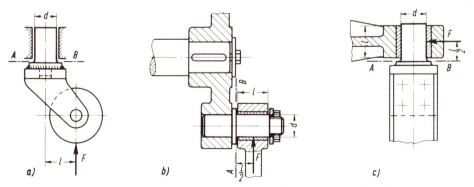

Bild 11-15. Einzelzapfen, a) als Führungszapfen, b) als Kurbelzapfen, c) als Halszapfen

Kugelzapfen dienen der gelenkartigen Lagerung von Achsen, Wellen und Stangen, die räumliche Bewegungen ausführen, z. B. von Schubstangen bei Kurbeltrieben von Exzenterpressen (Bild 11-16b). Beanspruchung hauptsächlich auf Flächenpressung: $p = F_a/A \leq p_{zul}$; Fläche A gleich Projektion der gepreßten Kugelzone; Richtwerte für p_{zul} siehe Tabelle A14.9, Anhang.

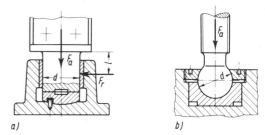

Bild 11-16. Spur- und Kugelzapfen

11.6. Gestaltung der Achsen, Wellen und Zapfen

11.6.1. Allgemeine Gestaltungsrichtlinien

Die äußere Form der Achsen, Wellen und Zapfen wird sowohl durch ihre Verwendung, z. B. als Radachse, Kurbelwelle, Getriebewelle und Lagerzapfen, als auch durch die Anordnung, Anzahl und Art der Lager, der aufzunehmenden Räder, Kupplungen, Dichtungen u. dgl. bestimmt. Die Aufgaben des Konstrukteurs bestehen darin, kleine Abmessungen anzustreben, die Dauerbruchgefahr auszuschalten und eine möglichst einfache und kostensparende Fertigung zu erreichen. Hierfür sind konstruktive Maßnahmen, insbesondere zur Vermeidung gefährdeter Kerbstellen, oft entscheidender als die Verwendung von Stählen höherer Festigkeit. Im einzelnen sind folgende Gestaltungsregeln zu beachten:

1. *Gedrängte Bauweise* mit kleinen Rad- und Lagerabständen anstreben, um kleine Biegemomente und damit kleine Durchmesser zu erreichen. Die mit den Achsen und Wellen zusammenhängenden Bauteile (Radnaben, Lager usw.) können dann ebenfalls kleiner ausgeführt werden, wodurch sich Größe, Gewicht und Kosten der Gesamtkonstruktion wesentlich verringern können (siehe auch Bild 11-2b).
2. Bei *abgesetzten Zapfen* das Verhältnis $D/d \approx 1,4$ nicht überschreiten. Übergänge gut runden mit $r \approx d/20 \ldots d/10$ (Bild 11-17a).
3. *Keil-* und *Paßfedernuten* nicht bis an Übergänge heranführen, damit die Kerbwirkungen aus beiden Querschnittsänderungen wegen erhöhter Dauerbruchgefahr nicht in einer Ebene zusammenfallen (Bild 11-17a).
4. Festigkeitsmäßig sehr günstig, konstruktiv jedoch nicht immer ausführbar, ist der Übergang mit zwei Rundungsradien, einem *Korbbogen:* $r \approx d/20, R \approx d/5$ (Bild 11-17b). Bei aufgesetzten Wälzlagern ist hierbei ein Stützring erforderlich, da die Lager nicht direkt an die Wellenschulter gesetzt werden können.

11.6. Gestaltung der Achsen, Wellen und Zapfen

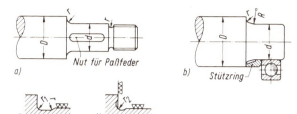

Bild 11-17
Gestaltung der Zapfenübergänge
a) normaler Übergang,
b) Korbbogen-Übergang,
c) und d) Freistiche

5. *Rundungsradien* nach DIN 250 ausführen; Vorzugsreihe (Nebenreihe): 0,2 (0,3), 0,4 (0,5) 0,6 (0,8) 1 (1,2) 1,6 (2) 2,5 (3) 4 (5) 6 (8) 10 (12) 16 (18) 20 usw. nach den Normzahlreihen $R_a 5$, $R_a 10$ und $R_a 20$, teilweise nach zugehörigen Rundwertreihen. Diese Rundungsradien sind möglichst auch für andere Rundungen, z.B. an Guß- und Schmiedeteilen zu verwenden. Bei direkt an Wellenschultern sitzenden Wälzlagern sind die den Lagern zugeordneten Rundungsradien (auch Schulterhöhen) nach DIN 5418 zu beachten (siehe auch Lagerkataloge).

6. *Freistich* vorsehen, wenn ein Zapfen, z. B. für Gleitlagerung, geschliffen werden soll, damit die Schleifscheibe freien Auslauf hat (Bild 11-17c, Freistich nach DIN 509, Form A). Soll auch die Absatzfläche geschliffen werden, so kommt ein Freistich nach Bild 11-17d (DIN 509, Form D) in Frage.

7. *Wellenübergänge* ohne Schulter festigkeitsmäßig am günstigsten nach Bild 11-18 ausführen; Rundung $r \approx d/5$. Aufgeschrumpfte Naben von Übergangsstelle etwas zurücksetzen (Maß a) und Bohrungskanten leicht brechen, um Kerbwirkung klein zu halten.

8. Räder und Scheiben gegen *axiales Verschieben* durch Distanzscheiben oder -hülsen, Stellringe oder Wellenabsätze (Wellenschultern) und nicht durch Sicherungs-(Sg-)Ringe sichern. Die an gefährdeten Stellen sitzenden Ringnuten hierfür würden eine hohe Kerbwirkung ergeben (siehe Tabelle A3.5, Anhang) und die Dauerbruchgefahr erhöhen. Darum Sg-Ringe möglichst nur an Wellenenden anordnen (Bild 11-19a).

9. *Nuten* etwas kürzer als Naben ausführen (Abstand a), damit Distanzhülsen einwandfrei an der Nabe anliegen, Einbauungenauigkeiten durch Verschieben der Räder ausgeglichen werden können und die Kerbwirkungen von Nutende und Nabensitz nicht zusammenfallen (Bild 11-19a).

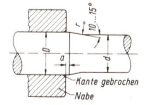

Bild 11-18. Wellenübergang ohne Schulter

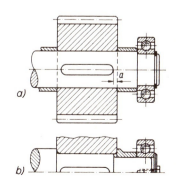

Bild 11-19. Festlegung von Rädern und Scheiben
a) durch Distanzhülsen,
b) durch Wellenschultern

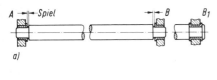
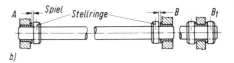
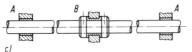

Bild 11-20
Axiale Führung von Achsen und Wellen
a) durch Wellenschultern,
b) durch Stellringe,
c) bei mehrfacher Lagerung

10. *Axiale Führung* der Achsen und Wellen durch Ansatzflächen der Lagerzapfen (Bild 11-20a) oder bei glatten Wellen durch Stellringe (Bild 11-20b) an beiden Lagern (*A* und *B*) sichern. Ausreichend Spiel vorsehen, um ein Verspannen bei Wärmedehnung zu vermeiden und um Einbauungenauigkeiten ausgleichen zu können.
Durch Führung an nur einem Lager (B_1) kann das Längsspiel verringert werden. Bei mehrfacher Lagerung (Bild 11-20c) übernimmt ein Lager (*B*) die axiale Führung, bei Wälzlagerung das *Festlager;* alle anderen Lager, die *Loslager*, müssen sich in Längsrichtung frei einstellen können (siehe auch zu „Wälzlager" unter 14.2.9.2.).
11. Möglichst *Fertigwellen* (siehe auch unter 11.2.) verwenden, um Bearbeitungskosten zu sparen.
12. *Feststehende Achsen* wegen günstiger Beanspruchungsverhältnisse gegenüber umlaufenden bevorzugen (siehe auch unter 11.1.).
13. Lager dicht an Scheiben und Räder setzen, damit die Durchbiegung der Welle klein bleibt und die kritische Drehzahl hoch liegt (siehe unter 11.4.4.).
14. Bei genauestem, ausgewuchtetem Lauf hochtouriger Wellen sollen Nuten, Bohrungen u. dgl. *vor* der Endbearbeitung der Oberflächen gefertigt werden, um Druckstellen und Verformungen durch das Einspannen beim Fräsen oder Bohren zu vermeiden.

11.6.2. Sonderausführungen

11.6.2.1. Gelenkwellen

Zur Übertragung von Drehbewegungen zwischen nicht fluchtenden und in ihrer Lage veränderlichen Wellenteilen werden Gelenkwellen verwendet, z. B. im Werkzeugmaschinenbau bei Tischantrieben von Fräsmaschinen, bei Mehrspindelbohrmaschinen und im Kraftfahrzeugbau zur Verbindung von Wechsel- und Achsgetriebe. Sie bestehen aus Antriebswelle, den beiden Einfach-Gelenken und der ausziehbaren Zwischenwelle, der Teleskopwelle (Bild 11-21a).
Zur Übertragung kleinerer Drehmomente werden bei Werkzeugmaschinen vorwiegend *Kugelgelenke* (Bild 11-21a), für größere Drehmomente, z. B. bei Kraftfahrzeugen, *Kreuzgelenke* (Bild 11-21b) verwendet.

11.6. Gestaltung der Achsen, Wellen und Zapfen

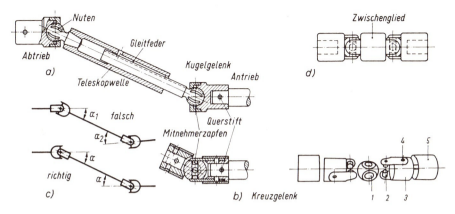

Bild 11-21. Gelenkwelle und deren Bauteile, a) mit Kugelgelenken, b) Kreuzgelenk (1 Gelenkkugel, 2 Laschen mit Zapfen, 3 Gelenkkörper, 4 Stifte, 5 Hülsen), c) falsche und richtige Anordnung der Gelenke, d) Doppelgelenk

Bei Gelenkwellen mit Kreuzgelenken ist zu beachten, daß die Ablenkungswinkel α zwischen Antriebs- bzw. Abtriebswelle und Zwischenwelle gleich sind. Bei gleichförmiger Drehbewegung der Antriebswelle führt die Zwischenwelle eine von der Größe des Ablenkungswinkels abhängige ungleichförmige Drehbewegung aus, die nur bei gleichen Winkeln wieder ausgeglichen wird (Bild 11-21c). Ferner ist für einen Gleichlauf von Antriebs- und Abtriebswelle die gleiche Lage, d. h. die gleiche Gabelstellung der beiden Kreuzgelenke Voraussetzung.

Eine Verbindung zweier zueinander geneigter Wellen ohne Zwischenwelle kann nur durch ein *Doppel-Gelenk* (Bild 11-21d) erfolgen, um eine gleichförmige Drehung beider Wellen zu erreichen. Das Zwischenglied des Doppel-Gelenkes kann dabei bewegungsmäßig als Zwischenwelle aufgefaßt werden.

Gelenke und Wellen werden meist durch Querstifte (Kegelstifte, Kerbstifte oder Spannhülsen), bei schweren Ausführungen auch durch Keile, Paßfedern, Kerbverzahnung oder Keilwellenprofil (siehe Kapitel 12. Elemente zum Verbinden von Welle und Nabe) verbunden.

Genormte Einfach- und Doppel-Kreuzgelenke nach DIN 7551 für einen Ablenkungswinkel bis 45° bzw. 90° werden für allgemeine Zwecke, Wellengelenke nach DIN 808 vorwiegend für Werkzeugmaschinen verwendet. Die Ausführung dieser Gelenke ist ähnlich den in Bild 11-21 dargestellten.

11.6.2.2. Biegsame Wellen

Zum Antrieb ortsveränderlicher Elektrowerkzeuge mit kleineren Leistungen, wie Handschleifmaschinen und Handfräsen, werden vorwiegend biegsame Wellen verwendet. Sie bestehen aus schraubenförmig in mehreren Lagen und mehrgängig gewickelten Stahldrähten (1), die von einem beweglichen Metallschutzschlauch (3) umhüllt und häufig noch durch einen schraubenförmig gewundenen Flachstahl (2) verstärkt sind (Bild 11-22).

Die Drehung biegsamer Wellen hat entgegen dem Windungssinn der äußeren Drahtlage zu erfolgen, um ein Abwickeln dieser Lage auszuschließen. Die in Bild 11-22 gezeigte Welle ist danach für Rechtsdrehung vorgesehen, da die äußere Lage linksgängig gewunden ist. Die Normalausführung ist für Rechtslauf. Die anzuschließenden Teile werden meist durch aufgelötete Muffen verbunden.

Die Anschlußmaße für die Antriebsseite von biegsamen Wellen sind nach DIN 42995 genormt.

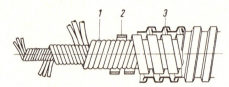

Bild 11-22
Biegsame Welle mit Metallschutzschlauch

11.7. Berechnungsbeispiele

■ **Beispiel 11.1:** Die Achse zur Lagerung der Umlenk-Seilrolle für das Hubseil eines Wanddrehkranes, Bild 11-23, ist zu berechnen und zu entwerfen. Die größte Seilzugkraft beträgt $F_S = 30$ kN. Der Abstand der 8 mm dicken Tragbleche liegt mit 140 mm fest. Für die Achse soll gezogener Rundstahl mit geschliffener Oberfläche nach DIN 670 mit Toleranz h 8 aus St 42 K verwendet werden (siehe unter 11.2.). Die Schmierung erfolgt durch Schmierlöcher in der Achse.

a) Der Achsendurchmesser d ist zu ermitteln,
b) die Flächenpressung zwischen Achse und Tragblechen ist zu prüfen,
c) die Achse ist zu entwerfen mit normgerechter Bemaßung.

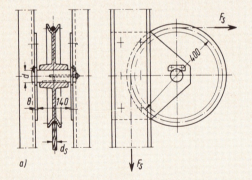 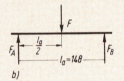

Bild 11-23
Achse einer Umlenk-Seilrolle
a) Anordnung,
b) Skizze zur Ermittlung der Kräfte und überschlägigen Berechnung

▶ **Lösung a):** Zunächst sei kurz erläutert, wie der Seilrollendurchmesser von 400 mm festgelegt wurde. Ausgehend von der Seilkraft $F_S = 30$ kN ergibt sich mit einer bei kleineren Kranen üblichen, etwa 6-fachen Bruchsicherheit, also für $F_B \approx 180$ kN, nach DIN 655 ein Drahtseil B 18 × 160 (Ausführung B, 18 mm Nenndurchmesser, 1600 N/mm² Zugfestigkeit) mit 178,5 kN Bruchlast. Für diesen Seildurchmesser wird nach DIN 15062 (z. Zt. überarbeitet) ein Seilrollendurchmesser $D_1 = 400$ mm empfohlen.

Der *Achsendurchmesser d* wird *zunächst überschlägig* unter Annahme einer punktförmig angreifenden Rollenkraft berechnet, um die von d abhängigen Nabenabmessungen, insbesondere die Nabenlänge festlegen zu können. Mit der im Verhältnis zur Achsenlänge zu erwartenden großen Nabenlänge lohnt es sich, die Rollenkraft als Streckenlast zu betrachten und damit anschließend eine genauere Berechnung durchzuführen.

11.7. Berechnungsbeispiele

Durch unterschiedliche Seilzugkraft wird für die Achse Schwellbelastung hinsichtlich der Biegebeanspruchung angenommen. Die zusätzliche Schubbeanspruchung kann erfahrungsgemäß vernachlässigt werden.

Zunächst wird die resultierende Seilzugkraft nach Bild 11-23b:

$F = F_S \cdot \sqrt{2}$, $F = 30$ kN $\cdot 1,414 = 42,42$ kN.

Hiermit ergeben sich die Auflagerkräfte $F_A = F_B = \frac{F}{2}$, $F_A = F_B = \frac{42,42 \text{ kN}}{2} = 21,21$ kN und das in der Achsenmitte liegende max. Biegemoment

$M_b = F_A \cdot \frac{l}{2} = F_B \cdot \frac{l}{2}$, $M_b = 21,21$ kN $\cdot 7,4$ cm $= 156,95$ kNcm $\approx 1570 \cdot 10^3$ Nmm.

Der Achsendurchmesser ergibt sich nach Gleichung (11.3) aus

$$d \approx \sqrt[3]{\frac{M_b}{0,1 \cdot \sigma_{b\,zul}}}.$$

Die zulässige Biegespannung wird bei dynamischer Belastung und bekannter Kerbwirkung angesetzt nach Gleichung (3.7):

$$\sigma_{b\,zul} = \frac{\sigma_D \cdot b_1 \cdot b_2}{\beta_k \cdot \nu}.$$

Für St 42 wird nach Dfkt-Schaubild A3-4b, Anhang: $\sigma_D \stackrel{\wedge}{=} \sigma_{b\,Sch} = 360$ N/mm². Der Oberflächenbeiwert wird nach Bild A3-1, Anhang, für geschliffene Oberfläche und $\sigma_B = 420$ N/mm² (St 42!) geschätzt: $b_1 \approx 0,95$. Der Größenbeiwert b_2 kann wegen des noch unbekannten Durchmessers noch nicht erfaßt werden und wird vorerst durch eine höhere Sicherheit indirekt berücksichtigt (siehe Empfehlung zur Gleichung (3.6)). Die Kerbwirkungszahl aufgrund des quergebohrten Schmierloches wird nach Tabelle A3.5, Anhang, Zeile 13, geschätzt: $\beta_k \approx 1,5$. Mit einer zunächst höher angesetzten Sicherheit $\nu = 2$ wird dann

$$\sigma_{b\,zul} = \frac{360 \text{ N/mm}^2 \cdot 0,95}{1,5 \cdot 2} \approx 115 \text{ N/mm}^2.$$

Hiermit und mit $M_b = 1570 \cdot 10^3$ Nmm wird dann der ungefähre Achsendurchmesser

$$d \approx \sqrt[3]{\frac{10^3 \cdot 1570 \text{ Nmm}}{0,1 \cdot 115 \text{ N/mm}^2}} = 10 \cdot \sqrt[3]{136 \text{ mm}^3} \approx 51 \text{ mm; nach DIN 3 gewählt } d = 55 \text{ mm}$$

Mit diesem etwa zu erwartenden Durchmesser kann nun die Nabenlänge L festgelegt werden. Nach Tabelle A12.5, Anhang, wird für lose sitzende Naben aus GG empfohlen: $L \approx 2 \ldots 2,2 \cdot d$, $L \approx 2 \ldots 2,2 \cdot 55$ mm $\approx 110 \ldots 120$ mm. Da der Abstand zwischen den Tragblechen groß genug ist wird gewählt: Nabenlänge $L = 120$ mm. Damit wird auch gleichzeitig die Gefahr des Verkantens der Rolle und die Flächenpressung zwischen Achse und Rollengleitbuchse verringert.

Die genauere Berechnung erfolgt nun mit der als Streckenlast über die Nabenlänge verteilten Seilrollenkraft F (Bild 11-24). Auch hier liegt die $M_{b\,max}$-Stelle in der Mitte der Achse. Dafür ergibt sich:

$M_b = F_A \cdot \frac{l_a}{2} - \frac{F}{2} \cdot \frac{L}{4}$,

mit $F_A = \frac{F}{2}$ wird $M_b = \frac{F}{2} \cdot \left(\frac{l_a}{2} - \frac{L}{4} \right)$,

$M_b = 21,21$ kN $\cdot (7,4$ cm $- 3,0$ cm$)$
 $= 93,32$ kN cm $\approx 933 \cdot 10^3$ Nmm.

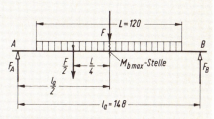

Bild 11-24. Genauere Berechnung der Achse mit Streckenlast

Mit dem nun auch genauer zu bestimmenden Größenbeiwert für $d = 55$ mm nach Bild A3-2, Anhang: $b_2 \approx 0{,}8$ und einer Sicherheit $\nu = 1{,}5$ für angenommene 50 % Häufigkeit der Höchstlast (Hebezeuge!) wird entsprechend obiger Berechnung: $\sigma_{b\,zul} \approx 120$ N/mm².

Damit wird dann der Achsendurchmesser

$$d \approx \sqrt[3]{\frac{10^3 \cdot 933 \text{ Nmm}}{0{,}1 \cdot 120 \text{ N/mm}^2}} = 10 \cdot \sqrt[3]{77{,}75 \text{ mm}^3} = 4{,}27 \cdot 10 \text{ mm} \approx 43 \text{ mm; gewählt } d = 45 \text{ mm}.$$

Ergebnis: Es ergibt sich eine Achse aus St 42 mit $d = 45$ mm Durchmesser.

Das Ergebnis zeigt, daß eine Streckenlast gegenüber einer gleich großen Punktlast beanspruchungsmäßig günstiger ist.

Die Schwächung durch Schmierlöcher ist gering und braucht nicht berücksichtigt zu werden, wird aber meistens durch Erhöhung des rechnerischen Durchmessers (hier ≈ 43 mm) auf einen Normdurchmesser (hier 45 mm) ohnehin ausgeglichen. Die bei der überschlägigen Berechnung festgelegten Nabenabmessungen bleiben unverändert.

▶ **Lösung b):** Für die Flächenpressung zwischen der feststehenden Achse und den Tragblechen gilt nach der Flächenpressungs-Hauptgleichung:

$$p = \frac{F_A}{A_{proj}} \leq p_{zul}.$$

Mit $F_A (= F_B) = 21{,}21$ kN $= 21\,210$ N und $A_{proj} = d \cdot s = 45$ mm $\cdot$ 8 mm $= 360$ mm² wird

$$p = \frac{21\,210 \text{ N}}{360 \text{ mm}^2} \approx 59 \text{ N/mm}^2.$$

Die zulässige Flächenpressung ist für nicht gleitende Teile bei angenommener Schwellbelastung für Stahl nach Tabelle A1.3, Anhang: $p_{zul} \approx 70 \ldots 150$ N/mm². Damit ist also $p = 59$ N/mm² $< p_{zul}$.

Ergebnis: Die vorhandene Flächenpressung $p = 59$ N/mm² liegt unter der zulässigen $p_{zul} \approx 70 \ldots 150$ N/mm²; damit besteht keine Gefahr der Quetschung für Achse und Tragbleche.

▶ **Lösung c):** Bild 11-25 zeigt die Ausführung der Rollenlagerung und die Konstruktion der Achse. Diese wird zweckmäßig durch *Achshalter* (DIN 15058) beidseitig an den Tragblechen befestigt. Die Achshalter sollen möglichst entgegen der Druckübertragungsstelle angeordnet werden (siehe unter 9.4.4. und Bild 9-13), also im Seitenriß des Bildes 11-25a links oben unter 45° geneigt. Da diese Anordnung hier platzmäßig sehr ungünstig ist, sind die Achshalter senkrecht gesetzt.

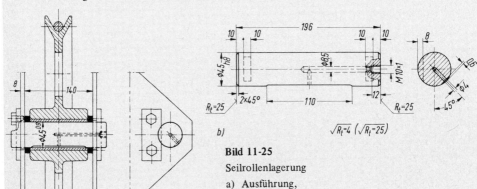

Bild 11-25
Seilrollenlagerung
a) Ausführung,
b) Konstruktion der Achse

11.7. Berechnungsbeispiele

Das *Schmiermittel* (Fett) wird durch Schmierlöcher und Schmiernut (Abflachung) der unbelasteten Lagerhälfte zugeführt.

Zwischen Nabe und Tragblechen sind *Futterscheiben* von 8 mm Dicke gesetzt. Bei einem Abstand von je 10 mm zwischen Nabe und Tragblech ist damit ausreichendes seitliches Spiel der Nabe gegeben.

Alle für die Fertigung der Achse erforderlichen Maße, Toleranzen und Oberflächenzeichen sind eingetragen.

■ **Beispiel 11.2:** Die Durchmesser der Welle einer Niederdruck-Kreiselpumpe für eine maximale Fördermenge Q = 150 m³/h Wasser und eine Förderhöhe H = 12 m bei einer Drehzahl n = 960 U/min sind zu berechnen bzw. festzulegen (Bild 11-26). Die Welle aus St 50 ist durch eine elastische Kupplung direkt mit dem Elektromotor verbunden. Der Gesamtwirkungsgrad (aus hydraulischem und mechanischem Wirkungsgrad und Liefergrad) ist η = 0,55.

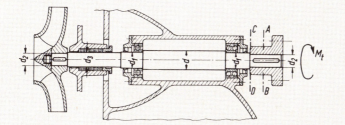

Bild 11-26
Antriebswelle einer Kreiselpumpe

▶ **Lösung:** Die Welle wird vorwiegend schwellend auf Verdrehung beansprucht. Die durch Gewichtskräfte (Laufrad, Kupplung) und Axialschub (infolge Druckzunahme im Laufrad) noch entstehenden Biege- und Druckbeanspruchungen sind erfahrungsgemäß im Vergleich zur Verdrehbeanspruchung gering und können vernachlässigt werden.
Der erforderliche Wellendurchmesser ergibt sich somit aus Gleichung (11.6):

$$d \approx \sqrt[3]{\frac{M_t}{0,2 \cdot \tau_{t\,zul}}}.$$

Das zu übertragende Drehmoment wird nach Gleichung (11.1): $M_t = 9550 \cdot \frac{P}{n}$.

Hierin bedeutet P die Motorleistung, die noch aus der Förderleistung P_F ermittelt werden muß.
Nach der Definition der Leistung (Kraft mal Weg durch Zeit) ist: $P_F = \frac{F \cdot s}{t}$.

Die Fördermenge Q = 150 m³ Wasser entspricht der Gewichtskraft $F \approx 1500$ kN, die Förderhöhe H entspricht dem Weg s = 12 m, die Zeit ist t = 1 h = 3600 s. Damit wird die Förderleistung

$$P_F = \frac{1500 \text{ kN} \cdot 12 \text{ m}}{3600 \text{ s}} = 5 \text{ kNm/s} = 5 \text{ kW}.$$

Unter Berücksichtigung des Gesamtwirkungsgrades η = 0,55 wird die Motorleistung

$$P = \frac{P_F}{\eta} = \frac{5 \text{ kW}}{0,55} = 9,09 \text{ kW};$$ gewählt wird ein Drehstrommotor mit der (Norm-)Nennleistung P = 11 kW (siehe auch Tabelle A16.9, Anhang). Für diese Leistung muß nun die Welle ausgelegt werden, also ergibt sich damit das zu übertragende Drehmoment

$$M_t = 9550 \frac{11}{960} \text{Nm} = 109,4 \text{ Nm} = 109,4 \cdot 10^3 \text{ Nmm}.$$

Es ist nun festzustellen, welcher Querschnitt am meisten gefährdet und somit für die Berechnung maßgebend ist. Dieser ist zweifellos der Nutquerschnitt $A-B$ des Antriebszapfens. Für diesen wird bei dynamischer Belastung und bekannter Kerbwirkung die zulässige Verdrehspannung nach Gleichung (3.7):

$$\tau_{t\,zul} = \frac{\tau_D \cdot b_1 \cdot b_2}{\beta_k \cdot \nu}.$$

Die Dauerfestigkeit entsprechend Verdreh-Schwellfestigkeit ist für St 50 nach Dfkt-Schaubild A3-4c, Anhang: $\tau_D \stackrel{\wedge}{=} \tau_{t\,Sch}$ = 210 N/mm². Die Oberfläche des Antriebszapfens muß wegen des Wälzlagersitzes wenigstens feingedreht sein; hierfür und für σ_B = 500 N/mm² (St 50!) wird nach Bild A3-1, Anhang, der Oberflächenbeiwert $b_1 \approx 0{,}9$. Der Größenbeiwert kann noch nicht festgestellt werden, soll aber hier einmal für einen angenommenen Durchmesser zwischen etwa 40 mm geschätzt werden; damit würde nach Bild A3-2, Anhang: $b_2 \approx 0{,}85$. Die Kerbwirkungszahl ergibt sich für die Paßfedernut nach Tabelle A3.5, Anhang, Zeile 8: β_k = 1,6. Für einen hier anzunehmenden Dauerbetrieb für die Pumpe bei 100 % Häufigkeit der Höchstlast wird nach den Angaben zur Gleichung (3.7) die Sicherheit ν = 2 gewählt. Mit diesen Werten wird dann die zulässige Verdrehspannung

$$\tau_{t\,zul} = \frac{210\ \text{N/mm}^2 \cdot 0{,}9 \cdot 0{,}85}{1{,}6 \cdot 2} = 50{,}2\ \text{N/mm}^2 \approx 50\ \text{N/mm}^2.$$

Hiermit und mit M_t wird der Durchmesser der Welle, also hier der des Antriebszapfens

$$d_2 \approx \sqrt[3]{\frac{10^3 \cdot 109{,}4\ \text{Nm}}{0{,}2 \cdot 50\ \text{N/mm}^2}} = 10 \cdot \sqrt[3]{10{,}94\ \text{mm}^3} \approx 22\ \text{mm}$$

als rechnerischer „Kerndurchmesser".

Unter Berücksichtigung der Nuttiefe (siehe unter 11.3.5.) wird gewählt: d_2 = 30 mm.

Hierfür wird die Nuttiefe nach Tabelle A12,4, Anhang, für Durchmesserbereich „über 22 bis 30": t_1 = 4 mm und damit der „Kerndurchmesser" d_k = 30 mm − 4 mm = 26 mm > 22 mm. Für d_2 = 30 mm würde sich der oben geschätzte Größenbeiwert b_2 kaum ändern, so daß sich auch am Endergebnis nichts ändert.

Der Durchmesser der Welle an den Lagerstellen wird aus konstruktiven Gründen mit d_1 = 35 mm, der Durchmesser zwischen den Lagern als größter mit d = 40 mm ausgeführt. Für den Wellenteil mit der Dichtungs-Packung könnte d_3 = 34 mm vorgesehen werden, der Zapfen zur Aufnahme des Schaufelrades wird wieder mit d_2 = 30 mm ausgeführt.

Eine Nachprüfung des Übergangsquerschnittes $C-D$ erübrigt sich.

Für die Fertigung wird zweckmäßig ein Rundstahl z. B. nach DIN 668 mit Toleranz h 11 aus St 50 K verwendet (siehe unter 11.2.).

Ergebnis: Für die Antriebswelle aus St 50 ergeben sich die Durchmesser d = 40 mm, d_1 = 35 mm, d_2 = 30 mm und d_3 = 34 mm.

■ **Beispiel 11.3:** Der Durchmesser der Antriebswelle eines Becherwerkes (Elevators), Bild 11-27, ist zu berechnen. Für eine Fördermenge Q = 50 t/h Schwergetreide und eine Förderhöhe H = 30 m ergeben sich: Antriebsleistung (etwa gleich Motorleistung) P = 7,5 kW, Drehzahl n = 80 min^{-1}, Gurtscheibendurchmesser D_S = 800 mm, Lagerabstand l_a = 580 mm, Zugkraft im aufsteigenden Trumm F_1 = 6,1 kN, im absteigenden Trumm F_2 = 4,5 kN. Werkstoff der Welle gewählt: St 50 K.

a) Der Durchmesser d der Antriebswelle ist zu ermitteln.
b) Der Durchmesser d_1 des Kupplungszapfens ist festzulegen und nachzuprüfen.
c) Alle für die Fertigung der Welle erforderlichen Toleranzen und die geeigneten Passungen sind festzustellen.

11.7. Berechnungsbeispiele

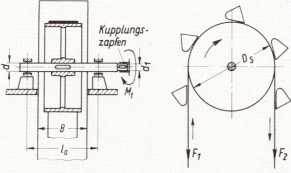

Bild 11-27 Antriebswelle eines Becherwerkes

▶ **Lösung a):** Zunächst sind die Beanspruchungs- und Belastungsarten für die Welle festzustellen. Durch das über die Kupplung eingeleitete Drehmoment wird die Welle in dem Teil zwischen Kupplung und Scheibenmitte auf Verdrehung beansprucht und zwar wegen etwaiger stoßweiser Förderung vorwiegend schwellend. Durch die Gurtscheibenkraft F tritt zusätzliche Biegebeanspruchung auf und zwar wechselnd, da für die äußeren Fasern der umlaufenden Welle ein ständiger Wechsel zwischen Biegezug und Biegedruck stattfindet. Wie Bild 11-28 zeigt, ist der Querschnitt $A-B$ (Mitte Welle) am stärksten beansprucht und gefährdet und damit für die Berechnung maßgebend.

Da der Lagerabstand aufgrund der vorgegebenen Schachtbreite B festliegt, kann auch das Biegemoment bestimmt und somit gleich eine genauere Berechnung durchgeführt werden (siehe auch unter 11.3.1. „Fall 1").

Für die gleichzeitig auf Verdrehung und Biegung beanspruchte Welle (siehe unter 11.3.4.2.) wird zunächst das Vergleichsmoment nach Gleichung (11.11) ermittelt:

$$M_v = \sqrt{M_b^2 + 0{,}75 \cdot (\alpha_0 \cdot M_t)^2}$$

Mit der hier punktförmig angreifend gedachten Scheibenkraft
$F = F_1 + F_2 = 6{,}1 \text{ kN} + 4{,}5 \text{ kN}$
$= 10{,}6$ kN wird das Biegemoment für den Querschnitt $A-B$:

$$M_b = F_A \cdot \frac{l_a}{2} = F_B \cdot \frac{l_a}{2},$$

mit $F_A = F_B = \frac{F}{2} = 5{,}3$ kN

wird $M_b = 5{,}3 \text{ kN} \cdot 290 \text{ mm}$
$= 1537$ kNmm;

wegen günstigerer Zahlenwerte wird zunächst die Einheit kNcm gewählt:
$M_b \approx 154$ kNcm.

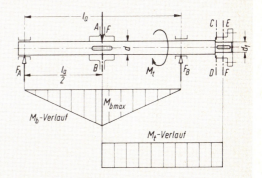

Bild 11-28. Kräfte an der Antriebswelle, M_b-Verlauf, M_t-Verlauf

Das Drehmoment wird nach Gleichung (11.1):

$$M_t = 9550 \cdot \frac{P}{n}, \quad M_t = 9550 \cdot \frac{7{,}5}{80} \text{ Nm} = 895{,}3 \text{ Nm} = 89{,}53 \text{ kNcm}.$$

Für das Anstrengungsverhältnis wird nach Angaben zur Gleichung (11.10) für Baustahl und für den Fall „M_t schwellend" und „M_b wechselnd" gesetzt: $\alpha_0 = 0{,}7$.

$M_v = \sqrt{(154 \text{ kNcm})^2 + 0{,}75 \cdot (0{,}7 \cdot 89{,}53 \text{ kNcm})^2} = \sqrt{26\,670 \text{ (kNcm)}^2} \approx 163$ kNcm,
$M_v = 1630 \cdot 10^3$ Nmm.

Hiermit wird dann der erforderliche Wellendurchmesser nach Gleichung (11.12):

$$d \approx \sqrt[3]{\frac{M_v}{0,1 \cdot \sigma_{b\,zul}}}.$$

Bei dynamischer Belastung und bekannter Kerbwirkung wird die zulässige Biegespannung nach Gleichung (3.7):

$$\sigma_{b\,zul} = \frac{\sigma_D \cdot b_1 \cdot b_2}{\beta_k \cdot \nu}.$$

Es wird die Dauerfestigkeit, hier gleich Biegewechselfestigkeit, für St 50 nach Dfkt-Schaubild A3-4b, Anhang: $\sigma_D \triangleq \sigma_{bW} = 260$ N/mm². Für die Welle soll ein gezogener Rundstahl nach DIN 670 mit Toleranz h 8 verwendet werden; nach Bild A3-1, Anhang, wird hierfür und für $\sigma_B = 500$ N/mm² (St 50!) der Oberflächenbeiwert $b_1 \approx 0,9$. Der Größenbeiwert b_2 kann vorerst nicht festgestellt werden; dazu wird der Wellendurchmesser überschlägig nach Gleichung (11.9) ermittelt: $d \approx c_1 \cdot \sqrt[3]{M_t}$, mit $c_1 = 6,3$ (für St 50) und $M_t = 89,53$ kNcm = 895,3 Nm wird $d \approx 6,3 \cdot \sqrt[3]{895,3} \approx 6,3 \cdot 9,64 \approx 60$ mm; hierfür wird nach Bild A3-2, Anhang: $b_2 \approx 0,78$. Die Kerbwirkungszahl wird nach Tabelle A3.5, Anhang, Zeile 6: $\beta_k = 1,7$. Als Sicherheit wird bei angenommener Häufigkeit der Höchstlast von 50 % (Förderer!) gewählt: $\nu = 1,5$.

$$\sigma_{b\,zul} = \frac{260 \text{ N/mm}^2 \cdot 0,9 \cdot 0,78}{1,7 \cdot 1,5} \approx 70 \text{ N/mm}^2.$$

Hiermit und mit $M_v = 1630 \cdot 10^3$ Nmm wird dann der Wellendurchmesser

$$d \approx \sqrt[3]{\frac{10^3 \cdot 1630 \text{ Nmm}}{0,1 \cdot 70 \text{ N/mm}^2}} \approx 10 \cdot \sqrt[3]{233 \text{ mm}^3} \approx 62 \text{ mm}.$$

Unter Berücksichtigung der Schwächung durch die Paßfedernut wird gewählt: $d = 70$ mm.

Nach 11.3.5. ist noch nachzuweisen, daß damit der rechnerische Durchmesser nicht unterschritten wird. Nach Tabelle A12.4, Anhang, ist für $d = 70$ mm die Nuttiefe $t_1 = 7,5$ mm, also wird der „Kerndurchmesser" $d_k = d - t_1 = 70$ mm $- 7,5$ mm $= 62,5$ mm > 62 mm.

Ergebnis: Der Durchmesser der Antriebswelle wird $d = 70$ mm.

▶ **Lösung b):** Der Durchmesser des Antriebszapfens zur Aufnahme der Kupplung wird nach rein konstruktiven Gesichtspunkten auf $d_1 = 60$ mm abgesetzt. Damit ist eine genügend große Wellenschulter als Anlagefläche vorhanden und auch, nach 11.6.1., unter 2., das Verhältnis $D/d \triangleq d/d_1 = 70$ mm/60 mm $\approx 1,17 < 1,4$.

Der Antriebszapfen wird nur schwellend auf Verdrehung beansprucht. Es liegt also der Fall nach Bild 11-14b (siehe unter 11.5.2.) vor. Die Nachprüfung erfolgt nur für den geschwächten und am meisten gefährdeten Nutquerschnitt $E-F$. Hierfür gilt nach Gleichung (11.19):

$$\tau_t = \frac{M_t}{W_p} \leqslant \tau_{t\,zul}.$$

Zu übertragendes Drehmoment $M_t = 895,3$ Nm $= 895300$ Nmm (siehe unter a). Polares Widerstandsmoment $W_p \approx 0,2 \cdot d_{k1}^3$, Kerndurchmesser $d_{k1} = d_1 - t_1$, mit Nuttiefe $t_1 = 7$ mm für $d_1 = 60$ mm (nach Tabelle A12,4, Anhang) wird $d_{k1} = 60$ mm $- 7$ mm $= 53$ mm und hiermit $W_p \approx 0,2 \cdot 53^3$ mm³ ≈ 29775 mm³.

$$\tau_t = \frac{895\,300 \text{ Nmm}}{29\,775 \text{ mm}^3} = 30 \text{ N/mm}^2.$$

Diese Spannung ist so klein, daß auf den Ansatz der zulässigen Spannung verzichtet werden kann. Es wird in jedem Fall $\tau_t < \tau_{t\,zul}$ sein.

Ergebnis: Der Durchmesser des Antriebszapfens wird mit d_1 = 60 mm festgelegt. Es ist in jedem Fall τ_t = 30 N/mm² $<$ $\tau_{t\,zul}$ zu erwarten.

▶ **Lösung c):** Die geeigneten Passungen für den Kupplungssitz und den Scheibensitz werden erfahrungsgemäß festgelegt.
Für die auf den Wellenende festsitzende Kupplung ist nach Tabelle 2.3 (Kapitel 2. Normzahlen und Passungen unter 2.9.) geeignet: Passung H7/k6. Das deckt sich auch mit den Angaben in Tabelle 12.3 (Kapitel 12. Elemente zum Verbinden von Welle und Nabe, unter 12.3.5.3.) als empfohlene Passung bei Paßfederverbindung.
Für den Sitz der Gurtscheibe ist bereits die Welle mit der Toleranz h8 vorgegeben (siehe unter Lösung a). Die geeignete Bohrungstoleranz für die ebenfalls mit Paßfeder befestigte Nabe wird zweckmäßig wieder der Tabelle 12.3 entnommen, danach kommt in Frage: Toleranz J7. Das deckt sich auch wieder mit den Angaben nach Tabelle 2.3, und zwar für Einheitswelle: J7/h6, jedoch mit h6 an Stelle von h8.

Ergebnis: Für den Kupplungssitz wird die Passung H7/k6, für den Scheibensitz die Passung J7/h8 gewählt.

■ **Beispiel 11.4:** Eine Transmissionswelle aus St 50 mit d = 60 mm Durchmesser hat ein Drehmoment M_t = 750 Nm bei einer Drehzahl n = 630 min⁻¹ zu übertragen (Bild 11-29). Der Lagerabstand ist l_a = 2,4 m, die Abstände zwischen den Lagern und der Riemenscheibe sind l_1 = 2,1 m und l_2 = 0,3 m, der Abstand zwischen Mitte Kupplungszapfen und Lager A ist l_3 = 150 mm. Die Gewichtskraft der Welle beträgt G_W = 600 N, die der Riemenscheibe G_S = 500 N.

Bild 11-29. Transmissionswelle

Zu ermitteln sind:
a) die Durchbiegungen f_1 und f_2 der Welle durch die Gewichtskräfte G_W und G_S und die hieraus sich ergebende Gesamtdurchbiegung f_{ges},
b) die biegekritische Drehzahl n_{kb} für die Welle mit der Feststellung, ob diese gefährlich werden kann,
c) der Verdrehwinkel $\varphi°$ für die Welle,
d) die verdrehkritische Drehzahl n_{kt} mit der Feststellung wie zu b).

▶ **Lösung a):** Bei dieser und den folgenden Berechnungen bleiben der Kupplungszapfen und die Gewichtskraft der Kupplung wegen ihres geringen Einflusses unberücksichtigt.
Die Durchbiegung f_1 durch die Gewichtskraft G_W der Welle wird nach Beanspruchungsfall Zeile 4 der Tabelle 11.1 ermittelt:

$$f_1 = 0{,}013 \cdot \frac{F' \cdot l_a^3}{E \cdot I}.$$

Hierin sind: $F' \triangleq G_W$ = 600 N, l_a = 2400 mm, E = 210 000 N/mm², $I \approx d^4/20 \approx 60^4$ mm⁴/$20 \approx 64{,}8 \cdot 10^4$ mm⁴; damit wird

$$f_1 = 0{,}013 \cdot \frac{600\ \text{N} \cdot 2400^3\ \text{mm}^3}{210\,000\ \text{N/mm}^2 \cdot 64{,}8 \cdot 10^4\ \text{mm}^4}$$

$$= 0{,}013 \cdot \frac{600\ \text{N} \cdot 13\,824 \cdot 10^6\ \text{mm}^3}{2100 \cdot 10^2\ \text{N/mm}^2 \cdot 64{,}8 \cdot 10^4\ \text{mm}^4} = 0{,}79\ \text{mm},\ f_1 \approx 0{,}8\ \text{mm}.$$

Die Durchbiegung f_2 durch die Gewichtskraft G_S der Scheibe wird nach Beanspruchungsfall Zeile 2 der Tabelle 11.1 berechnet:

$$f_2 = \frac{F \cdot l_a^3}{3 \cdot E \cdot I} \cdot \left(\frac{l_1}{l_a}\right)^2 \cdot \left(\frac{l_2}{l_a}\right)^2.$$

Hierin sind: E, I und l_a wie oben, $F = G_S = 500$ N, $l_1 = 2100$ mm, $l_2 = 300$ mm.

$$f_2 = \frac{500 \text{ N} \cdot 2400^3 \text{ mm}^3}{3 \cdot 210\,000 \text{ N/mm}^2 \cdot 64{,}8 \cdot 10^4 \text{ mm}^4} \cdot \left(\frac{2100 \text{ mm}}{2400 \text{ mm}}\right)^2 \cdot \left(\frac{300 \text{ mm}}{2400 \text{ mm}}\right)^2,$$

$$f_2 = \frac{500 \text{ N} \cdot 13\,824 \cdot 10^6 \text{ mm}^3}{3 \cdot 2100 \cdot 10^2 \text{ N/mm}^2 \cdot 64{,}8 \cdot 10^4 \text{ mm}^4} \cdot 0{,}875^2 \cdot 0{,}125^2$$

$= 16{,}93 \text{ mm} \cdot 0{,}766 \cdot 0{,}0156 = 0{,}202 \text{ mm}, f_2 \approx 0{,}2$ mm.

Diese Durchbiegung ergibt sich für die Stelle des Angriffspunktes von G_S. Es sollen noch die max. Durchbiegung $f_{2\max}$ und die Stelle von $f_{2\max}$ ermittelt werden:

$$f_{2\max} = f \cdot \frac{l_a + l_2}{3 \cdot l_2} \cdot \sqrt{\frac{l_a + l_2}{3 \cdot l_1}},$$

$$f_{2\max} = 0{,}2 \text{ mm} \cdot \frac{2400 \text{ mm} + 300 \text{ mm}}{3 \cdot 300 \text{ mm}} \cdot \sqrt{\frac{2400 \text{ mm} + 300 \text{ mm}}{3 \cdot 2100 \text{ mm}}},$$

$f_{2\max} = 0{,}6 \text{ mm} \cdot \sqrt{0{,}4286} = 0{,}6 \text{ mm} \cdot 0{,}655 = 0{,}393 \text{ mm}, f_{2\max} \approx 0{,}4$ mm.

Die Stelle für $f_{\max}$, vom Lager A gemessen, ergibt sich aus

$$l_x = l_1 \cdot \sqrt{\frac{l_a + l_2}{3 \cdot l_1}},$$

$l_x = 2100 \text{ mm} \cdot \sqrt{\dfrac{2400 \text{ mm} + 300 \text{ mm}}{3 \cdot 2100 \text{ mm}}} = 2100 \text{ mm} \cdot \sqrt{0{,}4286} = 2100 \text{ mm} \cdot 0{,}655 = 1375{,}5$ mm

$l_x \approx 1376$ mm.

Da die Stellen von f_1 und $f_{2\max}$ etwa in der Mitte der Welle zusammenliegen, läßt sich schon ungefähr die Gesamtdurchbiegung $f_{ges} \approx f_1 + f_{2\max} \approx 1{,}2$ mm erkennen. Demnach soll f_{ges} durch maßstäbliches Aufzeichnen der beiden Biegelinien und durch deren zeichnerische Addition ermittelt werden, um das Verfahren allgemein, also auch für andere Fälle zu zeigen.

Zunächst wird der Lageplan maßstäblich aufgezeichnet, in Bild 11-30 mit M1:30 (in Wirklichkeit z. B. mit M1:10). Darunter werden die Biegelinien dargestellt, wobei natürlich die Durchbiegungen im vergrößerten Maßstab aufgetragen werden, im Bild mit M10:1 (in Wirklichkeit z. B. M30:1). Dabei kommt es nicht so sehr auf ein genaues Zeichnen der Biegelinien an, die selbstverständlich durch rechnerische Ermittlung von Zwischenpunkten oder zeichnerisch mit dem Verfahren nach *Mohr* (siehe unter 11.3.6.2. und Bild 11-10) genauer dargestellt werden können. Aus der Addition der beiden Biegelinien ergibt sich dann die Gesamtbiegelinie mit der Gesamtdurchbiegung, gemessen unter Beachtung des Maßstabes $f_{ges} \approx 1{,}2$ mm.

Ergebnis: Die Durchbiegung durch die Gewichtskraft der Welle ist $f_1 = 0{,}8$ mm, durch die Gewichtskraft der Riemenscheibe ist $f_2 = 0{,}2$ mm, die zugehörige max. Durchbiegung $f_{2\max} = 0{,}4$ mm, die Gesamtdurchbiegung wird $f_{ges} \approx 1{,}2$ mm.

11.7. Berechnungsbeispiele

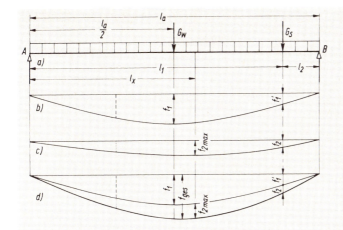

Bild 11-30
Zeichnerische Ermittlung der Durchbiegung der Transmissionswelle

a) Lageplan,
b) Biegelinie durch Gewichtskraft der Welle,
c) Biegelinie durch Gewichtskraft der Riemenscheibe,
d) Addition der Biegelinien, Gesamtbiegelinie mit Gesamtdurchbiegung f_{ges}

▶ **Lösung b):** Mit der nur aus den Gewichtskräften sich ergebenden Durchbiegung $f = f_{ges} = 1,2$ mm ergibt sich die biegekritische Drehzahl nach Gleichung (11.16) für die in den Lagern frei umlaufende Welle, also mit dem Korrekturfaktor $k = 1$:

$$n_{kb} \approx 950 \cdot \sqrt{\frac{1}{f}} \cdot k, \quad n_{kb} \approx 950 \cdot \sqrt{\frac{1}{1,2}} \cdot 1 = 866 \text{ U/min}, \quad n_{kb} \approx 860 \dots 870 \text{ U/min}.$$

Ergebnis: Die biegekritische Drehzahl beträgt etwa $n_{kb} = 860 \dots 870$ U/min. Da die Betriebsdrehzahl $n = 630$ U/min $< n_{kb}$, besteht für die Welle keine Gefahr der Resonanz.

▶ **Lösung c):** Zur Ermittlung des Verdrehwinkels φ der Welle darf selbstverständlich nur der Teil eingesetzt werden, der das Drehmoment überträgt, also hier der Teil von der Kupplung bis zur Riemenscheibe. Der etwas kleinere Durchmesser d_1 des Kupplungszapfens gegenüber dem Wellendurchmesser d ist von geringem Einfluß und soll bei der Berechnung unberücksichtigt bleiben.

Der Verdrehwinkel ergibt sich nach Gleichung (11.13) aus

$$\varphi° = \frac{180°}{\pi} \cdot \frac{M_t \cdot l}{G \cdot I_p}.$$

Hierin sind: $M_t = 750$ Nm $= 10^3 \cdot 750$ Nmm, $l = l_1 + l_3 = 2100$ mm $+ 150$ mm $= 2250$ mm, Gleitmodul $G = 80000$ N/mm², polares Trägheitsmoment $I_p \approx 0,1 \cdot d^4 \approx 0,1 \cdot 60^4$ mm⁴ $\approx 10^3 \cdot 1296$ mm⁴.

$$\varphi° = 57,3° \cdot \frac{10^3 \cdot 750 \text{ Nmm} \cdot 2250 \text{ mm}}{80\,000 \text{ N/mm}^2 \cdot 10^3 \cdot 1296 \text{ mm}^4} = 0,93°.$$

Ergebnis: Der Verdrehwinkel für die Welle beträgt $\varphi = 0,93°$.

▶ **Lösung d):** Die verdrehkritische Drehzahl wird nach Gleichung (11.17) berechnet:

$$n_{kt} \approx 72,3 \cdot \sqrt{\frac{M_t}{\varphi \cdot J}}.$$

Hierin ist noch das Massenträgheitsmoment aller umlaufenden Teile zu ermitteln. Zunächst wird für die Welle (Vollzylinder): $J_1 = m \cdot d^2/8$; mit der Masse $m \approx 60$ kg (entsprechend Gewichtskraft 600 N) und Durchmesser $d = 0,06$ m wird $J_1 = 60$ kg $\cdot 0,06^2$ m²/8 $= 0,027$ kgm². Das Massenträgheitsmoment der Kupplung beträgt nach Angaben des Herstellers $J_2 = 0,025$ kgm², das der Riemenscheibe $J_3 = 1{,}35$ kgm². Damit wird das Gesamt-Massenträgheitsmoment $J = J_1 + J_2 + J_3 = 0{,}027$ kgm² $+ 0{,}025$ kgm² $+ 1{,}35$ kgm² $= 1{,}402$ kgm². Hiermit und mit $M_t = 750$ Nm und $\varphi = 0{,}93°$:

$$n_{kt} \approx 72{,}3 \cdot \sqrt{\frac{750}{0{,}93 \cdot 1{,}402}} = 72{,}3 \cdot \sqrt{575{,}2} = 72{,}3 \cdot 24 = 1735 \text{ min}^{-1}.$$

Damit liegt auch die verdrehkritische Drehzahl weit über der Betriebsdrehzahl $n = 630$ min⁻¹, es besteht also für die Anlage keine Gefahr der Resonanz.

Ergebnis: Die verdrehkritische Drehzahl beträgt $n_{kt} = 1735$ min⁻¹. Da die Betriebsdrehzahl $n = 630$ min⁻¹ $< n_{kt}$, besteht keine Gefahr der Resonanz.

11.8. Normen und Literatur

DIN 509: Freistiche

DIN 668, 670, 671: Blanker Rundstahl

DIN 669: Blanke Stahlwellen

DIN 748: Zylindrische Wellenenden

DIN 1013: Warmgewalzter Rundstahl

DIN 1448, 1449: Kegeliger Wellenenden mit Außen-, Innengewinde

DIN 59360, 59361: Geschliffener oder polierter Rundstahl

DIN 42995: Biegsame Wellen, Anschlußmaße für Antriebsseite

Böge, A.: Das Techniker Handbuch, Verlag Vieweg, Braunschweig

Dubbels Taschenbuch für den Maschinenbau, Springer-Verlag, Berlin/Göttingen/Heidelberg

Hänchen, R. und *Decker, K.-H.:* Neue Festigkeitsberechnung für den Maschinenbau, Carl Hanser Verlag, München

Niemann, G.: Maschinenelemente, Springer-Verlag

Schmidt, F.: Berechnung und Gestaltung von Wellen, Springer-Verlag

12. Elemente zum Verbinden von Welle und Nabe

12.1. Allgemeines

Die zahlreichen und vielgestaltigen Verbindungen von Wellen, Achsen und Zapfen mit Naben von Laufrädern, Zahnrädern, Seilrollen, Hebeln und ähnlichen Bauteilen lassen sich je nach Art der Kraftübertragung unterteilen in:

1. *Reibschlüssige Verbindungen,* bei denen die Kraftübertragung zwischen Welle und Nabe durch Reibungswiderstand erfolgt, der durch Aufklemmen, Aufpressen (Aufschrumpfen), durch Kegelsitz oder durch besondere Spannelemente, wie Ringfedern oder kegelige Spannhülsen, erzeugt wird.
2. *Formschlüssige Verbindungen,* bei denen die Verbindung von Welle und Nabe durch bestimmte Formgebung, wie z.B. durch Keilwellenprofil, Kerbverzahnung und Polygonprofil oder durch zusätzliche Elemente, wie Paßfedern, Gleitfedern oder Querstifte, als „Mitnehmer" hergestellt wird.
3. *Vorgespannte formschlüssige Verbindungen,* die eine Vereinigung von Reib- und Formschlußverbindungen darstellen und vorwiegend durch Keile verschiedener Formen hergestellt werden. Zu diesen sind auch die z. B. durch Paßfedern zusätzlich gesicherten Klemm- oder Kegelverbindungen zu zählen.

Für die Anwendung der einzelnen Verbindungsarten sind Größe und Wirkung des zu übertragenden Drehmomentes, konstruktive Gesichtspunkte und auch die Herstellungskosten maßgebend. In Frage kommen:

1. für *kleinere Drehmomente:* Klemmverbindung, Spannhülse, Querstift, Scheibenfeder, Flach- und Hohlkeil;
2. für *größere* und *wechselseitige Drehmomente:* Preßpassung, Ringfeder-Spannverbindung, Keilwellen- und Polygonprofil, Kerbverzahnung, Nuten- und Tangentkeil;
3. für *einseitige Drehmomente:* Paßfeder, Scheibenfeder, Querstift;
4. für in Längsrichtung *verschiebbare Naben:* Keilwellenprofil, Gleitfeder;
5. für in Drehrichtung *verstellbare Naben:* Klemm- und Kegelverbindung, Ringfeder-Spannverbindung, Kerbverzahnung, Stirnverzahnung und Hohlkeil.

12.2. Reibschlüssige Verbindungen

12.2.1. Klemmverbindung

12.2.1.1. Anwendung und Ausführung

Die Klemmverbindung wird vorwiegend bei Riemen-, Gurtscheiben und Hebeln angewendet, die auf glatte, längere Wellen aufzubringen oder bei geteilter Ausführung nachträglich zwischen Lager zu setzen sind oder in Längs- und Drehrichtung einstellbar sein sollen.

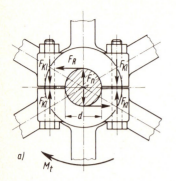 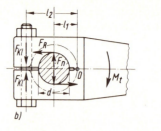

Bild 12-1. Klemmverbindungen
a) Scheibennabe,
b) und c) Hebelnabe

Aufzuklemmende Scheiben sind geteilt, Naben von Hebeln einseitig geschlitzt; das Aufklemmen erfolgt durch Schrauben (Bild 12-1). Bei größeren Drehmomenten wird die Verbindung häufig noch durch Paßfedern oder Tangentkeile zusätzlich gesichert, die auch zur Lagensicherung dienen können (siehe unter 12.4. und Bild 12-18).

Die *Nabenabmessungen* werden erfahrungsgemäß nach Tabelle A12.5, Anhang, festgelegt.

Bei *geteilten Scheiben* ist eine *Preßpassung* nach Tabelle 12.2 zu wählen; bei geschlitzten, aufzuschiebenden *Hebelnaben* ist eine *Übergangspassung* zweckmäßig, z. B.:
bei Einheitsbohrung: Bohrung H7, Welle j6, k6 oder n6,
bei Einheitswelle: Bohrung J7 oder K7, Welle h6, h8 oder h9.

12.2.1.2. Berechnung

Der wirksamste Reibungsschluß ergibt sich bei einer über den ganzen Fugenumfang gleichmäßig verteilten Flächenpressung. Dieser z. B. bei Kegelverbindungen und Preßpassungen gegebene Zustand läßt sich bei Klemmverbindungen wegen der ungleichmäßigen Verformung, besonders der geschlitzten, einseitig geklemmten Hebelnaben, nicht mit Sicherheit erreichen. Die Berechnung erfolgt daher mit der Annahme einer *überwiegend linienförmigen Pressung* und der sich hieraus ergebenden Kraftwirkungen nach Bild 12-1.

Bei Reibungsschluß muß sein: Reibungsmoment $M_R \geq$ äußeres Drehmoment M_t.
Für die *geteilte Scheibenabe* (Bild 12-1a) ergibt sich aus

$$M_R = F_R \cdot d = F_n \cdot \mu \cdot d \geq M_t$$

die *erforderliche Normalkraft gleich Anpreßkraft* je Nabenhälfte

$$F_n \geq \frac{M_t}{d \cdot \mu} \text{ in N} \tag{12.1}$$

Wird hierin $F_n = 2 \cdot F_{K1}$ gesetzt, dann ergibt sich die *erforderliche Schrauben-Klemmkraft* für jede Seite

$$F_{K1} \geq \frac{M_t}{2 \cdot d \cdot \mu} \text{ in N} \tag{12.2}$$

12.2. Reibschlüssige Verbindungen

M_t von der Klemmverbindung zu übertragendes Drehmoment in Nmm
d Wellendurchmesser in mm
μ Reibungszahl, für die sicherheitshalber die *Gleitreibungszahl* und nicht die Haftreibungszahl zu setzen ist, damit auch bei etwaigem Überschreiten der Haftreibung noch ein ausreichender Reibungsschluß, also eine gewisse Rutschsicherheit vorhanden ist; Werte aus Tabelle A1.2, Anhang

Die *geschlitzte Hebelnabe* (Bild 12-1b) stellt man sich als „Schelle"[1]) mit dem Gelenk D vor, deren Durchmesser d_m etwa dem mittleren Nabendurchmesser entspricht (Bild 12-1c). Aus der Gleichung

$$M_R = F_R \cdot d = F_n \cdot \mu \cdot d \geqslant M_t$$

ergibt sich die *erforderliche Anpreßkraft* je Nabenhälfte

$$F_n \geqslant \frac{M_t}{d \cdot \mu} \text{ in N} \tag{12.3}$$

Wird hierin, wie aus der Gleichgewichtsbedingung $\Sigma M_{(D)} = 0$ folgt, für $F_n = F_{Kl} \cdot l_2/l_1$ gesetzt, dann ergibt sich nach Umformung die *erforderliche Schrauben-Klemmkraft*

$$F_{Kl} \geqslant \frac{M_t \cdot l_1}{l_2 \cdot d \cdot \mu} \text{ in N} \tag{12.4}$$

l_1, l_2 Abstände der Kräfte F_n, F_{Kl} vom „Drehpunkt" D
M_t, d, μ wie zu Gleichung (12.2)

Die in der Klemmfuge entstehende Flächenpressung ist zweckmäßig nachzuprüfen. Für Scheiben- und Hebelnabe ergibt sich unter der Annahme einer ungleichmäßigen Pressung die *mittlere Flächenpressung*:

$$p_m = \frac{F_n}{d \cdot L} \leqslant p_{zul} \text{ in N/mm}^2 \tag{12.5}$$

F_n Anpreßkraft in N nach Gleichung (12.1) und (12.3)
L Nabenlänge in mm
p_{zul} zulässige Flächenpressung in N/mm² nach Tabelle A1.3, Anhang, wobei der festigkeitsmäßig schwächere Werkstoff maßgebend ist

Die *Klemmschrauben* werden nach den Angaben zu 8.16.2. „Verschraubungsfall C" (Kapitel 8. Schraubenverbindungen) berechnet. Danach wird die zum Erreichen der Klemmkraft nach Gleichung (12.2) bzw. (12.4) erforderliche Montage-Vorspannkraft nach Gleichung (8.18): $F_{VM} = k_A \cdot F_{Kl}$. Wahl der Schraubengröße und Festigkeitsklasse, erforderliches Anzugsmoment, etwaige Nachprüfung der Schrauben usw. wie zu 8.16.2. angegeben.

---

[1]) In Wirklichkeit handelt es sich um ein Problem der elastischen Formänderung. Da diese aber beim Klemmen sehr gering ist, kann sie ohne Bedenken vernachlässigt und die Aufgabe auf eine statische zurückgeführt werden.

12.2.2. Kegelverbindung

12.2.2.1. Anwendung und Ausführung

Kegelverbindungen werden zum Befestigen z. B. von Rad-, Scheiben- und Kupplungsnaben vorwiegend auf Wellenenden, von Werkzeugen (z. B. Bohrern) in Arbeitsspindeln und von Wälzlagern (mit Spann- oder Abziehhülsen, siehe zu „Lager" unter 14.2.9.2. und Bild 14-20) auf Wellen verwendet. Sie gewährleisten einen genau zentrischen Sitz, wodurch eine hohe Laufruhe und Laufgenauigkeit erreicht wird. Ein axiales Verschieben oder Nachstellen ist jedoch nicht möglich.

Mit Rücksicht auf Herstellungswerkzeuge und Lehren sollen möglichst *genormte Kegel* verwendet werden, z. B. für Radnaben u. dgl.: kegelige Wellenenden mit Kegel 1:10 und Außengewinde, in langer und kurzer Ausführung, nach DIN 1448 (siehe auch zu „Achsen, Wellen und Zapfen" unter 11.5.3. und Tabelle A11.2, Anhang), solche mit Innengewinde nach DIN 1449; für Werkzeuge: metrische Werkzeugkegel mit Kegel 1:20 und Morsekegel mit Kegel 1:19,212 bis 1:20,02 nach DIN 228. Nähere Angaben und sonstige Kegel siehe Tabelle A12.1, Anhang.

Unter *Kegel* (*Kegelverhältnis*) $1:x$ (z. B. 1:10) versteht man das Verhältnis: $\frac{1}{x} = \frac{d_1 - d_2}{l}$, worin d_1 der große, d_2 der kleine Durchmesser und l die Kegellänge bedeuten (Bild 12-2).

Der *Kegel-Neigungswinkel* ergibt sich aus $\tan\frac{\alpha}{2} = \frac{d_1 - d_2}{2 \cdot l}$ oder kann für genormte Kegel der Tabelle A12.1, Anhang, entnommen werden.

Richtwerte für *Nabenabmessungen* enthält Tabelle A12.5, Anhang.

Radnaben werden durch Schrauben oder Muttern, Werkzeuge meist allein durch den Arbeitsdruck axial aufgepreßt. Kegelverbindungen sollen möglichst leicht geölt montiert werden.

12.2.2.2. Berechnung

Die Größe des übertragbaren Drehmomentes ist im wesentlichen von der axialen Aufpreßkraft abhängig. Etwaige zusätzliche Paßfedern, wie z. B. bei den genormten kegeligen Wellenenden nach DIN 1448, dienen nur zur Lagensicherung und werden bei der Berechnung nicht berücksichtigt. Bild 12-2a zeigt eine Kegelverbindung mit den an dieser wirkenden Kräften, die man sich in einem Punkt am mittleren Kegelumfang konzentriert vorstelle.

Bei Reibungsschluß muß sein: Reibungsmoment $M_R \geqslant$ äußeres Drehmoment M_t.

Mit der auf den mittleren Kegelumfang bezogenen Umfangs-Reibungskraft $F_{Ru} = F_R = F_n \cdot \mu$ wird

$$M_R = F_{Ru} \cdot r_m = F_n \cdot \mu \cdot r_m \geqslant M_t.$$

Hieraus ergibt sich die *erforderliche radiale Anpreßkraft gleich Normalkraft*

$$F_n \geqslant \frac{M_t}{r_m \cdot \mu} \text{ in N} \tag{12.6}$$

12.2. Reibschlüssige Verbindungen

Nach dem Krafteck *ABC*, Bild 12-2b, ist: $\sin\left(\frac{\alpha}{2} + \rho\right) = \frac{F_a}{F_e}$; F_e Ersatzkraft für F_n und F_R. Wird hierin $F_e = F_n$ gesetzt – der Unterschied beider Kräfte ist sehr gering – dann ergibt sich nach Umformen: $F_a \approx F_n \cdot \sin\left(\frac{\alpha}{2} + \rho\right)$.

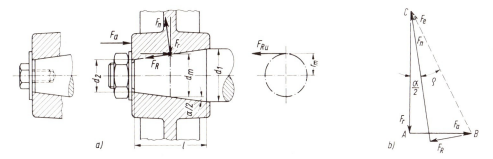

Bild 12-2. Kegelverbindungen. a) Ausführungen und Kräfte (in einem Punkt konzentriert gedacht), b) Kräfteplan

Wird für $F_n = M_t/(r_m \cdot \mu)$ nach Gleichung (12.6) gesetzt, dann ergibt sich nach Umformen die *erforderliche axiale Aufpreßkraft*

$$F_a \approx \frac{M_t \cdot \sin\left(\frac{\alpha}{2} + \rho\right)}{r_m \cdot \mu} \quad \text{in N} \tag{12.7}$$

M_t von der Kegelverbindung zu übertragendes max. Drehmoment in Nmm

α Kegelwinkel aus $\tan\frac{\alpha}{2} = \frac{d_1 - d_2}{2 \cdot l}$; d_1 größer, d_2 kleiner Kegeldurchmesser, l Kegellänge

ρ Reibungswinkel aus $\tan \rho = \mu$; man setze für μ die Gleitreibungszahl, womit eine gewisse Rutschsicherheit gegeben ist; Werte für μ je nach Schmierungszustand der Fugenflächen aus Tabelle A1.2, Anhang

r_m mittlerer Kegelradius aus $r_m = \frac{d_1 + d_2}{4}$

μ Reibungszahl, siehe oben zu ρ

Bei dem *genormten Kegel* 1:10 wird mit $\alpha \approx 6°$ und $\rho \approx 6°$ (entsprechend $\mu \approx 0{,}1$) angenähert:

$$F_a \approx 1{,}5 \cdot \frac{M_t}{r_m} \quad \text{in N} \tag{12.8}$$

Zur Ermittlung der in der Fugenfläche entstehenden Pressung wird zweckmäßig mit der Radialkomponente F_r und einem mit dem Durchmesser d_m gedachten zylindrischen

Körper gerechnet. Da sich die Anpreßkraft bei Kegelverbindungen gleichmäßig über den Fugenumfang verteilt, wird die *Flächenpressung*

$$p = \frac{F_r}{d_m \cdot \pi \cdot l} \leq p_{m\,zul} \quad \text{in N/mm}^2 \tag{12.9}$$

F_r Radialkomponente in N aus $F_r = F_a/\tan\left(\frac{\alpha}{2} + \rho\right)$

d_m mittlerer Kegeldurchmesser in mm; $d_m = \frac{d_1 + d_2}{2} = 2 \cdot r_m$

l tragende Kegellänge in mm

p_{zul} zulässige Flächenpressung in N/mm² nach Tabelle A1.3, Anhang, wobei der festigkeitsmäßig schwächere Werkstoff maßgebend ist

Die *Spannschrauben* bzw. *Gewindezapfen* werden nach den Angaben zu 8.16.2. „Verschraubungsfall C" (Kapitel 8. Schraubenverbindungen) berechnet. Dabei entspricht die axiale Aufpreßkraft F_a nach Gleichung (12.7) oder (12.8) der Klemmkraft F_{Kl} der Schrauben bzw. der Mutter. Die zum Erreichen der Klemmkraft erforderliche Montage-Vorspannkraft wird nach Gleichung (8.18): $F_{VM} = k_A \cdot F_{Kl}$. Wahl der Schraubengröße und Festigkeitsklasse, erforderliches Anzugsmoment, etwaige Nachprüfung der Schrauben wie zu 8.16.2. angegeben. Gewindezapfen können wie Schrauben vergleichbarer Größe und Festigkeitsklasse betrachtet und berechnet werden. Häufig werden Durchmesser und Gewinde (vielfach Feingewinde) des Zapfens nach konstruktiven Gesichtspunkten festgelegt, wobei dann eine Nachprüfung auf Festigkeit nach Gleichung (8.23) unbedingt erforderlich ist.

12.2.3. Ringfeder-Spannverbindung

12.2.3.1. Anwendung und Ausführung

Durch Ringfeder-Spannelemente oder -Spannsätze[1] können Naben von Riemenscheiben, Zahnrädern, Kupplungen, Schiffsschrauben, Hebeln u. dgl. auf glatten Wellen und Wellenenden zur Übertragung auch stoßartiger, wechselseitiger Drehmomente reibschlüssig befestigt werden.

Vorteile gegenüber anderen Verbindungselementen: Verbindung ermöglicht feinstes Ein- und Nachstellen der Naben in Längs- und Drehrichtung sowie die Überbrückung größerer Passungsspiele; Naben sind leicht wieder lösbar; keine Schwächung der Wellen durch Nuten, geringe Kerbwirkung.

Nachteile: Höherer konstruktiver Aufwand zum Spannen der Ringfedern; meist teurer als Preßspannungen, Paßfeder- oder Keilverbindungen.

Spannelemente

Ein Spannelement besteht aus zwei konischen, innen und außen zylindrischen Stahlringen. Das Spannen erfolgt durch Schrauben (oder Muttern), meist über Druckringe (Druckflansche) (Bild 12-3). Durch die Axialkraft werden die Ringe ineinander geschoben, wobei

---

[1] Hersteller: *Ringfeder GmbH*, Krefeld-Uerdingen

12.2. Reibschlüssige Verbindungen

sie sich elastisch verformen und in den Fugen an Welle und Nabenbohrung hohe Anpreß- und damit Reibungskräfte erzeugen. Die Ringe sind wegen des relativ großen Neigungswinkels der konischen Flächen $\beta \approx 17°$ (siehe Bild 12-5a) nicht selbsthemmend, d. h. sie lösen sich bei Fortfall der Axialkraft von selbst, so daß ein etwaiger Ausbau keine Schwierigkeiten bereitet.

Die Spannelemente und alle Berührungsflächen sind vor der Montage möglichst mit einem *leichten Öl- oder Fettfilm* zu versehen, jedoch darf *in keinem Fall Molybdänsulfid* wegen der starken Minderung der Reibungszahl verwendet werden. Die Spannschrauben sind stets gut zu ölen oder zu fetten.

Da die Spannelemente selbst nicht genau zentrieren können, muß die restliche genügend lange Nabenbohrung die Zentrierung mit der Welle übernehmen (siehe Bild 12-3).

Bestimmte *Toleranzen* für Welle und Nabenbohrung brauchen nicht unbedingt eingehalten zu werden, jedoch haben sich in der Praxis folgende Toleranzen bewährt:

für Wellendurchmesser $d \leq 36$ mm: Welle h 6, Bohrung H 7 (bei Spannelement: E 7/f 7),
für Wellendurchmesser $d > 36$ mm: Welle h 8 (h 9), Bohrung H 7 oder H 8 (bei Spannelement: E 8/e 8).

Für die *Oberflächen* an den Sitzstellen der Ringe werden Rauhtiefen $R_t \leq 6$ μm empfohlen.

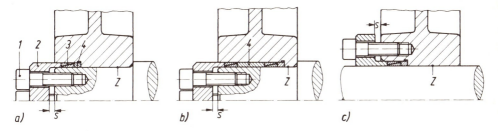

Bild 12-3. Ringfeder-Spannverbindungen. a) Wellenseitig verspannte Verbindung mit einem Spannelement, b) wellenseitig verspannt mit zwei Elementen, c) nabenseitig verspannt mit einem Element. Es bedeuten: 1 Spannschrauben, 2 Druckring, 3 Spannelement, 4 Distanzbuchse, Z Zentrierung, s Spannweg (einschließlich Sicherheitsabstand)

Spannsätze

Spannsätze sind einbaufertige Einheiten. Sie bestehen aus einem Außen- und einem Innenring (1 und 2), beide mit kegeligen Innenflächen und geschlitzt, und zwei Druckringen (3), die durch Schrauben (4) gegeneinander gezogen werden, so daß der Innenring zusammen-, der Außenring auseinander gedrückt wird (Bild 12-4a), wodurch hohe Anpreß- und Reibungskräfte erzeugt werden. Da die kegeligen Flächen einen Winkel von $\approx 28°$ bilden, sind die Spannsätze, wie die Spannelemente, nicht selbsthemmend. Beim Lösen der Schraubenfedern kommen die Ringe von selbst elastisch zurück, so daß sich der Spannsatz leicht demontieren läßt.

Hinsichtlich *Schmierung* und Zentrierung gilt das gleiche wie für Spannelemente.

Spannsätze überbrücken größere Passungsspiele als Spannelemente, daher können relativ große *Toleranzen* zugelassen werden:

für Wellen alle Toleranzen zwischen k 11 und h 11,
für Bohrungen alle Toleranzen zwischen N 11 und H 11.

Für die *Oberflächen* an den Sitzstellen werden Rauhtiefen $R_t \leq 16$ µm empfohlen.

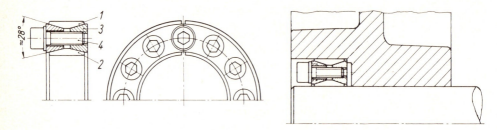

Bild 12-4. Spannsatz-Verbindungen. a) Aufbau eines Spannsatzes, b) Einbaubeispiel

Die *Nabendurchmesser* sind bei Ringfeder-Spannverbindungen wegen der durch die hohen Radialkräfte entstehenden hohen Tangentialspannungen entsprechend groß auszuführen. Von den Richtwerten nach Tabelle A12.5, Anhang, wähle man die oberen Werte.

12.2.3.2. Berechnung der Verbindungen mit Spannelementen

Bild 12-5a zeigt die an einem Spannelement wirkenden Kräfte. Das von diesem übertragbare Drehmoment ist weitgehend von der axialen Spannkraft F_a abhängig, die sich aus der Kraft zur Überwindung des Passungsspieles und der zum eigentlichen Klemmen erforderlichen Kraft zusammensetzt. Diese Kraft ist rechnerisch nur schwer erfaßbar, da sie sowohl vom vorhandenen Passungsspiel als auch von den Reibungsverhältnissen abhängig ist; sie darf auch nicht beliebig hoch sein, sondern richtet sich nach der Festigkeit (Streckgrenze) von Wellen- und Nabenwerkstoff, wobei der festigkeitsmäßig schwächere Werkstoff maßgebend ist. In der Praxis werden daher die Spannkräfte und die übertragbaren maximalen Drehmomente kaum berechnet, sondern Tabellen entnommen, die vom Hersteller aufgrund von Versuchen aufgestellt sind (Tabelle A12.3, Anhang).

Bei mehreren hintereinander geschalteten Elementen (Bild 12-5b) nehmen bei einem Neigungswinkel $\beta \approx 17°$ der konischen Flächen und einer Reibungszahl $\mu = 0{,}12$ (0,15) für geölte (trockene) Elemente deren Anpreßkräfte F_n stark ab, etwa im Verhältnis 1:0,45:0,30:0,17 (1:0,5:0,25:0,125). Damit erhöht sich das übertragbare Drehmoment nur wenig, so daß sich ein Hintereinanderschalten von mehr als 3 Elementen kaum lohnt.

Bei der Berechnung (nach Angaben der Ringfeder GmbH, Krefeld-Uerdingen) geht man von den Momenten und Kräften aus, die auf eine Flächenpressung $p = 100$ N/mm² zwischen Ringen und Welle bzw. Nabe bezogen sind.

12.2. Reibschlüssige Verbindungen

Das von *n* hintereinander geschalteten Elementen *übertragbare Drehmoment* ergibt sich aus

$$M_t = M_{t(100)} \cdot f_p \cdot f_n \quad \text{in Nm} \tag{12.10}$$

$M_{t(100)}$ das von einem Element übertragbare Drehmoment in Nm bei einer Flächenpressung $p_{(100)} = 100 \text{ N/mm}^2$ nach Tabelle A12.3a, Anhang

f_p Pressungsfaktor aus $f_p = p/p_{(100)}$; *p* von Wellen- bzw. Nabenwerkstoff abhängig, gewählte Flächenpressung, für die gesetzt werden kann
bei Werkstoffen mit ausgeprägter Streckgrenze (z. B. St, GS): $p \approx 0{,}9 \cdot \sigma_{0,2}$,
bei Werkstoffen ohne Streckgrenzenangabe (z. B. GG): $p \approx 0{,}6 \cdot \sigma_B$;
Werte für 0,2-Dehngrenzen (Streckgrenzen) $\sigma_{0,2}$ und Bruchfestigkeiten σ_B aus Tabelle A1.4 oder A3.1, Anhang

f_n Anzahlfaktor, abhängig von der Anzahl *n* der hintereinander geschalteten Elemente:

Anzahl *n* der Elemente		1	2	3	4
Faktor f_n bei	geölten Elementen	1	1,55	1,85	2,03
	trockenen Elementen	1	1,50	1,75	1,875

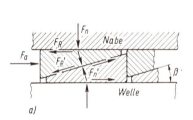
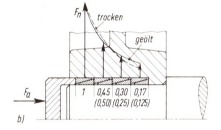

Bild 12-5. Kräfte in der Spannverbindung. a) Kräfte am Spannelement, b) Verteilung der Anpreßkräfte

Die von der Anzahl *n* hintereinander geschalteter Elemente *übertragbare Axialkraft* ergibt sich entsprechend obiger Gleichung aus

$$F_{ax} = F_{ax(100)} \cdot f_p \cdot f_n \quad \text{in kN} \tag{12.11}$$

$F_{ax(100)}$ die von einem Element übertragbare Axialkraft in kN bei einer Flächenpressung $p_{(100)} = 100 \text{ N/mm}^2$ nach Tabelle A12.3a, Anhang

f_p, f_n Pressungsfaktor, Anzahlfaktor wie zu Gleichung (12.10)

Ist ein bestimmtes zu übertragendes Drehmoment M_t oder eine bestimmte aufzunehmende Axialkraft gegeben, dann können die Gleichungen (12.10) oder (12.11) nach f_n aufgelöst und damit die *erforderliche Anzahl n der Elemente* bestimmt werden.

Die zum Verspannen der Elemente erforderliche axiale Spannkraft F_a setzt sich zusammen aus der Kraft F_0 zur Überbrückung des Passungsspieles und der Kraft $F_{(100)}$ zur Erzeugung der Flächenpressung $p_{(100)}$ = 100 N/mm². Unter Berücksichtigung der Einflußfaktoren ergibt sich die *erforderliche axiale (Gesamt-)Spannkraft*

$$F_a = f_n \cdot \frac{F_0 + F_{(100)} \cdot f_p}{f_n} = F_0 + F_{(100)} \cdot f_p \quad \text{in kN} \qquad (12.12)$$

F_0 axiale Spannkraft in kN für ein Element zur Überbrückung des Passungsspieles (bei Einhalten der unter 12.2.3.1. empfohlenen Toleranzen) nach Tabelle A12.3a, Anhang

$F_{(100)}$ axiale Spannkraft in kN für ein Element zur Erzeugung der Flächenpressung $p_{(100)}$ = 100 N/mm² nach Tabelle A12.3a, Anhang

f_p Pressungsfaktor wie zu Gleichung (12.10)

Wie die Gleichung zeigt, ist die axiale Gesamt-Spannkraft unabhängig von der Anzahl n der Spannelemente. Zunächst ist wohl eine f_n-fache Kraft zur Spielüberbrückung, dafür aber auch nur der f_n-te Teil der Spannkraft zur Erzeugung der Anpreßkraft bei n hintereinander geschalteten Elementen erforderlich.

Die *Spannschrauben* werden nach den Angaben zu 8.16.2. „Verschraubungsfall C" (Kapitel 8. Schraubenverbindungen) berechnet. Danach wird die zum Erreichen der axialen Spannkraft F_a nach Gleichung (12.12) erforderliche Montage-Vorspannkraft nach Gleichung (8.18): $F_{VM} = k_A \cdot F_{K1}$, wobei $F_{K1} = F_{a1} = F_a/n$ zu setzen ist mit Anzahl n der Schrauben. Wahl der Schraubengröße und Festigkeitsklasse (hier möglichst 8.8 oder 10.9), erforderliches Anzugsmoment, etwaige Nachprüfung der Schrauben usw. wie zu 8.16.2. angegeben.

12.2.3.3. Berechnung der Verbindungen mit Spannsätzen

Eine eigentliche Berechnung der Spannsatz-Verbindungen ist nicht erforderlich, da alle erforderlichen Daten wie übertragbare Drehmomente und Axialkräfte, entstehende Flächenpressungen und erforderliche Anzugsmomente für die Spannschrauben aus Tabellen des Herstellers entnommen werden (Tabelle A12.3b, Anhang).

Zu beachten ist: Die Tabellenwerte gelten für geölt eingebaute Spannsätze; bei trockenem Einbau erhöhen sich M_t und F_{ax} um ≈ 15 %, p vermindert sich um ≈ 9 %.

Bei mehreren (häufig zwei) eingebauten Spannsätzen erhöhen sich M_t und F_{ax} entsprechend auf das ganzzahlige Vielfache der Werte für einen Spannsatz.

12.2.4. Zylindrische Preßpassungen

12.2.4.1. Anwendung und Herstellung

Preßpassungen entstehen durch das Fügen von Teilen, die vor dem Zusammenbau ein Übermaß haben. Dadurch wird eine über den Fugenumfang gleichmäßige Pressung p und damit eine Haftkraft zur Übertragung wechselnder und stoßartiger Drehmomente und Längskräfte erzeugt. Preßpassungen werden vorwiegend für nicht zu lösende Verbindungen verwendet, z. B. für Verbindungen von Schwungrädern, Riemenscheiben, Kupplungen und Bunden mit Wellen, Lauf- und Zahnkränzen mit Radkörpern und von Lagerbuchsen mit Gehäusen.

12.2. Reibschlüssige Verbindungen

Die Verbindungen sind billig und leicht herzustellen, lassen sich aber kaum mehr verstellen oder lösen. Bei glatten Wellen entstehen je nach Pressung hohe Kerbwirkungen an den Übergangsstellen, die möglichst durch Verstärken bei Welle am Nabensitz (um ≈ 20 %), durch sanfte Übergänge, durch Kaltformung oder Oberflächenhärtung der Welle oder auch durch Entlastungskerben in der Nabe zu vermindern sind (Bild 12-6).

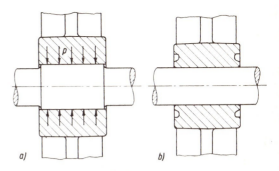

Bild 12-6. Aufgepreßte Naben
a) auf verstärker Welle,   b) mit Entlastungskerbe

Je nach Art des Zusammenfügens unterscheidet man:
1. *Längspreßpassungen,* bei denen die Teile kalt in Längsrichtung ineinander gepreßt werden. Wichtig ist eine Abfasung (≈ 5°, 2 ... 5 mm lang) am Wellenende, um ein Wegschaben von Werkstoff zu verhindern. Volle Haftkraft ist nach einer gewissen „Sitzzeit" (≈ 24 h) erreicht. Wegen Glättung der Fugenflächen beim Einpressen (möglichst mit Öl) ist die Haftkraft geringer als bei vergleichbaren Querpreßpassungen.
2. *Querpreßpassungen als Schrumpfpassungen,* bei denen vor dem Fügen das Außenteil (die Nabe) erwärmt (in Öl, im elektrisch oder gasbeheizten Ofen) und auf das Innenteil (die Welle) aufgeschrumpft wird oder als *Dehnpassungen,* bei denen das Innenteil unterkühlt (in Trockeneis bei ≈ –70 °C oder in flüssiger Luft bei ≈ –190 °C) und in das Außenteil gefügt wird.
3. *Ölpreßpassungen,* bei denen Öl unter hohem Druck zwischen die meist schwach kegeligen Fugenflächen gepreßt wird. Das Außenteil weitet sich und kann mit geringem Kraftaufwand gefügt werden. Anwendung besonders für den Ein- und Ausbau schwerer Wälzlager (vgl. Bild 14-23b).

Abmessungen aufgepreßter Naben siehe Tabelle A12.5, Anhang.

12.2.4.2. Berechnung elastischer Preßpassungen

Einfugige Preßpassungen, die bei normalen Betriebstemperaturen (≈ 20 °C) eingesetzt werden, können nach DIN 7190 berechnet werden. Bekannt sind meist:
1. die zu übertragenden Kräfte: Längskraft F_l, Umfangskraft F_u,
2. die Abmessungen der zu fügenden Teile: Fugendurchmesser d_F, Außendurchmesser des Außenteiles d_{Aa}, Innendurchmesser des Innenteiles d_{Ii} (bei Vollwellen ist $d_{Ii} = 0$), Fugenlänge l_F (Bild 12-7).
3. die Werkstoffkennwerte: Streckgrenze σ_S, Poissonsche Zahl m, Elastizitätsmodul E,
4. die Oberflächengüten (Rauhigkeiten) der Fugenflächen.

Zum ersten Lösen einer Preßpassung ist zunächst eine Lösekraft F_L erforderlich, ehe ein weiteres Rutschen mit einer kleineren Rutschkraft $F_R \approx 0{,}66 \cdot F_L$ erfolgt. Sicherheitshalber wird mit der Rutschkraft F_R gerechnet.

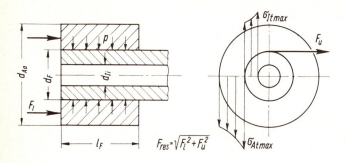

Bild 12-7. Kräfte und Spannungen bei Preßpassungen. Größte Tangentialspannung am Außenteil:

$$\sigma_{At\,max} = p \cdot \frac{1 + Q_A^2}{1 - Q_A^2} < \sigma_{SA},$$

größte Tangentialspannung am Innenteil:

$$\sigma_{It\,max} = -p \cdot \frac{2}{1 - Q_I^2} < \sigma_{SI}$$

Um die äußeren Kräfte sicher zu übertragen, wird die *Rutschkraft in Längs-, Umfangs- bzw. resultierender Richtung* angenommen:

$$F_{Rl} = \nu_H \cdot F_l \text{ bzw. } F_{Ru} = \nu_H \cdot F_u \text{ bzw. } F_{R\,res} = \nu_H \cdot F_{res} \text{ in N} \quad (12.13)$$

$\nu_H \approx 1{,}5 \ldots 2{,}5$ Haftsicherheit (bei Stoßbelastung höhere Werte)

Hiermit ergibt sich die *kleinste erforderliche Fugenpressung*

$$p_k = \frac{F_{Rl}}{A_F \cdot \nu_l} = \frac{F_{Ru}}{A_F \cdot \nu_u} = \frac{F_{R\,res}}{A_F \cdot \nu_{res}} \text{ in N/mm}^2 \quad (12.14)$$

$A_F = d_F \cdot \pi \cdot l_F$ Fugenfläche in mm², d_F und l_F in mm

ν_l, ν_u, ν_{res} Haftbeiwerte nach Tabelle 12.1; man wähle bei größeren Q_A- bzw. Q_I-Werten (s. zu Gleichung 12.15 und Bild 12-8) die kleineren ν-Werte

Tabelle 12.1: Haftbeiwerte ν_l und ν_u bei Längs- und Umfangsbelastung

Innenteil: Stahl		Längspreß-passung	Querpreßpassung		
			Schrumpfpassung		Dehnpassung
Außenteil	Schmierung	$\nu_l = \nu_u$	ν_l	ν_u	$\nu_l = \nu_u$
Stahl	Öl	0,05 ... 0,17	0,06 ... 0,12	0,08 ... 0,19	–
Stahl	trocken	–	0,15 ... 0,16		0,07 ... 0,16
Gußeisen	–	0,07 ... 0,12	$\nu_l = \nu_u$ = 0,07 ... 0,09		
Cu-Legier. u.ä.	trocken	0,03 ... 0,07	= 0,05 ... 0,14		
Leichtmetall	trocken	0,02 ... 0,06	= 0,05 ... 0,06		

Für ν_{res} sind stets die größeren Werte von ν_l und ν_u zu nehmen.

Für die kleinste Fugenpressung ergibt sich das *kleinste Haftmaß:*

$$Z_k = p_k \cdot d_F \cdot (K_A + K_I) \cdot 10^3 \text{ in µm} \quad (12.15)$$

12.2. Reibschlüssige Verbindungen

K_A, K_I Hilfsgrößen, die das elastische Verhalten der gefügten Teile berücksichtigen,

für das Außenteil: $\quad K_A = \dfrac{(m_A + 1) + (m_A - 1) \cdot Q_A^2}{m_A \cdot E_A \cdot (1 - Q_A^2)} \quad$ in mm²/N

für das Innenteil: $\quad K_I = \dfrac{(m_I - 1) + (m_I + 1) \cdot Q_I^2}{m_I \cdot E_I \cdot (1 - Q_I^2)} \quad$ in mm²/N,

Die Indizes A und I kennzeichnen das Außen- bzw. Innenteil.
m Poissonzahl: $m = 3{,}3$ für Stahl, $m = 4$ für Gußeisen.
E Elastizitätsmodul in N/mm² (siehe Tabelle A3.1, Anhang).
Für Stahl und Gußeisen werden die K-Werte für die Durchmesserverhältnisse
$Q_A = \dfrac{d_F}{d_{Aa}}$ bzw. $Q_I = \dfrac{d_{Ii}}{d_F}$ aus Bild 12-8 entnommen.

Für Vollwellen aus Stahl wird $Q_I = 0$ und $K_I = 0{,}035 \cdot 10^{-4}$

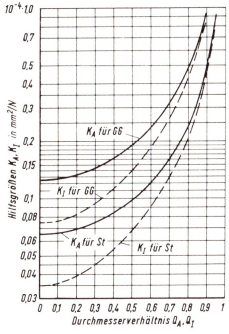

Bild 12-8
Bestimmung der Hilfsgrößen K_A und K_I

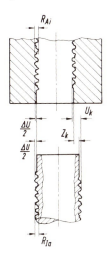

Bild 12-9. Glättung der Fugenflächen

Mit dem kleinsten Haftmaß Z_k ergibt sich das *kleinste erforderliche Übermaß*

$$U_k = Z_k + \Delta U \quad \text{in } \mu m \tag{12.16}$$

$\Delta U \quad$ Übermaßverlust, der sich wegen der Glättung der Oberflächen beim Fügen teils durch elastische, teils durch plastische Verformung der Rauhigkeiten ergibt (Bild 12-9)

Erfahrungsgemäß ergibt sich der *Übermaßverlust* aus

$$\Delta U \approx 1{,}2 \cdot (R_{Ai} + R_{Ia}) \quad \text{in } \mu m \tag{12.17}$$

$R_{Ai}, R_{Ia} \quad$ Rauhtiefen der Fugenflächen des Außen- bzw. Innenteiles in μm; Werte nach Tabelle A14.8, Anhang.

Aus der Gleichung für dickwandige, unter Innen- oder Außendruck stehende Rohre ergibt sich nach *Föppl* die *größte zulässige Fugenpressung für das Außenteil*

$$p_g = \sigma_{SA} \cdot \frac{1-Q_A^2}{1+Q_A^2} \quad \text{in N/mm}^2 \tag{12.18}$$

und *nur für Hohlwellen*

$$p_{g1} = \sigma_{SI} \cdot \frac{1-Q_I^2}{2} \quad \text{in N/mm}^2 \tag{12.19}$$

σ_{SA}, σ_{SI} Streckgrenzen oder 0,2-Dehngrenzen der Werkstoffe des Außen- bzw. Innenteiles in N/mm², oder $\frac{\sigma_B}{2}$ bei Gußeisen

Für die weitere Berechnung ist stets der kleinere Wert p_g oder p_{g1} maßgebend. Hiermit ergibt sich das *größte zulässige Haftmaß* aus

$$Z_g = p_g \cdot d_F \cdot (K_A + K_I) \cdot 10^3 \quad \text{in } \mu\text{m} \tag{12.20}$$

und damit das *größte zulässige Übermaß*

$$U_g = Z_g + \Delta U \quad \text{in } \mu\text{m} \tag{12.21}$$

Mit den Übermaßen U_g und U_k liegt die mögliche Maßschwankung, die *Paßtoleranz* fest:

$$T_p = U_g - U_k \quad \text{in } \mu\text{m} \tag{12.22}$$

Nach ISO werden für die Wahl der Passung folgende Paarungen bei Einheitsbohrung empfohlen:
1. Bohrung H 6 mit Wellen der 5. Qualität,
2. Bohrung H 7 mit Wellen der 6. Qualität,
3. Bohrung H 8 mit Wellen der 7. Qualität,
4. Bohrungen H 8, H 9 usw. mit Wellen der gleichen Qualität.

Für die Wahl wird die *Paßtoleranz in Bohrungs- und Wellentoleranz aufgeteilt:*

$$T_p \equiv T_B + T_W \tag{12.23}$$

Bei Paarungen 1. bis 3. gilt: $T_B \approx 0,6 \cdot T_p$,
bei Paarungen 4. gilt: $T_B \approx 0,5 \cdot T_p$.

Aus Tabelle 2.1 (Grundtoleranzen, siehe unter 2. Normzahlen und Passungen) wird dann für den betreffenden Nennmaßbereich die Toleranz aufgesucht, die sicherheitshalber unterhalb der berechneten Toleranz T_B liegt bzw. ihr am nächsten kommt. Damit sind die Grundtoleranz, die Qualität und das Toleranzfeld der Bohrung festgelegt.

12.2. Reibschlüssige Verbindungen

Für die H-Bohrung ist das untere Abmaß $A_{uB} = 0$, das obere Abmaß $A_{oB} = + IT$.

Für die Wellentoleranz $T_W = T_p - T_B$ liegt zunächst das untere Abmaß fest: $A_{uW} = A_{oB} + U_k$; das obere Abmaß wird dann $A_{oW} = A_{uW} + T_W$.

Aus der Abmaßtabelle A2.4, Anhang, wird hiermit für den betreffenden Nennmaßbereich die zu den berechneten Abmaßen A_{uW} und A_{oW} nächstliegende oder nächstgrößere Welle festgelegt, wobei die Empfehlungen zu Gleichung (12.22) möglichst einzuhalten sind.

Bei elastischen Preßspannungen soll sein: $T_{p(berechn.)} \geq T_{B(gewählt)} + T_{W(gewählt)}$.

12.2.4.3. Angaben zur Herstellung von Längspreßpassungen

Für die gewählte Passung errechnet sich die *größte Einpreßkraft*:

$$F_e = A_F \cdot p'_g \cdot \nu_e \quad \text{in N} \tag{12.24}$$

p'_g wirkliche größte Fugenpressung in N/mm², sie ergibt sich aus $p'_g = \dfrac{(U'_g - \Delta U) \cdot p_g}{Z_g}$, worin U'_g das wirkliche Größtübermaß zwischen beiden Teilen in μm ist, das zweckmäßig aus der Abmaßtabelle „abgelesen" wird, bzw. bei Einheitsbohrung gleich dem oberen Wellenabmaß A_{oW} ist; p_g ist der kleinere Wert nach Gleichung (12.18) bzw. (12.19), Z_g das größte zulässige Haftmaß nach Gleichung (12.20)

ν_e Einpreß-Haftbeiwert; hierfür gelten bei Innenteil aus Stahl und Außenteil aus
Stahl: $\nu_e = 0{,}054 \ldots 0{,}22$
Gußeisen: $\nu_e = 0{,}07 \ldots 0{,}13$
Kupfer-Zink-(Zinn-)Legierung: $\nu_e = 0{,}05 \ldots 0{,}1$
Leichtmetall: $\nu_e = 0{,}02 \ldots 0{,}08$

Die günstigste *Einpreßgeschwindigkeit* beträgt etwa $\nu_e \approx 2$ mm/s.

12.2.4.4. Angaben zur Herstellung von Querpreßpassungen

Für die Erwärmung des Außenteiles bzw. die Unterkühlung des Innenteiles gelten bei Raumtemperatur t die *Temperaturen zum Fügen*

$$t_A = \frac{U'_g + S_k}{\alpha_A \cdot d_F \cdot 10^3} + t \quad \text{bzw.} \quad t_I = \frac{U'_g + S_k}{\alpha_I \cdot d_F \cdot 10^3} + t \quad \text{in } °C \tag{12.25}$$

U'_g wirkliches Größtübermaß in μm (siehe zu Gleichung (12.24))

S_k kleinstes notwendiges Einführspiel in μm aus $S_k = \dfrac{d_F}{1000}$ oder $S_k = \dfrac{U_g}{2}$ mit d_F in mm

α_A, α_I Wärmedehnungsbeiwerte in 1/°C für das Außen- bzw. Innenteil; nach DIN 7190 gelten für:

	α_A	α_I
Stahl, Stahlguß	$= 11 \cdot 10^{-6}$	$= -8{,}5 \cdot 10^{-6}$
Gußeisen	$= 10 \cdot 10^{-6}$	$-8 \cdot 10^{-6}$
Kupfer-Zink-(Zinn-)Legierung	$= 18 \cdot 10^{-6}$	$-16 \cdot 10^{-6}$
Leichtmetall	$= 23 \cdot 10^{-6}$	$-18 \cdot 10^{-6}$

12.2.4.5. Preßpassungen für normale Anforderungen

Für normale Anforderungen, z. B. für Lagerbuchsen, können Preßpassungen nach Tabelle 12.2 gewählt werden, die in den meisten Fällen keiner Nachprüfung bedürfen.

Tabelle 12.2: Preßpassungen nach ISO

Nenndurchmesser in mm		≤ 24	> 24	≤ 160	> 160
Passung bei	Einheitsbohrung	H 8/x 8	H 8/u 8	H 7/s 6	H 7/r 6
	Einheitswelle	X 8/h 8	U 8/h 8	S 7/h 6	R 7/h 6

12.3. Formschlüssige Verbindungen

12.3.1. Keilwellenverbindung

12.3.1.1. Anwendung und Ausführung

Keilwellenprofile werden sowohl für feste Verbindungen von Welle und Nabe, z. B. bei Antriebswellen von Kraftfahrzeugen, als auch für längsbewegliche Verbindungen, z. B. bei Verschieberädergetrieben von Werkzeugmaschinen, verwendet.

Vorteile gegenüber Paß- und Gleitfederverbindungen: Gleichmäßigere Kraftverteilung über den ganzen Umfang; geringerer Verschleiß, da mehrere Seitenflächen gleichzeitig tragen; Übertragung größerer, auch wechselhafter Drehmomente.
Nachteile: Erheblich teurer; stärkere Schwächung von Welle und Nabe; hohe Kerbwirkung.

Bild 12-10 zeigt eine Keilwellenverbindung unter Verwendung einer Keilwelle mit geraden Flanken und 10 Keilen[1]). Die Tabelle A12.2, Anhang, enthält eine Übersicht nach DIN 5461 mit den Hauptabmessungen.

Genormt sind die leichte und die mittlere Reihe (DIN 5462 bzw. 5463), beide mit 6, 8 oder 10 Keilen je nach Größe des Durchmessers (Bild 12-10); ferner Keilwellenprofile für Werkzeugmaschinen mit 4 bzw. 6 Keilen nach DIN 5471 bzw. 5472. Die bei beweglichen bzw. festsitzenden Naben zu verwendenden Passungen sind je nach Art des Sitzes zwischen Welle und Nabe nach DIN 5465, Tabelle A12.2b, Anhang, zu wählen.

Nabenabmessungen siehe Tabelle A12.5, Anhang.

12.3.1.2. Berechnung

Eine Berechnung von Keilwellenverbindungen ist bei ausreichendem Wellendurchmesser — maßgebend ist der Kerndurchmesser, hohe Kerb-

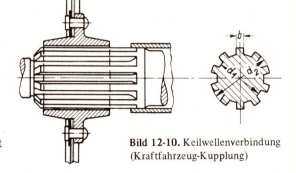

Bild 12-10. Keilwellenverbindung (Kraftfahrzeug-Kupplung)

---

[1]) Treffender wäre die Bezeichnung „Federn", da die Verbindung im Prinzip einer Paßfederverbindung und nicht einer Keilverbindung entspricht.

12.3. Formschlüssige Verbindungen

wirkung (in ungünstigen Fällen $\beta_k > 2,5$!) beachten — und normalen Nabenabmessungen (Tabelle A12.5, Anhang) nicht erforderlich. Nur bei sehr kurzen Naben ist eine Nachprüfung der Flächenpressung an den „Keil"-Flanken zweckmäßig. Mit der durch Versuche bestätigten Annahme, daß durch nicht zu vermeidende Herstellungsungenauigkeiten nur $\approx 75\%$ der Keile tragen, wird die *vorhandene Flächenpressung*

$$p = \frac{2 \cdot M_t}{d_m \cdot L \cdot h \cdot 0{,}75\, n} \leqslant p_{zul} \text{ in N/mm}^2 \tag{12.26}$$

M_t zu übertragendes Drehmoment in Nmm

d_m mittlerer Profildurchmesser in mm aus $d_m = \dfrac{d_2 + d_1}{2}$ mit d_1 und d_2 nach Tabelle A12.2a, Anhang

L Nabenlänge gleich tragende Keillänge in mm

h Keilhöhe in mm aus $h = \dfrac{d_2 - d_1}{2}$

n Anzahl der Keile nach Tabelle A12.2a, Anhang

p_{zul} zulässige Flächenpressung in N/mm² nach Tabelle A1.3, Anhang

Eine weitere Nachprüfung der Keile auf Biegung und Abscheren ist nicht erforderlich, wenn die Bedingung nach Gleichung (12.26) erfüllt ist.

12.3.2. Kerbverzahnung

12.3.2.1. Anwendung und Ausführung

Die Kerbverzahnung wird ähnlich wie das Keilwellenprofil, vorwiegend jedoch für feste Verbindungen verwendet, z. B. bei Achsschenkeln und Drehstabfedern von Kraftfahrzeugen. Durch die feinere Zahnung werden Welle und Nabe weniger geschwächt, so daß sie entsprechend kleiner ausgeführt werden können. Nachteilig sind die durch die schrägen Zahnflanken entstehenden Radialkomponenten F_r, die eine Aufweitung zu schwacher Naben bewirken können.

Die Bilder 12-11a und b zeigen das Kerbzahnprofil nach DIN 5481 und die Anwendung bei einer Drehstabfeder.

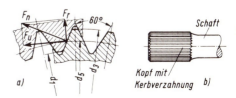

Bild 12-11. Kerbverzahnung
a) Profil, Abmessungen und Flankenkräfte,
b) Drehstabfeder mit Kerberzahnung

Die *Nabenabmessungen* sind nach Tabelle A12.5, Anhang, zu wählen. Die Hauptabmessungen von Kerbverzahnungen sind in Tabelle A12.6, Anhang (Auszug aus DIN 5481) enthalten.

12.3.2.2. Berechnung

Wie bei der Keilwellenverbindung kommt auch hier nur ausnahmsweise eine Nachprüfung auf Flächenpressung nach Gleichung (12.26) in Frage. Abweichend von den hierin benutzten Größen sind entsprechend die in DIN 5481 und in Bild 12-11a angegebenen zu setzen:

für $d_m = d_5$ Teilkreisdurchmesser der Verzahnung,

für $h = \dfrac{d_3 - d_1}{2}$ tragende Zahnhöhe.

12.3.3. Stirnverzahnung (Hirthverzahnung)

Durch eine an den Stirnflächen angebrachte *Plan-Kerbverzahnung* (Bild 12-12a) werden solche Bauteile starr und zentrisch verbunden, deren Herstellung in einem Stück schwierig und unwirtschaftlich ist oder die aus verschiedenen Werkstoffen bestehen, z. B. Zahnräder aus hochwertigen Stählen mit Wellenenden, oder Zahnräder verschiedener Werkstoffe untereinander.

Die axiale Verspannung der durchweg hohl ausgebildeten Teile erfolgt durch Schrauben, wie bei der Verbindung des Kegelrades mit dem Wellenende nach Bild 12-12b.

Die *Berechnung* erfolgt zweckmäßig nach Angaben des Herstellers (*A. Hirth AG*, Stuttgart-Zuffenhausen).

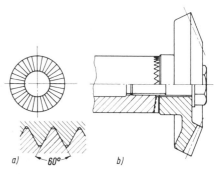

Bild 12-12. Stirnverzahnung (Hirthverzahnung)
a) Grundform, b) Anwendungsbeispiel: Verbindung eines Kegelrades mit einer Welle

12.3.4. Polygonprofil [1])

Anwendung und Form

Die Grundform dieses nicht genormten Profiles ist ein gleichseitiges Dreieck, dessen Seiten und Ecken derart gerundet sind, daß ein sogenanntes „Gleichdick" entsteht, d. h. ein unrundes Profil, dessen Dicke $R + r$, gemessen durch ein Mittelpunkt, an allen Seiten gleich groß ist (Bild 12-13). Es hat gegenüber anderen Formschlußverbindungen den Vorteil, praktisch kerbfrei und damit festigkeitsmäßig sehr günstig zu sein. Außerdem ist seine Herstellung, die allerdings Spezialmaschinen erfordert, einfacher, genauer und billiger. Auch konische Ausführung ist möglich.

Das Profil kann mit jeder gewünschten Toleranz an Stelle der sonst gebräuchlichen Verbindungen verwendet werden. Preßsitze sind jedoch zu bevorzugen, da am Umfang örtlich

---

[1]) Hersteller, z. B.: *Fa. Manurhin,* Mühlhausen (Elsaß); *Fortuna-Werke,* Stuttgart-Bad Cannstadt

12.3. Formschlüssige Verbindungen

hohe Radialkräfte und damit hohe Flächenpressungen auftreten, die bei Spielpassungen zu stärkerem Verschleiß führen können (Bild 12-13). Für die Abmessungen und die Berechnung sind die Angaben der Hersteller maßgebend.

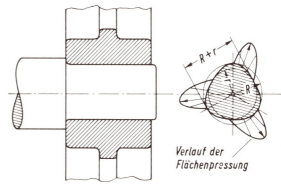

Bild 12-13. Polygonprofil

12.3.5. Paßfederverbindungen

12.3.5.1. Anwendung und Formen

Die Paßfederverbindung ist die gebräuchlichste Formschlußverbindung für Riemenscheiben, Zahnräder, Kupplungen u. dgl. mit Wellen bei vorwiegend einseitigen Drehmomenten. Die Verbindung ist billig, einfach zusammenzubauen und leicht wieder zu lösen. Die in der Wellen- und Nabennut sitzende, als „Mitnehmer" wirkende Paßfeder trägt, im Gegensatz zum baulich ähnlichen (Nuten-)Keil, nur mit den Seitenflächen, die Rückenfläche hat Spiel (Bild 12-15).

Vorteile, besonders gegenüber der Keilverbindung: Genauer, zentrischer Sitz der Naben, kein Verkanten und Verspannen; kein Einpassen und Eintreiben wie bei Keilen, daher schonende Behandlung der Bauteile (wichtig bei eingebauten Wälzlagern!).

Nachteile: Die Naben müssen gegen axiales Verschieben zusätzlich gesichert werden; empfindlich gegen wechselseitige Drehmomente.

Für längsbewegliche Naben wird die Paßfeder mit entsprechenden Toleranzen zur *Gleitfeder,* z. B. bei Verschieberädern in Getrieben und Spindelführungen bei Werkzeugmaschinen. Bei kleineren Drehmomenten, besonders im Feinmaschinenbau und als zusätzliche Sicherung bei Kegelverbindungen, wird die Scheibenfeder, DIN 6888, verwendet (Bild 12-14d).

Breite b und Höhe h der Federn sind in Abhängigkeit vom Wellendurchmesser nach DIN 6885 genormt. Einen Auszug mit den wichtigsten Abmessungen enthält Tabelle A12.4, Anhang.

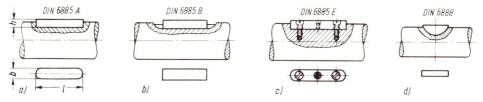

Bild 12-14. Paßfederformen. a) Rundstirnige Paßfeder, b) geradstirnige Paßfeder, c) rundstirnige Form für Halte- und Abdrückschrauben, d) Scheibenfeder

Die „normale", meist verwendete *hohe Form* der Paßfeder mit runden Stirnflächen nach DIN 6885 (Form A) zeigt Bild 12-14a). Von den zahlreichen anderen Ausführungsformen sind in Bild 12-14b und c die geradstirnige Form, DIN 6885 (Form B), und die Ausführung für Halte- und Abdrückschrauben (Form E) dargestellt, die insbesondere für Gleitfedern in Frage kommt.

Für Werkzeugmaschinen sind Paßfedern mit gleichen Formen und Abmessungen vorgesehen, jedoch bei größerer Wellennut- und kleinerer Nabennuttiefe, DIN 6885, Blatt 2.

Normbezeichnung einer Paßfeder Form A, Breite b = 12 mm, Höhe h = 8 mm und Länge l = 70 mm:
Paßfeder A 12 × 8 × 70 DIN 6885.

Die *Toleranzen* des für die Herstellung der Federn benutzten Keilstahles (DIN 6880) sind: Höhe h 11 (teilweise h 9), Breite h 9. Für die Nutbreiten werden gewählt:

	bei Festsitz	leichtem Festsitz	Gleitsitz der Nabe
Wellennut	P 9	N 9	H 8
Nabennut	P 9	J 9	D 10

Als *Werkstoff* für Paßfedern ist bei Höhen $h \leqslant 25$ mm St 50-K, bei $h > 25$ mm St 60-K für normale Ansprüche vorgesehen; andere Werkstoffe nach Vereinbarung.

12.3.5.2. Berechnung

Paßfederverbindungen brauchen nicht berechnet zu werden, wenn normale Abmessungen vorliegen, d. h. die zum Wellendurchmesser gehörigen Paßfeder- und üblichen Nabenabmessungen nach Tabelle A12.5, Anhang, gewählt sind. Nur bei sehr kurzen Federn ($l < 0.8\ d$) ist eine *Nachprüfung der Flächenpressung* an den Seitenflächen (Tragflächen) der Nuten zweckmäßig und zwar meist nur für die aus dem schwächeren Werkstoff bestehende Nabe, die auch gegenüber der Welle wegen der Rundungen der Federstirnflächen die kürzere Tragfläche hat. Unter Vernachlässigung der Unterschiede zwischen Umfangskraft F_u und den Anpreßkräften F_{u1} und F_{u2} gilt nach Bild 12-15 für die *vorhandene Flächenpressung:*

$$p \approx \frac{2 \cdot F_u}{h \cdot l_1} \approx \frac{4 \cdot M_t}{d \cdot h \cdot l_1} \leqslant p_{zul} \quad \text{in N/mm}^2 \qquad (12.27)$$

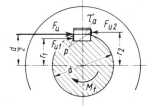

F_u Umfangskraft an der Welle in N, z. B. aus $F_u = 2 \cdot M_t/d$
M_t zu übertragendes Drehmoment in Nmm
h, b Höhe, Breite der Paßfeder in mm nach Tabelle A12.4, Anhang
l_1 tragende Länge der Paßfeder in mm; $l_1 = l$ (Paßfederlänge) bei den Formen A und B und für Wellennut, $l_1 = l - b$ bei Form A für Nabennut
d Wellendurchmesser in mm
p_{zul} zulässige Flächenpressung für das Bauteil aus dem schwächeren Werkstoff in N/mm² nach Tabelle A1.3, Anhang

Bild 12-15. Kräfte an der Paßfederverbindung

Die noch auftretende Scherbeanspruchung der Feder braucht nicht geprüft zu werden, wenn $p \leqslant p_{zul}$.

12.3.5.3. Gestaltung

Bild 12-16 zeigt die Ausführung einer Paßfederverbindung. Die Feder soll stets etwas kürzer als die Nabe sein (siehe auch unter 11.6.1. und Bild 11-19, Kapitel 11. Achsen, Wellen und Zapfen). Die Sicherung der Nabe gegen axiales Verschieben kann bei kleineren Axialkräften, wie in Bild 12-16 dargestellt, durch einen Gewindestift, bei größeren Kräften durch Stellringe, Distanzhülsen oder Wellenschultern oder an Wellenenden auch durch Sicherungsringe erfolgen (siehe auch Bild 11-19).

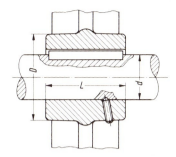

Bild 12-16. Gestaltung einer Paßfederverbindung

Die *Nabenabmessungen D* und *L* werden erfahrungsgemäß in Abhängigkeit vom Wellendurchmesser gewählt nach Tabelle A12.5, Anhang.

Je nach der Nabenanordnung auf Wellenenden oder auf längeren Wellen sind enge oder weite Übergangspassungen (leichterer Einbau) zu wählen, siehe Tabelle 12.3.

Tabelle 12.3: Empfohlene Passungen für Paßfederverbindungen

Anordnung der Nabe	Passung bei	
	Einheitsbohrung	Einheitswelle
auf längeren Wellen, fest	H 7/j 6	J 7/h 6, h 8, h 9
auf Wellenenden, fest	H 7/k 6, m 6	K 7, M 7/h 6, N 7/h 8
auf Wellen, verschiebbar	H 7/h 6, j 6	H 7, J 7/h 6, h 8

12.4. Vorgespannte formschlüssige Verbindungen, Keilverbindungen

12.4.1. Anwendung

Keile werden zum festen Verbinden von Wellen und Naben vorwiegend schwerer Scheiben, Räder, Kupplungen u. dgl. bei Großmaschinen, Baggern, Kranen, Landmaschinen, schweren Werkzeugmaschinen (Stanzen, Schmiedehämmer), also bei rauhem Betrieb und wechselseitigen, stoßhaften Drehmomenten verwendet.

Im Gegensatz zur Paßfeder trägt der Keil mit der unteren und der oberen Fläche (Anzugfläche mit Neigung 1:100), die Seitenflächen haben geringes Spiel (Nutbreite hat Toleranz D10, Keilbreite h9 bei gleichen Nennmaßen). Die Kräfte werden also im wesentlichen durch Reibungsschluß übertragen, falls dieser aber überwunden wird, bei Nutenkeilen auch noch durch deren Seitenflächen, also durch Formschluß.

Vorteile gegenüber Paßfederverbindungen: Keilverbindungen ergeben einen unbedingt sicheren und festen Sitz der Naben; eine zusätzliche Sicherung gegen axiales Verschieben ist nicht erforderlich.
Nachteile: Verkanten und außermittiger Sitz der Naben durch das einseitige Eintreiben des Keiles; jeder Keil muß eingepaßt werden (zusätzliche Kosten!); das Lösen besonders von Nasenkeilen ist schwierig, bei ältern Verbindungen kaum mehr möglich (Gefahr des „Festrostens"); bei zu kräftigem Eintreiben besteht, besonders bei Naben aus GG, die Gefahr des Reißens.

12.4.2. Keilformen

Wie bei Paßfedern sind Höhe und Breite der Keile in Abhängigkeit vom Wellendurchmesser genormt. Die Hauptabmessungen sind in Tabelle A12.4, Anhang, zusammengestellt. Je nach den durch die Bauverhältnisse gegebenen Einbaumöglichkeiten sind verschiedene Keilformen zu verwenden.

Nasenkeile nach DIN 6887 kommen in Frage, wenn die Verbindung nur von einer Seite zugänglich ist (Bild 12-17a). Die „Nase" dient zum Ein- und Austreiben, sie darf wegen Unfallgefahr nie am Wellenende herausragen. Die Wellennut muß zum Einführen des Keiles eine ausreichende Länge haben (siehe auch Bild 12-19).

Bei *Nasenflachkeilen,* DIN 6884, hat die Welle an Stelle der Nut nur eine Abflachung. Bei *Nasenhohlkeilen,* DIN 6889, ist die untere Fläche entsprechend dem Wellendurchmesser gerundet. Sie ergeben also eine reine reibschlüssige Verbindung, da nur die Nabe genutet ist. Beide Keilarten sind nur für kleinere Drehmomente geeignet.

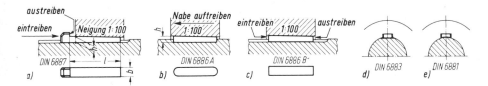

Bild 12-17. Keilformen. a) Nasenkeil, b) Einlegekeil, c) Treibkeil, d) Flachkeil, e) Hohlkeil

Einlegekeile nach DIN 6886, Form A, mit runden Stirnflächen liegen wie eine Paßfeder in der Wellennut (Bild 12-17b). Hierbei muß die Nabe aufgetrieben, bzw. die Welle mit Keil in die Nabenbohrung eingeführt werden.

Der *Treibkeil,* DIN 6886, Form B, mit geraden Stirnflächen wird verwendet, wenn die Verbindungsstelle von beiden Seiten zugänglich ist, der Keil also von der einen Seite eingetrieben und von der anderen ausgetrieben werden kann (Bild 12-17c).

Wie der Nasenkeil, ist auch der Treibkeil als *Flachkeil* (DIN 6883) und als *Hohlkeil* (DIN 6881) vorgesehen (Bild 12-17d und e).

Schwere, meist geteilte und aufgeklemmte Naben werden bei hohen wechselseitigen und stoßhaften Drehmomenten häufig noch durch *Tangentkeile* nach DIN 268 und 271 gesichert. Sie werden, wie Bild 12-18 zeigt, paarweise unter 120° versetzt so eingebaut, daß die Keilkräfte F nicht den Schrauben-Klemmkräften F_{Kl} entgegenwirken.

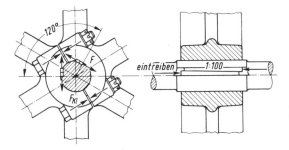

Bild 12-18. Tangentkeil-Verbindung

Als *Werkstoff* ist bei Keilhöhen $h \leq 25$ mm St 50-1 K, bei $h > 25$ mm St 60-2 K vorgesehen; andere Werkstoffe nach Vereinbarung.

Normbezeichnung eines Nasenkeiles mit Breite $b = 18$ mm, Höhe $h = 11$ mm und Länge $l = 125$ mm:

Nasenkeil 18 × 11 × 125 DIN 6887.

12.4.3. Berechnung

Eine Berechnung der Keilverbindung ist kaum möglich und praktisch auch nicht erforderlich. Das übertragbare Drehmoment ist weitgehend von der Eintreibkraft des Keiles abhängig und daher rechnerisch nur schwer zu erfassen. Erfahrungsgemäß überträgt eine normal gestaltete Keilverbindung mit genormten Keilabmessungen und üblichen Nabengrößen (siehe Tabelle A12.5, Anhang) auch mit Sicherheit das von der Welle aufzunehmende Drehmoment.

12.4.4. Gestaltung

Bild 12-19 zeigt die Gestaltung einer Nasenkeil-Verbindung. Bei einzutreibenden Nutenkeilen, also auch bei Treibkeilen, ist eine ausreichende Wellennutlänge zum einwandfreien Einführen in die Nut vorzusehen:

freie Nutlänge a ≈ Keillänge l (≈ Nabenlänge L).

Ein Sichern der Keile gegen selbsttätiges Lösen ist im allgemeinen nicht erforderlich. Nur bei starken Erschütterungen ist eine zusätzliche Sicherung angebracht. Die in Bild 12-19 gezeigte billige Keilsicherung aus Stahlblech wird einfach in die Nut eingeschlagen und läßt sich auch leicht wieder lösen.

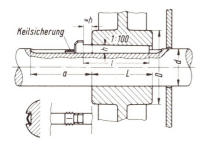

Bild 12-19
Gestaltung einer Keilverbindung
(Nasenkeil-Verbindung mit Keilsicherung)

Keile sind stets leicht geölt einzutreiben, um ein Fressen und Festrosten zu vermeiden.

Zwischen Welle und Nabe ist eine *enge Übergangs-* oder *leichte Preßpassung* zu wählen, um das Verkanten und außermittige „Sitzen" der Nabe möglichst zu vermeiden, z. B.: H 7/k 6, m 6, n 6 bei Einheitsbohrung; K 7, N 7/h 6, h 8 bei Einheitswelle. Je weiter eine Nabe über die Welle zu schieben ist, um so leichter soll der Sitz sein, um den Einbau nicht unnötig zu erschweren.

Die *Nabenabmessungen D* und *L* werden in Abhängigkeit vom Wellendurchmesser erfahrungsgemäß gewählt nach Tabelle A12.5, Anhang.

12.5. Berechnungsbeispiele

■ **Beispiel 12.1:** Die Kegelverbindung eines Zahnrades aus Vergütungsstahl mit dem Ende einer Getriebewelle aus St 50 ist auszulegen (Bild 12-20). Die zu übertragende Leistung beträgt $P = 7,5$ kW bei einer Drehzahl $n = 80$ min^{-1}.

Zu berechnen bzw. zu prüfen sind:
a) die erforderliche axiale Aufpreßkraft F_a zum Erreichen einer sicheren reibschlüssigen Verbindung,
b) die Flächenpressung p zwischen Welle und Rad,
c) der Gewindezapfen mit dem zunächst rein konstruktiv gewählten Gewinde M 30 × 1,5,
d) das erforderliche Anzugsmoment M_A für die Nutmutter zum Erreichen der Anpreßkraft.

▶ **Lösung a):** Es ist ein genormter Kegel 1:10 vorgesehen, für den die Aufpreßkraft mit der Näherungsgleichung (12.8) ermittelt werden soll:

$$F_a \approx 1,5 \cdot \frac{M_t}{r_m}.$$

Das Drehmoment ergibt sich aus Leistung und Drehzahl, z. B. nach Gleichung (11.1):

$$M_t = 9550 \frac{P}{n}, \quad M_t = 9550 \cdot \frac{7,5}{80} \text{ Nm} = 895,3 \text{ Nm} = 895,3 \cdot 10^3 \text{ Nmm}.$$

Der mittlere Kegelradius wird nach Angaben zur Gleichung (12.7): $r_m = \frac{d_1 + d_2}{4}$.

Es muß vorerst noch der kleine Kegeldurchmesser d_2 ermittelt werden aus der Beziehung $\frac{1}{x} = \frac{d_1 - d_2}{l}$, $\frac{1}{10} = \frac{d_1 - d_2}{l}$, hieraus $d_2 = d_1 - \frac{l}{10}$, $d_2 = 60$ mm $- \frac{80 \text{ mm}}{10} = 52$ mm; hiermit wird dann $r_m = \frac{60 \text{ mm} + 52 \text{ mm}}{4} = 28$ mm.

$$F_a \approx 1,5 \cdot \frac{10^3 \cdot 895,3 \text{ Nmm}}{28 \text{ mm}} \approx 47\,960 \text{ N}.$$

Ergebnis: Die axiale Aufpreßkraft wird $F_a \approx 47\,960$ N.

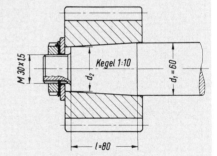

Bild 12-20. Berechnung einer Kegelverbindung

▶ **Lösung b):** Die in der Fuge zwischen Welle und Radbohrung entstehende Flächenpressung wird nach Gleichung (12.9) geprüft:

$$p = \frac{F_r}{d_m \cdot \pi \cdot l} \leqslant p_{zul}.$$

Die Radialkomponente ergibt sich aus: $F_r = \dfrac{F_a}{\tan\left(\dfrac{\alpha}{2} + \rho\right)}$.

Der Neigungswinkel $\alpha/2$ errechnet sich nach den Angaben unter 12.2.2.1. aus $\tan \frac{\alpha}{2} = \frac{d_1 - d_2}{2 \cdot l}$, $\tan \frac{\alpha}{2} = \frac{60 \text{ mm} - 52 \text{ mm}}{2 \cdot 80 \text{ mm}} = 0,05$, damit $\frac{\alpha}{2} \approx 2°52'$. Dieser Winkel könnte auch gleich der Tabelle A12.1, Anhang, entnommen werden: $\frac{\alpha}{2} = 2°51'45''$. Der Reibungswinkel wird $\rho = 6°$ gesetzt.

$$F_r = \frac{47\,960 \text{ N}}{\tan(2°52' + 6°)} = \frac{47\,960 \text{ N}}{\tan 8°52'} = \frac{47\,960 \text{ N}}{0,156} \approx 307\,440 \text{ N}.$$

12.5. Berechnungsbeispiele

Hiermit und mit $d_m = 2 \cdot r_m = 2 \cdot 28$ mm = 56 mm und $l = 80$ mm wird

$$p = \frac{307\,440 \text{ N}}{56 \text{ mm} \cdot \pi \cdot 80 \text{ mm}} \approx 22 \text{ N/mm}^2.$$

Diese Flächenpressung ist im Vergleich zur zulässigen Pressung nach Tabelle A1.3, Anhang, sehr gering. Danach könnte bei ruhender Belastung für Stahl, ungehärtet, $p_{zul} \approx 100 \ldots 200$ N/mm², also für die Welle aus St 50 schätzungsweise $p_{zul} \approx 150$ N/mm² gesetzt werden; für Stahl, gehärtet, ist $p_{zul} \approx 150 \ldots 250$ N/mm², also kann für das Zahnrad aus Vergütungsstahl schätzungsweise $p_{zul} \approx 200$ N/mm² angenommen werden.

Ergebnis: Die vorhandene Flächenpressung ist $p = 22$ N/mm² $\ll p_{zul} \approx 150$ N/mm² (Welle) und $p_{zul} \approx 200$ N/mm² (Zahnrad). Damit besteht für die Oberflächen von Welle und Zahnradbohrung keine Gefahr der Zerstörung oder plastischen Verformung.

▶ **Lösung c):** Der Gewindezapfen kann wie eine Schraube von entsprechender Größe und vergleichbarem Werkstoff betrachtet und nachgeprüft werden. Der Zapfen wird durch die (Montage-) Vorspannkraft auf Zug und durch das Anziehen der Mutter zusätzlich auf Verdrehung beansprucht.

Da hier allein eine Klemm- oder Spannkraft aufzubringen ist, wird die erforderliche Vorspannkraft nach Gleichung (8.18): $F_{VM} = k_A \cdot F_{Kl}$. Hierin ist $F_{Kl} = F_a = 47960$ N (siehe unter a) zu setzen und bei angenommenem Anziehen mit Drehmomentenschlüssel bei trockenem Gewinde wird der Anziehfaktor nach Tabelle A8.8, Zeile 2: $k_A = 1,8$. Damit wird $F_{VM} = 1,8 \cdot 47960$ N ≈ 86330 N. Da in der Tabelle A8.10 weder das Gewinde M30 × 1,5 noch für St50 ein vergleichbarer Schraubenwerkstoff aufgeführt ist, soll in diesem Beispiel die Überprüfung des Gewindezapfens erfolgen nach Gleichung (8.23):

$$\sigma_{red} = \sqrt{\sigma_{VM}^2 + 3 \cdot \tau_t^2} \leqslant \sigma_{z\,zul}.$$

Die Montage-Vorspannung ergibt sich aus $\sigma_{VM} = \dfrac{F_{VM}}{A_s}$.

Der Spannungsquerschnitt ist für das Feingewinde M 30 × 1,5 nach Tabelle A8.2: $A_s = 642$ mm². Die Montage-Vorspannung wird damit:

$$\sigma_{VM} = \frac{86\,330 \text{ N}}{642 \text{ mm}^2} \approx 134 \text{ N/mm}^2.$$

Die Verdrehspannung ergibt sich aus $\tau_t = \dfrac{M_{RG}}{W_p}$.

Das Gewindereibungsmoment wird nach Gleichung (8.19): $M_{RG} = F_{VM} \cdot d_2/2 \cdot \tan(\varphi + \rho')$. Mit $F_{VM} = 86\,330$ N, Flankendurchmesser $d_2 \approx 29$ mm (Tabelle A8.2), Gewindesteigungswinkel $\varphi \approx 57'$ (aus $\tan \varphi = P/(d_2 \cdot \pi) = 1,5$ mm/(29 mm $\cdot \pi$) = 0,0165) und Reibungswinkel $\rho' = 9°$ (aus Tabelle 8.4) wird $M_{RG} = 86330$ N $\cdot$ 29 mm/2 $\cdot$ tan 9°57' = 86330 N $\cdot$ 14,5 mm $\cdot$ 0,1754 = 219563 Nmm.

Das polare Widerstandsmoment ist $W_p \approx 0,2 \cdot d_s^3$. Aus Spannungsquerschnitt $A_s = 642$ mm² wird der Spannungsdurchmesser $d_s \approx 28,6$ mm und damit $W_p \approx 0,2 \cdot 28,6^3$ mm³ ≈ 4679 mm³. Hiermit wird die Verdrehspannung

$$\tau_t = \frac{219\,563 \text{ Nmm}}{4679 \text{ mm}^3} \approx 47 \text{ N/mm}^2.$$

Mit σ_{VM} und τ_t wird dann die Vergleichsspannung

$$\sigma_{red} = \sqrt{(134 \text{ N/mm}^2)^2 + 3 \cdot (47 \text{ N/mm}^2)^2} = \sqrt{24\,583 \text{ (N/mm}^2)^2} \approx 157 \text{ N/mm}^2.$$

Die zulässige Spannung wird $\sigma_{z\,zul} \approx 0,9 \cdot \sigma_{0,2}$. Die 0,2-Dehn- oder Streckgrenze ist für den Wellen- gleich Zapfenwerkstoff St 50 nach Tabelle A1.4: $\sigma_{0,2}\ (\hat{=} \sigma_s) = 300$ N/mm², also damit

$\sigma_{z\,zul} = 0.9 \cdot 300$ N/mm² $= 270$ N/mm² $> \sigma_{red} = 157$ N/mm². Der Zapfen ist festigkeitsmäßig weit ausreichend bemessen. Wahrscheinlich würde schon ein Gewinde mit etwas kleinerem Durchmesser ausreichen.

Ergebnis: Der vorgesehene Gewindezapfen M 30 × 1,5 ist ausreichend bemessen, da die vorhandene Vergleichsspannung $\sigma_{red} = 157$ N/mm² $< \sigma_{z\,zul} = 270$ N/mm² ist.

▶ **Lösung d):** Das erforderliche Anzugsmoment für die Mutter kann hier nicht, wie sonst üblich, einer Tabelle entnommen werden, da für das Gewinde M 30 × 1,5 keine Werte vorliegen; es muß also berechnet werden und zwar nach Gleichung (8.21):

$$M_A = 0.5 \cdot F_{VM} \cdot d_2 \cdot \left[\mu_{ges} \cdot \left(1 + \frac{d_a + D_B}{2 \cdot d_2}\right) + \tan \varphi \right].$$

Bereits oben festgestellt oder ermittelt sind: $F_{VM} = 86\,330$ N, $d_2 \approx 29$ mm, $\tan \varphi = 0.0165$. Für trockenes Gewinde wird die Gesamtreibungszahl $\mu_{ges} = 0.14$. Der Telleransatzdurchmesser d_a entspricht hier etwa dem Ansatzdurchmesser der Nutmutter; für eine Nutmutter M 30 × 1,5 nach DIN 1804 ist dieser $d_3 \triangleq d_a = 43$ mm (im Anhang nicht enthalten). Der Bohrungsdurchmesser D_B ist hier gleichzusetzen dem Gewindedurchmesser: $D_B \triangleq d = 30$ mm. Mit diesen Werten wird:

$$M_A = 0.5 \cdot 86\,330\,\text{N} \cdot 29\,\text{mm} \cdot \left[0.14 \cdot \left(1 + \frac{43\,\text{mm} + 30\,\text{mm}}{2 \cdot 29\,\text{mm}}\right) + 0.0165\right]$$

$= 1252 \cdot 10^3$ Nmm $\cdot [0.316 + 0.0165]$,

$M_A = 1252 \cdot 10^3$ Nmm $\cdot 0.3325 = 416.29 \cdot 10^3$ Nmm, $\quad M_A \approx 416$ Nm.

Ergebnis: Das zum Erreichen der Montage-Vorspannkraft $F_{VM} = 86\,330$ N und damit auch mit Sicherheit der axialen Aufpreßkraft $F_a = 47\,960$ N erforderliche Anzugsmoment beträgt $M_A = 416$ Nm.

■ **Beispiel 12.2:** Eine Keilriemenscheibe aus GG-20 soll mit dem Wellenende der Spindel aus St 60 einer Werkzeugmaschine durch Ringfeder-Spannelemente verbunden werden (Bild 12-21). Die zu übertragende Leistung beträgt $P = 30$ kW bei einer kleinsten Drehzahl $n = 100$ min^{-1}. Die Spannelemente sollen wellenseitig durch Zylinderschrauben mit Innensechskant nach DIN 912 verspannt werden. Der Durchmesser des Wellenendes beträgt $d_1 = 80$ mm.

Zu berechnen bzw. auszuführen sind:
a) die erforderliche Anzahl n der Spannelemente,
b) die geeignete Anzahl, Größe und Festigkeitsklasse der Spannschrauben und das erforderliche Anzugsmoment,
c) die konstruktive Gestaltung der Verbindung der Spannschrauben mit dem Wellenende.

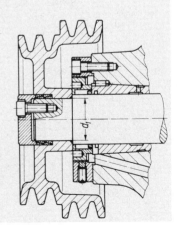

Bild 12-21
Ringfeder-Spannverbindung einer Keilriemenscheibe

12.5. Berechnungsbeispiele

▶ **Lösung a):** Zunächst wird das bei gegebener Leistung P und kleinster Drehzahl n zu übertragende max. Drehmoment ermittelt aus

$$M_t = 9550 \frac{P}{n}, \quad M_t = 9550 \frac{30}{100} = 2865 \text{ Nm}.$$

Hiermit wird nun aus Gleichung (12.10) über den Anzahlfaktor f_n die Anzahl der Spannelemente ermittelt:

$$f_n = \frac{M_t}{M_{t(100)} \cdot f_p}.$$

Für das dem Wellendurchmesser zugehörige Spannelement 80 × 91 ist nach Tabelle A12.3a, Anhang, das übertragbare Drehmoment bei einer Flächenpressung $p_{(100)} = 100$ N/mm²: $M_{t(100)} = 1810$ Nm. Für den Werkstoff GG-20 der Keilriemenscheibe, als festigkeitsmäßig schwächeren gegenüber St 50 der Welle, kann eine Flächenpressung $p \approx 0.6 \cdot \sigma_B$ gewählt werden; mit $\sigma_B = 200$ N/mm² wird $p \approx 0.6 \cdot 200$ N/mm² = 120 N/mm² und damit der Pressungsfaktor $f_p = p/p_{(100)} = 120$ N/mm²/100 N/mm² = 1,2.

$$f_n = \frac{2865 \text{ Nm}}{1810 \text{ Nm} \cdot 1{,}2} \approx 1{,}32.$$

Damit sind nach der Tabelle zur Gleichung (12.10) in jedem Fall $n = 2$ Elemente erforderlich mit $f_n = 1{,}55$ bzw. 1,50 bei geöltem bzw. trockenem Einbau. Bei empfohlenen geölten Elementen würde mit $f_n = 1{,}55$ das übertragbare Drehmoment durch Rückrechnung nach Gleichung (12.10): $M_t = M_{t(100)} \cdot f_p \cdot f_n = 1810$ Nm $\cdot$ 1,2 $\cdot$ 1,55 = 3367 Nm $> M_{t(\text{erf})} = 2865$ Nm.

Ergebnis: Es sind $n = 2$ Ringfeder-Spannelemente 80 × 91 erforderlich.

▶ **Lösung b):** Die Spannschrauben werden nach den Angaben zu 8.16.2. „Verschraubungsfall C" berechnet. Zunächst wird die erforderliche axiale (Gesamt-)Spannkraft nach Gleichung (12.12) ermittelt:

$$F_a = F_0 + F_{(100)} \cdot f_p.$$

Die axiale Spannkraft zur Überwindung des Passungsspieles ist für ein Element 80 × 91 nach Tabelle A12.3a, Anhang: $F_0 = 48$ kN, die Spannkraft zur Erzeugung der Flächenpressung $p_{(100)} = 100$ N/mm² ist $F_{(100)} = 203$ kN. Hiermit und mit $f_p = 1{,}2$ (siehe unter a) wird

$$F_a = 48 \text{ kN} + 203 \text{ kN} \cdot 1{,}2 = 291{,}6 \text{ kN}.$$

Bei einer zunächst gewählten Schraubenzahl $n = 3$ würde die von einer Schraube aufzubringende Spannkraft $F_{a1} = F_a/n = 291{,}6$ kN/3 = 97,2 kN. Hierfür wäre nach Gleichung (8.18) eine Montage-Vorspannkraft erforderlich von $F_{VM} = k_A \cdot F_{Kl} \stackrel{\triangle}{=} k_A \cdot F_{a1}$; bei einem hier unbedingt notwendigen Anziehen mit Drehmomentschlüssel bei geschmierten Schrauben wird nach Tabelle A8.8, Zeile 3, Anhang, der Anziehfaktor $k_A = 1{,}4$, also damit $F_{VM} = 1{,}4 \cdot 97{,}2$ kN = 136 kN.

Es wird nun nach Tabelle A8.10, Anhang, eine Schraube geeigneter Größe und Festigkeitsklasse gesucht, die $F_{VM} = F_{V0{,}9}$ als max. Vorspannkraft aufbringen kann, wobei aufgrund des vorgegebenen Wellendurchmessers von 80 mm etwa Schrauben M 12 bis höchstens M 20 in Frage kommen und zwar möglichst mit den Festigkeitsklassen 8.8 oder 10.9. Für geölte Schaftschrauben (Gesamtreibungszahl $\mu_{ges} = 0{,}14$) muß jeweils in Zeile 1 der Tabelle gesucht werden. Danach wären geeignet: Schrauben M 20, Festigkeitsklasse 10.9, mit $F_{V0{,}9} = 160$ kN $> F_{VM} = 136$ kN. Diese sind jedoch für den Wellendurchmesser 80 mm ungünstig groß.

Es wird nun eine Ausführung mit 4 Spannschrauben versucht. Hierbei werden dann, entsprechend den vorstehenden Angaben: $F_{a1} = 72{,}9$ kN und $F_{VM} = 102{,}06$ kN. Hierfür kommen dann in Frage: Schrauben M 16, Festigkeitsklasse 10.9, mit $F_{V0,9}$ = 102 kN. Diese Größe „paßt" auch besser zum Wellendurchmesser 80 mm, wie in Bild 12-22 maßstäblich dargestellt.

Durch die (zufällig) fast genaue Übereinstimmung der erforderlichen mit der max. Vorspannkraft werden die Schrauben auch günstigst bis 90 % der Streckgrenze ausgenutzt. Das hierzu erforderliche Anzugsmoment wird dann nach Tabelle A8.10: $M_A \triangleq M_{A0,9}$ = 295 Nm.

Ergebnis: Zum Spannen der Verbindung werden 4 Zylinderschrauben mit Innensechskant M 16, Festigkeitsklasse 10.9, DIN 912, vorgesehen.

▶ **Lösung c):** Für die Gestaltung der Schraubenverbindung sind noch festzulegen oder zu ermitteln: Durchmesser d_0 des Lochkreises, Dicke s_F des Druckflansches, Einschraublänge l_e, Spannweg s und Schraubenlänge l.

Der Lochkreisdurchmesser wird rein konstruktiv festgelegt: d_0 = 50 mm.

Die Dicke des Druckflansches soll nach Empfehlung der Ringfeder GmbH ausgeführt werden: $s_F \geqslant d \cdot (1{,}5 + a)$, worin d der Schraubendurchmesser, a das Verhältnis der gewählten Schraubenzahl n zur max. Schraubenzahl n_{max} auf Lochkreis, Kopf an Kopf, bedeutet. Mit n = 4 und n_{max} = 6 (durch Probieren gefunden) wird a = 4/6 $\approx$ 0,67 und damit $s_F \approx$ 16 mm $\cdot$ (1,5 + 0,67) = 34,7 mm; ausgeführt: s_F = 35 mm.

Die Einschraublänge l_e wird nach Tabelle 8.2 (siehe „Schraubenverbindungen" unter 8.10.) festgelegt. Für Schrauben 10.9 eingeschraubt in St 60 mit σ_B = 600 N/mm² wird l_e = 1,2 $\cdot$ d gewählt, also l_e = 1,2 $\cdot$ 16 mm = 19,2 mm; ausgeführt: l_e = 20 mm. Die Bohrungstiefe wird dann $t_B = l_e + t$ = 20 mm + 8 mm = 28 mm (siehe unter 8.10.); ausgeführt t_B = 30 mm.

Der Spannweg wird nach Tabelle A12.3a, Anhang, für 2 Elemente 80 × 91: s = 5 mm.

Die Schraubenlänge wird zweckmäßig aus der Zeichnung abgemessen: l = 45 mm.

Bild 12-22 zeigt die Gestaltung des Druckflansches und der Verschraubung mit allen für die Fertigung erforderlichen Maßen. Die Zylinderschraube ist versenkt, um eine glatte Stirnfläche zu erhalten und damit Gefahren durch vorstehende Schraubenköpfe auszuschalten.

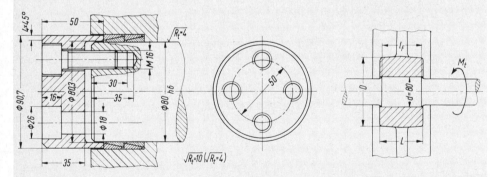

Bild 12-22. Gestaltung der Spannschraubenverbindung

Bild 12-23. Preßverbindung einer Riemenscheibe

■ **Beispiel 12.3:** Die Nabe einer Riemenscheibe aus GG-25 soll mit einer Welle aus St 50 durch Querpreßpassung (Schrumpfpassung) verbunden werden (Bild 12-23). Der Wellendurchmesser beträgt d = 80 mm, das zu übertragende Drehmoment M_t = 2800 Nm.

Zu berechnen sind:

a) die erforderlichen ISO-Toleranzen für Bohrung und Welle,
b) die zum Aufbringen der Nabe erforderliche Fügetemperatur.

12.5. Berechnungsbeispiele

▶ **Lösung a):** Zunächst sind die zur Berechnung noch notwendigen Abmessungen und Daten festzulegen bzw. zu ermitteln:

der Fugendurchmesser $d_F = d = 80$ mm,

die Umfangskraft $F_u = \dfrac{2 \cdot M_t}{d}$, $F_u = \dfrac{2 \cdot 2800 \text{ Nm}}{0{,}08 \text{ m}} = 70\,000$ N,

der Außendurchmesser des Außenteiles gleich Nabendurchmesser wird nach Tabelle A12.5, Anhang, festgelegt; für Preßpassung und GG-Nabe wird gewählt:
$d_{Aa} = D \approx 2{,}4 \cdot d \approx 2{,}4 \cdot 80$ mm ≈ 190 mm,

der Innendurchmesser des Innenteiles, der Vollwelle, $d_{Ii} = 0$,

die Fugenlänge l_F wird etwas kleiner als die Nabenlänge L, die ebenfalls nach Tabelle A12.5, Anhang, festgelegt wird: $L \approx 1{,}4 \cdot d = 1{,}4 \cdot 80$ mm $= 192$ mm, gewählt. $L = 125$ mm; damit wird $l_F = 120$ mm (siehe Bild 12-23).

Mit diesen Werten kann nun die systematische Berechnung durchgeführt werden.

Zunächst wird die Rutschkraft in Umfangsrichtung nach Gleichung (12.13) ermittelt:

$F_{Ru} = \nu_H \cdot F_u$.

Mit einer gewählten Haftsicherheit $\nu_H \approx 2$ wird

$F_{Ru} = 2 \cdot 70\,000$ N $= 140\,000$ N.

Die kleinste erforderliche Fugenpressung wird nach Gleichung (12.14):

$p_k = \dfrac{F_{Ru}}{A_F \cdot \nu_u}$

Fugenfläche $A_F = d_F \cdot \pi \cdot l_F$, $A_F = 80$ mm $\cdot \pi \cdot 120$ mm $= 30159$ mm^2; der Haftbeiwert nach Tabelle 12.1 für Gußeisen und Schrumpfpassung wird $\nu_u \approx 0{,}08$ geschätzt, damit wird

$p_k = \dfrac{140\,000 \text{ N}}{30159 \text{ mm}^2 \cdot 0{,}08} = 58$ N/mm^2.

Hiermit wird das kleinste Haftmaß nach Gleichung (12.15):

$Z_k = p_k \cdot d_F \cdot (K_A + K_I) \cdot 10^3$.

Für das Durchmesserverhältnis $Q_A = \dfrac{d_F}{d_{Aa}}$, $Q_A = \dfrac{80 \text{ mm}}{190 \text{ mm}} = 0{,}42$ wird nach Bild 12-8 für Gußeisen: $K_A \approx 0{,}17 \cdot 10^{-4}$ mm^2/N, für die Welle als Vollwelle wird $K_I = 0{,}035 \cdot 10^{-4}$ mm^2/N und damit

$Z_k = 58$ N/mm$^2 \cdot 80$ mm $\cdot (0{,}17 \cdot 10^{-4}$ mm^2/N $+ 0{,}035 \cdot 10^{-4}$ mm^2/N$) \cdot 10^3 \approx 95$ μm.

Das kleinste erforderliche Übermaß wird hiermit nach Gleichung (12.16):

$U_k = Z_k + \Delta U$.

Der Übermaßverlust ergibt sich nach Gleichung (12.17) mit

$\Delta U \approx 1{,}2 \cdot (R_{Ai} + R_{Ia})$.

Für feingedrehte Fugenflächen kann nach Tabelle, Anhang, $R_{Ai} = R_{Ia} \approx 8$ μm angenommen werden, damit wird

$\Delta U \approx 1{,}2 \, (8 \text{ μm} + 8 \text{ μm}) \approx 19$ μm; hiermit und mit $Z_k = 95$ μm wird dann
$U_k = 95$ μm $+ 19$ μm $= 114$ μm.

Die größte zulässige Fugenpressung ergibt sich für das Außenteil, also für die Nabe, aus Gleichung (12.18):

$$p_g = \sigma_{SA} \cdot \frac{1 - Q_A^2}{1 + Q_A^2}.$$

Für GG-25 wird $\sigma_{SA} \stackrel{\wedge}{=} \frac{\sigma_B}{2} = \frac{250 \text{ N/mm}^2}{2} = 125 \text{ N/mm}^2$ gesetzt (σ_B nach Tabelle, Anhang); hiermit und mit $Q_A = 0{,}42$ (siehe oben) wird

$$p_g = 125 \text{ N/mm}^2 \frac{1 - 0{,}42^2}{1 + 0{,}42^2} = 87{,}51 \text{ N/mm}^2 \approx 88 \text{ N/mm}^2.$$

Hiermit wird das größte zulässige Haftmaß nach Gleichung (12.20):

$Z_g = p_g \cdot d_F \cdot (K_A + K_I) \cdot 10^3$,
$Z_g = 88 \text{ N/mm}^2 \cdot 80 \text{ mm} \cdot (0{,}17 \cdot 10^{-4} \text{ mm}^2/\text{N} + 0{,}035 \cdot 10^{-4} \text{ mm}^2/\text{N}) \cdot 10^3$
$ = 1443 \cdot 10^{-4} \text{ mm} \cdot 10^3 \approx 144 \; \mu\text{m}.$

Daraus ergibt sich das größtmögliche Übermaß nach Gleichung (12.21):

$U_g = Z_g + \Delta U, \quad U_g = 144 \; \mu\text{m} + 19 \; \mu\text{m} = 163 \; \mu\text{m}.$

Die Paßtoleranz wird dann nach Gleichung (12.22):

$T_p = U_g - U_k, \quad T_p = 163 \; \mu\text{m} - 114 \; \mu\text{m} = 49 \; \mu\text{m}.$

Für die Bohrungstoleranz wird gewählt

$T_B \approx 0{,}6 \cdot T_p, \quad T_B \approx 0{,}6 \cdot 49 \; \mu\text{m} = 29{,}4 \; \mu\text{m} \approx 29 \; \mu\text{m}.$

Nach Tabelle 2.1 ergibt sich danach für das Nennmaß 80 mm, also für den Nennmaßbereich über 50 bis 80 mm, eine Bohrung in der 7. Qualität mit IT 7 = 30 μm; das obere Abmaß der Bohrung ist damit $A_{oB} \stackrel{\wedge}{=} \text{IT } 7 = 30 \; \mu\text{m}.$

Das untere Abmaß der Welle muß sein

$A_{uW} = A_{oB} + U_k, \quad A_{uW} = 30 \; \mu\text{m} + 114 \; \mu\text{m} = 144 \; \mu\text{m}.$

Die Wellentoleranz wird

$T_W = T_p - T_B, \quad T_W = 49 \; \mu\text{m} - 30 \; \mu\text{m} = 19 \; \mu\text{m}.$

Hiermit wird das obere Abmaß der Welle

$A_{oW} = A_{uW} + T_W, \quad A_{oW} = 144 \; \mu\text{m} + 19 \; \mu\text{m} = 163 \; \mu\text{m}.$

Nach der Abmaßtabelle nach DIN 7154 (Tabelle A2.4, Anhang) wird für den Nennmaßbereich über 65 bis 80 mm die Welle x 6 gewählt mit den Abmaßen A_{uW} = (+) 146 μm und A_{oW} = (+) 165 μm, die mit den berechneten fast genau übereinstimmen.

Ergebnis: Die Bohrung erhält die Toleranz H 7, die Welle x 6.

▶ **Lösung b)**: Die zum Fügen erforderliche Temperatur der Nabe (Außenteil) errechnet sich aus Gleichung (12.25):

$$t_A = \frac{U_g' + S_k}{\alpha_A \cdot d_F \cdot 10^3} + t.$$

Das wirkliche Größtübermaß zwischen Bohrung und Welle ist hier gleich dem oberen Abmaß der Welle x 6: $U'_g \stackrel{\wedge}{=} A_{oW} = 165\,\mu\text{m}$.

Kleinstes Einführungsspiel aus $S_k = \dfrac{d_F}{1000} = \dfrac{80\text{ mm}}{1000} = 80\,\mu\text{m}$ oder $S_k = \dfrac{U'_g}{2} = \dfrac{165\,\mu\text{m}}{2} = 82{,}5\,\mu\text{m}$, also ist $S_k = 80\,\mu\text{m}$ als kleinster Wert maßgebend.

Wärmedehnungsbeiwert für die Nabe aus Gußeisen: $\alpha_A = 10 \cdot 10^{-6}$ 1/°C, Raumtemperatur $t = 20\,°C$.

$$t_A = \frac{165\,\mu\text{m} + 80\,\mu\text{m}}{10 \cdot 10^{-6}\text{ 1/°C} \cdot 80\text{ mm} \cdot 10^3} + 20\,°C \approx 306\,°C + 20\,°C = 326\,°C \approx 330\,°C.$$

Ergebnis: Die Nabe der Riemenscheibe ist vor dem Fügen auf $\approx 330\,°C$ zu erwärmen.

Hinweis: Die oben gewählten Rauhtiefen $R_t \approx 8\,\mu\text{m}$ für die Fugenflächen sind auch nach Tabelle A14.7, Anhang, für die Bohrungs- und Wellenqualität 7 und 6 (siehe Ergebnis zur Lösung a)) und für das Nennmaß 80 mm (Nennmaßbereich über 50 bis 80) als größte Rauhtiefen zulässig.

12.6. Normen und Literatur

DIN 254: Kegel, Begriffe und Vorzugswerte

DIN 1448, 1449: Kegelige Wellenenden mit Außen-, Innengewinde

DIN 5461: Keilwellenverbindungen mit geraden Flanken, Übersicht

DIN 5462 bis 5465: Keilwellenverbindungen mit geraden Flanken

DIN 5471, 5472: Keilwellen- und Keilnabenprofile (Werkzeugmaschinen)

DIN 5481: Kerbzahnnaben- und Kerbzahnwellen-Profile

DIN 6881, 6883, 6884, 6887, 6889: Hohlkeile, Flachkeile, Nasenflachkeile, Keile und Nuten, Nasenhohlkeile

DIN 6885: Paßfedern, Nuten

DIN 7190: Berechnung einfacher Preßpassungen

DIN Taschenbuch 1, Grundnormen für die mechanische Technik

Hänchen, R. und *Decker, K.-H.:* Neue Festigkeitsechnung für den Maschinenbau, Carl Hanser Verlag, München

Niemann, G.: Maschinenelemente, Springer-Verlag, Berlin/Göttingen/Heidelberg

Fa. Ringfeder GmbH, Krefeld-Uerdingen: Kataloge, Prospekte und Beiträge

13. Kupplungen

13.1. Allgemeines, Einteilung, Eigenschaften

Kupplungen dienen der festen oder beweglichen, starren oder elastischen und, falls betrieblich bedingt, der ein- und ausrückbaren Verbindung von Wellen und auch anderen Bauteilen zur Übertragung von Drehmomenten. Sie sollen darüber hinaus Verbindungen bei etwaigen Überlastungen unterbrechen und in vielen Fällen unvermeidliche radiale, axiale und winklige Wellenverlagerungen ausgleichen, sowie Schwingungen und Drehmomentstöße dämpfen.

Um einen Überblick über die vielen zur Verfügung stehenden Kupplungstypen hinsichtlich ihrer Aufgaben, Verwendung und Eigenschaften zu gewinnen, wird nach der VDI-Richtlinie 2240 eine systematische Einteilung empfohlen. Entsprechend der Forderung nach dauernder oder nur zeitweiliger Verbindung der Übertragungsteile im Betrieb werden *nicht schaltbare* und *schaltbare Kupplungen* unterschieden (Bild 13-1).

Nach dieser Einteilung lassen sich für bestimmte Anforderungen und betriebliche Gegebenheiten geeignete Kupplungsarten auswählen. *Beispiel:* Es soll eine nicht schaltbare Kupplung zwischen Elektromotor und Getriebe gewählt werden; es ist mit unvermeidlichen radialen und winkligen Wellenverlagerungen zu rechnen; die Verbindung soll formschlüssig und elastisch sein. Nach Bild 13-1a kann hierfür systematisch vorgegangen werden: nachgiebig (Ausgleichskupplung) – formschlüssig – quer- und winkelnachgiebig – elastisch (federelastisch). Geeignet ist also eine elastische Kupplung, z. B. die RUPEX-Kupplung nach Bild 13-13a.

Besondere Eigenschaften, Konstruktionsmerkmale und Verwendungsmöglichkeiten sind darüber hinaus bei den aufgeführten Kupplungsarten beschrieben.

13.2. Berechnungsgrundlagen zur Kupplungswahl

Die folgenden Berechnungsgrundlagen beziehen sich nicht auf die Berechnung der Kupplungen selbst, also auf die Bemessung von deren Bauteilen, wie Naben, Bolzen, Schrauben u. dgl., sondern auf die Auswahl einer geeigneten Bauart und Größe aus der Vielzahl der von den Herstellern angebotenen einbaufertigen Kupplungen.

13.2.1. Anfahrmoment, zu übertragendes Kupplungsmoment

Für die Auswahl einer geeigneten Kupplung sind insbesondere das zu übertragende Drehmoment und die Betriebsweise der ganzen Anlage „Kraftmaschine–Arbeitsmaschine" maßgebend. Ohne Berücksichtigung des Wirkungsgrades ist die zu übertragende Leistung an

13.2. Berechnungsgrundlagen zur Kupplungswahl

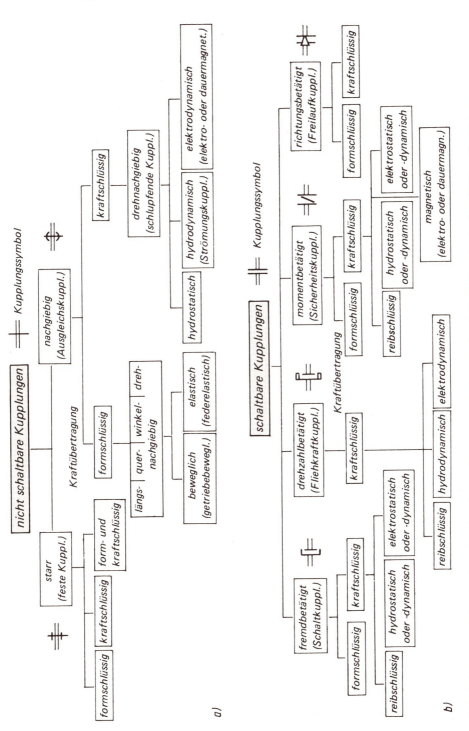

Bild 13-1. Systematische Einteilung der Kupplungen, Kupplungssymbole. a) Nicht schaltbare Kupplungen, b) schaltbare Kupplungen

jeder Stelle der Anlage praktisch gleich groß, jedoch sind die Drehmomente (M_{t1}, M_{t2} ...) entsprechend den jeweiligen Drehzahlen (n_1, n_2 ...) verschieden groß, siehe Bild 13-2. Die Zusammenhänge ergeben sich nach den Gesetzen der Mechanik aus der *Übersetzung*

$$i = \frac{n_1}{n_2} \approx \frac{M_{t2}}{M_{t1}} \qquad (13.1)$$

n_1, n_2 Drehzahl der Kraftmaschine, Arbeitsmaschine
M_{t1}, M_{t2} Drehmoment der Kraftmaschine, Arbeitsmaschine

Allen Teilen der Anlage sind also bestimmte Drehmomente zugeordnet, die jedoch unabhängig von der Größe unterschiedliche Eigenschaften haben, insbesondere bedingt durch die Art der Kraftmaschine, teilweise aber auch durch die der Arbeitsmaschine.

Das einer Kraftmaschine (Elektromotor, Turbine usw.) von der Arbeitsmaschine abverlangte Drehmoment ist das *Lastmoment M_l*, das alle Momente, hervorgerufen durch Reibung und Belastung (z. B. Schnittkräfte bei Werkzeugmaschinen, Lasten bei Hebezeugen), zusammenfaßt.

Dazu kommt das *Beschleunigungsmoment M_a*, das die Beschleunigung aller bewegten Massen der Kraftmaschine und der hinter dieser liegenden Teile der gesamten Anlage übernimmt (siehe unter 13.2.3.).

Während der Anfahrzeit ist damit das von der Kraftmaschine aufzubringende größte *Anlaufmoment*

$$M_{an} = M_l + M_a \quad \text{in Nm} \qquad (13.2)$$

M_l Lastmoment aus allen Belastungs- und Reibungsmomenten der Arbeitsmaschine in Nm
M_a Beschleunigungsmoment aller Massen einer Anlage in Nm; siehe unter 13.2.3.

Nach dem Anfahren hat die Kraftmaschine nur noch das Lastmoment M_l der Arbeitsmaschine aufzubringen, d. h. im Betriebszustand (Beharrungszustand, Betriebspunkt, siehe auch Bild 13-3) herrscht Gleichgewicht zwischen dem Lastmoment M_l und dem Antriebs-(Motor-)moment M_n.

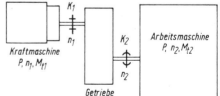

Bild 13-2
Schema der Anordnung einer Anlage.
(K_1 und K_2 Kupplungen, Symbole siehe Bild 13-1)

13.2.2. Betriebsverhalten von Antriebs- und Arbeitsmaschinen

Als Kraft-(Antriebs-)maschinen werden am häufigsten Elektromotoren verwendet. Darum soll hier das Verhalten insbesondere von diesen und den damit gekuppelten Arbeitsmaschinen beim Anfahren und im Betriebszustand untersucht werden und zwar zweckmäßig anhand der *Drehmoment-Drehzahl-Kennlinien* (*M-n*-Kennlinien) nach Bild 13-3.

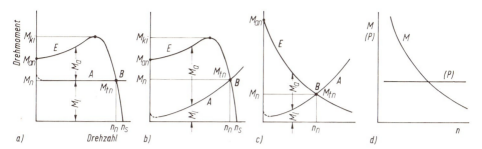

Bild 13-3. Drehmoment-Drehzahl-Kennlinien von Elektromotoren (E) und Arbeitsmaschinen (A). a) Drehstrom-Nebenschlußmotor mit Käfigläufer und Fördermaschine, b) Drehstrom-Nebenschlußmotor mit Schleifringläufer und Lüfter (Ventilator), c) Wechselstrom-Reihenschlußmotor und Kreiselpumpe, d) Kennlinie (Moment- und Leistungsverlauf, M und P) einer Wickelmaschine mit konstanter Material-Zugkraft und -Geschwindigkeit oder einer Plandrehmaschine mit konstantem Spanquerschnitt

Läuft eine Anlage im Dauerbetrieb, dann muß bei der Betriebsdrehzahl n ein Motor so ausgelegt sein, daß sein Nennmoment M_n ($= 9550 \cdot P/n$ mit Nennleistung P und Nenndrehzahl n aus Katalog, siehe auch Tabelle A16.9, Anhang) dem rechnerischen Betriebsmoment M_t ($\hat{=} M_{tn}$) (z.B. nach Gleichung 11.1 unter „11. Achsen, Wellen und Zapfen") im „Betriebspunkt B" entspricht.

Alle Nebenschlußmotoren, Käfig- und Schleifringläufer haben Kennlinien (E) nach Bild 13-3a und b. Nach dem Einschalten unter Last entwickeln diese das Anlaufmoment $M_{an} \approx 1,5 \ldots 2 \cdot M_n$, die Drehzahl n steigt an. Das Drehmoment nimmt zu bis zum Kippmoment $M_{ki} \approx 2 \ldots 3 \cdot M_n$ als Maximalmoment, wodurch der Motor beschleunigt und nach Überschreiten von M_{ki} stabil arbeitet mit dem Nennmoment M_n und der Betriebsdrehzahl n. Bei weiterer Steigerung von n nimmt das Motormoment schnell ab, die Drehzahl steigt auf die Leerlauf-(Synchron-)drehzahl n_s an.

Gleich- und Wechselstrom-Reihenschlußmotoren haben Kennlinien nach Bild 13-3c, bei denen $M_{an} = M_{ki} \approx 2,5 \ldots 3 \cdot M_n$ ist. Das Moment nimmt bei steigender Drehzahl ab, bei Leerlauf würden solche Motoren „durchgehen". Unter Last stellt sich die Betriebsdrehzahl n bei $M_l = M_t$ ein.

Bei Arbeitsmaschinen hängt der Kennlinienverlauf (A) von der Art des Betriebes ab. Bei konstanter oder nahezu konstanter Hub-, Reibungs- und Formänderungsarbeit ist auch M_l konstant (Bild 13-3a) und $P \sim n$, z. B. bei Fördermaschinen, Hebezeugen, Kolbenpumpen- und Verdichtern, Getrieben und Werkzeugmaschinen mit annähernd gleichen Fördermengen bzw. Spanquerschnitten und Drehdurchmessern.

Bei Lüftern, Gebläsen, Zentrifugen, Rührwerken, Kreiselpumpen und -kompressoren, Fahrzeugen und Fördermaschinen mit hohen Geschwindigkeiten steigen bei Überwindung von Luft- und Flüssigkeitswiderständen $M_l \sim n^2$ und $P \sim n^3$ an (Bild 13-3b und c).

Bei Arbeitsmaschinen, die eine konstante Antriebsleistung P erfordern, wie z.B. Wickelmaschinen mit gleichbleibender Materialzugkraft und -geschwindigkeit, nimmt das Drehmoment proportional mit der Drehzahl ab: $M_l \sim 1/n$ (Bild 13-3d).

Die Werte für Nenndrehzahlen, Anlauf- und Kippmomente sind in den Motoren-Katalogen angegeben.

13.2.3. Beschleunigungsmoment, Massenträgheitsmoment

13.2.3.1. Mechanische Zusammenhänge

Beim Anfahren müssen alle zu bewegenden Massen der Anlage beschleunigt werden. Um die gesamte Masse in einer bestimmten Zeit auf eine bestimmte Drehzahl zu beschleunigen, ist nach den Gesetzen der Mechanik ein *Beschleunigungsmoment* erforderlich von

$$M_a = M_M - M_l = J \cdot \alpha = J \cdot \frac{\omega}{t_a} \approx J \cdot \frac{n}{9{,}55 \cdot t_a} \quad \text{in Nm} \tag{13.3}$$

M_M Motormoment in Nm

M_l das auf die Motordrehzahl n reduzierte Lastmoment in Nm aus $M_l = M_l' \cdot \frac{n_2}{n}$ worin M_l' das Lastmoment der Arbeitsmaschine mit der Drehzahl n_2 ist

J Massenträgheitsmoment der gesamten Anlage in kg m²; siehe auch Gleichung (13.4)

ω Winkelgeschwindigkeit in 1/s aus $\omega = \pi \cdot n/30$

n Motordrehzahl in min⁻¹

t_a Beschleunigungszeit in s

Laufen in einer Anlage Massen m_1, m_2 usw. mit den Massenträgheitsmomenten J_1, J_2 usw. bei verschiedenen Drehzahlen n_1, n_2 usw. um, dann müssen die Massenträgheitsmomente, um rechnerisch zusammengefaßt werden zu können, auf eine bestimmte Drehzahl n, z. B. auf die Motorwellen- oder Kupplungsdrehzahl, reduziert werden. Dabei ist Voraussetzung, daß der durch die Beschleunigung der Masse in dieser vorhandene Energiebetrag, also damit die „Massenwirkung" unverändert bleibt – vergleiche in der Statik eine reduzierte Kraft, deren Wirkung (z. B. Biegemoment) die gleiche sein muß wie die der „Ausgangskraft".

Die Energie einer umlaufenden Masse ist allgemein $W = \frac{J \cdot \omega^2}{2} \approx \frac{J \cdot n^2}{182{,}5}$. Soll also ein Massenträgheitsmoment J_1 bei der Drehzahl n_1 auf eine Drehzahl n_0 reduziert werden, dann gilt: $W = \frac{J_1 \cdot n_1^2}{182{,}5} = \frac{J_0 \cdot n_0^2}{182{,}5}$, also wird das reduzierte Massenträgheitsmoment $J_0 = J_1 \cdot \left(\frac{n_1}{n_0}\right)^2$. Damit ergibt sich das *reduzierte (Gesamt-)Massenträgheitsmoment* einer Anlage

$$J_{\text{red}} = J_0 + J_1 \cdot \left(\frac{n_1}{n_0}\right)^2 + J_2 \cdot \left(\frac{n_2}{n_0}\right)^2 + \ldots \quad \text{in kgm}^2 \tag{13.4}$$

J_0 Massenträgheitsmoment in kgm² der mit der Drehzahl n_0 (z.B. Motordrehzahl) umlaufenden Massen, auf die alle anderen Massenträgheitsmomente bezogen (reduziert) werden sollen

$J_1, J_2 \ldots$ Massenträgheitsmomente in kgm² der mit $n_1, n_2 \ldots$ umlaufenden Massen; siehe unter 13.2.3.2.

13.2. Berechnungsgrundlagen zur Kupplungswahl

Hinweis: Kommen in einer Anlage *geradlinig bewegte Massen* $\overline{m}$ in Arbeitsmaschinen vor mit einer gleichförmigen Geschwindigkeit v, so können diese durch gedachte umlaufende Massen gleicher Energie ersetzt werden. Aus der Beziehung $W = \frac{\overline{m} \cdot v^2}{2} = \frac{J_e \cdot \omega_0^2}{2}$ ergibt sich das *Ersatz-Massenträgheitsmoment* $J_e = \overline{m} \cdot \left(\frac{v}{\omega_0}\right)^2 \approx 91{,}2 \cdot \overline{m} \cdot \left(\frac{v}{n_0}\right)^2$ in kgm². Dieses kann dann wie $J_1 \cdot (n_1/n_0)^2$, $J_2 \cdot (n_2/n_0)^2$ usw. in Gleichung (13.4) betrachtet und mit anderen Trägheitsmomenten zu J_{red} zusammengefaßt werden.

13.2.3.2. Ermittlung der Massenträgheitsmomente

Die Massenträgheitsmomente einfacher geometrischer Körper lassen sich nach den Regeln der Mechanik ohne besondere Schwierigkeiten ermitteln, z. B. für Vollzylinder: $J = m \cdot d^2/8$, für Hohlzylinder: $J = m \cdot (d_a^2 + d_i^2)/8$ in kgm² mit Masse m in kg, Durchmesser, Außen- und Innendurchmesser d, d_a und d_i in m, jeweils für Drehachse gleich Symmetrieachse. Die J-Ermittlung anderer Körper oder für beliebige Drehachsen (nach „Verschiebesatz") ist der einschlägigen Fachliteratur zu entnehmen.

Erheblich schwieriger und aufwendiger ist die rechnerische J-Ermittlung von komplizierteren Bauteilen wie Kurbelwellen, Exzenterscheiben, Riemenscheiben, Zahnrädern u. dgl. und kaum möglich von Anlageteilen wie Kupplungen, Getrieben oder ganzen Maschinen. Die Massenträgsheitmomente solcher Teile lassen sich jedoch relativ einfach durch Versuch ermitteln, wobei allerdings Voraussetzung ist, daß das J eines Teiles der Anlage bekannt sein muß oder ohne große Schwierigkeit berechnet werden kann.

Beispiel: Es soll das Massenträgheitsmoment einer Riemenscheibe durch Versuch ermittelt werden (Bild 13-4). Ein Elektromotor mit bekanntem J_1 (aus Katalog) wird auf die Nenndrehzahl n_1 gebracht, abgeschaltet, und es wird die Auslaufzeit t_1 bis zum Stillstand gemessen. Dann wird die Riemenscheibe auf die Motorwelle gesetzt, der Motor wieder auf n_1 gebracht und abgeschaltet. Bis zum Stillstand ergibt sich nun die gemessene Auslaufzeit $t_{\text{ges}} > t_1$. Das *unbekannte Massenträgheitsmoment* J_2 der Riemenscheibe kann dann aus der folgenden, allgemein gültigen Verhältnisgleichung ermittelt werden:

$$\frac{J_1 + J_2}{J_1} = \frac{t_{\text{ges}}}{t_1} \quad \text{oder} \quad \frac{J_2}{J_1} = \frac{t_{\text{ges}} - t_1}{t_1} \tag{13.5}$$

J_1 bekanntes Massenträgheitsmoment in kgm² des einen Teiles der Anlage (z. B. des Motors)
J_2 unbekanntes Massenträgheitsmoment des anderen Teiles (z. B. der Riemenscheibe)
t_1 Auslaufzeit in s (min) des Teiles mit dem bekannten J_1 (z. B. des Motors)
t_{ges} Auslaufzeit aller miteinander verbundener Teile (z. B. Motor mit Riemenscheibe)

Die Massenträgheitsmomente J von Motoren und Kupplungen sind in fast allen Katalogen der Hersteller angegeben. Bisweilen sind auch noch J-Werte von Riemenscheiben und anderen Getriebeelementen, teilweise sogar von Arbeitsmaschinen wie Pumpen, Gebläsen und Zentrifugen vom Hersteller gegeben.

Vielfach findet man in den Katalogen an Stelle von J immer noch das „Schwungmoment" GD^2 in kpm^2, das künftig nicht mehr verwendet werden soll. In solchen Fällen rechnet man um: $J(\text{kgm}^2) = GD^2/4 (\text{kpm}^2)$.

Nach dem neuen internationalen Einheitensystem soll das „Schwungmoment" grundsätzlich durch das Massenträgheitsmoment ersetzt werden.

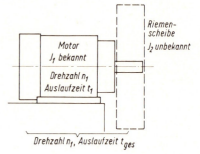

Bild 13-4
Ermittlung des Massenträgheitsmoments eines Bauteiles aus der Auslaufzeit

13.2.4. Maximales Kupplungsmoment

Beim Anfahren entwickelt ein Motor sein max. Drehmoment M_{max} gleich Kippmoment M_{ki} oder Anlaufmoment M_{an} (siehe unter 13.2.2.), von dem ein Teil, das Moment M_I, die Beschleunigung der eigenen und aller bis zur Kupplung liegenden Massen, der andere Teil, das Moment M_{II}, die Beschleunigung aller hinter der Kupplung liegenden Teile der Anlage übernimmt: $M_{max} = M_I + M_{II}$.

Eine Kupplung überträgt also — von der Antriebsseite her betrachtet — stets nur das Moment aller hinter ihr liegenden Teile der Anlage.

13.2.4.1. Nicht schaltbare Kupplungen

Bei nicht schaltbaren Kupplungen (schlupfende ausgenommen) ist also das Kupplungsmoment $M_K = M_{II}$. Da die Winkelbeschleunigungen α der Massen vor und hinter solchen Kupplungen gleich groß sind, gilt entsprechend Gleichung (13.3): $M_{max} = J_I \cdot \alpha + J_{II} \cdot \alpha$. Mit $J_{II} \cdot \alpha = M_{II} = M_K$ ergibt sich für nicht schaltbare und *nicht unter Vollast* (Normalfall) anlaufende Kupplungen *das max. Kupplungsmoment* beim Anfahren

$$M_K = M_{max} \cdot \frac{J_{II}}{J_I + J_{II}} \text{ in Nm} \qquad (13.6)$$

M_{max} das vom Motor erzeugte max. Drehmoment in Nm; bei Elektromotoren je nach Bauart gleich Kippmoment M_{ki} bzw. Anlaufmoment M_{an} aus Katalog

J_I das auf die Kupplungsdrehzahl reduzierte Massenträgheitsmoment in kgm^2 des Motors und aller bis einschließlich Kupplung zu beschleunigenden Massen

J_{II} das auf die Kupplungsdrehzahl reduzierte Massenträgheitsmoment in kgm^2 aller von der Kupplung zu beschleunigenden Massen, z. B. die eines Getriebes oder einer Arbeitsmaschine oder beider zusammen

13.2. Berechnungsgrundlagen zur Kupplungswahl

Beim Anfahren *unter Vollast* (Ausnahmefall) wird unter Berücksichtigung des Lastmomentes M_l das max. Kupplungsmoment

$$M_K = (M_{max} - M_l) \cdot \frac{J_{II}}{J_I + J_{II}} + M_l = \frac{J_{II}}{J_I + J_{II}} \cdot M_{max} + \frac{J_I}{J_I + J_{II}} \cdot M_l \text{ in Nm} \quad (13.7)$$

Tritt in einer Anlage ein plötzlicher Geschwindigkeitsunterschied (*Geschwindigkeitsstoß*, z.B. durch Zahnrad- oder Kupplungsspiel) oder eine plötzliche Änderung des Antriebs- bzw. Lastmomentes auf (*Drehmomentstoß*, z.B. durch das Kippmoment beim Anfahren oder durch Blockieren der Arbeitsmaschine), so wird diese zu freien gedämpften Schwingungen angeregt, welche bei Verwendung von drehelastischen Kupplungen rasch abklingen. Die beim *Drehmomentstoß* zusätzlich auftretende Belastung ergibt sich aus dem Stoßfaktor $S = 1 - \cos \omega t$ (ω Eigenfrequenz der Anlage, t Stoßzeit), welcher Werte zwischen 0 und 2 annehmen kann. Messungen zeigen, daß bei starren und nachgiebigen Kupplungen fast immer $S = 2$ gesetzt werden kann. Der Faktor 2 wird durch den Geschwindigkeitsstoß häufig noch überschritten.
In den Gln. (13.6) und (13.7) ist stets zu setzen $M_{max} = 2 \cdot M_{ki}$ (allgemein: $M_{max} = S \cdot$ Stoßmoment).

Treten während des Betriebes periodisch schwankende Drehmomente (Kolbenmaschinen!) auf, so muß noch eine Drehschwingungsberechnung durchgeführt werden (siehe DIN 740, Nachgiebige Wellenkupplungen).

13.2.4.2. Schaltbare Kupplungen

Bei *formschlüssigen Schaltkupplungen,* bei denen ein Einrücken nur im Stillstand oder bei Synchronlauf der Wellen, ein Ausrücken jedoch auch während des Betriebes möglich ist, wird das übertragbare Drehmoment durch die Festigkeit der Kupplungsteile begrenzt.

Bei *kraftschlüssigen Schaltkupplungen* wird das Drehmoment durch Reibungsschluß übertragen. Solche Kupplungen können stoßfrei bei beliebigen Drehzahlunterschieden geschaltet werden und übertragen, unabhängig von der Art des Antriebes, ein bestimmtes Drehmoment, das Schaltmoment $M_S = M_a + M_l$ (siehe auch Gleichung 13.2). Dieses kann zunächst gleich dem Nenn-Drehmoment gesetzt werden: $M_S = M_{tn}$.

Wird unter Last eingeschaltet, dann überträgt die wegen des Drehzahlunterschiedes $n_1 - n_2$ zwischen An- und Abtriebsseite noch rutschende Kupplung das Schaltmoment M_S. Die Massen der Abtriebsseite werden beschleunigt und das Rutschen ist beendet, wenn $n_1 = n_2$ ist. Die Kupplung überträgt dann nur noch das Lastmoment M_l (Bild 13-5).

Die während der Rutschzeit (Anfahrtzeit) $t_a = \dfrac{J_{II} \cdot n_2}{9{,}55 \cdot M_a}$ erzeugte Reibungswärme muß abgeführt werden. Bei zu langer Anfahrzeit kann die Kupplung wärmemäßig zu stark beansprucht werden, wodurch Schaltzeit, Anzahl der Schaltungen (z.B. je Stunde), Enddrehzahl und Drehmoment begrenzt sind. Hierfür sind die Angaben der Hersteller maßgebend.

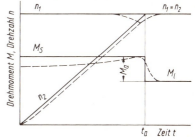

Bild 13-5
Schematische Darstellung des Schaltvorganges einer reibschlüssigen Kupplung
(Strichlinien: annähernd wirklicher Verlauf)

13.2.5. Fiktives Kupplungsmoment, Wahl der Kupplungsgröße

In der Praxis lassen sich die zur genaueren Kupplungsbestimmung erforderlichen Betriebsdaten wie Lastmomente, Massenträgheitsmomente und andere betrieblich bedingte Einflußgrößen häufig nur schwer rechnerisch erfassen. Die Hersteller geben darum in ihren Katalogen zur Wahl einer geeigneten Kupplungsgröße Sicherheits(-Betriebs-)faktoren an, die sowohl die Art der Kraft- und der Arbeitsmaschine (z. B. Elektromotor, Turbine bzw. Ventilator, Zentrifuge, Werkzeugmaschine usw.), die Art des Betriebes (z. B. gleichmäßiger Betrieb bei kleineren zu beschleunigenden Massen); die tägliche Betriebsdauer und ggf. noch sonstige Einflüsse berücksichtigen.

Hiermit kann die Kupplungsgröße dann angenähert ermittelt werden mit dem *fiktiven* (*angenommenen*) *Kupplungsmoment*

$$M_K = M_{tn} \cdot c_S \leqslant M_{K\,max} \text{ in Nm} \tag{13.8}$$

M_{tn} von der Kupplung zu übertragendes Nenn-Drehmoment aufgrund der gegebenen Betriebsdaten, z.B. bei Leistung P in kW und Drehzahl n in min^{-1} aus
$M_{tn} = 9550 \cdot \dfrac{P}{n}$ in Nm

c_S Betriebsfaktor aus Katalogen der Hersteller oder auch allgemein nach Richter-Ohlendorf aus Bild A15-4, Anhang (siehe auch Bild 13-35)

$M_{K\,max}$ das vom Hersteller angegebene max. Drehmoment für die Kupplung in Nm; siehe auch Kupplungstabellen im Anhang

Die DIN 740 (Nachgiebige Wellenkupplungen) bietet – entgegen der bisherigen empirischen (auf Erfahrung beruhenden) Auslegung – die Möglichkeit, nachgiebige Kupplungen weitgehend nach physikalischen Gesetzmäßigkeiten auszulegen. In Blatt 1 sind für Kupplungen mit Nenndrehmomenten (M_{Kn} = Drehmoment, das im gesamten zulässigen Drehzahlbereich dauernd übertragen werden kann) von 10 bis 2500 Nm die Hauptmaße festgelegt. Blatt 2 definiert die für die Auslegung der Kupplung notwendigen Begriffe (Drehmomente, Nachgiebigkeiten, Federsteifen, Wert und Verlauf der zeitlichen Belastung, Betriebsfaktoren) und wirkt damit der bestehenden Begriffsvielfalt entgegen. Ebenfalls in Blatt 2 unterscheidet die Norm Belastung durch: Nenndrehmoment, Drehmomentstöße, periodisches Wechseldrehmoment und Wellenverlagerung. Zur Beurteilung werden die errechneten fiktiven Drehmomente mit den entsprechenden Herstellerangaben verglichen.

Für den allgemeinen Fall des Antriebes durch einen Drehstrommotor müssen für die dabei verwendete nachgiebige Kupplung folgende Nachweise erbracht werden:
1. Das zulässige Nenndrehmoment der Kupplung muß bei jeder Betriebstemperatur mindestens so groß sein wie das Nenndrehmoment der Lastseite ($M_{Kn} \geqslant M_l$).
2. Das zulässige Maximaldrehmoment der Kupplung ($M_{K\,max}$ = Drehmoment, das kurzzeitig $\geqslant 10^5$ mal als schwellender bzw. $\geqslant 5 \cdot 10^4$ mal als wechselnder Drehmomentstoß übertragen werden kann, ohne daß die Kupplungstemperatur 30 °C überschreitet) muß bei jeder Betriebstemperatur mindestens so groß sein wie die im Betrieb auftretenden Drehmomentstöße unter Berücksichtigung der Stoßhäufigkeit ($M_{K\,max} \geqslant$ Kippdrehmoment $\times J_{II}/(J_I + J_{II}) \times$ Stoßfaktor (1,8) $\times$ Anlauffaktor $\times$ Temperaturfaktor).

Die Lösung schwierigerer Kupplungsprobleme, insbesondere bei schweren Antrieben mit elastischen oder schaltbaren Kupplungen unter extremen Betriebsbedingungen soll man unbedingt den Herstellern überlassen. Den Prospekten liegen häufig Fragebogen bei, oder es können solche angefordert werden, die alle für die richtige Auswahl von Kupplungsart und -größe erforderlichen Fragen enthalten.

13.3. Nicht schaltbare, starre Kupplungen

Solche starren oder „festen" Kupplungen werden für Wellen und Bauteile verwendet, die drehstarr und ohne jede Wellenverlagerung verbunden werden sollen. Das Drehmoment wird dabei ungedämpft übertragen. Beidseitig der Kupplung sind die Wellen durch starre Lager zu stützen.

13.3.1. Scheibenkupplung

Mit den formschlüssigen Scheibenkupplungen werden Wellen mit gleichen oder auch unterschiedlichen Durchmessern starr verbunden, und zwar vorwiegend Wellenstücke zu langen, durchgehenden Wellensträngen, z. B. Transmissionswellen, Fahrwerk- und Drehwerkwellen von Kranen.

Die beiden Scheiben werden durch Paßschrauben möglichst reibschlüssig verschraubt. Genormt sind nach DIN 116 außer den Ausführungsformen und den Abmessungen, auch die übertragbaren Drehmomente und die Höchstdrehzahlen (siehe Tabelle A13.2a, Anhang). Bei Form A mit Zentrieransatz (Bild 13-6a) müssen zum Lösen der Verbindung die Wellen axial, der Breite des Ansatzes (1) entsprechend, verschoben werden. Bei Form B (Bild 13-6b) ist das nicht erforderlich; nach Ausbau der zweiteiligen Zwischenscheibe (2) lassen sich die Wellenstücke mit den Kupplungshälften ohne Axialverschiebung seitlich herausnehmen, vorausgesetzt, daß die Lager geteilt sind. Zur Verbindung von senkrechten Wellen (z.B. Rührwellen) wird die Form C (nicht abgebildet, d_1 nur bis 160 mm) mit Axialdruckscheiben nach DIN 28135 gewählt.

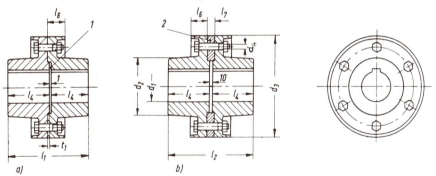

Bild 13-6. Scheibenkupplungen nach DIN 116. a) Form A mit Zentrieransatz, b) Form B mit zweiteiliger Zwischenscheibe. Bezeichnung einer vollständigen Scheibenkupplung z.B. Form B, $d_1 = 120$: Scheibenkupplung B 120 DIN 116.

Vorteile gegenüber Schalenkupplung (siehe unter 13.3.2.): Bei gleicher Nenngröße (Bohrungsdurchmesser) lassen sich größere und auch wechselseitige Drehmomente übertragen. Wellen mit verschiedenen Durchmessern lassen sich verbinden.
Nachteile: Ein- und Ausbau sind schwieriger als bei Schalenkupplungen; sie erfordern geteilte Lager und möglichst auch geteilte Riemenscheiben u. dgl.

Als *Werkstoff* verwendet man im allgemeinen GG-20, in Sonderfällen auch GS-45.
Sind Wellen mit verschiedenen Durchmessern zu verbinden, so ist die der dickeren Welle entsprechende Kupplung zu wählen.

Zur Verbindung der Kupplungsnaben mit den Wellen werden normalerweise Paßfedern (bei $d_1 > 100$ mm mit Preßpassung), bei stoßhaften wechselseitigen Drehmomenten auch Keile oder Preßpassungen verwendet. Dabei werden folgende *Passungen* empfohlen:

bei Verbindung durch	Wellendurchmesser	Passungen bei Einheitsbohrung	Einheitswelle
Paßfeder, Keil	$d_1 \leqslant 50$	H 7/k 6	K 7/h 8, h 9
	$d_1 > 50$	H 7/m 6	N 7/h 8, h 9
Preßpassung	nach Tabelle 12.2 bzw. nach Berechnung (siehe unter 12.2.4.)		

13.3.2. Schalenkupplung

Schalenkupplungen verbinden wie Scheibenkupplungen die Wellenenden drehstarr und genau zentrisch miteinander. Sie bestehen aus einer längsgeteilten Hülse, deren Hälften (Schalen) über die zu verbindenden Wellenenden gelegt und durch in Taschen angeordnete Schrauben reibungsschlüssig mit diesen verspannt werden. Ab 55 mm Wellendurchmesser werden Paßfedern (keine Keile!) vorgesehen, um ein Durchrutschen bei Überschreitung des Haftmomentes zu verhindern.

Nach DIN 115 Blatt 1 sind wie bei Scheibenkupplungen die Ausführungsformen, Hauptabmessungen (Bild 13-7), übertragbaren Drehmomente und höchstzulässigen Drehzahlen genormt (siehe Tabelle A13.2b, Anhang). Die Norm sieht Ausführungen für gleiche (Form A, Bild 13-7) und verschieden große (Form B) Wellendurchmesser sowie für senkrechte Anordnung (Form C mit Einlegeringen nach DIN 115 Blatt 2) vor.

Bei senkrechter Anordnung (z.B. Rührwellen) wird außer der Form C auch häufig die Form A zusammen mit Hängefedern nach DIN 28134 benutzt.

Um Unwucht zu vermeiden werden die Klemmschrauben in wechselnder Durchsteckrichtung angeordnet (Bild 13-7). Schalenkupplungen können auch mit einem Schutzmantel aus Stahlblech geliefert werden (Unfallschutz).

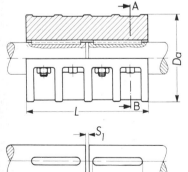

Schnitt A - B

Bild 13-7
Schalenkupplung nach DIN 115, Form A (Werkbild *Flender & Co.*)
Bezeichnung einer vollständigen Schalenkupplung z.B. der Form A, $D = 80$: Schalenkupplung A 80 DIN 115

Vorteile gegenüber Scheibenkupplung: Einfacher Ein- und Ausbau. Geteilte Lager, Scheiben u.dgl. sind nicht erforderlich.
Nachteile: Es sind kleinere und möglichst nur einseitige Drehmomente übertragbar. Es sollen möglichst nur Wellen mit gleichen Durchmessern verbunden werden.

Der Werkstoff ist wie bei Scheibenkupplungen GG-20, in Sonderausführung auch GS-45. Schalenkupplungen werden bis 50 mm Bohrungsdurchmesser mit Toleranzfeld V7, darüber mit Toleranzfeld U7 ausgeführt. Sind Wellen mit verschiedenen Durchmessern zu verbinden, so ist die der dickeren Welle entsprechende Kupplung zu wählen.

13.4. Nicht schaltbare, nachgiebige Kupplungen

13.4.1. Formschlüssige, getriebebewegliche Kupplungen

Solche Kupplungen werden dort eingesetzt, wo mit unvermeidlichen axialen, radialen oder winkligen Wellenverlagerungen gerechnet werden muß. Sie besitzen jedoch keine elastische Drehbeweglichkeit, das Drehmoment wird daher wie bei festen Kupplungen starr übertragen.

Eine einfache *längsnachgiebige Kupplung* ist die *Klauenkupplung* nach Bild 13-8 (Hersteller: *A. Breitbach,* Wuppertal-Barmen). Sie ermöglicht den Ausgleich axialer Längenänderungen der Wellen, z. B. durch Erwärmung oder nicht vorauszusehende Einbauungenauigkeiten, und ist besonders bei langen Wellensträngen vorzusehen.

Bild 13-8. Klauenkupplung. a) ausrückbar, b) nicht ausrückbar (Werkbild *A. Breitbach*)

Sie wird auch als *ausrückbare* Kupplung (Bild 13-8a) verwendet, bei der eine Kupplungshälfte auf dem mit einer Gleitfeder versehenen Wellenende verschoben wird. Das Verschieben erfolgt durch einen in einer Ringnut der Nabe eingesetzten zweiteiligen Schaltring. Diese Kupplung läßt sich während des Betriebes ausrücken, jedoch nur im Stillstand einrücken.

Als *quernachgiebige Kupplung* zum Ausgleich paralleler radialer Achsverschiebungen sowie auch kleinerer axialer Verschiebungen der Wellen wird die *Oldham-Kupplung* verwendet. Sie besteht aus zwei gleichen Nabenteilen (1), in deren Nuten die um 90° versetzten Gleitfedern der Zwischenscheibe (2) eingreifen (Bild 13-9).

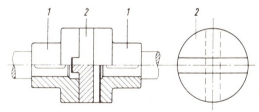

Bild 13-9. Querbewegliche Kupplung (Oldham-Kupplung)

Zum Verbinden winklig zueinander verlaufender Wellen sind winkelbewegliche Kupplungen erforderlich. Die gebräuchlichsten Kupplungen dieser Art sind die *Kreuzgelenkkupplungen,* die bereits im Kapitel „11. Achsen, Wellen und Zapfen" beschrieben und in Bild 11-21 dargestellt sind.

Allseitig bewegliche, d. h. *längs-, quer-* und *winkelnachgiebige Kupplungen* können unvermeidliche radiale, winklige und kleinere axiale Verlagerungen der Wellen gleichzeitig ausgleichen. Die bekanntesten dieser gelenkigen, drehstarren Kupplungen sind die *Bogenzahnkupplungen*. Bild 13-10a zeigt die *BoWex-Kupplung* (Hersteller: *Kupplungstechnik GmbH*, Rheine/Westf.), bei der die Kupplungshülse (1) zwei Innenverzahnungen hat, in die ballig ausgebildete Zähne der Kupplungsnaben (2) eingreifen, wodurch eine allseitige Beweglichkeit gegeben ist. Die Hülse besteht hier aus Kunststoff (Polyamid), die Naben werden wahlweise ebenfalls in Kunststoff oder Stahl ausgeführt. Diese Kupplung bedarf keinerlei Wartung und Schmierung.

Ähnliche Eigenschaften und einen im Prinzip ähnlichen Aufbau zeigt die *Malmedie-Zahnkupplung* (Hersteller: *Malmedie & Co., Maschinenfabrik GmbH.*, Düsseldorf), Bild 13-10b. Das geteilte Gehäuse ermöglicht einen Ein- und Ausbau der Wellen oder Maschinen ohne Axialverschiebung. Ein Stützdeckel hält die Kupplung zusammen und dichtet den Innenraum gleichzeitig ab. Eine besondere Bauart dieser Kupplung stellt die Ausführung mit Zwischenwelle dar (Bild 13-10c). Sie hat dann ähnliche Eigenschaften und Wirkungen wie eine Kardan- oder Gelenkwelle (siehe auch unter 11.6.2. und Bild 11-21).

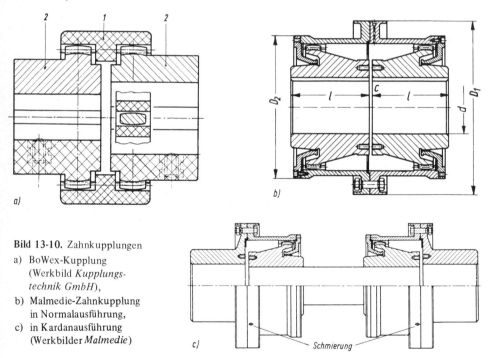

Bild 13-10. Zahnkupplungen
a) BoWex-Kupplung (Werkbild *Kupplungstechnik GmbH*),
b) Malmedie-Zahnkupplung in Normalausführung,
c) in Kardanausführung (Werkbilder *Malmedie*)

Ferner seien noch genannt die ZAPEX-Kupplung (Hersteller: *A. Friedr. Flender & Co.*, Bocholt) und die DENTILUS-Kupplung (Hersteller: *Lohmann & Stolterfoht Aktiengesellschaft*, Witten/Ruhr), die ebenfalls, wie die in Bild 13-10b dargestellte Kupplung, mit geteiltem Gehäuse und abgedichtetem Innenraum ausgeführt sind.

Von diesen Kupplungen sind für die Malmedie-Zahnkupplung nach Bild 13-10b die Hauptabmessungen und Leistungsdaten in Tabelle A13.1, Anhang, angegeben.

13.4.2. Formschlüssige, drehnachgiebige elastische Kupplungen

Im Gegensatz zu starren Kupplungen, die praktisch nur der festen Verbindung von Wellenstücken zu längeren, durchgehenden Wellen dienen, werden elastische Kupplungen hauptsächlich zu stoß- und schwingungsdämpfenden Verbindungen bei Antrieben verwendet, z. B. von Motor- und Getriebewelle oder von Getriebe- und Maschinenwelle.

Mit DIN 740 (Nachgiebige Wellenkupplungen, Blatt 1, Hauptmaße, Nenndrehmomente) wird versucht, die Vielfalt der marktgängigen Bauformen von schlupffreien Kupplungen in axial-, radial-, winkel-, drehnachgiebiger und drehstarrer Ausführung für den Anwender zu normen. Nach der Lage der gummi- bzw. metallelastischen Elemente in einer Kupplungshälfte oder zwischen den Kupplungshälften werden die Formen A und B (mit Distanzstück Formen AZ und BZ) unterschieden.

Von den zahlreichen Bauformen können hier nur einige typische behandelt werden.

13.4.2.1. Elastische Stahlbandkupplung

Die elastische Stahlbandkupplung ist eine nicht dämpfende Ganzmetall-Kupplung (Bild 13-11, Hersteller: *Malmedie & Co. Maschinenfabrik GmbH.*, Düsseldorf). Das federnde Verbindungsglied bildet ein schlangenförmig gewundenes Stahlband (4). Bei Normallast liegt das Band nur außen an den sich nach innen erweiternden Nuten der beiden Kupplungsnaben (1 und 2) an. Bei stoßartiger Drehmomenterhöhung verdrehen sich die Kupplungshälften gegeneinander, wobei die Anlage des sich verformenden Bandes nach innen wandert. Die Stützweite der Feder verringert sich, so daß die Federung härter wird (Bild 13-11b). Die Kupplung zeigt damit also eine progressive Federkennlinie (siehe auch Kapitel „10. Elastische Federn" unter 10.2.2.).

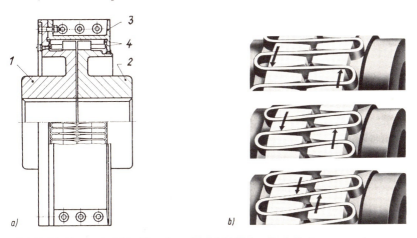

Bild 13-11. Malmedie-Bibby-Kupplung (Werkbild *Malmedie & Co.*)

Stahlbandkupplungen sind daher besonders für Antriebe mit starken Drehmomentschwankungen, z. B. für Walzwerksantriebe, geeignet. Sie können winkelige Verlagerungen der Wellen bis 1°15' und je nach Größe der Kupplung Querverlagerungen von 0,5 mm bis 3 mm und Längsverlagerungen von 3 mm bis 15 mm ausgleichen.

13.4.2.2. Elastische Bolzenkupplungen

Die allgemein gebräuchlichsten elastischen Kupplungen für Antriebe aller Art sind die elastischen Bolzenkupplungen. Die verhältnismäßig billigen und im Aufbau einfachen Kupplungen können sowohl axiale als auch geringe radiale und winklige Verlagerungen der Wellen ausgleichen. Die elastischen Zwischenglieder bestehen aus zylindrischen, balligen oder gerillten Gummi- bzw. Kunststoffbuchsen.

Bild 13-12a zeigt die *Boflex-Kupplung* (Hersteller: *A. Breitbach,* Wuppertal-Barmen) mit Gummibuchsen als Dämpfungsglieder, die auf lösbaren Stahlbolzen sitzen. Größere Kupplungen können mit nachspannbaren Gummibuchsen zur Beseitigung des radialen Spieles ausgeführt werden (Bild 13-12b). Die Kupplung ist für beide Drehrichtungen geeignet, wobei die Bolzenseite die Antriebseite sein soll.

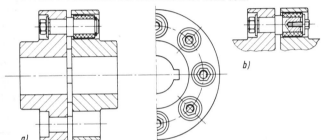

Bild 13-12
Boflex-Kupplung
(Werkbild *A. Breitbach*)
a) Ausführung mit lösbaren Bolzen,
b) mit nachspannbaren Gummibuchsen

In der Wirkung und im Aufbau ähnlich ist die RUPEX-Kupplung (Hersteller: *A. Friedr. Flender & Co.,* Bocholt) nach Bild 13-13a, bei der die Kunststoffbuchsen (Perbunan, ölfest) ballig ausgeführt sind. Sie liegen am Umfang anfangs nur mit kleinen Flächen auf, wodurch sich bei niedriger Belastung ein verhältnismäßig großer Federweg ergibt (Bild 13-13b). Die ballige Buchsenform begünstigt auch den Ausgleich von Winkel- und Querverlagerungen. Antriebsseite können hier Bolzen- oder Buchsenteil sein. Der Ausbau von Wellen ist ohne deren axiale Verschiebung möglich, weil sich Bolzen und Buchsen herausnehmen lassen.

Die Hauptabmessungen und Leistungsdaten dieser Kupplung sind in Tabelle A13.3 im Anhang angegeben.

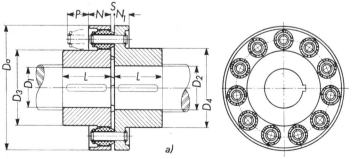
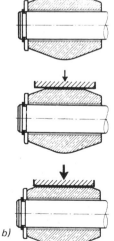

Bild 13-13. RUPEX-Kupplung, Bauart REWN (Werkbild *Flender & Co.*)
a) Hauptabmessungen,
b) Verformung der balligen Buchsen bei steigender Belastung

13.4. Nicht schaltbare, nachgiebige Kupplungen

13.4.2.3. Hochelastische Kupplungen

Bei den hochelastischen Kupplungen ist Gummi der vorherrschende Werkstoff der Verbindungskörper zwischen den Kupplungshälften. Diese Kupplungen zeichnen sich durch besonders hohe Elastizität, Stoß- und Schwingungsdämpfung aus und lassen sowohl größere radiale und axiale als auch winklige Wellenverlagerungen zu. Sie werden besonders dort verwendet, wo starke stoßartige Belastungen gedämpft werden müssen, z. B. bei Antrieben von Hobel- und Stoßmaschinen, Kranhubwerken, Pressen, Hammermühlen u. dgl.

Ein weiterer Vorteil dieser hochelastischen Kupplungen besteht darin, daß sie keinerlei Wartung und Schmierung bedürfen.

Die Hauptabmessungen und übertragbaren Drehmomente einiger hochelastischer Kupplungen enthält Tabelle A13.4 im Anhang.

Bei der *Radaflex-Kupplung* (Hersteller: *Bolenz & Schäfer*, Dortmund), Bild 13-14a, werden die beiden Kupplungshälften (1) mittels Schrauben (3) mit den Metallträgern (4) der zweiteiligen Gummireifen (2) verbunden. Die Kupplung läßt sich dadurch leicht einbauen und die Verbindung der Wellen ohne axiale Verschiebung durch Abschrauben des zweiteiligen Reifens ebenso leicht wieder lösen. Bild 13-14b zeigt die Ausführung als Flanschkupplung, die direkt mit dem Schwungrad eines Dieselmotors zum Antrieb einer Ankerwinde verbunden ist.

Die Radaflex-Kupplungen sind vom Hersteller für Drehmomente von etwa 16 ... 1000 Nm ausgelegt (siehe Tabelle A13.4, Anhang).

Ähnlich im Aufbau und in der Wirkung ist die hochelastische *Periflex-Kupplung* (Hersteller: *Masch.-Fabr. Stromag GmbH.*, Unna/Westf.), die ebenfalls als Wellenkupplung (Bild 13-15) und als Flanschkupplung ausgeführt wird. Die beiden Kupplungsnaben (1) sind durch

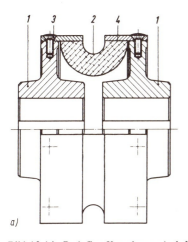 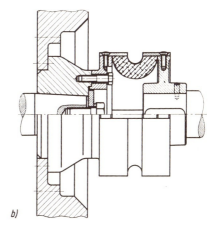

Bild 13-14. Radaflex-Kupplung, a) als Wellenkupplung, b) als Flanschkupplung (Werkbild *Bolenz & Schäfer*)
1 Kupplungshälften, 2 zweiteiliger Gummireifen, 3 Schrauben, 4 Metallträger

Gummireifen mit bogenförmigem Querschnitt (2) über geschraubte Druckringe (3) verbunden. Zum leichteren Ein- und Ausbau ist die Gummimanschette senkrecht zur Umfangsrichtung geteilt. Je nach Kupplungsgröße können axiale Wellenverlagerungen bis etwa 8 mm, radiale bis 4 mm und winklige bis 4° ausgeglichen werden.

Im Dauerbetrieb übertragen Periflex-Kupplungen der Baureihe 1 Drehmomente von 5 ... 10 000 Nm, bei Überlastung können sie kurzzeitig die dreifachen Drehmomente aufnehmen (siehe Tabelle A13.4, Anhang).

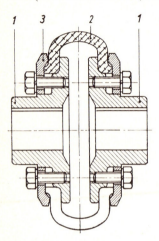

Bild 13-15. Periflex-Kupplung, Baureihe 1
(Werkbild *Stromag*)

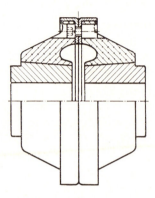

Bild 13-16. Kegelflex-Kupplung in symmetrischer Bauart
(Werkbild *Kauermann KG*)

Zur gleichen Gruppe gehört auch die *Kegelflex-Kupplung* (Hersteller: *Kauermann KG*, Düsseldorf), Bild 13-16, bei der kegelförmige, auf die Naben vulkanisierte Gummikörper die elastischen, stoßdämpfenden Verbindungsglieder bilden. Diese Kupplung zeichnet sich durch einen besonders hohen Verdrehwinkel aus, der bei der abgebildeten zweiseitigen Ausführung bis zu 20° beträgt und dadurch eine hohe Stoß- und Schwingungsdämpfung bewirkt. Vorteilhaft ist ferner die glatte Oberfläche ohne vorspringende Schraubenköpfe, wodurch die Unfallgefahr weitgehend beseitigt ist.

Auch die Kegelflex-Kupplung läßt sich in einseitiger Bauart mit nur einer Kupplungshälfte direkt mit Zahnrädern, Riemenscheiben u. dgl. kombinieren. Von den zahlreichen hochelastischen Kupplungen, die wohl verschiedenartige konstruktive Merkmale, jedoch weitgehend gleiche oder ähnliche Eigenschaften aufweisen, seien noch genannt:

Die Zwischenring-Kupplung Bauart Ortlinghaus (Hersteller: *Ortlinghaus-Werke GmbH*, Wermelskirchen) bei der ein unter Vorspannung eingebauter vier-, sechs- oder achteckiger Gummiring mit sternförmigen Naben verbunden wird. Der überwiegend auf Druck beanspruchte Gummiring zeichnet sich durch ein großes Arbeitsvermögen und eine hohe Lebensdauer aus.

Die *Vulkan-Luftfeder-Kupplung* (Hersteller: *„Vulkan" Kupplungs- und Getriebebau*, Wanne-Eickel), bei der die beiden Kupplungshälften durch mehrere, in Drehrichtung zusammendrückbare und mit Luft (2 ... 8 bar) gefüllte Faltenbälge verbunden sind. Diese hochelastische, progressiv federnde Kupplung wird für höchste Drehmomente bis zu 10^6 Nm (listenmäßig bis 238 000 Nm) ausgelegt.

13.5. Schaltbare Kupplungen

Die der betrieblich bedingten Unterbrechung und Wiederherstellung einer Verbindung von Antriebsteilen dienenden Schaltkupplungen bilden die umfangreichste Gruppe innerhalb der Kupplungen.

Entsprechend der Darstellung in Bild 13-1b lassen sie sich wie folgt unterteilen:

1. nach Art ihrer Betätigung in fremdbetätigte Kupplungen als eigentliche Schaltkupplungen (z. B. mechanisch von Hand, magnetisch oder hydraulisch) und in selbsttätig schaltende, d. h. drehzahl-, moment- oder richtungsbetätigte Kupplungen als Fliehkraft-, Sicherheits- oder Freilaufkupplungen, womit auch schon ihre Funktionen festgelegt sind,
2. nach Art ihrer Kraftübertragung in formschlüssige Kupplungen (z.B. Klauenkupplungen) und in kraftschlüssige Kupplungen (z.B. Lamellenkupplungen),
3. nach ihrer konstruktiven Gestaltung in Klauenkupplungen, Zahnkupplungen, Lamellenkupplungen, Scheibenkupplungen, Magnetkupplungen usw.

Aus der Vielzahl dieser Kupplungen können auch hier nur einige typische Konstruktionen beschrieben werden, die zweckmäßig nach der Art ihrer Betätigung geordnet werden.

13.5.1. Fremdbetätigte Schaltkupplungen

13.5.1.1. Formschlüssige Schaltkupplungen

Eine *im Stillstand schaltbare, formschlüssige Zahnkupplung* (Hersteller: *Lohmann & Stolterfoht Aktiengesellschaft,* Witten/Ruhr) zeigt Bild 13-17. Die beiden Kupplungsnaben (1 und 2) haben Außenverzahnungen, die über eine Innenverzahnung des Kupplungsmantels (3) verbunden werden. Das Einkuppeln erfolgt durch Verschieben des Kupplungsmantels (im Bild nach links) mit dem geteilten Schaltring (4), wodurch auch die Außenverzahnung der Nabe (2) in die Innenverzahnung des Mantels eingreift und die beiden Kupplungshälften formschlüssig verbindet. Der Schmierkopf (5) ermöglicht das Nachfüllen von Fett zur Schmierung der Zähne. Zahnkupplungen werden hauptsächlich zum Kuppeln von Zahnrädern in Werkzeugmaschinen- und Kraftfahrzeuggetrieben verwendet.

Die Schaltgetriebe von Kraftfahrzeugen sind im eigentlichen Sinne Zahnkupplungen, die insbesondere im Betrieb geschaltet werden müssen, was jedoch völligen Gleichlauf der zu kuppelnden Zahnräder voraussetzt. Dazu sind die Getriebe heute fast ausnahmslos mit Gleichlaufeinrichtungen (Synchronisierung) versehen, deren Funktion hier nur kurz angedeutet werden kann. Man stelle sich in Bild 13-17 zwischen Schaltmuffe (3) und Nabe (2) eine Reibungskupplung, einen Synchronisierungsring, vor (meist als Kegelkupplung, im Prinzip etwa nach Bild 13-24), deren eine Hälfte mit der Schaltmuffe, die andere mit der Nabe (2) verbunden ist. Wird nun die mit der Nabe (1) sich drehende Muffe nach links bewegt, dann schaltet zunächst die Reibungskupplung ein und nimmt allmählich die anfangs noch stillstehende Nabe (2) mit. Eine „Synchronsperre" sorgt dafür, daß erst bei völligem Gleichlauf die Muffe in die Verzahnung geschaltet werden kann und damit die beiden Naben und Wellen formschlüssig verbunden sind.

Zum Ein- und Ausrücken solcher und auch anderer Schaltkupplungen dienen *Kupplungsschalter*, die als Handhebel-, Spindel- oder Zahnstangenschalter ausgeführt werden. Einen einfachen Handhebelschalter mit eingesetztem zweiteiligen Schaltring zeigt Bild 13-18.

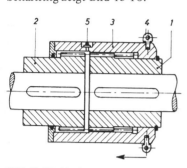

Bild 13-17. Mechanisch schaltbare Zahnkupplung

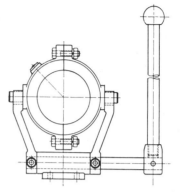
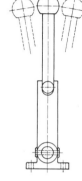

Bild 13-18. Kupplungsschalter (Handhebelschalter)

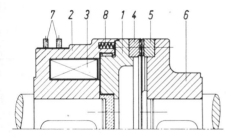

Bild 13-19

Magnetisch schaltbare Federdruck-Zahnkupplung (Werkbild *Stromag*)

Eine formschlüssige (eigentlich kraftschlüssige!) Kupplung, die im Stillstand oder bei annähernd gleicher Drehzahl der Wellen eingekuppelt, bei beliebiger Drehzahl und unter Vollast entkuppelt werden kann, stellt die *Elektromagnet-Zahnkupplung* (Hersteller: *Maschinenfabrik Stromag GmbH.*, Unna/Westf.) nach Bild 13-19 dar, die in dieser Ausführung durch Federkraft gekuppelt und durch Magnetkraft entkuppelt wird. Bei entsprechend abgewandelter Ausführung sind diese Kupplungen auch im entgegengesetzten Sinne schaltbar. Der Formschluß erfolgt durch zwei ineinandergreifende Planverzahnungen (siehe unter 12.3.3.).

Die Ankerscheibe (1) wird axial beweglich in einer Verzahnung des Spulenkörpers (2) geführt. Die beiden Zahnkränze (4 und 5) befinden sich auf den Stirnseiten der Ankerscheibe (1) und der Außennabe (6). Die Schraubendruckfedern (8) drücken im stromlosen Zustand die Verzahnungen (4 und 5) gegeneinander, so daß beide Wellen miteinander gekuppelt werden. Beim Einschalten des (Gleich-)Stromes wird die Spule (3) über die Schleifringe (7) erregt, die Ankerscheibe (1) vom Spulenkörper (2) angezogen und die Verbindung der Zahnkränze (4 und 5) getrennt.

Die Federdruck-Zahnkupplung wird zweckmäßig eingesetzt, wenn sie selten zu lösen ist, oder wenn bei Stromausfall der Kraftfluß nicht unterbrochen werden darf (Hebemaschinen).

Zahnkupplungen haben gegenüber Lamellenkupplungen den Vorteil, daß sie bei gleichen Baumaßen wesentlich größere Drehmomente übertragen können und kein Leerlaufmoment aufweisen.

13.5. Schaltbare Kupplungen

13.5.1.2. Kraftschlüssige Schaltkupplungen

Die kraft-(reib-)schlüssigen Schaltkupplungen haben gegenüber den formschlüssigen den Vorteil, daß sie während des Betriebes, also bei Drehbewegung und Belastung, beliebig ein- und ausgekuppelt werden können, da sich der Reibungsschluß bis zur vollen Wirkung allmählich herstellen und ebenso wieder lösen läßt. Nachteilig ist die beim Einschalten entstehende Reibungswärme und der unvermeidbare Verschleiß der Reibflächen.

Einige typische Bauformen kraftschlüssiger Schaltkupplungen hinsichtlich der Art der Kraftschlußerzeugung sind in Bild 13-20 schematisch dargestellt.

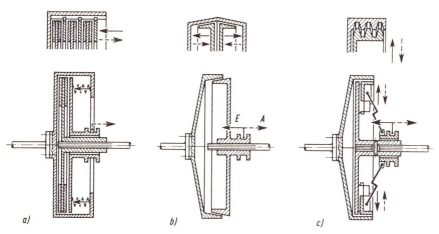

Bild 13-20. Bauformen schaltbarer, kraftschlüssiger Kupplungen. a) Scheibenkupplung, b) Kegelkupplung, c) Backenkupplung. E Einschalten (Kuppeln), A Ausschalten (Entkuppeln)

Mechanisch betätigte, kraft-(reib-)schlüssige Kupplungen

Die *Einscheiben-Trockenkupplung* (Bild 13-21) ist die bei Kraftfahrzeugen gebräuchlichste Schaltkupplung. Das Drehmoment wird über eine beidseitig mit Reibbelägen versehene Stahlscheibe (1) übertragen, die durch Keilwellenprofil mit der Getriebewelle (2) axial verschiebbar verbunden ist. Die Scheibe wird durch Druckfedern (3) zwischen zwei Druckscheiben (4) eingepreßt und dadurch mit dem Kupplungsgehäuse (5) reibschlüssig verbunden. Das Auskuppeln erfolgt durch Verschieben der Schaltmuffe (6) mit Hilfe des Kupplungshebels (7) nach links, wodurch der mit dem Außenring des Kugellagers verbundene Druckring (8) gegen das kugelige Ende des Hebels (9) drückt, der dann die Druckscheibe entgegen der Federkraft abhebt und damit die Verbindung löst.

Eine besonders raumsparende Schaltkupplung ist die im Prinzip der Scheibenkupplung entsprechende *Lamellenkupplung*. Durch mehrere hintereinander geschaltete, abwechselnd mit den beiden Kupplungskörpern verbundene Scheiben (Lamellen) wird die Anzahl der Reibungsflächen und damit im gleichen Maße das übertragbare Drehmoment erhöht.

Eine der bekanntesten Kupplungen dieser Art ist die *Sinus-Lamellenkupplung* (Hersteller: *Ortlinghaus-Werke GmbH.*, Wermelskirchen/Rhld.), Bild 13-22. Die auf der treibenden

Welle sitzende Kupplungsnabe (1) trägt eine Außenverzahnung, in die die Zähne der schwach kegeligen und gewellten „Sinus"-Innenlamellen (3) eingreifen. Die plangeschliffenen Außenlamellen (4) greifen mit ihren Außenzähnen in eine Innenverzahnung des Mantels des Kupplungskörpers (2) ein. Das Einkuppeln erfolgt durch Verschieben der Schaltmuffe (5) nach links, wodurch die (z. B. drei) Winkelhebel (6) die axial verschiebbaren Lamellen aus gehärtetem Federstahl aneinanderpressen. Hierbei werden die Sinus-Lamellen allmählich bis zur Plananlage abgeflacht, wodurch sich ein besonders weiches Anlaufen ergibt.

Beim Ausschalten — Verschieben der Schaltmuffe (5) nach rechts — federn die Scheiben infolge ihrer „Wellenform" von selbst auseinander. Sie berühren sich nur noch an wenigen Punkten oder werden auch durch die „Ölkeilwirkung" (siehe auch zu „14. Lager" unter 14.3.1.) zwischen den ebenen Außen- und gewellten Innenlamellen vollkommen getrennt.

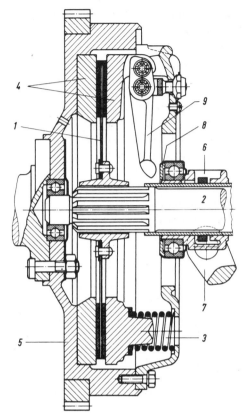

Bild 13-21. Einscheiben-Trockenkupplung

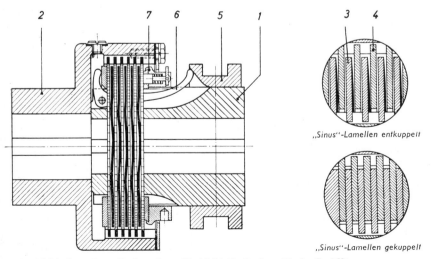

Bild 13-22. Sinus-Lamellenkupplung (Werkbild *Ortlinghaus-Werke GmbH*)

13.5. Schaltbare Kupplungen

Die Anpreßkraft läßt sich durch die Stellmutter (7) so verändern, daß die Kupplung auch als Sicherheitskupplung (Rutschkupplung) verwendet werden kann. Wegen des kleinen Baudurchmessers sind Lamellenkupplungen besonders zum Einbau in Trommeln, Scheiben u. dgl. geeignet. Bild 13-23 zeigt eine in eine Keilriemenscheibe eingebaute Lamellenkupplung.

Eine für höchste Leistungen geeignete schaltbare Trocken-Reibungskupplung ist die *Doppelkegel-Kupplung* (Hersteller: *Lohmann & Stolterfoht Aktiengesellschaft*, Witten/Ruhr), Bild 13-24. Der Kupplungsteil besteht aus zwei Kegeln mit Reibbelägen (2 und 3). Diese sind durch Bolzen (4), die in der Nabe (1) festsitzen, axial verschiebbar verbunden. Funktion und Wirkungsweise sind ähnlich wie bei den bereits beschriebenen Reibungskupplungen.

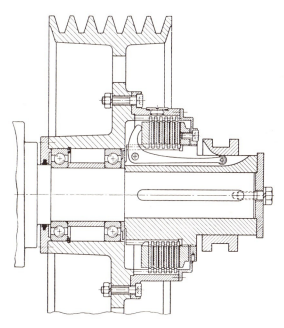

Bild 13-23. In einer Keilriemenscheibe eingebaute Lamellenkupplung
(Werkbild *Ortlinghaus-Werke GmbH*)

Das Ein- und Ausschalten erfolgt durch Verschieben der Schaltmuffe (5) nach links bzw. rechts über beispielsweise drei an der Muffe gelagerte Hebel (6), die mit diesen gelenkig verbundenen Kniehebel (7) und über die Laschen (8). Im eingeschalteten Zustand (Bild 13-24) stehen die Hebel (6) etwas über die senkrechte Lage hinaus, wodurch die Kupplung verriegelt und Schaltmuffe und Schaltring (9) entlastet sind.

Die Kupplung wird durch Anziehen des Nachstellringes (10) auf ein bestimmtes Drehmoment ein- bzw. nachgestellt.

Eine weitere Bauart einer *Doppelkegel-Kupplung* stellt die *Conax-Kupplung* (Hersteller: *H. Desch GmbH*, Neheim-Hüsten), Bild 13-25, dar. Der Kupplungsteil besteht hier aus einem in mehrere Segmente unterteilten Doppelkegelring (1), der durch eine endlose Schlauchfeder (2) am Umfang zusammengehalten wird. Gekuppelt wird über Schaltmuffe und Winkelhebel — ähnlich wie bei der Lamellenkupplung (Bild 13-22) — durch die die Druckscheiben (3) gegeneinander und damit die Kegelringsegmente nach außen gedrückt werden, wodurch eine reibschlüssige Verbindung mit dem Außenteil (z. B. als Flansch einer Riemenscheibe) hergestellt wird, wie in der oberen Bildhälfte dargestellt. Beim

Entkuppeln werden die Druckscheiben durch Schraubenfedern auseinandergedrückt, die Kegelringsegmente durch die Schlauchfeder nach innen gezogen und die Kupplung wird gelüftet, wie in der unteren Bildhälfte dargestellt.

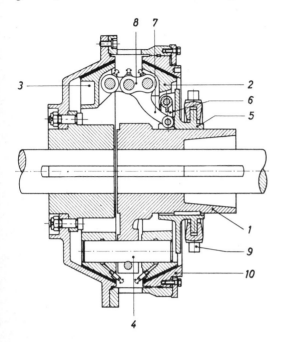

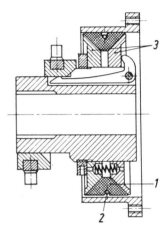

Bild 13-25. Doppelkegel-Kupplung, Conax-Kupplung (Werkbild *H. Desch GmbH*)

Bild 13-24. Doppelkegel-Kupplung (Werkbild *Lohmann & Stolterfoht*)

Elektromagnetisch betätigte, kraft-(reib-)schlüssige Kupplungen

Bei diesen handelt es sich meist um Einscheiben- und Lamellenkupplungen, bei welchen eine stromdurchflossene Spule ein magnetisches Feld aufbaut, dessen Kraftwirkung die zur Übertragung des Drehmomentes erforderliche Anpreßkraft aufbringt oder die durch Federkraft geschlossene Kupplung öffnet. Nach der Art der Stromzuführung unterscheidet man Kupplungen mit und ohne Schleifringe.

Vorteile gegenüber mechanisch betätigten Kupplungen: Es ergeben sich kleinere Bauabmessungen bei gleichem Drehmoment; sie lassen sich fernschalten, was besonders günstig ist, wenn mehrere Kupplungen von *einer* Stelle bedient werden sollen; komplizierte Schaltgestänge fallen weg; die automatische Steuerung kann reibungsfrei und einfach, z. B. durch Endschalter oder Schaltwalzen, erfolgen.

Nachteile: Dauernder Stromverbrauch (Gleichstrom!) während des Betriebes; bei größeren Kupplungen muß die Reibungs- und Stromwärme z. B. durch einen von einem Lüfterrad erzeugten Luftstrom abgeführt werden (Leistungsverlust!).

Elektromagnetische Schaltkupplungen werden vorwiegend bei Werkzeugmaschinen verwendet.

13.5. Schaltbare Kupplungen

Bild 13-26 zeigt eine *elektromagnetische Einscheibenkupplung* (Hersteller: *Masch.-Fabr. Stromag GmbH.*, Unna/Westf.). Über Schleifringe (9) wird der Spule (3) Gleichspannung zugeführt. Durch das entstehende magnetische Kraftfeld wird die auf der abtriebsseitigen Nabe (4) axial verschiebbare Ankerscheibe (1) mit dem Reibbelag (6) angezogen. Wird der Strom unterbrochen, so drücken die Federn (11) die Ankerscheibe zurück.

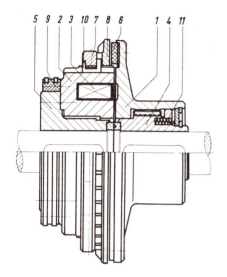

Bild 13-26
Elektromagnetische Einscheibenkupplung
(Werkbild *Stromag*)

1 Ankerscheibe
2 Spulenkörper
3 Spule
4 abtriebsseitige Nabe
5 antriebsseitige Nabe
6 Reibbelag
7 Nutmutter
8 Reibring (verstellbar)
9 Schleifringkörper
10 Einstellkeil
11 Abdrückfeder

Hydraulisch oder pneumatisch betätigte, kraft-(reib-)schlüssige Kupplungen

Wie bei elektromagnetisch betätigten Kupplungen ist auch bei hydraulisch oder pneumatisch betätigten die Bauart der Lamellenkupplung vorherrschend. Aufbau und Wirkungsweise sind bei beiden sehr ähnlich. Das die Anpreßkraft erzeugende Medium, Hydrauliköl bzw. Preßluft, wird meist durch die Welle in einen Druckzylinder geführt, dessen Kolben den Druck auf die Lamellen überträgt.

Vorteile gegenüber den mechanisch oder elektromagnetisch betätigten Kupplungen: Das übertragbare Drehmoment läßt sich durch Änderung des Öl- bzw. Luftdruckes leicht variieren; ein Nachstellen bei Verschleiß entfällt, da dieser durch größere Kolbenwege ausgeglichen wird.

Nachteile: Die Anlagen erfordern besondere Pumpenaggregate und Steuerungsanlagen (Schaltventile oder Steuerschieber), deren Betrieb zusätzliche Energie erfordert; durch Undichtigkeiten besteht die Gefahr von Druckverlusten.

Hydraulische und pneumatische Schaltkupplungen werden wie elektromagnetische hauptsächlich im Werkzeugmaschinenbau verwendet.

Die in Bild 13-27 gezeigte Lamellenkupplung (Hersteller: *Masch.-Fabr. Stromag GmbH.*, Unna/Westf.) kann sowohl hydraulisch als auch pneumatisch betätigt werden. Das durch die Welle zugeführte Arbeitsmittel tritt durch die Bohrung (3) in den Druckraum (4) und schiebt den Kolben (5) mit dem Bolzen (6) gegen die Lamellen (7), wodurch die beiden Kupplungsteile (1 und 2) reibschlüssig verbunden werden. Hört die Druckwirkung auf, so wird der Kolben durch die Feder (8) wieder abgedrückt und damit die Verbindung gelöst.

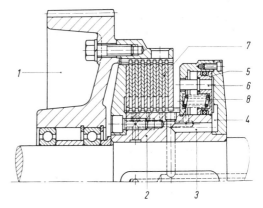

Bild 13-27. Drucköl-(oder druckluft-)betätigte Lamellenkupplung (Werkbild *Stromag*)

13.5.2. Momentbetätigte Schaltkupplungen (Sicherheitskupplungen)

Sicherheitskupplungen haben die Aufgabe, die Verbindung zwischen Antriebsteilen nach Erreichen eines bestimmten Drehmomentes zu unterbrechen, um Maschinen und Getriebe, z. B. Vorschubgetriebe von Werkzeugmaschinen, vor Überlastung und Beschädigung zu schützen. Hierfür werden vorwiegend Reibungskupplungen als Rutschkupplungen mit einstellbarem Drehmoment verwendet, wie die in Bild 13-28 gezeigte Sicherheits-Wellenkupplung (Hersteller: *A. Friedr. Flender & Co.,* Bocholt).

Die Kupplungsnabe (1) trägt in der mit den Schrauben (3) verbundenen Außenhülse (2), bei der hier dargestellten schweren Ausführung, zwei in Nuten geführte äußere Lamellenringe (7). Diese übertragen das Drehmoment reibschlüssig über zwei durch Gleitfedern geführte, mit Reibbelägen versehene Innenlamellen (8) auf die Nabe (9). Durch einen Gewindering (6) können über einen Druckring (5) die Schraubenfedern (4) mehr oder

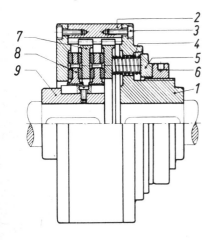

Bild 13-28. Sicherheits-Wellenkupplung (Werkbild *Flender*)

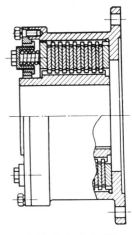

Bild 13-29. Sicherheits-Flanschkupplung (Werkbild *Stromag*)

weniger gespannt und damit die Anpreßkraft der Lamellen und der Reibungsschluß verändert werden. Somit kann die Kupplung auf ein bestimmtes, rutschfrei zu übertragendes Drehmoment eingestellt werden.

Ähnlich im Aufbau und in der Funktion ist die in Bild 13-29 dargestellte Lamellenkupplung als Sicherheits-Flanschkupplung (Hersteller: *Masch.-Fabr. Stromag GmbH.*, Unna/Westf.). Der Flansch kann unmittelbar z. B. mit einer Riemenscheibe oder einem Zahnrad verschraubt werden. Die Wirkungsweise ist im Bild klar zu erkennen, eine Beschreibung erübrigt sich. Durch die vielen wechselnd angeordneten Außen- und Innenlamellen aus Stahl (ohne Beläge! Siehe auch „Sinus-Lamellenkupplung" und Bilder 13-22 und 13-23) sind relativ hohe Drehmomente reibschlüssig zu übertragen.

Normalerweise sind bei dieser Sicherheitskupplung An- und Abtriebsseite beliebig vertauschbar.

13.5.3. Drehzahlbetätigte Schaltkupplungen (Fliehkraftkupplungen)

Fliehkraftkupplungen, auch *Anlaufkupplungen* genannt, werden vorwiegend bei Antrieben von Arbeitsmaschinen verwendet, bei denen ein hohes Anlaufmoment wegen großer zu beschleunigender Massen erforderlich ist, z. B. bei Antrieben von schweren Förderelementen, Zentrifugen, Zementmühlen, Drehöfen, schweren Fahrzeugen, bei Fahrantrieben von Kranen u. dgl.

Wegen des durch die Arbeitsweise der Anlaufkupplungen gegebenen lastfreien Anlaufes der Motoren können für solche Antriebe die billigen, schnellaufenden Brennkraftmaschinen und Drehstrommotoren (Kurzschlußläufer) eingesetzt werden. Sie brauchen nicht für die kurzzeitige hohe Anlaufleistung ausgelegt zu werden, da sie erst nach Erreichen einer bestimmten Drehzahl selbsttätig und allmählich einkuppeln. Die Anlaufkupplungen schützen ferner die Antriebsmotoren vor Überlastung.

13.5.3.1. Nicht steuerbare Anlaufkupplungen

Die am häufigsten verwendeten Anlaufkupplungen sind die billigen und in ihrem Aufbau einfachen Fliehkraft-Kupplungen. Ihre Funktion beruht auf den mit der Drehzahl (quadratisch!) wachsenden Massenfliehkräften. Fliehkraft-Kupplungen lassen sich jedoch nicht steuern, d. h. das übertragbare Drehmoment und die „Einkupplungs"-Drehzahl lassen sich während des Betriebes nicht beeinflussen.

Bild 13-30 zeigt als Beispiel die *Wülfel-Fliehkraft-Kupplung* (Hersteller: *Eisenwerk Wülfel*, Hannover). Das antriebsseitige Kupplungsteil (1) trägt in Aussparungen drei mit einem Reibbelag versehene „Fliehgewichte" (3), die durch Schlauchfedern (4) zusammengehalten werden. Bei etwa 2/3 der Betriebsdrehzahl überwindet die Fliehkraft die Federspannkraft, die Gewichte legen sich gegen die Innenseite der Glocke des auf der getriebenen Welle sitzenden Kupplungsteiles (2) und nehmen diese durch die stärker werdende Reibkraft allmählich und stoßfrei mit.

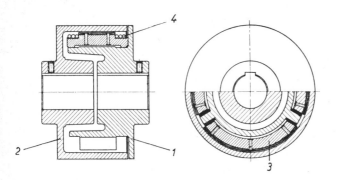

Bild 13-30
Wülfel-Fliehkraft-Kupplung
(Werkbild *Wülfel*)

Bei Fliehkraft-Kupplungen ist der Abtriebsteil häufig gleich als Riemenscheibe, Zahnrad o. dgl. ausgebildet, wie die *„Suco"-Kupplung* (Hersteller: **Robert Scheuffele & Co.**, Bissingen-Bietigheim), Bild 13-31. Die geschlossene Baueinheit kann unmittelbar auf dem Wellenzapfen des Antriebsmotors sitzen.

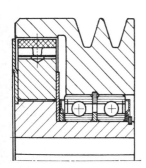

Bild 13-31
Suco-Fliehkraftkupplung
(Werkbild *R. Scheuffele & Co.*)

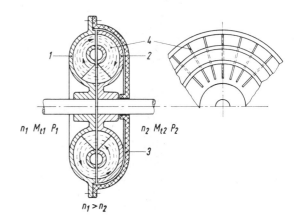

Bild 13-32. Prinzip der Turbokupplung

13.5.3.2. Steuerbare Anlaufkupplungen

Das Kennzeichen steuerbarer Kupplungen ist die Steuerbarkeit des zu übertragenden Drehmomentes, wodurch die Anfahr- und Auslaufzeiten von schweren Maschinen weitgehend beeinflußt werden können. Darüber hinaus dienen die steuerbaren Anlaufkupplungen je nach ihrer Bauart und Wirkungsweise auch noch der stufenlosen Drehzahlsteuerung.

Sie werden bei Antrieben, z. B. von Förderern, Kreiselpumpen, Grubenventilatoren, Kompressoren u. dgl., verwendet.

Die bekannteste Kupplung dieser Art ist die *Voith-Turbokupplung* (Hersteller: *Voith-Turbo KG.*, Crailsheim/Württ.), eine Strömungskupplung, deren Prinzip Bild 13-32 zeigt.

13.5. Schaltbare Kupplungen

Die Kupplung besteht aus dem antriebsseitigen Pumpenteil (1) mit umlaufendem Kupplungsgehäuse (3) und abtriebsseitigem Turbinenteil (2). Beide sind mit der An- bzw. Abtriebswelle fest verbunden. Pumpe (Primärrad) und Turbine (Sekundärrad) sind mit dünnflüssigem Öl gefüllt. Wird die Pumpe angetrieben, so strömt das Öl, durch die Fliehkraft beschleunigt, nach außen in die Turbine. Hierin wird die Flüssigkeitsmasse verzögert und gibt ihre Energie wieder ab, die Turbine wird angetrieben. Abgesehen von geringen Reibungsverlusten ist das Antriebsmoment gleich dem Abtriebsmoment:
$M_{t1} = M_{t2}$.

Der Kreislauf des Öles bleibt erhalten, solange eine Drehzahldifferenz, ein Schlupf, zwischen Pumpe und Turbine besteht. Bei gleichen Drehzahlen entstehen in beiden Teilen gleiche Fliehkräfte, die keinen Flüssigkeitskreislauf mehr hervorrufen. Das übertragbare Drehmoment wird gleich Null.

Voraussetzung für eine Drehmomentübertragung ist also die Bedingung $n_1 > n_2$, d. h. ein Schlupf. Je größer der Schlupf, um so größer das übertragbare Drehmoment. Durch diese Eigenschaft sind Turbokupplungen für Antriebe schwer anlaufender Maschinen hervorragend geeignet, da das erforderliche hohe Anlaufmoment durch den anfangs großen Schlupf übertragen werden kann.

Die absolute Größe des übertragbaren Drehmomentes ist aber nicht nur vom Schlupf, sondern auch von der Menge der kreisenden Flüssigkeit, d. h. vom Füllungsgrad abhängig. Wird während des Betriebes die Flüssigkeitsmenge verändert, so kann im gleichen Maße das Drehmoment und damit auch die Abtriebsdrehzahl verändert, also die Kupplung gesteuert werden.

Bild 13-33 zeigt eine fliegend gelagerte hydrodynamische Kupplung mit veränderlicher Füllung („Turboregelkupplung" der Fa. *Voith Turbo KG*) und getrennt angetriebener Füllpumpe für mittlere Antriebsleistungen und Drehzahlen (z.B. 390 kW bei 1450 min^{-1}).

Eine ständig mitlaufende Zahnradpumpe fördert Betriebsflüssigkeit aus dem Ölsammelbehälter unterhalb der Kupplung über ein Verteilgehäuse in den Arbeitskreislauf. Die Höhe des Flüssigkeitsspiegels im Arbeitsraum (und damit die Übertragungsfähigkeit der Kupplung) wird durch die radiale Stellung eines verschiebbar angeordneten

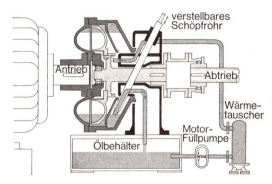

Bild 13-33. Steuerbare Turbokupplung Bauform SvN (Werkbild *Voith Turbo KG*)

Schöpfrohres bestimmt. Arbeits- und Schöpfraum sind kommunizierend verbunden. Das Schluckvermögen des Schöpfrohres ist erheblich größer als die Fördermenge der Pumpe. Dadurch werden für Steuer- und Regelvorgänge kurze Reaktionszeiten erreicht. Die Betätigung des Schöpfrohres erfolgt je nach Einsatzzweck von Hand oder vollautomatisch. Die in der Kupplung anfallende Schlupfwärme muß (sofern die Eigenkühlung nicht ausreicht) über einen Wärmetauscher abgeführt werden.

Vorteile: Kein mechanischer Verschleiß; weiche zügige Beschleunigung der Arbeitsmaschine durch entsprechendes Füllen der Kupplung; Trennung der Kraftübertragung bei durchlaufendem Motor; hervorragende Schwingungs- und Stoßdämpfung.

13.5.4. Richtungsbetätigte Schaltkupplungen

Freilaufkupplungen dienen hauptsächlich als Überholkupplungen, z.B. als Eilgangkupplung bei Vorschubgetrieben von Werkzeugmaschinen. Sobald der Eilgang eingeschaltet ist, löst sich die Kupplung selbsttätig, die schneller laufende Getriebewelle „überholt" die Kupplung, die dann im Freilauf arbeitet (vgl. Freilaufnabe bei Fahrrädern). Ferner werden sie als Rücklaufsperre, z.B. bei Aufzügen, Förderelementen und Hebezeugen und als Schaltelemente, z.B. bei Vorschubeinrichtungen, verwendet.

Bild 13-34a zeigt eine reibungsschlüssige Freilaufkupplung (Hersteller: *Bolenz & Schäfer Maschinenfabrik KG,* Dortmund), bei der jede Klemmrolle (3) über je 2 federbelastete Bolzen spielfrei zwischen dem mit ebenen Klemmflächen versehenen Innenring (1) und der zylindrischen Klemmbahn des Außenringes (2) geführt wird. Erfolgt der Antrieb vom Innenring (1) in Drehrichtung B, so nimmt die Klemmrolle (3) den Außenring (2) mit, bei Drehrichtung A hingegen erfolgt Freilauf. Bei Antrieb des Außenringes (2) in Drehrichtung B läuft die Kupplung frei.

Bild 13-34c zeigt den Antrieb der Zuführung bei einer Richtmaschine. Da die Richtrollen sich schneller drehen als die Zuführrollen, verhindert ein Freilauf das „Durchziehen" des Antriebes der Zuführung.

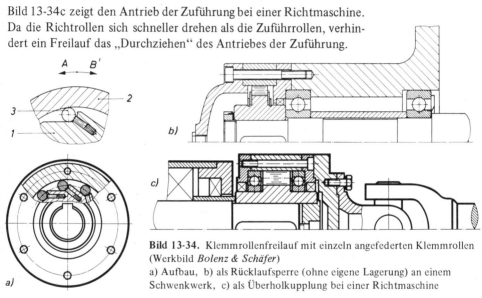

Bild 13-34. Klemmrollenfreilauf mit einzeln angefederten Klemmrollen (Werkbild *Bolenz & Schäfer*)
a) Aufbau, b) als Rücklaufsperre (ohne eigene Lagerung) an einem Schwenkwerk, c) als Überholkupplung bei einer Richtmaschine

13.6. Berechnungsbeispiele

■ **Beispiel 13.1:** Ein Bandförderer wird durch einen Drehstrommotor mit $P = 7,5$ kW Leistung über ein Kegelstirnradgetriebe (Winkelgetriebe) angetrieben. Die Antriebsdrehzahl des Förderers beträgt $n = 32$ min^{-1}. Für den Kupplungszapfen der Antriebswelle ist ein Durchmesser $d_1 = 70$ mm ermittelt worden, die Abtriebswelle des Getriebes hat nach Katalog des Herstellers einen Durchmesser $d_2 = 75$ mm. Eine geeignete Kupplung zwischen Getriebe und Förderer ist auszulegen.

  a) Eine geeignete Kupplungsart ist zu wählen, wobei, montagemäßig bedingt, geringe radiale, axiale und winklige Wellenverlagerungen unvermeidbar sind und betrieblich bedingt, mit kleineren Drehmomentschwankungen durch etwaige stoßweise Förderung zu rechnen ist.

  b) Die Kupplungsgröße ist zu bestimmen, eine tägliche Laufzeit von 8 h ist anzunehmen.

13.6. Berechnungsbeispiele

▶ **Lösung a):** Zunächst steht fest, daß es sich um eine nicht schaltbare Kupplung handelt. Zum Ausgleich der unvermeidbaren Wellenverlagerungen kommt eine nachgiebige, also eine Ausgleichskupplung in Frage. Nach Bild 13-1a kann nun systematisch ausgewählt werden: nicht schaltbare Kupplung – nachgiebig – formschlüssig – längs-, quer-, winkel-, drehnachgiebig – elastisch. Danach wird gewählt eine elastische Bolzenkupplung, z. B. eine RUPEX-Kupplung (Flender) nach Bild 13-13.

Ergebnis: Gewählt wird eine elastische Bolzenkupplung, z. B. eine RUPEX-Kupplung (Hersteller: Flender, Bocholt).

▶ **Lösung b):** Die Kupplungsgröße muß hier über das fiktive Kupplungsmoment (siehe unter 13.2.5.) bestimmt werden, da genauere Angaben über Beschleunigungs- und Massenträgheitsmomente nicht vorliegen und auch in der Praxis nur schwer ermittelt werden könnten. Nach Gleichung (13.8) wird das fiktive Kupplungsmoment

$$M_K = M_{tn} \cdot c_S \leqslant M_{K\max}.$$

Das Nenn-Drehmoment ergibt sich aus $M_{tn} = 9550 \cdot \dfrac{P}{n} = 9550 \cdot \dfrac{7{,}5}{32}$ Nm ≈ 2238 Nm.

Der Betriebsfaktor wird nach Richter-Ohlendorf (Bild A15-4, Anhang) ermittelt und zwar für den vorliegenden Betriebsfall nach Bild 13-35 anhand des eingezeichneten Linienzuges. Danach ergibt sich für Antrieb Elektromotor – Anlauf leicht – Belastung Vollast, mäßige Stöße – Kupplung – tägliche Laufzeit 8 h: $c_S \approx 1{,}7$.

$$M_K = 2238 \text{ Nm} \cdot 1{,}7 \approx 3800 \text{ Nm}.$$

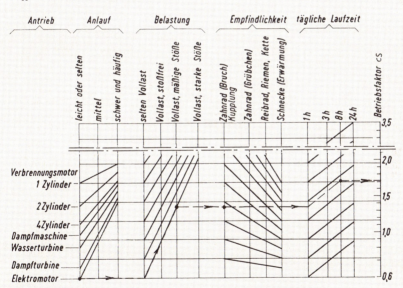

Bild 13-35. Ermittlung des Betriebsfaktors zur Wahl der Kupplung

Damit ist nach Tabelle A13.3, Anhang, geeignet: RUPEX-Kupplung, Bauart REWN, Größe 56 mit $M_{K\max} = 4000$ Nm (in der Werknorm als „Nenndrehmoment" bezeichnet!). Für diese Kupplung ist vom Hersteller ein Bohrungsbereich von 55 ... 110 bzw. 120 mm angegeben, der auch zu den Durchmessern der zu verbindenden Wellen paßt.

Ergebnis: Für die vorgesehene RUPEX-Kupplung kommt nach Werknorm Flender die Größe 56 in Frage.

Beispiel 13.2: Ein Drehstrom-Asynchronmotor mit Käfigläufer („Kurzschlußläufer") Baugröße 315 M, mit einer Nennleistung $P = 90$ kW und einer Nenndrehzahl $n = 740 \text{ min}^{-1}$, treibt über eine drehnachgiebige elastische Kupplung direkt eine Arbeitsmaschine mit gleichförmigem Drehmomentverlauf an, deren mittleres Lastmoment $M_l = 950$ Nm beträgt. Ihr auf die Kupplungsdrehzahl reduziertes Massenträgheitsmoment wurde mit $J_2 = 7{,}1 \text{ kgm}^2$ ermittelt. Über den Motor gibt der Katalog des Herstellers folgende Auskunft: Massenträgheitsmoment des Läufers $J_1 = 4{,}2 \text{ kgm}^2$, Nenndrehmoment $M_n = 1180$ Nm, Anlaufmoment $M_{an} = 1{,}9 \cdot M_n$ und Kippmoment $M_{ki} = 2{,}2 \cdot M_n$ (bei direktem Einschalten).

Für die Anlage ist eine geeignete Kupplung auszulegen und für folgende Betriebszustände zu prüfen:

a) Anfahren ohne Lastmoment,
b) Anfahren mit Lastmoment,
c) Blockieren der Arbeitsmaschine während einer Umdrehung der Motorwelle.

Lösung: Das von der Kupplung dauernd übertragbare „zulässige Nenndrehmoment" M_{Kn} muß mindestens so groß sein wie das Nenndrehmoment der Lastseite $M_l = 950$ Nm. Nach Tabelle A13.4 im Anhang genügen dieser Bedingung z.B. die Radaflex-Kupplung Größe 30-100 oder die Periflex-Kupplung Größe 25-1.

Gewählt sei die Periflex-Kupplung 25-1 mit folgenden Daten: zulässiges Nenndrehmoment $M_{Kn} = 1200$ Nm, zulässiges Maximaldrehmoment $M_{K\max} = 3500$ Nm und Massenträgheitsmoment $J = 0{,}6 \text{ kgm}^2$.

Lösung a): Aus den gegebenen Daten der Anlage kann das von der Kupplung zu übertragende maximale Drehmoment M_K errechnet werden. Da der Anlauf nicht unter Vollast erfolgt ergibt sich entsprechend Gleichung (13.6)

$$M_K = M_{\max} \frac{J_{II}}{J_I + J_{II}}.$$

Dabei ist zu berücksichtigen, daß besonders beim Anfahren mit Käfigläufermotoren ein durch das plötzlich auftretende Kippmoment verursachter Drehmomentstoß entsteht, welcher durch den Stoßfaktor 2 berücksichtigt werden muß (siehe auch Hinweis unter Gleichung (13.7)). Mit dem an der „Schwungmasse" des Motorläufers angreifenden Stoßmoment M_{St} = Kippmoment $M_{ki} = 2{,}2 \cdot M_n$ wird unter Berücksichtigung des Stoßfaktors $S = 2$ $M_{\max} = 2 \cdot M_{ki}$, damit gilt für das von der Kupplung zu übertragende größte Drehmoment

$$M_K = 2 \cdot 2{,}2 \cdot M_n \cdot \frac{J_{II}}{J_I + J_{II}} \quad \text{oder allgemein} \quad M_K = S \cdot \frac{M_{ki}}{M_n} \cdot M_n \cdot \frac{J_{II}}{J_I + J_{II}}.$$

Wenn das Massenträgheitsmoment der Kupplung je hälftig der An- und Abtriebsseite zugeschlagen wird, ergibt sich mit $J_I = 4{,}2 \text{ kgm}^2 + \frac{0{,}6}{2} \text{kgm}^2 = 4{,}5 \text{ kgm}^2$ und $J_{II} = 7{,}1 \text{ kgm}^2 + \frac{0{,}6}{2} \text{kgm}^2 = 7{,}4 \text{ kgm}^2$

$$M_K = 2 \cdot 2{,}2 \cdot 1180 \text{ Nm} \cdot \frac{7{,}4 \text{ kgm}^2}{4{,}5 \text{ kgm}^2 + 7{,}4 \text{ kgm}^2} = 3229 \text{ Nm} < M_{K\max} = 3500 \text{ Nm}.$$

Ergebnis: Das in der Kupplung beim „Anfahrstoß" auftretende, und somit überhaupt größte Drehmoment $M_K = 3229$ Nm, ist kleiner als das von der Kupplung maximal übertragbare Drehmoment $M_{k\max} = 3500$ Nm. Die gewählte Kupplungsgröße reicht damit für das Anfahren ohne Last aus.

▶ **Lösung b):** Rechnungsgang grundsätzlich wie zu Lösung a). Unter Berücksichtigung des Lastmomentes M_l wird beim Anfahren unter Vollast das max. Kupplungsmoment nach Gl. (13.7)

$$M_K = (M_{max} - M_l) \cdot \frac{J_{II}}{J_I + J_{II}} + M_l. \text{ Mit } M_{max} = 2 \cdot M_{ki} = 2 \cdot 2{,}2 \cdot M_n \text{ ergibt sich}$$

$$M_K = (2 \cdot 2{,}2 \cdot 1180 \text{ Nm} - 950 \text{ Nm}) \cdot \frac{7{,}4 \text{ kgm}^2}{4{,}5 \text{ kgm}^2 + 7{,}4 \text{ kgm}^2} + 950 \text{ Nm} = 3588 \text{ Nm} \approx M_{K\,max}.$$

Ergebnis: Beim Anfahren unter Vollast reicht die gewählte Kupplungsgröße gerade noch aus, da $M_K = 3588$ Nm $\approx M_{K\,max} = 3500$ Nm.

▶ **Lösung c):** Beim Blockieren der Arbeitsmaschine wird der Motorläufer mit dem Massenträgheitsmoment J_I über die Kupplung während 1 Umdrehung bis zum Stillstand verzögert. Dabei tritt an der „Schwungmasse" des Läufers das Stoßmoment $M_{St} = J_I \cdot \alpha_1$ auf.

Die Winkelverzögerung ergibt sich aus $\alpha_1 = \dfrac{\omega_1}{t}$. Die Winkelgeschwindigkeit ist $\omega_1 = \dfrac{\pi \cdot n}{30} = \dfrac{\pi \cdot 740}{30} = 77{,}5$ s^{-1}. Allgemein gilt für den in der Zeit t zurückgelegten Drehwinkel $\varphi = \dfrac{\omega \cdot t}{2}$; bei 1 Umdrehung wird im Bogenmaß $\varphi = 2 \cdot \pi$ (im Gradmaß 360°). Aus $2 \cdot \pi = \dfrac{\omega_1 \cdot t}{2}$ folgt nach entsprechender Umformung die Verzögerungszeit

$$t = \frac{4 \cdot \pi}{\omega_1} = \frac{4 \cdot \pi}{77{,}5 \text{ s}^{-1}} = 0{,}162 \text{ s}.$$

Damit wird die Winkelverzögerung $\alpha_1 = \dfrac{77{,}5 \text{ s}^{-1}}{0{,}162 \text{ s}} = 478$ s^{-2} und hiermit und mit $J_I = 4{,}5$ kgm^2 das Stoßmoment

$$M_{St} = 4{,}5 \text{ kgm}^2 \cdot 478 \text{ s}^{-2} = 2151 \text{ kgm}^2/\text{s}^2 = 2151 \text{ Nm}.$$

Die Wirkzeit des Drehmomentstoßes $t = 0{,}162$ s ist so groß, daß der Stoßfaktor $S = 1 - \cos \omega t$ den Wert 2 erreicht (siehe Hinweis unter Gleichung (13.7)). Mit $M_{max} = 2 \cdot M_{St} = 2 \cdot 2151$ Nm $= 4302$ Nm wird nach Gleichung (13.6) das max. Kupplungsmoment

$$M_K = 4302 \text{ Nm} \cdot \frac{7{,}4 \text{ kgm}^2}{4{,}5 \text{ kgm}^2 + 7{,}4 \text{ kgm}^2} = 2675 \text{ Nm} < M_{K\,max} = 3500 \text{ Nm}.$$

Ergebnis: Die gewählte Kupplungsgröße hält den bei der Blockierung der Arbeitsmaschine auftretenden Drehmomentstoß unbeschadet aus, da $M_K = 2675$ Nm $< M_{K\,max} = 3500$ Nm.

13.7. Normen und Literatur

DIN 115: Antriebselemente; Schalenkupplungen; DIN 116: Antriebselemente; Scheibenkupplungen; DIN 740: Nachgiebige Wellen-Kupplungen; DIN 28135: Axialdruckscheiben für Scheibenkupplungen an senkrechten Rührwellen

Pampel, W.: Kupplungen, VEB-Verlag Technik, Berlin

Schalitz, A.: Kupplungs-Atlas, AGT-Verlag Georg Thum, Ludwigsburg

Stübner, K. und *Rüggen, W.:* Kupplungen, Einsatz und Berechnung, Carl Hanser Verlag, München

VDI-Richtlinie 2240: Wellenkupplungen, systematische Einteilung nach ihren Eigenschaften, VDI-Verlag GmbH, Düsseldorf

Prospekt und Schriften von Kupplungs-Herstellern (siehe Text)

14. Lager

14.1. Allgemeines

14.1.1. Lagerarten

Lager dienen zum Tragen und Führen beweglicher Bauteile, insbesondere von Achsen und Wellen. Sie lassen sich einteilen

1. nach der Art ihrer *Bewegungsverhältnisse* in *Gleitlager,* bei denen eine Gleitbewegung zwischen Lager und gelagertem Teil erfolgt, und *Wälzlager,* bei denen durch Wälzkörper eine Wälzbewegung stattfindet (Bild 14-1),
2. nach der *Richtung der Lagerkraft* in Radial- (Quer-) Lager und Axial- (Längs-) Lager (Bild 14-2),
3. nach ihrer *Bauform* in Stehlager, Hängelager, Flanschlager, Starrlager, Pendellager usw. (Bild 14-3),
4. nach ihrem *Werkstoff* (bei Gleitlagern) in Bronze-, Sinterlager u. a. und
5. nach der Art der *Schmierung* in Fett-, Ringschmier-, Druckschmierlager u. dgl.

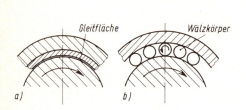

Bild 14-1. Prinzip der Gleit- und Wälzlagerung
a) Gleitlagerung, b) Wälzlagerung

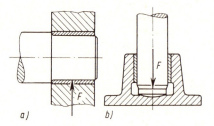

Bild 14-2. Grundformen der Lager
a) Radiallager, b) Axiallager

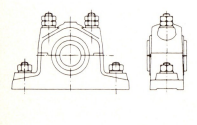
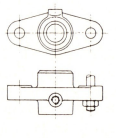
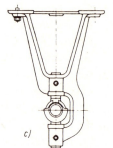

Bild 14-3. Bauformen der Lager. a) Stehlager, b) Flanschlager, c) Hängelager

14.1. Allgemeines

14.1.2. Eigenschaften

Die für das betriebliche Verhalten und die Verwendung der Gleit- und Wälzlager maßgeblichen Eigenschaften lassen sich vielfach schon aus einer Gegenüberstellung ihrer Vor- und Nachteile erkennen.

Gleitlager

Vorteile: Gleitlager sind wegen der großen, dämpfenden Trag- und Schmierfläche unempfindlich gegen Stöße und Erschütterungen; sie laufen geräuscharm; sie sind wenig empfindlich gegen Verschmutzung und erfordern daher kaum Dichtungen; sie lassen unbegrenzt hohe Drehzahlen zu; bei Flüssigkeitsreibung (siehe 14.3.1.) erreichen sie eine praktisch unbegrenzte Lebensdauer; durch geteilte Ausführung ist ein leichter Ein- und Ausbau der Wellen möglich; nachstellbare Lager ergeben höchste Laufgenauigkeit.

Nachteile: Gleitlager haben wegen trockener Anlaufreibung ein hohes Anlaufmoment (wesentlicher Nachteil!); sie haben einen hohen Schmierstoffverbrauch und erfordern laufende Überwachung; der Wirkungsgrad ist allgemein etwas geringer als bei Wälzlagern.

Wälzlager

Vorteile: Das Anlaufmoment ist nur unwesentlich größer als das Betriebsmoment (wesentlicher Vorteil bei Antrieben!); der Schmierstoffverbrauch ist gering; sie sind anspruchslos in Pflege und Wartung; sie benötigen keine Einlaufzeit; weitgehende Normung gestattet ein leichtes Austauschen und Beschaffen von Ersatzlagern.

Nachteile: Sie sind, besonders im Stillstand und bei kleinen Drehzahlen, empfindlich gegen Stöße und Erschütterungen; ihre Lebensdauer und die Höhe der Drehzahl sind begrenzt; die Empfindlichkeit gegen Verschmutzung erfordert vielfach einen hohen Aufwand an Lagerdichtungen (Verschleißstellen, Leistungsverlust!).

14.1.3. Verwendung der Gleit- und Wälzlager

Bestimmte Regeln dafür, wann Gleit- und wann Wälzlager zu verwenden sind, lassen sich kaum geben. Einmal sind für die Lagerwahl bestimmte, sich aus den Vor- und Nachteilen ergebende Eigenschaften entscheidend, zum anderen sind betriebliche Anforderungen, wie Größe und Art der Belastung, Höhe der Drehzahl, verlangte Lebensdauer und die im praktischen Betrieb gesammelten Erfahrungen, maßgebend.

Gleitlager werden bevorzugt

1. für Lagerungen mit hohen Drehzahlen und Belastungen bei hoher Lebensdauer, z. B. bei „Dauerläufern", wie Wasser- und Dampfturbinen, Generatoren, Kreiselpumpen, schwere Schiffswellenlager u. dgl., also dort, wo ein verschleißfreier Lauf im Bereich der Flüssigkeitsreibung entscheidend ist;
2. für Lagerungen, die bei kleinen Drehzahlen oder im Stillstand starke Stöße und Erschütterungen aufnehmen müssen, z. B. bei Stanzen, Pressen und Hämmern, wo somit eine große, dämpfende Tragfläche erforderlich ist;
3. für Lagerungen bei geringen Ansprüchen, z. B. bei Hebezeugen, Landmaschinen, Haushaltsmaschinen und wo es auf eine einfache Ausführung und einen niedrigen Preis ankommt.

Wälzlager werden bevorzugt

1. für möglichst wartungsfreie und betriebssichere Lagerungen bei normalen Anforderungen, z. B. bei Werkzeugmaschinen, Getrieben, Motoren, Fahrzeugen, Ventilatoren, Pumpen, Förderelementen u. dgl.;
2. für Lagerungen, die aus dem Stillstand und bei kleinen Drehzahlen und hohen Belastungen möglichst reibungsarm arbeiten sollen, z. B. bei Kranhaken, Drehtürmen, Spindelführungen u. dgl.

14.2. Wälzlager

14.2.1. Aufbau, Wälzkörperformen und Werkstoffe

Das Wälzlager besteht aus Ringen, dem Außenring (1) und dem Innenring (2) oder aus Scheiben (bei Axiallagern) mit Rollbahnen, zwischen denen die Wälzkörper (3) abrollen (Bild 14-4). Die Wälzkörper sind meist in einem Käfig (4) gefaßt, um eine gegenseitige Berührung zu verhindern, einen gleichmäßigen Abstand zu halten und um den Wälzkörperkranz bei zerlegbaren Lagern zusammenzuhalten.

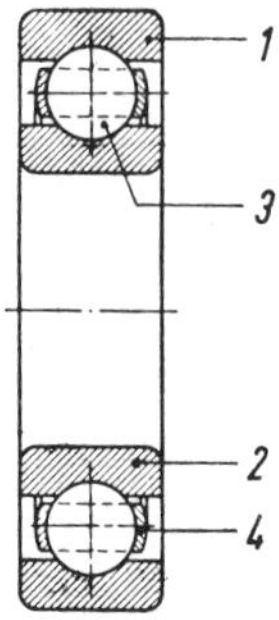

Als Wälzkörper dienen Kugeln, Zylinderrollen, Kegelrollen, Tonnen und Nadeln (Bild 14-5).

Ringe, Scheiben und Wälzkörper bestehen aus schwachlegiertem Chromstahl mit $\approx$ 1 % C, 1,5 % Cr (in Sonderfällen bis $\approx$ 18 % Cr), 0,25 % Si und 0,3 % Mn. Die Käfige werden bei kleineren Lagern aus Stahl- oder Messingblech gepreßt. Bei größeren Lagern werden Massivkäfige aus Stahl, Messing oder Leichtmetall (bei Nadellagern), für geräuscharmen Lauf auch aus Kunststoffen verwendet.

Bild 14-4 Aufbau des Wälzlagers

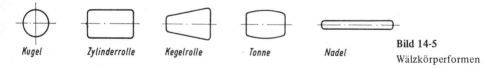

Kugel   *Zylinderrolle*   *Kegelrolle*   *Tonne*   *Nadel*

Bild 14-5 Wälzkörperformen

14.2.2. Standard-Bauformen der Wälzlager, ihre Eigenschaften und Verwendung

Je nach Art der Wälzkörper unterscheidet man die Grundformen Kugellager, Zylinderrollenlager, Kegelrollenlager, Tonnenlager und Nadellager. Von diesen Grundformen gibt es vielfach verschiedene Bauformen mit teilweise sehr unterschiedlichen, für die Verwendung der Lager oft entscheidenden Eigenschaften.

Rillenkugellager (DIN 625)

Das Rillenkugellager (Bild 14-6a) ist wegen seiner vielseitigen Eigenschaften das gebräuchlichste Wälzlager; es ist radial und axial in beiden Richtungen belastbar, bei liegenden Wellen für Axialkräfte sogar besser geeignet als das Axial-Rillenkugellager; es erreicht

14.2. Wälzlager

von allen Lagern die höchsten Drehzahlen (kleinere Lager bis $\approx 50\,000$, Sonderausführungen über 100 000 U/min) und ist von allen belastungsmäßig vergleichbaren das billigste. Es kann als Starrlager jedoch keine Wellenverlagerungen ausgleichen und verlangt genau fluchtende Lagerstellen.

Verwendung: Universallager für alle Gebiete des Maschinen- und Fahrzeugbaues.

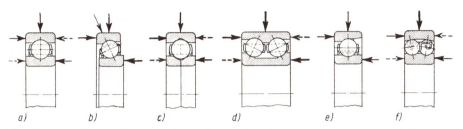

Bild 14-6. Kugellager. a) Rillenkugellager, b) einreihiges Schrägkugellager, c) Vierpunktlager, d) zweireihiges Schrägkugellager, e) Schulterkugellager, f) Pendelkugellager

Die eingezeichneten Kraftpfeile geben die möglichen aufzunehmenden Beanspruchungen an, die unterschiedliche Dicke der Pfeile die vergleichsweise Höhe der Beanspruchungen; das gleiche gilt auch für alle folgenden Wälzlagerabbildungen.

Einreihiges Schrägkugellager und Vierpunktlager (DIN 628)

Beim einreihigen Schrägkugellager (Bild 14-6b) bildet die Normalkraft mit der Radialebene einen Winkel von $\approx 20 \ldots 40°$. Daher ist das Lager für größere Axialkräfte in einer Richtung geeignet. Die Lager werden in der Regel paarweise und spiegelbildlich zueinander eingebaut und gegeneinander angestellt.

Eine Sonderbauform des Schrägkugellagers stellt das *Vierpunktlager* (Bild 14-6c) dar. Die Laufbahnen bestehen aus zwei in der Mitte spitz zusammenlaufenden Kreisbögen, so daß die Kugeln diese an vier Punkten berühren. Der Innenring ist geteilt, dadurch lassen sich viele Kugeln unterbringen. Auf diese Weise wird eine hohe radiale und besonders axiale Tragfähigkeit erreicht.

Verwendung: Spindellagerungen von Werkzeugmaschinen, Rad- und Seilrollenlagerungen.

Zweireihiges Schrägkugellager (DIN 628)

Das zweireihige Schrägkugellager (Bild 14-6d) entspricht im Aufbau einem Paar spiegelbildlich zusammengesetzter einreihiger Schrägkugellager und ist daher radial und in beiden Richtungen axial hoch belastbar.

Verwendung: Lagerungen von möglichst kurzen, biegesteifen Wellen bei größeren Radial- und Axialkräften: Schneckenwellen, Wellen mit Schrägstirnrädern und Kegelrädern.

Schulterkugellager (DIN 615)

Das Schulterkugellager (Bild 14-6e) ist ein zerlegbares Lager mit abnehmbarem Außenring. Die Eigenschaften und die Verwendung sind ähnlich wie bei den Schrägkugellagern. Allgemein werden sie nur bis zu einer Bohrung von 30 mm hergestellt und sind weitgehend durch Schrägkugellager ersetzt.

Pendelkugellager (DIN 630)

Das Pendelkugellager (Bild 14-6f) kann durch kugelige Laufbahn im Außenring winklige Wellenverlagerungen und Fluchtfehler pendelnd ausgleichen; es ist radial und in beiden Richtungen axial belastbar. Das Pendelkugellager wird vorwiegend in Steh- und Flanschlagergehäusen eingesetzt und zum leichten Ein- und Ausbau häufig mit Spann- oder Abziehhülse versehen (siehe Bild 14-20 und 14-33).

Verwendung: Lagerungen, bei denen mit unvermeidlichen Einbauungenauigkeiten gerechnet werden muß, z. B. bei Transmissionen, Förderanlagen, Landmaschinen u. dgl.

Zylinderrollenlager (DIN 5412)

Wegen der linienförmigen Berührung zwischen Rollen und Rollbahnen ist beim Zylinderrollenlager (Bild 14-7) die radiale Tragfähigkeit größer als bei gleichgroßen Kugellagern (punktförmige Berührung!); Zylinderrollenlager sind axial nicht oder nur sehr gering belastbar; sie verlangen genau fluchtende Lagerstellen.

Nach der Anordnung der Borde unterscheidet man die Bauarten N und NU mit bordfreiem Außen- bzw. Innenring (Bild 14-7a und b), die als Loslager verwendet werden (siehe 14.2.9.2.), die Bauart NJ (Bild 14-7c) als Stützlager und die Bauarten NUP mit Bordscheibe und NJ mit Stützring (Bild 14-7d und e), die als Festlager oder Führungslager zur axialen Wellenführung in beiden Richtungen dienen.

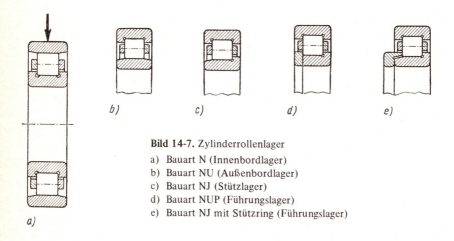

Bild 14-7. Zylinderrollenlager
a) Bauart N (Innenbordlager)
b) Bauart NU (Außenbordlager)
c) Bauart NJ (Stützlager)
d) Bauart NUP (Führungslager)
e) Bauart NJ mit Stützring (Führungslager)

Verwendung: in Getrieben, Elektromotoren, für Achslager von Schienenfahrzeugen, für Walzenlagerungen (Walzwerke); allgemein für Lagerungen mit hohen Radialbelastungen.

Nadellager (DIN 617)

Eine Sonderbauart des Zylinderrollenlagers ist das Nadellager (Bild 14-8a). Es ist nur für Radialkräfte, als kombiniertes Nadelkugellager (Bild 14-8b) auch für Axialkräfte geeignet. Es zeichnet sich durch einen kleinen Baudurchmesser, leichte Selbstherstellung und durch geringe Empfindlichkeit gegen stoßartige Belastung aus.

14.2. Wälzlager

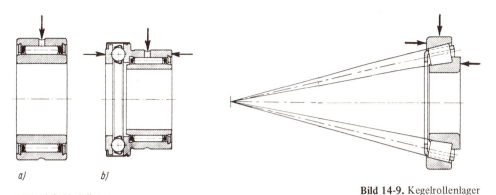

Bild 14-8. Nadellager
a) Normallager,
b) kombiniertes Nadelkugellager

Bild 14-9. Kegelrollenlager

Verwendung: vorwiegend bei kleineren bis mittleren Drehzahlen und Pendelbewegungen, z. B. als Pleuellager, Kipphebellager, für Schwenkarme, Pendelachsen (Kraftfahrzeuge), Spindellagerungen u. dgl.

Kegelrollenlager (DIN 720)

Die Laufbahnen der Ringe von Kegelrollenlagern (Bild 14-9) sind Kegelmantelflächen, die, kinematisch bedingt, in einem Punkt zusammenlaufen müssen. Die Lager sind radial und axial hoch belastbar. Der abnehmbare Außenring ermöglicht leichten Ein- und Ausbau. Kegelrollenlager werden paarweise spiegelbildlich zueinander eingebaut (siehe Bild 14-22a); das Lagerspiel kann ein- und nötigenfalls nachgestellt werden.

Verwendung: Radnabenlagerungen von Fahrzeugen, Lagerungen von Seilrollennaben, Spindellagerungen von Werkzeugmaschinen, Wellenlager von Schnecken- und Kegelrädergetrieben.

Tonnen- und Pendelrollenlager (DIN 635)

Bei den Tonnen- und Pendelrollenlagern (Bild 14-10a und b) ermöglichen kugelige Laufbahnen in den Außenringen und tonnenförmige Wälzkörper, wie Pendelkugellager, das Ausgleichen von Fluchtfehlern und winkligen Wellenverlagerungen. Tonnenlager sind für hohe radiale, aber nur kleinere axiale Belastungen geeignet. Pendelrollenlager dagegen sind für höchste Radial- und Axialkräfte einsetzbar.

Verwendung: Für schwere Laufräder und Seilrollen, Schiffswellen, Ruderschäfte, Kurbelwellen und sonstige hochbelastete Lagerungen.

Axial-Rillenkugellager (DIN 711)

Ein Kugelkranz (Bild 14-11a) läuft in den Rillen zweier Scheiben, der Wellenscheibe (1) und Gehäusescheibe (2); sie nehmen bei möglichst senkrecht stehenden Wellen und kleineren Drehzahlen hohe Axialkräfte in nur einer Richtung auf.

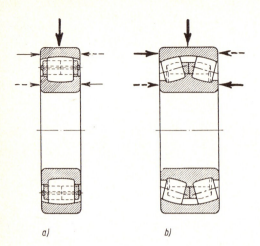

Bild 14-10. Tonnenlager
a) Tonnenlager, b) Pendelrollenlager

Das *zweiseitig wirkende Axial-Rillenkugellager* (Bild 14-11b) überträgt Axialkräfte in beiden Richtungen; es besteht aus zwei Kugelkränzen, einer mittleren Wellenscheibe (1) und zwei äußeren Gehäusescheiben (2). Wirkungsweise und Einbau siehe Bild 14-30b.
Verwendung: Für hohe Axialkräfte, die nicht mehr von Radiallagern aufgenommen werden können, z. B. bei Schneckenwellen, Bohrspindeln, Reitstockspitzen u. dgl.

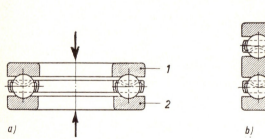 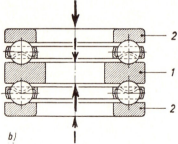

Bild 14-11. Axial-Rillenkugellager
a) einseitig wirkendes, b) zweiseitig wirkendes

Axial-Pendelrollenlager (DIN 728)

Beim Axial-Pendelrollenlager (Bild 14-12) erfolgt die Druckübertragung zwischen Scheiben und Tonnen unter $\approx 45°$ zur Lagerachse, so daß hohe Axial- und auch begrenzte Radialkräfte aufgenommen werden; das Lager kann sich pendelnd einstellen und Fluchtfehler ausgleichen.
Verwendung: Spurlager von Kransäulen, Drucklager von Schiffsschrauben und Schneckenwellen.

14.2. Wälzlager

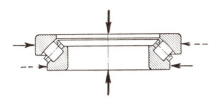

Bild 14-12. Axial-Pendelrollenlager

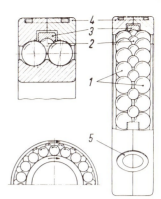

Bild 14-13
UKF-Kugellager

14.2.3. Sonder-Bauformen

Das *UKF-Kugellager*[1]) (Bild 14-13) hat zwei Tragkugelreihen (1), die an Stelle des Käfigs durch Trennkugeln (2), im Führungsring (3) laufend, auseinander gehalten werden. Der geteilte Außenring (4) wird durch eingepreßte Verbindungsringe (5) zusammengehalten.

Das Lager zeichnet sich durch hohe radiale und axiale Tragfähigkeit, ruhigen Lauf, hohe Laufgenauigkeit und hohe Lebensdauer aus.

Beim *Axial-Schrägkugellager* (Bild 14-14a) verläuft die Druckrichtung zwischen Kugeln und Scheiben schräg, dadurch können hohe Axialkräfte bei gleichzeitig radialer Wellenführung aufgenommen werden.

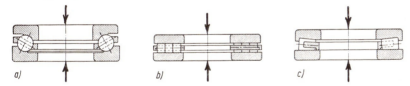

Bild 14-14. Sonder-Bauformen der Wälzlager. a) Axial-Schrägkugellager, b) Axial-Zylinderrollenlager, c) Axial-Kegelrollenlager

Das *Axial-Zylinderrollenlager*[2]) (Bild 14-14b) und das *Axial-Kegelrollenlager* (Bild 14-14c) haben ähnliche Eigenschaften wie das Axial-Schrägkugellager.

Die Sonder-Bauformen nach Bild 14-14 werden nur in Ausnahmefällen verwendet, z. B. als Lenksäulenlager oder Drucklager in Kupplungen.

14.2.4. Baumaße und Kurzzeichen für die Wälzlager

Die äußeren Abmessungen der Wälzlager sind nach DIN 616 in Übereinstimmung mit den ISO-Empfehlungen festgelegt. Sie sind nach DIN 623 so aufgebaut, daß jeder Lagerbohrung mehrere Außendurchmesser und Breitenmaße zugeordnet sind, um einen möglichst großen Bereich hinsichtlich der Belastbarkeit von Lagern gleicher Bohrung und Bauform zu erreichen.

---

[1]) Hersteller: <u>U</u>niversal-<u>K</u>ugellager-<u>F</u>abrik GmbH., Berlin-Charlottenburg

[2]) Dieses Lager ist kinematisch eigentlich falsch wegen der unterschiedlichen Umfangsgeschwindigkeiten innen und außen. Durch Unterteilung der Zylinderrollen in drei kurze Rollen werden die Unterschiede jedoch weitgehend ausgeglichen und nach kurzer Einlaufzeit wird ein einwandfreier Lauf erreicht.

Man unterscheidet die *Durchmesserreihen* 0 (ganz leicht), 2 (leicht), 3 (mittelschwer) und 4 (schwer) sowie die *Breitenreihen* 0, 1, 2 und 3.

Diese Zusammenhänge veranschaulicht Bild 14-15. Es sei jedoch bemerkt, daß die genormten Lagerbezeichnungen nicht in allen Fällen diesem System entsprechen, z. B. bei Zylinderrollenlagern, was an sich unverständlich ist.

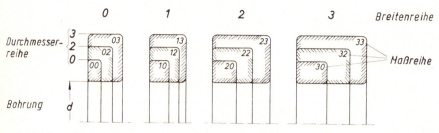

Bild 14-15. Aufbau der Maßpläne von Wälzlagern

Ein *Lagerkurzzeichen* setzt sich aus Ziffern oder aus Buchstaben und Ziffern zusammen. Die erste Ziffern- bzw. Buchstabengruppe kennzeichnet die Lagerbauform (Rillenkugellager, Kegelrollenlager, Pendelrollenlager usw.), die Breiten- und die Durchmesserreihe (leicht, mittelschwer usw.); die zweite Ziffergruppe stellt die Bohrungskennziffer dar. Die Größe der Lagerbohrung ergibt sich aus der Multiplikation der Kennziffer mit 5 (ab Bohrungsdurchmesser $\geq$ 20 mm).

Bezeichnungsbeispiel: 2 2 3 16[1]   (Normalschreibweise: 223 16)

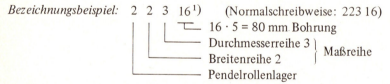

Tabelle A14.1 im Anhang enthält die wichtigsten Bauabmessungen gebräuchlicher Wälzlager.

Die Lagerkurzzeichen ohne Zusatzzeichen kennzeichnen normale Lager mit z. B. normaler Maß-, Form- und Laufgenauigkeit entsprechend den Toleranzen nach DIN 620. Abweichungen hiervon werden durch Zusatzzeichen beschrieben. Durch Vorsetzzeichen werden Lagerbestandteile (Ringe, Käfige), durch Nachsetzzeichen werden Besonderheiten über innere Konstruktion, Maßtoleranzen, Laufgenauigkeit, Lagerspiel u. a. ausgedrückt.

So bedeutet das Vorsetzzeichen K: Käfig mit Wälzkörpern, damit z. B. das Kurzzeichen KNU 207: Käfig mit Rollen des Zylinderrollenlagers NU 207 (ohne Ringe).

Von den zahlreichen Nachsetzzeichen können hier nur einige genannt werden, z. B.: P5 für Lager mit kleineren Toleranzen bezüglich Maß-, Form- und Laufgenauigkeit gegenüber den normalen, oder C2 für Lager mit kleinerem radialem Lagerspiel als normal. So bedeutet z. B. 6208 C2: Rillenkugellager 6208 mit kleinerem Lagerspiel als normal.

Nähere Einzelheiten sind DIN 623 bzw. den Wälzlagerkatalogen zu entnehmen.

---

[1] lies: Zweihundertdreiundzwanzig-sechzehn

14.2.5. Lagerauswahl

Die Wahl eines geeigneten Wälzlagers für gegebene Betriebsverhältnisse ist vielfach schon durch die in 14.2.2. und 14.2.3. beschriebenen Eigenschaften und Merkmale bestimmt. Für häufig vorkommende Betriebsfälle und bestimmte gestellte Anforderungen kann die Lagerwahl nach Tabelle 14.1 vorgenommen werden, wobei sich naturgemäß auch Überschneidungen ergeben und dann der Preis mit entscheidend sein kann.

Tabelle 14.1: Wahl der Wälzlager-Bauform

Anforderung	Wälzlager-Bauformen und ihre Verwendbarkeit													
	1	2	3	4	5	6	7	8	9	10	11	12	13	14
Radialbelastung	●	●	●	●	●	●	●	●	●	●	○	○	◐	●
Axialbelastung	●	●	●	●	◐	○	●	◐	●	○	●	●	●	●
Ausgleich von Fluchtfehlern	◐	◐	○	○	●	○	○	●	●	○	○	○	●	○
Nachstellen des Lagerspieles	○	●	●	○	○	○	●	○	○	○	●	●	●	○
zerlegbares Lager	○	○	●	○	○	●	●	●	○	●	●	●	●	○
Ausführung in erhöhter Genauigkeit	●	●	●	○	○	●	●	○	○	◐	●	●	○	○
hohe Drehzahlen	●	●	●	◐	○	◐	◐	○	○	◐	○	○	○	●
hohe Belastbarkeit	◐	◐	◐	●	◐	●	●	●	●	●	●	●	●	●
geräuscharmer Lauf	●	●	●	○	○	●	○	○	○	○	○	○	○	◐
Befestigung mit Hülse	◐	○	○	○	●	◐	○	●	●	○	○	○	○	○

● uneingeschränkt verwendbar ◐ bedingt verwendbar ○ nicht verwendbar bzw. entfällt

Es bedeuten:
1 Rillenkugellager
2 Schulterkugellager
3 Schrägkugellager, einreihig
4 Schrägkugellager, zweireihig
5 Pendelkugellager
6 Zylinderrollenlager
7 Kegelrollenlager
8 Tonnenlager
9 Pendelrollenlager
10 Nadellager
11 Axial-Rillenkugellager, einseitig wirkend
12 Axial-Rillenkugellager, zweiseitig wirkend
13 Axial-Pendelrollenlager
14 UKF-Kugellager

> **Grundsätzlich sollte bei der Lagerwahl immer zunächst das Rillenkugellager wegen seiner hohen Laufgenauigkeit, des niedrigen Preises und des erforderlichen geringen Einbauraumes bevorzugt werden. Nur wenn die gestellten Anforderungen nicht zu erfüllen sind, sollte ein anderes geeigneteres Lager gewählt werden.**

14.2.6. Berechnung umlaufender Wälzlager

Die Berechnung der Wälzlager ist nach DIN 622 in Übereinstimmung mit der ISO-Recommendation[1]) R 76 und ISO-Draft-Recommendation 278 genormt. Die mit der Be-

---
[1]) Recommendation (engl.): Empfehlung

rechnung umlaufender (dynamisch belasteter) Wälzlager zusammenhängenden wichtigsten Begriffe sind:

Lebensdauer: Anzahl der Umdrehungen oder Stunden, während der ein Lager läuft, bevor sich erste Anzeichen einer Werkstoffermüdung (Poren, Risse, Abblätterungen) an Lager- und Wälzkörpern zeigen (darum auch *Ermüdungslaufzeit* genannt). Die Werte streuen jedoch bei gleichen Lagern unter gleichen Bedingungen in weiten Grenzen. Für die Berechnung maßgebend ist darum die

nominelle Lebensdauer L_h: Lebensdauer in Betriebsstunden, die mindestens 90 % einer größeren Anzahl gleicher Lager erreichen oder überschreiten; die Lebensdauer wird wesentlich beeinflußt durch die Schmierung und ist u. U. begrenzt durch die

Verschleißlaufzeit L_v: Anzahl der Laufstunden, nach der ein Lager durch Verschleiß, z. B. infolge Verschmutzung oder Korrosion, unbrauchbar wird;

dynamische Tragzahl C: rein radiale (bei Axiallagern axiale) Belastung, die bei umlaufenden Lagern eine nominelle Lebensdauer von einer Million Umdrehungen bzw. von 500 h bei $33\frac{1}{3}$ U/min erwarten läßt;

äquivalente (gleichwertige) Lagerbeanspruchung P^1): Vorstellbare rein radiale (bei Axiallagern axiale) Lagerbeanspruchung, die die gleiche Lebensdauer für das Lager ergeben würde wie die, die das Lager unter den tatsächlich vorliegenden Betriebsverhältnissen auch erreicht.

14.2.6.1. Äquivalente (gleichwertige) Lagerbeanspruchung

Vor der eigentlichen Berechnung der Wälzlager auf Lebensdauer ist aus den am Lager wirkenden Kräften die *äquivalente Lagerbeanspruchung* zu ermitteln, die sich allgemein – mit Ausnahme der Axial-Pendelrollenlager – ergibt aus

$$P = x \cdot F_r + y \cdot F_a \quad \text{in N (kN)} \tag{14.1}$$

F_r radiale Lagerkraft in N (kN)
F_a axiale Lagerkraft in N (kN)

x Radialfaktor, der den Einfluß der Größe des Verhältnisses von Radial- und Axialkraft berücksichtigt; Werte aus Tabelle A14.2, Anhang, bzw. aus Lagerkatalog

y Axialfaktor zum Umrechnen der Axialkraft bei Radiallagern in eine gleichwertige Radialkraft; Werte aus Tabelle A14.2, Anhang, bzw. aus Lagerkatalog

Bei nur radial beanspruchten Lagern, also bei $F_a = 0$, wird $P = F_r$;
bei nur axial beanspruchten Lagern, also bei $F_r = 0$, wird $P = F_a$.

Hierbei sind jedoch die Besonderheiten bei Schrägkugel- und Kegelrollenlagern zu beachten (siehe Bild 14-16 und Tabelle 14.2).

Für radial und axial belastete *Axial-Pendelrollenlager* ist die *äquivalente Lagerbeanspruchung*

$$P = F_a + 1{,}2 \cdot F_r \quad \text{in N (kN)} \tag{14.2}$$

---

[1]) Nach ISO wird P anstelle von F verwendet

14.2. Wälzlager

Bei Axial-Pendelrollenlagern muß $F_r \leqslant 0,55 \cdot F_a$ sein, um die zentrische Lage der Scheiben nicht zu gefährden.

Bei Lagerungen mit zwei *Schrägkugel-* oder *Kegelrollenlagern* (Bild 14-16) entstehen, durch den Druckwinkel bedingt, bei Radialbeanspruchung zusätzliche Axialkomponenten, die bei der Ermittlung der äquivalenten Lagerbeanspruchung berücksichtigt werden müssen.

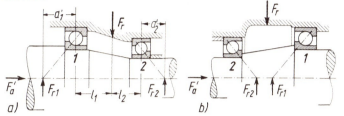

Bild 14-16
Lagerkräfte bei Schrägkugellagern
a) O-Anordnung
b) X-Anordnung

In Bild 14-16 nehmen die Lager 1 außer der Radialkraft F_{r1} noch die etwaige äußere Axialkraft F_a', die Lager 2 nur die Radialkraft F_{r2} auf. Die dann für die Berechnung der äquivalenten Lagerbeanspruchung in Gleichung (14.1) einzusetzenden Axialkräfte F_a ergeben sich je nach den Kräfteverhältnissen aus Tabelle 14.2.

Tabelle 14.2: Ermittlung der Axialkräfte bei Schrägkugel- und Kegelrollenlagern (nach *Kugelfischer*)

Kräfteverhältnisse	bei Berechnung einzusetzende Axialkräfte F_{a1} und F_{a2}	
	Lager 1	Lager 2
1. $\dfrac{F_{r1}}{y_1} \leqslant \dfrac{F_{r2}}{y_2}$; $F_a' = 0$	$F_{a1} = F_a' + 0,5 \cdot \dfrac{F_{r2}}{y_2}$	—
2. $\dfrac{F_{r1}}{y_1} > \dfrac{F_{r2}}{y_2}$; $F_a' \geqslant 0,5 \left(\dfrac{F_{r1}}{y_1} - \dfrac{F_{r2}}{y_2} \right)$		
3. $\dfrac{F_{r1}}{y_1} > \dfrac{F_{r2}}{y_2}$; $F_a' \leqslant 0,5 \left(\dfrac{F_{r1}}{y_1} - \dfrac{F_{r2}}{y_2} \right)$	—	$F_{a2} = 0,5 \cdot \dfrac{F_{r1}}{y_1} - F_a'$

Die Radialkräfte F_{r1} und F_{r2} sind dabei auf die Druckmittelpunkte zu beziehen (Abstandsmaße a_1', a_2' aus Lagerkatalog, hier jedoch jeweils als Maß a von den Lageraußenkanten angegeben). Die Kräfte F_{r1} und F_{r2} ergeben sich aus der Gleichgewichtsbedingung $\Sigma M = 0$: z.B. für F_{r2} in Bild 14-16a aus $F_r \cdot (l_1 + a_1') = F_{r2} \cdot (l_1 + l_2 + a_1' + a_2')$. Axialfaktoren y_1 und y_2 (entsprechend y für die jeweiligen Lager) aus Tabelle A14-2 oder Katalog. Obige Gleichungen gelten sinngemäß auch bei $F_a' = 0$, also ohne äußere Axialkraft. Die Berechnung gestattet jedoch nur Nachprüfungen gegebener Lager, nicht aber Vorausberechnungen, da hierfür die Faktoren y zunächst ja nicht bekannt sind.

14.2.6.2. Veränderliche Lagerkräfte und Drehzahlen

Die Berechnung der Wälzlager auf Lebensdauer setzt voraus, daß die mit vorstehenden Gleichungen ermittelte äquivalente Lagerbeanspruchung bei annähernd konstanter Drehzahl während des Betriebes auch annähernd konstant bleibt. Ist das nicht der Fall, dann muß aus den veränderlichen Beanspruchungsgrößen eine konstante, in bezug auf die Lebensdauer gleichwertige, ideelle Lagerbeanspruchung ermittelt werden.

Wächst eine Lagerkraft F bei annähernd konstanter Drehzahl etwa linear von F_{min} auf F_{max}, wie bei Lagern von Werkzeugmaschinen (Holzbearbeitungsmaschinen, Hobelmaschinen) oder Kranhubwerken, so ergibt sich die *ideelle Lagerbeanspruchung* aus

$$F_i = \frac{F_{min} + 2 F_{max}}{3} \text{ in N (kN)} \tag{14.3}$$

F_{min}, F_{max} kleinste, größte radiale oder axiale Lagerkraft in N (kN)

Bei verschieden großen aber annähernd konstanten Lagerkräften und Drehzahlen während bestimmter Zeitabschnitte, wie sie beispielsweise bei Schaltgetrieben von Werkzeugmaschinen und Kraftfahrzeugen vorkommen, errechnet sich die *ideelle Lagerbeanspruchung* aus

$$F_i \approx \tfrac{1}{15} \cdot \sqrt[3]{F_1^3 \cdot n_1 \cdot q_1 + F_2^3 \cdot n_2 \cdot q_2 + \ldots + F_n^3 \cdot n_n \cdot q_n} \text{ in N (kN)} \tag{14.4}$$

$F_1, F_2 \ldots F_n$ konstante radiale oder axiale Lagerkräfte während bestimmter Zeitabschnitte in N (kN)
$n_1, n_2 \ldots n_n$ zugehörige konstante Drehzahlen in 1/min
$q_1, q_2 \ldots q_n$ Wirkungsdauer der einzelnen Betriebszustände in %; man setze z. B. bei 75 % den zugehörigen Faktor $q = 75$

Bei der Berechnung auf Lebensdauer wird dann der Drehzahlfaktor $f_n = 1$ gesetzt.

Bei gleichzeitig wirkenden Radial- und Axialkräften ist zunächst für beide einzeln die ideelle Lagerbeanspruchung zu ermitteln und mit diesen die äquivalente Lagerbeanspruchung zu berechnen.

Hinweis: Es sei erwähnt, daß auf die Ermittlung der ideellen Lagerbeanspruchung F_i in den meisten Fällen verzichtet werden kann, da sich der Aufwand kaum lohnt. Normalerweise wird mit den maximalen Belastungsdaten gerechnet, was dann als zusätzliche Sicherheit betrachtet werden kann.

14.2.6.3. Lebensdauer, erforderliche dynamische Tragzahl

Die eigentliche Berechnung der Wälzlager erfolgt auf Lebensdauer. Durch die Berechnung werden jedoch nicht die Abmessungen der Lager selbst, z. B. Durchmesser und Anzahl der Kugeln, festgelegt, sondern es sollen nach den vorliegenden Betriebsverhältnissen aus der großen Anzahl der Bauformen und Lagerreihen geeignete Wälzlager ermittelt werden.

Durch Versuche ergab sich zwischen den Beanspruchungs- und Kenngrößen eines Wälzlagers die Beziehung für die *Lebensdauer in Mill. Umdrehungen*

$$L = \left(\frac{C}{P}\right)^q = \frac{L_h \cdot n \cdot 60}{10^6} \tag{14.5}$$

Bei Kugellagern ist $q = 3$, bei Rollen- und Nadellagern $q = 10/3$.
Setzt man bei der der dynamischen Tragzahl C zugrunde gelegten Lebensdauer anstelle von 10^6 Umdrehungen die Werte 500 h und $33\tfrac{1}{3}$ 1/min, dann erhält man:

14.2. Wälzlager

$$L = \left(\frac{C}{P}\right)^q = \frac{L_h \cdot n \cdot 60}{500 \cdot 33\frac{1}{3} \cdot 60} \quad \text{oder} \quad \frac{C}{P} \cdot \sqrt[q]{\frac{33\frac{1}{3}}{n}} = \sqrt[q]{\frac{L_h}{500}}$$

Wird hierin für $\sqrt[q]{\frac{33\frac{1}{3}}{n}} = f_n$ und $\sqrt[q]{\frac{L_h}{500}} = f_L$ gesetzt, dann ergibt sich nach Umformen die Berechnungsgleichung $f_L = \frac{C}{P} \cdot f_n$.

Unter Berücksichtigung von Betriebstemperaturen $t > 100\,°C$ (selten) erhält man für ein gegebenes oder gewähltes Wälzlager die *zu erwartende rechnerische Lebensdauer (Ermüdungslaufzeit) in Betriebsstunden* aus

$$f_L = \frac{C}{P} \cdot f_n \cdot f_t \tag{14.6}$$

f_L Lebensdauerfaktor nach Bild A14-2, Anhang
C dynamische Tragzahl des Lagers in N (kN) nach Tabelle A14.1, Anhang, bzw. aus Katalog
P äquivalente Lagerbelastung in N (kN) nach Gleichung (14.1) bzw. (14.2)
f_n Drehzahlfaktor nach Bild A14-3, Anhang
f_t Temperaturfaktor nach Tabelle A14.6, Anhang; $f_t = 1$ für $t \leqslant 150\,°C$

Die Lebensdauer L_h gilt nur als Richtwert und wird in der Praxis bei Werten unter 1000 h auf volle 10, bis 10 000 h auf volle 100, über 10 000 h möglichst auf volle 1000 gerundet. Sollen für gegebene Betriebsverhältnisse geeignete Wälzlager ermittelt werden, dann wird durch Umformen der Gleichung (14.6) die *erforderliche dynamische Tragzahl C* für das Lager bestimmt.
Bekannt sind meist: der Wellen- (Zapfen-)durchmesser und damit die Lagerbohrung d aus vorausgegangener Festigkeitsberechnung sowie die Drehzahl n des Lagers.
Nach Wahl einer geeigneten Bauform (siehe 14.2.5) wird aus Tabelle A14.1 im Anhang bzw. aus den Lagerkatalogen eine der erforderlichen Tragzahl entsprechende Lagergröße entnommen.
Die für das Wälzlager *einzusetzende Lebensdauer* wird erfahrungsgemäß gewählt. Bestimmend sind dabei die Art der Maschine, die Dauer ihres Einsatzes und die verlangte Betriebssicherheit. Für häufig vorkommende Betriebsfälle gibt die Tabelle A14.4, Anhang, Richtwerte an.

14.2.6.4. Verschleißlaufzeit

Bei besonders schmutzanfälligen und korrosionsgefährdeten Lagern ist die Ermittlung der Verschleißlaufzeit zweckmäßig, da solche Lager ggf. durch unzulässig hohen Verschleiß früher ausfallen können als durch Werkstoffermüdung. Für die Ermittlung der Verschleißlaufzeit sind der erfahrungsgemäß festgestellte zulässige *Verschleißfaktor f_v* und die *Betriebsverhältnisse*, gekennzeichnet durch Felder a bis k in Tabelle A14.4, Anhang, maßgebend. Mit diesen Daten kann nach Bild A14-1, Anhang, die Verschleißlaufzeit annähernd abgeschätzt werden.

14.2.6.5. Gebrauchsdauer

Unter Gebrauchsdauer ist die Zeit zu verstehen, bis zu der umlaufende Wälzlager funktionstüchtig bleiben. Die Gebrauchsdauer ist entweder begrenzt durch die Werkstoffermüdung der Lagerteile, also durch die Ermüdungslaufzeit, die zugleich die obere Grenze darstellt, oder aber durch zu großen Verschleiß, also durch die Verschleißlaufzeit.

Ist die Verschleißlaufzeit L_v kleiner als die Lebensdauer (Ermüdungslaufzeit) L_h, also $L_v < L_h$, dann gilt:

Gebrauchsdauer des Lagers gleich Verschleißlaufzeit.

Ist $L_v > L_h$ (Normalfall), dann gilt:

Gebrauchsdauer gleich Lebensdauer (Ermüdungslaufzeit).

14.2.7. Höchstdrehzahlen

Wälzlager laufen betriebssicher und lassen die in der Berechnung zugrunde gelegte Gebrauchsdauer erwarten, solange eine *Höchstdrehzahl* (*Grenzdrehzahl*) n_g nicht überschritten wird. Diese ist abhängig von Bauart, Größe und Schmierung und ergibt sich erfahrungsgemäß bei einem Außendurchmesser.

$$D < 30 \text{ mm}: \quad \boxed{n_g \approx \frac{3 \cdot A}{D + 30} \cdot k} \qquad D \geqslant 30 \text{ mm}: \quad \boxed{n_g \approx \frac{A}{D - 10} \cdot k} \text{ in 1/min}$$

(14.7a, 14.7b)

D Lageraußendurchmesser in mm

k Korrekturfaktor; bei nur radialbelasteten Radiallagern bzw. axialbelasteten Axiallagern ist $k = 1$; bei gleichzeitiger Radial- und Axialbelastung F_r und F_a sinkt die Grenzdrehzahl mit größer werdendem Verhältnis F_a/F_r, es wird $k < 1$ nach Bild 14-17

A Lagerkonstante; man setzt bei *Fettschmierung:*

A = 500 000 für Rillenkugellager, Schulterkugellager, einreihige Schrägkugellager, Pendelkugellager und Zylinderrollenlager,

A = 360 000 für zweireihige Schrägkugellager,

A = 320 000 für zweireihige Rillenkugellager, Kegelrollenlager und Pendelrollenlager der Reihen 222 und 223,

A = 250 000 für Pendelrollenlager der Reihen 230, 231, 232, 239, 240 und 241,

A = 220 000 für Tonnenlager, Pendelrollenlager der Reihe 213 und Axial-Schrägkugellager,

A = 140 000 für Axial-Rillenkugellager.

Bei *Ölschmierung* ist A um das $\approx 1,25$fache zu erhöhen.

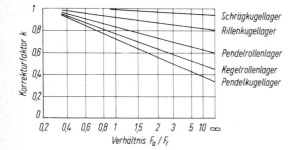

Bild 14-17

Korrekturfaktor k zur Ermittlung der Höchstdrehzahl bei gleichzeitig radial und axial belasteten Lagern

14.2. Wälzlager 357

Die Grenzdrehzahlen lassen sich teilweise wesentlich erhöhen, z. B. durch erhöhte Laufgenauigkeit der Lager oder durch leichtere Käfige aus Leichtmetallen oder Kunststoffen. Häufig sind die Grenzdrehzahlen für die Lager auch in den Katalogen angegeben.

14.2.8. Berechnung stillstehender oder langsam umlaufender Wälzlager

Die Berechnung ist maßgebend für stillstehende Wälzlager oder solche mit sehr kleinen Drehzahlen ($n < 20$ 1/min) oder Pendelbewegungen, z.B. für Lager von Kranhaken, Kransäulen, Drehbühnen, Laufrollen von Schiebetoren u.dgl.

Die mit der Berechnung stillstehender (statisch belasteter) Wälzlager zusammenhängenden Begriffe sind:

statische Tragzahl C_0: Rein radiale (bei Axiallagern axiale) Lagerbeanspruchung, die bei stillstehenden Lagern eine bleibende Verformung von 0,01 % des Wälzkörperdurchmessers an der höchstbeanspruchten Berührungsstelle zwischen Wälzkörper und Rollbahn hervorruft;

äquivalente (gleichwertige) statische Lagerbeanspruchung P_0: Vorstellbare rein radiale (bei Axiallagern axiale) statische Lagerbeanspruchung, die an Rollbahnen und Wälzkörpern die gleiche bleibende Verformung hervorruft, wie sie auch bei den vorliegenden Belastungsverhältnissen auftritt.

14.2.8.1. Äquivalente (gleichwertige) statische Lagerbeanspruchung

Bei statisch belasteten Wälzlagern ergibt sich, ähnlich wie bei dynamisch belasteten, die *äquivalente statische Lagerbeanspruchung* — mit Ausnahme der Axial-Pendelrollenlager — allgemein aus

$$P_0 = x_0 \cdot F_{r0} + y_0 \cdot F_{a0} \quad \text{in N (kN)} \tag{14.8}$$

F_{r0} statische radiale Lagerkraft in N (kN)
F_{a0} statische axiale Lagerkraft in N (kN)
x_0 statischer Radialfaktor nach Tabelle A14.3, Anhang
y_0 statischer Axialfaktor nach Tabelle A14.3, Anhang

Bei nur radial beanspruchten Lagern, also bei $F_{a0} = 0$, wird $P_0 = F_{r0}$;
bei nur axial beanspruchten Lagern, also bei $F_{r0} = 0$, wird $P_0 = F_{a0}$.
Für radial und axial beanspruchte *Axial-Pendelrollenlager* wird

$$P_0 = F_{a0} + 2{,}7 \cdot F_{r0} \quad \text{in N (kN)} \tag{14.9}$$

Bei Axial-Pendelrollenlagern soll $F_{r0} \leqslant 0{,}55 \cdot F_{a0}$ sein, um die zentrische Lage der Scheiben nicht zu gefährden.

14.2.8.2. Erforderliche statische Tragzahl

Unter Berücksichtigung einer von den Betriebsverhältnissen abhängigen statischen Tragsicherheit ergibt sich die *erforderliche statische Tragzahl* aus

$$C_0 = P_0 \cdot f_s \text{ in N(kN)} \tag{14.10}$$

P_0 äquivalente statische Lagerbeanspruchung in N (kN) nach Gleichung (14.8) bzw. (14.9)
f_s Tragsicherheit. Man setzt:
  $f_s \geqslant 2$ bei Stößen und Erschütterungen sowie hohen Anforderungen an Laufgenauigkeit und bei Axial-Pendelrollenlagern
  $f_s = 1$ bei normalem Betrieb
  $f_s = 0,5 \ldots 1$ bei ruhigem, erschütterungsfreiem Betrieb

Aus Tabelle A14.1, Anhang, oder aus Lagerkatalog wird dann ein der erforderlichen statischen Tragzahl C_0 entsprechendes geeignetes Lager gewählt.

Für ein gegebenes oder nach konstruktiven Gesichtspunkten gewähltes Lager ist nachzuweisen, daß die *max. Lagerbeanspruchung*

$$P_{0\,\text{max}} = \frac{C_0}{f_s} \geqslant P_0 \text{ in N(kN)} \tag{14.11}$$

C_0 statische Tragzahl des Lagers in N (kN) aus Tabelle A14.1, Anhang, oder Lagerkatalog
P_0 äquivalente statische Lagerbeanspruchung in N (kN) nach Gleichung (14.8) bzw. (14.9)

14.2.9. Gestaltung der Lagerstellen

14.2.9.1. Passungen

Wichtig für den Einbau der Wälzlager ist die richtige Wahl der Passung zwischen Innenring und Welle bzw. zwischen Außenring und Gehäusebohrung. Entscheidend sind dabei die Größe und Art der Wälzlager und deren Belastung, die axiale Verschiebemöglichkeit von Loslagern, insbesondere die *Umlaufverhältnisse*. Hierunter versteht man die relative Bewegung eines Lagerringes zur Lastrichtung. Man unterscheidet

Umfangslast: Der Ring läuft relativ zur Lastrichtung um (Ring läuft um, Last steht still oder Ring steht still, Last läuft um).

Punktlast: Der Ring steht relativ zur Lastrichtung still (Ring steht still, Last steht still oder Ring und Last laufen mit gleicher Drehzahl um).

Einbauregel: Der Ring mit Umfangslast muß festsitzen, der Ring mit Punktlast kann lose (oder auch fest) sitzen.

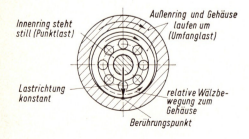

Bild 14-18
Wandern bei lose sitzendem Ring mit Umfangslast

14.2. Wälzlager

Der Ring mit Umfangslast würde beim losen Sitz „wandern", d. h. sich fortschreitend abwälzen oder bei stoßartigen Belastungen sogar rutschen. Bild 14-18 zeigt diesen Vorgang bei einem lose und damit falsch eingebauten Außenring mit Umfangslast. Beschädigungen der Sitzflächen sind dabei unvermeidlich. Für den Ring mit Punktlast, also hier für den Innenring, ist dagegen bei losem Sitz kein Anlaß zum „Wandern" gegeben.

Die Umlaufverhältnisse sind meist leicht zu erkennen; zum Beispiel: Lager der Getriebewelle (Bild 14-29); Welle dreht sich mit Innenring, Richtung der Lagerkräfte (durch Zahnkräfte, Eigengewicht) bleibt unverändert, also Umfangslast für den Innenring und Punktlast für den Außenring (häufigster Fall!); oder

Lager des Kranlaufrades (Bild 14-31); Achse mit Innenringen steht still, Außenringe drehen sich mit Nabe, Lastrichtung konstant, also Punktlast für den Innenring und Umfangslast für den Außenring.

Für die *Wahl der Passung* gilt allgemein: Der Ring mit Umfangslast soll mit wachsender Belastung und Lagergröße eine enge Übergangs- bis mittlere Preßpassung erhalten, der Ring mit Punktlast kann eine enge Spiel- bis weite Übergangspassung haben. Für Wälzlager normaler Ausführung sind Sondertoleranzen nach ISO vorgesehen: Bohrung des Innenringes: KB (entspricht toleranzmäßig etwa H 6, jedoch mit Minus-Abmaßen). Durchmesser des Außenringes: hB (entspricht etwa einer Einheitswelle zwischen h 5 und h 6). Das Nennmaß ist also immer, auch bei der Lagerbreite, das Größtmaß. Für Welle und Gehäusebohrung sind geeignete Toleranzen für häufig vorkommende Betriebsfälle der Tabelle A 14.5, Anhang, zu entnehmen.

14.2.9.2. Einbau

Bei mehrfacher Wellenlagerung darf wegen Herstellungstoleranzen, verspannungsfreien Einbaues und Wärmedehnungen nur ein Lager, das *Festlager* (1), die Welle in Längsrichtung führen und etwaige Axialkräfte aufnehmen, alle anderen Lager, die *Loslager* (2), müssen sich in Längsrichtung frei einstellen können (Bild 14-19).

Beim *Festlager* müssen sowohl der Innenring als auch der Außenring auf der Welle und im Gehäuse axial festgelegt werden. Auf Wellen kann der Innenring befestigt werden, z. B. besonders bei Pendellagern durch Spann- oder Abziehhülsen (Bild 14-20a und b), bei

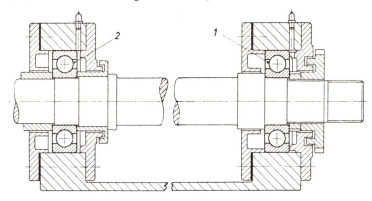

Bild 14-19. Wellenlagerung durch Fest- und Loslager. 1 Festlager, 2 Loslager

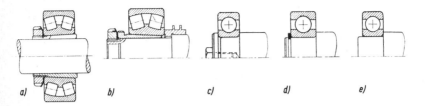

Bild 14-20. Befestigung der Lager auf Wellen. a) durch Spannhülse, b) durch Abziehhülse, c) durch Spannscheibe, d) durch Sicherungsring, e) durch Preßpassung

größeren Axialkräften durch Spannscheiben oder Sicherungsringe (Bild 14-20c und d) oder einfach durch leichte Preßpassung, wenn keine oder nur kleine Axialkräfte aufzunehmen sind (Bild 14-20e). Um die Preßpassung zu erreichen, werden die Lager im Ölbad oder auf der Heizplatte bis etwa 100 °C erwärmt und aufgezogen.

Die Außenringe werden in der Gehäusebohrung meist durch den Zentrieransatz des Lagerdeckels seitlich geklemmt (Bild 14-21a). Bei beschränkten Raumverhältnissen, z. B. im Fahrzeugbau, ermöglichen Lager mit Ringnut und Sprengring eine einfache axiale Festlegung (Bild 14-21b).

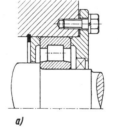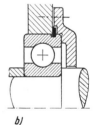

Bild 14-21

Befestigung von Außenringen in Gehäusebohrungen

a) durch Zentrieransatz des Lagerdeckels,
b) durch Ringnut und Sprengring

Beim *Loslager* muß ein Ring festsitzen, der andere in Längsrichtung frei beweglich sein. Dieses wird durch losen Sitz des Ringes mit Punktlast erreicht. Bei Zylinderrollenlagern verwendet man einfach Einstellager, Bauform N oder NU (Bilder 14-7 und 14-30b, Lager 4). Schadet eine geringe Axialverschiebung der Welle nicht, z. B. bei Getriebewellen, werden häufig wegen der einfachen und billigen Fertigung auch beide *Lager als Loslager* mit geringem seitlichem Spiel ausgebildet. Die Gehäusebohrungen können dann in einem Arbeitsgang durchgehend glatt gebohrt werden (Bild 14-29).

Bei *zerlegbaren, paarweise einzubauenden Lagern*, z. B. Schrägkugellagern und Kegelrollenlagern, sowie bei Axial-Rillenkugellagern ist eine sorgfältige axiale Anstellung wichtig. Sie darf weder zu fest noch zu lose sein. Die beiden Einbaubeispiele in Bild 14-22 zeigen das axiale An- und Nachstellen eines Kegelrollenlagerpaares (Achslager) und eines zweiseitig wirkenden Axial-Rillenkugellagers durch Muttern (M).

14.2.9.3. Ausbau

Auch zum einfachen und schnellen Ausbau der Lager, z. B. zum Auswechseln, sind gegebenenfalls geeignete konstruktive Maßnahmen zu treffen. Bei geteilten Lagerstellen und

14.2. Wälzlager

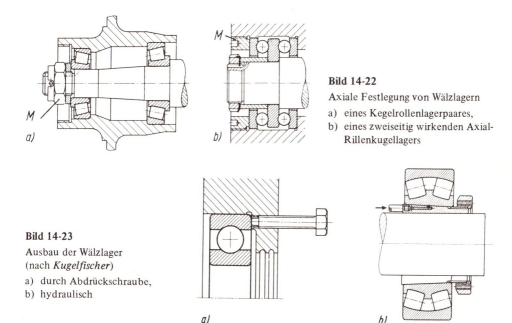

Bild 14-22
Axiale Festlegung von Wälzlagern
a) eines Kegelrollenlagerpaares,
b) eines zweiseitig wirkenden Axial-Rillenkugellagers

Bild 14-23
Ausbau der Wälzlager
(nach *Kugelfischer*)
a) durch Abdrückschraube,
b) hydraulisch

zerlegbaren Lagern bereitet der Ausbau meist keine Schwierigkeiten. Die Lager werden von den Wellen mit Hilfe einer Abziehvorrichtung oder eines Dornes oder durch Abpressen gelöst. Bei ungeteilten Lagerstellen können beispielsweise Bohrungen für Abdrückschrauben vorgesehen werden (Bild 14-23a). Bei schweren Lagern, besonders bei solchen mit kegeligen Sitzen, hat sich der hydraulische Ausbau (und auch Einbau) bewährt. Zum Lösen des Spannhülsenlagers (Bild 14-23b) wird Öl, hier durch die Spannhülse, zwischen die Paßfuge gepreßt. Der Preßverband löst sich schlagartig.

14.2.10. Schmierung der Wälzlager

Die Art der Schmierung und des Schmiermittels richtet sich im wesentlichen nach der Höhe der Beanspruchung, der Drehzahl und Betriebstemperatur des Lagers.

Fettschmierung

Bei normalen Betriebsverhältnissen wird Fettschmierung bevorzugt. Sie erfordert eine geringe Wartung und ergibt gleichzeitig einen wirksamen Schutz gegen Verschmutzung, so daß die Lagerdichtungen einfach und billig gestaltet werden können.

Die Wahl der *Fettsorte* richtet sich nach den Betriebsverhältnissen (Beanspruchung, Drehzahl, Umweltverhältnisse), wobei eine genaue Abgrenzung jedoch kaum möglich und auch nicht von entscheidender Bedeutung ist. Als Richtlinie gilt etwa

bei $P/C \leqslant 0{,}15$ und $n \leqslant n_g$: Wälzlagerfette nach DIN 51285 (Kalk- und Natron-Seifenfette, siehe auch Tabelle A12.11, Anhang),

bei $P/C > 0{,}15$ und $n \leqslant n_g$: EP-Fette (Hochdruckfette, Kalk- und Lithium-Seifenfette mit Zusatz von Bleiverbindungen), bei $n > n_g$: Fette für schnellaufende Lager (Lithium-Seifenfette).

Es bedeuten: P äquivalente Lagerbeanspruchung, C dynamische Tragzahl, n höchste Betriebsdrehzahl, n_g Grenzdrehzahl (siehe unter 14.2.7.).

Die für die Lagerung erforderliche *Fettmenge* richtet sich nach der Drehzahl. Grundsätzlich sind die Lager selbst voll mit Fett auszustreichen, um damit alle Funktionsteile sicher zu schmieren. Dagegen soll der Lagergehäuseraum zur Vermeidung zu großer Walkarbeit, Reibung und Erwärmung unterschiedlich mit Fettvorrat gefüllt werden, und zwar

bei $n/n_g < 0{,}2$: voll,
bei $n/n_g = 0{,}2 \ldots 0{,}8$: zu einem Drittel,
bei $n/n_g > 0{,}8$: leer.

Wegen der natürlichen Alterung und Verschmutzung ist es notwendig, das Fett in bestimmten Zeitabständen zu erneuern. Die *Nachschmierfrist* hängt ab von der Lagerart, der Drehzahl und den Umweltverhältnissen. Bei günstigen Verhältnissen kann die Nachschmierfrist t_N in Betriebsstunden nach Bild 14-24 annähernd bestimmt werden.

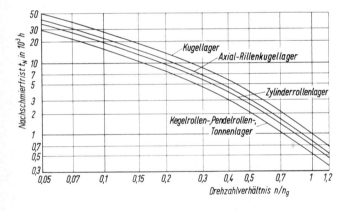

Bild 14-24

Nachschmierfrist fettgeschmierter Wälzlager bei günstigen Umweltverhältnissen

Bei ungünstigen Betriebs- und Umweltverhältnissen verkürzen sich die Nachschmierfristen, was durch einen Minderungsfaktor q berücksichtigt wird:

$$t'_N = t_N \cdot q \quad \text{mit} \quad t_N \text{ nach Bild 14-24} \quad \text{und} \quad q = f_1 \cdot f_2 \cdot f_3.$$

Die Minderungsfaktoren f_1, f_2 und f_3 werden der Tabelle 14.3 entnommen.

Tabelle 14.3: Minderungsfaktoren zur Ermittlung der Nachschmierfrist

Betriebs- und Umweltverhältnisse		Minderungsfaktoren $f_1 = f_2 = f_3$		
		mäßig	stark	sehr stark
Staub, Feuchtigkeit	f_1			
stoßartige Belastungen, Schwingungen, Vibrationen	f_2	0,8	0,5	0,25
hohe Temperaturen bis 75 °C (mäßig), 75 ... 85 °C (stark), 85 ... 120 °C (sehr stark)	f_3			

Ölschmierung

Ölschmierung wird vorwiegend bei Lagern mit hohen Drehzahlen verwendet und dort, wo Öl zur Schmierung anderer Bauteile, z. B. Zahnrädern in Getriebegehäusen (Bild 14-29), ohnehin vorhanden ist[1]). Die Auswahl der Ölsorte richtet sich dann nach den Erfordernissen für diese Bauteile, ohne daß sich daraus Nachteile für die Wälzlager ergeben. In geschlossenen Lagergehäusen ist die *Tauchschmierung* angebracht, bei der der unterste Wälzkörper etwa zur Hälfte in Öl eintaucht, oder die *Umlaufschmierung* durch eine Pumpe, wenn gleichzeitig gekühlt werden soll. Bei sehr hohen Drehzahlen ($n > 5000$ U/min) ist zur Vermeidung unzulässiger Erwärmung (über $\approx 80\,°C$) eine sparsame Schmierung mit Tropföl, Spritzöl (Bild 14-25) oder mit einem durch Schleuderscheiben erzeugten Ölnebel zweckmäßig.

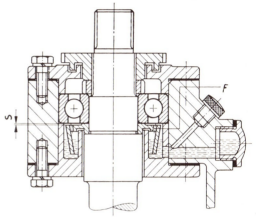

Bild 14-25
Lagerschmierung durch Spritz- (Schleuder-) Öl (nach *Kugelfischer*)
F Förderscheibe mit Zulauföffnungen,
s Spalt, von dessen Weite die zugeführte Ölmenge abhängig ist

Ölgeschmierte Lager erfordern einen hohen Aufwand an Dichtungen sowohl gegen Ölverlust als auch gegen Eindringen von Schmutz.

Zur Schmierung kommen nur Mineralöle in Frage, deren Viskosität (siehe auch unter 14.3.3.1.) im wesentlichen von der Drehzahl und Betriebstemperatur der Lager abhängt.

Als Richtlinie gilt für eine Lagertemperatur von $\approx 50\,°C$ (normal)
bei $n/n_g \geqslant 1$: Ölviskosität $\nu \approx 0{,}08 \ldots 0{,}15$ St (Normalschmieröl N 9 ... N 16),
bei $n/n_g \approx 0{,}5$: Ölviskosität $\nu \approx 0{,}1 \ldots 0{,}2$ St (Normalschmieröl N 16 ... N 25),
bei $n/n_g \approx 0{,}2$: Ölviskosität $\nu \approx 0{,}2 \ldots 0{,}5$ St (Normalschmieröl N 25 ... N 49),
bei $n/n_g \leqslant 0{,}1$: Ölviskosität $\nu \approx 0{,}4 \ldots 1$ St (Normalschmieröl N 49 ... N 92).

Bei höheren Temperaturen sind die niedrigeren, bei niedrigeren Temperaturen die höheren Viskositäten zu wählen.

14.2.11. Lagerdichtungen

Dichtungen sollen die Wälzlager in erster Linie gegen Eindringen von Schmutz und Feuchtigkeit schützen, gleichzeitig aber auch das Austreten des Schmiermittels verhindern. Die Art der Dichtung richtet sich nach den äußeren Betriebsbedingungen (Schmutzanfall, Feuchtigkeit), der verlangten Lebensdauer und der Drehzahl des Lagers.

---

[1]) Man geht jedoch immer mehr dazu über, in Getrieben die Lager auch nach innen abzudichten und mit Fett zu schmieren, um ein Eindringen von Abriebteilchen in das Lager zu verhindern.

14.2.11.1. Nicht schleifende Dichtungen

Bei nicht schleifenden Dichtungen wird die Dichtwirkung enger Spalte ausgenutzt. Durch das verschleiß- und reibungsfreie Arbeiten haben solche Dichtungen eine unbegrenzte Lebensdauer. Spaltdichtungen werden vorwiegend bei fettgeschmierten Lagern mit hohen Drehzahlen verwendet. Das von selbst in den Spalt eindringende oder von außen durch Zuführungslöcher eingepreßte Fett unterstützt die Dichtwirkung. Die *einfache Spaltdichtung* (Bild 14-26a) genügt dort, wo nur mit geringer Verschmutzung zu rechnen ist.

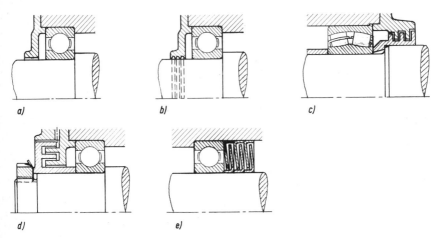

Bild 14-26. Nicht schleifende Dichtungen. a) einfache Spaltdichtung, b) Rillendichtung, c) radiale Labyrinthdichtung, d) axiale Labyrinthdichtung, e) Labyrinth mit Dichtungslamellen (nach SKF)

Wirksamer ist die *Rillendichtung* (Bild 14-26b), bei der radial umlaufende Rillen das Fett besser halten. Sie wird bei Lagern, beispielsweise von Ventilatoren, Elektromotoren und Spindeln von Werkzeugmaschinen, angewendet. Bei Ölschmierung werden die Rillen auch schraubenförmig ausgebildet, wobei der Windungssinn je nach Drehrichtung der Welle so sein muß, daß austretendes Öl wieder ins Lager zurückgefördert wird. Die *Labyrinthdichtung* ist die wirksamste. Die mit Fett gefüllten Gänge verhindern selbst bei schmutzigstem Betrieb das Eindringen von Fremdkörpern. Bei ungeteilten Gehäusen wird die Dichtung axial gestaltet (Bild 14-26d), bei geteilten möglichst radial (Bild 14-26c), da sich hierin das Fett besser hält. Die Anwendung ist sehr vielseitig z. B. bei elektrischen Fahrmotoren, Zementmühlen, Schleifspindeln und Achslagern.

Eine billige Labyrinthdichtung läßt sich mit aus Stahlblech gepreßten Dichtungslamellen aufbauen (Bild 14-26e). Die Dichtwirkung kann dabei mit der Zahl der eingesetzten Lamellensätze nach Bedarf variiert werden.

14.2.11.2. Schleifende Dichtungen

Schleifende Dichtungen schließen das Lager spaltlos ab. Sie erfordern sorgfältig bearbeitete Gleitflächen, haben wegen des Verschleißes eine begrenzte Lebensdauer und sind für hohe Drehzahlen infolge der dadurch entstehenden Erwärmung nur bedingt verwendbar. Die

14.2. Wälzlager

schleifenden Dichtungen haben jedoch eine bessere Dichtwirkung als Spaltdichtungen und sind bei Fett- und Ölschmierung gleich gut geeignet.

Eine einfache schleifende Dichtung ist der Filzring nach DIN 5419 (Bild 14-27a). Der Ring saugt Fett oder Öl auf, wodurch die Dichtung noch besser und die Reibung vermindert wird. Man verwendet sie bei Gleitgeschwindigkeiten bis $\approx$ 4 m/s z. B. bei Motoren, Getrieben (Bild 14-30), Steh- und Flanschlagern (Bild 14-33) und vielfach als Feindichtung hinter Labyrinthen (Bild 14-27b).

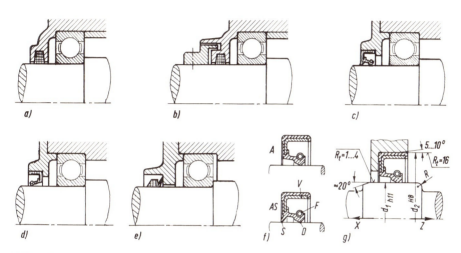

Bild 14-27. Schleifende Dichtungen. a) Filzring, b) Filzring mit Labyrinth, c) und d) eingebaute Radial-Wellendichtringe, e) V-Ring-Dichtung (nach SKF), f) Bauformen der Radial-Wellendichtringe, g) Einbaurichtlinien für Wellendichtringe

Am häufigsten wird der Radial-Wellendichtring sowohl bei fett- als auch insbesondere bei ölgeschmierten Lagern verwendet bei Gleitgeschwindigkeiten bis $\approx$ 8 m/s. Diese Dichtung zeichnet sich durch hohe Dichtwirkung und Lebensdauer aus. Durch eine Schlauchfeder (F) wird die Dichtmanschette (D) leicht und gleichmäßig gegen die Welle gedrückt (Bild 14-27f). Einbaubeispiele zeigen die Bilder 14-27c und d und zwar einmal mit nach innen gerichteter Dichtlippe gegen Austreten des Schmiermittels (normale Lage) zum andern mit nach außen gerichteter Dichtlippe, wenn hauptsächlich gegen Eindringen von Staub, Spritzwasser u. dgl. abgedichtet werden soll.

Die Bauformen der Dichtringe nach DIN 3760 zeigt Bild 14-27f: Form A nur mit Dichtlippe (D), Form AS mit Dicht- und Staublippe (S). Die Ringe bestehen aus einem Mantel (einschl. Lippen) aus Elastomeren (Kunststoffen auf Kautschuk-Basis) und einem Versteifungsring (V) aus Metall, meist Stahl. Die Wahl des Elastomers richtet sich nach der Art des abzudichtenden Mediums, dessen Temperatur und der Umfangsgeschwindigkeit der Welle. Einige Beispiele: Nitril-Butadien-Kautschuk (Kurzzeichen NB, Farbkennzeichen

weiß): Benzin, Öl, Wasser, Waschlaugen (−40 ... +100 °C); meist gebräuchliches Elastomer.
Acrylaut-Kautschuk (AC, gelb): Treibstoffe, Druckflüssigkeiten (− 30 ... + 130 °C).
Silikon-Kautschuk (SI, blau): Öl nur bei Zutritt von Luftsauerstoff (− 50 ... + 150 °C).
Fluor-Kautschuk (FP, rot): Öl, Treibstoff, Heißwasser, Dampf (bis 100 °C).

Die wichtigsten Einbaurichtlinien zeigt Bild 14-27g: Entscheidend für die Lebensdauer der Ringe ist eine möglichst glatte, geschliffene oder polierte Wellenoberfläche. Für den Einbau der Ringe (Außenfläche leicht eingeölt) soll die Gehäusebohrung eine leichte Anfasung erhalten. Bei Einbaurichtung X bzw. Z der Welle soll bei dieser, sofern konstruktiv möglich, eine Anfasung bzw. Rundung vorgesehen werden. Die empfohlenen Toleranzen − für die Welle weniger wichtig und häufig durch andere Bauteile bedingt − und sonstigen Einzelheiten sind dem Bild zu entnehmen.

Neben den genormten Dichtringen werden von den Herstellern (z. B. Simrit-Werk, *Karl Freudenberg,* Weinheim; KACO, Dichtringwerke, *Gustav Bach,* Heilbronn) zahlreiche Sonderformen hinsichtlich Gestaltung, Wirkung, Werkstoffe usw. angeboten.

Die Bauabmessungen, Ausführungsformen, Werkstoffe und Bezeichnungen der Radial-Wellendichtringe sind DIN 3760 bzw. den Katalogen der Hersteller zu entnehmen.

Raumsparende Dichtungen bei Fettschmierung sind die *federnden Abdeckscheiben* (Bild 14-28a und b), die je nach Lagergestaltung mit dem Innen- oder Außenring festgespannt werden und sich leicht federnd gegen den anderen Ring legen.

In der Form und Wirkung ähnlich sind die in eine Ausdrehung des Außenringes eingepreßten *Abdeckscheiben* (Bild 14-28a und b) oder die ähnlich gestalteten *Dichtscheiben* (Bild 28c), bei denen gegen den Innenring anliegende Dichtlippen das Lager nach außen dicht abschließen. Solche Lager werden, bereits mit Fett gefüllt, von den Wälzlagerherstellern auch serienmäßig geliefert.

Bild 14-28. Abdeckscheiben
a) Innenring-,
b) Außenringbefestigung,
c) Dichtscheiben

a) b) c)

14.2.12. Gestaltungsbeispiele für Wälzlagerungen

An einigen Gestaltungsbeispielen sollen die aus den vorliegenden Anforderungen sich ergebenden konstruktiven Merkmale herausgestellt werden. Dabei werden folgende Abkürzungen benutzt:

Umfangslast bzw. Punktlast für den Innenring U.f.I. bzw. P.f.I.
Punktlast bzw. Umfangslast für den Außenring P.f.A. bzw. U.f.A.
Welle We., Wellendurchmesser d
Gehäusebohrung Bo., Bohrungsdurchmesser D

14.2. Wälzlager

Lagerung einer Getriebe-Antriebswelle (Bild 14-29)

Kräfte: Radial und axial (durch Schräg-Stirnrad).

Ausführung: Einfach und billig durch glatte, durchgehende Bo.; beide Lager als Loslager mit geringem seitlichem Spiel.

Passungen: Es liegen U.f.I. und P.f.A. vor, also kann Außenring lose sitzen und in Bo. verschiebbar sein; nach Tabelle A14.5 wird (für $d < 100$) gewählt: Bo. H 7, We. k 6.

Schmierung: Mit Getriebeöl; Lager sind nach innen offen.

Dichtung: Gegen Verschmutzung und Ölverlust durch Radialdichtung.

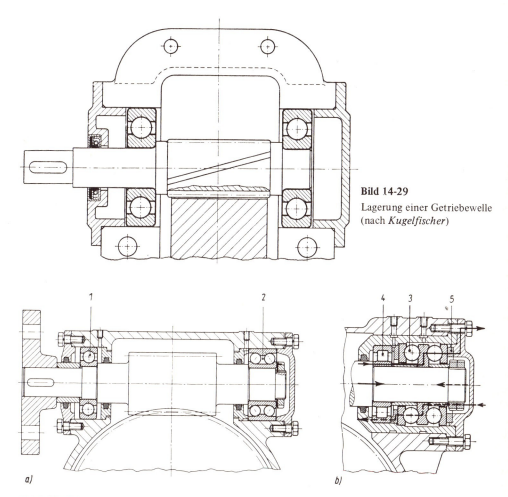

Bild 14-29
Lagerung einer Getriebewelle (nach *Kugelfischer*)

Bild 14-30. Lagerung einer Schneckenwelle (nach *Kugelfischer*)

Lagerung einer Schneckenwelle (Bild 14-30)

Kräfte: Radial und hoch axial.

Ausführung a: Zweireihiges Schrägkugellager (2) nimmt als Festlager Radial- und Axialkraft auf, Rillenkugellager (1) als Loslager nur Radialkraft.

Ausführung b: Radiallager reichen hier für Aufnahme der Axialkraft nicht mehr aus, daher Ausführung als „kombiniertes" Lager; zweiseitig wirkendes Axial-Rillenkugellager (3) nimmt als Festlager Axialkraft in beiden Richtungen auf (je nach Drehrichtung); Zylinderrollenlager (4) mit freiem Innenring – Gegenlager ist das gleiche – nimmt als Loslager nur Radialkraft auf. Anstellung des Lagers (3) durch Paßring (5). Beachte axialen Kraftfluß, nach rechts durch volle Linie, nach links durch gestrichelte dargestellt.

Passungen: Es liegen U.f.I. und P.f.A. vor, Außenring kann lose sitzen; nach Tabelle A14.5 wird (bei $d < 100$) für Lager (1) und (2) gewählt: Bo. H 7, We. K 6; für Lager (4): Bo. H 7, We. m 6; für Lager (3): Bo. E 8, We. j 6.

Schmierung: Mit Fett; Nachschmierung durch Schmierlöcher.

Dichtung: Gegen Verschmutzung und Fettverlust sowie gegen Eindringen von Öl und Abriebteilchen aus Getriebe Abdichtung durch Filzringe nach außen und innen.

Kranlaufrad-Lagerung (Bild 14-31)

Kräfte: Hohe Radial-, kleinere Axialkraft (durch Verkanten, Beschleunigungs- und Bremskräfte der Laufkatze).

Ausführung: Zwei Pendelrollenlager; ein Festlager (1), ein Loslager (2); Festlager-Außenring durch Lagerdeckel, -Innenring durch Ringmutter (3) fest eingespannt; beim Loslager Innenring verschiebbar.

Passungen: Es liegen P.f.I. und U.f.A. vor, daher Innenring des Loslagers lose und verschiebbar auf Buchse, Außenringe fest; nach Tabelle A14.5 gewählt; We. (Buchse) h 6 oder g 6, Bo. N 7.

Schmierung: Vorratsschmierung mit Fett. Nachschmierung durch Bohrungen in Achse.

Dichtung: Gegen Eindringen von Schmutz und eventuell Wasser und gegen Fettverlust durch Rillendichtung (siehe auch unter 14.2.11. und Bild 14-26).

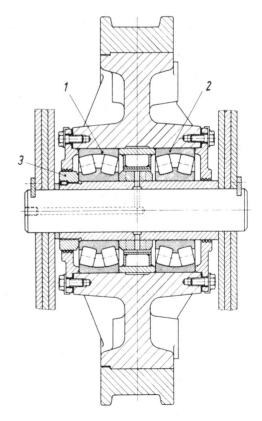

Bild 14-31
Lagerung eines Kranlaufrades
(nach *Kugelfischer*)

14.2. Wälzlager

Vorderradlagerung eines Kraftwagens (Bild 14-32)

Kräfte: Hohe Radial-, normale Axialkraft (durch Kurven).

Ausführung: Zwei spiegelbildlich zueinander eingebaute Kegelrollenlager, die durch Kronenmutter K an- und nachgestellt werden.

Passungen: Es liegen P.f.I. und U.f.A. vor, also können Innenringe auf Achse lose sitzen und verschiebbar sein, Außenringe fest; nach Tabelle A14.5 gewählt (für $d < 100$): We. h 6, Bo. N 7.

Schmierung: Vorratsschmierung mit Fett.

Dichtung: Gegen Eindringen von Schmutz und Wasser und gegen Fettverlust durch Radialdichtring.

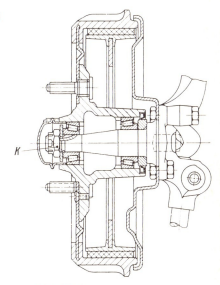

Bild 14-32
Vorderradlagerung eines Kraftwagens
(nach *Kugelfischer*)

Stehlager (Bild 14-33)

Kräfte: Radial und axial.

Ausführung: Gehäuse geteilt, fast nur mit Pendellager mit Spannhülse; Schnittbild a) mit Pendelkugellager als Loslager, dabei Außenring frei im Gehäuse verschiebbar; Bild b) mit Pendelrollenlager als Festlager, wobei Außenring durch Futterringe (F) seitlich festgelegt ist.

Passungen: Normal liegt U.f.I. vor; nach Tabelle A14.5 wird für Lager mit Hülsenbefestigung gewählt: We. (meist gezogen) h 8, h 9 oder h 11, Bo. H 7.

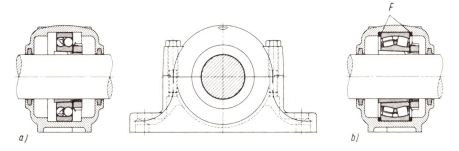

Bild 14-33. Stehlager (Ausführung SKF)

Schmierung: Vorratsschmierung mit Fett.
Dichtung: Gegen Verschmutzung und Fettverlust durch Filzringe.

Schraubenspindel-Lagerung (Bild 14-34)

Anstelle der Gleitreibung der Gewindegänge tritt Rollreibung durch Kugeln. Gewindeprofile sind wie Kugellager-Laufbahnen geformt und innerhalb der Mutter mit Kugeln gefüllt. Zwei Bohrungen an den Enden der Mutter, die tangential in das Muttergewinde einlaufen, nehmen den Rückführungskanal für die abwälzenden Kugeln auf.

Anwendung bei Kraftfahrzeuglenkungen, bei Vorschubantrieben (Leitspindelführung) von Werkzeugmaschinen und anderen Spindelführungen.

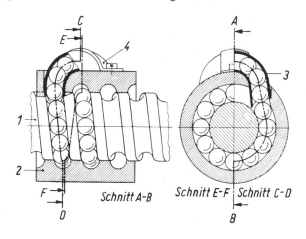

Bild 14-34
Kugelgelagerte Spindelführung
1 Spindel,
2 Mutter,
3 Rückführungskanal,
4 Befestigungsschelle

Wälzführung (Bild 14-35)

Ein Kugellager für axiale Führung und hin- und hergehende Bewegungen zylindrischer Teile (Wellen, Spindeln, Buchsen) stellt die Kugelbüchse dar. In einer gehärteten, zum Einstellen des Spieles längsgeschlitzten Stahlhülse (1) sind mehrere in sich geschlossene zweibahnige Käfige (2) eingebaut, in denen die Kugeln frei umlaufen können, wodurch unbegrenzte Hubwege ermöglicht werden. Eine Käfigbahn ist nach innen offen, so daß hier die Kugeln frei liegen und die Führung übernehmen: Tragbahn (3). Der Kugelrücklauf erfolgt in der anderen, nach innen geschlossenen und die Oberfläche des geführten Teiles nicht berührenden Käfigbahn (4).

Die wesentlichen Vorteile gegenüber Gleitbuchsen sind die geringe Reibung, die praktisch spielfreie Führung und die Anspruchslosigkeit hinsichtlich Wartung und Schmierung.

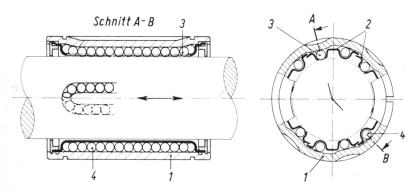

Bild 14-35. Kugelbüchse (Hersteller: *Deutsche Star Kugelhalter GmbH*, Schweinfurt)

14.2.13. Berechnungsbeispiele für Wälzlager

■ **Beispiel 14.1:** Als Festlager einer Kegelradwelle wurde ein Rillenkugellager 6209 gewählt. Es ist zu prüfen, ob das Lager bei einer Radialkraft F_r = 2,2 kN, einer Axialkraft F_a = 1,4 kN und einer Drehzahl n = 250 1/min eine Lebensdauer von mindestens 15 000 h erreicht.

▶ **Lösung:** Zunächst wird nach Gleichung (14.1) die äquivalente Lagerbeanspruchung berechnet:

$$P = x \cdot F_r + y \cdot F_a.$$

Radialfaktor x und Axialfaktor y ergeben sich aus Tabelle A14.2, Anhang.

Für das Verhältnis $\dfrac{F_a}{C_0} = \dfrac{1,4 \text{ kN}}{18,3 \text{ kN}} = 0,0765$ (C_0 = 18,3 kN aus Tabelle A14.1, Anhang) ist $e \approx 0{,}27$;

mit $\dfrac{F_a}{F_r} = \dfrac{1,4 \text{ kN}}{2,2 \text{ kN}} = 0,636 > e = 0,27$ werden $x = 0{,}56$ und $y \approx 1{,}6$, damit wird

$$P = 0{,}56 \cdot 2{,}2 \text{ kN} + 1{,}6 \cdot 1{,}4 \text{ kN} \approx 3{,}5 \text{ kN}.$$

Die Lebensdauer errechnet sich aus Gleichung (14.6):

$$f_L = \frac{C}{P} \cdot f_n \cdot f_t.$$

Dynamische Tragzahl für das Lager 6209 aus Tabelle A14.1 im Anhang: C = 25,5 kN. Drehzahlfaktor für n = 250 1/min nach Bild A14-3: $f_n \approx 0{,}51$ (für Kugellager). Temperaturfaktor für $t < 100\,°\text{C}$: $f_t = 1$, damit

$$f_L = \frac{25{,}5 \text{ kN}}{3{,}5 \text{ kN}} \cdot 0{,}51 \cdot 1 \approx 3{,}72$$

Nach Bild A14-3 ist für Kugellager $L_h \approx 25\,000$ h.

Die Berechnung kann aber auch direkt aus Gleichung (14.5) erfolgen:

$$L_h = \frac{10^6}{60 \cdot n} \cdot \left(\frac{C}{P}\right)^q, \text{ mit } q = 3 \text{ für Kugellager wird}$$

$$L_h = \frac{10^6}{60 \cdot 250} \cdot \left(\frac{25{,}5 \text{ kN}}{3{,}5 \text{ kN}}\right)^3 = 66{,}67 \cdot 386 \approx 25\,700 \text{ h}.$$

Die Ergebnisse stimmen also praktisch überein.

Ergebnis: Die verlangte Lebensdauer von mindestens 15 000 h wird also erreicht, da das Lager etwa 25 000 ... 26 000 h Lebensdauer erwarten läßt.

■ **Beispiel 14.2:** Für die Abtriebswelle eines Stirnradgetriebes (Bild 14-36) sind geeignete Wälzlager zu bestimmen. Aus Festigkeitsberechnung und Entwurf ergaben sich: Wellendurchmesser d = 60 mm, Zapfendurchmesser d_1 = 50 mm; Lagerabstände l = 310 mm, l_1 = 120 mm, l_2 = 190 mm; Radkraft F = 10,6 kN Teilkreisdurchmesser d_0 = 364 mm; Wellendrehzahl n = 315 1/min.

▶ **Lösung:** Zunächst ist zu entscheiden, welche Lagerbauform für die vorliegenden Betriebsverhältnisse in Frage kommt. Grundsätzlich sollen zuerst immer Rillenkugellager in Erwägung gezogen werden (siehe auch zu 14.2.5.); im vorliegenden Fall sprechen auch keine Gründe dagegen. Falls die Radialbelastung zu groß ist – Axialkräfte treten hier nicht auf –, kommen auch Zylinderrollenlager in Frage.

Die Berechnung wird zunächst für Rillenkugellager durchgeführt. Aus der Bedingung $\Sigma M_{(B)} = 0$ folgt

$$F_1 = \frac{F \cdot l_2}{l}, \quad F_1 = \frac{10{,}6 \text{ kN} \cdot 19 \text{ cm}}{31 \text{ cm}} = 6{,}5 \text{ kN}.$$

Aus $\Sigma F = 0$ ergibt sich $F_2 = F - F_1$, $F_2 = 10,6$ kN $- 6,5$ kN $= 4,1$ kN.
Für das am stärksten und zwar nur radial beanspruchte Lager A wird die äquivalente Lagerbeanspruchung nach Gleichung (14.1):

$P = F_r$

Mit $F_r \widehat{=} F_1 = 6,5$ kN wird $P = 6,5$ kN.
Die erforderliche dynamische Tragzahl ergibt sich aus Gleichung (14.6):

$C = P \cdot \dfrac{f_L}{f_n \cdot f_t}$.

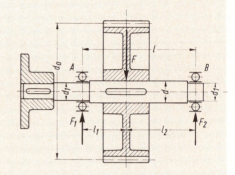

Bild 14-36
Berechnung der Wälzlager einer Getriebewelle

Die Lebensdauer wird nach Tabelle A14.4, Zeile 5, für Universalgetriebe $L_h \approx 15\,000$ h gewählt, hierfür ist nach Bild A14-2 und für Kugellager: $f_L \approx 3,1$.
Für Drehzahl $n = 315$ 1/min ist nach Bild A14-3: $f_n \approx 0,47$.
Bei Temperatur $t < 150\ ^\circ$C wird $f_t = 1$.

$C = 6,5$ kN $\dfrac{3,1}{0,47 \cdot 1} = 42,9$ kN ≈ 43 kN.

Die erforderliche Tragzahl kann aber auch direkt berechnet werden aus Gleichung (14.5). Mit $q = 3$ für Kugellager wird:

$C = P \cdot \sqrt[3]{\dfrac{60 \cdot n \cdot L_h}{10^6}} = 6,5$ kN $\cdot \sqrt[3]{\dfrac{60 \cdot 315 \cdot 15\,000}{10^6}} \approx 6,5$ kN $\cdot 6,56$, $C \approx 42,64$ kN.

Die Ergebnisse stimmen also praktisch überein.
Für die Lagerbohrung $d \widehat{=} d_1 = 50$ mm, also für Bohrungskennziffer 10, wird aus Tabelle A14.1, Anhang, gewählt: Rillenkugellager 6310 mit $C = 48$ kN. Aus Gründen einer einfachen und billigen Fertigung (gleiche Gehäusebohrungen) würde auch für die Lagerstelle B zweckmäßig das gleiche Lager gewählt werden. Bei der Ausführung ist zu beachten, daß ein Lager als Fest-, das andere als Loslager auszubilden ist (siehe unter 14.2.9).
Bei Ausführung mit Zylinderrollenlagern ändert sich im Prinzip an der Berechnung nichts. Jedoch werden dann nach Bild A14-2: $f_L \approx 2,75$ und nach Bild A14-3: $f_n \approx 0,51$. Hiermit wird die erforderliche Tragzahl $C \approx 35$ kN.
Die direkte Berechnung aus Gleichung (14.5) würde hier wesentlich umständlicher, da logarithmiert werden muß. Mit $q = 10/3$ wird

$C = P \cdot \sqrt[10/3]{\dfrac{60 \cdot n \cdot L_h}{10^6}} = P \cdot \left(\dfrac{60 \cdot n \cdot L_h}{10^6}\right)^{0,3} = 6,5$ kN $\cdot 284^{0,3}$;

mit $lg\ 284^{0,3} = 0,3 \cdot lg\ 284 = 0,3 \cdot 2,453 \approx 0,736$ wird $284^{0,3} = 5,45$ und damit $C = 6,5$ kN $\cdot 5,45 \approx 35,4$ kN. Nach Tabelle A14.1 kann damit gewählt werden:
Zylinderrollenlager NU 2 10 mit $C = 45$ kN als Loslager, Zylinderrollenlager NUP 2 10 als Festlager (Führungslager, siehe Bild 14-7d).
Ein Vergleich der Preise zeigt hier einen nur geringen Vorteil zugunsten des Rillenkugellagers. Allerdings ergaben sich Zylinderrollenlager mit einer zufällig wesentlich höheren Tragzahl gegenüber der erforderlichen.

14.2. Wälzlager

Die Preise (Stand 1975) der Lager sind:

Rillenkugellager 6310: 34,30 DM,

Zylinderrollenlager NU 2 10: 36,85 DM, NUP 2 10: 41,55 DM.

Abschließend sei noch die Verschleißlaufzeit überprüft. Für Universalgetriebe wird der Verschleißfaktor nach Tabelle A14.4: $f_V \approx 3 \ldots 8$. Wegen der kleineren Drehzahl wird $f_V \approx 7$ geschätzt. Hiermit und für das Feld d – günstige Verhältnisse angenommen – wird nach Bild A14-1: $L_V \approx 30\,000$ h.

Damit ist: Verschleißlaufzeit $L_V >$ Ermüdungslaufzeit L_h, d. h. die Lager sind ausreichend bemessen, da die Gebrauchsdauer gleich Lebensdauer ist.

Ergebnis: Für die Lagerung kommen in Frage: Rillenkugellager 6310 oder Zylinderrollenlager NU 2 10 bzw. NUP 2 10.

■ **Beispiel 14.3:** Die Wälzlagerung der Schneckenwelle eines Schneckengetriebes ist zu berechnen (Bild 14-37). Für eine Abtriebsleistung $P = 5$ kW und Übersetzung $n_1/n_2 = 950/63$ wurden ermittelt:

Schneckenwellendurchmesser $d = 45$ mm, Lagerzapfen $d_1 = 40$ mm, Mittenkreisdurchm. $d_{m_1} = 64$ mm, Axialkraft der Schnecke $F_a = 4,3$ kN, Radialkraft $F_r = 1,2$ kN, Umfangskraft $F_u = 1,45$ kN; Lagerabstand $l = 260$ mm aus Entwurf zunächst festgelegt.

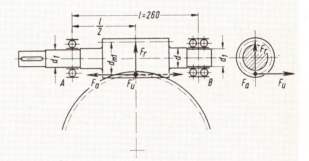

Bild 14-37
Berechnung der Lagerung einer Schneckenwelle

▶ **Lösung:** *a) Lagerkräfte.* Zunächst sind die Lagerkräfte zu ermitteln. Lager B wird zur Aufnahme der Axialkraft vorgesehen. Bild 14-38 zeigt die an der Schnecke angreifenden Kräfte und deren Lagerreaktionen. Zur besseren Übersicht sind Aktions- und Reaktionskräfte gleichartig dargestellt.

Wegen symmetrischer Lageranordnung sind die Reaktionskräfte von F_u und F_r:

$$F_{A1} = F_{B1} = \frac{F_u}{2} = \frac{1,45 \text{ kN}}{2} = 0,725 \text{ kN},$$

$$F_{A2} = F_{B2} = \frac{F_r}{2} = \frac{1,2 \text{ kN}}{2} = 0,6 \text{ kN}.$$

Die Verschiebewirkung der Axialkraft F_a wird durch eine gleich große, entgegengerichtete Kraft vom Lager B aufgenommen:

$$F_{Ba} = F_a = 4,3 \text{ kN}.$$

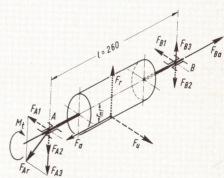

Bild 14-38. Ermittlung der Lagerkräfte

Die Axialkraft F_a hat außerdem noch eine Kippwirkung. Aus der Bedingung $\Sigma M = 0$ folgt

$F_a \cdot r_{m1} = F_{A3} (F_{B3}) \cdot l$, hieraus

$$F_{A3} (F_{B3}) = \frac{F_a \cdot r_{01}}{l}, \quad F_{A3} (F_{B3}) = \frac{4{,}3 \text{ kN} \cdot 3{,}2 \text{ cm}}{26 \text{ cm}} = 0{,}53 \text{ kN}.$$

Bei der angenommenen Richtung von F_a (nach links) ergibt sich für das Lager A die größte Radialkraft:

$$F_{Ar} = \sqrt{(F_{A2} + F_{A3})^2 + F_{A1}^2}, \quad F_{Ar} = \sqrt{(0{,}6 \text{ kN} + 0{,}53 \text{ kN})^2 + (0{,}725 \text{ kN})^2} \approx 1{,}34 \text{ kN}.$$

Bei Umkehr der Drehrichtung der Schneckenwelle kehrt sich auch die Richtung von F_a um. Damit wirkt auch im Lager B als größte Radialkraft

$F_{Br} = F_{Ar} = 1{,}34$ kN.

Zusammenstellung der Lagerkräfte:
Lager A: größte Radialkraft $F_{Ar} = 1{,}34$ kN,
Lager B: größte Radialkraft $F_{Br} = 1{,}34$ kN, Axialkraft $F_{Ba} = 4{,}3$ kN.

▶ *b) Berechnung des Wälzlagers für Lagerstelle A.* Das Lager nimmt nur Radialkräfte auf. In Frage kommen daher Rillenkugellager oder Zylinderrollenlager. Äquivalente Lagerbeanspruchung nach Gleichung (14.1) bei $F_a = 0$:

$P = F_r$,

Radiallast $F_r \triangleq F_{Ar} = 1{,}34$ kN, damit

$P = 1{,}34$ kN.

Erforderliche dynamische Tragzahl aus Gleichung (14.6):

$$C = P \cdot \frac{f_L}{f_n \cdot f_t}.$$

Für eine angenommene Lebensdauer $L_h \approx 15\,000$ h (für Universalgetriebe nach Tabelle A14.4, Zeile 5) wird nach Bild A14-2 für Kugellager $f_L \approx 3{,}1$.
Drehzahlfaktor $f_n \approx 0{,}33$ für $n = 950$ 1/min nach Bild A14-3,
Temperaturfaktor $f_t = 1$ für $t < 150$ °C.

$C = 1{,}34 \text{ kN} \cdot \dfrac{3{,}1}{0{,}33 \cdot 1} = 12{,}6$ kN.

Hierfür kann nach Tabelle A14.1, Anhang, gewählt werden:
Rillenkugellager 60 08 mit $C = 13{,}4$ kN und $d = 40$ mm.

▶ *c) Berechnung des Wälzlagers für Lagerstelle B.* Dieses Lager muß neben der Radialkraft $F_{Br} = 1{,}34$ kN noch die hohe Axialkraft $F_{Ba} = 4{,}3$ kN aufnehmen. Zunächst soll eine Ausführung mit zweireihigem Schrägkugellager versucht werden.
Äquivalente Lagerbeanspruchung nach Gleichung (14.1):

$P = x \cdot F_r + y \cdot F_a$,

$F_r \triangleq F_{Br} = 1{,}34$ kN, $F_a \triangleq F_{Ba} = 4{,}3$ kN.

Für das Verhältnis $\dfrac{F_a}{F_r} \triangleq \dfrac{F_{Ba}}{F_{Br}} = \dfrac{4{,}3 \text{ kN}}{1{,}34 \text{ kN}} = 3{,}2 > e = 0{,}95$ werden nach Tabelle A14.2, Anhang:

$x = 0{,}6$, $y = 1{,}07$; damit

$P = 0{,}6 \cdot 1{,}34$ kN $+ 1{,}07 \cdot 4{,}3$ kN $\approx 5{,}41$ kN.

14.2. Wälzlager

Die erforderliche dynamische Tragzahl ergibt sich durch Umwandeln der Gleichung (14.6):

$$C = P \cdot \frac{f_L}{f_n \cdot f_t},$$

$f_L = 3,1$, $f_n = 0,33$ und $f_t = 1$ (wie oben unter b), damit

$$C = 5,41 \text{ kN} \cdot \frac{3,1}{0,33 \cdot 1} \approx 51 \text{ kN}.$$

Hierfür kommt nach Tabelle A14.1, Anhang, in Frage ein zweireihiges Schrägkugellager 3308 mit $C = 54$ kN (> 51 kN!) und Lagerbohrung $d \hat{=} d_1 = 40$ mm. Die verlangte Lebensdauer wird als Richtwert sogar überschritten. Die Lagerung kann entsprechend Bild 14-30a ausgeführt werden.
Für eine kombinierte Lagerung wird zur Aufnahme der Radialkraft $F_{Br} = 1,34$ kN zweckmäßig ein Zylinderrollenlager als Loslager verwendet. Hierfür werden nach Bild A14-2: $f_L \approx 2,7$ ($L_h = 15000$ h) und nach Bild A14-3: $f_n \approx 0,37$ ($n = 950$ 1/min) und damit die erforderliche Tragzahl $C = 9,8$ kN. Nach Tabelle A14.1 wird Zylinderrollenlager NU 10 08 mit $C = 22,4$ kN gewählt. Zur Aufnahme der Axialkraft $F_{Ba} = 4,3$ kN muß ein zweiseitig wirkendes Axial-Rillenkugellager vorgesehen werden. Mit $P = F_{Ba} = 4,3$ kN und $f_L = 3,1$ sowie $f_n = 0,33$ wird die erforderliche Tragzahl $C \approx 40,4$ kN wofür ein Lager 5 22 10 (mit $C = 42,5$ kN und $d = 40$ mm Durchmesser der Wellenscheibe) gewählt wird. Die Lagerstelle wird dann entsprechend Bild 14-30b ausgeführt.

Ergebnis: Für Lager A wird gewählt: Rillenkugellager 60 08; für Lager B als Einzellager: Zweireihiges Schrägkugellager 33 08, oder als kombiniertes Lager: Zylinderrollenlager NU 10 08 und zweiseitiges wirkendes Axial-Rillenkugellager 522 10.

■ **Beispiel 14.4:** Für Hals- und Spurlager eines Wanddrehkranes (Bild 14-39) sind geeignete Wälzlager zu bestimmen.
Höchstlast $F_L = 25$ kN, Eigengewichtskraft $G = 5$ kN, Ausladung $l_1 = 3,2$ m, Schwerpunktabstand $l_2 = 0,9$ m, Lagerabstand $l_3 = 3,5$ m.

Zu berechnen bzw. durchzuführen sind:
a) Lagerkräfte,   c) Wälzlager für den Spurzapfen B,
b) Wälzlager für den Halszapfen A,   d) Entwurf des Hals- und Spurlagers.

▶ **Lösung a):** Das Halslager nimmt nur Radialkräfte, hier Horizontalkräfte, das Spurlager Radial- und Axialkräfte auf.

Lager A:
Nach dem Kräftebild 14-40 ergibt sich aus der Bedingung $\Sigma M_{(B)} = 0$ die Radialkraft

$$F_x = \frac{F_L \cdot l_1 + G \cdot l_2}{l_3}, \quad F_x = \frac{25 \text{ kN} \cdot 3,2 \text{ m} + 5 \text{ kN} \cdot 0,9 \text{ m}}{3,5 \text{ m}} = 24,1 \text{ kN}.$$

Lager B:
Die Kräfte F_x bilden ein Kräftepaar, damit ist auch für Lager B die Radialkraft $F_x = 24,1$ kN. Da das Hubseil durch die Mitte der Säule (Doppelprofil) und des Spurlagers hindurchgeht, ist auch die Seilzugkraft F_S als äußere Kraft vom Lager mit aufzunehmen. Damit wird die Axialkraft $F_y = F_L + G + F_S$.
Unter Vernachlässigung des Wirkungsgrades der Seilrollen ist

$$F_S \approx \frac{F_L}{2} \approx \frac{25 \text{ kN}}{2} \approx 12,5 \text{ kN}, \text{ damit}$$

$$F_y = 25 \text{ kN} + 5 \text{ kN} + 12,5 \text{ kN} = 42,5 \text{ kN}.$$

Ergebnis: Radiale Lagerkraft $F_x = 24,1$ kN, axiale Lagerkraft $F_y = 42,5$ kN.

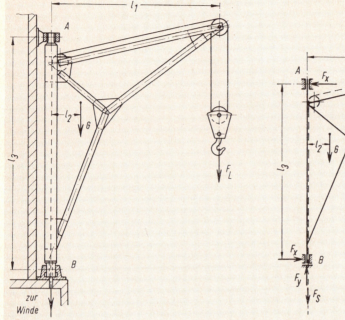

Bild 14-39. Säulenlagerung eines Wanddrehkranes

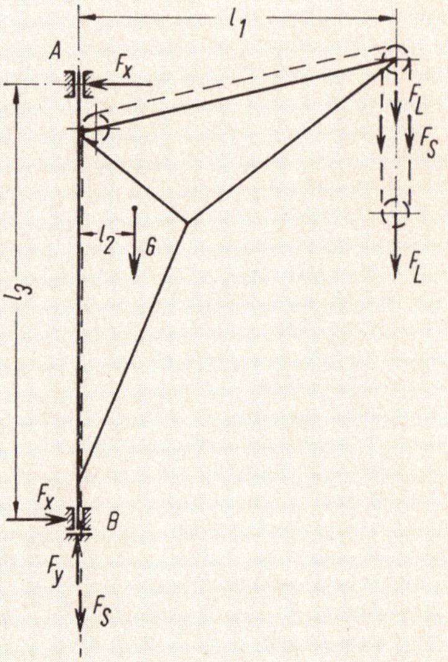

Bild 14-40. Kräfte am Wanddrehkran

> **Lösung b):** Hals- und Spurlager führen nur kleine Pendelbewegungen aus und sind als statisch belastete Wälzlager zu betrachten. Es kommen nur Pendellager in Frage, da die Lagerstellen nicht genau fluchtend eingestellt werden können.
>
> Für das nur radial belastete Lager A ergibt sich die äquivalente statische Lagerbeanspruchung nach Gleichung (14.8):
>
> $P_0 = F_{r0}$.
>
> Radialkraft $F_{r0} \triangleq F_x = 24{,}1$ kN, damit
>
> $P_0 = 24{,}1$ kN.
>
> Die erforderliche statische Tragzahl wird nach Gleichung (14.10):
>
> $C_0 = P_0 \cdot f_s$.
>
> Zur Berücksichtigung etwaiger Stöße wird der Sicherheitsfaktor $f_s = 1{,}5$ gewählt, damit wird
>
> $C_0 = 24{,}1$ kN $\cdot 1{,}5 \approx 36{,}2$ kN.
>
> Vor der Wahl eines Lagers wird der Zapfendurchmesser $d = 50$ mm zunächst geschätzt, wobei gleichzeitig zu beachten ist, daß sich hierzu auch ein Lager mit der erforderlichen Tragzahl finden läßt. Der Zapfen ist dann auf Festigkeit zu prüfen. Gewählt wird nach Tabelle A14.1, Anhang:
>
> Tonnenlager 202 10 mit $C_0 = 38$ kN und $d = 50$ mm.

14.2. Wälzlager

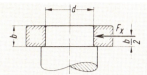

Bild 14-41
Nachprüfung des Halszapfens

Nachprüfung des Zapfens (Bild 14-41): Der Zapfen wird auf Biegung und Schub beansprucht. Bei einer Lagerbreite b = 20 mm ergibt sich für die Ansatzstelle eine Biegespannung

$$\sigma_b = \frac{M_b}{W} = \frac{F_x \cdot \frac{b}{2}}{0{,}1 \cdot d^3}, \quad \sigma_b = \frac{24{,}1 \text{ kN} \cdot 1 \text{ cm}}{0{,}1 \cdot 5^3 \text{ cm}^3} \approx 1{,}93 \text{ kN/cm}^2 = 19{,}3 \text{ N/mm}^2.$$

Die Biegespannung ist so klein, daß sich eine weitere Rechnung erübrigt. Der Zapfen ist also bruchsicher.

Ergebnis: Als Halslager wird gewählt: Tonnenlager 202 10.

▶ **Lösung c):** Der Spurzapfen muß wegen der Seildurchführung hohl ausgebildet werden. Die Lagerung wird hier zweckmäßig konstruktiv entworfen und dann nachgeprüft. Für einen zu erwartenden Seildurchmesser $d_S \approx 12$ ... 15 mm wird die Zapfenbohrung d_i = 25 mm, der Zapfendurchmesser d_a = 60 mm ausgeführt (Bild 14-42). Die einfachste Lagerung mit einem Axial-Pendelrollenlager ist nicht möglich, da das Verhältnis

$$\frac{F_{r0}}{F_{a0}} \triangleq \frac{F_x}{F_y} = \frac{24{,}1 \text{ kN}}{42{,}5 \text{ kN}} \approx 0{,}57 > 0{,}55$$

ist (siehe Bemerkung unter Gleichung 14.9). Das Lager muß daher als kombiniertes Lager aus Radial- und Axiallager gestaltet werden (Bild 14-42).

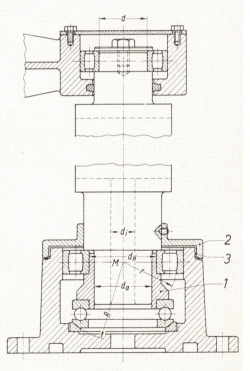

Bild 14-42
Entwurf des Hals- und Spurlagers

Für den sich aus dem Entwurf ergebenden Hülsenaußendurchmesser d_H = 70 mm wird als Radiallager nach Tabelle A14.1, Anhang, gewählt: Tonnenlager 202 14 mit C_0 = 76,5 kN und d = 70 mm. Als Axiallager kommt ein einseitig wirkendes Lager mit gleicher Bohrung der Wellenscheibe d_w = 70 mm in Frage; gewählt wird: Axial-Rillenkugellager 532 14 U mit C_0 = 163 kN und d = 70 mm (Lager mit Unterlagscheibe zum Ausgleich von Fluchtfehlern); dieses Lager ist in Tabelle A14.1 nicht enthalten, sondern einem Lagerkatalog entnommen (*Kugelfischer*).

Nachprüfung der Lager:
Statische Höchstbelastung für das Tonnenlager nach Gleichung (14.11):

$$P_{0\max} = \frac{C_0}{f_s}, \quad P_{0\max} = \frac{76,5 \text{ kN}}{1,5} = 51 \text{ kN} > F_x \triangleq P_0 = 24,1 \text{ kN},$$

für das Axial-Rillenkugellager:

$$P_{0\max} = \frac{163 \text{ kN}}{1,5} \approx 109 \text{ kN} > F_y \triangleq P_0 = 42,5 \text{ kN}.$$

Die Lager sind also ausreichend bemessen.
Die Festigkeitsnachprüfung des Spurzapfens erübrigt sich ebenso wie die des Halszapfens.
Ergebnis: Als Radiallager wird gewählt: Tonnenlager 202 14, als Axiallager: Axial-Rillenkugellager 532 14 U.

▶ **Lösung d):** Bild 14-42 zeigt den Entwurf von Hals- und Spurlager. Das Tonnenlager des Halszapfens ist zum Ausgleich unvermeidlicher Höhenunterschiede in Längsrichtung mit dem Außenring frei verschiebbar. Reinigen und Nachfüllen von Fett nach Abnehmen des Lagerdeckels.

Bei der Gestaltung des Spurlagers ist zu beachten, daß sich beide Lager um den gemeinsamen Drehpunkt M zum Ausgleich der Fluchtfehler einstellen können (Maß R aus Lagerkatalog). Die Axialkraft wird vom Zapfen auf das Axiallager durch die Wellenschulter über den Innenring des Tonnenlagers und den Druckring (1) übertragen.

Zum Reinigen und Schmieren wird der Deckel (2) nach oben geschoben. Das Lager wird durch ein Labyrinth (3) abgedichtet, dessen Gänge zweckmäßig mit Fett gefüllt werden.

14.3. Gleitlager

14.3.1. Grundlagen der Schmierungs- und Reibungsverhältnisse

14.3.1.1. Voraussetzungen für Flüssigkeitsreibung

Die wichtigste Voraussetzung für die Betriebssicherheit der Gleitlager ist eine einwandfreie Schmierung. Die Gleitflächen sollen möglichst durch eine Schmierschicht, einen Schmierfilm, vollkommen voneinander getrennt sein, um die Lagerreibung und den Werkstoffverschleiß weitgehend zu verringern. Es soll Flüssigkeitsreibung herrschen. Zum Erreichen dieses Idealzustandes sind auf Grund der hydrodynamischen Schmiertheorie folgende Bedingungen zu erfüllen:

1. Es muß ein in Bewegungsrichtung sich verengender Spalt vorhanden sein,
2. die Gleitflächen müssen sich relativ zueinander bewegen,
3. das Schmiermittel muß eine Haftfähigkeit zu den Gleitflächen aufweisen.

Die physikalischen Vorgänge unter diesen Bedingungen zeigt das Bild 14-43. Eine unter dem Anstellwinkel α geneigte Ebene bewegt sich mit der Geschwindigkeit v auf einer Flüssigkeitsschicht. Der unter der Ebene entstehende hydrodynamische Schmierkeil erzeugt einen Druck, dessen Verlauf über der Ebene dargestellt ist. Kurz vor der engsten Stelle erreicht der Druck seinen Höchstwert $p_{\max}$.

14.3. Gleitlager

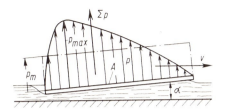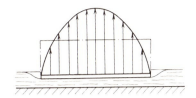

Bild 14-43. Hydrodynamischer Druck bei einer angestellten Ebene (Aufriß und Seitenriß)

Die Ebene wird soweit aus der Flüssigkeit gehoben, bis der Gesamtdruck Σp mit den äußeren Kräften im Gleichgewicht steht (vgl. Wasserski, Rennboot). Der Flüssigkeitsdruck wächst mit der Geschwindigkeit v. Der über der Ebene mit der Fläche A gleichmäßig verteilt gedachte Druck ist der mittlere Flächendruck (die mittlere Flächenpressung) $p_m = \Sigma p/A$.

14.3.1.2. Reibungsverhalten der Gleitlager

Bei einem Radial-Gleitlager entsteht der Schmierkeil durch die wegen des Lagerspieles vorhandene exzentrische Lage e des Zapfens in der Bohrung (Bild 14-45a). Im Stillstand liegt der Zapfen unter der Wirkung der Lagerkraft F in der Lagerbohrung unten auf. Im ersten Augenblick des Anlaufes herrscht *Trockenreibung,* auch Festkörperreibung genannt, da noch kein Öl zwischen den Gleitflächen wirksam ist (hohe Anlauf-Reibungszahl!). Der sich drehende Zapfen will zunächst bei der angegebenen Drehrichtung in der Bohrung rechts „aufsteigen". Das am Zapfen haftende Öl wird mitgenommen, die Trockenreibung geht in *Mischreibung* über, d. h. die Gleitflächen werden bereits teilweise durch eine Schmierschicht getrennt.

Durch den gleichzeitig hinter der Öleintrittsstelle entstehenden Schmierkeil wird der Zapfen jedoch mit steigender Drehzahl immer weiter, hier nach links oben, abgedrängt, bis bei einer bestimmten Drehzahl, der *Übergangsdrehzahl,* sich der Zapfen vollkommen abhebt und durch einen ununterbrochenen Ölfilm von der Bohrung getrennt ist. Der Öldruck hält den äußeren Kräften gerade das Gleichgewicht. Es herrscht *Flüssigkeitsreibung* und damit sind die günstigsten Gleitverhältnisse gegeben. Die Lagerreibung ist am geringsten.

Bei weiter steigender Drehzahl wächst der Öldruck, der Zapfen hebt sich immer höher, und sein Mittelpunkt nähert sich immer mehr dem der Bohrung; theoretisch fallen die Mittelpunkte bei $n = \infty$ zusammen. Die Lagerreibungszahl μ nimmt bei p_m = konstant aber wegen wachsender innerer Flüssigkeitsreibung wieder zu. Bild 14-44 zeigt den Zusammenhang zwischen Reibungszahl μ und Gleitgeschwindigkeit v bzw. Drehzahl n bei großer und kleiner Lagerbelastung p_m (Bild 14-44a) bzw. Ölzähigkeit η (Bild 14-44b).

14.3.1.3. Druckverlauf im Radial-Gleitlager

Der Druckverlauf bei Flüssigkeitsreibung ist in Bild 14-45a dargestellt. Der höchste Öldruck p_{max} herrscht kurz vor der engsten Stelle h_0 des Schmierspaltes. In etwa gleichem Abstand hinter h_0 wird der Druck gleich Null, durch Saugwirkung kann sogar Unterdruck entstehen.

Der gleichmäßig um die belastete Lagerhälfte verteilt gedachte Druck ist der mittlere Lagerdruck, die rechnerisch wichtige mittlere Flächenpressung p_m. Der resultierende Öldruck Σp hält den am Zapfen wirkenden äußeren Kräften das Gleichgewicht.

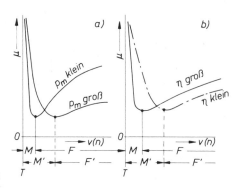

Bild 14-44. Reibungskennlinien

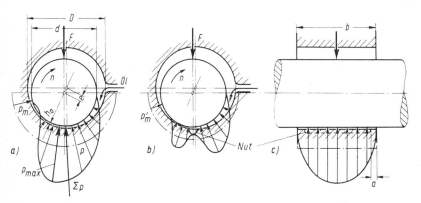

Bild 14-45. Öldruckverlauf im Radial-Gleitlager. a) ungestörter, b) durch Nut gestörter Druckverlauf, c) Seitenrißbild

Eine in der belasteten Lagerhälfte vorgesehene Nut stört den Druckverlauf erheblich (Bild 14-45b). Der sich anfangs aufbauende Druck fällt an der Nutstelle praktisch auf Null ab, da das Öl in der Nut ausweichen kann und bis zum Lagerende (Nutabstand a im Seitenrißbild 14-45c) nur noch einen geringen Widerstand findet und seitlich ausströmen kann.

Der mittlere Lagerdruck sinkt auf p'_m; die Tragfähigkeit wird geringer, und die Flüssigkeitsreibung kann bei gleicher Belastung in Mischreibung übergehen.

14.3.1.4. Folgerungen

Aus den gewonnenen Erkenntnissen lassen sich bereits schon einige grundsätzliche Regeln für die Lagergestaltung ableiten:

1. In der belasteten Lagerhälfte keine Nuten anordnen! Das gilt aber nicht unbedingt bei sehr kleinen Drehzahlen oder für solche Fälle (z. B. bei ebenen Spurplatten), bei denen Flüssigkeitsreibung ohnehin nicht zu erreichen ist.
2. Das Schmiermittel immer der unbelasteten Lagerhälfte zuführen, damit es überhaupt eintreten und frühzeitig einen Schmierkeil bilden kann.

14.3. Gleitlager

3. Je feiner die Oberfläche bearbeitet ist, um so eher ist bei dünnstem Schmierfilm Flüssigkeitsreibung zu erwarten.

Nach neueren Erkenntnissen sollen jedoch Rauhtiefen von $R_t \approx 1 \ldots 2\,\mu m$ nicht unterschritten werden. „Superglatte" Flächen neigen durch Ausreißen größerer Teilchen viel eher zum „Fressen" als rauhere, bei denen zunächst von den Rauhspitzen feinste Teilchen abgetragen werden und sich die günstigste Gleitfläche ohne Freßerscheinungen allmählich von selbst einstellt.

14.3.2. Gleitlagerwerkstoffe

Allgemeine Gesichtspunkte

Für die Wahl des Wellen- und besonders des Lagerwerkstoffes sind die betrieblichen Verhältnisse und Anforderungen, wie Höhe und Art der Belastung, Betriebstemperatur, Schmierungsart u. dgl., maßgebend.

Allgemein erwünschte Eigenschaften der Lagerwerkstoffe sind: gutes Einlauf- und Einbettungsvermögen, geringe Neigung zum Quellen, gute Wärmeleitfähigkeit, Korrosionsbeständigkeit, gute Bindefähigkeit zu anderen Werkstoffen (z. B. bei Verbundlagern, siehe unter 14.3.7.1. und Bild 14-55c), Unempfindlichkeit gegen Kantenpressung.

Für das An- und Auslaufen, also für den Mischreibungsbereich, sind gute Notlaufeigenschaft, d. h. geringe Neigung zum „Fressen" (auch bei Ölmangel oder Aussetzen der

Tabelle 14.4: Wahl des Gleitlagerwerkstoffes

Forderung nach	Gußeisen	Sintermetall	Guß-Zinn-bronzen/Rotguß	Guß-Blei-bronzen	Blei-Zinn-Lagermetall	Kunststoffe	Holz	Gummi	Kohle Graphit
Gleiteigenschaften	◐	◐	◕	●	●	●	●	●	●
Notlaufeigenschaften	◐	●	◐/◕	◕	◕	●	◔	○	●
Verschleißfestigkeit	●	◐	●	◐	◔	◐	◔	○	◔
stat. Tragfähigkeit	●	◐	◕	◕	◔	◐	○	○	◔
dyn. Belastbarkeit	◕	◔	◕	◕	◔	◔	○	○	○
hoher Gleitgeschwindigkt.	◔	○	◐/◕	●	●	○	○	○	●
Unempfindlichkeit gegen Kantenpressung	○	○	◕	●	●	◕	◕	●	◐
Bettungsfähigkeit	○	○	◕	●	●	◕	◕	●	◕
Wärmeleitfähigkeit	◐	◐	◕	◐	◔	○	○	○	◕
kleiner Wärmedehnung	●	●	◕	◐	◐	○	◔	○	●
Beständigkeit gegen hohe Temperaturen	◐	◐	◐	○	○	○	○	○	●
Öl-(Fett-)Schmierung	●	●	●	●	●	●	●	◐	●
Wasserschmierung	○	○	○	○	○	●	◕	●	●
Trockenlauf	○	○	○	○	○	◔	○	◔	●

● sehr gut ◕ gut ◐ ausreichend ◔ mäßig ○ mangelhaft

Schmierung), gute Haftfähigkeit zum Schmiermittel und niedrige Reibungszahl erwünscht. Für Lager, die häufig unter diesen Verhältnissen laufen, können diese Eigenschaften entscheidend sein.

Wellenwerkstoffe

Als Wellenwerkstoff kommt praktisch nur Stahl (allgemeiner Baustahl, Vergütungsstähle, Einsatzstähle, siehe Tabelle A1.4, Anhang) in Frage. Die Oberfläche der Welle soll immer härter sein als die des Lagerwerkstoffes, da die Welle nicht angegriffen werden und sich in den weicheren Lagerwerkstoff einbetten soll.

Lagerwerkstoffe

Entsprechend den vielseitigen Anforderungen sind die zahlreichen Gleitlagerwerkstoffe sehr verschiedenartig hinsichtlich ihrer stofflichen Zusammensetzung, Eigenschaften und Verwendung. Die Lagerwerkstoffe sind größtenteils genormt (siehe Tabelle A14.10, Anhang).

In Tabelle 14.4 sind die für bestimmte betriebliche Anforderungen maßgeblichen Eigenschaften und charakteristischen Kenngrößen gebräuchlicher Lagerwerkstoffe dargestellt. Für viele Fälle kann danach bereits die Wahl eines geeigneten Werkstoffes getroffen werden. Im folgenden sind noch einige ergänzende Hinweise über Verwendung, Herstellung, Verhalten usw. der in Tabelle 14.4 und A14.10, Anhang, aufgeführten und sonstiger Lagerwerkstoffe gegeben:

1. *Gußeisen* GG-15 und GG-20 ist nur für geringe, GG-25 und GG-30 (Perlitguß) für höhere Anforderungen geeignet. Verwendung beispielsweise für gering belastete Transmissionslager, Haushaltsmaschinen und sonstige einfache Lagerungen.

2. *Sintermetall* (Sintereisen, Sinterbronze) hat sehr gute Notlaufeigenschaften. Sein feinporiges Gefüge nimmt bis zu 25 % seines Volumens Öl auf und führt es beim Lauf infolge Erwärmung und Saugwirkung den Gleitflächen zu. Beim Stillstand nehmen die Poren durch Kapillarwirkung das Öl wieder auf.

   Man gewinnt Sintermetall, indem man durch Granulieren, Zerstäuben oder andere Verfahren erzeugtes Metallpulver unter hohem Druck ($\approx$ 500 N/mm^2) zu Stangen, Buchsen u. dgl. preßt, bei $\approx$ 750 ... 1000 °C sintert und unter Vakuum und Druck oder bei $\approx$ 90 °C mit Öl mit einer Viskosität von $\approx$ 0,05 ... 0,1 St/50 °C (siehe unter 14.3.3.1.) tränkt. Es wird bei Haushaltsmaschinen, Büromaschinen, Pumpen, Plattenspielern und Tonbandgeräten u. dgl. verwendet.

3. *Guß-Zinnbronzen, Guß-Bleibronzen, Blei-Zinnlagermetalle* sind wegen hervorragender Gleiteigenschaften die hochwertigsten Gleitlagerwerkstoffe. Sie sind für hoch- und höchstbelastete Lager geeignet. Hauptlegierungsmetalle sind Zinn, Kupfer und Blei. Man benutzt sie bei Hebezeugen, Motoren, Turbinen, Pumpen und Werkzeugmaschinen.

4. *Kunststoffe,* meist Polyamide (siehe auch unter 14.3.9.) oder als Kunststoff-Verbundlager, weisen sehr gute Gleit- und Notlaufeigenschaften auf. Sie laufen als „Trockenlager" auch längere Zeit ohne Schmiermittel.

   Kunststoff-Verbundlager haben eine Stützschale aus Stahl, Gußeisen, Bronzen u. a., eine Zwischenschicht, z. B. aus Zinnbronze, und einen Überzug aus Kunststoff als

14.3. Gleitlager

Laufschicht, z. B. Polytetrafluoräthylen (Teflon) mit eingelagertem pulverförmigem Füllstoff, z. B. Zinnbronze (Bild 14-46). Sie finden Verwendung bei Haushaltsmaschinen, Büromaschinen, Textilmaschinen, Meßgeräten und allgemein für schwer zugängliche, nicht zu schmierende Lager.

Bild 14-46
Aufbau eines Kunststoff-Verbundlagers

5. *Holz*, meist Preßholz, ist ein billiger Werkstoff für gering belastete Lager. Klötze aus Birke, Linde oder Espe werden mit Naßdampf bei $\approx 100\,°C$ gedämpft, in Formen gepreßt, auf $\approx 10\,\%$ Wassergehalt getrocknet und bearbeitet. Man setzt sie ein z. B. bei Lagern in Textilmaschinen und Zwischenlagern bei Transportschnecken.
6. *Gummi* hat sich bei wassergeschmierten Lagern in Pumpen bewährt (siehe Bild 14-67).
7. *Kohle, Graphit,* ist geeignet für selbstschmierende Lager bei hohen Temperaturen und für Lager, die aggressiven Flüssigkeiten ausgesetzt sind, z. B. bei Pumpen für Säuren.
8. *Glas, keramische Werkstoffe, Hartmetalle* werden für Spitzenlagerungen in der Feinmechanik verwendet.

14.3.3. Berechnung der Radial-Gleitlager

Die Gleitlager werden normalerweise auf Grund der *hydrodynamischen Schmiertheorie* berechnet. Sie sind so zu bemessen, daß sie bei Betriebsdrehzahl im Bereich der Flüssigkeitsreibung laufen und die Erwärmung in zulässigen Grenzen bleibt. Ausgenommen sind Lager mit sehr kleinen Gleitgeschwindigkeiten oder Pendelbewegungen, mit Fettschmierung oder Trockenlauf, also Lager, bei denen die Voraussetzungen für Flüssigkeitsreibung ohnehin nicht gegeben sind (siehe unter 14.3.1.1.).

14.3.3.1. Grundbegriffe, Berechnungsgrundlagen

Mittlere Flächenpressung (mittlere spezifische Lagerbelastung)
Sie ist neben den an ein Lager gestellten Anforderungen an Gleiteigenschaften usw. mit entscheidend für die Auswahl des Lagerwerkstoffes und ist ebenso eine wichtige Berechnungsgröße. Die *mittlere Flächenpressung* ergibt sich aus

$$p_m = \frac{F}{d \cdot b} \; (< p_{max}) \quad \text{in N/mm}^2 \tag{14.12}$$

F Lagerkraft in N
d, b Nenndurchmesser, Breite des Lagers in mm

Der Lagerwerkstoff muß den bei Flüssigkeitsreibung auftretenden höchsten Schmierdruck, erfahrungsgemäß $p_{max} \approx 4 \cdot p_m$ (siehe Bilder 14-45 und 14-47a), ohne bleibende Verformung ertragen können. Es ist nachzuweisen, daß bei einer etwa 1,5-fachen Sicherheit

$$p_{max} \approx 6 \cdot p_m \leq \sigma_{dF} \quad \text{ist.}$$

Quetschgrenze, entsprechend Streckgrenze, σ_{dF} des Lagerwerkstoffes aus Tabelle A14.10, Anhang; bei GG ist $\sigma_{dF} = \sigma_{dB}$ (Druckfestigkeit) zu setzen.

Bei Lagern ohne Flüssigkeitsreibung muß $p_m \leqslant p_{m\,zul}$ sein, mit $p_{m\,zul}$ nach Tabelle A14.9 oder A14.10, Anhang.

Bauverhältnisse

Der Wellendurchmesser d ist meist aus der vorangegangenen Festigkeitsberechnung bekann. Die Lagerbreite b wird dann aus dem erfahrungsgemäß zu wählenden *Bauverhältnis* (Bild 14-47a) festgelegt, für das bei Ölschmierung und zu erwartender Flüssigkeitsreibung empfohlen wird:

$$\frac{b}{d} \approx 0{,}5 \ldots 1 \qquad (14.13)$$

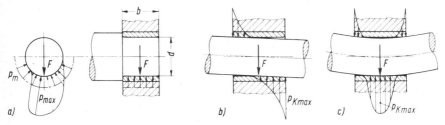

Bild 14-47. Berechnung der Radiallager. a) Flächenpressung, Schmierdruck, Bauverhältnis, b) Kantenpressung durch schiefstehende Welle, c) Kantenpressung durch Wellendurchbiegung

Bauverhältnisse $b/d < 0{,}5$ sind ungünstig, da die Seitenströmung (siehe unter 14.3.1.3.) zu groß wird und der hydrodynamische Druck dadurch sinkt. Bauverhältnisse $b/d > 1$ sind zulässig, wenn die Gefahr der Kantenpressung (p_K in Bild 14-47b und c) gering ist (bei kurzen, biegesteifen Wellen) und sogar zweckmäßig bei Fettschmierung, da sich hierbei das Fett besser im Lager halten kann. Es soll jedoch max. $b/d \approx 2$ nicht überschritten werden.

Relatives Lagerspiel, Lagerpassung

Unter relativem Lagerspiel versteht man das Verhältnis des absoluten Lagerspieles S (Istmaß der Bohrung minus Istmaß der Welle) zum Nenndurchmesser d

$$\psi = \frac{S}{d} \qquad (14.14)$$

Entsprechend dem Größt- und Kleinstspiel schwankt auch ψ zwischen einem Größt- und Kleinstwert. Bei einem zu erwartenden mittleren Lagerspiel $S_{(m)}$ ist auch ψ *als mittleres relatives Lagerspiel* zu betrachten, das bei Entwurfsberechnungen in Abhängigkeit von Gleitgeschwindigkeit und Flächenpressung nach Bild A14-4, Anhang, gewählt wird. ψ ist allgemein unabhängig vom Lagerwerkstoff, jedoch sollen bei Werkstoffen mit hoher Wärmedehnung bestimmte Mindestwerte nicht unterschritten werden: Bei Blei-Zinn-Lagermetallen $\psi \approx 0{,}5/1000$, Bleibronzen $\psi \approx 1/1000$, Sintermetallen $\psi \approx 1{,}5/1000$.

14.3. Gleitlager

Den mittleren relativen Lagerspielen ψ entsprechen bestimmte *Passungen*, die in Abhängigkeit vom Lager-Nenndurchmesser d nach Bild A14-5, Anhang, festgestellt werden. Dabei wähle man die nächstliegende, im Zweifelsfall die nächstgrößere Passung. Für diese ist stets mit den zugehörigen Abmaßen (Tabelle A2.4 oder A2.5, Anhang) das *tatsächliche, mittlere relative Lagerspiel* ψ zu ermitteln, das dann für die weiteren Berechnungen einzusetzen ist.

Geringste Schmierschichtdicke

Die geringste Schmierschichtdicke ist die aus der exzentrischen Lage von Welle und Bohrung bei Flüssigkeitsreibung sich ergebende engste Stelle des Schmierspaltes (Bild 14-45). Bei einem Lager, bei dem alle Abmessungen und alle Betriebsdaten (Ölviskosität, Sommerfeldzahl usw.) vorliegen, stellt sich im Betriebszustand eine bestimmte *geringste Schmierschichtdicke* von selbst ein, die bei einem üblichen Bauverhältnis $b/d \approx 1$ nach *Vogelpohl* sich ergibt aus

$$h_0 \approx \frac{S}{2 + 2{,}35 \cdot So} = \frac{\psi \cdot d}{2 + 2{,}35 \cdot So} \quad \text{in mm} \tag{14.15}$$

S mittleres Lagerspiel in mm
ψ mittleres relatives Lagerspiel
d Lager-Nenndurchmesser in mm
So Sommerfeldzahl nach Gleichung (14.21)

Bei abweichendem Bauverhältnis $b/d \neq 1$ ergeben sich auch für h_0 Abweichungen, die jedoch gering und praktisch ohne Bedeutung sind, sofern b/d in den üblichen Grenzen bleibt.

Bei noch unbekannter Ölviskosität η und damit Sommerfeldzahl So, also bei teilweise noch nicht vorliegenden Lagerdaten, z. B. *bei Entwurfsberechnungen* wähle man die erforderliche *geringste Schmierschichtdicke*:

$$h_0 \leqslant \frac{S}{7} = \frac{\psi \cdot d}{7} \quad \text{in mm} \tag{14.16}$$

Hiermit ergeben sich günstige Lagerungsverhältnisse; üblich $h_0 \approx 0{,}005 \ldots 0{,}1$ mm $\approx 5 \ldots 100\,\mu m$.

Mindest-Schmierschichtdicke, Rauhtiefe

Die zur vollständigen Trennung der Gleitflächen im Übergangsbereich zur Flüssigkeitsreibung erforderliche Schmierschichtdicke muß mindestens gleich der Summe der Rauhtiefen beider Gleitflächen und diese wiederum kleiner sein als die geringste Schmierschichtdicke (Bild 14-48). Die *Mindest-Schmierschichtdicke* wird damit

$$h_{\min} \geqslant \Sigma R_t \leqslant 0{,}8 \cdot h_0 \quad \text{in mm } (\mu m) \tag{14.17}$$

R_t Rauhtiefe der Gleitflächen in mm (μm) aus Tabelle A14.8, Anhang

Das Vorgehen, h_{min} von R_t oder umgekehrt R_t von h_{min} abzuleiten ist umstritten, jedoch liegen z. Z. noch keine eindeutigen Erkenntnisse vor.

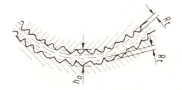

Bild 14-48
Rauhtiefen und Schmierschichtdicke

Relative Schmierschichtdicke

Die relative Schmierschichtdicke ist als Kennzahl zu betrachten, die die exzentrische Lage des Zapfens zur Bohrung im Betriebszustand ausdrückt. Sie ist das Verhältnis der Schmierspaltdicke zur größtmöglichen Spaltweite bei zentrischer Lage des Zapfens. Die *relative Schmierschichtdicke* ist damit

$$\delta = \frac{h_0}{S/2} = \frac{2 \cdot h_0}{S} = \frac{2 \cdot h_0}{\psi \cdot d} > 0{,}04, \text{ möglichst} < 0{,}3 \; (\max \delta \approx 0{,}4) \qquad (14.18)$$

Die relative Schmierschichtdicke dient insbesondere der Kontrolle des Lagerlaufes. Nähert sich δ dem unteren Grenzwert 0,04, dann besteht Gefahr für die einwandfreie Flüssigkeitsreibung (h_0 ist im Verhältnis zu S zu klein), erreicht δ die obere Grenze, dann ist der stabile, ruhige Lauf des Lagers gefährdet, d. h. die Welle neigt zum „Auswandern" und zu Schwingungen (h_0 ist im Verhältnis zu S zu groß).

Dynamische und kinematische Ölviskosität (Zähigkeit)

Die *dynamische Viskosität* η ist ein Maß für die Eigenschaft des Öles, mittels seiner inneren Reibung Kräfte zu übertragen. Sie hat auf die Tragfähigkeit der Lager im Bereich der Flüssigkeitsreibung einen entscheidenden Einfluß.
Im Internationalen Einheitensystem (SI) hat die dynamische Viskosität die Einheit Pa·s (Pascalsekunde, 1 Pa·s = 1 N·s/m² = 1 kg/m·s). Eine Flüssigkeit hat die Viskosität 1 Pa·s, wenn zwischen zwei parallelen Schichten im Abstand 1 m bei einem Unterschied der Strömungsgeschwindigkeit von 1 m/s die Schubspannung 1 Pa (1 N/m²) herrscht.

Die dynamische Viskosität gebräuchlicher Schmieröle liegt bei üblichen Betriebstemperaturen ($t \approx 50 \ldots 70\,°C$) in der Größenordnung etwa zwischen 0,005 ... 0,1 Pa·s. In der Praxis hat sich die größere Einheit P (*Poise,* sprich Poas) als zweckmäßig erwiesen, mit der daher auch gerechnet werden soll:

$$1\,P = 0{,}1\,Pa \cdot s = 0{,}1\,N \cdot s/m^2 = 0{,}1\,kg/m \cdot s \quad \text{oder} \quad 1\,Pa \cdot s = 10\,P$$

Im Handel ist die Kennzeichnung der Öle allgemein durch die *kinematische Viskosität* ν üblich, die der dynamischen Viskosität bezogen auf die Dichte $\rho = 1\,kg/m^3$ entspricht:

$$\nu = \frac{\eta}{\rho} = \frac{\text{dynamische Viskosität}}{\text{Dichte}} \; \text{in } m^2/s \; \left[\text{aus } \frac{kg/m \cdot s}{kg/m^3}\right] \qquad (14.19)$$

14.3. Gleitlager

Ähnlich wie für η ist auch für ν eine größere Einheit St (*Stokes,* sprich: Stouks) gebräuchlich:

$$1 \text{ St} = 10^{-4} \text{ m}^2/\text{s} = 0{,}0001 \text{ m}^2/\text{s} \quad \text{oder} \quad 1 \text{ m}^2/\text{s} = 10^4 \text{ St} = 10\,000 \text{ St}$$

Mit der Dichte $\rho \approx 900$ kg/m³ ergibt sich folgender *Zusammenhang zwischen der dynamischen und kinematischen Viskosität* der Schmieröle:

$$\nu \text{ (in St)} \approx 1{,}1 \cdot \eta \text{ (in P)} \quad \text{oder} \quad \eta \text{ (in P)} \approx 0{,}9 \cdot \nu \text{ (in St)} \tag{14.20}$$

Die Viskosität der Öle sinkt allgemein mit steigender Temperatur, d. h. die Öle werden dünnflüssiger. Darum wird die Viskositätsangabe im Handel meist auf 20 °C oder 50 °C bezogen, z. B. 0,36 St/50 °C. Das Temperaturverhalten gebräuchlicher Öle zeigt das Viskositäts-Temperatur-Schaubild A14-7, Anhang.

Hinweis: Eine Entscheidung über Anträge, die Einheiten P und St künftig beizubehalten, ist z. Z. noch nicht getroffen worden; sie werden daher vorerst hier weiter verwendet.

Sommerfeldzahl

Diese von den Lagerabmessungen abhängige Kenngröße, auch Lager-Tragzahl genannt, erfaßt die Zusammenhänge zwischen den Belastungsgrößen und dem Reibungsverhalten. Werden in die allgemeine Gleichung für die Sommerfeldzahl

$$So = \frac{p_m \cdot \psi^2}{\eta \cdot \omega} \quad \text{für } \omega = \frac{\pi \cdot n}{30} \quad \text{und für } p_m \text{ und } \eta \text{ die üblichen Einheiten eingesetzt,}$$

dann ergibt sich die *Sommerfeldzahl*

$$So \approx 10^8 \cdot \frac{p_m \cdot \psi^2}{\eta \cdot n} \tag{14.21}$$

p_m mittlere Flächenpressung in N/mm² aus Gleichung (14.12)
ψ mittleres relatives Lagerspiel
η dynamische Ölviskosität in P für den Betriebszustand
n Drehzahl in U/min

Ist η nicht gegeben, dann wird *So* in Abhängigkeit von der relativen Schmierschichtdicke δ (Gleichung 14.18) und dem Bauverhältnis b/d nach Bild 14-6, Anhang, festgelegt.

Übergangsdrehzahl

Die Drehzahl, bei der der Übergang von Misch- in Flüssigkeitsreibung, also die vollkommene Trennung der Gleitflächen beim Anlauf erfolgt ($n_{ü1}$), oder umgekehrt der Übergang von Flüssigkeits- in Mischreibung beim Auslauf ($n_{ü2}$) ist die *Übergangsdrehzahl*. Der Öldruck hält dabei den äußeren Kräften gerade das Gleichgewicht.

Für beide Fälle ergeben sich jedoch unterschiedliche Werte. Beim Anlauf ist das Lager noch kalt, damit die Ölviskosität η_1 höher und die Übergangsdrehzahl $n_{ü1}$ kleiner als $n_{ü2}$ beim Auslauf des warmen Lagers bei niedriger Viskosität η_2. Allgemein interessiert die höhere und damit ungünstigere Übergangsdrehzahl $n_{ü2}$, da diese unbedingt noch unter der Betriebsdrehzahl n liegen muß, wenn ein sicherer Lauf im Bereich der Flüssigkeitsreibung gewährleistet sein soll. Nach *Vogelpohl* ergibt sich die *Übergangsdrehzahl* beim an- bzw. auslaufenden Lager aus

$$n_{ü1,2} \approx 1300 \cdot \frac{p_m}{\eta_{1,2} \cdot d \cdot C_ü} \quad \text{in } 1/\text{min} \tag{14.22}$$

p_m mittlere Flächenpressung in N/mm²
$\eta_{1,2}$ Ölviskosität in P beim An- bzw. Auslauf des Lagers
d Lager-Nenndurchmesser in mm
$C_ü$ Übergangskonstante, abhängig von Abmessungen, Ausführung und Werkstoff des Lagers. Werte liegen allgemein zwischen 1 und 2, ausnahmsweise bei sorgfältigster Ausführung und eingelaufenen Lagern bis 6. Da diese Werte jedoch nicht vorausbestimmt werden können, setze man $C_ü = 1$, was eine zusätzliche Sicherheit bedeutet, da die tatsächliche Übergangsdrehzahl normalerweise niedriger als die berechnete liegen dürfte

Erfahrungsgemäß soll möglichst sein $n/n_{ü2} \geqslant v$ (v Gleitgeschwindigkeit als Zahlenwert in m/s), mindestens aber $n/n_{ü2} \approx 2,5 \ldots 3$ nicht unterschritten werden.

Für eine bestimmte oder vorgegebene Übergangsdrehzahl $n_ü$ kann durch Umwandeln der Gleichung (14.22) die *erforderliche Mindest-Ölzähigkeit* η_{min} bestimmt werden.

Die Übergangsdrehzahl läßt sich bei vorhandenen Lagern leicht durch Versuch nach dem *Auslaufverfahren* ermitteln. Nach Abstellen der Maschine, z. B. eines Motors, läßt man diese frei auslaufen und mißt dabei fortlaufend die Drehzahl. Trägt man diese in Abhängigkeit von der Zeit auf (Bild 14-49), so ist die Kennlinie im Bereich der Flüssigkeitsreibung konkav (nach unten gekrümmt), im Mischreibungsbereich konvex. Der Wendepunkt der Kurve ergibt die Übergangsdrehzahl (vgl. Bild 14-44a, b).

Bild 14-49
Kennlinie der Auslaufdrehzahl

14.3.3.2. Schmierölbedarf

Zur Aufrechterhaltung der Flüssigkeitsreibung muß den Gleitflächen ständig ein bestimmter Ölvolumenstrom, z.B. durch Tropföler oder Schmierringe (siehe unter 14.3.5.2.) oder sogar durch eine Pumpe, zugeführt werden. Nach *Klemencic* errechnet sich der *erforderliche Ölvolumenstrom* aus

$$Q \approx 0{,}0003 \cdot d^2 \cdot b \cdot n \cdot \psi \quad \text{in } l\,(\text{dm}^3)/\text{min} \tag{14.23}$$

d und b in cm, n in 1/min

14.3.3.3. Reibungswärmestrom, Lagertemperatur, Kühlölvolumendurchfluß

Die Lager sind zweckmäßig auf Erwärmung zu prüfen. Der im Lager entstehende *Reibungswärmestrom* ergibt sich aus

$$Q_R = \frac{F \cdot \mu \cdot v \cdot 60}{1000} = 0{,}06 \cdot F \cdot \mu \cdot v \text{ in kJ/min} \tag{14.24}$$

F Lagerkraft in N
μ Lager-Reibungszahl; sie errechnet sich für die Sommerfeldzahl

$$So \leq 1: \mu = \frac{3 \cdot \psi}{So}, \text{ für } So > 1: \mu = \frac{3 \cdot \psi}{\sqrt{So}}$$

Richtwerte für μ siehe Tabelle A14.13, Anhang
v Gleitgeschwindigkeit in m/s

Die Reibungswärme wird teils vom Schmiermittel, teils vom Gehäuse und von der Welle aufgenommen und hauptsächlich durch Wärmeleitung, weniger durch Strahlung, an die Umgebung abgegeben.

Bei *Lagern ohne Zusatzkühlung* (*Fremdkühlung*), z. B. bei Ringschmierlagern (siehe unter 14.3.5.2. und Bilder 14-57 und 14-58), wird die Wärme nur durch die Lagerteile abgeführt, da das im Lager verbleibende Öl keine Wärme abführen kann. Die Temperatur des Lagers und damit auch die des Öles erhöht sich soweit, bis sich zwischen erzeugtem und abgeführtem Wärmestrom Q_a das *Wärmegleichgewicht* eingestellt hat. Dann ist

$$Q_R = Q_a = \alpha \cdot A \cdot (t - t_0) \text{ in kJ/min} \tag{14.25}$$

Hieraus ergibt sich die *Betriebstemperatur des Lagers,* gleich *Öltemperatur:*

$$t = \frac{Q_R}{\alpha \cdot A} + t_0 \text{ in } °C \tag{14.26}$$

Q_R im Lager entstehende Reibungswärmestrom in kJ/min nach Gl. (14.24)
α Wärmeübergangszahl in kJ/min · m² · °C
  bei ruhender Luft: $\alpha \approx 0{,}85$ kJ/min · m² · °C
  bei leicht bewegter Luft (Normalfall): $\alpha \approx 1{,}25$ kJ/min · m² · °C
  bei lebhafter Luftbewegung: $\alpha \approx 1{,}7$ kJ/min · m² · °C
A wärmeabgebende Gesamtfläche in m² nach Gleichung (14.28)
t_0 Raumtemperatur, normal $t_0 \approx 20\,°C$

Wird in Gleichung (14.26) $Q_R = 0{,}06 \cdot F \cdot \mu \cdot v$ und hierin μ für Sommerfeldzahlen $So > 1$ (häufigster Fall) eingesetzt, dann ergibt sich nach Umformen die *Lagertemperatur* auch aus

$$t \approx 0{,}008 \cdot \frac{v}{\alpha \cdot A} \cdot \sqrt{F \cdot b \cdot v} \cdot \sqrt{\eta} + t_0 \text{ in } °C \tag{14.27}$$

Formelzeichen und Einheiten wie in vorstehenden Gleichungen, b jedoch in cm

Hieraus kann z. B. für eine bestimmte, nicht zu überschreitende Lagertemperatur die erforderliche Ölzähigkeit η ermittelt werden.

Die Lagertemperatur soll $t \approx 60 \ldots 80\,°C$ nicht überschreiten, sonst ist zusätzliche Kühlung, z. B. durch Umlaufschmierung mit Pumpe bei Rückkühlung des Öles, oder bei hochbelasteten Lagern sogar durch Wasserumspülung erforderlich. Dabei ist dann eine Lagertemperatur von $t \approx 50 \ldots 60\,°C$ anzustreben.

Die Ermittlung der Lagertemperatur ist also von großer Bedeutung, da hiernach die Gestaltung des Gleitlagers weitgehend entschieden wird.

Die Wärme wird größtenteils durch die Oberfläche des Lagergehäuses abgeführt. Die Wärmeabgabe durch die Welle ist nur bis zu einer vom Durchmesser abhängigen Länge wirksam. Die *wärmeabgebende Gesamtfläche* setzt sich also zusammen aus

$$A = A_L + A_W \text{ in m}^2 \tag{14.28}$$

A_L wärmeabgebende Oberfläche des Lagergehäuses in m²; sofern diese nicht anderweitig ermittelt oder bekannt ist, gilt bei üblicher Gehäusebauart (z. B. nach Bild 14-57 oder 14-58):

$A_L \approx \pi \cdot H (B + H/2)$ H, B Gehäusehöhe, -breite in m

Sind vorerst nur Lagerdurchmesser d und -breite b bekannt, dann kann erfahrungsgemäß gesetzt werden:

$A_L \approx 20 \ldots 25 \cdot d \cdot b$ d und b in m

Hierbei gelten die kleineren Werte für Lager im Maschinenverband (z. B. Turbinenlager), die größeren für freistehende Lager

A_W wärmeabgebende Oberfläche der Welle in m²;
für freiliegende Wellen gilt erfahrungsgemäß: $A_W \approx 0{,}25 \cdot A_L$,
bei nicht freiliegenden Wellen (z. B. Turbinenwellen) bleibt A_W unberücksichtigt

Bei *Lagern mit Zusatzkühlung*, z. B. durch *Umlaufschmierung* mit Pumpe wird die Reibungswärme teils vom Gehäuse, größtenteils aber vom Öl abgeführt. Es handelt sich hierbei fast ausschließlich um schnellaufende, hochbelastete Lager, z. B. Turbinenlager. *Wärmegleichgewicht* herrscht, wenn

$$Q_R = Q_a = \alpha \cdot A \cdot (t - t_0) + c \cdot \rho \cdot Q_K \cdot (t_2 - t_1) \text{ in kJ/min} \tag{14.29}$$

$\underbrace{}_{\text{durch Gehäuse}}$ $\underbrace{}_{\text{durch Umlauföl abgeführte Wärme}}$

Die Wärmeabgabe durch das Gehäuse ist gegenüber der durch das Umlauföl klein und kann vernachlässigt werden. Nach Gleichung (14.29) folgt dann für den *erforderlichen Kühlölvolumendurchfluß*

$$Q_K = \frac{Q_R}{c \cdot \rho \cdot \Delta t} \approx \frac{Q_R}{1{,}7 (t_2 - t_1)} \text{ in } l \, (\text{dm}^3)/\text{min} \tag{14.30}$$

$c \cdot \rho$ raumspezifische Wärme in kJ/$l \cdot °C$; für Öl wird gesetzt: $c \cdot \rho \approx 1{,}7$ kJ/$l \cdot °C$ (für Wasser ist $c \cdot \rho = 4{,}19$ kJ/$l \cdot °C$

t_1, t_2 Eintritts-, Austrittstemperatur des Öles in °C

14.3. Gleitlager

Die Temperaturdifferenz $\Delta t = t_2 - t_1$ soll $\approx 10 \ldots 15\,°C$, höchstens $20\,°C$ betragen, damit der Zähigkeitsabfall des Öles nicht zu groß wird.

14.3.3.4. Zuführdruck des Öles

Der erforderliche Druck, mit dem das Öl bei Umlaufschmierung durch Pumpe dem Lager zuzuführen ist, muß mindestens so groß sein wie der Fliehdruck des im Lager umlaufenden Öles. Sonst würde ein größerer Öldurchlauf, z. B. zur Kühlung, nicht erreicht werden können, da das Lager nur so viel Öl annimmt, wie durch die natürliche Seitenströmung abfließt. Das Lager muß also zum größeren Öldurchlauf „gezwungen" werden.

Der *Fliehdruck* (Überdruck gegen Atmosphäre) ergibt sich nach *Linnecken* aus

$$p_{\text{fü}} = \tfrac{2}{3} \cdot \psi \cdot \rho \cdot v^2 \cdot 10^{-5} \text{ in bar } (1 \text{ bar} = 10 \text{ N/cm}^2 = 0{,}1 \text{ N/mm}^2).$$

Hierin sind: ψ relatives Lagerspiel (siehe Gleichung 14.14), ρ Dichte des Öles in kg/m^3, v Gleitgeschwindigkeit in m/s.

Der Zuführdruck muß also gegenüber dem Fliehdruck größer sein, um die erforderliche Ölmenge durch den engsten Spalt h_0 des Lagers (siehe Bild 14-45) hindurch zu pressen. Mit einer erfahrungsgemäßen Sicherheit ν (≈ 10) wird dann der Zuführ-Überdruck

$$p_{\text{zü}} = \nu \cdot p_{\text{fü}} \text{ in bar.}$$

Für Öle mit der normalen Dichte $\rho \approx 900 \text{ kg/m}^3$ erübrigt sich eine Berechnung. Der erforderliche Zuführ-Überdruck $p_{\text{zü}}$ kann in Abhängigkeit von der Gleitgeschwindigkeit v und dem relativen Lagerspiel ψ aus Bild A14-8, Anhang, ermittelt werden.

Es ist noch zu beachten, daß der Austrittsdruck der Ölpumpe um den Druckverlust in den Zuführungsleitungen höher sein muß.

14.3.3.5. Berechnungsgang

Ein allgemein gültiges Berechnungsschema kann wegen der Verschiedenartigkeit der gegebenen und gesuchten Daten und der betrieblichen Verhältnisse nicht aufgezeichnet werden. Der Berechnungsgang kann daher nur an einigen Beispielen für typische, in der Praxis häufig vorkommende Fälle gegeben werden. Andersartige Lagerungsaufgaben lassen sich dann meist in eines dieser Beispiele eingliedern und ohne Schwierigkeiten lösen. Es sollen folgende Fälle unterschieden werden:

1. Gegeben sind, wie in praktisch allen Fällen, die Lagerbelastung F, die Drehzahl n und der Wellendurchmesser (Lager-Nenndurchmesser) d aus vorausgegangener Festigkeitsberechnung. Alle sonstigen Lagerdaten sind zu ermitteln (Entwurfsberechnung):

    a) Zunächst Lagerwerkstoff aufgrund der betrieblichen Anforderungen nach 14.3.2. ggf. nach Tabelle 14.4, wählen.

    b) Bauverhältnis nach Gleichung (14.13) und den Angaben hierzu wählen und damit Lagerbreite festlegen.

    c) Flächenpressung p_m nach Gleichung (14.12) ermitteln und prüfen. Relatives Lagerspiel ψ und Passung nach Bild A14-4 und A14-5 festlegen.

    d) Geringste Schmierschichtdicke h_0 nach Gleichung (14.16) festlegen; mit h_0 kann dann nach Gleichung (14.17) die Mindest-Schmierschichtdicke $h_{\min} \approx 0{,}8 \cdot h_0$ und damit ggf. die größte zulässige Rauhtiefe und die Gleitflächengüte festgelegt werden.

e) Relative Schmierschichtdicke δ nach Gleichung (14.18) bestimmen; dabei beachten, daß $0,4 > \delta > 0,04$; ggf. sind ψ und h_0 zu korrigieren.

f) Mit δ und Bauverhältnis b/d nach Bild A14-6 die Sommerfeldzahl So bestimmen.

g) Aus Gleichung (14.21) die erforderliche Ölviskosität η für den Betriebszustand ermitteln.

h) Übergangsdrehzahl $n_{ü2}$ nach Gleichung (14.22) ermitteln und prüfen.

i) Zu erwartende Betriebstemperatur t nach Gleichung (14.26) feststellen und danach entscheiden, ob Ausführung ohne oder mit Zusatzkühlung erforderlich ist.

k) Evtl. erforderlichen Kühlölvolumendurchfluß Q_k nach Gleichung (14.30) bestimmen.

l) Geeignetes Schmieröl aufgrund der ermittelten oder festgelegten Betriebstemperatur nach Bild A14-7 bestimmen.

m) Schmierölbedarf, Zuführdruck ggf. noch ermitteln.

2. Gegeben sind die Belastungsdaten (F, n), alle Lagerdaten (d, b, Werkstoff, Passung, Gleitflächengüte) und die Ölzähigkeit η. Das Lager ist zu prüfen (*Nachprüfung eines gegebenen Lagers*, z. B. eines Norm-Lagers):

    a) Flächenpressung p_m nach Gleichung (14.12) ermitteln und prüfen. Relatives Lagerspiel ψ entsprechend der Lagerpassung mit den Abmaßen feststellen. Sommerfeldzahl So nach Gleichung (14.21) ermitteln.

    b) Geringste Schmierschichtdicke h_0 nach Gleichung (14.15) ermitteln und prüfen, ob nach Gleichung (14.17) $\Sigma R_b \leq 0,8 \cdot h_0$.

    c) Übergangsdrehzahl $n_ü$ nach Gleichung (14.22) bestimmen und prüfen.

    d) Betriebstemperatur t feststellen und die danach noch notwendigen Berechnungen oder Nachprüfungen nach i) bis m) wie zu 1. durchführen.

3. Gegeben sind wie unter 2. alle Belastungs- und Lagerdaten. Gefordert wird eine bestimmte Übergangsdrehzahl $n_{ü2}$, z. B. $n_{ü2} = n/3$ (n Betriebsdrehzahl); gesucht wird die hierfür erforderliche Ölzähigkeit und geeignete Ölsorte.

    a) Flächenpressung p_m nach Gleichung (14.12) ermitteln und prüfen.

    b) Ölzähigkeit η aus Gleichung (14.22) berechnen.

    c) Relatives Lagerspiel ψ entsprechend der Lagerpassung feststellen.

    d) Sommerfeldzahl So nach Gleichung (14.21) ermitteln.

    e) Geringste Schmierschichtdicke h_0 nach Gleichung (14.15) ermitteln und prüfen, ob nach Gleichung (14.17) $\Sigma R_t \leq 0,8 \cdot h_0$.

    f) Betriebstemperatur t feststellen und die danach noch notwendigen Berechnungen oder Nachprüfungen nach i) bis m) wie zu 1. durchführen.

14.3.4. Berechnung der Axial-Gleitlager

14.3.4.1. Spurlager mit ebenen Spurplatten

Die einfachste, praktisch jedoch kaum verwendete Form des Axial-Gleitlagers ist das *Voll-Spurlager* mit ebener Spurplatte. Beim Laufen verteilt sich der Druck hyperbolisch über der Spurfläche (volle Kreisfläche) und wird in der Mitte theoretisch unendlich groß, was zum starken Verschleiß und schnellen Heißlaufen führen würde (gestrichelt eingezeichneter Druckverlauf in Bild 14-50).

Beim *Ring-Spurlager* ist durch einen Hohlraum in der Mitte der Ring-Spurplatte die Druckspitze vermieden (Bild 14-50). Es wird bei kleinen Dreh- oder Pendelbewegungen oder bei mittleren Drehzahlen und geringen Belastungen verwendet.

14.3. Gleitlager

Für die Berechnung ist die *mittlere Flächenpressung* maßgebend:

$$p_m = \frac{F_a}{\frac{\pi}{4}(D^2 - d^2)} \leq p_{m\,zul} \text{ in N/mm}^2 \qquad (14.31)$$

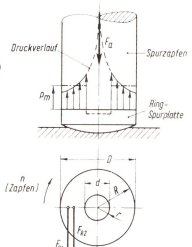

F_a Axialkraft in N
D Außendurchmesser der Ring-Spurplatte in mm
d Innendurchmesser der Ring-Spurplatte in mm
$p_{m\,zul}$ zulässige mittlere Flächenpressung in N/mm² nach Tabelle A 14.9, Anhang

Zweckmäßig wählt man das Bauverhältnis $d/D \approx 0{,}5 \ldots 0{,}6$.

Bild 14-50
Berechnung des Ring-Spurlagers

Bei *ruhendem* Zapfen ist die Flächenpressung gleichmäßig verteilt. Mit der im Schwerpunkt der Ringfläche angreifenden resultierenden Reibkraft F_{R1} wird das *Anlauf-Reibungsmoment*

$$M_{Ra} = F_{R1} \cdot l_1 = F_a \cdot \mu_0 \cdot \frac{2}{3} \cdot \frac{R^3 - r^3}{R^2 - r^2} \text{ in Nm} \qquad (14.32)$$

R, r Außenradius, Innenradius der Ring-Spurplatte in m
μ_0 Anlauf-Reibungszahl nach Tabelle A14.13, Anhang

Bei *laufendem* Zapfen verschiebt sich der Angriffspunkt der Reibungskraft aufgrund der sich einstellenden ungleichmäßigen Druckverteilung nach innen zur Mitte der Ringfläche. Infolge des kleineren Hebelarmes und auch der kleineren Reibungszahl (Gleitreibung!) wird das *Betriebs-Reibungsmoment* kleiner als das Anlauf-Reibungsmoment:

$$M_R = F_{R2} \cdot l_2 = F_a \cdot \mu \cdot \frac{D + d}{4} \text{ in Nm} \qquad (14.33)$$

μ Gleitreibungszahl nach Tabelle A14.13 (Mischreibungswert) oder A1.2, Anhang

Der Unterschied der Hebelarme l_1 und l_2 ist gering, daher kann ohne Bedenken in Gleichung (14.32) für $l_1 = \frac{D+d}{4}$ an Stelle von $\frac{2}{3} \cdot \frac{R^3 - r^3}{R^2 - r^2}$ gesetzt werden.

Hydrodynamische Flüssigkeitsreibung ist bei diesen Lagern wegen fehlender Schmierkeile nicht möglich. Flüssigkeitsreibung ist nur zu erreichen durch *hydrostatische Schmierung*, bei der das Schmiermittel unter hohem Druck zwischen die Gleitflächen gebracht wird, wodurch sich die Gleitflächen voneinander abheben.

14.3.4.2. Segment-Spurlager mit hydrodynamischer Schmierung

Durch Aufteilung der Ringfläche in Segmente mit „angestellten" Flächen (Bild 14-51) ist auch bei Spurlagern die selbsttätige Bildung einer tragenden Schmierschicht, also hydrodynamische Flüssigkeitsreibung möglich. Der Druckverlauf über den Segmentflächen entspricht dem über der angestellten Ebene (Bild 14-43). Die Segmentlager werden im Prinzip wie Radiallager berechnet. Die folgenden Berechnungsgleichungen gelten für den Normalfall, bei dem etwa 80 % der Ringfläche tragen und wenn die günstigen, möglichst einzuhaltenden Bauverhältnisse $b \approx 0{,}3 \cdot d_m$ und $l \approx b$ vorliegen.

Damit ergibt sich die *mittlere Flächenpressung*

$$p_m = \frac{F_a}{0{,}8 \cdot d_m \cdot \pi \cdot b} \approx \frac{0{,}4 \cdot F_a}{d_m \cdot b} \text{ in N/mm}^2 \qquad (14.34)$$

F_a Axialkraft in N
d_m mittlerer Spurflächendurchmesser in mm
b Spurflächenbreite in mm

Die bei gegebenen Betriebsverhältnissen sich einstellende *geringste Schmierschichtdicke*, die der „Abhebung" der Welle von der Spurplatte entspricht, ergibt sich aus

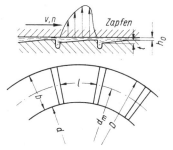

Bild 14-51
Berechnung des Segment-Spurlagers

$$h_0 = 0{,}018 \cdot \sqrt{\frac{d_m \cdot b \cdot n \cdot \eta}{p_m}} > h_{min} \text{ in } \mu m \qquad (14.35)$$

d_m, b und p_m wie in Gleichung (14.34)
n Drehzahl in U/min
η Ölzähigkeit in P
h_{min} Mindest-Schmierschichtdicke (kleinste zulässige Spaltweite), die im wesentlichen von der Lagerausführung und den Lagerabmessungen abhängig ist. Nach Versuchen von *Gersdorfer* soll sein:

$$h_{min} = 2 \cdot \sqrt[3]{(d_m + b)^2} \text{ in } \mu m; \; d_m \text{ und } b \text{ in cm}$$

Die Tiefe eingearbeiteter Keilflächen soll am Eingang $t \approx 1{,}25 \cdot h_0$ betragen; bei Kippsegmenten stellt sich diese im Betrieb selbst ein. Die im Bereich der Flüssigkeitsreibung *tragbare Höchstlast* ergibt sich aus

$$F_{max} = 16 \cdot 10^{-4} \cdot d_m \cdot b^2 \cdot n \cdot \eta \text{ in N} \qquad (14.36)$$

d_m, b, n und η wie in vorstehenden Gleichungen

Das Verhältnis F_{max}/F_a ist als Sicherheit zu betrachten, mit der das Lager im Betrieb arbeitet. Wird z. B. eine 5-fache Sicherheit angenommen, also $F_{max} = 5 \cdot F_a$ gesetzt, so könnte auch aus Gleichung (14.36) die erforderliche Ölzähigkeit ermittelt werden.

14.3. Gleitlager

Für den Fall einer gleichbleibenden Axialkraft (z. B. bei senkrechten Turbinenwellen, wird die *Übergangsdrehzahl*

$$n_{\ddot{u}} = \frac{10^4 \cdot F_a}{16 \cdot d_m \cdot b^2 \cdot \eta} \quad \text{in 1/min} \tag{14.37}$$

F_a, d_m, b und η wie in vorstehenden Gleichungen

Auch hieraus könnte, ähnlich wie aus Gleichung (14.36), für eine bestimmte Drehzahl $n_{\ddot{u}} < n$ (z. B. $n_{\ddot{u}} = n/5$) die erforderliche Ölzähigkeit ermittelt werden. Für sicheren Betrieb muß $n_{\ddot{u}} < n$ (Betriebsdrehzahl) sein.

Der zur Aufrechterhaltung der Flüssigkeitsreibung *erforderliche Ölvolumenstrom*, der der Gleitfläche zugeführt werden muß, ergibt sich aus

$$Q = 42 \cdot 10^{-6} \cdot z \cdot b \cdot v \cdot h_0 \quad \text{in } l(\text{dm}^3)/\text{min} \tag{14.38}$$

b, h_0 wie in vorstehenden Gleichungen
z Anzahl der Segmente
$v = \dfrac{d_m \cdot \pi \cdot n}{60}$ Umfangsgeschwindigkeit in m/s

Die im Lager entstehende *Reibungswärme* kann nach Gleichung (14.24) berechnet werden, wobei $F = F_a$ zu setzen ist und die *Lagerreibungszahl* zu ermitteln ist aus

$$\mu = 0{,}03 \cdot \sqrt{\frac{\eta \cdot v}{p_m \cdot b}} \tag{14.39}$$

η, v, p_m und b wie in vorstehenden Gleichungen

Die *Lagertemperatur* wird nach Gleichung (14.26) bzw. (14.27) ermittelt. Hierin sind F_a an Stelle von F und d_m an Stelle von b zu setzen. Es ist weiter zu beachten, daß die wärmeabgebende Lagerfläche A *nicht* nach Gleichung (14.28) ermittelt werden kann, sondern daß wegen der anderen Bauart der Axiallager z. B. bei Ölbadschmierung (siehe unter 14.3.5.2.) nur die vom Öl bespülte Fläche für A eingesetzt werden darf. Diese ist für jedes Lager gesondert zu ermitteln.

Bei der meist vorliegenden Umlaufschmierung reicht häufig schon der durchfließende Ölvolumenstrom Q nach Gleichung (14.38) aus, um die Lagertemperatur in üblichen Grenzen ($t < 60\,°C$) zu halten. Dieses Öl ist dann als Kühlöl zu betrachten, womit die sich einstellende Lagertemperatur t (entspricht Ölaustrittstemperatur t_2) aus Gleichung (14.30) ermittelt wird.

Reicht der Ölvolumenstrom Q nicht zur Kühlung aus, dann ist der Kühlölvolumendurchfluß Q_K für eine festzulegende Lagertemperatur $t \stackrel{\wedge}{=} t_2$ nach Gleichung (14.30) zu bestimmen.

14.3.5. Schmierung der Gleitlager

14.3.5.1. Schmierungsarten

Ölschmierung ist für Gleitlager aller Arten bei kleinen bis höchsten Drehzahlen und Belastungen vorherrschend. Vorwiegend werden Mineralöle verwendet. Angaben über deren Eigenschaften und eine Reihe von Verwendungsbeispielen enthält Tabelle A14.11a), Anhang. Zusätze, z. B. von Molybdänsulfid[1]), verbessern die Schmiereigenschaften durch Erhöhung der Haftfähigkeit und Glättung der Gleitflächen. Sie haben sich besonders bei Sparschmierung und hohen Temperaturen bewährt.

Fettschmierung wird nur bei Lagern mit sehr kleinen Drehzahlen und Pendelbewegungen sowie stoßartigen Belastungen angewendet, bei denen Flüssigkeitsreibung nicht zu erreichen ist; z. B. bei Pressen, Hebezeugen, Landmaschinen. Fett hat hierbei den Vorteil, sich besser und länger im Lager zu halten und gleichzeitig gegen Verschmutzung zu schützen. Verwendet werden Gleitlager-(Stauffer-)fette (siehe Tabelle A14.11b), Anhang).

Wasserschmierung hat sich bei Lagern aus Holz, Kunststoffen und Gummi bewährt, z. B. bei Walzen- und Pumpenlagern (siehe Bild 14-67). Vorteilhaft kann die etwa zwei- bis dreimal so hohe Kühlwirkung des Wassers gegenüber der des Öles bei hochbelasteten Walzenlagern sein.

Trockenschmierung mit Trockenschmiermitteln, wie Molybdänsulfid[1]) oder Graphit wird häufig bei hohen Temperaturen, zur Notlaufschmierung und zur einmaligen Schmierung bei langsam laufenden Lagern, bei Gelenken, Führungen und sonstigen Gleitstellen angewendet. Die Trockenschmiermittel werden meist als Pasten, seltener in Pulverform, verwendet und direkt auf die Gleitflächen aufgetragen.

14.3.5.2. Schmierverfahren und Schmiervorrichtungen

Bei der *Durchlaufschmierung* kommt das Schmiermittel (Öl oder Fett) nur einmal zur Wirkung, da es die Gleitstelle nur einmal durchläuft und dann meist nicht wieder verwendet wird. Wegen der Unwirtschaftlichkeit wird diese Schmierung nur für gering beanspruchte, einfache Lager (Haushalts-, Büromaschinen und dgl.) verwendet und dort, wo andere Schmierverfahren nicht möglich sind (schwingende Lagerstellen, Gelenke) oder wo wegen Verunreinigung das Schmiermittel nicht wieder zu verwenden ist.

Öl-Schmiervorrichtungen für Durchlaufschmierung: Handschmierung am einfachsten durch *offene Öllöcher* (Verschmutzungsgefahr!) oder durch *Öler* verschiedener Ausführungen nach DIN 3410 (Bild 14-52a bis c) für kurzzeitig laufende Lager. Selbsttätige Schmierung durch *Tropföler* (Bild 14-52e) mit sichtbarer regulierbarer Ölabgabe: Durch Schwenken des Knopfes um 90° wird Nadel (1) gehoben und Zulauföffnung freigegeben; durch Drehen der Mutter (2) wird Hubhöhe der Nadel und damit Zulaufmenge des Öles eingestellt; ferner durch *Dochtöler* (Bild 14-52d), aus dem das Öl ebenfalls tropfenweise dem Lager zuläuft.

---

[1]) Bekannt z. B. unter den Handelsnamen Molykote (Hersteller: *Molykote KG, Kraus Kuhn-Weiss & Co.,* München) oder dag LM-Pulver, dag LM48-Paste (Hersteller: *Deutsche Acheson GmbH dag*)

14.3. Gleitlager

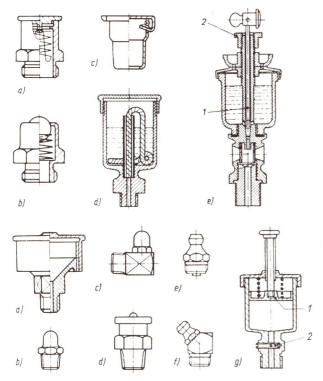

Bild 14-52
Öl-Schmiervorrichtungen
a) Einschraub-Deckelöler,
b) Einschraub-Kugelöler,
c) Einschlag-Klappdeckelöler,
d) Dochtöler,
e) Tropföler

Bild 14-53
Fett-Schmiervorrichtungen
a) Stauferbüchse,
b) und c) Kugel-Schmiernippel,
d) Flach-Schmiernippel,
e) und f) Kegel-Schmiernippel,
g) Fettbüchse

Fett-Schmiervorrichtungen: Stauferbüchse nach DIN 3411 (Bild 14-53a) und *Schmiernippel* nach DIN 3402 und 3404 (Bild 14-53b bis d) für Handschmierung; Kegel-Schmiernippel nach DIN 74412 (Bild 14-53e und f), besonders bei Schmierung durch Schmierpressen, sollen gegenüber den Kugel- und Flachschmiernippeln bevorzugt werden, da sie universell bedient werden können; *Fettbüchse* (Bild 14-53g) für selbsttätige Schmierung: Durch federbelastete Scheibe (1) wird das Fett ständig nachgedrückt, durch Regulierschraube (2) die Fettmenge eingestellt.

Bei der *Umlaufschmierung* wird das Schmiermittel (Öl, Wasser) durch ein Förderorgan fortlaufend der Schmierstelle zugeführt. Der Umlauf kann dabei so bemessen sein, daß das Schmiermittel nötigenfalls gleichzeitig zur Kühlung dient. Die Umlaufschmierung ist das gebräuchlichste Schmierverfahren bei Gleitlagern aller Art.

Schmiervorrichtungen für Umlaufschmierung: Bei Steh-, Flansch- und Einbaulagern mit mittleren Gleitgeschwindigkeiten (bis $v \approx 7 \ldots 10$ m/s) und waagerechten Wellen wird die *Ringschmierung* am häufigsten angewendet: Feste Schmierringe (bis $v \approx 10$ m/s) die sich mit der Welle drehen (Bild 14-57) oder lose Schmierringe (bis $v \approx 7$ m/s), die sich auf der Welle abwälzen (Bild 14-58) fördern das Öl aus einem Vorratsraum an die Gleitflächen. Die diesen von den Ringen zugeführten Ölmengen lassen sich wegen der vielartigen Einflußgrößen (Ringabmessungen, Ölviskosität, Gleitgeschwindigkeit u.a.) nur schwer ermitteln. Grobe Anhaltswerte aus Versuchen an bestimmten Lagern gibt Tabelle 14.5. Lose Schmierringe können nach DIN 322 bemessen werden. Tabelle A14.12, Anhang, enthält die wichtigsten Abmessungen und Einbaumaße.

Die *Ölbadschmierung*, bei der die gleitenden Flächen in Öl laufen, wird oft bei Spurlagern und einbaufertigen Zweiringlagern ähnlich Bild 14-60 verwendet. Bei der *Tauchschmierung* tauchen die zu schmierenden Teile in Öl ein und fördern oder schleudern es an die Schmierstelle; Anwendung bei Kurbellagern in Kurbelgehäusen und bei Zahnradgetrieben.

Die *Umlaufschmierung durch eine Pumpe* ist die sicherste und leistungsfähigste bei hochbelasteten Lagern von Turbinen, Generatoren und Werkzeugmaschinen. Sie kann für einzelne Lager oder als Zentralschmierung für ganze Maschinen ausgebildet sein.

Tabelle 14.5: Anhaltswerte für den durch Schmierringe den Gleitflächen zufließenden Ölvolumenstrom

Gleitgeschwindigkeit v in m/s		1	2	3	4	5	6
Ölvolumenstrom Q_z in l/min	für losen Ring	0,13	0,16	0,17	0,18	0,18	
	für festen Ring mit Abstreifer	0,45	0,38	0,33	0,3	0,28	0,28

14.3.5.3. Schmierstoffzuführung

Das Schmiermittel soll grundsätzlich der unbelasteten Lagerhälfte zugeführt werden (siehe auch unter 14.3.1.4.). Bei umlaufender Welle (Normalfall) tritt das Schmiermittel durch das Gehäuse zwischen die Gleitflächen (Bild 14-54a), bei „umlaufendem Gehäuse", z. B. bei Naben umlaufender Räder, wird möglichst durch die Achse geschmiert (Bild 14-54b). Wichtig ist die richtige Anordnung der Nuten und Schmiertaschen.

Bei *Schwenkbewegungen* wird das Schmiermittel zweckmäßig in die belastete oder neutrale Seitenfläche eingeführt, damit es die Gleitflächen besser erreicht.

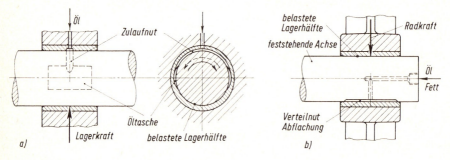

Bild 14-54. Schmierstoffzuführung. a) bei umlaufender Welle (Ölschmierung), b) bei umlaufendem Gehäuse

14.3.6. Lagerdichtungen

Bei Gleitlagern haben die Dichtungen wegen der geringeren Empfindlichkeit gegen Verschmutzung – die „Seitenströmung" (siehe unter 14.3.1.3.) erschwert das Eindringen von Schmutz – nicht die Bedeutung wie bei Wälzlagern. Sie sollen bei Gleitlagern insbesondere das Austreten von Öl verhindern. Hierfür genügen bei waagerechten Wellen meist schon Ölfangrillen an den Enden der Lagerbohrung (5 in Bild 14-57). Sonst kommen die gleichen Dichtungen wie bei Wälzlagern in Frage (siehe Abschnitt 14.2.11.).

14.3.7. Gestaltung der Radial-Gleitlager

Für die Gestaltung der Radial-Gleitlager sind die Art der Anordnung und die betrieblichen Verhältnisse maßgebend:

14.3. Gleitlager

Ausführung als Steh-, Hänge- oder Flanschlager je nach Anordnung (siehe auch unter 14.1.1. und Bild 14-3); in geteilter oder ungeteilter Ausführung je nach Ein- und Ausbaumöglichkeiten; als Starr- oder Pendellager (Bilder 14-57 und 14-58) je nach Fluchtgenauigkeit der Lagerstellen und der Größe der Wellendurchbiegung.

14.3.7.1. Lagerbuchsen, Lagerschalen

Der Lagerwerkstoff ist meist in Form ungeteilter Buchsen oder geteilter Schalen im Lagergehäuse untergebracht.

Buchsen werden in die Bohrungen ungeteilter Lagergehäuse eingepreßt oder auch eingeklebt. Möglichst sind genormte Buchsen nach DIN 1850 zu verwenden (Bild 14-55a und b) mit $d_1 = 3 \ldots 250$ mm, $d_2 \approx 1{,}1 \cdot d_1 + 5$ mm und $l \approx 0{,}5 \ldots 1 \cdot d_1$. Vorgesehen sind glatte Buchsen (Form G) und Buchsen mit Bund (Form H) mit $d_3 \approx d_1 + 10 \ldots 30$ mm und $b \approx 3 \ldots 10$ mm (für den Bereich $d_1 \approx 10 \ldots 100$ mm). Diese Angaben gelten für Buchsen aus Nichteisenmetallen, Stahl und Gußeisen. Für Buchsen aus Sintermetall und Kunstkohle sind ähnliche Formen bei etwas anderen Abmessungen vorgesehen. Zum Einbau ist eine Einpreßfase von 15° Neigung an einem Ende angedreht.

Als *Toleranzen* werden empfohlen für d_1: F7 bei Metall und Kunstkohle, G7 bei Sintermetall (ergibt nach Einpressen H7 bis H8); für d_2: r6 bei Metall und Sintermetall, s6 bei Kunstkohle; für Gehäusebohrung: H7 bei allen Werkstoffen. Das erforderliche Spiel ist durch entsprechende Wellentoleranzen einzustellen.

Die *Schmierung* kann mit Fett oder Öl erfolgen. Die je nach Schmierstoffzuführung (siehe auch unter 14.3.5.3.) vorzusehenden Schmierlöcher und -nuten können nach DIN 1591 gewählt werden. Bild 14-55a zeigt Schmierloch- und Nutanordnung bei Zuführung durch Gehäuse, Bild 14-55b bei Zuführung durch Stirnseite. Die Tiefe der Nuten beträgt $t_1 \approx \frac{1}{30} \ldots \frac{1}{50} \cdot d_1$ (bei $d_1 \approx 20 \ldots 200$ mm). Öltaschen sollen nicht so tief ausgeführt werden; empfohlen wird $t_2 \approx 2 \ldots 4 \cdot S$ (Lagerspiel), was Größenordnungen von nur etwa $\frac{1}{100} \ldots \frac{1}{400} \cdot d$ (Lager-Nenndurchmesser) ergibt. Die Öltaschenlänge soll etwa das $0{,}6 \ldots 0{,}8$-fache der Lagerbreite betragen.

Nähere Einzelheiten über Ausführungsformen, Abmessungen, Toleranzen und Bezeichnungen von Buchsen und Schmiernuten sind DIN 1850 und 1591 zu entnehmen.

Lagerschalen sind meist als Verbundlager ausgebildet, d. h. als Zweistoff- oder Dreistofflager, z. B. Zweistofflager mit Stützschale aus Stahl und Laufschicht aus Guß-Zinnbronze;

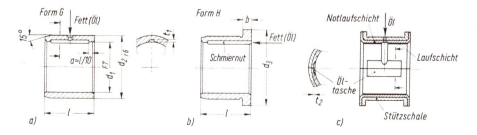

Bild 14-55. Lagerbuchsen, Lagerschalen. a) glatte Buchse, b) Buchse mit Bund, c) Dreistoff-Lagerschale

Dreistofflager mit Stützschale aus Stahl, Notlaufschicht aus Guß-Bleibronze und Laufschicht aus Blei-Zinn-Lagermetall, wie LgSn 80 (Bild 14-55c); Anwendung als Pleuellager.

Die Lagermetalle werden im Schleuderverfahren aufgebracht, die dabei gut diffundieren (sich verbinden) und ein dichtes Gefüge ergeben. Verankerungsnuten sind nur bei Gußeisen erforderlich (siehe Bild 14-61). Die Laufschichten haben eine Ausgußdicke von $\approx d/100$.

14.3.7.2. Gestaltungsbeispiele

Zunächst seien die wichtigsten genormten Lager genannt: Augenlager, DIN 504 (Bild 14-56a) und Flanschlager, DIN 502 (Bild 14-56b), beide meist Form A mit Buchse nach DIN 1850, Form B ohne Buchse; ferner Deckellager, DIN 505 (Bild 14-56c), geteilte Ausführung, mit Lagerschalen für Staufferfett- oder Fettkammerschmierung (Formen A oder B) oder ohne Schalen (Formen C und D). Vorstehende Lager werden vorwiegend mit Fettschmierung bei Hebezeugen verwendet. Stehlager nach DIN 118 sind Ringschmierlager, im Prinzip nach Bild 14-58, hauptsächlich für Transmissionen eingesetzt.

Die wichtigsten Abmessungen der Augen-, Flansch- und Deckellager (Bild 14-56) enthält Tabelle A14.14, Anhang.

Ein *starres Stehlager*[1]) mit Schmierung durch festen Schmierring zeigt Bild 14-57. Das Öl wird von dem mit der Welle umlaufenden Schmierring (1) durch Ölabstreifer (2) in Seitenräume (3) gefördert und tritt durch Löcher (4) zwischen die Gleitflächen. Ölfangrillen (5) fangen das seitlich ausströmende Öl ab und führen es wieder in den Vorratsraum zurück. Die Laufschicht besteht aus Blei-Zinn-Lagermetall (LgSn). Das Lager verlangt genaue fluchtende Wellen.

Zum Ausgleich von Fluchtfehlern und zur Vermeidung von Kantenpressungen, wie sie sich bei der Lagerung längerer Wellen ergeben können, sind *Pendellager* (Bild 14-58) angebracht. Das dargestellte Lager ist ein Ringschmierlager mit losem Schmierring.

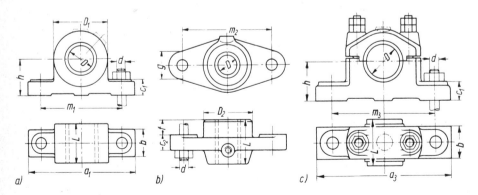

Bild 14-56. Genormte Gleitlager. a) Augenlager (DIN 504), b) Flanschlager (DIN 502), c) Deckellager (DIN 505); alle Lager mit Buchse bzw. Schale dargestellt

---

[1]) Hersteller: *Eisenwerk Wülfel,* Hannover

14.3. Gleitlager

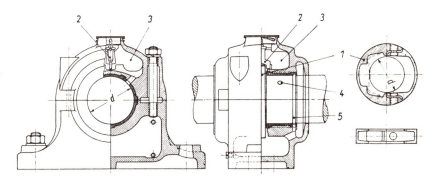

Bild 14-57. Starres Stehlager mit festem Schmierring (Werkbild *Flender*, Bocholt)

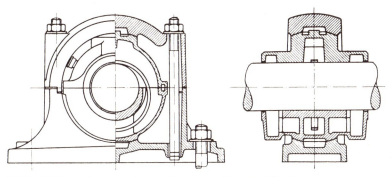

Bild 14-58. Pendellager mit losem Schmierring (Werkbild *Flender*, Bocholt)

Eine reibungsfreie, elastische und allseitige Beweglichkeit der Lagerschalen zur Vermeidung von Kantenpressungen gestattet die in Ringnuten von Lagerschale und Lagerkörper eingreifende *Schlangenfeder*[1]) (Bild 14-59).

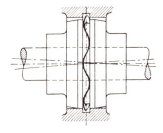

Bild 14-59. Pendellagerung durch Schlangenfeder
(Werkbild *Eisenwerk Wülfel*)

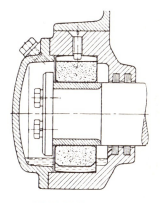

Bild 14-60
Einbau-Sintermetall-Lager

---

[1]) Hersteller: *Eisenwerk Wülfel*, Hannover

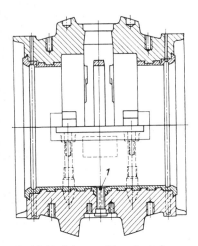

Bild 14-61. Schweres Ringschmierlager mit Hochdruckanfahrvorrichtung

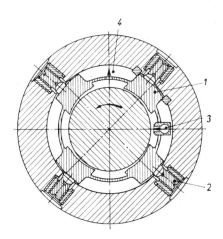

Bild 14-62
Mehrgleitflächenlager nach *Malcus*

Ein *Einbau-Sintermetall-Lager* mit Vorratschmierung zeigt Bild 14-60. Die ballige Auflage der Sinterbuchse im Gehäuse gestattet den Ausgleich kleinerer Wellenverlagerungen. Der Wellenzapfen trägt eine gehärtete Stahlbuchse.

Zur Überwindung des kritischen Mischreibungsbereiches werden schwere Lager, z. B. von Turbinen und Generatoren, mit einer *Hochdruck-Anfahrvorrichtung* versehen (Bild 14-61). Vor dem Anlaufen wird Öl unter hohem Druck in die belastete Lagerhälfte (bei 1) gepreßt, wodurch die Welle angehoben wird. Das Lager läuft mit *hydrostatischer Schmierung* an. Nach Erreichen der Übergangsdrehzahl läuft es mit hydrodynamischer Schmierung (durch Schmierring) weiter, nachdem die Druckschmierung eingestellt ist.

Die Forderung nach geringstem Lagerspiel läßt sich nur durch *Mehrgleitflächenlager* (MGF-Lager) erreichen. Die Lagerbohrung enthält mehrere auf dem Umfang verteilte Schmierspalte. Die hierin entstehenden Schmierkeile halten die Welle auch bei richtungsveränderlichen Lagerkräften in annähernd zentrischer Lage.

Angewendet werden diese Lager insbesondere als Spindellager bei Werkzeugmaschinen (Drehmaschinen, Schleifmaschinen). Häufig ist noch eine Nachstellbarkeit erwünscht. Ein Lager dieser Art ist das *Viergleitflächenlager* nach *Malcus* (Bild 14-62). Die durch einen biegeelastischen Ring verbundenen Gleitklötze (1) mit Anstellflächen sind durch Schrauben (2) ein- und nachstellbar. Umlaufschmierung durch Pumpe: Öleintritt bei (3), Ölaustritt bei (4).

14.3.8. Gestaltung der Axial-Gleitlager

Die einfachste Ausführung stellt das *Ring-Spurlager* mit ebener Kreisring-Lauffläche (siehe Bilder 14-50 und 14-75 zum Berechnungsbeispiel 14.7) dar. Diese Bauart ist nur für geringe Drehzahlen oder Pendelbewegungen geeignet (siehe auch unter 14.3.4.1.). Die Schmierung erfolgt meist mit Fett, bei mittleren Drehzahlen auch mit Öl (Ölbad oder

14.3. Gleitlager

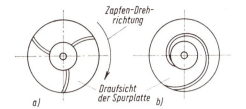

Bild 14-63
Anordnung der Schmiernuten bei Ring-Spurlagern
a) Radialnuten, b) Spiralnut

Umlaufschmierung). Bei Umlaufschmierung wird das Öl durch die Mitte der Spurplatte zugeführt und tritt durch Radial- oder Spiralnuten zwischen die Gleitflächen (Bild 14-63). Flüssigkeitsreibung ist wegen fehlender Anstellflächen nicht zu erreichen.

Für höhere Drehzahlen und größere Belastungen kommen nur *Segmentlager* in Frage. Die Kreisringfläche ist in Segmente mit „angestellten" Flächen unterteilt, wodurch sich Schmierkeile bilden und somit hydrodynamische Schmierung entstehen kann (siehe auch unter 14.3.4.2.).

Bild 14-64a zeigt einen Axial-Druckring[1]) aus (Caro-)Sonder-Messing für *eine* Drehrichtung mit vier durch Feinkopieren hergestellten Keilflächen (2) (Keiltiefen ≈ 4 ... 40 μm bei ≈ 2 ... 5 % Neigung!). Das Öl tritt durch die Schmiernuten (1) ein. Die ebenen Rastflächen (3) bieten dem Laufring eine genügend große Druckfläche bei Stillstand, An- und Auslaufen. Durch Doppelkeilflächen werden Rechts- und Linkslauf ermöglicht (Bild 14-64b), durch Anbringung von Keilflächen auf beiden Seiten des Druckringes können Axialkräfte in beiden Richtungen aufgenommen werden (Bild 14-65b).

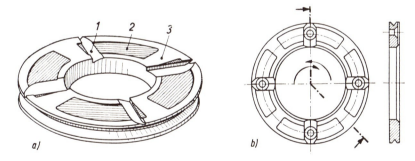

Bild 14-64. Axial-Druckringe. a) für eine Drehrichtung, b) für beide Drehrichtungen

Bild 14-65a zeigt den Einbau eines Axial-Druckringes bei senkrechter Welle. Ölzufuhr bei (1) über Ringnut (2) durch Hohlschrauben (3). Der Einbau eines doppelseitigen Axial-Druckringes bei waagerechter Welle ist in Bild 14-65b dargestellt. Druckring (1) läuft zwischen Stahl-Laufringen (2), die fest mit der Welle verbunden sind und durch Distanzring (3) auf genauem Abstand gehalten werden.

---

[1]) Hersteller: *Enzesfeld-Caro*, Metallwerke, Wien

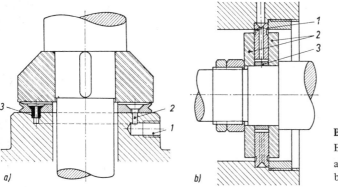

Bild 14-65
Einbau von Axial-Druckringen
a) bei senkrechter,
b) bei waagerechter Welle

Ein *kombiniertes Lager* für hohe Radial- und Axialkräfte in beiden Richtungen ist das Schiffswellenlager (Bild 14-66). Die Axialkraft wird vom Wellenbund (1) je nach Richtung auf einen der beiden Mehrgleitflächen-Druckringe (2) übertragen, die durch Tellerfedern (3) spielfrei gegen den Bund gedrückt sind. Bei diesem Lager benutzt man die Umlaufschmierung durch eine Pumpe. Das seitlich austretende Öl wird durch Spritzringe (4) und Filzringe abgefangen und aus dem Fangraum durch Rohre (5) in den Sammelraum (6) geführt.

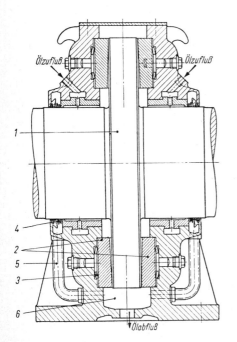

Bild 14-66. Schiffswellenlager

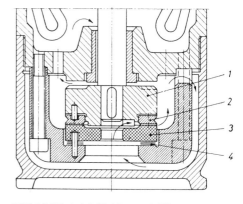

Bild 14-67. Axial-Gleitlager mit Wasserschmierung für eine Unterwasserpumpe

14.3. Gleitlager

Zur Aufnahme höchster Axialkräfte (bis nahezu 10 MN!) bei senkrechten Wellen, z. B. von Wasserturbinen (Francis- und Kaplan-Turbinen), werden *Kippsegmentlager* (Bild 14-68) eingesetzt. Der aus hochwertigem Stahl bestehende Laufring (1) ist mit dem auf der Welle festsitzenden Tragring (2) verschraubt. Die den Spurring bildenden Kippsegmente (3) aus Stahl mit einer Weißmetall-Lauffläche liegen kippbeweglich auf elastischen Unterlegscheiben, die auch gleichzeitig geringe Abweichungen der Höhenlage ausgleichen sollen. Durch die zwischen den „angestellten" Segmentflächen und dem Tragring sich bildenden Schmierkeile entsteht nach Erreichen der Übergangsdrehzahl Schwimmreibung.

Das Öl tritt nach Durchlaufen eines Kühlers durch den Filter (4) und die Düsen (5) ins Lager und läuft durch die Rohrleitung (6) der Pumpe zu (Umlaufschmierung).

Ein *wassergeschmiertes Axial-Gleitlager* einer Unterwasserpumpe zeigt Bild 14-67. Der mit dem Laufring (1) verbundene Axial-Druckring (2) läuft auf dem feststehenden Kunststoff- (oder Gummi-)ring (3). Druckring und Kunststoffring liegen zum Ausgleich von Verkantungen gegen elastische Zwischenlagen (4). Der Wasserumlauf ist durch Pfeile gekennzeichnet.

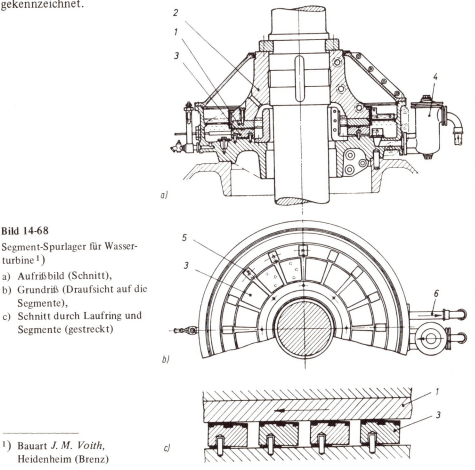

Bild 14-68
Segment-Spurlager für Wasserturbine[1])
a) Aufrißbild (Schnitt),
b) Grundriß (Draufsicht auf die Segmente),
c) Schnitt durch Laufring und Segmente (gestreckt)

---

[1]) Bauart *J. M. Voith*, Heidenheim (Brenz)

14.3.9. Polyamid-Gleitlager

14.3.9.1. Eigenschaften der Polyamide

Polyamide[1]) sind Thermoplaste, die sich durch gute Gleiteigenschaften und hohe Verschleißfestigkeit, auch bei Trockenlauf, sowie Korrosionsbeständigkeit, großes Dämpfungsvermögen und Unempfindlichkeit gegen Kantenpressung auszeichnen. Die geringe Wärmeleitfähigkeit begrenzt jedoch die Belastbarkeit. Die für Gleitlager (auch für Zahnräder) gebräuchlichen Polyamide und deren wichtigsten Eigenschaften sind in Tabelle 14.6 aufgeführt; zu bevorzugen ist das 6,6-Polyamid.

Tabelle 14.6: Polyamide, Sorten und Eigenschaften

Eigenschaft	Sorten		
	6,6-Polyamid	6-Polyamid	6,10-Polyamid
Zugfestigkeit σ_B in N/mm²	75	65	57
Bruchdehnung δ in %	70	150	60
Elastizitätsmodul E in N/mm²	2400	2200	1700
Schmelztemperatur t_s in °C	250…255	215…220	210…215
Gebrauchstemperatur t in °C	80…100	80	80
Wärmeleitzahl λ in W/m·K	0,23	0,27	0,21

14.3.9.2. Belastbarkeit der Polyamid-Gleitlager

Die Belastbarkeit der Polyamid-Gleitlager hängt im wesentlichen von der im Lager entstehenden Reibungswärme und deren Abführung ab. Die Lagertemperatur soll $t \approx 80\,°C$ nicht überschreiten, da bis zu dieser Temperatur ein Verschleiß, auch bei Trockenlauf, nicht mehr feststellbar ist, so daß eine praktisch unbegrenzte Lebensdauer erreicht wird. Auch darf die mittlere Flächenpressung p_m (nach Gleichung 14.12) nicht zu groß sein, um ein Zerquetschen des Lagers zu vermeiden. Als Grenzwert gilt $p_{m\,zul} \approx 25$ N/mm², jedoch nur bei kleiner Gleitgeschwindigkeit ($v < 5$ cm/s), z. B. bei Schwenkbewegungen oder bei Gelenken, sonst ist p_m durch den Belastungswert $(p_m \cdot v)_{zul}$ nach Gleichung (14.40) begrenzt.

Die im Lager entstehende Reibungswärme $Q_R \approx 0{,}06 \cdot F \cdot \mu \cdot v \approx 0{,}06 \cdot p_m \cdot d \cdot b \cdot \mu \cdot v$ (siehe Gleichung (14.24)) muß gleich sein der durch die Lagerbuchse und die Welle abgeführten Wärmemenge Q_a.

$$0{,}06 \cdot p_m \cdot d \cdot b \cdot \mu \cdot v = k_1 \cdot \frac{d \cdot b \cdot \pi}{s} \cdot \lambda \cdot \Delta t + k_2 \cdot \frac{d \cdot \pi}{2} \cdot \lambda_s \cdot \Delta t$$

Werden hierin die von der Lagerausführung abhängigen Faktoren $k_1 = \frac{1}{2}$ und $k_2 = \frac{1}{24}$ (als Mittelwerte) und die Wärmeleitzahlen $\lambda = 0{,}23$ W/m·K für Polyamid und $\lambda_s = 48$ W/m·K für Stahl (Welle) gesetzt, dann ergibt sich nach Umwandeln der Gleichung unter Berück-

---

[1]) Handelsnamen z. B.: Ultramid (BASF, Ludwigshafen), Durethan (Bayer, Leverkusen), Sustamid (Farbwerke Schroeder & Stadelmann, Oberlahnstein) u. a.

14.3. Gleitlager

sichtigung der üblichen Einheiten der *zulässige Belastungswert* aus Flächenpressung p (in N/mm²) und Gleitgeschwindigkeit v (in m/s) für Polyamid-Gleitlager:

$$(p \cdot v)_{zul} = \frac{\Delta t}{26800 \cdot \mu} \cdot \left(\frac{10}{s} + \frac{250}{3 \cdot b}\right) \geq (p \cdot v)_{vorh} \text{ in (N/mm}^2) \cdot \text{(m/s)} \qquad (14.40)$$

Δt Temperaturdifferenz zwischen Gleitflächen- und Außentemperatur in °C; man setzt Δt = 60 °C, wobei die günstige Lagertemperatur t = 80 °C erreicht wird bei einer Außentemperatur t_0 = 20 °C

μ Lager-Reibungszahl; $\mu \approx 0{,}35$ bei Trockenlauf, $\approx 0{,}12$ bei einmaliger Fettschmierung, $\approx 0{,}09$ bei Schmierfettdepot, $\approx 0{,}04$ bei Wasser- oder Ölschmierung (im Mischreibungsbereich)

s, b Wanddicke, Breite der Lagerbuchse in mm (s. unter „Gestaltung")

14.3.9.3. Lagerspiel, Lagerpassung, Toleranzen

Bei der Festlegung des Lagerspieles und der Lagerpassung muß die durch Temperatur- und Feuchtigkeitszunahme während des Laufes sich ergebende Volumenvergrößerung der Polyamidbuchsen berücksichtigt werden (bei Trockenlauf 3 bis 4 % Wasseraufnahme). Um diese Volumenvergrößerung möglichst gering zu halten, wird eine *„Konditionierung"* des Polyamides empfohlen: Vor der Fertigbearbeitung im heißen Wasser lagern, bis das Gewicht um ≈ 7 % zugenommen hat, wodurch die Feuchtigkeitsdehnung während des Betriebes erheblich vermindert wird. Unter der Annahme, daß die Volumenveränderung allein in das Lagerspiel eingeht, ergibt sich eine Verringerung des Spieles gegenüber dem ursprünglichen Einbauspiel um $\Delta S = 6 \cdot s \cdot (\epsilon_f + \alpha \cdot \Delta t')$. Im Betriebszustand soll dann noch ein erfahrungsgemäßes Mindestspiel $S_{min} = 0{,}004 \cdot d$ vorhanden sein, so daß das Kleinst-Einbaulagerspiel betragen muß:

$$S_k = S_{min} + \Delta S = 0{,}004 \cdot d + 6 \cdot s \cdot (\epsilon_f + \alpha \cdot \Delta t') \text{ in mm} \qquad (14.41)$$

d Lager-Nenndurchmesser in mm

s Wanddicke der Lagerbuchse in mm

ϵ_f Feuchtigkeitsdehnzahl; $\epsilon_f = 0{,}003$ für nicht wassergeschmierte Lager, $\epsilon_f = 0{,}02$ für wassergeschmierte nicht konditionierte Lager, $\epsilon_f = 0{,}005$ für wassergeschmierte konditionierte Lager

α Wärmedehnzahl; für Polyamid ist $\alpha = 0{,}00007$ 1/°C

$\Delta t'$ vorhandene Temperaturdifferenz zwischen Gleitflächen- und Außentemperatur durch Rückrechnung aus Gleichung (14.40) oder einfach aus der Beziehung

$$\frac{\Delta t'}{\Delta t} = \frac{(p \cdot v)_{vorh}}{(p \cdot v)_{zul}}$$

Polyamidbuchsen sollen mit einem Übermaß $U \approx 0{,}005 \ldots 0{,}01 \cdot d$ in die Gehäusebohrung eingepreßt werden, um einen genügend festen Sitz zu erreichen. Mit $U \approx 0{,}007 \cdot d$ (im Mittel) ergibt sich die dadurch bedingte *Durchmesserverkleinerung der Bohrung*

$$\Delta d = 0{,}007 \cdot (d + 1{,}33 \cdot s) \text{ in mm} \qquad (14.42)$$

Wird die Bohrung der Buchse *nach dem Einpressen fertig bearbeitet*, dann wird das *Kleinstmaß der Buchsenbohrung* $d_k = d_{gW} + S_k$ (d_{gW} Größtmaß der Welle, S_k Kleinst-Einbaulagerspiel nach Gleichung 14.41).

Kann die Buchse *nach dem Einpressen nicht mehr bearbeitet* werden, dann ist vorher das *Kleinstmaß der Buchsenbohrung* mit $d'_k = d_{gW} + S_k + \Delta d$ (Δd nach Gleichung 14.42) auszuführen.

Als Toleranzgröße für die Buchsenbohrung wird IT 7 oder IT 8 empfohlen, so daß je nach den vorstehenden Bearbeitungsmöglichkeiten das *Größtmaß der Buchsenbohrung* $d_g = d_k$ + IT 7 (IT 8) bzw. $d'_g = d'_k$ + IT 7 (IT 8) wird.

Der Durchmesser D_1 der Gehäusebohrung, in die die Buchse eingepreßt wird, soll die Toleranz H 7 oder H 8 haben. Bei einem mittleren Übermaß $U = 0{,}007 \cdot d$ wird das *Kleinstmaß des Buchsenaußendurchmessers* $D_k = D_1 = 0{,}007 \cdot d$ (D_1 bzw. d Nenndurchmesser der Gehäusebohrung bzw. des Lagers); mit empfohlener Toleranzgröße IT 7 oder IT 8 wird das *Größtmaß des Buchsenaußendurchmessers* $D_g = D_k$ + IT 7 (IT 8).

Für die *Welle* werden die Toleranzen h 6 bis h 8 empfohlen.

14.3.9.4. Gestaltung der Polyamid-Gleitlager

Herstellung. Lagerbuchsen werden entweder aus Stangen oder Rohren gefertigt oder bei größeren Stückzahlen im Spritzgußverfahren hergestellt. Dabei kann auch direkt in eine Stahl-Stützschale oder auf die Welle gespritzt werden, wobei Minimaldicken von 0,4 ... 1 mm erreicht werden. Die Oberflächen sind dabei zur besseren Haftung mit flachen Längsrändern zu versehen.

Abmessungen (Bild 14-69). Die Buchsenlänge gleich Lagerbreite b kann wegen der geringen Empfindlichkeit gegen Kantenpressung größer sein als bei Metall-Gleitlagern; üblich $b \approx 1 \ldots 2 \cdot d$ (d Lager-Nenndurchmesser). Für die *Buchsenwanddicke* wähle man erfahrungsgemäß $s \approx 0{,}4 + \sqrt{0{,}1 \cdot d}$ in mm (d Lager-Nenndurchmesser in mm).

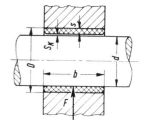

Bild 14-69
Abmessungen eines Polyamid-Gleitlagers

Gleitflächen, Wellen. Die Buchse soll möglichst fein bearbeitet sein. Für die Welle sind feingeschliffene Gleitflächen mit Rauhtiefe $R_t \approx 2 \ldots 4$ μm und Stahl mit gehärteter Oberfläche am günstigsten. Wellen aus Nichteisenmetallen sind zu vermeiden.

Ausführung und Schmierung. Polyamidlager laufen auch ohne jede Schmierung praktisch verschleißfrei. Die Belastbarkeit wird jedoch durch Schmierung beträchtlich erhöht, z. B. durch einmalige Fettschmierung beim Einbau um etwa das Dreifache. Noch günstiger ist eine Schmierung durch Fettdepot, wobei ständig kleine Fettmengen den Gleitflächen

14.3. Gleitlager

zugeführt werden. Ausführungsmöglichkeiten zeigt Bild 14-70. Öl- oder Wasserschmierung wird nur selten angewendet. Bei Trockenlauf hat sich das Auftragen von Molybdänsulfid auf die Welle bewährt.

Empfohlene Schmiermittel: Wälzlagerfett, Typ 100, Lithium verseift; Motorenöl SAE 10 ... 30 (siehe auch Tabelle A14.11, Anhang.

Die Buchsenkanten sind zum Erleichtern des Einbaues gut zu runden bzw. zu fasen.

Eine Sonderausführung einbaufertiger Buchsen stellen die „Star-Nyliners"-Buchsen (Hersteller: *Deutsche Star Kugelhalter GmbH,* Schweinfurt) mit Flansch dar (Bild 14-71). Der Ausgleichspalt (1) gestattet eine leichte Montage, gleicht Feuchtigkeits- und Wärmedehnungen aus und dient gleichzeitig als Fettdepot. Der Flansch (2) sichert gegen axiales Verschieben und nimmt auch Axialkräfte (max. 25 % der Radialkraft) auf. Die Schlitze (3) bilden ebenfalls ein Fettdepot. Bild 14-72 zeigt einige Einbaumöglichkeiten.

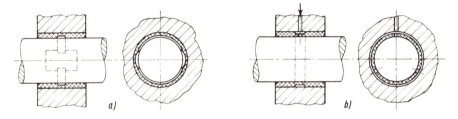

Bild 14-70. Polyamid-Lagerbuchsen mit Fettdepot,
a) mit innerer Ringnut und Schmiertaschen, b) mit äußerer Ringnut und Schmierlöchern

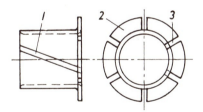

Bild 14-71. Polyamid-„Star-Nyliners"-Buchse

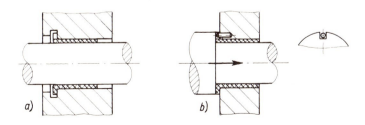

Bild 14-72. Einbaubeispiele für „Star-Nyliners"
a) Flansch schnappt in Gehäuseringnut ein, wodurch Buchse axial gesichert ist,
b) Flansch nimmt Axialkraft der abgesetzten Welle auf und ist gegen Verdrehen durch Stift gesichert

14.3.10. Berechnungsbeispiele für Gleitlager

■ **Beispiel 14.5:** Das Gleitlager eines Generators (Bild 14-73) hat eine Radialkraft F = 18 kN bei einer Drehzahl n = 1500 1/min aufzunehmen. Der Wellendurchmesser ergab sich mit d = 80 mm. Zu ermitteln, festzustellen bzw. zu prüfen sind:
a) geeigneter Gleitlagerwerkstoff,
b) Lagerbreite b und Flächenpressung p_m,
c) geeignete Passung,
d) Gleitflächengüte,
e) erforderliche Ölviskosität η,
f) Übergangsdrehzahl $n_ü$,
g) Schmierölbedarf Q und daraus sich evtl. ergebende Folgerungen,
h) Lagertemperatur t ohne Fremdkühlung,
i) geeignetes Normalschmieröl,
k) Maßnahmen, um eine etwaige zu hohe Lagertemperatur zu verhindern mit erforderlichen Berechnungen der Lagerdaten,
l) erforderlicher Kühlvolumendurchfluß Q_K bei vorzusehender Umlaufschmierung und damit zusammenhängende Lagerdaten.

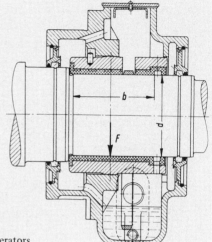

Bild 14-73. Gleitlager eines Generators

▶ **Lösung a):** Auf Grund der zu stellenden Anforderungen (gute Gleiteigenschaften, hohe Gleitgeschwindigkeit, geringere Belastung) ist nach Tabelle 14.4 Blei-Zinn-Lagermetall geeignet. Gewählt wird nach Tabelle A14.10 im Anhang: LgSn 80.
Ergebnis: Als Lagerwerkstoff wird LgSn 80 gewählt.

▶ **Lösung b):** Mit einem gewählten Bauverhältnis b/d = 1 wird die Lagerbreite b = d = 80 mm. Die Flächenpressung wird damit nach Gleichung (14.12):

$$p_m = \frac{F}{d \cdot b}, \quad p_m = \frac{18\,000 \text{ N}}{80 \text{ mm} \cdot 80 \text{ mm}} = 2,8 \text{ N/mm}^2.$$

Es ist nachzuweisen, daß der Lagerwerkstoff festigkeitsmäßig ausreicht. Bei der zu erwartenden Flüssigkeitsreibung gilt

$$p_{max} \approx 6 \cdot p_m \leqslant \sigma_{dF}, \quad p_{max} \approx 6 \cdot 2,8 \text{ N/mm}^2 = 16,8 \text{ N/mm}^2.$$

Nach Tabelle A14.10 ist für LgSn 80: $\sigma_{dF} \approx 70 \text{ N/mm}^2 > p_{max} = 16,8 \text{ N/mm}^2$.
Ergebnis: Die Lagerbreite ist b = 80 mm, die Flächenpressung p_m = 2,8 N/mm².

▶ **Lösung c):** Für die Wahl der Passung wird zunächst das günstigste relative Lagerspiel ermittelt. Für p_m = 2,8 N/mm² und die Gleitgeschwindigkeit $v = \frac{d \cdot \pi \cdot n}{60} = \frac{0,08 \cdot \pi \cdot 1500}{60}$ m/s = 6,3 m/s wird nach Bild A14-4, Anhang: $\psi \approx 1,6/1000 \approx 0,0016$. Dieser Wert liegt auch über dem unter Gleichung (14.14) angegebenen Mindestwert für LgSn. Mit ψ = 1,6/1000 und d = 80 mm wird nach Bild A14-5, Anhang, die Passung H8/e8 gewählt.
Hierfür ist auch das tatsächliche mittlere relative Lagerspiel $\psi \approx 1,6/1000$, berechnet aus Gleichung 14.14 mit dem mittleren Spiel S = 126 μm aus den Abmaßen für 80 H8: $^{+54}_{0}$, und e 8: $^{-72}_{-126}$ (Abmaßtabelle A2.4, Anhang).

14.3. Gleitlager

Es wird dann:

$$\psi = \frac{S}{d} = \frac{0,126 \text{ mm}}{80 \text{ mm}} = 0,001575 \approx \frac{1,6}{1000}$$

Ergebnis: Als Passung wird H 8/e 8 gewählt.

▶ **Lösung d):** Zur Festlegung einer günstigen Gleitflächengüte wird zunächst nach Gleichung (14.16) die geringste Schmierschichtdicke gewählt:

$$h_0 \leqslant \frac{S}{7}, \quad h_0 \leqslant \frac{0,126 \text{ mm}}{7} \approx 0,018 \text{ mm} \approx 18 \, \mu\text{m}.$$

Es kann und darf h_0 hier nicht nach Gleichung (14.15) bestimmt werden, da es sich um eine Entwurfsberechnung handelt mit noch unbekannter Ölviskosität. Die Mindest-Schmierschichtdicke wird mit $h_{\min} = 0,8 \cdot h_0 = 0,8 \cdot 18 \, \mu\text{m} \approx 14 \, \mu\text{m}$ festgelegt. Aus Gleichung (14.17) folgt aus $\Sigma R_t \leqslant h_{\min} \leqslant 14 \, \mu\text{m}$ für jede Gleitfläche bei gleicher Güte eine Rauhtiefe $R_t \approx 7 \, \mu\text{m}$. Damit würden nach Tabelle A14.8, Anhang, feingedrehte Gleitflächen ($R_t \approx 4 \, \mu\text{m}$ bis $R_t \approx 10 \, \mu\text{m}$) im Betriebszustand ausreichen.

Ergebnis: Gewählt werden feingedrehte Gleitflächen mit $R_t = 6,3 \, \mu\text{m}$.

▶ **Lösung e):** Die erforderliche Ölviskosität wird über die Sommerfeldzahl *So* ermittelt. Zunächst relative Schmierschichtdicke nach Gleichung (14.18):

$$\delta = \frac{2 \cdot h_0}{S}, \quad \delta = \frac{2 \cdot 0,018 \text{ mm}}{0,126 \text{ mm}} \approx 0,28 \; (> 0,04, < 0,3!).$$

Mit $\delta \approx 0,28$ und $b/d = 1$ ergibt sich aus Bild A14-6, Anhang: $So \approx 2,3$.
Die erforderliche Ölviskosität folgt aus Gleichung (14.21):

$$\eta \approx 10^8 \cdot \frac{p_m \cdot \psi^2}{So \cdot n}, \quad \eta \approx 10^8 \cdot \frac{2,8 \cdot 0,0016^2}{2,3 \cdot 1500} \approx 0,21 \text{ P}.$$

η ist die Viskosität des Öles im Betriebszustand, bei der sich dann die unter d) gewählte Schmierschichtdicke an der engsten Stelle des Schmierspaltes einstellt.

Ergebnis: Die Ölviskosität beträgt $\eta = 0,21$ P.

▶ **Lösung f):** Die Übergangsdrehzahl kann hier nur für den Übergang von Flüssigkeits- in Mischreibung ermittelt werden, da ja die Ölviskosität nur für den Betriebszustand bekannt ist. Nach Gleichung (14.22) wird

$$n_{\ddot{u}2} \approx 1300 \cdot \frac{2,8}{\eta_2 \cdot d \cdot C_{\ddot{u}}}; \quad \text{mit } \eta_2 \triangleq \eta = 0,21 \text{ P und } C_{\ddot{u}} = 1 \text{ wird}$$

$$n_{\ddot{u}2} \approx 1300 \cdot \frac{2,8}{0,21 \cdot 80 \cdot 1} \text{ 1/min} = 216,7 \text{ 1/min} \approx 220 \text{ 1/min}.$$

Damit ist $n/n_{\ddot{u}} = 1500/220 = 6,8 > v = 6,3$ (m/s). Das Lager läuft sicher im Bereich der Flüssigkeitsreibung.

Wahrscheinlich dürfte $n_{\ddot{u}2}$ noch niedriger und damit noch günstiger sein, da die Übergangskonstante $C_{\ddot{u}}$ allgemein zwischen 1 und 2 liegen wird, was allerdings nicht vorauszusehen ist.

Ergebnis: Die Übergangsdrehzahl beträgt $n_{\ddot{u}} \approx 220$ 1/min.

▶ **Lösung g):** Der zur Aufrechterhaltung der Flüssigkeitsreibung notwendige Ölvolumenstrom wird nach Gleichung (14.23):

$$Q \approx 0,0003 \cdot d^2 \cdot b \cdot n \cdot \psi, \quad Q \approx 0,0003 \cdot 8^2 \cdot 8 \cdot 1500 \cdot 0,0016 \, l/\text{min} \approx 0,37 \, l/\text{min}.$$

Das ist ein Ölvolumenstrom, der erfahrungsgemäß nach Tabelle 14.5 nicht mehr von *einem* losen oder auch festen Schmierring an die Gleitflächen abgegeben werden kann. Die vorgesehene Gestaltung des Lagers nach Bild 14-73 mit nur einem losen Schmierring wird damit ein zu großes Risiko für die einwandfreie Ölversorgung der Gleitflächen. Es ist eine Umgestaltung des Lagers mit zwei auf die Lagerbreite gleichmäßig verteilten Ringen angebracht, wodurch die erforderliche Ölmenge gerade erreicht werden könnte. Wegen der Gleitgeschwindigkeit (v = 6,3 m/s) bestehen keine Bedenken, da die Einsatzgrenze loser Ringe bei $v \approx$ 7 m/s liegt (siehe unter 14.3.5.2.).

Ergebnis: Der erforderliche Ölvolumenstrom beträgt $Q \approx$ 0,37 l/min.

▶ **Lösung h):** Zunächst wird der im Lager erzeugte Wärmestrom nach Gleichung (14.24) ermittelt:

$$Q_R = 0,06 \cdot F \cdot \mu \cdot v.$$

Für $So >$ 1 wird $\mu = \dfrac{3 \cdot \psi}{\sqrt{So}} = \dfrac{3 \cdot 0,0016}{\sqrt{2,3}} = 0,0032$ und damit

$Q_R \approx 0,06 \cdot 18\,000 \cdot 0,0032 \cdot 6,3$ kJ/min = 21,8 kJ/min.

Die wärmeabgebende Gesamtfläche wird nach Gleichung (14.28):

$$A = A_L + A_W.$$

Gehäusefläche des freistehenden Lagers: $A_L \approx 25 \cdot d \cdot b \approx 25 \cdot 0,08$ m $\cdot$ 0,08 m $\approx 0,16$ m^2; dieser Wert würde sich auch etwa ergeben bei einer nach Bild 14-73 geschätzten Gehäusehöhe $H \approx$ 200 mm und -breite $B \approx$ 160 mm.

Oberfläche der freiliegenden Welle: $A_W \approx 0,25 \cdot A_L \approx 0,25 \cdot 0,16$ m$^2 \approx 0,04$ m^2. Damit wird $A \approx 0,16$ m^2 + 0,04 m$^2 \approx 0,2$ m^2.

Die Lagertemperatur wird hiermit nach Gleichung (14.26):

$$t = \frac{Q_R}{\alpha \cdot A} + t_0.$$

Wegen der hohen Wellendrehzahl ist mit lebhafter Luftbewegung am Lager zu rechnen, darum wird α = 1,7 kJ/min $\cdot$ m$^2 \cdot$ °C gesetzt.

Bei einer Raumtemperatur t_0 = 20 °C wird dann

$$t = \left(\frac{21,8}{1,7 \cdot 0,2} + 20 \right) \text{°C} = (64 + 20) \text{°C} = 84 \text{°C}.$$

Diese Temperatur liegt nach den Angaben unter Gleichung (14.27) gerade noch an der oberen Grenze $t_{max} \approx$ 80 °C und kann noch als zulässig betrachtet werden.

▶ **Lösung i):** Es muß nun ein Öl gesucht werden, das bei der Betriebstemperatur t = 84 °C eine Viskosität $\eta \approx$ 0,2 P hat. Nach Bild A14-7 kommt hierfür ein Normalschmieröl N92 in Frage.

Ergebnis: Gewählt wird das Normalschmieröl N92.

▶ **Lösung k):** Wegen der hohen Betriebstemperatur, die bei einer möglichen, nur leichten Luftbewegung sogar auf $t >$ 100 °C ansteigen würde, besteht Gefahr für den einwandfreien Betrieb des Lagers. Ohne Änderung der Bauabmessungen könnten schon günstigere Verhältnisse durch ein Öl niedrigerer Viskosität, z. B. mit $\eta \approx$ 0,1 P bei Betriebstemperatur, erreicht werden. Hierfür soll nun der Rechnungsgang (etwa nach 2. unter 14.3.3.5.) aufgezeichnet werden, ohne detaillierte Berechnungen, aber mit den jeweiligen neuen Ergebnissen.

1. Lösungen und Ergebnisse zu a) bis c) bleiben unverändert.
2. Mit η = 0,1 P wird die Sommerfeldzahl nach Gleichung (14.21): So = 4,8.
3. Mit So wird die geringste Schmierschichtdicke nach Gleichung (14.15) h_0 = 0,0095 mm = 9,5 μm; damit R_t = 4 μm und δ = 0,15.

14.3. Gleitlager

4. Die Übergangsdrehzahl wird nach Gleichung (14.22): $n_{ü2} \approx 450$ 1/min, damit $n/n_{ü2} \approx 3{,}3 > 2{,}5 \ldots 3$, also noch zulässig.
5. Schmierölbedarf bleibt unverändert wie unter g): $Q \approx 0{,}37$ l/min.
6. Lagertemperatur nach Gleichung (14.26): $t \approx 60$ °C, mit $Q_R = 13{,}6$ kJ/min ($\mu = 0{,}002$!); bei angenommener leichter Luftbewegung ($\alpha = 1{,}25$ kJ/min · m² · °C) würde $t \approx 75$ °C, also auch noch zulässig.
7. Mit $t = 60$ °C (75 °C) und $\eta = 0{,}1$ P kommt in Frage: Normalschmieröl N16 (N25).

Ergebnis: Mit Normalschmieröl N16 wird bei lebhafter Luftbewegung die Lagertemperatur $t \approx 60$ °C, mit Normalschmieröl N25 wird bei leichter Luftbewegung $t \approx 75$ °C.

▶ **Lösung l):** Um die bei Ringschmierung gefährdete Ölversorgung der Gleitflächen (siehe zu g)) unbedingt sicherzustellen und ferner auch die Lagertemperatur niedriger, z. B. auf 50 °C zu halten, müßte Umlaufschmierung durch Pumpe vorgesehen werden. Das bedingt allerdings eine völlige Neugestaltung des Lagers, im Prinzip etwa nach Bild 14-73a. Alle unter a) bis h) ermittelten Lagerdaten, also auch die Ölviskosität $\eta = 0{,}21$ sollen beibehalten werden.
Der erforderliche Kühlölvolumendurchfluß wird nach Gleichung (14.30):

$$Q_K = \frac{Q_R}{1{,}7\,(t_2 - t_1)}.$$

Lager-Reibungswärmestrom $Q_R = 21{,}8$ kJ/min (siehe zu h)); Öl-Austrittstemperatur gleich Lagertemperatur $t_2 = 50$ °C, wie gefordert; Öl-Eintrittstemperatur $t_1 = 38$ °C, womit $\Delta t = 12$ °C (üblich) wird; damit

$$Q_K = \frac{21{,}8}{1{,}7 \cdot 12}\; l/min = 1{,}07\; l/min \approx 1{,}1\; l/min.$$

Es ist damit $Q_K > Q = 0{,}37$ l/min (siehe zu g)), womit auch die Gleitflächen ausreichend mit Öl versorgt werden.
Diese Ölmenge muß unter Druck dem Lager zugeführt werden, der sich aus Bild A14-8, Anhang, bei $v = 6{,}3$ m/s und $\psi = 1{,}6/1000$ ergibt zu $p_{zü} < 0{,}01$ bar. Es genügt also ein geringer Überdruck, um die Ölmenge Q_K durch das Lager zu „drücken".
Mit $t = 50$ °C und $\eta = 0{,}21$ P wird dann nach Bild A14-7, Anhang, gewählt: Normalschmieröl N25.

Ergebnis: Der erforderliche Kühlölvolumendurchfluß beträgt $Q_K = 1{,}1$ l/min, der Zuführdruck $p_{zü} < 0{,}01$ bar; gewählt wird das Normalschmieröl N25.

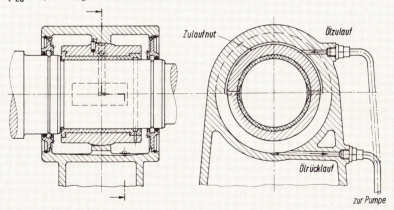

Bild 14-73a. Gleitlager des Generators, neugestaltet für Umlaufschmierung mit Pumpe

Abschließende Bemerkungen: In vorstehender Lagerberechnung sind bewußt verschiedene Möglichkeiten der Gleitlagerauslegung gezeigt worden. In der Praxis sind die Berechnungen meist wesentlich einfacher, da schon viele Daten (z. B. Passung, Gleitflächengüte, Ölsorte) erfahrungsgemäß vorgewählt werden und die eigentliche Berechnung sich nur noch auf die Temperaturkontrolle bezieht. Vielfach ist auch schon aus Erfahrung bekannt, ob aufgrund der Betriebsverhältnisse Ringschmierung oder Umlaufschmierung in Frage kommt, so daß überhaupt nur ein Teil der obigen Berechnung durchgeführt zu werden braucht. Auch liegt in diesem Beispiel gerade ein Grenzfall hinsichtlich des Schmierölbedarfs und der Lagertemperatur vor, was in der Praxis selten der Fall sein dürfte.

Beispiel 14.6: Das Endlager einer Gebläsewelle hat einen Axialschub von F_a = 8,5 kN bei einer Drehzahl n = 6000 1/min aufzunehmen (Bild 14-74). Für die Spurplatte wurden konstruktiv festgelegt:

Außendurchmesser D = 120 mm, Innendurchmesser d = 60 mm, also mittlerer Durchmesser d_m = 90 mm und Breite b = 30 mm. Vorgesehen sind z = 8 eingearbeitete Segmente. Wegen der hohen Drehzahl wird, um die Reibung und damit die Lagertemperatur möglichst niedrig zu halten, ein niedrigviskoses Öl gewählt, das im Betriebszustand eine Viskosität $\eta \approx 0,2$ P haben soll.

Zu ermitteln bzw. zu prüfen sind:
a) mittlere Flächenpressung p_m,
b) tragbare Höchstlast F_{max} und Betriebssicherheit,
c) Übergangsdrehzahl $n_ü$,
d) Tiefe der Keilflächen t an der Einlaufstelle,
e) erforderlicher Ölvolumenstrom Q für die Gleitflächen,
f) erforderliche Differenz Δt zwischen Aus- und Eintrittstemperatur des Öles, wenn der Ölvolumenstrom Q die Reibungswärme abführen soll und die günstigste Betriebstemperatur t,
g) geeignetes Normalschmieröl.

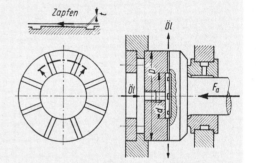

Bild 14-74. Axiallager eines Gebläses

Lösung a): Günstige Bauverhältnisse mit $b \approx 0,3 \cdot d_m \approx 0,3 \cdot 90$ mm ≈ 30 mm und mittlerer Segmentlänge $l \approx \dfrac{d_m \cdot \pi}{z} \approx \dfrac{90 \text{ mm} \cdot \pi}{8} \approx 35$ mm $\approx b$ liegen vor, wie unter 14.3.4.2. empfohlen. Damit wird die mittlere Flächenpressung nach Gleichung (14.34):

$$p_m \approx \frac{0,4 \cdot F_a}{d_m \cdot b}, \quad p_m \approx \frac{0,4 \cdot 8500 \text{ N}}{90 \text{ mm} \cdot 30 \text{ mm}} \approx 1,25 \text{ N/mm}^2.$$

Ergebnis: Die mittlere Flächenpressung beträgt p_m = 1,25 N/mm².

Lösung b): Die bei Flüssigkeitsreibung noch tragbare Höchstlast wird nach Gleichung (14.36):

$F_{max} = 16 \cdot 10^{-4} \cdot d_m \cdot b^2 \cdot n \cdot \eta$,
$F_{max} = 16 \cdot 10^{-4} \cdot 90 \cdot 30^2 \cdot 6000 \cdot 0,2$ N $\approx 155\,000$ N = 155 kN.

Damit läuft das Lager bei F_a = 8,5 kN mit einer etwa 18fachen Sicherheit, d.h. bei dieser Belastung F_{max} würde bei n = 6000 1/min der Übergang von Misch- in Flüssigkeitsreibung erfolgen.

Ergebnis: Die Höchstlast beträgt F_{max} = 155 kN.

14.3. Gleitlager 415

▶ **Lösung c):** Die Ermittlung der Übergangsdrehzahl für vorliegendes Beispiel hat praktisch wenig Sinn, da bei Gebläsen und ähnlichen Maschinen der Axialschub sich etwa mit dem Quadrat der Drehzahl ändert. So wird z.B. bei der halben Drehzahl n = 3000 1/min der Axialschub nur noch den vierten Teil betragen, also $F_a \approx$ 2,1 kN. Die Übergangsdrehzahl läßt sich in diesem Fall kaum ermitteln. Das Lager läuft jedoch mit Sicherheit im Bereich der Flüssigkeitsreibung, was eindeutig aus Lösung b) hervorgeht.

Ergebnis: Die Ermittlung der Übergangsdrehzahl $n_ü$ hat hier keinen Sinn.

▶ **Lösung d):** Für die Bestimmung der Keilflächentiefe ist zunächst die sich im Betriebszustand ergebende geringste Schmierschichtdicke nach Gleichung (14.35) zu ermitteln:

$$h_0 = 0{,}018 \cdot \sqrt{\frac{d_m \cdot b \cdot n \cdot \eta}{p_m}}, \quad h_0 = 0{,}018 \cdot \sqrt{\frac{90 \cdot 30 \cdot 6000 \cdot 0{,}2}{1{,}25}} \; \mu m \approx 29 \; \mu m.$$

Die Mindest-Schmierschichtdicke soll sein (mit d_m und b in cm!):

$$h_{min} = 2 \sqrt[3]{(d_m + b)^2}, \quad h_{min} = 2 \cdot \sqrt[3]{(9 + 3)^2} \; \mu m \approx 10 \; \mu m.$$

Damit ist also $h_0 > h_{min}$ und ein sicherer Betrieb gewährleistet.
Die Tiefe der Keilflächen am Eingang wird t = 1,25 $\cdot h_0$ = 1,25 $\cdot$ 29 $\mu m \approx$ 36 μm, gewählt t = 40 μm = 0,04 mm.

Ergebnis: Die Tiefe der Keilfläche wird mit t = 0,04 mm ausgeführt.

▶ **Lösung e):** Der zur Aufrechterhaltung der Flüssigkeitsreibung erforderliche Ölvolumenstrom wird nach Gleichung (14.38):

$$Q = 42 \cdot 10^{-6} \cdot z \cdot b \cdot v \cdot h_0.$$

Anzahl der Segmente z = 8 (gegeben), Gleitgeschwindigkeit

$$v = \frac{d_m \cdot \pi \cdot n}{60} = \frac{0{,}09 \cdot \pi \cdot 6000}{60} \; m/s = 28 \; m/s, \text{ hiermit und mit } b = 30 \text{ mm und } h_0 = 29 \; \mu m \text{ wird:}$$

Q = 42 $\cdot 10^{-6} \cdot$ 8 $\cdot$ 30 $\cdot$ 29 $l/min \approx$ 8 l/min.

Ergebnis: Den Gleitflächen müssen Q = 8 l/min Öl zugeführt werden.

▶ **Lösung f):** Die Wärmeabfuhr durch die Lagerungsteile wird gering sein, sie geht als Sicherheit in die Rechnung ein. Im wesentlichen wird die Wärme vom Durchlauföl abgeführt, das hier als Kühlöl zu betrachten ist. Es wird zunächst die zum Abführen der Reibungswärme erforderliche Differenz zwischen Ölaustritts- und Öleintrittstemperatur festgestellt. Diese ergibt sich durch Umformen der Gleichung (14.30):

$$\Delta t = t_2 - t_1 = \frac{Q_R}{1{,}7 \cdot Q_K}.$$

Der im Lager entstehende Reibungswärmestrom wird entsprechend Gleichung (14.24):

$$Q_R = 0{,}06 \cdot F \cdot \mu \cdot v.$$

Vorerst ist noch die Lagerreibungszahl nach Gleichung (14.39) zu ermitteln:

$$\mu = 0{,}03 \cdot \sqrt{\frac{\eta \cdot v}{p_m \cdot b}}, \quad \mu = 0{,}03 \cdot \sqrt{\frac{0{,}2 \cdot 28}{1{,}25 \cdot 30}} = 0{,}0116; \text{ damit wird}$$

Q_R = 0,06 $\cdot$ 8500 $\cdot$ 0,0116 $\cdot$ 28 kJ/min = 166 kJ/min; hiermit und mit $Q_K \triangleq Q$ = 8 l/min wird

$$\Delta t = t_2 - t_1 = \frac{166}{1{,}7 \cdot 8} \; °C = 12{,}2 \; °C \approx 12 \; °C.$$

Diese Temperaturdifferenz liegt nach den Angaben unter Gleichung (14.30) in der empfohlenen Größenordnung von ≈ 10 ... 15 °C. Bei einer angenommen günstigen Betriebstemperatur gleich Ölaustrittstemperatur $t = t_2 = 50$ °C muß das Öl auf $t_1 = 38$ °C rückgekühlt und mit dieser Temperatur dem Lager zugeführt werden.

Ergebnis: Die Temperaturdifferenz des Öles zwischen Aus- und Eintritt beträgt $\Delta t = 12$ °C; als Betriebstemperatur für das Lager wird $t = 50$ °C gewählt.

▶ **Lösung g):** Es wird ein Normalschmieröl gesucht, das bei einer Betriebstemperatur $t = 50$ °C ein Viskosität $\eta = 0,2$ P hat. Nach Schaubild A14-7 kommt dafür das Normalschmieröl N 25 (mit $\eta \approx 0,22$ P) in Frage.

Ergebnis: Gewählt wird das Normalschmieröl N 25.

■ **Beispiel 14.7:** Hals- und Spurlager des Wanddrehkranes, Bild 14-42, sind als Gleitlager auszubilden.

Wie in Beispiel 14.4 sind: Höchstlast $F_L = 25$ kN, Eigengewichtskraft = 5 kN, Ausladung $l_1 = 3,2$ m, Schwerpunktabstand $l_2 = 0,9$ m, Lagerabstand $l_3 = 3,5$ m; ferner Lagerkräfte $F_x = 24,1$ kN, $F_y = 42,5$ kN.

Zu berechnen bzw. auszuführen sind:

a) Abmessungen des Halslagers A,
b) Abmessungen des Hohlzapfen-Spurlagers B,
c) Entwurf des Hals- und Spurlagers.

▶ **Lösung a):** Hals- und Spurlager führen nur kleine Pendelbewegungen aus, Flüssigkeitsreibung ist also nicht zu erreichen. Damit sind für die Berechnung der Lager nicht hydrodynamische Gesichtspunkte, sondern allein die Flächenpressung und Festigkeit maßgebend. Wegen der großen Lagerkräfte wird mit Fett geschmiert, das sich hierbei besser und länger im Lager hält als Öl. Darum wird das Bauverhältnis für das Halslager

$b/d > 1$, gewählt $b/d = 1,2$.

Der Lager- gleich Zapfendurchmesser d ergibt sich aus Gleichung (14.12):

$p_m = \dfrac{F_x}{d \cdot b}$, für $b = 1,2 \cdot d$ gesetzt, wird nach Umformen:

$$d = \sqrt{\dfrac{F_x}{1,2 \cdot p_{m\,zul}}}.$$

Der Lagerwerkstoff muß eine hohe Festigkeit und gute Notlaufeigenschaft haben, verschleißfest und möglichst unempfindlich gegen Kantenpressung sein. Nach Tabelle 14.4 kommt hierfür insbesondere Guß-Zinnbronze in Frage, gewählt wird nach Tabelle A14.10: G-CuSn 12 Pb. Hierfür wird nach Tabelle A14.9, Anhang, für ungehärteten Stahl $p_{m\,zul} = 8$ N/mm² eingesetzt (für den Zapfen wird St 50 gewählt). Damit wird

$$d = \sqrt{\dfrac{24\,100\text{ N}}{1,2 \cdot 8\text{ N/mm}^2}} = 50\text{ mm, gewählt } d = 50\text{ mm}.$$

Die Lagerbreite wird dann

$b = 1,2 \cdot d$, $b = 1,2 \cdot 50$ mm $= 60$ mm.

Der Zapfen ist auf Festigkeit nachzuprüfen. Er wird schwellend auf Biegung und Schub beansprucht, wobei Schub erfahrungsgemäß vernachlässigt werden kann. Entsprechend Bild 14-41,

14.3. Gleitlager

hier mit b = 60 mm, gilt für die vorhandene Biegespannung im gefährdeten Querschnitt (Zapfenansatz):

$$\sigma_b = \frac{M_b}{W} \leq \sigma_{b\,zul}.$$

Biegemoment $M_b = F_x \cdot \frac{b}{2}$ = 24 100 N · 3 cm = 72 300 Ncm, axiales Widerstandsmoment $W = 0{,}1 \cdot d^3 = 0{,}1 \cdot 5^3$ cm^3 = 12,5 cm^3, damit

$$\sigma_b = \frac{72\,300\,\text{Ncm}}{12{,}5\,\text{cm}^3} = 5784\,\text{N/cm}^2 \approx 58\,\text{N/mm}^2.$$

Als Zapfenwerkstoff ist St 50 gewählt; hierfür wird bei Schwellbelastung und bekannter Kerbwirkung die zulässige Biegespannung nach Gleichung (3.7):

$$\sigma_{b\,zul} = \frac{\sigma_G}{v} = \frac{\sigma_D \cdot b_1 \cdot b_2}{\beta_k \cdot v}.$$

Für St 50 ist nach Dfkt-Schaubild A3-4b, Anhang: $\sigma_D = \sigma_{b\,Sch}$ = 420 N/mm^2; Oberflächenbeiwert für gewählte feingeschlichtete Oberfläche (R_t = 6,3 μm) und σ_B = 500 N/mm^2 (St 50!) nach Bild A3-1, Anhang: $b_1 \approx 0{,}9$; Größenbeiwert für d = 50 mm nach Bild A3-2, Anhang: $b_2 \approx 0{,}8$; Kerbwirkungszahl für abgesetzte Welle nach Tabelle A3.5, Anhang, Zeile 4, geschätzt: $\beta_k \approx 1{,}8$; Sicherheit v = 1,25 gewählt. Mit diesen Werten wird

$$\sigma_{b\,zul} = \frac{420\,\text{N/mm}^2 \cdot 0{,}9 \cdot 0{,}8}{1{,}8 \cdot 1{,}25} = 135\,\text{N/mm}^2 > \sigma_b = 58\,\text{N/mm}^2.$$

Der Zapfen ist somit dauerbruchsicher.

Ergebnis: Für das Halslager ergeben sich Durchmesser d = 50 mm und Breite b = 60 mm.

▶ **Lösung b):** Für die Ausführung des Spurlagers gilt im Prinzip das gleiche wie bereits zu Beispiel 14.4 Lösung c) beschrieben:

Das Lager wird zum Hindurchführen des Seiles mit Hohlzapfen, d_i = 25 mm, ausgebildet. Die sonstigen Abmessungen werden zweckmäßig konstruktiv festgelegt und dann, soweit erforderlich, nachgeprüft.

Nach Bild 14-74 werden gewählt:

Zapfendurchmesser d_1 = 80 mm, Außendurchmesser von Laufring (2) und Spurplatte (3) d_a = 75 mm, Innendurchmesser d_i = 25 mm, Lagerbreite b_1 = 80 mm.

Für den Hohlzapfen wird als Werkstoff, wie für den Halszapfen, St 50, für den Laufring ein Einsatzstahl (gehärtet) und für die Spurplatte und Buchse (4) G-CuSn 12 Pb gewählt. Die Flächenpressung zwischen Zapfen und Spurplatte wird nach Gleichung (14.31):

$$p_m = \frac{F_y}{\frac{\pi}{4}(d_a^2 - d_i^2)}, \quad p_m = \frac{42\,500\,\text{N}}{\frac{\pi}{4}(7{,}5^2\,\text{cm}^2 - 2{,}5^2\,\text{cm}^2)} = 1080\,\text{N/cm}^2 = 10{,}8\,\text{N/mm}^2.$$

Nach Tabelle A14.9, Anhang, ist für St gehärtet auf G-CuSnPb der Richtwert für die zulässige Flächenpressung: $p_{m\,zul} \approx 10$ N/mm^2. Die geringe Überschreitung dieses Wertes ist aber unbedeutend.

Die Flächenpressung im Radiallagerteil ist nach Gleichung (14.12):

$$p_m = \frac{F_x}{d_1 \cdot b_1}, \quad p_m = \frac{24\,100\,\text{N}}{80\,\text{mm} \cdot 80\,\text{mm}} \approx 3{,}8\,\text{N/mm}^2.$$

Zulässig ist nach Tabelle A14.9, Anhang, für St 50 auf G-SnBz: $p_{m\,zul} \approx 8$ N/mm^2. Die gewählten Abmessungen können damit beibehalten werden.

Der Zapfen wird auf Biegung $\left(M_b \approx F_x \cdot \dfrac{b_1}{2}\right)$, Druck $\left(\sigma_d = \dfrac{F_y}{A}\text{ mit Ringfläche } A = \dfrac{\pi}{4}(d_1^2 - d_i^2)\right)$ und Schub beansprucht, was aber vernachlässigt werden kann.

Eine Festigkeitsnachprüfung erübrigt sich jedoch nach Vergleich mit der Nachprüfung des Halszapfens. Die vorhandene Spannung dürfte auch hier wesentlich unter der zulässigen liegen.

Ergebnis: Außendurchmesser des Hohlzapfens d_1 = 80 mm, Innendurchmesser d_i = 25 mm; Außendurchmesser von Laufring und Spurplatte d_a = 75 mm, Innendurchmesser d_i = 25 mm; Lagerbreite b_1 = 80 mm.

▶ **Lösung c):** Bild 14-75 zeigt den Entwurf von Hals- und Spurlager mit den wesentlichen allgemeinen Abmessungen.

Festzustellen sind noch die Buchsen-Außendurchmesser sowie die Toleranzen und Passungen, zweckmäßig nach den Angaben unter 14.3.7.1. Danach gilt allgemein für den Buchsendurchmesser (mit den hier gewählten Bezeichnungen): $D \approx 1,1 \cdot d + 5$ mm. Damit wird für die Halslagerbuchse: $D \approx 1,1 \cdot 50$ mm + 5 mm = 60 mm; für Spurlagerbuchse: $D_1 \approx 1,1 \cdot 80$ mm + 5 mm = 93 mm, ausgeführt D_1 = 95 mm.

Für D und D_1 wird die Toleranz r6 gewählt, so daß mit den Gehäusebohrungen H7 eine mittlere Preßpassung erreicht wird. Die Buchsenbohrungen werden vor dem Einpressen mit F7 ausgeführt, was nach dem Einpressen etwa H7 (bis H8) ergibt. Hiermit und mit den Zapfendurchmessern e8 entsteht dann eine mittlere Spielpassung.

Für den Laufring (Teil 2) wird die Ausdrehung konstruktiv mit dem Durchmesser d_3 = 50 H7 ausgeführt, für den Aufnahmezapfen wird s6 gewählt, so daß eine kräftigere Preßpassung entsteht, die wegen der kleinen Fugenlänge zweckmäßig erscheint.

Das Halslager wird zweckmäßig durch Zapfen hindurch geschmiert. Fett wird dabei, unabhängig von der Stellung des Auslegers, immer der unbelasteten Lagerhälfte zugeführt. Selbsttätige Schmierung durch Fettbüchse (1) (siehe Bild 14-53), da Lager schwer zugänglich ist.

Das Spurlager wird durch Flachschmierköpfe (5) durch Gehäuse hindurch geschmiert, da Fettzufuhr durch Zapfen hier nicht möglich ist. Lauffläche der Spurplatte (3) ist mit exzentrisch angeordneter, kreisförmiger Schmiernut versehen, um möglichst die ganze Fläche gleichmäßig zu schmieren. Ausgleich von Verkantungen durch elastische Unterlage, z. B. Bleiplatte (6). Festlegung der Spurplatte z. B. durch drei Stifte (7).

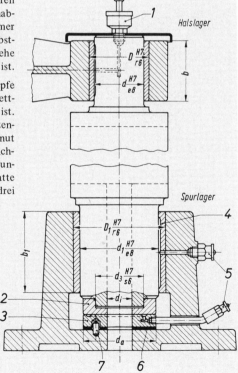

Bild 14-75. Entwurf der Lagerung

14.3. Gleitlager

▪ **Beispiel 14.8:** Für die Getriebewelle mit dem Durchmesser $d = 20$ mm h8 einer Waschmaschine ist ein Polyamidlager mit $b = 25$ mm tragende Breite vorgesehen. Die Lagerbelastung aus Riemen- und Zahnradkräften beträgt $F = 400$ N, die Drehzahl $n = 125$ 1/min. Für eine einmalige Fettschmierung sind zu prüfen bzw. zu ermitteln:
a) die Belastbarkeit des Lagers aus 6,6-Polyamid,
b) die Kleinst- und Größtmaße für Buchsenbohrung und -außendurchmesser, wenn die Buchse nach dem Einbau nicht mehr bearbeitet werden kann.

▶ **Lösung a):** Zunächst wird der zulässige Belastungswert nach Gleichung (14.40) ermittelt:

$$(p \cdot v)_{zul} = \frac{\Delta t}{26800 \cdot \mu} \cdot \left(\frac{10}{s} + \frac{250}{3 \cdot b}\right)$$

Temperaturdifferenz $\Delta t = 60$ °C gesetzt; Reibungszahl $\mu \approx 0{,}12$ bei einmaliger Fettschmierung; Wanddicke der Buchse $s \approx 0{,}4$ mm $+ \sqrt{0{,}1 \cdot d} \approx 0{,}4$ mm $+ \sqrt{0{,}1 \cdot 20}$ mm $\approx 0{,}4$ mm $+ 1{,}414$ mm $\approx 1{,}814$ mm, ausgeführt $s = 2$ mm; Lagerbreite $b = 25$ mm (gegeben); damit wird

$$(p \cdot v)_{zul} = \frac{60}{26800 \cdot 0{,}12} \cdot \left(\frac{10}{2} + \frac{250}{3 \cdot 25}\right) (N/mm^2) \cdot (m/s) = 0{,}0187 \cdot 8{,}33 \; (N/mm^2) \cdot (m/s)$$

$$= 0{,}156 \; (N/mm^2) \cdot (m/s)$$

Der vorhandene Belastungswert wird

$$(p \cdot v)_{vorh} = \frac{F}{d \cdot b} \cdot \frac{d \cdot \pi \cdot n}{60} = \frac{400 \; N}{20 \; mm \cdot 25 \; mm} \cdot \frac{0{,}02 \; m \cdot \pi \cdot 125}{60 \; s} = 0{,}105 \; (N/mm^2) \cdot (m/s)$$

Ergebnis: Es ist $(p \cdot v)_{zul} > (p \cdot v)_{vorh}$, damit wird die tatsächlich im Lager entstehende Temperatur $t < 80$ °C und somit eine praktisch unbegrenzte Lebensdauer erreicht.

▶ **Lösung b):** Zur Ermittlung der Buchsenabmessungen wird zunächst das Kleinst-Einbaulagerspiel nach Gleichung (14.41) festgestellt:

$$S_k \approx 0{,}004 \cdot d + 6 \cdot s \cdot (\epsilon_f + \alpha \cdot \Delta t').$$

$d = 20$ mm (gegeben); $s = 2$ mm (siehe unter a); Feuchtigkeitsdehnzahl $\epsilon_f = 0{,}003$ gesetzt für das nicht wassergeschmierte Lager; Wärmedehnzahl $\alpha = 0{,}00007$; tatsächliche Temperaturdifferenz Δt zweckmäßig aus der Beziehung:

$$\frac{\Delta t'}{\Delta t} = \frac{(p \cdot v)_{vorh}}{(p \cdot v)_{zul}}; \quad \Delta t' = \frac{(p \cdot v)_{vorh} \cdot \Delta t}{(p \cdot v)_{zul}} = \frac{0{,}105 \cdot 60}{0{,}156} \; °C = 40 \; °C.$$

Bei einer Umgebungstemperatur $t_0 \approx 35$ °C würde damit die Gleitflächentemperatur $t = t_0 + \Delta t' \approx 35$ °C $+ 40$ °C ≈ 75 °C und hiermit dann $S_k = 0{,}004 \cdot 20$ mm $+ 6 \cdot 2$ mm $\cdot (0{,}003 + 0{,}00007 \cdot 40) = 0{,}08$ mm $+ 0{,}070$ mm $= 0{,}15$ mm.
Da die Bohrung nach dem Einpressen der Buchse nicht mehr bearbeitet werden kann, muß noch die dadurch hervorgerufene Durchmesserverkleinerung berücksichtigt werden. Diese wird nach Gleichung (14.42):

$$\Delta d = 0{,}007 \cdot (d + 1{,}33 \cdot s) = 0{,}007 \cdot (20 \; mm + 1{,}33 \cdot 2 \; mm) = 0{,}159 \; mm \approx 0{,}16 \; mm.$$

Hiermit wird dann das vor dem Einpressen auszuführende Kleinstmaß der Buchsenbohrung bei der Welle h mit $d_{gW} = 20$ mm

$$d_k' = d_{gW} + S_k + \Delta d = 20 \; mm + 0{,}15 \; mm + 0{,}16 \; mm = 20{,}31 \; mm \approx 20{,}3 \; mm.$$

Das Größtmaß der Buchsenbohrung wird bei einer angenommenen Toleranz IT 8 = 33 μm = 0,033 mm (nach Tabelle 2.1):

$d'_g = d'_k + \text{IT } 8 = 20,3 \text{ mm} + 0,033 \text{ mm} = 20,333 \text{ mm} \approx 20,33 \text{ mm}$.

Das Kleinstmaß des Buchsenaußendurchmessers wird bei einem Nennmaß der Gehäusebohrung $D_1 = d + 2 \cdot s = 20 \text{ mm} + 2 \cdot 2 \text{ mm} = 24 \text{ mm}$ und bei einem mittleren Übermaß $U = 0,007 \cdot d$:

$D_k = D_1 + 0,007 \cdot d = 24 \text{ mm} + 0,007 \cdot 20 \text{ mm} = 24,14 \text{ mm}$.

Das Größtmaß des Außendurchmessers bei einer Toleranz IT 8:

$D_g = D_k + \text{IT } 8 = 24,14 \text{ mm} + 0,033 \text{ mm} = 24,173 \text{ mm} \approx 24,17 \text{ mm}$.

Ergebnis: Für die Buchsenbohrung ergeben sich: Kleinstmaß $d'_k = 20,3$ mm, Größtmaß $d'_g = 20,33$ mm.

Für den Buchsenaußendurchmesser werden: Kleinstmaß $D_k = 24,14$ mm, Größtmaß $D_g = 24,17$ mm.

14.4. Normen und Literatur

DIN-Taschenbuch 24: Wälzlager-Normen, Beuth-Vertrieb GmbH, Berlin, Köln, Frankfurt

Wichtige Einzelnormen: DIN 622, Wälzlager, Tragfähigkeit und Lebensdauer; DIN 1850, Buchsen für Gleitlager; DIN 7479, Gleit-Axialringe

Eschmann, Hasbargen, Weigand: Die Wälzlagerpraxis, Verlag von R. Oldenbourg, München
Gersdorfer, O.: Das Gleitlager, Verlag Bohmann, Wien/Heidelberg
Hachmann, Strickle: Polyamide als Gleitlagerwerkstoffe, Zeitschrift „Konstruktion" 16. (1964), Heft 4
Hampp, W.: Wälzlagerungen, Berechnung und Gestaltung,
Niemann, G.: Maschinenelemente, Springer-Verlag, Berlin/Heidelberg (Bd. 1)
Palmgren, A.: Grundlagen der Wälzlagertechnik, Franckh'sche Verlagshandlung, Stuttgart
Vogelpohl, G.: Betriebssichere Gleitlager, Springer-Verlag, Berlin/Heidelberg

VDI-Richtlinie 2204: Gleitlagerberechnung, VDI-Verlag, Düsseldorf

Prospekte und Kataloge der Firmen FAG Kugelfischer Georg Schäfer & Co., Schweinfurt und SKF Kugellagerfabriken GmbH, Schweinfurt

15. Zahnräder und Zahnradgetriebe

15.1. Allgemeines

Zahnräder dienen der unmittelbaren Übertragung von kleinsten bis größten Leistungen und Drehzahlen zwischen parallelen, sich kreuzenden oder sich schneidenden Wellen.

Vorteile gegenüber Riemen- und Kettengetrieben: Die Bewegungen werden durch formschlüssig ineinander greifende Zähne schlupffrei übertragen, wodurch sich eine, von der Belastung unabhängige, konstante Übersetzung ergibt. Der Platzbedarf ist gegenüber leistungsmäßig vergleichbaren Riemen- und Kettengetrieben wesentlich geringer, der Wirkungsgrad im allgemeinen höher.

Nachteile: Starre Kraftübertragung, wodurch vielfach elastische Kupplungen notwendig werden. Größere Geräuschbildung. Einhalten eines durch die Radabmessungen festliegenden Wellenabstandes und meist höhere Kosten.

Je nach der Lage der zu verbindenden Wellen ergeben sich folgende Grundformen von *Zahnradgetrieben:*

1. *Stirnradgetriebe* (Bild 15-1a bis c) aus Stirnrädern mit Gerad-, Schräg- oder Pfeilzähnen bei parallel zueinander liegenden Wellen; Übersetzung einer Stufe $i \leqslant 8$ ($i_{max} \approx 10$).
2. *Kegelradgetriebe* (Bild 15-1d) aus Kegelrädern mit Gerad-, Schräg-, Kreisbogen-, Spiral- oder Evolventenzähnen bei sich schneidenden (bei „versetzten" Kegelrädern auch sich kreuzenden) Wellen; Übersetzung bis $i_{max} \approx 6$.
3. *Schneckengetriebe* (Bild 15-1e) bei sich kreuzenden Wellen für Übersetzungen von $i_{min} \approx 5$ bis $i_{max} \approx 60$, in Ausnahmefällen bis $i_{max} \approx 100$ und mehr.
4. *Schraubradgetriebe* (Bild 15-1f) aus Rädern mit Schrägzähnen bei ebenfalls sich kreuzenden Wellen; im Gegensatz zu Schneckengetrieben jedoch nur für kleinere Leistungen; Übersetzung $i_{max} \approx 5$.

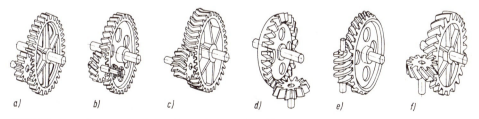

a) b) c) d) e) f)

Bild 15-1. Grundformen der Zahnradgetriebe[1]. a) bis c) Stirnradgetriebe, d) Kegelradgetriebe, e) Schneckengetriebe, f) Schraubradgetriebe

---

[1]) Darstellung aus „Fachzeichnen für technische Berufe", Verlag Handwerk und Technik, Hamburg

Je nach dem Verlauf der Zahnflanken unterscheidet man Geradzähne, Schrägzähne, Pfeilzähne, Kreisbogenzähne, Spiralzähne und Evolventenzähne (Bild 15-2a bis f).

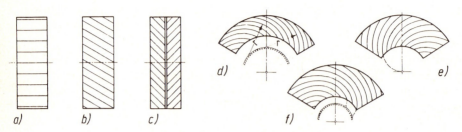

Bild 15-2. Zahnflankenformen. a) Geradzähne, b) Schrägzähne, c) Pfeilzähne, d) Kreisbogenzähne, e) Spiralzähne, f) Evolventenzähne; die Bilder d), e) und f) stellen die „Planverzahnung" von Kegelrädern dar (siehe unter 15.12.7. und Bild 15-52)

15.2. Verzahnungsgesetz

15.2.1. Voraussetzungen

Die Voraussetzung für den gleichmäßigen Lauf eines Zahnradpaares ist ein konstantes Verhältnis der Drehzahlen oder Winkelgeschwindigkeiten des treibenden und des getriebenen Rades, d. h. eine stets konstant bleibende Übersetzung. Hierfür sind nach den Gesetzen der Kinematik bestimmte Bedingungen hinsichtlich der Form der Zahnflanken und ihrer Bewegungen aufeinander zu erfüllen.

Die Zahnräder denke man sich aus *Reibrädern* entstanden, bei denen die Bewegung durch die gegeneinander laufenden Mantelflächen reibschlüssig übertragen wird. Am Umfang angebrachte Vertiefungen und Erhöhungen ergeben die Zähne, durch deren Eingriff nun eine formschlüssige Mitnahme erfolgt. Aus den Wälzzylindern der Reibräder werden die Wälzebenen oder, in der Ebene betrachtet, die *Wälzkreise* (Betriebswälzkreise, im Normalfall auch gleich Teilkreise, siehe unter 15.3.) der Zahnräder mit den Radien r_{01} und r_{02}. Sie berühren sich im *Wälzpunkt C* (Bild 15-3).

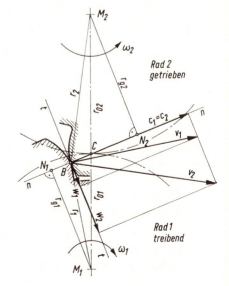

Bild 15-3. Verzahnungsgesetz

15.2.2. Geschwindigkeitsverhältnisse

Zwei beliebig geformte Zahnflanken berühren sich augenblicklich im Punkt B. Bei der Drehung der Räder bewegen sich die den beiden Flanken zugeteilten „Punkthälften" B_1 und B_2 um die Radmittelpunkte M_1 und M_2 mit den Umfangsgeschwindigkeiten v_1 und v_2. Die Kraftübertragung von Zahn zu Zahn kann nur längs der zur gemeinsamen Zahnflankentangente t senkrecht stehenden Normalen, der Eingriffsnormalen n, erfolgen, die durch den Wälzpunkt C hindurchgehen soll. Wenn die beiden Flanken ihre Berührung nicht verlieren sollen, müssen sich die Punkte B_1 und B_2 in Richtung n mit gleicher Geschwindigkeit $c_1 = c_2$ bewegen. c_1 und c_2 sind als Komponenten von v_1 und v_2 zu betrachten, deren andere Komponenten w_1 und w_2 in Richtung der Tangente t liegen (Bild 15-3).

15.2.3. Beweis des Verzahnungsgesetzes

Allgemein ist die Übersetzung

$$i = \frac{n_1}{n_2} = \frac{\omega_1}{\omega_2} = \frac{d_{02}}{d_{01}} = \frac{r_{02}}{r_{01}} \ .$$

Aus Bild 15-3 folgt $c_1 = \omega_1 \cdot r_{g1}$ und $c_2 = \omega_2 \cdot r_{g2}$.

Da $c_1 = c_2$ sein soll, ist auch $\omega_1 \cdot r_{g1} = \omega_2 \cdot r_{g2}$ oder $\dfrac{\omega_1}{\omega_2} = \dfrac{r_{g2}}{r_{g1}}$.

Aus der Ähnlichkeit der Dreiecke CM_1N_1 und CM_2N_2 folgt

$$\frac{r_{g2}}{r_{g1}} = \frac{r_{02}}{r_{01}} \quad \text{somit} \quad \frac{\omega_1}{\omega_2} = \frac{r_{02}}{r_{01}} \ .$$

Dieses Verhältnis ist aber nach der Definition, die Übersetzung i, also

$$\frac{\omega_1}{\omega_2} = \frac{r_{02}}{r_{01}} = i \ .$$

Dieser Beweis läßt sich jedoch nur dann führen, wenn die Eingriffsnormale, wie angenommen, stets durch den Wälzpunkt C geht.

Angenommen, die Eingriffsnormale würde nicht durch C gehen, sondern die Verbindungslinie $\overline{M_1M_2}$ während der Dauer eines Zahneingriffes immer in anderen Punkten schneiden, so würde sich die Übersetzung ständig im gleichen Maße ändern, wie die Verhältnisse der Abstände zwischen M_1 bzw. M_2 und den jeweiligen Schnittpunkten der Normalen mit der Verbindungslinie $\overline{M_1M_2}$.

Das Verzahnungsgesetz lautet damit:

> **Die Normale im jeweiligen Berührungspunkt zweier Zahnflanken muß stets durch den Wälzpunkt, den Berührungspunkt der beiden Wälzkreise, hindurchgehen, damit die Verzahnung brauchbar ist.**

15.2.4. Folgerungen

Aus den Geschwindigkeitsverhältnissen lassen sich bereits wichtige Bewegungsvorgänge an den Flanken erkennen. Die unterschiedliche Größe der Geschwindigkeitskomponenten w_1 und w_2 besagt, daß neben der Abwälzbewegung gleichzeitig eine *Gleitbewegung* der Flanken aufeinander erfolgt. Das ist keinesfalls nachteilig, denn erst dadurch sind die Voraussetzungen für hydrodynamische Flüssigkeitsreibung der Flanken gegeben: ein keilförmiger Spalt und eine Relativgeschwindigkeit der Schmierflächen zueinander (siehe „Gleitlager" unter 14.3.1.).

Nur wenn B auf C fällt, ist die Relativgeschwindigkeit gleich Null, da dann v_1 und v_2 zusammenfallen und gleich groß sind. Die Komponenten w_1 und w_2 werden dann ebenfalls gleich groß, also $w_2 - w_1 = 0$. Das bedeutet, daß in der Wälzkreiszone kurzzeitig reine Wälzbewegung auftritt und der Schmierfilm unterbrochen wird, so daß hier die Zerstörung der Flankenoberflächen infolge Werkstoffermüdung eingeleitet wird.

15.3. Allgemeine Verzahnungsmaße

Nach DIN 867, DIN 868 und DIN 3960 sind festgelegt:

Die (Teilkreis-)*Teilung* t_0 ist die Bogenlänge auf dem Teilkreis zwischen zwei aufeinanderfolgenden Rechts- oder Linksflanken der Zähne.

Der *Teilkreis* ist der Bezugskreis für die (Norm-)*Teilung* t_0. Er ist gleichzeitig der *Herstellungs-Wälzkreis*, d. h. der Kreis, auf dem das Werkzeug bei der Herstellung der Zähne im Abwälzverfahren (siehe unter 15.6.5.) abwälzt. Fallen bei einem Radpaar Betriebswälzkreise und Teilkreise zusammen, dann werden solche Räder als *Nullräder* bezeichnet (siehe auch unter 15.7.3.).

Der *Teilkreisdurchmesser* ergibt sich aus dem Teilkreisumfang

$$U_0 = d_0 \cdot \pi = t_0 \cdot z, \quad \text{hieraus folgt} \quad d_0 = \frac{t_0 \cdot z}{\pi}, \quad \text{wird} \quad \frac{t_0}{\pi} = m \quad \text{gesetzt,}$$

so ergibt sich für den *Teilkreisdurchmesser*

$$d_0 = m \cdot z \quad \text{in mm} \tag{15.1}$$

m Modul in mm
z Zähnezahl

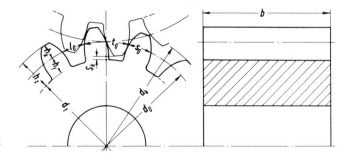

Bild 15-4
Allgemeine Verzahnungsmaße

15.3. Allgemeine Verzahnungsmaße

Der *Modul* ist also $m = t_0/\pi$. Aufgrund der hieraus folgenden Beziehung $t_0 = m \cdot \pi$ ist der Modul die Zahl, die mit π multipliziert die Teilung ergibt. Aus Gleichung (15.1) folgt auch $m = d_0/z$; damit stellt der Modul einen Teil des Teilkreisdurchmessers dar und wird darum auch als Durchmesserteilung bezeichnet.

Die Modul-Werte sind nach DIN 780 genormt; einen Auszug enthält Tabelle 15.1, die vollständige Modulreihe Tabelle A15.1, Anhang.

Tabelle 15.1: Modulreihe (Vorzugswerte, Reihe 1) nach DIN 780

Modul m mm	0,3 ... 1	1 ... 1,5	1,5 ... 3	3 ... 6	6 ... 12	12 ... 20	20, 25, 32 usw.
Sprung mm	0,1	0,25	0,5	1	2	4	–

Die *Zahnabmessungen* sind durch das Bezugsprofil nach DIN 876 (siehe Bild 15-12) festgelegt:

Kopfhöhe $h_k = m$ (Modul),
Fußhöhe $h_f = m + S_k \approx 1,2 \cdot m$,
Zahnhöhe $h_z = 2 \cdot m + S_k \approx 2,2 \cdot m$,
Zahnbreite b gleich Abstand der Zahnendflächen in Richtung der Radachse, wird bei der Berechnung der Zahnräder festgelegt,
Kopfspiel S_k gleich Abstand des Kopfkreises des Rades vom Fußkreis des Gegenrades: $S_k \approx 0,1 \ldots 0,3 \cdot m$,
S_k hängt vom Verzahnungswerkzeug ab, im Mittel kann gesetzt werden: $S_k \approx 0,2 \cdot m$.

Damit ergeben sich der *Kopfkreisdurchmesser*

$$d_k = d_0 \pm 2 \cdot h_k = d_0 \pm 2 \cdot m \quad \text{in mm} \tag{15.2}$$

+ bei Außenverzahnung, − bei Innenverzahnung (siehe Bild 15-16)

und der *Fußkreisdurchmesser*

$$d_f = d_0 \mp 2 \cdot h_f = d_0 \mp 2 \cdot (m + S_k) \approx d_0 \pm 2,4 \cdot m \quad \text{in mm} \tag{15.3}$$

− bei Außenverzahnung, + bei Innenverzahnung

Theoretisch muß die Zahndicke s_0 gleich der *Lückenweite* $l_0 = t_0/2$ (auf Teilkreis gemessen) sein. Zum Ausgleich von Herstellungs- und Einbauungenauigkeiten, wegen etwaiger Wärmedehnungen und wegen der Schmierung ist ein *Flankenspiel* erforderlich, d. h. die Lückenweite muß etwas größer sein als die Zahndicke (Bild 15-5). Maßgebend ist das auf der Eingriffslinie (siehe unter 15.6.3.) liegende *Eingriffsflankenspiel* S_e als kleinster Abstand der Flanken voneinander.

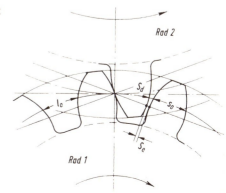

Bild 15-5. Flankenspiel der Zähne

Die Größe des Flankenspieles ergibt sich aus der Größe der Zahndickenabmaße der beiden Räder (nach DIN 3963) und der Größe des Achsabstands-Abmaßes (nach DIN 3964, Tabelle A15.6, Anhang), die abhängig sind vom Modul, von den Teilkreisdurchmessern und der Verzahnungsqualität (siehe unter 15.8.4.3.).

Um die Räder beliebig austauschen zu können, sollen die Zähne eines jeden Rades mit den Dickenabmaßen der Felder f bis a' (DIN 3963) versehen und Achsabstands-Abmaße nach Feld J (DIN 3964, Tabelle A15.6, Anhang) gewählt werden, damit sich in jedem Fall Flankenspiel ergibt.

Dickenabmaße des Feldes g ergeben ein sehr kleines Flankenspiel, Abmaße des Feldes h ein praktisch spielfreies Getriebe.

Das auf den Teilkreis bezogene Flankenspiel ist das *Verdrehflankenspiel* S_d. Es ist das Bogenstück, um das sich Rad 1 bei feststehendem Rad 2 noch verdrehen läßt.

Für ein Nullräderpaar ergibt sich der *Achsabstand für Außengetriebe*

$$a_0 = \frac{d_{01} + d_{02}}{2} = \frac{m \cdot (z_1 + z_2)}{2} \quad \text{in mm} \tag{15.4}$$

Bei Innengetrieben sind die Indizes 1 und 2 sinnfällig zu vertauschen und − anstelle von + zu setzen (siehe Bild 15-15)

15.4. Übersetzung

Unter Übersetzung versteht man das Verhältnis der Drehzahl des (ersten) treibenden Rades zur Drehzahl des (letzten) getriebenen Rades. Für ein einstufiges Getriebe (Bild 15-6) ist damit die *Übersetzung*

$$i = \frac{n_1}{n_2} \tag{15.5}$$

n_1, n_2 Drehzahl des treibenden bzw. des getriebenen Rades

Die Umfangsgeschwindigkeiten der Wälzkreise, im Normalfall also die der Teilkreise, sind gleich; daraus folgt

$$v = d_{01} \cdot \pi \cdot n_1 = d_{02} \cdot \pi \cdot n_2; \quad d_{01} \cdot n_1 = d_{02} \cdot n_2; \quad \frac{n_1}{n_2} = \frac{d_{02}}{d_{01}} = i \,.$$

Wird hierin nach Gleichung (15.1) für $d_{01} = m \cdot z_1$ und für $d_{02} = m \cdot z_2$ gesetzt, dann ergibt sich die *Übersetzung* auch aus

$$i = \frac{d_{02}}{d_{01}} = \frac{z_2}{z_1} \tag{15.6}$$

d_{01}, d_{02} Wälzkreis-(Teilkreis-)durchmesser des treibenden bzw. getriebenen Rades
z_1, z_2 Zähnezahl des treibenden bzw. des getriebenen Rades

15.4. Übersetzung

Für ein mehrstufiges Getriebe (Bild 15-7) ist die *Gesamtübersetzung*

$$i_{ges} = i_1 \cdot i_2 \cdot i_3 \cdot \ldots i_n \tag{15.7}$$

$i_1, i_2, i_3 \ldots i_n$ Übersetzungen der Einzelstufen

Beweis: Nach der allgemeinen Definition ist z. B. für das dreistufige Getriebe (Bild 15-7):
$i_{ges} = \dfrac{n_1}{n_4}$; nach Gleichung (15.7) soll sein $i_{ges} = i_1 \cdot i_2 \cdot i_3$, mit $i_1 = \dfrac{n_1}{n_2}, i_2 = \dfrac{n_2}{n_3}$ und $i_3 = \dfrac{n_3}{n_4}$
wird $i_{ges} = \dfrac{n_1}{n_2} \cdot \dfrac{n_2}{n_3} \cdot \dfrac{n_3}{n_4} = \dfrac{n_1}{n_4}$.

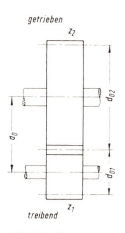

Bild 15-6. Übersetzung eines einstufigen Zahnradgetriebes

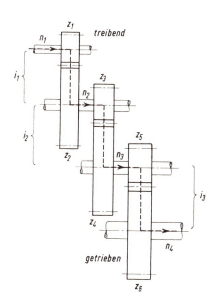

Bild 15-7. Übersetzung eines mehrstufigen Zahnradgetriebes

Wird in Gleichung (15.7) $i_1 = \dfrac{d_{02}}{d_{01}} = \dfrac{z_2}{z_1}, i_2 = \dfrac{d_{04}}{d_{03}} = \dfrac{z_4}{z_3}$ usw. nach Gleichung (15.6) gesetzt, dann wird die *Gesamtübersetzung* auch

$$i_{ges} = \frac{d_{02} \cdot d_{04} \cdot \ldots}{d_{01} \cdot d_{03} \cdot \ldots} = \frac{z_2 \cdot z_4 \cdot \ldots}{z_1 \cdot z_3 \cdot \ldots} \tag{15.8}$$

$i_{ges} = \dfrac{\text{Produkt d. Teilkreisdurchmesser oder Zähnezahlen d. getrieb. Räder}}{\text{Produkt d. Teilkreisdurchmesser oder Zähnezahlen d. treibend. Räder}}$

15.5. Zykloidenverzahnung

15.5.1. Die Zykloiden

Die Formen der Zahnflanken können an sich beliebig sein, sofern für sie das Verzahnungsgesetz zutrifft. Wegen der Herstellung der Zähne ist es jedoch zweckmäßig, für die Flankenform bestimmte geometrische Kurven zu wählen. Es liegt zunächst nahe, hierfür Zykloiden zu verwenden, da das Arbeiten eines Zahnradpaares geometrisch dem Abwälzen zweier Kreise aufeinander (oder ineinander) entspricht.

Die Zykloide ist die Kurve, die ein Punkt auf dem Umfang eines Kreises beschreibt, der auf einer Wälzbahn abrollt.

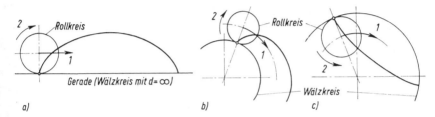

Bild 15-8. Zykloiden. a) Orthozykloide, b) Epizykloide, c) Hypozykloide

Ist die Wälzbahn eine Gerade, dann entsteht die *Orthozykloide* (Bild 15-8a), rollt der Kreis auf dem Umfang eines anderen Kreises, des Wälzkreises, dann ergibt sich die *Epizykloide* (Bild 15-8b), beim Abrollen im Inneren eines größeren Kreises die *Hypozykloide* (Bild 15-8c).

15.5.2. Eigenschaften und Verwendung

Im Gegensatz zur Evolventenverzahnung (siehe unter 15.6.) arbeiten bei der Zykloidenverzahnung stets konkav und konvex gekrümmte Flanken zusammen. Die Berührungszone ist dadurch breiter, die Flächenpressung und der Verschleiß geringer und die Belastbarkeit höher. Da die Form der Zahnflanken stets aus dem Zusammenwirken zweier Räder entsteht, gehört ein Räderpaar arbeitsmäßig zusammen. Ersatz- oder Verschieberäder sind nur möglich, wenn sie gleiche Rollkreise (siehe Bild 15-9a) haben. Die Zykloidenverzahnung ist empfindlich gegen ungenauen Achsabstand, denn die von gleichen Rollkreisen erzeugten Flanken müssen stets zusammenbleiben, da sich sonst Abwälzfehler ergeben. Die Herstellung ist teuer, da die Werkzeuge keine geraden Flanken wie bei der Evolventenverzahnung haben.

Aus diesen Gründen wird die Zykloidenverzahnung im Maschinenbau nur wenig verwendet, z. B. als Triebstockverzahnung bei Schützenwinden und Drehwerken von Kranen, sonst nur für Zahnräder in Uhren und Meßinstrumenten.

15.5.3. Konstruktion der Zahnform

Wegen der geringen Bedeutung der Zykloidenverzahnung im Maschinenbau sollen nur die wesentlichen Konstruktionsmerkmale herausgestellt werden.

Als Wälzbahnen dienen Teilkreise mit $d_{01} = m \cdot z_1$ und $d_{02} = m \cdot z_2$. Die Rollkreisdurchmesser δ_1 und δ_2 können beliebig gewählt werden, erfahrungsgemäß ergeben sich jedoch mit $\delta \approx 0{,}3 \cdot d_0$ die günstigsten Eingriffsverhältnisse.

Bild 15-9a zeigt die Konstruktion der Zahnflanken. Nach dem Verzahnungsgesetz müssen zwei zusammenarbeitende Zahnflanken, also die Kopfflanke des einen und die Fußflanke des anderen Rades, in jedem Augenblick der Berührung eine gemeinsame, durch den Wälzpunkt C gehende Normale haben. Das ist nur der Fall, wenn die Flanken durch gleiche Rollkreise erzeugt werden: Durch Abrollen von Rollkreis 2 auf Wälzkreis d_{01} entsteht die Kopfflanke k_1, durch Abrollen von Rollkreis 2 in Wälzkreis d_{02} entsteht die mit k_1 zusammenarbeitende Fußflanke f_2. Entsprechend werden die Flanken k_2 und f_1 durch Rollkreis 1 erzeugt.

Konstruktion der Kopfflanke k_1: Der Rollkreis 2 rollt auf dem Wälzkreis d_{01}. Man trage auf dem Rollkreis die Punkte 1, 2, 3 usw. in beliebigen Abständen ab und übertrage sie als 1', 2', 3' usw. auf den Wälzkreis d_{01}. Der Rollkreis 2 wird jetzt schrittweise abgerollt, so daß 1 auf 1', 2 auf 2' usw. zu liegen kommt. Dabei beschreibt Punkt C eine Epizykloide, die Kopfflanke k_1. In der als Beispiel gestrichelt eingezeichneten Lage liegt Punkt 3 auf 3', dabei haben sich drei Teilstrecken abgewälzt, und Punkt C liegt in C'. In gleicher Weise werden auch die anderen Flanken konstruiert.

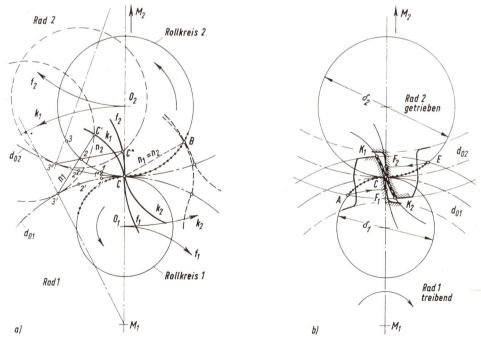

Bild 15-9. Zykloidenverzahnung. a) Konstruktion der Zahnflanken, b) zykloidenverzahntes Stirnradpaar

Die Verbindungslinie $n_1 = \overline{3'C'}$ ist die Normale in C' der Kopfflanke k_1, ebenso ist $n_2 = \overline{3''C''}$ die Normale in C'' der vom selben Rollkreis durch Abrollen im Wälzkreis d_{02} erzeugten Fußflanke f_2. Dreht man nun Rad 1 so weit nach rechts, daß Punkt $3'$ auf C zu liegen kommt, dann dreht sich auch Rad 2 um den gleichen Betrag, und Punkt $3''$ liegt ebenfalls in C. Die mit Strichlinien dargestellten Rollkreise werden dabei mitgenommen und liegen beide in O_2. Dabei kommen die Normalen n_1 und n_2 zur Deckung, die Punkte C' und C'' fallen zusammen und bilden den Berührungspunkt B der beiden Flanken in der durch Strichlinien dargestellten Lage. Wie ersichtlich, liegt B auf dem Rollkreis 2. Daran würde sich auch bei anderen Flankenlagen nichts ändern. Es ließe sich ebenso nachweisen, daß bei Flankenberührung links von C alle Berührungspunkte auf dem Rollkreis 1 liegen. Die Normalen gehen dabei stets durch den Wälzpunkt C, allerdings immer unter einem anderen Winkel. Das Verzahnungsgesetz ist erfüllt.

Die Linie, auf der der Berührungspunkt während des Eingriffes wandert, wird als *Eingriffslinie* bezeichnet. Sie setzt sich bei der Zykloidenverzahnung aus Bogenstücken der beiden Rollkreise (durch Punktlinie dargestellt) zusammen. Bei einem Zahnradpaar (Bild 15-9b) ist die Eingriffslinie durch die Kopfkreise begrenzt, da ja außerhalb dieser kein Eingriff mehr stattfinden kann. Bei Rechtsdrehung des treibenden Rades 1 beginnt der Eingriff in A und endet in E. Diesen Punkten entsprechen auf den Fußflanken die Fußpunkte F_1 und F_2. In der ersten Eingriffsphase wälzen also die Flankenteile $\overparen{F_1 C}$ und $\overparen{K_2 C}$, in der zweiten Phase die Teile $\overparen{CK_1}$ und $\overparen{CF_2}$ aufeinander ab. Aus deren unterschiedlichen Längen geht hervor, daß neben der Wälzbewegung gleichzeitig noch eine Gleitbewegung erfolgen muß, was bereits unter 15.2. (Verzahnungsgesetz) beschrieben wurde.

15.5.4. Triebstockverzahnung

Anstelle der Zähne des getriebenen Großrades treten zylindrische Bolzen (Bild 15-10). Die Kopfflanken der Zähne des treibenden Rades (Ritzels) werden durch die *Äquidistante* (Kurve gleichen Abstandes) der Zykloide gebildet, die der Bolzenmittelpunkt durch Abrollen des Teilkreises d_{02} auf dem Teilkreis d_{01} beschreibt.

Richtmaße:

Bolzendurchmesser $d_B \approx 1{,}67 \cdot m$
Zahnkopfhöhe $h_k \approx m(1 + 0{,}03\, z_1)$
Zahnbreite $b \approx 3{,}3 \cdot m$
Bolzenlänge $l \approx b + m + 5$ mm
Lückenradius $r \approx 0{,}5 \cdot d_B$
Mittelpunktabstand $e \approx 0{,}15 \cdot m$
kleinste Ritzelzähnezahl $z_1 \approx 8 \ldots 12$
(m Modul) bei $v = 0{,}2 \ldots 1$ m/s
Flankenspiel $\approx 0{,}04$ m

Triebstockverzahnung wird bei großen Übersetzungen angewendet, z. B. bei Krandrehwerken, Karussells und als „Zahnstangengetriebe" bei Stauschützen.

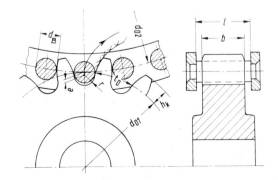

Bild 15-10. Triebstockverzahnung

15.6. Evolventenverzahnung

15.6.1. Die Evolvente

Die Evolvente ist die Kurve, die ein Punkt einer Geraden beschreibt, die auf einem Kreis abwälzt.

Konstruktion (Bild 15-11): Auf der Geraden werden die Punkte 1, 2, 3 usw. in beliebigen Abständen aufgetragen. Die gleichen Abstände, auf den Kreis übertragen, ergeben die Punkte 1', 2', 3' usw. Wird die Gerade soweit abgewälzt, daß z. B. 3 auf 3' liegt, dann tangiert sie in 3', d.h. sie steht senkrecht zum Radius $\overline{M\,3'}$, und der Punkt 1 der Geraden ist ein Punkt der Evolvente.

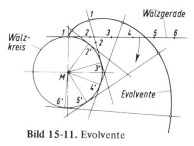

Bild 15-11. Evolvente

15.6.2. Eigenschaften und Verwendung

Im Maschinenbau wird fast ausschließlich die Evolventenverzahnung verwendet.

Vorteile gegenüber der Zykloidenverzahnung: einfache Herstellung mit Werkzeugen mit geraden Flanken im Abwälzverfahren (Kamm-Meißel, Schneckenfräser), unempfindlich gegen ungenauen Achsabstand (Abstandsfehler haben keinen Einfluß auf die Abwälzverhältnisse). Räder gleichen Moduls mit verschiedenen Zähnezahlen können zusammenarbeiten (z. B. bei Verschieberäder-Getrieben). Profilverschobene Verzahnung wird mit den gleichen Werkzeugen hergestellt.

Nachteile: größerer Verschleiß, da nur konvexe Flanken (bei Außenverzahnungen) mit linienförmiger Berührung aufeinander arbeiten und die sich hieraus ergebende etwas geringere Belastbarkeit.

15.6.3. Konstruktion der Zahnform

15.6.3.1. Bezugsprofil

Die Form und die Abmessungen der Evolventenverzahnung sind durch das *Bezugsprofil* nach DIN 867 festgelegt (Bild 15-12). Dieses stellt das Zahnstangenprofil mit geraden Flanken dar, das auch dem Profil der Herstellungswerkzeuge (Kamm-Meißel, Schneckenfräser) entspricht. Der halbe Flankenwinkel ist gleich dem *Eingriffswinkel* $\alpha_0 = 20°$, das ist der Winkel zwischen *Eingriffslinie* und *Profilmittellinie* (siehe Bild 15-13).

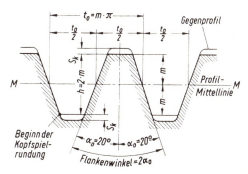

Bild 15-12. Bezugsprofil der Evolventenverzahnung

Die Eingriffslinie ist eine Gerade. Der Berührungspunkt zweier Zahnflanken wandert also während des Eingriffes längs einer Geraden. Dieses kann auch aus der Darstellung der Evolvente als Grenzfall der Zykloide erklärt werden: Bei der Zykloidenverzahnung verläuft der Eingriff längs der Rollkreise (siehe Bild 15-9), die bei der Evolventenverzahnung zu Geraden geworden sind.

15.6.3.2. Konstruktion des Zahnstangengetriebes

Die Konstruktion der Zahnform, die Eingriffs- und Abwälzverhältnisse lassen sich am besten am Zahnstangengetriebe (Bild 15-13) zeigen. Die Zahnstange hat das Bezugsprofil mit der Kopfhöhe $h_k = m$ und der Fußhöhe $h_f \approx 1{,}2 \cdot m$, das Ritzel den Teilkreisdurchmesser $d_0 = m \cdot z$.

Die Eingriffslinie n wird durch den Wälzpunkt C unter $\alpha_0 = 20°$ zur Profilmittellinie gezeichnet. Um den Mittelpunkt M des Ritzels wird der Grundkreis mit $r_g = r_0 \cdot \cos \alpha_0$ an die Eingriffslinie gelegt. Vom Normalpunkt N trägt man die Punkte 1, 2, 3 usw. in beliebigen Abständen nach beiden Seiten auf. Die gleichen Abstände, auf den Grundkreis übertragen, ergeben die Punkte $1'$, $2'$, $3'$ usw. Durch schrittweises Abwälzen der Eingriffslinie auf dem Grundkreis nach beiden Seiten erhält man die durch C gehende Evolvente (siehe auch Bild 15-11). Der Verlauf der Fußflanke vom Grundkreis bis zum Fußkreis wird durch die relative Kopfbahn des erzeugenden Werkzeuges bestimmt (siehe unter 15.7.2.). Bei Zähnezahlen $z > 20$ ist diese angenähert eine zum Mittelpunkt gerichtete Gerade, die mit einer, ebenfalls durch das Werkzeug bestimmten Rundung in den Fußkreis übergeht. Die Gegenflanke wird am einfachsten durch spiegelbildliches Übertragen von der Zahnmittellinie als Symmetrielinie aus gefunden. Vorher wird die Zahndicke $\left(s_0 = \dfrac{t_0}{2}\right)$ auf dem Teilkreis abgetragen.

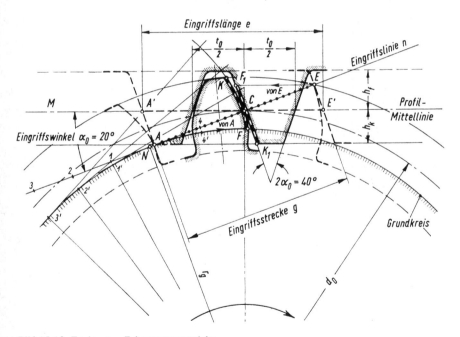

Bild 15-13. Evolventen-Zahnstangengetriebe

15.6.4. Eingriffstrecke, Eingriffslänge, Überdeckungsgrad

Diese Begriffe und deren Zusammenhänge lassen sich am besten am Zahnstangengetriebe (Bild 15-13) erläutern und erkennen. Selbstverständlich gelten die folgenden Betrachtungen entsprechend auch für Rädergetriebe (Bild 15-14).

15.6. Evolventenverzahnung

Bei der angenommenen Rechtsdrehung des Ritzels beginnt der Eingriff, d. h. die Berührung zweier Zähne im Punkt A (Schnittpunkt der Eingriffslinie mit der Kopflinie der Zahnstange) und endet in E (Schnittpunkt der Eingriffslinie mit dem Kopfkreis des Ritzels). Die Strecke, längs der der Eingriff stattfindet, wird als *Eingriffsstrecke g* bezeichnet (Punktlinie).

Während des Eingriffes eines Zahnpaares hat sich die Zahnstange um die Strecke $\overline{A'E'}$ verschoben. Diese der Eingriffstrecke entsprechende Länge auf der Profilmittellinie ist die *Eingriffslänge e* (Strichlinie):

$$e = \frac{g}{\cos \alpha_0} = \frac{\overline{AE}}{\cos \alpha_0} \tag{15.9}$$

Die Eingriffslänge hat für die Beurteilung der Eingriffsverhältnisse eine große Bedeutung. Sie muß größer sein als die Teilung t_0, damit mindestens ein Zahnpaar ständig im Eingriff ist. Ist $e < t_0$, so ist nach Ablauf eines Zahneingriffes ein neues Zahnpaar noch nicht im Eingriff, und das getriebene Rad, oder hier die Zahnstange, bleibt jedesmal kurzzeitig stehen. Je größer e, umso ruhiger und gleichförmiger ist der Lauf.

Als Voraussetzung für den einwandfreien Lauf eines Zahnradpaares muß das Verhältnis der Eingriffslänge zur Teilung, der *Überdeckungsgrad*

$$\epsilon = \frac{e}{t_0} > 1, \text{ möglichst} > 1{,}25 \tag{15.10}$$

sein. Die Eingriffslänge wird am einfachsten durch Aufzeichnen gefunden, wozu nur Teilkreise, Kopfkreise, Grundkreise, Profilmittellinie und Eingriffslinie benötigt werden.

Rechnerisch ergibt sich für ein geradverzahntes Null- und V-Nullgetriebe (siehe unter 15.7.5.) der *Überdeckungsgrad*

$$\epsilon = \frac{g}{t_0 \cdot \cos \alpha_0} = \frac{\sqrt{r_{k1}^2 - r_{g1}^2} + \sqrt{r_{k2}^2 - r_{g2}^2} - a_0 \cdot \sin \alpha_0}{t_0 \cdot \cos \alpha_0} \tag{15.11}$$

r_{k1}, r_{k2} Kopfkreisradien der Räder (nach Gleichung (15.2))

r_{g1}, r_{g2} Grundkreisradien der Räder ($r_g = \frac{d_0}{2} \cdot \cos \alpha_0$)

a_0 Achsabstand nach Gleichung (15.4)

α_0 20° Eingriffswinkel ($\sin \alpha_0 = 0{,}3420$, $\cos \alpha_0 = 0{,}9397$)

Eine schnelle, ungefähre Ermittlung von ϵ gestattet Bild A15-2, Anhang, und zwar in Abhängigkeit von der Ritzelzähnezahl z_1 und dem Zähnezahlverhältnis $u = z_2/z_1$ (z_1 Zähnezahl des Ritzels, z_2 Zähnezahl des Großrades).

Eine Gefährdung der Eingriffsverhältnisse ($\epsilon < 1$) ergibt sich bei Außenverzahnungen erst bei Zähnezahlen $z < 14$ (siehe unter 15.7.2.). Günstiger sind die Verhältnisse beim Zahnstangengetriebe, am günstigsten bei Innenverzahnungen. Eine Nachprüfung des Überdeckungsgrades ist darum bei Nullrädern normalerweise nicht erforderlich.

15.6.5. Abwälzverhältnisse

Auch die Abwälzverhältnisse lassen sich am besten am Zahnstangengetriebe (Bild 15-13) erläutern. Dem Punkt A der Eingriffslinie entspricht der Fußpunkt F auf der Fußflanke des Ritzels. Beim Eingriffsbeginn fallen also Fußpunkt F und Kopfpunkt K_1 in A zusammen. Während der ersten Eingriffsphase wälzen die Flankenteile $\overset{\frown}{FC}$ und $\overline{K_1C}$ aufeinander ab. Aus ihrer unterschiedlichen Länge geht hervor, daß neben der Abwälzbewegung eine gleichzeitige Gleitbewegung stattfindet, was bereits bei der Behandlung des Verzahnungsgesetzes (siehe unter 15.2.2.) erkannt wurde. Ähnlich liegen die Verhältnisse in der zweiten Eingriffsphase. Dem Punkt E entspricht der Fußpunkt F_1 der Zahnstangenfußflanke. Am Ende des Eingriffes fallen also Kopfpunkt K und Fußpunkt F_1 in E zusammen. Es wälzen und gleiten die Flankenteile $\overset{\frown}{CK}$ und $\overline{CF_1}$ aufeinander. Die Gleitstrecke ist durch die Differenz $\overline{KK_1}-\overline{FF_1}$ gegeben. Die *Arbeitsflanken* sind durch Doppellinien gekennzeichnet. Die Flankenteile zwischen den Fußpunkten und Fußkreisen sind am Eingriff nicht beteiligt. Die Lagen der Zähne am Beginn und am Ende des Eingriffes sind durch Strichlinien dargestellt (Bild 15-13).

15.6.6. Außen-Geradverzahnung

Die Konstruktion der Zahnflanken gleicht im Prinzip der beim Zahnstangengetriebe. Durch Abwälzen der Eingriffslinie auf den Grundkreisen 1 und 2 entstehen die Flanken der Zähne des Rades 1 und 2 (Bild 15-14).

Der Eingriff erfolgt längs der Eingriffstrecke $\overline{AE}$. Die Punkte A und E sind die Schnittpunkte der Eingriffslinie mit den Kopfkreisen. Der Eingriffstrecke entspricht auf der Profilmittellinie M die Eingriffslänge e. In der ersten Phase wälzen die Flanken $\overset{\frown}{F_1C}$ und $\overset{\frown}{K_2C}$, in der zweiten Phase die Flanken $\overset{\frown}{CK_1}$ und $\overset{\frown}{CF_2}$ miteinander.

Im Gegensatz zur Zykloidenverzahnung erfolgt bei der Evolventenverzahnung die Formgebung der Zahnflanke des einen Rades unabhängig von der des anderen Rades. Darum können auch, gleicher Modul vorausgesetzt, Räder beliebiger Zähnezahlen miteinander gepaart werden. Ebenso haben die Teilkreise keinen Einfluß auf die Flankenform, die Evolventenverzahnung ist „teilkreislos", woraus sich erklärt, daß Abweichungen vom theoretischen Achsenabstand keinen Einfluß auf die Abwälzverhältnisse haben.

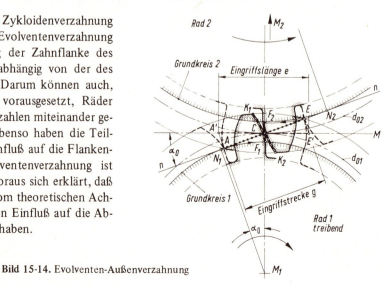

Bild 15-14. Evolventen-Außenverzahnung

15.6.7. Innen-Geradverzahnung

Die Zähne des Kleinrades (Ritzels) entstehen, wie unter 15.6.3. beschrieben. Die Flanken der Zähne des Großrades (Hohlrades) sind konkav (Bild 15-15a). Ihre Form ergibt sich durch Abwälzen der Eingriffslinie n auf dem Grundkreis 2 und gleicht genau der eines außerverzahnten Rades gleicher Abmessungen. Die Fußflanke wird durch die relative Kopfbahn des Werkzeuges bestimmt. Eingriffstrecke und Eingriffslänge hängen vom Herstellungsverfahren ab. Wird das Ritzel, wie üblich, mit Zahnstangenwerkzeug und das Hohlrad mit Schneidrad hergestellt, dann ist bei Rechtsdrehung des Ritzels der Anfangspunkt A des Eingriffes durch den Schnittpunkt der Eingriffslinie mit der Kopflinie der Zahnstange (gemeinsames Bezugsprofil) gegeben. Dem Punkt A entspricht der Fußpunkt F_1 der Ritzelflanke, in dem die Evolvente und damit die Arbeitsflanke beginnt. Außer-

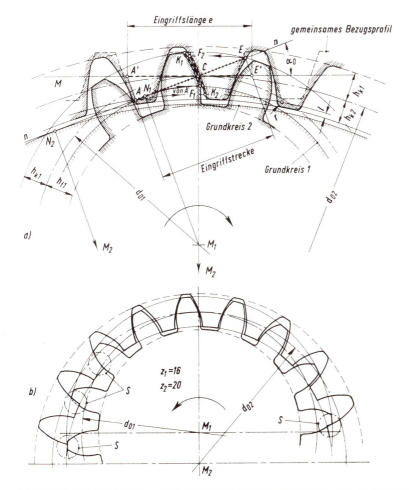

Bild 15-15. Innenverzahnung. a) Konstruktion und Eingriffsverhältnisse, b) Zahnüberschneidung bei Übersetzungen nahe $i = 1$

halb der Arbeitsflanke kann kein Flankeneingriff stattfinden. Auf der Zahnflanke des Hohlrades beginnt der Eingriff im Punkt K_2, der dabei mit F_1 in A zusammenfällt. Das Kopfstück von K_2 bis zum normalen Kopfkreis ist also am Eingriff nicht beteiligt. Der Kopf könnte um den Betrag l gekürzt werden, oder man müßte ihn mit $r = l$ abrunden, um Eingriffstörungen zu vermeiden. Der Eingriff endet in E als Schnittpunkt der Eingriffslinie mit dem Kopfkreis des Ritzels. Der Eingriffstrecke $\overline{AE}$ entspricht auf der Profilmittellinie die Eingriffslänge $\overline{A'E'} = e$, die allgemein, wie damit auch der Überdeckungsgrad, größer ist als bei Außenverzahnungen gleicher Abmessungen. Es arbeiten die Flanken $\widehat{F_1C}$ mit $\widehat{K_2C}$ und $\widehat{CK_1}$ mit $\widehat{CF_2}$ zusammen.

Bei Rädern mit geringer Zähnezahldifferenz, also die Übersetzungen nahe $i = 1$, besteht die Gefahr einer *Zahnüberschneidung,* wie Bild 15-15b zeigt. Die Zahnköpfe bewegen sich nicht mehr frei aneinander vorbei (bei den Stellen S) und müßten gekürzt werden, was jedoch eine Verminderung des Überdeckungsgrades mit sich bringen würde. Daher soll möglichst die Zähnezahldifferenz $z_2 - z_1 \geqslant 10$ sein.

15.7. Profilverschobene Evolventen-Geradverzahnung

15.7.1. Anwendung

Profilverschobene Evolventenverzahnung wird hauptsächlich zur Vermeidung von Unterschnitt bei kleinen Zähnezahlen verwendet, ferner zum Erreichen eines durch bestimmte Einbauverhältnisse vorgegebenen Achsabstandes, zum Verstärken der Zähne und damit zur Erhöhung der Tragfähigkeit und ggf. zur Erhöhung des Überdeckungsgrades.

15.7.2. Zahnunterschnitt, Grenzzähnezahl

Das Unterschreiten einer bestimmten Zähnezahl, der *Grenzzähnezahl,* führt bei evolventenverzahnten Rädern zum *Unterschnitt der Zähne,* d. h. die relative Kopfbahn des erzeugenden Werkzeuges schneidet einen Teil der normalerweise am Eingriff beteiligten Evolvente außerhalb des Grundkreises ab. Damit verbunden sind eine Kürzung der Eingriffstrecke und Eingriffslänge, die zur Verringerung des Überdeckungsgrades und zur Verschlechterung der Eingriffsverhältnisse führt. Gleichzeitig werden der Zahnfuß geschwächt und die Bruchgefahr vergrößert. Bild 15-16 zeigt den Unterschnitt eines Zahnrades mit $z = 9$ Zähnen. Der Kopfpunkt K_1 des Zahnstangen-Werkzeuges beschreibt beim Abwälzen die durch Strichlinie dargestellte (relative Kopf-)Bahn, die außerhalb des Grundkreises die „normale" Evolvente in F

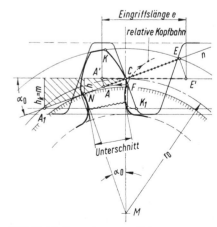

Bild 15-16. Entstehung von Zahnunterschnitt

15.7. Profilverschobene Evolventen-Geradverzahnung

schneidet (Konstruktion der Kopfbahn siehe Bild 15-24a). Damit kann der unterhalb von F liegende Teil der Fußflanke am Eingriff nicht beteiligt sein, sondern nur noch der Flankenteil $\widehat{FK}$. Dreht man das Ritzel so weit nach links, daß F auf der Eingriffslinie zu liegen kommt, so erhält man den Punkt A als Anfangspunkt der Eingriffstrecke, die in E endet. Die zugehörige Eingriffslänge $e = \overline{A'E'}$ ist gegenüber der bei „normaler" Verzahnung (Strecke $\overline{A_1 E}$) stark verkürzt. Der Überdeckungsgrad wird $\epsilon < 1$. Die mit dem Unterschnitt verbundene Schwächung des Zahnfußes erhöht zudem die Bruchgefahr.

Ein Unterschnitt (eine Unterschneidung) der Zähne tritt dann ein, wenn der Normalpunkt N innerhalb der Kopflinie des Bezugsprofils fällt. Der Grenzfall liegt vor, wenn N gerade auf der Kopflinie in A_1 liegt. Dann sind $h = h_k = m$, und im schraffierten Dreieck $h_k = \overline{CN} \cdot \sin \alpha_0$. Aus Dreieck CMN folgt $\overline{CN} = r_0 \cdot \sin \alpha_0$, in vorstehende Gleichung eingesetzt: $h_k = r_0 \cdot \sin \alpha_0 \cdot \sin \alpha_0 = r_0 \sin^2 \alpha_0 = h$ (für den Grenzfall); wird hierin $h_k = m$ und $r_0 = \dfrac{m \cdot z}{2}$ gesetzt, dann wird: $m = \dfrac{m \cdot z}{2} \cdot \sin^2 \alpha_0$.

Nach Umwandlung erhält man die *Grenzzähnezahl*

$$z_g = \frac{2}{\sin^2 \alpha_0} \tag{15.12}$$

Mit dem genormten Eingriffswinkel $\alpha_0 = 20°$ wird die *theoretische Grenzzähnezahl* $z_g = 17$.
Eine wirkliche Gefährdung der Eingriffsverhältnisse ergibt sich jedoch erst bei der *praktischen Grenzzähnezahl* $z'_g = 14$.

Zur Vermeidung von Unterschnitt könnte z. B. die Kopfhöhe h_k in Abhängigkeit von der Zähnezahl um den Teil verkleinert werden, der den Unterschnitt hervorruft, d. h. der Kopfpunkt K_1 in Bild 15-16 rückt soweit nach oben, daß seine Kopfbahn nicht mehr „einschneidet". Dadurch würden sich gedrungene, kurze Zähne hoher Festigkeit ergeben. Zum anderen könnte der Eingriffswinkel α_0 vergrößert werden, wodurch die Grenzzähnezahl z_g herabgesetzt wird (siehe Gleichung 15.12). Beide Verfahren würden jedoch andere Verzahnungswerkzeuge erfordern, was denkbar unwirtschaftlich wäre. Außerdem würde sich in beiden Fällen der Überdeckungsgrad verschlechtern.
Zweckmäßiger ist daher die sogenannte *Profilverschiebung*, die ohne Änderung der üblichen Werkzeuge ausgeführt werden kann.

15.7.3. Profilverschiebung

Bei Profilverschiebung geht die (Bezugs-)Profilmittellinie nicht mehr durch den Wälzpunkt, sondern ist gegenüber diesem entweder von der Radmitte weg nach außen (positiv) oder zur Radmitte hin nach innen (negativ) verschoben, was einer entsprechenden Ab- oder Einrückung des Herstellungswerkzeuges entspricht. Durch *positive Profilverschiebung* kann Zahnunterschnitt vermieden und die Tragfähigkeit der Zähne erhöht werden. *Negative Profilverschiebung* ergibt einen höheren Überdeckungsgrad. Ferner lassen sich durch Profilverschiebung bestimmte, z. B. konstruktiv bedingte Achsabstände erreichen.

Je nach Lage der Profilmittellinie, also je nach Art der Profilverschiebung unterscheidet man:

1. *Nullräder,* bei denen keine Profilverschiebung vorgenommen worden ist, also „normale" Zahnräder. Die Profilmittellinie berührt den Teilkreis. Herstellungs-, Betriebswälzkreis und Teilkreis fallen zusammen (Bild 15-17a).
2. *V-Räder* sind Räder mit Profilverschiebung. Teilkreis, Herstellungswälzkreis und Teilung sind gegenüber den entsprechenden Nullrädern unverändert.

   V-Plus-Räder haben positive Profilverschiebung. Kopf- und Fußkreis vergrößern sich entsprechend der Verschiebung, die Zahndicke wird $s_0 > t_0/2$, die Zahnlücke $l_0 < t_0/2$ (Bild 15-17b).

   V-Minus-Räder haben negative Profilverschiebung. Kopf- und Fußkreis verkleinern sich entsprechend der Verschiebung, die Zahndicke wird $s_0 < t_0/2$, die Zahnlücke $l_0 > t_0/2$ (Bild 15-17c).

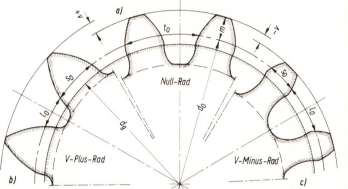

Bild 15-17
Zahnform in Abhängigkeit von der Profilverschiebung
a) bei Nullrad,
b) bei positiver Verschiebung,
c) bei negativer Verschiebung

Zur Vermeidung von Zahnunterschnitt müßte nach Bild 15-16 das Werkzeug mindestens so weit nach außen verschoben werden, daß seine Kopflinie durch N geht, also A_1 nicht mehr außerhalb der Strecke NE liegt. Die (positive) Profilverschiebung wird dann $v = h_k - h$. Aus rechnerischen Gründen wird v in den von der Zähnezahl abhängigen *Profilverschiebungsfaktor* x und den Modul m aufgespalten. Die *Profilverschiebung* wird damit

$$v = x \cdot m \quad \text{in mm} \tag{15.13}$$

Wird in der Beziehung $v = h_k - h$ für $h_k = m$ und für $h = r_0 \cdot \sin^2 \alpha_0 = \dfrac{m \cdot z}{2} \cdot \sin^2 \alpha_0$ (siehe zu Gleichung 15.12) gesetzt, dann wird $v = x \cdot m = m - \dfrac{m \cdot z}{2} \cdot \sin^2 \alpha_0 = \left(1 - z \cdot \dfrac{\sin^2 \alpha_0}{2}\right) \cdot m$. Wird hierin $\dfrac{\sin^2 \alpha_0}{2} = \dfrac{1}{z_g}$ gesetzt, dann wird nach Einsetzen und Umformen mit $z_g = 17$ der *theoretische Profilverschiebungsfaktor*

$$x_{th} = \frac{z_g - z}{z_g} = \frac{17 - z}{17} \; .$$

15.7. Profilverschobene Evolventen-Geradverzahnung

Mit der praktischen Grenzzähnezahl $z'_g = 14$ wird der *praktische Profilverschiebungsfaktor*

$$x = \frac{14 - z}{17} \tag{15.14}$$

15.7.4. Zahnspitzengrenze, Mindestzähnezahl

Mit positiver Profilverschiebung ist stets eine Verringerung der Zahnkopfdicke verbunden, da die Zahnflanken durch den vergrößerten Kopfkreis weiter nach außen gezogen werden (vgl. Bild 15-17b und 15-24b). Bei einer bestimmten Größe der Profilverschiebung v bzw. des Profilverschiebungsfaktors x laufen die Flankenevolventen am Kopfkreis zur Spitze zusammen, es tritt *Spitzenbildung* ein. Bild 15-18 zeigt die theoretische und praktische Unterschnittgrenze und die Spitzengrenze in Abhängigkeit von der Zähnezahl z und dem Profilverschiebungsfaktor x. Die praktische *Mindestzähnezahl*, bei der die Profilverschiebung zur Unterschnittvermeidung gerade Spitzenbildung hervorruft, liegt bei $z_{min} = 7$.

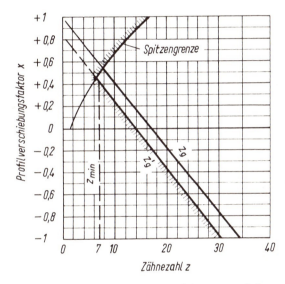

Bild 15-18. Grenzzähnezahlen und Spitzengrenze bei Geradverzahnung

Beispiel: Für $z = 10$ ergibt sich zur Vermeidung von Zahnunterschnitt $x \approx 0{,}24$ (Schnittpunkt mit z'_g-Linie), die Spitzengrenze liegt bei einer Profilverschiebung mit $x \approx 0{,}68$; damit kann bei $z = 10$ und z. B. $m = 5$ mm jede Profilverschiebung zwischen $v_{min} = x_{min} \cdot m \approx 0{,}24 \cdot 5$ mm $\approx 1{,}2$ mm und $v_{max} \approx 0{,}68 \cdot 5$ mm $\approx 3{,}4$ mm vorgenommen werden, ohne daß Unterschnitt bzw. Spitzenbildung eintritt.

15.7.5. Paarung der Räder, Getriebearten

Null- und V-Räder können beliebig zu Getrieben zusammengesetzt werden, ohne daß Eingriffs- und Abwälzverhältnisse dadurch gestört werden. Je nach Paarung der Räder unterscheidet man:

1. *Nullgetriebe* bei Paarung zweier Nullräder mit „normalem" Achsabstand a_0 (Gleichung 15.4). Die Teilkreise berühren sich im Wälzpunkt. Anwendung bei Getrieben aller Art mit mittleren Belastungen und Drehzahlen, sowie Zähnezahlen $z_1 > z'_g$ und $z_2 > z'_g$.

2. **V-Null-Getriebe** bei Paarung eines V-Plus-Rades mit einem V-Minus-Rad gleicher positiver und negativer Profilverschiebung. Die Teilkreise berühren sich im Wälzpunkt, der Achsabstand bleibt gegenüber dem des entsprechenden Nullgetriebes unverändert. Normalerweise wird das Ritzel als V-Plus-Rad gewählt, was sein muß, wenn dessen Zähnezahl $z_1 < z_g'$ oder dessen Tragfähigkeit erhöht und der des Rades ausgeglichen werden soll. Um dabei am V-Minus-Rad keinen Unterschnitt zu erhalten, muß $z_1 + z_2 \geq 28$ (Grenzzähnezahl-Summe) sein. Anwendung bei Getrieben mit größeren Übersetzungen und höheren Belastungen.

3. **V-Getriebe,** bei denen V-Räder mit Nullrädern oder V-Räder mit unterschiedlichen Profilverschiebungen gepaart sind, wobei das Ritzel möglichst eine positive Profilverschiebung erhält. Die Teilkreise berühren sich nicht, sie fallen nicht mehr mit den Wälzkreisen zusammen, es ergibt sich ein „verschobener" Achsabstand $a_v \gtrless a_0$. Anwendung z. B., wenn ein konstruktiv bedingter Achsabstand erreicht werden muß und dieses anderweitig nicht möglich ist, oder wenn eine hohe Tragfähigkeit beider Räder durch positive Verschiebung für hochbelastete Getriebe, oder wenn ein hoher Überdeckungsgrad durch negative Verschiebung für besonders gleichförmigen und ruhigen Lauf erreicht werden soll. In allen Fällen kann durch bestimmte Aufteilung der Profilverschiebungen annähernd gleiche Tragfähigkeit bei Ritzel und Rad erreicht werden (siehe unter 15.7.8.).

15.7.6. Rad- und Getriebeabmessungen bei V-Null- und V-Getrieben

Nullräder

Abmessungen siehe unter 15.3.

V-Plus- und V-Minus-Räder

Teilkreisdurchmesser bleiben unverändert: $d_0 = m \cdot z$

Kopf- und *Fußkreisdurchmesser* d_{kv} und d_{fv} vergrößern bzw. verkleinern sich infolge der Profilverschiebung v um den Betrag $2 \cdot v$:

$$d_{kv} = d_0 + 2 \cdot m \pm 2 \cdot v \text{ in mm} \tag{15.15}$$

$$d_{fv} = d_0 - 2 \cdot (m + S_k) \pm 2 \cdot v \approx d_0 - 2{,}4 \cdot m \pm 2 \cdot v \text{ in mm} \tag{15.16}$$

$+ 2 \cdot v$ bei V-Plus-Rädern, $- 2 \cdot v$ bei V-Minus-Rädern (v als Absolutwert)

Die *Zahndicke* auf dem Teilkreis vergrößert bzw. vermindert sich gegenüber der bei Nullrädern um den Betrag $2 \cdot v \cdot \tan \alpha_0 = 2 \cdot x \cdot m \cdot \tan \alpha_0$:

$$s_{0v} = \frac{t_0}{2} \pm 2 \cdot x \cdot m \cdot \tan \alpha_0 \text{ in mm} \tag{15.17}$$

$+$ bei V-Plus-Rädern, $-$ bei V-Minus-Rädern (x als Absolutwert)

15.7. Profilverschobene Evolventen-Geradverzahnung

V-Null-Getriebe

Wegen gleich großer entgegengesetzter Profilverschiebungen an beiden Rädern bleibt der *Achsabstand* der entsprechenden Nullgetriebe nach Gleichung (15.4) unverändert erhalten.

V-Getriebe

Bei V-Getrieben ist der Achsabstand a_v gegenüber dem „normalen" a_0 verändert. Es liegt zunächst nahe, z. B. bei positiver Verschiebung, a_0 um die Summe der Profilverschiebungen zu vergrößern: $a_v = a_0 + v_1 + v_2 = a_0 + (x_1 + x_2) \cdot m$. Dies würde aber zu einer Vergrößerung des Flankenspieles führen, so daß die Räder bis zum theoretisch flankenspielfreien Eingriff wieder etwas zusammengerückt werden müssen. Mit einer für die Praxis häufig ausreichenden Genauigkeit ergibt sich der *Achsabstand bei V-Getrieben* nach der „Gebrauchsformel":

$$a_v \approx a_0 + \frac{(x_1 + x_2) \cdot m}{\sqrt[4]{1 + 26 \frac{x_1 + x_2}{z_1 \pm z_2}}} \quad \text{in mm} \tag{15.18}$$

a_0 Achsabstand des entsprechenden Nullgetriebes in mm nach Gleichung (15.4)
x_1, x_2 Profilverschiebungsfaktoren für die beiden Räder
m Modul des Radpaares in mm
z_1, z_2 Zähnezahlen der Räder (+ bei Außen-, − bei Innenverzahnung)

Die genaue Ermittlung des Achsabstandes a_v ist nur mit Hilfe der Evolventenfunktion (siehe unter 15.7.7.) möglich. Auch bei vorgegebenem oder verlangtem bestimmtem Achsabstand a_v ist vorstehende Gleichung (15.18) nicht brauchbar, da sie dann nach der erforderlichen Verschiebungssumme $x_1 + x_2$ aufgelöst werden müßte, was praktisch kaum möglich ist.

Kopfkürzung: Bei genauer Einhaltung des festgelegten Kopfspieles S_k müssen die Zähne beider Räder eines V-Getriebes um den Betrag der Wiedereinrückung $y = v_1 + v_2 - (a_v - a_0)$ gekürzt werden. Hierauf kann verzichtet werden, wenn $z_1 + z_2 \geq 20$ ist, weil die Kürzung dann vernachlässigbar klein bleibt und das vorhandene Kopfspiel noch ausreicht. Der etwaig verkleinerte Kopfkreisdurchmesser wird: $d'_{kv} = d_{kv} - 2 \cdot y$.

15.7.7. Evolventenfunktion und ihre Anwendung bei V-Getrieben

Die Evolventenfunktion gestattet die genaue Berechnung von Abmessungen am Zahnrad und Getriebe, die für Konstruktion, Herstellung und Prüfung wichtig sind, wie Zahndicke, Sehnenmaße, Achsabstand usw.

Ist nach Bild 15-19 der Winkel α der Pressungswinkel (spitzer Winkel zwischen Tangente t und Radialer durch Punkt B der Evolvente), dann ist der Zahlenwert von ev α (sprich evolut α) gleich der Radialprojektion der Evolvente $\widehat{AB}$ auf den Einheitskreis ($r = 1$). Mit dem Polarwinkel φ und mit α und β (im Bogenmaß) wird $\varphi = \beta - \alpha =$ ev α. Wird für $\beta = \widehat{AT}/r_g$ und $\widehat{AT} = \overline{BT} = r_g \cdot \tan \alpha$ gesetzt, dann wird $\beta = r_g \cdot \tan \alpha / r_g = \tan \alpha$ und mit ev $\alpha = \beta - \alpha$ wird ev $\alpha = \tan \alpha - \text{arc } \alpha$.

Zahlenwerte für ev α aus Tabelle A15.3, Anhang.

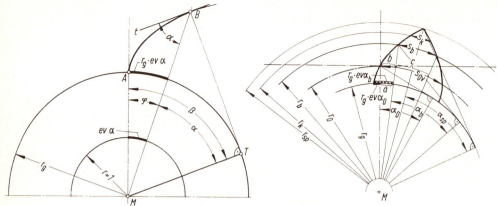

Bild 15-19. Darstellung der Evolventenfunktion

Bild 15-20. Anwendung der Evolventenfunktion

Anwendungsbeispiele

1. Bestimmung der Zahndicke s_b am beliebigen Radius r_b

Nach Bild 15-20 sind die Bogen $a = r_g \cdot (\text{ev } \alpha_b - \text{ev } \alpha_0)$, $b = \dfrac{a \cdot r_0}{r_g}$, $c = s_{0v} - 2 \cdot b$; hiermit wird die Zahndicke

$$s_b = c \cdot \frac{r_b}{r_0} = (s_{0v} - 2 \cdot b) \cdot \frac{r_b}{r_0}.$$

Wird hierin nach Gleichung (15.17) $s_{0v} = \dfrac{t_0}{2} + 2 \cdot x \cdot m \cdot \tan \alpha_0 = \dfrac{m \cdot \pi}{2} + 2 \cdot x \cdot m \cdot \tan \alpha_0$ gesetzt, dann wird nach Einsetzen und Umformen die *Zahndicke am beliebigen Radius r_b*:

$$s_b = 2 \cdot r_b \cdot \left[\frac{1}{z} \cdot \left(\frac{\pi}{2} + 2 \cdot x \cdot \tan \alpha_0 \right) - \left(\text{ev } \alpha_b - \text{ev } \alpha_0 \right) \right] \text{ in mm} \quad (15.19)$$

Der *Pressungswinkel* ergibt sich aus

$$\cos \alpha_b = \frac{r_g}{r_b} = \frac{r_0 \cdot \cos \alpha_0}{r_b} \quad (15.20)$$

2. Bestimmung des Achsabstandes a_v und der Summe der Profilverschiebungsfaktoren $x_1 + x_2$

Für flankenspielfreien Lauf muß die Summe der Zahndicken s_{b1} und s_{b2} auf den Betriebswälzkreisen mit den Radien r_{b1} und r_{b2} gleich der Teilung t_b sein (Bild 15.21b): Mit Gleichung (15.19) wird

$$t_b = s_{b1} + s_{b2} = 2 \cdot r_{b1} \cdot \left[\frac{1}{z_1} \cdot \left(\frac{\pi}{2} + 2 \cdot x_1 \cdot \tan \alpha_0 \right) - \left(\text{ev } \alpha_b - \text{ev } \alpha_0 \right) \right] +$$

$$+ 2 \cdot r_{b2} \cdot \left[\frac{1}{z_2} \cdot \left(\frac{\pi}{2} + 2 \cdot x_2 \cdot \tan \alpha_0 \right) - \left(\text{ev } \alpha_b - \text{ev } \alpha_0 \right) \right].$$

15.7. Profilverschobene Evolventen-Geradverzahnung

Mit $2 \cdot r_{b1} \cdot \pi = z_1 \cdot t_b$ und $2 \cdot r_{b2} \cdot \pi = z_2 \cdot t_b$ ergibt sich nach Umformen die Beziehung

$$2 \cdot \frac{x_1 + x_2}{z_1 + z_2} \cdot \tan \alpha_0 = \text{ev}\, \alpha_b - \text{ev}\, \alpha_0.$$

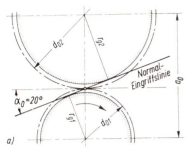 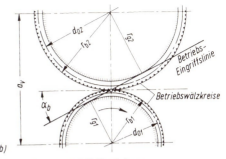

Bild 15-21. Eingriffswinkel und Achsabstand. a) bei Nullgetrieben, b) bei V-Getrieben

Bei gegebenen Profilverschiebungsfaktoren x_1 und x_2 kann hiernach der *Betriebseingriffswinkel* ermittelt werden aus

$$\text{ev}\, \alpha_b = 2 \cdot \frac{x_1 + x_2}{z_1 + z_2} \cdot \tan \alpha_0 + \text{ev}\, \alpha_0 \qquad (15.21)$$

α_b wird aus der Evolventenfunktionstabelle A15.3, Anhang, abgelesen. Zur Kontrolle oder überschlägigen Berechnung kann α_b (α_{bn}) in Abhängigkeit von der Zähnezahlsumme $z_1 + z_2$ und der Profilverschiebungssumme $x_1 + x_2$ auch dem Bild A15.1, Anhang, entnommen werden.

Der Achsabstand ist nach Bild 15-21b: $a_v = r_{b1} + r_{b2}$. Entsprechend Gleichung (15.20) ergeben sich die Betriebswälzkreisradien:

$$r_{b1} = \frac{r_{01} \cdot \cos \alpha_0}{\cos \alpha_b} = \frac{m \cdot z_1 \cdot \cos \alpha_0}{2 \cdot \cos \alpha_b} \quad \text{und} \quad r_{b2} = \frac{r_{02} \cdot \cos \alpha_0}{\cos \alpha_b} = \frac{m \cdot z_2 \cdot \cos \alpha_0}{2 \cdot \cos \alpha_b}, \quad \text{also}$$

$$a_v = \frac{m \cdot z_1 \cdot \cos \alpha_0}{2 \cdot \cos \alpha_b} + \frac{m \cdot z_2 \cdot \cos \alpha_0}{2 \cdot \cos \alpha_b}.$$

Hieraus ergibt sich nach Umwandeln der *Achsabstand bei V-Getrieben*:

$$a_v = \frac{m}{2} \cdot (z_1 + z_2) \cdot \frac{\cos \alpha_0}{\cos \alpha_b} = a_0 \cdot \frac{\cos \alpha_0}{\cos \alpha_b} \quad \text{in mm} \qquad (15.22)$$

m	Modul des Radpaares in mm
z_1, z_2	Zähnezahlen der Räder
$\alpha_0 = 20°$	(Normal-)Eingriffswinkel (cos 20° = 0,9397, tan 20° = 0,364, ev 20° = 0,0149), Bild 15-21a
α_b	Betriebseingriffswinkel aus Gleichung (15.21), Bild 15-21b
a_0	Achsabstand des entsprechenden Null-Getriebes in mm nach Gleichung (15.4), Bild 15-21a

Ist ein bestimmter Achsabstand a_v gegeben oder verlangt, dann kann aus Gleichung (15.22) cos $α_b$ und damit $α_b$ bestimmt und aus Gleichung (15.21) die erforderliche *Summe der Profilverschiebungsfaktoren* (*Profilverschiebungssumme*) ermittelt werden:

$$x_1 + x_2 = \frac{\text{ev}\, α_b - \text{ev}\, α_0}{2 \cdot \tan α_0} \cdot (z_1 + z_2) \tag{15.23}$$

Zur Kontrolle und überschlägigen Berechnung kann die Summe $x_1 + x_2$ auch aus Bild A15-1, Anhang, in Abhängigkeit von der Zähnezahlsumme $z_1 + z_2$ und dem Betriebseingriffswinkel $α_b$ entnommen werden.

Eine etwaige Aufteilung der Profilverschiebungsfaktoren x_1 und x_2 auf die beiden Räder wird zweckmäßig nach Bild 15-22 vorgenommen (siehe nachfolgenden Abschnitt 15.7.8.).

15.7.8. Summe der Profilverschiebungsfaktoren und ihre Aufteilung

Ist ein *bestimmter Achsabstand* zweier Zahnräder aus konstruktiven Gründen gegeben bzw. gefordert, z. B. bei Verschiebeädergetrieben oder Umlaufgetrieben, so kann dieser häufig nur, wie schon erwähnt, durch zweckmäßig an beiden Rädern vorzunehmende Profilverschiebung erreicht werden. Die Summe der Profilverschiebungsfaktoren wird dann nach Gleichung (15.23) ermittelt.

Besondere Anforderungen an Tragfähigkeit oder Überdeckungsgrad können ebenfalls durch Profilverschiebung, zweckmäßig an beiden Rädern, erfüllt werden. Zur Erleichterung der Wahl der Summe der Profilverschiebungsfaktoren dient Bild 15-22 (Empfehlung nach DIN 3992).

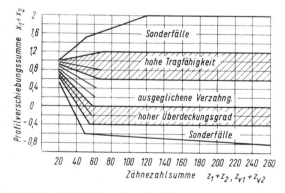

Bild 15-22

Wahl der Summe der Profilverschiebungsfaktoren (Profilverschiebungssumme) zum Erreichen hoher Tragfähigkeit bzw. hohen Überdeckungsgrades

Bei der *Aufteilung der Profilverschiebungsfaktoren* ist anzustreben, die Zahnfußtragfähigkeit beider Räder möglichst einander anzugleichen, gleichzeitig ist aber auch zu vermeiden, daß es bei Ritzeln mit kleinen Zähnezahlen zur Unterschnittgefahr kommt. Die Aufteilung kann nach Bild 15-23 (Empfehlung nach DIN 3992) vorgenommen werden. Bei Übersetzungen ins Langsame ($i > 1$) gelten die Paarungslinien L (Vollinien), bei Übersetzungen ins Schnelle ($i < 1$) die Paarungslinien S (Strichlinien). Die Summe $x_1 + x_2$ ist so aufzuteilen, daß x_1 und x_2 möglichst auf derselben Paarungslinie liegen, siehe Ablesebeispiel zu Bild 15-23.

15.7. Profilverschobene Evolventen-Geradverzahnung

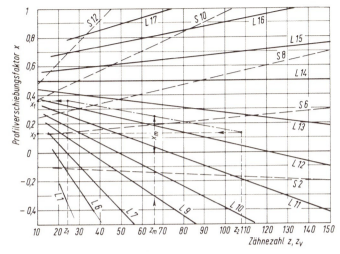

Bild 15-23
Aufteilung der Summe der Profilverschiebungsfaktoren

Ablesebeispiel: Gegeben seien $z_1 = 24$, $z_2 = 108$, damit $i = 4{,}5$, Profilverschiebungssumme $x_1 + x_2 = +0{,}5$ (ausgeglichene Verzahnung mit höherer Tragfähigkeit nach Bild 15-22). Man trage über der mittleren Zähnezahl $z_m = \dfrac{z_1 + z_2}{2} = \dfrac{24 + 108}{2} = 66$ den mittleren Verschiebungswert $x_m = \dfrac{x_1 + x_2}{2} = +0{,}25$ von der 0-Linie auf. Durch diesen Punkt ziehe man eine den benachbarten L-Linien ($i > 1$!) angepaßte Gerade. Diese gibt dann über z_1 und z_2 die zugehörigen Werte $x_1 = +0{,}36$ und $x_2 = +0{,}14$ an. Dabei ist zu beachten, daß die Summe der gefundenen Werte x_1 und x_2 mit der vorgegebenen Verschiebungssumme genau übereinstimmt.

15.7.9. 0,5-Verzahnung

Die 0,5-Verzahnung ist ein starres Verzahnungssystem, bei dem jedes Zahnrad, unabhängig von der Zähnezahl, eine positive Profilverschiebung mit dem Profilverschiebungsfaktor $x = 0{,}5$ erhält: $v = 0{,}5 \cdot m$ (Modul). Diese Verzahnung ist nach DIN 3994 genormt und gilt für geradverzahnte Stirnräder mit Zähnezahlen $z \geqslant 8$. Die 0,5-Verzahnung hat eine höhere Tragfähigkeit als die Null-Verzahnung und ist insbesondere für Satz- und Wechselräder geeignet, da die Räder beliebig miteinander gepaart werden können, gleicher Modul vorausgesetzt. Die Übersetzung soll möglichst ins Langsame erfolgen.

Die Rad- und Getriebeabmessungen werden zweckmäßig mit den in DIN 3995 für diese Verzahnung entwickelten Gleichungen, Schaubildern u. dgl. ermittelt. Selbstverständlich können die Verzahnungsdaten auch nach den Gleichungen für V-Räder und V-Getriebe in den vorstehenden Abschnitten entsprechend mit $x_1 = x_2 = 0{,}5$ berechnet werden.

15.7.10. Rechentafeln

Die Tabellen 15.2 und 15.3 enthalten eine Zusammenstellung der wichtigsten geometrischen Größen bei V-Null- und V-Getrieben und gestatten ein schnelles Aufsuchen der zugehörigen Berechnungsgleichungen. Es wird jedoch empfohlen, um Fehler und eine unüberlegte Benutzung der Gleichungen zu vermeiden, unbedingt mit den Gleichungen im Text und den hierzu gegebenen Erläuterungen zu arbeiten.

Tabelle 15.2: Zusammenstellung der wichtigsten geometrischen Größen und Berechnungsgleichungen beim Geradzahn-V-Null-Getriebe (Außengetriebe)

geometrische Größe	Formelzeichen	Berechnungsgleichung
Teilkreisdurchmesser	d_0	$d_0 = m \cdot z$
Grundkreisdurchmesser	d_g	$d_g = d_0 \cdot \cos \alpha_0 \approx 0{,}94 \cdot d_0$
Profilverschiebungsfaktor	x	$x = (14 - z_1)/17$
Profilverschiebung	v	$v_1 = x \cdot m, \ v_2 = -v_1$
Kopfkreisdurchmesser	d_{kv}	$d_{kv1} = d_{01} + 2 \cdot m + 2 \cdot v_1, \ d_{kv2} + 2 \cdot m - 2 \cdot v_1$
Fußkreisdurchmesser	d_{fv}	$d_{fv1} \approx d_{01} - 2{,}4 \cdot m + 2 \cdot v_1, \ d_{fv2} \approx d_{02} - 2{,}4 \cdot m - 2 \cdot v_1$
Achsabstand	a_0	$a_0 = (d_{01} + d_{02})/2 = m \cdot (z_1 + z_2)/2$
Eingriffsstrecke	g	$g = \sqrt{r_{k1}^2 - r_{g1}^2} + \sqrt{r_{k2}^2 - r_{g2}^2} - a_0 \cdot \sin \alpha_0$
Eingriffslänge	e	$e = g/\cos \alpha_0$
Überdeckungsgrad	ϵ	$\epsilon = e/t_0$
Zahnkopfhöhe	h_k	$h_{k1} = m + v_1, \ h_{k2} = m - v_1$
Zahnfußhöhe	h_f	$h_{f1} \approx 1{,}2 \cdot m - v_1, \ h_{f2} \approx 1{,}2 \cdot m + v_1$
Zahnhöhe	h_z	$h_z = h_k + h_f = 2 \cdot m + S_k \approx 2{,}2 \cdot m$

Tabelle 15.3: Zusammenstellung der wichtigsten geometrischen Größen und Berechnungsgleichungen beim Geradzahn-V-Getriebe (Außengetriebe)

geometrische Größe	Formelzeichen	Berechnungsgleichung
Teilkreisdurchmesser	d_0	$d_0 = m \cdot z$
Grundkreisdurchmesser	d_g	$d_g = d_0 \cdot \cos \alpha_0 \approx 0{,}94 \cdot d_0$
Wälzkreisdurchmesser	d_b	$d_b = d_g/\cos \alpha_b$
Betriebseingriffswinkel	α_b	$\operatorname{ev} \alpha_b = 2 \cdot \dfrac{x_1 + x_2}{z_1 + z_2} \cdot \tan \alpha_0 + \operatorname{ev} \alpha_0$
Profilverschiebungsfaktor	x	$x = (14 - z)/17$
Profilverschiebung	v	$v_1 = x_1 \cdot m; \ v_2 = x_2 \cdot m$
Summe der Profilverschiebungsfaktoren	$x_1 + x_2$	$x_1 + x_2 = \dfrac{\operatorname{ev} \alpha_b - \operatorname{ev} \alpha_0}{2 \cdot \tan \alpha_0} \cdot (z_1 + z_2)$
Kopfkreisdurchmesser	d_{kv}	$d_{kv1} = d_{01} + 2 \cdot m + 2 \cdot v_1, \ d_{kv2} = d_{02} + 2 \cdot m + 2 \cdot v_2$
Fußkreisdurchmesser	d_{fv}	$d_{fv1} \approx d_{01} - 2{,}4 \cdot m + 2 \cdot v_1, \ d_{fv2} \approx d_{02} - 2{,}4 \cdot m + 2 \cdot v_2$
Achsabstand	a_v, a_0	$a_v \approx a_0 + \dfrac{m \cdot (x_1 + x_2)}{\sqrt[4]{1 + 26 \cdot \dfrac{x_1 + x_2}{z_1 + z_2}}}$ $a_v = a_0 \cdot \dfrac{\cos \alpha_0}{\cos \alpha_b}, \ a_0 = (d_{01} + d_{02})/2 = m \cdot (z_1 + z_2)/2$
Eingriffsstrecke	g	$g = \sqrt{r_{kv1}^2 - r_{g1}^2} + \sqrt{r_{kv2}^2 - r_{g2}^2} - a_v \cdot \sin \alpha_b$
Eingriffslänge	e	$e = g/\cos \alpha_0$
Überdeckungsgrad	ϵ	$\epsilon = e/t_0$
Zahnkopfhöhe	h_k	$h_{k1} = m + v_1, \ h_{k2} = m + v_2$
Zahnfußhöhe	h_f	$h_{f1} \approx 1{,}2 \cdot m - v_1, \ h_{f2} \approx 1{,}2 \cdot m - v_2$
Zahnhöhe	h_z	$h_z = h_k + h_f = 2 \cdot m + S_k \approx 2{,}2 \cdot m$

15.7. Profilverschobene Evolventen-Geradverzahnung

15.7.11. Berechnungs- und Konstruktionsbeispiele zur Profilverschiebung

▮ **Beispiel 15.1:** Für ein Geradstirnrad-Getriebe mit den Zähnezahlen $z_1 = 8$, $z_2 = 17$ und Modul $m = 8$ mm sind zu berechnen bzw. zu konstruieren:
a) die Profilverschiebung v_1 des Ritzels zur Vermeidung von Zahnunterschnitt,
b) der Achsabstand a_v des Getriebes, wenn das Rad z_2 als Nullrad ausgeführt wird,
c) die wichtigsten Abmessungen des Ritzels und Großrades,
d) die Konstruktion des Zahnunterschnittes am nicht profilverschobenen Ritzel,
e) die Konstruktion des V-Getriebes.

▶ **Lösung a):** Zur Vermeidung des Zahnunterschnittes ist eine positive Profilverschiebung des Ritzels erforderlich. Diese wird nach Gleichung (15.13):

$$v_1 = + x_1 \cdot m.$$

Der Profilverschiebungsfaktor für $z_1 = 8$ wird nach Gleichung (15.14):

$$x_1 = \frac{14 - z_1}{17}, \quad x_1 = \frac{14 - 8}{17} = 0{,}353 \; (+).$$

Dieser Wert könnte ohne weiteres auf $x_1 = 0{,}4$ aufgerundet werden, da sich hiermit nach Bild 15-18 noch keine Spitzenbildung ergeben und zudem eine noch bessere „Korrektur" erreicht würde. Es wird gewählt $x_1 = 0{,}36$, damit wird $v_1 = 0{,}36 \cdot 8$ mm $= 2{,}88$ mm (+).

Ergebnis: Die Profilverschiebung für das Ritzel wird $v_1 = 2{,}88$ mm (+) mit $x_1 = 0{,}36$ (+).

▶ **Lösung b):** Für ein V-Getriebe (V-Plus-Rad und Nullrad) wird der Achsabstand nach Gleichung (15.22):

$$a_v = a_0 \cdot \frac{\cos \alpha_0}{\cos \alpha_b}.$$

Achsabstand des betreffenden Null-Getriebes nach Gleichung (15.4):

$$a_0 = \frac{m \cdot (z_1 + z_2)}{2}, \quad a_0 = \frac{8 \text{ mm} \cdot (8 + 17)}{2} = 100 \text{ mm}.$$

Normal-Eingriffswinkel $\alpha_0 = 20°$, $\cos \alpha_0 = 0{,}9397$.
Betriebseingriffswinkel aus Gleichung (15.21):

$$\text{ev } \alpha_b = 2 \cdot \frac{x_1 + x_2}{z_1 + z_2} \cdot \tan \alpha_0 + \text{ev } \alpha_0.$$

Mit $x_1 = 0{,}36$, $x_2 = 0$ (Nullrad), $z_1 = 8$, $z_2 = 17$, $\tan \alpha_0 = \tan 20° = 0{,}364$ und $\text{ev } \alpha_0 = \text{ev } 20°$ $= 0{,}0149$ (aus Tabelle A15.3) wird

$$\text{ev } \alpha_b = 2 \cdot \frac{0{,}36 + 0}{8 + 17} \cdot 0{,}364 + 0{,}0149 = 0{,}0105 + 0{,}0149 = 0{,}0254.$$

Hierfür wird nach Tabelle A15.3, Anhang: $\alpha_b = 23°44'$, $\cos \alpha_b = 0{,}9154$ und damit

$$a_v = 100 \text{ mm} \cdot \frac{0{,}9397}{0{,}9154} = 102{,}65 \text{ mm}.$$

Nach der Gebrauchsformel, Gleichung (15.18) würde

$$a_v \approx a_0 + \frac{(x_1 + x_2) \cdot m}{\sqrt[4]{1 + 26 \cdot \frac{x_1 + x_2}{z_1 + z_2}}}, \quad a_v \approx 100 \text{ mm} + \frac{(0{,}36 + 0) \cdot 8 \text{ mm}}{\sqrt[4]{1 + 26 \cdot \frac{0{,}36 + 0}{8 + 17}}} \approx 100 \text{ mm} + 2{,}659 \text{ mm},$$

$a_v \approx 102{,}66$ mm; der Unterschied zum obigen Ergebnis ist also sehr klein.

Es sei bemerkt, daß zur Berechnung von a_v mit Hilfe der ev-Funktion der Rechenschieber in keinem Fall ausreicht und viel zu ungenaue Ergebnisse geben würde; es muß dabei schriftlich oder mit Maschine gerechnet werden, denn das Ergebnis muß mindestens auf 1/100 mm genau sein. Dagegen könnte nach der Gebrauchsformel mit einem Rechenschieber (möglichst ein 50-cm-Schieber) ein durchaus ausreichend genaues Ergebnis erzielt werden.

Ergebnis: Für das V-Getriebe ergibt sich der Achsabstand $a_v = 102{,}65$ mm.

▶ **Lösung c):** Die Abmessungen der Räder werden nach Abschnitt 15.7.5. ermittelt.

Für das Ritzel als V-Plus-Rad ergeben sich:
Teilkreisdurchmesser: $d_{01} = m \cdot z_1$, $d_{01} = 8$ mm $\cdot$ 8 = 64 mm,
Kopfkreisdurchmesser nach Gleichung (15.15):

$$d_{kv1} = d_{01} + 2 \cdot m + 2 \cdot v_1, \quad d_{kv1} = 64 \text{ mm} + 2 \cdot 8 \text{ mm} + 2 \cdot 2{,}88 \text{ mm} = 85{,}76 \text{ mm},$$

Fußkreisdurchmesser nach Gleichung (15.16):

$$d_{fv1} \approx d_{01} - 2{,}4 \cdot m + 2 \cdot v_1, \quad d_{fv1} \approx 64 \text{ mm} - 2{,}4 \cdot 8 \text{ mm} + 2 \cdot 2{,}88 \text{ mm} \approx 50{,}56 \text{ mm}.$$

Für das Gegenrad als Nullrad ergeben sich „normale" Abmessungen:
Teilkreisdurchmesser: $d_{02} = m \cdot z_2$, $d_{02} = 8$ mm $\cdot$ 17 = 136 mm,
Kopfkreisdurchmesser:

$$d_{k2} = d_{02} + 2 \cdot m, \quad d_{k2} = 136 \text{ mm} + 2 \cdot 8 \text{ mm} = 152 \text{ mm},$$

Fußkreisdurchmesser:

$$d_{f2} \approx d_{02} - 2{,}4 \cdot m, \quad d_{f2} \approx 136 \text{ mm} - 2{,}4 \cdot 8 \text{ mm} = 116{,}8 \text{ mm}.$$

Ergebnis: Für das Ritzel ergeben sich: $d_{01} = 64$ mm, $d_{kv1} = 85{,}76$ mm, $d_{fv1} \approx 50{,}56$ mm. Für das Rad sind: $d_{02} = 136$ mm, $d_{k2} = 152$ mm, $d_{f2} \approx 116{,}8$ mm.

▶ **Lösung d):** Bild 15-24a zeigt den durch die relative Kopfbahn des Werkzeuges bei normaler Lage entstandenen Unterschnitt am Ritzel. Der Zahn wird, wie unter 15.6.3.1. beschrieben, konstruiert, wobei die Fußflanken vom Grundkreis an zunächst als Geraden angenommen wer-

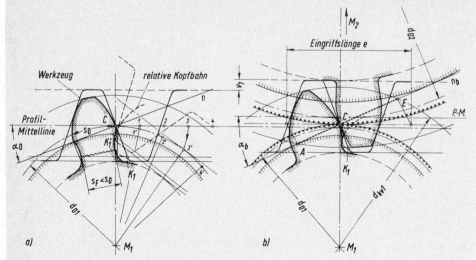

Bild 15-24. Konstruktion eines V-Getriebes. a) Konstruktion der relativen Kopfbahn, b) Ausführung des V-Getriebes aus Ritzel mit positiver Profilverschiebung und Nullrad

15.7. Profilverschobene Evolventen-Geradverzahnung

den. Das Werkzeug wird nun, dem Herstellungsvorgang entsprechend, mit der Profilmittellinie auf dem Teilkreis d_{01} (gleich Herstellungswälzkreis) nach rechts abgewälzt. Hierzu trage man von C aus in beliebigen Abständen die Punkte 1, 2, 3 usw. ab. Auf Teilkreis d_{01} übertragen ergeben sich die Punkte $1'$, $2'$, $3'$ usw. Wird das Werkzeug so weit gewälzt, daß z. B. 3 auf $3'$ liegt, dann hat es die mit Strichlinien dargestellte Lage erreicht, der Kopfpunkt K_1 liegt in K_1' (zeichnerisch übertrage man den Abstand $\overline{3K_1}$ mit dem Zirkel von $3'$ auf die Kopflinie in der neuen Lage). K_1' ist somit ein Punkt der Bahn des Kopfpunktes K_1. In gleicher Weise werden auch die anderen Punkte der Kopfbahn gefunden. Diese schneidet, wie ersichtlich, die normale Evolvente außerhalb des Grundkreises, was zur Verkürzung der Eingriffslänge führt (siehe unter 15.7.2. und Bild 15-16). Außerdem ist die Zahnwurzel stark geschwächt: $s_F < s_0$.

▶ **Lösung e):** Die Zahnform des Ritzels nach erfolgter Profilverschiebung zeigt Bild 15-24b. Das Werkzeug ist um den Betrag $v_1 = 2,88$ mm gegenüber der Normallage herausgerückt. Der Herstellungswälzkreis (gleich Teilkreis) ist unverändert geblieben. Jetzt schneidet die Bahn des Kopfpunktes K_1 die Evolvente etwa im Grundkreis, der Unterschnitt ist beseitigt, die Eingriffsverhältnisse sind verbessert. Der Zahnfuß ist kräftiger, der Zahnkopf allerdings wesentlich spitzer. Das Gegenrad ist als Nullrad nicht profilverschoben, daher berühren sich die Teilkreise nicht mehr im Wälzpunkt C. Dieser liegt jetzt im Schnittpunkt der Betriebseingriffslinie n_b mit der Verbindungslinie $\overline{M_1M_2}$. Die Betriebseingriffslinie ist die gemeinsame Tangente beider Grundkreise; sie bildet mit der Profilmittellinie den Betriebseingriffswinkel $\alpha_b > \alpha_0$. Der Eingriff erfolgt längs der Betriebseingriffslinie zwischen den Punkten A und E. Die Eingriffsstrecke und damit die Eingriffslänge sind wesentlich größer als bei nicht profilverschobener Verzahnung (Bild 15-16).

Der Überdeckungsgrad ergibt sich hier mit $e \approx 33,5$ mm (gemessen) und $t_0 = m \cdot \pi = 8$ mm $\cdot \pi \approx$ 25,13 mm: $\epsilon = \dfrac{e}{t_0} \approx \dfrac{33,5 \text{ mm}}{25,13 \text{ mm}} \approx 1,33$.

Zur Ermittlung von ϵ nach *Schaubild* stellt man zunächst aus Bild A15-1, Anhang, den Betriebseingriffswinkel α_b fest: Für $z_1 + z_2 = 8 + 17 = 25$ und $x_1 + x_2 = 0,36 + 0 = 0,36$ wird $\alpha_b \approx 23,7°$; dann sucht man aus Bild A15-3, Anhang, die Einzelüberdeckungsgrade ϵ_1 und ϵ_2: Für $z_1 = 8$ und $z_2 = 17$ werden bei $\alpha_b = 23,7°$: $\epsilon_1 \approx 0,6$ und $\epsilon_2 \approx 0,69$; damit wird $\epsilon = \epsilon_1 + \epsilon_2 \approx 0,6 + 0,69 \approx 1,3$. Die geringe Differenz zum zeichnerischen Wert liegt in durchaus normalen Grenzen.

■ **Beispiel 15.2:** In einem Verschieberäder-Getriebe für den Spindelantrieb einer Fräsmaschine ergaben sich für die Zwischenstufe Geradstirnräder mit Modul $m = 3$ mm und zum genauen Einhalten der Übersetzungen die Zähnezahlen $z_1 = 18$, $z_2 = 50$ und $z_3 = 29$, $z_4 = 42$ (Bild 15-25).

a) Welche Achsabstände a_{01} und a_{02} ergeben sich für die Radpaare z_1/z_2 und z_3/z_4 zunächst als Nullräder. Welche Folgerung ergibt sich daraus und bei welchem Radpaar wird ggf. welche Art von Profilverschiebung vorgenommen?

b) Die Profilverschiebungssumme für das gewählte Radpaar ist zu berechnen.

c) Die Verschiebungssumme ist auf beide Räder sinnvoll zu verteilen.

d) Die Teil- und Kopfkreisdurchmesser aller Räder sind zu ermitteln.

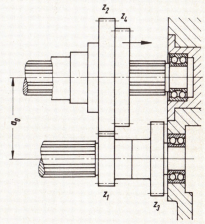

Bild 15-25. Verschieberäder-Getriebe eines Fräsmaschinenantriebes

▶ **Lösung a):** Die Achsabstände der Radpaare, zunächst bei Ausführung als Nullgetriebe, ergeben sich nach Gleichung (15.4):

$$a_{01} = \frac{m \cdot (z_1 + z_2)}{2}, \qquad a_{01} = \frac{3 \text{ mm} \cdot (18 + 50)}{2} = 102 \text{ mm},$$

$$a_{02} = \frac{m \cdot (z_3 + z_4)}{2}, \qquad a_{02} = \frac{3 \text{ mm} \cdot (29 + 42)}{2} = 106,5 \text{ mm}.$$

Es ergeben sich also verschiedene Achsabstände. Zweckmäßig wird das Radpaar z_1/z_2 mit dem kleineren Achsabstand a_{01} durch positive Profilverschiebung dem Achsabstand a_{02} angeglichen, wodurch auch gleichzeitig eine Erhöhung der Tragfähigkeit erreicht wird.

Ergebnis: Es werden $a_{01} = 102$ mm, $a_{02} = 106,5$ mm. Das Radpaar z_1/z_2 erhält positive Profilverschiebung, so daß $a_{01} = a_{02}$ wird.

▶ **Lösung b):** Die erforderliche Profilverschiebungssumme für die beiden Räder z_1 und z_2 ergibt sich nach Gleichung (15.23):

$$x_1 + x_2 = \frac{\text{ev } \alpha_b - \text{ev } \alpha_0}{2 \cdot \tan \alpha_0} \cdot (z_1 + z_2).$$

Hierin ist noch der Betriebseingriffswinkel α_b unbekannt, der sich zwangläufig am „verschoben" Radpaar z_1/z_2 einstellt. Dieser ergibt sich aus Gleichung (15.22):

$$a_v = a_0 \cdot \frac{\cos \alpha_0}{\cos \alpha_b}, \quad \text{hieraus} \quad \cos \alpha_b = \frac{a_0}{a_v} \cdot \cos \alpha_0.$$

Darin ist $a_0 = a_{01}$ als Achsabstand des entsprechenden Nullgetriebes und $a_v = a_{02}$ als „verschobener" Achsabstand zu setzen, auf den das Radpaar z_1/z_2 gebracht werden muß. Mit $\cos \alpha_0 = \cos 20° = 0,9397$ wird dann

$$\cos \alpha_b = \frac{102 \text{ mm}}{106,5 \text{ mm}} \cdot 0,9397 = 0,899 \text{ und damit } \alpha_b = 25° 51'.$$

Mit diesen Werten wird die Verschiebungssumme

$$x_1 + x_2 = \frac{\text{ev } 25° 51' - \text{ev } 20°}{2 \cdot \tan 20°} \cdot (18 + 50) = \frac{0,03333 - 0,01490}{2 \cdot 0,364} \cdot 68 = 0,0252 \cdot 68,$$

$$x_1 + x_2 = 1,721.$$

Zur Sicherheit sei dieser Wert nochmals nach Bild A15-1, Anhang, kontrolliert. Für $\alpha_b = 25° 51'$ und $z_1 + z_2 = 68$ wird: $x_1 + x_2 \approx 1,7$, was eine gute Übereinstimmung mit dem berechneten Wert bedeutet.

Ergebnis: Die Profilverschiebungssumme für das Radpaar z_1/z_2 wird $x_1 + x_2 = 1,721$ (+).

▶ **Lösung c):** Die unter b) ermittelte Verschiebungssumme könnte ggf. allein für das Ritzel vorgesehen werden, was aber nach Bild 15-18 für $z \triangleq z_1 = 18$ und bei $x = x_1 + x_2 = 1,721$ unbedingt zur Spitzenbildung führen würde. Die Verschiebungssumme wird also auf beide Räder sinnvoll verteilt und zwar nach Bild 15-23 unter 15.7.8. Entsprechend den Angaben und dem Ablesebeispiel hierzu werden zunächst ermittelt

die mittlere Zähnezahl $z_m = \dfrac{z_1 + z_2}{2} = \dfrac{18 + 50}{2} = 34$ und

der mittlere Verschiebungswert $x_m = \dfrac{x_1 + x_2}{2} = \dfrac{1,721}{2} \approx 0,86$.

15.8. Gerad-Stirnräder und -Stirnradgetriebe

Auf der Ordinate $z \triangleq z_m = 34$ trägt man von der Nullinie ($x = 0$) aus den Wert $x_m = 0{,}86$ (+) auf. Durch den dicht über der L17-Linie (Übersetzung in Langsame!) liegenden Endpunkt zieht man eine zu deren Richtung angeglichene Gerade. Diese schneidet die Ordinate $z_1 = 18$ etwa bei $x \triangleq x_1 \approx 0{,}8$ und damit wird $x_2 = (x_1 + x_2) - x_1 = 1{,}721 - 0{,}8 = 0{,}921$.

Bei der Aufteilung braucht also der erste (abgelesene) Faktor nicht so genau zu sein, was ja ohnehin nicht möglich ist; entscheidend ist, daß die Summe $x_1 + x_2$ wieder genau stimmt. Eigentlich erwartet man für das Ritzel z_1 die größere Verschiebung, was aber in diesem Fall (bei $z_1 = 18$) schon in gefährliche Nähe der Spitzenbildung führen würde (siehe Bild 15-18).

Mit den x_1- und x_2-Werten werden dann die Profilverschiebungen

für das Ritzel: $v_1 = x_1 \cdot m = 0{,}8 \cdot 3$ mm $= 2{,}4$ mm,
für das Rad: $v_2 = x_2 \cdot m = 0{,}921 \cdot 3$ mm $= 2{,}763$ mm.

Ergebnis: Die Profilverschiebungsfaktoren und die Profilverschiebungen (positiv) werden für das Ritzel: $x_1 = 0{,}8$, $v_1 = 2{,}4$ mm, für das Rad: $x_2 = 0{,}921$, $v_2 = 2{,}763$ mm.

▶ **Lösung d):** Entsprechend den Angaben und Gleichungen unter 15.7.6. ergeben sich

für das Ritzel z_1: $\quad d_{01} = m \cdot z_1$, $d_{01} = 3$ mm $\cdot 18 = 54$ mm,
$\quad\quad\quad\quad\quad\quad\quad d_{kv1} = d_{01} + 2 \cdot m + 2 \cdot v_1$, $d_{kv1} = 54$ mm $+ 2 \cdot 3$ mm $+ 2 \cdot 2{,}4$ mm
$\quad\quad\quad\quad\quad\quad\quad = 64{,}8$ mm,

für das Rad z_2: $\quad d_{02} = m \cdot z_2$, $d_{02} = 3$ mm $\cdot 50 = 150$ mm,
$\quad\quad\quad\quad\quad\quad\quad d_{kv2} = d_{02} + 2 \cdot m + 2 \cdot v_2$, $d_{kv2} = 150$ mm $+ 2 \cdot 3$ mm $+ 2 \cdot 2{,}763$ mm
$\quad\quad\quad\quad\quad\quad\quad \approx 161{,}53$ mm,

für das Ritzel z_3: $\quad d_{03} = m \cdot z_3$, $d_{03} = 3$ mm $\cdot 29 = 87$ mm,
$\quad\quad\quad\quad\quad\quad\quad d_{k3} = d_{03} + 2 \cdot m$, $d_{k3} = 87$ mm $+ 2 \cdot 3$ mm $= 93$ mm,

für das Rad z_4: $\quad d_{04} = m \cdot z_4$, $d_{04} = 3$ mm $\cdot 42 = 126$ mm,
$\quad\quad\quad\quad\quad\quad\quad d_{k4} = d_{04} + 2 \cdot m$, $d_{k4} = 126$ mm $+ 2 \cdot 3$ mm $= 132$ mm.

Ergebnis: Für die Räder ergeben sich folgende Teilkreis- und Kopfkreisdurchmesser: $d_{01} = 54$ mm, $d_{kv1} = 64{,}8$ mm, $d_{02} = 150$ mm, $d_{kv2} = 161{,}53$ mm, $d_{03} = 87$ mm, $d_{k3} = 93$ mm, $d_{04} = 126$ mm, $d_{k4} = 132$ mm.

15.8. Gerad-Stirnräder und -Stirnradgetriebe

15.8.1. Verwendung

Geradverzahnte Stirnradgetriebe werden bei kleineren bis mittleren Drehzahlen bzw. Umfangsgeschwindigkeiten (bis $v_u \approx 20$ m/s) und normalen Anforderungen verwendet, z. B. als einfache Universalgetriebe, als Getriebe für kleinere Hebezeuge, Winden, Baumaschinen und Landmaschinen; ferner als Wechsel- und Verschieberädergetriebe in Werkzeugmaschinen, da hierfür andere Getriebe, z. B. mit Schrägstirnrädern, weniger oder überhaupt nicht geeignet sind.

Vorteile gegenüber schrägverzahnten Stirnradgetrieben: Geradstirnräder ergeben keinen Axialschub und damit keine zusätzlichen Lagerbelastungen. Der Wirkungsgrad ist etwas höher. Die Zähne können breiter ausgeführt werden, wodurch sich größere Berührungsflächen und damit kleinere Flächenpressungen und ein geringerer Verschleiß ergeben; darum bei mehrstufigen Getrieben häufig für die niedrigtourige Stufe (hohes Drehmoment!) verwendet.

Nachteile: Sie sind besonders bei hohen Drehzahlen ungünstiger hinsichtlich der Laufruhe und Geräuschbildung. Die Tragfähigkeit ist bei gleichen Abmessungen etwas geringer. Sie sind empfindlich gegen Zahnformfehler und dynamische Zusatzbelastungen, d. h. sie neigen leichter zu Schwingungen und Dauerbrüchen.

15.8.2. Allgemeine Abmessungen, Eingriffsverhältnisse

Wegen der allgemeinen Rad- und Zahnabmessungen (Teilkreis-, Kopfkreisdurchmesser, Achsabstand usw.) siehe unter 15.3., wegen der Eingriffsverhältnisse (Eingriffslänge, Überdeckungsgrad usw.) unter 15.6.4.

15.8.3. Kraftverhältnisse

Das Drehmoment wird vom treibenden auf das getriebene Rad übertragen und zwar durch die senkrecht zur Zahnflanke, längs der Eingriffslinie wirkende Zahnkraft (Normalkraft) F_n. Man geht zunächst von dem ungünstigsten Fall aus, daß die gesamte Zahnkraft F_n von nur einem Zahnpaar übertragen wird (Bild 15-26). Diese Kraft wird zweckmäßig in die beiden Komponenten, die auf den Teilkreis bezogene Umfangskraft F_u und die Radialkraft F_r, zerlegt. Alle Daten und Kräfte für das treibende Rad erhalten den Index 1, für das getriebene Rad den Index 2.

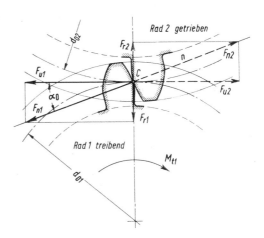

Bild 15-26. Kräfte am Geradstirnradpaar bei treibendem Rad 1 und getriebenem Rad 2

Rechnerisch geht man von der *Umfangskraft* F_{u1} des treibenden gleich F_{u2} des getriebenen Rades aus:

$$F_{u1,2} = \frac{2000 \cdot M_{t1,2} \, (\cdot \, c_S)}{d_{01,2}} \quad \text{in N} \tag{15.24}$$

$M_{t1,2}$ vom Radpaar zu übertragendes Drehmoment in Nm; bei gegebener Leistung $P_{1,2}$ in kW und Drehzahl $n_{1,2}$ in 1/min wird

$$M_{t1,2} = 9550 \frac{P_{1,2}}{n_{1,2}} \quad \text{in Nm}$$

$d_{01,2}$ Teilkreisdurchmesser des treibenden, getriebenen Rades in mm
c_S Betriebs-(Sicherheits-)Faktor zur Erfassung etwaiger extremer Betriebsverhältnisse nach Bild A15-4, Anhang; beachte hierzu den folgenden Abschnitt 15.8.3.1.

Mit F_u ergeben sich die *Radialkräfte* bei dem (Normal-)Eingriffswinkel $\alpha_0 = 20°$:

$$F_{r1,2} = F_{u1,2} \cdot \tan \alpha_0 \approx 0{,}364 \cdot F_{u1,2} \quad \text{in N} \tag{15.25}$$

und die *Zahnkräfte (Normalkräfte)*

$$F_{n1,2} = \frac{F_{u1,2}}{\cos \alpha_0} \approx 1{,}065 \cdot F_{u1,2} \quad \text{in N} \tag{15.26}$$

15.8. Gerad-Stirnräder und -Stirnradgetriebe

Genau genommen sind die Kräfte am getriebenen Rad wegen des Wirkungsgrades der Verzahnung (siehe unter 15.8.6.) etwas kleiner als die des treibenden Rades. Die Unterschiede sind jedoch vernachlässigbar klein.

Bei *V-Getrieben* müßten eigentlich für d_0 und α_0 die auf den Betriebs-Wälzkreis bezogenen Größen d_b und α_b gesetzt werden. Der Unterschied ist jedoch gering, so daß bei Kraftermittlungen ohne Bedenken mit d_0 und α_0 gerechnet werden kann.

Wichtig ist das richtige Erkennen der Kraftrichtungen am treibenden und getriebenen Rad, z. B. zur Ermittlung von Biegemomenten für die Getriebewellen oder von Lagerkräften. Hierzu diene folgende einfache „Gedankenbrücke": Die Zahnkräfte wirken stets in der Richtung, in der der Zahn ggf. wegbrechen würde. So würde der Zahn des treibenden Rades 1 in Bild 15-26 nach links wegbrechen, also ist auch die Kraft F_{u1} (oder F_{n1}) nach links gerichtet.

15.8.3.1. Extreme Betriebsverhältnisse, Betriebsfaktor

Ungünstige Betriebsverhältnisse, z. B. durch schweren Anlauf, stoßartige Belastungen u. dgl., können bei Zahnradgetrieben (auch bei Riemen- und Kettengetrieben) durch Erhöhen der (Nenn-)Belastungsgrößen (Leistung, Drehmoment oder Kräfte) durch einen als zusätzliche Sicherheit zu betrachtenden *Betriebsfaktor* c_S berücksichtigt werden. Dieser wird nach dem erfahrungsgemäß entwickelten Diagramm nach Richter-Ohlendorf, Bild A15-4, Anhang, ermittelt.

Beachte: Der Betriebsfaktor c_S wird *nur bei der Berechnung von Getrieben* berücksichtigt und nicht etwa bei der Berechnung von anderen Bauteilen, wie Wellen, Achsen, Lager u. dgl. Diese werden wie üblich mit den Nenn-Belastungsgrößen berechnet, wobei etwaige besondere Verhältnisse anderweitig, z. B. durch höhere Sicherheiten bei zulässigen Spannungen erfaßt werden.

15.8.4. Berechnung der Tragfähigkeit der Geradstirnräder

Die Tragfähigkeit der Zähne wird insbesondere durch die Bruchfestigkeit des Zahnfußes, die *Zahnfuß-Tragfähigkeit,* und durch die Flächenpressung an den Zahnflanken, die *Flanken-Tragfähigkeit,* bestimmt. Ferner können *Freßverschleiß,* d. h. Aufrauhungen der Flanken, die auf Unterbrechungen des Schmierfilms zurückzuführen sind, und der *Gleitverschleiß* durch Abtrieb der Flanken bei Misch- und Trockenreibung die Tragfähigkeit und Lebensdauer beeinflussen. Diese Verschleißerscheinungen, die auch noch durch ungünstige Werkstoffpaarung verstärkt werden können, lassen sich jedoch durch sorgfältige Wartung und Schmierung, sowie durch geeignete Wahl der Zahnradwerkstoffe weitgehend vermeiden.

Die Berechnung beschränkt sich daher auf die Zahnfuß- und Flankentragfähigkeit und zwar als Nachprüfung dieser, da hierfür alle Verzahnungsdaten bekannt sein müssen. Das bedeutet, daß die Verzahnungsdaten zunächst erfahrungsgemäß vorgewählt werden müssen.

15.8.4.1. Vorwahl der Hauptabmessungen

Die Hauptabmessungen der Zahnräder (Teilkreisdurchmesser, Zähnezahl, Modul und Breite) müssen vorerst erfahrungsgemäß gewählt oder überschlägig nach Erfahrungsgleichungen festgelegt werden.

Zweckmäßig wird zunächst der Teilkreisdurchmesser des Ritzels bzw. des treibenden Rades ermittelt, wobei je nach vorgegebenen Betriebsdaten folgende Fälle zu unterscheiden sind:

1. *Der Durchmesser der Welle für das Ritzel*, z. B. einer Motorwelle oder Getriebewelle ist gegeben bzw. aus vorausgegangener Festigkeitsberechnung bekannt oder wird überschlägig ermittelt (z. B. nach Gleichung (11.9), siehe Kapitel 11. „Achsen, Wellen und Zapfen"); *häufigster Fall*.

Hierbei ist der (möglichst kleine) *Teilkreisdurchmesser eines auf die Welle zu setzenden Ritzels* (Bild 15-27) zu ermitteln aus

$$d_{01} \approx \frac{1{,}8 \cdot d \cdot z_1}{z_1 - 2{,}5} \text{ in mm} \tag{15.27}$$

Bei vorgesehener Ausführung als *Ritzelwelle* (Ritzel und Welle bilden ein Teil, Bild 15-27), z. B. bei Getriebewellen, wähle man

$$d_{01} \approx \frac{1{,}1 \cdot d \cdot z_1}{z_1 - 2{,}5} \text{ in mm} \tag{15.28}$$

d Wellendurchmesser in mm
z_1 Zähnezahl des Ritzels; man wählt
$z_1 \approx 20 \ldots 25$ bei hoher Umfangsgeschwindigkeit am Teilkreis ($v_u > 5$ m/s),
$\approx 18 \ldots 22$ bei mittleren Umfangsgeschwindigkeiten ($v_u = 1 \ldots 5$ m/s),
$\approx 15 \ldots 20$ bei kleiner Umfangsgeschwindigkeit ($v_u < 1$ m/s).

Zur überschlägigen Berechnung von $v_u = \dfrac{d_{01} \cdot \pi \cdot n_1}{60}$ setze man zunächst grob $d_{01} \approx 2 \cdot d$ bei aufzusetzendem Ritzel, $d_{01} \approx 1{,}25 \cdot d$ bei Ausführung als Ritzelwelle.

Herleitung der Gleichung (15.27): Nabendurchmesser nach Tabelle **A12.6**, Anhang, bei üblicher Paßfederverbindung: $D \approx 1{,}8 \cdot d$; damit wird nach Bild 15-27 (obere Hälfte): $d_{01} = D + 2 \cdot 1{,}2 \cdot m \approx 1{,}8 \cdot d + 2{,}5 \cdot m$. Wird $m = \dfrac{d_{01}}{z_1}$ gesetzt, dann ergibt sich durch Umformen die Gleichung (15.27).

Ähnlich kann Gleichung (15.28) hergeleitet werden, wobei der Fußkreisdurchmesser d_{f1} etwas größer sein soll als der Wellendurchmesser d: $d_{f1} \approx 1{,}1 \cdot d$.

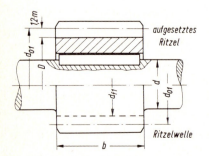

Bild 15-27
Aufgesetztes Ritzel und Ritzelwelle

15.8. Gerad-Stirnräder und -Stirnradgetriebe

Die *Zähnezahl* z_1 soll auch so gewählt werden, daß die Zähnezahl z_2 des Großrades eine ganze Zahl wird, um eine gegebene Übersetzung i so genau wie möglich einzuhalten. Man wähle z. B. bei $v_u \approx 2$ m/s und $i = 3,15$ die Zähnezahl $z_1 = 20$ (aus $z_1 \approx 18 \ldots 22$), da sich hiermit $z_2 = 3,15 \cdot 20 = 63$ (genau) ergibt.

Der *Modul* folgt dann aus $m = d_{01}/z_1$; festgelegt wird der nächstliegende Norm-Modul nach DIN 780, Tabelle A15.1, Anhang, und es wird hiermit die genaue Größe $d_{01} = m \cdot z_1$ ermittelt.

Als *Zahnbreite* für das Ritzel wähle man aus $b_1 = \psi_d \cdot d_{01}$ und $b_1 = \psi_m \cdot m$ etwa den mittleren Wert, für das Großrad $b_2 \approx 0,9 \cdot b_1$, höchstens $b_2 \approx b_1 - 5 \ldots 10$ mm (siehe auch unter 15.12.6.1.

Das *Durchmesser-Breitenverhältnis* $\psi_d = b_1/d_{01}$ wird in Abhängigkeit vom Zähnezahlverhältnis $u = z_2/z_1 \geqslant 1$ (hier gilt *immer* Index 1 für Ritzel, d. h. Kleinrad, Index 2 für Großrad) je nach Ausführung der Zähne und Wellenlagerungen und nach den Betriebsverhältnissen aus Bild 15-28 bestimmt.

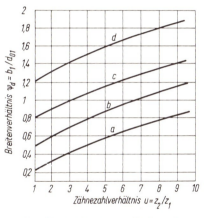

Bild 15-28. Durchmesser-Breitenverhältnis ψ_d

Kurve a: Schaltgetriebe und Getriebe mit kleinen Drehzahlen; Verzahnung und Wellenlagerung in mittlerer Ausführung; bei „fliegendem" Ritzel

Kurve b: Getriebe mit mittleren Drehzahlen; Universalgetriebe; Verzahnung und Wellenlagerung in guter, handelsüblicher Ausführung

Kurve c: Schnellaufende Getriebe mit hoher Lebensdauer; Verzahnung und Wellenlagerung mit hoher Genauigkeit

Kurve d: Schnellaufende Getriebe mit höchster Lebensdauer; Verzahnung und Wellenlagerung mit höchster Präzision bei starr gelagerten Wellen

Das *Modul-Breitenverhältnis* $\psi_m = b_1/m$ richtet sich nach der Ausführung der Zähne und der Wellenlagerungen; man wähle:

$\psi_m \approx 8 \ldots 10$ bei rohen, gegossenen Zähnen;

$\approx 10 \ldots 15$ bei spanend gefertigten Zähnen und normaler Wellenlagerung auf Sockeln, Gerüsten u. dgl. oder bei „fliegend", d. h. auf Wellenenden außerhalb der Lagerung, angeordneten Rädern;

$\approx 15 \ldots 30$ bei spanend gefertigten Zähnen und sorgfältiger, paralleler Wellenlagerung, z. B. in Getriebegehäusen;

> 30 bei bester Verzahnungsqualität und genauester, starrer Wellenlagerung.

Allgemein ist ein möglichst hoher ψ-Wert, sind also breite Zähne, anzustreben, da sich hiermit breite Flanken-Berührungszonen und geringere Flankenpressungen ergeben. Voraussetzungen dafür sind eine hohe Verzahnungsqualität und genau parallele Wellenlagerungen, um eine gleichmäßige Anlage der Zahnflanken auf der ganzen Breite zu erreichen.

2. Es sind hohe Drehmomente bzw. Leistungen zu übertragen; die Wellendurchmesser sind noch unbekannt.

Man ermittelt auf Grund der Leistungsdaten den *Teilkreisdurchmesser des treibenden Rades* (meist des Ritzels) mit einer aus der „Hertzschen Wälzpressung" (siehe unter 15.8.4.5.) hergeleiteten vereinfachten Gleichung:

$$d_{01} \approx \frac{9500}{p} \cdot \sqrt[3]{\frac{M_{t1} \cdot p}{\psi_d} \cdot \frac{i+1}{i}} \approx \frac{20500}{p} \cdot \sqrt[3]{\frac{P_1 \cdot p}{\psi_d \cdot n_1} \cdot \frac{i+1}{i}} \text{ in mm} \qquad (15.29)$$

M_{t1} vom treibenden Rad zu übertragendes Drehmoment in Nm
P_1 vom treibenden Rad zu übertragende Leistung in kW
$\psi_d = b_1/d_{01}$ Durchmesser-Breitenverhältnis nach Bild 15-28
p Flankenfestigkeit in N/mm²; für Dauer- oder Zeitgetriebe (siehe zu Gleichung 15.34) setze man $p = p_D$ oder $p = p_N$ nach Tabelle A15.2 oder Bild A15-8, Anhang. Den Radwerkstoff wähle man zunächst nach Tabelle 15.12 vor (siehe hierzu auch unter 15.8.4.2.)
i Übersetzung des Radpaares
n_1 Drehzahl des treibenden Rades in 1/min

Die Gleichung ist mit einer etwa zweifachen Sicherheit gegenüber p ausgelegt.

Beachte: Bei Übersetzung ins Schnelle ($i < 1$) ist das Ritzel *nicht* das treibende Rad; die Zeiger (Indices) 1 und 2 sind dann sinngemäß anzuwenden (die Ritzelzähnezahl bezeichne man dann mit z_2).

Ritzelzähnezahl, Modul und *Zahnbreite* werden festgelegt wie unter 1. zu den Gleichungen (15.27) und (15.28) angegeben. Die Ritzelzähnezahl z_1 ist ferner so zu wählen, daß die Bedingungen nach diesen Gleichungen erfüllt sind.

3. Der Achsabstand ist aus baulichen Gründen gegeben, z. B. bei Wechselgetrieben oder im Feinmaschinenbau.

Hierbei ergibt sich der *Teilkreisdurchmesser des treibenden Rades*

$$d_{01} = \frac{2 \cdot a_0}{i+1} \text{ in mm} \qquad (15.30)$$

a_0 gegebener Achsabstand in mm
i Übersetzung des Radpaares

Ritzelzähnezahlen und *Zahnbreite* werden festgelegt wie unter 1. zu den Gleichungen (15.27) und (15.28) angegeben. Die Ritzelzähnezahl z_1 ist ferner so zu wählen, daß die Bedingungen nach diesen Gleichungen erfüllt sind.

Für den *Modul* $m = d_{01}/z_1$ ist hier zweckmäßig der nächst *kleinere* Norm-Modul nach DIN 780, Tabelle A15.1, Anhang, zu wählen, falls sich nicht zufällig ein genormter Modul ergibt. Der verlangte Achsabstand kann dann durch positive Profilverschiebung erreicht werden (siehe unter 15.7.7.).

15.8.4.2. Vorwahl der Zahnradwerkstoffe

Die Werkstoffe der Zahnräder können je nach betrieblichen Anforderungen nach 15.16.1. vorgewählt werden, wenn sie zur überschlägigen Ermittlung der Hauptabmessungen nach

15.8. Gerad-Stirnräder und -Stirnradgetriebe

Gleichung (15.29) bekannt sein müssen. Gegebenenfalls sind die Werkstoffe jedoch nachträglich zu ändern, wenn die Festigkeitsnachprüfung dieses erfordert.
Die Werkstoffe werden zweckmäßig nach den sich aus der Festigkeitsprüfung ergebenden Daten für die Zahnfuß-Biegespannung und die Flankenpressung festgelegt.

15.8.4.3. Wahl der Verzahnungsqualität

Für die Toleranzen bei Stirnverzahnungen, d. h. für die zulässigen Größen der Fehler, z. B. der Teilungsfehler, Flankenformfehler, Rundlauffehler, Zahndickenfehler usw., sind nach DIN 3961 zwölf Qualitäten vorgesehen.

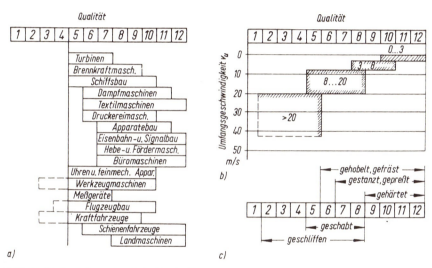

Bild 15-29. Richtlinien für die Wahl der Verzahnungsqualität

Die feineren Qualitäten (etwa 1 ... 3) sind für Lehren-Zahnräder, die übrigen für die Getrieberäder bestimmt. Die Wahl der Qualität richtet sich nach den betrieblichen Anforderungen, also insbesondere nach dem Verwendungsgebiet und der Umfangsgeschwindigkeit der Räder (Bild 15-29).

15.8.4.4. Nachprüfung der Zahnfuß-Tragfähigkeit

Nach der Vorwahl der Hauptabmessungen wird zweckmäßig durch einen groben Entwurf geprüft, ob die Räder sich in die Gesamtkonstruktion gut einfügen oder etwaige Änderungen erforderlich sind. Die Zähne sind dann zunächst auf Zahnfuß-Tragfähigkeit, d. h. auf Festigkeit zu prüfen. Im folgenden sind die Empfehlungen nach DIN 3990, Tragfähigkeitsberechnung von Stirn- und Kegelrädern mit Außenverzahnung, weitgehend berücksichtigt.

Die Zähne werden auf Biegung, Druck und Schub beansprucht. Am stärksten ist der Zahnfuß gefährdet und zwar dann, wenn die längs der Eingriffslinie wirkende Zahnkraft F_n am Kopfpunkt des Zahnes angreift. Es wird zunächst angenommen, daß *ein* Zahn die gesamte Kraft aufnimmt (Bild 15-30). Die Zahnkraft F_n wird in die Druckkomponente $F_d = F_n \cdot \cos \beta$ und die Biegekomponente $F_b = F_n \cdot \sin \beta$ zerlegt. Im gefährdeten Zahnfußquerschnitt $A-B$ entstehen unter Vernachlässigung der Schubbeanspruchung die

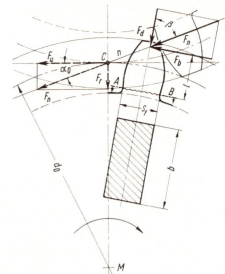

Bild 15-30. Kräfte am Zahn

Druckspannung $\sigma_d = \dfrac{F_d}{b \cdot s_f} = \dfrac{F_n \cdot \cos \beta}{b \cdot s_f}$

und die

Biegespannung $\sigma_b = \dfrac{M_b}{W} = \dfrac{F_b \cdot l}{b \cdot s_f^2/6} = \dfrac{6 \cdot F_n \cdot \sin \beta \cdot l}{b \cdot s_f^2}$

Durch Addition beider Spannungen ergibt sich eine maximale Normalspannung

$$\sigma_{max} = \sigma_d + \sigma_b = \frac{F_n \cdot \cos \beta}{b \cdot s_f} + \frac{6 \cdot F_n \cdot \sin \beta \cdot l}{b \cdot s_f^2}$$

Wird hierin nach Gleichung (15.26) $F_n = \dfrac{F_u}{\cos \alpha_0}$ gesetzt und werden beide Brüche mit m erweitert, dann wird nach Umformen

$$\sigma_{max} = \frac{F_u}{b \cdot m} \left(\frac{m \cdot \cos \beta}{s_f \cdot \cos \alpha_0} + \frac{6 \cdot m \cdot l \cdot \sin \beta}{s_f^2 \cdot \cos \alpha_0} \right)$$

Faßt man die in der Klammer stehenden, konstanten bzw. wenig veränderlichen Verzahnungsdaten im Faktor q_k zusammen und berücksichtigt man, daß je nach Größe des Überdeckungsgrades gegebenenfalls mehrere Zähne gleichzeitig im Eingriff sind, dann gilt für die stets an beiden Räder zu ermittelnde *Biegespannung am Zahnfuß*

$$\sigma_b = \frac{F_u}{b \cdot m} \cdot q_k \cdot q_\epsilon \leq \sigma_{b\,zul} \text{ in N/mm}^2 \qquad (15.31)$$

F_u Umfangskraft am Teilkreis in N nach Gleichung 15.24
b Zahnbreite in mm
m Modul in mm
q_k Zahnformfaktor nach Bild A15-5, Anhang, abhängig von der Zähnezahl z und einem etwaigen Profilverschiebungsfaktor x; bei Nullrädern ($x = 0$) ist q_k nur von z abhängig, bei $z = \infty$ (z. B. bei Zahnstangen) ist $q_k = 2{,}06$

15.8. Gerad-Stirnräder und -Stirnradgetriebe

q_ϵ Überdeckungsfaktor zur Berücksichtigung des Überdeckungsgrades nach Bild A15-6, Anhang; nähere Erläuterungen siehe unten

$\sigma_{b\,zul}$ zulässige Biegespannung in N/mm². Bei langsam laufenden Rädern, z. B. bei handbetätigten Hebezeugen u. dgl., setzt man:

$$\sigma_{b\,zul} = \frac{\sigma_B}{\nu} \text{ mit Sicherheit } \nu \approx 2{,}5,$$

bei schnellaufenden Rädern mit Schwell- bzw. Wechselbelastung (häufiger Drehrichtungswechsel, Zwischenräder):

$$\sigma_{b\,zul} = \frac{\sigma_{b\,Sch}}{\nu} \text{ bzw. } \sigma_{b\,zul} = \frac{\sigma_{bW}}{\nu} \text{ mit } \nu \approx 2$$

Werte für σ_B, $\sigma_{b\,Sch}$ und σ_{bW} aus Tabelle A15.2, Anhang.

Mit den sich ergebenden Biegespannungen können die Zahnradwerkstoffe schon „gezielt" vorgewählt werden, für die zunächst die Bedingung $\sigma_b \leqslant \sigma_{b\,zul}$ erfüllt sein muß. Jedoch kann die Nachprüfung der Flanken-Tragfähigkeit ggf. noch eine Änderung erfordern.

Der *Überdeckungsfaktor* q_ϵ dient der näherungsweisen Erfassung der Eingriffsverhältnisse. Bei guter Verzahnungsqualität und hoher Belastung ist damit zu rechnen, daß sich die Umfangskraft je nach Überdeckungsgrad auf mehrere Zähne verteilt, bei ungenauer Verzahnung und geringer Belastung wird im wesentlichen nur *ein* Zahn die Kraft übertragen.

Zur Beurteilung der Kraftverteilung dient Bild A15-6, Anhang. Mit dem Teilkreisdurchmesser d_{02} des Rades, dem Modul und der Verzahnungsqualität findet man in Abhängigkeit vom Belastungskennwert F_u/b den Hilfsfaktor q_L (vgl. eingezeichneten Linienzug zum Ablesebeispiel).

Bei $q_L > \frac{1}{\epsilon}$ wird $q_\epsilon = 1$, bei $q_L \leqslant \frac{1}{\epsilon}$ wird $q_\epsilon = \frac{1}{\epsilon}$.

Bei geringerer Verzahnungsqualität (etwa 8. bis 12. Qualität) und kleineren bis mittleren Belastungen (z. B. bei Handantrieben) kann $q_\epsilon = 1$ gesetzt werden, da $q_L > 1/\epsilon$ zu erwarten ist.

Der *Überdeckungsgrad* ϵ wird hierbei zweckmäßig nach Schaubild ermittelt. Bei Null- und V-Null-Getrieben wird ϵ dem Bild A15-2, Anhang, entnommen. Bei V-Getrieben wird zunächst aus Bild A15-1, Anhang, der Betriebseingriffswinkel α_b in Abhängigkeit von der Zähnezahlsumme $z_1 + z_2$ und der Profilverschiebungssumme $x_1 + x_2$ festgestellt. Mit α_b und den Zähnezahlen z_1 und z_2 werden dann aus Bild A15-3, Anhang, die Einzelüberdeckungsgrade ϵ_1 und ϵ_2 der beiden Räder ermittelt. Der Gesamtüberdeckungsgrad des Radpaares wird damit $\epsilon = \epsilon_1 + \epsilon_2$.

15.8.4.5. Nachprüfung der Flanken-Tragfähigkeit

Die Größe der an den Zahnflanken auftretenden Flächenpressung ist für die Lebensdauer der Zähne von entscheidender Bedeutung. Als Maß für die Lebensdauer ist die Zeit bis zur Grübchenbildung anzusehen. Grübchen sind feine Poren in der Oberfläche, die auf Ermüdung des Werkstoffes zurückzuführen sind. Sie leiten die Zerstörung der Zahnflanke insbesondere in der Teilkreiszone (genauer Wälzkreiszone) ein, da hier kurzzeitig reine Wälzbewegung (siehe auch unter 15.2.4.) stattfindet. Die Zusammenhänge zwischen den bei der Pressung zweier walzenförmiger Körper (Bild 15-31) maßgeblichen Größen zeigt die von *Hertz* entwickelte Gleichung. Sie bildet die Grundlage für die Berechnung bzw. Nachprüfung der Zahnflankentragfähigkeit.

Die in der Pressungszone zweier Walzen auftretende höchste *Flächenpressung* ist nach *Hertz*:

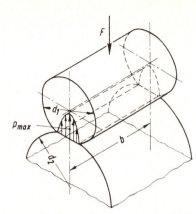

Bild 15-31. Pressung zweier Walzen

$$p_{max} = \sqrt{\frac{F \cdot E}{2{,}86 \cdot b \cdot \delta}} \quad \text{in N/mm}^2$$

(15.32)

F Anpreßkraft in N

b Walzenbreite in mm

E E-Modul in N/mm² aus $E = \dfrac{2 \cdot E_1 \cdot E_2}{E_1 + E_2}$; E_1, E_2 sind die E-Moduln der Walzenwerkstoffe

δ Krümmungszahl in mm aus $\dfrac{1}{\delta} = \dfrac{1}{d_1} \pm \dfrac{1}{d_2}$; d_1, d_2 Krümmungsdurchmesser; + bei Außen-, − bei Innenkrümmung

Bei „normaler" Evolventen-Geradverzahnung sind die Krümmungsdurchmesser in den Teilkreisen, also in der gefährdeten Zone:

$$d_1 = d_{01} \cdot \sin \alpha_0 \quad \text{und} \quad d_2 = d_{02} \cdot \sin \alpha_0 = u \cdot d_{01} \cdot \sin \alpha_0 \; ; \; \text{Zähnezahlverhältnis } u = \frac{z_2}{z_1}.$$

Durch Einsetzen in obige Gleichung für δ ergibt sich nach Umformen die Krümmungszahl für ein Zahnpaar

$$\delta = d_{01} \cdot \sin \alpha_0 \cdot \frac{u}{u+1}.$$

Der Anpreßkraft F entspricht die Zahnkraft $F_n = F_u / \cos \alpha_0$.

Nach Einsetzen in Gleichung (15.32) und Abtrennen der werkstoff- und eingriffsabhängigen Größen wird die Flächenpressung im Wälzpunkt

$$p_C = \sqrt{\frac{F_u}{b \cdot d_{01}} \cdot \frac{u+1}{u}} \cdot \sqrt{\frac{E}{2{,}86}} \cdot \sqrt{\frac{1}{\sin \alpha_0 \cdot \cos \alpha_0}} \;.$$

Wird hierin $\sqrt{\dfrac{E}{2{,}86}} = y_W$ und $\sqrt{\dfrac{1}{\sin \alpha_0 \cdot \cos \alpha_0}} = y_C$ (y_C erfaßt auch die Eingriffsverhält-

15.8. Gerad-Stirnräder und -Stirnradgetriebe

nisse „korrigierter" Verzahnungen und Schrägverzahnungen) gesetzt, dann gilt unter Berücksichtigung der Länge der Berührungslinien für die *Flächenpressung (Flankenpressung) im Wälzpunkt* der Zahnflanken beider Räder

$$p_C = \sqrt{\frac{F_u}{b \cdot d_{01}} \cdot \frac{u+1}{u}} \cdot y_W \cdot y_C \cdot y_L \leqslant p_{zul} \quad \text{in N/mm}^2 \qquad (15.33)$$

F_u Umfangskraft am Teilkreis in N nach Gleichung (15.24)

b Zahnbreite, gleich Berührungsbreite der Zahnflanken, in mm (bei verschiedenen Breiten ist die kleinere einzusetzen)

d_{01} Teilkreisdurchmesser des Ritzels in mm

$u = \frac{z_2}{z_1}$ Zähnezahlverhältnis (z_1 Zähnezahl des Ritzels, z_2 Zähnezahl des Großrades); bei Zahnstangengetriebe wird $u = \infty$, so daß $\frac{u+1}{u} = 1$ wird

y_W Werkstofffaktor zur Berücksichtigung der Werkstoffe der gepaarten Räder nach Tabelle A15.4, Anhang, (Einheit: $\sqrt{\text{N/mm}^2}$!)

y_C Wälzpunktfaktor zur Berücksichtigung der Eingriffsverhältnisse nach Bild A15-7, Anhang: bei Null- und V-Nullgetrieben: $y_C = 1,76$

y_L Zahnlängenfaktor zur Berücksichtigung der Länge der Flankenberührungslinie nach Bild A15-6, Anhang; nähere Erläuterungen siehe unten

p_{zul} zulässige Flankenpressung in N/mm² nach Gleichung (15.34)

Der *Zahnlängenfaktor* y_L erfaßt den Einfluß der Verzahnungsqualität und Belastung. Bei genauer Verzahnung und großen Kräften ist damit zu rechnen, daß sich die Pressung nicht nur auf die ganze Zahnbreite, sondern auch noch auf zwei oder mehrere Zähne verteilt. Bei ungenauer Verzahnung muß angenommen werden, daß im wesentlichen nur ein Zahnpaar die Pressung aufnimmt. Damit ist y_L gewissermaßen mit q_ϵ in Gleichung (15.31) vergleichbar.

Zur Beurteilung dieser Verhältnisse dient Bild A15-6, Anhang. Wie bei der Ermittlung des Überdeckungsfaktors q_ϵ wird y_L über Hilfsfaktor q_L ermittelt:

Bei $q_L > \frac{1}{\epsilon}$ wird $y_L = 1$, bei $q_L \leqslant \frac{1}{\epsilon}$ wird $y_L = \sqrt{\frac{1}{\epsilon}}$.

Wegen der Ermittlung des Überdeckungsgrades ϵ siehe Erläuterungen unter Gleichung (15.31). Bei geringer Verzahnungsqualität (etwa 8. bis 12. Qualität) und kleineren bis mittleren Belastungen kann $y_L = 1$ gesetzt werden.

Die *zulässige Flankenpressung* p_{zul} muß gegenüber der Flankenfestigkeit p eine ausreichende Sicherheit haben. Dabei sind zu unterscheiden: *Dauergetriebe*, die eine praktisch unbegrenzte Lebensdauer erreichen oder erreichen sollen und als Normalfall zu betrachten sind; für diese ist dann die *Flanken-Dauerfestigkeit* p_D maßgebend. *Zeitgetriebe*, die eine begrenzte Lebensdauer erreichen oder aufgrund ihres Einsatzes nur zu erreichen brauchen. Es handelt sich dabei um Getriebe, die relativ selten im Einsatz sind oder bei denen eine erfahrungsgemäße Lebensdauer durch die Art der Maschine gegeben ist; für diese ist die *Flanken-Zeitfestigkeit* p_N maßgebend.

Die Flankenfestigkeit ist insbesondere abhängig vom Werkstoff der Zahnräder und in gewissen Grenzen noch von der Schmierung. Unter Berücksichtigung einer Sicherheit wird damit die für beide Räder zu ermittelnde *zulässige Flankenpressung*

$$p_{zul} = \frac{p \cdot y}{\nu} \text{ in N/mm}^2 \tag{15.34}$$

- p Flankenfestigkeit des Zahnradwerkstoffes in N/mm². Bei Dauergetrieben ist $p = p_D$ nach Tabelle A15.2, Anhang, zu setzen, bei Zeitgetrieben $p = p_N$ nach Bild A15-8, Anhang
- y Schmierungsbeiwert, abhängig von der Zähigkeit des Schmieröles nach Bild A15-9, Anhang; normalerweise setze man $y = 1$, entsprechend einer „mittleren" Ölzähigkeit $\nu \approx 100$ cSt/50 °C
- ν Sicherheit; man wähle $\nu = 1,5$. Hierzu sei noch bemerkt, daß extreme Betriebsverhältnisse ggf. schon durch den Betriebsfaktor c_S erfaßt worden sind, also durch eine entsprechend größere oder kleinere Sicherheit nicht mehr erfaßt werden müssen

Erfahrungswerte für die Vollastlebensdauer einiger Getriebe: Handhebezeuge, Elektrozüge $L_h \approx 20 \dots 100$ h; Stückgutwinden: $L_h \approx 50 \dots 200$ h; sonstige Winden $L_h \approx 300 \dots \infty$ h; Kfz-Getriebe, 1. und Rückwärtsgang, für PkW: $L_h \approx 20 \dots 50$ h, LkW: $L_h \approx 50 \dots 200$ h, Schlepper: $L_h \geqslant 200$; sonstige Getriebe: $L_h = \infty$.

15.8.5. Wahl der Übersetzung

Die Übersetzung einer Stufe (eines Radpaares) soll $i_{max} \approx 8 \dots 10$ nicht überschreiten. Es ergeben sich sonst zu ungünstige Abmessungen des Großrades und ein zu starker Verschleiß der Zähne des Ritzels gegenüber den (vielen) Zähnen des Großrades.

Größere Übersetzungen werden in zwei oder mehrere Stufen unterteilt. Bei i_{ges} bis ≈ 45 in zwei, bei i_{ges} über 45 bis ≈ 200 in drei Stufen. Die Wahl der Übersetzungen der einzelnen Stufen kann nach Bild 15-32 erfolgen. Hiermit ergeben sich günstige Rad- und Getriebeabmessungen.

Dabei sollen möglichst keine ganzzahligen Einzelübersetzungen gewählt werden, damit immer wieder andere Zähne zum Eingriff kommen und ein gleichmäßiger Verschleiß erreicht wird. Bei einer Übersetzung z. B. $i = 4$ würde ein Ritzelzahn nach je vier Umdrehungen des Ritzels immer wieder mit dem gleichen Zahn des Gegenrades zusammentreffen, bei $i = 4,1$ kommt dagegen jeder Zahn des einen Rades mit jedem Zahn des anderen nacheinander zum Eingriff, so daß sich ein gleichmäßiger Verschleiß und Einlauf ergeben.

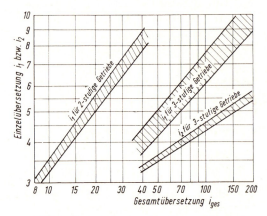

Bild 15-32. Aufteilung großer Übersetzungen in Einzelübersetzungen

15.8.6. Wirkungsgrade

Durch das Wälzgleiten der Zahnflanken an der Eingriffstelle, durch Lagerreibung, Wellendichtungen und Schmierung (z. B. durch Planschwirkung der Räder bei Tauchschmierung) entstehen Leistungsverluste. Diese werden zweckmäßig durch Wirkungsgrade ausgedrückt, für die bei Gerad-Stirnradgetrieben erfahrungsgemäß folgende Mittelwerte gelten:

Zahneingriffstelle bei bearbeiteten (rohen) Zähnen: $\eta_Z \approx 0{,}995\ (0{,}98)$
Lagerung einer Welle mit zwei Wälzlagern (Gleitlagern): $\eta_L \approx 0{,}99\ (0{,}97)$
Dichtungen einer Welle einschließlich Planschwirkung eines Rades: $\eta_D \approx 0{,}98$

Der Gesamtwirkungsgrad z. B. eines zweistufigen Getriebes (ein Radpaar, zwei Wellen mit Wälzlagern) würde damit

$$\eta_{ges} = \eta_Z \cdot \eta_{L\,ges} \cdot \eta_{D\,ges} \approx 0{,}995 \cdot 0{,}98 \cdot 0{,}96 \approx 0{,}94,$$

wobei $\eta_{L\,ges} = \eta_L \cdot \eta_L$ der Gesamtwirkungsgrad der Lagerung beider Wellen bedeutet; entsprechend gilt das auch für $\eta_{D\,ges}$.

Bei einer Antriebsleistung P_1 ergibt sich dann die Abtriebsleistung $P_2 = P_1 \cdot \eta_{ges}$.

15.9. Schräg-Stirnräder und -Stirnradgetriebe

15.9.1. Grundformen und Verwendung

Die Zähne sind auf dem Radzylinder schraubenförmig gewunden. Die Flankenlinien am Teilzylinder (Teilkreisumfang) bilden mit der Radachse den Schrägungswinkel β_0. Bei der Paarung von Rädern zu einem Stirnradgetriebe müssen die Zähne des eines Rades rechtssteigend, die des Gegenrades linkssteigend bei gleichem Schrägungswinkel ausgeführt sein. Die Begriffe rechts- und linkssteigend sind wie rechts- und linksgängig beim Gewinde anzuwenden. Die Zähne des Rades in Bild 15-33a sind danach linkssteigend.

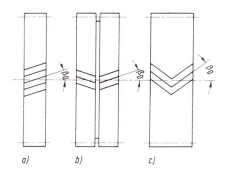

Bild 15-33. Schrägstirnräder
a) mit einfachen Schrägzähnen
b) mit Doppelschrägzähnen
c) mit Pfeilzähnen

Vorteile gegenüber geradverzahnten Stirnrädern: Sie laufen ruhiger und geräuschärmer, da Eingriff und Ablösung der Zähne allmählich erfolgen und mehr Zähne gleichzeitig im Eingriff sind (größerer Überdeckungsgrad, siehe unter 15.9.3.). Sie sind daher für höhere Drehzahlen besser geeignet. Ferner sind Schrägzähne etwas höher belastbar als Geradzähne mit gleichen Abmessungen und unempfindlicher gegen Zahnformfehler.

Nachteile: Durch die Schrägung der Zähne entstehen Axialkräfte, die zusätzliche Belastungen für Welle und Lager bedeuten und damit höhere Reibungsverluste und einen etwas geringeren Wirkungsgrad ergeben. Bei gleicher Zähnezahl und gleichem Modul werden Raddurchmesser und Achsabstände mit zunehmendem Schrägungswinkel größer als bei Geradstirnrädern.

Der Axialschub läßt sich durch *Doppelschräg-* oder *Pfeilverzahnung* aufheben (Bild 15-33b und c). Die Räder können gegenüber denen mit einfacher Schrägverzahnung doppelt so breit ausgeführt werden und sind besonders für große Getriebe geeignet.

Schrägverzahnte Stirnräder werden vorwiegend bei hohen Drehzahlen und großen Belastungen verwendet, z. B. für Universalgetriebe, Schiffsgetriebe, Getriebe in Werkzeugmaschinen und Kraftfahrzeugen.

15.9.2. Allgemeine Abmessungen

15.9.2.1. Schrägungswinkel, Sprung

Für den zwischen der Zahnflankenlinie am Teilzylinder und der Radachse gemessenen Schrägungswinkel sind üblich

bei einfacher und doppelter Schrägverzahnung: $\beta_0 \approx 10 ... 20°$,
bei Pfeilverzahnung: $\beta_0 \approx 30 ... 44°$.

Zweckmäßig wird β_0 mit einer für die Laufruhe und die Forderung nach nicht zu hohen Axialkräften günstigen Sprungüberdeckung festgelegt (siehe Gleichung (15.52)). Größere Schrägungswinkel ergeben wohl eine bessere Laufruhe, erhöhen jedoch die Axialkraft und vergrößern die Raddurchmesser und den Achsabstand.

Das Maß für die Schrägstellung der Zähne bezogen auf die Radbreite ist der als Bogen auf dem Teilkreis gemessene *Sprung Sp* (Bild 15-34). Denkt man sich das schraffierte sphärische Dreieck vom Teilzylinder abgewickelt und in die Ebene gestreckt, dann wird der *Sprung*

$$Sp = b \cdot \tan \beta_0 \quad \text{in mm} \tag{15.35}$$

b Radbreite in mm
β_0 Schrägungswinkel

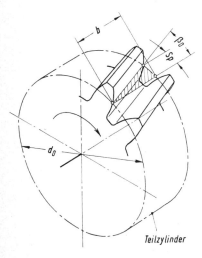

Bild 15-34. Sprung bei Schrägverzahnung

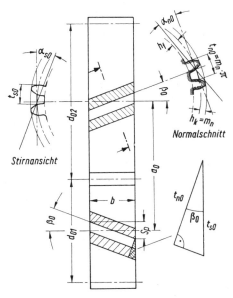

Bild 15-35. Abmessungen der Schräg-Stirnräder

15.9.2.2. Teilung, Modul

Im Normalschnitt, d. h. im Schnitt senkrecht zur Zahnflankenrichtung zeigt sich die normale Evolventenverzahnung mit dem *Normaleingriffswinkel* $\alpha_{n0} = 20°$ und der *Normalteilung* t_{n0}, entsprechend dem *Normalmodul* m_n (z. B. m_n = 8 mm). Die Zahnlücken werden durch Form- oder Abwälzwerkzeuge mit einem Normmodul herausgearbeitet.

An der Stirnfläche des Rades wird die *Stirnteilung* t_{s0}, entsprechend dem *Stirnmodul* m_s, gemessen (Bild 15-35).

$$t_{s0} = \frac{t_{n0}}{\cos \beta_0} = \frac{m_n \cdot \pi}{\cos \beta_0} \quad \text{bzw.} \quad m_s = \frac{m_n}{\cos \beta_0} \quad \text{in mm} \qquad (15.36)$$

15.9.2.3. Radabmessungen, Achsabstand (bei Nullrädern)

Teilkreis-, Kopfkreis- und Fußkreisdurchmesser werden an der Stirnfläche des Rades gemessen (Bild 15-35). Entsprechend den Abmessungen der Geradstirnräder ergeben sich für außerverzahnte Schrägstirnräder der *Teilkreisdurchmesser*

$$d_0 = m_s \cdot z = \frac{m_n}{\cos \beta_0} \cdot z \quad \text{in mm} \qquad (15.37)$$

der *Kopfkreisdurchmesser*

$$d_k = d_0 + 2 \cdot m_n \quad \text{in mm} \qquad (15.38)$$

der *Fußkreisdurchmesser*

$$d_f = d_0 - 2 \cdot (m + S_k) \approx d_0 - 2{,}4 \cdot m_n \quad \text{in mm} \qquad (15.39)$$

der *Achsabstand*

$$a_0 = \frac{d_{01} + d_{02}}{2} = \frac{m_s (z_1 + z_2)}{2} = \frac{m_n (z_1 + z_2)}{2 \cdot \cos \beta_0} \quad \text{in mm} \qquad (15.40)$$

Die *Zahnbreite* wird bei der Berechnung der Zähne festgelegt (siehe unter 15.9.6.1.).

15.9.3. Eingriffsverhältnisse

Für die Beurteilung der Eingriffsverhältnisse ist die Stirnansicht oder der Stirnschnitt der Räder maßgebend (Bild 15-36). Der sich hier zeigende *Stirneingriffswinkel* α_{s0} ist größer als der Eingriffswinkel α_{n0} (= 20°) im Normalschnitt und ergibt sich aus

$$\tan \alpha_{s0} = \frac{\tan \alpha_{n0}}{\cos \beta_0} \approx \frac{0{,}364}{\cos \beta_0} \qquad (15.41)$$

Bei Rechtsdrehung des Rades kommt zunächst die Flankenlinie 1 in A (Schnittpunkt der Stirneingriffslinie mit dem Kopfkreis des Gegenrades) zum Eingriff. Wenn die Flankenlinie 1 den Eingriff in E beendet, legt die Flankenlinie 2 des gleichen Zahnes noch den „Sprung-Weg" Sp (bezogen auf den Teilkreis) bis zum Eingriffsende zurück. Die auf die Profilmittellinie bezogene *Stirneingriffslänge* ist damit $e_{sges} = e_s + Sp$.

Aus der Profilüberdeckung (Profilüberdeckungsgrad) $\epsilon_s = \dfrac{e_s}{t_{s0}}$ und der Sprungüberdeckung $\epsilon_{Sp} = \dfrac{Sp}{t_{s0}}$ ergibt sich somit der *Gesamtüberdeckungsgrad bei Schräg-Stirnrädern*

$$\boxed{\epsilon_{ges} = \epsilon_s + \epsilon_{Sp}} \qquad (15.42)$$

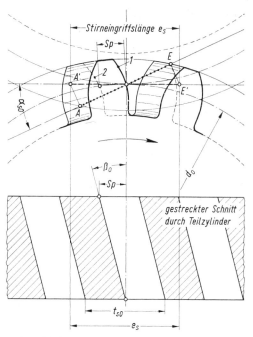

Bild 15-36. Eingriffsverhältnisse bei Schräg-Stirnrädern

ϵ_s und ϵ_{Sp} können zeichnerisch im Prinzip nach Bild 15-36 ermittelt werden. Rechnerisch wird ϵ_s nach Gleichung (15.11) bestimmt, wobei $\epsilon = \epsilon_s$, $\alpha_0 = \alpha_{s0}$ und $t_0 = t_{s0}$ zu setzen sind, ferner a_0 nach Gleichung (15.40) zu ermitteln ist. Am schnellsten wird die Profilüberdeckung ϵ_s nach Bild A15-2, Anhang, in Abhängigkeit von der Ritzel-Ersatzzähnezahl z_{v_1} (nach Gleichung 15.43) und dem Zähnezahlverhältnis $u = \dfrac{z_2}{z_1}$ ermittelt. Mit dem sich ergebenden ϵ wird dann $\epsilon_s \approx \epsilon \cdot \cos^2 \beta_0$.

15.9.4. Profilverschobene Schrägverzahnung

Für die Anwendung, die Begriffe, die Berechnung usw. gilt bei profilverschobener Schrägverzahnung im Prinzip das gleiche wie bei Geradverzahnung.

15.9.4.1. Ersatzzähnezahl, Grenzzähnezahl

Zur Ermittlung einiger geometrischer Größen, insbesondere bei profilverschobenen Schrägstirnrädern, ist es zweckmäßig, das Schrägstirnrad auf ein Geradstirnrad, das *Ersatz-Geradstirnrad,* zurückzuführen. Mit diesem, aus dem Normalschnitt (gleich Schrägschnitt am Zylinder), entstehenden Ersatzrad kann die Schrägverzahnung rechnerisch wie Geradverzahnung behandelt werden (Bild 15-37). Im Normalschnitt hat die Schnittellipse (Teilellipse) den Krümmungsradius

$$r_v = \dfrac{r_0}{\cos^2 \beta_0}$$

15.9. Schräg-Stirnräder und -Stirnradgetriebe

bzw. den Krümmungsdurchmesser

$$d_v = \frac{d_0}{\cos^2 \beta_0} \; .$$

Wird $d_v = m_n \cdot z_v$ und $d_0 = \dfrac{m_n \cdot z}{\cos \beta_0}$ gesetzt, dann wird mit der (wirklichen) Zähnezahl z und dem Schrägungswinkel β_0 die *Ersatz- (virtuelle) Zähnezahl*

$$z_v = \frac{z}{\cos^3 \beta_0} \qquad (15\text{-}43)$$

Wird $z_v = z_g' = 14$ gesetzt, dann ergibt sich für Schrägstirnräder die *praktische Grenzzähnezahl*

$$z_{gs}' = z_g' \cdot \cos^3 \beta_0 = 14 \cdot \cos^3 \beta_0 \qquad (15.44)$$

Die Grenzzähnezahl wird also mit wachsendem Schrägungswinkel β_0 kleiner; sie kann auch dem Bild 15-38 entnommen werden.

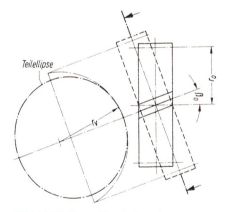

Bild 15-37. Ersatz-Geradstirnrad

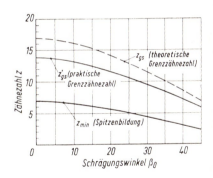

Bild 15-38. Grenz- und Mindestzähnezahlen bei Schrägstirnrädern

15.9.4.2. Profilverschiebung

Die zur Vermeidung von Zahnunterschnitt erforderliche (positive) *Profilverschiebung* wird entsprechend Gleichung (15.13)

$$v = x \cdot m_n \quad \text{in mm} \qquad (15.45)$$

Der *Profilverschiebungsfaktor* wird entsprechend Gleichung (15.14)

$$x = \frac{14 - z_v}{17} \qquad (15.46)$$

Wie die Grenzzähnezahl liegt auch die Spitzengrenze mit größer werdendem Schrägungswinkel β_0 niedriger als bei Geradstirnrädern. Die *Mindestzähnezahl* ergibt sich entsprechend wie die Grenzzähnezahl $z_{min\,S} = z_{min} \cdot \cos^3\beta_0 = 7 \cdot \cos^3\beta_0$. Sie wird ebenfalls dem Bild 15-38 entnommen.

Schrägstirnräder können wie Geradstirnräder zu Null- und V-Null-Getrieben oder zum Erreichen eines bestimmten Achsabstandes oder bei besonderen Anforderungen an Tragfähigkeit oder Überdeckungsgrad auch zu V-Getrieben zusammengesetzt werden.

15.9.4.3. Rad- und Getriebeabmessungen bei V-Null und V-Getrieben

Bei *V-Plus-* und *V-Minus-Rädern* gelten sinngemäß die Angaben und Gleichungen wie bei Geradstirnrädern unter 15.7.6. In den Gleichungen (15.15) bis (15.17) ist $m = m_n$, $t_0 = t_{s0}$ und $\alpha_0 = \alpha_{s0}$ zu setzen.

Bei *V-Null-Getrieben* ergibt sich der *Achsabstand* nach Gleichung (15.40).

Bei *V-Getrieben* wird der ungefähre *Achsabstand* entsprechend „Gebrauchsformel" (15.18):

$$a_v \approx a_0 + \frac{(x_1+x_2)\cdot m_n}{\sqrt[4]{1+26\cdot\frac{x_1+x_2}{z_{v1}+z_{v2}}}} \text{ in mm} \qquad (15.47)$$

a_0 Achsabstand des entsprechenden Nullgetriebes in mm nach Gleichung (15.40)
x_1, x_2 Profilverschiebungsfaktoren für beide Räder
m_n Normalmodul in mm
z_{v1}, z_{v2} Ersatzzähnezahlen nach Gleichung (15.43)

Mit der Evolventenfunktion ergibt sich entsprechend Gleichung (15.22):

$$a_v = a_0 \cdot \frac{\cos\alpha_{s0}}{\cos\alpha_{sb}} \text{ in mm} \qquad (15.48)$$

α_{s0} Stirneingriffswinkel aus Gleichung (15.41)
α_{sb} Betriebs-Stirneingriffswinkel nach Gleichung (15.21), wobei $\alpha_b = \alpha_{sb}$, $\tan\alpha_0 = \tan\alpha_{n0}$ und ev α_0 = ev α_{s0} zu setzen sind; α_{sb} läßt sich überschlägig auch aus Bild A15-1, Anhang, ermitteln: Mit dem sich aus der (Ersatz-)Zähnezahlsumme $z_{v1} + z_{v2}$ und der Profilverschiebungssumme $x_1 + x_2$ ergebenden Betriebseingriffswinkel α_b wird $\alpha_{sb} \approx \frac{\alpha_b}{\cos\beta_0}$

Bei V-Getrieben ergibt sich am Betriebs-Wälzkreisumfang ein von β_0 abweichender *Betriebs-Schrägungswinkel* β_b aus $\tan\beta_b = \tan\beta_0 \cdot \cos\alpha_{s0}/\cos\alpha_{sb}$.

Die zum Erreichen eines bestimmten Achsabstandes a_v erforderliche *Summe der Profilverschiebungsfaktoren* wird entsprechend wie bei Geradstirnrädern nach Gleichung (15.23) ermittelt, wobei ev α_b = ev α_{sb}, ev α_0 = ev α_{s0} und $\tan\alpha_0 = \tan\alpha_{n0}$ zu setzen sind; α_{sb} wird vorher aus Gleichung (15.48) bestimmt.

Die Aufteilung der Profilverschiebungsfaktoren auf die beiden Räder wird wie bei den Geradstirnrädern zweckmäßig nach Bild 15-23 vorgenommen und zwar in Abhängigkeit der Ersatzzähnezahlen z_v.

15.9. Schräg-Stirnräder und -Stirnradgetriebe

Bei besonderen Anforderungen an Tragfähigkeit oder Überdeckungsgrad können beide Räder profilverschoben werden. Die Summe der Profilverschiebungsfaktoren $x_1 + x_2$ wählt man in Abhängigkeit von der (Ersatz-)Zähnezahlsumme $z_{v1} + z_{v2}$ nach Bild 15-22. Die Summe $x_1 + x_2$ teilt man dann wie oben nach Bild 15-23 auf.

Ein bestimmter Achsabstand kann bei Schrägstirnrädern auch ohne Profilverschiebung mit einem entsprechenden Schrägungswinkel β_0 erreicht werden. Man ermittelt β_0 durch Auflösen der Gleichung (15.40) nach $\cos \beta_0$, wobei a_0 als verlangter Achsabstand betrachtet wird.

15.9.5. Kraftverhältnisse

Die senkrecht zur Zahnflanke wirkende Zahnkraft (Normalkraft) F_n greift längs der Normaleingriffslinie unter dem Normaleingriffswinkel α_{n0} an. F_n wird in die Normalkomponente F'_n senkrecht zur Flankenrichtung und in die Radialkomponente (Radialkraft) F_r zerlegt (Bild 15-39c). F'_n wird wiederum zerlegt in die Umfangskraft F_u und die Axialkraft F_a (Bild 15-39b). Die *Umfangskraft* läßt sich berechnen aus

$$F_u = \frac{2000 \cdot M_t \cdot (c_s)}{d_0} \quad \text{in N} \qquad (15.49)$$

M_t vom Rad zu übertragendes (Nenn-)Drehmoment in Nm

d_0 Teilkreisdurchmesser in mm

c_s Betriebsfaktor zur etwaigen Erfassung extremer Betriebsverhältnisse nach Bild A15-4, Anhang (siehe auch unter 15.8.3.2.)

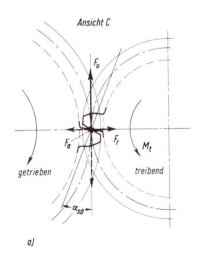 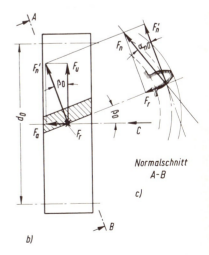

Bild 15-39. Kraftverhältnisse am Schräg-Stirnradgetriebe

Mit F_u ergibt sich nach Bild 15-39b die *Axialkraft*

$$F_a = F_u \cdot \tan \beta_0 \text{ in N} \tag{15.50}$$

Aus Bild 15-39c folgt $F_r = F'_n \cdot \tan \alpha_{n0}$, mit $F'_n = \dfrac{F_u}{\cos \beta_0}$ wird die *Radialkraft*

$$F_r = \frac{F_u \cdot \tan \alpha_{n0}}{\cos \beta_0} \text{ in N} \tag{15.51}$$

$\alpha_{n0} = 20°$ Normaleingriffswinkel (tan 20° = 0,364)
β_0 Schrägungswinkel

Am (getriebenen) Gegenrad wirken gleichgroße bzw. unter Berücksichtigung des Wirkungsgrades der Verzahnung entsprechend kleinere entgegengerichtete Kräfte, siehe auch unter 15.8.3.

Bei *V-Getrieben* müßten für d_0, β_0 und α_{n0} die auf den Betriebs-Wälzkreis bezogenen Größen d_b, β_b und α_{nb} gesetzt werden. Der Unterschied ist jedoch gering, so daß bei Kraftermittlungen mit d_0, β_0 und α_{n0} gerechnet wird.

15.9.6. Berechnung der Tragfähigkeit der Schrägstirnräder

Die Zähne werden im Prinzip wie die bei Geradstirnrädern berechnet.

15.9.6.1. Vorwahl der Hauptabmessungen

Für die Vorwahl der Hauptabmessungen der Räder werden wie bei Geradstirnrädern zweckmäßig folgende Fälle unterschieden (siehe auch unter 15.8.4.).

1. Der Durchmesser der Welle für das Ritzel ist bekannt oder wird überschlägig ermittelt (z. B. nach Gleichung 11.6).

Bei Ausführung mit aufgesetztem Ritzel ermittelt man dessen *Teilkreisdurchmesser* d_{01} nach Gleichung (15.27), bei Ausführung als Ritzelwelle nach Gleichung (15.28).

Die *Zähnezahl* des Ritzels wählt man wie bei Geradstirnrädern (siehe zu Gleichung (16.28)), evtl. auch ein bis zwei Zähne weniger.

Der *Stirnmodul* ergibt sich dann aus $m_s = \dfrac{d_{01}}{z_1}$ (m_s nicht zum Normmodul runden!)

Die *Zahnbreiten* b_1 und b_2 wählt man wie bei Geradstirnrädern mit ψ_d und ψ_m, jedoch soll $\psi_m = \dfrac{b_1}{m_s} \approx 30$ bei größeren Schrägungswinkeln ($\beta_0 > 25°$) nicht überschreiten.

Der *Schrägungswinkel* β_0 wird zweckmäßig so festgelegt, daß die Sprungüberdeckung $\varepsilon_{Sp} \approx 1 \dots 1{,}2$ beträgt, was einerseits für die Laufruhe günstig ist, andererseits der Forderung nach nicht allzu hohen Axialkräften nachkommt. Aus $\varepsilon_{Sp} = \dfrac{Sp}{t_{s0}} = \dfrac{b_1 \cdot \tan \beta_0}{m_s \cdot \pi}$ ergibt sich nach Umformen der *Schrägungswinkel* aus

$$\tan \beta_0 = \frac{m_s \cdot \pi}{b_1} \cdot \varepsilon_{Sp} \approx 3{,}5 \cdot \frac{m_s}{b_1} \tag{15.52}$$

15.9. Schräg-Stirnräder und -Stirnradgetriebe

Der *Normalmodul* folgt dann aus Gleichung (15.36): $m_n = m_s \cdot \cos \beta_0$. Für diesen wird der nächstliegende Norm-Modul nach Tabelle A15.1, Anhang, gewählt und damit die genauen Rad- und Getriebeabmessungen nach 15.9.2. festgelegt.

2. Es sind größere Drehmomente bzw. Leistungen zu übertragen; die Wellendurchmesser sind noch unbekannt; ein bestimmter Achsabstand ist nicht gefordert.

Man ermittelt den *Teilkreisdurchmesser des treibenden Rades* nach Gleichung (15.29) mit den hierfür angegebenen Daten.

Ritzelzähnezahl, Modul, Zahnbreiten und *Schrägungswinkel* werden wie unter 1. festgelegt. Die Ritzelzähnezahl ist ferner so zu wählen, daß auch die Bedingungen nach Gleichung (15.27) bzw. (15.28) erfüllt sind. Der Durchmesser der Ritzelwelle wird zunächst überschlägig nach Gleichung (11.6) ermittelt.

3. Der Achsabstand ist aus baulichen Gründen gegeben.

Hierbei wird der *Teilkreisdurchmesser des treibenden Rades* nach Gleichung (15.30) ermittelt.

Die sonstigen Bauabmessungen wie *Ritzelzähnezahl, Stirnmodul, Zahnbreiten* und *Schrägungswinkel* werden w. o. unter 1. ermittelt. Als *Normalmodul* $m_n = m_s \cdot \cos \beta_0$ wähle man hier den nächst *kleineren* Norm-Modul, um gegebenenfalls den verlangten Achsabstand durch positive Profilverschiebung zu erreichen. Ohne Profilverschiebung läßt sich der verlangte Achsabstand auch durch einen bestimmten Schrägungswinkel β_0 erreichen, der durch Umformen der Gleichung (15.40) ermittelt werden kann. Bei der Festlegung der Ritzelzähnezahl beachte man gleichzeitig die Bedingungen nach Gleichung (15.27) bzw. (15.28).

15.9.6.2. Vorwahl der Zahnradwerkstoffe, Wahl der Verzahnungsqualität

Hierfür sind die gleichen Richtlinien wie bei Geradstirnrädern maßgebend, siehe unter 15.8.4.2. und 15.8.4.3.

15.9.6.3. Nachprüfung der Zahnfuß-Tragfähigkeit

Wie bei Geradstirnrädern gilt entsprechend für die *Biegespannung am Zahnfuß:*

$$\sigma_b = \frac{F_u}{b \cdot m_n} \cdot q_k \cdot q_\epsilon \leqslant \sigma_{b\,zul} \text{ in N/mm}^2 \qquad (15.53)$$

F_u Umfangskraft am Teilkreis in N nach Gleichung (15.49)
b Zahnbreite in mm
m_n Normalmodul in mm
q_k Zahnformfaktor nach Bild A15-5, Anhang, abhängig von der Ersatzzähnezahl z_v nach Gleichung (15.43) und einem etwaigen Profilverschiebungsfaktor x
q_ϵ Überdeckungsfaktor nach Bild A15-6, Anhang; nähere Erläuterungen siehe unten
$\sigma_{b\,zul}$ zulässige Biegespannung in N/mm² wie zu Gleichung (15.31)

Der *Überdeckungsfaktor* q_ϵ wird wie bei Geradstirnrädern nach Bild A15-6, Anhang, über den Hilfsfaktor q_L ermittelt:

Bei $q_L > \dfrac{1}{\epsilon_s}$ wird $q_\epsilon = 1$, bei $q_L \leqslant \dfrac{1}{\epsilon_s}$ wird $q_\epsilon = \dfrac{1}{\epsilon_s}$.

Bei geringerer Verzahnungsqualität (etwa 8. bis 12. Qualität) kann bei kleineren bis mittleren Belastungen $q_\epsilon = 1$ gesetzt werden.

Der *Profilüberdeckungsgrad* ϵ_s wird zweckmäßig wieder aus Schaubildern ermittelt und zwar bei Null- und V-Null-Getrieben aus Bild A15-2, Anhang: In Abhängigkeit von der Ritzel-Ersatzzähnezahl z_{v1} nach Gleichung (15.43) und dem Zähnezahlverhältnis u wird zunächst der (Normal-)Überdeckungsgrad ϵ ermittelt. Hiermit wird dann

$$\epsilon_s = \epsilon \cdot \cos^2 \beta_0$$

Bei V-Getrieben wird zunächst aus Bild A15-1, Anhang, der Betriebseingriffswinkel α_b (im Normalschnitt) in Abhängigkeit von der Ersatzzähnezahlsumme $z_{v1} + z_{v2}$ und der Profilverschiebungssumme $x_1 + x_2$ festgelegt. Dann werden aus Bild A15-3, Anhang, mit z_{v1} bzw. z_{v2} und α_b die Einzelüberdeckungsgrade (im Normalschnitt der Räder) ϵ_1 und ϵ_2 ermittelt. Der Profilüberdeckungsgrad wird dann

$$\epsilon_s \approx (\epsilon_1 + \epsilon_2) \cdot \cos^2 \beta_0.$$

Die Nachprüfung der Zahnfuß-Tragfähigkeit ist für *beide* Räder durchzuführen.

15.9.6.4. Nachprüfung der Flanken-Tragfähigkeit

Wie bei Geradstirnrädern gilt für die *Flächenpressung im Wälzpunkt*

$$p_C = \sqrt{\frac{F_u}{b \cdot d_{01}} \cdot \frac{u+1}{u}} \cdot y_W \cdot y_C \cdot y_L \leqslant p_{zul} \text{ in N/mm}^2 \qquad (15.54)$$

F_u Umfangskraft am Teilkreis in N nach Gleichung (15.49)
b, d_{01}, u, y_W, y_C und p_{zul} wie zu Gleichung (15.33)
y_L Zahnlängenfaktor nach Bild A15-6, Anhang; nähere Erläuterungen siehe unten

Der *Zahnlängenfaktor* y_L wird wie der Überdeckungsfaktor q_ϵ nach Bild A15-6, Anhang, über den Hilfsfaktor q_L ermittelt:

Bei $q_L > \dfrac{1}{\epsilon_s}$ wird $y_L = 1$, bei $q_L \leqslant \dfrac{1}{\epsilon_s}$ wird $y_L = \sqrt{\dfrac{1}{\epsilon_s}}$.

Wegen der Ermittlung des Profilüberdeckungsgrades ϵ_s siehe unter Gleichung (15.53). Bei geringerer Verzahnungsqualität (etwa 8. bis 12. Qualität) und kleineren bis mittleren Belastungen kann ohne Berechnung $y_L = 1$ gesetzt werden.
Die Flanken-Tragfähigkeit ist für *beide* Räder nachzuprüfen.

15.9.7. Wahl der Übersetzung

Für die Wahl der Übersetzung gilt das gleiche wie für Geradzahn-Stirnräder (siehe unter 15.8.5.).

15.9.8. Wirkungsgrade

Wegen erhöhter Reibungsverluste in den Lagern (Axialkraft!) und etwas höherer Zahnreibung (durch das „Ineinanderschrauben" der Zähne) sind die Wirkungsgrade der Schrägzahn-Stirnräder $\approx$ 1 ... 2 % kleiner gegenüber den unter 15.8.6. für Geradzahn-Stirnräder angegebenen.

15.10. Berechnungsbeispiele für Stirnradgetriebe

■ **Beispiel 15.3:** Das Getriebe eines handbetätigten Stirnrad-Flaschenzuges für eine Tragkraft F_L = 7,5 kN ist zu berechnen. Für die in Frage kommenden kalibrierten Rundgliederketten als Hand- und Lastkette ergaben sich, entsprechend den gewählten Zähnezahlen, der Durchmesser des Handkettenrades (Haspelrades) D_H = 342,8 mm und der des Lastkettenrades (der Kettennuß) D_K = 91,2 mm. Als Zugkraft an der Handkette kann erfahrungsgemäß F_H = 300 N angenommen werden.

a) Die erforderliche Übersetzung i des Getriebes und die sich daraus ergebende Anzahl der Getriebestufen sind zu ermitteln; danach ist das Schema des Getriebes zu entwerfen.
b) Die geeignete Verzahnungsart ist anzugeben und die Hauptabmessungen des Getriebes sind vorzuwählen.
c) Die geeigneten Zahnradwerkstoffe sind vorzuwählen und die Verzahnungsqualität ist festzulegen.
d) Die Zahnfuß-Tragfähigkeit ist zu prüfen und danach sind ggf. die Zahnradwerkstoffe genauer festzulegen.
e) Die Flanken-Tragfähigkeit ist zu prüfen und danach sind ggf. die Zahnradwerkstoffe zu korrigieren und endgültig festzulegen.
f) Die noch fehlenden Getriebedaten sind zu ermitteln und anschließend alle Daten zusammenzustellen.

▶ **Lösung a):** Die Übersetzung ist hier durch die Drehmomente auszudrücken und zwar zunächst überschlägig ohne Berücksichtigung des Wirkungsgrades, der ja erst nach der Festlegung der Anzahl der Getriebedaten genauer angegeben werden kann:

$$i' \approx \frac{M_L}{M_H}.$$

Mit Lastmoment $M_L = F_L \cdot D_K/2$ = 7,5 kN · 45,6 mm = 342 kNmm = 342 Nm und Handmoment $M_H = F_H \cdot D_H/2$ = 0,3 kN · 171,4 mm = 51,42 kNmm = 51,42 Nm wird

$$i' \approx \frac{342 \text{ Nm}}{51,42 \text{ Nm}} \approx 6,65.$$

Selbst wenn sich die Übersetzung durch den Wirkungsgrad etwas erhöht, kommt nach den Angaben unter 15.8.5. ein einstufiges Getriebe in Frage, da hierfür eine Übersetzung $i_{max} \approx$ 8 ... 10 zugelassen werden kann. Für einen solchen Flaschenzug mit einer Getriebestufe ist erfahrungsgemäß mit einen (Gesamt-)Wirkungsgrad $\eta \approx$ 0,9 zu rechnen. Damit wird die genauere Übersetzung des Getriebes

$$i = \frac{M_L}{M_H \cdot \eta}, \quad i = \frac{342 \text{ Nm}}{51,42 \text{ Nm} \cdot 0,9} = 7,39 \approx 7,4.$$

Danach kann das Schema des Flaschenzuges skizziert werden, Bild 15-40.

Ergebnis: Es ergibt sich ein einstufiges Getriebe mit der Übersetzung $i = 7,4$. Das Schema des Flaschenzuges zeigt Bild 15-40.

▶ **Lösung b):** Wegen der kleinen Drehzahl (Handantrieb!) und den geringen Anforderungen werden nach den Angaben zu 15.8.1. Geradstirnräder gewählt.

Vor der eigentlichen Tragfähigkeitsberechnung müssen die hierzu erforderlichen Hauptabmessungen vorgewählt werden. Nach den Angaben unter 15.8.4.1. kann der unter 1. genannte „Betriebsfall" angenommen werden. Es wird dazu der Durchmesser der Welle für das Ritzel zunächst überschlägig nach Gleichung (11.9) ermittelt:

$$d \approx c_1 \cdot \sqrt[3]{M_t}.$$

Hierin kann etwa $M_t = M_H \approx 51,4$ Nm gesetzt werden. Ferner wird für einen gewählten Wellenstahl St 50: $c_1 \approx 6,3$ und damit

$$d \approx 6,3 \cdot \sqrt[3]{51,4} = 6,3 \cdot 3,72 = 23,4 \text{ mm},$$

also ist $d \approx 25$ mm zu erwarten.

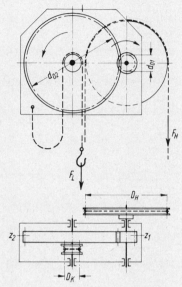

Bild 15-40. Schema des Flaschenzuges

Das Ritzel wird aus wirtschaftlichen Gründen zweckmäßig auf die Welle gesetzt, es wird also keine Ritzelwelle vorgesehen. Hierbei wird der möglichst kleine Teilkreisdurchmesser nach Gleichung (15.27):

$$d_{01} \approx \frac{1,8 \cdot d \cdot z_1}{z_1 - 2,5}.$$

Bei der kleinen Umfangsgeschwindigkeit, in jedem Fall $v_u < 1$ m/s, wird aus dem hierfür empfohlenen Bereich $z_1 \approx 15 \ldots 20$ als Zähnezahl für das Ritzel $z_1 = 18$ gewählt, da auch hiermit bei der gegebenen Übersetzung $i = 7,4$ (siehe unter a) die Zähnezahl des Großrades $z_2 = i \cdot z_1 = 7,4 \cdot 18 = 133,2$, also $z_2 = 133$ wird und damit wiederum $i = z_2/z_1 = 133/18 = 7,39 \approx 7,4$ fast genau eingehalten wird.

$$d_{01} \approx \frac{1,8 \cdot 25 \text{ mm} \cdot 18}{18 - 2,5} \approx 52 \text{ mm}.$$

Der Modul wird dann: $m = \dfrac{d_{01}}{z_1} = \dfrac{52 \text{ mm}}{18} = 2,89$ mm; gewählt nach DIN 780, Tabelle A15.1, Anhang: $m = 3$ mm.

Damit werden die genauen Teilkreisdurchmesser: $d_{01} = m \cdot z_1 = 3$ mm $\cdot 18 = 54$ mm und $d_{02} = m \cdot z_2 = 3$ mm $\cdot 133 = 399$ mm. Der Teilkreisdurchmesser d_{02} „paßt" größenmäßig auch gut zum Durchmesser D_H (≈ 343 mm) des Haspelrades, so daß sich eine gefällige und kompakte Gesamtkonstruktion ergibt.

Es werden nun noch die Zahnbreiten festgelegt, zunächst die des Ritzels b_1 mit dem Durchmesser-Breitenverhältnis ψ_d. Nach Bild 15-28 wird für Zähnezahlverhältnis $u = z_2/z_1 \triangleq i = 7,4$

15.10. Berechnungsbeispiele für Stirnradgetriebe

und Kurve a (kleine Drehzahl, mittlere Ausführung): $\psi_d \approx 0{,}72$ und damit $b_1 = \psi_d \cdot d_{01} \approx 0{,}72 \cdot 54$ mm $= 38{,}88$ mm ≈ 40 mm. Mit dem Modul-Breitenverhältnis $\psi_m \approx 10 \ldots 15$ („normale" Wellenlagerung) würde $b_1 = \psi_m \cdot m \approx 12 \cdot 3 = 36$ mm; ausgeführt wird $b_1 = 40$ mm. Für das Großrad soll sein $b_2 \approx 0{,}9 \cdot b_1 = 0{,}9 \cdot 40$ mm $= 36$ mm; ausgeführt wird $b_2 = 35$ mm.

Ergebnis: Für das Getriebe werden Geradstirnräder gewählt. Für die Hauptabmessungen wurden vorgewählt: Modul $m = 3$ mm; Zähnezahl des Ritzels $z_1 = 18$, des Rades $z_2 = 133$; Teilkreisdurchmesser $d_{01} = 54$ mm, $d_{02} = 399$ mm; Zahnbreiten $b_1 = 40$ mm, $b_2 = 35$ mm.

▶ **Lösung c):** Die Werkstoffe werden hier nach den Angaben unter 15.8.4.2. zweckmäßig nach dem Ergebnis der Berechnung der Zahnfuß-Tragfähigkeit vorgewählt.

Die Verzahnungsqualität wird nach den Angaben unter 15.8.4.3. festgelegt. Nach Bild 15-29 wird zunächst für Hebezeuge empfohlen: Qualität 7 bis 12, ferner bei kleiner Umfangsgeschwindigkeit ($v_u = 0 \ldots 3$ m/s): Qualität $10 \ldots 12$; gewählt wird: Verzahnungsqualität 10.

In der Praxis muß dabei natürlich berücksichtigt werden, welche Qualitäten im Betrieb überhaupt „geführt" werden, also für welche Qualitäten entsprechende Fertigungsmöglichkeiten und Meß- und Prüfgeräte vorhanden sind.

Ergebnis: Die Zahnradwerkstoffe werden später aufgrund der Berechnung der Zahnfuß-Tragfähigkeit vorgewählt. Festgelegt wird die Verzahnungsqualität 10.

▶ **Lösung d):** Die vorgewählten Räder müssen nun auf Festigkeit und zwar zunächst auf Zahnfuß-Tragfähigkeit geprüft werden nach Abschnitt 15.8.4.4. Nach Gleichung (15.31) gilt für die Biegespannung am Zahnfuß des Ritzels:

$$\sigma_{b1} = \frac{F_{u1}}{b_1 \cdot m} \cdot q_{k1} \cdot q_\epsilon \leqslant \sigma_{b1\,zul}.$$

Die Umfangskraft am Teilkreis wird nach Gleichung (15.24): $F_{u1} = \dfrac{2000 \cdot M_{t1} (\cdot c_S)}{d_{01}}$. Das Drehmoment M_{t1} entspricht dem Handmoment M_H, vermindert um die Reibungsverluste an Haspelrad und Lagern, ausgedrückt durch den erfahrungsgemäßen Wirkungsgrad $\eta_H \approx 0{,}95$; also $M_{t1} \approx M_H \cdot \eta_H = 51{,}42$ Nm $\cdot 0{,}95 = 48{,}85$ Nm ≈ 49 Nm.

Der Betriebsfaktor c_S kann nach den Angaben unter 15.8.3.1. wegen der geringen Anforderungen unberücksichtigt bleiben, also $c_S = 1$.

Mit $d_{01} = 54$ mm wird dann: $F_{u1} = \dfrac{2000 \cdot 49 \cdot 1}{54}$ N $= 1815$ N.

Zahnbreite des Ritzels $b_1 = 40$ mm. Modul $m = 3$ mm.

Der Zahnformfaktor wird nach Bild A15-5, Anhang, für $z_1 = 18$ und $x = 0$ (keine Profilverschiebung!): $q_k \approx 3$.

Der Überdeckungsfaktor kann wegen der geringen Verzahnungsqualität und Belastung $q_\epsilon = 1$ gesetzt werden.

$$\sigma_{b1} = \frac{1815 \text{ N}}{40 \text{ mm} \cdot 3 \text{ mm}} \cdot 3 \cdot 1 = 45{,}38 \text{ N/mm}^2.$$

Für diese kleine Spannung genügt bereits der Baustahl St 42. Hierfür würde bei den vorliegenden Verhältnissen mit $\sigma_B = 450$ N/mm² (aus Tabelle A15.2, Anhang):

$$\sigma_{b1\,zul} = \frac{\sigma_B}{\nu}, \qquad \sigma_{b1\,zul} = \frac{450 \text{ N/mm}^2}{2{,}5} = 180 \text{ N/mm}^2 \gg \sigma_{b1} = 45{,}38 \text{ N/mm}^2.$$

Selbst bei angenommener Schwellbelastung würde $\sigma_{b1\,zul} = \dfrac{\sigma_{bSch}}{\nu} = \dfrac{170 \text{ N/mm}^2}{2} = 85 \text{ N/mm}^2 > \sigma_{b1}$. Also wird für das Ritzel zunächst gewählt: Baustahl St 42.

Die Biegespannung am Zahnfuß des Rades wird entsprechend wie oben:

$$\sigma_{b2} = \frac{F_{u2}}{b_2 \cdot m} \cdot q_{k2} \cdot q_\epsilon.$$

Hierin sind $F_{u2} = F_{u1} = 1815$ N, $b_2 = 35$ mm, $m = 3$ mm und $q_\epsilon = 1$ (wie oben). Für $z_2 = 133$ und $x = 0$ wird $q_k \approx 2,17$ und damit

$$\sigma_{b2} = \frac{1815 \text{ N}}{35 \text{ mm} \cdot 3 \text{ mm}} \cdot 2,17 \cdot 1 = 37,5 \text{ N/mm}^2.$$

Danach kann für das Rad Gußeisen GG-25 vorgewählt werden, denn hierfür wird:

$$\sigma_{b2\,zul} = \frac{\sigma_B}{\nu}, \quad \sigma_{b2\,zul} = \frac{250 \text{ N/mm}^2}{2,5} = 100 \text{ N/mm}^2 > \sigma_{b2} = 37,5 \text{ N/mm}^2.$$

Bei angenommener Schwellbelastung würde $\sigma_{b2\,zul} = \frac{\sigma_{b\,Sch}}{\nu} = \frac{60 \text{ N/mm}^2}{2} = 30$ N/mm²; damit wird σ_{b2} allerdings etwas überschritten, was aber bei der gewählten 2-fachen Sicherheit noch hingenommen werden kann.

Zur Werkstoffwahl sei noch erwähnt, daß man wegen der Gefahr des „Fressens" in keinem Fall Räder aus Baustahl paaren soll (siehe hierzu auch unter 15.16.1.).

Ergebnis: Aufgrund der Berechnung auf Zahnfuß-Tragfähigkeit werden als Werkstoff für das Ritzel Baustahl St 42, für das Großrad Gußeisen GG-25 vorgewählt. Die Biegespannungen werden für das Ritzel $\sigma_{b1} = 45,38$ N/mm² < $\sigma_{b1\,zul} = 180$ N/mm² und für das Rad $\sigma_{b2} = 37,5$ N/mm² < $\sigma_{b2\,zul} = 100$ N/mm².

▶ **Lösung e):** Die vorgewählten bzw. festgelegten Getriebedaten müssen durch die Nachprüfung der Flanken-Tragfähigkeit nach Abschnitt 15.8.4.5. bestätigt und evtl. noch korrigiert werden. Für die Flächenpressung im Wälzpunkt der Zahnflanken beider Räder gilt nach Gleichung (15.33):

$$p_C = \sqrt{\frac{F_u}{b \cdot d_{01}} \cdot \frac{u+1}{u}} \cdot y_W \cdot y_C \cdot y_L \leq p_{zul}.$$

Hierin sind: Umfangskraft $F_u = F_{u1} = F_{u2} = 1815$ N (siehe unter b); Zahnbreite $b \triangleq b_2 = 35$ mm (als kleinere); Zähnezahlverhältnis $u = i = 7,4$; Teilkreisdurchmesser des Ritzels $d_{01} = 54$ mm. Es müssen noch festgestellt werden: Werkstoffaktor bei Parrung St und GG-25 nach Tabelle A15.4: $y_W = 235$; Wälzpunktfaktor für vorliegendes Null-Getriebe: $y_C = 1,76$; Zahnlängenfaktor kann, ähnlich wie Überdeckungsfaktor (siehe unter d), unberücksichtigt bleiben: $y_L = 1$.

$$p_C = \sqrt{\frac{1815}{35 \cdot 54} \cdot \frac{7,4+1}{7,4}} \cdot 235 \cdot 1,76 \cdot 1 = \sqrt{1,09} \cdot 413,6 = 431,8 \text{ N/mm}^2 \approx 432 \text{ N/mm}^2.$$

Bei Vergleich dieses Wertes mit den Werten für die Flanken-Dauerfestigkeit nach Tabelle A15.2, Anhang: $p_D = 290$ N/mm² für St 42 und $p_D = 310$ N/mm² für GG-25 zeigt sich, daß mit den vorgewählten Werkstoffen ein Dauergetriebe nicht gegeben ist. Es soll nun untersucht werden, welche Lebensdauer sich für das „Zeitgetriebe" unter Beibehaltung der vorgewählten Werkstoffe ergibt und ob diese ggf. ausreicht.

Für den schwächeren Werkstoff St 42 (lfd. Nr. 11 der Tabelle A15.2, Anhang) ergibt sich nach Bild A15-8, Anhang, entsprechend dem eingezeichneten Linienzug, für $p \triangleq p_C = 432$ N/mm² eine Lastwechselzahl $L_W \approx 5 \cdot 10^5$, bei der Grübchenbildung zu erwarten ist. Bei einer geschätzten Ritzeldrehzahl (gleich Haspelraddrehzahl) $n \approx 50$ 1/min ergibt sich eine Vollast-Lebensdauer

$$L_h = \frac{L_W}{n \cdot 60}, \quad L_h = \frac{5 \cdot 10^5}{50 \cdot 60} \text{ h} \approx 165 \dots 170 \text{ h}.$$

15.10. Berechnungsbeispiele für Stirnradgetriebe

Da das Getriebe jedoch nur selten unter Vollast läuft, wird die tatsächliche Lebensdauer erheblich höher sein. Nach den Angaben unter Gleichung (15.34) soll die Vollast-Lebensdauer für Getriebe von Hand-Hebezeugen wenigstens $L_h \approx 20 \ldots 100$ h betragen. Damit können also die vorgewählten Werkstoffe ohne Bedenken beibehalten werden.

Ergebnis: Die Flankenpressung im Wälzpunkt der Räder ist $p_C = 432$ N/mm² $> p_D = 290$ N/mm² für St 42 und $> p_D = 310$ N/mm² für GG-25; damit ergibt sich ein Zeitgetriebe mit einer Vollast-Lebensdauer $L_h \approx 165 \ldots 170$ h $> 20 \ldots 100$ h als Richtwert für Handhebezeuge. Als Werkstoffe werden festgelegt: Baustahl St 42 für das Ritzel, Gußeisen GG-25 für das Großrad.

▶ **Lösung f):** Es müssen noch die Kopfkreisdurchmesser der Zahnräder und der Achsabstand bestimmt werden. Zunächst die Kopfkreisdurchmesser nach Gleichung (15.2)
für das Ritzel: $d_{k1} = d_{01} + 2 \cdot m$, $d_{k1} = 54$ mm + $2 \cdot 3$ mm = 60 mm,
für das Rad: $d_{k2} = d_{02} + 2 \cdot m$, $d_{k2} = 399$ mm + $2 \cdot 3$ mm = 405 mm.

Der Achsabstand ergibt sich nach Gleichung (15.4):

$$a_0 = \frac{m \cdot (z_1 + z_2)}{2}, \quad a_0 = \frac{3 \text{ mm} \cdot (18 + 133)}{2} = 226{,}5 \text{ mm}.$$

Die Achsabstands-Abmaße werden nach Tabelle A15.6, Anhang, festgelegt. Für das vorliegende Getriebe werden die Abmaße möglichst groß, also nach Toleranzfeld K, gewählt. Für die Verzahnungsqualität 10 (siehe unter c) und den Achsabstandsbereich $> 100 \ldots 250$ mm werden: $A_a = 2 \cdot \pm 100$ μm $= \pm 200$ μm $= \pm 0{,}2$ mm. Zu beachten ist, daß die Abmaße für das K-Feld doppelt so groß sind wie für das J-Feld (Werte in der Tabelle).

Zusammenstellung aller Getriebeabmessungen und -daten:
Es ergeben sich Geradstirnräder mit Modul $m = 3$ mm, Verzahnungsqualität 10;
Ritzel aus St 42 mit $z_1 = 18$, $d_{01} = 54$ mm, $d_{k1} = 60$ mm, $b_1 = 40$ mm;
Rad aus GG-25 mit $z_2 = 133$, $d_{02} = 399$ mm, $d_{k2} = 405$ mm, $b_2 = 35$ mm;
Achsabstand $a_0 = 226{,}5$ mm, Achsabstands-Abmaße $A_a = \pm 0{,}2$ mm.

■ **Beispiel 15.4:** Für den Antrieb eines Schmiede-Preßlufthammers ist das Stirnradgetriebe zu berechnen (Bild 15-41). Die Antriebsleistung gleich Motorleistung beträgt $P = 22$ kW bei $n = 1445$ 1/min. Die erste Getriebestufe bildet ein Keilriemengetriebe mit den Scheibendurchmessern $d_{m1} = 355$ mm und $d_{m2} = 900$ mm. Die Schlagzahl des Hammers beträgt $n_S = 125$ 1/min.

Zu berechnen bzw. zu prüfen sind:
a) die erforderliche Übersetzung des Zahnradgetriebes,
b) die Hauptabmessungen des Getriebes durch Vorwahl, wobei eine hohe Tragfähigkeit der Räder anzustreben ist,
c) die Zahnfuß-Tragfähigkeit mit der Vorwahl der Zahnradwerkstoffe,
d) die Flanken-Tragfähigkeit und die endgültigen Zahnradwerkstoffe,
e) die noch fehlenden Getriebeabmessungen und die Zusammenstellung aller Getriebedaten,
f) die an den Zahnrädern auftretenden Kräfte und die sich hieraus ergebenden Lagerkräfte für die Radwelle.

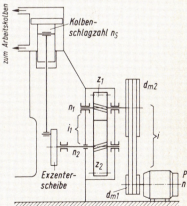

Bild 15-41. Schema des Antriebes eines Schmiedepreßlufthammers

▶ **Lösung a):** Die Schlagzahl n_S entspricht der Drehzahl n_2 der Exzenterscheibe und damit der Welle des Großrades. Die Gesamtübersetzung des Antriebes ist damit

$$i_{ges} = \frac{n}{n_2}, \quad i_{ges} = \frac{1445 \text{ 1/min}}{125 \text{ 1/min}} = 11,56.$$

Die Gesamtübersetzung ist entsprechend Gleichung (15.7) auch: $i_{ges} = i \cdot i_1$.

Mit der Übersetzung des Keilriemengetriebes $i = \frac{d_{m2}}{d_{m1}}, i = \frac{900 \text{ mm}}{355 \text{ mm}} = 2,535$ wird die Übersetzung des Stirnradgetriebes

$$i_1 = \frac{i_{ges}}{i}, \quad i_1 = \frac{11,56}{2,535} = 4,56.$$

Damit kann nach den Angaben unter 15.8.5. ein einstufiges Stirnradgetriebe vorgesehen werden.

Ergebnis: Es ergibt sich ein einstufiges Stirnradgetriebe mit der Übersetzung $i_1 = 4,56$.

▶ **Lösung b):** Zunächst muß entschieden werden, ob hier gerad- oder schrägverzahnte Räder zweckmäßig sind. Wegen hoher dynamischer Belastung und relativ hoher Eingangsdrehzahl werden Schrägstirnräder gewählt (siehe auch unter 15.9.1.).

Zum Erreichen einer hohen Tragfähigkeit soll an beiden Rädern positive Profilverschiebung vorgenommen werden (siehe unter 15.7.1.).

Die Hauptabmessungen werden wegen Übertragung größerer Leistung bei noch unbekannten Wellendurchmessern nach 15.9.6.1., von Fall 2. ausgehend, festgelegt.

Der Durchmesser des treibenden Rades, hier des Ritzels, wird daher nach Gleichung (15.29) vorbestimmt:

$$d_{01} \approx \frac{20\,500}{p} \sqrt[3]{\frac{P_1 \cdot p}{\psi_d \cdot n_1} \cdot \frac{i+1}{i}}.$$

Das Getriebe wird als Dauergetriebe ausgelegt, also wird die Flankenfestigkeit gleich Flanken-Dauerfestigkeit gesetzt: $p = p_D$. Zu deren Ermittlung muß ein Ritzelwerkstoff vorgewählt werden. Nach Tabelle 15.12 ist nach Zeile 3 ein Vergütungsstahl geeignet, angenommen wird 34 Cr 4. Hierfür ist nach Tabelle A15.2, Anhang: $p_D = 650 \text{ N/mm}^2$.

Als Durchmesser-Breitenverhältnis wird nach Bild 15-28 für $u \triangleq i_1 = 4,56$ und Kurve c (Hochleistungsgetriebe!) gewählt: $\psi_d = 1,1$.

Die vom treibenden Rad (Ritzel) zu übertragende Leistung wird unter Berücksichtigung des Wirkungsgrades des Keilriemengetriebes (siehe „Riemengetriebe" unter 16.5.3.) $\eta \approx 0,97$:
$P_1 = P \cdot \eta = 22 \text{ kW} \cdot 0,97 \approx 21,3 \text{ kW}$.

Mit $n = n_1 = \frac{n}{i} = \frac{1445 \text{ 1/min}}{2,535} = 570 \text{ U/min}$ und $i \triangleq i_1 = 4,56$ wird dann

$$d_{01} \approx \frac{20\,500}{650} \cdot \sqrt[3]{\frac{21,3 \cdot 650}{1,1 \cdot 570} \cdot \frac{4,56+1}{4,56}} \text{ mm} = 31,54 \cdot \sqrt[3]{26,92} \text{ mm} = 31,54 \cdot 3 \text{ mm} = 94,62 \text{ mm},$$

$d_{01} \approx 95 \text{ mm}$.

Es soll hier zwischendurch untersucht werden, ob d_{01} auch zu dem etwa zu erwartenden Wellendurchmesser „paßt", der grob überschlägig sich aus Gleichung (11.9), siehe unter 11. Achsen, Wellen und Zapfen, ergibt:

$$d \approx c_2 \cdot \sqrt[3]{\frac{P_1}{n_1}} \ ;$$

für angenommenen Wellenstahl St 50 wird $d \approx 133 \cdot \sqrt[3]{\frac{21,3}{570}} \text{ mm} \approx 133 \cdot 0,334 \text{ mm} \approx 45 \text{ mm}$.

15.10. Berechnungsbeispiele für Stirnradgetriebe

Nach den Angaben unter Gleichung (15.28) kann etwa gesetzt werden bei aufzusetzendem Ritzel: $d_{01} \approx 2 \cdot d = 2 \cdot 45$ mm = 90 mm; nach obiger Rechnung ergab sich $d_{01} \approx 95$ mm! Mit $d_{01} \approx 95$ mm wird die Vorwahl der Abmessungen nach 15.9.6.1. systematisch weitergeführt.

Die Zähnezahl des Ritzels wird für $v_u = \dfrac{d_{01} \cdot \pi \cdot n_1}{60} \approx \dfrac{0{,}095 \text{ m} \cdot \pi \cdot 570}{60 \text{ s}} \approx 2{,}8$ m/s nach den Angaben unter Gleichung (15.28) gewählt: $z_1 = 18$. Hiermit wird dann $z_2 = i_1 \cdot z_1 = 4{,}56 \cdot 18 = 82{,}08$, also $z_2 = 82$, womit auch $i_1 = 4{,}56$ fast genau eingehalten wird.

Hiermit wird der Stirnmodul $m_s = \dfrac{d_{01}}{z_1}$, $m_s = \dfrac{95 \text{ mm}}{18} = 5{,}28$ mm (nicht runden!).

Es werden nun die Zahnbreiten festgelegt. Für das Ritzel wird zunächst mit dem schon oben gewählten $\psi_d = 1{,}1$: $b_1 = \psi_d \cdot d_{01} = 1{,}1 \cdot 95$ mm ≈ 105 mm; mit dem gewählten Modul-Breitenverhältnis $\psi_m \approx 20$ (sorgfältige Ausführung) wird $b_1 = \psi_m \cdot m_S = 20 \cdot 5{,}28$ mm ≈ 105 mm (zufällige Übereinstimmung!); gewählt wird $b_1 = 105$ mm. Die Breite der Radzähne soll $b_2 \approx 0{,}9 \cdot b_1 \approx 0{,}9 \cdot 105$ mm = 94,5 mm, höchstens aber $b_2 = b_1 - 5 \ldots 10$ mm = 105 mm $- 5 \ldots 10$ mm = 95 $\ldots$ 100 mm sein; gewählt wird $b_2 = 100$ mm.

Damit kann der Schrägungswinkel der Zähne festgelegt werden aus Gleichung (15.52):

$\tan \beta_0 \approx 3{,}5 \cdot \dfrac{m_s}{b_1}$, $\tan \beta_0 \approx 3{,}5 \cdot \dfrac{5{,}28 \text{ mm}}{105 \text{ mm}} = 0{,}176$, $\beta_0 = 9°59'$; gewählt $\beta_0 = 10°$.

Der Normalmodul ergibt sich dann aus $m_n = m_s \cdot \cos \beta_0$, $m_n = 5{,}28$ mm $\cdot 0{,}9848 = 5{,}199$ mm; gewählt wird nach DIN 780, Tabelle A15.1, Anhang: $m_n = 5$ mm.

Hiermit wird der für spätere Berechnungen wichtige, genaue Stirnmodul:

$m_s = \dfrac{m_n}{\cos \beta_0}$, $m_s = \dfrac{5 \text{ mm}}{0{,}9848} = 5{,}077$ mm (nicht runden!).

Wie oben schon erwähnt, soll eine hohe Tragfähigkeit durch Profilverschiebung, und zwar durch positive Verschiebung an beiden Rädern, erreicht werden. Das wäre im vorliegen Fall nicht unbedingt erforderlich, jedoch soll der Rechnungsgang als Musterbeispiel hier aufgezeichnet werden.

Nach Bild 15-22 wird für $z_{v1} + z_{v2} > z_1 + z_2 = 18 + 82 = 100$ eine Verschiebungssumme $x_1 + x_2 = +1$ gewählt. Die genaue Summe der Ersatzzähnezahlen $z_{v1} + z_{v2}$ ist hierbei noch ohne Bedeutung.

Diese Summe wird nun sinnvoll auf beide Räder verteilt. Hierfür müssen zunächst die Ersatzzähnezahlen ermittelt werden nach Gleichung (15.43):

$z_{v1} = \dfrac{z_1}{\cos^3 \beta_0}$, $z_{v1} = \dfrac{18}{\cos^3 10°} = \dfrac{18}{0{,}9848^3} = \dfrac{18}{0{,}955} = 18{,}85$;

$z_{v2} = \dfrac{z_2}{\cos^3 \beta_0}$, $z_{v2} = \dfrac{82}{0{,}955} = 85{,}86$.

Die Aufteilung erfolgt nach Bild 15-23. Entsprechend dem Ablesebeispiel werden mit $z_{vm} \approx 52$ und $x_m = +0{,}5$: $x_1 = x_2 = +0{,}5$. Damit liegt also die sogenannte 0,5-Verzahnung vor (siehe unter 15.7.9.), d. h. in der Praxis könnten die Rad- und Getriebeabmessungen schnell und einfach nach den in DIN 3995 für diese Verzahnung entwickelten Gleichungen und Schaubildern ermittelt werden. Da diese Norm hier nicht vorliegt, wird mit den allgemein üblichen Gleichungen gerechnet.

Die Profilverschiebungen für beide Räder werden nach Gleichung (15.45):

$v_1 = v_2 = x_1 \cdot m_n$, $v_1 = v_2 = +0{,}5 \cdot 5$ mm $= +2{,}5$ mm.

Damit ergeben sich die Teilkreis- und Kopfkreisdurchmesser entsprechend nach den Gleichungen (15.37) bzw. (15.15):

$d_{01} = m_s \cdot z_1$, $d_{01} = 5{,}077$ mm $\cdot 18 = 91{,}386$ mm, $d_{01} = 91{,}39$ mm,
$d_{02} = m_s \cdot z_2$, $d_{02} = 5{,}077$ mm $\cdot 82 = 416{,}314$ mm, $d_{02} = 416{,}31$ mm;
$d_{kv1} = d_{01} + 2 \cdot m_n + 2 \cdot v_1 = 91{,}39$ mm $+ 2 \cdot 5$ mm $+ 2 \cdot 2{,}5$ mm $= 106{,}39$ mm,
$d_{kv2} = d_{02} + 2 \cdot m_n + 2 \cdot v_2 = 416{,}31$ mm $+ 2 \cdot 5$ mm $+ 2 \cdot 2{,}5$ mm $= 431{,}31$ mm.

Der Achsabstand ergibt sich für das V-Getriebe mit Schrägstirnrädern nach Gleichung (15.48):

$$a_v = a_0 \cdot \frac{\cos \alpha_{s0}}{\cos \alpha_{sb}} .$$

Der Achsabstand des entsprechenden Null-Getriebes ist nach Gleichung (15.40):

$$a_0 = \frac{m_s \cdot (z_1 + z_2)}{2}, \quad a_0 = \frac{5{,}077 \cdot (18 + 82)}{2} \text{ mm} = 253{,}85 \text{ mm}.$$

Der Stirneingriffswinkel ergibt sich nach Gleichung (15.41) aus

$$\tan \alpha_{s0} = \frac{\tan \alpha_{n0}}{\cos \beta_0}, \quad \tan \alpha_{s0} = \frac{0{,}364}{0{,}9848} = 0{,}3696, \quad \alpha_{s0} = 20°17', \quad \cos \alpha_{s0} = 0{,}9380.$$

Der Betriebs-Stirneingriffswinkel ergibt sich entsprechend Gleichung (15.21) aus

$$\text{ev } \alpha_{sb} = 2 \cdot \frac{x_1 + x_2}{z_1 + z_2} \cdot \tan \alpha_{n0} + \text{ev } \alpha_{s0};$$

mit $x_1 + x_2 = 1$, $z_1 + z_2 = 18 + 82 = 100$, $\tan \alpha_{n0} = \tan 20° = 0{,}364$ und ev $\alpha_{s0} = $ ev $20°17'$ = 0{,}01557 (aus Tabelle A15.3, Anhang) wird

$$\text{ev } \alpha_{sb} = 2 \cdot \frac{1}{100} \cdot 0{,}364 + 0{,}01557 = 0{,}02285,$$

hierfür wird nach Tabelle A15.3, Anhang: $\alpha_{sb} = 22°56'$ und $\cos \alpha_{sb} = \cos 22°56' = 0{,}9209$.

$$a_v = 253{,}85 \text{ mm} \cdot \frac{0{,}9380}{0{,}9209} = 258{,}56 \text{ mm}.$$

Abschließend soll noch die Verzahnungsqualität festgelegt werden. Nach 15.8.4.3. und Bild 15-29 werden für Werkzeugmaschinen die Qualitäten 5 ... 10 empfohlen, für $v_u = 2{,}8$ m/s ≈ 3 m/s etwa die Qualitäten 8 ... 10. Gewählt wird: Verzahnungsqualität 8. Die Wahl einer feineren Qualität wäre unnötig, da es sich hier nicht um das Getriebe einer Präzisions-Werkzeugmaschine handelt.

Ergebnis: Die Vorwahl ergab folgende Getriebedaten: Schrägstirnräder mit Normalmodul $m_n = 5$ mm, beide Räder mit positiver Profilverschiebung mit Verschiebungsfaktor $x = +0{,}5$; Verzahnungsqualität 8; Ritzel mit $z_1 = 18$, $d_{01} = 91{,}39$ mm, $d_{kv1} = 106{,}39$ mm und $b_1 = 105$ mm; Rad mit $z_2 = 82$, $d_{02} = 416{,}31$ mm, $d_{kv2} = 431{,}31$ mm und $b_2 = 100$ mm; Achsabstand $a_v = 258{,}56$ mm.

▶ **Lösung c):** Für die vorgewählten Stirnräder wird nun die Zahnfuß-Tragfähigkeit geprüft und zwar nach Gleichung (15.53) unter 15.9.6.2. zunächst gilt für das Ritzel:

$$\sigma_{b1} = \frac{F_{u1}}{b_1 \cdot m_n} \cdot q_{k1} \cdot q_\epsilon \leqslant \sigma_{b1 \text{ zul}}.$$

Umfangskraft am Teilkreis nach Gleichung (15.49): $F_{u1} = \dfrac{2000 \cdot M_{t1} \cdot c_S}{d_{01}}$.

15.10. Berechnungsbeispiele für Stirnradgetriebe

Das Drehmoment wird mit der Leistung P_1 = 21,3 kW (siehe unter b) und der Drehzahl n_1 = 570 1/min:

$$M_{t1} = 9550 \cdot \frac{P_1}{n_1}, \quad M_{t1} = 9550 \cdot \frac{21,3}{570} \text{ Nm} = 356,87 \text{ Nm}.$$

Der Betriebsfaktor c_S soll hier wegen der vorliegenden, insbesondere durch das Exzentergetriebe hervorgerufenen ungünstigen Betriebsverhältnisse nach dem Diagramm von Richter-Ohlendorf, Bild A15-4, Anhang, berücksichtigt werden. Die Auswertung des vorliegenden Falles zeigt Bild 15-42: Antrieb durch Elektromotor, Anlauf „mittel", Vollast-mäßige Stöße, Zahnradbruch, tägliche Laufzeit 8 h; der diese Verhältnisse kennzeichnende Linienzug ergibt $c_S \approx 2,1$. Hiermit und mit dem Teilkreisdurchmesser d_{01} = 91,39 mm wird dann

$$F_{u1} = \frac{2000 \cdot 356,87 \cdot 2,1}{91,39} \text{ N} = 16\,400,63 \text{ N} \approx 16\,400 \text{ N}.$$

Der Zahnformfaktor ergibt sich nach Bild A15-5, Anhang, für z_{v1} = 18,85 und x_1 = + 0,5 nach dem eingezeichneten Linienzug: $q_{k1} \approx 2,22$.
Die Ermittlung des Überdeckungsfaktors q_ϵ lohnt sich nicht, da bei der Verzahnungsqualität 8 und mittleren Belastung $q_\epsilon = 1$, bestenfalls wenig unter 1 zu erwarten ist.
Mit diesen Werten und mit b_1 = 105 mm und m_n = 5 mm wird dann

$$\sigma_{b1} = \frac{16\,400 \text{ N}}{105 \text{ mm} \cdot 5 \text{ mm}} \cdot 2,22 \cdot 1 = 69,35 \text{ N/mm}^2 \approx 69 \text{ N/mm}^2.$$

Damit könnte für das Ritzel der unter Lösung b) vorerst angenommene Vergütungsstahl 34 Cr 4 beibehalten werden, denn hierfür ist nach Tabelle A15.2, Anhang, bei der vorliegenden Schwellbelastung (gleichbleibende Drehrichtung der Räder!) die Biege-Schwellfestigkeit $\sigma_{b\,Sch}$ = 260 N/mm². Mit einer 2-fachen Sicherheit wird dann nach den Angaben zur Gleichung (15.31) die zulässige Biegespannung

$$\sigma_{b1\,zul} = \frac{\sigma_{b\,Sch}}{\nu}, \quad \sigma_{b\,zul} = \frac{260 \text{ N/mm}^2}{2} = 130 \text{ N/mm}^2 > \sigma_{b1} = 69 \text{ N/mm}^2.$$

Die Biegespannung für das Großrad ist

$$\sigma_{b2} = \frac{F_{u2}}{b_2 \cdot m_n} \cdot q_{k2} \cdot q_\epsilon \leq \sigma_{b2\,zul}.$$

Entsprechend den Werten für das Ritzel werden hier: $F_{u2} = F_{u1}$ = 16 400 N, $q_{k2} \approx 2,09$ (für z_{v2} = 85,86 und x_2 = + 0,5), $q_\epsilon = 1$, b_2 = 100 mm und m_n = 5 mm und damit

$$\sigma_{b2} = \frac{16\,400 \text{ N}}{100 \text{ mm} \cdot 5 \text{ mm}} \cdot 2,09 \cdot 1 = 68,55 \text{ N/mm}^2 \approx 69 \text{ N/mm}^2.$$

Wegen der wirtschaftlichen Fertigung und der guten „Verträglichkeit" gegenüber Stahl bietet sich Gußeisen für das Großrad an, z. B. GGG-42. Hierfür ist nach Tabelle A15.2, Anhang, $\sigma_{b\,Sch}$ = 200 N/mm², also wird

$$\sigma_{b2\,zul} = \frac{\sigma_{b\,Sch}}{\nu}, \quad \sigma_{b2\,zul} = \frac{200 \text{ N/mm}^2}{2} = 100 \text{ N/mm}^2 > \sigma_{b2} = 69 \text{ N/mm}^2.$$

Es sei bemerkt, daß hinsichtlich der Biegebeanspruchung der Zähne sowohl für das Ritzel als auch für das Rad schwächere Werkstoffe bereits ausreichen würden, die endgültige Wahl der Werkstoffe jedoch erst nach der Berechnung der Flanken-Tragfähigkeit getroffen wird.

Ergebnis: Die Berechnung der Zahnfuß-Tragfähigkeit ergibt für das Ritzel eine Biegespannung σ_{b1} = 69 N/mm² $<$ $\sigma_{b1\,zul}$ = 130 N/mm² bei Vergütungsstahl 34 Cr 4 als vorgewähltem Werkstoff, für das Rad σ_{b2} = 69 N/mm² $<$ $\sigma_{b2\,zul}$ = 100 N/mm² bei Gußeisen GGG-42.

▶ **Lösung d):** Für die Nachprüfung der Flanken-Tragfähigkeit gilt für die Flächenpressung im Wälzpunkt nach Gleichung (15.54):

$$p_C = \sqrt{\frac{F_u}{b \cdot d_{01}} \cdot \frac{u+1}{u}} \cdot y_W \cdot y_C \cdot y_L \leqslant p_{zul}.$$

Bereits bekannt sind d_{01} = 91,39 mm und u = 4,56. Die Umfangskraft wird wie unter c) ermittelt, jedoch hier mit dem Betriebsfaktor $c_S \approx 1,8$ für „Zahnrad-Grübchen" (siehe Bild 15-42): F_u = 14 060 N. Als Zahnbreite wird die kleinere von beiden Rädern, also $b \triangleq b_2$ = 100 mm eingesetzt.

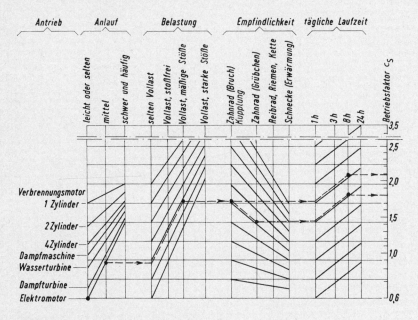

Bild 15-42. Ermittlung des Betriebsfaktors c_S

Der Werkstoffaktor wird für die Paarung St und GGG nach Tabelle A15.4, Anhang: y_W = 260. Der Wälzpunktfaktor ergibt sich nach Bild A15-7, Anhang, für $z_1 + z_2$ = 18 + 82 = 100, $x_1 + x_2 = 1$ und $\beta_0 = 10°$ nach dem eingezeichneten Linienzug: y_C = 1,62.

Der Zahnlängenfaktor wird wie der Überdeckungsfaktor q_ϵ aus den hierfür unter c) schon genannten Gründen $q_L = 1$ gesetzt.

$$p_C = \sqrt{\frac{14\,060}{100 \cdot 91,39} \cdot \frac{4,56+1}{4,56}} \cdot 260 \cdot 1,62 \cdot 1 = \sqrt{1,876} \cdot 421,2 = 1,37 \cdot 421,2 \approx 577 \text{ N/mm}^2.$$

Bei Vergleich dieses Wertes mit den Flanken-Dauerfestigkeitswerten p_{D1} = 650 N/mm² für 34 Cr 4 (Ritzel) und p_D = 360 N/mm² für GGG-42 (Rad) zeigt, daß die vorgewählten Werkstoffe in keinem Fall für ein Dauergetriebe ausreichen.

Neu gewählt wird für beide Räder der Vergütungsstahl Ck 45, umlaufgehärtet, mit p_D = 1100 N/mm² (Tabelle A15.2). Hierfür würde dann mit y_W = 270 die Flankenpressung nach obiger Gleichung $p_C \approx 600$ N/mm².

15.10. Berechnungsbeispiele für Stirnradgetriebe

Die zulässige Flankenpressung wird nach Gleichung (15.34) mit p_D = 1100 N/mm², einem angenommenen Schmierungsbeiwert $y = 1$ und einer Sicherheit $\nu = 1,5$:

$$p_{zul} = \frac{p_D \cdot y}{\nu}, \quad p_{zul} = \frac{1100 \text{ N/mm}^2 \cdot 1}{1,5} = 733,3 \text{ N/mm}^2 \approx 735 \text{ N/mm}^2 > p_C = 600 \text{ N/mm}^2.$$

Damit wäre die Dauerhaltbarkeit des Getriebes gegeben, da auch die Biege-Schwellfestigkeit für Ck 45 mit $\sigma_{b\,Sch}$ = 270 N/mm² größer ist als die der beiden unter c) vorgewählten Werkstoffe 34 Cr 4 bzw. GGG-42.

Ergebnis: Für Ritzel und Rad wird endgültig gewählt der Vergütungsstahl Ck 45. Hierfür wird die Flankenpressung p_C = 600 N/mm² $<$ p_{zul} = 735 N/mm².

▶ **Lösung e):** In Ergänzung der bereits ermittelten Getriebedaten fehlen nur noch die Achsabstands-Abmaße. Diese ergeben sich für a_v = 258,56 mm, Verzahnungsqualität 8 und für das hier gewählte J-Feld nach Tabelle A15.6, Anhang, zunächst: A_a = ± 63 μm = ± 0,063 mm. Für das vorliegende schrägverzahnte V-Getriebe ergeben sich nach den Angaben unter Tabelle A15.6, Anhang, die Abmaße genauer mit dem Betriebs-Eingriffswinkel α_{sb} = 22°56' (siehe unter b):

$$\pm A_{aSv} = \pm A_a \cdot \frac{\tan \alpha_{n0}}{\tan \alpha_{sb}},$$

$$\pm A_{aSv} = \pm 63 \,\mu m \cdot \frac{\tan 20°}{\tan 22°56'} = \pm 63 \,\mu m \cdot \frac{0,364}{0,423} = \pm 54,21 \,\mu m \approx \pm 54 \,\mu m.$$

Damit liegen alle Hauptabmessungen des Getriebes fest.

Ergebnis: Für das Getriebe ergeben sich:
Schrägstirnräder mit Normalmodul m_n = 5 mm, Schrägungswinkel der Zähne β_0 = 10, Verzahnungsqualität 8, beide mit positiver Profilverschiebung x = + 0,5;
Ritzel aus Vergütungsstahl Ck 45, umlaufgehärtet, mit z_1 = 18, d_{01} = 91,39 mm, d_{kv1} = 106,39 mm, b_1 = 105 mm;
Rad aus Vergütungsstahl Ck 45, umlaufgehärtet, mit z_2 = 82, d_{02} = 416,31 mm, d_{kv2} = 431,31 mm, b_2 = 100 mm;
Achsabstand a_v = 258,56 mm, Achsabstands-Abmaße A_{aSv} = ± 54 μm = ± 0,054 mm.

Hinweis: Die Konstruktion des Rades mit der normgerechten Bemaßung und Angabe der erforderlichen Verzahnungsdaten zeigt Bild 15-69 unter 15.16.4.

▶ **Lösung f):** Zur Ermittlung der an den Rädern wirkenden Kräfte und der sich damit ergebenden Lagerreaktionen bleibt der nur zur Getriebeberechnung eingesetzte Betriebsfaktor c_S unberücksichtigt, siehe hierzu die Erläuterungen unter 15.8.3.1.

Nach den Gleichungen (15.49) bis (15.51) werden dann

die Umfangskraft $F_{u1} = F_{u2} = \dfrac{2000 \cdot M_{t1}}{d_{01}}$, mit M_{t1} = 356,87 Nm (siehe unter c) wird

$$F_{u1} = F_{u2} = \frac{2000 \cdot 356,87}{91,39} \text{ N} \approx 7810 \text{ N},$$

die Axialkraft $F_{a1} = F_{a2} = F_{u1} \cdot \tan \beta_0$,

$$F_{a1} = F_{a2} = 7810 \text{ N} \cdot \tan 10° = 7810 \text{ N} \cdot 0,1763 \approx 1377 \text{ N},$$

die Radialkraft $F_{r1} = F_{r2} = \dfrac{F_{u1} \cdot \tan \alpha_{n0}}{\cos \beta_0}$,

$$F_{r1} = F_{r2} = \frac{7810 \text{ N} \cdot \tan 20°}{\cos 10°} = \frac{7810 \text{ N} \cdot 0,364}{0,9848} \text{ N} \approx 2887 \text{ N}.$$

Mit diesen Kräften werden nun die in den Lagern der Radwelle sich ergebenden Reaktionskräfte ermittelt und zwar zweckmäßig anhand einer perspektivischen Skizze, wie Bild 15-43 zeigt. Hierin sind zur besseren Übersicht die einzelnen Radkräfte verschiedenartig dargestellt und in gleicher Weise deren Lagerreaktionen. Die angegebenen Lager- und Radabstände sind aus einem Vorentwurf ermittelt worden.

Es ist zu beachten, daß die durch die Exzenterscheibe entstehenden zusätzlichen Lagerkräfte nicht berücksichtigt sind, jedoch bei der endgültigen Lagerberechnung noch hinzuzurechnen wären.

Die Radzähne werden rechtssteigend angenommen, das Rad sei linksdrehend. Damit ergeben sich die Kraftrichtungen wie in Bild 15-43 dargestellt. Für jede Radkraft wird die zugehörige Lagerkraft einzeln ermittelt; siehe hierzu auch Kapitel „11. Achsen, Wellen und Zapfen" unter 11.3.2.2.

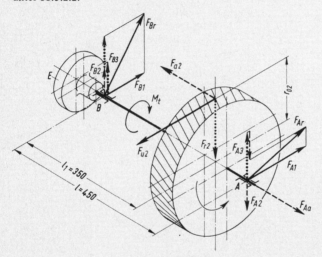

Bild 15-43
Perspektivische Skizze zur Ermittlung der Lagerkräfte für die Radwelle

Lager A. Dieses soll aus konstruktiven Gründen als Festlager (siehe „Wälzlager" unter 14.2.9.2.) ausgebildet werden, also nimmt es die durch F_{a2} entstehende Axialkraft auf, also $F_{Aa} = F_{a2} = 1377\,\text{N}$.

Aus der Bedingung $\Sigma M_{(B)} = 0$ folgt:

$$F_{A1} = \frac{F_{u2} \cdot l_1}{l}, \qquad F_{A1} = \frac{7810\,\text{N} \cdot 350\,\text{mm}}{450\,\text{mm}} = 6074\,\text{N},$$

$$F_{A2} = \frac{F_{a2} \cdot r_{02}}{l}, \qquad F_{A2} = \frac{1377\,\text{N} \cdot 208{,}55\,\text{mm}}{450\,\text{mm}} \approx 638\,\text{N},$$

$$(r_{02} = \frac{d_{02}}{2} = \frac{416{,}31\,\text{mm}}{2} = 208{,}55\,\text{mm}),$$

$$F_{A3} = \frac{F_{r2} \cdot l_1}{l}, \qquad F_{A3} = \frac{2887\,\text{N} \cdot 350\,\text{mm}}{450\,\text{mm}} \approx 2245\,\text{N}.$$

Die resultierende Lagerkraft wird damit, wobei zweckmäßig die Kräfte in kN eingesetzt werden:

$$F_{Ar} = \sqrt{F_{A1}^2 + (F_{A3} - F_{A2})^2},$$

$$F_{Ar} = \sqrt{6{,}074^2\,\text{kN}^2 + (2{,}245 - 0{,}638)^2\,\text{kN}^2} = \sqrt{39{,}475\,\text{kN}^2} \approx 6{,}28\,\text{kN} = 6\,280\,\text{N}.$$

Lager B. Hierfür werden die Kräfte zweckmäßig aus der Bedingung $\Sigma F = 0$ ermittelt:

$F_{B1} = F_{u2} - F_{A1}$, $F_{B1} = 7810 \text{ N} - 6074 \text{ N} = 1736 \text{ N}$,

$F_{B2} = F_{A2}$ (Kräftepaar!), $F_{B2} = 638 \text{ N}$,

$F_{B3} = F_{r2} - F_{A3}$, $F_{B3} = 2887 \text{ N} - 2245 \text{ N} = 642 \text{ N}$.

Die resultierende Lagerkraft wird damit

$F_{Br} = \sqrt{F_{B1}^2 + (F_{B2} + F_{B3})^2}$,

$F_{Br} = \sqrt{1{,}736^2 \text{ kN}^2 + (0{,}638 + 0{,}642)^2 \text{ kN}^2} = \sqrt{4{,}652 \text{ kN}^2} = 2{,}16 \text{ kN} = 2160 \text{ N}$.

Ergebnis: Für Ritzel und Rad ergeben sich: Umfangskraft $F_{u1} = F_{u2} = 7810$ N, Axialkraft $F_{a1} = F_{a2} = 1377$ N und Radialkraft $F_{r1} = F_{r2} = 2887$ N. Für das Lager A ergeben sich die resultierende Radialkraft $F_{Ar} = 6280$ N und die Axialkraft $F_{Aa} = 1377$ N, für das Lager B ergibt sich die resultierende Radialkraft $F_{Br} = 2160$ N.

Es sei nochmals bemerkt, daß es sich hierbei nur um die Reaktionen der Radkräfte handelt. Für die endgültigen Lagerkräfte sind die Exzenterkräfte noch zu berücksichtigen.

15.11. Schraubradgetriebe

15.11.1. Merkmale und Verwendung

Schrägstirnräder mit verschiedenen Schrägungswinkeln ergeben gepaart ein Schraubradgetriebe, sie werden zu Schraubenrädern (Bild 15-1f). Die Radachsen kreuzen sich unter dem Winkel δ (meist δ = 90°). Dadurch findet neben dem Wälzgleiten noch ein Schraubgleiten der Zähne statt, d. h. die Zähne schieben sich wie bei einem Schraubengewinde aneinander vorbei. Bei δ < 45° muß ein Rad rechts-, das andere linkssteigend, bei δ > 45° müssen beide Räder gleichsinnig steigend verzahnt sein. Durch das Kreuzen der Räder berühren sich die Zahnflanken nur noch punktförmig wie die Zylinderflächen gekreuzter Reibräder.

Vorteile gegenüber anderen Getrieben: Schraubenräder können axial verschoben werden, ohne den Eingriff zu gefährden. Im Gegensatz zu Kegelrad- und Schneckengetrieben ist also eine genaue Zustellung der Räder nicht erforderlich (einfacher Einbau!).

Nachteile: Schraubradgetriebe haben eine geringere Tragfähigkeit, einen höheren Verschleiß und einen wesentlich kleineren Wirkungsgrad als Stirnrad-, Kegelrad- oder Schneckengetriebe.

Schraubradgetriebe werden selten und nur bei kleineren Leistungen und Übersetzungen $i = 1$ bis höchstens 5 verwendet, z. B. für den Antrieb von Zündverteilerwellen bei Kraftfahrzeugmotoren (Räder verbinden waagerechte Nockenwelle mit senkrechter Verteilerwelle bei $i = 1$ in Viertaktmotoren).

15.11.2. Geometrische Beziehungen

15.11.2.1. Übersetzung

Da die Zähne der Räder eines Schraubradgetriebes meist unterschiedliche Schrägungswinkel haben, kann die Übersetzung zunächst nicht direkt durch die Teilkreisdurchmesser sondern nur durch die Drehzahlen und Zähnezahlen ausgedrückt werden:

$$i = \frac{n_1}{n_2} = \frac{z_2}{z_1} \; .$$

Der Normmodul beider Räder muß gleich sein. Nach Gleichung (15.37) sind die Teilkreisdurchmesser

$$d_{01} = \frac{m_n}{\cos\beta_{01}} \cdot z_1, \qquad d_{02} = \frac{m_n}{\cos\beta_{02}} \cdot z_2 \; .$$

Hieraus ergibt sich nach Umformen die *Übersetzung*

$$i = \frac{n_1}{n_2} = \frac{z_2}{z_1} = \frac{d_{02} \cdot \cos\beta_{02}}{d_{01} \cdot \cos\beta_{01}} \tag{15.55}$$

n_1, n_2 Drehzahlen der Räder
z_1, z_2 Zähnezahlen der Räder
d_{01}, d_{02} Teilkreisdurchmesser der Räder
β_{01}, β_{02} Schrägungswinkel der Zähne
Index 1 für treibendes, Index 2 für getriebenes Rad

15.11.2.2. Schrägungswinkel

Die Summe der Schrägungswinkel ergibt den *Achsenwinkel* (Bild 15-44)

$$\delta = \beta_{01} + \beta_{02} \tag{15.56}$$

Der Schrägungswinkel β_{01} des treibenden Rades soll größer sein als der des getriebenen Rades β_{02}, um einen möglichst hohen Wirkungsgrad zu erreichen (siehe unter 15.11.5.). Bei $\delta = 90°$ ergibt sich mit $\beta_{01} \approx 48 \ldots 51°$ und $\beta_{02} \approx 42 \ldots 39°$ der beste Wirkungsgrad.

15.11.2.3. Geschwindigkeitsverhältnisse

Die Geschwindigkeit v_n der Zähne in Richtung des Normalschnittes, d. h. senkrecht zur Flankenrichtung muß für beide Räder gleich sein, da die Zähne ja nicht ineinander eindringen können (Bild 15-44):

$$v_n = v_{u1} \cdot \cos\beta_{01} = v_{u2} \cdot \cos\beta_{02} \; .$$

15.11. Schraubradgetriebe

v_n ist die gemeinsame Komponente der Umfangsgeschwindigkeiten der Räder am Teilkreis, die sich ergeben aus:

$$v_{u1} = \frac{d_{01} \cdot \pi \cdot n_1}{60}, \qquad v_{u2} = \frac{d_{02} \cdot \pi \cdot n_2}{60} \text{ in m/s}.$$

Die Komponenten der Umfangsgeschwindigkeiten in Richtung der Zahnflanken sind

$$v_{g1} = v_{u1} \cdot \sin\beta_{01}, \qquad v_{g2} = v_{u2} \cdot \sin\beta_{02}.$$

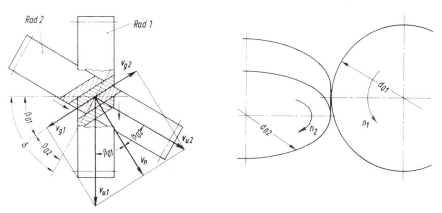

Bild 15-44. Geschwindigkeitsverhältnisse am Schraubradgetriebe

Aus der Summe der Einzel-Gleitgeschwindigkeiten ergibt sich die *Gleitgeschwindigkeit der Flanken zueinander:*

$$v_g = v_{g1} + v_{g2} = v_{u1} \cdot \sin\beta_{01} + v_{u2} \cdot \sin\beta_{02} \text{ in m/s} \qquad (15.57)$$

15.11.2.4. Radabmessungen, Achsabstand

Die Abmessungen der Schraubenräder werden wie die der Schrägstirnräder nach den Gleichungen (15.37) bis (15.39) bestimmt. Dabei sind die verschiedenen Schrägungswinkel zu beachten.
Der *Achsabstand* ergibt sich aus

$$a_0 = \frac{d_{01} + d_{02}}{2} = \frac{m_n}{2}\left(\frac{z_1}{\cos\beta_{01}} + \frac{z_2}{\cos\beta_{02}}\right) \text{ in mm} \qquad (15.58)$$

15.11.3. Eingriffsverhältnisse

Der Normalschnitt (Bild 15-45b) zeigt das normale Verzahnungsbild mit der Normalteilung t_{n0} und dem Normaleingriffswinkel $\alpha_{n0} = 20°$. Der Eingriff erfolgt längs der Eingriffslinie zwischen A und E. Die Punkte A und E ergeben, in das Bild 15-45a projiziert, die Eingriffstrecke in der Normalschnittebene. Um die wirklich am Eingriff beteiligten Flankenlängen zu erhalten, werden die Punkte A und E entsprechend den Drehebenen beider Räder auf deren Flanken projiziert. Es ergeben sich auf der Flanke des Rades 1 die Punkte A' und E' und auf der Flanke des Rades 2 die Punkte A'' und E''. Bei Beginn des Eingriffes fällt Punkt A' des Rades 1 mit A'' des Rades 2 in A zusammen. Ebenso fallen bei Eingriffsende die Punkte E' und E'' in E zusammen.

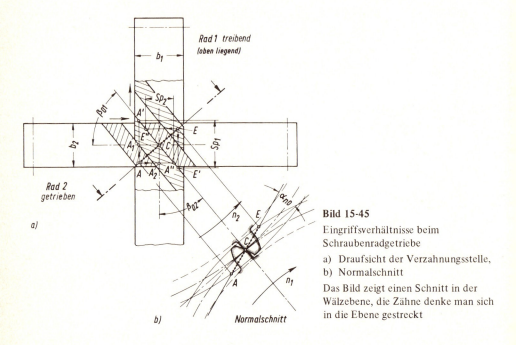

Bild 15-45

Eingriffsverhältnisse beim Schraubenradgetriebe

a) Draufsicht der Verzahnungsstelle,
b) Normalschnitt

Das Bild zeigt einen Schnitt in der Wälzebene, die Zähne denke man sich in die Ebene gestreckt

Da außerhalb der Strecke $\overline{AE}$ kein Eingriff stattfindet, ist damit auch die Mindestbreite der Räder gegeben. Sie muß mindestens gleich der doppelten Strecke $\overline{CA}_1$ für Rad 1 und $\overline{CA}_2$ für Rad 2 sein, da diese Strecken im allgemeinen größer sind (wie auch hier) als die entsprechenden vom Punkt E aus ($\overline{CA} > \overline{CE}$). Eine größere Breite der Räder wäre also zwecklos.

Der Überdeckungsgrad ϵ setzt sich ähnlich wie bei Schrägzahn-Stirnradgetrieben aus der Profil- und der Sprungüberdeckung zusammen und ist im allgemeinen ausreichend groß.

15.11.4. Kraftverhältnisse

Bei der Untersuchung der Kraftverhältnisse ist die durch das Schraubgleiten entstehende Reibkraft in Richtung der Zahnflanken zu berücksichtigen. Bild 15-46 zeigt die an Rädern wirkenden Kräfte. Die Kräfte am treibenden Rad 1 sind durch Vollinien, die am Rad 2 durch Strichlinien dargestellt. Die Verhältnisse werden zunächst für das *treibende Rad* 1 untersucht.

15.11. Schraubradgetriebe

Die senkrecht zur Zahnflanke wirkende Zahnkraft (Normalkraft) F_{n1} wird in die Normalkomponente F'_{n1} senkrecht zur Zahnflankenrichtung und in die Radialkomponente (Radialkraft) F_{r1} zerlegt (Bild 15-46b).

In der Draufsicht der Verzahnungsstelle (Bild 15-46a, Rad 1 liegt über Rad 2) erscheint die Radialkraft als Punkt, sie steht senkrecht zur Zeichenebene. Die Normalkomponente F'_{n1} wird unter Berücksichtigung der in Zahnflankenrichtung entgegen der Bewegung des Zahnes wirkenden Reibkraft F_{R1} in die Umfangskraft F_{u1} und die Axialkraft F_{a1} zerlegt.

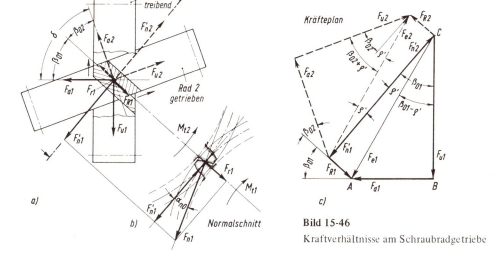

Bild 15-46
Kraftverhältnisse am Schraubradgetriebe

Im Kräfteplan (Bild 15-46c) werden F'_{n1} und F_{R1} durch die Ersatzkraft F_{e1} ersetzt, die mit F'_{n1} den Keilreibungswinkel ρ' einschließt. Genau genommen müßte an Stelle von F'_{n1} die Normalkraft F_{n1} gesetzt werden, was aber durch ρ' an Stelle von ρ (Reibungswinkel) ausgeglichen wird (vgl. Kraftverhältnisse an der Schraube unter 8.8.). Rechnerisch geht man von der *Umfangskraft* aus:

$$F_{u1} = \frac{2000 \cdot M_{t1} \, (\cdot c_S)}{d_{01}} \text{ in N} \qquad (15.59)$$

- M_{t1} vom treibenden Rad 1 zu übertragendes Drehmoment in Nm
- d_{01} Teilkreisdurchmesser des Rades 1 in mm nach Gleichung (15.37)
- c_S Betriebsfaktor zur etwaigen Erfassung extremer Betriebsverhältnisse, siehe unter 15.8.3.1.

Aus dem Krafteck *ABC* (Bild 15-46c) folgt für die *Axialkraft*

$$F_{a1} = F_{u1} \cdot \tan(\beta_{01} - \rho') \text{ in N} \qquad (15.60)$$

- β_{01} Schrägungswinkel der Zähne des Rades 1
- ρ' Keilreibungswinkel; für $\mu \approx 0{,}05 \ldots 0{,}1$ (nach Tabelle A1.2, Anhang) und $\alpha_{n0} = 20°$ ist $\rho' \approx 3 \ldots 6°$

Die Radialkraft wird mit F'_{n1} aus Bild 15-46b berechnet, wobei F'_{n1} über F_{el} durch F_{u1} aus dem Kräfteplan Bild 15-46c ausgedrückt wird. Die *Radialkraft* wird damit

$$F_{r1} = F_{u1} \cdot \frac{\tan \alpha_{n0} \cdot \cos \rho'}{\cos (\beta_{01} - \rho')} \quad \text{in N} \qquad (15.61)$$

Auf die Herleitung der entsprechenden Kräfte am *getriebenen Rad* 2 soll im einzelnen verzichtet werden. Aus dem durch Strichlinien dargestellten Kräfteplan (Bild 15-46c) ergeben sich die *Umfangskraft*

$$F_{u2} = F_{u1} \cdot \frac{\cos (\beta_{02} + \rho')}{\cos (\beta_{01} - \rho')} \quad \text{in N} \qquad (15.62)$$

und die *Axialkraft*

$$F_{a2} = F_{u2} \cdot \tan (\beta_{02} + \rho') \quad \text{in N} \qquad (15.63)$$

Die *Radialkraft* für Rad 2 ist unter Vernachlässigung der geringen Abwälzgleitreibung

$$F_{r2} = F_{r1} \quad \text{in N} \qquad (15.64)$$

15.11.5. Wirkungsgrad

Allgemein ist der Wirkungsgrad $\eta = \dfrac{P_2}{P_1} \left(= \dfrac{\text{abgegebene Leistung}}{\text{zugeführte Leistung}} \right)$. Wird $P_2 = F_{u2} \cdot v_{u2} = F_{u2} \cdot v_{u1} \cdot \dfrac{\cos \beta_{01}}{\cos \beta_{02}}$ (siehe unter 15.11.2.3.) und hierin F_{u2} nach Gleichung (15.62) eingesetzt, wird ferner $P_1 = F_{u1} \cdot v_{u1}$ gesetzt, dann ergibt sich der *Wirkungsgrad der Verzahnung eines Schraubradgetriebes*

$$\eta_Z = \frac{\cos (\beta_{02} + \rho') \cdot \cos \beta_{01}}{\cos (\beta_{01} - \rho') \cdot \cos \beta_{02}} \qquad (15.65)$$

β_{01}, β_{02} Schrägungswinkel der Zähne des treibenden bzw. des getriebenen Rades
ρ' Keilreibungswinkel, siehe zu Gleichung (15.60)

Bei dem *Achsenwinkel* $\delta = \beta_{01} + \beta_{02} = 90°$ wird der *Wirkungsgrad*

$$\eta_Z = \frac{\tan (\beta_{01} - \rho')}{\tan \beta_{01}} \qquad (15.66)$$

Der *beste Wirkungsgrad* wird erreicht, wenn $\beta_{01} - \beta_{02} = \rho'$, oder wie hieraus und aus der Gleichung $\delta = \beta_{01} + \beta_{02}$ (Achsenwinkel) folgt, wenn

$$\beta_{01} = \frac{\delta + \rho'}{2} \quad \text{und} \quad \beta_{02} = \frac{\delta - \rho'}{2}$$

gewählt wird. Darum soll der Schrägungswinkel β_{01} des treibendes Rades immer größer sein als der des getriebenen Rades.

Selbsthemmung liegt vor, wenn $\eta_Z < 0,5$ wird (vgl. Selbsthemmung bei Schrauben unter 8.18.5.).

Bewegungsübertragung ist überhaupt nur möglich, wenn $\beta_{02} < \delta - \rho'$ ist.

15.11.6. Berechnung der Getriebeabmessungen

Für die Berechnung sind zweckmäßig folgende Fälle zu unterscheiden:

1. Der Achsenwinkel δ, die Übersetzung i und die zu übertragende Leistung P_1 sind gegeben.

Man wählt zunächst die *Zähnezahl* z_1 des treibenden Rades in Abhängigkeit von i aus Tabelle 15.4. Die Zähnezahl des getriebenen Rades wird damit $z_2 = i \cdot z_1$.

Tabelle 15.4: Richtwerte zur Bemessung von Schraubradgetrieben

Übersetzung i	1 ... 2	2 ... 3	3 ... 4	4 ... 5
Zähnezahl z_1	20 ... 16	15 ... 12	12 ... 10	10 ... 8
Verhältnis $y = d_{01}/a_0$	1 ... 0,7	0,7 ... 0,55	0,55 ... 0,5	

Den Schrägungswinkel der Zähne des treibenden Rades bestimmt man aus $\beta_{01} = \dfrac{\delta + \rho'}{2}$; mit $\rho' \approx 5°$ wird $\beta_{01} \approx \dfrac{\delta + 5}{2}$ (siehe zu Gleichung (15.66)).

Der Schrägungswinkel für das getriebene Rad wird dann $\beta_{02} = \delta - \beta_{01}$. In Abhängigkeit von der Leistung und Drehzahl ermittelt man auf Grund eines Belastungskennwertes den *Teilkreisdurchmesser des treibenden Rades* aus:

$$d_{01} \approx 120 \cdot \sqrt[3]{\frac{P_1 \cdot z_1^2}{c_0 \cdot n_1 \cdot \cos^2 \beta_{01}}} \text{ in mm} \qquad (15.67)$$

- P_1 vom treibenden Rad zu übertragende Leistung in kW
- n_1 Drehzahl des treibenden Rades in 1/min
- c_0 Belastungskennwert in N/mm² nach Tabelle 15.5

Tabelle 15.5: Belastungskennwerte für Schraubradgetriebe

Werkstoffpaarung: treibendes Rad / getriebenes Rad	St gehärtet / St gehärtet	St gehärtet / Cu-Sn-Leg.	St / Cu-Sn-Leg.	St, GG / GG
Belastungskennwert c_0 in N/mm²	6	5	4	3

Der *Normalmodul* der Räder ergibt sich aus $m_n = \dfrac{d_{01} \cdot \cos\beta_{01}}{z_1}$; gewählt wird der nächstliegende Norm-Modul nach DIN 780, Tabelle A15.1, Anhang. Mit m_n werden dann die endgültigen Rad- und Getriebeabmessungen nach 15.11.2. berechnet. Die *Radbreite* wähle man $b \approx 10 \cdot m_n$ (siehe auch unter 15.11.3.).

2. Der *Achsenwinkel* δ, die *Übersetzung i* und der *Achsabstand* a_0 sind gegeben.
Wie unter 1. werden zunächst die *Zähnezahlen* z_1 und z_2 festgelegt. Dann wird der *Teilkreisdurchmesser des treibenden Rades* mit dem Verhältnis y aus Tabelle 15.4 überschlägig ermittelt: $d_{01} \approx y \cdot a_0$.

Hiernach bestimmt man den *Schrägungswinkel für das getriebene Rad* aus

$$\tan\beta_{02} \approx \left(\dfrac{2 \cdot a_0}{d_{01}} - 1\right) \cdot \dfrac{1}{i \cdot \sin\delta} - \dfrac{1}{\tan\delta} \tag{15.68}$$

Für $\delta = 90°$ wird: $\tan\beta_{02} \approx \dfrac{2 \cdot a_0 - d_{01}}{i \cdot d_{01}}$; β_{02} kann auf volle Grade gerundet werden. Für das treibende Rad wird damit $\beta_{01} = \delta - \beta_{02}$.

Der *Normalmodul* m_n wird wie unter 1. ermittelt und zum Norm-Modul gerundet. Danach berechnet man den *endgültigen Teilkreisdurchmesser des treibenden Rades*

$$d_{01} = \dfrac{m_n \cdot z_1}{\cos\beta_{01}}$$

Bei genauer Einhaltung des gegebenen Achsabstandes a_0 muß nun mit den bisher festgelegten Daten der Schrägungswinkel des getriebenen Rades β_{02} „korrigiert" werden. Der *genaue Schrägungswinkel* ergibt sich durch Umformen der Gleichung (15.58) aus

$$\dfrac{1}{\cos\beta_{02}} = \dfrac{2 \cdot a_0}{m_n \cdot z_2} - \dfrac{1}{i \cdot \cos\beta_{01}} \tag{15.69}$$

Damit können dann die noch fehlenden Rad- und Getriebeabmessungen ermittelt werden. Eine etwaige Nachprüfung der übertragbaren Leistung P_1 kann durch Umformen der Gleichung (15.67) vorgenommen werden.

15.12. Kegelräder und Kegelradgetriebe

15.12.1. Grundformen, Eigenschaften und Verwendung

Kegelräder werden mit Gerad-, Schräg- und Bogenzähnen ausgeführt (Bild 15-47a bis c). Die Achsen schneiden sich normalerweise in einem Punkt (M) unter dem beliebigen Achsenwinkel δ_A, meist ist jedoch $\delta_A = 90°$. Bei „versetzten" Kegelrädern geht die Ritzelachse im Abstand a an der Radachse vorbei (Bild 15-47d).

15.12. Kegelräder und Kegelradgetriebe

 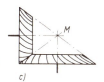

Bild 15-47
Grundformen der Kegelradgetriebe
a) mit Geradzähnen
b) mit Schrägzähnen
c) mit Bogenzähnen
d) versetzte Kegelräder

Geradverzahnte Kegelräder werden nur bei kleineren Drehzahlen verwendet, z. B. für Getriebe von handbetätigten Hebezeugen, Schützenwinden, Hebeböcken oder für Universalgetriebe mit kleineren Leistungen.

Schrägverzahnte Kegelräder laufen wegen des größeren Überdeckungsgrades ruhiger und geräuschärmer als geradverzahnte. Sie werden bei höheren Leistungen und Drehzahlen z.B. für Universalgetriebe, für schnellaufende Eingangsstufen bei mehrstufigen Winkelgetrieben und für Getriebe von Werkzeugmaschinen verwendet.

Bei hohen betrieblichen Anforderungen besonders an Laufruhe werden Kegelräder mit *Bogenzähnen* (siehe Bild 15-52b bis d) bevorzugt, z. B. für Hochleistungsgetriebe, Ausgleichsgetriebe von Kraftfahrzeugen und Winkelantriebe bei schweren Krafträdern.

Kegelradgetriebe erfordern größte Sorgfalt bei der Fertigung, dem Einbau (Zustellung der Räder) und der Lagerung, da hiervon Laufruhe und Lebensdauer weitgehend abhängen.

15.12.2. Geometrische Beziehungen am geradverzahnten Kegelradgetriebe

15.12.2.1. Allgemeine Begriffe

Die Bewegung zweier zusammenarbeitender Kegelräder entspricht dem Abwälzen zweier Kegel, der *Teilkegel*, deren Spitzen im Achsenschnittpunkt M zusammenfallen (Bild 15-46). Die gemeinsame Mantellinie hat die Länge (*Spitzenentfernung*) R_a. Die Kegel mit den Spitzen O_1 und O_2, deren Mantellinien rechtwinklig zu denen der Teilkegel liegen, sind die *Ergänzungs-* oder *Rückenkegel*. Auf diese werden die Abmessungen der Zähne (Teilung, Zahnhöhe usw.) bezogen. Die Achsen bilden mit den Teilkegel-Mantellinien die *Teilkegelwinkel* δ_{01} und δ_{02}. Der *Achsenwinkel* ist

$$\delta_A = \delta_{01} + \delta_{02}.$$

15.12.2.2. Übersetzung

Die Übersetzung ist allgemein

$$i = \frac{n_1}{n_2} = \frac{z_2}{z_1} = \frac{d_{02}}{d_{01}} = \frac{r_{02}}{r_{01}}.$$

Aus Bild 15-48 folgt

$$\sin \delta_{01} = \frac{r_{01}}{R_a} \quad \text{und} \quad \sin \delta_{02} = \frac{r_{02}}{R_a}.$$

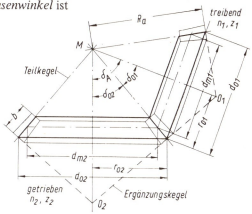

Bild 15-48. Geometrische Beziehungen am Kegelradgetriebe

Werden beide Gleichungen durch einander dividiert, dann ergibt sich

$$\frac{\sin \delta_{02}}{\sin \delta_{01}} = \frac{r_{02} \cdot R_a}{r_{01} \cdot R_a} = \frac{r_{02}}{r_{01}} = i,$$

damit ist die *Übersetzung*

$$i = \frac{n_1}{n_2} = \frac{z_2}{z_1} = \frac{d_{02}}{d_{01}} = \frac{\sin \delta_{02}}{\sin \delta_{01}} \tag{15.70}$$

Aus den Bedingungen $\delta_A = \delta_{01} + \delta_{02}$ und $i = \frac{\sin \delta_{02}}{\sin \delta_{01}}$ ergibt sich für einen beliebigen Achsenwinkel δ_A der *Teilkegelwinkel des treibenden Rades* aus

$$\tan \delta_{01} = \frac{\sin \delta_A}{i + \cos \delta_A} \tag{15.71}$$

Für den Achsenwinkel $\delta_A = \delta_{01} + \delta_{02} = 90°$ wird

$$\cot \delta_{01} = \tan \delta_{02} = i \tag{15.72}$$

15.12.2.3. Allgemeine Radabmessungen

Der größte Durchmesser des Teilkegels ist der (äußere) *Teilkreisdurchmesser*

$$d_0 = m \cdot z \text{ in mm} \tag{15.73}$$

    m (Außen-)Modul in mm gleich Norm-Modul nach DIN 780

Die Zahnflanken sind gerade und auf die Kegelspitze M gerichtet. Die Normteilung t_0, Kopfhöhe $h_k = m$ und Fußhöhe $h_f \approx 1,2 \cdot m$ werden an der durch den Ergänzungskegel begrenzten Außenfläche gemessen (Bild 15-49).

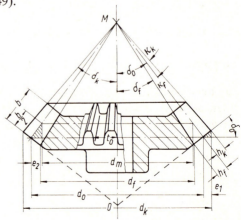

Bild 15-49
Abmessungen am geradverzahnten Kegelrad

15.12. Kegelräder und Kegelradgetriebe

Sonstige für die Fertigung und Maßeintragung wichtige Größen sind:

Spitzenentfernung gleich Mantellinienlänge der Teilkegel (Bild 15-49):

$$R_a = \frac{d_0}{2 \cdot \sin \delta_0} \geqslant 3 \cdot b \quad \text{in mm} \tag{15.74}$$

Kopfwinkel gleich Winkel zwischen Mantellinie des Teil- und Kopfkegels aus

$$\tan \kappa_k = \frac{h_k}{R_a} = \frac{m}{R_a} \tag{15.75}$$

Der *Kopfkegelwinkel* wird damit $\delta_k = \delta_0 + \kappa_k$.

Fußwinkel gleich Winkel zwischen Mantellinie des Teil- und Fußkegels aus

$$\tan \kappa_f = \frac{h_f}{R_a} = \frac{1{,}2 \cdot m}{R_a} \tag{15.76}$$

Der *Fußkegelwinkel* wird damit $\delta_f = \delta_0 - \kappa_f$.

Kopfkreisdurchmesser als größter Durchmesser des Radkörpers

$$d_k = d_0 + 2 \cdot e_1 = d_0 + 2 \cdot m \cdot \cos \delta_0 \quad \text{in mm} \tag{15.77}$$

Für die Untersuchung der Eingriffsverhältnisse, die Berechnung der Kräfte und der Tragfähigkeit sind der *mittlere Teilkreisdurchmesser* d_m und der *mittlere Modul* m_m maßgebend:

$$d_m = d_0 - 2 \cdot e_2 = d_0 - (b \cdot \sin \delta_0) \quad \text{in mm} \tag{15.78}$$

$$m_m = \frac{d_m}{z} \quad \text{in mm} \tag{15.79}$$

b Zahnbreite in mm (wird bei der Berechnung der Tragfähigkeit festgelegt)

15.12.3. Eingriffsverhältnisse am geradverzahnten Kegelradgetriebe

Zur Beurteilung der Eingriffsverhältnisse werden die Kegelräder auf gleichwertige Stirnräder, auf Ergänzungsstirnräder, zurückgeführt, deren Teilkreisradien gleich den Längen der auf die Zahnmitte bezogenen Mantellinien der Ergänzungskegel $\overline{CO}_1$ und $\overline{CO}_2$ sind:

$$d_{r1} = \frac{d_{m1}}{\cos \delta_{01}}$$

und

$$d_{r2} = \frac{d_{m2}}{\cos \delta_{02}}$$

Die zugehörigen *Ergänzungszähnezahlen* sind: $z_{r1} = \dfrac{z_1}{\cos \delta_{01}}$ und $z_{r2} = \dfrac{z_2}{\cos \delta_{02}}$ oder allgemein

$$z_r = \frac{z}{\cos \delta_0} \qquad (15.80)$$

z Zähnezahl des Kegelrades
δ_0 Teilkegelwinkel

Im Normalschnitt (Bild 15-50) zeigt sich eine normale Evolventenverzahnung mit der Teilung $t_m = m_m \cdot \pi$, dem Eingriffswinkel $\alpha_0 (= 20°)$ und mit der Eingriffsstrecke $\overline{AE}$ entsprechend der Eingriffslänge $e = \overline{AE}/\cos \alpha_0$.

Der *Überdeckungsgrad* ist $\epsilon_r = e/t_m$. Hieraus folgt, daß der Überdeckungsgrad eines Kegelradgetriebes dem eines Stirnradgetriebes mit entsprechend höheren Zähnezahlen ($z_1 > z$) entspricht. Das bedeutet auch, daß Kegelradgetriebe einen besseren Überdeckungsgrad haben als Stirnradgetriebe bei gleichen Zähnezahlen und die Eingriffsverhältnisse kaum geprüft zu werden brauchen.

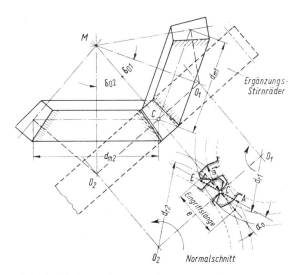

Bild 15-50. Ersatz-Stirnräder für Kegelräder

Rechnerisch kann ϵ_r nach Gleichung (15.11) ermittelt werden, wobei die Abmessungen der Ergänzungsstirnräder einzusetzen sind.

15.12.4. Grenzzähnezahl und Profilverschiebung bei geradverzahnten Kegelrädern

Auch zur Ermittlung der Grenzzähnezahl wird das Ergänzungsstirnrad mit der zugehörigen Ergänzungszähnezahl z_r herangezogen. Wird $z_r = z'_g = 14$ (Grenzzähnezahl des Geradstirnrades) gesetzt, dann wird nach Gleichung (15.80) die *praktische Grenzzähnezahl für geradverzahnte Kegelräder*

$$z'_{gK} = z'_g \cdot \cos \delta_0 = 14 \cdot \cos \delta_0 \qquad (15.81)$$

Die Grenzzähnezahlen der Kegelräder werden mit wachsendem Teilkegelwinkel δ_0 kleiner und liegen unter denen der Stirnräder.

15.12. Kegelräder und Kegelradgetriebe

Bei Zähnezahlen $z < z'_{gK}$ ist zur Vermeidung von Zahnunterschnitt eine *Profilverschiebung* erforderlich von

$$v = +x \cdot m \quad \text{in mm} \tag{15.82}$$

    m Modul in mm

Der *Profilverschiebungsfaktor* wird entsprechend Gleichung (15.14):

$$x = \frac{14 - z_r}{17} = \frac{14 - (z/\cos \delta_0)}{17} \tag{15.83}$$

Zur Vermeidung von Spitzenbildung an profilverschobenen Zähnen darf eine *Mindestzähnezahl* $z_{\min K}$ nicht unterschritten werden. Sie ist gegenüber der Mindestzähnezahl $z_{\min} = 7$ für Stirnräder im gleichen Verhältnis kleiner als z'_{gK} zu z'_g: $z_{\min K} = z_{\min} \cdot \cos \delta_0 = 7 \cdot \cos \delta_0$.

Beispiele für Grenz- und Mindestzähnezahlen:

$\delta_0 \approx$	$< 15°$	$20°$	$30°$	$38°$	$45°$
z'_{gK}	14	13	12	11	10
$z_{\min K}$	7	7	6	6	5

Das Großrad soll möglichst eine gleich große negative Profilverschiebung $-v$ erhalten, d.h., es soll möglichst ein *V-Null-Getriebe* angewandt werden. Andernfalls würden sich andere Betriebs-Abwälzkegel mit veränderten Kegelwinkeln ergeben, was einer Änderung der Übersetzung i gleichbedeutend wäre. V-Null-Getriebe sind möglich, sofern $z_{r1} + z_{r2} \geq 28$, da sonst Unterschnitt des Großrades durch $-v$ auftritt.

15.12.5. Kraftverhältnisse am geradverzahnten Kegelradgetriebe

Zur Untersuchung der Kraftverhältnisse werden wie vorher in 15.12.3. und 15.12.4. die Ergänzungsstirnräder herangezogen. Sie müssen ebenfalls der Angriffstelle der Kräfte entsprechend auf den *Normalschnitt* durch die Mitte der Zähne bezogen werden (Bild 15-51a).

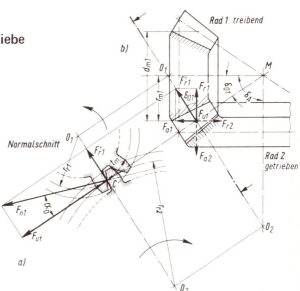

Bild 15-51
Kraftverhältnisse am geradverzahnten Kegelradgetriebe

Die Kräfte werden für ein *Kegelradpaar mit dem meist vorliegenden Achsenwinkel* $\delta_A = 90°$ untersucht, und zwar zunächst nur für das *treibende Rad 1*.
Die senkrecht zur Zahnflanke in Richtung der Eingriffslinie wirkende Zahnkraft F_{n1} wird in die Normalradialkraft F'_{r1} und die Umfangskraft F_{u1} zerlegt. Im Aufriß (Bild 15-51b) wirkt F_{u1} senkrecht zur Bildebene und erscheint als Punkt. F'_{r1} wird wiederum in die Radialkraft F_{r1} und die Axialkraft F_{a1} zerlegt.
Rechnerisch geht man von der am mittleren Teilkreisdurchmesser d_{m1} angreifenden *Umfangskraft* aus (Bild 15-51a):

$$F_{u1} = \frac{2000 \cdot M_{t1} (\cdot c_S)}{d_{m1}} \quad \text{in N} \tag{15.84}$$

M_{t1} vom treibenden Rad (Ritzel) zu übertragendes Drehmoment in Nm
d_{m1} mittlerer Teilkreisdurchmesser in mm nach Gleichung (15.78)
c_S Betriebsfaktor zur etwaigen Erfassung extremer Betriebsverhältnisse, siehe unter 15.8.3.1.

Die Normalradialkraft ist $F'_{r1} = F_{u1} \cdot \tan \alpha_0$. Hiermit wird nach Bild 15-51b die *Axialkraft*

$$F_{a1} = F'_{r1} \cdot \sin \delta_{01} = F_{u1} \cdot \tan \alpha_0 \cdot \sin \delta_{01} \quad \text{in N} \tag{15.85}$$

und die *Radialkraft*

$$F_{r1} = F'_{r1} \cdot \cos \delta_{01} = F_{u1} \cdot \tan \alpha_0 \cdot \cos \delta_{01} \quad \text{in N} \tag{15.86}$$

$\alpha_0 = 20°$ Eingriffswinkel (tan 20° = 0,364)
δ_{01} Teilkegelwinkel des treibenden Rades

Dividiert man Gleichung (15.86) durch Gleichung (15.85), dann ist

$$\frac{F_{r1}}{F_{a1}} = \frac{\cos \delta_{01}}{\sin \delta_{01}} = \cot \delta_{01} = i \quad \text{(nach Gleichung 15.72)},$$

damit wird bei $\delta_A = 90°$ auch

$$F_{r1} = F_{a1} \cdot i \quad \text{in N} \tag{15.87}$$

Unter Vernachlässigung des Wirkungsgrades der Verzahnungsstelle ist die *Umfangskraft des getriebenen Rades* 2

$$F_{u2} = F_{u1} \quad \text{in N} \tag{15.88}$$

Aus Bild 15-51b ist ersichtlich, daß bei dem Achsenwinkel $\delta_A = 90°$ die *Axialkraft des einen Rades gleich aber entgegengerichtet der Radialkraft des anderen Rades* ist und umgekehrt:

$$F_{a2} = F_{r1} \quad \text{und} \quad F_{r2} = F_{a1} \quad \text{in N} \tag{15.89}$$

15.12.6. Berechnung der Tragfähigkeit geradverzahnter Kegelräder

Die Berechnung wird im Prinzip wie bei Geradstirnrädern durchgeführt, wobei die Kegelräder auf die (geradverzahnten) Ergänzungsstirnräder zurückgeführt werden. Die folgende *Berechnung bezieht sich auf Räder mit dem Achsenwinkel* $\delta_A = 90°$.

15.12.6.1. Vorwahl der Hauptabmessungen

Hierbei unterscheidet man, ähnlich wie bei Stirnrädern, zweckmäßig folgende Fälle:

1. Der Durchmesser d der Welle für das Ritzel ist gegeben oder wird überschlägig ermittelt (z. B. nach Gleichung (11.9), siehe auch unter 15.8.4.1.).

Bei aufsetzendem Ritzel wähle man den mittleren Teilkreisdurchmesser

$$d_{m1} \approx 2{,}4 \ldots 2{,}6 \cdot d \text{ in mm} \tag{15.90}$$

Bei Ausführung als Ritzelwelle genügt

$$d_{m1} \approx 1{,}25 \cdot d \text{ in mm} \tag{15.91}$$

Man wähle dann die *Zähnezahl* z_1 des Ritzels in Abhängigkeit von der Übersetzung i nach Tabelle 15.6. Dabei ist gleichzeitig zu beachten, daß mit i die Zähnezahl z_2 des Gegenrades möglichst genau eine ganze Zahl wird: $z_2 = i \cdot z_1$.

Tabelle 15.6: Richtwerte zur Vorwahl der Abmessungen bei Kegelrädern

Übersetzung i	1	2	3	4	5
Zähnezahl des Ritzels z_1	30 ... 20	25 ... 18	22 ... 15	18 ... 12	14 ... 10
Breitenverhältnis $\psi_d = \dfrac{b}{d_{m1}}$	0,25	0,4	0,55	0,7	0,85

Bei geradverzahnten Kegelrädern wähle man für z_1 mehr die oberen, für schräg- und bogenverzahnte mehr die unteren Werte.

Die *Zahnbreite* wird aus $b \approx \psi_d \cdot d_{m1}$ bestimmt mit dem Breitenverhältnis $\psi_d = \dfrac{b}{d_{m1}}$ aus Tabelle 15.6; hierbei ist zu prüfen, daß $b \leq \dfrac{R_m}{2{,}5}$ ist; mittlere Spitzenentfernung entsprechend Gleichung (15.74): $R_m = \dfrac{d_{m1}}{2 \cdot \sin\delta_{01}}$.

Mit d_{m1} und b ergibt sich dann der (äußere) *Teilkreisdurchmesser des treibenden Rades*

$$d_{01} = d_{m1} + (b \cdot \sin\delta_{01}) \text{ in mm} \tag{15.92}$$

Der (äußere) *Modul* des Radpaares wird dann ermittelt aus $m = \dfrac{d_{01}}{z_1}$; festgelegt wird der nächstliegende Norm-Modul nach DIN 780, Tabelle A15.1, Anhang. Mit m werden die genauen Rad- und Getriebeabmessungen nach 15.12.2. ermittelt.

2. *Es sind größere Drehmomente bzw. Leistungen zu übertragen; die Wellendurchmesser sind noch unbekannt.*

In Abwandlung der Gleichung (15.29) ermittelt man zunächst den *mittleren Teilkreisdurchmesser des treibenden Rades* (meist des Ritzels) aus

$$d_{m1} \approx \frac{9500}{p} \cdot \sqrt[3]{\frac{M_{t1} \cdot p \cdot \cos^2 \delta_{01}}{\psi_d} \cdot \frac{i^2+1}{i^2}} \approx \frac{20500}{p} \cdot \sqrt[3]{\frac{P_1 \cdot p \cdot \cos^2 \delta_{01}}{\psi_d \cdot n_1} \cdot \frac{i^2+1}{i^2}} \text{ in mm}$$

(15.93)

M_{t1}, P_1, p, i und n_1 wie zu Gleichung (15.29)

$\psi_d = \dfrac{b}{d_{m1}}$ Durchmesser-Breitenverhältnis nach Tabelle 15.6

δ_{01} Teilkegelwinkel des treibenden Rades aus Gleichung (15.72)

Man wählt dann die *Zähnezahl* des Ritzels z_1 aus Tabelle 15.6 und legt die Zähnezahl des Gegenrades $z_2 = i \cdot z_1$ fest wie oben unter 1.

Die *Zahnbreite b,* der *Teilkreisdurchmesser* d_{01} des treibenden Rades und der *Modul m* werden anschließend wie oben unter 1. ermittelt.

Beachte: Bei Übersetzung ins Schnelle ($i < 1$) ist das Ritzel *nicht* das treibende Rad; die Indizes 1 und 2 sind dann sinngemäß zu verwenden (die Ritzelzähnezahl bezeichnet man dann mit z_2).

Nach der Vorwahl der Hauptabmessungen nach 2. ist am besten an Hand eines rohen Entwurfes zu prüfen, ob eine einwandfreie konstruktive Ausbildung, insbesondere des Ritzels, gegeben ist. Hierzu ermittele man überschlägig den Durchmesser der Welle für das Ritzel nach Gleichung (11.6). Auch die Gleichungen (15.90) bzw. (15.91) gestatten einen schnellen Überblick.

15.12.6.2. Vorwahl der Zahnradwerkstoffe, Wahl der Verzahnungsqualität

Hierfür gilt sinngemäß das gleiche wie bei Stirnrädern (siehe unter 15.8.4.2. und 15.8.4.3.).

15.12.6.3. Nachprüfung der Zahnfuß-Tragfähigkeit

Für die Nachprüfung wird die Ergänzungsverzahnung (siehe unter 15.12.3.) zugrunde gelegt. In Abwandlung der Gleichung (15.31) gilt für die stets an beiden Rädern zu ermittelnde *Biegespannung am Zahnfuß*

$$\sigma_b = \frac{F_u}{b \cdot m_m} \cdot q_k \cdot q_{er} \leqslant \sigma_{b\,zul} \text{ in N/mm}^2$$

(15.94)

F_u Umfangskraft am mittleren Teilkreis in N nach Gleichung (15.84)

b Zahnbreite in mm

m_m mittlerer Modul in mm nach Gleichung (15.79)

q_k Zahnformfaktor nach Bild A15-5, Anhang, abhängig von der Ergänzungszähnezahl z_r (nach Gleichung 15.80) und einem etwaigen Profilverschiebungsfaktor x

q_{er} Überdeckungsfaktor der Ergänzungsverzahnung nach Bild A15-6, Anhang; nähere Erläuterungen siehe unten

$\sigma_{b\,zul}$ zulässige Biegespannung in N/mm² wie zu Gleichung (15.31)

15.12. Kegelräder und Kegelradgetriebe

Der *Überdeckungsfaktor* $q_{\epsilon r}$ wird nach Bild A15-6, Anhang, über den Hilfsfaktor q_L ermittelt, wobei die Kegelräder auf die Ergänzungsstirnräder zurückgeführt werden. Daher sind $d_{02} = d_{r2}$ ($= m_m \cdot z_{r2}$) und $m_n = m_m$ zu setzen.

Bei $q_L > \dfrac{1}{\epsilon_r}$ wird $q_{\epsilon r} = 1$, bei $q_L \leqslant \dfrac{1}{\epsilon_r}$ wird $q_{\epsilon r} = \dfrac{1}{\epsilon_r}$.

Bei geringerer Verzahnungsqualität (etwa 8. bis 12. Qualität) kann bei kleineren bis mittleren Belastungen $q_{\epsilon r} = 1$ gesetzt werden.

Der *Überdeckungsgrad* ϵ_r wird wie bei Stirnrädern aus Schaubildern ermittelt. Für die bei Kegelrädern überwiegend verwendeten Null- und V-Nullgetriebe wird ϵ_r dem Bild A15-2, Anhang, entnommen und zwar in Abhängigkeit von den Daten für die Ergänzungsverzahnung z_{r1} und $u_r = z_{r2}/z_{r1} \triangleq u^2 = (z_2/z_1)^2$ an Stelle von u. Der sich ergebende Überdeckungsgrad ist dann $\epsilon = \epsilon_r$.

15.12.6.4. Nachprüfung der Flanken-Tragfähigkeit

Unter Zugrundelegung der Ergänzungsverzahnung gilt für die *Flächenpressung im Wälzpunkt* der Zahnflanken beider Räder

$$p_C = \sqrt{\dfrac{F_u}{b \cdot d_{r1}} \cdot \dfrac{u_r + 1}{u_r}} \cdot y_W \cdot y_C \cdot y_L \leqslant p_{zul} \quad \text{in N/mm}^2 \qquad (15.95)$$

F_u Umfangskraft am mittleren Teilkreis in N nach Gleichung (15.84)

b Zahnbreite in mm

d_{r1} Teilkreisdurchmesser des Ergänzungsstirnrades (Ergänzungsritzels) in mm, $d_{r1} = d_{m1}/\cos\delta_{01}$ (siehe unter 15.12.3.)

u_r Ergänzungszähnezahlverhältnis, $u_r = z_{r2}/z_{r1}$ mit Ergänzungszähnezahlen des Rades z_{r2} und des Ritzels z_{r1} nach Gleichung (15.80) oder einfach $u_r = u^2 = (z_2/z_1)^2$

y_W Werkstoffaktor nach Tabelle A15.4, Anhang

y_C Wälzpunktfaktor nach Bild A15-7, Anhang; bei Null- und V-Null-Getrieben wird $y_C = 1{,}76$

y_L Zahnlängenfaktor nach Bild A15-6, Anhang; nähere Erläuterungen siehe unten

p_{zul} zulässige Flankenpressung in N/mm² nach Gleichung (15.34)

Der *Zahnlängenfaktor* y_L wird wie der Überdeckungsfaktor $q_{\epsilon r}$ nach Bild A15-6, Anhang über den Hilfsfaktor q_L mit den Daten der Ergänzungsverzahnung ermittelt (siehe zu Gleichung 15.94).

Bei $q_L > \dfrac{1}{\epsilon_r}$ wird $y_L = 1$, bei $q_L \leqslant \dfrac{1}{\epsilon_r}$ wird $y_L = \sqrt{\dfrac{1}{\epsilon_r}}$.

Bei geringerer Verzahnungsqualität (etwa 8. bis 12. Qualität) kann bei kleineren bis mittleren Belastungen $y_L = 1$ gesetzt werden.

Wegen der Ermittlung des *Überdeckungsgrades* ϵ_r siehe unter Gleichung (15.94). Die Flanken-Tragfähigkeit ist für *beide* Räder nachzuprüfen.

15.12.7. Geometrische Beziehungen an schräg- und bogenverzahnten Kegelradgetrieben

15.12.7.1. Flankenformen, Begriffe

Bei der Paarung zweier Räder muß das eine rechts-, das andere linkssteigend ausgeführt sein, wobei der Schrägungssinn von der Kegelspitze aus betrachtet festgelegt ist. Die Zähne der Räder nach Bild 15-52 sind danach rechtssteigend.

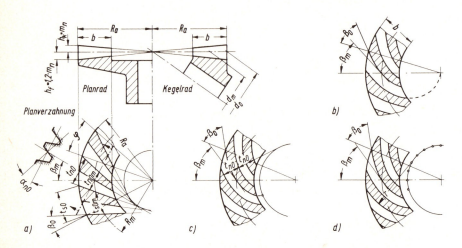

Bild 15-52. Flankenformen schräg- und bogenverzahnter Kegelräder. a) Schrägzähne, b) Spiralzähne, c) Evolventen-Bogenzähne, d) Kreisbogenzähne

Die Verzahnung und der Verlauf der Flankenlinien lassen sich durch Planverzahnung des dem Kegelrad zugeordneten Planrades eindeutig erkennen und festlegen. Das Planrad denke man sich als ebene, verzahnte Scheibe, die mit dem Kegelrad die Teilkegellänge R_a, die Zahnbreite b, den Verlauf der Flankenlinien und die sonstigen Zahndaten gemeinsam hat (Bild 15-52).

Im Normalschnitt durch die Zahnmitte ergibt sich die mittlere Normalteilung $t_{n0m} = m_{nm} \cdot \pi$, außen die Normalteilung $t_{n0} = m_n \cdot \pi$ (Normalmodul m_n meist gleich Norm-Modul nach DIN 780). Am mittleren Planradkreis mit dem Radius R_m wird die mittlere Stirnteilung $t_{s0m} = m_{sm} \cdot \pi$, an der äußeren Stirnfläche die Stirnteilung $t_{s0} = m_s \cdot \pi$ gemessen.

Der Schrägungswinkel β_0 bzw. β_m ($\approx 10° \ldots 30°$) ist der Winkel zwischen der Radialen und der Zahnflankentangente außen bzw. am mittleren Planraddurchmesser. Zweckmäßig wird β_m festgelegt. Die Schrägung der Zähne, bezogen auf die Zahnbreite b, ist durch den Sprungwinkel φ festgelegt.

Die Evolventen-Bogenzähne (Bild 15-52c) zeigen im Gegensatz zu den anderen über die ganze Breite die gleiche Normalteilung t_{n0}, da ihre Bogenform durch äquidistante (abstandsgleiche) Evolventen erzeugt ist.

15.12. Kegelräder und Kegelradgetriebe

Diese Verzahnung bildet die Grundform der *Klingelnberg-Palloidverzahnung*, bei der jedoch die Teilkegelspitzen nicht mit dem Schnittpunkt der Radachsen zusammenfallen (Bild 15-53). Durch die Herstellung bedingt sind die Außenflanken der Zähne stärker gekrümmt als die Innenflanken. Durch diese Balligkeit werden Radverlagerungen ausgeglichen und die Laufruhe erhöht. Die Zähne sind überall gleich hoch.

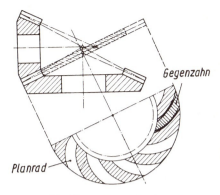

Bild 15-53. Klingelnberg-Palloidverzahnung

15.12.7.2. Übersetzung

Für die Übersetzung gelten die gleichen Beziehungen wie für Geradzahn-Kegelräder (siehe unter 15.12.2.2.).

15.12.7.3. Radabmessungen

Für die Festlegung der Radabmessungen gelten sinngemäß die Gleichungen (15.73) bis (15.79). Dabei wird in Gleichung (15.73) $m = m_s$, in den Gleichungen (15.75) bis (15.77) $m = m_n$ und in Gleichung (15.79) $m_m = m_{sm}$ gesetzt.

15.12.8. Eingriffsverhältnisse an schräg- und bogenverzahnten Kegelradgetrieben

Durch die Schrägung der Zähne ist der Überdeckungsgrad bei Schrägzahn- bzw. Bogenzahn-Kegelrädern größer als der bei vergleichbaren Geradzahn-Kegelrädern. Zur Profil-Eingriffslänge e_s (auf den mittleren Stirnschnitt bezogen, vgl. Schrägstirnräder unter 15.9.3.) kommt noch der *Sprung* $Sp = \dfrac{R_a \cdot \varphi° \cdot \pi}{180°}$ hinzu. Der *Überdeckungsgrad* wird damit $\epsilon_r = \dfrac{e_s + Sp}{t_{s0m}}$. Wegen der (näherungsweisen) Ermittlung von ϵ_r nach Schaubild siehe unter 15.12.11.3.

Für die Ermittlung der Kräfte und die Berechnung der Tragfähigkeit wird von den geradverzahnten Ersatzstirnrädern der (schrägverzahnten) Ergänzungsstirnräder ausgegangen (siehe Bild 15-54) mit der *Ersatzzähnezahl* (virtuellen Zähnezahl)

$$z_v = \frac{z}{\cos \delta_0 \cdot \cos^3 \beta_m} \qquad (15.96)$$

δ_0 Teilkegelwinkel
β_m Schrägungswinkel

15.12.9. Grenzzähnezahl bei schräg- und bogenverzahnten Kegelrädern

Die Grenzzähnezahl liegt unter der für geradverzahnte Kegelräder. Wird in Gleichung (15.96) die Ersatz-Zähnezahl $z_v = z'_g = 14$ gesetzt, dann ergibt sich nach Umwandlung die *praktische Grenzzähnezahl für schrägverzahnte Kegelräder*

$$z'_{gKS} = z'_g \cdot \cos\delta_0 \cdot \cos^3\beta_m = 14 \cdot \cos\delta_0 \cdot \cos^3\beta_m \qquad (15.97)$$

Bei *Bogenzähnen* liegen je nach Fertigungsverfahren teilweise unterschiedliche Verhältnisse vor. Hierbei sind die Angaben der Hersteller zu beachten.
Eine Profilverschiebung zur Vermeidung von Zahnunterschnitt kommt nur selten in Frage, da z'_{gKS} praktisch kaum unterschritten wird. Eine etwaige Profilverschiebung ist nach den Gleichungen (15.82) und (15.83) zu berechnen, wobei z_v an Stelle von z_r und m_{nm} an Stelle von m zu setzen ist.
Auch die *Mindestzähnezahl* zur Vermeidung von Spitzenbildung liegt unter der bei Geradzahn-Kegelrädern:

$$z_{\min KS} = 7 \cdot \cos\delta_0 \cdot \cos^3\beta_m$$

15.12.10. Kraftverhältnisse an schräg- und bogenverzahnten Kegelradgetrieben

Die Kegelräder werden auf die Ergänzungsstirnräder mit dem Modul $m_n = m_{nm}$ und den Schrägungswinkel $\beta_0 = \beta_m$ zurückgeführt, siehe auch unter 15.12.3.
Die Kräfte werden dann in ähnlicher Weise wie bei Geradzahn-Kegelrädern ermittelt. Bild 15-54 zeigt die Kraftverhältnisse am treibenden Rad 1. Auf die Herleitung im einzelnen soll hier verzichtet werden.
Es ergeben sich für das *treibende* Rad
die *Umfangskraft* (siehe auch Gleichung (15.84))

$$F_{u1} = \frac{2000 \cdot M_{t1} (\cdot c_S)}{d_{m1}} \text{ in N} \qquad (15.98)$$

die *Axialkraft*

$$F_{a1} = F_{u1} \cdot (\tan\alpha_{n0} \cdot \frac{\sin\delta_{01}}{\cos\beta_m} \pm \tan\beta_m \cdot \cos\delta_{01}) \text{ in N} \qquad (15.99)$$

die *Radialkraft*

$$F_{r1} = F_{u1} \cdot (\tan\alpha_{n0} \cdot \frac{\cos\delta_{01}}{\cos\beta_m} \mp \tan\beta_m \cdot \sin\delta_{01}) \text{ in N} \qquad (15.100)$$

$\alpha_{n0} = 20°$ Eingriffswinkel ($\tan 20° = 0{,}364$)
δ_{01} Teilkegelwinkel
β_m Schrägungswinkel

15.12. Kegelräder und Kegelradgetriebe

Die oberen Vorzeichen (+ oder −) gelten dann, wenn der Drehsinn des Rades und der Schrägungssinn der Zähne, von der Kegelspitze aus betrachtet, gleich sind (Bild 15-54a). In diesem Fall ist die Axialkraft immer von der Kegelspitze weggerichtet, was möglichst anzustreben ist (Vermeidung von „Zahnklemmen"!).

Bei dem Achsenwinkel $\delta_A = 90°$ wirken am getriebenen Rad (Rad 2) gleich große entgegengerichtete Kräfte (vgl. 15.12.5.). Unter Vernachlässigung des Wirkungsgrades der Verzahnung sind:

$$F_{u2} = F_{u1}; \quad F_{a2} = F_{r1}; \quad F_{r2} = F_{a1}$$

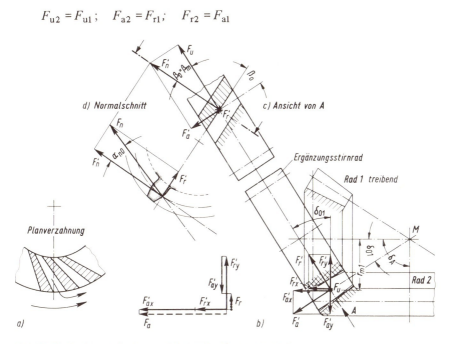

Bild 15-54. Kräfteverhältnisse am Schrägzahn-Kegelradgetriebe

15.12.11. Berechnung der Tragfähigkeit schräg- und bogenverzahnter Kegelräder

Die Berechnung ist im Prinzip die gleiche wie bei geradverzahnten Kegelrädern. Man führt auch hierbei die Kegelräder auf die (geradverzahnten) Ersatzstirnräder zurück. Die folgende Berechnung bezieht sich auf den Achsenwinkel $\delta_A = 90°$.

15.12.11.1. Vorwahl der Hauptabmessungen

Wie üblich unterscheidet man zweckmäßig folgende Fälle:

1. *Der Durchmesser d der Welle für das Ritzel ist gegeben* oder wird überschlägig ermittelt (z. B. nach Gleichung 11.9, siehe auch unter 15.8.4.1.).

Der *mittlere Teilkreisdurchmesser d_{m1} des Ritzels* wird nach Gleichung (15.90) bzw. (15.91) ermittelt.

Die *Zähnezahlen* z_1 und z_2 und die *Zahnbreite b* der Räder bestimmt man wie unter 15.12.6.1. aus Tabelle 15.6 und dem Breitenverhältnis ψ_d. Dann wird der mittlere Stirnmodul entsprechend Gleichung (15.79) ermittelt:

$$m_{sm} = \frac{d_{m1}}{z_1}.$$

Man wählt erfahrungsgemäß den mittleren Schrägungswinkel β_m ($\approx 10°$ ... $30°$) oder bestimmt ihn nach den gleichen Gesichtspunkten wie bei Schrägstirnrädern entsprechend Gleichung (15.52) aus $\tan \beta_m \approx 3,5 \cdot \dfrac{m_{sm}}{b}$; β_m kann auf volle Grade gerundet werden. Der mittlere Normalmodul wird hiermit $m_{nm} = m_{sm} \cdot \cos \beta_m$ und der äußere Normalmodul $m_n = m_{nm} \cdot \left(1 + \dfrac{b}{2 \cdot R_m}\right)$. Dieser wird zum Normmodul nach DIN 780 gerundet und damit werden durch Rückrechnung die genauen Abmessungen der Räder ermittelt: Mit dem äußeren Stirnmodul $m_s = \dfrac{m_n}{\cos \beta_m}$ werden $d_{01} = m_s \cdot z_1$ und nach den Gleichungen (15.74) bis (15.79) die sonstigen Abmessungen bestimmt, wobei hierin $m = m_n$ und $m_m = m_{sm}$ zu setzen sind.

2. Es sind größere Drehmomente bzw. Leistungen zu übertragen; die Wellendurchmesser sind noch unbekannt.

Man ermittelt den *mittleren Teilkreisdurchmesser des treibenden Rades* d_{m1} nach Gleichung (15.93) mit den hierfür angegebenen Daten.

Die *Zähnezahlen* z_1 und z_2, die *Zahnbreite b* werden wie unter 15.12.6.1. zu 2. bestimmt.

Die sonstigen Daten, *mittlerer Stirnmodul* m_{sm}, *Schrägungswinkel* β_m, *äußerer Normalmodul* m_n und damit die genauen Radabmessungen werden dann wie oben zu 1. festgelegt.

Bei der Vorwahl der Hauptabmessungen beachte man ferner die betreffenden Hinweise bei geradverzahnten Kegelrädern unter 15.12.6.1.

15.12.11.2. Vorwahl der Zahnradwerkstoffe, Wahl der Verzahnungsqualität

Hierfür gilt das gleiche wie bei geradverzahnten Kegelrädern bzw. wie bei Stirnrädern; siehe unter 15.8.4.2. und 15.8.4.3.

15.12.11.3. Nachprüfung der Zahnfuß-Tragfähigkeit

Die Nachprüfung wird sinngemäß wie bei geradverzahnten Kegelrädern nach Gleichung (15.94) durchgeführt.

Dabei sind zu beachten: In Gleichung (15.94) ist $m_m = m_{nm}$ zu setzen. Der Zahnformfaktor q_k ist abhängig von der Ersatzzähnezahl z_v (nach Gleichung 15.96). Zur Ermittlung des Überdeckungsfaktors $q_{\epsilon r}$ sind die Ersatzstirnräder maßgebend; in Bild A15-6, Anhang, ist daher $d_{02} = d_{vm2}$ ($= m_{nm} \cdot z_{v2}$) und $m_n = m_{nm}$ zu setzen; der Überdeckungsgrad ϵ_r kann bei den überwiegend verwendeten Null- und V-Null-Getrieben näherungsweise nach Bild A15-2, Anhang ermittelt werden und zwar in Abhängigkeit von z_{v1} und $u_r = u^2$ (an Stelle von u). Sonst gelten die Angaben zu Gleichung (15.94).

15.12.11.4. Nachprüfung der Flanken-Tragfähigkeit

Die Nachprüfung wird sinngemäß wie bei geradverzahnten Kegelrädern nach Gleichung (15.95) durchgeführt.
Dabei sind zu beachten: Bei der Ermittlung des Wälzpunktfaktors y_C nach Bild A15-7, ist der Schrägungswinkel β_m zu berücksichtigen. Für den Zahnlängenfaktor y_L und den Überdeckungsgrad ϵ_r gelten die entsprechenden Hinweise wie vorstehend zum Überdeckungsfaktor $q_{\epsilon r}$. Sonst gelten die Angaben zu Gleichung (15.95).

15.12.11.5. Allgemeine Hinweise zur Berechnung

Die hier entwickelte Berechnung kann, insbesondere bei Kegelrädern mit gekrümmten Flankenlinien, nur eine Näherungsberechnung sein, da die Besonderheiten dieser Verzahnungen, z. B. bei „versetzten" Kegelrädern nicht berücksichtigt werden konnten. Je nach Herstellungsverfahren liegen unterschiedliche Verhältnisse vor, so daß man sich sicherheitshalber nach den Angaben der Hersteller richtet.

15.12.12. Sonstige Hinweise

Lager möglichst dicht an die Kegelräder setzen, besonders bei einseitiger Lagerung, um die Durchbiegungen der Wellen klein zu halten. Auch die Naben möglichst kurz halten.
Die *Wirkungsgrade* der Kegelräder sind etwa gleich denen der Stirnräder; bei versetzten Kegelrädern sind sie wegen zusätzlicher Gleitbewegung der Flanken etwas geringer ($\eta \approx 0{,}97 \dots 0{,}94$ mit zunehmender „Versetzung").

15.13. Berechnungsbeispiele für Kegelradgetriebe

■ **Beispiel 15.5:** Für den Antrieb eines Schneckenförderers ist ein Kegelradgetriebe als Anbaugetriebe zu berechnen (Bild 15-55). Der Antrieb erfolgt durch einen Getriebemotor mit einer Leistung $P = 4$ kW und einer Drehzahl $n = 250$ 1/min über eine elastische Kupplung. Die Schneckendrehzahl beträgt $n_2 = 80$ 1/min, der Achsenwinkel des Kegelradgetriebes ist $\delta_A = 90°$.

a) Die Hauptabmessungen des Getriebes sind vorzuwählen und die geeignete Verzahnungsqualität ist festzulegen.

b) Die Berechnung auf Zahnfuß-Tragfähigkeit ist durchzuführen und danach sind die Radwerkstoffe vorzuwählen.

c) Die Flanken-Tragfähigkeit ist zu prüfen und danach sind die Radwerkstoffe endgültig festzulegen.

d) Die evtl. noch fehlenden Getriebedaten sind zu bestimmen und anschließend alle Abmessungen und Daten zusammenzustellen.

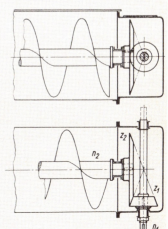

Bild 15-55
Kegelradgetriebe zum Antrieb eines Schneckenförderers

▶ **Lösung a):** Zunächst wird die erforderliche Übersetzung des Getriebes ermittelt mit der Antriebsdrehzahl $n_1 \triangleq n = 250$ 1/min:

$$i = \frac{n_1}{n_2}, \quad i = \frac{250 \text{ 1/min}}{80 \text{ 1/min}} = 3,125.$$

Für die relativ geringen Anforderungen hinsichtlich Beanspruchung und Drehzahlen werden nach 15.12.1. geradverzahnte Kegelräder ohne Profilverschiebung gewählt.
Die Hauptabmessungen werden nach 15.12.6.1. vorgewählt. Zur Ermittlung des Teilkreisdurchmessers des Ritzels wird vorerst der etwa zu erwartende Durchmesser der Antriebswelle nach Gleichung (11.9) berechnet. Für einen angenommenen Wellenstahl St 50 wird

$$d \approx c_2 \cdot \sqrt[3]{\frac{P}{n_1}}, \quad d \approx 133 \cdot \sqrt[3]{\frac{4}{250}} \text{ mm} = 133 \cdot 0,252 \text{ mm} = 33,52 \text{ mm}, \quad d \approx 35 \text{ mm}.$$

Für ein aufzusetzendes Ritzel, das hier aufgrund der konstruktiven Gegebenheiten vorzusehen ist, soll der mittlere Teilkreisdurchmesser nach Gleichung (15.90) etwa sein:

$d_{m1} \approx 2,4 ... 2,6 \cdot d, \quad d_{m1} \approx 2,4 ... 2,6 \cdot 35 \text{ mm} = 84 ... 91 \text{ mm}$; vorgewählt $d_{m1} = 90$ mm.

Als Ritzelzähnezahl wird nach Tabelle 15.6 für $i = 3,125$ gewählt: $z_1 = 16$, denn hiermit wird $z_2 = i \cdot z_1 = 3,125 \cdot 16 = 50$ (genau!) und damit auch die Übersetzung genau eingehalten. Mit dem Breitenverhältnis $\psi_d = 0,55$, ebenfalls aus Tabelle 15.6 für $i = 3,125$, wird die Zahnbreite $b = \psi_d \cdot d_{m1} = 0,55 \cdot 90 \text{ mm} \approx 50$ mm. Es ist zu prüfen, daß $b \leqslant R_m/2,5$ ist.

Die mittlere Spitzenentfernung wird entsprechend Gleichung (15.74)

$$R_m = \frac{d_{m1}}{2 \cdot \sin \delta_{01}}.$$

Der Teilkegelwinkel ergibt sich bei dem Achsenwinkel $\delta_A = 90°$ aus Gleichung (15.72): $\cot \delta_{01} = i$, $\cot \delta_{01} = 3,125$, $\delta_{01} = 17°45'$ (dieser Winkel ist bereits endgültig!).
Mit $\sin \delta_{01} = \sin 17°45' = 0,3049$ wird dann

$$R_m = \frac{90 \text{ mm}}{2 \cdot 0,3049} = 147,59 \text{ mm} \approx 148 \text{ mm}.$$

Damit ist $b = 50 \text{ mm} < 148 \text{ mm}/2,5 \approx 59$ mm, also kann die Zahnbreite $b = 50$ mm beibehalten werden.
Der äußere Teilkreisdurchmesser des Ritzels wird mit diesen Werten nach Gleichung (15.92):

$d_{01} = d_{m1} + (b \cdot \sin \delta_{01}), \quad d_{01} = 90 \text{ mm} + (50 \text{ mm} \cdot 0,3049) = 105,25 \text{ mm}.$

Hiermit kann nun der (äußere) Modul des Radpaares festgelegt werden:

$$m = \frac{d_{01}}{z_1}, \quad m = \frac{105,25 \text{ mm}}{16} = 6,58 \text{ mm},$$

gewählt nach DIN 780, Tabelle A15.1, Anhang: $m = 6$ mm.
Damit können die endgültigen Radabmessungen nach den Gleichungen (15.73) bis (15.79) bestimmt werden:
Teilkreisdurchmesser des Ritzels: $d_{01} = m \cdot z_1$, $d_{01} = 6 \text{ mm} \cdot 16 = 96$ mm,
Teilkreisdurchmesser des Rades: $d_{02} = m \cdot z_2$, $d_{02} = 6 \text{ mm} \cdot 50 = 300$ mm;

Spitzenentfernung $R_a = \dfrac{d_{01}}{2 \cdot \sin \delta_{01}}, \quad R_a = \dfrac{96 \text{ mm}}{2 \cdot 0,3049} = 157,43$ mm.

Kopfwinkel aus $\tan \kappa_k = \dfrac{m}{R_a}, \quad \tan \kappa_k = \dfrac{6 \text{ mm}}{157,43 \text{ mm}} = 0,0381, \quad \kappa_k = 2°11'$;

15.13. Berechnungsbeispiele für Kegelradgetriebe

Fußwinkel aus $\tan \kappa_f = \dfrac{1{,}2 \cdot m}{R_a}$, $\tan \kappa_f = \dfrac{1{,}2 \cdot 6 \text{ mm}}{157{,}43 \text{ mm}} = 0{,}0457$, $\kappa_f = 2°37'$.

Kopfkreisdurchmesser des Ritzels $d_{k1} = d_{01} + 2 \cdot m \cdot \cos \delta_{01}$, mit $\cos \delta_{01} = \cos 17°45' = 0{,}9524$ wird $d_{k1} = 96 \text{ mm} + 2 \cdot 6 \text{ mm} \cdot 0{,}9524 = 107{,}43 \text{ mm}$;

Kopfkreisdurchmesser des Rades $d_{k2} = d_{02} + 2 \cdot m \cdot \cos \delta_{02}$; $\delta_{02} = \delta_A - \delta_{01} = 90° - 17°45' = 72°15'$, $\cos 72°15' = \sin 17°45' = 0{,}3049$; $d_{k2} = 300 \text{ mm} + 2 \cdot 6 \text{ mm} \cdot 0{,}3049 = 303{,}66 \text{ mm}$.

Mittlerer Teilkreisdurchmesser des Ritzels $d_{m1} = d_{01} - (b \cdot \sin \delta_{01})$, $d_{m1} = 96 \text{ mm} - (50 \text{ mm} \cdot 0{,}3049) = 80{,}76 \text{ mm}$,

mittlerer Teilkreisdurchmesser des Rades $d_{m2} = d_{02} - (b \cdot \sin \delta_{02})$, mit $\sin \delta_{02} = \cos \delta_{01} = 0{,}9524$ wird $d_{m2} = 300 \text{ mm} - (50 \text{ mm} \cdot 0{,}9524) = 252{,}38 \text{ mm}$.

Mittlerer Modul $m_m = \dfrac{d_{m1}}{z_1}$, $m_m = \dfrac{80{,}76 \text{ mm}}{16} = 5{,}048 \text{ mm}$ (nicht runden!).

Zur Kontrolle werde nochmals nach Gleichung (15.74) geprüft:

$R_a \geqslant 3 \cdot b$, $R_a = 157{,}43 \text{ mm} > 3 \cdot 50 \text{ mm} = 150 \text{ mm}$!

Mit dem mittleren Teilkreisdurchmesser des Ritzels $d_{m1} = 80{,}76$ mm ist allerdings der Wert $2{,}4 \cdot d = 2{,}4 \cdot 35 \text{ mm} = 84 \text{ mm}$ etwas unterschritten, was aber noch zugelassen werden kann, da hierin immer noch etwas Sicherheit enthalten ist. Damit liegen alle wesentlichen Hauptabmessungen der Kegelräder fest.

Die Verzahnungsqualität wird nach den Angaben zu 15.12.6.2. wie die bei Stirnrädern unter 15.8.4.3. und nach Bild 15-29, festgelegt. Für Fördermaschinen sind die Qualitäten 7 ... 12, für eine Umfangsgeschwindigkeit $v_u = d_{01} \cdot \pi \cdot n_1/60 = 0{,}096 \cdot \pi \cdot 250/60 = 1{,}256 \text{ m/s}$ die Qualitäten 10 ... 12 vorgesehen; gewählt wird die Verzahnungsqualität 10.

Ergebnis: Die Vorwahl ergibt geradverzahnte Kegelräder mit Modul $m = 6$ mm, Zahnbreite $b = 50$ mm, Verzahnungsqualität 10. Als Hauptabmessungen ergeben sich für das Ritzel: $z_1 = 16$, $d_{01} = 96$ mm, $\delta_{01} = 17°45'$ und für das Rad: $z_2 = 50$, $d_{02} = 300$ mm, $\delta_{02} = 72°15'$.

▶ **Lösung b):** Für die Tragfähigkeitsberechnung werden die Ergänzungsstirnräder eingesetzt. Nach Gleichung (15.94) gilt für die Biegespannung am Zahnfuß des Ritzels:

$$\sigma_{b1} = \dfrac{F_{u1}}{b \cdot m_m} \cdot q_{k1} \cdot q_{\epsilon r} \leqslant \sigma_{b1\,zul}.$$

Die Umfangskraft am mittleren Ritzelteilkreis wird nach Gleichung (15.84):

$$F_{u1} = \dfrac{2000 \cdot M_{t1} (\cdot c_S)}{d_{m1}};$$

mit $P = 4$ kW und $n_1 \triangleq n = 250$ 1/min wird das Drehmoment $M_{t1} = 9550 \cdot \dfrac{P}{n_1}$, $M_{t1} = 9550 \cdot \dfrac{4}{250} \text{Nm} = 152{,}8 \text{ Nm}$. Der Betriebsfaktor kann aufgrund der vorliegenden „normalen" Betriebsverhältnisse $c_S = 1$ gesetzt werden. Hiermit und mit $d_{m1} = 80{,}76$ mm wird

$$F_{u1} = \dfrac{2000 \cdot 152{,}8 \cdot 1}{80{,}76} \text{ N} = 3784 \text{ N}.$$

Der Zahnformfaktor q_{k1} ist abhängig von der Ergänzungszähnezahl $z_{r1} = z_1/\cos \delta_{01} = 16/0{,}9524 \approx 16{,}8$ und wird hiermit und mit $x = 0$ (keine Profilverschiebung!) nach Bild A15-5, Anhang: $q_{k1} \approx 3{,}1$.

Der Überdeckungsfaktor $q_{\epsilon r}$ wird wegen der geringen Verzahnungsqualität und Beanspruchung $q_{\epsilon r} = 1$ gesetzt.

Mit diesen Werten und mit der Zahnbreite b = 50 mm sowie dem mittleren Modul m_m = 5,048 mm wird

$$\sigma_{b1} = \frac{3784 \text{ N}}{50 \text{ mm} \cdot 5,048 \text{ mm}} \cdot 3,1 \cdot 1 = 46,47 \text{ N/mm}^2 \approx 46,5 \text{ N/mm}^2.$$

Für diese kleine Biegespannung genügt für das Ritzel der Baustahl St 42, für den nach Tabelle A15.2, Anhang, bei der vorliegenden Schwellbelastung die Biege-Schwellfestigkeit $\sigma_{b\,Sch}$ = 170 N/mm² beträgt und damit nach Angaben zur Gleichung (15.31) die zulässige Spannung $\sigma_{b1\,zul} = \frac{\sigma_{b\,Sch}}{\nu} = \frac{170 \text{ N/mm}^2}{2} = 85 \text{ N/mm}^2 > \sigma_{b1} = 46,5 \text{ N/mm}^2.$

Für die Biegespannung der Zähne des Rades gilt entsprechend wie oben:

$$\sigma_{b2} = \frac{F_{u2}}{b \cdot m_m} \cdot q_{k2} \cdot q_{\epsilon r} \leqslant \sigma_{b2\,zul}.$$

Hierin sind: $F_{u2} = F_{u1} = 3784$ N, b = 50 mm, m_m = 5,048 mm und $q_{\epsilon r}$ = 1 wie oben. Der Zahnformfaktor wird für $z_{r2} = z_2/\cos \delta_{02} = 50/0,3049 \approx 164$: $q_{k2} \approx 2,15$ und damit

$$\sigma_{b2} = \frac{3784 \text{ N}}{50 \text{ mm} \cdot 5,048 \text{ mm}} \cdot 2,15 \cdot 1 = 32,23 \text{ N/mm}^2 \approx 32 \text{ N/mm}^2.$$

Für das Rad kann somit Gußeisen GG-35 mit $\sigma_{b\,Sch}$ = 80 N/mm² (Tabelle A15.2, Anhang) vorgewählt werden, womit $\sigma_{b2\,zul} = \frac{\sigma_{b\,Sch}}{\nu} = \frac{80 \text{ N/mm}^2}{2} = 40 \text{ N/mm}^2 > \sigma_{b1} = 32 \text{ N/mm}^2.$

Ergebnis: Die Berechnung der Zahnfuß-Tragfähigkeit ergibt für das Ritzel den Werkstoff St 42 und eine Biegespannung σ_{b1} = 46,5 N/mm² $<\sigma_{b1\,zul}$ = 85 N/mm², für das Rad den Werkstoff GG-35 und σ_{b2} = 32 N/mm² $< \sigma_{b2\,zul}$ = 40 N/mm².

▶ **Lösung c):** Durch die Berechnung auf Flanken-Tragfähigkeit müssen die vorgewählten Werkstoffe bestätigt oder auch noch geändert werden, um die Dauerhaltbarkeit der Räder zu gewährleisten.

Für die Flankenpressung beider Räder gilt nach Gleichung (15.95):

$$p_C = \sqrt{\frac{F_u}{b \cdot d_{r1}} \cdot \frac{u_r + 1}{u_r}} \cdot y_W \cdot y_C \cdot y_L \leqslant p_{zul}.$$

Bereits ermittelt sind: $F_u = F_{u1} = F_{u2} = 3784$ N, b = 50 mm.
Für die übrigen Werte wird wieder die Ergänzungsverzahnung herangezogen.
Der Teilkreisdurchmesser des Ergänzungsritzels ergibt sich aus $d_{r1} = d_{m1}/\cos \delta_{01}$, d_{r1} = 80,76 mm/0,9524 = 84,79 mm $\approx$ 85 mm.
Das Verhältnis der Ergänzungszähnezahlen wird mit z_{r1} = 16,8 und z_{r2} = 164 (siehe unter b):

$u_r = z_{r2}/z_{r1} = 164/16,8 = 9,76 \;(= u^2 \triangleq i^2).$

Der Werkstoffaktor wird für die Paarung St und GG-35 nach Tabelle A15.4, Anhang: y_W = 240 (geschätzt).

Der Wälzpunktfaktor wird für das vorliegende Null-Getriebe: y_C = 1,76.

Der Zahnlängenfaktor wird wie der Überdeckungsfaktor $q_{\epsilon r}$ (siehe unter b) y_L = 1 gesetzt.

$$p_C = \sqrt{\frac{3784}{50 \cdot 85} \cdot \frac{9,76 + 1}{9,76}} \cdot 240 \cdot 1,76 \cdot 1 = \sqrt{0,9816} \cdot 422,4 \approx 1 \cdot 422 = 422 \text{ N/mm}^2.$$

15.13. Berechnungsbeispiele für Kegelradgetriebe

Mit den Flanken-Dauerfestigkeitswerten aus Tabelle A15.2, Anhang, für St 42: p_D = 290 N/mm² und für GG-35: p_D = 360 N/mm² ist zu erkennen, daß diese Werkstoffe für ein Dauergetriebe nicht ausreichen.

Für beide Räder wird neu gewählt der Vergütungsstahl 34 Cr 4 mit p_D = 650 N/mm². Hierfür wird mit dem Werkstoffaktor y_W = 270 die Flankenpressung entsprechend obiger Gleichung $p_C \approx$ 475 N/mm².

Die zulässige Flankenpressung wird nach Gleichung (15.34) mit p_D = 650 N/mm², dem Schmierungsbeiwert y = 1 gesetzt und der Sicherheit ν = 1,5:

$$p_{zul} = \frac{p_D \cdot y}{\nu}, \quad p_{zul} = \frac{650 \text{ N/mm}^2 \cdot 1}{1,5} = 433,3 \text{ N/mm}^2 \approx 435 \text{ N/mm}^2.$$

Damit ist allerdings p_C etwas größer als p_{zul}, was jedoch belanglos ist und lediglich bedeutet, daß die Sicherheit ν = 1,5 nicht ganz erreicht wird.

Ergebnis: Aufgrund der Nachprüfung der Flanken-Tragfähigkeit wird für Ritzel und Rad der Vergütungsstahl 34 Cr 4 (vergütet) gewählt. Die Flankenpressung wird hierfür p_C = 475 N/mm², womit sich gegenüber der Flankenfestigkeit p_D = 650 N/mm² eine Sicherheit $\nu \approx$ 1,37 ergibt, die noch als ausreichend betrachtet werden kann.

▶ **Lösung d):** Alle für die Gestaltung und Bemaßung der Kegelräder erforderlichen Abmessungen und Daten sind in vorstehender Berechnung bereits ermittelt und festgelegt, so daß diese nun zusammengestellt werden können.

Ergebnis: Für das Getriebe ergeben sich geradverzahnte Kegelräder aus Vergütungsstahl 34 Cr 4 (vergütet) mit Modul m = 6 mm, Zahnbreite b = 50 mm, Spitzenentfernung R_a = 157,43 mm und Verzahnungsqualität 10.

Das Ritzel hat z_1 = 16 Zähne, Teilkreisdurchmesser d_{01} = 96 mm, Kopfkreisdurchmesser d_{k1} = 107,43 mm, Teilkegelwinkel δ_{01} = 17°45', Kopfwinkel κ_k = 2°11' und Fußwinkel κ_f = 2°37'.

Das Rad hat z_2 = 50 Zähne, d_{02} = 30 mm, d_{k2} = 303,66 mm, δ_{02} = 72°15', κ_k = 2°11' und κ_f = 2°37'.

■ **Beispiel 15.6:** Für ein Universal-Winkelgetriebe ist das Kegelradpaar als Eingangsstufe zu berechnen (Bild 15-56). Die Antriebsleistung beträgt P = 18,5 kW, die Antriebsdrehzahl n_1 = 960 1/min. Die Übersetzung der Kegelradstufe soll i = 3,8 sein. Der Achsenwinkel ist δ_A = 90°.

a) Die Verzahnungsart ist festzulegen, die Hauptabmessungen sind vorzuwählen und die Verzahnungsqualität ist zu bestimmen.

b) Die Berechnung auf Zahnfuß-Tragfähigkeit ist durchzuführen und es sind danach die Zahnradwerkstoffe vorzuwählen.

c) Die Räder sind auf Flanken-Tragfähigkeit nachzuprüfen und es sind danach die Zahnradwerkstoffe endgültig festzulegen.

d) Die an den Rädern auftretenden Kräfte sind zu ermitteln.

e) Die in den Lagern der Antriebswelle entstehenden Kräfte sind zu bestimmen.

f) Das Kegelritzel ist zu konstruieren, die für die Fertigung erforderlichen Maße und Daten sind einzutragen bzw. anzugeben.

▶ **Lösung a):** Wegen höherer Anforderungen hinsichtlich Belastung, Lebensdauer und Laufruhe werden nach den Empfehlungen unter 15.12.1. schrägverzahnte Kegelräder gewählt.

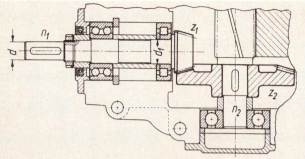

Bild 15-56
Kegelradpaar als Eingangsstufe eines Winkelgetriebes

Die Hauptabmessungen werden nach den Angaben zu 15.12.11.1. vorgewählt. Wegen der zu übertragenden höheren Leistung wird der Teilkreisdurchmesser des Ritzels zweckmäßig nach Fall 2. vorbestimmt. Danach wird dieser nach Gleichung (15.93)

$$d_{m1} \approx \frac{20\,500}{p} \cdot \sqrt[3]{\frac{P_1 \cdot p \cdot \cos^2 \delta_{01}}{\psi_d \cdot n_1} \cdot \frac{i^2 + 1}{i^2}}.$$

Hierin sind: Leistung $P_1 \triangleq P = 18{,}5$ kW, Übersetzung $i = 3{,}8$, Drehzahl $n_1 = 960$ 1/min. Zu ermitteln bzw. festzulegen sind: Teilkegelwinkel nach Gleichung (15.72) aus $\cot \delta_{01} = i = 3{,}8$, $\delta_{01} = 14°45'$, $\cos \delta_{01} = 0{,}9670$, $\cos^2 \delta_{01} = 0{,}9351$; Breitenverhältnis aus Tabelle 15.6 für $i = 3{,}8$: $\psi_d = 0{,}65$ gewählt; als Werkstoff für das Ritzel wird nach den Empfehlungen in Tabelle 15.12, Zeile 3, unter 15.16.1. zunächst ein Vergütungsstahl, beispielsweise Ck 60 mit $p \triangleq p_D = 620$ N/mm² (nach Tabelle A15.2, Anhang) angenommen. Mit diesen Werten wird dann

$$d_{m1} \approx \frac{20\,500}{620} \cdot \sqrt[3]{\frac{18{,}5 \cdot 620 \cdot 0{,}9351}{0{,}65 \cdot 960} \cdot \frac{14{,}44 + 1}{14{,}44}} \text{ mm} \approx 33 \cdot \sqrt[3]{18{,}38} \text{ mm} \approx 33 \cdot 2{,}64 \text{ mm},$$

$d_{m1} \approx 87$ mm.

Es soll gleich geprüft werden, ob dieser Durchmesser auch zu dem zu erwartenden Wellendurchmesser d „paßt". Überschlägig wird nach Gleichung 11.9 bei einem Wellenstahl Ck 60 (wie für Ritzel, da Ausführung als Ritzelwelle vorgesehen wird), also mit $c_2 = 123$ für Stähle höherer Festigkeit:

$$d \approx c_2 \cdot \sqrt[3]{\frac{P}{n}}, \quad d \approx 123 \cdot \sqrt[3]{\frac{18{,}5}{960}} \text{ mm} \approx 123 \cdot 0{,}268 \text{ mm} \approx 33 \text{ mm}, \text{ also } d \approx 30 \ldots 35 \text{ mm}.$$

Wenn $d \approx 30$ mm für den Wellenzapfen angenommen wird, damit ist am Ritzel etwa mit $d_1 = 45$ mm zu rechnen, siehe Bild 15-56.
Bei vorgesehener Ausführung als Ritzelwelle, die sich hier konstruktiv anbietet, soll nach Gleichung (15.91) sein: $d_{m1} \approx 1{,}25 \cdot d \approx 1{,}25 \cdot 45$ mm $\approx 55 \ldots 60$ mm. Mit $d_{m1} \approx 87$ mm ist also eine Ausführung als Ritzelwelle einwandfrei möglich.
Die Ritzelzähnezahl wird nach Tabelle 15.6 für $i = 3{,}8$ mit $z_1 = 15$ gewählt, womit dann $z_2 = i \cdot z_1 = 3{,}8 \cdot 15 = 57$ (genau) wird und damit auch $i = 3{,}8$ genau eingehalten ist.
Die Zahnbreite wird mit dem schon oben gewählten Breitenverhältnis $\psi_d = 0{,}65$: $b = \psi_d \cdot d_{m1}$ = $0{,}65 \cdot 87 = 56{,}55$ mm; festgelegt wird $b = 55$ mm.
Es wird geprüft, ob $b < R_m/2{,}5$ ist. Die mittlere Spitzenentfernung wird entsprechend Gleichung 15.74:

$$R_m = \frac{d_{m1}}{2 \cdot \sin \delta_{01}}, \quad R_m = \frac{87 \text{ mm}}{2 \cdot \sin 14°45'} = \frac{87 \text{ mm}}{2 \cdot 0{,}2546} \approx 171 \text{ mm};$$

$$\frac{R_m}{2{,}5} = \frac{171 \text{ mm}}{2{,}5} \approx 68 > b = 55 \text{ mm}, \text{ also ist die Bedingung erfüllt}.$$

15.13. Berechnungsbeispiele für Kegelradgetriebe

Der mittlere Stirnmodul wird entsprechend Gleichung (15.79): $m_{sm} = \dfrac{d_{m1}}{z_1} = \dfrac{87 \text{ mm}}{15} = 5{,}8 \text{ mm}$.

Damit kann ein günstiger mittlerer Schrägungswinkel entsprechend Gleichung (15.52) festgelegt werden aus $\tan \beta_m \approx 3{,}5 \cdot \dfrac{m_{sm}}{b} \approx 3{,}5 \cdot \dfrac{5{,}8 \text{ mm}}{55 \text{ mm}} = 0{,}3691$, $\beta_m = 20°15'$; gewählt wird $\beta_m = 20°$.

Damit ergibt sich der mittlere Normalmodul $m_{nm} = m_{sm} \cdot \cos \beta_m = 5{,}8 \text{ mm} \cdot \cos 20° = 5{,}8 \text{ mm} \cdot 0{,}9397 = 5{,}45 \text{ mm}$ und hiermit der zum Normmodul zu rundende äußere Normalmodul

$$m_n = m_{nm} \cdot \left(1 + \dfrac{b}{2 \cdot R_m}\right),$$

$m_n = 5{,}45 \text{ mm} \cdot \left(1 + \dfrac{55 \text{ mm}}{2 \cdot 171 \text{ mm}}\right) = 5{,}45 \text{ mm} \cdot 1{,}16 = 6{,}322 \text{ mm}$;

gewählt wird nach DIN 780, Tabelle A15.1, Anhang: $m = 6 \text{ mm}$.
Hiermit wird dann der für folgende Berechnungen wichtige äußere Stirnmodul $m_s = m_n / \cos \beta_m = 6 \text{ mm}/0{,}9397 = 6{,}385 \text{ mm}$ (nicht runden!).
Mit $m_s = 6{,}385 \text{ mm}$ und den bisher festgelegten Daten $z_1 = 15$, $z_2 = 57$, $m_n = 6 \text{ mm}$, $\delta_{01} = 14°45'$ und damit $\delta_{02} = 90° - 14°45' = 75°15'$, $\beta_m = 20°$ und $b = 55 \text{ mm}$ werden nun die genauen Abmessungen beider Räder festgelegt.

Zunächst die Teilkreisdurchmesser d_{01} für das Ritzel und d_{02} für das Rad:

$d_{01} = m_s \cdot z_1$, $\quad d_{01} = 6{,}385 \text{ mm} \cdot 15 = 95{,}775 \text{ mm}$,
$d_{02} = m_s \cdot z_2$, $\quad d_{02} = 6{,}385 \text{ mm} \cdot 57 = 363{,}945 \text{ mm}$.

Die sonstigen Abmessungen werden nach den Gleichungen (15.74) bis (15.79) ermittelt, wobei $m = m_n$ und $m_m = m_{sm}$ zu setzen sind.

Spitzenentfernung $R_a = \dfrac{d_{01}}{2 \cdot \sin \delta_{01}}$, $R_a = \dfrac{95{,}775 \text{ mm}}{2 \cdot 0{,}2546} = 188{,}089 \text{ mm} \approx 188{,}09 \text{ mm}$.

Kopfwinkel aus $\tan \kappa_k = \dfrac{m_n}{R_a}$, $\tan \kappa_k = \dfrac{6 \text{ mm}}{188{,}09 \text{ mm}} = 0{,}0319$, $\kappa_k = 1°50'$.

Fußwinkel aus $\tan \kappa_f = \dfrac{1{,}2 \cdot m_n}{R_a}$, $\tan \kappa_f = \dfrac{1{,}2 \cdot 6 \text{ mm}}{188{,}09 \text{ mm}} = 0{,}0383$, $\kappa_f = 2°12'$.

Kopfkreisdurchmesser des Ritzels $d_{k1} = d_{01} + 2 \cdot m_n \cdot \cos \delta_{01}$, mit $\cos \delta_{01} = \cos 14°45' = 0{,}9671$ wird $d_{k1} = 95{,}775 \text{ mm} + 2 \cdot 6 \text{ mm} \cdot 0{,}9671 = 107{,}379 \text{ mm} \approx 107{,}38 \text{ mm}$.
Kopfkreisdurchmesser des Rades $d_{k2} = d_{02} + 2 \cdot m_n \cdot \cos \delta_{02}$, mit $\cos \delta_{02} = \cos 75°15' = 0{,}2546$ wird $d_{k2} = 363{,}945 \text{ mm} + 2 \cdot 6 \text{ mm} \cdot 0{,}2546 = 367{,}0002 \text{ mm} \approx 367 \text{ mm}$.
Mittlerer Teilkreisdurchmesser des Ritzels $d_{m1} = d_{01} - (b \cdot \sin \delta_{01}) = 95{,}775 \text{ mm} - (55 \text{ mm} \cdot 0{,}2546) = 81{,}772 \text{ mm}$,
mittlerer Teilkreisdurchmesser des Rades $d_{m2} = d_{02} - (b \cdot \sin \delta_{02})$, mit $\sin \delta_{02} = \sin 75°15' = 0{,}9671$ wird $d_{m2} = 363{,}945 \text{ mm} - (55 \text{ mm} \cdot 0{,}9671) = 310{,}7545 \text{ mm} \approx 310{,}755 \text{ mm}$.

Der mittlere Stirnmodul wird $m_{sm} = \dfrac{d_{m1}}{z_1}$, $m_{sm} = \dfrac{81{,}772 \text{ mm}}{15} = 5{,}452 \text{ mm}$ und der mittlere Normalmodul $m_{nm} = m_{sm} \cdot \cos \beta_m$, $m_{nm} = 5{,}452 \text{ mm} \cdot \cos \beta_m = 5{,}45 \text{ mm} \cdot \cos 20° = 5{,}452 \text{ mm} \cdot 0{,}9397 = 5{,}123 \text{ mm}$.

Damit liegen die Hauptabmessungen der Kegelräder fest.
Die Verzahnungsqualität wird nach gleichen Gesichtspunkten gewählt wie bei Stirnrädern, also nach 15.8.4.3. und Bild 15-29. Für Universalgetriebe, etwa mit Werkzeugmaschinen vergleich-

bar, werden die Qualitäten 5 ... 10 empfohlen, für die Umfangsgeschwindigkeit $v_u = d_{m1} \cdot \pi \cdot n_1/60 \approx 0,082 \cdot \pi \cdot 960/60$ m/s ≈ 4 m/s die Qualitäten 8 ... 10; gewählt wird die Verzahnungsqualität 8.

Ergebnis: Die Vorwahl ergibt schrägverzahnte Kegelräder mit dem äußeren Normalmodul $m_n = 6$ mm, der Zahnbreite $b = 55$ mm, dem mittleren Schrägungswinkel $\beta_m = 20°$ und der Verzahnungsqualität 8. Als Hauptabmessungen ergeben sich für das Ritzel: $z_1 = 15$, $d_{01} = 95{,}775$ mm, $\delta_{01} = 14°45'$ und für das Rad: $z_2 = 57$, $d_{02} = 363{,}945$ mm, $\delta_{02} = 75°15'$.

▶ **Lösung b):** Mit der Berechnung auf Zahnfuß-Tragfähigkeit sollen die Werkstoffe der Kegelräder vorgewählt werden. Nach den Angaben unter 15.12.11.3. gilt die Gleichung (15.94), worin jedoch wegen der Schrägverzahnung m_{nm} an Stelle von m_m zu setzen ist und die Ersatzzähnezahlen z_{v1} und z_{v2} an Stelle von z_1 und z_2 maßgebend sind.

Für das Ritzel gilt danach

$$\sigma_{b1} = \frac{F_{u1}}{b \cdot m_{nm}} \cdot q_{k1} \cdot q_{\epsilon r} \leq \sigma_{b1\,zul}.$$

Die Umfangskraft wird nach Gleichung (15.84): $F_{u1} = \dfrac{2000 \cdot M_{t1} \cdot c_S}{d_{m1}}$.

Das vom Ritzel zu übertragende Drehmoment ergibt sich mit $P = 18{,}5$ kW und $n_1 = 960$ 1/min aus $M_{t1} = 9550 \cdot \dfrac{P}{n_1}$, $M_{t1} = 9550 \cdot \dfrac{18{,}5}{960}$ Nm $= 184$ Nm.

Für das universell einsetzbare (Universal-)Getriebe muß mit ungünstigen Betriebsverhältnissen gerechnet werden, was durch den Betriebsfaktor c_S berücksichtigt werden soll. Bei Annahme eines Antriebes durch Elektromotor, Anlauf „mittel", Vollast bei mäßigen Stößen, Zahnrad (Bruch) und bei 8 h täglicher Laufzeit wird nach Bild A15-4, Anhang (siehe auch Bild 15-42 zum Berechnungsbeispiel 15.4), $c_S \approx 2{,}1$.

Hiermit und mit $d_{m1} = 81{,}772$ mm (siehe unter a) wird

$$F_{u1} = \frac{2000 \cdot 184 \cdot 2{,}1}{81{,}772}\,\text{N} = 9450\,\text{N}.$$

Zur Ermittlung des Zahnformfaktors q_{k1} ist die Ersatzzähnezahl z_{v1} maßgebend; diese wird nach Gleichung (15.96):

$$z_{v1} = \frac{z_1}{\cos\delta_{01} \cdot \cos^3\beta_m}.$$

Mit $\cos\delta_{01} = \cos 14°45' = 0{,}9671$ und $\cos^3\beta_m = \cos^3 20° = 0{,}9397^3 = 0{,}8298$ und $z_1 = 15$ wird $z_{v1} = \dfrac{15}{0{,}9671 \cdot 0{,}8298} = 18{,}69 \approx 18{,}7$.

Hierfür und für $x_1 = 0$ (keine Profilverschiebung!) wird nach Bild A15-5, Anhang: $q_{k1} \approx 3$. Der Überdeckungsfaktor kann bei Verzahnungsqualität 8 $q_{\epsilon r} = 1$ gesetzt werden; bestenfalls könnte $q_{\epsilon r}$ wenig kleiner als 1 sich ergeben, jedoch lohnt sich der Aufwand zu dessen genauer Ermittlung kaum.

Mit diesen ermittelten Werten und mit $b = 55$ mm und $m_{nm} = 5{,}123$ mm (siehe unter a) wird

$$\sigma_{b1} = \frac{9450\,\text{N}}{55\,\text{mm} \cdot 5{,}123\,\text{mm}} \cdot 3 \cdot 1 = 100{,}62\,\text{N/mm}^2 \approx 100\,\text{N/mm}^2.$$

Hierfür wird nach Tabelle A15.2, Anhang, als Ritzelwerkstoff vorgewählt der Vergütungsstahl Ck 45, umlaufgehärtet. Die Ritzelzähne sind damit dauerbruchsicher, selbst wenn der ungünstig-

15.13. Berechnungsbeispiele für Kegelradgetriebe

ste Fall einer Wechselbelastung bei Drehrichtungsänderung angenommen wird. Dann würde nach den Angaben zur Gleichung (15.31):

$\sigma_{b1\,zul} = \sigma_{bW}/\nu = 190\,\text{N/mm}^2/2 = 95\,\text{N/mm}^2 \approx \sigma_{b1} = 100\,\text{N/mm}^2$.

Für das Rad wird entsprechend obiger Gleichung:

$$\sigma_{b2} = \frac{F_{u2}}{b \cdot m_{nm}} \cdot q_{k2} \cdot q_{\epsilon r} \lessapprox \sigma_{b2\,zul}.$$

Wie oben sind: $F_{u2} = F_{u1} = 9450\,\text{N}$, $b = 55\,\text{mm}$, $m_{nm} = 5{,}123\,\text{mm}$ und $q_{\epsilon r} = 1$.
Die Ersatzzähnezahl für das Rad wird

$$z_{v2} = \frac{z_2}{\cos \delta_{02} \cdot \cos^3 \beta_m}.$$

Mit $\cos \delta_{02} = \cos 75°15' = 0{,}2546$ und $\cos^3 \beta_m = 0{,}8298$ (wie oben) und $z_2 = 57$ wird

$$z_{v2} = \frac{57}{0{,}2546 \cdot 0{,}8298} = 269{,}8 \approx 270.$$

Hierfür und für $x_2 = 0$ wird $q_k \approx 2{,}1$ und damit die Biegespannung

$$\sigma_{b2} = \frac{9450\,\text{N}}{55\,\text{mm} \cdot 5{,}123\,\text{mm}} \cdot 2{,}1 \cdot 1 = 70{,}43\,\text{N/mm}^2 \approx 70\,\text{N/mm}^2.$$

Für das Rad wird zweckmäßig der gleiche Stahl wie für das Ritzel gewählt, also der Vergütungsstahl Ck 45, umlaufgehärtet.

Ergebnis: Die Berechnung auf Zahnfuß-Tragfähigkeit ergibt für die Zähne des Ritzels eine Biegespannung $\sigma_{b1} = 100\,\text{N/mm}^2$, für die Zähne des Rades $\sigma_{b2} = 70\,\text{N/mm}^2$. Vorgewählt wird für beide Räder der Vergütungsstahl Ck 45, umlaufgehärtet, mit einer zulässigen Biegespannung bei Wechselbelastung $\sigma_{b\,zul} = 95\,\text{N/mm}^2$.

▶ **Lösung c):** Die festgelegten Abmessungen der Kegelräder und der vorgewählte Werkstoff müssen noch durch die Nachprüfung der Zahnflanken-Tragfähigkeit nach den Angaben unter 15.12.11.4. bestätigt werden. Nach Gleichung (15.95) gilt für die Flankenpressung

$$p_C = \sqrt{\frac{F_u}{b \cdot d_{r1}} \cdot \frac{u_r + 1}{u_r}} \cdot y_W \cdot y_C \cdot y_L \lessapprox p_{zul}.$$

Die Umfangskraft wird wie unter b) ermittelt, jedoch mit $c_S \approx 1{,}8$ für Zahnrad (Grübchen): $F_u = 8100\,\text{N}$.
Der Durchmesser des Ergänzungsritzels wird mit $m_{sm} = 5{,}452\,\text{mm}$ (siehe unter a) und $z_{r1} = z_1/\cos \delta_{01} = 15/\cos 14°45' = 15/0{,}9671 = 15{,}51$: $d_{r1} = m_{sm} \cdot z_{r1} = 5{,}452\,\text{mm} \cdot 15{,}51 = 84{,}56\,\text{mm}$. Es kann auch gerechnet werden $d_{r1} = d_{m1}/\cos \delta_{01} = 81{,}772\,\text{mm}/0{,}9671 = 84{,}554\,\text{mm} \approx 84{,}55\,\text{mm}$ (siehe über Gleichung 15.80).
Das Ersatzzähnezahlverhältnis wird mit $z_{r1} = 15{,}51$ und $z_{r2} = z_2/\cos \delta_{02} = 57/\cos 75°15' = 57/0{,}2546 = 223{,}88$: $u_r = z_{r2}/z_{r1} = 223{,}88/15{,}51 \approx 14{,}44$. Es ist auch $u_r = u^2 \triangleq i^2 = 3{,}8^2 = 14{,}44$ (siehe zu Gleichung (15.95)).
Der Werkstoffaktor ist nach Tabelle A15.4, Anhang, bei Paarung St mit St: $y_W = 270$. Der Wälzpunktfaktor ergibt sich aus Bild A15-7, Anhang, für die Zähnezahlsumme $z_{r1} + z_{r2} = 15{,}51 + 233{,}88 \approx 249$, $x_1 + x_2 = 0$ (keine Profilverschiebung!) und $\beta_0 \triangleq \beta_m = 20°$: $y_C \approx 166$. Der Zahnlängenfaktor wird (wie der Überdeckungsfaktor $q_{\epsilon r}$ (siehe unter b)) $y_L = 1$ gesetzt.

$$p_C = \sqrt{\frac{8100}{55 \cdot 84{,}55} \cdot \frac{14{,}44 + 1}{14{,}44}} \cdot 270 \cdot 1{,}66 \cdot 1\,\text{N/mm}^2 = \sqrt{1{,}862} \cdot 448{,}2\,\text{N/mm}^2$$

$= 1{,}365 \cdot 448{,}2\,\text{N/mm}^2 \approx 612\,\text{N/mm}^2.$

Für den vorgewählten Vergütungsstahl Ck 45, umlaufgehärtet, ist nach Tabelle A15.2, Anhang, die Flanken-Dauerfestigkeit p_D = 1100 N/mm² ; hiermit und mit der üblichen Sicherheit ν = 1,5 wird nach Gleichung (15.34) die zulässige Flankenpressung

$$p_{zu1} = \frac{p_D \cdot y}{\nu}, \quad p_{zu1} = \frac{1100 \text{ N/mm}^2 \cdot 1}{1,5} \approx 733 \text{ N/mm}^2 > p_C = 612 \text{ N/mm}^2.$$

Der vorgewählte Werkstoff kann also beibehalten werden.

Ergebnis: Die Nachprüfung der Flanken-Tragfähigkeit ergibt für die Flankenpressung p_C = 612 N/mm² $<$ p_{zu1} = 733 N/mm². Für Ritzel und Rad wird der Vergütungsstahl Ck 45, umlaufgehärtet, gewählt.

▶ **Lösung d):** Bei der Berechnung der Radkräfte bleibt, da diese nachfolgend zur Ermittlung der Lagerkräfte dienen, der Betriebsfaktor c_S unberücksichtigt, wie unter 15.8.3.1. näher erläutert. Es kann nun bei der Kraftermittlung ohne Bedenken mit gerundeten Werten gerechnet werden.

Zunächst werden die am treibenden Rad, hier am Ritzel, wirkenden Kräfte ermittelt und zwar für den Fall, daß Drehsinn und Schrägungssinn der Zähne gleich sind. Es ist zu beachten, daß im anderen Fall sich auch andere Kräfte ergeben (siehe unter 15.12.10.).

Nach den Gleichungen (15.98) bis (15.100) ergeben sich für das treibende Rad, also hier für das Ritzel:

Umfangskraft $F_{u1} = \dfrac{2000 \cdot M_{t1}}{d_{m1}}$.

Oben bereits ermittelt sind M_{t1} = 184 Nm und d_{m1} = 81,772 mm, damit

$$F_{u1} = \frac{2000 \cdot 184}{81,772} \text{ N} = 4500 \text{ N}.$$

Axialkraft $F_{a1} = F_{u1} \cdot (\tan \alpha_{n0} \cdot \dfrac{\sin \delta_{01}}{\cos \beta_m} + \tan \beta_m \cdot \cos \delta_{01})$.

Mit dem Normal-Eingriffswinkel α_{n0} = 20° und den schon bekannten Werten $\sin \delta_{01}$ = $\sin 14°45'$ = 0,2546, $\cos \beta_m$ = $\cos 20°$ = 0,9397, $\tan \beta_m$ = $\tan 20°$ = 0,364 und $\cos \delta_{01}$ = $\cos 14°45'$ = 0,9670 wird

$$F_{a1} = 4500 \text{ N} \cdot (0,364 \cdot \frac{0,2546}{0,9397} + 0,364 \cdot 0,9670) = 4500 \text{ N} \cdot 0,45 = 2025 \text{ N}.$$

Radialkraft $F_{r1} = F_{u1} \cdot (\tan \alpha_{n0} \cdot \dfrac{\cos \delta_{01}}{\cos \beta_m} - \tan \beta_m \cdot \sin \delta_{01})$,

$$F_{r1} = 4500 \text{ N} \cdot (0,364 \cdot \frac{0,9670}{0,9397} - 0,364 \cdot 0,2546) = 4500 \text{ N} \cdot 0,2819 = 1269 \text{ N}.$$

Die am getriebenen großen Kegelrad wirkenden Kräfte sind

$F_{u2} = F_{u1}$ = 4500 N, $\quad F_{a2} = F_{r1}$ = 1269 N und $F_{r2} = F_{a1}$ = 2025 N.

Ergebnis: Für das Ritzel ergeben sich die Umfangskraft F_{u1} = 4500 N, die Axialkraft F_{a1} = 2025 N und die Radialkraft F_{r1} = 1269 N. Für das Rad werden F_{u2} = 4500 N, F_{a2} = 1269 N und F_{r2} = 2025 N.

▶ **Lösung e):** Die Lagerkräfte für die Antriebswelle werden unter der gleichen Voraussetzung ermittelt wie die Radkräfte, also bei gleichem Drehsinn des Ritzels und gleichem Schrägungssinn der

15.13. Berechnungsbeispiele für Kegelradgetriebe

Zähne. Bild 15-57 zeigt in perspektivischer Darstellung die am Ritzel wirkenden Kräfte und deren Lagerreaktionen, zur besseren Übersicht jeweils gleichartig dargestellt. Der Vorentwurf ergab die Rad- und Lagerabstände l_1 = 170 mm, l_2 = 60 mm und damit l = 230 mm.

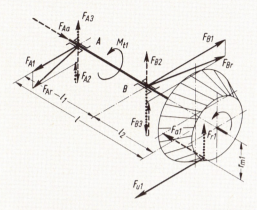

Bild 15-57
Perspektivische Skizze zur
Ermittlung der Lagerkräfte
für die Antriebswelle

Zur Ermittlung der Lagerkräfte siehe auch Kapitel 11. Achsen, Wellen und Zapfen unter 11.3.2.2. und Bild 11-4. Das Lager A wird aus konstruktiven Gründen als Festlager ausgeführt und nimmt die Axialkraft auf.

Aus der Gleichgewichtsbedingung $\sum M_{(A)} = 0$ folgt für die Kräfte im Lager B:

$$F_{B1} = \frac{F_{u1} \cdot l}{l_1}, \quad F_{B1} = \frac{4500 \text{ N} \cdot 23 \text{ cm}}{17 \text{ cm}} = 6088 \text{ N},$$

$$F_{B2} = \frac{F_{a1} \cdot r_{m1}}{l_1}, \quad F_{B2} = \frac{2025 \text{ N} \cdot 4,089 \text{ cm}}{17 \text{ cm}} = 487 \text{ N},$$

$$F_{B3} = \frac{F_{r1} \cdot l}{l_1}, \quad F_{B3} = \frac{1269 \text{ N} \cdot 23 \text{ cm}}{17 \text{ cm}} = 1717 \text{ N}.$$

Die resultierende, radiale Lagerkraft wird

$$F_{Br} = \sqrt{F_{B1}^2 = (F_{B3} - F_{B2})^2},$$

$$F_{Br} = \sqrt{6,088^2 \text{ kN}^2 + (1,717 - 0,487)^2 \text{ kN}^2} = \sqrt{38,577 \text{ kN}^2} = 6,21 \text{ kN},$$

$$F_{Br} = 6210 \text{ N}.$$

Aus der Bedingung $\sum F = 0$ ergeben sich für das Lager A:

$$F_{A1} = F_{B1} - F_{u1}, \quad F_{A1} = 6088 \text{ N} - 4500 \text{ N} = 1588 \text{ N},$$

$$F_{A2} = F_{B2} = 487 \text{ N (Kräftepaar!)},$$

$$F_{A3} = F_{B3} - F_{r1}, \quad F_{A3} = 1717 \text{ N} - 1269 \text{ N} = 448 \text{ N}.$$

Die resultierende, radiale Lagerkraft wird

$$F_{Ar} = \sqrt{F_{A1}^2 + (F_{A2} - F_{A3})^2},$$

$$F_{Ar} = \sqrt{1,588^2 \text{ kN}^2 + (0,487 - 0,448)^2 \text{ kN}^2} = \sqrt{2,5233 \text{ kN}^2} \approx 1,59 \text{ kN},$$

$$F_{Ar} = 1590 \text{ N}.$$

Die Axialkraft für Lager A ist $F_{Aa} = F_{a1} = 2025$ N.

Ergebnis: Für das Lager A ergeben sich eine Radialkraft $F_{Ar} = 1590$ N und eine Axialkraft $F_{Aa} = 2087$ N, für das Lager B ergibt sich eine Radialkraft $F_{Br} = 6210$ N.

▶ **Lösung f):** Bild 15-58 zeigt die Konstruktion des Ritzels in der Ausführung als Ritzelwelle, d.h. Ritzel und Welle bilden ein Teil. Der Wellendurchmesser am Übergang zur Ritzelnabe, also auch an der Sitzstelle des Lagers wird mit $d_1 = 45$ mm angenommen, wie bereits unter Lösung a) angedeutet ist; allerdings könnte die genaue Berechnung evtl. noch eine geringe Änderung von d_1 ergeben, was für die Konstruktion jedoch belanglos bleibt. Alle für die Fertigung erforderlichen Maße und Angaben sind eingetragen. Auch die Ausbildung des Rades ist angedeutet.

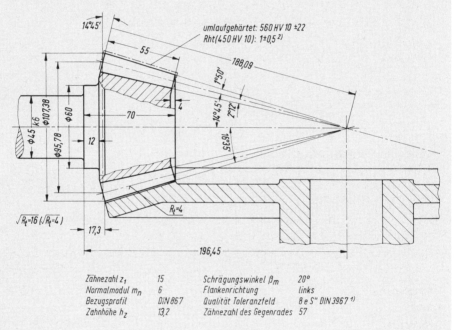

Zähnezahl z_1	15	Schrägungswinkel β_m	20°
Normalmodul m_n	6	Flankenrichtung	links
Bezugsprofil	DIN 867	Qualität Toleranzfeld	8 e S" DIN 3967 [1]
Zahnhöhe h_z	13,2	Zähnezahl des Gegenrades	57

Bild 15-58. Konstruktion und Bemaßung des Kegelritzels

[1]) 8eS" bedeutet: Verzahnungsqualität 8, Toleranzfeld e, Sammelfehler bei Zweiflanken-Wälzprüfung (Zeichen S"); wegen der zulässigen Fehler und Abmaße siehe DIN 3967

[2]) Die Angaben bedeuten: Härteprüfung nach Vickers mit Prüfkraft von ≈ 100 N (HV 10), Härtegrad 560 (≈ 5600 N/mm²) an der Oberfläche mit Toleranz ± 22 Härtegraden, Randhärtetiefe (Rht) 1 mm mit Toleranz ± 0,5 mm bei Härtegrad 450 an der tiefsten Stelle bei gleicher Prüfkraft (450 HV 10); näheres siehe DIN 50 133 und DIN 50 150

15.14. Schneckengetriebe

15.14.1. Eigenschaften, Ausführungsformen und Verwendung

15.14.1.1. Eigenschaften

Schneckengetriebe, auch Schraubgetriebe genannt, bestehen aus der meist treibenden *Schnecke* und dem getriebenen *Schneckenrad*. Die Achsen kreuzen sich normalerweise unter $\delta = 90°$. Die Schnecke gleicht einem Bewegungsgewinde oder kann als breites Schrägstirnrad mit großem Schrägungswinkel der Zähne aufgefaßt werden. Die Grundform des Schneckenrades ist das schrägverzahnte Stirnrad. Die Zähne (Gänge) der Schnecke sind meist rechtssteigend wie die des Schneckenrades.

Mit einer Stufe sind Übersetzungen, normalerweise nur ins Langsame, bis $i_{max} \approx 100$ möglich, in Sonderfällen, z. B. bei Teilgetrieben, noch höhere.

Vorteile gegenüber Stirn- und Kegelradgetrieben: Schneckengetriebe haben geräuscharmen und dämpfenden Lauf und sind bei gleichen Leistungen und Übersetzungen kleiner und leichter auszuführen.

Nachteile: Die Gleitbewegung der Zahnflanken bewirkt einen stärkeren Verschleiß, eine höhere Verlustleistung und einen geringeren Wirkungsgrad; hohe Axialkräfte, besonders bei der Schnecke, erfordern stärkere Wellenlagerungen (siehe unter „Wälzlager", Bild 14-30).

15.14.1.2. Ausführungsformen

Schnecke und Schneckenrad können zylindrische oder globoidische[1]) Form haben. Danach unterscheidet man:

Zylinderschneckengetriebe aus zylindrischer Schnecke und Globoidschneckenrad (Bild 15-59a) als das am häufigsten verwendete für Getriebe aller Art.

Globoidschnecken-Zylinderradgetriebe aus Globoidschnecke und Zylinderschneckenrad (Bild 15-59b), das wegen der teuren Schneckenherstellung nur selten verwendet wird.

Globoidschneckengetriebe aus Globoidschnecke und Globoidschneckenrad (Bild 15-59c), das wegen der teuren Herstellung nur für Hochleistungsgetriebe verwendet werden soll.

Je nach der durch das Herstellungsverfahren entstehenden Flankenform unterscheidet man bei den meist verwendeten Zylinderschnecken (Z):

ZA-Schnecke, bei der die Schneckenzähne im *A*chsschnitt das geradflankige Trapezprofil zeigen (Bild 15-59a). Ein trapezförmiger Drehmeißel mit achsparalleler Schneidfläche wird radial zugestellt. Die Zähne können nicht geschliffen werden. Wegen ungünstiger Schnittverhältnisse aus Drehmeißel bei großem Steigungswinkel nur selten verwendet.

ZN-Schnecke, bei der sich das Trapezprofil im *N*ormalschnitt zeigt (Bild 15-60b). Das Werkzeug (Drehmeißel, Fingerfräser, kleiner Scheibenfräser) ist entsprechend dem mittleren Steigungswinkel γ_m geschwenkt. Die Zähne können nicht geschliffen werden.

ZK-Schnecke, bei der die Flanken gekrümmt sind (*K*urve). An Stelle des Drehmeißels, Bild 15-60b, ist ein rotierendes Werkzeug (Scheibenfräser, Schleifscheibe) entsprechend dem Steigungswinkel geschwenkt. Die Stärke der Krümmung ist dabei vom Werkzeugdurchmesser abhängig. Wegen wirtschaftlicher Fertigung häufig verwendet.

---
[1]) Globoid: Rotationskörper, dessen erzeugende Linie ein Kreisbogen ist

ZE-Schnecke, bei der sich im Normalschnitt eine normale *E*volventenverzahnung ergibt (Bild 15-60c). Die Schnecke entspricht einem Schrägzahnstirnrad mit großem Schrägungswinkel und wird im Wälzverfahren oder mit Drehmeißel hergestellt, die über bzw. unter der Schneckenachse zugestellt werden. ZE-Schnecken werden häufig in der Feinmechanik verwendet.

Ferner sei noch die *Hohlflanken-Schnecke* mit konkav gekrümmten Zahnflanken erwähnt, die im Längsschnitt ein mit der Innenverzahnung vergleichbares Bild ergibt.

Die Zähne des Schneckenrades werden meist mit einer der Schneckenform entsprechenden Frässchnecke hergestellt.

Wegen der einfachen Fertigung wird das Zylinderschneckengetriebe mit ZA-, ZN- oder ZK-Schnecke am häufigsten verwendet und soll hier ausschließlich behandelt werden.

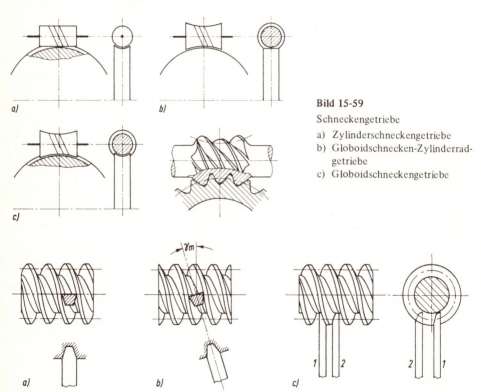

Bild 15-59 Schneckengetriebe
a) Zylinderschneckengetriebe
b) Globoidschnecken-Zylinderradgetriebe
c) Globoidschneckengetriebe

Bild 15-60. Ausführungsformen der Schnecken. a) ZA-Schnecke, b) ZN-Schnecke, c) ZE-Schnecke

15.14.1.3. Verwendung

Schneckengetriebe werden als Universalgetriebe für große Übersetzungen bei höchsten Leistungen und Antriebsdrehzahlen verwendet, z. B. für Aufzüge, Winden, Drehtrommeln und Krane, ferner zum Antrieb von Band- und Schneckenförderern, für Schraubenflaschenzüge und als Lenkgetriebe bei Kraftfahrzeugen.

15.14.2. Geometrische Beziehungen bei Zylinderschneckengetrieben[1])

15.14.2.1. Übersetzung

Die Übersetzung wird bei Schneckengetrieben nicht nur durch die Drehzahlen und Zähnezahlen, sondern bei Kraftgetrieben (z. B. Flaschenzügen) häufig auch durch die Drehmomente ausgedrückt. Unter Berücksichtigung des Wirkungsgrades wird die *Übersetzung*

$$i = \frac{n_1}{n_2} = \frac{z_2}{z_1} = \frac{M_{t2}}{M_{t1} \cdot \eta_g} \tag{15.101}$$

n_1, n_2 Drehzahl der Schnecke, des Schneckenrades
z_1, z_2 Zähnezahl der Schnecke (auch Formzahl oder Gangzahl genannt), des Schneckenrades
M_{t1}, M_{t2} Drehmoment der Schnecke, des Schneckenrades
η_g Gesamtwirkungsgrad des Schneckengetriebes nach Gleichung (15.117)

Allgemein gilt: Mindestübersetzung $i_{min} \approx 5$, Höchstübersetzung $i_{max} \approx 50 ... 60$. Bei $i > 60$ ergeben sich ungünstige Bauverhältnisse und ein hoher Verschleiß der Schnecke. Wegen gleichmäßigeren Verschleißes soll bei mehrgängiger Schnecke i möglichst keine ganze Zahl sein.
Günstige Bauverhältnisse ergeben sich mit den Werten nach Tabelle 15.7.

Tabelle 15.7: Richtwerte für die Zähnezahl der Schnecke

Übersetzung i	5 ... 10	> 10 ... 15	> 15 ... 30	> 30
Zähnezahl der Schnecke z_1	4	3	2	1

15.14.2.2. Abmessungen der Schnecke

Die Zähne sind auf dem Schneckenzylinder schraubenförmig gewunden. Der Steigungswinkel γ_m (üblich $\approx 15 ... 25°$) ist der Winkel zwischen der Zahnflankentangente am Mittenkreis d_{m1} und der Senkrechten zur Achse.
Aus der Abwicklung eines Schneckenganges (Bild 15-61d) ergibt sich der *Steigungswinkel* aus

$$\tan \gamma_m = \frac{H}{d_{m1} \cdot \pi} \tag{15.102}$$

$H = z_1 \cdot t_a$ Steigung in mm gleich Windungsabstand eines Zahnes im Achsschnitt, z_1 Zähnezahl der Schnecke, t_a Achsteilung
d_{m1} Mittenkreisdurchmesser der Schnecke in mm

---
[1]) Siehe auch DIN 3975, Bestimmungsgrößen und Fehler an Zylinderschneckengetrieben

Im *Achsschnitt* wird die *Achsteilung* $t_a = m_a \cdot \pi$, im *Normalschnitt* die *Normalteilung* $t_n = m_n \cdot \pi$ gemessen; m_a *Achsmodul*[1]), m_n *Normalmodul*. Nach Bild 15.61a (schraffiertes Dreieck) ist

$$t_n = t_a \cdot \cos \gamma_m \quad \text{bzw.} \quad m_n = m_a \cdot \cos \gamma_m \tag{15.103}$$

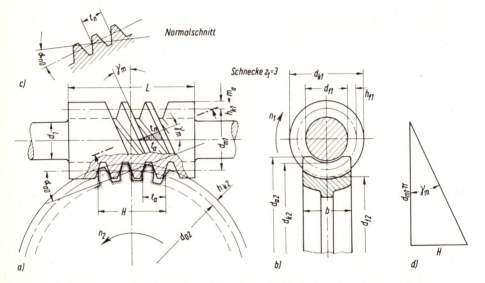

Bild 15-61. Geometrische Beziehungen am Schneckengetriebe

Aus Gleichung (15.102) folgt $d_{m1} = \dfrac{H}{\tan \gamma_m \cdot \pi}$; wird $H = z_1 \cdot t_a = z_1 \cdot m_a \cdot \pi$ und aus Gleichung (15.103) $m_a = \dfrac{m_n}{\cos \gamma_m}$ gesetzt, dann wird der *Mittenkreisdurchmesser der Schnecke*

$$d_{m1} = \frac{z_1 \cdot m_a}{\tan \gamma_m} = \frac{z_1 \cdot m_n}{\sin \gamma_m} \quad \text{in mm} \tag{15.104}$$

Beim Entwurf gilt als Richtwert $d_{m1} \approx 0{,}4 \cdot a_0$ (siehe unter 15.14.6.1.).
Mit der Kopfhöhe $h_{k1} = m_a$ und der Fußhöhe $h_{f1} \approx 1{,}2 \cdot m_a$ wird der *Kopfkreisdurchmesser*

$$d_{k1} = d_{m1} + 2 \cdot m_a \quad \text{in mm} \tag{15.105}$$

---

[1] Üblich ist die Festlegung des Achsmoduls m_a als Norm-Modul m nach DIN 780. Das ist aber nicht unbedingt notwendig, da jedes Schneckenrad ohnehin mit einem der Schnecke entsprechenden Werkzeug hergestellt wird.

der *Fußkreisdurchmesser*

$$d_{f1} \approx d_{m1} - 2{,}4 \cdot m_a \quad \text{in mm} \tag{15.106}$$

Damit die Schneckenzähne möglichst in ihrer ganzen Länge zum Tragen kommen, soll die *Schneckenlänge* ausgeführt werden:

$$L \approx 2{,}5 \cdot m_s \cdot \sqrt{z_2 + 2} \quad \text{in mm} \tag{15.107}$$

m_s Stirnmodul des Schneckenrades in mm; bei Kreuzungswinkel $\delta = 90°$ ist $m_s = m_a$
z_2 Zähnezahl des Schneckenrades

Bei der Ausführung als *Schneckenwelle,* bei der Schnecke und Welle einen Teil bilden, soll der *Schnecken-Mittenkreisdurchmesser* etwa sein:

$$d_{m1} \approx 1{,}4 \cdot d + 2{,}5 \cdot m_a \quad \text{in mm} \tag{15.108}$$

Bei *aufgesetzter Schnecke* muß sein:

$$d_{m1} \geqslant 1{,}8 \cdot d + 2{,}5 \cdot m_a \quad \text{in mm} \tag{15.109}$$

d Schneckenwellendurchmesser in mm, der zunächst überschlägig nach Gleichung (11.9), siehe Kapitel 11. Achsen, Wellen und Zapfen, ermittelt werden kann

15.14.2.3. Abmessungen des Schneckenrades

Das Schneckenrad entspricht einem globoiden Schrägzahn-Stirnrad mit dem Schrägungswinkel $\beta_0 = \gamma_m$ und der Stirnteilung $t_s = t_a$ bzw. dem Stirnmodul $m_s = m_a$, wenn der Kreuzungswinkel $\delta = 90°$ ist.
Damit wird der *Teilkreisdurchmesser des Schneckenrades*

$$d_{02} = m_s \cdot z_2 = \frac{m_n \cdot z_2}{\cos \beta_0} \quad \text{in mm} \tag{15.110}$$

der *Kopfkreisdurchmesser*

$$d_{k2} = d_{02} + 2 \cdot m_s \quad \text{in mm} \tag{15.111}$$

der *Fußkreisdurchmesser*

$$d_{f2} \approx d_{02} - 2{,}4 \cdot m_s \quad \text{in mm} \tag{15.112}$$

Der *Außendurchmesser* des Rades wird $d_{a2} \approx d_{02} + 3 \cdot m_s$ bzw. konstruktiv festgelegt. Die *Breite* für Räder aus GG oder CuSn-Legierungen (Bild 15-62a) wähle man:

$$b \approx 0{,}45 \cdot (d_{m1} + 6 \cdot m_s)$$

für Räder aus Leichtmetallen (Bild 15-62b):

$$b' \approx 0{,}45 \cdot (d_{m1} + 6 \cdot m_s) + 1{,}8 \cdot m_s$$

15.14.2.4. Achsabstand

Der *Achsabstand* ist wie bei Stirnradgetrieben

$$a_0 = \frac{d_{m1} + d_{02}}{2} \text{ in mm} \quad (15.113)$$

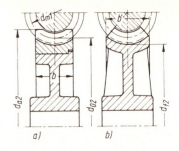

Bild 15-62. Ausführung und Abmessungen der Schneckenräder
a) Räder aus GG oder CuSn-Legierungen
b) Räder aus Leichtmetallen

15.14.3. Eingriffsverhältnisse

Für die Beurteilung der Eingriffsverhältnisse ist der *Achsschnitt* maßgebend, wobei sich der Schneckeneingriff auf den Eingriff einer Zahnstange zurückführen läßt. Sofern die Übersetzung $i = 5$ bei einer Zähnezahl des Schneckenrades $z_2 \approx 20 \ldots 30$ nicht unterschritten wird, besteht keine Gefährdung der Eingriffsverhältnisse und keine Gefahr des Zahnunterschnittes. Auf eine Untersuchung kann normalerweise verzichtet werden. Profilverschiebung wird nur ausnahmsweise dann vorgenommen, wenn es zum Erreichen eines gegebenen Achsabstandes erforderlich ist. Für den Eingriffswinkel im Normalschnitt wird $\alpha_{n0} = 20°$ empfohlen. Hiermit ergibt sich der *Eingriffswinkel im Achsschnitt* aus

$$\tan \alpha_{a0} = \frac{\tan \alpha_{n0}}{\cos \gamma_m} \quad (15.114)$$

α_{n0} Normaleingriffswinkel ($\alpha_{n0} = 20°$, $\tan 20° = 0{,}364$)
γ_m mittlerer Steigungswinkel der Schneckenzähne

15.14.4. Wirkungsgrad

Wegen ihrer mechanischen Ähnlichkeit entspricht der Wirkungsgrad der Schneckengetriebe dem der Schrauben. Bei *treibender Schnecke* ist der *Wirkungsgrad der Verzahnung*

$$\eta_Z = \frac{\tan \gamma_m}{\tan (\gamma_m + \rho')} \quad (15.115)$$

γ_m Steigungswinkel der Schnecke
ρ' (Keil-) Reibungswinkel; $\tan \rho' = \mu'$ Keilreibungszahl, die von der Form und Oberflächengüte der Flanken, von der Gleitgeschwindigkeit v_g und den Schmierverhältnissen abhängt
Richtwerte: Für Schnecke aus St und Rad aus GG ist bei Fettschmierung und v_g bis ≈ 3 m/s: $\mu' \approx 0{,}1$, $\rho' \approx 6°$; für andere Paarungen bei Ölschmierung siehe Tabelle 15.8

15.14. Schneckengetriebe

Tabelle 15.8: Reibungswerte bei Schneckengetrieben

v_g in m/s	< 0,5	0,5	1	2	4	6	10	> 10
$\mu' \approx$	0,06	0,05	0,04	0,035	0,025	0,02	0,018	0,015
$\rho' \approx$	3,5°	3°	2,3°	2°	1,4°	1,1°		1°

Die *Gleitgeschwindigkeit* der Zahnflanken aufeinander ergibt sich

$$v_g = \frac{v_{u1}}{\cos \gamma_m} = \frac{d_{m1} \cdot \pi \cdot n_1}{60 \cdot \cos \gamma_m} \text{ in m/s} \tag{15.116}$$

v_{u1} Umfangsgeschwindigkeit am Schneckenmittenkreis in m/s
d_{m1} Mittenkreisdurchmesser der Schnecke in m

Bei *treibendem Schneckenrad* wird $\eta'_Z = \dfrac{\tan(\gamma_m - \rho')}{\tan \gamma_m}$.

Der *Gesamtwirkungsgrad* eines Schneckengetriebes ergibt sich aus

$$\eta_g = \eta_Z \cdot \eta_L \tag{15.117}$$

η_Z Wirkungsgrad der Verzahnung nach Gleichung (15.115)
$\eta_L = \eta_{L1} \cdot \eta_{L2}$ Wirkungsgrad der Lagerung; η_{L1} und η_{L2} sind die Wirkungsgrade der Lagerung der Schneckenwelle und des Schneckenrades. Unter Berücksichtigung der zusätzlichen Verluste durch Schmierung und Dichtungen setzt man
     bei Wälzlagerung $\eta_{L1} = \eta_{L2} \approx 0{,}97$
     bei Gleitlagerung $\eta_{L1} = \eta_{L2} \approx 0{,}94$

Selbsthemmung tritt ein, wenn $\gamma_m < \rho'$ wird. Dann ist ein Antrieb über Schneckenrad nicht möglich, und der Wirkungsgrad wird $\eta_Z < 0{,}5$ (vgl. Selbsthemmung bei Schrauben unter 8.18.5).
Für Überschlagsrechnung und Entwurf kann der Gesamtwirkungsgrad zunächst aus Tabelle 15.9 entnommen werden.

Tabelle 15.9: Wirkungsgrade für Schneckengetriebe

Zähnezahl der Schnecke z_1	1	2	3	4
Gesamtwirkungsgrad $\eta_g \approx$	0,7	0,8	0,85	0,9

15.14.5. Kraftverhältnisse

15.14.5.1. Kräfte an der Schnecke

Bild 15-63 zeigt die Kraftwirkungen an der treibenden Schnecke. Bei der Betrachtung geht man von der senkrecht auf die Zahnflanke in Richtung der Eingriffsnormalen wirkenden Zahnkraft F_{n1} aus (Bild 15-63a). Diese wird in die Radialkraft F_{r1} und die

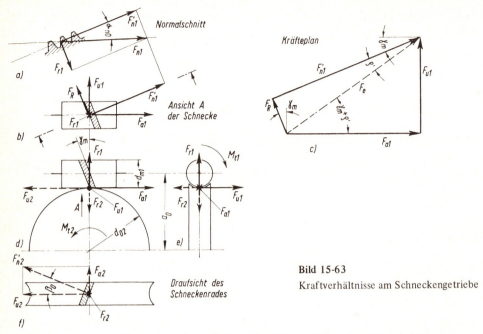

Bild 15-63
Kraftverhältnisse am Schneckengetriebe

Normalkomponente F'_{n1} zerlegt. In Bild 15-63b (Unteransicht der Schnecke) übertragen, wirkt F_{r1} senkrecht zur Bildebene (durch Kreuz dargestellt). F'_{n1} wird nun in die Umfangskraft F_{u1} und die Axialkraft F_{a1} unter Berücksichtigung der in Flankenrichtung, entgegen der Drehbewegung wirkenden Reibkraft F_R zerlegt (Kräfteplan Bild 15-63c).

Rechnerisch geht man von der *Umfangskraft an der Schnecke* aus:

$$F_{u1} = \frac{2000 \cdot M_{t1} (\cdot c_S)}{d_{m1}} \quad \text{in N} \tag{15.118}$$

M_{t1} Drehmoment der Schnecke in Nm
d_{m1} Mittenkreisdurchmesser der Schnecke in mm
c_S Betriebsfaktor zur etwaigen Erfassung extremer Betriebsverhältnisse nach Bild A15-4, Anhang; siehe unter 15.8.3.1

Die Kräfte F_{a1} und F_{r1} werden mit Hilfe des Kräfteplanes (Bild 15-63c) hergeleitet. Hierin werden F'_{n1} und F_R durch F_e ersetzt, wobei F_e und F'_{n1} den (Keil-)Reibungswinkel ρ' einschließen. Genau genommen müßte an Stelle von F'_{n1} die Zahnkraft F_{n1} gesetzt werden. Deren Unterschied wird jedoch durch Einführen von ρ' für ρ ausgeglichen (vgl. „Schraubenverbindungen" unter 8.13.1.). Aus dem Kräfteplan folgt dann für die *Axialkraft*

$$F_{a1} = \frac{F_{u1}}{\tan(\gamma_m + \rho')} \quad \text{in N} \tag{15.119}$$

γ_m Steigungswinkel der Schnecke
ρ' Reibungswinkel, siehe zu Gleichung (15.115)

Aus dem Normalschnitt (Bild 15-63a) folgt zunächst $F_{r1} = F'_{n1} \cdot \tan \alpha_{n0}$. Wird F'_{n1} im Kräfteplan über F_e durch F_{u1} ausgedrückt, dann ergibt sich die *Radialkraft*

$$F_{r1} = \frac{F_{u1} \cdot \cos \rho' \cdot \tan \alpha_{n0}}{\sin(\gamma_m + \rho')} \quad \text{in N} \tag{15.120}$$

α_{n0} Eingriffswinkel im Normalschnitt (üblich $\alpha_{n0} = 20°$, tan 20° = 0,364)

15.14.5.2. Kräfte am Schneckenrad

Die Kräfte am Schneckenrad sind durch Strichlinien in Bild 15-63f dargestellt. Die *Umfangskraft am Rad* ist gleich, aber entgegengerichtet der Axialkraft an der Schnecke:

$$F_{u2} = F_{a1} \quad \text{in N} \tag{15.121}$$

Ebenso ist die *Radialkraft*

$$F_{r2} = F_{r1} \quad \text{in N} \tag{15.122}$$

und die *Axialkraft* am Schneckenrad

$$F_{a2} = F_{u1} \quad \text{in N} \tag{15.123}$$

15.14.6. Berechnung der Tragfähigkeit der Schneckengetriebe

Wegen der andersgearteten Bewegungsverhältnisse der Zahnflanken aufeinander kann die Berechnungsweise für Stirn- und Kegelradgetriebe nicht ohne weiteres auf Schneckengetriebe angewendet werden. So wird bei diesen die Tragfähigkeit weitgehend von der Werkstoffpaarung beeinflußt; ebenso ist die durch die Flankenreibung hervorgerufene Erwärmung von besonderer Bedeutung, z. B. auch für die konstruktive Ausbildung des Getriebegehäuses.

Die Berechnung bezieht sich auf den meist vorliegenden Achsenkreuzungswinkel $\delta = 90°$.

15.14.6.1. Vorwahl der Hauptabmessungen

Für die vorläufige Festlegung der Getriebeabmessungen unterscheidet man zweckmäßig die folgenden, in der Praxis am häufigsten vorliegenden Fälle:

1. Der Achsabstand a_0 und die Übersetzung i sind gegeben.

Man wählt zunächst nach Tabelle 15.7 die *Zähnezahl* z_1 der Schnecke und legt damit die Zähnezahl des Schneckenrades $z_2 = i \cdot z_1$ fest.

Der *vorläufige Mittenkreisdurchmesser* der Schnecke ergibt sich aus

$$d_{m1} \approx \psi_a \cdot a_0 \quad \text{in mm} \tag{15.124}$$

$\psi_a = \dfrac{d_{m1}}{a_0}$ Durchmesser-Achsabstandsverhältnis; man wählt $\psi_a \approx 0,5 \ldots 0,3$ in Abhängigkeit von der Übersetzung $i = 5 \ldots > 50$

Der *vorläufige Teilkreisdurchmesser* des Schneckenrades wird $d_{02} \approx 2 \cdot a_0 - d_{m1}$.
Hiermit wird der *Stirnmodul* des Schneckenrades gleich *Achsmodul* der Schnecke
($\delta = 90°$!): $m_s \triangleq m_a = \dfrac{d_{02}}{z_2}$; festgelegt wird der nächstliegende Norm-Modul nach DIN 780, Tabelle A15.1, Anhang.

Mit m_s ergeben sich dann der *endgültige Teilkreisdurchmesser* des Schneckenrades $d_{02} = m_s \cdot z_2$ und der *Mittenkreisdurchmesser* der Schnecke $d_{m1} = 2 \cdot a_0 - d_{02}$.
Durch Umformen der Gleichung (15.104) ergibt sich der *Steigungswinkel* γ_m der Schneckenzähne gleich *Schrägungswinkel* β_0 des Schneckenrades aus

$$\tan \gamma_m = \tan \beta_0 = \frac{z_1 \cdot m_a}{d_{m1}} \tag{15.125}$$

Damit können dann die sonstigen Abmessungen nach 15.14.2. festgelegt werden. Erforderlichenfalls prüfe man, ob die Bedingungen für d_{m1} nach Gleichung (15.108) bzw. (15.109) erfüllt sind.

Die *Werkstoffpaarung* wählt man nach den vorliegenden Betriebsverhältnissen aus Tabelle 15.11. Gegebenenfalls wird die Werkstoffpaarung auch nach Tabelle A15.5 festgelegt, wenn eine Nachprüfung der Flanken-Tragfähigkeit nach Gleichung (15.127) erforderlich ist. In diesem Falle wird die Paarung so gewählt, daß mit der zugehörigen Wälzfestigkeit k_0 die Kontrolle aufgrund der Gleichungen (15.127) und (15.128) erfüllt ist.

2. *Übersetzung i ist gegeben, größere Drehmomente bzw. Leistungen sind zu übertragen, bestimmter Achsabstand ist nicht gefordert.*

Man wählt zunächst wie zu 1. nach Tabelle 15.7 die *Zähnezahl* z_1 der Schnecke und damit die Zähnezahl des Schneckenrades $z_2 = i \cdot z_1$.
Dann ermittelt man auf Grund der Wälzfestigkeit der Zahnflanken (Stribeck'sche Wälzpressung) den *Teilkreisdurchmesser des Schneckenrades*

$$d_{02} \approx 11{,}2 \cdot \sqrt[3]{\frac{M_{t2} \cdot z_2}{k_0}} \approx 240 \cdot \sqrt[3]{\frac{P_2 \cdot z_2}{k_0 \cdot n_2}} \quad \text{in mm} \tag{15.126}$$

M_{t2} vom Schneckenrad zu übertragendes Drehmoment in Nm; bei gegebenem Drehmoment M_{t1} der Schnecke ist nach Gleichung (15.101): $M_{t2} = M_{t1} \cdot i \cdot \eta_g$; Gesamtwirkungsgrad η_g zunächst aus Tabelle 15.9

P_2 vom Schneckenrad zu übertragende Leistung in kW; bei gegebener Leistung P_1 der Schnecke ist

$P_2 = P_1 \cdot \eta_g$

z_2 Zähnezahl des Schneckenrades

k_0 Wälzfestigkeit in N/mm² nach Tabelle A15.5, Anhang, abhängig von der Werkstoffpaarung

n_2 Drehzahl des Schneckenrades in 1/min

15.14. Schneckengetriebe

Der *Stirnmodul* m_s des Schneckenrades gleich *Achsmodul* m_a der Schnecke ergibt sich aus $m_s \triangleq m_a = d_{02}/z_2$; m_s (m_a) wird zum Norm-Modul nach DIN 780, Tabelle A15.1, Anhang, gerundet.

Den *Mittenkreisdurchmesser der Schnecke* d_{m1} legt man je nach Ausführung der Schnecke nach Gleichung (15.108) bzw. (15.109) fest.

Damit ergibt sich der *Steigungswinkel* γ_m gleich *Schrägungswinkel* β_0 aus Gleichung (15.125).

Die sonstigen Rad- und Getriebeabmessungen ermittelt man nach 15.14.2.
Die *Werkstoffpaarung* wählt man wie unter 1. nach Tabelle 15.11 vor.

15.14.6.2. Nachprüfung der Flanken-Tragfähigkeit

Nach der Vorwahl der Getriebeabmessungen wird zunächst die Flanken-Tragfähigkeit und zwar zweckmäßig die *Wälzpressung* geprüft. Für diese gilt:

$$k = \frac{2000 \cdot M_{t2}(\cdot c_S)}{d_{02}^2 \cdot b_2 \cdot y_z} = \frac{19{,}5 \cdot 10^6 \cdot P_2(\cdot c_S)}{d_{02}^2 \cdot b_2 \cdot y_z \cdot n_2} \leqslant k_{zul} \text{ in N/mm}^2 \qquad (15.127)$$

M_{t2} vom Schneckenrad zu übertragendes Drehmoment in Nm (siehe auch zu Gleichung 15.126); gegebenenfalls ist der Betriebsfaktor c_S zu berücksichtigen, siehe zu Gleichung (15.118)

P_2 vom Schneckenrad zu übertragende Leistung in PS (siehe auch zu Gleichung 15.126); ggf. ist c_S zu berücksichtigen wie bei M_{t2}

d_{02} Teilkreisdurchmesser des Schneckenrades in mm

b_2 Breite der Zähne des Schneckenrades (etwa gleich Radbreite) in mm

n_2 Drehzahl des Schneckenrades in 1/min

y_z Zahnformfaktor, abhängig vom Steigungswinkel γ_m, nach Bild A15-10, Anhang

k_{zul} zulässige Wälzpressung in kp/mm² nach Gleichung (15.128)

Die *zulässige Wälzpressung* ergibt sich aus

$$k_{zul} = \frac{k_0 \cdot y_v \cdot y_L}{\nu} \text{ in N/mm}^2 \qquad (15.128)$$

k_0 Wälzfestigkeit in N/mm², abhängig von der Werkstoffpaarung, nach Tabelle A15.5, Anhang

y_v Geschwindigkeitsfaktor nach Bild A15-11, Anhang, abhängig von der Flankengleitgeschwindigkeit v_g (nach Gleichung 15.116)

y_L Lebensdauerfaktor nach Bild A15-11, Anhang, abhängig von der Lebensdauer, für deren Wahl die Tabelle A14,4, Anhang (zum Kapitel „Wälzlager"), als Richtlinie dienen kann

ν Sicherheit; man wählt $\nu \approx 1{,}25$ bei gleichmäßigem, $\nu \approx 1{,}5$ bei wechselndem, stoßhaftem Betrieb

Falls $k > k_{zul}$, wird zweckmäßig die vorgewählte Werkstoffpaarung so geändert, daß mit der zugehörigen Wälzfestigkeit k_0 die Bedingung nach Gleichung (15.127) erfüllt ist. Nur ausnahmsweise, wenn diese Möglichkeit nicht mehr gegeben ist, sollten die Getriebedaten geändert werden. Häufig genügt schon ein etwas größerer Modul m_s, um mit dem dann größeren Teilkreisdurchmesser d_{02} (geht quadratisch in Gleichung 15.127 ein!) eine wesentlich kleinere Wälzpressung zu erreichen. Dabei ist aber die Änderung auch der sonstigen Getriebeabmessungen zu beachten.

15.14.6.3. Kontrolle auf Erwärmung

Die durch Flanken- und Lagerreibung, sowie durch Planschwirkung entstehende Wärmemenge kann bei Hochleistungsgetrieben zu einer unzulässigen Temperaturerhöhung führen. Die Betriebstemperatur soll $\approx 80 \ldots 90\,°C$ nicht überschreiten. Die zu dieser Temperatur führende *Grenzleistung* P_{g2} *am Schneckenrad* ergibt sich nach Versuchen aus

$$P_{g2} \approx 0{,}0037 \cdot a_0^2 \cdot y_n \cdot \frac{\eta_g}{1-\eta_g} \text{ in kW} \qquad (15.129)$$

a_0 Achsabstand in cm(!) nach Gleichung (15.118)
η_g Gesamtwirkungsgrad des Getriebes nach Gleichung (15.117)
y_n Drehzahlbeiwert, abhängig von der Schneckendrehzahl n_1. Man setzt:

n_1	500	750	1000	1500	2000	2500	3000
$y_n \approx$	1,05	1,09	1,14	1,27	1,42	1,58	1,77
$y'_n \approx$	1,12	1,22	1,35	1,68	2,04	2,45	2,95

Liegt die Grenzleistung P_{g2} unter der Abtriebsleistung P_2, dann ist zusätzliche Kühlung, z. B. durch Gebläse, erforderlich. Die Grenzleistung erhöht sich dann; an Stelle von y_n wird y'_n in Gleichung (15.129) eingesetzt.

15.14.6.4. Nachprüfung auf Bruchfestigkeit

Eine Nachprüfung der Zähne auf Festigkeit ist meist nicht erforderlich. Sie kann für das Schneckenrad sinngemäß nach Gleichung (15.53) wie für Schrägstirnräder erfolgen.

15.14.7. Werkstoffe und Werkstoffpaarung

Wegen des zusätzlichen Schraubgleitens der Zähne kommt der Auswahl der Werkstoffe für Schnecke und Schneckenrad besondere Bedeutung zu. Die Werkstoffe müssen gute Gleiteigenschaften zueinander aufweisen, genügend verschleißfest sein und eine gute Wärmeleitfähigkeit haben. Einen Überblick über die gebräuchlichen Werkstoffe gibt Tabelle 15.10, geeignete Paarungen können Tabelle 15.11 entnommen werden.

15.15. Berechnungsbeispiele für Schneckengetriebe

Tabelle 15.10: Werkstoffe für Schnecke und Schneckenrad (Auswahl)

	Schnecke				Schneckenrad	
A	allgemeiner Baustahl DIN 17100	St 60 St 70	gehärtet und vergütet	1	Gußeisen DIN 1691 1663	GG-15, GG-20 GG-25 GGG-38 ... 42
	Vergütungsstahl DIN 17200	C 45 C 60 34CrMo4 42CrMo4		2	Perlitguß	GG-30, GG-35 GGG-60 ... 70
				3	Kupfer-Zinn-Legierung (Bronze) DIN 17662	G-CuSn12 (Formguß) G-CuSn10 Zn (Formguß)
				4		GZ-CuSn12 (Schleuderguß) GC-CuSn12 (Strangguß)
B	Einsatzstahl DIN 17210	C 15 15 Cr3 16 MnCr5	einsatzgehärtet	5	Aluminium-Legierung DIN 1725	GK-AlCu4TiMg Kokillenguß
				6	Kunststoff	Polyamide

Tabelle 15.11: Geeignete Werkstoffpaarungen für Schneckengetriebe

Werkstoffkennzeichen nach Tabelle 15.10		Eigenschaften und Verwendungsbeispiele
Schnecke	Schneckenrad	
A	1	geringe Gleitgeschwindigkeit und mäßige Belastung; Hebezeuge, Werkzeugmaschinen, allgemeiner Maschinenbau
	2	wie vorher, bei höheren Belastungen
	3	bei mittleren Belastungen und Drehzahlen ⎱ bevorzugte Paarung für Getriebe aller Art,
	4	bei hohen Belastungen und mittleren Drehzahlen ⎰ Universalgetriebe Fahrzeuggetriebe
B	1 ... 4 5 und 6	wie bei Paarung A mit 1 ... 4, jedoch bei hohen Drehzahlen korrosionsbeständig, für geringe Belastungen, Leichtbau, Apparatebau

Wegen der Werkstoffpaarung bei *Stirnradgetrieben* siehe unter 15.16.1 und Tabelle 15.12.

15.15. Berechnungsbeispiele für Schneckengetriebe

■ **Beispiel 15.7:** Das Schneckengetriebe eines Zählwerkes soll eine Übersetzung $i = 25$ und aus Einbaugründen einen Achsabstand $a_0 = 40$ mm haben. Der Achsen-Kreuzungswinkel beträgt $\delta = 90°$.
Die Hauptabmessungen der Schnecke und des Schneckenrades sind zu ermitteln.

▶ **Lösung:** Zunächst wird die Ausführungsform des Getriebes nach den Angaben unter 15.14.1.2. festgelegt. Die Anforderungen an Leistung sind gering, es wird jedoch ein möglichst spielfreier, genauer Lauf verlangt. Daher wird ein Zylinderschneckengetriebe vorgesehen mit zylindrischer E-Schnecke und Globoidschneckenrad.

Die Hauptabmessungen werden nach 15.14.6.1. ermittelt und zwar bei vorgegebenem Achsabstand nach „Fall 1".
Zunächst wird nach Tabelle 15.7 für die Übersetzung $i = 25$ die Zähnezahl $z_1 = 2$ für die Schnecke festgelegt. Für das Schneckenrad wird dann $z_2 = i \cdot z_1 = 25 \cdot 2 = 50$.
Mit den gewählten Durchmesser-Achsabstandsverhältnis $\psi_a \approx 0{,}35$ für $i = 25$ wird nach Gleichung (15.124) der vorläufige Mittenkreisdurchmesser der Schnecke

$d_{m1} = \psi_a \cdot a_0, \quad d_{m1} \approx 0{,}35 \cdot 40 \text{ mm} = 14 \text{ mm}.$

Der vorläufige Teilkreisdurchmesser des Schneckenrades wird dann

$d_{02} = 2 \cdot a_0 - d_{m1}, \quad d_{02} = 2 \cdot 40 \text{ mm} - 14 \text{ mm} = 66 \text{ mm}.$

Hiermit wird nun der Stirnmodul des Schneckenrades gleich Achsmodul der Schnecke

$m_s = m_a = \dfrac{d_{02}}{z_2}, \quad m_s = m_a = \dfrac{66 \text{ mm}}{50} = 1{,}32 \text{ mm};$

gewählt wird nach DIN 780, Tabelle A15.1, Anhang, der nächstliegende Norm-Modul $m_s = m_a = 1{,}25$ mm.

Der endgültige Teilkreisdurchmesser des Schneckenrades wird dann nach Gleichung (15.110):

$d_{02} = m_s \cdot z_2, \quad d_{02} = 1{,}25 \text{ mm} \cdot 50 = 62{,}5 \text{ mm},$

und damit der endgültige Mittenkreisdurchmesser der Schnecke

$d_{m1} = 2 \cdot a_0 - d_{02}, \quad d_{m1} = 2 \cdot 40 \text{ mm} - 62{,}5 \text{ mm} = 17{,}5 \text{ mm}.$

Hiermit ergibt sich ein bestimmter Steigungswinkel der Schneckenzähne gleich Schrägungswinkel der Schneckenradzähne aus Gleichung (15.125):

$\tan \gamma_m = \tan \beta_0 = \dfrac{z_1 \cdot m_a}{d_{m1}}, \quad \tan \gamma_m = \tan \beta_0 = \dfrac{2 \cdot 1{,}25 \text{ mm}}{17{,}5 \text{ mm}} = 0{,}1429, \quad \gamma_m = \beta_0 = 8°8'.$

Die noch fehlenden Hauptabmessungen werden nach 15.14.2. ermittelt.
Der Kopfkreisdurchmesser der Schnecke wird nach Gleichung (15.105):

$d_{k1} = d_{m1} + 2 \cdot m_a, \quad d_{k1} = 17{,}5 \text{ mm} + 2 \cdot 1{,}25 \text{ mm} = 20 \text{ mm},$

der Fußkreisdurchmesser nach Gleichung (15.106):

$d_{f1} \approx d_{m1} - 2{,}4 \cdot m_a, \quad d_{f1} \approx 17{,}5 \text{ mm} - 2{,}4 \cdot 1{,}25 \text{ mm} = 14{,}5 \text{ mm}.$

Die Schneckenlänge ergibt sich nach Gleichung (15.107):

$L \approx 2{,}5 \cdot m_s \cdot \sqrt{z_2 + 2}, \quad L \approx 2{,}5 \cdot 1{,}25 \text{ mm} \cdot \sqrt{50 + 2} \approx 22{,}3 \text{ mm};$ ausgeführt $L = 25$ mm.

Für das Schneckenrad wird der Kopfkreisdurchmesser nach Gleichung (15.111):

$d_{k2} = d_{02} + 2 \cdot m_s, \quad d_{k2} = 62{,}5 \text{ mm} + 2 \cdot 1{,}25 \text{ mm} = 65 \text{ mm}.$

Das Schneckenrad soll aus Leichtmetall gefertigt werden in der Ausführung etwa nach Bild 15-62b. Hierfür wird als Radbreite empfohlen:

$b' \approx 0{,}45 \cdot (d_{m1} + 6 \cdot m_s) + 1{,}8 \cdot m_s,$
$b' \approx 0{,}45 \cdot (17{,}5 \text{ mm} + 6 \cdot 1{,}25 \text{ mm}) + 1{,}8 \cdot 1{,}25 \text{ mm} = 13{,}5 \text{ mm};$

ausgeführt wird $b' = 15$ mm.

15.15. Berechnungsbeispiele für Schneckengetriebe

Der Außendurchmesser d_{a2} des Rades wird zweckmäßig konstruktiv ermittelt und festgelegt. Die geeignete Werkstoffpaarung wird nach Tabelle 15.11 gewählt. Für den Apparatebau werden als Werkstoffe empfohlen: „B" für die Schnecke, „5" (oder „6") für das Schneckenrad. Nach Tabelle 15.10 werden festgelegt: Schnecke aus Einsatzstahl C15 (einsatzgehärtet), Schneckenrad aus Aluminium-Gußlegierung GK-AlCu4TiMg.

Eine Kontrolle auf Festigkeit und Erwärmung erübrigt sich, da praktisch keine Leistung übertragen wird.

Ergebnis: Für das Zählwerk ergibt sich ein Schneckengetriebe mit Modul $m_a = m_s = 1{,}25$ mm. Schnecke aus Einsatzstahl C15 (einsatzgehärtet) mit Zähnezahl $z_1 = 2$, Mittenkreisdurchmesser $d_{m1} = 17{,}5$ mm, Steigungswinkel $\gamma_m = 8°8'$, Zähne rechtssteigend, Länge $L = 25$ mm. Schneckenrad aus Aluminium-Gußlegierung GK-AlCu4TiMg mit Zähnezahl $z_2 = 50$, Teilkreisdurchmesser $d_{02} = 62{,}5$ mm, Schrägungswinkel der Zähne $8°8'$, rechtssteigend, Radbreite $b' = 15$ mm.

■ **Beispiel 15.8:** Es ist ein Universal-Schneckengetriebe für eine Abtriebsleistung $P_2 \approx 5$ kW und eine Übersetzung von $n_1 = 960$ 1/min auf $n_2 \approx 50$ 1/min auszulegen. Es ist eine Ausführung mit oben liegender Schneckenwelle bei einem Achsen-Kreuzungswinkel $\delta = 90°$ vorgesehen (Bild 15-64). Das Getriebe soll eine Vollast-Lebensdauer von mindestens $L_h = 12\,000$ h erreichen.

a) Die Hauptabmessungen des Getriebes sind festzulegen.
b) Die Berechnung auf Tragfähigkeit ist durchzuführen und danach sind geeignete Werkstoffe für Schnecke und Schneckenrad zu wählen.
c) Die Kontrolle auf Erwärmung ist durchzuführen.
d) Die noch fehlenden Abmessungen sind zu ermitteln und alle Getriebedaten zusammenzustellen.
e) Der Wirkungsgrad des Getriebes und die erforderliche Antriebsleistung sind zu bestimmen.
f) Die an der Schnecke und am Schneckenrad wirkenden Kräfte sind zu ermitteln.
g) Die wesentlichen Gesichtspunkte zur Gestaltung des Getriebes sind herauszustellen und das Schneckenrad ist mit allen erforderlichen Maßen und Daten zu konstruieren.

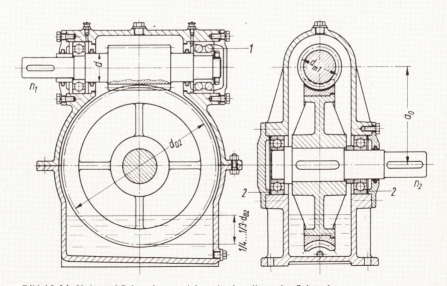

Bild 15-64. Universal-Schneckengetriebe mit oben liegender Schnecke

▶ **Lösung a):** Vorerst soll die Ausführungsform nach den Angaben zu 15.14.1.2. festgelegt werden. Danach wird ein Zylinderschneckengetriebe mit zylindrischer Schnecke, wegen der wirtschaftlichen Fertigung zweckmäßig als ZK-Schnecke, und mit Globoidschneckenrad gewählt. Es handelt sich hier um ein Leistungsgetriebe. Die Hauptabmessungen werden nach 15.14.6.1. vorgewählt und zwar nach „Fall 2".

Zunächst werden die Zähnezahlen festgelegt. Nach Tabelle 15.7 wird für die Übersetzung $i = n_2/n_1$ = 960 1/min/50 1/min = 19,2 die Zähnezahl der Schnecke z_1 = 3 gewählt und damit wird die Zähnezahl des Schneckenrades $z_2 = i \cdot z_1$ = 19,2 · 3 = 57,6, also z_2 = 58. Die tatsächliche Übersetzung wird dann $i = z_2/z_1$ = 58/3 = 19,33 und die Abtriebsdrehzahl $n_2 = n_1/i$ = 960 1/min/19,33 ≈ 49,7 1/min.

Aufgrund der Wälzfestigkeit der Zahnflanken wird nun der ungefähre Teilkreisdurchmesser des Schneckenrades nach Gleichung (15.126) ermittelt:

$$d_{02} \approx 240 \cdot \sqrt[3]{\frac{P_2 \cdot z_2}{k_0 \cdot n_2}}.$$

Bekannt sind: P_2 = 5 kW, z_2 = 58 und n_2 = 49,7 1/min. Zur Ermittlung der Wälzfestigkeit k_0 muß eine geeignete Werkstoffpaarung vorgewählt werden. Nach Tabelle 15.11 wird bei der vorliegenden mittleren Belastung und Drehzahl die Werkstoffpaarung A–3 empfohlen, wofür nach Tabelle 15.10 vorerst gewählt werden: Schnecke aus Vergütungsstahl C45, Schneckenrad aus Kupfer-Zinn-Legierung, z. B. G-CuSn12. Hierfür wird nach Tabelle A15.5: k_0 = 5 N/mm².

$$d_{02} \approx 240 \cdot \sqrt[3]{\frac{5 \cdot 58}{5 \cdot 49,7}} \text{ mm} \approx 240 \cdot 1,053 \text{ mm} \approx 253 \text{ mm}.$$

Damit wird der Stirnmodul des Schneckenrades gleich Achsmodul der Schnecke $m_s = m_a = \dfrac{d_{02}}{z_2}$,

$m_s = m_a = \dfrac{253 \text{ mm}}{58} \approx 4{,}36$ mm; nach DIN 780, Tabelle A15.1, Anhang, wird gewählt $m_s = m_a$ = 5 mm, womit d_{02} = 290 mm wird.

Der Mittenkreisdurchmesser der Schnecke soll bei der hier zweckmäßigen Ausführung als Schneckenwelle nach Gleichung (15.108) etwa sein:

$d_{m1} \approx 1,4 \cdot d + 2,5 \cdot m_a$.

Hierzu muß der Schneckenwellendurchmesser d zunächst überschlägig nach Gleichung (11.9), siehe unter 11. Achsen, Wellen und Zapfen, ermittelt werden. Für den vorgesehenen Vergütungsstahl C 45, festigkeitsmäßig etwa mit St 60 vergleichbar, wird mit Faktor c_2 = 133, mit der Schneckenwellenleistung $P \triangleq P_1 = P_2/\eta_g$ = 5 kW/0,85 ≈ 5,9 kW (mit η_g für z_1 = 3 aus Tabelle 15.9) und mit der Drehzahl $n \triangleq n_1$ = 960 1/min:

$$d \approx c_2 \cdot \sqrt[3]{\frac{P}{n}}, \quad d \approx 133 \cdot \sqrt[3]{\frac{5,9}{960}} \text{ mm} \approx 133 \cdot 0,183 \text{ mm} \approx 24 \text{ mm};$$

sicherheitshalber wird an der Schnecke ein Wellendurchmesser d = 30 mm angenommen. Hiermit wird dann

$d_{m1} \approx 1,4 \cdot 30$ mm $+ 2,5 \cdot 5$ mm = 54,5 mm; gewählt wird d_{m1} = 55 mm.

Damit kann der Steigungswinkel der Schneckenzähne gleich Schrägungswinkel der Schneckenradzähne nach Gleichung (15.125) festgelegt werden:

$$\tan \gamma_m = \tan \beta_0 = \frac{z_1 \cdot m_a}{d_{m1}}, \quad \tan \gamma_m = \tan \beta_0 = \frac{3 \cdot 5 \text{ mm}}{55 \text{ mm}} = 0{,}2727, \quad \gamma_m = \beta_0 = 15°15'.$$

Damit liegen die wesentlichen Hauptabmessungen fest, die nun anschließend durch die Tragfähigkeitsberechnung bestätigt, ggf. auch noch korrigiert werden müssen.

15.15. Berechnungsbeispiele für Schneckengetriebe

Ergebnis: Die Vorwahl ergibt folgende Hauptabmessungen für das Zylinderschneckengetriebe: Stirnmodul des Schneckenrades gleich Achsmodul der Schnecke $m_s = m_a = 5$ mm, Zähnezahl der Schnecke $z_1 = 3$, Mittenkreisdurchmesser der Schnecke $d_{m1} = 55$ mm, Zähnezahl des Schneckenrades $z_2 = 58$, Teilkreisdurchmesser des Schneckenrades $d_{02} = 290$ mm, Steigungswinkel der Schneckenzähne gleich Schrägungswinkel der Schneckenradzähne $\gamma_m = \beta_0 = 15°15'$.

▶ **Lösung b):** Bevor die restlichen Getriebeabmessungen festgelegt werden wird die Flanken-Tragfähigkeit nach Gleichung (15.127) geprüft:

$$k = \frac{19{,}5 \cdot 10^6 \cdot P_2 \cdot c_S}{d_{02}^2 \cdot b_2 \cdot y_z \cdot n_2} \leqslant k_{zul}.$$

Bekannt sind: $P_2 = 5$ kW, $d_{02} = 290$ mm und $n_2 = 49{,}7$ 1/min.

Der Betriebsfaktor bleibt bei Annahme eines „normalen" Betriebes unberücksichtigt, also $c_S = 1$. Die Zahnbreite, etwa gleich Radbreite, wird bei Rad aus Kupfer-Zinn-Legierung nach den Angaben zu Bild 15-62: $b_2 \triangleq b \approx 0{,}45 \cdot (d_{m1} + 6 \cdot m_s) \approx 0{,}45 \cdot (55 \text{ mm} + 6 \cdot 5 \text{ mm}) = 38{,}25$ mm; ausgeführt $b = 40$ mm.

Der Zahnformfaktor wird nach Bild A15-10 für $\gamma_m = 15°15'$: $y_z \approx 0{,}4$.

$$k = \frac{19{,}5 \cdot 10^6 \cdot 5 \cdot 1}{290^2 \cdot 40 \cdot 0{,}4 \cdot 49{,}7} \text{ N/mm}^2 \approx 1{,}46 \text{ N/mm}^2.$$

Die zulässige Wälzpressung wird nach Gleichung (15.128):

$$k_{zul} = \frac{k_0 \cdot y_v \cdot y_L}{\nu}.$$

Es ist $k_0 = 5$ N/mm² nach Tabelle A15.5, Anhang, für Schnecke aus C 45 und Rad aus G-CuSn (siehe auch oben unter Lösung a).

Für die Flankengleitgeschwindigkeit nach Gleichung (15.116):

$$v_g = \frac{d_{m1} \cdot \pi \cdot n_1}{60 \cdot \cos \gamma_m} = \frac{0{,}055 \cdot \pi \cdot 960}{60 \cdot \cos 15°15'} \text{ m/s} = \frac{0{,}055 \cdot \pi \cdot 960}{60 \cdot 0{,}9648} \text{ m/s} \approx 2{,}86 \text{ m/s}$$

wird der Geschwindigkeitsfaktor nach Bild A15-12, Anhang: $y_v \approx 0{,}48$.

Der Lebensdauerfaktor wird für die verlangte Lebensdauer $L_h \approx 12\,000$ h ($= 1{,}2 \cdot 10^4$ h) nach Bild A15-11, Anhang: $y_L \approx 1$.

Bei einer Sicherheit $\nu = 1{,}25$ für angenommenen gleichmäßigen Betrieb wird dann

$$k_{zul} = \frac{5 \text{ N/mm}^2 \cdot 0{,}48 \cdot 1}{1{,}25} \approx 1{,}9 \text{ N/mm}^2 > k \approx 1{,}46 \text{ N/mm}^2.$$

Damit könnte das Getriebe sogar bei wechselndem, stoßhaftem Betrieb die verlangte Lebensdauer erreichen, denn hierbei würde mit einer Sicherheit $\nu = 1{,}5$ (siehe zu Gleichung 15.128) die zulässige Spannung $k_{zul} \approx 1{,}6$ N/mm² $> k \approx 1{,}46$ N/mm².

Ergebnis: Die Berechnung der Flanken-Tragfähigkeit ergibt als Werkstoff für die Schnecke den Einsatzstahl C 45, gehärtet und geschliffen, für das Schneckenrad die Kupfer-Zinn-Legierung G-CuSn 12. Die Wälzpressung ist $k = 1{,}46$ N/mm² $< k_{zul} = 1{,}9$ (1,6) N/mm².

▶ **Lösung c):** Zur Kontrolle der Erwärmung des Getriebes wird die (Grenz-)Leistung ermittelt, die zu einer gerade noch zulässigen Temperatur von ≈ 80 ... 90 °C führen würde. Nach Gleichung (15.129) wird diese auf das Rad bezogene Leistung:

$$P_{g2} \approx 0{,}0037 \cdot a_0^2 \cdot y_n \cdot \frac{\eta_g}{1-\eta_g}.$$

Der Achsabstand wird nach Gleichung (15.113):

$$a_0 = \frac{d_{m1}+d_{02}}{2}, \quad a_0 = \frac{5{,}5 \text{ cm} + 29 \text{ cm}}{2} = 17{,}25 \text{ cm}.$$

Der Drehzahlbeiwert wird bei Drehzahl n_1 = 960 1/min geschätzt: $y_n \approx 1{,}13$ (ohne Fremdkühlung).

Der Wirkungsgrad des Getriebes ergibt sich aus Gleichung (15.117): $\eta_g = \eta_Z \cdot \eta_L$; hierin ist der Wirkungsgrad der Verzahnung nach Gleichung (15.115):

$$\eta_Z = \frac{\tan \gamma_m}{\tan (\gamma_m + \rho')},$$

mit Steigungswinkel γ_m = 15°15' (siehe unter a) und Reibungswinkel $\rho' \approx 1{,}8° = 1°48'$ nach Tabelle 15.8 für v_g = 2,86 m/s (siehe unter b) wird

$$\eta_Z = \frac{\tan 15°15'}{\tan (15°15' + 1°48')} = \frac{0{,}2727}{0{,}3067} \approx 0{,}89.$$

Der Wirkungsgrad der Lagerung wird bei Wälzlagerung nach den Angaben unter Gleichung (15.117): $\eta_L = \eta_{L1} \cdot \eta_{L2} = 0{,}97 \cdot 0{,}97 = 0{,}94$; damit wird der Gesamtwirkungsgrad

$\eta_g = 0{,}89 \cdot 0{,}94 \approx 0{,}84.$

Mit diesen Werten wird dann die Grenzleistung

$$P_{g2} \approx 0{,}0037 \cdot 17{,}25^2 \cdot 1{,}13 \cdot \frac{0{,}84}{1-0{,}84} \approx 6{,}53 \text{ kW}.$$

Da nun $P_{g2} \approx 6{,}53$ kW $> P_2$ = 5 kW, ist eine unzulässig hohe Erwärmung des Getriebes nicht zu erwarten. Die Abmessungen können also beibehalten werden, Fremdkühlung ist nicht erforderlich.

Ergebnis: Die Kontrolle auf Erwärmung des Getriebes ergibt eine Grenzleistung P_{g2} = 6,53 kW $> P_2$ = 5 kW. Damit tritt eine unzulässig hohe Erwärmung des Getriebes nicht auf, zusätzliche Kühlung ist nicht erforderlich.

▶ **Lösung d):** Die meisten Abmessungen und Daten des Getriebes sind bereits ermittelt. Es fehlen noch für die Schnecke:

Kopfkreisdurchmesser nach Gleichung (15.105):

$d_{k1} = d_{m1} + 2 \cdot m_a, \quad d_{k1}$ = 55 mm + 2 · 5 mm = 65 mm.

Fußkreisdurchmesser nach Gleichung (15.106):

$d_{f1} \approx d_{m1} - 2{,}4 \cdot m_a, \quad d_{f1} \approx$ 55 mm − 2,4 · 5 mm = 43 mm.

Schneckenlänge nach Gleichung (15.107):

$L \approx 2{,}5 \cdot m_s \cdot \sqrt{z_2+2}, \quad L \approx 2{,}5 \cdot 5 \text{ mm} \cdot \sqrt{58+2} \approx 97$ mm; ausgeführt L = 100 mm.

Für das Schneckenrad sind noch zu ermitteln:

Kopfkreisdurchmesser nach Gleichung (15.111):

$d_{k2} = d_{02} + 2 \cdot m_s, \quad d_{k2}$ = 290 mm + 2 · 5 mm = 300 mm.

Fußkreisdurchmesser nach Gleichung (15.112):

$d_{f2} \approx d_{02} - 2{,}4 \cdot m_s$, $d_{f2} \approx 290$ mm $- 2{,}4 \cdot 5$ mm $= 278$ mm.

Außendurchmesser d_{a2} und Breite b der Zähne bei Ausführung nach Bild 15-62a:

$d_{a2} \approx d_{02} + 3 \cdot m_s$, $d_{a2} \approx 290$ mm $+ 3 \cdot 5$ mm $= 305$ mm (oder wird konstruktiv festgelegt),
$b \approx 0{,}45 \cdot (d_{m1} + 6 \cdot m_s)$, $b \approx 0{,}45 \cdot (55$ mm $+ 6 \cdot 5$ mm$) = 38{,}25$ mm; ausgeführt $b = 40$ mm.

Die Verzahnungsqualität kann nach ähnlichen Gesichtspunkten festgelegt werden wie bei Stirn- und Kegelrädern unter 15.8.4.3. Nach Bild 15-29 werden für Universalgetriebe, etwa mit Werkzeugmaschinen vergleichbar, die Qualitäten 5 bis 10 empfohlen, für Gleitgeschwindigkeit $v \triangleq v_g = 2{,}86$ m/s ≈ 3 m/s die Qualitäten 8 bis 10. Wegen der größeren Empfindlichkeit der Schneckengetriebe hinsichtlich Verzahnungs-, Achsabstandsfehler u. dgl. gegenüber den Stirnradgetrieben wird eine möglichst feine Qualität gewählt: Verzahnungsqualität 7.

Abschließend werden noch die Achsabstands-Abmaße festgelegt. Zunächst wird nach Tabelle A15.6, Anhang, für Qualität 7 und Achsabstand $a_0 = 172{,}5$ mm (siehe unter c) für das gewählte J-Feld: $A_a = \pm 36$ μm. Dieser Wert muß noch wie bei Schrägstirnrad-Getrieben korrigiert werden nach den Angaben unter Tabelle A15.6, Anhang:

$$\pm A_{aS} = \pm A_a \cdot \frac{\tan \alpha_{n0}}{\tan \alpha_{s0}}.$$

Der Tangens des Eingriffswinkels im Achsschnitt ergibt sich aus Gleichung (15.114): $\tan \alpha_{s0} = \tan \alpha_{n0}/\cos \gamma_m$. In obige Gleichung eingesetzt wird dann

$$\pm A_{aS} = \pm A_a \cdot \cos \gamma_m,$$

mit $\cos \gamma_m = \cos 15°15' = 0{,}9648$ wird $\pm A_{aS} = \pm 36$ μm $\cdot 0{,}9648 = \pm 34{,}73$ μm;

ausgeführt: $\pm A_{aS} = \pm 35$ μm $= \pm 0{,}035$ mm.

Damit liegen die Abmessungen und Daten des Getriebes fest.

Ergebnis: Es ergibt sich ein Schneckengetriebe mit Modul $m_a = m_s = 5$ mm. Verzahnungsqualität 7 und Achsabstand $a_0 = 172{,}5$ mm $\pm 0{,}035$ mm.

Schnecke aus Einsatzstahl C 45, gehärtet und geschliffen, Zähnezahl $z_1 = 3$, Mittenkreisdurchmesser $d_{m1} = 55$ mm, Kopfkreisdurchmesser $d_{k1} = 65$ mm, Fußkreisdurchmesser $d_{f1} = 43$ mm, Länge $L = 100$ mm, Zähne rechtssteigend mit Steigerungswinkel $\gamma_m = 15°15'$.

Schneckenrad mit Zahnkranz aus Kupfer-Zinn-Legierung G-CuSn 12, Zähnezahl $z_2 = 58$, Teilkreisdurchmesser $d_{02} = 290$ mm, Kopfkreisdurchmesser $d_{k2} = 300$ mm, Außendurchmesser $d_{a2} = 305$ mm, Fußkreisdurchmesser $d_{f2} = 278$ mm, Zahnbreite $b = 40$ mm, Zähne rechtssteigend mit Schrägungswinkel $\beta_0 = 15°15'$.

▶ **Lösung e):** Der Wirkungsgrad des Getriebes ist bereits unter Lösung c ermittelt worden: $\eta_g = 0{,}84$. Bei einer geforderten Abtriebsleistung $P_2 \approx 5$ kW wird die Antriebsleistung

$$P_1 = \frac{P_2}{\eta_g}, \quad P_1 = \frac{5 \text{ kW}}{0{,}84} = 5{,}95 \text{ kW}.$$

Für den Antrieb käme damit ein Drehstrom-Norm-Motor mit der Nennleistung $P = 5{,}5$ kW und der Nenndrehzahl $n \approx 960\ldots 970$ 1/min (Synchrondrehzahl 1000 1/min) in Frage (siehe auch Tabelle A16.9, Anhang). Die Abtriebsleistung würde dann $P_2 = P \cdot \eta_g = 5{,}5$ kW $\cdot 0{,}84 \approx 4{,}6$ kW.

Ergebnis: Der Gesamt-Wirkungsgrad des Getriebes ist $\eta_g = 0{,}84$, die Antriebsleistung beträgt $P_1 = 5{,}95$ kW. Für den Antrieb kommt ein Drehstrommotor mit der Leistung $P = 5{,}5$ kW in Frage.

▶ **Lösung f):** Die an der Schnecke und am Schneckenrad wirkenden Kräfte werden nach den Angaben und Gleichungen unter 15.14.5. ermittelt.

Die Umfangskraft an der Schnecke wird nach Gleichung (15.118):

$$F_{u1} = \frac{2000 \cdot M_{t1} \cdot (c_S)}{d_{m1}}.$$

Das Drehmoment der Schnecke ergibt sich aus $M_{t1} = 9550 \cdot \frac{P_1}{n_1}$, mit $P_1 = 5{,}95$ kW als höchste Antriebsleistung (siehe unter e) und $n_1 = 960$ 1/min wird $M_{t1} = 9550 \cdot \frac{5{,}95}{960}$ Nm = 59,19 Nm $\approx 59{,}2$ Nm.

Der Betriebsfaktor soll $c_S = 1$ gesetzt werden, wie schon unter Lösung b) entschieden wurde; es müßte ohnehin $c_S = 1$ gesetzt werden, wenn die Umfangskraft und die folgenden Kräfte zur Berechnung der Lagerkräfte und der Welle herangezogen werden (siehe auch unter 15.8.3.1.).

Mit diesen Werten und mit $d_{m1} = 55$ mm wird

$$F_{u1} = \frac{2000 \cdot 59{,}2 \cdot 1}{55} \text{ Nm} \approx 2153 \text{ N}.$$

Die Axialkraft für der Schnecke wird nach Gleichung (15.119):

$$F_{a1} = \frac{F_{u1}}{\tan(\gamma_m + \rho')}.$$

Der Wert $\tan(\gamma_m + \rho') = \tan(15°15' + 1°48') = 0{,}3067$ wurde bereits unter Lösung c) ermittelt.

$$F_{a1} = \frac{2153 \text{ N}}{0{,}3067} \approx 7020 \text{ N}.$$

Die Radialkraft für die Schnecke wird nach Gleichung (15.120), worin bereits alle Werte bekannt sind:

$$F_{r1} = \frac{F_{u1} \cdot \cos\rho' \cdot \tan\alpha_{n0}}{\sin(\gamma_m + \rho')},$$

$$F_{r1} = \frac{2153 \text{ N} \cdot \cos 1°48' \cdot \tan 20°}{\sin(15°15' + 1°48')} = \frac{2153 \text{ N} \cdot 0{,}999 \cdot 0{,}346}{0{,}2932} \approx 2540 \text{ N}.$$

Am Schneckenrad wirken die entsprechenden Reaktionskräfte nach Gleichungen (15.121) bis (15.123):
Umfangskraft am Schneckenrad $F_{u2} = F_{a1} = 7020$ N, Radialkraft $F_{r2} = F_{r1} = 2540$ N und Axialkraft $F_{a2} = F_{u1} = 2153$ N.

Ergebnis: An der Schnecke wirken die Umfangskraft $F_{u1} = 2153$ N, die Axialkraft $F_{a1} = 7020$ N und die Radialkraft $F_{r1} = 2540$ N, am Schneckenrad die Umfangskraft $F_{u2} = 7020$ N, die Axialkraft $F_{a2} = 2153$ N und die Radialkraft $F_{r2} = 2540$ N.

▶ **Lösung g):** Die Gestaltung des Getriebes zeigt Bild 15-64. Vorgesehen ist eine Ausführung mit obenliegender Schnecke. Die hohe Axialkraft der Schnecke wird durch ein zweireihiges Schrägkugellager (1) aufgenommen, das gleichzeitig als Festlager gestaltet ist. Die Lagerstellen der Schneckenwelle sind auch nach innen abgedichtet und werden mit Fett geschmiert, um ein Eindringen von Abriebteilchen in die schnellaufenden Lager zu verhindern und eine ausreichende Schmierung zu gewährleisten. Zur axialen Einstellung des Schneckenrades sind Paßscheiben (2) vorgesehen. Das Gehäuse aus Gußeisen ist in der Ebene der Radachse für den Einbau des Schneckenrades geteilt.

Für das Getriebe ist bei der vorliegenden Gleitgeschwindigkeit $v_g \approx 2{,}86$ m/s nach Tabelle 15.13 Tauchschmierung ausreichend, wobei die Eintauchtiefe des Rades $\approx 1/4 \ldots 1/3 \cdot d_{02}$ betragen soll; das Öl muß eine Zähigkeit von $v \approx 150$ cSt/50 °C haben. Die Lagergrößen, Wellendurchmesser sind zunächst schätzungsweise angenommen; die genauen Abmessungen müßten natürlich durch Berechnung festgestellt werden.

Die Konstruktion des Schneckenrades zeigt Bild 15-67b. Der Zahnkranz aus Bronze ist auf den Radkörper aus Gußeisen aufgeschrumpft und noch durch (drei) Kegelkerbstifte (siehe auch unter 9.3.1.3., Kapitel Bolzen-, Stiftverbindungen und Sicherungselemente) zusätzlich gesichert. Alle für die Fertigung erforderlichen Maße und Daten sind eingetragen.

15.16. Werkstoffe und Gestaltung der Zahnräder aus Metall

15.16.1. Werkstoffe

Kleinräder (Ritzel) sind meist aus Stahl, Großräder je nach Beanspruchung aus Gußeisen, Stahlguß oder Stahl, Großräder mit vergütetem oder gehärteten Zähnen werden häufig mit einem Kranz, einer Bandage, aus entsprechendem Stahl versehen, der auf den Radkörper (z. B. aus Gußeisen) aufgeschrumpft wird. Der Werkstoff des Ritzels soll wegen des höheren Verschleißes immer fester als der des Großrades sein. *Die Paarung nicht gehärteter Stahlräder ist wegen „Freßgefahr" unbedingt zu vermeiden.*

Für die Vorwahl der Zahnradwerkstoffe und deren Paarung, wie sie z. B. zur überschlägigen Ermittlung der Hauptabmessungen der Räder benötigt werden, diene Tabelle 15.12.

Tabelle 15.12: Richtlinien für die Werkstoffwahl bei Stirn- und Kegelrädern

Anforderungen und Anwendungsbeispiele	Werkstoff des	
	Ritzels	Großrades
1. kleine Belastungen und Drehzahlen; aussetzender Betrieb, Winden, Hebezeuge	GG, St 42, St 50 Kunststoffe	GG-15, GG-20 Kunststoffe
2. mittlere Belastungen und Drehzahlen; allgemeine Antriebe, Förderanlagen, kleine Werkzeugmaschinen	GG, St 50, St 60, GS Kunststoffe	GG-20, GG-25, GG-30 GS-38, GS-45, GGG-38, GGG-42 Kunststoffe
3. hohe Belastungen und Drehzahlen; Universalgetriebe, Werkzeugmaschinen, allgemeiner Maschinenbau	St 60, St 70 Vergütungsstähle	GG-30 ... GG-40 GGG-50 ... 70, GS-52 ... 60 Vergütungsstähle (Bandagen)
4. höchste Anforderungen; Kraftfahrzeuge, Kraftmaschinen, Schiffsgetriebe	St 60, St 70 gehärtet und vergütet, Vergütungsstähle, Einsatzstähle	GS-60, Vergütungsstähle, Einsatzstähle (Bandagen)

Wegen der Werkstoffpaarung bei *Schneckengetrieben* siehe Tabelle 15.11.

15.16.2. Gestaltung der Räder

15.16.2.1. Stirnräder

Ritzel werden durchweg als *Vollräder* (Bild 15-65a) ausgeführt. Bei einem Teilkreisdurchmesser $d_0 < 1{,}8 \cdot d + 2{,}5 \cdot m$ (d Wellendurchmesser, m Modul) werden Ritzel und Welle aus einem Stück als *Ritzelwelle* ausgebildet (Bild 15-65b). Die Zähne des Ritzels sollen möglichst etwas breiter als die des Großrades sein, um Einbauungenauigkeiten ausgleichen und „Versetzungen" vermeiden zu können (siehe auch unter 15.8.4.1.). Die Zähne (auch die des Großrades) sind seitlich abzuschrägen oder leicht ballig auszubilden, da besonders die Zahnenden bruchempfindlich sind.

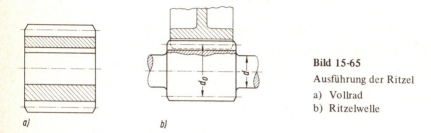

Bild 15-65
Ausführung der Ritzel
a) Vollrad
b) Ritzelwelle

Großräder werden meist als *Gußkonstruktion,* bei Einzelfertigungen oder kleinen Stückzahlen auch als *Schweißkonstruktion* (siehe „Schweißverbindungen" unter 6.10., Bild 6-11 und Tabelle 6.6).

Räder mit einem Teilkreisdurchmesser bis $d_0 \approx 6 \ldots 8 \cdot d$ (d Wellendurchmesser) werden als *Scheibenräder* (Bild 15-66a), größere mit *Armen* verschiedener Querschnittsformen ausgebildet (Bild 15-66b bis e). Die unsymmetrische Ausbildung (Bild 15-66b) wird vielfach bei „fliegender" Anordnung, d. h. bei einer Anordnung am Wellenende vorgesehen, wobei die linke Scheibenseite die außenliegende sein soll.

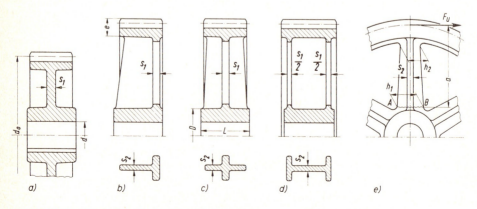

Bild 15-66. Ausführung der Großräder, a) Scheibenrad, b) bis e) Räder mit Armen

15.16. Werkstoffe und Gestaltung der Zahnräder aus Metall

Die *Abmessungen der Radkörper* werden erfahrungsgemäß festgelegt:

Anzahl der Arme: $z_A \approx \frac{1}{8}\sqrt{d_0} \geqslant 4$; üblich $z_A = 4 \ldots 8 \cdot d_0$ (Teilkreisdurchmesser)
Armquerschnitt: $s_1 \approx 1,8 \ldots 2,2 \cdot m$, $s_2 \approx 1,8 \cdot m$ (m Modul)
(Scheibendicke) $h_1 \approx 4 \ldots 6 \cdot s_1$, $h_2 \approx 3 \ldots 5 \cdot s_1$ (bzw. konstruktiv festlegen)
Kranzdicke: $e \approx 3,8 \ldots 4,2 \cdot m$

Nabenabmessungen D und L siehe Tabelle A12.5, Anhang.

Eine *Festigkeitsnachprüfung* der Arme ist normalerweise nicht erforderlich. Eine etwaige Nachprüfung erfolgt unter der Annahme, daß ein Viertel der Anzahl der Arme das Drehmoment überträgt und nur die in der Drehebene liegenden Querschnittsteile (mit der Dicke b_1) tragen. Biegemoment für den gefährdeten Querschnitt $A - B$: $M_b = \dfrac{F_u \cdot a}{0,25 \cdot z_A}$

15.16.2.2. Kegelräder und Schneckenräder

Wegen der Ausbildung der *Kegelräder* siehe Bild 15-56 und Bild 15-58 zum Berechnungsbeispiel 15.6.

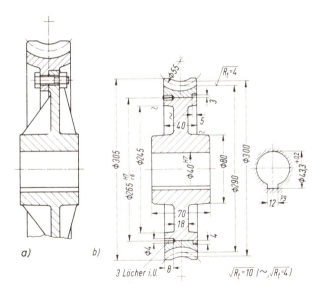

Zähnezahl z_2	58
Stirnmodul m_s	5
Flankenform	K[1]
Zahnhöhe h_z	11
Schrägungswinkel β_0	15°15'
Flankenrichtung	rechts
Qualität, Toleranzfeld	7e DIN 3963[2]
Zähnezahl der Schnecke z_1	3
Achsabstand a_0	172,5±0,035

[1]) entsprechend der ZK-Schnecke
[2]) siehe auch zu Bild 15-69

Bild 15-67. Ausführung der Schneckenräder. a) Zahnkranz angeschraubt, b) Zahnkranz aufgeschrumpft (Die eingetragenen Maße beziehen sich auf das Schneckenrad im Berechnungsbeispiel 15.8.)

Die Grundformen der Radkörper der *Schneckenräder* entsprechen denen der Stirnräder. Zahnkränze aus anderen Werkstoffen, z. B. Bronze, werden an den Radkörper angeschraubt (Bild 15-67a) oder aufgeschrumpft und gegebenenfalls noch zusätzlich gesichert (Bild 15-67b).

15.16.3. Ausführung der Verzahnung

Die Ausführung der Verzahnung, d. h. die Toleranzen und die Oberflächengüte ist insbesondere von den betrieblichen Anforderungen, und zwar vom Verwendungsgebiet und von der Umfangsgeschwindigkeit abhängig. Um einen ruhigen Lauf und eine hohe Lebensdauer zu sichern, müssen die Fehler der Verzahnungs- und Einbaugrößen (Zahndicke, Teilung, Rundlauf, Achsenabstand u. dgl.) innerhalb bestimmter Grenzen liegen. Für jede Fehlerart sind nach DIN 3961 für Stirnverzahnungen 12 Qualitäten vorgesehen, die feineren (etwa 1 ... 3) für Lehren-Zahnräder, die übrigen für Getrieberäder. Die Wahl der Qualität kann nach Bild 15-29 erfolgen. Dabei können für entscheidende Bestimmungsgrößen, z. B. für die Flankenrichtung bei stark belasteten Rädern oder für die Teilung und Flankenform bei verlangter hoher Laufruhe bessere Qualitäten, für nebensächliche Größen geringere gewählt werden.

Die Toleranzen sind folgenden DIN-Blättern zu entnehmen: DIN 3962, zulässige Einzelfehler; DIN 3963, zulässige Sammelfehler (Wälzfehler), zulässige Flankenrichtungsfehler, Zahndickenabmaße; DIN 3964, Toleranzen für die Einbaumaße; DIN 3967, Zahnweitenabmaße. Sonstige Zahnradgetriebe betreffende Normen: DIN 3960, Bestimmungsgrößen und Fehler an Stirnrädern; DIN 3971, Bestimmungsgrößen und Fehler an Kegelrädern; DIN 3975, Bestimmungsgrößen und Fehler an Schneckengetrieben.

15.16.4. Darstellung, Maßeintragung

Für die *zeichnerische Darstellung* (maßstäbliche Darstellung, Sinnbilder) gelten die Angaben nach DIN 37, die auszugsweise in Bild 15-68 wiedergegeben sind.

Für die *Maßeintragung* und die erforderlichen Angaben in Zeichnungen und bei Bestellungen ist für Stirnräder DIN 3966 (Ersatz für DIN 869, Bl. 1), für Kegelräder DIN 869, Bl. 2, bei Schneckengetrieben DIN 3976 (Zylinderschnecken; Abmessungen, Achsabstände, Übersetzungen) maßgebend.

Ein Beispiel für die Maßeintragung bei einem Stirnrad zeigt Bild 15-69. Für den Radkörper sind nur die Hauptmaße eingetragen (Einzelheiten wie Scheibenlöcher, Rundungen usw. sind weggelassen); die neben der Zeichnung stehende Zusammenstellung enthält die für die Fertigung und Prüfung unbedingt erforderlichen (Mindest-)Angaben. Je nach betrieblichen Vereinbarungen können weitere Einzelangaben (z. B. Zahnweitenabmaße, zulässige Wälz- und Flankenrichtungsfehler) ergänzt werden, die aus dem betreffenden Normblatt entsprechend der angegebenen Qualität zu ermitteln sind. Die Maße und Angaben beziehen sich auf das im Beispiel 15.4 berechnete große Schrägstirnrad.

Die Maßeintragung bei einem Kegelrad zeigt Bild 15-58 (zum Berechnungsbeispiel 15.6), bei einem Schneckenrad Bild 15-67 (bezogen auf das im Berechnungsbeispiel 15.8 berechnete Rad). Auch hierbei sind nur die Hauptmaße eingetragen.

15.16. Werkstoffe und Gestaltung der Zahnräder aus Metall

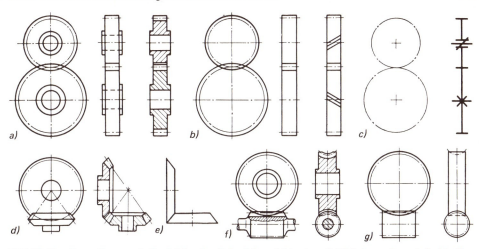

Bild 15-68. Darstellung und Sinnbilder der Zahnräder. a) bis c) maßstäbliche und vereinfachte Darstellung und Sinnbild der Stirnräder, d) und e) maßstäbliche und vereinfachte Darstellung der Kegelräder, f) und g) maßstäbliche und vereinfachte Darstellung der Schneckentriebe
In Bild c) ist die Anordnung der Räder auf den Wellen sinnbildlich dargestellt: oberes Rad mit Welle verschiebbar verbunden, unteres Rad fest mit Welle verbunden

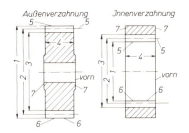

1 Kopfkreisdurchmesser d_k
2 Teilkreisdurchmesser d_0
3 Fußkreisdurchmesser d_f, nur bei anderem Bezugsprofil als DIN 867 oder wenn eine Toleranz eingehalten werden muß
4 Zahnbreite (meist gleich Radbreite b)
5 Oberflächenzeichen bei Bedarf
6 zulässiger Rundlauffehler ⎫
7 zulässiger Stirnlauffehler ⎬ des Radkörpers

Zusätzliche Angaben für Geradstirnrad (Beispiele)			Zusätzliche Angaben für Schrägstirnrad (Beispiele)		
Zähnezahl	z_1	17	Zähnezahl	z_2	9i
Modul	m	3,5	Normalmodul	m_n	4,5
Bezugsprofil		DIN 867	Bezugsprofil		DIN 867
Profilverschiebungsfaktor	x	+ 0,518	Profilverschiebungsfaktor	x	+ 0,35
Zahnhöhe	h_z	7,4	Zahnhöhe	h_z	9,9
Qualität, Toleranzfeld		8 fe S″ DIN 3967	Schrägungswinkel	β_0	10°
Nummer des Gegenrades		4391–14/3	Flankenrichtung		links
Zähnezahl des Gegenrades	z_2	33	Qualität, Toleranzfeld		8 dS″ DIN 3967[1]
Achsabstand im Gehäuse und Abmaße	a A	90,06 ± 0,02	größte Drehzahl des Rades	n	975
			Nummer des Gegenrades		318–34/14
			Zähnezahl des Gegenrades	z_1	20
			Achsabstand im Gehäuse und Abmaße	a A_a	256,40 ± 0,12[2]

Bild 15-69. Maßeintragung bei einem Stirnrad

[1]) 8 dS″ bedeutet: Verzahnungsqualität 8, Toleranzfeld d, Sammelfehler bei Zweiflanken-Wälzprüfung (S″).

[2]) Abmaße ermittelt nach DIN 3964 (K-Feld), siehe auch Tabelle A15.6, Anhang.

15.17. Schmierung der Zahnräder

15.17.1. Stirnradgetriebe

Die Art der Schmierung und des Schmiermittels ist von der Größe der Belastung, der Oberflächenbeschaffenheit der Zahnflanken und insbesondere von der Höhe der Umfangsgeschwindigkeit abhängig. Die Auswahl kann nach Tabelle 15.13 getroffen werden.

Tabelle 15.13: Richtlinien für die Schmierung der Zahnräder

Umfangsgeschwindigkeit v_u in m/s	Art der Schmierung	Art des Schmiermittels[2]
0 ... 1	Auftragen von Fett, Handschmierung mit dickem Öl	weiches Getriebefett (DIN 51825) oder zähflüssiges Öl von $\approx$ 350 ... 150 cSt/50 °C oder Trockenschmiermittel (z. B. Molybdänsulfit)
1 ... 4	Fettschmierung oder Öl-Tauchschmierung	Fett w. o. oder Getriebeöl (DIN 51509) von $\approx$ 200 ... 60 cSt/50 °C
4 ... 12	Öl-Tauchschmierung[1]	Getriebeöl von $\approx$ 100 ... 40 cSt/50 °C
$>$ 12	Spritzschmierung (Einspritzen von Öl in die Verzahnungsstelle durch Pumpe)	Getriebeöl von $\approx$ 60 ... 20 cSt/50 °C

[1] Eintauchtiefe der Räder $\approx$ 2 ... 6 $\cdot$ m (Modul)
[2] siehe auch Tabelle A14.11, Anhang. Je kleiner v_u, um so höher die Ölzähigkeit

Bei Spritzschmierung soll das Öl über die ganze Zahnbreite radial direkt in die Zahneingriffsstelle gespritzt werden. Für die Ölmenge gilt nach *Niemann*: $Q_e \approx 11 \cdot P_z$ in l/min, wobei die Verlustleistung der Verzahnung $P_z = P \cdot [0{,}1/z_1 + 0{,}03/(v_u + 2)]$ in kW eingesetzt wird (Getriebeleistung P in kW, z_1 Ritzelzähnezahl, Umfangsgeschwindigkeit am Teilkreis v_u in m/s). Bei Ölrückkühlung genügt $Q_e \approx 2{,}7 \cdot P_z$.

15.17.2. Kegelradgetriebe

Für Geradzahn-, Schrägzahn- und Bogenzahn-Kegelräder gelten die für Stirnräder gemachten Angaben. „Versetzte" Kegelräder sind wegen des zusätzlichen Schraubgleitens mit EP-Ölen (*E*xtrem-*P*ressure Öle, Hypoidöle) zu schmieren.

15.17.3. Schraubradgetriebe und Schneckengetriebe

Schmierungsart und Schmiermittel werden wie bei Stirnradgetrieben gewählt, jedoch ist an Stelle der Umfangsgeschwindigkeit v_u die Gleitgeschwindigkeit v_g der Flanken zu setzen. Für Hochleistungs-Schneckengetriebe werden EP-Öle empfohlen.

Für $v_g \leqslant 0{,}8$ m/s ist Fettschmierung, darüber bis 10 m/s Öl-Tauchschmierung (ab 5 m/s unten liegendes Rad) oder Spritzschmierung vorzusehen.

15.18. Zahnräder aus Kunststoff

15.18.1. Eigenschaften und Verwendung

Zahnräder aus Kunststoff zeichnen sich besonders durch einen geräusch- und schwingungsdämpfenden Lauf, durch hohe Abriebfestigkeit und Zähigkeit, durch kleine Reibungswerte und eine geringe Wichte aus. Durch den niedrigen Elastizitätsmodul werden Eingriffsteilungsfehler elastisch ausgeglichen. Ferner sind die guten Notlaufeigenschaften bei mangelhafter Schmierung und die hohe Korrosionsbeständigkeit zu nennen. Nachteilig sind die teilweise starke Quellung durch Feuchtigkeit, die geringere Belastbarkeit gegenüber Stahlrädern und die oft höheren Werkstoffkosten, die jedoch teilweise durch die leichtere Bearbeitbarkeit wieder ausgeglichen werden.

Kunststoff-Zahnräder werden insbesondere für geräuscharmen und schwingungsdämpfenden Lauf und dort eingesetzt, wo die genannten Vorteile entscheidend sind, z. B. bei Haushalts- und Büromaschinen, Textilmaschinen, Druckereimaschinen, Elektrowerkzeugen und Spielzeugen.

15.18.2. Kunststoffsorten

Für Zahnräder kommen hauptsächlich drei Kunststoffsorten in Frage: Preßschichtstoffe, Hartgewebe und Polyamide.

Preßschichtstoffe (Preßschichtholz) bestehen meist aus Buchenholzfurnieren, die in sternförmiger Lage mit Phenolharz unter hohem Druck bei hoher Temperatur verbunden werden. Sie haben von allen verwendeten Kunststoffen die höchste Festigkeit. Nachteilig ist die Empfindlichkeit gegen Feuchtigkeit und dünnflüssiges Öl (Quellen!). Das Gegenrad (möglichst das Ritzel) muß aus Metall sein, am besten aus Stahl, gehärtet und geschliffen, da sonst die Gefahr von „Fressen" besteht. Schmierung mit Fett oder Trockenschmiermitteln (z. B. Molybdänsulfid). Handelsnamen: Lignofol, Liwa, Dynopas.

Hartgewebe besteht aus Baumwollgewebe, das mit Phenolharz, ähnlich wie Preßschichtstoff, gepreßt wird. Es ist relativ unempfindlich gegen Feuchtigkeit. Seine Festigkeit ist um $\approx 50\%$ geringer als die vom Preßschichtholz. Auch bei Hartgewebe muß das Gegenrad (Ritzel) aus Metall sein. Schmierung mit Öl, Fett oder Trockenschmiermitteln. Handelsnamen: Novotext, Turbax, Harex, Ferrozell.

Polyamide sind Thermoplaste, die sich durch besonders hohe Elastizität und niedrige Wichte auszeichnen. Ihre Biegefestigkeit liegt allerdings noch unter der von Hartgewebe. Höchste Geräuschdämpfung wird erreicht, da Polyamid-Räder zusammen laufen können. Schmierung wie bei Hartgewebe. Handelsnamen: Durethan, Sustamid, Trogamid, Ultramid u. a. Nähere Einzelheiten über Eigenschaften, Sorten usw. siehe „Gleitlager" unter 14.3.9.

15.18.3. Überschlägige Berechnung der Kunststoff-Zahnräder

Durch die folgende überschlägige Berechnung kann lediglich die übertragbare Leistung der Kunststoff-Zahnräder bei vorgewählten Daten angenähert ermittelt werden. Eine genaue Berechnung sollte stets nach den Angaben der Hersteller erfolgen, insbesondere bei Preßschichtstoff- und Hartgewebe-Rädern. Für Polyamid-Zahnräder ist eine genauere Berechnung im folgenden Abschnitt d) entwickelt.

Die Berechnung bezieht sich auf die meist verwendeten Geradstirnräder. Schrägverzahnung ergibt bei Kunststoffrädern hinsichtlich der Geräuschdämpfung und Tragfähigkeit kaum Vorteile und hat daher keine große Bedeutung.

15.18.3.1. Vorwahl der Hauptabmessungen

Die Hauptabmessungen können nach ähnlichen Gesichtspunkten wie bei Metall-Zahnrädern vorgewählt werden (siehe unter 15.8.4.1.). Abweichend hiervon wähle man:

Teilkreisdurchmesser des stets auf die Welle zu setzenden *Ritzels* (Ausführung als Ritzelwelle entfällt): $d_{01} \approx 2{,}5 \ldots 3 \cdot d$ (d Wellendurchmesser);

Ritzelzähnezahl z_1 um etwa 4 bis 6 höher gegenüber den zu Gleichung (15.28) angegebenen;

Zahnbreite b mit dem Durchmesser-Breitenverhältnis ψ_d etwa für den Bereich der Kennlinien a und b nach Bild 15-28.

Die sonstigen Abmessungen werden wie üblich festgelegt.

15.18.3.2. Nachprüfung

Die Nachprüfung wird meist mit einem Festigkeitskennwert (Belastungszahl) c in N/mm² durchgeführt und bezieht sich auf die *übertragbare Leistung P je* cm *Zahnbreite b* bei einer Zähnezahl $z = 20$:

$$\frac{P}{b} = \frac{c \cdot m \cdot \pi \cdot v_u}{10} \quad \text{in kW/cm} \tag{15.130}$$

Für die drei in Frage kommenden Kunststoffsorten kann der Leistungswert P/b aus Bild A15-14, Anhang, in Abhängigkeit von der Umfangsgeschwindigkeit v_u am Teilkreis und dem Modul m ermittelt werden. Die Werte gelten für $z = 20$. Andere Zähnezahlen werden durch den *Zähnezahlfaktor y* berücksichtigt:

$$y = 2 - \frac{30}{z + 10} \tag{15.131}$$

Die *übertragbare Leistung eines Rades* wird dann

$$P = y \cdot \left(\frac{P}{b}\right) \cdot b \quad \text{in kW} \tag{15.132}$$

Bei der Paarung von Polyamid-Zahnrädern ist der Leistungswert des kleineren maßgebend.

15.18.4. Genauere Berechnung der Polyamid-Zahnräder

Die Berechnung der Polyamid-Zahnräder entspricht im Prinzip der von Zahnrädern aus Metall, da die Zerstörungsursachen wie Zahnbruch, Grübchenbildung und Verschleiß etwa die gleichen sind. Die folgende Berechnung bezieht sich auf *geradverzahnte Stirnräder*, und zwar aus dem meist verwendeten 6,6-Polyamid. Räder aus 6- oder 6,10-Polyamid haben eine um etwa 20 % geringere Festigkeit (siehe auch „Gleitlager" unter 14.3.9. und Tabelle 14.6.

Schrägstirnräder und auch Kegelräder können in gleicher Weise wie Geradstirnräder berechnet werden, wobei jedoch, wie bei Rädern aus Stahl, deren Besonderheiten entsprechend zu berücksichtigen sind.

Wegen der *Vorwahl der Hauptabmessungen* siehe oben unter 15.18.3.1.

15.18.4.1. Nachprüfung der Tragfähigkeit

Erfahrungsgemäß fallen Polyamid-Zahnräder bei normalen Betriebsverhältnissen aufgrund der Zerstörung der Zahnflanken durch Grübchenbildung aus. Nur in Ausnahmefällen, bei hohen Umfangskräften und sehr kleinen Drehzahlen, kann es vorher zu einem Dauerbruch, noch seltener zu einem Gewaltbruch oder einem unzulässig hohen Verschleiß der Zähne kommen. In der Praxis genügt daher eine *Berechnung auf Zahnflanken-Tragfähigkeit,* d. h. auf Lebensdauer. Dabei sind im Gegensatz zu Metallrädern die Temperaturverhältnisse von entscheidendem Einfluß und müssen entsprechend berücksichtigt werden (vgl. auch Polyamid-Gleitlager).

Maßgebend ist die im Betrieb sich einstellende Temperatur des Zahnes, genauer, die der Zahnflanke, zu deren Berechnung die an den Zähnen entstehende Reibungswärme, die vom Zahnrad in den Getriebeinnenraum und die von dort nach außen abgeführte Wärmemenge bekannt sein müssen. Diese lassen sich rechnerisch schwer ermitteln, da viele Einflußgrößen nur experimentell festzustellen sind. Daher soll hier auf eine ohnehin problematische Herleitung der Berechnungsgleichung für die Zahnflankentemperatur verzichtet werden. Mit folgender durch Versuchsergebnisse bestätigten Zahlenwertgleichung ergibt sich die *Zahnflankentemperatur* am Ritzel bzw. am Großrad:

$$t_{1,2} = P \cdot \mu \cdot \frac{136 \cdot (i+1)}{z_1 \cdot i + 5} \cdot \left[\frac{17100 \cdot k_1}{b \cdot z_{1,2} \cdot (v_u \cdot m)^{0,75}} + 6,3 \cdot \frac{k_2}{A} \right] + t_0 \text{ in } °C \quad (15.133)$$

P vom Zahnradpaar zu übertragende Leistung in kW

μ Reibungszahl; man setzt: $\mu = 0{,}2$ bei trockenem Lauf, $\mu = 0{,}09$ bei einmaliger Fettschmierung, $\mu = 0{,}07$ bei Ölnebelschmierung, $\mu = 0{,}04$ bei Ölschmierung (Tauchschmierung, Spritzschmierung u. dgl.)

$i = n_1/n_2 = z_2/z_1$ Übersetzung des Radpaares

$z_{1,2}$ Zähnezahl des (meist treibenden) Ritzels (Index 1), bzw. des (meist getriebenen) Großrades (Index 2)

k_1 Werkstoff- und Schmierungsbeiwert; man setzt: $k_1 = 15$ bei Paarung Polyamid-Polyamid, $k_1 = 10$ bei Stahl-Polyamid, $k_1 = 0$ allgemein bei Ölschmierung (dabei wird linkes Additionsglied in [...] gleich Null)

b, m Zahnbreite, Modul in mm

$v_u = d_0 \cdot \pi \cdot n/60$ Umfangsgeschwindigkeit am Teilkreis in m/s

k_2 Getriebebeiwert; man setzt: $k_2 = 0$ für offene Getriebe (dabei wird rechtes Additionsglied in [...] gleich Null), $k_2 = 0{,}2$ für geschlossene Getriebe (Gehäuse)

A wärmeabgebende Oberfläche des Getriebegehäuses in m²

t_0 Temperatur der Umgebung der Zahnräder in °C

Die Flankentemperatur soll bei Dauerbetrieb $t_{max} \approx 80\ °C$, bei aussetzendem Betrieb $t_{max} \approx 100\ °C$ (kurzzeitig) nicht überschreiten.

Bei zwei Polyamidrädern ist die Temperatur t_1 der Ritzelzähne als höhere maßgebend, bei Paarung Stahl-Polyamid stets die des Polyamidrades.

Es wird dann die an den Zahnflanken entstehende Pressung unter Berücksichtigung der Zahnflankentemperatur ermittelt. Wie bei Zahnrädern aus anderen Werkstoffen (siehe Gleichung 15.33), gilt für die *Flankenpressung im Wälzpunkt beider Räder*:

$$p_C = \sqrt{\frac{F_u}{b \cdot d_{01}} \cdot \frac{u+1}{u}} \cdot f \leqslant p_{zul} \quad \text{in N/mm}^2 \tag{15.134}$$

F_u Umfangskraft am Teilkreis in N nach Gleichung (15.24)
b Zahnbreite in mm (bei verschiedenen Breiten die kleinere)
d_{01} Teilkreisdurchmesser des Ritzels in mm
u Zähnezahlverhältnis [siehe zu Gleichung (15.33)]
f Flankenbeiwert nach Bild A15-13, Anhang; dieser erfaßt den Einfluß der Werkstoffpaarung unter gleichzeitiger Berücksichtigung der Flankentemperatur (der Flankenbeiwert f entspricht etwa dem Produkt $y_W \cdot y_C$ in Gleichung (15.33))

Die zulässige Flankenpressung ist abhängig von der Werkstoffpaarung, der Flankentemperatur, der Schmierungsart und der *Lastwechselzahl* $L_W = L_h \cdot n \cdot 60$ (L_h verlangte Lebensdauer in Stunden, n Drehzahl des betreffenden Rades in 1/min). Unter Berücksichtigung einer Sicherheit wird damit die *zulässige Flankenpressung*

$$p_{zul} = \frac{p_D}{\nu} \quad \text{in N/mm}^2 \tag{15.135}$$

p_D Flankenfestigkeit bei Vollast-Dauerbetrieb in N/mm² nach Bild A15-15, Anhang
ν Sicherheit; man wählt: $\nu \approx 1{,}2$ bei normalem Betrieb, $\nu \approx 1{,}5$ bei stoßartiger Wechselbelastung und häufigem Schalten

Wird die Bedingung nach Gleichung (15.134) nicht erfüllt, so sind die Radabmessungen zu ändern, wobei eine Erhöhung der Zähnezahlen und des Moduls den größten Einfluß hat, oder es ist ggf. eine günstigere Schmierungsart zu wählen.

Für *Schrägstirnräder* bzw. *Kegelräder* wird die Flankenpressung entsprechend wie üblich nach der Gleichung (15.54) bzw. (15.95) berechnet, wobei jeweils der Flankenbeiwert f an Stelle der Faktoren y_W, y_C und y_L zu setzen ist. Für die zulässige Flankenpressung gilt auch hierbei die Gleichung (15.135).

15.18.5. Gestaltung der Polyamid-Zahnräder

Herstellung. Bei kleineren Stückzahlen, bis etwa 1000, aus Stangen, Platten u. dgl. durch spanende Bearbeitung, bei größeren Stückzahlen im Spritzgußverfahren, wobei eine Nachbearbeitung, auch der Zähne, nicht erforderlich ist.

15.18. Zahnräder aus Kunststoff

Ausführung. Räder mit Teilkreisdurchmesser $d_0 < 3 \cdot d$ (d Wellendurchmesser) werden zweckmäßig als Vollräder (Bild 15-70a), mit $d_0 \geqslant 3 \cdot d$ als Scheibenräder (Bild 15-70b) ausgebildet. Hierfür werden folgende Abmessungen empfohlen:

Zahnkranzdicke $s_1 \approx 2 \ldots 2{,}5 \cdot m$ (m Modul), damit $e \approx 4{,}2 \ldots 4{,}7 \cdot m$;

Nabendurchmesser $D \approx 1{,}6 \ldots 1{,}8 \cdot d$ (d Bohrungsdurchmesser), damit Wanddicke $s_3 \approx 0{,}3 \ldots 0{,}4 \cdot d$;

Nabenlänge $L \approx 1{,}8 \ldots 2 \cdot d$, wobei die Paßfederverbindung zu prüfen ist, ob die Flächenpressung in der Nut (siehe Gleichung (12.23) unter 12.3.4. „Paßfederverbindungen") $p \approx 20$ N/mm² nicht überschreitet; ggf. ist L entsprechend zu ändern; Scheibendicke s_2 wird so festgelegt, daß $s_1 < s_2 < s_3$ ist.

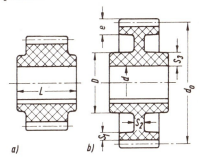

Bild 15-70. Ausführung und Abmessungen der Polyamid-Zahnräder
a) Vollrad, b) Scheibenrad

Eine Ausführung mit Armen, z. B. bei größeren Rädern, ist nicht zu empfehlen, da, durch die Herstellung im Spritzgußverfahren bedingt, größere Rundlauffehler auftreten können.

Alle Übergänge und Kanten sind gut zu runden.

Kleinere Räder können auf Wellen aufgeklebt oder auch gleich aufgespritzt werden, wobei ein geeigneter Formschluß vorzusehen ist. Verschiedene Möglichkeiten zeigt Bild 15-71.

Eine Erhöhung der Festigkeit der Nabe läßt sich durch eine Metallbuchse erreichen, die entweder gleich beim Spritzgießen eingesetzt und durch Längsrändel und Ringnut gesichert werden kann (Bild 15-72) oder auch nachträglich, mit Längsrändel versehen, eingepreßt wird.

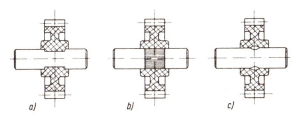

Bild 15-71. Auf Wellen aufgespritzte Polyamid-Zahnräder
a) mit angefrästen Flächen, b) mit Rändel,
c) mit angestauchten Lappen

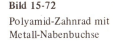

Bild 15-72
Polyamid-Zahnrad mit Metall-Nabenbuchse

15.19. Berechnungsbeispiele für Polyamid-Zahnräder

■ **Beispiel 15.9:** Für den Antrieb einer Druckereimaschine ist ein Gerad-Stirnradpaar aus 6,6-Polyamid vorgesehen. Die zu übertragende Leistung beträgt P = 1,1 kW, die Antriebsdrehzahl n_1 = 400 1/min. Die Übersetzung ist i = 2,5. Vorgewählt wurden Geradstirnräder mit Modul m = 4 mm, Ritzelzähnezahl z_1 = 24, Breite der Ritzelzähne b_1 = 45 mm, Breite der Radzähne b_2 = 40 mm. Das Getriebe ist für eine Lebensdauer L_h ≈ 3000 h auszulegen.

a) Durch überschlägige Rechnung ist zu prüfen, ob die vorgewählten Zahnräder hinsichtlich der Beanspruchung ausreichen.

b) Durch genauere Berechnung ist zu prüfen, ob das Getriebe hinsichtlich Erwärmung und Flächenpressung ausreicht, wenn dieses zunächst offen ausgeführt wird und eine einmalige Fettschmierung erhalten soll.

c) Wenn das Getriebe die Bedingungen nach b) nicht erfüllt, sind geeignete Maßnahmen zu treffen, um die geforderte Lebensdauer zu erreichen ohne jedoch die Abmessungen der Räder zu ändern. Der erforderliche Nachweis ist zu erbringen.

▶ **Lösung a):** Zunächst soll durch Überschlagsrechnung grob abgeschätzt werden, ob die vorgewählten Daten für die Polyamidräder aufgrund des Leistungskennwertes ausreichen oder nicht.
Mit $d_{01} = m \cdot z_1$ = 4 mm · 24 = 96 mm = 0,096 m wird

$$v_u = \frac{d_{01} \cdot \pi \cdot n_1}{60}, \quad v_u = \frac{0,096 \cdot \pi \cdot 400}{60} \text{ m/s} = 2 \text{ m/s}.$$

Hiermit und mit m = 4 mm wird die übertragbare Leistung je cm Zahnbreite nach Bild A15-14, Anhang: P/b ≈ 0,14 kW/cm.
Der Zähnezahlfaktor für das Ritzel (als kleinerem Rad maßgebend) wird nach Gleichung (15.131):

$$y = 2 - \frac{30}{z_1 + 10}, \quad y = 2 - \frac{30}{24 + 10} \approx 1,12.$$

Hiermit und mit b_1 = 45 mm = 4,5 cm wird die übertragbare Leistung des Ritzels nach Gleichung (15.132):

$$P = y \cdot \left(\frac{P}{b}\right) \cdot b_1, \quad P = 1,12 \cdot 0,14 \text{ kW/cm} \cdot 4,5 \text{ cm} \approx 0,71 \text{ kW} < 1,1 \text{ kW}!$$

Die Zahnräder werden sehr wahrscheinlich nicht ausreichend, zumindest aber sehr knapp bemessen sein. Es sei bemerkt, daß die vorstehende Berechnung lediglich ein grobes Abschätzen zuläßt und eine genauere Prüfung nur durch Untersuchung der Temperaturverhältnisse und Flankenpressung durchgeführt werden kann.

Ergebnis: Die Polyamid-Räder sind festigkeitsmäßig sehr knapp bemessen, da die übertragbare Leistung von 0,71 kW unter der geforderten Leistung von 1,1 kW liegt.

▶ **Lösung b):** Es wird nun die genauere Nachprüfung des Getriebes auf Erwärmung und Flankenpressung durchgeführt. Zunächst wird die zu erwartende Flankentemperatur am Ritzel, als höhere, nach Gleichung (15.133) ermittelt:

$$t_1 = P \cdot \mu \cdot \frac{136 \cdot (i+1)}{z_1 \cdot i \cdot 5} \cdot \left[\frac{17100 \cdot k_1}{b_1 \cdot z_1 \cdot (v_u \cdot m)^{0,75}} + 6,3 \cdot \frac{k_2}{A}\right] + t_0.$$

Gegeben bzw. schon ermittelt sind: P = 1,1 kW, i = 2,5, z_1 = 24, m = 4 mm, b_1 = 45 mm und v_u = 2 m/s.

15.19. Berechnungsbeispiele für Polyamid-Zahnräder

Ferner werden: Reibungszahl $\mu = 0{,}09$ bei einmaliger Fettschmierung;

$(v_u \cdot m)^{0{,}75}$, $\lg(v_u \cdot m)^{0{,}75} = 0{,}75 \cdot \lg(v_u \cdot m) = 0{,}75 \cdot \lg(2 \cdot 4) = 0{,}75 \cdot \lg 8 = 0{,}75 \cdot 0{,}903$
$= 0{,}678$, damit $(v_u \cdot m)^{0{,}75} = 4{,}77$;

Werkstoffbeiwert $k_1 = 15$ bei Paarung Polyamid–Polyamid;
Umgebungstemperatur $t_0 = 30\,°C$ angenommen;
Getriebebeiwert $k_2 = 0$, da offenes Getriebe (damit wird rechtes Glied in [...] = 0).

$$t_1 = 1{,}1 \cdot 0{,}09 \cdot \frac{136 \cdot (2{,}5 + 1)}{24 \cdot 2{,}5 + 5} \cdot \left[\frac{17\,100 \cdot 15}{45 \cdot 24 \cdot 4{,}77}\right] °C + 30\,°C = 36{,}1\,°C + 30\,°C \approx 66\,°C.$$

Damit ist $t_1 \approx 66\,°C < t_{max} \approx 80\,°C$, d. h. hinsichtlich der Flankentemperatur besteht keine Gefahr.

Es wird nun die Flankenpressung im Wälzpunkt nach Gleichung (15.134) geprüft:

$$p_C = \sqrt{\frac{F_u}{b \cdot d_{01}} \cdot \frac{u + 1}{u}} \cdot f \leq p_{zul}.$$

Die Umfangskraft wird nach Gleichung (15.24) ohne Berücksichtigung des Betriebsfaktors, der hier bei Annahme „normaler" Betriebsverhältnisse $c_S = 1$ gesetzt wird: $F_u = \dfrac{2000 \cdot M_{t1}}{d_{01}}$.

$M_{t1} = 9550 \cdot \dfrac{P}{n_1} = 9550 \cdot \dfrac{1{,}1}{400} = 26{,}26\,\text{Nm}$ und $d_{01} = 96\,\text{mm}$ wird $F_u = \dfrac{2000 \cdot 26{,}26}{96} = 547\,\text{N}$.

Hiermit und mit $b \triangleq b_2 = 40\,\text{mm}$ als kleinerer Zahnbreite, $u \triangleq i = 2{,}5$ und mit Flankenbeiwert $f \approx 47$ nach Bild A15-13, Anhang, für $t = 66\,°C$ und Paarung Polyamid-Polyamid wird

$$p_C = \sqrt{\frac{547}{40 \cdot 96} \cdot \frac{2{,}5 + 1}{2{,}5}} \cdot 47 = 0{,}446 \cdot 47 = 20{,}96\,\text{N/mm}^2 \approx 21\,\text{N/mm}^2.$$

Die zulässige Flankenpressung wird nach Gleichung (15.135): $p_{zul} = \dfrac{p_D}{\nu}$.

Mit der Ritzeldrehzahl $n_1 = 400$ 1/min wird die Lastwechselzahl $L_W = L_h \cdot n_1 \cdot 60 = 3000 \cdot 400 \cdot 60 = 72\,000\,000 = 7{,}2 \cdot 10^7$; hiermit wird nach Bild A15-14, Anhang, bei Fettschmierung und $t_1 = 66\,°C$ die Flankenfestigkeit $p_D \approx 15\,\text{N/mm}^2$.

Mit einer Sicherheit $\nu = 1{,}2$ wird $p_{zul} = \dfrac{15\,\text{N/mm}^2}{1{,}2} = 12{,}5\,\text{N/mm}^2 < p_C = 21\,\text{N/mm}^2$.

Das Getriebe erreicht die verlangte Lebensdauer nicht, da die Zahnflanken des Polyamid-Ritzels sehr wahrscheinlich schon vorher zerstört werden.

Ergebnis: Bei einer offenen Ausführung und einmaligen Fettschmierung erreicht das Getriebe die verlangte Lebensdauer nicht, da die Flankenpressung $p_C = 21\,\text{N/mm}^2 > p_{zul} = 12{,}5\,\text{N/mm}^2$.

▶ **Lösung c):** Um die geforderte Lebensdauer ohne Änderung der Radabmessungen zu erreichen, soll Ölschmierung vorgesehen werden. Dazu muß das Radpaar allerdings durch ein Gehäuse umschlossen werden, für das sich nach einem Entwurf eine Oberfläche von $A \approx 0{,}26\,\text{m}^2$ ergibt.

Die Flankentemperatur am Ritzel nach Gleichung (15.133) wird jetzt bei Ölschmierung mit $\mu = 0{,}04$; $k_1 = 0$, womit das linke Additionsglied in [...] gleich Null wird, $k_2 = 0{,}2$ und $A = 0{,}26\,\text{m}^2$:

$$t_1 = P \cdot \mu \cdot \frac{136 \cdot (i + 1)}{z_1 \cdot i + 5} \cdot \left[0 + 6{,}3 \cdot \frac{k_2}{A}\right] + t_0,$$

$$t_1 = 1{,}1 \cdot 0{,}04 \cdot \frac{136 \cdot (2{,}5 + 1)}{24 \cdot 2{,}5 + 5} \cdot \left[0 + 6{,}3 \cdot \frac{0{,}2}{0{,}26}\right] °C + 30\,°C = 1{,}56\,°C + 30\,°C \approx 32\,°C.$$

Auf eine weitere detaillierte Berechnung soll nun verzichtet werden.

Die Flankenpressung ergibt sich nach Gleichung (15.134) wie oben, jedoch mit

$f \approx 57$: $p_C \approx 25$ N/mm².

Die Flankenfestigkeit wird bei einer Lastwechselzahl $L_w = 7,2 \cdot 10^7$, entsprechend der verlangten Lebensdauer $L_h = 3000$ h (siehe unter Lösung b), bei einer Flankentemperatur $t_1 \approx 32$ °C und Ölschmierung: $p_D \approx 38$ N/mm² und damit die zulässige Flankenpressung $p_{zul} \approx 32$ N/mm² $> p_C \approx 25$ N/mm².
Das Getriebe würde sogar bei stoßartiger Wechselbelastung und häufigem Schalten die verlangte Lebensdauer erreichen, da hierbei mit einer Sicherheit $\nu = 1,5$ die zulässige Flankenpressung nach Gleichung (15.135) $p_{zul} \approx 25$ N/mm² = $p_C = 25$ N/mm² wird.
Ergebnis: Für das vorgewählte Getriebe wird Ölschmierung bei geschlossenem Gehäuse vorgesehen. Dabei ist eine Flankentemperatur $t = 32$ °C zu erwarten und eine Flankenpressung $p_C = 25$ N/mm² $< p_{zul} = 32$ N/mm², womit die verlangte Lebensdauer $L_h = 3000$ h mit Sicherheit erreicht, wahrscheinlich sogar wesentlich überschritten wird.

■ **Beispiel 15.10:** Für einen Torschrankenantrieb soll wegen des geräuscharmen und wartungsfreien Laufes ein Geradstirnradpaar mit Ritzel aus Stahl und Rad aus 6,6-Polyamid eingesetzt werden. Die zu übertragende Leistung beträgt $P = 0,55$ kW, die Drehzahl des auf der Motorwelle sitzenden Ritzels $n_1 = 2850$ 1/min, die Übersetzung $i = 3,6$. Die offen laufenden Räder sollen eine einmalige Fettschmierung erhalten. Die Umgebungstemperatur, d.i. hier die Innentemperatur des den ganzen Antrieb umgebenden Kastens, kann durch Sonneneinstrahlung auf $t_0 \approx 60$ °C kommen. Für das Radpaar sind folgende Daten vorgewählt: Modul $m = 2,5$ mm, Ritzelzähnezahl $z_1 = 25$, Radzähnezahl $z_2 = 90$, Ritzelbreite $b_1 = 35$ mm, Radbreite $b_2 = 30$ mm. Es ist die zu erwartende Vollast-Lebensdauer L_h in h zu ermitteln.

▶ **Lösung:** Zunächst wird die Flankentemperatur des Polyamid-Rades, als maßgebende, nach Gleichung (15.133) ermittelt:

$$t_2 = P \cdot \mu \cdot \frac{136 \cdot (i+1)}{z_1 \cdot i + 5} \cdot \left[\frac{17\,100 \cdot k_1}{b \cdot z_2 \cdot (v_u \cdot m)^{0,75}} + 6,3 \cdot \frac{k_2}{A} \right] + t_0.$$

Gegeben: $P = 0,55$ kW, $z_1 = 25$, $i = 3,6$, $b \hat{=} b_2 = 30$ mm, $z_2 = 90$, $m = 2,5$ mm und $t_0 = 60$ °C.

Ermittelt werden: $v_u = \dfrac{d_{01} \cdot \pi \cdot n_1}{60}$; $d_{01} = m \cdot z_1 = 2,5$ mm $\cdot 25 = 62,5$ mm $= 0,0625$ m, hiermit und mit $n_1 = 2850$ 1/min wird $v_u = \dfrac{0,0625 \cdot \pi \cdot 2850}{60} \approx 9,3$ m/s; $(v_u \cdot m)^{0,75}$ aus
$0,75 \cdot \lg(v_u \cdot m) = 0,75 \cdot \lg(9,3 \cdot 2,5) = 0,75 \cdot \lg 23,25 = 1,025$, damit $(v_u \cdot m)^{0,75} = 10,6$.
Reibungszahl bei einmaliger Fettschmierung $\mu = 0,09$.
Werkstoff- und Schmierungsbeiwert $k_1 = 10$ bei Stahl-Polyamid.
Getriebewert $k_2 = 0$, da offenes Getriebe vorliegt.

$$t_2 = 0,55 \cdot 0,09 \cdot \frac{136 \cdot (3,6+1)}{25 \cdot 3,6 + 5} \cdot \left[\frac{17\,100 \cdot 10}{30 \cdot 90 \cdot 10,6} + 0 \right] \text{°C} + 60 \text{°C} = 1,95 \text{°C} + 60 \text{°C} \approx 62 \text{°C}.$$

Für die Flankenpressung gilt nach Gleichung (15.134):

$$p_C = \sqrt{\frac{F_u}{b \cdot d_{01}} \cdot \frac{u+1}{u}} \cdot f \leqslant p_{zul}.$$

Die Umfangskraft ergibt sich nach Gleichung (15.24): $F_u = \dfrac{2000 \cdot M_{t1}}{d_{01}}$.

Das Drehmoment wird $M_{t1} = 9550 \cdot \dfrac{P}{n_1} = 9550 \cdot \dfrac{0{,}55}{2850}$ Nm = 1,843 Nm; hiermit und mit $d_{01} = 62{,}5$ mm (siehe oben) wird

$$F_u = \frac{2000 \cdot 1{,}843}{62{,}5} \text{ N} = 58{,}98 \text{ N} \approx 60 \text{ N}.$$

Ferner sind: $b \triangleq b_2 = 30$ mm (als kleinere Breite), $d_{01} = 62{,}5$ mm und $u = i = 3{,}6$ (gegeben). Der Flankenbeiwert wird nach Bild A15-13, Anhang, für Flankentemperatur $t = 62°$ und Paarung Stahl-Polyamid: $f \approx 70$. Damit die Flankenpressung:

$$p_C = \sqrt{\frac{60}{30 \cdot 62{,}5} \cdot \frac{3{,}6+1}{3{,}6}} \cdot 70 \text{ N/mm}^2 = 0{,}202 \cdot 70 \text{ N/mm}^2 = 14{,}14 \text{ N/mm}^2.$$

Um die zu erwartende Lebensdauer festzustellen, wird $p_C \triangleq p_{zul}$ gesetzt und hiermit aus Gleichung (15.135) die entsprechende Flankenfestigkeit p_D mit einer Sicherheit $v = 1{,}5$ (wegen häufigen Schaltens) ermittelt:

$$p_D = p_C \cdot v, \quad p_D = 14{,}14 \text{ N/mm}^2 \cdot 1{,}5 \approx 21{,}2 \text{ N/mm}^2.$$

Hiermit und mit $t_2 = 62$ °C wird bei Fettschmierung nach Bild A15-15, Anhang, die erreichbare Lastwechselzahl $L_W \approx 10^7$. Damit wird die mit Sicherheit zu erwartende Lebensdauer des Polyamidrades

$$L_h = \frac{L_W}{n_2 \cdot 60}.$$

Mit der Drehzahl des Rades $n_2 = \dfrac{n_1}{i} = \dfrac{2850 \text{ 1/min}}{3{,}6} = 792$ 1/min wird dann die mit Sicherheit zu erwartende Vollast-Lebensdauer

$$L_h \approx \frac{10^7}{792 \cdot 60} \text{ h} \approx 210 \text{ h}.$$

Rechnet man je Tag mit etwa 40 Schrankenschaltungen und für Öffnen und Schließen insgesamt 15 s, so sind das je Tag 600 s = 10 min = 1/6 h Betriebsdauer. Bei 300 Arbeitstagen im Jahr würden $L_h = 210$ h mindestens einer wartungsfreien Betriebszeit von etwa 4 bis 5 Jahren entsprechen. Da mit einer 1,5-fachen Sicherheit gerechnet wurde, dürfte die tatsächliche Betriebszeit noch wesentlich höher liegen.

Ergebnis: Für das Getriebe ist eine Vollast-Lebensdauer $L_h \approx 210$ h mit Sicherheit zu erwarten.

15.20. Normen und Literatur

DIN 780: Modulreihe für Zahnräder

DIN 867: Bezugsprofil für Zahnräder mit Evolventenverzahnung

DIN 868: Zahnräder, Begriffe, Bezeichnungen und Kurzzeichen

DIN 869: Bl. 2, Richtlinien für die Bestellung von Kegelrädern

DIN 3960 bis DIN 3964: Bestimmungsgrößen und Fehler an Stirnrädern; Toleranzen für Stirnradverzahnungen; zulässige Flankenrichtungsfehler; Achsabstand-Abmaße

DIN 3971: Bestimmungsgrößen und Fehler an Kegelrädern

DIN 3975: Bestimmungsgrößen und Fehler an Zylinderschneckentrieben

DIN 3976: Zylinderschnecken; Abmessungen, Zuordnung von Achsabständen und Übersetzungen
DIN 3990: Tragfähigkeitsberechnung von Stirn- und Kegelrädern
DIN 3992: Profilverschiebung bei Stirnrädern mit Außenverzahnung

Dubbels Taschenbuch für den Maschinenbau, Springer-Verlag, Berlin/Göttingen/Heidelberg

Hachmann, H. und *Strickle, E.:* Polyamide als Zahnradwerkstoffe, Zeitschrift KONSTRUKTION, Jahrgang 18, 1966, Heft 3

Niemann, G.: Maschinenelemente, 2. Band, Springer-Verlag

Thomas, A. K.: Die Tragfähigkeit der Zahnräder, Hanser-Verlag, München

Winter, H.: Entwurf und Berechnung von Zahnrädern, Vortragsumdruck, Zahnradfabrik Friedrichshafen

Zahnräder aus DN-Werkstoffen, Mitteilung der Dynamit Nobel Aktiengesellschaft, Troisdorf (Köln)

Zahnräder-Zahnradgetriebe, Vorträge und Diskussionsbeiträge, Friedr. Vieweg & Sohn Verlagsgesellschaft mbH, Braunschweig

Zirpke, K.: Zahnräder, VEB Fachbuchverlag, Leipzig

16. Riemengetriebe

16.1. Allgemeines

Riemengetriebe sind *Hüllgetriebe,* die zur mittelbaren Leistungsübertragung zwischen parallel oder unter beliebigem Winkel zueinander liegenden Wellen mit größeren Abständen dienen. Der Riemen umhüllt die auf der treibenden und der getriebenen Welle sitzenden Scheiben. Das Übertragungsvermögen wird wesentlich durch das Reibungsverhalten zwischen Riemen und Scheibenoberfläche bestimmt. Darum ist je nach Größe des zu übertragenden Drehmomentes eine besondere Spannkraft des Riemens notwendig.

Vorteile gegenüber Zahnrad- und Kettengetrieben: elastische Kraftübertragung; geräuscharmer, stoß- und schwingungsdämpfender Lauf; ungebunden an einen bestimmten Achsabstand; Überbrückung größerer Wellenabstände; geringere Kosten und praktisch wartungsfreier Betrieb (keine Schmierung).

Nachteile: Der durch die Dehnung des Riemens bedingte Schlupf (siehe unter 16.4.1. läßt keine konstante Übersetzung zu; größerer Platzbedarf gegenüber leistungsmäßig vergleichbaren Zahnrad- und Kettengetrieben.

Je nach dem Riemenquerschnitt wird der Antrieb entweder mit *Flachriemen* auf glatten Scheiben oder mit *Keilriemen* auf Profilscheiben ausgeführt. Der Anwendungsbereich für Flach- und Keilriemen läßt sich kaum scharf abgrenzen. Allgemein erfordern Flachriemen größere Scheiben und Achsabstände als Keilriemen, was jedoch bei den modernen Mehrschichtriemen (siehe unter 16.3.1.3.) nicht mehr unbedingt zutrifft.

Durch konstruktive Maßnahmen und Verbesserung der Riemenwerkstoffe ist die Leistungsfähigkeit der Flachriemengetriebe erheblich gesteigert worden, so daß sie unter ähnlichen Bedingungen wie Keilriemengetriebe laufen können.

16.2. Getriebearten und deren Verwendung

16.2.1. Offene Riemengetriebe

Meistens werden bei gleichem Drehsinn der Scheiben für parallel liegende Wellen in waagerechter, aber auch in schräger und senkrechter Anordnung *offene Riemengetriebe* angewandt. Die erforderliche Vorspannkraft, die den Reibungsschluß zwischen Riemen und Scheiben sichert, wird auf verschiedene Weise erreicht und bestimmt vielfach die Bauart des Getriebes.

Man unterscheidet danach:

1. *Eigengewichtsgetriebe* (Bild 16-1): Das Eigengewicht des Riemens genügt zur Erzeugung der Vorspannung bei annähernd waagerechten Flachriemengetrieben mit festen Wellenabständen $l_a > 5$ m, wobei zweckmäßig das ziehende Riementrumm unten angeordnet wird.

2. *Dehnungsgetriebe:* Der Riemen ist kürzer als es dem festen Achsabstand l_a entspricht, so daß er beim Auflegen elastisch gedehnt wird. Dies genügt vielfach bei Achsabständen unter 5 m, auch bei schräger bzw. senkrechter Anordnung, wenn das öftere Nachspannen infolge wechselnder Luftfeuchtigkeit und Temperatur in Kauf genommen wird.

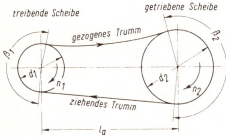

Bild 16-1. Eigengewichtsgetriebe

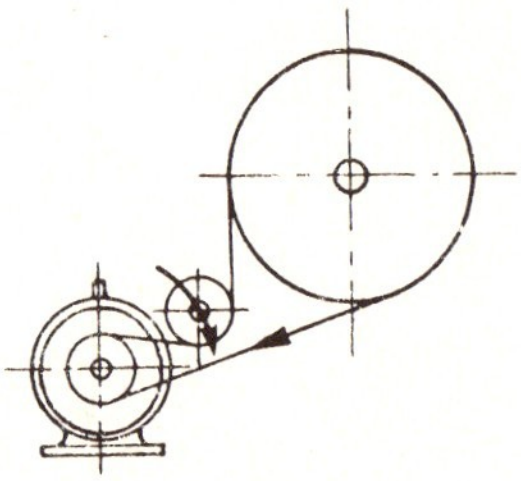

Bild 16-2. Spannrollengetriebe

3. *Spannrollengetriebe* (Bild 16-2): Spannrollen mit Gewichts- oder Federbelastung drücken zum Spannen in der Nähe der kleinen Scheibe von außen auf das gezogene Riementrumm und vergrößern den Umschlingungsbogen und damit den Durchzugsgrad. Die Anordnung eignet sich für größere Getriebe mit festem Achsabstand. Ein Drehrichtungswechsel ist ausgeschlossen.
4. *Spannwellengetriebe:* Oft genügt es, wie beim Keilriemenantrieb üblich, den Antriebsmotor mit Scheibe zum Spannen des Riemens auf *Spannschienen* mit Hilfe von Schrauben zu verschieben (Bild 16-3). Beim *Spannschlitten* (Bild 16-4) erfolgt ein selbsttätiges Spannen durch Gewichtstücke oder Federn, was häufig auch bei Bandförderern angewandt wird.

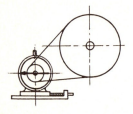 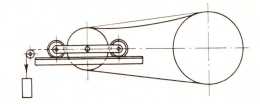

Bild 16-3. Motor mit Spannschiene

Bild 16-4. Spannschlitten

Der Motor kann auch auf einer um *D drehbaren Wippe* sitzen (Bild 16-5). Das Rückdrehmoment M_r des Motorgehäuses bewirkt *selbsttätiges Spannen* des Riemens, das sich schwankenden Drehmomenten zudem noch anpaßt und so ein rutschfreies Arbeiten des Getriebes gewährleistet.

16.2. Getriebearten und deren Verwendung

Beim *Sespa-Getriebe* (selbstspannend) ist bei feststehendem Antriebsmotor (M) eine Schwenkscheibe (S) vorgesehen, in die ein Zahnradpaar (z_1 und z_2) eingebaut ist, so daß sich auch große Übersetzungen ins Langsame erzielen lassen (Bild 16-6).

Das Schwenken der Riemenscheibe (im Bild um D nach links und damit das Spannen des Riemens wird durch die Umfangskraft des auf der Motorwelle sitzenden, im gleichen Sinn sich drehenden und treibenden Ritzels z_1 bewirkt.

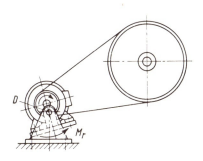

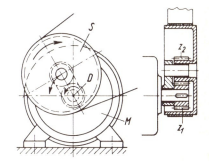

Bild 16-5. Riemenspannung durch Wippe   **Bild 16-6.** Riemenspannung durch Schwenkscheibe

Der Vorteil dieser selbstspannenden Einrichtungen überwiegt vielfach die anfallenden Mehrkosten, denn sie schont Riemen und Lager, erfordert kein Nachspannen und ist bei größter Betriebssicherheit wartungsfrei.

16.2.2. Gekreuzte Riemengetriebe

Seltener verwendet man *gekreuzte Flachriemengetriebe* mit entgegengesetztem Drehsinn der Scheiben für parallel liegende Wellen, weil neben ungünstiger Riemenbeanspruchung infolge dauernder Verdrehung, besonders bei größeren Riemenbreiten, rascher Verschleiß an den scheuernden Riemenkanten auftreten kann (Bild 16-7).

Leitrollen werden notwendig wenn Flachriemengetriebe mit gekreuzten Wellen unter beliebigem Winkel laufen sollen (Bild 16-8). Um ein Abspringen des Flachriemens von

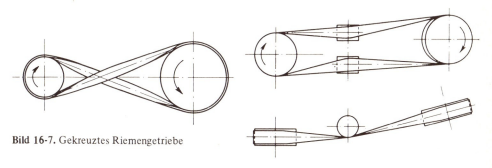

Bild 16-7. Gekreuztes Riemengetriebe

Bild 16-8. Leitrollengetriebe

den Scheiben zu vermeiden muß der Riemen gerade auflaufen. Der Riemenablauf kann schräg erfolgen, so daß unter bestimmten Bedingungen auch *halbgekreuzte Getriebe* (Bild 16-9) mit etwas breiteren zylindrischen Scheiben bei kleinen Übersetzungen und Geschwindigkeiten betriebssicher laufen. Eine Drehrichtungsumkehr ist allgemein nicht möglich.

Da sich der auflaufende Flachriemen im Betrieb auf den Scheiben verschieben läßt, können Riemengetriebe zum *Ein- und Ausschalten* (Fest- und Losscheibe) von Getrieben sowie zur *Stufenschaltung* benutzt werden (Bild 16-10).

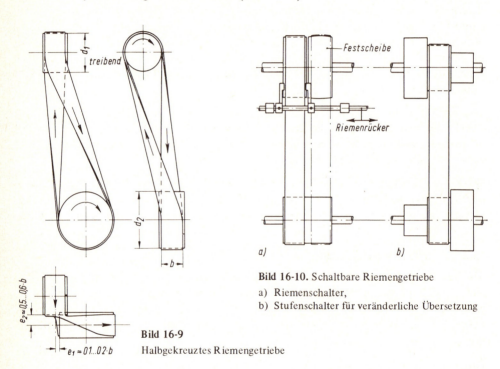

Bild 16-9 Halbgekreuztes Riemengetriebe

Bild 16-10. Schaltbare Riemengetriebe
a) Riemenschalter,
b) Stufenschalter für veränderliche Übersetzung

16.3. Riemenarten und Riemenwerkstoffe

Bei der Auslegung eines Riemengetriebes muß der Riemenwerkstoff so ausgewählt werden, daß er den gegebenen Anforderungen genügt. Hierzu gehören: ein hoher Reibungsbeiwert, hohe Reißfestigkeit, gute Elastizität ohne bleibende Verformung, große Biegewechselfestigkeit, Unempfindlichkeit gegen atmosphärische und chemische Einflüsse sowie gegen Öl.

Da sich nicht alle Eigenschaften in einem Werkstoff vereinigen lassen, ist zu entscheiden, welche Forderungen für den jeweiligen Antriebsfall von besonderer Bedeutung sind.

16.3. Riemenarten und Riemenwerkstoffe

16.3.1. Flachriemen

16.3.1.1. Lederriemen

Mit Leder lassen sich Reibungswerte erreichen, die von anderen Werkstoffen kaum übertroffen werden können. Die Riemen werden aus Kernstücken von Rinderhäuten hergestellt. Im Normalfall wird lohgar gegerbtes Leder (L) verwendet. Bei höheren Temperaturen (bis $\approx 80\,°C$), schwachen chemischen Einflüssen und bei hoher Feuchtigkeit ist chromgar gegerbtes Leder (C) zu empfehlen. Riemen aus naßgestrecktem Leder (N) weisen im Betrieb eine geringere Dehnung auf als solche aus trockengestrecktem Leder (T). Allgemein werden Einfachriemen von 3 ... 7 mm Dicke für Breiten bis etwa 500 mm, Doppel- und Mehrfachriemen von 8 ... 12 mm Dicke und darüber für Breiten bis 1800 mm geliefert. Man unterscheidet HG-Riemen (hochgeschmeidig, bis 7 % Fettgehalt), G-Riemen (geschmeidig, bis 14 % Fettgehalt), und S-Riemen (Standard, bis 25 % Fettgehalt).

Zur Kennzeichnung gibt man z. B. an: Riemen, Ledersorte HGLN. Für die Wahl der zweckmäßigsten Sorte kann gelten: Je kleiner die Riemendicke im Verhältnis zum Scheibendurchmesser und je höher die Riemengeschwindigkeit (Biegehäufigkeit) ist, desto geschmeidiger und leichter muß das Leder sein.

HG-Riemen gewährleisten für alle Antriebe, insbesondere bei kürzeren Wellenabständen höchste Leistungsfähigkeit, G-Riemen genügen bei normalem Betrieb, S-Riemen bei kleinen Geschwindigkeiten, bei Stufenscheiben und Ausrückern und bei rauhem Betrieb.

16.3.1.2. Geweberiemen (Textilriemen)

Als Gewebe- bzw. Textilriemen bezeichnet man Riemen, die aus organischen Stoffen (Baumwolle, Tierhaare, Naturseide u. a.) bzw. aus synthetischen Stoffen (Kunstseide, Nylon u. a.) gewebt sind. Sie haben gegenüber Lederriemen den Vorteil, daß sie endlos hergestellt werden können und somit eine größere Laufruhe aufweisen. Nachteilig ist die höhere Kantenempfindlichkeit (Rißgefahr!).

Größere Riemendicken erhält man durch Aufschichten mehrerer Gewebelagen, die durch Nähen (bei Imprägnierung), durch Kleben mit Balata[1]) und Guttapercha oder durch Vulkanisieren mit Gummi verbunden sind. Am meisten werden *Balatariemen* verwendet, bei denen Baumwollgewebeschichten verklebt werden. Die Festigkeit dieser Riemen ist 2 ... 3 mal so hoch wie die der Lederriemen. Sie eignen sich nicht für Antriebe in warmen Räumen und sind öl- und benzinempfindlich, aber unempfindlich gegen Feuchtigkeit.

Gummiriemen sind gegen chemische Einflüsse widerstandsfähig. Durch Aufvulkanisieren einer dünnen Deckschicht aus synthetischem Gummi (Buna) können sie auch öl- und benzinfest gemacht werden. Sie vertragen höhere Betriebstemperaturen (bis $\approx 80\,°C$) ohne nennenswerte Dehnung oder Festigkeitsminderung, sind aber wegen ihrer höheren Wülste einer größeren Beanspruchung im Betrieb unterworfen.

---

[1]) Kautschukähnlicher Stoff aus harzreichen Milchsäften tropischer Bäume

16.3.1.3. Kunststoffriemen, Mehrschichtriemen

Riemen aus Kunststoff (Nylon, Perlon u. ä.) besitzen eine hohe Festigkeit und sind praktisch dehnungslos. Sie werden aber selten verwendet, weil wegen des schlechten Reibungsverhaltens nur wenige Eigenschaften eines guten Antriebs erfüllt werden können.

Meist werden endlose *Mehrschicht-* oder *Verbundriemen* eingesetzt, bei denen Kunststoffe und Leder fest miteinander verbunden sind.

Sie bestehen in der Regel aus 2 oder 3 Schichten, und zwar aus einer Chromleder-Laufschicht (L), die einen großen Reibungsbeiwert bringt, und einer Zugschicht aus Kunststoff (K), die eine hohe Zugfestigkeit und geringe Dehnung aufweist. Außerdem kann eine Schutz- oder Deckschicht aus Chromleder bei beidseitiger Beanspruchung (Mehrscheibenantrieb) oder aus gummiertem Textilgewebe (T) bei einseitiger Beanspruchung oder beiderseits bei geringer Reibbeanspruchung aufgebracht worden sein (Bild 16-11).

Bild 16-11
Aufbau der Verbund-Flachriemen

Diese Riemen sind sehr elastisch, biegsam und unempfindlich gegen Schmiermittel sowie atmosphärische Einflüsse. Ein kleiner Schlupf ergibt neben gutem Wirkungsgrad (bis $\approx$ 98 %) und langer Lebensdauer eine genauere Einhaltung sogar großer Übersetzungen (bis 1:20) bei kleinen Wellenabständen und etwa dreifacher übertragbarer Leistung eines Lederriemens. Da die Riemen dünn und schmal ausgeführt werden können und sich auch für hohe Geschwindigkeiten eignen, ersetzen sie in vielen Fällen die Keilriemengetriebe.

Beachte: Flachriemen werden, soweit sie nicht endlos lieferbar sind, meistens durch Kleben, Kitten, Nähen oder durch besondere Metallriemenverbinder verbunden. Von der Verbindungsart hängt wesentlich die zulässige Kraftübertragung und die Lebensdauer ab. Am besten und heute fast einschließlich angewandt ist die Verbindung durch *Kleben* bzw. Kitten, denn für die anderen Möglichkeiten können im Mittel nur 80 ... 90 % des Übertragungsvermögens genutzt werden.

16.3.2. Keilriemen

Keilriemen sind Gummiriemen mit Einlagen aus Textilfäden als Zugelement in der oberen Hälfte des trapezförmigen Profils. Außen sind sie zur Sicherung des Querschnitts und zum Schutz der inneren Teile mit einem aufvulkanisierten Gewebe umhüllt.

Die endlosen *Normalkeilriemen* werden mit dem Flankenwinkel $\alpha \approx 35° \ldots 39°$ und dem Verhältnis $b/h \approx 1,5 \ldots 1,65$ in 12 Größen nach DIN 2215 (siehe auch Tabelle A16.5, Anhang) mit Innenlängen von 100 ... 18000 mm geliefert (Bild 16-12a und b).

Endliche Keilriemen nach DIN 2216, durch Riemenschlösser verbunden, werden wegen der geringeren Biegsamkeit nur bei kleineren Drehzahlen verwendet.

Eine besondere Entwicklung sind die biegeweichen, für hohe Geschwindigkeiten geeigneten *Schmalkeilriemen* (Bild 16-12c) nach DIN 7753 in 5 Größen mit $b/h \approx 1,2 \ldots 1,25$, die die Forderung nach kleinen Abmessungen (Platzersparnis) bei hoher Leistungsfähigkeit erfüllen (siehe Tabelle A16.8, Anhang).

Bei der Sonderausführung, den *Spacesa Ver-Schmalkeilriemen,* stellt die konkave Unterseite einen besonderen Stabilisator dar, der die Zugstränge in ihrer richtigen Lage hält und dadurch innere Reibung vermindert (Bild 16-12d).

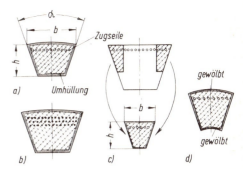

Bild 16-12. Querschnitte der Keilriemen

16.3.3. Zahnriemen

Ein formschlüssiges Antriebselement ist der *Zahnriemen*[1]) aus Kunststoff oder Gummi. Der Kraftträger ist eine in der neutralen Biegezone liegende Einlage aus feinen Stahlkabeln, die schraubenförmig in enger Steigung gewickelt sind. Diese endlosen Zahnriemen verbinden die Vorteile des Kunststoff-Flachriemens mit denen der Kette. Die Riemenzähne greifen in entsprechende Nuten der Scheiben ein. Der Zahnriemen ist ein raumsparendes Element, das ohne Schmierung Umfangskräfte bis 5000 N übertragen kann, kein Nachspannen erforderlich macht und fast geräuschfrei bis ≈ 60 m/s Geschwindigkeit läuft (Bild 16-13).

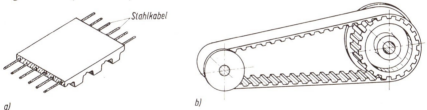

Bild 16-13. Zahnriemen. a) Aufbau, b) Antrieb mit einseitiger Bordscheibe

16.4. Theoretische Grundlagen zur Berechnung der Riemengetriebe

Riemengetriebe können eine Leistung nur dann übertragen, wenn die *Reibkraft* F_R zwischen Riemen und Scheibe mindestens gleich oder größer ist als die zu übertragende *Umfangskraft* F_u:

$$F_R = \mu \cdot F_n \geqslant F_u \quad \text{in N} \tag{16.1}$$

μ Reibungszahl für den umspannten Scheibenbogen, abhängig von der Riemenart, der Scheibenoberfläche und vielfach von der Riemengeschwindigkeit. Anhaltswerte nach Tabelle A16.1, Anhang

F_n notwendige Anpreßkraft (Normalkraft) in N, die durch eine entsprechende Vorspannkraft F_v des Riemens erreicht wird (siehe zu Gleichung 16.2); sie beeinflußt die auftretende Achskraft F_A je nach Bauart des Getriebes

---

[1]) Hersteller *Synchroflex-Mulco-Continental,* Hannover

Wird die treibende Scheibe d_1 durch ein Drehmoment M_t angetrieben, dann ist die von der Scheibe auf den Riemen zu übertragende Umfangskraft (Bild 16-14)

$$F_u = \frac{2 M_{t1}}{d_1}$$

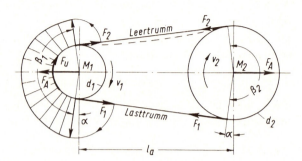

Bild 16-14
Kräfte am offenen Riemengetriebe

Da die getriebene Scheibe d_2 durch die vorhandene Reibkraft bewegt wird, gilt für den Grenzfall $F_R = F_u$ bei gleichförmigem langsamen Lauf die Gleichgewichtsbedingung für den Punkt M_1:

$$F_u \cdot \frac{d_1}{2} + F_2 \cdot \frac{d_1}{2} - F_1 \cdot \frac{d_1}{2} = 0$$

woraus sich die *Nutzkraft* errechnet

$$F_N = F_u = F_1 - F_2 \quad \text{in N} \tag{16.2}$$

Demnach kann das Riemengetriebe nur Leistung übertragen, wenn die Spannkraft im ziehenden Riementrumm (Lasttrumm) F_1 ($> F_u$) größer ist als im gezogenen Riementrumm (Leertrumm) F_2 ($< F_u$). Diese Entlastung des Leertrumms zeigt sich in einem Durchhang (Strichlinie in Bild 16-14).

Die auftretende *Achskraft* F_A kann graphisch ermittelt oder berechnet werden:

$$F_A = (F_1 + F_2) \cdot \cos \alpha = (F_1 + F_2) \cdot \sin \frac{\beta_1}{2}$$

Die größte Riemenbeanspruchung entsteht an der Auflaufstelle zwischen dem Lasttrumm und der kleinen Scheibe als *Nutzspannung*

$$\sigma_N = \frac{F_N}{A} = \frac{F_1}{A} - \frac{F_2}{A} = \sigma_1 - \sigma_2 \quad \text{in N/mm}^2 \tag{16.3}$$

A Riemenquerschnittsfläche in mm^2

Wegen der unterschiedlichen Trummspannungen σ_1 und σ_2 erfährt der Riemen beim Lauf über die Scheiben auch verschieden große Dehnungen. Der Dehnungsausgleich verursacht eine relative Bewegung des Riemens auf den Scheiben, was glatte Oberflächen voraussetzt, um einen schnellen Riemenverschleiß zu vermeiden. Damit verbunden ist der sogenannte

16.4. Theoretische Grundlagen zur Berechnung der Riemengetriebe

Dehnschlupf, dessen Größe von den elastischen Eigenschaften des Riemens und vom Unterschied der Spannkräfte abhängt.

Wird dabei $F_u > F_R$, so beginnt der Riemen auf der Scheibe zu rutschen. Der *Gleitschlupf* darf jedoch wegen der besonders zerstörungsfördernden Wirkung für den Riemen nur kurzzeitig (bei Überlastung) auftreten. Durch den bei den einzelnen Riemensorten stets mehr oder weniger vorhandenen Schlupf wird die Geschwindigkeit der getriebenen Scheibe $v_2 = \dfrac{d_2 \cdot \pi \cdot n_2}{60}$ in m/s gegenüber der treibenden Scheibe $v_1 = \dfrac{d_1 \cdot \pi \cdot n_1}{60}$ in m/s etwas zurückbleiben, was beim Festlegen der genauen Übersetzung durch Korrektur der Scheibendurchmesser unter Einbeziehung der Riemendicke s berücksichtigt werden kann.

Damit eine hohe Lebensdauer des Riemens erreicht wird, soll der *Schlupf* betragen

$$\psi = \frac{v_1 - v_2}{v_1} \cdot 100 \leqslant 2\,\% \tag{16.4}$$

Folglich wird die tatsächliche *Übersetzung*

$$i = \frac{n_1}{n_2} = \frac{d_2 + s}{d_1 + s} \cdot \frac{100}{100 - \psi} \tag{16.5}$$

In den meisten Fällen kann die Riemendicke s unberücksichtigt bleiben.

Die *Übersetzung* bei Riemengetrieben wählt man:

    $i \leqslant 6$ für offene Flachriemengetriebe
    bis 15 für Spannrollengetriebe
    bis 20 in Sonderfällen z. B. bei Verbundriemen
    bis 10 für Keilriemengetriebe

Nimmt man an, daß der Riemen auf dem ganzen Umschlingungsbogen voll an der Kraftübertragung beteiligt ist, dann kann das Verhältnis der Trummkräfte bzw. Trummspannungen mit der *Eytelweinschen Beziehung*[1]) bestimmt werden:

$$\frac{F_1}{F_2} = \frac{\sigma_1}{\sigma_2} = e^{\mu \hat{\beta}_1} = m \tag{16.6}$$

    $e = 2{,}718 \ldots$ Basis des natürlichen Logarithmus
    μ (mittlere) Reibungszahl zwischen Riemen und Scheibe. Richtwerte nach Tabelle A16.1, Anhang
    $\hat{\beta}_1 = \dfrac{\pi \cdot \beta_1^0}{180} \approx \dfrac{\beta_1^0}{57{,}3}$ Umschlingungsbogen an der kleinen Scheibe

---

[1]) siehe *Böge*, Mechanik und Festigkeitslehre Abschnitt 3.4.5.

Mit dieser Beziehung liegt die Bedingung für die Sicherheit gegen Gleitschlupf fest, und es ergeben sich die *Nutzkraft* bzw. *Nutzspannung* für den Riemenquerschnitt A durch Einsetzen in Gleichung (16.3)

$$F_N = F_1 - F_2 = F_1 \frac{m-1}{m} = F_1 \cdot \kappa \quad \text{in N} \tag{16.7}$$

$$\sigma_N = \sigma_1 - \sigma_2 = \frac{F_1}{A} \cdot \frac{m-1}{m} = \sigma_1 \cdot \kappa \quad \text{in N/mm}^2 \tag{16.8}$$

$\kappa = \frac{m-1}{m}$ Ausbeute abhängig von μ und $\hat{\beta}_1$

Beachte: Mit einem Riemengetriebe wird um so mehr Nutzkraft übertragen, je größer der Ausbeutewert und je höher die zulässige Lasttrummspannung ist.

Der Riemen wird aber bei seinen Umläufen an den An- und Ablaufstellen der Scheiben neben der Zugbeanspruchung auch auf *Biegung beansprucht*. Diese Beanspruchung ist um so größer, je schärfer der Riemen abgebogen wird, d. h. je kleiner der Scheibendurchmesser und je dicker der Riemen ist.

Nach den Regeln der Elastizitätslehre berechnet man die *auftretende Biegespannung* aus

$$\sigma_b \approx E_i \cdot \frac{s}{d_1} \quad \text{in N/mm}^2 \tag{16.9}$$

E_i ideeller Elastizitätsmodul für die Riemenelastizität in N/mm², der mit dem E-Modul aus dem Zugversuch nicht identisch ist. Anhaltswerte enthält Tabelle A16.1, Anhang (siehe auch Anmerkung zur Tabelle)

$\frac{s}{d_1}$ Verhältnis Riemendicke zum kleinen Scheibendurchmesser; zulässige Werte enthält Tabelle A16.1, Anhang

Eine Überschreitung der zulässigen Werte verringert die Lebensdauer und übertragbare Leistung; allgemein üblich sind die halben Tabellenwerte

Da die Biegebeanspruchung eine dauernd schwellende Größe ist, wird die Höhe der Spannung maßgebend die Riemenlebensdauer beeinflussen. Um dies übersehen zu können, ermittelt man die Anzahl der Übergänge je Sekunde des Riemens über die Scheiben, d. h. die *Biegehäufigkeit*:

$$B_z = \frac{z \cdot v}{L} \quad \text{in 1/s} \tag{16.10}$$

z Anzahl der Riemenscheiben des Getriebes
v Riemengeschwindigkeit in m/s
L gespannte Riemenlänge in m (siehe Gleichungen (16.20) und (16.21))

Beachte: Tabelle A16.1, Anhang, enthält zulässige Höchstwerte für B_z, die insbesondere für kleine Riemendicken gelten.

16.4. Theoretische Grundlagen zur Berechnung der Riemengetriebe

Beim Umlauf des Riemens werden weiterhin Fliehkräfte wirksam, die den Riemen stärker dehnen, so daß die Anpreßkraft an die Scheibe und damit das Übertragungsvermögen ungünstig verändert werden, sofern dies nicht durch besondere Maßnahmen (Spannrolle, selbstspannende Antriebe) verhindert wird. Diese zusätzliche Riemenbeanspruchung darf bei größeren Riemengeschwindigkeiten nicht außer acht gelassen werden. Der Kraftanteil läßt sich mit Hilfe der allgemeinen Fliehkraftgleichung[1]) errechnen:

$$F_Z \approx \frac{\gamma}{1000} \cdot A \cdot v^2$$

Damit ergibt sich die *Fliehkraftspannung*

$$\sigma_Z = \frac{F_Z}{A} \approx \frac{\gamma \cdot v^2}{1000} \quad \text{in N/mm}^2 \tag{16.11}$$

γ Dichte des Riemenwerkstoffes in kg/dm³ nach Tabelle A16.1, Anhang

Die *Gesamtspannung* im Lasttrum an der Anlaufstelle der kleinen Scheibe ist dann

$$\sigma_{ges} = \sigma_1 + \sigma_b + \sigma_Z \leq \sigma_{zul} \tag{16.12}$$

$\sigma_{zul} = \dfrac{\sigma_B}{v}$ zulässige Riemenspannung je nach Sorte in N/mm²

σ_B Bruchfestigkeit, v Sicherheit gegen Bruchfestigkeit des Riemenwerkstoffes. Anhaltswerte beider Größen können aus Tabelle A16.1, Anhang, entnommen werden

Durch Einsetzen in Gleichung (16.8) erhält man die *maßgebende Nutzspannung*

$$\sigma_N = \sigma_1 \cdot \kappa = (\sigma_{ges} - \sigma_b - \sigma_Z) \cdot \kappa \quad \text{in N/mm}^2 \tag{16.13}$$

mit der die *übertragbare Nutzleistung* errechnet werden kann

$$P = \frac{F_N \cdot v}{1000} = \frac{A \cdot \sigma_N \cdot v}{1000} \quad \text{in kW} \tag{16.14}$$

Aus dieser Gleichung ist ersichtlich, wie sich die Möglichkeiten zur Steigerung des Übertragungsvermögens auf den Riemenhersteller und den Konstrukteur verteilen. Setzt man voraus, daß die werkstoff- und konstruktionsbedingten Größen festliegen, so kann die Nutzleistung aufgrund der erkannten Zusammenhänge immer noch durch geeignete Maßnahmen, wie z. B. günstigere Wahl der Scheibendurchmesser, der Riemengeschwindigkeit oder des Umschlingungswinkels beeinflußt werden.

---

[1]) siehe *Böge,* Mechanik und Festigkeitslehre, Abschnitt 4.9.7.

Aus vorstehender Gleichung (16.14) kann die erforderliche Riemenquerschnittsfläche $A = b \cdot s$ und damit bei vorgegebener Riemendicke s in cm die *erforderliche Riemenbreite* bestimmt werden:

$$b = \frac{1000 \cdot P}{\sigma_N \cdot v \cdot s} \text{ in cm} \qquad (16.15)$$

P, σ_N und v wie in vorstehenden Gleichungen

16.5. Praktische Berechnung der Riemengetriebe

Die bisher erläuterten Zusammenhänge und entwickelten Berechnungsgleichungen gelten nur unter strengen Voraussetzungen, die in der Praxis aber nur selten gegeben sind. So müssen einige die Auslegung der Riemengetriebe mit bestimmenden, bei der theoretischen Betrachtung jedoch noch nicht erfaßten Einflüsse, wie z. B. die Art des Antriebes, die Umweltverhältnisse oder die Anordnung des Getriebes, bei der praktischen Berechnung mit berücksichtigt werden.

16.5.1. Bemessung der Leder-Flachriemen

Für die Bemessung von Leder- (und auch Textil-)Riemen wird in der Praxis meist eine von AWF[1]) empfohlene Berechnung verwendet. Da die Lederriemen jedoch kaum noch Bedeutung haben und immer mehr durch die leistungsfähigeren Verbundriemen ersetzt werden, ist die folgende Berechnung nach AWF vereinfacht worden.

Zunächst werden zweckmäßig die *Scheibendurchmesser* d_1 und d_2 (nach DIN 111, siehe unter 16.6.2.1.) festgelegt, womit die gegebene Übersetzung i möglichst genau eingehalten wird. Der Durchmesser der Riemenscheiben richtet sich dabei vielfach nach den baulichen Gegebenheiten, z. B. nach dem Wellendurchmesser, oder kann für (kleine) Motorscheiben nach Tabelle A16.9, Anhang, gewählt werden.

Man geht von einer unter bestimmten Bedingungen übertragbaren (Nenn-)Leistung je cm Riemenbreite aus und erhält bei Berücksichtigung der tatsächlichen (Betriebs-)Bedingungen die *erforderliche Riemenbreite* aus

$$b = \frac{P}{P_{R1} \cdot k} \text{ in cm} \qquad (16.16)$$

P Nutzleistung in kW; es ist $P = c_S \cdot P_1 = c_S \cdot P_2/\eta$, worin bedeuten: P_1 Antriebsleistung, P_2 Abtriebsleistung in kW, c_S Betriebsfaktor zur Berücksichtigung der Betriebsverhältnisse nach Bild A15-4, Anhang, η Wirkungsgrad des Getriebes, erfahrungsgemäß $\eta \approx 0{,}97$

P_{R1} Nennleistung in kW/cm nach Tabelle A16.2, Anhang, abhängig von der Drehzahl n_1 und vom Durchmesser d_1 der kleinen Scheibe sowie von der Riemendicke s, für die empfohlen wird: $s \approx 0{,}01 \cdot d_1 + 3$ mm in mm (d_1 in mm)

---

[1]) AWF: *A*rbeitsausschuß für *w*irtschaftliche *F*ertigung

| k | Korrekturfaktor aus $k = k_1 \cdot k_2 \cdot k_3$, wobei k_1 als Umweltfaktor ungünstige Umweltbedingungen, k_2 als Umschlingungsfaktor Umschlingungswinkel $\beta_1 < 180°$ an der kleinen Scheibe und k_3 als Anordnungsfaktor ungünstige Getriebeanordnungen berücksichtigt; Werte für k_1, k_2 und k_3 aus Tabelle A 16.3, Anhang |

Nach Festlegung einer genormten Riemenbreite (siehe unter 16.6.2.1.) ist zu prüfen, daß die *Biegehäufigkeit* B_z nach Gleichung (16.12) die Werte für $B_{z\,max}$ nach Tabelle A16.1, Anhang, nicht überschreitet.

Die von den Wellen aufzunehmende *Achskraft* F_A ist wegen der kaum erfaßbaren Riemen-Vorspannung nicht genau zu ermitteln und ist allgemein größer als sie sich aus einer exakten Berechnung ergeben würde. Bei „richtig" vorgespannten Riemen, die also nicht unnötig hoch gespannt sind, kann erfahrungsgemäß in Abhängigkeit von der Umfangskraft F_u (nach Gleichung 16.2) gesetzt werden bei

Dehnungsgetrieben: $F_A \approx 5 \cdot F_u$,
Spannwellengetrieben: $F_A \approx 3{,}5 \cdot F_u$,
Spannrollengetrieben: $F_A \approx 2{,}5 \cdot F_u$.

16.5.2. Bemessung der Verbund-(Mehrschicht-)Flachriemen

Für die Bemessung von Verbund-Flachriemen bestehen wegen der Verschiedenartigkeit ihrer Werkstoffe, Ausführung und Herstellung keine einheitlichen Berechnungsrichtlinien. In der folgenden Berechnung sind daher insbesondere die Richtlinien und Angaben der Fa. SIEGLING, Hannover, zugrunde gelegt. Sie beziehen sich auf die Mehrschicht-Flachriemen EXTEMULTUS (Bauart 80) und sind darum nicht ohne weiteres auf andere Erzeugnisse übertragbar.

Zunächst werden zweckmäßig die *Scheibendurchmesser* d_1 und d_2 (nach DIN 111, siehe unter 16.6.2.1.) festgelegt, womit die gegebene Übersetzung i möglichst genau eingehalten wird. Der Durchmesser der Riemenscheiben richtet sich dabei vielfach nach den baulichen Gegebenheiten, z. B. nach dem Wellendurchmesser, oder kann für (kleine) Motorscheiben nach Tabelle A16.9, Anhang, gewählt werden.

Man ermittelt anschließend die *geeignete Riementype* aufgrund der Biegehäufigkeit B_z (nach Gleichung 16.12) aus Bild A16-1, Anhang, in Abhängigkeit vom Durchmesser d_1 der kleinen Scheibe.

Es wird dann, ähnlich wie bei Lederriemen, die *erforderliche Riemenbreite* ermittelt aus

$$b = \frac{P}{P_{R1} \cdot k_2} \text{ in cm} \qquad (16.17)$$

P	Nutzleistung in kW wie zu Gleichung (16.16)
P_{R1}	Nennleistung in kW/cm, abhängig von der Riemengeschwindigkeit v und der Riementype nach Bild A16-2, Anhang
k_2	Korrekturfaktor gleich Umschlingungsfaktor nach Tabelle A16.3, Anhang (siehe auch zu Gleichung 16.16)

Wie aus der Gleichung hervorgeht spielen bei Mehrschichtriemen, im Gegensatz zu Lederriemen, Umwelteinflüsse und die Art der Anordnung des Getriebes praktisch keine Rolle.

Die endgültige Riemenbreite wird nach den Angaben unter 16.6.2.1. festgelegt, wobei erwähnt sei, daß die Standardbreiten der SIEGLING-Riemen von den Norm-Breiten etwas abweichen.

Für die *Achskraft* setze man in Abhängigkeit von der Umfangskraft F_u (nach Gleichung 16.2) bei Getrieben

mit gleichmäßiger bis leicht stoßhafter Belastung (Riemendehnung $\approx$ 2 %): $F_A \approx 2{,}5 \cdot F_u$, mit stark stoßartiger Belastung (Riemendehnung $\approx$ 3 %): $F_A \approx 3 \cdot F_u$.

16.5.3. Bemessung der Normalkeilriemen

Die Berechnung der Getriebe mit Normalkeilriemen (DIN 2215) ist zum Teil nach DIN 2218 genormt.

Zunächst werden die (*mittleren*) *Scheibendurchmesser* d_{m1} und d_{m2} (nach DIN 2217, siehe unter 16.6.2.2.) festgelegt, womit die gegebene Übersetzung i möglichst genau eingehalten wird. Die Durchmesser der Scheiben richten sich vielfach nach den baulichen Gegebenheiten, z. B. nach dem Wellendurchmesser, oder können für (kleine) Motorscheiben nach Tabelle A16.9, Anhang, gewählt werden.

Es wird nun die dem kleinen Scheibendurchmesser zugeordnete (größte) *Keilriemenbreite b*, ggf. auch die nächst kleinere, nach DIN 2217, Tabelle A16.5, Anhang, festgestellt.

Für die zu übertragende Leistung ergibt sich dann die *erforderliche Anzahl der Normakeilriemen* aus:

$$z = \frac{P}{P_{180} \cdot c} \qquad (16.18)$$

P Nutzleistung in kW wie zu Gleichung (16.17)

P_{180} Nennleistung eines Keilriemens in kW bei dem zugehörigen kleinsten Scheibendurchmesser und einem Umschlingungswinkel 180°, abhängig von der Riemengeschwindigkeit $v = d_{m1} \cdot \pi \cdot n_1/60$ in m/s (d_{m1} in m, n_1 in U/min) nach Tabelle A16.6, Anhang

c Korrekturfaktor aus $c = c_1 \cdot c_3/c_2$; hierzu sind

    c_1 Umschlingungsfaktor, der Umschlingungswinkel $\beta_1 < 180°$ an der kleinen Scheibe (siehe zu Gleichung 16.20 oder Gleichung 16.22) berücksichtigt, nach Tabelle A16.7, Anhang,

    c_2 Überlastungsfaktor, durch den kurzzeitige Überbeanspruchungen berücksichtigt werden, nach Tabelle A16.7, Anhang,

    c_3 Durchmesserfaktor, der eine etwaige Unterschreitung des der Keilriemengröße zugeordneten kleinsten Scheibendurchmessers (siehe Tabelle A16.5, Anhang) berücksichtigt, nach Tabelle A16.7, Anhang; normal ist $c_3 = 1$

Die Anzahl der Keilriemen soll, abgesehen von sehr kleinen zu übertragenden Leistungen, schon aus Sicherheitsgründen möglichst $z = 2$, höchstens aber $z = 16$ betragen, da sonst eine gleichmäßige Kraftverteilung auf alle Riemen nicht mehr gewährleistet ist.

16.5. Praktische Berechnung der Riemengetriebe

Abschließend ist nachzuweisen, daß die *Biegehäufigkeit* $B_z = 2 \cdot v/L_m$ (siehe auch Gleichung 16.12) den Wert $B_{z\,max} \approx 40$ (siehe auch Tabelle A16.1, Anhang) nicht überschreitet.

Beim Keilriemengetriebe kann wegen der günstigen Haftkraft in den Rillen die Vorspannung verhältnismäßig klein gehalten werden. Damit wird auch die *Achskraft* geringer als bei Flachriemengetrieben. Man setze in Abhängigkeit von der Umfangskraft F_u (nach Gleichung 16.2): $F_A \approx 2 \cdot F_u$.

16.5.4. Bemessung der Schmalkeilriemen

Die Berechnung der Getriebe mit Schmalkeilriemen (DIN 7753, Bl. 1) ist nach DIN 7753, Bl. 2 (Entwurf) genormt und wird ähnlich durchgeführt wie die mit Normalkeilriemen. Die folgende Berechnung ist an den Norm-Entwurf angelehnt, jedoch in einigen Teilen vereinfacht worden, was auf die Auslegung des Getriebes praktisch keinen Einfluß hat. Zunächst wählt man in Abhängigkeit der zu übertragenden (Nutz-)Leistung $P = c_S \cdot P_1$ (siehe zu Gleichung 16.19) und der Drehzahl der kleinen Scheibe das *geeignete Riemenprofil*. Danach legt man den (möglichst kleinen) *Wirkdurchmesser der kleinen Scheibe* (nach DIN 2211) nach Tabelle A16.8, Anhang, fest (siehe auch unter 16.6.2.3.) und bestimmt den Wirkdurchmesser der großen Scheibe, womit die gegebene Übersetzung möglichst genau eingehalten wird.

Für die zu übertragende (Nutz-)Leistung ergibt sich dann die *erforderliche Anzahl der Schmalkeilriemen* aus

$$z = \frac{P}{P_{180} \cdot c} \qquad (16.19)$$

- P Nutzleistung in kW wie zu Gleichung (16.16)
- P_{180} Nennleistung eines Keilriemens in kW bei kleinstem zulässigen Wirkdurchmesser $d_{w\,min}$, bei der Bezugs-Wirklänge L'_w (nach Tabelle A16.8) und Umschlingungswinkel $\beta_1 = 180°$, in Abhängigkeit von der Riemengeschwindigkeit $v = d_{w1} \cdot \pi \cdot n_1/60$ in m/s (d_{w1} in m, n in U/min) nach Bild A16-4, Anhang
- c Korrekturfaktor aus $c = c_1 \cdot c_2 \cdot c_3$; hierin sind:
  - c_1 Umschlingungsfaktor, der Umschlingungswinkel $\beta_1 < 180°$ (siehe zu Gleichung 16.20 oder Gleichung 16.22) an der kleinen Scheibe berücksichtigt, nach Tabelle A16.7, Anhang,
  - c_2 Leistungsfaktor, der die Leistungserhöhung eines Riemens bei Wahl eines größeren Wirkdurchmessers für die kleine Scheibe als $d_{w\,min}$ (nach Tabelle A16.8, Anhang) berücksichtigt; man setzt etwa: $c_2 \approx d_{w\,gewählt}/d_{w\,min}$,
  - c_3 Längenfaktor, der die Leistungsänderung bei Abweichen der tatsächlichen Wirklänge L_w von der Bezugs-Wirklänge L'_w berücksichtigt (nach Tabelle A16.8, Anhang). Der Einfluß ist relativ gering und kann etwa wie folgt berücksichtigt werden:
    bei $L_w \approx 0,3 \cdot L'_w$ wird $c_3 \approx 0,8$, bei $L_w \approx 0,5 \cdot L'_w$ wird $c_3 \approx 0,87$, bei $L_w \approx 1,5 \cdot L'_w$ wird $c_3 \approx 1,08$, bei $L_w \approx 2 \cdot L'_w$ wird $c_3 \approx 1,12$; Zwischenwerte sind zu schätzen

Die *Wirklänge* L_w eines Schmalkeilriemens ist die Länge gemessen in Höhe der Wirkbreite b_w (siehe Tabelle A16.8, Anhang), d. h. die Länge der neutralen Faserschicht. Die genormten Wirklängen endloser Schmalkeilriemen enthält Tabelle A16.8, Anhang.

Wie bei Normalkeilriemen ist nachzuweisen, daß die *Biegehäufigkeit* $B_z = 2 \cdot v/L_w$ (siehe auch Gleichung 16.12) den Wert $B_{z\,max} \approx 50 \ldots 80$ (siehe auch Tabelle A16.1, Anhang) nicht überschreitet.

Für die *Achskraft* kann, wie bei Normalkeilriemen, in Abhängigkeit von der Umfangskraft F_u (nach Gleichung 16.2) gesetzt werden: $F_A \approx 2 \cdot F_u$.

16.5.5. Riemenlänge, Achsabstand, Spannweg

16.5.5.1. Flachriemengetriebe

Für *offene Flachriemengetriebe* (Bild 16-15a) ergibt sich die genaue, rechnerische *Riemenlänge* (innerer Umfang) aus

$$L_r = 2 \cdot l_a \cdot \cos\alpha + \frac{\pi}{2}(d_1 + d_2) + \frac{\pi \cdot \alpha}{180}(d_2 - d_1) \quad \text{in mm (m)} \tag{16.20}$$

l_a Achsabstand in mm (m)

α Trummneigungswinkel aus $\sin\alpha = \cos\dfrac{\beta_1}{2} = \dfrac{d_2 - d_1}{2 \cdot l_a}$; β_1 Umschlingungswinkel an der kleinen Scheibe; es ist: $\beta_1 = 180° - 2 \cdot \alpha$, und damit auch $\alpha = (180° - \beta_1)/2$

d_1, d_2 Durchmesser der kleinen bzw. großen Scheibe in mm (m)

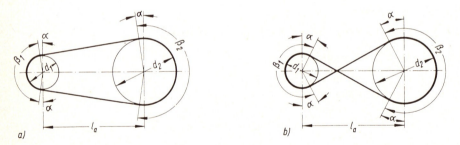

Bild 16-15. Ermittlung der Riemenlängen. a) offenes, b) gekreuztes Riemengetriebe

Für den meist im Bereich $\beta_1 \approx 140° \ldots 180°$ liegenden Umschlingungswinkel ergibt sich die rechnerische *Riemenlänge angenähert* aus

$$L_r \approx 2 \cdot l_a + 1{,}57 \cdot (d_1 + d_2) + \frac{(d_2 - d_1)^2}{4 \cdot l_a} \quad \text{in mm (m)} \tag{16.21}$$

Für das häufig vorliegende Verhältnis $(d_2 - d_1)/l_a \approx 0 \ldots 1{,}15$, entsprechend $\beta_1 \approx 180° \ldots 110°$, kann der *Umschlingungswinkel angenähert* ermittelt werden aus

$$\beta_1 \approx 180° - 60° \cdot \frac{d_2 - d_1}{l_a} = 180° - 60° \cdot \frac{d_1 \cdot (i-1)}{l_a} \tag{16.22}$$

16.5. Praktische Berechnung der Riemengetriebe

Die (Innen-)Längen endloser Flachriemen, unter anfänglicher Montagespannung gemessen, werden zweckmäßig nach DIN 387 bestellt: L = 400, 450, 500, 560, 630 mm usw. nach Normzahlen-Reihe R 20 (Tabelle A2.1, Anhang).

Mit diesen Längen L errechnet sich dann der *tatsächliche, anzupassende Achsabstand*

$$l_a = \frac{L}{4} - \frac{\pi}{8} \cdot (d_1 + d_2) + \sqrt{\left[\frac{L}{4} - \frac{\pi}{8} \cdot (d_1 + d_2)\right]^2 - \frac{(d_2 - d_1)^2}{8}} \quad \text{in mm (m)} \quad (16.23)$$

Ist der Achsabstand aus baulichen Gründen nicht vorgegeben, dann wird empfohlen: $l_a \approx 0{,}8 \dots 1{,}2 \cdot (d_1 + d_2)$, höchstens: $l_a \approx 5 \cdot (d_1 + d_2)$.

Der *Spannweg*, d. h. die vorzusehende Möglichkeit der Vergrößerung des Achsabstandes zum Ausgleich bleibender Riemendehnungen und zum Erreichen der notwendigen Vorspannkraft soll betragen

bei Lederriemen: $s_{Sp} \geqslant 0{,}05 \cdot L$, bei Mehrschichtriemen: $s_{Sp} \geqslant 0{,}02 \dots 0{,}03 \cdot L$.

Mehrschichtriemen, die mit einer erfahrungsgemäßen „Vordehnung" von $\approx 2 \dots 3\%$ montiert werden, brauchen, im Gegensatz zu Lederriemen, nicht mehr nachgespannt zu werden. Bei unverstellbaren, also festen Achsabständen bedeutet das einen erheblichen Vorteil, weil das sonst von Zeit zu Zeit erforderliche Kürzen des Riemens entfällt.

Für *gekreuzte Riemengetriebe* (Bild 16-15b) gelten die Gleichungen (16.20), (16.21) und (16.23), wenn für $(d_2 - d_1)$ jeweils $(d_2 + d_1)$ gesetzt wird und mit α aus $\sin \alpha = (d_2 + d_1)/(2 \cdot l_a)$ gerechnet wird.

Der Achsabstand soll hierfür $l_a \geqslant 20 \cdot b$ sein (b Riemenbreite).

16.5.5.2. Normalkeilriemengetriebe

Hierfür ergeben die Gleichungen (16.20) und (16.21) die rechnerische *mittlere Riemenlänge* L_{mr}, wenn die mittleren Scheibendurchmesser d_{m1} und d_{m2} an Stelle von d_1 und d_2 gesetzt werden.

Mit der Riemenbreite b wird die *Innenlänge* endloser Keilriemen: $L_i = L_m - 2 \cdot b$. Festgelegt wird die nächstliegende genormte Innenlänge nach DIN 2215, Tabelle A16.5, Anhang.

Mit der durch L_i gegebenen mittleren Riemenlänge $L_m = L_i + 2 \cdot b$ ergibt sich der hierfür *anzupassende Achsabstand*

$$l_a = \frac{1}{8} \cdot [\sqrt{X^2 - 8 \cdot (d_{m2} - d_{m1})^2} - X] \quad \text{in mm} \quad (16.24)$$
$$\text{mit } X = \pi \cdot (d_{m1} + d_{m2}) - 2 \cdot L_m$$

Ist der Achsabstand aus baulichen Gründen nicht vorgegeben, dann wird empfohlen: $l_a \approx d_{m2} + 3 \cdot c$ (c aus Tabelle A16.5, Anhang); allgemein: $l_a \approx 0{,}7 \dots 1 \cdot (d_{m1} + d_{m2})$, möglichst: $l_a < 2 \cdot (d_{m1} + d_{m2})$.

Der *Spannweg* soll bei Normalkeilriemen betragen: $s_{Sp} \geqslant 0{,}03 \cdot L_i$.

Der *Verstellweg*, d. h. die vorzusehende Möglichkeit der Verkleinerung des Achsabstandes zum spannungslosen Auflegen endloser Riemen soll sein: $s_V \geqslant 0{,}015 \cdot L_i$.

16.5.5.3. Schmalkeilriemengetriebe

Hierfür ergeben die Gleichungen (16.20) und (16.21) die rechnerische *Wirklänge* L_{wr}, wenn die Wirkdurchmesser der Scheiben d_{w1} und d_{w2} an Stelle von d_1 und d_2 gesetzt werden.

Mit der nächstliegenden genormten Wirklänge L_w (Tabelle A16.8, Anhang) ergibt sich der hierfür *anzupassende Achsabstand*

$$l_a = Y + \sqrt{Y^2 - 0{,}125 \cdot (d_{w2} - d_{w1})^2} \text{ in mm} \tag{16.25}$$
$$\text{mit } Y = 0{,}25 \cdot L_w - 0{,}39 \cdot (d_{w1} + d_{w2})$$

Ist der Achsabstand aus baulichen Gründen nicht vorgegeben, dann wird empfohlen: $l_a \approx 0{,}7 \ldots 1 \cdot (d_{w1} + d_{w2})$, möglichst: $l_a < 2 \cdot (d_{w1} + d_{w2})$.

Der *Spannweg* soll bei Schmalkeilriemen betragen: $s_{Sp} \geq 0{,}03 \cdot L_w$.

Der *Verstellweg* soll sein: $s_V \geq 0{,}015 \cdot L_w$.

16.6. Gestaltung der Riemengetriebe

16.6.1. Allgemeine Gesichtspunkte

Die konstruktive Durchbildung der Einzelteile eines Riemengetriebes ist für dessen Leistungsfähigkeit und Lebensdauer ebenso wichtig wie die Wahl der Riemenart und der Riemensorte.

Vorbedingung für einen ruhigen Lauf ist das Zusammenfallen der Mitte des auflaufenden Riemens mit der Scheibenmitte, besonders bei gekreuzten oder halbgekreuzten Riemen (siehe auch Bild 16-9), das genaue Ausrichten von Wellen und Scheiben sowie ein genauer Rundlauf der Scheiben.

Für die optimale Auslegung eines Getriebes sind auch die Ausführung und Fertigung der Riemenscheiben (Kosten!) und die Oberflächenbearbeitung, besonders der Lauffläche (Lebensdauer!) mit entscheidend.

16.6.2. Hauptabmessungen der Riemenscheiben

Die Hauptabmessung der Riemenscheiben, wie Durchmesser und Kranzbreite, die Maße für Rillenprofile und teilweise auch für Naben sind genormt. Dagegen bleiben Maße und auch Ausführung von Einzelheiten wie Armen, Böden u. dgl. vielfach dem Hersteller überlassen.

16.6.2.1. Flachriemenscheiben

Die Hauptabmessungen der Flachriemenscheiben (Bild 16-16 und 16-17) sind nach DIN 111 in Übereinstimmung mit ISO genormt. Danach gelten folgende Maße in mm:

Außendurchmesser d: 40 50 63 71 80 90 100 112 125 140 160 180 200 224 250 280 315 355 400 ... 2000 (gestuft nach Normzahlenreihe R20, DIN 323, Tabelle A2.1, Anhang).

16.6. Gestaltung der Riemengetriebe

Kranzbreite B: 25 32 40 50 63 80 100 125 140 160 180 200 ... 400,
zugehörige größte
Riemenbreite b: 20 25 32 40 50 71 90 112 125 140 160 180 ... 355.
(ebenfalls gestuft nach Normzahlenreihe R 20).
Wölbhöhe h: 0,3 bei $d = 40$ ... 112, 0,4 ($d = 125$ ... 140), 0,5 ($d = 160$ ... 180),
0,6 ($d = 200$ ... 224), 0,8 ($d = 250$ ... 280), 1 ($d = 315$ ... 355); ab $d = 400$ ist h sowohl vom Scheibendurchmesser d als auch von der Kranzbreite B abhängig (siehe DIN 111).

Dem Durchmesser d ist keine bestimmte Kranzbreite B zugeordnet, d und B können also nach Bedarf in relativ weiten Grenzen kombiniert werden.

16.6.2.2. Normalkeilriemen-Scheiben

Die Hauptabmessungen der Normalkeilriemen-Scheiben (siehe Bild zur Tabelle A16.5, Anhang) sind nach DIN 2217 genormt. Es sind hierin jedoch nur die mittleren Scheibendurchmesser und die Rillenabmessungen festgelegt, die Maße für den Radkörper sind freigelassen.

Mittlerer Scheibendurchmesser d_m in mm: 20 22 25 28 32 36 40 45 50 56 63 71
80 90 100 112 125 140 160 ... 5600 (gestuft nach Normzahlenreihe R20).
Rillenprofil: siehe Tabelle A16.5, Anhang.

16.6.2.3. Schmalkeilriemen-Scheiben

Die Hauptabmessungen der Schmalkeilriemen-Scheiben (siehe Bild zur Tabelle A16.8, Anhang) sind nach DIN 2211 genormt und zwar, ähnlich wie für Normalkeilriemen-Scheiben, insbesondere die Wirkdurchmesser und die Rillenabmessungen.
Wirkdurchmesser d_w in mm: 63 71 80 90 100 112 125 140 160 ... 2000 (gestuft nach Normzahlenreihe R20).
Rillenprofil: siehe Tabelle A16.8, Anhang.

16.6.3. Werkstoffe und Ausführung der Riemenscheiben

Als *Werkstoff* wird normal Gußeisen (GG-15, GG-20), bei hochbeanspruchten Scheiben und hohen Drehzahlen auch Stahlguß (GS-38, GS-45) oder Stahl (aus dem Vollen gedreht oder in Schweißkonstruktion) verwendet. Weniger beanspruchte Scheiben werden auch aus Leichtmetallen in Gußkonstruktion, aus Holz oder Kunststoffen gefertigt.

Ausführungen: Kleine Scheiben werden aus dem Vollen gedreht oder gegossen (Bild 16-16c) und bis zu einem Durchmesser von ≈ 160 mm als Bodenscheiben angeführt (Bild 16-16a und b). Größere Scheiben bis d ≈ 350 mm Durchmesser werden wahlweise als Bodenscheiben oder mit Armen in Gußkonstruktion hergestellt. Große Scheiben werden mit Armen, und zwar bis $d = 500$ mm mit vier, bis $d = 1400$ mm mit sechs Armen, (Bild 16-17a) und bei $d > 1400$ mm mit acht Armen versehen. Die Arme haben eliptischen Querschnitt (Achsenverhältnis ≈ 1:2), der sich vom Kranz zur Nabe im Verhältnis von ≈ 4:5 vergrößert.

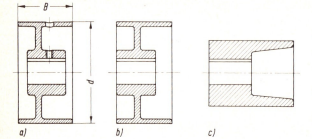

Bild 16-16
Ausführung kleiner Riemenscheiben
a) als Bodenscheibe mit symmetrischer Nabenlage
b) als Bodenscheibe bei „fliegender" Anordnung (auf Wellenenden)
c) als Vollscheibe bei „fliegender" Anordnung

Die äußere Dicke des Kranzes soll $s \approx d/300 + 2$ mm ≥ 3 mm sein. Die Lauffläche soll möglichst glatt (geschliffen) sein und eine zylindrische Form haben, um den durch den Dehnschlupf entstehenden Verschleiß klein zu halten (Bild 16-17c).

Geteilte Scheiben (Bild 16-17b) lassen sich nachträglich zwischen Lagerstellen setzen und erleichtern dadurch den Ein- und Ausbau.

Um die Gefahr des außermittigen Laufens oder Ablaufens des Riemens zu verhindern, wird eine Scheibe mit gewölbter Lauffläche versehen (Bild 16-17d). Zur Schonung des Riemens soll die größere Scheibe gewölbt sein, aus wirtschaftlichen Gründen wird jedoch häufig die kleinere Scheibe mit Wölbung ausgeführt, bei Riemengeschwindigkeiten $v > 20$ m/s müssen jedoch beide Scheiben ballig sein, ebenso bei Getrieben mit senkrecht stehenden Wellen, also mit waagerecht liegende Scheiben.

Durch die Wölbung wird die Riemenspannung in der Scheibenmitte erhöht und der Riemen nach dort gezogen, bis Riemenmitte und Scheibenmitte zusammenfallen.

Bei geringen Stückzahlen oder Einzelfertigungen wird häufig die Schweißkonstruktion bevorzugt (Bild 16-18), wobei möglichst einfache Einzelteile zu verwenden sind: Bleche, Flachstähle, Rundstähle.

Verschiedene Ausführungsformen von Keilriemenscheiben zeigt Bild 16-19.

Wegen der *Nabenabmessungen*, soweit sie in den betreffenden Normen nicht festgelegt sind, siehe Tabelle A12.6 im Anhang.

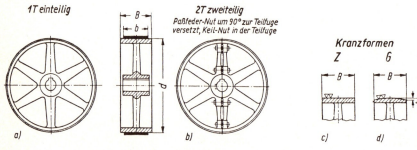

Bild 16-17. Ausführung großer Riemenscheiben, a) ungeteilte, b) geteilte Ausführung, c) mit zylindrischer Lauffläche, d) mit Wölbung (h Wölbhöhe)

16.6. Gestaltung der Riemengetriebe

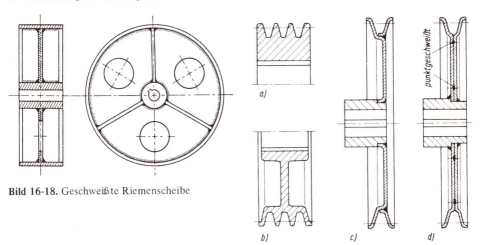

Bild 16-18. Geschweißte Riemenscheibe

Bild 16-19. Ausführung der Keilriemenscheiben
a) Vollscheibe, b) Bodenscheibe (gegossen),
c) gelötete Scheibe, d) geschweißte Scheibe

16.6.4. Spannrollen

Spannrollen werden bei größeren Getrieben, insbesondere mit Lederriemen, bei nicht verstellbarem Achsabstand verwendet, um bleibende Dehnungen des Riemens auszugleichen (siehe auch unter 16.2.1.). Die Spannrollen sollen möglichst einen größeren, mindestens aber einen gleich großen Durchmesser wie die kleine Scheibe haben und in der Nähe der treibenden Scheibe am Leertrumm angeordnet sein. Die Umlenkung und die dadurch bedingte zusätzliche Belastung des Riemens sollen möglichst gering gehalten werden. Spannrollen sind meist als Baueinheiten in verschiedenen Ausführungen mit Gewichts- oder Federbelastung ausgeführt (Bild 16-20).

Spannrollengetriebe haben in der Praxis kaum noch Bedeutung, da die modernen Mehrschichtriemen und auch die Keilriemen ohne Spannrollen auskommen.

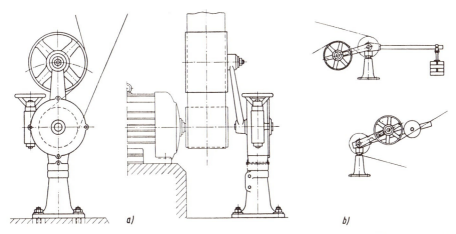

Bild 16-20. Spannrollen (Flender, Bocholt), a) federbelastete Spannrolle mit Tragebock und Säule, b) gewichtsbelastete Spannrollen verschiedener Anordnungen

16.6.5. Schaltbare Riemen

Zum Ein- und Ausschalten der getriebenen Scheibe wird die treibende Welle mit einer gewölbten *Festscheibe* und einer sich lose drehenden zylindrischen *Losscheibe* gleichen Durchmessers versehen. Die Losscheibe läuft auf einer mit der Welle oder mit der Festscheibe fest verbundenen Buchse (Bild 16-21a) oder ist bei Dauerbetrieb mit Wälzlagern ausgeführt (Bild 16-21b).

Die auf der getriebenen Welle festsitzende Scheibe muß eine zylindrische Lauffläche und die doppelte Breite haben.

Durch eine mit Rollen versehene *Ausrückgabel* wird der Riemen wahlweise auf die Fest- oder Losscheibe gerückt.

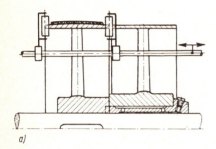

Bild 16-21. Schaltbares Riemengetriebe mit Festscheibe (linkssitzend) und Losscheibe (rechtssitzend), a) Losscheibe mit Leerlaufbuchse, b) mit Wälzlagern

16.7. Berechnungsbeispiele

■ **Beispiel 16.1:** Für den Antrieb eines Sauglüfters ist ein Flachriemengetriebe auszulegen (Bild 16-22). Die Antriebsleistung (Motorleistung) beträgt P_1 = 18,5 kW bei einer Drehzahl n_1 = 1450 U/min, die Lüfterdrehzahl ist n_2 = 710 U/min. Aus baulichen Gründen kann der Durchmesser d_2 der Lüfterscheibe bis 500 mm betragen, der Achsabstand $l'_a \approx$ 800 mm. Als Betriebsverhältnisse sollen hier angenommen werden: mittlerer Anlauf, stoßfreie Vollast, tägliche Betriebsdauer ≈ 8 h. Für das Getriebe ist ein Mehrschichtriemen (SIEGLING-EXTEMULTUS) vorgesehen.

Zu ermitteln sind:
a) die Scheibendurchmesser d_1 und d_2,
b) die geeignete Riementype,
c) die erforderliche Riemenbreite b und zugehörige Scheibenkranzbreite B,
d) die zu erwartende Achskraft F_A,
e) die rechnerische Riemenlänge L_r und die nächstliegende genormte Länge L,
f) der sich ergebende tatsächliche Achsabstand l_a,
g) der erforderliche Spannweg s_{Sp}.

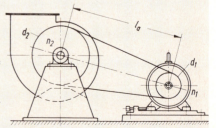

Bild 16-22. Antrieb eines Lüfters

16.7. Berechnungsbeispiele

▶ **Lösung a):** Zunächst wird die Übersetzung nach Gleichung (16.5) ermittelt:

$$i = \frac{n_1}{n_2}, \quad i = \frac{1450 \text{ U/min}}{710 \text{ U/min}} = 2{,}04.$$

Bei Vernachlässigung des Schlupfes ergibt sich, wenn für $d_2 = 500$ mm, wie angegeben, gesetzt wird, der Durchmesser d_1 der Motorscheibe:

$$d_1 = \frac{d_2}{i}, \quad d_1 = \frac{500 \text{ mm}}{2{,}04} = 245{,}1 \text{ mm}.$$

Nach DIN 111 (siehe unter 16.6.2.1.) wird nächstliegend gewählt $d_1 = 250$ mm. Nach Tabelle A16.9, Anhang, ist für den vorgesehenen Motor, Baugröße 180 M (18,5 kW, $n_s = 1500$ U/min), die zugeordnete Riemenscheibe mit $d_1 = 280$ mm empfohlen. Die geringe Unterschreitung für den gewählten Durchmesser ist jedoch belanglos. Mit diesen Durchmessern wird dann unter Berücksichtigung eines normalen Schlupfes von 2 % die tatsächliche Übersetzung nach Gleichung (16.5) bei Vernachlässigung der Riemendicke:

$$i = \frac{d_2}{d_1} \cdot \frac{100}{100 - \psi}, \quad i = \frac{500 \text{ mm}}{250 \text{ mm}} \cdot \frac{100}{100 - 2} = 2{,}04.$$

Damit wird die Übersetzung (zufällig) sogar genau eingehalten.

Ergebnis: Der Durchmesser der Motorscheibe wird $d_1 = 250$ mm, der der Lüfterscheibe $d_2 = 500$ mm.

▶ **Lösung b):** Zur Festlegung der geeigneten Riementype wird nach den Angaben unter 16.5.2. zunächst die Biegehäufigkeit B_z nach Gleichung (16.10) ermittelt:

$$B_z = \frac{z \cdot v}{L}.$$

Hierin sind: Anzahl der Riemenscheiben $z = 2$,
Riemengeschwindigkeit $v = d_1 \cdot \pi \cdot n_1 / 60$, $v = 0{,}25 \cdot \pi \cdot 1450/60$ m/s $= 18{,}97$ m/s ≈ 19 m/s,
Riemenlänge angenähert nach Gleichung (16.21), da $\beta_1 \approx 140° \ldots 180°$ zu erwarten ist:

$$L_r \approx 2 \cdot l_a + 1{,}57 \cdot (d_1 + d_2) + \frac{(d_2 - d_1)^2}{4 \cdot l_a},$$

$$L_r \approx 2 \cdot 800 \text{ mm} + 1{,}57 \cdot (250 \text{ mm} + 500 \text{ mm}) + \frac{(500 - 250)^2 \text{ mm}^2}{4 \cdot 800 \text{ mm}} \approx 2798 \text{ mm};$$

damit kann hier gleich die genormte Innenlänge des endlosen Riemens nach DIN 387 festgelegt werden: $L = 2800$ mm (Normzahlen-Reihe R20, siehe auch unter Gleichung 16.22). Mit diesen Werten wird dann die Biegehäufigkeit

$$B_z = \frac{2 \cdot 19 \text{ m/s}}{2{,}8 \text{ m}} = 13{,}57 \text{ 1/s} \approx 13{,}6 \text{ 1/s}.$$

Hiermit und mit $d_1 = 250$ mm wird nach Bild A16-1, Anhang, nach den hierfür eingetragenen Linienzügen gewählt: Riementype 20.

Ergebnis: Geeignet ist ein Mehrschichtriemen SIEGLING-EXTREMULTUS, Type 20.

▶ **Lösung c):** Die erforderliche Riemenbreite ergibt sich nach Gleichung (16.17) unter 16.5.2.:

$$b = \frac{P}{P_{R1} \cdot k_2}.$$

Die Nutzleistung wird nach den Angaben unter Gleichung (16.16): $P = c_S \cdot P_1$; der Betriebsfaktor ergibt sich aus Bild A15-4, entsprechend dem Ablesebeispiel, für die hier angenommenen

Betriebsverhältnisse: $c_S \approx 1,3$; mit der Antriebsleistung $P_1 = 18,5$ kW wird dann die Nutzleistung $P = 1,3 \cdot 18,5$ kW ≈ 24 kW.

Die Nennleistung für die gewählte Riementype wird aus Bild A16-2, Anhang, festgestellt: Für Riemengeschwindigkeit $v = 19$ m/s (siehe unter Lösung b) und für Type 20 wird $P_{R1} \approx 3,5$ kW/cm.

Zur Ermittlung des Umschlingungsfaktors k_2 muß noch der Umschlingungswinkel β_1 der kleinen Scheibe bestimmt werden. Da $\beta_1 \approx 180°$ ... $110°$ zu erwarten ist, wird angenähert nach Gleichung (16.22):

$$\beta_1 \approx 180° - 60° \cdot \frac{d_2 - d_1}{l_a}, \quad \beta_1 \approx 180° - 60° \cdot \frac{500 \text{ mm} - 250 \text{ mm}}{800 \text{ mm}} \approx 161°,$$

hierfür wird nach Tabelle A16.3: $k_2 \approx 0,95$.

Mit diesen Werten wird dann die Riemenbreite

$$b = \frac{24 \text{ kW}}{3,5 \text{ kW/cm} \cdot 0,95} = 7,22 \text{ cm};$$

gewählt wird nach Angaben unter 16.6.2.1: $b = 71$ mm mit zugeordneter Kranzbreite $B = 80$ mm (SIEGLING sieht hiervon etwas abweichende Riemenbreiten vor: $b = 70$ mm oder 75 mm).

Ergebnis: Es ergeben sich eine Riemenbreite $b = 71$ mm (oder 70 oder 75 mm) und eine Scheiben-Kranzbreite $B = 80$ mm.

▶ **Lösung d):** Für die Achskraft kann nach den Angaben unter 16.5.2. bei den vorliegenden „leichten" Betriebsverhältnissen gesetzt werden:

$$F_A \approx 2,5 \cdot F_u.$$

Die Umfangskraft wird: $F_u = \dfrac{1000 \cdot P_1}{v}$, $F_u = \dfrac{1000 \cdot 18,5}{19}$ N ≈ 974 N und damit

$$F_A \approx 2,5 \cdot 974 \text{ N} \approx 2435 \text{ N}.$$

Ergebnis: Es ist eine Achskraft $F_A \approx 2435$ N zu erwarten.

▶ **Lösung e):** Die rechnerische (Innen-)Länge des endlosen Riemens wurde bereits unter Lösung b) ermittelt: $L_r = 2798$ mm. Hierfür wurde auch die genormte Länge bereits festgelegt: $L = 2800$ mm.

Ergebnis: Die rechnerische Riemenlänge ist $L_r = 2798$ mm, als genormte Riemenlänge wird gewählt $L = 2800$ mm.

▶ **Lösung f):** Der mit der genormten Riemenlänge L sich einstellende tatsächliche Achsabstand l_a wird nach Gleichung (16.23) ermittelt. Im vorliegenden Fall weichen jedoch die rechnerische und genormte Riemenlänge so wenig voneinander ab (2798 mm gegenüber 2800 mm!), daß sich auch am vorgesehenen Achsabstand $l_a' = 800$ mm praktisch nichts ändert. Eine Rückrechnung erübrigt sich also.

Ergebnis: Der tatsächliche Achsabstand bleibt gegenüber dem vorgesehenen praktisch unverändert: $l_a = 800$ mm.

▶ **Lösung g):** Der zur Erzeugung der notwendigen Vorspannkraft erforderliche Spannweg soll nach den Angaben unter 16.5.5.1. für Mehrschichtriemen betragen: $s_{Sp} \geqslant 0,02$ ... $0,03 \cdot L$. Bei den vorliegenden „leichten" Betriebsverhältnissen genügt eine Vorspannung von ≈ 2 %, d. h. für den Spannweg kann entsprechend gesetzt werden:

$$s_{Sp} \geqslant 0,02 \cdot L, \quad s_{Sp} \geqslant 0,02 \cdot 2800 \text{ mm} = 56 \text{ mm, also praktisch } s_{Sp} \approx 55 \text{ ... } 60 \text{ mm}.$$

16.7. Berechnungsbeispiele

Dieser Spannweg wird, wie in Bild 16-22 erkennbar, durch Spannschienen erreicht, auf denen der Motor durch Einstellschrauben verschoben werden kann. Der Spannweg bezieht sich aber stets auf den Achsabstand und entspricht also nicht dem Verschiebeweg des Motors.

Ergebnis: Der Spannweg soll $s_{Sp} \approx 55 \ldots 60$ mm betragen.

▪ **Beispiel 16.2:** Für den Antrieb des Sauglüfters mit den Daten nach Beispiel 16.1 und Bild 16-22 ist ein Normalkeilriemen-Getriebe auszulegen. Es sind: Antriebsleistung $P_1 = 18,5$ kW, Antriebsdrehzahl $n_1 = 1450$ U/min, Lüfterdrehzahl $n_2 = 710$ U/min, max. Durchmesser der Lüfterscheibe $d_{m2} = 500$ mm, Achsabstand $l'_a \approx 800$ mm, Betriebsverhältnisse wie im Beispiel 16.1 angegeben.

Zu ermitteln bzw. zu prüfen sind:
a) die (mittleren) Scheibendurchmesser d_{m1} und d_{m2} und die geeignete Keilriemengröße (Riemenbreite b),
b) die erforderliche Anzahl z der Keilriemen,
c) die mittlere Riemenlänge L_m, die genormte Innenlänge L_i und der tatsächliche Achsabstand l_a,
d) die Biegehäufigkeit B_z,
e) die Achskraft F_A,
f) der erforderliche Spannweg s_{Sp} und der Verstellweg s_V.

▶ **Lösung a):** Für die bereits im Beispiel 16.1 unter Lösung a) ermittelte Übersetzung $i = 2,04$ können auch die dort gewählten Scheibendurchmesser hier übernommen werden, da diese nach DIN 2217 (siehe unter 16.6.2.2.) auch für Keilriemenscheiben als mittlere Durchmesser genormt sind: $d_{m1} = 250$ mm, $d_{m2} = 500$ mm.

Für den vorgesehenen Motor, Baugröße 180 M, ist der zugeordnete (kleinste) Scheibendurchmesser $d_m = 200$ mm (siehe Tabelle A16.9, Anhang), der also mit $d_{m1} = 250$ mm nicht unterschritten ist. Es könnten hier aber auch $d_{m1} = 200$ mm und $d_{m2} = 400$ mm gewählt werden.

Die Keilriemengröße, gekennzeichnet durch die Riemenbreite b, wird nach dem Durchmesser der kleinen Scheibe $d_{m1} = 250$ mm festgelegt. Nach Tabelle A16.6 (oder auch A16.5), Anhang, wird danach gewählt: Keilriemen 25 mit $b = 25$ mm, $h = 16$ mm (bei $d_{m1} = 200$ mm müßte Keilriemen 20 gewählt werden!).

Ergebnis: Die Durchmesser der Motorscheibe und Lüfterscheibe werden $d_{m1} = 250$ mm und $d_{m2} = 500$ mm. Gewählt wird der Keilriemen 25.

▶ **Lösung b):** Die erforderliche Anzahl z der Keilriemen ergibt sich nach Gleichung (16.18):

$$z = \frac{P}{P_{180} \cdot c} .$$

Für die in Beispiel 16.1 angenommenen Betriebsverhältnisse bleibt auch die Nutzleistung, wie dort bereits unter Lösung c) ermittelt: $P = 24$ kW.

Die Nennleistung eines Keilriemens wird nach DIN 2218, Tabelle A16.6, Anhang, für den Keilriemen 25 bei der Riemengeschwindigkeit $v \approx 19$ m/s (siehe Beispiel 16.1 unter Lösung b): $P_{180} \approx 7,7$ kW.

Der Korrekturfaktor ergibt sich aus $c = c_1 \cdot c_3/c_2$; für den bereits im Beispiel 16.1 unter Lösung b) ermittelten, auch hier sich ergebenden Umschlingungswinkel $\beta_1 = 161°$ wird nach Tabelle A16.7, Anhang, der Umschlingungsfaktor $c_1 \approx 0,95$.

Überlastungsfaktor c_2 und Durchmesserfaktor c_3 entfallen, da weder eine Überbeanspruchung noch eine Unterschreitung des kleinsten Scheibendurchmessers vorliegen, also werden $c_2 = 1$ und $c_3 = 1$.

Damit wird $c = 0{,}95 \cdot 1/1 = 0{,}95$ und die Anzahl der Keilriemen

$$z = \frac{24 \text{ kW}}{7{,}7 \text{ kW} \cdot 0{,}95} = 3{,}28, \text{ gewählt } z = 4.$$

Ergebnis: Erforderlich sind $z = 4$ Keilriemen 25.

▶ **Lösung c):** Die rechnerische mittlere Riemenlänge L_{mr} ergibt sich nach den Angaben unter 16.5.5.2. wie die Länge eines Flachriemens und zwar hier, wie auch im Beispiel 16.1, angenähert nach Gleichung (16.21). Da die mittleren Scheibendurchmesser d_{m1} und d_{m2} genauso groß sind wie d_1 und d_2 und auch der Achsabstand l_a unverändert ist, ergibt sich, wie schon im Beispiel 16.1 unter Lösung b) ermittelt: L_{mr} ($\hat{=} L_r$) = 2798 mm.
Die Innenlänge wird damit $L_i = L_{mr} - 2 \cdot b$, $L_i = 2798$ mm $- 2 \cdot 25$ mm $= 2748$ mm. Die nächstliegende genormte Innenlänge endloser Normalkeilriemen ist nach DIN 2215, Tabelle A16.5: $L_i = 2800$ mm.
Damit wird die tatsächliche mittlere Riemenlänge $L_m = L_i + 2 \cdot b$, $L_m = 2800$ mm $+ 2 \cdot 25$ mm $= 2850$ mm. Da nun L_m von L_{mr} stärker abweicht, wird auch der tatsächliche Achsabstand l_a' vom vorgegebenen ($l_a' = 800$ mm) entsprechend abweichen. Nach Gleichung (16.24) wird:

$$l_a = \frac{1}{8} \cdot [\sqrt{X^2 - 8 \cdot (d_{m2} - d_{m1})^2} - X].$$

Hierin ist $X = \pi \cdot (d_{m1} + d_{m2}) - 2 \cdot L_m$, $X = \pi \cdot (250 \text{ mm} + 500 \text{ mm}) - 2 \cdot 2850$ mm $= -3345$ mm. Es wird zweckmäßig mit cm gerechnet:

$$l_a = \frac{1}{8} \cdot [\sqrt{(-334{,}5)^2 - 8 \cdot (50 - 25)^2} - (-334{,}5)] = \frac{1}{8} \cdot [\sqrt{106\,890} + 334{,}5] =$$

$$\frac{1}{8} \cdot 661{,}5 = 82{,}69 \text{ cm},$$

$l_a = 827$ mm.

Ergebnis: Für den Keilriemen ergeben sich eine mittlere Länge $L_m = 2850$ mm, die genormte Innenlänge $L_i = 2800$ mm und ein tatsächlicher Achsabstand $l_a = 827$ mm.

▶ **Lösung d):** Es wird nun geprüft, ob die vorhandene Biegehäufigkeit B_z den max. Wert $B_{z\,max}$ nicht überschreitet. Die Biegehäufigkeit ergibt sich aus Gleichung (16.10):

$$B_z = \frac{z \cdot v}{L}.$$

Hierin sind: Anzahl der Riemenscheiben $z = 2$, Riemengeschwindigkeit $v \approx 19$ m/s (siehe Beispiel 16.1 unter Lösung b), Riemenlänge $L \hat{=} L_m = 2{,}85$ m, damit

$$B_z = \frac{2 \cdot 19 \text{ m/s}}{2{,}85 \text{ m}} = 13{,}33 \text{ 1/s}.$$

Nach Tabelle A16.1, Anhang, kann für Normalkeilriemen zugelassen werden $B_{z\,max} \approx 40$ 1/s. Damit besteht also für das Getriebe keine Gefahr vorzeitiger Zerstörung.

Ergebnis: Für die Biegehäufigkeit ergibt sich $B_z = 13{,}33$ 1/s $< B_{z\,max} \approx 40$ 1/s.

▶ **Lösung e):** Für die Achskraft kann nach den Angaben unter 16.5.3. gesetzt werden:

$F_A \approx 2 \cdot F_u$.

16.7. Berechnungsbeispiele 581

Die Umfangskraft F_u wird, wie schon im Beispiel 16.1 unter Lösung d) mit den gleichen Daten wie hier ermittelt: $F_u = 974$ N; damit

$F_A \approx 2 \cdot 974$ N = 1948 N $\approx$ 1950 N.

Ergebnis: Die Achskraft wird $F_A \approx 1950$ N.

▶ **Lösung f):** Der Spannweg zur Erzeugung der notwendigen Vorspannkraft soll nach den Angaben unter 16.5.5.2. betragen:

$s_{Sp} \geq 0.03 \cdot L_i$, $\quad s_{Sp} \geq 0.03 \cdot 2800$ mm = 84 mm.

Der Verstellweg zum spannungslosen Auflegen der endlosen Riemen soll sein:

$s_V \geq 0.015 \cdot L_i$, $\quad s_V \geq 0.015 \cdot 2800$ mm = 42 mm.

Ergebnis: Der Spannweg soll $s_{Sp} \geq 84$ mm, der Verstellweg $s_V \geq 42$ mm sein.

■ **Beispiel 16.3:** Für den Antrieb des Sauglüfters mit den Daten nach Beispiel 16.1 und Bild 16-22 ist ein Schmalkeilriemen-Getriebe auszulegen. Es sind: Antriebsleistung $P_1 = 18{,}5$ kW, Antriebsdrehzahl $n_1 = 1450$ U/min, Lüfterdrehzahl $n_2 = 710$ U/min, max. Durchmesser der Lüfterscheibe $d_{w2} = 500$ mm, Achsabstand $l'_a \approx 800$ mm, Betriebsverhältnisse wie im Beispiel 16.1 angegeben.

Zu ermitteln bzw. zu prüfen sind:
a) die Wirkdurchmesser d_{w1} und d_{w2} von Motor- und Lüfterscheibe und die geeignete Riemengröße,
b) die erforderliche Anzahl z der Keilriemen,
c) die genormte Wirklänge L_w und der damit sich ergebende Achsabstand l_a,
d) die Biegehäufigkeit B_z,
e) die Achskraft F_A,
f) der erforderliche Spannweg s_{Sp} und der Verstellweg s_V.

▶ **Lösung a):** Bei Schmalkeilriemen-Getrieben wird nach den Angaben unter 16.5.4. zunächst die geeignete Riemengröße in Abhängigkeit der Nutzleistung P und der Drehzahl n_1 der kleinen Scheibe festgestellt. Wie im Beispiel 16.1 bereits ermittelt, bleiben unverändert $P = 24$ kW und $n_1 = 1450$ U/min; hiermit wird nach Bild A16-3, Anhang, gewählt: Schmalkeilriemen SPA. Für diesen ist als kleinster zulässiger Wirkdurchmesser nach DIN 2211, Tabelle A16.8, Anhang, vorgesehen $d_{w\,min} = 90$ mm. Dieser Durchmesser ist aber für den vorgesehenen Motor, Baugröße 180 M, nach Tabelle A16.9, Anhang, zu klein. Abweichend vom empfohlenen Durchmesser (200 mm) werde hier gewählt: $d_{w\,min} \triangleq d_{w1} = 180$ mm. Mit der Übersetzung $i = 2{,}04$ wird

$d_{w2} = i \cdot d_{w1}$, $\quad d_{w2} = 2{,}04 \cdot 180$ mm = 367 mm.

Gewählt wird nächstliegend nach DIN 2211, siehe unter 16.6.2.3: $d_{w2} = 355$ mm. Hiermit wird allerdings i nicht ganz eingehalten. Unter Berücksichtigung des normalen Schlupfes von 2 % wird $i = 2{,}01$ (siehe Beispiel 16.1 unter Lösung a) und damit die Lüfterdrehzahl $n_2 = n_1/i = 1450$ U/min/2,01 ≈ 721 U/min. Der Unterschied zur verlangten Drehzahl $n_2 = 710$ U/min ist aber unbedeutend.

Ergebnis: Für den Wirkdurchmesser der Motorscheibe wird $d_{w1} = 180$ mm, für den der Lüfterscheibe $d_{w2} = 355$ mm gewählt; geeignet ist der Schmalkeilriemen SPA.

▶ **Lösung b):** Die erforderliche Anzahl z der Keilriemen ergibt sich nach Gleichung (16.19):

$z = \dfrac{P}{P_{180} \cdot c}$.

Nutzleistung $P = 24$ kW, wie schon unter Lösung a) angegeben.

Zur Feststellung der Nennleistung P_{180} eines Schmalkeilriemens bei den unter Gleichung (16.19) angegebenen Bedingungen muß vorerst noch die Riemengeschwindigkeit ermittelt werden:

$$v = \frac{d_{w1} \cdot \pi \cdot n_1}{60}, \quad v = \frac{0{,}18 \cdot \pi \cdot 1450}{60} \text{ m/s} = 13{,}66 \text{ m/s};$$

hierfür und für den Riemen SPA wird nach Bild A16-4, Anhang: $P_{180} \approx 3$ kW.

Der Korrekturfaktor ergibt sich aus: $c = c_1 \cdot c_2 \cdot c_3$; für den Umschlingungsfaktor c_1 wird zunächst der Umschlingungswinkel (angenähert) nach Gleichung (16.22) ermittelt, da $\beta_1 \approx 180°$ ... $110°$ zu erwarten ist:

$$\beta_1 \approx 180° - 60° \cdot \frac{d_{w2} - d_{w1}}{l_a}, \quad \beta_1 \approx 180° - 60° \cdot \frac{355 \text{ mm} - 180 \text{ mm}}{800 \text{ mm}} \approx 167°,$$

hierfür wird nach Tabelle A16.7, Anhang: $c_1 \approx 0{,}97$.

Für den Leistungsfaktor kann gesetzt werden $c_2 \approx d_{w \text{ gewählt}}/d_{w \text{ min}}$, mit $d_{w \text{ gewählt}} = d_{w1} \triangleq 180$ mm und $d_{w \text{ min}} = 90$ mm (für Riemen SPA nach Tabelle A16.8, Anhang) wird $c_2 \approx 180$ mm$/90$ mm $= 2$.

Zur Ermittlung des Längenfaktors c_3 muß zunächst die tatsächliche Wirklänge bestimmt werden, die sich rechnerisch nach Gleichung (16.21) ergibt:

$$L_{wr} \approx 2 \cdot l_a + 1{,}57 \cdot (d_{w1} + d_{w2}) + \frac{(d_{w2} - d_{w1})^2}{4 \cdot l_a},$$

es wird zweckmäßig mit cm gerechnet, also

$$L_{wr} \approx 2 \cdot 80 \text{ cm} + 1{,}57 \cdot (18 \text{ cm} + 35{,}5 \text{ cm}) + \frac{(35{,}5 \text{ cm} - 18 \text{ cm})^2}{4 \cdot 80 \text{ cm}} \approx 245 \text{ cm} = 2450 \text{ mm};$$

gewählt wird als nächstliegende genormte Länge nach Tabelle A16.8, Anhang: $L_w = 2500$ mm; damit wird zufällig die Bezugs-Wirklänge $L'_w = 2500$ mm (aus Tabelle A16.8) erreicht, d. h. der Längenfaktor wird $c_3 = 1$.

Mit diesen Werten wird dann der Korrekturfaktor $c = 0{,}97 \cdot 2 \cdot 1 = 1{,}94$.

Damit ergibt sich die Anzahl der Riemen

$$z = \frac{24 \text{ kW}}{3 \text{ kW} \cdot 1{,}94} = 4{,}12; \quad \text{hier dürften noch ausreichen } z = 4.$$

Ergebnis: Die erforderliche Anzahl der Schmalkeilriemen ist $z = 4$.

▶ **Lösung c):** Die genormte Wirklänge wurde bereits unter Lösung b) festgelegt: $L_w = 2500$ mm. Der dieser Länge anzupassende, tatsächliche Achsabstand ergibt sich nach Gleichung (16.25):

$$l_a = Y + \sqrt{Y^2 - 0{,}125 \cdot (d_{w2} - d_{w1})^2}.$$

Hierin ist $Y = 0{,}25 \cdot L_w - 0{,}39 \cdot (d_{w1} + d_{w2})$, $Y = 0{,}25 \cdot 2500$ mm $- 0{,}39 \cdot (180$ mm $+ 355$ mm$)$ $= 416{,}35$ mm $\approx 416{,}4$ mm und damit

$$l_a = 416{,}4 \text{ mm} + \sqrt{(416{,}4 \text{ mm})^2 - 0{,}125 \cdot (355 \text{ mm} - 180 \text{ mm})^2} \approx 828 \text{ mm}.$$

Ergebnis: Als genormte Wirklänge wird gewählt $L_w = 2500$ mm, der sich damit ergebende Achsabstand wird $l_a = 828$ mm.

▶ **Lösung d):** Es wird nun die Biegehäufigkeit geprüft. Der vorhandene Wert ergibt sich nach Gleichung (16.10):

$$B_z = \frac{2 \cdot v}{L_w}.$$

16.7. Berechnungsbeispiele

Mit v = 13,66 m/s (siehe unter Lösung b) und L_w = 2500 mm = 2,5 m (siehe unter Lösung c) wird

$$B_z = \frac{2 \cdot 13,66 \text{ m/s}}{2,5 \text{ m}} \approx 11 \text{ 1/s}.$$

Dieser Wert liegt weit unter dem Höchstwert für Schmalkeilriemen $B_{z\,max} \approx 50 \dots 80$ 1/s, also besteht keine Gefahr einer vorzeitigen Ermüdung der Riemen.

Ergebnis: Für die Biegehäufigkeit ergibt sich B_z = 11 1/s $< B_{z\,max} \approx 50 \dots 80$ 1/s.

▶ **Lösung e):** Für die Achskraft kann nach den Angaben unter 16.5.4., wie bei Normalkeilriemen gesetzt werden:

$$F_A \approx 2 \cdot F_u.$$

Die Umfangskraft wird mit P_1 = 18,5 kW und v = 13,66 m/s (siehe unter Lösung b):

$$F_u = \frac{1000 \cdot 18,5}{13,66} \text{ N} = 1354 \text{ N, damit wird}$$

$$F_A \approx 2 \cdot 1354 \text{ N} \approx 2710 \text{ N}.$$

Ergebnis: Es ist eine Achskraft $F_A \approx 2710$ N zu erwarten.

▶ **Lösung f):** Nach den Angaben unter 16.5.5.3. sollen bei Schmalkeilriemen sein: der Spannweg $s_{Sp} \geqslant 0,03 \cdot L_w$, der Verstellweg $s_V \geqslant 0,015 \cdot L_w$.

Mit L_w = 2500 mm werden dann:

$s_{Sp} \geqslant 0,03 \cdot 2500$ mm = 75 mm und $s_V \geqslant 0,015 \cdot 2500$ mm ≈ 38 mm.

Ergebnis: Der Spannweg soll $s_{Sp} \geqslant 75$ mm, der Verstellweg $s_V \geqslant 38$ mm sein.

17. Kettengetriebe

17.1. Allgemeines

Kettengetriebe werden wegen ihrer Zuverlässigkeit und Wirtschaftlichkeit vielseitig für Leistungsübertragungen verwendet, z. B. bei Fahrzeugen, im Motorenbau, bei Landmaschinen, Werkzeug- und Textilmaschinen, bei Holzbearbeitungsmaschinen, Druckereimaschinen und im Transportwesen.

Kettengetriebe nehmen hinsichtlich ihrer Eigenschaften, des Bauaufwandes, der übertragbaren Leistung und der Anforderung an Wartung eine Mittelstellung zwischen den Riemen- und Zahnradgetrieben ein. Kettengetriebe gehören wie Riemengetriebe zu den *Hüllgetrieben* und werden wie diese bei größeren Achsabständen an parallelen, möglichst waagerechten Wellen verwendet. Von einem treibenden Rad können auch mehrere Räder mit gleichem oder entgegengesetztem Drehsinn über eine Kette angetrieben werden.

Vorteile gegenüber Riemengetrieben: Formschlüssige und schlupffreie Leistungsübertragung und damit konstante Übersetzung. Keine zusätzlichen Lagerbelastungen, da Ketten ohne Vorspannung laufen. Sie sind unempfindlich gegen hohe Temperaturen, Feuchtigkeit und Schmutz. Es ergeben sich kleinere Bauabmessungen bei gleichen Leistungen.

Nachteile: Unelastische, starre Kraftübertragung. Gekreuzte Wellen sind nicht möglich. Kettengetriebe sind teurer als leistungsmäßig vergleichbare Riemengetriebe.

17.2. Kettenarten, Ausführung und Anwendung

Die zahlreichen Kettenarten unterteilt man zweckmäßig in
1. *Gliederketten,* die als Rundglieder- oder Stegketten meist als Hand- und Lastketten bei Hebezeugen und in der Fördertechnik Verwendung finden.
2. *Gelenkketten,* die in verschiedenen Ausführungen auch als Lastketten, insbesondere aber als Getriebeketten in Frage kommen.

Für Kettengetriebe werden vor allem *Stahlgelenkketten* verwendet, von denen die wichtigsten, genormten Arten beschrieben werden sollen.

17.2.1. Bolzenketten

Bolzenketten stellen die einfachste und billigste Bauart der Gelenkketten dar. Ihre Laschen (z. B. aus St 60) drehen sich unmittelbar auf vernieteten bzw. versplinteten Bolzen (z. B. aus St 50).

17.2. Kettenarten, Ausführung und Anwendung

Zu ihnen gehören die *Gallschen Ketten* nach DIN 8151 mit formgleichen Außen- und Innenlaschen (leichte Ausführung) und nach DIN 8150 mit mehreren Außen- und Innenlaschen je Glied (schwere Ausführung, Bild 17-1a), ferner die *Fleyerketten* nach DIN 8152 (Bild 17-1b).

Diese Ketten hoher Tragfähigkeit eignen sich vorwiegend als Lastketten. Wegen ihrer geringen Verschleißfestigkeit sind sie als Antriebselement nur bei kleineren Umfangsgeschwindigkeiten bis ≈ 0,3 m/s, z. B. für Stellgetriebe, verwendbar.

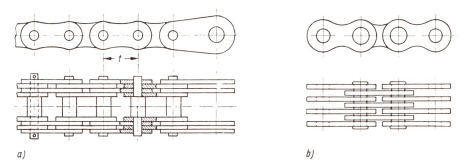

Bild 17-1. Bolzenketten. a) Gallsche Kette, b) Fleyerkette

17.2.2. Buchsenketten

Buchsenketten (Bild 17-2) haben im Vergleich zu Bolzenketten eine höhere Verschleißfestigkeit, da ihre Innenlaschen auf Buchsen gepreßt sind, die beweglich auf den mit den Außenlaschen fest verbundenen Bolzen sitzen. Die Flächenpressung ist dadurch erheblich geringer als bei Bolzenketten. Die Laschen sind meist aus St 60, die Bolzen aus einsatzgehärtetem Stahl C 15.

Buchsenketten werden für kleine Teilungen (t) nach DIN 8164 und für größere Teilungen nach DIN 8171 auch als Mehrfachkette ausgeführt. Sie eignen sich dann für rauhen

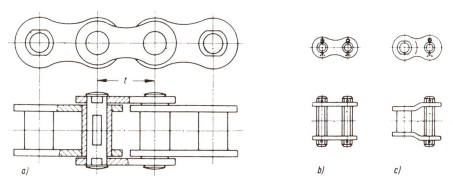

Bild 17-2. Buchsenkette. a) Ausführung, b) gerades, c) gekropftes Verbindungsglied

Betrieb bis zu Umfangsgeschwindigkeiten von ≈ 4 m/s. Den gleichen Aufbau, aber mit meist aus Stahlband gewickelten Hülsen statt der gedrehten Buchsen, haben *Hülsenketten* nach DIN 73232 bzw. DIN 8188 (amerikanische Bauart). Trotz stärkerer Geräuschbildung werden sie wegen ihres geringeren Gewichtes unter günstigen Schmierverhältnissen bis zu Umfangsgeschwindigkeiten von ≈ 12 m/s vor allem bei beschränktem Bauraum, z. B. bei gekapselten Antrieben in Kraftfahrzeugen, verwendet.

17.2.3. Rollenketten

Den Rollenketten kommt wegen des fast unbeschränkten Anwendungsbereichs die größte Bedeutung zu, obwohl sie die teuerste Ausführung der Stahlgelenkketten darstellen. Sie unterscheiden sich von den Buchsenketten durch eine auf den Buchsen gelagerte, gehärtete und geschliffene (Schon-)Rolle zur Verschleiß- und Geräuschminderung (Bild 17-3).

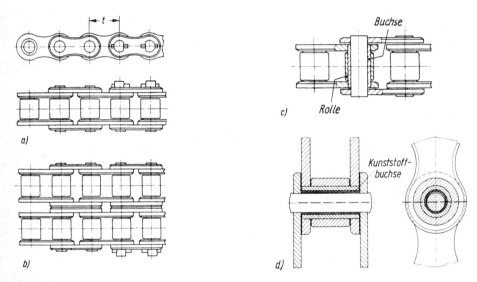

Bild 17-3. Rollenketten. a) Einfach-, b) Zweifach-Rollenkette, c) Gelenkausführung mit Stahlbuchse, d) Ausführung mit Kunststoffbuchse

In normaler Ausführung werden Rollenketten nach DIN 8180 aus unlegierten Stählen und nach DIN 8187 aus legierten Stählen oder auch nach DIN 8188 (amerikanische Bauart) als Einfach- und Mehrfach-Rollenketten hergestellt, wodurch ihr Anwendungsbereich auf große Leistungen bei hohen Drehzahlen erweitert wird. Eine Auswahl der Kettenabmessungen aus den einschlägigen Normen enthält Tabelle A17.1 im Anhang.

Wo mit mangelhafter Schmierung zu rechnen ist oder diese bei schwer zugänglichen Getrieben kaum möglich ist oder wo aus betrieblichen Gründen, z. B. bei Maschinen in der Nahrungsmittelindustrie, auf Schmierung ganz verzichtet werden muß, werden zweckmäßig *Rollenketten mit Buchsen aus Kunststoff* (meist Polyamid) eingesetzt (Bild 17-3d).

Bei Ketten mit Stahlbuchsen würde sich bei fehlender Schmierung ein die Lebensdauer erheblich verkürzender, starker Verschleiß in den Gelenken ergeben. Dagegen zeigen die mit Polyamid-Trockengleitlagern (siehe auch unter 14.3.9.) vergleichbaren Gelenke mit Kunststoffbuchsen, selbst bei völligem Trockenlauf, einen nur geringen Verschleiß und damit eine hohe Lebensdauer. Selbstverständlich ist ihre Belastbarkeit dabei begrenzt und liegt unter der von geschmierten Rollenketten mit Stahlbuchsen (siehe zu Gleichung 17.11).

17.2.4. Zahnketten

Die Zahnketten unterscheiden sich von den vorgenannten Kettenarten dadurch, daß sich hakenförmige Laschenpakete mit je 2 Zähnen aus vergütetem Stahl gegen passende Flanken zweier benachbarter Zahnlücken des Kettenrades legen, so daß Eingriff und Austritt der Kette aus den Rädern ohne Gleitbewegung vor sich geht (Bild 17-4e). Die seitliche Führung wird bei entsprechender Ausbildung der Kettenräder durch Führungslaschen meist in der Mitte des Kettenstranges (Bild 17-4a) oder aber auch an beiden Kettenseiten (Bild 17-4b) erreicht. Zur Verringerung des Verschleißes in den Gelenken werden verschiedene Bauformen (Bild 17-4c bis e) hergestellt, die nach DIN 8190 teilweise genormt sind.

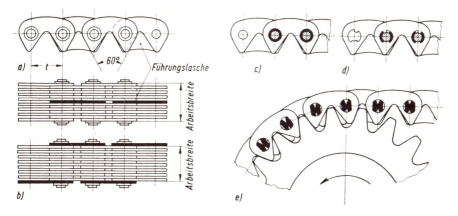

Bild 17-4. Zahnketten. a) mit Innenführung, b) mit Außenführung, c) mit runden Zapfen und Lagerhülsen, d) mit runden Zapfen und Lagerschalen, e) mit Wiegegelenkzapfen (Westinghouse)

Der Anwendungsbereich der Zahnketten überschneidet sich mit dem der Buchsen- und Rollenketten, wobei für die Kettenwahl neben konstruktiven Gesichtspunkten vielfach Gewicht und Preis ausschlaggebend sind.

Außer den erwähnten Ketten wird neben den zahlreichen genormten Arten auch eine Reihe von Sonderausführungen, z. B. Förder- und Transportketten gefertigt, die den Katalogen der Hersteller zu entnehmen sind.

17.3. Berechnung der Kettengetriebe

Da für Getriebe fast ausschließlich die *Rollenketten* verwendet werden, soll auch nur deren Berechnung nach DIN 8195 im folgenden behandelt werden [1]).

Bei der Berechnung eines Kettengetriebes sind neben der zu übertragenden Leistung, den gewünschten Drehzahlen, dem Übersetzungsverhältnis und dem Achsabstand auch die Belastungsart, die Umgebungseinflüsse, wie Schmutz, Betriebstemperatur usw., sowie die Schmierverhältnisse zu beachten.

Für die verlangten Betriebsdaten wird die Übersetzung i möglichst mit handelsüblichen Standard-Kettenrädern festgelegt (siehe unter 17.4.2.).

17.3.1. Vorwahl der Kette

Zunächst ist es zweckmäßig, eine *Vorwahl der Kettengröße* mit Hilfe des Leistungs-Diagramms nach DIN 8195 unter Berücksichtigung der Betriebsverhältnisse vorzunehmen.

Nach Bild A17-2, Anhang, kann für eine gegebene Drehzahl n_1 des kleinen Kettenrades und eine geforderte Antriebsleistung P_1 sofort eine geeignete Kette gefunden werden, wenn die Betriebsverhältnisse den Angaben des Diagramms entsprechen: eine Übersetzung $i = 3$ bei $z_1 = 19$ und $z_2 = 57$, ein Achsabstand $l_a = 40 \cdot t$ (Teilung), stoßfreier Betrieb und einwandfreie Schmierung bei einer Lebensdauer von 10 000 Betriebsstunden. Für diese Verhältnisse entspricht die „Diagrammleistung" P der Antriebsleistung P_1.

Meist liegen jedoch hiervon abweichende Betriebsverhältnisse vor, so daß eine erforderliche *Diagrammleistung P* zu ermitteln ist aus

$$P = \frac{P_1}{k \cdot c_1} \text{ in kW} \qquad (17.1)$$

P_1 Antriebsleistung in kW; es ist auch $P_1 = P_2/\eta$, wenn für eine verlangte Abtriebsleistung P_2 ein durchschnittlicher Wirkungsgrad des Getriebes $\eta \approx 0{,}98$ angenommen wird

k Leistungsfaktor, abhängig von z_1 und i nach Tabelle A17.3, Anhang; vielfach müssen genauere Werte durch Interpolation gefunden werden

c_1 Betriebsbeiwert des Kettengetriebes nach Bild A17-1, Anhang, abhängig vom Betriebsfaktor c_s nach Bild A15-4, Anhang, oder von anderen Erfahrungswerten (siehe DIN 8195 bzw. Firmenkataloge)

Für die im Leistungs-Diagramm abgegrenzten Drehzahlbereiche I, II, III lassen sich empfohlene Schmierungsarten nach Tabelle 17.1 bestimmen, wobei zu beachten ist, daß sich z. B. bei mangelhafter Schmierung im Drehzahlbereich I ohne Verschmutzung die übertragbare Leistung auf 60 % = 60/100 vermindert, also die erforderliche Diagrammleistung sich entsprechend um 100/60 erhöht.

---

[1]) Für die Berechnung liegt ein neuer Entwurf nach DIN 8195 vor, der hier jedoch noch nicht berücksichtigt wurde, da sich bis zum Erscheinen der endgültigen Norm ggf. noch Änderungen ergeben können

17.3. Berechnung der Kettengetriebe

Bei einem Achsabstand $l_a \approx 80 \cdot t$ (t Kettenteilung) erhöht sich die übertragbare Leistung auf $\approx 115\% = 115/100$, bei $l_a = 20 \cdot t$ vermindert sich diese auf $\approx 85\% = 85/100$, so daß in diesen Fällen eine Korrektur der Diagrammleistung erforderlich wird, die jedoch erst nach Wahl der Kette erfolgen kann. Die erforderliche Diagrammleistung vermindert sich dann entsprechend um 100/115 bzw. erhöht sich um 100/85. Ggf. sind Zwischenwerte zu interpolieren.

17.3.2. Nachprüfung der Kette

Nach Aufsuchen der erforderlichen Abmessungen für die aufgrund der erforderlichen Diagrammleistung P aus Tabelle A17.1, Anhang, gefundene Kette wird mit den zugehörigen Kettenradgrößen das Kettengetriebe nachgeprüft.

Die rechnerische *Kettenzugkraft* gleich *Umfangskraft am Kettenrad* ergibt sich aus

$$F_u = \frac{1000 \cdot P_1}{v} = \frac{2000 \cdot M_{t1}}{d_{01}} \text{ in N} \tag{17.2}$$

P_1 Antriebsleistung in kW
v Kettengeschwindigkeit in m/s aus $v = d_{01} \cdot \pi \cdot n_1 / 60$ (mit d_{01} in m und n_1 in U/min)
M_{t1} Antriebsmoment in Nm
d_{01} Teilkreisdurchmesser des Antriebsrades in mm

Bei Kettengeschwindigkeiten $v > 7$ m/s tritt eine nicht mehr zu vernachlässigende *Fliehkraftwirkung* auf, die eine zusätzliche Belastung der Kette verursacht. Der *Fliehzug* ergibt sich aus:

$$F_Z = G \cdot v^2 \text{ in N} \tag{17.3}$$

G Masse der Kette je m Länge in kg/m nach DIN bzw. Tabelle A17.1, Anhang
v Kettengeschwindigkeit in m/s, siehe zu Gleichung (17.2)

Gegebenenfalls muß auch, besonders bei größeren Kettenteilungen und längeren nicht abgestützten Trummen, der *Stützzug* beachtet werden, dessen Größe vom Durchhang des Leertrumms bestimmt wird. Nimmt man an, daß die Belastung des durchhängenden Trumms nur über der Horizontalprojektion der aufgespannten Kettenlinie wirkt, so kann unter Berücksichtigung der waagerechten Komponente der *Stützzug bei annähernd waagerechter Lage des Leertrumms* berechnet werden aus

$$F_s \approx \frac{1{,}25 \cdot F_G \cdot l_T^2}{f} = \frac{1{,}25 \cdot F_G \cdot l_T}{f_{rel}} \text{ in N} \tag{17.4}$$

F_G Gewichtskraft je m Kettenlänge, hier als Zahlenwert $F_G = G$ gesetzt mit G wie zu Gleichung (17.3)
l_T Trummlänge in m nach Gleichung (17.16)
f Durchhang der Kette in m
f_{rel} relativer Durchhang in % nach Gleichung (17.14), normal $f_{rel} = 2/100$

Bei *geneigter Lage des Leertrumms* wird der Stützzug am oberen und unteren Kettenrad bei gleichem f_{rel} kleiner (Bild 17-5).

Allgemein stellt man sich eine Getriebeanordnung vor, bei der das Verhältnis der Leertrummlänge auf dem durchhängenden Bogen gemessen zum Abstand l_T der beiden Aufhängepunkte A_1 und A_2 des Leertrumms ebenso groß ist wie bei einem Kettengetriebe mit horizontaler Lage des Leertrumms.

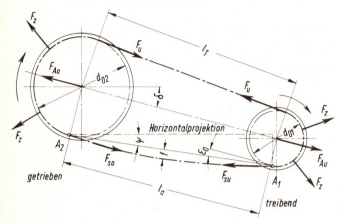

Bild 17-5
Kräfte an der Kette und an den Kettenrädern

Für einen Neigungswinkel ψ der Verbindungslinie der beiden Aufhängepunkte, der sich aus der Neigung δ der Achsmitten gegen die Waagerechte und aus dem Trummneigungswinkel ϵ_0 (aus Gleichung 17.15) ergibt, kann ein *spezifischer Stützzug* F_s' (dimensionslos) am oberen bzw. unteren Kettenrad ermittelt werden. Bei f_{rel} = 2 % und einer Schräglage des Leertrumms werden bei

$\psi = \delta - \epsilon_0$ =	0°	10°	20°	30°	40°	50°	60°	70°	80°	90°
F_{so}' (oben) ≈	6,4	6,3	6,1	5,8	5,2	4,6	3,8	2,9	2,0	1,0
F_{su}' (unten) ≈	6,3	6,1	5,8	5,2	4,5	3,8	2,8	1,8	0,7	0

Angenähert ergibt sich dann bei *Schräglage des Leertrumms der Stützzug* am oberen Kettenrad

$$F_{so} \approx 10 \cdot F_{so}' \cdot F_G \cdot l_T \quad \text{in N} \tag{17.5}$$

der *Stützzug* am unteren Kettenrad

$$F_{su} \approx 10 \cdot F_{su}' \cdot F_G \cdot l_T \quad \text{in N} \tag{17.6}$$

F_G, l_T wie zu Gleichung (17.4)

Die Stützzüge belasten die Lager zusätzlich. Unter Berücksichtigung des Betriebsfaktors c_S und Vernachlässigung der Vieleckwirkung (siehe unter 17.4.2.) ergibt sich die *Achskraft bei annähernd waagerechter Lage des Leertrumms*

$$F_A \approx (F_u + 2 \cdot F_s) \cdot c_S \quad \text{in N} \tag{17.7}$$

17.3. Berechnung der Kettengetriebe

Bei geneigter Lage des Leertrumms ergeben sich mit F_{so} und F_{su} an Stelle von F_s die Achskräfte F_{Ao} und F_{Au} (siehe Bild 17-5).

Als zügige Beanspruchung ergibt sich daher die *Gesamtzugkraft an der Kette bei annähernd waagerechter Lage des Leertrumms*

$$F_{ges} = F_u + F_Z + F_s \quad \text{in N} \tag{17.8}$$

Bei geneigter Lage des Leertrumms ist F_{so} an Stelle von F_s zu setzen.

Da in den Normblättern als statische Zugbeanspruchung eine Mindest-Bruchlast F_B (siehe Tabelle A17.1, Anhang) vorgeschrieben ist, ermittelt man nach DIN 8195 den *statischen Bruch-Sicherheitsfaktor*

$$\nu_B = \frac{F_B}{F_{ges}} \geqslant 7 \tag{17.9}$$

den *dynamischen Bruch-Sicherheitsfaktor*

$$\nu_D \approx \frac{F_B}{F_{ges} \cdot c_s} \geqslant 5 \tag{17.10}$$

Beachte: Die wirklichen Bruchlasten von Rollenketten guter Qualität liegen bis zu 30 % über denen der Normen, so daß die Sicherheitsfaktoren tatsächlich höher sind.

Praktische Erfahrungen zeigen, daß die *Lebensdauer* der Ketten in mehr als 90 % der Anwendungsfälle durch den *Verschleiß* begrenzt wird, der an den Kettenrädern und an den Gelenkflächen der Ketten auftritt.

Um bei der Auswahl der Ketten den Verschleiß in erträglichen Grenzen zu halten, muß man die Flächenpressungen kennen. Dazu wird nach DIN 8195 eine festigkeitsmäßige Berechnung durchgeführt, in der die rechnerische Gelenkflächenpressung einer zulässigen Gelenkflächenpressung gegenübergestellt wird, die auf die gleichen Angaben wie im Leistungs-Diagramm bezogen ist (siehe auch unter 17.3.1.).

Die Kette ist danach verschleißfest bemessen, wenn die *rechnerische Gelenkflächenpressung*

$$p_r = \frac{F_{ges}}{A} < p \quad \text{in N/mm}^2 \tag{17.11}$$

F_{ges} Gesamtzugkraft an der Kette in N nach Gleichung (17.8)
A Gelenkfläche in mm² nach Tabelle A17.1, Anhang
p Richtwert für die zulässige Gelenkflächenpressung in N/mm², abhängig von z_1 und v bei durchschnittlicher Kettenlängung von 2 %, nach Tabelle A17.5, Anhang. Eine Überschreitung der Werte hat eine Kürzung der Lebensdauer zur Folge. Unter der Stufenlinie liegende Größen sind möglichst zu vermeiden.

Für Ketten mit Kunststoffbuchsen ohne Schmierung kann je nach Lebensdauer und Betriebsverhältnissen zugelassen werden: $p \approx 7 \ldots 15 \text{ N/mm}^2$

Für Kettengetriebe, die sich in der Übersetzung, im Achsabstand und in den Betriebsbedingungen unterscheiden, müssen die Tabellenwerte korrigiert werden, denn es ändert sich der verschleißfördernde Reibweg, der als Relativbewegung zwischen Bolzen und Buchse auftritt.

Der Reibweg hängt u. a. von der Größe der Gelenkabbiegungen unter Last und von der Laufzeit ab und wird durch den *Reibwegfaktor* λ erfaßt. Hiermit wird bei einwandfreier Schmierung die *korrigierte zulässige Gelenkflächenpressung*

$$p_{0\,zul} = p \cdot \lambda \cdot c_1 > p_r \quad \text{in N/mm}^2 \tag{17.12}$$

p zulässige Gelenkflächenpressung in N/mm² nach Tabelle A17.5, Anhang
λ   Reibwegfaktor, abhängig vom Achsenabstand l_a und der Übersetzung i, nach Tabelle A17.4, Anhang
c_1 Betriebsbeiwert nach Bild A15-4, siehe auch zu Gleichung (17.1)

Ist mit mangelhafter Schmierung bzw. mit Verschmutzung zu rechnen, so muß $p_{0\,zul}$ nochmals entsprechend den Werten der Tabelle 17.1 für die Drehzahlbereiche vermindert werden. Es gilt dann allgemein, z. B. bei *mangelhafter Schmierung mit Verschmutzung* und Drehzahlbereich I für die *zulässige Gelenkpressung*

$$p_{zul} = 0{,}3 \cdot p_{0\,zul} > p_r \quad \text{in N/mm}^2 \tag{17.13}$$

Beachte: Bei einwandfreier Schmierung können Rollenketten bis zu Temperaturen von 200 °C eingesetzt werden. Für höhere Temperaturen sowie rost- und säurebeständige Verwendung u. a. liefern die Hersteller entsprechende Werkstoffe.

Bei schwierigen Antriebsproblemen und besonders bei hohen Kettengeschwindigkeiten empfiehlt sich die Beratung durch die Kettenhersteller.

17.4. Bauteile und Gestaltung der Kettengetriebe

17.4.1. Kettenräder

17.4.1.1. Ausführung der Verzahnung

Die Verzahnung der Kettenräder muß so ausgeführt sein, daß die Kette nahezu reibungslos eingreift und daß eine im Betrieb auftretenden Kettenlängung, die erfahrungsgemäß ≈ 2 % beträgt, entsprechend berücksichtigt wird, um Sicherheit, Laufruhe und Lebensdauer des Getriebes zu gewährleisten.

Für normale Betriebsverhältnisse ist die Verzahnung für Hülsen- und Rollenketten nach DIN 8196 (für Zahnketten nach DIN 8191) genormt (Bild 17-6).

Die zugehörigen Bezugsprofile für Fräser sind nach DIN 8197 (Wälzverfahren) bzw. nach DIN 8198 (Teilverfahren) festgelegt.

Eine Auswahl der Haupt-Profilabmessungen entsprechend den Ketten nach Tabelle A17.1 enthält Tabelle A17.2 im Anhang.

17.4. Bauteile und Gestaltung der Kettengetriebe

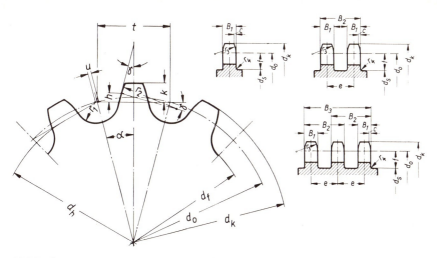

Bild 17-6. Ausführung der Verzahnung der Kettenräder

Teilkreisdurchmesser	$d_0 = t \cdot n_0 = \dfrac{t}{\sin \alpha} = \dfrac{t}{\sin(180°/z)}$, z Zähnezahl
Zähnezahlfaktor	$n_0 = \dfrac{1}{\sin \alpha}$
Teilungswinkel	$\alpha = \dfrac{180°}{z}$
Fußkreisdurchmesser	$d_f = d_0 - d_1$, d_1 Rollendurchmesser nach Tabelle A17.1, Anhang
Kopfkreisdurchmesser	$d_k = t \cdot \cot \alpha + 2k = d_h + 2k$
Durchmesser der Freidrehung unter Fußkreis	$d_S = d_h - g - 2r_4$ (Größtmaß), g Laschenbreite
Hilfsmaß	$d_h = d_0 \cdot \cos \alpha = t \cdot \cot \alpha$
Zahnfasenhalbmesser	$r_3 \approx 1,5 \cdot d_1$
Zahnbreite	$B_1 = 0,9 \cdot b_1$, b_1 Ketten-Nennbreite

Oberflächengüte an Zahnprofilen	Toleranzfeld für d_f bei Durchmesser bis 250 mm	über 250 bis 500 mm	Beanspruchung des Kettengetriebes
Ausführung A (▽▽)	h 10	h 10	hoch
B (▽)	h 11	h 10	normal
C (∼)	h 16	h 16	gering

sonstige Verzahnungsmaße nach Tabelle A17.2, Anhang

Bezeichnung einer Kettenradverzahnung z. B. mit 26 Zähnen (z) für Zweifach-Rollenkette 10 B (15,875 × 9,65) mit Zahnflankenwinkel $\gamma = 15°$ von Oberflächengüte B:

Kettenradverzahnung 26 z 2 × 10 B × 15° B DIN 8196

17.4.1.2. Ausführung der Radkörper

Die Form der Räder wird wesentlich durch die Zähnezahl und die übertragbare Leistung bestimmt. Welche Ausführungsart in Frage kommt, hängt von konstruktiven Gegebenheiten, oft auch von der Stückzahl oder der Auswechselbarkeit ab.

Bild 17-7 zeigt verschiedene Ausführungsformen der Kettenräder. Kleinräder werden als Scheibenräder, Großräder ebenfalls als Scheibenräder oder bei großen Durchmessern mit Armen ausgeführt.

Ein Rad für Zahnketten mit Innenführung zeigt Bild 17-8a, mit Außenführung Bild 17-8b.

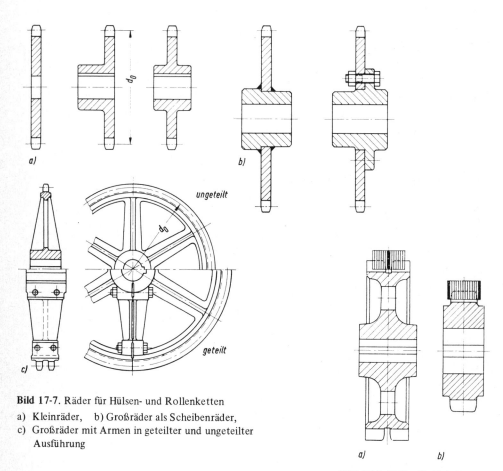

Bild 17-7. Räder für Hülsen- und Rollenketten
a) Kleinräder, b) Großräder als Scheibenräder,
c) Großräder mit Armen in geteilter und ungeteilter Ausführung

Bild 17-8. Räder für Zahnketten
a) mit Innenführung,
b) mit Außenführung

17.4.1.3. Werkstoffe

Für Radkörper, die gegossen, geschmiedet, geschweißt oder gedreht werden, wird bei Kleinrädern unter 30 Zähnen Stahl höherer Festigkeit (z. B. St 60) bis zu Kettengeschwindigkeiten von ≈ 7 m/s, bei höheren Geschwindigkeiten Vergütungs- oder Einsatzstahl verwendet. Großräder werden für mittlere Geschwindigkeiten aus Gußeisen oder Stahlguß, für höhere Geschwindigkeiten aus Vergütungsstahl gefertigt.

17.4.1.4. Verbindung von Rad und Welle

Kettenradnabe und Welle können wie folgt verbunden werden:
1. durch *Reibschlußverbindungen*, z. B. Ringfeder-Spannverbindung (siehe Kapitel 12. Elemente zum Verbinden von Welle und Nabe unter 12.2.3.), wenn aus konstruktiven Gründen der Wellendurchmesser begrenzt und die Belastung so hoch ist, daß eine größere Kerbwirkung nicht in Kauf genommen werden kann.
2. durch *Formschlußverbindungen* (siehe unter 12.3.), wenn einfache Lösbarkeit verlangt, aber allzu hohe Stoßbelastung nicht zu erwarten ist. Besonders häufig wird die Verbindung mit Paßfeder ausgeführt (siehe unter 12.3.5.).
3. durch *vorgespannte Formschlußverbindungen*, z. B. Keilverbindung (siehe unter 12.4.), wenn mit stark stoßartigen Belastungen zu rechnen ist oder häufig wechselnde Drehrichtung vorliegt.

17.4.2. Zähnezahlen, Übersetzung

Die Kette umschlingt die Räder in Form eines Vielecks, daher schwankt beim Lauf des Getriebes der wirksame Raddurchmesser zwischen $d_{0\,max} \triangleq d_0$ und $d_{0\,min} = d_0 \cdot \cos \alpha$ (siehe Bild 17-9) und entsprechend die Kettengeschwindigkeit zwischen v_{max} und v_{min}. Diese Ungleichförmigkeit wächst mit kleiner werdender Zähnezahl der Kettenräder, was zu unruhigem Lauf und *Schwingungen* führen kann. Diese Erscheinung wird auch mit *Vieleckwirkung* oder *Polygoneffekt* bezeichnet.

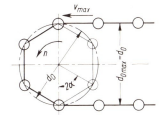
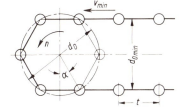

Bild 17-9
Polygoneffekt beim Kettenradgetriebe

Außerdem entsteht am Kettenrad mit kleiner Zähnezahl durch die unter Last erfolgende stärkere Abbiegung der Kettenglieder (allgemein $\approx 360°/z$) insbesondere bei höherer Drehzahl ein größerer Verschleiß an den Kettengelenken. Das hat eine schnellere Kettenlängung zur Folge und vermindert die Lebensdauer des Getriebes. Als größte Kettenlängung kann eine Verlängerung von $\approx 3\,\%$ angesehen werden.

Daher sollten Kettenräder mit weniger als 17 Zähnen nur bei Handbetrieb oder langsam laufenden Ketten gewählt werden.

Vorteilhaft wirken sich stets Trummlängen aus, die gleich einem ganzen Vielfachen der Kettenteilung entsprechen. *Ungerade Zähnezahlen* sind zu *bevorzugen*, um beim Lauf ein häufiges, verschleißförderndes Zusammentreffen eines Kettengliedes mit der gleichen Zahnlücke zu vermeiden.

In Frage kommen meist Kettenräder mit folgenden Zähnezahlen:

$z = 11 \ldots 13$	bei $v < 4$ m/s, $t < 20$ mm und bei Trummlängen über 40 Glieder für weniger empfindliche Antriebe, aber auch bei kurzlebigen Ketten und bei beschränktem Bauraum
$z = 14 \ldots 16$	bei $v < 7$ m/s für mittlere Belastungen
$z = 17 \ldots 25$	bei $v < 24$ m/s günstig für Kleinräder
$z = 30 \ldots 80$	üblich für Großräder
$z = 80 \ldots 120$	obere Grenze für Großräder
z bis 150	möglich, aber nicht zu empfehlen, da bei Verwendung der üblichen Kleinräder mit zunehmendem Verschleiß der Eingriff der Kette mehr und mehr an den Zahnköpfen erfolgt.

Somit sind die erreichbaren Übersetzungen $i = n_1/n_2 = z_2/z_1$ begrenzt. Normal ist $i < 7$, möglich $i = 10$ bei niedrigen Kettengeschwindigkeiten.

Zu bevorzugende Zähnezahlen für handelsübliche Standard-Rollenketten sind:

für Kleinräder (13) (15) 17 19 21 23 25
für Großräder   38   57   76   95   114
( )-Werte möglichst vermeiden.

Selbstverständlich können auch, falls erforderlich, beliebige andere Zähnezahlen verwendet werden.

Beachte: Übersetzungen ins Schnelle (kleines Rad getrieben) sind ungünstig und sollten daher möglichst vermieden werden.

17.4.3. Anordnung der Getriebe

Der einwandfreie Lauf des Kettengetriebes wird wesentlich durch die zweckmäßige Anordnung, sorgfältige Montage und richtige Schmierung bestimmt. Am häufigsten wird wegen des einfachen Aufbaus und seiner Anspruchslosigkeit der Zweiradantrieb verwendet (Bild 17-10).

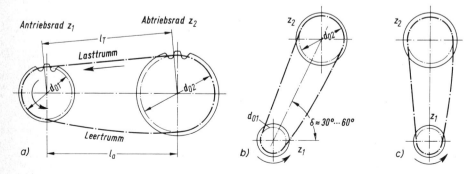

Bild 17-10. Anordnung der Kettentriebe. a) waagerecht, b) schräg, c) senkrecht (ungünstig!)

17.4. Bauteile und Gestaltung der Kettengetriebe

Günstig ist die waagerechte oder schräge Anordnung bis zu 60° Neigung gegen die Waagerechte, wenn das Lasttrumm oben liegt, weil sich dann der Stützzug d. h. die Belastung in Längsrichtung der Kette durch den Einfluß des Eigengewichts vorteilhaft auswirkt und die Kette gut in die Verzahnung eingeführt wird.

17.4.4. Durchhang, Trummlänge

Infolge der Vieleckwirkung der Kettenräder ändern sich beim Lauf des Getriebes auch die Trummlängen periodisch, weshalb ein Durchhang des Leertrumms der Kette gefordert werden muß.

Bezieht man den *Durchhang f* in mm als Abstand des am weitesten durchhängenden Kettengliedes von der geraden Verbindung der beiden Aufhängepunkte auf die Länge des gespannten Trumms l_T in mm (Bild 17-5), so ergibt sich der *relative Durchhang*

$$f_{rel} = \frac{f}{l_T} \cdot 100 \quad \text{in \%} \tag{17.14}$$

Er soll normal 1 ... 3 % betragen, um zusätzliche Kettenbelastungen zu vermeiden. Nicht eingelaufene Ketten können nach DIN 8195 einen Durchhang von mindestens 1 % von l_a haben, denn der anfänglich stärkere Verschleiß ergibt dann den gewünschten Wert. Bei zu großem f_{rel} wird der Umschlingungswinkel der Kette um die Räder verringert, so daß bei zu kleinem Stützzug ein Springen der Kette über die Verzahnung eintreten kann.

Für einen *Trummneigungswinkel* ϵ_0 (siehe Bild 17-5) aus

$$\sin \epsilon_0 = \frac{d_{02} - d_{01}}{2 \cdot l_a} \tag{17.15}$$

ergibt sich die *Trummlänge*

$$l_T \approx l_a \cdot \cos \epsilon_0 \quad \text{in mm} \tag{17.16}$$

d_{01}, d_{02} Teilkreisdurchmesser des Kleinrades, Großrades in mm
l_a Achsabstand in mm

17.4.5. Gliederzahl, Achsabstand

Die Laufruhe wird durch kleineren Achsabstand verbessert. Größere Achsabstände ergeben einen geringeren Verschleiß. Normale Achsabstände liegen zwischen $20 \cdot t$ und $80 \cdot t$, am günstigsten bei $40 \cdot t$, Vorteilhaft ist eine *Einstellmöglichkeit* von etwa $1,5 \cdot t$ durch Verschieben eines Kettenrades bzw. durch Verwendung von Hilfseinrichtungen (siehe unter 17.4.7.).

Von besonderer Bedeutung ist der Zusammenhang zwischen dem Achsabstand l_a, der Anzahl der Kettenglieder x bei gegebener Kettenteilung t und den gewählten Zähnezahlen der Kettenräder z_1 und z_2.

Nach DIN 8195 wird für den gewünschten Achsabstand l'_a zunächst die *Gliederzahl* angenähert errechnet:

$$x = 2\frac{l'_a}{t} + \frac{z_1 + z_2}{2} + \left(\frac{z_2 - z_1}{2\pi}\right)^2 \cdot \frac{t}{l'_a} \qquad (17.17)$$

l'_a soll dabei so gewählt werden, daß sich durch Runden eine gerade Gliederzahl (z. B. 80 oder 82, nicht 81) der Kette ergibt, um gekröpfte Verbindungsglieder, besonders an hoch belasteten Ketten, zu vermeiden, deren Festigkeit nur etwa 80 % der von geraden Gliedern beträgt.

Mit der ermittelten Gliederzahl wird *der tatsächliche Achsabstand* bestimmt aus

$$l_a = \frac{t}{4} \cdot \left[\left(x - \frac{z_1 + z_2}{2}\right) + \sqrt{\left(x - \frac{z_1 + z_2}{2}\right)^2 - 2 \cdot \left(\frac{z_2 - z_1}{\pi}\right)^2}\right] \text{ in mm} \qquad (17.18)$$

t Kettenteilung in mm
z_1, z_2 Zähnezahlen der Kettenräder
x Gliederzahl der Kette

17.4.6. Verbindungsglieder

Bei Bestellung der Kettenlänge $l = x \cdot t$ sind bei gerader Gliederzahl x an den offenen Kettensträngen die Endglieder stets Innenglieder, und die Verbindung zur endlosen Kette kann durch Außenglieder (Steckglieder) mit Niet-, Splint-, Feder-, Draht- oder Schraubverschluß hergestellt werden (Bild 17-11). Endlose Ketten werden normalerweise nur auf ausdrücklichen Wunsch geliefert.

Wie schon oben erwähnt, sollen gekröpfte Verbindungsglieder, die bei ungerader Gliederzahl erforderlich werden, wegen ihrer geringeren Festigkeit vermieden werden.

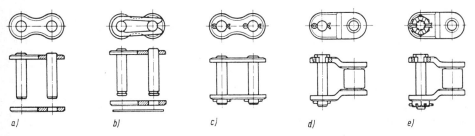

Bild 17-11. Verbindungsglieder. a) Nietglied (Außenglied), b) Steckglied mit Federverschluß, c) Steckglied mit Splintverschluß, d) gekröpftes Glied mit Splintverschluß, e) gekröpftes Glied mit Schraubverschluß

17.4.7. Hilfseinrichtungen

Über ein Antriebsrad können unabhängig vom Bauraum auch mehrere Räder angetrieben werden, sofern für genügend große Umschlingungswinkel (mindestens $z/3$) gesorgt wird (Mehrradkettengetriebe, Bild 17-12a).

Die Kettenlänge wird für solche Getriebe meist zeichnerisch bestimmt, und dann wird die erforderliche Gliederzahl ermittelt.

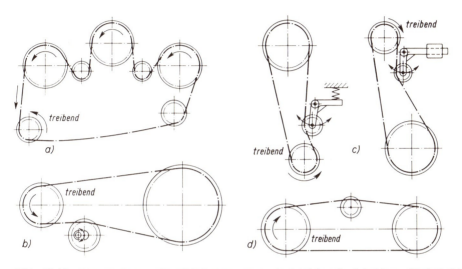

Bild 17-12. Kettengetriebe mit Hilfseinrichtungen. a) Antrieb mit Leiträdern (Umlenkrädern), b) exzentrisches Spannrad, c) Spannräder mit Feder und Gegengewicht, d) Stützrad (Spannrad)

Zahlreiche Hilfseinrichtungen, wie Leiträder oder Leitschienen, Stützräder oder Spannräder (am Leertrumm), dienen zur Führung der Kettentrumme (Bild 17-12b bis d). Sie sollen neben der Regulierung des Umschlingungswinkels auch die Stützlage besonders bei größeren Achsabständen aufnehmen, Kettenschwingungen vermeiden und eine gewisse Einstellbarkeit u. a. nach Verschleiß sowie bei ungünstigen, z. B. senkrechten Anordnungen, gewährleisten (Bild 17-13).

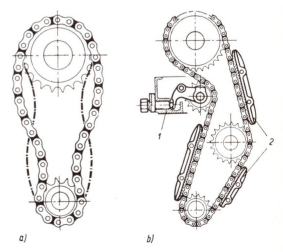

Bild 17-13. Kettenspannung und Schwingungsdämpfung
1 hydraulisch betätigtes Spannrad
2 Schwingungsdämpfer

Allgemeine Voraussetzungen für die Montage sind in jedem Falle, daß die Wellen und Kettenräder achsenparallel und schlagfrei laufen und die Ketten nicht zu straff gespannt sind.

17.5. Schmierung der Kettengetriebe

Die Art der Schmierung richtet sich nach der Kettengeschwindigkeit (siehe Tabelle 17.1) und muß um so intensiver sein, je größer diese ist.

Schmiermittel hoher Viskosität haben wohl eine größere Haftfähigkeit und sind geräusch- und schwingungsdämpfend, gewährleisten aber nicht immer eine ausreichende Schmierung der Gleitstellen zwischen Bolzen und Buchse (Hülse).

Das Schmiermittel, am besten Öl, ist so zu wählen, daß die Viskosität bei Betriebstemperatur $\approx 20 \ldots 40$ cSt beträgt (siehe auch Tabelle A14.11 im Anhang), wobei Sorge zu tragen ist, daß es in ausreichender Menge an die verschleißgefährdeten Teile gelangt. Nur bei langsamlaufenden Getrieben oder, wenn aus konstruktiven Gründen Ölschmierung nicht möglich ist, kann Fettschmierung verwendet werden.

Tabelle 17.1: Empfohlene Schmierungsarten für Kettengetriebe

Drehzahl-bereich	Kettengeschwindigkeit v m/s	günstig	zulässig	übertragbare Leistung und zulässige Gelenkflächenpressung			
				mit Schmierung			ohne Schmierung [2]
				einwandfrei	mangelhaft ohne Verschmutzung	mangelhaft mit Verschmutzung	
I	bis 4	leichte Tropfschmierung 4 ... 14 Tropfen je Minute	Fettschmierung Handschmierung	100 %	60 %	30 %	15 %
II	bis 7	Tauchschmierung im Ölbad	Tropfschmierung etwa 20 Tropfen je Minute		30 %	15 %	nicht zulässig
III	bis 12	Druckumlaufschmierung	Ölbad möglichst mit Spritzscheibe [1]		nicht zulässig		
III	über 12	Sprühschmierung (Druckumlaufschmierung mit Düsen für kleinste Tropfenbildung)	Druckumlaufschmierung				
		Ölkühlung, falls erforderlich, vorsehen					

[1] Die Kette soll nicht in das Ölbad tauchen; Ölnebelbildung fördern, Tropfleisten vorsehen.
[2] Eine Lebensdauer von 10 000 Betriebsstunden ist nicht gewährleistet.

17.6. Berechnungsbeispiel

Vielfach müssen Schutzkästen, o. dgl. angebracht werden, die u. U. gleichzeitig als Ölbehälter verschleißfördernden Schmutz fernhalten, unbeabsichtigte Berührung verhindern, aber auch geräuschdämpfend wirken können.

Wie schon unter 17.2.3. erwähnt, können *Rollenketten mit Kunststoffbuchsen* auch ohne jede Schmierung laufen und eine ausreichende Lebensdauer erreichen. Jedoch zeigen diese Ketten während des Einlaufens eine stärkere Verschleißlängung als die „normalen" Rollenketten, so daß sie anfangs öfter nachgespannt werden müssen. Nach einer bestimmten Einlaufzeit wird unter gleichen Betriebsbedingungen die Längung dann sogar kleiner als bei Stahlbuchsenketten.

17.6. Berechnungsbeispiel

■ **Beispiel 17.1:** Der Antrieb eines Bandförderers soll durch einen Getriebemotor über ein Kettengetriebe erfolgen. Der Getriebemotor hat eine Leistung $P_1 = 3$ kW und eine Drehzahl $n_1 = 125$ U/min. Die Drehzahl der Bandrolle beträgt $n_2 \approx 50$ U/min. Der Achsabstand soll $l'_a \approx 650$ mm betragen, die Achsmitten des Getriebes sind um den Winkel $\delta \approx 40°$ zur Waagerechten geneigt.

Das Kettengetriebe ist für eine Lebensdauer von $\approx 10\,000$ h auszulegen, wenn folgende Betriebsverhältnisse angenommen werden: mittlerer Anlauf, Vollast mit mäßigen Stößen, tägliche Laufzeit 8 h. Mit mangelhafter Schmierung muß gerechnet werden.
a) Die Zähnezahlen z_1 und z_2 der Kettenräder sind festzulegen.
b) Eine geeignete Rollenkette ist vorzuwählen.
c) Die vorgewählte Kette ist unter Berücksichtigung aller möglichen Kraftwirkungen nachzuprüfen.
d) Die Achskraft F_A ist zu bestimmen.

▶ **Lösung a):** Zunächst wird die Übersetzung aufgrund der Drehzahlen ermittelt:

$$i = \frac{n_1}{n_2}, \quad i = \frac{125 \text{ U/min}}{50 \text{ U/min}} = 2{,}5.$$

Bei dieser Übersetzung liegen aus den unter 17.4.2. genannten Zähnezahlen für Standard-Rollenketten am nächsten: $z_1 = 23$ für das Kleinrad, $z_2 = 57$ für das Großrad.

Die tatsächliche Übersetzung wird dann: $i' = \dfrac{z_2}{z_1} = \dfrac{57}{23} \approx 2{,}48$, also $i' \approx i = 2{,}5$.

Ergebnis: Als Zähnezahlen werden gewählt für das treibende Kleinrad $z_1 = 23$, für das getriebene Großrad $z_2 = 57$.

▶ **Lösung b):** Die Vorwahl der Kettengröße wird mit Hilfe des Leistungsdiagramms vorgenommen. Da jedoch die hier vorliegenden Betriebsbedingungen von den Diagramm-Bedingungen abweichen, muß die erforderliche Diagrammleistung nach Gleichung (17.1) ermittelt werden:

$$P = \frac{P_1}{k \cdot c_1}.$$

Die Antriebsleistung gleich Getriebemotorleistung ist $P_1 = 3$ kW.

Der Leistungsfaktor k wird aus Tabelle A17.3, Anhang, ermittelt; für $z_1 = 23$ und $i = 2,5$ wird durch Interpolieren: $k \approx 1,2$.

Zur Ermittlung des Betriebsbeiwertes c_1 wird zunächst der Betriebsfaktor c_S nach Bild A15-4, Anhang, festgestellt; für die oben angegebenen Betriebsverhältnisse wird entsprechend dem eingetragenen Ablesebeispiel: $c_S \approx 1,6$ und hierfür nach Bild A17-1, Anhang: $c_1 \approx 0,8$.

Mit diesen Werten wird dann, zunächst bei vorausgesetzter einwandfreier Schmierung

$$P' = \frac{3 \text{ kW}}{1,2 \cdot 0,8} = 3,13 \text{ kW}.$$

Bei der hier anzunehmenden mangelhaften Schmierung wird sich nach Tabelle 17.1 für den Drehzahlbereich I (aus Bild A17-2, $n \triangleq n_1 = 125$ U/min) die übertragbare Leistung auf 60 % = 60/100 vermindern, also muß entsprechend die erforderliche Diagrammleistung um 100/60 erhöht werden:

$$P = P' \cdot \frac{100}{60}, \quad P = 3,13 \text{ kW} \cdot \frac{100}{60} = 5,2 \text{ kW}.$$

Für diese Leistung und für die Drehzahl $n \triangleq n_1 = 125$ U/min wird nach Diagramm, Bild A17-2, Anhang, vorgewählt: Einfach-Rollenkette 31,75 × 19,56 DIN 8187, also Kette Nr. 8 (bzw. 20 B) nach Tabelle A17.1, Anhang (ggf. würde schon die Kette 25,4 × 17,02 ausreichen, Grenzfall!).

Für die vorgewählte Kette sind: Gelenkfläche $A = 295$ mm², Bruchlast $F_B = 100$ kN, Masse je Meter $G = 3,6$ kg/m.

Es muß nun noch untersucht werden, ob die Bedingung $l_a/t \approx 40$ für die Diagrammleistung erfüllt ist, anderenseits wird eine weitere Korrektur dieser erforderlich. Hierzu ist zunächst die Gliederzahl nach Gleichung (17.17) zu ermitteln:

$$x = 2 \cdot \frac{l_a'}{t} + \frac{z_1 + z_2}{2} + \left(\frac{z_2 - z_1}{2 \cdot \pi}\right)^2 \cdot \frac{t}{l_a'}.$$

Mit $l_a' = 650$ mm, $t = 31,75$ mm, $z_1 = 23$ und $z_2 = 57$ wird

$$x = 2 \cdot \frac{650 \text{ mm}}{31,75 \text{ mm}} + \frac{23 + 57}{2} + \left(\frac{57 - 23}{2 \cdot \pi}\right)^2 \cdot \frac{31,75 \text{ mm}}{650 \text{ mm}} = 40,9 + 40 + 1,43 = 82,33,$$

gewählt wird nach den Empfehlungen unter 17.4.5. eine gerade Gliederzahl $x = 82$.

Hiermit wird der tatsächliche Achsabstand nach Gleichung (17.18):

$$l_a = \frac{t}{4} \cdot \left[\left(x - \frac{z_1 + z_2}{2}\right) + \sqrt{\left(x - \frac{z_1 + z_2}{2}\right)^2 - 2 \cdot \left(\frac{z_2 - z_1}{\pi}\right)^2}\right],$$

$$l_a = \frac{31,75 \text{ mm}}{4} \cdot \left[\left(82 - \frac{23 + 57}{2}\right) + \sqrt{\left(82 - \frac{23 + 57}{2}\right)^2 - 2 \cdot \left(\frac{57 - 23}{\pi}\right)^2}\right]$$

$= 7,94$ mm $\cdot 81,1 = 643,9$ mm.

Der tatsächliche Achsabstand wird also $l_a \approx 644$ mm.

Damit wird das Verhältnis $l_a/t = 644$ mm/$31,75 = 20,28 \approx 20$. Das bedeutet, daß sich die übertragbare Leistung auf ≈ 85 % = 85/100 vermindert, also die erforderliche Diagrammleistung sich nochmals um 100/85 erhöht:

$$P = 5,2 \text{ kW} \cdot \frac{100}{85} \approx 6,1 \text{ kW}.$$

Mit dieser Leistung wird jedoch nach Diagramm die gleiche Kette gefunden.

Ergebnis: Vorgewählt wird eine Einfach-Rollenkette 31,75 × 19,56 mit 82 Gliedern; Normbezeichnung: Rollenkette 20 B – 1 × 82 DIN 8187.

17.6. Berechnungsbeispiel

Lösung c): Für die Nachprüfung der vorgewählten Kette wird zunächst die Kettenzugkraft gleich Umfangskraft am Kettenrad nach Gleichung (17.2) ermittelt:

$$F_u = \frac{1000 \cdot P_1}{v}.$$

Die Kettengeschwindigkeit ergibt sich aus $v = \frac{d_{01} \cdot \pi \cdot n_1}{60}$; der Teilkreisdurchmesser des Kleinrades wird nach den Angaben unter Bild 17-6:

$$d_{01} = \frac{t}{\sin(180°/z_1)}, \quad d_{01} = \frac{31{,}75 \text{ mm}}{\sin(180°/23)} = \frac{31{,}75 \text{ mm}}{\sin 7{,}826°} = \frac{31{,}75 \text{ mm}}{0{,}1360}$$

$= 233{,}46$ mm $= 0{,}23346$ m.

Hiermit und mit $n_1 = 125$ U/min wird $v = \frac{0{,}23346 \cdot \pi \cdot 125}{60} \approx 1{,}53$ m/s.

$$F_u = \frac{1000 \cdot 3}{1{,}53} = 1961 \text{ N}.$$

Im vorliegenden Beispiel könnten wegen der kleinen Kettengeschwindigkeit ($v < 7$ m/s) der Fliehzug und wegen der relativ kleinen Trummlänge auch der Stützzug unberücksichtigt bleiben. Um deren Einfluß zu zeigen und um die Aufgabe möglichst umfassend zu gestalten, sollen auch diese zusätzlichen Kräfte ermittelt werden.

Der Fliehzug ergibt sich aus Gleichung (17.3):

$F_Z = G \cdot v^2$, $F_Z = 3{,}6$ kg/m $\cdot 1{,}53^2$ m^2/s$^2 = 8{,}43$ kg $\cdot$ m/s$^2 = 8{,}43$ N.

Der Stützzug wird bei der Schräglage des Getriebes am oberen Rad am größten, er ergibt sich nach Gleichung (17.5):

$$F_{so} \approx 10 \cdot F'_{so} \cdot F_G \cdot l_T.$$

Für die Gewichtskraft wird als Zahlenwert $F_G = G = 3{,}6$ (kg/m) gesetzt. Die Trummlänge wird nach Gleichung (17.16): $l_T \approx l_a \cdot \cos \epsilon_0$; Trummneigungswinkel aus Gleichung (17.15): $\sin \epsilon_0 = \frac{d_{02} - d_{01}}{2 \cdot l_a}$, mit $d_{02} \approx i \cdot d_{01} \approx 2{,}5 \cdot 233{,}5$ mm ≈ 584 mm (überschlägig!) wird $\sin \epsilon_0 \approx \frac{584 \text{ mm} - 233{,}5 \text{ mm}}{2 \cdot 644 \text{ mm}} \approx 0{,}27$, damit $\epsilon \approx 15°40'$ und hiermit die Trummlänge $l_T \approx 644$ mm $\cdot 0{,}9628 \approx 620$ mm $= 0{,}620$ m.

Für den Neigungswinkel des Leertrumms $\psi = \delta - \epsilon_0 = 40° - 15°40' = 24°20'$ wird der spezifische Stützzug bei einem „normalen" relativen Durchhang $f_{rel} \approx 2$ % nach Tabelle über Gleichung (17.5): $F'_{so} \approx 6$ und damit der Stützzug $F_{so} \approx 10 \cdot 6 \cdot 3{,}6 \cdot 0{,}620$ N ≈ 134 N.

Ein Vergleich der an der Kette wirkenden Kräfte zeigt, daß der Fliehzug F_Z vernachlässigbar klein ist, was auch bei der kleinen Kettengeschwindigkeit v zu erwarten war. Ebenso ist auch der Stützzug F_{so} gegenüber der Umfangskraft F_u relativ klein. F_Z und F_{so} hätten also hier ohne Bedenken vernachlässigt werden können.

Die Gesamtzugkraft an der Kette wird mit diesen Kräften nach Gleichung (17.8):

$F_{ges} = F_u + F_Z + F_{so}$, $F_{ges} = 1961$ N $+ 8{,}43$ N $+ 134$ N ≈ 2103 N.

Mit dieser Kraft F_{ges}, der Bruchlast $F_B = 100$ kN $= 100\,000$ N (s. o.) und dem Betriebsfaktor $c_S = 1{,}6$ (s. o.) wird die statische Bruchsicherheit nach Gleichung (17.9):

$$\nu_B = \frac{F_B}{F_{ges}}, \quad \nu_B = \frac{100\,000 \text{ N}}{2103 \text{ N}} \approx 48 \gg 7,$$

und die dynamische Bruchsicherheit nach Gleichung (17.10):

$$\nu_D = \frac{F_B}{F_{ges} \cdot c_S}, \quad \nu_D = \frac{100\,000\,\text{N}}{2103\,\text{N} \cdot 1,6} \approx 30 \gg 5.$$

Hinsichtlich der Zugbeanspruchung ist die vorgewählte Kette also weit ausreichend bemessen.

Es muß nun noch der für die Lebensdauer des Getriebes entscheidende Verschleiß untersucht werden. Zunächst die rechnerische Gelenkflächenpressung mit der Gelenkfläche $A = 295\,\text{mm}^2$ (s. o.) nach Gleichung (17.11):

$$p_r = \frac{F_{ges}}{A}, \quad p_r = \frac{2103\,\text{N}}{295\,\text{mm}^2} = 7,13\,\text{N/mm}^2.$$

Nach Tabelle A17.5, Anhang, findet man für Zähnezahl des Kleinrades $z_1 = 23$ und Kettengeschwindigkeit $v = 1,53$ m/s (s. o.) als zulässige Pressung: $p \approx 26,2\,\text{N/mm}^2$ (interpoliert!). Dieser Wert muß aber noch korrigiert werden. Nach Tabelle A17.4, Anhang, wird für $l_a \approx 20 \cdot t$ (s. unter Lösung c) und $i = 2,5$ der Reibwegfaktor $\lambda \approx 0,83$. Hiermit und mit dem Betriebsbeiwert $c_1 = 0,8$ (s. o.) wird die korrigierte zulässige Gelenkflächenpressung nach Gleichung (17.12):

$$p_{0\,\text{zul}} = p \cdot \lambda \cdot c_1, \quad p_{0\,\text{zul}} = 26,2\,\text{N/mm}^2 \cdot 0,83 \cdot 0,8 \approx 17,4\,\text{N/mm}^2.$$

Dieser Wert gilt jedoch nur bei einwandfreier Schmierung, die hier nicht gegeben ist, so daß nochmals korrigiert werden muß. Nach Tabelle 17.1 vermindert sich der Wert bei mangelhafter Schmierung im Drehzahlbereich I (bereits oben festgestellt) auf 60 %, also auf das 0,6-fache. Damit wird nach Gleichung (17.13) die endgültige zulässige Gelenkflächenpressung

$$p_{\text{zul}} = 0,6 \cdot p_{0\,\text{zul}}, \quad p_{\text{zul}} = 0,6 \cdot 17,4\,\text{N/mm}^2 \approx 10,4\,\text{N/mm}^2 > p_r = 7,13\,\text{N/mm}^2.$$

Das Kettengetriebe ist somit verschleißfest und erreicht mit Sicherheit die geforderte Lebensdauer von 10 000 h.

Ergebnis: Die vorgewählte Kette hat mit $\nu_B \approx 48 \gg 7$ und $\nu_D \approx 30 \gg 5$ eine weit ausreichende Sicherheit gegen Bruch und mit $p_r = 7,13\,\text{N/mm}^2 < p_{\text{zul}} = 10,4\,\text{N/mm}^2$ auch eine ausreichende Sicherheit gegen Verschleiß. Es wird endgültig gewählt: Rollenkette 20 B − 1 × 82 DIN 8187.

▶ **Lösung d):** Die Achskraft wird wegen der Schräglage des Getriebes am oberen Rad etwas größer als am unteren und zwar entsprechend dem Unterschied zwischen F'_{so} und F'_{su} nach der Tabelle über Gleichung (17.5). Danach wird die Achskraft am oberen Rad nach Gleichung (17.7):

$$F_{Ao} \approx (F_u + 2 \cdot F_{so}) \cdot c_S, \quad F_{Ao} \approx (1961\,\text{N} + 2 \cdot 134\,\text{N}) \cdot 1,6 \approx 3566\,\text{N}.$$

Nach Tabelle wird für $F'_{so} \approx 6$ (siehe unter Lösung c) $F'_{su} \approx 5,6$ und damit das Verhältnis $F'_{su}/F'_{so} = 5,6/6 = 0,933$. Entsprechend wird auch die Achskraft am unteren Rad kleiner:

$$F_{Au} = F_{Ao} \cdot 0,933, \quad F_{Au} = 3566\,\text{N} \cdot 0,933 \approx 3327\,\text{N}.$$

Ergebnis: Für das obere Rad wird die Achskraft $F_{Ao} \approx 3566\,\text{N}$, für das untere Rad $F_{Au} \approx 3327\,\text{N}$.

Sachwortverzeichnis

Abbrennstumpfschweißen 68
Abdeckscheibe 366
Abmaße 15, 19
Abscherspannung (Schrauben) 164
Abwälzverhältnisse 434
Achsabstand für Außengetriebe 426
Achsen 242 ff.
–, angeformte 248
–, Gestaltung 264 ff.
Achse, Verformung 253
Achsenwinkel 486
Achshalter 194 f.
Achszapfen 261
allgemein-dynamische Belastung 29
Alterungsbeständigkeit (Kleben) 52 f.
Aluminiumniete 121
Anfahrmoment 310 f.
angeformte Achsen 248
Anlaufkupplungen, nicht steuerbare 335 f.
–, steuerbare 336
Antriebsmaschine 312 f.
Antriebszapfen 262
Anziehfaktor 153
Anzugsmoment 157 f.
Äquidistante 430
äquivalente Lagerbeanspruchung 352 f.
Arbeitsflanke 434
Arbeitsmaschine 312 f.
Auftragsschweißen 66
Augenschraube 134
Ausschlagfestigkeit 34, 149 f.
Ausschlagspannung 149 ff.
Außen-Geradverzahnung 434
Autogenschweißen 67
Axial-Gleitlager, Berechnung 392 ff.
Axial-Kegelrollenlager 349
Axiallager 342
Axial-Pendelrollenlager 348
Axial-Rillenkugellager 347 f.
Axial-Schrägkugellager 349
Axial-Zylinderrollenlager 349

Balatariemen 559
Beanspruchungsarten 28 ff.
Befestigungsschraube 129, 139, 157 ff.
Beiwinkel 117 f.
Belastung, allgemeindynamische 29
–, dynamische 33 ff.
–, dynamisch-schwellende 29
–, dynamisch-wechselnde 29
Belastungsarten 28 ff.
Beschleunigungsmoment 314
Betriebsfaktor 453
Betriebs-Schrägungswinkel 468
Betriebstemperatur 389
Bewegungsschraube 129, 169 ff.
Bewegungsschrauben, Wirkungsgrad 174
Bezugsprofil 431
Biegehäufigkeit 564
biegekritische Drehzahl 258 f.
Biegeschwingung 258
Biegewechselfestigkeit 34
biegsame Welle 267 f.
Bindefestigkeit (Kleben) 53
Blattfeder 204, 206 ff.
Blechschraube 133 f.
Blindniet 104, 106
Blocklänge (Federn) 220
Boflex-Kupplung 324
Bogenzahnkupplung 322
Boge-Silentblock 228, 230
Bolzen 186, 195
Bolzenkette 584 f.

Bolzenkupplung, elastische 324
Bolzensicherung 193 f.
Bolzenverbindungen 187 ff.
Bolzenverbindung, Gestaltung 194 ff.
Bördelnaht 71
BoWex-Kupplung 322
Brennschneiden 66
Bruchfestigkeit 30
Buchsenkette 585 f.
Bruch-Sicherheitsfaktor, dynamischer 591

Conax-Kupplung 331
Connex-Spannstift 191

Dauerbruch 41
Dauerfestigkeit 33
Dauerfestigkeitsschaubild (Dfkt-Schaubild) 35
Dauergetriebe 461
Dauerhaltbarkeit (Schraubenverbindungen) 149 ff.
Dehngrenze 31
Dehnschlupf 563
Dehnschraube 135, 151 f.
Dehnungsgetriebe 556
DENTILUS-Kupplung 322
Dfkt-Schaubild 35
Diagrammleistung 588
Dichtring 366
Dichtung 366
Dichtungen, nicht schleifende 364
–, schleifende 364 ff.
Dichtungskraft 154 f.
Dichtungsschraube 129
Dochtöler 396 f.
Doppelkegelkupplung 331
Doppelschrägverzahnung 463
Drehmoment-Drehzahl-Kennlinie 312 f.
Drehmoment-Schraubendreher 154
Drehmoment-Schraubenschlüssel 154
Drehschwingung 258
Drehstabfeder 204, 217 ff.
Drehschubfeder 228 f.
Drehschub-Scheibenfeder 228 f.
drehzahlbetätigte Schaltkupplungen 335 ff.
Drehzahl, kritische 258 ff.
–, verdrehkritische 259 f.
Dreieck-Blattfeder 206
Druckfeder 222 ff., 228 f.
Druckverlauf bei Flüssigkeitsreibung 379 f.
Durchdringungskerbe 39
Durchhang 597
Durchlaufschmierung 396 f.
Durchmesser-Breitenverhältnis 454
dynamische Belastung 33 ff.
dynamischer Bruch-Sicherheitsfaktor 591
dynamische Tragzahl 352, 355
dynamisch-schwellende Belastung 29
dynamisch-wechselnde Belastung 29

Eigengewichtsgetriebe 555
Eigenschwingungszahl 258
Einbauregel für Wälzlager 358
Eingriffsflankenspiel 425
Eingriffslänge 433
Eingriffslinie 431
Eingriffsstrecke 433
Eingriffswinkel 431
Einheitsbohrung 17 ff.
Einheitswelle 18 ff.
Einlegekeil 300
einreihiges Schrägkugellager 345

Einscheibenkupplung, elektromagnetische 333
Einscheiben-Trockenkupplung 329
Einschraublänge 148 f.
Einstellschraube 129
Einzelteil-Zeichnung 2
Einzelzapfen 263 f.
elastische Bolzenkupplung 324
– Stahlbandkupplung 323
elektrisches Widerstandsschweißen 68
Elektrogewinde 130
elektromagnetische Einscheibenkupplung 333
Elektromagnet-Zahnkupplung 328
Elektronenstrahlschweißen 67
Ensat-Einsatzbüchse 135 f.
Entlastungskerbe 39
Entwurfzeichnung 1
Epizykloide 428
Ersatz-Geradstirnrad 466
Ersatzzähnezahl 467
Evolvente 431
Evolventenfunktion 441
Evolventen-Geradverzahnung, profilverschobene 436
Evolventenverzahnung 431 ff.
Evolventenzähne 422
Eytelweinsche Beziehung 563

Feder (elastische) 201 ff.
Federdiagramm 201 f.
Federkennlinie 201 f.
Federöse 221
Federpaket 213 f.
Federrate 201
Federring 137 f.
Federsäule 213 f.
Federscheibe 137 f.
Federstahl 203 f.
Federungsarbeit 202
Federwerkstoffe 203 f.
Feingewinde 129 f.
Fertigungs-Zeichnung 2
Festdrehmoment 157
Festlager 359
Festscheibe 558
Festsitz 19, 22
Fettbüchse 397
Fettschmierung, Gleitlager 396
–, Wälzlager 361 f.
Fett-Schmiervorrichtungen 397
Filzring 365
Flächenpressung (Schrauben) 173
– nach Hertz 460
Flachkeil 300
Flachkopfschraube 133
Flachnaht 72
Flachriemen 555, 559 f.
Flachrundniet 105
Flammenlötung 63
Flanken-Dauerfestigkeit 461
Flankenspiel 425
Flanken-Tragfähigkeit 453
Flanken-Zeitfestigkeit 461
Flanschlager 342
Fleyerkette 585
Fliehkraftkupplungen 335 ff.
Fliehkraftspannung 565
Fliehzug 589
Fließgrenze 31
Flügelmutter 134
Flügelschraube 134
Flüssigkeitsreibung 378 f.
–, Druckverlauf 379 f.
Formfeder 204
formschlüssige Schaltkupplungen 327 f.

Formziffer 37 f.
fremdbetätigte Schalt-
  kupplungen 327 ff.
Freßgefahr 539
Freßverschleiß 453
Fügetemperatur 293
Führungsgewinde 173
Funktion 6
Fußhöhe 425
Fußkreisdurchmesser 425

Gallsche Kette 585
Gasschweißen 67
Gebrauchsdauer 356
Gelenkflächenpressung 591 f.
Gelenkketten 584
Gelenkwelle 266 f.
gekreuzte Riemengetriebe 557 f.
Geradzähne 422
Gerad-Stirnräder 451 ff.
Gerad-Stirnradgetriebe 451
–, Wirkungsgrad 463
Gesamtübersetzung 427
Gesamt-Zeichnung 2
Gestaltfestigkeit 41 f.
Gestaltungsregeln 3
Gestaltungsschweißen 66
Gewaltbruch 31
Geweberiemen 559
Gewinde 129 ff.
Gewindearten 129 ff.
Gewindebezeichnungen 130 f.
Gewinde, Kräfte am 155 f.
Gewindereibungsmoment 156
Gewindeschneidschraube 133 f.
Gewindestift 133 f.
Gewindeüberstand 148 f.
Glatthautnietung 121
Gleitfeder 297
Gleitlager 342 ff., 378 ff.
–, Reibungsverhalten 379
–, Schmierung 396 ff.
Gleitlagerwerkstoffe 382 f.
Gleitschlupf 563
Gleitsitz 19, 22
Gleitverschleiß 453
Gliederketten 584
Globoidschnecken-Zylinder-
  radgetriebe 519
Grenzlehrdorn 21
Grenzleistung 530
Grenzmaße 15
Grenzspannungslinie 34
Grenzzähnezahl 436 f.
Großräder 540
Größtspiel 15
Größtmaß 15
Größtübermaß 15
Grundreihe 12
Grundtoleranz 16
Gummifeder 227 ff.
Gummiriemen 559
Güteklasse (Schweißen) 73

Haftsitz 19, 22
halbgekreuzte Riemengetriebe 558
Halbrundniet 105
Hängelager 342
Hartgewebe 545
Härter 50
Hartlot 61 f.
Hartlöten 61
Hauptfunktion 6
Heli-Coil-Gewindeeinsatz 135 f.
Herstellungs-Wälzkreis 424
Hirthverzahnung 296
hochelastische Kupplung 325 f.
Hohlflanken-Schnecke 520
Hohlkeil 300
Hohlnaht 72
Hohlniet 107
Hohlwelle 249 f.

Holzschraube 133 f.
Hüllgetriebe 555, 584
Hülsenkette 586
Hutmutter 134 f.
HV-Naht 72
HV-Verbindung (Schrauben) 165 f.
hydrodynamische Schmier-
  theorie 378
Hypozykloide 428

ideelle Lagerbeanspruchung 354
Induktionslötung 63
Innen-Geradverzahnung 435
ISO-Passungen 14 ff.
Istmaß 14

Kaltklebstoff 50
Kaltnietung 107
Kegel 282
Kegelfeder 204, 226 f.
Kegelflex-Kupplung 326
Kegelkerbstift 196
Kegel-Neigungswinkel 282
Kegelräder 492 ff.
Kegelradgetriebe 421, 492 ff.
Kegelrollenlager 347
Kegelstift 189
Kegelverbindung 282 ff.
Kegelverhältnis 282
Kehlnaht 71 f., 75
Keilformen 300
Keilriemen 555, 560 f.
Keilsicherung 301
Keilverbindung 299 f.
Keilwellenverbindung 294 f.
Kerbempfindlichkeitsziffer 38
Kerbform 7 f.
Kerbnagel 190
Kerbstift 190
Kerbverzahnung 295 f.
Kerbwirkung 36 ff.
Kerbwirkungszahl 39 f.
Kerndurchmesser 253
Kettenarten 584 ff.
Kettengetriebe 584 ff.
Kettengetriebe, Schmierung 600 f.
Kettenzugkraft 589
Kippsegmentlager 405
Kitten 48
Klauenkupplung 321
Kleben 48
Klebkitt 49
Klebstoff 49 f.
Klebverbindungen 48 ff.
Kleinstmaß 15
Kleinstspiel 15
Kleinstübermaß 15
Klemmkraft 143, 146, 154 f.
Klemmrollen-Überholungs-
  kupplung 338
Klemmverbindung 279 ff.
Klingelnberg-Palloidverzahnung 503
K-Naht 72
Knebelkerbstift 190, 196
Knicksicherheit (Federn) 224
Knickung (Schrauben) 172 f.
Knotenblech 114 f.
Knotenblechdicke 115
Kolbenlötung 63
Konsolanschlüsse (Schrauben) 167 ff.
Kopfhöhe 425
Kopfkreisdurchmesser 425
Kopfkürzung 441
Kopfspiel 425
kraftschlüssige Schaltkupp-
  lungen 329 ff.
Kraftverhältnisse an Schrauben 145 f.
Kranzbreite 573
Kreisbogenzähne 422
Kreuzgelenkkupplung 321
Kreuzlochmutter 134

Kronenmutter 134 f., 137 f.
Kühlölmenge 389
Kunstharz 50
Kunststoffriemen 560
Kupplungen 310 ff.
Kupplung, hochelastische 325 f.
Kupplungen, längsnachgiebige 321
–, nichtschaltbare 310 f.
–, quernachgiebige 321
–, schaltbare 310 f., 327 ff.
–, winkelbewegliche 321
Kupplungsmoment 310 f., 316 ff.
Kupplungsschalter 328

Labyrinthdichtung 364
Lager 342 ff.
Lagerarten 342
Lagerauswahl 351
Lagerbeanspruchung, äqui-
  valente 352 f.
–, ideelle 354
Lagerbuchse 399
Lagerdichtungen, Gleitlager 398
–, Wälzlager 363 f.
Lagerkurzzeichen 350
Lagerschale 399 f.
Lagertemperatur 389
Lagerungselemente 1
Lagerzapfen 261
Lamellenkupplung 329
längsnachgiebige Kupplung 321
Längspreßpassung 289
Laschennietung 107
Lastfälle (Stahlbau) 74
Lastspielzahl 33
Lasttrumm 562
Lastwechselzahl 548
Laufsitz 19, 22
Lebensdauer, Gleitlager 342
–, Wälzlager 352, 354 f.
Lederriemen 559
Leertrumm 562
Leim 49
Leimen 48
Leitrollen 557
Lichtbogenschweißen 67
Linde-Flux-Verfahren 63
Linsensenkschraube 133
Lochleibungsdruck, Nieten 116
–, Schrauben 164
–, Schweißen 86
Lockerungsfaktor 147
Losdrehmoment 158
Lösemoment 158
Loslager 359
Losscheibe 558
Lösungsmittelklebstoff 49 ff.
Lotarten 61 f.
Löten 61 f.
Lötverfahren 62 f.
Lückenweite 425

Malmedie-Bibby-Kupplung 323
Malmedie-Zahnkupplung 322
Massenträgheitsmoment 314 f.
Maßhaltigkeit, Prüfen der 21
Maßtoleranzen 19 ff.
Mehrgleitflächenlager 402
Mehrschicht-Blattfeder 208 f.
Mehrschichtriemen 560
Meßschraube 129
metrisches ISO-Gewinde 129 f.
Mindestzähnezahl 439
Mischreibung 379
M-n-Kernlinie 312 f.
Modul 425
Modul-Breitenverhältnis 455
Mohr, Verfahren nach 256
momentbetätigte Schalt-
  kupplungen 334 f.
Montagevorspannkraft 153 ff., 156

Sachwortverzeichnis

Muttergewinde 173
Mutternarten 134 f.
Mutternbezeichnungen 136

Nachprüfung 4
Nachschmierfrist 362
Nadellager 346 f.
Nahtdicke 74 f.
Nahtlänge 74 f.
Nahtspannung 75
Nasenflachkeil 300
Nasenhohlkeil 300
Nasenkeil 300
Nebenfunktion 6
Nenndauerfestigkeit 39
Nennmaß 14
Nennmaßbereich 16
Nennspannung 37
nicht schaltbare Kupplungen 310 f.
nicht schleifende Dichtungen 364
nicht steuerbare Anlaufkupplungen 335 f.
Niet, Bezeichnung 106
Nieten 104 ff.
Nietformen 104 f.
Nietstift 105
Nietverbindungen 104 ff.
– im Behälterbau 119 f.
– im Kesselbau 119 f.
– im Leichtmetallbau 120
– im Maschinenbau 120
– im Stahlbau 108 ff.
Nietwerkstoffe 104 f.
Nietzahl 116 f.
Normalkeilriemen 560
Normmaße 14
Normzahlen 12 ff.
Nullgetriebe 439
Nullinie 14, 17
Nullrad 424, 438
Nutmutter 134 f.
Nutzspannung 562

Oberflächenbeiwert 40
Ofenlötung 63
offene Riemengetriebe 555 ff.
Ölbadschmierung 397
Oldham-Kupplung 321
Öler 396 f.
Ölpreßpassung 289
Ölschmierung, Gleitlager 396
–, Wälzlager 363
Öltemperatur 389
Ölviskosität 386
ω-(Omega-) Verfahren 111 f.
Orthozykloide 428

Paßfeder 297
Paßfederverbindung 297 ff.
Paßkerbstift 190
Paßmaß 15
Paßsysteme 17 ff.
Paßtoleranz 15
Passungen 14 ff.
Passungsarten 18 f.
Pendelkugellager 346
Pendellager 400 f.
Pendelrollenlager 347
Periflex-Kupplung 325 f.
Pfeilverzahnung 463
Pfeilzähne 422
Preßpassung, zylindrische 288 ff.
Preßschichtstoffe 545
Preßschweißen 68
Preßstumpfschweißen 68
Picklingprozeß 51
Plan-Kerbverzahnung 296
plastischer Klebstoff 49
Polyamide 545
Polymid-Gleitlager 706 f.
Polygoneffekt 595

Polygonprofil 296 f.
Preßpassung 18 f.
Preßschichtholz 545
Preßsitz 19, 22
Profilmittellinie 431
Profilverschiebung 437 f.
Profilverschiebungsfaktor 438
profilverschobene Evolventen-Geradverzahnung 436
Pufferfeder 205
Punktlast 358
Punktschweißen 68
Punktschweißverbindungen 85 ff.

Qualität 16
quernachgiebige Kupplungen 321
Querpreßpassung 289
Querstiftverbindungen 191 f.

Rachenlehre 21
Radaflex-Kupplung 325
Radiallager 342
Rändelmutter 134
Rändelschraube 134
Reaktionsklebstoff 49 ff.
Rechteck-Blattfeder 206
Reibschweißen 68
Reibungskennlinien 380
Reibungsverhalten der Gleitlager 379
Reibungswärme (Gleitlager) 389
Reparaturschweißen 66
Resonanz 258
richtungsbetätigte Schaltkupplungen 338
Riemenbreite 566
Riemengetriebe 555 ff.
–, gekreuzte 557 f.
–, Gestaltung 572 ff.
–, halbgekreuzte 558
–, offene 555 f.
Riemenlänge 570
Riemenniet 105
Riementrumm 555
Rillendichtung 364
Rillenkugellager 344 f.
Ringfeder 204 f.
Ringfeder-Spannelement 284 f.
Ringfeder-Spannsatz 285 f.
Ringfeder-Spannverbindung 284 ff.
Ringmutter 134
Ringschraube 134
Ringschmierung 397
Ring-Spurlager 393, 402 f.
Rohnietlänge 115
Rohrniet 105
Rollenkette 586 f.
Rollennahtschweißen 68
Rundgewinde 129 f.
RUPEX-Kupplung 324

Sägengewinde 129 f.
Schäftverbindung 58
Schalenkupplung 320
Schälfertigkeit 55
schaltbare Kupplungen 310 f., 327 ff.
Schaltkupplungen, formschlüssige 327 f.
–, fremdbetätigte 327 ff.
–, momentbetätigte 334 f.
–, richtungsbetätigte 338
Scheiben 136 f.
Scheibenräder 540
Scheibenkupplung 319 f.
Schenkelfeder 204, 209 f.
Schiebesitz 19, 22
Schlangenfeder 401
Schlankheitsgrad (Spindel) 172
schleifende Dichtungen 364 ff.

Schlitzmutter 134 f.
Schmalkeilriemen 560 f.
Schmiernippel 397
Schmierölbedarf (Gleitlager) 388
Schmierschichtdicke 386
Schmierstoffzuführung 398
Schmiertheorie, hydrodynamische 378
Schmierung der Wälzlager 361 ff.
Schmierverfahren 396 f.
Schmiervorrichtungen 396 ff.
Schnecke 519
Schneckengetriebe 421, 519 ff.
–, Wirkungsgrad 525 f.
Schneckenrad 519
Schnittigkeit 108
Schockaushärtung 52
Schrägkugellager 345
–, einreihiges 345
–, zweireihiges 345
Schräg-Stirnräder 463 ff.
Schräg-Stirnradgetriebe 463 ff.
–, Wirkungsgrad 473
Schrägzähne 422
Schrauben 132 ff.
Schraubenarten 132 ff.
Schraubenbezeichnungen 136
Schraubenfeder 204, 219 ff.
Schraubenkraft 160
Schrauben, Kraftverhältnisse 145 f.
Schraubensicherungen 137 f., 159
Schraubenverbindungen 139 ff.
Schraubenzahl, erforderliche 166
Schraube, querbeanspruchte 164 f.
–, zugbespruchte 165
Schrägungswinkel 464
Schraubradgetriebe 421, 485 ff.
–, Wirkungsgrad 490 f.
Schrumpfpassung 289
Schub-Hülsenfeder 229 f.
Schub-Scheibenfeder 228 f.
Schulterkugellager 345
Schweißbarkeit 68 f.
Schweißen 66 ff.
Schweißnahtarten 70 ff.
Schweißnahtformen 70 ff.
Schweißneigung 67
Schweißsicherheit 68
Schweißverbindungen, Darstellung 87 ff.
–, Gestaltung 87 ff.
–, Gestaltungsbeispiele 91 ff.
– im Kessel- und Behälterbau 79 f.
– im Maschinenbau 82 ff.
– im Stahlbau 73 f.
Schweißverfahren 66 ff.
Schweißzusatzwerkstoffe 69 f.
Schwellfestigkeit 34 f.
Schwungmoment 318
Schutzgasschweißen 67
Sechskantmutter 134 f.
Sechskantschrauben 133, 163 ff.
Sechskantschlitzmutter 135
Segmentlager 403
Segment-Spurlager 394 f.
Selbsthemmung 174, 525
Senkbolzen 186
Senkkerbnagel 190
Senkniet 105
Senkschraube 133
Sespa-Getriebe 557
Setzen der Verbindung 146 f.
Shorehärte 227
Sicherheit 32 f.
Sicherheits-Flanschkupplung 335
Sicherheitskupplung 334 f.
Sicherheits-Wellenkupplung 334
Sicherungselement 137 f., 159
Sicherungsblech 137 f.
Sicherungsmutter 134

Sicherungsring 193
Sicherungsscheibe 193 f.
Sinnbilder für Schweißnähte 87 ff.
Sintermetall-Lager 401 f.
Sinus-Lamellenkupplung 329 f.
Sitzarten 18 f.
Sommerfeldzahl 387, 389
SpacesaVer-Schmalkeilriemen 561
Spaltdichtung 364
Spannhülse 190 f., 197
Spannrollen 575
Spannrollengetriebe 556
Spannschienen 556
Spannschlitten 556
Spannschraube 129
Spannstift 190 f.
Spannung 28 f.
Spannungsquerschnitt (Schrauben) 161
Spannweg 175
Spannwellengetriebe 556
Spiel 15
Spielpassung 18 f.
Spindel 169 ff.
Spiralfeder 211 f.
Spiralstift 191
Spiralzähne 422
Spitzenbildung (Zähne) 439
Splint 194
Sprengniet 104, 106
Sprengring 123, 197
Sprung 464
Spurlager 392 f.
Spurplatte 392
Stahlpanzerrohrgewinde 130
statische Belastung 28 ff.
statischer Bruchsicherheitsfaktor 591
Stahlbandkupplung, elastische 324
Staufferbüchse 397
Steckkerbstift 190, 196
Steckstiftverbindungen 192 f.
Stehlager 342, 400
Stellring 194, 196
Steinschraube 133 f.
steuerbare Anlaufkupplungen 336 ff.
Stift 189 ff.
Stiftschraube 133 f.
Stiftverbindungen 191 ff.
Stiftverbindung, Gestaltung 194 ff.
Stirneingriffslänge 466
Stirneingriffswinkel 465
Stirnnaht 72 f.
Stirnmodul 465
Stirnradgetriebe 421
Stirnteilung 465
Stirnverzahnung 296
Stoßmoment 317
Stückliste 2
Stufenschaltung 558
Stumpfnaht 71, 74
Stumpfstoß, Kleben 57
—, Schweißen 71
Stützzug 589
Suco-Kupplung 336

Tangentkeil 300
Tauchschmierung 363, 397
Tauchlötung 63
Teilkegelwinkel 494
Teilkreis 424
Teilkreisdurchmesser 424
Teilung 424
Tellerfeder 137 f., 204, 212 ff.
Textilriemen 559
Toleranz 15
Toleranzeinheit 16
Toleranzfeld 15, 17
Toleranzkurzzeichen 17
Toleranzstufe 16
Toleranzsystem 15 ff.
Tonnenlager 347

Topfzeit 52
Tragzahl, dynamische 352, 355
Tragzapfen 261
Trapezgewinde 129 f.
Treibkeil 300
Triebstockverzahnung 430
Trockenreibung 379
Trockenschmierung 396
Tropföler 396 f.
Trummlänge 597
Trummneigungswinkel 597
Turbokupplung 336

Überdeckungsfaktor 459
Überdeckungsgrad 433, 459
Übergangsdrehzahl 379, 387
Übergangspassung 18 f.
Überlappungsnietung 107
Überlappungslänge, Kleben 57
Überlappungsverbindung, Kleben 57
—, Löten 64
Übermaß 15, 291
Übermaßverlust 291
Übersetzung 423, 426 f., 462
Übertragungselemente 1
UKF-Kugellager 349
Umfangslast 358
Umlaufschmierung 363, 398
U-Naht 71
Unterlegscheibe 136 f.
Unter-Pulver-Schweißen 67
Unwucht 258

Verbindungselemente 1
Verbindungsglieder (Kettengetriebe) 598
Verbundriemen 560
Verdrehbeanspruchung 152
Verdrehflankenspiel 426
verdrehkritische Drehzahl 259 f.
Verdrehwinkel, Federn 209, 211, 218
—, Wellen 254
Verformungskennlinien an Schraubenverbindungen 140
Vergleichsspannung 160
Verschiebewinkel 229
Verschleißlaufzeit 352, 355 f.
Verschraubungsfälle 161 f.
Verspannungsschaubild 142
Verschlußschraube 133 f.
Verzahnungsgesetz 422
Verzahnungsmaße 424 ff.
Verzahnungsqualität 457
V-Getriebe 440 f.
Vieleckwirkung 595
Vierkantmutter 134 f.
Vierkantscheibe 136 f.
Vierkantschweißmutter 135
Vierpunktlager 345
V-Minus-Rad 438
V-Naht 71
V-Null-Getriebe 440 f.
Voith-Turbokupplung 336 f.
Vollräder 540
Voll-Spurlager 392
Vollwelle 249
Vorspannkraft 146
Vorspannung 555
V-Plus-Rad 438
V-Rad 438
Vulkan-Luftfeder-Kupplung 326

Wälzkreis 422
Wälzlager 342 ff.
—, Einbauregel 358
—, Gestaltungsbeispiele 366 ff.
—, Schmierung 361 f.
Wälzpunkt 422
Wärmegleichgewicht 389
Warmfestigkeit (Kleben) 53

Warmklebstoff 50
Warmnietung 107
Wasserschmierung 396
Wechselfestigkeit 34 f.
Weichgummi 227
Weichlot 61 f.
Weichlöten 61
Wellen 242 ff.
—, Gestaltung 264 ff.
—, Verformung 253
Wellenzapfen 261 f.
Wertanalyse von Konstruktionen 5 f.
Widerstandslötung 63
winkelbewegliche Kupplung 321
Wirklänge (Schmalkeilriemen) 569
Wirkungsgrad bei Bewegungsschrauben 174
— bei Gerad-Stirnradgetriebe 463
— bei Schneckengetrieben 515 f.
— bei Schräg-Stirnradgetrieben 473
— bei Schraubradgetrieben 490 f.
Witworth-Rohrgewinde 129 f.
Wöhlerlinie 34
Wölbhöhe 573
Wölbnaht 72
Wülfel-Fliehkraft-Kupplung 335 f.

X-Naht 71

Y-Naht 71

Zahnbreite 425
Zahnfuß-Tragfähigkeit 453
Zahnhöhe 425
Zahnlängenfaktor 461
Zahnkette 587
Zahnkupplung 327 f.
Zahnräder 421 ff.
—, Werkstoffe 539
Zahnradgetriebe 421 ff.
—, Darstellung 542
—, Maßeintragung 542 f.
—, Schmierung 544
Zahnriemen 561
Zahnscheibe 137 f.
Zahnspitzengrenze 439
Zahnstangengetriebe 432
Zahnüberschneidung 436
Zahnunterschnitt 436 f.
ZAPEX-Kupplung 322
Zapfen 242, 261 ff.
—, Gestaltung 264 ff.
ZA-Schnecke 519
Zeichnung 1 f.
Zeichnungsnormen 20 f.
Zeichnungsprüfung 2
Zeitfestigkeit 34
Zeitgetriebe 461
ZE-Schnecke 520
ZK-Schnecke 519
ZN-Schnecke 519
Zugschwellfestigkeit 34
Zugfeder 204, 221 f.
Zusammenstellungszeichnung 2
Zwei-Komponenten-Kleber 50
Zweilochmutter 134 f.
zweireihiges Schrägkugellager 345
Zykloide 428
Zykloidenverzahnung 428 ff.
Zylinderkerbstift 190
Zylinderrollenlager 346
Zylinderschneckengetriebe 519
Zylinderschraube 133
Zylinderstift 189 f., 195
zylindrische Preßpassung 288 ff.

DM 38.—
2 92.60